Wolfgang Demtröder

Experimentalphysik 2

Elektrizität und Optik

Mit 608, meist zweifarbigen Abbildungen,
11 Farbtafeln, 17 Tabellen,
zahlreichen durchgerechneten Beispielen
und 132 Übungsaufgaben
mit ausführlichen Lösungen

Springer

Professor Dr. Wolfgang Demtröder
Universität Kaiserslautern
Fachbereich Physik
D-67653 Kaiserslautern

ISBN 3-540-57095-0 Springer-Verlag Berlin Heidelberg New York

Die Deutsche Bibliothek - CIP-Einheitsaufnahme
Demtröder, Wolfgang: Experimentalphysik / Wolfgang Demtröder.
- Berlin; Heidelberg; New York; London; Paris; Tokyo; Hong Kong; Barcelona; Budapest: Springer
(Springer-Lehrbuch)
2. Elektrizität und Optik: mit 17 Tabellen, zahlreichen durchgerechneten Beispielen, 132 Übungsaufgaben mit ausführlichen Lösungen. - 1995
ISBN 3-540-57095-0

Satz: Datenkonvertierung und Umbruch durch Mitterweger, Plankstadt – über das Satzsystem 3B2
Druck und Einband: Appl, Wemding
SPIN 10061375 56/3144 – 5 4 3 2 1 0 – Gedruckt auf säurefreiem Papier

Vorwort

Der hiermit vorgelegte zweite Band des vierbändigen Lehrbuchs der Experimentalphysik, der die Elektrizitätslehre und die Optik behandelt, möchte für die Studenten des zweiten Semesters eine Brücke bauen zwischen den in der Schule bereits erworbenen Kenntnissen auf diesen Gebieten und dem in späteren fortgeschrittenen Physikvorlesungen erwarteten höheren Niveau der Darstellung.

Wie im ersten Band steht auch hier das Experiment als Prüfstein jedes theoretischen Modells der Wirklichkeit im Mittelpunkt. Ausgehend von experimentellen Ergebnissen soll deutlich gemacht werden, wie diese erklärt werden können und zu einem in sich konsistenten Modell führen, das viele Einzelbeobachtungen in einen größeren Zusammenhang bringt und damit zu einer physikalischen Theorie wird. Die mathematische Beschreibung wird, so weit wie möglich, nachvollziehbar dargestellt. In Fällen, wo dies aus Platzgründen nicht realisierbar war oder den Rahmen der Darstellung sprengen würde, wird auf entsprechende Literatur verwiesen, wo der interessierte Student nähere experimentelle Details oder eine genauere mathematische Herleitung finden kann.

Das Buch beginnt, wie allgemein üblich, mit der Elektrostatik, behandelt dann den stationären elektrischen Strom und die von ihm erzeugten Magnetfelder. Dabei werden sowohl die verschiedenen Leitungsmechanismen in fester, flüssiger und gasförmiger Materie diskutiert als auch die Wirkungen des elektrischen Stromes und die darauf basierenden Meßmethoden. Aufbauend auf den in Band 1 erläuterten Grundlagen der speziellen Relativitätstheorie wird gezeigt, wie in einer relativistischen, d.h. Lorentz-invarianten Darstellung elektrisches und magnetisches Feld miteinander verknüpft sind.

Zeitlich veränderliche elektrische Felder und Ströme und die daraus resultierenden Induktionserscheinungen bilden den Inhalt des vierten Kapitels, in dem auch die Zusammenfassung all dieser Phänomene durch die Maxwellgleichungen diskutiert wird.

Um die Bedeutung der bisher gewonnenen Kenntnisse für technische Anwendungen zu unterstreichen, befaßt sich Kap. 5 mit elektrischen Generatoren und Motoren, mit Transformatoren und Gleichrichtung von Wechselstrom und Drehstrom, mit Wechselstromkreisen, elektrischen Filtern und Elektronenröhren.

Von besonderer Bedeutung für technische Anwendungen, aber auch für ein grundlegendes Verständnis schnell veränderlicher elektromagnetischer Felder und Wellen sind elektromagnetische Schwingkreise, die in Kap. 6 behandelt werden. Am Beispiel der Abstrahlung des Hertzschen Dipols wird die Entstehung elektromagnetischer Wellen ausführlich dargestellt, deren Ausbreitung im freien Raum und in begrenzten Raumgebieten (Wellenleiter und Resonatoren) den Inhalt von Kap. 7. bildet. Experimentelle Methoden zur Messung der Lichtgeschwindigkeit schließen das Kapitel ab.

Kapitel 8, das die Ausbreitung elektromagnetischer Wellen in Materie behandelt, bildet den Übergang zur Optik, weil viele der hier diskutierten Phänomene besonders für Lichtwellen von besonderer Bedeutung sind, obwohl sie im gesamten Frequenzbereich auftreten.

Da die Optik eine zunehmende Bedeutung für wissenschaftliche und technische Anwendungen erlangt, wird sie hier ausführlicher als in vielen anderen Lehrbüchern behandelt. Nach Meinung des Autors stehen wir vor einer „optischen Revolution“, die wahrscheinlich eine ähnliche Bedeutung haben wird wie in den letzten Jahrzehnten die elektronische Revolution.

Für die praktische Optik hat sich für viele Anwendungen die Näherung der geometrischen Optik bewährt, die im Kap. 9 als „Lichtstrahlen-Abbildung“ erklärt wird, wobei auch das Verfahren der Matrizenoptik kurz erläutert wird.

Interferenz und Beugung werden immer als wichtige Bestätigungen für das Wellenmodell des Lichtes angesehen. In Kap. 10 werden die Grundlagen dieser Erscheinungen erläutert, der Begriff der Kohärenz erklärt und experimentelle Anordnungen, nämlich die verschiedenen Typen von Interferometern vorgestellt, die auf der Interferenz von verschiedenen kohärenten Teilstrahlen basieren. Um ein etwas genaueres Verständnis der Beugungserscheinungen zu erreichen, wird nicht nur die Beugung von parallelen Lichtbündeln (Fraunhofer-Beugung) sondern auch die in der Praxis viel häufiger auftretende Fresnel-Beugung behandelt.

Kapitel 11 ist der Darstellung optischer Geräte und moderner optischer Verfahren, wie der Holographie und der adaptiven Optik gewidmet.

Im letzten Kapitel wird dann die thermische Strahlung heißer Körper behandelt und insbesondere der Begriff des schwarzen Strahlers erläutert und das Plancksche Strahlungsgesetz diskutiert, das zum Begriff des Photons führte, also den Teilchencharakter des Lichtes wieder deutlich macht, aber vor allem zu einer konsistenten Symbiose von Wellen- und Teilchenmodell führt. Dieser Aspekt der nicht widersprüchlichen, sondern komplementären Darstellung von Wellen- und Teilchenbild wird dann im dritten Band auf die Beschreibung von Materieteilchen ausgedehnt und bildet die physikalische Grundlage für die Quantentheorie.

Die Darstellung der verschiedenen Gebiete in diesem Buch wird durch viele Beispiele illustriert. Am Ende jedes Kapitels gibt es eine Reihe von Übungsaufgaben, die dem Leser die Möglichkeit geben, seine Kenntnisse selber zu testen. Er kann dann seine Lösungen mit den im Anhang angegebenen Lösungen vergleichen.

Vielen Leuten, ohne deren Hilfe das Buch nicht entstanden wäre, schulde ich Dank. Hier ist zuerst Herr G. Imsieke zu nennen, der durch sorgfältiges Korrekturlesen, Hinweise auf Fehler und viele Verbesserungsvorschläge sehr zur Optimierung der Darstellung beigetragen hat und Herr T. Schmidt, der die Texterfassung übernommen hat. Ich danke Frau A. Kübler, Frau B. S. Hellbarth-Busch und Herrn Dr. H. J. Kölsch vom Springer-Verlag für die gute Zusammenarbeit und für ihre kompetente und geduldige Unterstützung des Autors, der oft die vorgegebenen Termine nicht einhalten konnte. Frau I. Wollscheid, die einen Teil der Zeichnungen angefertigt hat sowie Frau S. Heider, die das Manuskript geschrieben hat, sei an dieser Stelle sehr herzlich gedankt. Auch meinen Mitarbeitern, Herrn Eckel und Herrn Krämer, die bei den Computerausdrucken der Abbildungen behilflich waren, gebührt mein Dank.

Besonderen Dank hat meine liebe Frau verdient, die mit großem Verständnis die Einschränkungen der für die Familie zur Verfügung stehenden Zeit hingenommen hat und die mir durch ihre Unterstützung die Zeit zum Schreiben ermöglicht hat.

Kein Lehrbuch ist vollkommen. Der Autor freut sich über jeden kritischen Kommentar, über Hinweise auf mögliche Fehler und über Verbesserungsvorschläge. Nachdem der erste Band eine überwiegend positive Aufnahme gefunden hat, hoffe ich, daß auch der vorliegende zweite Band dazu beitragen kann, die Freude an der Physik zu wecken und zu vertiefen und die fortwährenden Bemühungen aller Kollegen um eine Optimierung der Lehre zu unterstützen.

Kaiserslautern,
im März 1995

Wolfgang Demtröder

Inhaltsverzeichnis

1. Elektrostatik

2. Der elektrische Strom

3. Statische Magnetfelder

4. Zeitlich veränderliche Felder

7. Elektromagnetische Wellen im Vakuum

8. Elektromagnetische Wellen in Materie

9. Geometrische Optik

12. Thermische Strahlung; Photonen

1. Elektrostatik

Die Elektrostatik behandelt Phänomene, die durch ruhende ***elektrische Ladungen*** verursacht werden. Die ersten, allerdings noch wenig quantitativen Erfahrungen mit elektrostatischen Effekten wurden schon vor mehr als 2000 Jahren in Griechenland mit Bernstein (griechisch: „elektron") gemacht, der sich beim Reiben elektrisch auflädt. Heute gibt es neben detailliertem Grundlagenwissen eine große Zahl technischer Anwendungen der Elektrostatik, von denen eine kleine Auswahl vorgestellt wird. Trotzdem sind noch eine Reihe fundamentaler Fragen offen, von denen einige in Band 3 und 4 dieses Lehrbuchs diskutiert werden.

1.1 Elektrische Ladungen; Coulomb-Gesetz

Viele experimentelle Untersuchungen in den letzten drei Jahrhunderten (siehe z.B. [1.1]) haben folgende Erkenntnisse gebracht:

- Es gibt zwei verschiedene Arten elektrischer Ladungen: positive ⊕ und negative ⊖ Ladungen, die durch ihre Kraftwirkungen aufeinander und durch ihre Ablenkung in elektrischen und magnetischen Feldern (siehe Abschn. 1.8.2 und 3.3) unterschieden werden können.

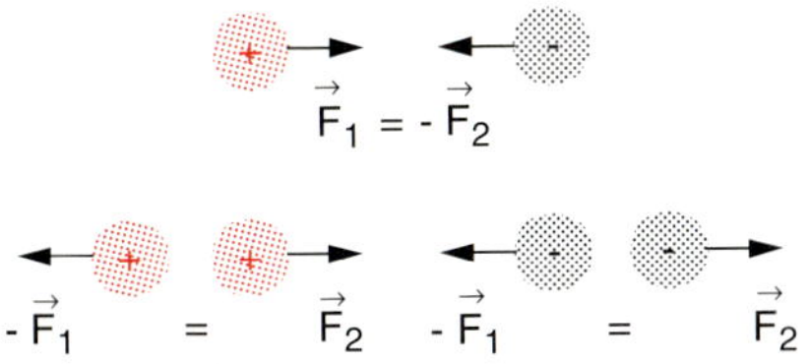

Abb. 1.1. Gleichartige Ladungen stoßen sich ab, entgegengesetzte Ladungen ziehen sich an

- Ladungen gleichen Vorzeichens stoßen sich ab, solche mit entgegengesetztem Vorzeichen ziehen sich an (Abb. 1.1). Im Gegensatz zur Gravitationskraft, die immer anziehend ist, gibt es hier also sowohl anziehende als auch abstoßende Kräfte. Diese Kräfte können zur Messung von Ladungen benutzt werden!
- Ladungen sind immer an Masseteilchen gebunden. Die wichtigsten Träger der negativen elektrischen Ladung sind *Elektronen* und *negative Ionen* (dies sind Atome oder Moleküle mit einem Überschuß an Elektronen). Atomkerne sowie *positive Ionen* (Atome oder Moleküle, denen ein oder mehrere Elektronen fehlen) sind die Hauptträger positiver Ladungen. Daneben gibt es noch geladene kurzlebige Elementarteilchen wie z.B. π-Mesonen π^+, π^-, Myonen μ^+, μ^-, Positron e^+ und Antiproton p^-.
- Die Ladungen e des Protons und $-e$ des Elektrons stellen die kleinste bisher beobachtete Ladungsmenge dar. Alle in der Natur vorkommenden Ladungen Q sind ganzzahlige Vielfache dieser ***Elementarladungen***. Ausnahme sind die als Bausteine der Hadronen (*schwere* Teilchen, siehe Bd. 1, Abschn. 1.4) angenommenen Quarks mit Ladungen $1/3\,e$ bzw. $2/3\,e$, die aber nach unserer heutigen Kenntnis nicht als freie Teilchen existieren können.
  Sehr genaue Messungen haben gezeigt, daß die Beträge von Protonen- und Elektronen-Ladung sich um höchstens $10^{-20}\,e$ unterscheiden, und es gibt Argumente dafür, daß sie wahrscheinlich genau gleich sind (siehe Bd. 3).
- In einem abgeschlossenen System bleibt die Gesamtladung zeitlich konstant, d.h. Ladungen können weder erzeugt noch vernichtet werden. *Aber*: Man kann Ladungen eines Vorzeichens isolieren durch räumliche Trennung von positiven und

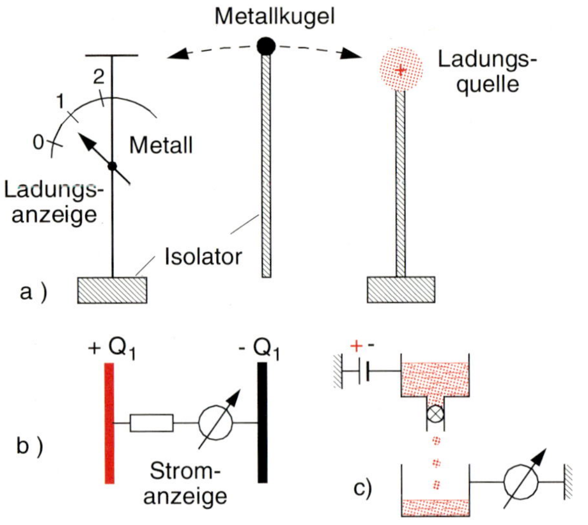

Abb. 1.2a–c. Ladungstransport: (**a**) Durch einen „Ladungslöffel"; (**b**) durch eine leitende Verbindung zwischen entgegengesetzten Ladungen; (**c**) durch geladene Wassertropfen

negativen Ladungen (siehe Abschn. 1.5). Ein Beispiel ist die Ionisation des Wasserstoff-Atoms, bei der Elektron und Proton getrennt werden.

- Ladungen lassen sich z.B. mit elektrisch isolierten Metallkugeln von einer Ladungsquelle zum Ladungsmeßgerät (siehe Abb. 1.2a) transportieren, aber auch durch elektrisch leitende Materialien (Abb. 1.2b) oder durch geladene Wassertropfen (Abb. 1.2c).

> Ein Ladungstransport stellt einen elektrischen Strom dar. Ladungstransport ist immer mit Massetransport verbunden.

- Da die uns umgebende Materie im allgemeinen elektrisch neutral ist, werden Ladungen eines Vorzeichens „erzeugt" durch räumliche Trennung von Ladungen.

BEISPIELE

Reibungselektrizität, Emission von Elektronen aus einer geheizten Kathode, Ionisation von Atomen.

Die Kräfte zwischen zwei Ladungen Q_1 und Q_2 und ihre Abhängigkeit vom gegenseitigen Abstand r

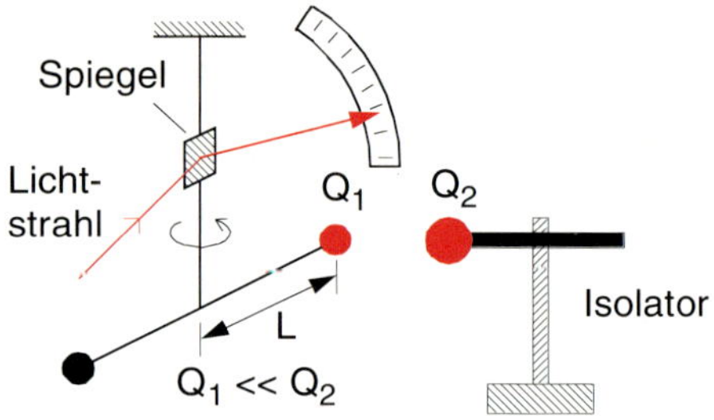

Abb. 1.3. Coulombsche Drehwaage

lassen sich quantitativ mit der ***Coulombschen Drehwaage*** (Abb. 1.3) messen, die analog zur Eötvösschen Gravitationswaage (Bd. 1, Abschn. 2.9) aufgebaut ist: An einem dünnen Faden hängt ein Stab aus isolierendem Material, an dessen einem Ende im Abstand L von der Drehachse eine geladene Metallkugel sitzt. Lädt man diese Kugel auf und nähert ihr eine zweite geladene Kugel, so bewirkt die Kraft zwischen den beiden Ladungen ein Drehmoment $\boldsymbol{D} = \boldsymbol{L} \times \boldsymbol{F}$, das den Stab so weit dreht, bis das rücktreibende Drehmoment des tordierten Fadens gleich $-\boldsymbol{D}$ wird. Mißt man den Verdrillungswinkel für verschiedene Abstände der beiden Ladungen, so findet man für die Kraft von Q_2 auf Q_1 das Gesetz

$$\boldsymbol{F} = f \cdot \frac{Q_1 \cdot Q_2}{r^2}\,\hat{\boldsymbol{r}}\,, \tag{1.1}$$

wobei $f > 0$ ein Proportionalitätsfaktor und $\hat{\boldsymbol{r}}$ der Einheitsvektor in Richtung $Q_2 \longrightarrow Q_1$ ist (Abb. 1.4). Man sieht aus (1.1), daß für gleichnamige Ladungen $\boldsymbol{F}$ parallel zu $\hat{\boldsymbol{r}}$ (Abstoßung), für ungleichnamige Ladungen antiparallel zu $\hat{\boldsymbol{r}}$ (Anziehung) ist.

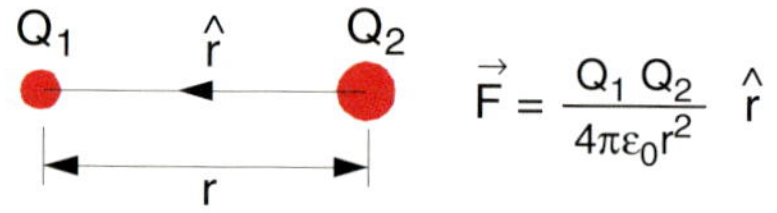

Abb. 1.4. Zum elektrostatischen Kraftgesetz

In (1.1) sind $\boldsymbol{F}$, gemessen in N, und r, gemessen in m, in ihren Maßzahlen bereits festgelegt. Man kann daher nur noch über f oder Q verfügen. In der historischen Entwicklung der Physik hat man zwei Wege verfolgt, die zu zwei verschiedenen Maßsystemen, dem SI-System und dem cgs-System, geführt haben:

a) Das SI-System

In diesem bereits im Bd. 1, Abschn. 1.7 eingeführten System wird die Ladung Q auf die Stromstärke I zurückgeführt, die definiert ist als die Ladungsmenge Q, die pro Sekunde durch die Querschnittsfläche eines Leiters in Stromrichtung transportiert wird. Die Stromstärke I selbst ist als vierte Basisgröße mit der Einheit 1 Ampere = 1 A durch die mechanischen Größen Länge und Kraft ausgedrückt (siehe Abschn. 3.3.6 und Bd. 1, Abschn. 1.6.7). Die Maßeinheit der Ladung ist deshalb im SI-System

$$[Q] = 1\,\text{Coulomb} = 1\,\text{C} = 1\,\text{A s}\,.$$

Das Experiment ergibt für die Kraft zwischen zwei Ladungen von je 10^{-4} C im Abstand von 1 m

$$F = f \cdot \frac{10^{-8}\,\text{C}^2}{1\,\text{m}^2} = 89{,}875\,\text{N}\,.$$

Die Konstante f in (1.1) wird damit $f = 8{,}9875 \cdot 10^9\,\text{Nm}^2/\text{C}^2$. Aus später ersichtlichen Zweckmäßigkeitsgründen schreibt man

$$f = \frac{1}{4\pi\varepsilon_0}$$

und erhält damit aus dem Meßwert für f die ***Dielektrizitätskonstante***

$$\boxed{\varepsilon_0 = 8{,}854 \cdot 10^{-12}\,\text{A}^2\,\text{s}^4\,\text{kg}^{-1}\,\text{m}^{-3}}\,,$$

wobei die Dimension von ε_0 wegen der Relation $1\,\text{kgm}^2\text{s}^{-2} = 1\,\text{Nm} = 1\,\text{VAs}$ vereinfacht geschrieben werden kann als $[\varepsilon_0] = 1\,\text{AsV}^{-1}\text{m}^{-1}$. Zur Definition der Einheit Volt (V) siehe Abschn. 1.3.1.

Das ***Coulombsche Kraftgesetz*** heißt also in SI-Einheiten

$$\boldsymbol{F} = \frac{1}{4\pi\varepsilon_0}\,\frac{Q_1 \cdot Q_2}{r^2}\,\hat{\boldsymbol{r}}\,. \qquad (1.2)$$

b) Das cgs-System

Der Vorfaktor f wird gleich der dimensionslosen Zahl 1 gesetzt. Da die Kraft in dyn, die Länge in cm angegeben wird, folgt aus $[F] = [Q^2/r^2]$ für die Dimension der Ladung

$$[Q] = [r] \cdot [F]^{1/2} = 1\,\text{cm} \cdot \text{dyn}^{1/2}.$$

Als Einheit der Ladung wird die elektrostatische Ladungseinheit ESL

$$1\,\text{ESL} = 1\,\text{cm}\,\sqrt{\text{dyn}}$$

gewählt, welche diejenige Ladungsmenge angibt, die auf eine gleich große Ladung im Abstand 1 cm die Kraft 1 dyn ausübt.

Das cgs-System wird häufig in der theoretischen Physik gebraucht, weil durch die Wahl $f = 1$ eine einfachere Schreibweise vieler Gleichungen ermöglicht wird. Es hat jedoch den entscheidenden Nachteil, daß man beim Umrechnen mechanischer Einheiten in elektrische oder magnetische Einheiten immer die entsprechenden Umrechnungsfaktoren wissen muß. Wir verwenden in diesem Buch deshalb durchweg das international vereinbarte SI-System.

Ein Coulomb ist eine sehr große Ladungseinheit und entspricht

$$1\,\text{C} = 3 \cdot 10^9\,\text{ESL}\,.$$

BEISPIELE

1. Ein Elektron hat die Ladung $-e = -1{,}6 \cdot 10^{-19}$ C.
2. Könnte man jedem Atom in einem Stück Kupfer mit der Masse $m = 1$ kg ein Elektron wegnehmen, so würde das Stück Kupfer eine positive Überschußladung $\Delta Q = +N \cdot e$ mit $N \approx 10^{22}$ haben $\Rightarrow\ \Delta Q = 1{,}6 \cdot 10^3$ C.

Ladungen kann man mit einem Elektroskop messen (Abb. 1.5a), das z.B. aus einem drehbaren metallischen Zeiger Z besteht, der über die Drehachse

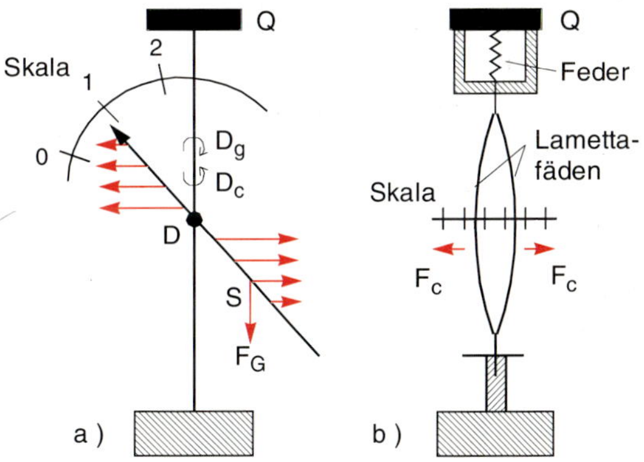

Abb. 1.5a,b. Elektrometer zur Ladungsmessung: (**a**) Drehzeiger-Elektrometer, (**b**) Faden-Elektroskop

leitend mit einem feststehenden metallischen Gehäuse verbunden ist. Lädt man das Elektroskop auf, so wird infolge der Coulomb-Abstoßung sich der Zeiger so weit drehen, bis das durch die Schwerkraft bewirkte Drehmoment $\boldsymbol{D}_\mathrm{G}$ entgegengesetzt gleich dem Drehmoment $\boldsymbol{D}_\mathrm{C}$ der elektrostastischen Coulomb-Kraft wird.

Faden-Elektroskope nutzen die elektrostatische Abstoßung zwischen zwei dünnen geladenen Metallfäden (Lamettastreifen) zur Ladungsmessung aus (Abb. 1.5b).

Man beachte:

Bei beiden Instrumenten wird nur der Betrag, nicht das Vorzeichen der Ladung gemessen.

Außer durch ihre Kraftwirkungen lassen sich Ladungen auch dadurch messen, daß man sie über Leiter mit großem Widerstand abfließen läßt und den zeitlichen Verlauf der elektrischen Stromstärke $I(t)$ mißt (Abb. 1.2b). Es gilt

$$Q = \int_0^\infty I(t)\,\mathrm{d}t\,.$$

Anmerkung

Die Gleichung (1.1) ist mathematisch völlig analog zum Gravitationsgesetz. Das Verhältnis von Gravitationskraft F_G zu Coulombkraft F_C ergibt sich zu

$$\frac{F_\mathrm{G}}{F_\mathrm{C}} = \frac{G\dfrac{m_1 \cdot m_2}{r^2}}{\dfrac{Q_1 \cdot Q_2}{4\pi\varepsilon_0 r^2}} = 4\pi\varepsilon_0 \cdot G \cdot \frac{m_1 \cdot m_2}{Q_1 \cdot Q_2}\,.$$

BEISPIELE

1. Zwei Bleikugeln mit einer Masse von je 10 kg mögen durch elektrische Aufladung je eine Ladung von $Q = 10^{-6}\,\mathrm{C}$ tragen. Bei einem Abstand von 0,2 m zwischen ihren Mittelpunkten ist $F_\mathrm{C} = 0{,}22\,\mathrm{N}$, während ihre gravitative Anziehungskraft $F_\mathrm{G} = 1{,}7 \cdot 10^{-7}\,\mathrm{N}$ beträgt. Das Verhältnis $F_\mathrm{G}/F_\mathrm{C}$ ist daher $F_\mathrm{G}/F_\mathrm{C} = 7{,}7 \cdot 10^{-7}$.
2. Für zwei Elektronen ($m_\mathrm{e} = 9,1 \cdot 10^{-31}\,\mathrm{kg}$, $Q_\mathrm{e} = -1{,}6 \cdot 10^{-19}\,\mathrm{C}$) ergibt sich
$$\frac{F_\mathrm{G}}{F_\mathrm{C}} = \frac{4\pi\varepsilon_0 G \cdot m^2}{e^2} = 2{,}4 \cdot 10^{-43}\,!$$
3. Elektron und Proton im Wasserstoff-Atom ziehen sich im Abstand von $0{,}5\,\text{Å} = 5 \cdot 10^{-11}\,\mathrm{m}$ mit einer Coulombkraft von $F_\mathrm{C} = 9{,}2 \cdot 10^{-8}\,\mathrm{N}$ an. Die entsprechende Gravitationskraft ist $4{,}4 \cdot 10^{-40}$ mal kleiner.
4. Die elektrostatische Abstoßungskraft zwischen zwei Protonen im Atomkern beträgt bei einem mittleren Abstand von $r = 3 \cdot 10^{-15}\,\mathrm{m}$ $F_\mathrm{C} = 26\,\mathrm{N}$. Da die Atomkerne aber stabil sind, muß diese Abstoßungskraft durch entsprechend größere Anziehungskräfte (Kernkräfte) überkompensiert werden. Die Gravitationskraft zwischen den beiden Protonen beträgt nur $2{,}1 \cdot 10^{-35}\,\mathrm{N}$!

Diese Beispiele illustrieren, daß Gravitationskräfte in der Mikrophysik gegenüber den Coulombkräften völlig vernachlässigbar sind.

Die starken elektrostatischen Kräfte sorgen allerdings auch dafür, daß Ladungstrennung bei makroskopischen Körpern nur unter relativ großem Energieaufwand möglich ist. Man kann sich dies an folgendem Beispiel klarmachen:

Wenn man von einer neutralen Kupferkugel mit einem Radius von 1,5 cm nur 1% der $1{,}2 \cdot 10^{24}$ Atome einfach ionisieren und die Elektronen auf eine ansonsten gleiche, neutrale Kugel im Abstand von 1 m übertragen würde, so hätte jede Kugel eine Überschußladung von $\Delta Q = \pm 1{,}9 \cdot 10^3\,\mathrm{C}$, und die beiden Kugeln würden sich mit einer Kraft von $3{,}3 \cdot 10^{16}\,\mathrm{N}$ anziehen!

Weil *makroskopische* Körper im allgemeinen elektrisch neutral sind, heben sich die Coulombkräfte der positiven und negativen Ladungen praktisch auf, und die Gravitationskräfte werden trotz des kleinen Verhältnisses $F_\mathrm{G}/F_\mathrm{C}$ wieder dominant.

Im mikroskopischen Bereich (Anziehung oder Abstoßung zwischen zwei Atomen) überwiegen jedoch auch bei neutralen Atomen die elektrischen Kräfte, die sich nicht vollständig kompensieren (siehe Abschn. 1.4.3).

Anmerkung

Die chemische Bindung beruht jedoch *nicht* nur auf der Coulomb-Wechselwirkung, welche sowohl anziehend als auch abstoßend sein kann. Hinzu kommt eine nur quantenmechanisch zu deutende *Austausch-Wechselwirkung* (siehe Bd. 3).

1.2 Das elektrische Feld

In Band 1, Abschn. 2.7.5 haben wir ein von der Probemasse m unabhängiges Gravitationsfeld $\mathcal{G}$ eingeführt. Viel gebräuchlicher ist ein solches Vorgehen in der Elektrizitätslehre. Hier erhält man ein elektrisches Feld, welches unabhängig von einer Probeladung q im Raum existiert.

1.2.1 Elektrische Feldstärke

Die Kraft

$$\boldsymbol{F}(\boldsymbol{r}) = \frac{Q \cdot q}{4\pi\varepsilon_0 r^2}\,\hat{\boldsymbol{r}}\,, \tag{1.3}$$

die eine Ladung Q im Nullpunkt des Koordinatensystems auf eine Probeladung q ausübt, können wir für jeden Raumpunkt $\boldsymbol{r}$ messen. Wir sagen, daß die Ladung Q ein Kraftfeld $\boldsymbol{F}(\boldsymbol{r})$ nach (1.3) erzeugt, dessen Stärke noch von der Größe q der Probeladung abhängt. Der Quotient $\boldsymbol{F}(\boldsymbol{r})/q$, den man mit $\boldsymbol{E}(\boldsymbol{r})$ bezeichnet, ist unabhängig von q:

$$\boldsymbol{E}(\boldsymbol{r}) = \frac{Q}{4\pi\varepsilon_0 r^2}\,\hat{\boldsymbol{r}}\,. \tag{1.4}$$

Man nennt ihn die ***elektrische Feldstärke*** der Ladung Q, und das entsprechende normierte Kraftfeld $\boldsymbol{F}/q$ heißt das ***elektrische Feld***. Die Dimension der elektrischen Feldstärke ist

$$[E] = [F/q] = 1\,\mathrm{N/As} = 1\,\mathrm{kg\,m\,A^{-1}\,s^{-3}}\,.$$

Die Kraft auf eine Ladung q im elektrischen Feld ist definitionsgemäß

$$\boxed{\boldsymbol{F} = q \cdot \boldsymbol{E}}\,. \tag{1.5}$$

Die Kraft, die eine Probeladung q bei Anwesenheit mehrerer im Raum verteilter Ladungen erfährt, erhält man durch Vektoraddition der Einzelkräfte (Abb. 1.6):

$$\boldsymbol{F} = \frac{q}{4\pi\varepsilon_0}\sum \frac{Q_i}{r_i^2}\hat{\boldsymbol{r}}_i\,. \tag{1.6}$$

Die gesamte Feldstärke ist dann wieder $\boldsymbol{E}(\boldsymbol{r}) = \boldsymbol{F}(\boldsymbol{r})/q$.

Außer Punktladungen gibt es auch quasi-kontinuierlich verteilte Ladungen mit der räumlichen

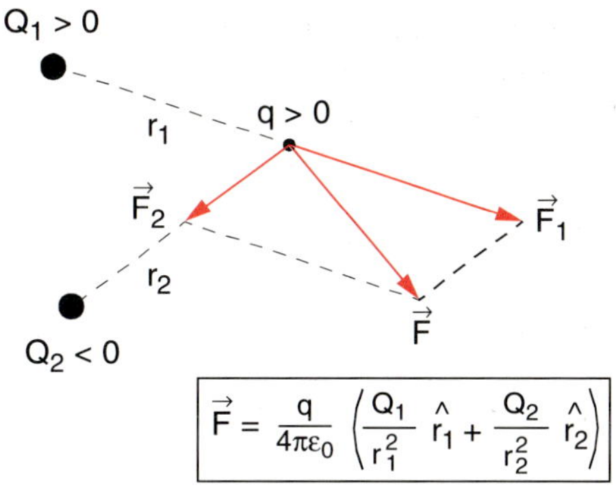

Abb. 1.6. Vektoraddition der Kräfte, die zwei verschiedene Punktladungen Q_1 und Q_2 auf eine Probeladung q bewirken

Ladungsdichte $\varrho(\boldsymbol{r})$, definiert als Ladung pro Volumeneinheit (Abb. 1.7). Die Gesamtladung im Volumen V ist dann

$$Q = \int_V \varrho\,\mathrm{d}V = \int_V \varrho(\boldsymbol{r})\,\mathrm{d}^3 r\,.$$

Die Kraft auf eine Probeladung q im Punkte $P(\boldsymbol{R})$ außerhalb des Raumladungsgebietes V berechnet sich zu

$$\boldsymbol{F}(\boldsymbol{R}) = \frac{q}{4\pi\varepsilon_0}\int_V \frac{\boldsymbol{R}-\boldsymbol{r}}{|\boldsymbol{R}-\boldsymbol{r}|^3}\,\varrho(\boldsymbol{r})\,\mathrm{d}^3 r\,. \tag{1.6a}$$

Entsprechend verfährt man bei elektrisch geladenen Flächen, z.B. Metalloberflächen, die eine ***Flächenladungsdichte*** σ haben, so daß die gesamte Ladung auf einer Fläche A

$$Q = \int_A \sigma\,\mathrm{d}A$$

wird. Man kann allgemein sagen:

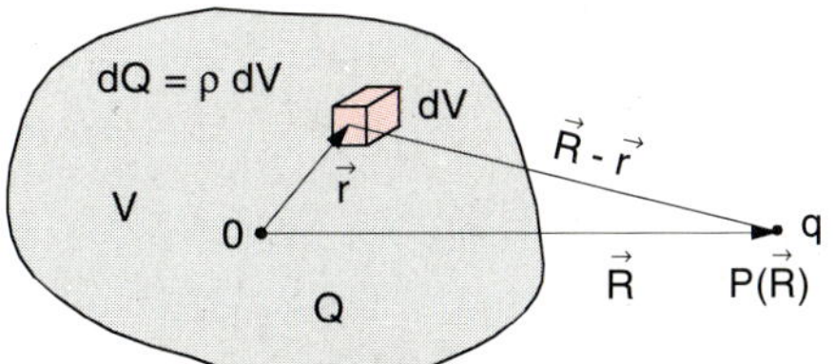

Abb. 1.7. Zur Herleitung der Kraft auf eine Probeladung q durch eine Raumladung mit der Ladungsdichte $\varrho(\boldsymbol{r})$

> Durch die Anwesenheit der Ladungen Q_i oder einer Ladungsdichte $\varrho(\boldsymbol{r})$ wird der leere Raum verändert: Es entsteht ein elektrisches Vektorfeld $\boldsymbol{E}(\boldsymbol{r}) = \boldsymbol{F}(\boldsymbol{r})/q$, dessen Stärke und Richtung in jedem Raumpunkt durch die normierte Kraft auf eine Probeladung q bestimmt wird.

Man kann dieses Feld durch ***Feldlinien*** veranschaulichen, wobei die Tangente an eine solche Feldlinie im Punkte P die Richtung der Feldstärke angibt. Die Abbildungen 1.8–1.10 zeigen einige Beispiele für Felder, die von Punktladungen erzeugt werden.

Um die Bestimmung des Feldes einer Flächenladung zu illustrieren, wollen wir das Feld einer unendlich ausgedehnten ebenen Platte mit der homogenen Flächenladungsdichte σ berechnen (Abb. 1.11). Die Ladung $\mathrm{d}Q = \sigma\,\mathrm{d}A$ bewirkt auf die Probeladung q im Abstand b die Kraft

$$\mathrm{d}\boldsymbol{F} = \frac{q}{4\pi\varepsilon_0}\frac{\sigma \cdot \mathrm{d}A}{b^2}\,\hat{\boldsymbol{b}}\,, \tag{1.7a}$$

die wir in eine Horizontalkomponente $\mathrm{d}F \cdot \sin\alpha$ und eine Vertikalkomponente $\mathrm{d}F \cdot \cos\alpha$ zerlegen. Integration über den Winkel φ ergibt mit $\mathrm{d}A = \mathrm{d}\varphi\, r\,\mathrm{d}r$ die Vertikalkomponente

$$\begin{aligned}\mathrm{d}F_\mathrm{v} &= \frac{2\pi r\,\mathrm{d}r}{4\pi\varepsilon_0 b^2}\, q \cdot \sigma \cdot \cos\alpha \\ &= \frac{q \cdot \sigma}{2\varepsilon_0 a^2}\cos^3\alpha \cdot r\,\mathrm{d}r\,,\end{aligned} \tag{1.7b}$$

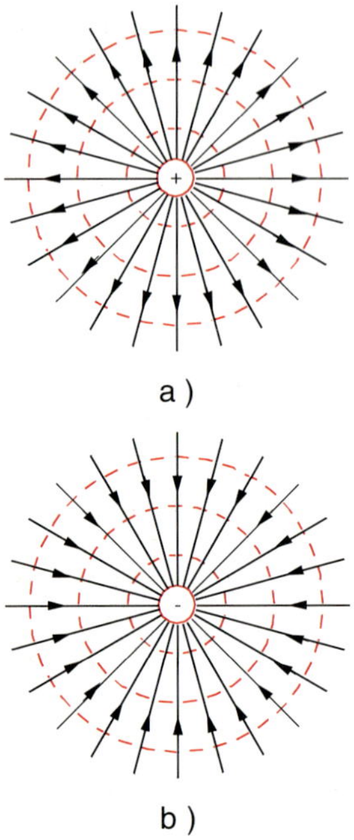

Abb. 1.8a,b. Coulombfeld und Äquipotentiallinien (**a**) einer positiven, (**b**) einer negativen Punktladung (zur Definition des Potentials und der Äquipotentiallinien siehe Abschn. 1.3)

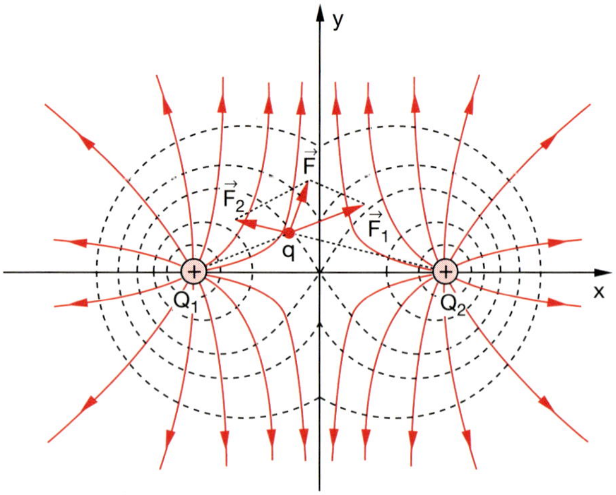

Abb. 1.9. Elektrische Feldlinien, Kraft $\boldsymbol{F}(\boldsymbol{r})$ auf eine Ladung q und Äquipotentiallinien zweier räumlich getrennter gleicher Ladungen. Die Figur ist rotationssymmetrisch um die x-Achse

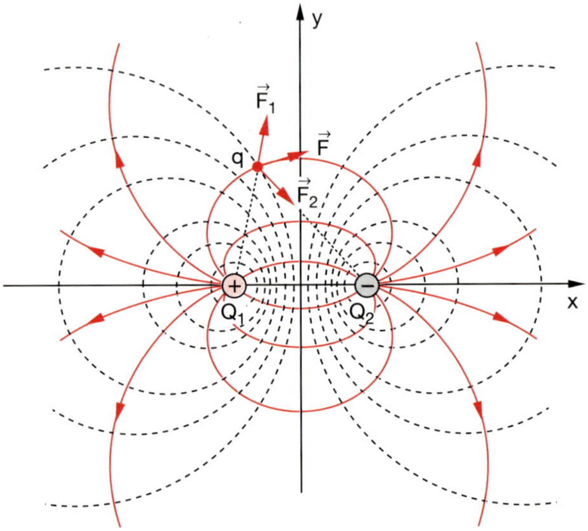

Abb. 1.10. Elektrische Feldlinien und Äquipotentiallinien zweier entgegengesetzt gleicher Ladungen Q_1 und $Q_2 = -Q_1$ (elektrischer Dipol)

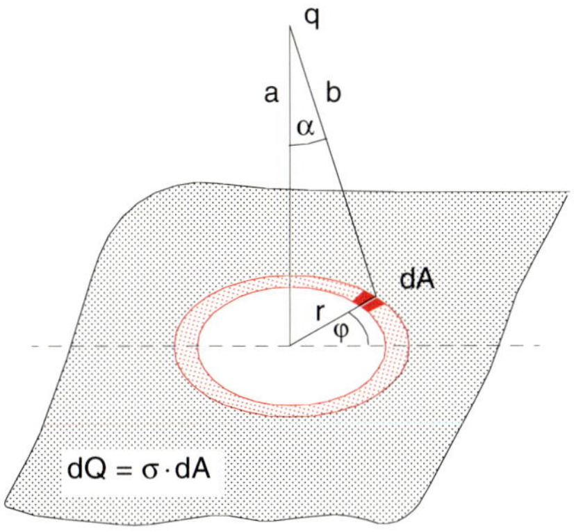

Abb 1.11. Zur Herleitung der Kraft auf eine Ladung q im elektrischen Feld einer ebenen Metallplatte mit der Flächenladungsdichte $\sigma = Q/A$

während der Betrag der Horizontalkomponente Null wird. Wegen $r = a \operatorname{tg} \alpha$ und $\mathrm{d}r/\mathrm{d}\alpha = a/\cos^2 \alpha$ wird

$$\mathrm{d}F_\mathrm{v} = \frac{q \cdot \sigma}{2\varepsilon_0} \sin \alpha \, \mathrm{d}\alpha \, .$$

Die Gesamtkraft auf q erhalten wir durch Integration über die Plattenfläche, was äquivalent einer Integration über den Winkel α von 0 bis $\pi/2$ ist:

$$F = \int_0^{\pi/2} \mathrm{d}F_\mathrm{v} \, \mathrm{d}\alpha = \frac{q \cdot \sigma}{2\varepsilon_0} \, . \tag{1.7c}$$

Die Kraft $\boldsymbol{F}$, die immer senkrecht zur Platte wirkt, und damit auch das elektrische Feld $\boldsymbol{E} = \boldsymbol{F}/q$, sind also

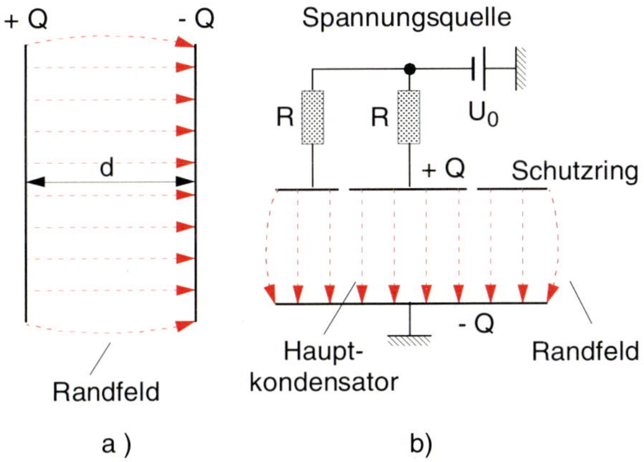

Abb. 1.12. (**a**) Elektrisches Feld eines Plattenkondensators; (**b**) Plattenkondensator mit Schutzring

unabhängig vom Abstand a von der Platte. Ein solches Feld, dessen Vektor $\boldsymbol{E}$ räumlich konstant ist, heißt ***homogen***.

Bei endlichen Plattenabmessungen D treten Randeffekte auf, welche die Homogenität stören. Man kann sie minimieren, wenn man der ebenen Platte eine zweite Platte mit der Ladung $Q_2 = -Q$ im Abstand $d \ll D$ gegenüberstellt. Bei einem solchen Plattenkondensator (Abb. 1.12, siehe auch Abschn. 1.5.2) beträgt die gesamte Kraft auf eine Ladung q im Raum zwischen den Platten daher

$$\boldsymbol{F} = \frac{\sigma q}{\varepsilon_0} \hat{\boldsymbol{x}} \, . \tag{1.8a}$$

Die elektrische Feldstärke $\boldsymbol{E} = \boldsymbol{F}/q$ im Plattenkondensator ist dann

$$\boldsymbol{E} = \frac{\sigma}{\varepsilon_0} \hat{\boldsymbol{x}} \, . \tag{1.8b}$$

Ihr Betrag

$$E = \frac{\sigma}{\varepsilon_0}$$

ist räumlich konstant, das Feld ist also homogen.

An den Plattenrändern wird das Feld inhomogen. Diese Inhomogenität kann man durch einen auf gleiche Spannung aufgeladenen, vom Kondensator isolierten Schutzring (Abb. 1.12b) beseitigen.

1.2.2 Elektrischer Kraftfluß; Ladungen als Quellen des elektrischen Feldes

Wir betrachten eine Fläche, die einen Raum umschließt, in dem sich Punktladungen oder Raumladungen befinden. Die elektrischen Feldlinien dieser Ladungen durchsetzen die Fläche S. Ein Flächenelement $\mathrm{d}\boldsymbol{S}$ dieser Oberfläche charakterisieren wir durch den nach außen zeigenden ***Flächennormalenvektor*** $\mathrm{d}\boldsymbol{S}$ (Abb. 1.13a). Als ***elektrischen Kraftfluß*** $\mathrm{d}\Phi_\mathrm{el}$ durch $\mathrm{d}\boldsymbol{S}$ definieren wir das Skalarprodukt

$$\mathrm{d}\Phi_\mathrm{el} = \boldsymbol{E} \cdot \mathrm{d}\boldsymbol{S} \tag{1.9a}$$

als ein Maß für die Zahl der elektrischen Feldlinien, die durch $\mathrm{d}\boldsymbol{S}$ gehen. Den gesamten elektrischen Kraftfluß durch die Fläche S erhalten wir durch Integration

$$\Phi_\mathrm{el} = \int \boldsymbol{E} \cdot \mathrm{d}\boldsymbol{S} \, . \tag{1.9b}$$

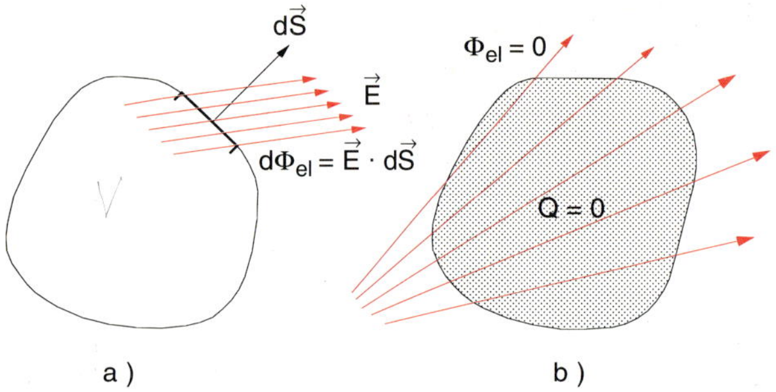

Abb. 1.13a,b. Zur Definition des elektrischen Flusses durch eine Fläche; (**a**) Illustration des Skalarproduktes $\mathrm{d}\Phi_{\mathrm{el}} = \boldsymbol{E} \cdot \mathrm{d}\boldsymbol{S}$. (**b**) Volumen ohne Ladungen

Eine Punktladung im Mittelpunkt einer Kugel mit der Oberfläche S erzeugt das Coulombfeld $\boldsymbol{E} = Q/(4\pi\varepsilon_0 r^2)\,\hat{\boldsymbol{r}}$ und damit den Kraftfluß durch die Fläche S:

$$\Phi_{\mathrm{el}} = \frac{Q}{4\pi\varepsilon_0} \int \frac{\hat{\boldsymbol{r}}}{r^2}\,\mathrm{d}\boldsymbol{S} = \frac{Q}{4\pi\varepsilon_0} \int \mathrm{d}\Omega = Q/\varepsilon_0 \ ,$$

weil das Integral über den Raumwinkel $\mathrm{d}\Omega$ gleich 4π ist.

Mathematisch kann man mit Hilfe des Gaußschen Satzes zeigen (siehe [1.2]), daß für *jede* geschlossene Oberfläche S gilt:

$$\Phi_{\mathrm{el}} = \int_S \boldsymbol{E} \cdot \mathrm{d}\boldsymbol{S} = \int_{V(S)} \operatorname{div} \boldsymbol{E} \cdot \mathrm{d}V \ .$$

Das Ergebnis für den oben dargestellten Spezialfall legt die Beziehung

$$\Phi_{\mathrm{el}} = \frac{1}{\varepsilon_0} Q = \frac{1}{\varepsilon_0} \int \varrho \cdot \mathrm{d}V$$

$$\Rightarrow \boxed{\operatorname{div} \boldsymbol{E} = \varrho/\varepsilon_0} \qquad (1.10)$$

nahe, die in Worten heißt:

> Die im Raum verteilten Ladungen sind die Quellen (für $\varrho > 0$) bzw. Senken (für $\varrho < 0$) des elektrostatischen Feldes.

Man beachte:

> Der elektrische Fluß durch eine geschlossene Oberfläche hängt weder von der Form der Oberfläche noch von der Ladungsverteilung $\varrho(\boldsymbol{r})$ ab, sondern einzig von der Gesamtladung Q innerhalb der Fläche.

Im Feldlinienmodell starten alle Feldlinien stets von positiven Ladungen und enden an negativen Ladungen (siehe Abb. 1.10). Umschließt die Fläche S eine positive Ladung Q (bzw. Überschußladung ΔQ), so ist $\Phi_{\mathrm{el}} > 0$, d.h. es treten mehr Feldlinien aus dem umschlossenen Volumen aus, als in es eintreten. Ist die Gesamtladung im Volumen Null, so wird $\Phi_{\mathrm{el}} = 0$. Es treten dann ebenso viele Feldlinien in die Fläche ein wie aus ihr heraus (Abb. 1.14c).

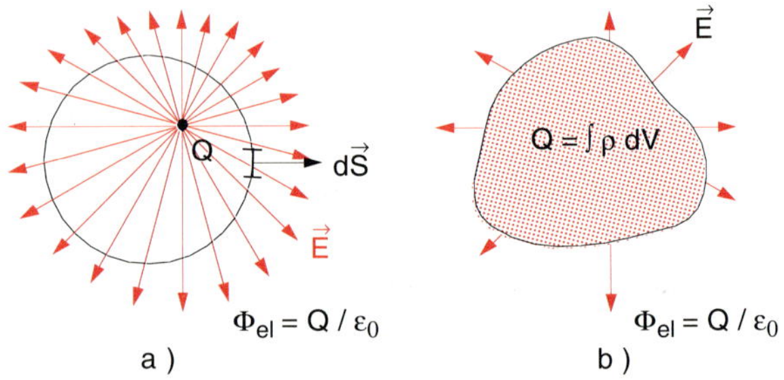

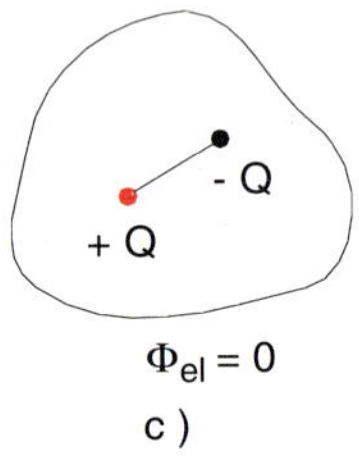

Abb. 1.14a–c. Elektrischer Fluß (**a**) einer Punktladung, (**b**) einer Raumladung, (**c**) eines Dipols

1.3 Elektrostatisches Potential

Bringt man eine Ladung q im elektrischen Feld $\boldsymbol{E}$ von einem Punkt P_1 nach P_2 (Abb. 1.15), so ist die entsprechende Arbeit (siehe Bd. 1, (2.35))

$$W = \int_{P_1}^{P_2} \boldsymbol{F}\,\mathrm{d}\boldsymbol{s} = q \cdot \int_{P_1}^{P_2} \boldsymbol{E}\,\mathrm{d}\boldsymbol{s} \ . \qquad (1.11)$$

BEISPIEL

Eine Probeladung q wird im Feld einer Punktladung Q vom Abstand r_1 zum Abstand r_2 gebracht.

$$W = \frac{qQ}{4\pi\varepsilon_0} \int_{r_1}^{r_2} \frac{\mathrm{d}r}{r^2} = \frac{qQ}{4\pi\varepsilon_0} \left(\frac{1}{r_1} - \frac{1}{r_2} \right)$$

Entfernen sich die Ladungen voneinander ($r_2 > r_1$), so wird für gleichsinnige Ladungen $W > 0$, d.h. man gewinnt Energie auf Kosten der potentiellen Energie. Nähert man die sich abstoßenden Ladungen einander, so ist $W < 0$, d.h. man muß Energie aufwenden.

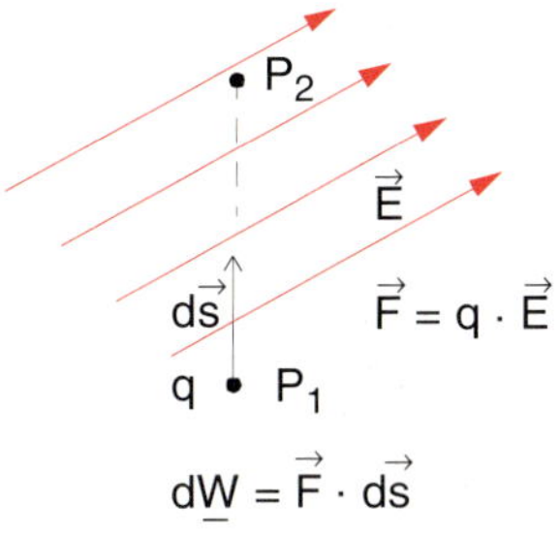

Abb. 1.15. Zur Arbeitsdefinition beim Transport einer Ladung q im elektrischen Feld $\boldsymbol{E}$

1.3.1 Potential und Spannung

Bei der Behandlung des Gravitationspotentials in Bd. 1, Abschn. 2.9 wurde gezeigt, daß in *konservativen Kraftfeldern* das Arbeitsintegral unabhängig vom Wege ist und nur von den Endpunkten P_1 und P_2 abhängt. Da das elektrische Feld genau wie das Gravitationsfeld konservativ ist, kann man deshalb jedem Raumpunkt P eine eindeutig definierte Funktion

$$\phi(P) = \int_P^{\infty} \boldsymbol{E}\, \mathrm{d}\boldsymbol{s} \tag{1.12}$$

zuordnen, die man das ***elektrostatische Potential*** im Punkte P nennt, wobei meistens zur absoluten Normierung $\phi(\infty) = 0$ gesetzt wird.

Das Produkt $q \cdot \phi(P)$ gibt die Arbeit an, die man aufwenden muß bzw. gewinnen kann, wenn die Ladung q vom Punkte P bis ins Unendliche gebracht wird.

Die Potentialdifferenz zwischen zwei Punkten P_1 und P_2

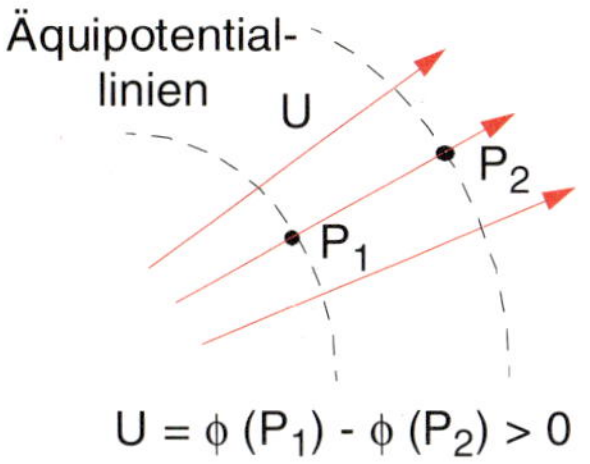

Abb. 1.16. Äquipotentiallinien und elektrische Spannung U als Potentialdifferenz $\phi(P_1) - \phi(P_2)$ zwischen zwei Punkten im elektrischen Feld

$$U = \phi(P_1) - \phi(P_2) = \int_{P_1}^{P_2} \boldsymbol{E}\, \mathrm{d}\boldsymbol{s} \tag{1.13}$$

nennt man die ***elektrische Spannung*** U (Abb. 1.16). Eine Ladung q, die eine Potentialdifferenz U durchläuft, erfährt eine Änderung

$$\Delta E_{\text{pot}} = -qU \tag{1.14}$$

ihrer potentiellen Energie. Da die Gesamtenergie $E = E_{\text{kin}} + E_{\text{pot}}$ konstant ist, folgt für die Änderung der kinetischen Energie

$$\Delta E_{\text{kin}} = -\Delta E_{\text{pot}} = qU \,. \tag{1.14a}$$

Die Einheit der Spannung heißt ***Volt*** (V). Es gilt

$$[U] = [E/q] = 1\,\mathrm{kg\,m^2\,A^{-1}\,s^{-3}} = 1\,\mathrm{V}\,.$$

Im atomaren Bereich ist es zweckmäßig, eine kleinere Energieeinheit, das ***Elektronenvolt***, einzuführen, das diejenige Energie angibt, die ein Elektron gewinnt, wenn es die Potentialdifferenz $U = \Delta\phi = 1\,\mathrm{V}$ durchfällt. Nach (1.14a) gilt:

$$1\,\mathrm{eV} = 1{,}602 \cdot 10^{-19}\,\mathrm{C} \cdot 1\,\mathrm{V} = 1{,}602 \cdot 10^{-19}\,\mathrm{J}\,.$$

BEISPIELE

1. In einer evakuierten Röhre werden aus einer geheizten Kathode Elektronen emittiert, welche die Kathode mit der Anfangsgeschwindigkeit v_0 verlassen. Durch die Spannung U zwischen Kathode und Anode (Abb. 1.17) werden die Elektronen beschleunigt. Ihre Energie an der Anode ist dann

$$\frac{m}{2} v^2 = \frac{m}{2} v_0^2 + e \cdot U \,.$$

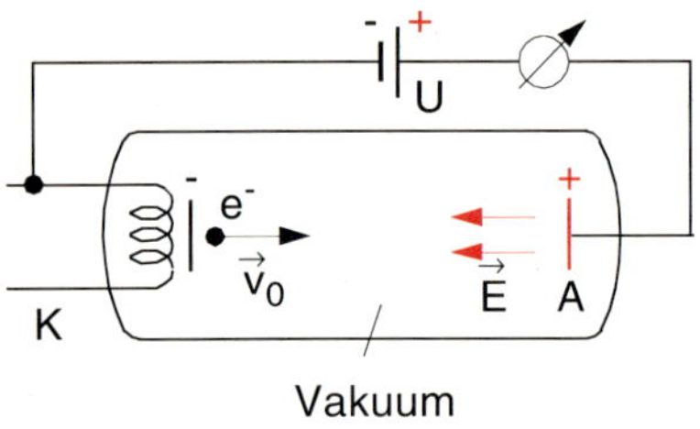

Abb. 1.17. Beschleunigung von Elektronen im elektrischen Feld $\boldsymbol{E}$ zwischen Kathode K und Anode A in einer evakuierten Röhre

Sie treffen daher mit einer Geschwindigkeit $v = \sqrt{v_0^2 + 2eU/m}$ auf die Anode auf. Im allgemeinen ist $v_0 \ll v$, so daß $v \approx \sqrt{2eU/m}$. Für $U = 50\,\text{kV}$ ist z.B. $v = 4 \cdot 10^6\,\text{m/s}$, d.h. etwa 1,3% der Lichtgeschwindigkeit.

2. Welche Energie muß man aufwenden, um ein Wasserstoff-Atom zu ionisieren, d.h. um das Elektron vom Abstand r_1 vom Proton ins Unendliche zu bringen?

$$W = \frac{-e^2}{4\pi\varepsilon_0} \int_{r_1}^{\infty} \frac{\mathrm{d}r}{r^2} = \frac{e^2}{4\pi\varepsilon_0 r_1} \; .$$

Einsetzen von $e = 1{,}6 \cdot 10^{-19}\,\text{C}$, $\varepsilon_0 = 8{,}85 \cdot 10^{-12}\,\text{C/Vm}$, $r_1 = 5 \cdot 10^{-11}\,\text{m}$ liefert den Wert $W = 27\,\text{eV}$. Der experimentelle Wert beträgt $W_{\text{exp}} = 13{,}5\,\text{eV}$. Die Diskrepanz rührt daher, daß wir die kinetische Energie des Elektrons im Grundzustand des H-Atoms nicht berücksichtigt haben, deren Mittelwert für ein Kraftfeld $F \propto 1/r^2$ gegeben ist durch

$$\langle E_{\text{kin}} \rangle = -\left\langle \frac{1}{2} E_{\text{pot}} \right\rangle \qquad \text{(Virialsatz)} \; .$$

Für eine Kreisbahn mit Radius r läßt sich dies sofort verifizieren, indem man die Zentripetalkraft mv^2/r gleich der Coulombkraft setzt.

1.3.2 Potentialgleichung

Aus der Definitionsgleichung für das elektrostatische Potential

$$\phi(P) = \int_P^{\infty} \boldsymbol{E}\,\mathrm{d}\boldsymbol{s}$$

folgt, genau wie beim Gravitationspotential, daß man die Feldstärke $\boldsymbol{E}$ als Gradient von $\phi(x, y, z)$ schreiben kann:

$$\boldsymbol{E} = -\textbf{grad}\;\phi(x, y, z) = -\nabla\phi \; . \qquad (1.15)$$

Man kann das elektrostatische Feld also entweder durch eine skalare Potentialfunktion $\phi(x, y, z)$ beschreiben, die jedem Raumpunkt $P(x, y, z)$ eine Zahl zuordnet, nämlich den Wert $\phi(P)$, oder durch das Vektorfeld $\boldsymbol{E}(x, y, z)$, das jedem Raumpunkt ein Zahlentripel $\{E_x, E_y, E_z\}$ zuordnet, wodurch Größe und Richtung des elektrischen Feldes in diesem Punkt definiert sind.

Aus (1.10) folgt dann mit (1.13):

$$\operatorname{div}\boldsymbol{E} = -\operatorname{div}\textbf{grad}\;\phi = -\Delta\phi = \varrho/\varepsilon_0 \; , \qquad (1.16)$$

wobei Δ der Laplace-Operator ist (siehe Bd. 1, Anhang).

> Die Gleichung
>
> $$\Delta\phi = -\varrho/\varepsilon_0 \qquad (1.16a)$$
>
> heißt ***Poisson-Gleichung***.

Die Integration dieser Differentialgleichung erlaubt bei vorgegebener Ladungsverteilung $\varrho(x, y, z)$ die Bestimmung des Potentials $\phi(x, y, z)$ und des elektrischen Feldes $\boldsymbol{E}(x, y, z)$. Die Integrationskonstanten werden dabei durch geeignete Randbedingungen bestimmt. In denjenigen Raumgebieten, in denen keine Ladungen sind, vereinfacht sich (1.16a) zur ***Laplace-Gleichung***

$$\boxed{\operatorname{div}\textbf{grad}\;\phi = \Delta\phi = 0 \text{ für } \varrho = 0} \; . \qquad (1.16b)$$

Die Gleichung (1.16) spielt für die Elektrostatik eine vergleichbar wichtige Rolle wie die Newtonsche Bewegungsgleichung $\boldsymbol{F} = m\boldsymbol{a}$ für die Mechanik. Wir wollen in Abschn. 1.3.4 die Berechnung von Potentialen und elektrischen Feldern an einigen Beispielen erläutern.

1.3.3 Äquipotentialflächen

Flächen, auf denen das Potential $\phi(\boldsymbol{r})$ konstant ist, heißen ***Äquipotentialflächen***. In der Analysis lernt man, daß der Gradient, in diesem Falle also das elektrische Feld, in jedem Punkt P senkrecht auf der Äquipotentialfläche steht. Man stelle sich die Äquipotentialflächen ähnlich den Höhenlinien auf einer Landkarte vor: Die Höhenlinien verbinden alle Punkte P der Erdoberfläche, die eine bestimmte Höhe z über dem Meeresspiegel (x-y-Ebene) besitzen.

Mathematisch ausgedrückt ist die Höhe eine skalare Funktion auf der x-y-Ebene. Beschreibt man eine Gebirgsoberfläche als Menge aller Punkte $\{x, y, z\}$, für die $h(x, y) = z$ ist, so ist eine Höhenlinie die Menge aller Punkte $\{x, y\}$, für die $h(x, y) = \text{const}$ gilt. Befindet man sich an einem Punkt einer solchen Höhenlinie, so zeigt der Gradient (in der x-y-Ebene!) in die Richtung des steilsten Anstieges, und er steht immer senkrecht auf der Tangente an die Höhenlinie.

In der x-y-Projektion (Karte) rollt eine Kugel immer entgegen dem Gradienten, denn für die Kraft gilt nach Bd. 1: $\boldsymbol{F} = -\textbf{grad}\, V$. Die Feldlinien, die bekanntlich parallel zur Kraft verlaufen, stehen also senkrecht auf den Höhenlinien. Bei den Feldlinien des elektrischen Feldes verhält es sich vollkommen analog, nur daß hier keine Potentialfunktion $V(x, y) = g \cdot h(x, y)$ auf der Ebene, sondern die Funktion $\phi(x, y, z)$ „auf dem Raum" vorliegt.

> Man findet daher die Äquipotentialflächen als Orthogonalflächen zu den Feldlinien (Abb. 1.8–10).

Zum Verschieben von Ladungen auf Äquipotentialflächen braucht man keine Arbeit zu verrichten, da

$$W = q \cdot \int \boldsymbol{E} \cdot \mathrm{d}\boldsymbol{s} \equiv 0 \,.$$

BEISPIELE

1. Im Coulombfeld einer Punktladung sind die Äquipotentialflächen Kugelflächen um die Ladung im Zentrum (Abb. 1.8). Hat man es mit mehreren Punktladungen zu tun, wird die Sache komplizierter. Bei Anwesenheit von zwei Punktladungen ergeben sich die Äquipotentialflächen wie in Abb. 1.9 und 1.10.
2. Im homogenen Feld des ebenen Plattenkondensators (Abb. 1.12) sind die Ebenen parallel zu den Platten Äquipotentialflächen.
3. Alle Leiteroberflächen bilden in der Elektrostatik, d.h. bei ruhenden Ladungen, Äquipotentialflächen. Alle Feldlinien stehen also immer senkrecht auf Leiteroberflächen. Dies gilt nicht mehr, wenn ein elektrischer Strom durch den Leiter fließt (siehe Abschn. 2.2.2).

1.3.4 Spezielle Ladungsverteilungen

a) Geladene Hohlkugel

Eine homogen geladene Oberfläche einer leitenden Hohlkugel mit Radius R habe die Flächenladungsdichte σ und die Ladung $Q = 4\pi R^2 \sigma$. Für eine konzentrische Kugelfläche mit Radius $r > R$ gilt nach (1.9b) für den elektrischen Fluß

$$\begin{aligned} \Phi_{\text{el}} &= \int_A \boldsymbol{E} \cdot \mathrm{d}\boldsymbol{S} \\ &= E \cdot 4\pi r^2 = Q/\varepsilon_0 \;\Rightarrow\; \boldsymbol{E} = \frac{Q}{4\pi\varepsilon_0 r^2}\,\hat{\boldsymbol{r}} \,, \end{aligned}$$

da aus Symmetriegründen $\boldsymbol{E}$ radial nach außen zeigen muß, d.h. $\boldsymbol{E} \parallel \mathrm{d}\boldsymbol{S} \parallel \hat{\boldsymbol{r}}$. Die geladene Kugelfläche wirkt also für $r > R$ wie eine Punktladung Q im Mittelpunkt der Kugel. Das Potential im Abstand r vom Mittelpunkt der Hohlkugel erhalten wir aus

$$\begin{aligned} \phi(r) &= \int_r^\infty E \cdot \mathrm{d}r \\ &= \frac{Q}{4\pi\varepsilon_0 r} \;\Rightarrow\; |\boldsymbol{E}(\boldsymbol{r})| = \frac{\phi(r)}{r} \,. \end{aligned}$$

Da die Leiteroberfläche Äquipotentialfläche ist, folgt, daß bei vorgegebenem Potential $\phi(R)$ der Fläche die Feldstärke mit abnehmendem Krümmungsradius R zunimmt!

Eine beliebige geschlossene Fläche, die ganz innerhalb der Kugel liegt, umschließt keine Ladung. Weil für jede dieser Flächen gilt:

$$\int \boldsymbol{E}\, \mathrm{d}\boldsymbol{S} = 0 \,,$$

folgt $\boldsymbol{E} \equiv 0$ im Kugelinneren.

> Im Inneren der homogen geladenen Kugel herrscht kein Feld. Das Potential im Inneren ist deshalb konstant (Abb. 1.18).

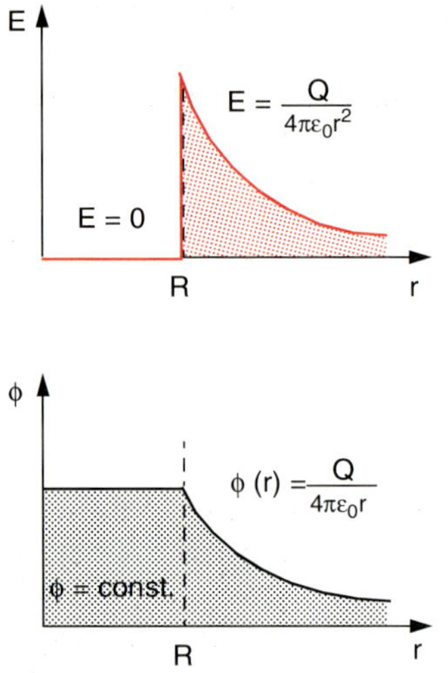

Abb. 1.18. Elektrische Feldstärke $|\boldsymbol{E}(r)|$ und Potential $\phi(r)$ einer geladenen Hohlkugel

b) Geladene Vollkugel

Für eine homogen geladene Vollkugel mit der Ladung $Q = \frac{4}{3}\pi R^3 \varrho$ ergibt sich analog zu Bd. 1, Abschn. 2.9, für $r \geq R$ (Abb. 1.19 und Aufgabe 1.6):

$$\boldsymbol{E} = \frac{Q}{4\pi\varepsilon_0 r^2}\,\hat{\boldsymbol{r}}$$

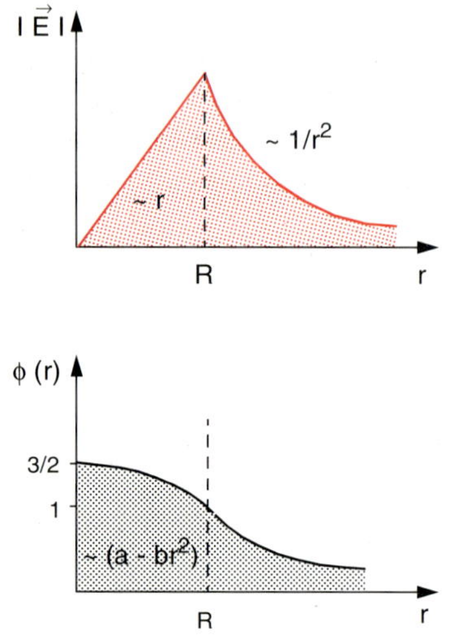

Abb. 1.19. Feld- und Potentialverlauf im Inneren und Äußeren einer Vollkugel mit Radius R und konstanter Ladungsdichte $\varrho = Q/(\frac{4}{3}\pi R^3)$, wobei $a = \varrho R^2/(2\varepsilon_0)$ und $b = \varrho/(6\varepsilon_0)$ ist

und

$$\phi = \frac{Q}{4\pi\varepsilon_0 r}\,, \tag{1.17a}$$

bzw. für $r \leq R$:

$$\boldsymbol{E} = \frac{Qr}{4\pi\varepsilon_0 R^3}\,\hat{\boldsymbol{r}}$$

und

$$\phi = \frac{Q}{4\pi\varepsilon_0 R}\left(\frac{3}{2} - \frac{r^2}{2R^2}\right). \tag{1.17b}$$

c) Geladener Stab

Als nächstes Beispiel wollen wir Feld und Potential eines unendlich langen geladenen Stabes mit dem Radius R berechnen (Abb. 1.20). Die Ladung pro Längeneinheit sei $\lambda = \pi R^2 \varrho$. Wieder ist aus Symmetriegründen die Feldstärke $\boldsymbol{E}$ in einem Punkt P im Abstand r von der Stabachse radial nach außen gerichtet. Für den elektrischen Fluß durch eine zum Stab koaxiale Zylinderoberfläche mit Radius r und Länge L erhalten wir für $r \geq R$

$$\begin{aligned}\Phi_{\text{el}} &= \int \boldsymbol{E}\cdot \mathrm{d}\boldsymbol{S} = E\cdot 2\pi r\cdot L\\ &= \frac{Q}{\varepsilon_0} = \frac{\lambda}{\varepsilon_0}\cdot L\\ &\Rightarrow \boldsymbol{E} = \frac{\lambda}{2\pi\varepsilon_0 r}\,\hat{\boldsymbol{r}}\end{aligned} \tag{1.18a}$$

($\lambda = Q/L$ Ladung pro Längeneinheit), und für $r \leq R$ gilt

$$\begin{aligned}\int \boldsymbol{E}\cdot \mathrm{d}\boldsymbol{S} &= E\cdot 2\pi r\cdot L = \frac{\varrho\pi r^2 L}{\varepsilon_0}\\ \Rightarrow \boldsymbol{E} &= \frac{\varrho r}{2\varepsilon_0}\,\hat{\boldsymbol{r}} = \frac{\lambda \boldsymbol{r}}{2\varepsilon_0 \pi R^2}\,.\end{aligned} \tag{1.18b}$$

Mit der Randbedingung $\phi(R) = 0$ ergibt sich für $r \geq R$

$$\phi(r) = -\frac{\lambda}{2\pi\varepsilon_0}\ln\frac{r}{R} \tag{1.18c}$$

und für $r \leq R$

$$\phi(r) = \frac{\lambda}{4\pi\varepsilon_0}\left(1 - \frac{r^2}{R^2}\right). \tag{1.18d}$$

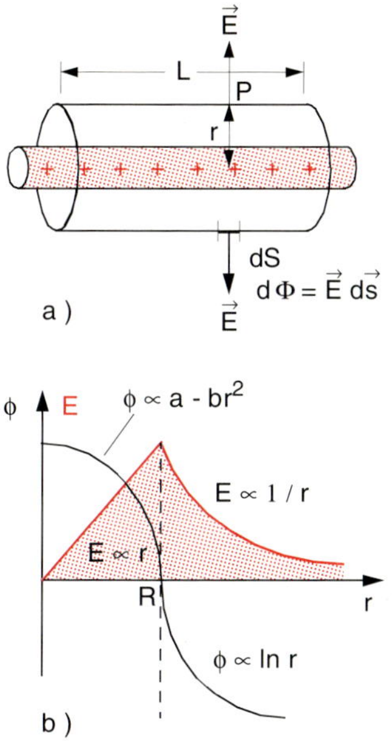

Abb. 1.20. (**a**) Zur Herleitung von (1.18); (**b**) radialer Verlauf von Potential $\phi(r)$ und Feldstärke $E(r)$ eines unendlich langen geladenen Stabes

Man überlege sich, daß hier die Randbedingung $\phi(\infty) = 0$ nicht sinnvoll wäre.

d) Koaxialkabel

Ein Koaxialkabel entspricht einer Anordnung aus einem leitenden Draht mit Radius R_1, der koaxial von einem dünnen, leitenden Hohlzylinder mit Radius R_2 umgeben ist (Abb. 1.21). Die beiden Leiter mögen die entgegengesetzt gleichen Ladungsdichten pro Längeneinheit $\lambda_1 = -\lambda_2$ haben.

Für $r > R_2$ gilt:

$$\int \boldsymbol{E} \cdot \mathrm{d}\boldsymbol{S} = 0 \;\Rightarrow\; E = 0 \,,$$

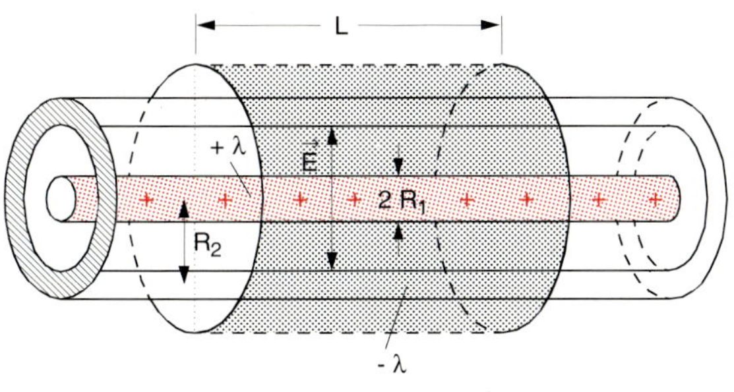

Abb. 1.21. Koaxialkabel

da die Gesamtladung innerhalb des Zylinders mit Radius r gleich Null ist.

Für $R_1 \leq r \leq R_2$ gilt: Das Feld des äußeren Zylinders ist Null, das des inneren ist, wie bereits im vorigen Beispiel berechnet wurde,

$$\boldsymbol{E} = \frac{\lambda}{2\pi\varepsilon_0 r}\,\hat{\boldsymbol{r}} \,.$$

1.4 Multipole

Aus der Linearität der Poissongleichung (1.16) folgt, daß sich die Coulomb-Potentiale $\phi_i(P)$, die durch im Raum verteilte Ladungen Q_i erzeugt werden, im Aufpunkt P linear überlagern (***Superpositionsprinzip***). Bei N Punktladungen $Q_i(\boldsymbol{r}_i)$ (Abb. 1.22) erhalten wir daher für das Gesamtpotential im Aufpunkt P

$$\phi(\boldsymbol{R}) = \frac{1}{4\pi\varepsilon_0}\sum \frac{Q_i}{|\boldsymbol{R} - \boldsymbol{r}_i|} \,, \tag{1.19}$$

wenn $\boldsymbol{R}$ der Ortsvektor des Punktes P und $\boldsymbol{r}_i$ der Ortsvektor der Ladung Q_i ist.

Liegt eine räumlich kontinuierlich verteilte Ladung mit der Ladungsdichte $\varrho(r)$ vor, so gilt entsprechend

$$\phi(\boldsymbol{R}) = \frac{1}{4\pi\varepsilon_0}\int_V \frac{\varrho(\boldsymbol{r}) \cdot \mathrm{d}^3 r}{|\boldsymbol{R} - \boldsymbol{r}|} \,. \tag{1.20}$$

Bei beliebiger Ladungsverteilung ist das Integral in (1.20) oft nicht mehr analytisch lösbar. Man kann aber für die Aufpunkte $P(\boldsymbol{R})$, deren Entfernung R vom Ladungsgebiet groß genug gegen die Ausdehnung dieses Gebietes ist, das Potential $\phi(\boldsymbol{R})$ durch

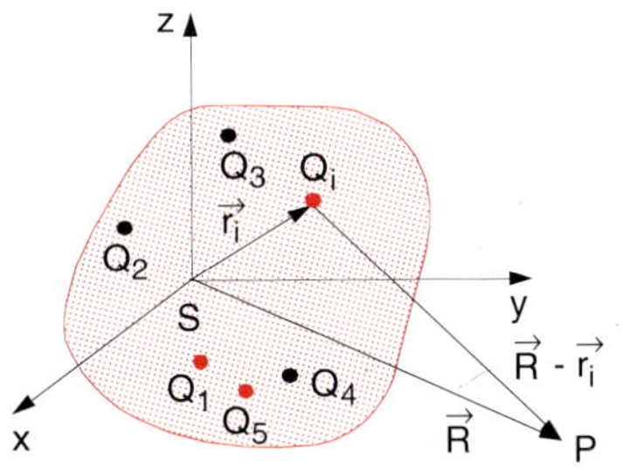

Abb. 1.22. Zur Multipol-Entwicklung des Potentials $\phi(P)$ einer Ladungsverteilung mit dem Ladungsschwerpunkt S^+ der positiven Ladungen, gemessen in einem weit entfernten Punkt P mit $|R| \gg |\boldsymbol{r}_{\max}|$

eine Taylorentwicklung des Integranden und gliedweise Integration bestimmen, wobei man den Ursprung zweckmäßigerweise in den Ladungsschwerpunkt S der Ladungen eines Vorzeichens, z.B. der positiven Ladungen, legt und nach $r/R \ll 1$ entwickelt.

Diese sogenannte ***Multipol-Entwicklung*** zerlegt das Potential der Ladungsverteilung in Summanden $\phi_n(R)$, die von Punktladungen (Monopolen), Punktladungspaaren (Dipolen), Dipolpaaren (Quadrupolen) etc. erzeugt werden und die jeweils mit verschiedenen Potenzen R^{-n} mit wachsender Entfernung R des Aufpunktes $P(R)$ vom Ladungsschwerpunkt S abfallen. Dieses Konzept hat sich als sehr nützlich erwiesen z.B. bei der Berechnung der Wechselwirkung zwischen Atomen und Molekülen. Es gibt eine bessere Einsicht in die Art der Ladungsverteilung.

Wir wollen nun Potential- und Feldverteilung einiger einfacher Multipole behandeln, damit die im Abschnitt 1.4.3 diskutierte allgemeine Multipolentwicklung an diesen konkreten Beispielen verdeutlicht werden kann.

1.4.1 Der elektrische Dipol

Ein elektrischer Dipol besteht aus zwei entgegengesetzt gleichen Ladungen $Q_1 = Q = -Q_2$ im Abstand d (Abb. 1.23).

Er wird charakterisiert durch sein ***Dipolmoment***

$$\boldsymbol{p} = q \cdot \boldsymbol{d},$$

dessen Richtung definitionsgemäß von der negativen zur positiven Ladung zeigt.

Die Feldstärke $\boldsymbol{E}(\boldsymbol{R})$ und das Potential $\phi(\boldsymbol{R})$ in einem beliebigen Punkt $P(\boldsymbol{R})$ erhält man durch die Überlagerung der Felder beider Punktladungen. Am einfachsten ist es, zuerst das Potential auszurechnen, um dann das Feld durch Gradientenbildung zu erhalten. Mit $\boldsymbol{r}_1 = \boldsymbol{R} - \boldsymbol{d}/2$ und $\boldsymbol{r}_2 = \boldsymbol{R} + \boldsymbol{d}/2$ ergibt sich

$$\phi_\mathrm{D}(\boldsymbol{R}) = \frac{1}{4\pi\varepsilon_0}\left(\frac{Q}{|\boldsymbol{R} - \boldsymbol{d}/2|} - \frac{Q}{|\boldsymbol{R} + \boldsymbol{d}/2|}\right). \quad (1.21)$$

In genügend großer Entfernung vom Dipol ($R \gg d$) kann man die Taylorentwicklung

$$\frac{1}{|\boldsymbol{R} \pm \boldsymbol{d}/2|} = \frac{1}{R} \cdot \frac{1}{\sqrt{1 \pm \frac{\boldsymbol{R}\cdot\boldsymbol{d}}{R^2} + \frac{d^2}{4R^2}}} = \frac{1}{R}\left(1 \mp \frac{1}{2}\frac{\boldsymbol{R}\cdot\boldsymbol{d}}{R^2} + \cdots\right) \quad (1.22)$$

nach dem linearen Glied abbrechen und erhält in dieser Näherung für das Potential des Dipols in großer Entfernung

$$\boxed{\phi_\mathrm{D}(\boldsymbol{R}) = \frac{Q}{4\pi\varepsilon_0} \cdot \frac{\boldsymbol{d}\cdot\boldsymbol{R}}{R^3} = \frac{\boldsymbol{p}\cdot\boldsymbol{R}}{4\pi\varepsilon_0 R^3} = \frac{p \cdot \cos\vartheta}{4\pi\varepsilon_0 R^2}}\,. \quad (1.23)$$

Wegen $\mathbf{grad}\,(1/r) = -\boldsymbol{r}/r^3$ kann man das Dipolpotential

$$\phi_\mathrm{D}(\boldsymbol{R}) = -\frac{Q}{4\pi\varepsilon_0}\boldsymbol{d} \cdot \nabla\left(\frac{1}{R}\right) = -\boldsymbol{d} \cdot \mathbf{grad}\,\phi_\mathrm{M} \quad (1.24)$$

auch als Skalarprodukt aus Ladungsabstand $\boldsymbol{d}$ im Dipol und Gradient des Monopol-Potentials (Coulomb-Potential) schreiben.

Man sieht, daß das Potential eines Dipols wegen $\phi_\mathrm{D}(P) \propto 1/R^2$ mit wachsendem Abstand R schneller abfällt als das Potential einer Punktladung ($\phi_\mathrm{M}(P) \propto 1/R$). Der Grund dafür ist die mit wachsendem Abstand zunehmende Kompensation der entgegengesetzten Potentiale von $+Q$ und $-Q$. Auf der Symmetrieebene $z = 0$ ist $\vartheta = 90°$ und deshalb überall $\phi_\mathrm{D} \equiv 0$.

Das elektrische Feld $\boldsymbol{E} = -\mathbf{grad}\,\phi_\mathrm{D}$ läßt sich aus (1.23) mit

$$\mathbf{grad}\,\phi_\mathrm{D} = \frac{Q}{4\pi\varepsilon_0}\left\{(\boldsymbol{d}\cdot\boldsymbol{R}) \cdot \mathbf{grad}\,\frac{1}{R^3} + \frac{1}{R^3} \cdot \mathbf{grad}\,(\boldsymbol{d}\cdot\boldsymbol{R})\right\}$$

berechnen. Man erhält:

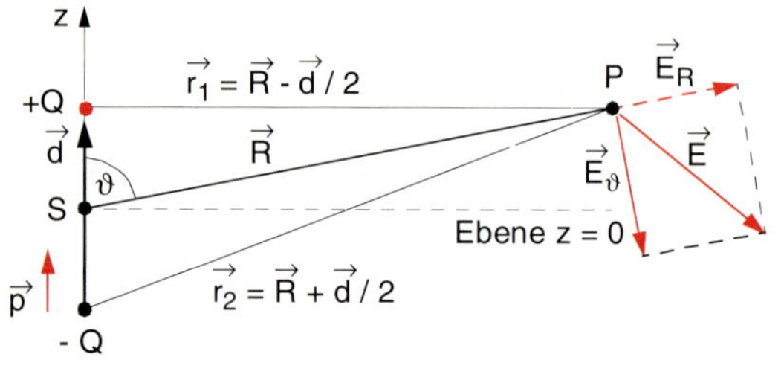

Abb. 1.23. Elektrischer Dipol

$$\boldsymbol{E}(\boldsymbol{R}) = \frac{1}{4\pi\varepsilon_0 R^3}\,(3p\hat{\boldsymbol{R}}\cdot\cos\vartheta - \boldsymbol{p})\ . \qquad (1.25a)$$

Anschaulich läßt sich $\boldsymbol{E}$ wegen der Zylindersymmetrie des Problems am besten in Polarkoordinaten R, ϑ und φ darstellen: Aus

$$\begin{aligned}\boldsymbol{E} &= -\mathbf{grad}\,\phi\\ &= -\left\{\frac{\partial\phi}{\partial R}, \frac{1}{R}\frac{\partial\phi}{\partial\vartheta}, \frac{1}{R\sin\vartheta}\frac{\partial\phi}{\partial\varphi}\right\}\end{aligned}$$

folgt mit (1.23):

$$\begin{aligned}E_R &= \frac{2p\cdot\cos\vartheta}{4\pi\varepsilon_0 R^3},\\ E_\vartheta &= \frac{p\cdot\sin\vartheta}{4\pi\varepsilon_0 R^3}, \qquad (1.25b)\\ E_\varphi &= 0.\end{aligned}$$

Da das Feld nicht vom Azimutwinkel φ abhängt, ist es zylindersymmetrisch um die Dipolachse. In Abb. 1.10 ist das elektrische Feld in einer die Dipolachse enthaltenden Ebene dargestellt, und Abb. 1.23 zeigt die Feldstärkekomponenten E_R und E_ϑ.

In einem äußeren elektrischen Feld hat ein elektrischer Dipol die potentielle Energie (Abb. 1.24)

$$W_{\text{pot}} = Q\phi_1 - Q\phi_2 = Q(\phi_1 - \phi_2)\ , \qquad (1.26)$$

die Null wird, wenn die beiden Ladungen $+Q$ und $-Q$ auf einer Äquipotentialfläche liegen, der Dipol also senkrecht zu $\boldsymbol{E}$ steht.

Bei beliebiger Lage des Dipols bewirkt ein homogenes elektrisches Feld die Kräfte $\boldsymbol{F}_1 = Q\cdot\boldsymbol{E}$ und $\boldsymbol{F}_2 = -Q\cdot\boldsymbol{E}$ auf die Ladungen Q und $-Q$, die wiederum ein Drehmoment mit dem Betrag

$$D = 2QE\frac{d}{2}\sin\alpha$$

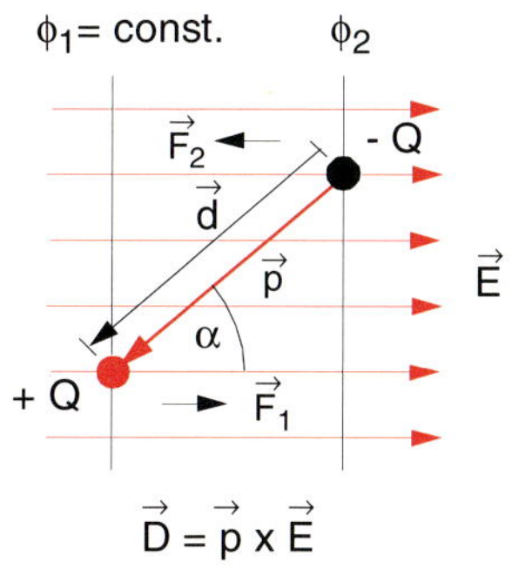

Abb. 1.24. Drehmoment auf einen Dipol im homogenen elektrischen Feld

bewirken, das senkrecht auf $\boldsymbol{d}$ und $\boldsymbol{E}$ steht und das wir deshalb vektoriell schreiben können als

$$\boxed{\boldsymbol{D} = \boldsymbol{p}\times\boldsymbol{E}}\ . \qquad (1.27)$$

Die potentielle Energie des Dipols im homogenen äußeren Feld ergibt sich aus (1.26) wegen $\phi_1 - \phi_2 = \mathbf{grad}\,\phi\cdot\boldsymbol{d}$ zu

$$\boxed{W_{\text{pot}} = -\boldsymbol{p}\cdot\boldsymbol{E}}\ . \qquad (1.28)$$

Die potentielle Energie ist also minimal, wenn $\boldsymbol{p}$ und $\boldsymbol{E}$ parallel sind. In diese Lage stellt sich der Dipol im Feld von selbst ein, wenn er nicht durch andere Kräfte daran gehindert wird.

Im inhomogenen Feld $\boldsymbol{E}(\boldsymbol{r})$ wirkt auf den Dipol die resultierende Kraft

$$\begin{aligned}\boldsymbol{F} &= Q\cdot\left[\boldsymbol{E}(\boldsymbol{r}+\boldsymbol{d}) - \boldsymbol{E}(\boldsymbol{r})\right]\\ &= Q\cdot\boldsymbol{d}\cdot\frac{\mathrm{d}\boldsymbol{E}}{\mathrm{d}\boldsymbol{r}} = \boldsymbol{p}\cdot\nabla\boldsymbol{E}\ . \qquad (1.29)\end{aligned}$$

Der Vektorgradient von $\boldsymbol{E}$ ist ein Tensor, dessen Skalarprodukt mit dem Vektor $\boldsymbol{p}$ den Vektor $\boldsymbol{F}$ ergibt. In Komponentenschreibweise heißt (1.29)

$$\begin{aligned}F_x &= \boldsymbol{p}\cdot\mathbf{grad}\,E_x\\ &= p_x\frac{\partial E_x}{\partial x} + p_y\frac{\partial E_x}{\partial y} + p_z\frac{\partial E_x}{\partial z},\\ F_y &= \boldsymbol{p}\cdot\mathbf{grad}\,E_y\\ &= p_x\frac{\partial E_y}{\partial x} + p_y\frac{\partial E_y}{\partial y} + p_z\frac{\partial E_y}{\partial z},\\ F_z &= \boldsymbol{p}\cdot\mathbf{grad}\,E_z\\ &= p_x\frac{\partial E_z}{\partial x} + p_y\frac{\partial E_z}{\partial y} + p_z\frac{\partial E_z}{\partial z}\ . \qquad (1.29a)\end{aligned}$$

> Im homogenen Feld ist die resultierende Kraft auf einen Dipol Null. Bei beliebiger Orientierung von $\boldsymbol{p}$ dreht sich der Dipol im Feld, bis $\boldsymbol{p}$ parallel zu $\boldsymbol{E}$ steht. Der Dipol wird durch die resultierende Kraft im inhomogenen Feld immer in Richtung wachsender Feldstärke gezogen (Abb. 1.25).

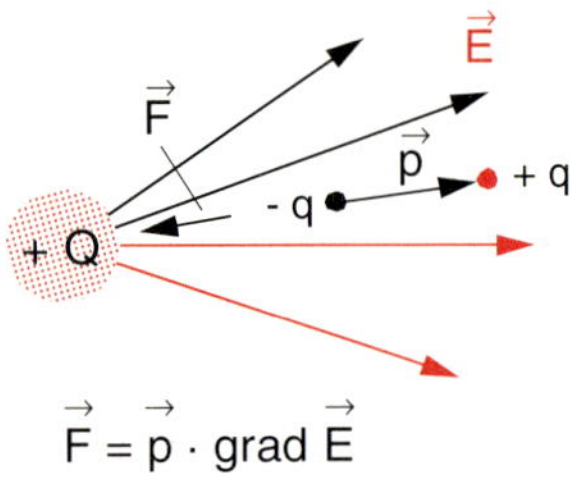

Abb. 1.25. Kraft auf einen Dipol im homogenen Feld

1.4.2 Der elektrische Quadrupol

Ordnet man zwei positive und zwei negative Ladungen so im Raum an, daß zwei benachbarte antiparallele Dipole mit dem Abstand a entstehen (Abb. 1.26), so heben sich für Raumpunkte P, deren Entfernung R groß gegen die Ladungsabstände a bzw. d ist, die Dipolfelder praktisch auf.

Man nennt eine solche Anordnung aus vier Monopolen mit der Gesamtladung Null einen Quadrupol. Das Potential ergibt sich als Überlagerung zweier Dipolpotentiale

$$\begin{aligned}\phi(\boldsymbol{R}) &= \phi_{\mathrm{D}}(\boldsymbol{R}+\boldsymbol{a}/2) - \phi_{\mathrm{D}}(\boldsymbol{R}-\boldsymbol{a}/2)\\ &= \boldsymbol{a}\cdot\textbf{grad}\,\phi_{\mathrm{D}}\,. \end{aligned} \tag{1.30}$$

Aus (1.23) ergibt sich

$$\phi_{\mathrm{Q}}(\boldsymbol{R}) = \frac{Q}{4\pi\varepsilon_0}\,\boldsymbol{a}\cdot\textbf{grad}\left(\frac{\boldsymbol{d}\cdot\boldsymbol{R}}{R^3}\right). \tag{1.31}$$

Man sieht hieraus, daß das Quadrupol-Potential als Skalarprodukt aus Abstandsvektor $\boldsymbol{a}$ zwischen den beiden Dipolen und dem Gradienten des Dipolpotentials ϕ_{D} geschrieben werden kann, analog zum Dipolpotential, das gleich dem negativen Skalarprodukt aus Ladungsabstand und Gradienten des Monopolpotentials ist (1.24). Das Vorzeichen von ϕ_{Q} ergibt sich aus der Festlegung der Richtung von $\boldsymbol{a}$.

1.4.3 Multipol-Entwicklung

Man kann das Potential einer beliebigen Verteilung von Punktladungen (1.19), Flächenladungen oder Raumladungen (1.20) für einen Punkt $P(\boldsymbol{R})$, dessen Entfernung von der Ladungsverteilung groß genug ist gegen den mittleren Abstand r der Ladungen, durch eine Reihenentwicklung nach Potenzen von $(r/R)^n$ angeben, deren Genauigkeit von der Zahl der berücksichtigten Glieder und vom Verhältnis r/R abhängt.

In der Summe (1.19) bzw. dem Integral (1.20) läßt sich der Ausdruck

$$\begin{aligned}\frac{1}{|\boldsymbol{R}-\boldsymbol{r}|} &= \frac{1}{\sqrt{(\boldsymbol{R}-\boldsymbol{r})^2}}\\ &= \frac{1}{R}\frac{1}{\sqrt{1-(2\boldsymbol{R}\cdot\boldsymbol{r}/R^2)+r^2/R^2}}\end{aligned} \tag{1.32}$$

in eine Taylor-Reihe entwickeln (siehe z.B. [1.3]). Analog zur Entwicklung der Funktion

$$\begin{aligned}f(x) &= \frac{1}{\sqrt{1-x}}\\ &= f(0) + x\cdot f'(0) + \frac{x^2}{2}f''(0) + \cdots\\ &= 1 + \frac{1}{2}x + \frac{3}{8}x^2 + \cdots\end{aligned} \tag{1.33}$$

erhält man mit $x = 2(\boldsymbol{R}\cdot\boldsymbol{r})/R^2 - r^2/R^2$ aus (1.32)

$$\begin{aligned}\frac{1}{|\boldsymbol{R}-\boldsymbol{r}|} &= \frac{1}{R} - \boldsymbol{r}\cdot\nabla\frac{1}{R}\\ &\quad + \frac{1}{2}(\boldsymbol{r}\nabla)(\boldsymbol{r}\nabla)\frac{1}{R} + \cdots,\end{aligned} \tag{1.34}$$

wie man durch explizite Ausführung der Differentiation von (1.32) prüfen kann. Der Nablaoperator wirkt in (1.34) nur auf R. Setzt man (1.34) in (1.19) ein, so ergibt sich die ***Multipol-Entwicklung***

$$\begin{aligned}\phi(\boldsymbol{R}) = \frac{1}{4\pi\varepsilon_0}\Bigg[&\frac{1}{R}\sum_{i=1}^{N} Q_i + \frac{1}{R^3}\sum_{i=1}^{N}(Q_i\boldsymbol{r}_i)\boldsymbol{R}\\ &+ \frac{1}{R^5}\sum_{i=1}^{N}\frac{Q_i}{2}\big[(3x_i^2-r_i^2)X^2\\ &+ (3y_i^2-r_i^2)Y^2 + (3z_i^2-r_i^2)Z^2\\ &+ 2(3x_iy_iXY + 3x_iz_iXZ\\ &+ 3y_iz_iYZ)\big]\Bigg].\end{aligned} \tag{1.35}$$

Der erste Term in (1.35) (Monopolterm) gibt das Coulomb-Potential an, welches die gesamte im Ursprung vereinigte Ladung $\sum Q_i$ erzeugt. Dieser

Term wird daher Null für eine insgesamt neutrale Ladungsverteilung ($\sum Q_i = 0$), z.B. für ein neutrales Atom oder Molekül. Der zweite Term in (1.35) kann mit dem elektrischen Dipolmoment $\boldsymbol{p}_i = Q_i \boldsymbol{r}_i$ der i-ten Ladung geschrieben werden als $1/R^3 \cdot \sum \boldsymbol{p}_i \cdot \boldsymbol{R}$. Dieser *Dipolterm* hängt nicht nur von der Summe aller Dipolmomente ab, sondern auch von deren Orientierung gegen die Richtung $\boldsymbol{R}$ zum Aufpunkt P. Für ein neutrales Molekül mit permanentem elektrischen Dipolmoment (z.B. NaCl = Na^+Cl^-) ist der Dipolterm der führende Term in der Multipol-Entwicklung.

Der dritte Term in (1.35) läßt sich durch Einführung der Abkürzungen

$$\begin{aligned}
QM_{xx} &= \sum Q_i(3x_i^2 - r_i^2), \\
QM_{yy} &= \sum Q_i(3y_i^2 - r_i^2), \\
QM_{zz} &= \sum Q_i(3z_i^2 - r_i^2), \\
QM_{xy} &= QM_{yx} = 3 \sum Q_i x_i y_i, \\
QM_{xz} &= QM_{zx} = 3 \sum Q_i x_i z_i, \\
QM_{yz} &= QM_{zy} = 3 \sum Q_i y_i z_i
\end{aligned} \tag{1.36}$$

vereinfachen. Analog zum Trägheitstensor (Bd. 1, Kap. 5), der die Massenverteilung in einem ausgedehnten Körper beschreibt, lassen sich die Größen QM_{jk}, welche die räumliche Ladungsverteilung beschreiben, als Komponenten des ***Quadrupoltensors***

$$QM = \begin{pmatrix} QM_{xx} & QM_{xy} & QM_{xz} \\ QM_{yx} & QM_{yy} & QM_{yz} \\ QM_{zx} & QM_{zy} & QM_{zz} \end{pmatrix} \tag{1.37}$$

auffassen. Damit wird aus dem dritten Term in (1.35)

$$\begin{aligned}
\phi_{\text{Quad}} = \frac{1}{8\pi\varepsilon_0 R^5} \big[& QM_{xx}X^2 + QM_{yy}Y^2 \\
& + QM_{zz}Z^2 + 2(QM_{xy}XY \\
& + QM_{xz}XZ + QM_{yz}YZ) \big] \, .
\end{aligned} \tag{1.38}$$

Aus (1.36) folgt, daß der Quadrupoltensor symmetrisch ist und daß seine Spur (die Summe der Hauptdiagonalelemente) verschwindet.

Das Quadrupolmoment QM ist ein Maß für die Abweichung der Ladungsverteilung von der Kugelsymmetrie. Für eine homogen geladene Kugel gilt $QM = 0$.

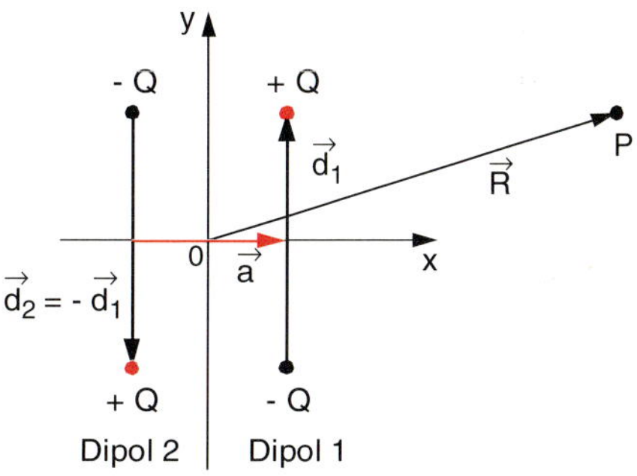

Abb 1.26. Zum Potential eines elektrischen Quadrupols

BEISPIEL

Für die Ladungsverteilung der Abb. 1.26 erhält man aus (1.36)

$$\begin{aligned}
QM_{xx} &= QM_{yy} = QM_{zz} = QM_{xz} = QM_{yz} = 0, \\
QM_{xy} &= 3 \cdot a \cdot d \cdot Q \, .
\end{aligned}$$

1.5 Leiter im elektrischen Feld

Bringt man einen Leiter in ein elektrisches Feld, so wirkt auf seine frei beweglichen Ladungen die Kraft $F = q \cdot E$. Diese verschiebt die Ladungen so lange, bis sich im Leiter auf Grund der veränderten Ladungsverteilung ein Gegenfeld aufgebaut hat, welches das äußere Feld gerade kompensiert (Abb. 1.27). Man nennt diese Ladungsverschiebung ***Influenz***. Das Innere von Leitern ist deshalb feldfrei! Die Ladungen sitzen auf der Oberfläche des Leiters.

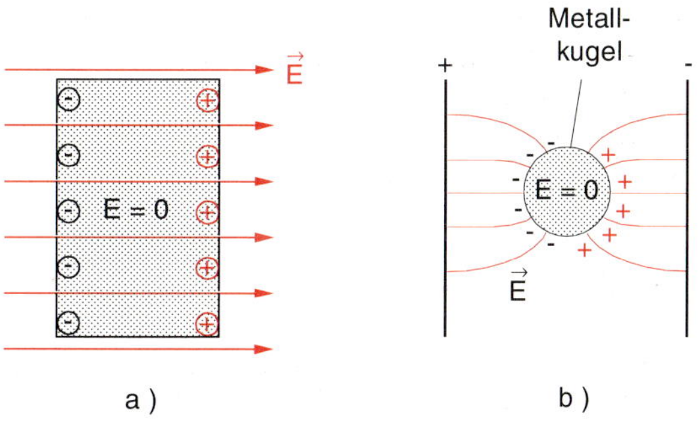

Abb. 1.27a,b. Verschiebung von Ladungen bei Leitern in einem äußeren elektrischen Feld. (**a**) Ebene Leiterplatte, (**b**) Metallkugel. Alle Feldlinien münden in beiden Fällen senkrecht auf der Leiteroberfläche

1.5.1 Influenz

Man kann die Influenz durch einen einfachen Versuch demonstrieren (Abb. 1.28): Im elektrischen Feld eines Plattenkondensators werden zwei sich berührende Metallplatten mit isolierenden Griffen getrennt und einzeln aus dem Feld herausgebracht. Durch die Influenz sind während der Berührung der beiden Platten im Feld die Ladungen zu den beiden entgegengesetzten Oberflächen verschoben worden, so daß nach der Trennung der Platten die eine die Ladung $+Q$, die andere die Ladung $-Q$ trägt. Dies kann mit einem Elektroskop quantitativ nachgewiesen werden.

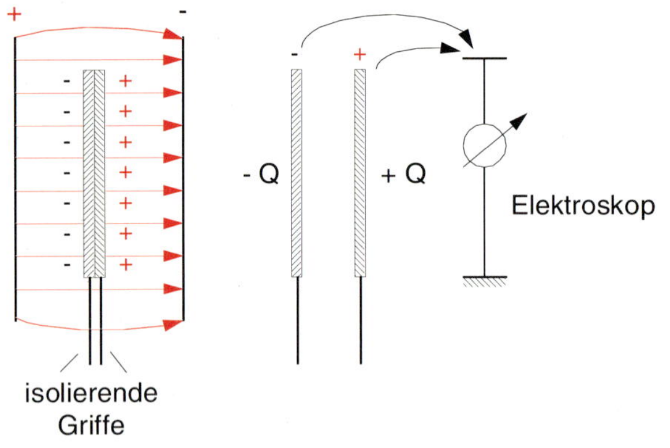

Abb. 1.28. Trennung von zwei sich berührenden Leiterplatten im elektrischen Feld und Nachweis der entgegengesetzten Ladungen beider Platten außerhalb des Feldes

Die Influenz läßt sich sehr eindrucksvoll mit dem ***Becher-Elektroskop*** vorführen (Abb. 1.29): Bringt man eine positiv geladene Kugel in das Innere des Metallbechers, ohne die Wände zu berühren, so werden durch das elektrische Feld die Ladungen der frei beweglichen negativen Ladungen im Metallbecher nach außen verschoben bis ins Elektroskop, das einen entsprechenden Ausschlag zeigt. Dieser Ausschlag verschwindet wieder, wenn man die geladene Kugel wieder entfernt.

Berührt man jedoch die Innenwand des Bechers, so wird die Kugel entladen, die Ladungen verschieben sich auf Grund ihrer gegenseitigen Abstoßung auf die Außenseite des Bechers, und der Innenraum des Bechers bleibt feldfrei! Man kann die Kugel an einer Ladungsquelle erneut aufladen und das Spiel wiederholen. Auf diese Weise läßt sich das Elektroskop auf dem

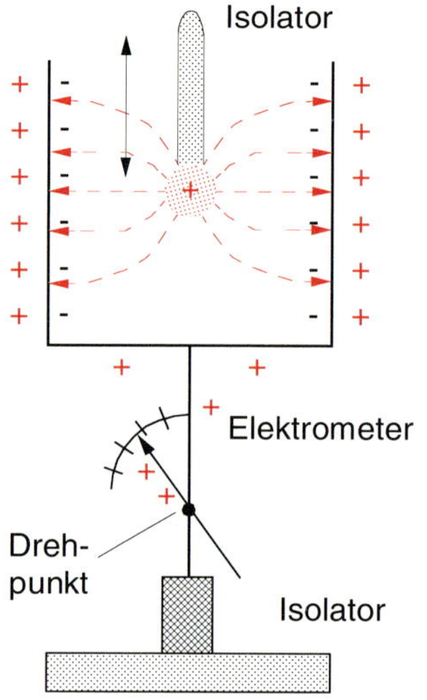

Abb. 1.29. Demonstration der Influenz mit dem Becher-Elektrometer

Wege 1 in Abb. 1.30 im Prinzip auf eine beliebig hohe Spannung aufladen, die nur begrenzt ist durch Ladungsverluste infolge ungenügender elektrischer Isolation. Auf dem Wege 2 hingegen, wo die Ladungszufuhr auf die Außenseite des Bechers geschieht, läßt sich höchstens die Spannung U_0 der Ladungsquelle erreichen.

Diese durch Ladungstransport auf die Innenwand einer leitenden Kugel gegebene Möglichkeit, sehr hohe Spannungen zu erzeugen, wird im ***Van-de-Graaff-Generator*** benutzt (Abb. 1.31). Auf ein umlaufendes Band aus isolierendem Material werden über scharfe Spitzen eines Leiters (hohe Feldstärke!) Ladungen aufgesprüht, die von dem Band in das Innere einer leitenden Kugel transportiert werden. Dort werden sie von einem Leiterkamm, der mit der Innenwand der Kugel leitend verbunden ist, wie-

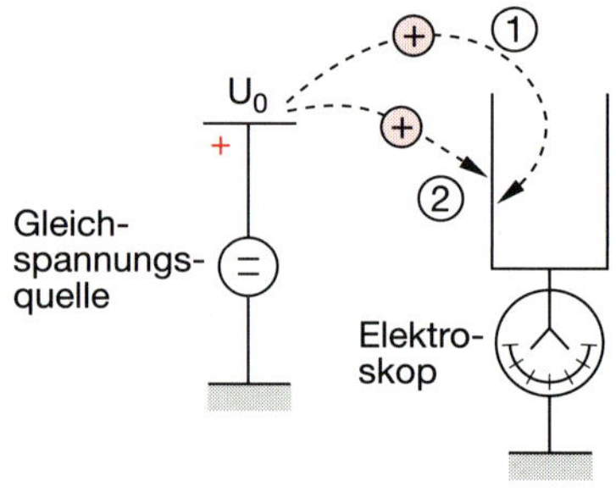

Abb. 1.30. Auf dem Wege (1) kann die Spannung am Elektroskop wesentlich größer als U_0 werden, auf dem Wege (2) erreicht sie höchstens U_0

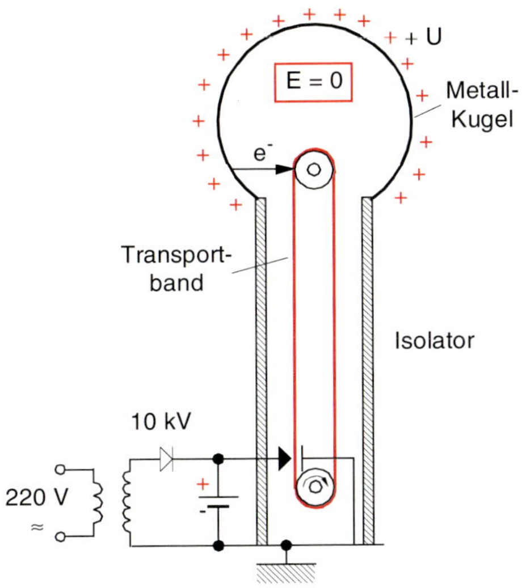

Abb. 1.31. Prinzipschema des Van-de-Graaff-Generators

der abgenommen. Auf Grund der Influenz werden die Ladungen sofort auf die Außenfläche der Kugel gedrängt, so daß das Innere immer feldfrei bleibt. Man erreicht schon mit einfachen Demonstrationsgeräten Spannungen von über 10^5 V, die nur durch Sprühverluste (vor allem bei feuchter Luft!) begrenzt werden. Wird das Gerät zur Vermeidung elektrischer Durchschläge in ein Gehäuse aus durchschlagfesten Gasen (siehe Abschn. 2.7.3) gebracht, so können Spannungen von über 10^6 V realisiert werden [1.4].

Die Tatsache, daß in einem von einem Leiter umschlossenen Raum das elektrische Feld Null ist, wird im ***Faraday-Käfig*** ausgenutzt (Abb. 1.32). Möchte man z.B. empfindliche elektrische Geräte vor hohen

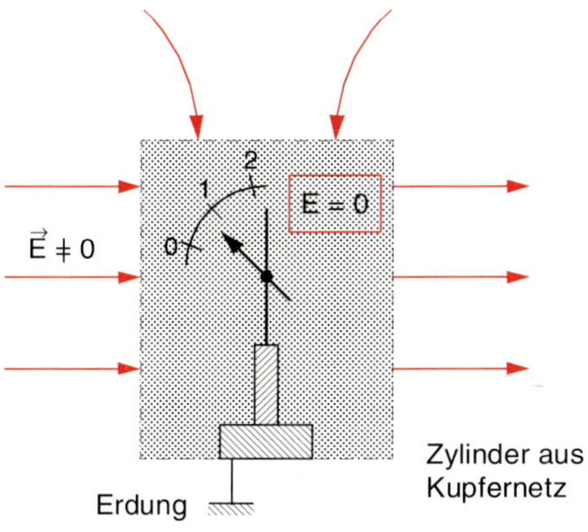

Abb. 1.32. Faradayscher Käfig

elektrischen Feldern (Hochspannung, Gewitter) schützen, so kann man sie in einen Käfig aus einem leitenden geerdeten Metallnetz setzen.

1.5.2 Kondensatoren

Eine Anordnung aus zwei entgegengesetzt geladenen Leiterflächen nennt man einen ***Kondensator***. Bringt man auf eine der beiden Flächen die Ladung Q, so wird auf der anderen, ursprünglich ungeladenen, Leiterfläche durch Influenz eine Ladungstrennung erfolgen: Auf der der ersten Fläche zugewandten Seite wird die Ladung $-Q$ erscheinen, auf der entgegengesetzten Seite die Ladung $+Q$. Verbindet man die ursprünglich ungeladene Fläche mit dem Erdpol der zur Aufladung der ersten Fläche verwendeten Stromquelle, so fließt die äußere Ladung $+Q$ von der zweiten Fläche ab, die dadurch die Ladung $-Q$ behält (Abb. 1.33).

Da das elektrische Feld im Raum zwischen den Leiterflächen proportional zur Ladung Q auf den Leitern ist, ist die Spannung wegen $U = \int \boldsymbol{E} \cdot \mathrm{d}\boldsymbol{s}$ auch proportional zu Q, und es gilt die Beziehung

$$\boxed{Q = C \cdot U} \,. \qquad (1.39)$$

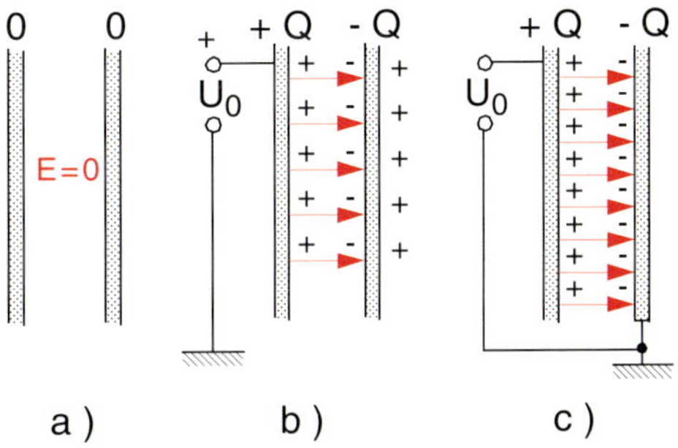

Abb. 1.33a–c. Zum Prinzip des Kondensators: (**a**) ungeladener Plattenkondensator. (**b**) Die linke Platte wird aufgeladen und erhält die Ladung $+Q$, die rechte Platte ist isoliert und erfährt durch Influenz eine Trennung der Ladungen. (**c**) Die rechte Platte wird geerdet, so daß die äußere Ladung $+Q$ abfließen kann. Auf der Innenseite bleibt dann die Ladung $-Q$ zurück, die auf Grund der Anziehung durch die positiven Ladungen auf der linken Platte „festhalten". Durch die Erdung wird die vorher insgesamt neutrale Platte nun entgegengesetzt zur linken geladen

Die Proportionalitätskonstante C heißt die ***Kapazität*** des Kondensators. Die Dimension von C ist

$$[C] = 1\,\frac{\text{Coulomb}}{\text{Volt}} \stackrel{\text{def}}{=} 1\,\text{Farad} = 1\,\text{F}\,. \tag{1.40}$$

Da 1 Farad eine sehr große Kapazität ist, werden Untereinheiten benutzt:

$$1\,\text{Pikofarad} = 1\,\text{pF} = 10^{-12}\,\text{F}\,,$$
$$1\,\text{Nanofarad} = 1\,\text{nF} = 10^{-9}\,\text{F}\,,$$
$$1\,\text{Mikrofarad} = 1\,\mu\text{F} = 10^{-6}\,\text{F}\,.$$

Wir wollen für die wichtigsten Kondensatortypen Kapazität und Feldverteilung im Kondensator berechnen, weil damit auch die Anwendung der Laplace-Gleichung auf praktische Probleme illustriert wird.

a) Plattenkondensator

Auf den Platten bei $x = 0$ und $x = d$ sitzen die Ladungen $+Q$ bzw. $-Q$. Im Raum zwischen den Platten ist keine Ladung, und die Laplace-Gleichung (1.16b) lautet daher für den hier vorliegenden eindimensionalen Fall

$$\frac{\partial^2 \phi}{\partial x^2} = 0 \Rightarrow \phi = ax + b. \tag{1.41}$$

Die linke Platte bei $x = 0$ möge das Potential ϕ_1, die rechte bei $x = d$ das Potential ϕ_2 haben, so daß die Spannung zwischen den Platten $U = \phi_1 - \phi_2$ ist. Aus (1.41) folgt dann

$$\phi_1 = b \quad \text{und} \quad \phi_2 = a \cdot d + \phi_1$$
$$\Rightarrow a = \frac{\phi_2 - \phi_1}{d}.$$

Das Potential zwischen den Platten

$$\phi(x) = -\frac{U}{d} \cdot x + \phi_1 \tag{1.41a}$$

nimmt daher linear mit der Spannung ab (Abb. 1.34). Die Feldstärke ist

$$\boldsymbol{E} = -\textbf{grad}\,\phi = \frac{U}{d} \cdot \hat{\boldsymbol{x}}\,. \tag{1.42}$$

Schreibt man (1.42) in Beträgen, so hat man:

$$\boxed{E = \frac{U}{d}}\,. \tag{1.42a}$$

Weil bei einer Plattenfläche A die Feldstärke $E = Q/(A \cdot \varepsilon_0)$ beträgt (siehe (1.8b)), folgt für die Kapazität $C = Q/U$

$$\boxed{C = \varepsilon_0 \cdot \frac{A}{d}}\,. \tag{1.43}$$

BEISPIEL

$A = 100\,\text{cm}^2$, $d = 1\,\text{mm} \Rightarrow C = 88{,}5\,\text{pF}$.

b) Kugelkondensator

Ein Kugelkondensator besteht aus zwei konzentrischen Kugelflächen, welche die Ladungen $+Q$ bzw. $-Q$ tragen.

Nach den Überlegungen im Abschn. 1.3.4 können wir Feldstärke $E(r)$ und Potential $\phi(r)$ sofort angeben:

Im Innenraum ($r < a$) herrscht kein Feld, das Potential ist konstant. Weil die Funktion $E(r)$ beschränkt ist, ist ϕ auch bei $r = a$ stetig und hat für $r \leq a$ den Wert:

$$\phi_\text{i} = \frac{Q}{4\pi\varepsilon_0 a}\,. \tag{1.44a}$$

Im Zwischenraum ($a < r < b$) herrscht das Feld einer im Kugelmittelpunkt sitzenden Punktladung

$$\boldsymbol{E}_\text{zw} = \frac{Q}{4\pi\varepsilon_0 r^2}\,\hat{\boldsymbol{r}} \tag{1.44b}$$

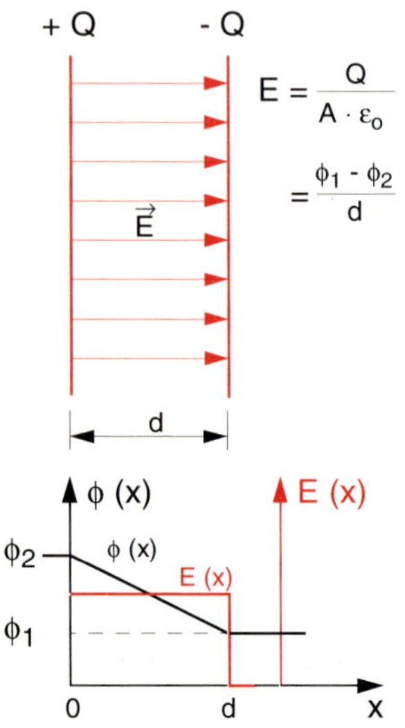

Abb. 1.34. Potential- und Feldstärkeverlauf im ebenen Plattenkondensator

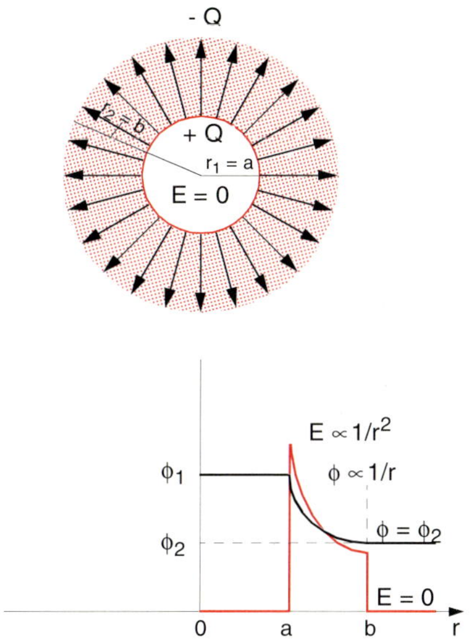

Abb. 1.35. Kugelkondensator; Potential- und Feldstärkeverlauf

mit dem Potential

$$\phi_{\text{zw}} = \frac{Q}{4\pi\varepsilon_0 r} \,. \tag{1.44c}$$

Außen haben wir wegen $Q_{\text{ges}} = 0$ kein Feld, und es gilt:

$$\phi_{\text{a}} = \frac{Q}{4\pi\varepsilon_0 b} \,. \tag{1.44d}$$

Die Spannung beträgt

$$\begin{aligned} U = \phi_{\text{i}} - \phi_{\text{a}} &= \frac{Q}{4\pi\varepsilon_0}\left(\frac{1}{a} - \frac{1}{b}\right) \\ &= \frac{Q}{4\pi\varepsilon_0}\frac{b-a}{ab} \,. \end{aligned} \tag{1.45}$$

Abbildung 1.35 zeigt den Verlauf von $\phi(r)$ und $E(r)$ in den verschiedenen Gebieten. An den geladenen Leiterflächen macht $E(r)$ einen Sprung $\Delta E = \sigma/\varepsilon_0$.

Die Kapazität des Kugelkondensators ist nach (1.39) und (1.45)

$$C = \frac{Q}{U} = \frac{Q}{\phi_{\text{i}} - \phi_{\text{a}}} = \frac{4\pi\varepsilon_0 \cdot a \cdot b}{b-a} \,. \tag{1.46}$$

Ist der Abstand $d = b - a$ klein gegen a, so ergibt sich aus (1.46) mit dem geometrischen Mittel $\overline{R} = (a \cdot b)^{1/2}$

$$C = \frac{4\pi\varepsilon_0 \overline{R}^2}{d} = \frac{\varepsilon_0 \cdot A}{d} \,, \tag{1.46a}$$

eine zum ebenen Plattenkondensator analoge Formel, wobei A hier die Fläche einer fiktiven Kugel zwischen den beiden Kondensator-Leiterflächen ist. Läßt man den Radius b der äußeren Kugel gegen unendlich gehen, so erhält man aus (1.46) für die Kapazität einer Kugel mit Radius a gegen die unendlich weit entfernte Gegenelektrode mit dem Potential $\phi_{\text{a}} = 0$

$$\boxed{C = 4\pi\varepsilon_0 \cdot a} \,. \tag{1.46b}$$

c) Parallel- und Hintereinanderschaltung von Kondensatoren

Schaltet man mehrere Kondensatoren parallel (Abb. 1.36), so herrscht an allen Kondensatoren dieselbe Spannung (sonst würde Ladung fließen, bis die Spannungen ausgeglichen sind). Die Ladungen addieren sich, so daß nach (1.39) auch für die Kapazitäten gilt:

$$C = \sum C_i \,. \tag{1.47}$$

Werden Kondensatoren hintereinandergeschaltet, dann werden die Ladungen getrennt, so daß auf zwei benachbarten Platten, ob sie nun verbunden oder unverbunden sind, entgegengesetzt gleiche Ladungen sitzen (Kräftegleichgewicht). Die Spannungen verhalten sich additiv (siehe Abschn. 2.4). Für die Gesamtkapazität folgt daher

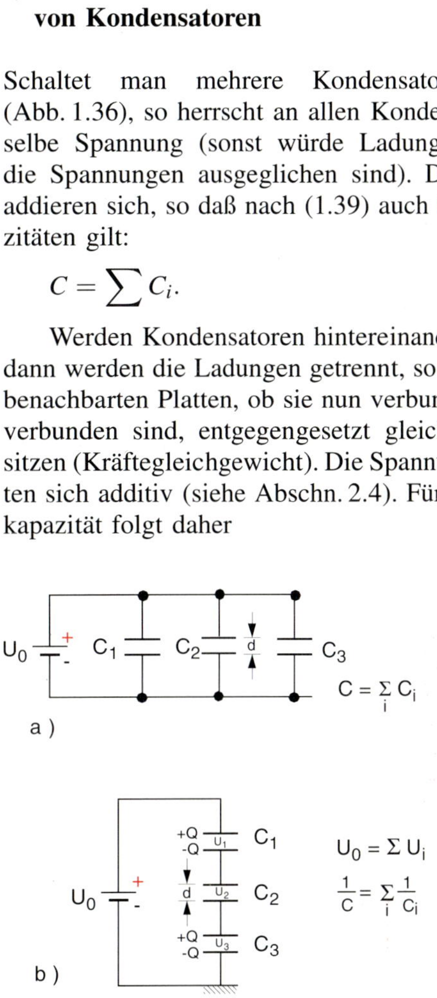

Abb. 1.36. (**a**) Parallel- und (**b**) Serienschaltung von Kondensatoren

$$\frac{1}{C} = \sum \frac{1}{C_i} \,. \tag{1.48}$$

Die Gesamtkapazität wird also beim Hintereinanderschalten kleiner, die gesamte Spannungsfestigkeit aber größer!

Man kann (1.47) und (1.48) für Plattenkondensatoren auch mit Hilfe von (1.43) herleiten: Bei der Parallelschaltung addiert man die Flächen, bei der Reihenschaltung die Abstände.

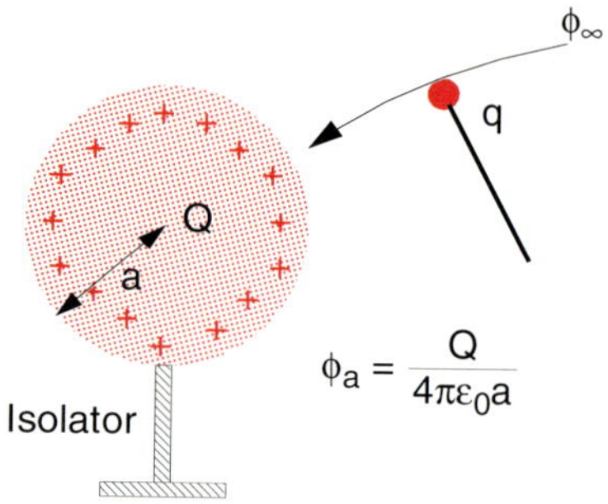

Abb. 1.38. Zur Herleitung der Energie eines Kugelkondensators

BEISPIEL

Die Gesamtkapazität zweier Kondensatoren ist

$C = C_1 + C_2$ bei der Parallelschaltung und

$C = \dfrac{C_1 \cdot C_2}{C_1 + C_2}$ beim Hintereinanderschalten.

Zur Realisierung größerer Kapazitäten muß die Leiterfläche A möglichst groß und der Abstand zwischen den Platten möglichst klein sein. Technisch wird dies durch Wickelkondensatoren erreicht, bei denen zwei Metallfolien, die durch eine dünne isolierende Folie getrennt sind, zu einem Zylinder aufgewickelt werden. Oft braucht man Kondensatoren variabler Kapazität, die man als Drehkondensatoren verwirklichen kann (Abb. 1.37).

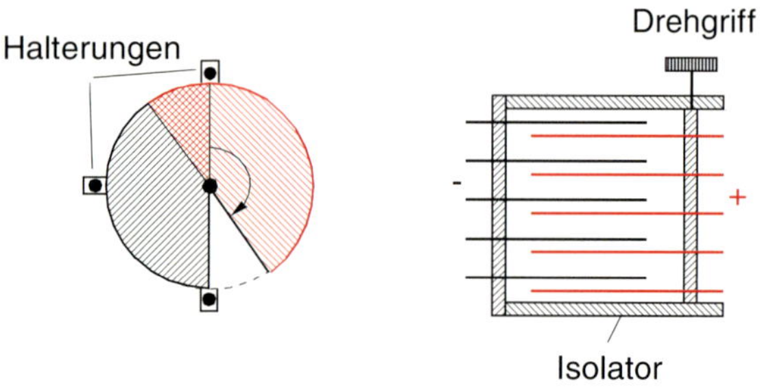

Abb. 1.37. Drehkondensator

1.6 Die Energie des elektrischen Feldes

Lädt man eine isoliert aufgestellte leitende Kugel mit Radius a durch schrittweise Übertragung von kleinen Ladungsportionen $q \mathrel{\hat{=}} \mathrm{d}Q$ (z.B. mit *Ladungslöffeln*), so muß man beim Transport der Ladungen $\mathrm{d}Q$ die Arbeit

$$\begin{aligned}\mathrm{d}W &= \mathrm{d}Q \cdot (\phi_a - \phi_\infty) \\ &= \mathrm{d}Q \cdot \phi_a \quad \text{für} \quad \phi_\infty = 0\end{aligned}$$

aufbringen, wobei

$$\phi_a = \frac{Q}{4\pi\varepsilon_0 \cdot a}$$

das Potential der Kugel mit der Ladung Q ist (Abb. 1.38). Für den ganzen Ladungsvorgang bis zur Ladung Q ist daher die Arbeit

$$W = \frac{1}{4\pi\varepsilon_0 \cdot a} \int Q \cdot \mathrm{d}Q = \frac{Q^2}{8\pi\varepsilon_0 \cdot a} = \frac{1}{2}\frac{Q^2}{C}$$

erforderlich, da die Kapazität der aufgeladenen Kugel nach (1.46b) $C = 4\pi\varepsilon_0 \cdot a$ ist. Der Energiegehalt der auf die Spannung U gegen ihre Umgebung aufgeladenen Kugel ist daher

$$W = \frac{1}{2}\frac{Q^2}{C} = \frac{1}{2} \cdot C \cdot U^2, \quad \text{weil} \quad Q = C \cdot U \,.$$

Dieses Ergebnis, das für die geladene Kugel hergeleitet wurde, gilt ganz allgemein für beliebige Kondensatoren (siehe Aufgabe 1.10).

> Ein Kondensator mit der Kapazität C, der auf die Spannunng U aufgeladen wurde, enthält die Energie
>
> $$W = \frac{1}{2} C \cdot U^2, \tag{1.49}$$
>
> die als Energie des elektrostatischen Feldes gespeichert ist.

Beim ebenen Plattenkondensator mit der Plattenfläche A ist $C = \varepsilon_0 \cdot A/d$ und $U = E \cdot d$, so daß die Energie

$$W_{el} = \frac{1}{2}\varepsilon_0 E^2 \cdot A \cdot d = \frac{1}{2}\varepsilon_0 E^2 \cdot V$$

wird. Die ***Energiedichte*** des elektrischen Feldes im Kondensator ist dann

$$\boxed{w_{el} = \frac{W_{el}}{V} = \frac{1}{2}\varepsilon_0 \cdot E^2} . \qquad (1.50)$$

Dieses Ergebnis gilt für beliebige elektrische Felder, unabhängig von der Art ihrer Erzeugung!

BEISPIELE

1. Ein Kondensator mit $C = 1\,\mu F$, der auf die Spannung 1 kV aufgeladen ist, hat den Energiegehalt $W = \frac{1}{2}CU^2 = 0{,}5\,J$.
2. In den großen Fusionsplasma-Anlagen werden Kondensatorbatterien mit $C = 0{,}1\,F$ auf 50 kV aufgeladen. Deren Energiegehalt beträgt dann $125\,MJ = 1{,}25 \cdot 10^8\,J$. Entlädt man sie in $10^{-3}\,s$, so erhält man eine mittlere Leistung des Entladungsstromes von $1{,}25 \cdot 10^{11}\,W$!
3. Wenn wir das Elektron durch das Modell einer gleichmäßig geladenen Kugel mit Radius r_e beschreiben, wird seine elektrostatische Energie $W_{el} = e^2/8\pi\varepsilon_0 r_e$. Nimmt man an, daß diese Energie gleich der Ruheenergie $E = m_0c^2$ des Elektrons ist (siehe Bd. 1, Kap. 4), so erhält man mit den bekannten Werten $e = 1{,}6 \cdot 10^{-19}\,C$ für die Elektronenladung und $m_0 = 9{,}108 \cdot 10^{-31}\,kg$ für die Elektronenmasse den sogenannten ***klassischen Elektronenradius*** $r_e = 1{,}4 \cdot 10^{-15}\,m$. Experimente zeigen jedoch (siehe Bd. 3), daß der „wirkliche Radius" des Elektrons wesentlich kleiner sein muß. Das einfache Modell einer gleichmäßig geladenen Kugel mit Radius r_e kann daher für das Elektron nicht richtig sein.

1.7 Dielektrika im elektrischen Feld

Bringt man zwischen die Platten eines Kondensators mit der Ladung $Q = C \cdot U$ eine isolierende Platte (Dielektrikum), die das Volumen zwischen den Platten völlig ausfüllt, so sinkt die Spannung um einen Faktor ε. Da Q konstant war, muß also die Kapazität C ε-mal größer geworden sein. Für die Kapazität des Plattenkondensators erhält man daher statt (1.43):

$$C_{Diel} = \varepsilon \cdot C_{Vak} = \varepsilon \cdot \varepsilon_0 \frac{A}{d} \quad \text{mit} \quad \varepsilon > 1 . \qquad (1.51)$$

Die dimensionslose Zahl ε heißt ***relative Dielektrizitätskonstante*** oder ***Dielektrizitätszahl*** des Isolators. Man nennt solche isolierende Stoffe auch ***Dielektrika***. In Tabelle 1.1 sind für einige Materialien die Werte von ε angegeben.

Da die elektrische Feldstärke $|\boldsymbol{E}|$ proportional zur Spannung U ist, sinkt auch sie um den Faktor ε. So ist z.B. das Feld für eine Punktladung Q innerhalb eines homogenen Isolators:

$$\boldsymbol{E} = \frac{1}{4\pi\varepsilon\varepsilon_0}\frac{Q}{r^2}\hat{\boldsymbol{r}} . \qquad (1.52)$$

Wodurch wird diese Feldverminderung bewirkt?

Tabelle 1.1. Relative statische Dielektrizitätszahl ε_r einiger Stoffe bei 20 °C

Stoff	ε_r
Quarzglas	3,75
Pyrexglas	4,3
Porzellan	6–7
Kupferoxyd CuO_2	18
Keramiken	
TiO_2	≈ 80
$CaTiO_3$	≈ 160
$(SrBi)TiO_3$	≈ 1000
Flüssigkeiten	
Wasser	81
Ethylalkohol	25,8
Benzol	2,3
Nitrobenzol	37
Gase	
Luft	1,000576
H_2	1,000264
SO_2	1,0099

1.7.1 Dielektrische Polarisation

Genau wie bei der Influenz werden im äußeren elektrischen Feld die Ladungen im Dielektrikum verschoben. Da aber in Isolatoren die Ladungsträger nicht frei beweglich sind, können die Ladungen nicht bis an den Rand des Isolators wandern wie bei Leitern

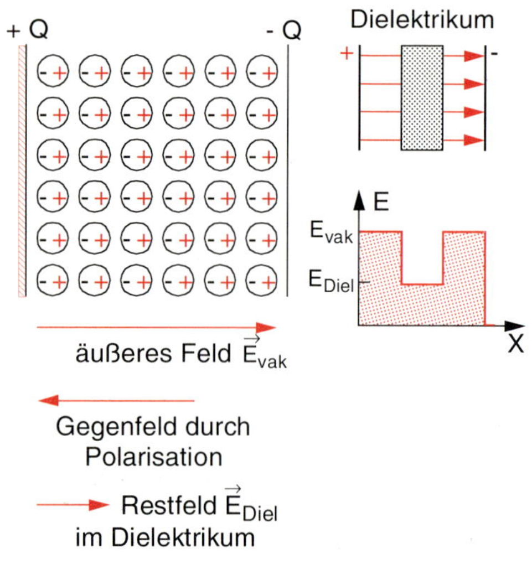

Abb. 1.39. Modell der dielektrischen Polarisation

im elektrischen Feld, sondern können nur innerhalb jedes Atoms bzw. Moleküls verschoben werden (Abb. 1.39).

Bei Atomen im äußeren elektrischen Feld fallen deshalb die Ladungsschwerpunkte S^- der Elektronenhüllen nicht mehr mit den positiven Ladungsschwerpunkten S^+ im Atomkern zusammen, d.h. die Atome sind zu elektrischen Dipolen geworden (Abb. 1.40). Man nennt diese durch das äußere elektrische Feld erzeugten Dipole auch *induzierte Dipole* und den Vorgang dieser Dipolbildung *Polarisierung*. Ist die Verschiebung der Ladungsschwerpunkte gegeneinander d, so ist das induzierte Dipolmoment jedes Atoms

$$\boldsymbol{p} = q \cdot \boldsymbol{d} \,.$$

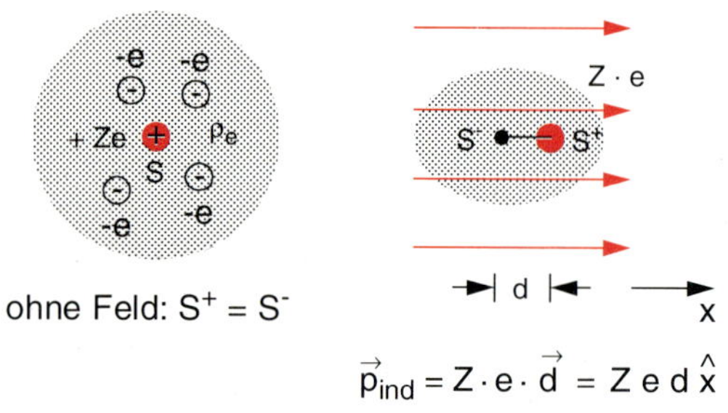

Abb. 1.40. Atomare induzierte Dipole durch entgegengesetzte Ladungsverschiebung von Elektronenhülle und Atomkern im äußeren elektrischen Feld

Die Vektorsumme der Dipolmomente aller N Atome pro Volumeneinheit nennt man die ***Polarisation***

$$\boldsymbol{P} = \frac{1}{V}\sum \boldsymbol{p}_i \,. \tag{1.53a}$$

Da bei Vernachlässigung anderer Wechselwirkungen (z.B. thermischer) alle Dipole parallel zur Feldrichtung stehen, wird für ein homogenes Feld $\boldsymbol{E}$ der Betrag der Polarisation

$$P = N \cdot q \cdot d \,. \tag{1.53b}$$

Die Verschiebung d der Ladungsschwerpunkte geht so weit, bis die rücktreibenden elektronischen Anziehungskräfte zwischen den verschobenen Ladungen gerade die äußere Kraft $\boldsymbol{F} = q \cdot \boldsymbol{E}$ kompensieren. Die Verschiebungen d sind im allgemeinen klein gegen den Atomdurchmesser.

BEISPIEL

Für das Na-Atom ist bei einer Feldstärke $E = 10^5\,\mathrm{V/m}$ $\quad d = 0{,}1\,\text{Å} = 1{,}5 \cdot 10^{-11}\,\mathrm{m}$.

Da bei kleinen Auslenkungen die rücktreibende Kraft $-\boldsymbol{F}$ proportional zur Auslenkung d ist (Hookesches Gesetz), gilt $d \propto E$. Für das Dipolmoment p folgt daher für nicht zu große Feldstärken ($E \le 10^5\,\mathrm{V/cm}$)

$$\boldsymbol{p} = \alpha \boldsymbol{E} \,. \tag{1.54}$$

Die Proportionalitätskonstante α heißt ***Polarisierbarkeit***. Sie hängt von den Atomdaten ab und ist ein Maß für die Rückstellkräfte im Atom, die bei der Verschiebung der Ladung auftreten. Im allgemeinen ist α ein Tensor, d.h. $\boldsymbol{p}$ hängt von der Raumrichtung ab.

1.7.2 Polarisationsladungen

Durch die Ladungsverschiebung im elektrischen Feld treten an den Stirnflächen des Dielektrikums Ladungen Q_{pol} auf (Abb. 1.41), die man als ***Polarisationsladungen*** bezeichnet. Ihre Flächenladungsdichte

$$\sigma_{pol} = \frac{Q_{pol}}{A} = \frac{N \cdot q \cdot d \cdot A}{A} = P \tag{1.55}$$

ist gleich dem Betrag der Polarisation $\boldsymbol{P}$.

Im Innern des Dielektrikums heben sich die negativen und positiven Ladungen auf, so daß dort

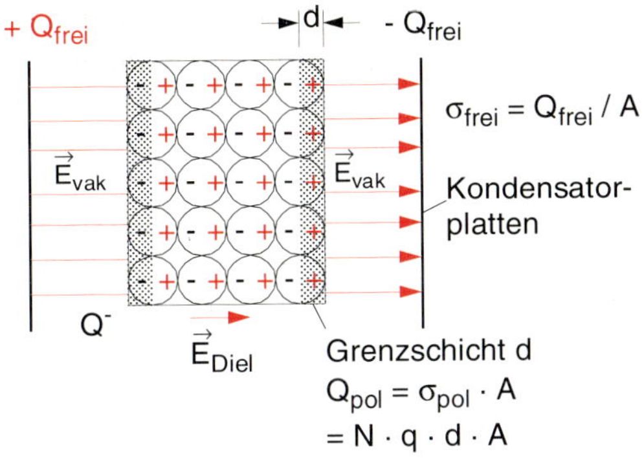

Abb. 1.41. Polarisationsladungen an den Stirnflächen eines dielektrischen Quaders

die Gesamtladungsdichte Null ist. Diese Oberflächenladungen stehen den Ladungen auf den Kondensatorplatten gegenüber, die man auch ***freie Ladungen*** nennt, da sie auf den Leiterflächen frei beweglich sind.

Im homogenen Feld $\boldsymbol{E}$ des Plattenkondensators ohne Dielektrikum folgt aus dem elektrischen Fluß durch eine Fläche A parallel zu den Platten

$$\Phi_{\text{el}} = \int \boldsymbol{E}\,\mathrm{d}\boldsymbol{A} = \frac{Q}{\varepsilon_0}$$

$$\Rightarrow\; E \cdot A = \frac{Q}{\varepsilon_0} \;\Rightarrow\; E = \frac{\sigma}{\varepsilon_0}\,. \qquad (1.56)$$

Im Dielektrikum überlagern sich das äußere Feld $E = \sigma_{\text{frei}}/\varepsilon_0$ und das durch die Polarisation entstandene, entgegengerichtete Feld $E = \sigma_{\text{pol}}/\varepsilon_0$, so daß die resultierende Feldstärke im Dielektrikum

$$\boldsymbol{E}_{\text{Diel}} = \frac{\sigma_{\text{frei}} - \sigma_{\text{pol}}}{\varepsilon_0} = \boldsymbol{E}_{\text{Vak}} - \frac{\boldsymbol{P}}{\varepsilon_0} \qquad (1.57)$$

wird. Da $\boldsymbol{P} \parallel \boldsymbol{E}$ ist, folgt:

> Die Feldstärke wird im Dielektrikum kleiner.

Mit (1.53) und (1.54) läßt sich die Polarisation $\boldsymbol{P}$ schreiben als

$$\boldsymbol{P} = N \cdot \alpha \boldsymbol{E}_{\text{Diel}} = \varepsilon_0 \chi \boldsymbol{E}_{\text{Diel}}\,. \qquad (1.58)$$

Die Größe $\chi = (N \cdot \alpha)/\varepsilon_0$ heißt ***dielektrische Suszeptibilität***. Damit folgt aus (1.57)

$$\boldsymbol{E}_{\text{Diel}} = \frac{\boldsymbol{E}_{\text{Vak}}}{1+\chi}\,. \qquad (1.59)$$

Der Vergleich mit

$$E_{\text{Diel}} = \frac{1}{\varepsilon} E_{\text{Vak}}$$

ergibt für die relative Dielektrizitätskonstante

$$\varepsilon = 1 + \chi = 1 + (N \cdot \alpha/\varepsilon_0)\,.$$

Für die Polarisation erhält man deshalb

$$P = \varepsilon_0 \cdot \chi \cdot E_{\text{Diel}} = \varepsilon_0(\varepsilon - 1)E_{\text{Diel}}$$
$$= \varepsilon_0(E_{\text{Vak}} - E_{\text{Diel}})\,.$$

Man beachte:

Influenz und Polarisation sind im Prinzip die gleichen Erscheinungen, nämlich die Verschiebungen von Ladungen in Materie im äußeren elektrischen Feld.

Bei Leitern sind die Ladungen bis an die Leiteroberfläche frei verschiebbar. Das Feld im Inneren des Leiters wird vollständig *kompensiert* (Influenz). Bringt man eine Leiterplatte der Dicke b in den Plattenkondensator mit Plattenabstand d, so sinkt die Spannung von $U_0 = Q \cdot d/(\varepsilon_0 A)$ auf $U = Q/(\varepsilon_0 A) \cdot (d - b)$, und die Kapazität C steigt entsprechend auf

$$C = \frac{Q}{U} = \frac{A\varepsilon_0}{d - b}\,,$$

weil der effektive Plattenabstand nur noch $d - b$ ist.

Bei Isolatoren können die Ladungen nur innerhalb der Atome verschoben werden (Polarisation). Es entstehen Oberflächenladungen. Das Feld im Inneren wird *nur teilweise* kompensiert (1.57). Feldstärke und Spannung sinken um den Faktor ε. Die Kapazität steigt entsprechend.

1.7.3 Die Gleichungen des elektrostatischen Feldes in Materie

Im *homogenen* elektrischen Feld kompensieren sich die positiven und negativen Polarisationsladungen im Inneren, und nur an der Oberfläche des Dielektrikums treten nicht kompensierte Polarisationsladungen eines Vorzeichens auf. An einer Grenzfläche senkrecht zum äußeren Feld $\boldsymbol{E}$ muß deshalb die Feldstärke einen Sprung machen von E_{Vak} auf $E_{\text{Diel}} = \frac{1}{\varepsilon} \cdot E_{\text{Vak}}$.

Im *inhomogenen* Feld ist die Polarisation $\boldsymbol{P}$ nicht an jedem Ort gleich. Jetzt gibt es auch im Innern des Dielektrikums Polarisationsladungen, da sich wegen der örtlich veränderlichen Ladungsverschiebung nicht in jedem Volumenelement gleich viele entgegengesetzte Ladungen befinden, die sich kompensieren können.

Betrachten wir ein Volumen V, in dem durch die unterschiedliche Polarisation die Überschußladung ΔQ_{pol} gebildet wurde (Abb. 1.42). Wir können diese Ladungen durch eine räumliche Polarisationsladungsdichte ϱ_{pol} beschreiben

$$\Delta Q_{\mathrm{pol}} = \int_V \varrho_{\mathrm{pol}}\,\mathrm{d}V\,. \tag{1.60}$$

ΔQ_{pol} ist durch Ladungsverschiebung durch die Oberfläche S des Volumens V infolge der Polarisation in das Volumen V hineingebracht worden. Dies heißt nach (1.55)

$$\Delta Q_{\mathrm{pol}} = \frac{1}{\varepsilon_0}\int_S \sigma_{\mathrm{pol}}\,\mathrm{d}S = \frac{1}{\varepsilon_0}\int_S \boldsymbol{P}\,\mathrm{d}\boldsymbol{S}\,. \tag{1.60a}$$

Umwandlung des Oberflächenintegrals in ein Volumenintegral (Gaußscher Satz)

$$\int_S \boldsymbol{P}\,\mathrm{d}\boldsymbol{S} = \int_V \operatorname{div}\boldsymbol{P}\,\mathrm{d}V \tag{1.60b}$$

ergibt durch Vergleich mit (1.60a) (siehe Abb. 1.42)

$$\boxed{\operatorname{div}\boldsymbol{P} = \varrho_{\mathrm{pol}}}\,, \tag{1.61}$$

d.h. die durch das äußere elektrische Feld erzeugten Polarisationsladungen der Dichte ϱ_{pol} sind die Quellen der elektrischen Polarisation.

Diese Gleichung zwischen Polarisation der Materie und räumlicher Dichte der Polarisationsladungen entspricht

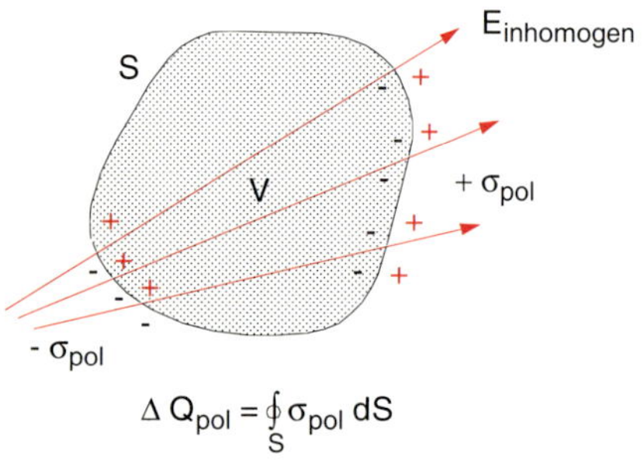

Abb. 1.42. Zur Herleitung von (1.61)

$$\operatorname{div}\boldsymbol{E} = \varrho/\varepsilon_0$$

im Vakuum. In Materie kommen zu den freien Ladungen noch die entgegengerichteten Polarisationsladungen ϱ_{pol} hinzu, so daß für das elektrische Feld E_{Diel} gilt

$$\operatorname{div}\boldsymbol{E}_{\mathrm{Diel}} = \frac{1}{\varepsilon_0}(\varrho_{\mathrm{frei}} - \varrho_{\mathrm{pol}})\,. \tag{1.62}$$

Weil $\boldsymbol{E}_{\mathrm{Diel}} = \boldsymbol{E}_{\mathrm{Vak}} - \boldsymbol{P}/\varepsilon_0$ ist, kann man (1.62) auch schreiben als

$$\operatorname{div}(\boldsymbol{E}_{\mathrm{Vak}} - \boldsymbol{P}/\varepsilon_0) = \frac{1}{\varepsilon_0}(\varrho_{\mathrm{frei}} - \varrho_{\mathrm{pol}})\,,$$

was dann mit (1.10) wieder (1.61) ergibt. Mit der ***dielektrischen Verschiebungsdichte***

$$\boxed{\boldsymbol{D} \stackrel{\mathrm{def}}{=} \varepsilon_0\boldsymbol{E}_{\mathrm{Diel}} + \boldsymbol{P} = \varepsilon\cdot\varepsilon_0\boldsymbol{E}_{\mathrm{Vak}}} \tag{1.63}$$

läßt sich die Poissongleichung für das elektrische Feld in verallgemeinerter Form schreiben als

$$\boxed{\operatorname{div}\boldsymbol{D} = \varrho}\,, \tag{1.64a}$$

wobei $\varrho = \varrho_{\mathrm{frei}}$ die ursprüngliche (d.h. freie) Ladungsdichte im betrachteten Volumen ist. Gleichung (1.64a) gilt sowohl in Materie als auch im Vakuum, wo $\varepsilon = 1$ ist und deshalb $\boldsymbol{D} = \varepsilon_0\cdot\boldsymbol{E}$. Für einen ladungsfreien Raum ($\varrho = 0$) gilt dann

$$\operatorname{div}\boldsymbol{D} = 0\,. \tag{1.64b}$$

Die Dimension von D ist

$$[D] = [\varepsilon_0 E] = 1\,\frac{\mathrm{As}}{m^2} = 1\,\frac{\mathrm{C}}{m^2}\,.$$

D gibt die durch das äußere Feld „verschobene“ Ladungsdichte an.

An einer Grenzfläche zwischen Dielektrikum und Vakuum bleibt wegen

$$\varepsilon_0\varepsilon E_{\mathrm{Diel}} = \varepsilon_0 E_{\mathrm{Vak}}$$

die Normalkomponente von $\boldsymbol{D}$ stetig. Dies gilt jedoch nicht für die Tangentialkomponente von $\boldsymbol{D}$, wie wir im folgenden aus fundamentalen Eigenschaften des elektrischen Feldes herleiten möchten.

In den Abb. 1.8–10 sieht man, daß es keine geschlossenen Feldlinien gibt. Gäbe es geschlossene Feldlinien, so würde eine Ladung auf einer solchen Feldlinie, also stets parallel zum elektrischen Feld, umherlaufen und bei jedem Umlauf die Energie $W = q\cdot\oint\boldsymbol{E}\cdot\mathrm{d}\boldsymbol{s}$ gewinnen. Das Feld, in dem bekanntlich die elektrostatische Energie $W = \frac{1}{2}\varepsilon_0 E^2$ pro Volumeneinheit gespeichert ist, würde durch diesen Vorgang aber nicht geschwächt, so daß die Energie des Gesamtsystems zunähme. Dies ist ein Widerspruch zum Energieerhaltungssatz. Die Gleichung

$$\oint \boldsymbol{E} \cdot \mathrm{d}\boldsymbol{s} = 0 \tag{1.65a}$$

läßt sich mit Hilfe des Stokesschen Satzes (siehe Bd. 1, Abschn. 8.6.1) umwandeln in

$$\int \mathbf{rot}\, \boldsymbol{E} \cdot \mathrm{d}\boldsymbol{A} = 0\,, \tag{1.65b}$$

wobei A eine beliebige Fläche ist, die von s berandet wird. Gleichung (1.65a) gilt für jeden geschlossenen Weg, und deshalb gilt (1.65b) für *jede* Fläche A. Daraus folgt

$$\boxed{\mathbf{rot}\, \boldsymbol{E} \equiv \mathbf{0}}\,, \tag{1.65c}$$

d.h. $\boldsymbol{E}$ ist *wirbelfrei*. Dies drückt gerade die Tatsache aus, daß $\boldsymbol{E}$ energieerhaltend (konservativ) ist.

Anmerkung

Man kann (1.65c) auch aus $\boldsymbol{E} = -\mathbf{grad}\,\phi$ und $\mathbf{rot\,grad}\,\phi \equiv \mathbf{0}$ (Bd. 1, (A.26)) herleiten. Daß $\boldsymbol{E}$ sich als Gradient eines Potentials darstellen läßt, ist gleichbedeutend mit: $\boldsymbol{E}$ ist konservativ.

Diese Erkenntnisse werden uns im folgenden helfen, das Verhalten des elektrischen Feldes an einer Grenzfläche Vakuum/Dielektrikum zu verstehen. Dies kann natürlich auch auf eine Grenzfläche zwischen zwei Dielektrika mit den Dielektrizitätszahlen ε_1 und ε_2 übertragen werden.

Tritt das Feld senkrecht in das Dielektrikum ein, so wird es auf Grund der Polarisation nach (1.57) geschwächt. Dies gilt aber so nicht für ein Feld, dessen Vektor einen Winkel α mit der Grenzflächennormalen bildet (Abb. 1.43a). Man zerlegt den Vektor in eine Komponente $\boldsymbol{E}_\perp$ senkrecht und eine Komponente $\boldsymbol{E}_\parallel$ parallel zur Grenzfläche. Uns interessiert jetzt das Verhalten von $\boldsymbol{E}_\parallel$ an der Grenzfläche. Wir denken uns eine Integration $\oint \boldsymbol{E} \cdot \mathrm{d}\boldsymbol{s}$ entlang dem rechteckigen Weg ABCD in Abb. 1.43b durchgeführt. Die Dicke d dieses Rechtecks sei vernachlässigbar klein, so daß praktisch nur noch der „Hinweg" im Vakuum und der „Rückweg" im Dielektrikum übrigbleiben.

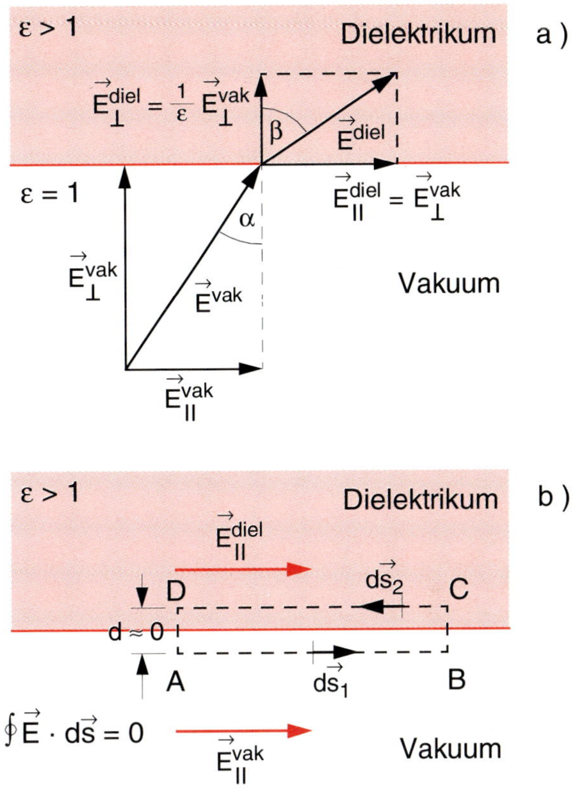

Abb. 1.43. (**a**) Brechung der elektrischen Feldstärke an einer Grenzfläche; (**b**) zur Herleitung von (1.66a)

Wegen

$$\int_A^B \boldsymbol{E}_\parallel^{\mathrm{Vak}} \cdot \mathrm{d}\boldsymbol{s}_1 + \int_C^D \boldsymbol{E}_\parallel^{\mathrm{Diel}} \cdot \mathrm{d}\boldsymbol{s}_2 = \oint \boldsymbol{E} \cdot \mathrm{d}\boldsymbol{s} = 0$$

und $\mathrm{d}\boldsymbol{s}_1 = -\mathrm{d}\boldsymbol{s}_2$ folgt:

$$\boxed{\boldsymbol{E}_\parallel^{\mathrm{Vak}} = \boldsymbol{E}_\parallel^{\mathrm{Diel}}} \tag{1.66a}$$

Man findet folgendes ***Brechungsgesetz*** für das elektrische Feld (Abb. 1.43a): Trifft es unter dem Winkel α aus dem Vakuum auf die Grenzfläche auf, so bildet es im Dielektrikum einen Winkel β mit der Grenzflächennormalen, für den gilt:

$$\mathrm{tg}\beta = \frac{E_\parallel^{\mathrm{Diel}}}{E_\perp^{\mathrm{Diel}}} = \varepsilon \cdot \frac{E_\parallel^{\mathrm{Vak}}}{E_\perp^{\mathrm{Vak}}} = \varepsilon \cdot \mathrm{tg}\,\alpha\,. \tag{1.66b}$$

Daraus ergibt sich mit $\boldsymbol{D} = \varepsilon\varepsilon_0 \boldsymbol{E}$:

$$\boldsymbol{D}_\parallel^{\mathrm{Vak}} = \frac{1}{\varepsilon}\, \boldsymbol{D}_\parallel^{\mathrm{Diel}}\,. \tag{1.66c}$$

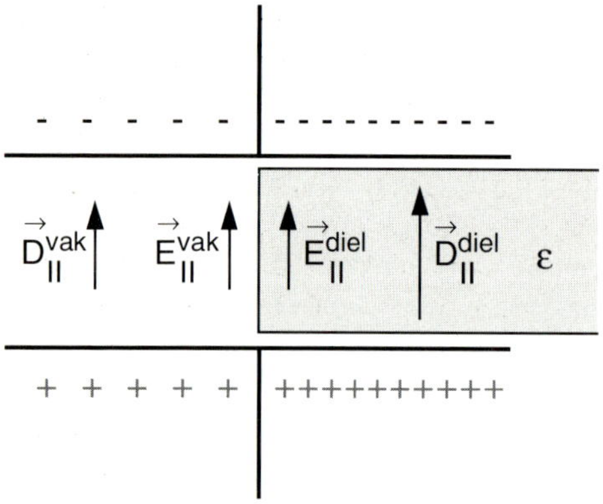

Abb. 1.44. In einem teilweise mit Dielektrikum gefüllten Kondensator ist die Feldstärke $\boldsymbol{E}$ räumlich konstant. Die freien Ladungen auf den Platten verschieben sich entsprechend, oder es werden bei fester Spannung freie Ladungen nachgeliefert

Das heißt aber, daß die freie Ladungsdichte ϱ_{frei}, welche für das Feld im Dielektrikum verantwortlich ist, größer ist als die freie Ladungsdichte, die das Feld im Vakuum verursacht.

Man kann sich dies mit Hilfe eines Kondensators veranschaulichen, der zur Hälfte mit einem Dielektrikum gefüllt ist (Abb. 1.44). Bei einer solchen Anordnung sind die Ladungen auf den Platten nicht mehr gleichmäßig verteilt, sondern die Ladungsdichte nimmt im Bereich des Dielektrikums sprunghaft zu!

Der Kondensator aus Abb. 1.44 ist nämlich so etwas wie eine Parallelschaltung aus zwei Kondensatoren, deren einer mit Dielektrikum gefüllt ist. Dieser Kondensator trägt bei gleicher Spannung (Parallelschaltung!) seiner Dielektrizitätszahl entsprechend mehr freie Ladung auf seinen Platten.

Bei gleicher Spannung ist natürlich auch das Feld $\boldsymbol{E} = \boldsymbol{E}_{\parallel}$ in beiden Teilen gleich, und $\boldsymbol{D}_{\parallel}$ ist beim Dielektrikum um den Faktor ε höher. Schiebt man ein Dielektrikum in einen geladenen Kondensator, so verschieben sich die freien Ladungen so lange, bis (1.66a) oder (1.66c) erfüllt ist.

1.7.4 Die elektrische Feldenergie im Dielektrikum

Füllt man das Volumen zwischen den Platten eines Kondensators mit einem Dielektrikum, so steigt die Kapazität C um den Faktor ε an (bei gleicher Spannung wird eine höhere Ladungsdichte erzielt). Deshalb ist die Energie des elektrischen Feldes

$$\begin{aligned} W_{\text{el}} &= \frac{1}{2} C U^2 = \frac{1}{2} \varepsilon \cdot \varepsilon_0 \frac{d^2 \cdot A}{d} E^2 \\ &= \varepsilon \cdot \frac{1}{2} \varepsilon_0 E^2 \cdot A \cdot d \end{aligned}$$

und die Energiedichte $w_{\text{el}} = W_{\text{el}}/V$ mit $D = \varepsilon\varepsilon_0 E$

$$\boxed{w_{\text{el}} = \varepsilon \cdot \frac{\varepsilon_0}{2} E^2 = \frac{1}{2} E \cdot D} \,. \tag{1.67}$$

Gleichung (1.67) ist die verallgemeinerte Form von (1.50), die sowohl im Vakuum ($D = \varepsilon_0 E$) als auch in Materie gilt.

Man kann sich die Erhöhung der Energiedichte folgendermaßen klarmachen: Zu der Energiedichte $\frac{1}{2}\varepsilon_0 E^2$ des Feldes im Vakuum kommt noch die Energie, die für die Ladungsverschiebung in den Atomen gegen die rücktreibenden Kräfte $\boldsymbol{F}$ notwendig ist. Sie ist pro induziertem Dipol

$$W_{\text{pol}} = \int_0^d F \, \mathrm{d}x = \frac{1}{2} k d^2 \quad \text{mit} \quad k = \frac{Q \cdot E}{d}$$

$$\Rightarrow \; W_{\text{pol}} = \frac{1}{2} Q \cdot E \cdot d = \frac{1}{2} p \cdot E \,. \tag{1.68}$$

Für N induzierte Dipole pro Volumeneinheit erhalten wir mit (1.60) die zur Polarisation notwendige Energiedichte

$$\begin{aligned} w_{\text{el}} &= \frac{1}{V} W_{\text{pol}} = \frac{1}{2} NpE = \frac{1}{2} P \cdot E \\ &= \frac{1}{2} \varepsilon_0 (\varepsilon - 1) E^2 , \end{aligned} \tag{1.69}$$

so daß insgesamt die Energiedichte (1.67)

$$w_{\text{el}}^{\text{diel}} = \frac{1}{2} \varepsilon\varepsilon_0 E^2 = \frac{1}{2} ED \tag{1.70}$$

herauskommt.

Ist der geladene Kondensator aus Abb. 1.44 isoliert, d.h. ist die Spannung zwischen den Platten zeitlich nicht konstant, so verringert sich die im Feld gespeicherte Energie beim Eindringen des Dielektrikums. Ohne Dielektrikum beträgt die Energie $W = \frac{1}{2} E_0 D_0 V$, wenn V das Volumen des Kondensators ist. Bei vollständig eingedrungenem Dielektrikum ist $D_1 = D_0$ (wegen $\varrho_{\text{ges}} = \text{const}$) und $E_1 = E_0/\varepsilon$, die Energie beträgt also $W = \frac{1}{2\varepsilon} E_0 D_0 V$. Die Energiediffe-

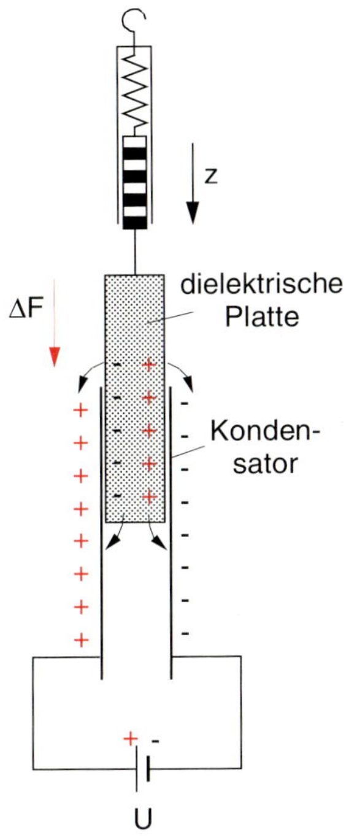

Abb. 1.45. Kraft auf eine dielektrische Platte, die in ein elektrisches Feld hineingezogen wird

renz wird in kinetische Energie umgewandelt. Ein Dielektrikum wird in einen isolierten geladenen Kondensator hineingezogen!

Beim isolierten Kondensator ist es leicht einzusehen, daß das Dielektrikum hineingezogen wird. Das System Kondensator/Dielektrikum ist abgeschlossen, und die Energie, die das Feld freisetzt, wird als kinetische Energie auf das Dielektrikum übertragen.

Etwas schwieriger zu verstehen ist jedoch der Fall, daß am Kondensator eine zeitlich konstante Spannung anliegt (z.B. durch eine Batterie, Abschn. 2.8). Führt man das Dielektrikum in den Kondensator ein, so fließen Ladungen aus der Batterie auf die Platten nach. Das $\boldsymbol{D}$-Feld wird um den Faktor ε größer, und die Energie steigt (bei konstantem $\boldsymbol{E}$-Feld) ebenfalls um den Faktor ε. Das Dielektrikum wird aber trotzdem in den Kondensator hineingezogen! Dies hängt damit zusammen, daß auf Grund der aus der Batterie nachfließenden Ladung auch Energie in das nicht mehr abgeschlossene System Kondensator/Dielektrikum übertragen wird. Ist das Dielektrikum vollständig eingedrungen, so ist die Überschußladung auf jeder Platte um den Faktor ε größer geworden. Dazu mußte gegen die konstante Spannnung eine Arbeit $W_{\mathrm{Batt}} = \Delta Q \cdot U$ aufgebracht werden. Nur die Hälfte dieser Energie wird aber zur Vergrößerung der Feldenergie verwendet. Der Rest geht in kinetische Energie des Dielektrikums über.

Man kann diesen Sachverhalt experimentell ausnutzen, um die Dielektrizitätszahl ε eines Materials zu bestimmen. Eine dielektrische Platte wird an einer Federwaage in einen ungeladenen Plattenkondensator so abgesenkt, daß sie nur einen Teil des Kondensators ausfüllt (Abb. 1.45).

Wird nun eine Spannung U an den Kondensator gelegt, so wird die Platte um die Strecke Δz weiter in den Kondensator hineingezogen, und die Federwaage zeigt eine zusätzliche Kraft $\Delta F = k \cdot \Delta z$ an, welche durch die Anziehung zwischen den freien Ladungen auf den Kondensatorplatten und den induzierten Oberflächenladungen des Dielektrikums bewirkt wird. Die Arbeit $\Delta W = \Delta F \cdot \Delta z$, die gegen die Federkraft geleistet wird und die identisch ist mit dem Feldenergiezuwachs ($\Delta W_{\mathrm{mech}} = \Delta W_{\mathrm{Feld}} = \frac{1}{2}\,\Delta W_{\mathrm{Batt}}$), beträgt:

$$\begin{aligned}\Delta W &= \frac{1}{2}(C_{\mathrm{Diel}} - C_{\mathrm{Vak}})\,U^2 \\ &= \frac{1}{2}\varepsilon_0(\varepsilon - 1)\,b \cdot \Delta z U^2/d\,. \end{aligned} \tag{1.71a}$$

Man erhält daher

$$\Delta F = \frac{1}{2}\varepsilon_0(\varepsilon - 1)\,b \cdot U^2/d \tag{1.71b}$$

und kann daraus den Wert von ε bestimmen.

In einem zweiten Experiment wird ein Plattenkondensator mit Plattenabstand d und Plattenbreite b zu einem kleinen Teil in eine dielektrische Flüssigkeit (z.B. Nitrobenzol) eingetaucht. Legt man eine Spannung U an die Kondensatorplatten, so steigt die Flüssigkeit im Kondensator um die Höhe h über den Flüssigkeitsspiegel außerhalb des Kondensators

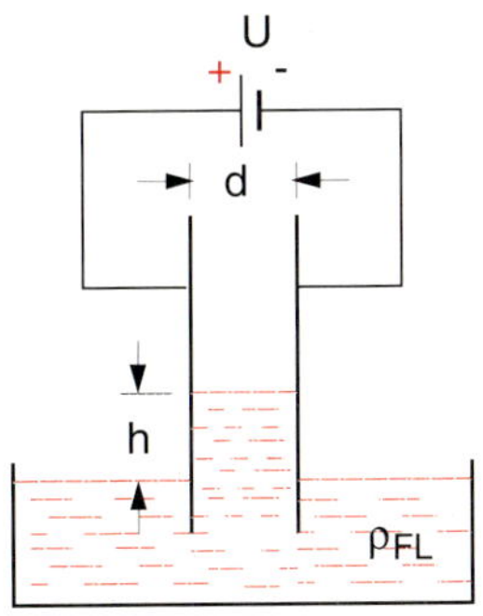

Abb. 1.46. Zur Steighöhe einer dielektrischen Flüssigkeit im elektrischen Feld eines Plattenkondensators

(Abb. 1.46). Die Höhe h stellt sich so ein, daß die mechanische Hubarbeit

$$W_{\text{mech}} = \varrho_{\text{Fl}} \cdot g \cdot h \cdot \mathrm{d}V \tag{1.72a}$$

mit $\mathrm{d}V = d \cdot b \cdot \mathrm{d}h$, die man braucht, um das Flüssigkeitsvolumenelement $\mathrm{d}V$ um die Höhe $\mathrm{d}h$ anzuheben, gleich der Zunahme der von der Batterie geleisteten Arbeit abzüglich der zur Erhöhung der Feldenergie notwendigen Energie

$$\mathrm{d}W_{\text{el}} = \frac{1}{2}\varepsilon_0(\varepsilon - 1)E^2 dV \tag{1.72b}$$

ist. Gleichsetzen von (1.72a) und (1.72b) ergibt die Steighöhe

$$h = \frac{\varepsilon_0(\varepsilon - 1)}{2\varrho_{\text{Fl}} \cdot g} E^2 . \tag{1.73}$$

1.8 Die atomaren Grundlagen von Ladungen und elektrischen Momenten

Wie schon im Abschnitt 1.1 erwähnt wurde, sind die materiellen Träger von Ladungen Elektronen mit der negativen Ladung $-e$ und Protonen mit der positiven Ladung e. Die quantitative Messung dieser Elementarladungen wurde erstmals 1907 von *Robert Andrews Millikan* (1868–1953) in seinem berühmten ***Öltröpfchenversuch*** durchgeführt [1.5], den wir wegen seiner grundsätzlichen Bedeutung hier kurz darstellen wollen.

1.8.1 Der Millikan-Versuch

Durch Zerstäuben von Öl werden kleine Öltröpfchen erzeugt, die zwischen die horizontalen Platten eines Kondensators diffundieren (Abb. 1.47). Durch die

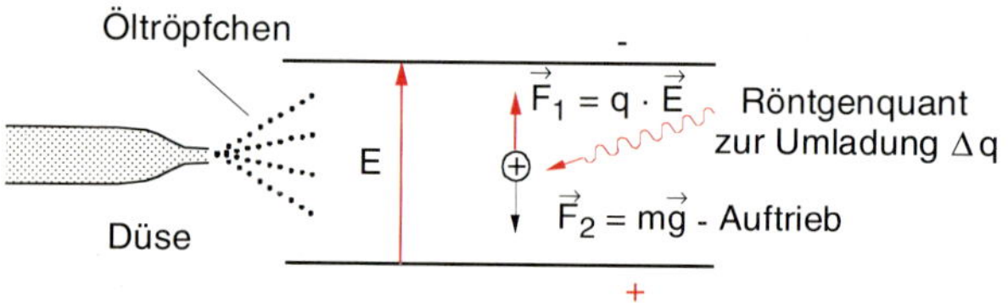

Abb. 1.47. Millikans Öltröpfchenversuch zur Messung der Elementarladung

Reibung bei der Zerstäubung werden die Tröpfchen elektrisch aufgeladen, so daß sie die Ladungen $q = n \cdot e$ $(n = 1, 2, 3, \ldots)$ tragen.

Im feldfreien Kondensator sinkt ein Tröpfchen mit der Masse m und dem Radius R mit der konstanten Geschwindigkeit v nach unten, wenn die Schwerkraft $m \cdot g$ gerade kompensiert wird durch die Summe der entgegengerichteten Kräfte aus Auftriebskraft $F_A = \varrho_{\text{Luft}} \cdot \frac{4}{3}\pi R^3 \cdot g$ und Reibungskraft $F_R = 6\pi\eta R \cdot v$ (siehe Bd. 1, Abschn. 8.5.4). Aus der Messung dieser konstanten Sinkgeschwindigkeit v erhält man den Radius

$$R = \left\{ \frac{9\eta \cdot v}{2g} \cdot (\varrho_{\text{Öl}} - \varrho_{\text{Luft}}) \right\}^{1/2}$$

des Tröpfchens und damit die Masse $m = \frac{4}{3}\pi R^3 \varrho_{\text{Öl}}$.

Legt man jetzt eine geeignete Spannung U an die Kondensatorplatten, so kann man das Öltröpfchen im elektrischen Feld $E = U/d$ zwischen den Platten mit Abstand d in der Schwebe halten, wenn die elektrische Kraft $F_{\text{el}} = n \cdot e \cdot E$ die um den Auftrieb verminderte Schwerkraft gerade kompensiert: Hieraus erhält man die Ladung

$$n \cdot e = (\varrho_{\text{Öl}} - \varrho_{\text{Luft}})\, g \cdot \frac{4}{3}\pi R^3 / E . \tag{1.74}$$

Zur Bestimmung der ganzen Zahl n wird das Tröpfchen im Kondensator umgeladen durch ionisierende Strahlung (Röntgen- bzw. α-Strahlung), so daß Ladungsänderungen $\Delta q = \Delta n \cdot e$ auftreten und die Spannung $U = E \cdot d$ geändert werden muß, um das Tröpfchen in der Schwebe zu halten. Aus (1.74) folgt für die „Schwebespannungen" U_1, U_2 vor, bzw. nach der Umladung

$$\frac{n_1 + \Delta n}{n_1} = \frac{U_1}{U_2} \Rightarrow \Delta n = -n_1 \frac{\Delta U}{U_2} . \tag{1.75}$$

Die kleinste Ladungsänderung ist die mit $\Delta n = 1$, so daß aus der Differenz $\Delta U = U_2 - U_1$ die diskreten Werte Δn und damit n_1 und aus (1.74) die Elementarladung e bestimmt werden können.

Der heute als Bestwert akzeptierte Zahlenwert für die Elementarladung e ist

$$e = 1{,}60217733(45) \cdot 10^{-19}\,\mathrm{C} .$$

1.8.2 Ablenkung von Elektronen und Ionen in elektrischen Feldern

Beschleunigt man ein Teilchen mit der Masse m und der Ladung q durch eine Spannung U auf die Geschwindigkeit

$$v = (2q \cdot U/m)^{1/2} \tag{1.76}$$

und läßt es dann durch ein homogenes elektrisches Feld E fliegen (Abb. 1.48), so wirkt die konstante Ablenkkraft $F = q \cdot E$, und die Bahn des Teilchens wird eine Parabel (vergl. den analogen Fall des horizontalen Wurfes im Schwerefeld).

Mit $v_0 = \{v_x, 0, 0\}$ und $E = \{0, 0, E_z\}$ erhält man für die Ablenkung

$$\Delta z(x) = \frac{1}{2}at^2 = \frac{qE}{2m}\frac{x^2}{v_x^2} \; . \tag{1.77}$$

Am Ende des Kondensators ($x = L$) ergibt sich mit (1.76)

$$\Delta z(L) = \frac{E \cdot L^2}{4U}$$

und für die Steigung der Teilchenbahn

$$\operatorname{tg} \alpha = \left(\frac{\mathrm{d}z}{\mathrm{d}x}\right)_{x=L} = \frac{qE}{m}\frac{L}{v_x^2} = \frac{E \cdot L}{2U} \; .$$

Auf dem Leuchtschirm im Abstand D vom Ende des Ablenkkondensators wird die Ablenkung

$$\begin{aligned} \Delta z(L+D) &= \frac{EL^2}{4U} + D \cdot \operatorname{tg} \alpha \\ &= \frac{EL}{2U}\left(\frac{L}{2} + D\right) \end{aligned} \tag{1.78}$$

gemessen.

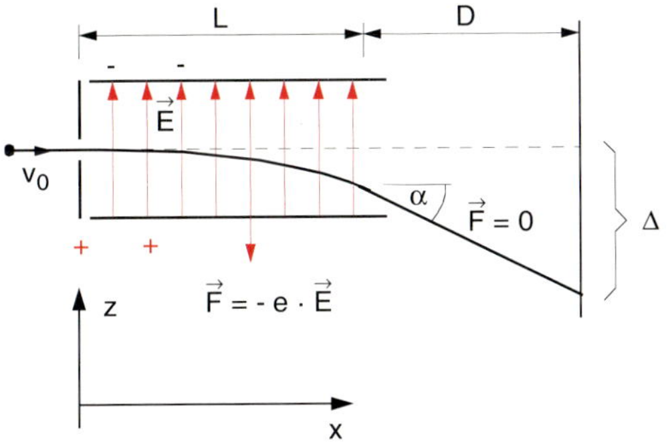

Abb. 1.48. Ablenkung eines Teilchens mit negativer Ladung q im homogenen elektrischen Feld

1.8.3 Molekulare Dipolmomente

Ein Molekül besteht aus K Kernen ($K = 2, 3, \ldots$) mit den positiven Kernladungen $+Z_k \cdot e$ und aus

$$Z_e = \sum_{k=1}^{K} Z_k$$

Elektronen. Der Ladungsschwerpunkt S^+ der positiven Ladungen wird als Nullpunkt des Koordinatensystems gewählt. Dann liegt der Ladungsschwerpunkt S^- der Elektronen, deren Koordinaten $\boldsymbol{r}_i$ sind, bei

$$\boldsymbol{d} = \frac{1}{Z_e}\sum_{i=1}^{Z_e} Z_i \boldsymbol{r}_i \; .$$

Das Dipolmoment des Moleküls ist dann

$$\boldsymbol{p} = Q \cdot \boldsymbol{d} \quad \text{mit} \quad Q = Z_e \cdot e \; . \tag{1.79}$$

Die Größe d ist der Abstand zwischen positivem und negativem Ladungsschwerpunkt (Abb. 1.49).

Fallen nun beide Ladungsschwerpunkte zusammen ($d = 0$), wie z.B. bei Atomen oder bei zweiatomigen Molekülen aus gleichen Atomen, so wird das elektrische Dipolmoment Null!

Solche „nicht polaren" Moleküle erhalten jedoch im elektrischen Feld ein induziertes Dipolmoment,

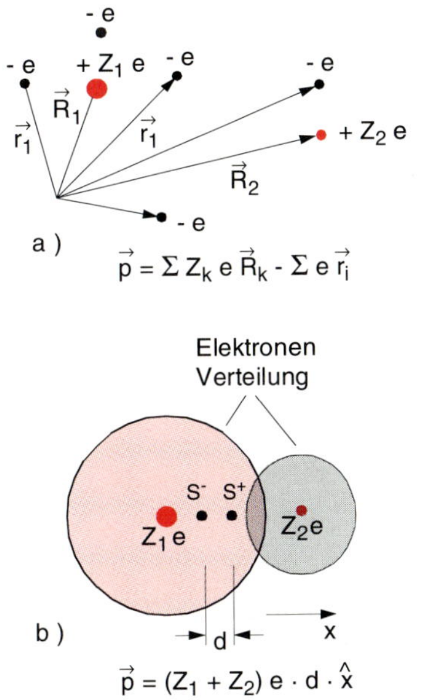

Abb. 1.49a,b. Zur Definition des molekularen Dipolmomentes: (**a**) bei beliebiger Wahl des Koordinatenursprungs, (**b**) bei Einführung der Ladungsschwerpunkte S^+ und S^-

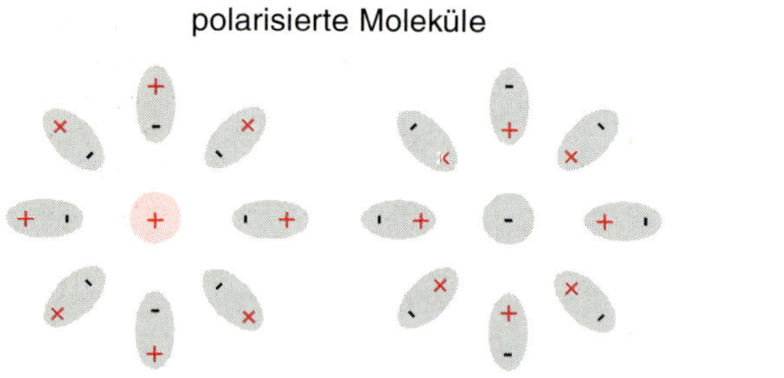

Abb. 1.50. Anlagerung neutraler Moleküle an ein Ion in einem Elektrolyten. Im Feld des Ions werden in den Molekülen Dipolmomente induziert. Die Orientierung der induzierten Dipolmomente richtet sich nach der Ionenladung

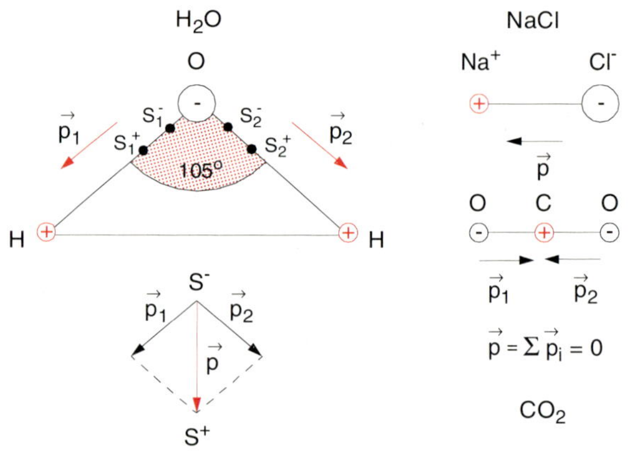

Abb. 1.51. Dipolmomente einiger Moleküle. Das symmetrische lineare CO_2-Molekül hat kein permanentes Dipolmoment

weil die Ladungsschwerpunkte gegeneinander verschoben werden (Abb. 1.40). Im inhomogenen Feld erfahren sie dann auch eine Kraft $\boldsymbol{F} = \boldsymbol{p} \cdot \textbf{grad}\, \boldsymbol{E}$.

Ein Beispiel ist die Anlagerung neutraler Moleküle an ein Ion in einem Elektrolyten (Abb. 1.50).

Bei den meisten Molekülen, die nicht aus gleichen Atomen bestehen, ist $d \neq 0$. Solche *polaren Moleküle* haben daher ein von Null verschiedenes elektrisches Dipolmoment

$$\boldsymbol{p} = Q \cdot \boldsymbol{d} \,.$$

BEISPIEL

Das H_2O-Molekül hat ein Dipolmoment $p = 6 \cdot 10^{-30}$ Cm, da der Ladungsschwerpunkt der negativen Ladung $Q = -10\,e = -1{,}6 \cdot 10^{-18}$ C einen Abstand von etwa 4 pm vom positiven Ladungsschwerpunkt hat (Abb. 1.51).

Tabelle 1.2. Elektrische Dipolmomente $|\boldsymbol{p}|$ (in Debye) einiger Moleküle

Molekül	Dipolmoment / D
NaCl	9,00
CsCl	10,42
CsF	7,88
HCl	1,08
CO	0,11
H_2O	1,85
NH_3	1,47
C_2H_5OH	1,69

Man benutzt in der Molekülphysik häufig die Einheit

$$1\,\text{Debye} = 3{,}3356 \cdot 10^{-30}\,\text{C} \cdot \text{m}$$

für molekulare Dipolmomente. Abbildung 1.51 gibt einige Beispiele für polare und nichtpolare Moleküle, und Tabelle 1.2 führt einige Zahlenwerte auf.

Für die potentielle Energie der Wechselwirkung zwischen zwei Dipolen $\boldsymbol{p}_1$ und $\boldsymbol{p}_2$ ergibt sich aus (1.28)

$$W_{\text{pot}} = -\boldsymbol{p}_1 \cdot \boldsymbol{E}_2 - \boldsymbol{p}_2 \cdot \boldsymbol{E}_1 ,$$

wobei $\boldsymbol{E}_i$ das elektrische Feld von $\boldsymbol{p}_i$ ist (Abb. 1.52).

Einsetzen von (1.25a) für das elektrische Feld $\boldsymbol{E}_i$ des Dipols $\boldsymbol{p}_i$ liefert bei einem Abstand R zwischen den Mittelpunkten beider Dipole

$$W_{\text{pot}} = \frac{1}{4\pi\varepsilon_0} \cdot \frac{\boldsymbol{p}_1 \cdot \boldsymbol{p}_2 - 3\,(\boldsymbol{p}_1 \cdot \hat{\boldsymbol{R}}) \cdot (\boldsymbol{p}_2 \cdot \hat{\boldsymbol{R}})}{R^3} , \tag{1.80}$$

woraus man die Kraft zwischen den Dipolen aus $\boldsymbol{F} = -\textbf{grad}\, W_{\text{pot}}$ berechnen kann, die sich auch ergibt aus $\boldsymbol{F} = \boldsymbol{p}_1 \nabla \boldsymbol{E}_2$ (1.29), wobei $\boldsymbol{E}_2$ aus (1.25) genommen werden kann. Man sieht aus (1.80), daß die Wechselwirkungsenergie proportional zu R^{-3} ist und von der gegenseitigen Orientierung der Dipole abhängt! Sie hat ein Minimum

$$W_{\min} = -\frac{2p_1 p_2}{4\pi\varepsilon_0 R^3}$$

für parallele lineare Anordnung und ein Maximum

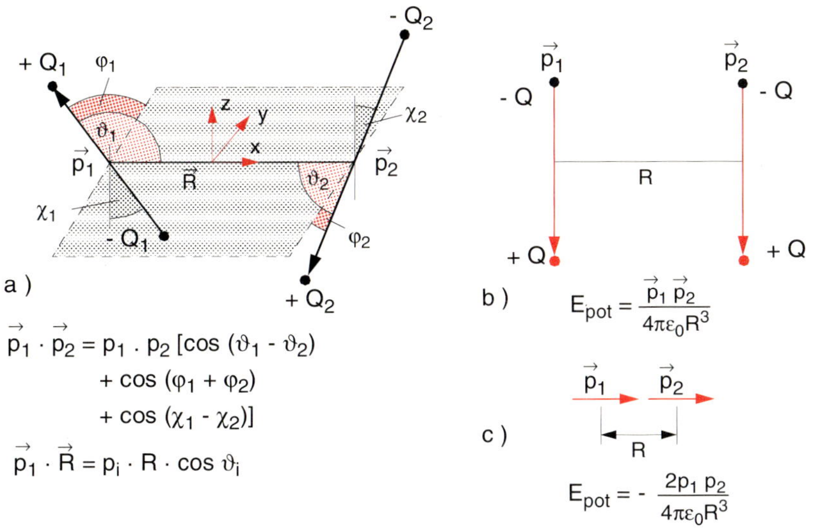

Abb. 1.52a–c. Wechselwirkung zwischen zwei Dipolen (**a**) bei beliebiger Orientierung (ϑ, φ, χ sind die Winkel zwischen Dipolmoment $\boldsymbol{p}$ und x, y, z-Achse). (**b**),(**c**) Spezialfälle zweier paralleler Dipole

$$W_{\max} = \frac{2p_1p_2}{4\pi\varepsilon_0 R^3}$$

für antiparallele lineare Anordnung. Zwei geeignet orientierte Dipole ziehen sich also an! In Abb. 1.52 sind neben dem allgemeinen Fall noch die beiden Spezialfälle paralleler Dipole in zwei verschiedenen relativen Orientierungen gezeigt.

In gasförmiger oder flüssiger Phase sind die Richtungen dieser molekularen Dipole jedoch infolge der thermischen Bewegung der Moleküle statistisch über alle Raumrichtungen verteilt, so daß makroskopisch das gesamte Dipolmoment aller N Moleküle pro Volumeneinheit Null ist (Abb. 1.53).

Bei Anlegen eines äußeren Feldes $\boldsymbol{E}$ wirkt ein Drehmoment auf die einzelnen Moleküle, das proportional zu $|\boldsymbol{E}|$ ist und die Moleküle mit wachsendem E immer mehr orientiert.

Die makroskopische Polarisation $\boldsymbol{P} = \frac{1}{V}\sum \boldsymbol{p}_i$ wird also bei polaren, nicht orientierten Molekülen proportional zu E anwachsen, bis alle Moleküle völlig orientiert sind.

Bei gegebenem Feld E wird die Orientierung um so größer sein, je kleiner die Temperatur ist. Ein Maß für die Orientierung ist das Verhältnis

$$v = \frac{pE}{3kT}$$

von orientierender elektrostatischer Energie zu statistisch desorientierender thermischer Energie $3kT$. Im statistischen Mittel ist nur der Bruchteil $v < 1$ aller Moleküle in Feldrichtung orientiert. Eine genauere Überlegung liefert in der Tat (siehe Bd. 3) für die makroskopische Polarisation

$$\boldsymbol{P} = \frac{Np^2}{3kT}\boldsymbol{E}\,. \tag{1.81}$$

Polare Moleküle erhalten im äußeren Feld natürlich auch ein zusätzliches induziertes Dipolmoment, das proportional zu $\boldsymbol{E}$ ist, so daß die Gesamtpolarisation

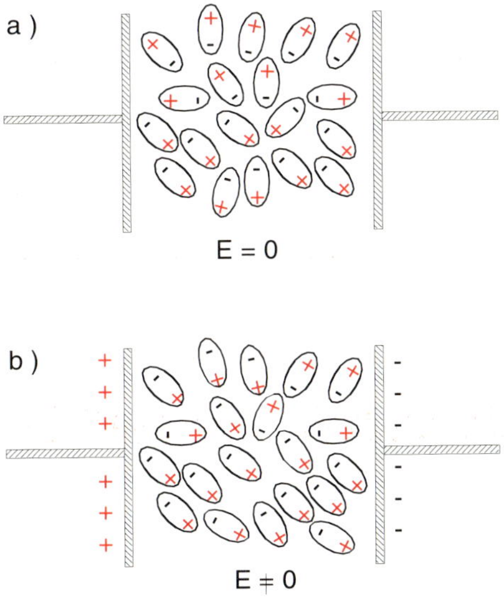

Abb. 1.53. (**a**) Statistisch verteilte Orientierung molekularer Dipole auf Grund ihrer thermischen Energie; (**b**) teilweise Orientierung im elektrischen Feld

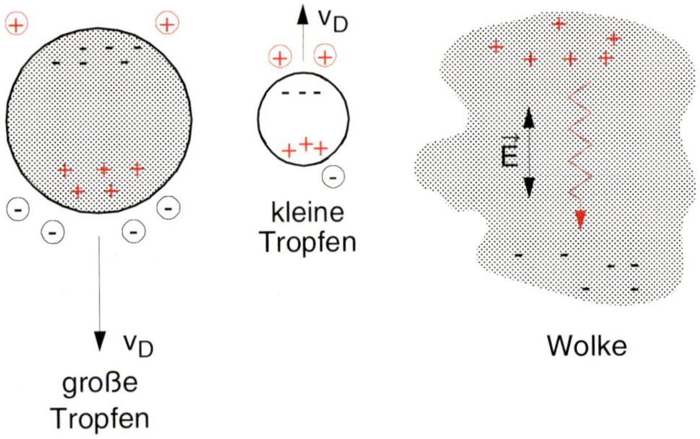

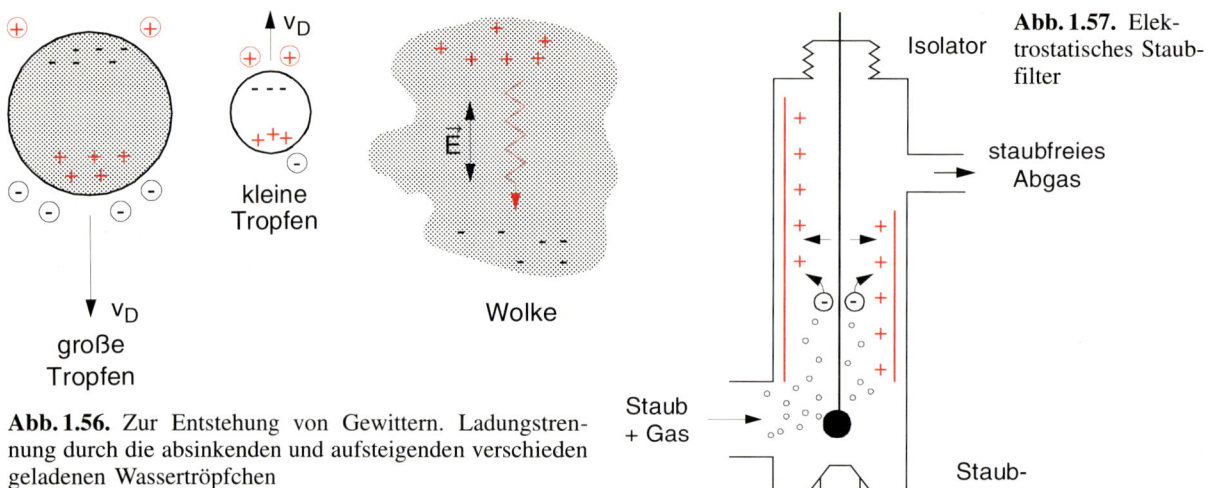

Abb. 1.56. Zur Entstehung von Gewittern. Ladungstrennung durch die absinkenden und aufsteigenden verschieden geladenen Wassertröpfchen

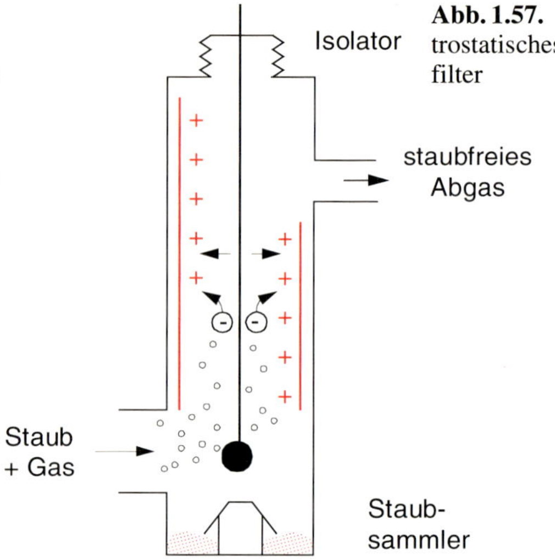

Abb. 1.57. Elektrostatisches Staubfilter

großen Cumuluswolken. Die oberen Schichten der Wolke tragen eine positive, die unteren eine negative Überschußladung. Dies liegt daran, daß die Wassertropfen im elektrischen Feld der Erde ein induziertes Dipolmoment erhalten, dessen positive Ladung nach unten zeigt. An größere Tropfen, die auf Grund ihres Gewichtes nach unten fallen, lagern sich überwiegend negative Ionen an, weil die Wahrscheinlichkeit für Stöße der umgebenden Ionen mit der (in Fallrichtung vorderen) positiven Fläche größer ist als für die Rückfläche (Abb. 1.56). Kleinere Tröpfchen werden von der vertikalen Luftströmung nach oben befördert und laden sich (aus dem gleichen Grund) überwiegend positiv auf.

Wenn nun diese Ladungstrennung zu genügend großen elektrischen Feldstärken zwischen oberem und unterem Teil einer Wolke oder zwischen Wolke und Erdoberfläche führt, entsteht ein elektrischer Durchschlag (Blitz), der im Mittel etwa 10 C an Ladung transportiert und damit zum Ladungsausgleich führt. Bei einer Blitzdauer von 10^{-4} s, würde dies einem Strom von 10^5 A entsprechen [1.7].

1.9.4 Elektrostatische Staubfilter

Man kann die Staubemission von Kraftwerken und Industrieanlagen erheblich verringern durch elektrostatische Staubabscheider. Eine mögliche Version ist in Abb. 1.57 gezeigt.

In den Abgaskamin wird zwischen einem Draht in der Mitte und Metallplatten an den Wänden ein elektrisches Feld erzeugt, das im Abgasstrom eine Gasentladung zündet. Durch Anlagerung von Ladungen an die Staubteilchen werden diese (i. allg. negativ) aufgeladen und auf die positiv geladenen Platten abgelenkt. Hier scheidet sich der Staub ab, wird von Zeit zu Zeit durch Abklopfen wieder gelöst und fällt dann in speziell konstruierte Staubauffangbehälter am Boden des Kamins.

1.9.5 Elektrostatische Farbbeschichtung

Aus einer Düse wird eine Farblösung gesprüht. Die Flüssigkeitsfarbtröpfchen werden je nach Material entweder von selbst durch Reibungselektrizität oder durch eine *Koronaentladung* (Durchschlagsentladung bei hoher Spannung) aufgeladen. In Abb. 1.58 ist die maximal erreichbare Ladung pro Tröpfchen als Funktion des Tröpfchenradius aufgetragen für Wasser, für leitende Kügelchen und für Isolatoren. Die geladenen Tröpfchen werden im elektrischen Feld beschleunigt, bis die beschleunigende Kraft kompensiert wird durch die Reibungskraft der Tröpfchen bei ihrer Bewegung durch Luft bei Atmosphärendruck. Aus dem Stokesschen Reibungsgesetz (Bd. 1, Kap. 8) für die Reibungskraft

$$F = 6\pi\eta r v = q \cdot E$$

findet man für die stationäre Geschwindigkeit

$$v = \frac{q}{6\pi\eta r} E .$$

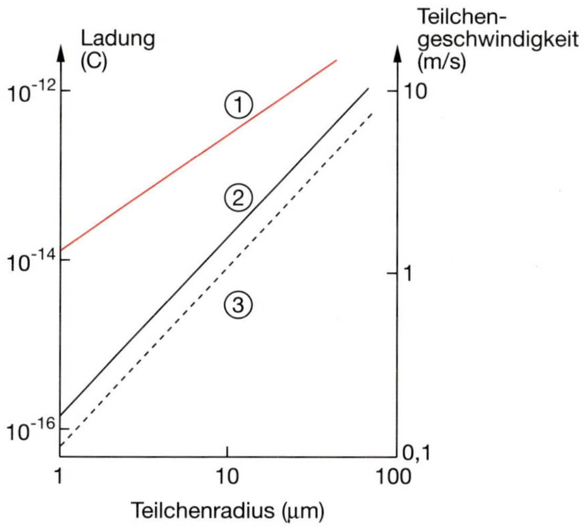

Abb. 1.58. Maximal erreichbare Ladung eines Tröpfchens in einer Koronaentladung als Funktion des Tröpfchenradius und entsprechende Tröpfchengeschwindigkeit in einem elektrischen Feld $\boldsymbol{E} = 5 \cdot 10^5$ V/m. (*1*) Wasser, (*2*) leitende Kugeln, (*3*) dielektrische Kugeln [1.8]

Das zu beschichtende Teil wird auf Erdpotential gelegt, so daß die geladenen Farbpartikel, die entlang der Feldlinien laufen, dort deponiert werden (Abb. 1.59). Durch geeignete Formgebung der Elektroden (eventuell mit Hilfselektroden) kann die räumliche Feldverteilung variiert und damit die Verteilung der Farbpartikel auf der zu beschichtenden Oberfläche optimiert werden [1.8].

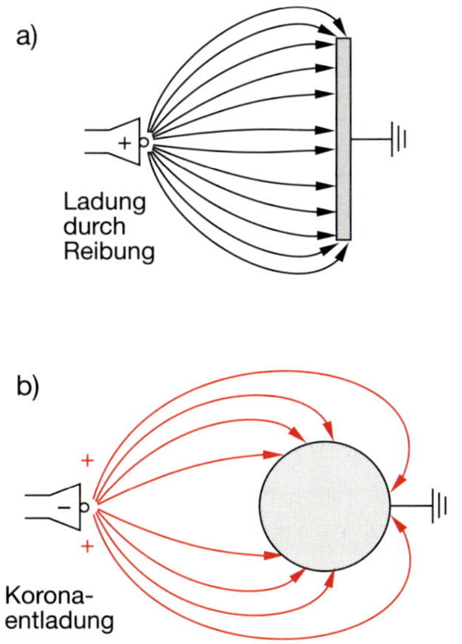

Abb. 1.59. Elektrostatische Farbbeschichtung

1.9.6 Elektrostatische Kopierer und Drucker

Das Prinzip des elektrostatischen Kopierers als xerographischer Prozeß (Trockenkopie) wurde 1935 von *Chester Carlson* erfunden. Es basiert auf einer Kombination von photoelektrischen Eigenschaften bestimmter Stoffe (Selen, Zinkoxid u.a.) mit der elektrostatischen Abscheidung von Farbstaub auf geladenen Flächen.

Der Kopierprozeß funktioniert folgendermaßen (Abb. 1.60): Ein mit Selen beschichteter Zylinder wird im Dunkeln elektrisch aufgeladen. Dann wird das zu kopierende Bild über ein optisches System auf die Zylinderoberfläche abgebildet. Durch die Belichtung wird ein Teil der Ladung entfernt, wobei die Zahl der emittierten Elektronen proportional zur auftreffenden Lichtintensität ist (Photoeffekt). An den dunklen Stellen ist also die Oberflächenladung größer als an den hellen Stellen. Jetzt wird entgegengesetzt aufgeladener Farbstaub auf die Trommel beschleunigt und setzt sich an den aufgeladenen Stellen ab. Ein aufgeladenes Blatt Papier wird dann auf die sich drehende Trommel gepreßt und nimmt den geladenen Farbstaub von der Trommel ab. Das Papier läuft durch eine Heizkammer, wo der Farbstaub schmilzt und in das Papier einbrennt, so daß eine dauerhafte Kopie entsteht.

Die Trommel läuft dann an einer Schneide und Bürste vorbei, die den restlichen Farbstaub wieder entfernt, so daß eine saubere Oberfläche für die nächste Kopie zur Verfügung steht [1.9].

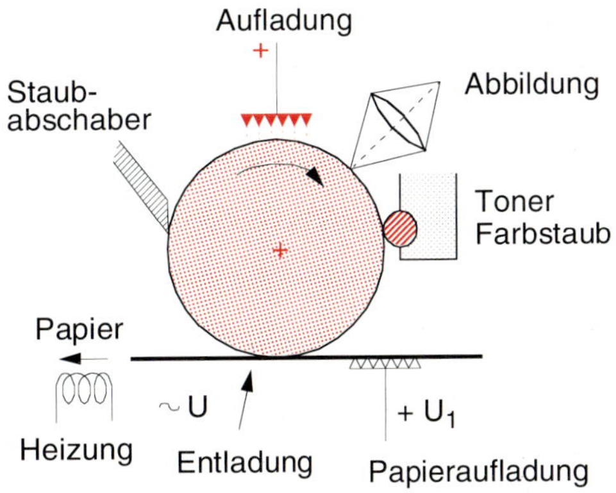

Abb. 1.60. Prinzip des Xerox-Kopierers

ZUSAMMENFASSUNG

- Das statische elektrische Feld wird von Ladungen erzeugt. Sind an den Orten $\boldsymbol{r}_i$ N Ladungen Q_i, so ist die elektrische Feldstärke am Ort $P(\boldsymbol{R})$

$$\boldsymbol{E}(P) = \frac{1}{4\pi\varepsilon_0}\sum_{i=1}^{N}\frac{Q_i}{|\boldsymbol{R}-\boldsymbol{r}_i|^3}(\boldsymbol{R}-\boldsymbol{r}_i).$$

Das Feld einer räumlichen Ladungsverteilung $\varrho(\boldsymbol{r})$ ist an einem Punkt $P(\boldsymbol{R})$ außerhalb des Ladungsvolumens V

$$\boldsymbol{E}(P) = \frac{1}{4\pi\varepsilon_0}\int\frac{\varrho(\boldsymbol{r})(\boldsymbol{R}-\boldsymbol{r})}{|\boldsymbol{R}-\boldsymbol{r}|^3}\,\mathrm{d}^3r.$$

- Das elektrostatische Feld ist konservativ und läßt sich als Gradient

$$\boldsymbol{E} = -\textbf{grad}\,\phi$$

des skalaren Potentials

$$\phi(\boldsymbol{r}) = \frac{1}{4\pi\varepsilon_0}\int\frac{\varrho(\boldsymbol{r})\,\mathrm{d}^3r}{|\boldsymbol{R}-\boldsymbol{r}|}$$

schreiben.

- Die Ladungen sind die Quellen des elektrischen Feldes.
Im Vakuum gilt die Poissongleichung

$$\operatorname{div}\boldsymbol{E} = \varrho/\varepsilon_0 \;\Rightarrow\; \Delta\phi = -\varrho/\varepsilon_0,$$

wobei Δ der Laplace-Operator ist.
In dielektrischer Materie sinkt die elektrische Feldstärke. Es gilt für Feldstärke $\boldsymbol{E}$ und Verschiebungsdichte $\boldsymbol{D}$

$$\boldsymbol{E}_{\text{Diel}} = \frac{1}{\varepsilon}\boldsymbol{E}_{\text{Vak}},$$
$$\boldsymbol{D}_{\text{Diel}} = \varepsilon_0\boldsymbol{E}_{\text{Vak}} = \varepsilon\varepsilon_0\boldsymbol{E}_{\text{Diel}},$$
$$\operatorname{div}\boldsymbol{D} = \varrho.$$

- An einer Grenzfläche gilt:

$$\boldsymbol{E}_{\parallel}^{(1)} = \boldsymbol{E}_{\parallel}^{(2)}, \boldsymbol{D}_{\perp}^{(1)} = \boldsymbol{D}_{\perp}^{(2)}.$$

- Der elektrische Kraftfluß durch die Fläche S

$$\Phi_{\text{el}} = \oint \boldsymbol{E}\cdot\mathrm{d}\boldsymbol{S} = Q/\varepsilon_0$$

ist ein Maß für die Quellstärke der von der Fläche S umschlossenen Ladung Q.

- Aus $\boldsymbol{E} = -\nabla\phi$ folgt **rot** $\boldsymbol{E} = 0$.
Das statische elektrische Feld ist wirbelfrei. Es gibt keine geschlossenen Feldlinien. Die Feldlinien starten an den positiven Ladungen und enden an den negativen.

- Geladene Leiterflächen bilden Kondensatoren. Ihre Kapazität ist $C = Q/U$.
Für den Plattenkondensator ist

$$C = \varepsilon\varepsilon_0\cdot\frac{A}{d}.$$

Für eine Kugel mit Radius R gilt

$$C = 4\pi\varepsilon_0 R.$$

- Die Kraft $\boldsymbol{F}$ auf eine Ladung q im elektrischen Feld $\boldsymbol{E}$ ist

$$\boldsymbol{F} = q\cdot\boldsymbol{E}.$$

Die Arbeit W, die man leisten muß, um die Ladung q im elektrischen Feld vom Punkte P_1 nach P_2 zu bringen ist

$$W = q\int_{P_1}^{P_2}\boldsymbol{E}\cdot\mathrm{d}\boldsymbol{s}$$
$$= q\big(\phi(P_1) - \phi(P_2)\big) = q\cdot U,$$

wobei die Spannung U gleich der Potentialdifferenz $\Delta\phi = \phi_1 - \phi_2$ ist.

- Ein elektrischer Dipol besteht aus zwei entgegengesetzten Ladungen $+Q$ und $-Q$ im Abstand d. Sein Dipolmoment ist

$$\boldsymbol{p} = Q\cdot\boldsymbol{d},$$

wobei $\boldsymbol{d}$ von der negativen zur positiven Ladung zeigt. Im homogenen elektrischen Feld wirkt ein Drehmoment

$$\boldsymbol{D} = (\boldsymbol{p}\times\boldsymbol{E}).$$

Im inhomogenen Feld wirkt zusätzlich die Kraft

$$\boldsymbol{F} = \boldsymbol{p}\cdot\textbf{grad}\,\boldsymbol{E}.$$

- Potential $\phi(P)$ und Feld $\boldsymbol{E}(P)$ einer beliebigen Ladungsverteilung können für genügend große Abstände vom Ladungsvolumen durch Reihenentwicklung (Multipol-Entwicklung) dargestellt werden.

▶

- Auch zwischen insgesamt neutralen Ladungsverteilungen wirken elektrische Kräfte, wenn keine kugelsymmetrische Ladungsverteilungen vorliegen.
- Im elektrischen Feld werden in Materie Ladungen verschoben. Diese Verschiebung heißt bei Leitern Influenz, bei Isolatoren Polarisation. Das Innere von Leitern ist feldfrei. In Isolatoren sinkt das Feld auf $E_{\text{Diel}} = \frac{1}{\varepsilon} E_{\text{Vak}}$, weil hier induzierte Dipole entstehen, deren Polarisationsladungen ein schwächeres Gegenfeld erzeugen.
- Die dielektrische Polarisation

  $$\boldsymbol{P} = N \cdot q \cdot \boldsymbol{d} = N \cdot \alpha \cdot \boldsymbol{E}_{\text{Diel}}$$

  ist gleich der Summe aller induzierten Dipolmomente pro Volumeneinheit und ist proportional zur Feldstärke E_{Diel}. Der materialabhängige Faktor α heißt Polarisierbarkeit.
- Das statische elektrische Feld in Materie oder im Vakuum wird vollständig durch die Feldgleichungen

  $$\textbf{rot}\, \boldsymbol{E} = \boldsymbol{0}, \quad \operatorname{div} \boldsymbol{D} = \varrho, \quad \boldsymbol{D} = \varepsilon_0 \boldsymbol{E} + \boldsymbol{P}$$

  beschrieben.

ÜBUNGSAUFGABEN

1. Zwei kleine Kugeln aus Natrium der Masse $m_1 = m_2 = 1$ g haben einen Abstand von einem Meter. Angenommen, jedem zehnten Natrium-Atom fehle das Valenzelektron. Welche Oberflächen-Ladungsdichte σ besitzt jede Kugel, und mit welcher Kraft F stoßen sie sich ab? (Dichte von Natrium $\varrho = 0{,}97\,\text{g/cm}^{-3}$, Masse eines Na-Atoms $m = 23 \cdot 1{,}67 \cdot 10^{-27}$ kg, Elementarladung $e = 1{,}602 \cdot 10^{-19}$ C.)
2. Zwei gleiche Kugeln der Masse m haben gleiche Ladungen Q und hängen an zwei Fäden der Länge l mit gleichem Aufhängepunkt A (Abb. 1.61).
   a) Wie groß ist der Winkel φ?
   Zahlenbeispiel: $m = 0{,}05$ kg, $l = 1$ m, $Q = 10^{-8}$ C

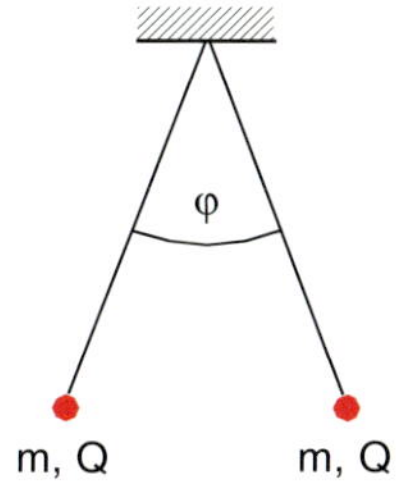

Abb. 1.61. Zu Aufgabe 2

   b) Wie groß ist der Winkel φ, wenn in der vertikalen Symmetrieebene eine leitende Platte mit der Ladungsdichte $\sigma = 1{,}5 \cdot 10^{-5}\,\text{C/m}^2$ steht?
3. Eine kreisförmige Lochscheibe mit dem inneren Radius R_i und dem äußeren Radius R_a ist mit der Flächenladungsdichte σ belegt.
   a) Berechnen Sie die Kraft, die auf eine Punktladung q wirkt, die sich im Abstand x von der Scheibe auf der Mittelachse senkrecht zur Kreisscheibe befindet.
   b) Wie lautet das Ergebnis für die Grenzfälle α) $R_\text{i} \to 0$, β) $R_\text{a} \to \infty$, γ) $R_\text{i} \to 0$ und $R_\text{a} \to \infty$?
4. Im Punkt $P_1(0, 0, z = a)$ befindet sich eine Ladung Q_1, im Punkte $P_2(0, 0, z = -a)$ eine weitere Ladung Q_2.
   Berechnen Sie die Kraft $\boldsymbol{F}$ auf eine Ladung q im Punkte $P(r, \vartheta, \varphi)$ und die potentielle Energie E_pot für die Fälle $Q_1 = Q_2 = 10^{-9}$ C und $Q_2 = -Q_1$.
   Wie sehen die ersten drei Glieder der Multipolentwicklung aus?
5. Man berechne das Quadrupolmoment der Ladungsverteilungen in Abb. 1.62.

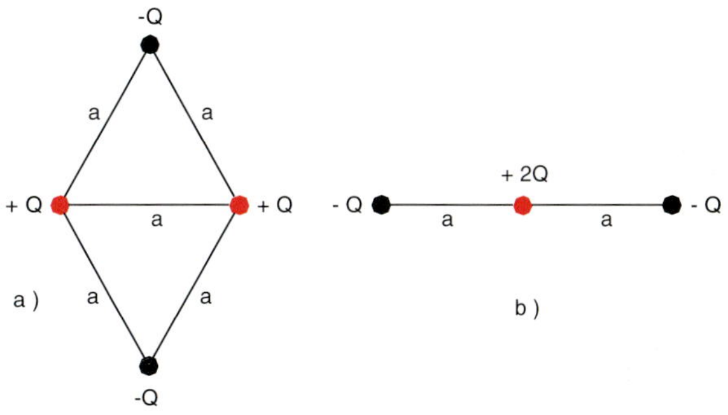

Abb. 1.62. Zu Aufgabe 5

6. Man berechne Potential- und Feldstärkeverlauf $\phi(r)$ und $\boldsymbol{E}(r)$ für eine homogen geladene Vollkugel (Radius R, Ladung Q). Wie groß ist die Arbeit, die man aufwenden muß, um eine Ladung q
   a) von $r = 0$ bis $r = R$,
   b) von $r = R$ bis $r = \infty$ zu bringen, wenn $\phi(r = \infty) = 0$ sein soll?
7. Führen Sie die Differentiation in (1.34), die zur Multipolentwicklung (1.35) führt, explizit durch.
8. Man zeige, daß für eine homogen geladene Vollkugel mit der Gesamtladung Q alle Terme in (1.35) außer dem Monopolterm Null werden.
9. Bei Hochspannungsleitungen werden 4 Drähte in z-Richtung (jeder mit Radius R) so parallel angeordnet, daß ihre Durchstoßpunkte
   $P = (x = \pm a,\ y = 0)$
   bzw. $P = (x = 0,\ y = \pm a)$
   ein Quadrat mit der Kantenlänge $a \cdot \sqrt{2}$ bilden. Alle Drähte haben die gleiche Spannung U gegen Erde. Man berechne
   a) die Feldstärke $\boldsymbol{E}$ auf der Diagonalen,
   b) das elektrische Feld $\boldsymbol{E}(r, \varphi)$ auf der Oberfläche eines Drahtes.
   c) Um welchen Faktor wird E vermindert gegenüber einer Leitung mit nur einem Draht auf der Spannung U?
   Zahlenwerte: $R = 0{,}5\,\text{cm}$, $a = 4\,\text{cm}$, $U = 3 \cdot 10^5\,\text{V}$.
10. Die beiden Platten eines Plattenkondensators (Plattenabstand $d = 1\,\text{cm}$, Spannung $U = 5\,\text{kV}$ zwischen den Platten) haben die Fläche $A = 0{,}1\,\text{m}^2$.
   a) Wie groß sind Kapazität, Ladung auf den Platten und elektrische Feldstärke?
   b) Man leite her, daß die Feldenergie $W = \frac{1}{2}CU^2$ ist.
   c) Im Feld des Plattenkondensators sei ein atomarer Dipol ($q = 1{,}6 \cdot 10^{-19}\,\text{C}$, Ladungsabstand $d = 5 \cdot 10^{-11}\,\text{m}$). Wie groß ist das Drehmoment, das auf den Dipol wirkt, wenn die Dipolachse parallel zu den Platten steht? Welche Energie gewinnt man bzw. muß man aufwenden, wenn die Dipolachse in bzw. antiparallel zur Feldrichtung gestellt wird?
11. Wie groß ist die Gesamtkapazität der in Abb. 1.63 gezeigten Schaltung?

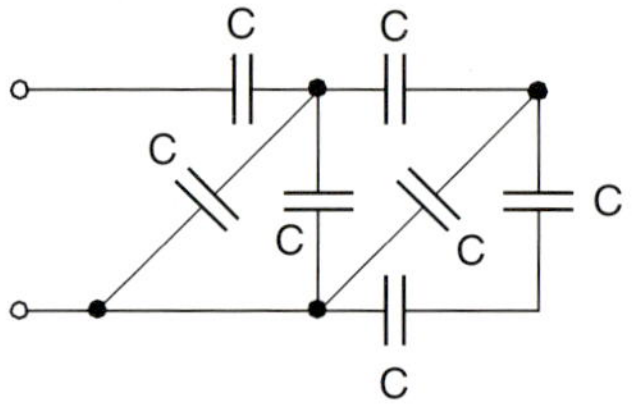

Abb. 1.63. Zu Aufgabe 11

12. Auf die linke Platte der Kondensator-Anordnung in Abb. 1.64 wird die Ladung $+Q$ gebracht. Wie sehen Feld- und Potentialverteilung $\boldsymbol{E}(x)$ und $\phi(x)$ aus?

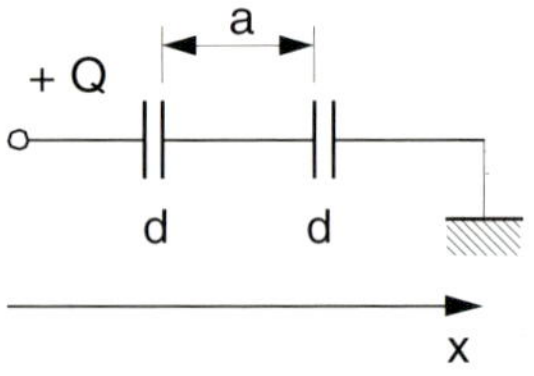

Abb. 1.64. Zu Aufgabe 12

13. Auf beiden Seiten eines Zylinderkondensators (R_1, R_2) mit dem Kreisbogenwinkel φ befinden sich Blenden mit einem Schlitz bei $R = (R_1 + R_2)/2$ (siehe Abb. 1.65).
   a) Welche Spannung U muß angelegt werden, damit ein Elektron mit der Geschwindigkeit v_0 beide Blenden passieren kann?
   b) Wie groß muß der Winkel φ sein, damit der Kondensator fokussierend wirkt, d.h. daß Teilchen mit dem kleinen Winkel α gegen die Sollbahn $R = \text{const}$ beim Eintritt ebenfalls die Austrittsblende passieren?

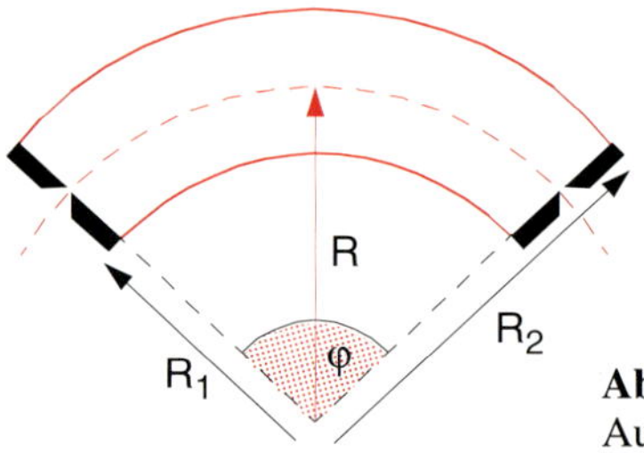

Abb. 1.65. Zu Aufgabe 13

14. Ein Stück dünnen Drahtes mit Länge L habe die Form eines Kreisbogens mit $R = 0{,}5\,\text{m}$ und trage die Ladung Q. Man bestimme Betrag und Richtung des elektrischen Feldes im Krümmungsmittelpunkt als Funktion des Kreisbogenwinkels L/R.

$u = 6 \cdot 10^{-8}\,\mathrm{m^2/Vs}$: $\sigma_{el} = u \cdot n \cdot q \approx 1\,\mathrm{A/Vm}$, also etwa acht Größenordnungen kleiner als in Kupfer.

Es zeigt sich, daß die elektrische Leitfähigkeit von Metallen proportional zur Wärmeleitfähigkeit ist:

$$\frac{\lambda}{\sigma_{el}} = a \cdot T$$

(***Wiedemann-Franzsches Gesetz***), wobei die Proportionalitätskonstante $a \approx 3\,(k/e)^2$ durch Boltzmannkonstante k und Elektronenladung e bestimmt ist. Dies zeigt, daß die freien Leitungselektronen sowohl zur elektrischen als auch zur Wärmeleitung in Metallen beitragen.

2.2.2 Das Ohmsche Gesetz

Die Gleichung (2.6b), welche den Zusammenhang zwischen Stromdichte $\boldsymbol{j}$ und elektrischer Feldstärke $\boldsymbol{E}$ herstellt, heißt

Ohmsches Gesetz

$$\boldsymbol{j} = \sigma \cdot \boldsymbol{E}.$$

Bei einem homogenen Leiter mit dem Querschnitt A und der Länge L können wir aus dem Ohmschen Gesetz durch Integration wegen $U = \int E\,\mathrm{d}L = E \cdot L$ und $I = \int \boldsymbol{j} \cdot \mathrm{d}\boldsymbol{A} = j \cdot A$ das Ohmsche Gesetz in integraler Form gewinnen:

$$I = \frac{\sigma A}{L} \cdot U\,. \qquad (2.6d)$$

Die von der Leitfähigkeit σ und der Geometrie des Leiters abhängige Größe

$$R = \frac{L}{\sigma \cdot A} = \varrho_s \cdot \frac{L}{A} \quad \text{mit} \quad \varrho_s = \frac{1}{\sigma} \qquad (2.7)$$

heißt der ***elektrische Widerstand*** des Leiters. Die materialspezifische, von der Geometrie des Leiters unabhängige Größe $\varrho_s = 1/\sigma$ ist der ***spezifische Widerstand*** des Leitermaterials. Die Dimension des elektrischen Widerstandes R ist

$$[R] = \left[\frac{U}{I}\right] = \frac{1\,\text{Volt}}{1\,\text{Ampere}} = 1\,\text{Ohm} = 1\,\Omega\,.$$

Tabelle 2.1. Spezifische Widerstände ϱ_s einiger Leiter und Isolatoren bei 20 °C

Material	$\varrho_s/10^{-6}\,\Omega\mathrm{m}$	Material	$\varrho_s/\Omega\mathrm{m}$
Silber	0,016	Graphit	$1{,}4 \cdot 10^{-5}$
Kupfer	0,017	Wasser mit	
Gold	0,027	10% H_2SO_4	$2{,}5 \cdot 10^2$
Zink	0,059	H_2O + 10%	
Eisen	$\approx 0{,}1$	NaCl	$8 \cdot 10^2$
Blei	0,21	Teflon	$1 \cdot 10^{17}$
Queck-		Silikatglas	$5 \cdot 10^{15}$
silber	0,96	Porzellan	$3 \cdot 10^{16}$
Messing	$\approx 0{,}08$	Hartgummi	$\approx 10^{20}$

Der spezifische Widerstand $\varrho_s = R \cdot A/L$ ($[\varrho_s] = 1\,\Omega \cdot \mathrm{m}$) gibt den Widerstand eines Würfels mit 1 m Kantenlänge an. Häufig wird jedoch ϱ_s als Widerstand eines Drahtes von 1 m Länge mit dem Querschnitt 1 mm² in der Einheit $\Omega \cdot \mathrm{mm^2/m} = 10^{-6}\,\Omega\mathrm{m}$ angegeben. Die Tabelle 2.1 gibt einige Beispiele.

Bei Leitern, für die ϱ_s unabhängig von I oder U ist (Ohmsche Leiter), sind Strom I und Spannungsabfall $U = R \cdot I$ entlang des Leiters einander proportional.

Man beachte:

- Entlang einem Leiter, der vom Strom I durchflossen wird, tritt ein Potentialgefälle

$$U(x) = \phi_1 - \phi(x) = R \cdot I \cdot \frac{x}{L} \qquad (2.8)$$

  auf (Abb. 2.7). Der Leiter ist nicht mehr auf konstantem Potential wie in der Elektrostatik, und seine Oberfläche ist daher auch nicht mehr Äquipotentialfläche.
- Nicht jeder Leiter gehorcht dem Ohmschen Gesetz. Es gibt eine Reihe von Leitern, bei denen die Leitfähigkeit σ vom Strom abhängt und daher die Stromstärke *nicht* proportional zur angelegten Spannung ist (siehe Abschn. 2.6).
- Der elektrische Widerstand R ist auch für Leiter mit komplizierter Geometrie definiert als das Verhältnis $R = U/I$ von Spannung U zwischen den stromzuführenden Elektroden und Gesamtstrom I. Man kann jedoch R nicht immer aus dem spezifischen Widerstand ϱ_s und der Leiter-

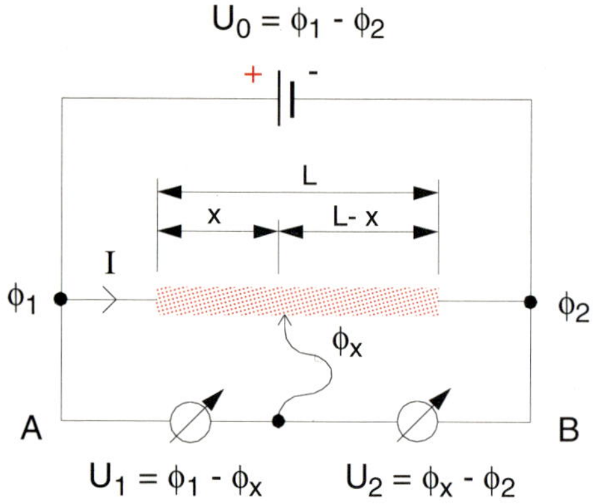

Abb. 2.7. Entlang einem stromdurchflossenen Leiter ist das Potential nicht mehr konstant. Dies wird ausgenutzt zur Realisierung von Spannungsteilern

geometrie berechnen, sondern ist auf Messungen angewiesen.

2.2.3 Beispiele für die Anwendung des Ohmschen Gesetzes

a) Aufladung eines Kondensators

Ein Kondensator mit der Kapazität C werde durch eine Spannungsquelle mit der Spannung U_0 über einen Widerstand R aufgeladen (Abb. 2.8). Zur Zeit $t = 0$, wenn der Schalter S_1 geschlossen wird, sei die Spannung am Kondensator $U(0) = 0$. Für den Ladestrom $I(t)$ gilt:

$$I(t) = \frac{U_0 - U(t)}{R} = \frac{U_0}{R} - \frac{Q(t)}{R \cdot C} \,. \tag{2.9}$$

Durch Differentiation von (2.9) ergibt sich wegen $I(t) = \mathrm{d}Q/\mathrm{d}t$

$$\frac{\mathrm{d}I}{\mathrm{d}t} = \frac{1}{R \cdot C} \cdot I(t) \,,$$

woraus durch Integration mit der Anfangsbedingung $I(0) = I_0$ folgt:

$$I(t) = I_0 \cdot \mathrm{e}^{-t/(R \cdot C)} \,. \tag{2.10}$$

Für die Spannung am Kondensator erhält man daraus mit (2.9)

$$U(t) = U_0 \cdot \left(1 - \mathrm{e}^{-t/(R \cdot C)}\right) \,. \tag{2.11}$$

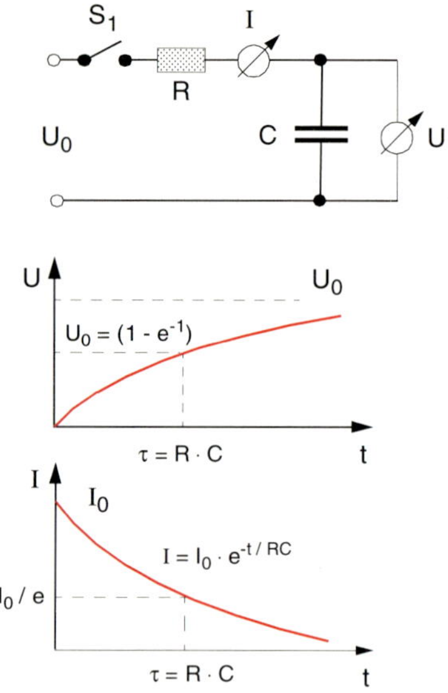

Abb. 2.8. Spannungs- und Stromverlauf bei der Aufladung eines Kondensators, wenn der Schalter S_1 zur Zeit $t = 0$ geschlossen wird

b) Kondensator-Entladung

Liegt am Kondensator zur Zeit $t = 0$ die Spannung U_0 und wird nun der Schalter S_2 bei offenem Schalter S_1 geschlossen (Abb. 2.9), so fließt durch den Entladewiderstand R_2 der Strom

$$I(t) = \frac{\mathrm{d}Q}{\mathrm{d}t} = C \cdot \frac{\mathrm{d}U}{\mathrm{d}t} = \frac{U(t)}{R_2} \,. \tag{2.12}$$

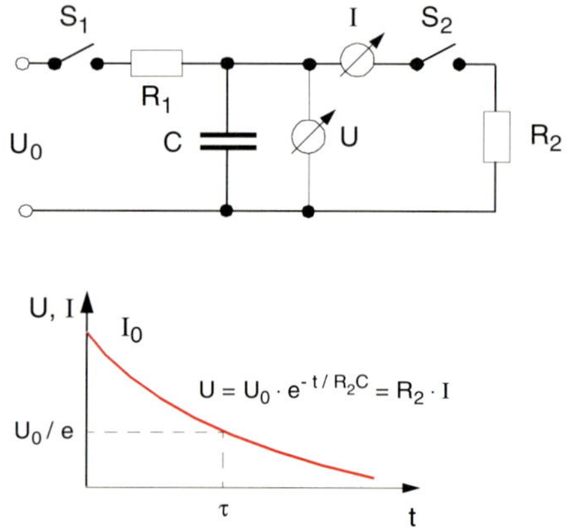

Abb. 2.9. Entladung eines Kondensators. Der Schalter S_1 wird zur Zeit $t = 0$ geöffnet, S_2 wird geschlossen. Spannungs- und Stromverlauf sind wegen $U = I \cdot R_2$ zueinander proportional

Integration von (2.12) liefert:

$$U(t) = U_0 \cdot e^{-t/(R_2 C)} \tag{2.13a}$$

und damit

$$I(t) = I_0 \cdot e^{-t/(R_2 C)} \ . \tag{2.13b}$$

c) Kontinuierlicher Spannungsteiler

Man kann den gleichmäßigen Spannungsabfall an einem stromdurchflossenen Leiter ausnutzen, um bei fester Quellenspannung U_0 eine variable Spannung $U < U_0$ zu erzeugen. Wie aus Abb. 2.7 ersichtlich, kann man an dem über einen Leiterdraht gleitenden Abgriff die Spannung

$$U_1(x) = \frac{x}{L} \cdot U_0 \tag{2.14}$$

gegen den Punkt A bzw.

$$U_2 = \frac{x - L}{L} U_0$$

gegen B erhalten.

d) Widerstand eines ebenen Kreisringes der Dicke *h*

Legt man zwischen dem Innenring (Radius r_1) und dem Außenring (Radius r_2) eine Spannung U an (Abb. 2.10), so fließt in radialer Richtung durch die gestrichelte Kreisumfangsfläche $A = 2\pi r \cdot h$ ein Strom

$$I = \int \boldsymbol{j} \cdot \mathrm{d}\boldsymbol{A} = \sigma_{\mathrm{el}} \cdot \int \boldsymbol{E} \cdot \mathrm{d}\boldsymbol{A}$$
$$= \sigma_{\mathrm{el}} \cdot E \cdot 2\pi \cdot r \cdot h \ .$$

Wegen $\boldsymbol{E} = -\mathbf{grad}\ \phi = -\frac{\mathrm{d}\phi}{\mathrm{d}r}\,\hat{\boldsymbol{e}}_r$ folgt:

$$-\frac{\mathrm{d}\phi}{\mathrm{d}r} = \frac{I}{2\pi \cdot \sigma_{\mathrm{el}} \cdot r \cdot h} \ ,$$

$$\Rightarrow \ U = \phi_1 - \phi_2 = \frac{I}{2\pi \cdot \sigma_{\mathrm{el}} \cdot h} \int_{r_1}^{r_2} \frac{\mathrm{d}r}{r}$$

$$= \frac{I}{2\pi \cdot \sigma_{\mathrm{el}} \cdot h} \ln \frac{r_2}{r_1}$$

$$\Rightarrow \ R = U/I = \frac{\ln(r_2/r_1)}{2\pi h \sigma_{\mathrm{el}}} \ . \tag{2.15}$$

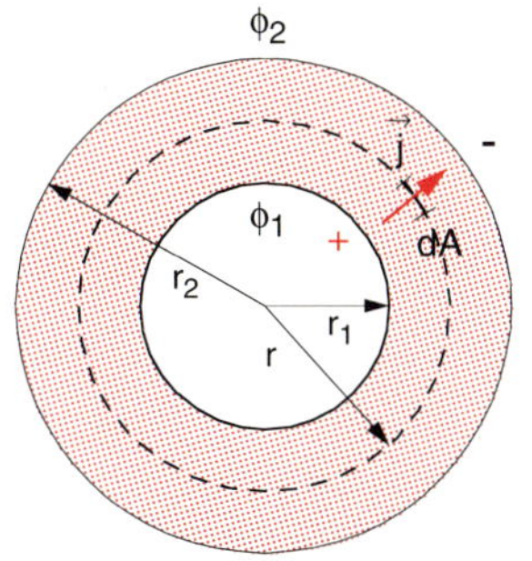

Abb. 2.10. Stromfluß zwischen zwei kreisförmigen konzentrischen Elektroden, zwischen denen sich ein homogener Leiter mit spezifischem Widerstand $\varrho_s = 1/\sigma_{\mathrm{el}}$ befindet

2.2.4 Temperaturabhängigkeit des elektrischen Widerstandes fester Körper; Supraleitung

Wenn die Elektronen mit den Gitteratomen eines regulären Kristalls zusammenstoßen, nimmt nicht ein einzelnes Atom den entsprechenden Impuls und die Stoßenergie auf, sondern das ganze Kristallgitter, weil jedes Atom durch elastische Kräfte an seine Nachbaratome gebunden ist. Die Elektronen regen daher durch Stöße Kristallschwingungen an, die stehenden Wellen im Kristall entsprechen und die ***Phononen*** genannt werden. Durch Randbedingungen (z.B. kann die Wellenlänge dieser stehenden Wellen nicht kleiner werden als der doppelte Gitterebenenabstand und nicht größer als die doppelte Kristallänge) wird eine endliche Zahl von möglichen Schwingungszuständen selektiert, zu denen diskrete Schwingungsenergien und Impulse gehören. Die Elektronen können bei Stößen mit Gitteratomen Phononen erzeugen und entsprechend Energie und Impuls abgeben.

Jeder reale Festkörper hat außer den Gitteratomen, die auf regulären Gitterplätzen sitzen, auch Fehlstellen, zum einen Gitterplätze, an denen Atome fehlen, zum anderen Fremdatome auf Zwischengitterplätzen, welche durch Verunreinigungen verursacht werden. Diese Fremdatome sind nicht in der gleichen Weise wie die regulären Gitteratome miteinander gekoppelt und können deshalb beim Stoß mit Elektronen Energie und Impuls aufnehmen, ohne Gitterschwingungen anzuregen. Die freie Weglänge Λ und damit die Leitfähigkeit σ_{el} in Metallen werden deshalb um so größer, je reiner das Metall ist. Man kann den spezifischen Widerstand $\varrho_s = 1/\sigma_{\mathrm{el}}$ aus zwei Anteilen zusammensetzen:

$$\varrho_s = \varrho_{\mathrm{Ph}} + \varrho_{\mathrm{St}} \ ,$$

wobei ϱ_{Ph} durch Wechselwirkung der Elektronen mit den Phononen und ϱ_{St} durch Stöße mit Störstellen und Fremdatomen verursacht wird.

BEISPIEL

Für Elektronen in Kupfer bei Zimmertemperatur ist die mittlere Stoßzeit $\tau_s = m \cdot \sigma_{el}/(n \cdot e^2) = 2{,}5 \cdot 10^{-14}$ s. Bei einer mittleren Geschwindigkeit von $1{,}5 \cdot 10^6$ m/s beträgt die mittlere freie Weglänge $\Lambda = 4 \cdot 10^{-8}$ m = 40 nm. Dies entspricht etwa 200 Atomdurchmessern. Die Leitfähigkeit wird dann gemäß (2.6b) $\sigma_{el} = 6 \cdot 10^7$ A/Vm und der spezifische Widerstand $\varrho_s = 1{,}7 \cdot 10^{-8}$ Vm/A. Das übliche technische Kupfer ist polykristallin. Deshalb ist hier der Beitrag ϱ_{St} zum spezifischen Widerstand dominant.

a) Temperaturverlauf des spezifischen Widerstands von Metallen

Mit zunehmender Temperatur wird die mittlere thermische Geschwindigkeit der Elektronen größer. Außerdem wird ihre freie Weglänge Λ kleiner, weil mehr Gitterschwingungen thermisch angeregt werden und damit die Möglichkeit für die Elektronen steigt, Energie an Phononen abzugeben. Beide Effekte führen zu einer Abnahme der elektrischen Leitfähigkeit $\sigma_{el}(T)$ bzw. zu einer Zunahme des spezifischen Widerstandes $\varrho_s(T) = 1/\sigma_{el}(T)$ von Metallen. Diese Abhängigkeit läßt sich in einem weiten Temperaturbereich durch die Funktion

$$\varrho_s(T) = \varrho_0 \cdot (1 + \alpha \cdot T + \beta \cdot T^2) \qquad (2.16)$$

beschreiben, wobei $\beta \cdot T \ll \alpha$ ist. Im allgemeinen wird für beschränkte Temperaturbereiche T_1 bis T_2 die Näherung

Tabelle 2.2. Temperaturabhängigkeit des spezifischen Widerstandes $\varrho(T_C) = \varrho_0(1 + \alpha T_C)$ für einige Metalle mit $\varrho_0 = \varrho(T_C = 0\,°C)$

Metall	$\varrho_0/10^{-6}\Omega$m	α/K^{-1}
Silber	0,015	$4 \cdot 10^{-3}$
Kupfer	0,016	$4 \cdot 10^{-3}$
Aluminium	0,026	$4{,}7 \cdot 10^{-3}$
Quecksilber	0,941	$1 \cdot 10^{-3}$
Konstantan ($Ni_{0,4}Cu_{0,5}Zn_{0,1}$)	0,5	$< 10^{-4}$
Wolfram	0,05	$4{,}83 \cdot 10^{-3}$

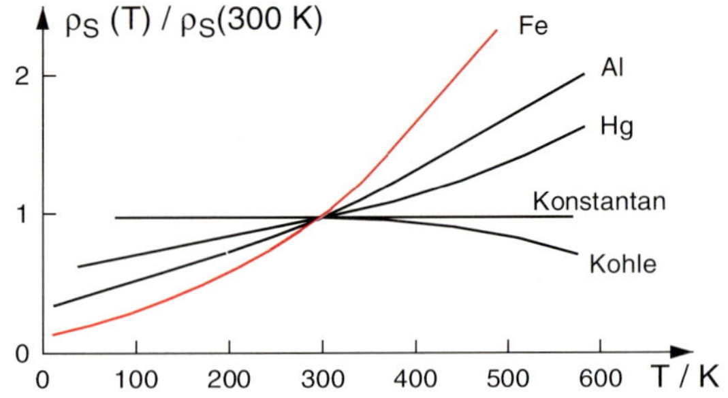

Abb. 2.11. Temperaturabhängigkeit von $\varrho_s(T)$ für einige Stoffe

$$\varrho_s(T) \approx \varrho_0 \left(1 + \alpha(T_m)\,T\right)$$

mit temperaturabhängigem Wert von α und $T_m = (T_1 + T_2)/2$ verwendet. In Tabelle 2.2 sind ϱ_0 und α für einige Metalle aufgelistet, Abb. 2.11 gibt einige Beispiele.

Bei sehr tiefen Temperaturen wird die Zahl der thermisch angeregten Gitterschwingungen sehr klein, und der spezifische Widerstand sollte gegen einen konstanten Wert gehen, der durch den Einfluß der Fremdatome bestimmt ist und deshalb von der Reinheit der Probe abhängt. Wie in Abb. 2.12 am Beispiel zweier Natriumproben mit verschiedenem Verunreinigungsgrad illustriert wird, findet man ein solches Verhalten auch für viele Metalle. Bei einer Reihe von Festkörpern jedoch springt bei einer Temperatur T_c der Widerstand plötzlich auf Null (Supraleitung) (Abb. 2.13).

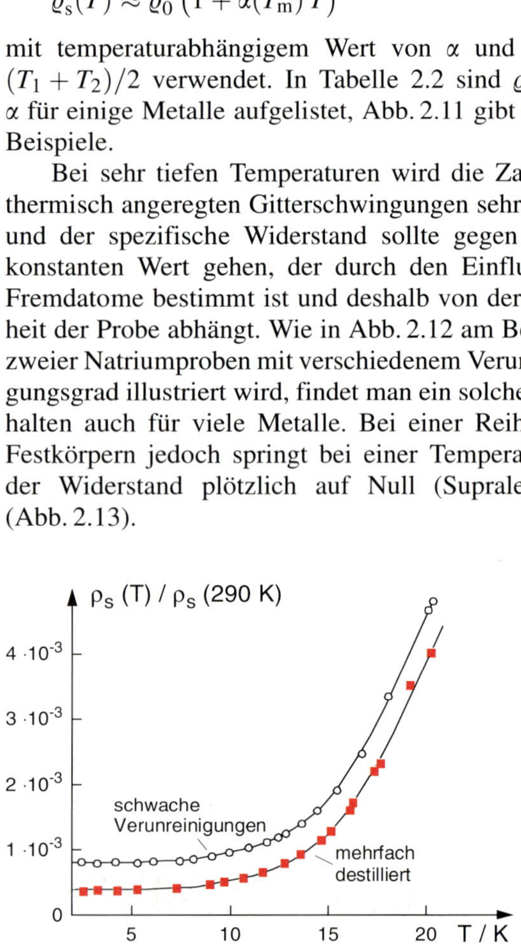

Abb. 2.12. Temperaturabhängigkeit des relativen spezifischen Widerstandes $\varrho_s(T)/\varrho_s(290\,\text{K})$ von Natrium bei tiefen Temperaturen für zwei verschiedene Reinheitsgrade des Metalls

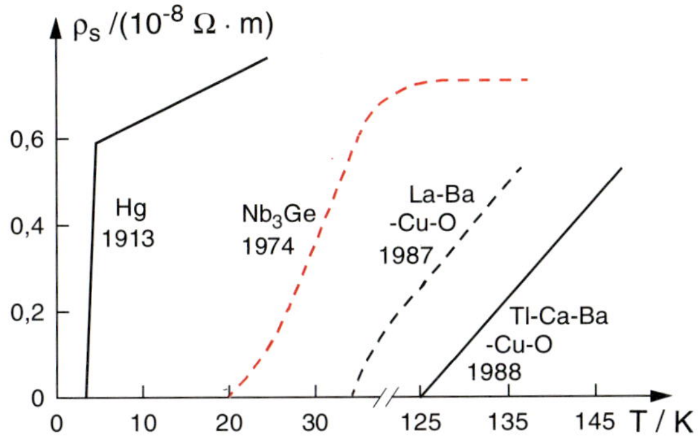

Abb. 2.13. Verlauf von $\varrho_s(T)$ für Supraleiter mit verschiedenen Sprungtemperaturen T_c

b) Supraleitung

Die Supraleitung wurde erstmals im Jahre 1911 von *H. Kamerlingh Onnes* in Leiden entdeckt, als er die Temperaturabhängigkeit des spezifischen Widerstandes und den Einfluß von Fremdatomen untersuchen wollte. Er kühlte Quecksilber, das durch wiederholte Destillation besonders gut gereinigt werden kann, auf Temperaturen um 4 K ab, die er durch Verflüssigung von Helium erreichen konnte. Zu seiner Überraschung fand er, daß der Widerstand seiner Probe bei Temperaturen unterhalb 4,2 K Null wurde. Er nannte dieses Phänomen, das dann auch bei anderen Stoffen mit unterschiedlichen Sprungtemperaturen T_c gefunden wurde, ***Supraleitung*** [2.2]. Obwohl wegen der technischen Bedeutung dieser Entdeckung sehr intensiv nach Supraleitern mit höheren Sprungtemperaturen gesucht wurde, hatten alle bis vor kurzem gefundenen supraleitenden Materialien Sprungtemperaturen unterhalb 30 K und konnten deshalb nur mit flüssigem Helium realisiert werden (Tabelle 2.3).

Erst 1986 gelang es *Müller* und *Bednorz* am IBM-Forschungslabor in Rüschlikon/Schweiz, spezielle Oxidkeramiken zu entwickeln, die bereits bei Temperaturen oberhalb von 80 K, also schon mit flüssigem Stickstoff, supraleitend wurden [2.3]. Für diese Entdeckung erhielten beide 1987, wie auch *Kamerlingh Onnes* 1913, den Nobelpreis. Inzwischen wurden weitere supraleitende oxidische Materialien (Hochtemperatur-Supraleiter) mit Sprungtemperaturen oberhalb 120 K gefunden, so daß die technischen Anwendungsmöglichkeiten wesentlich optimistischer gesehen werden können [2.4].

Tabelle 2.3. Sprungtemperaturen T_c einiger Supraleiter

Element:	T_c/K	Verbindung	T_c/K
Al	1,17	Al_2CMo_3	10,0
Hg	4,15	InNbSn	18,1
La	6,0	$AlGeNb_3$	20,7
Nb	9,25	LaBaCuO	85
		Tl-Ca-Ba-CuO	125

Die theoretische Erklärung der Supraleitung ließ lange auf sich warten. Erst etwa 40 Jahre nach ihrer Entdeckung konnten *Bardeen*, *Cooper* und *Schriefer* ein Modell aufstellen (die nach den Initialen der drei benannte BCS-Theorie), welche die meisten experimentellen Beobachtungen erklären konnte. In diesem Modell werden die Leitungselektronen durch eine Polarisationswechselwirkung mit dem Gitter zu Paaren von je zwei Elektronen, den sogenannten ***Cooper-Paaren***, korreliert. Diese Cooper-Paare haben eine Bindungsenergie ΔE und können nur dann wieder in normale Leitungselektronen „aufgebrochen" werden, wenn diese Energie ΔE durch Wechselwirkung mit Gitterschwingungen, d.h. durch Stöße, aufgebracht werden kann [2.2,5].

Man kann sich diesen Sachverhalt an einem einfachen mechanischen Modell verdeutlichen (Abb. 2.14): Auf einer Gummi-Membran liegen zwei Kugeln, die auf Grund ihres Gewichtes die Membran etwas einbuchten. Bringt man nun beide Kugeln zusammen, so wird wegen des doppelten Gewichtes an einer Stelle die Einbuchtung der Membran tiefer werden. Die potentielle Energie der beiden Kugeln ist daher kleiner als im getrennten Fall, d.h. die dehnbare Membran vermittelt eine Bindungsenergie zwischen den Kugeln. Man muß Energie aufwenden, um die beiden Kugeln zu trennen. Auf die Cooper-Paare übertragen, besagt das Modell folgendes: Jedes Elektron polarisiert auf Grund seiner Coulomb-Wechselwirkung mit den Gitterionen bei seiner Bewegung durch das Gitter die Elektronenhüllen der Ionen (Abb. 2.15).

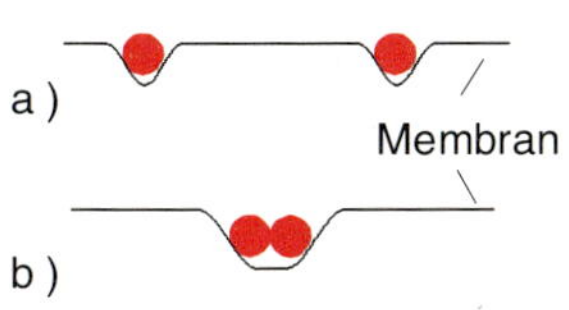

Abb. 2.14. Kugel-Membran-Modell zur Veranschaulichung der Bindung eines Cooper-Paares

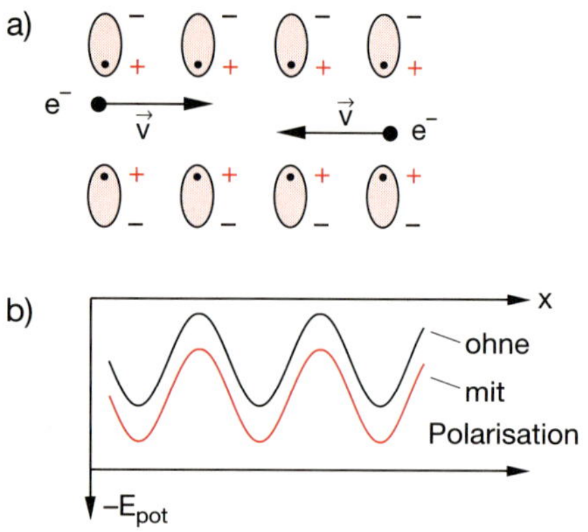

Abb. 2.15a,b. Bindung eines Cooper-Paares $(e^-, \boldsymbol{p}; e^-, -\boldsymbol{p})$ auf Grund der Polarisation des Gitters. (**a**) Schematisches Modell des polarisierenden Cooper-Paares; (**b**) Potential eines Elektrons im periodischen Gitter mit und ohne Polarisation durch das andere Elektron

Fliegt ein zweites Elektron mit entgegengesetzt gleichem Impuls auf der gleichen Spur durch das Gitter, so erfährt es zusätzlich zu seiner Coulomb-Wechselwirkung mit den Ionenrümpfen eine weitere anziehende Wechselwirkung zwischen seiner Ladung und der durch das erste Elektron induzierten Ladungspolarisation des Gitters. Genauso erfährt natürlich das erste Elektron diese durch das zweite induzierte zusätzliche anziehende Wechselwirkung. Dadurch wird die potentielle Energie beider Elektronen abgesenkt. Man sagt: Durch die Polarisation des Gitters wird eine *Korrelation* zwischen den beiden Elektronen hergestellt, die zu einem „gebundenen" Elektronenpaar $(e^-, \boldsymbol{p}; e^-, -\boldsymbol{p})$ führt. Da der Gesamtimpuls des Cooper-Paares ohne äußeres elektrisches Feld Null ist, kann es keine kinetische Energie an das Gitter abgeben, solange die thermische Energie der Phononen, mit denen das Paar wechselwirken könnte, kleiner als die Bindungsenergie des Cooper-Paares ist. Legt man jetzt ein elektrisches Feld an, so überlagert sich der Geschwindigkeit v der beiden Paar-Elektronen die Driftgeschwindigkeit v_{D}, und der Impuls des Cooper-Paares wird

$$p = 2 \cdot m \cdot v_{\mathrm{D}} .$$

Dies führt zu einer Stromdichte

$$j = 2 \cdot n_{\mathrm{C}} \cdot e \cdot v_{\mathrm{D}} ,$$

wenn n_{C} die Dichte der Cooper-Paare ist. Da jetzt die Reibungskraft fehlt, weil das Cooper-Paar keine Energie an das Gitter abgeben kann, bleibt der Strom erhalten, auch wenn das äußere Feld abgeschaltet wird. Langzeitversuche haben gezeigt, daß der *Suprastrom* auch nach einem Jahr noch nicht meßbar abgenommen hatte. Schaltet man das äußere elektrische Feld nicht ab, so wächst die Driftgeschwindigkeit v_{D} solange an, bis die zusätzliche kinetische Energie des Cooper-Paares

$$\begin{aligned} \Delta E_{\mathrm{kin}} &= \frac{1}{2}(2m)(\boldsymbol{v} + \boldsymbol{v}_{\mathrm{D}})^2 - 2 \cdot \frac{1}{2} m v^2 \\ &= 2m\boldsymbol{v} \cdot \boldsymbol{v}_{\mathrm{D}} + m v_{\mathrm{D}}^2 \end{aligned}$$

größer wird als die negative Bindungsenergie.

Dieses kann dann zerfallen in zwei normale Elektronen, deren Driftgeschwindigkeit v_{D} viel kleiner ist als die des Cooper-Paares, und die Supraleitung geht in die Normalleitung über. Auch ohne äußeres Feld zerfallen die Cooper-Paare oberhalb der Sprungtemperatur T_{c}, weil dann ihre zusätzliche thermische Energie größer wird als ihre Bindungsenergie.

Obwohl dieses hier sehr vereinfacht dargestellte Cooper-Paar-Modell der BCS-Theorie viele experimentelle Ergebnisse richtig beschreibt, gibt es doch eine Reihe von Beobachtungen, die bisher nicht zufriedenstellend erklärt werden können. Insbesondere scheinen sich die neu gefundenen *Hochtemperatur-Supraleiter* nicht ohne weiteres durch das Cooper-Paar-Modell beschreiben zu lassen. Hier muß deshalb nach neuen theoretischen Ansätzen gesucht werden (siehe [2.6] und Bd. 3).

c) Temperaturverlauf der Leitfähigkeit bei Halbleitern

Bei Halbleitern sind die Verhältnisse anders: Hier wird die Leitfähigkeit hauptsächlich durch die Dichte n der freien Leitungselektronen bestimmt. Sie ist im reinen Halbleiter bei Zimmertemperatur sehr gering, aber man kann durch geeignete *Dotierungen* von Fremdatomen die Dichte der freien Leitungselektronen n, und damit σ_{el}, um viele Größenordnungen erhöhen. Dies wird beim Vergleich zwischen den Kurven $\varrho_{\mathrm{s}}(T, n_{\mathrm{D}})$ für verschiedene Dotierungskonzentrationen n_{D} in Abb. 2.16 deutlich. Man beachte den logarithmischen Ordinatenmaßstab.

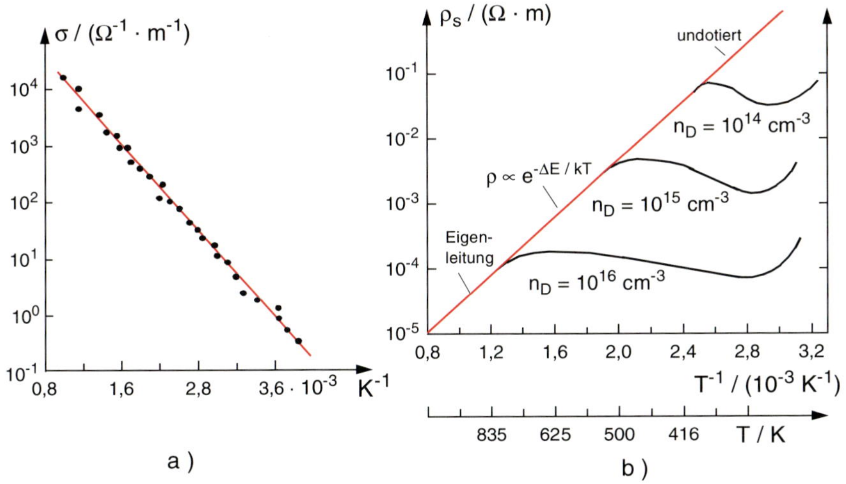

Abb. 2.16. Temperaturabhängigkeit des spezifischen Widerstandes ϱ_s für das Halbleitermaterial Germanium mit verschiedenen Dotierungskonzentrationen. Links (bei hohen Temperaturen) ist der Anteil der Eigenleitung dominant

Die Dichte n der freien Leitungselektronen erhöht sich exponentiell gemäß

$$n(T) = n_0 \cdot e^{-\Delta E/kT}$$

mit der Temperatur. Dabei ist ΔE die Energie, die man den Elektronen zuführen muß, damit sie aus dem gebundenen Zustand in den freien Leitungszustand übergehen können.

Bei dotierten Halbleitern werden Fremdatome in den Kristall gebracht, für welche die Energie ΔE wesentlich kleiner ist. Deshalb werden die Leitungselektronen bei tiefen Temperaturen überwiegend von den Fremdatomen (Donatoren) geliefert. Oberhalb einer Sättigungstemperatur T_S sind alle Donatoren ionisiert, und die Zahl der Ladungsträger steigt dann nicht mehr wesentlich, weil der mit T weiter ansteigende Beitrag von den Kristallatomen immer noch sehr klein ist. Da aber die Beweglichkeit u mit steigender Temperatur sinkt, nimmt die Leitfähigkeit σ_{el} oberhalb T_S wieder ab (Abb. 2.17).

Im Temperaturbereich unterhalb T_S wird die Abnahme von $\Lambda(T)$ und damit $u(T)$ mit wachsendem T überkompensiert durch den starken Anstieg der Dichte $n(T)$ der Leitungselektronen, so daß in diesem Bereich die Leitfähigkeit $\sigma_{el}(T)$ mit steigender Temperatur steigt, d.h. der spezifische Widerstand $\varrho_s(T)$ sinkt mit steigender Temperatur T.

Halbleiter haben daher in diesem Temperaturbereich einen negativen Temperatur-Koeffizienten

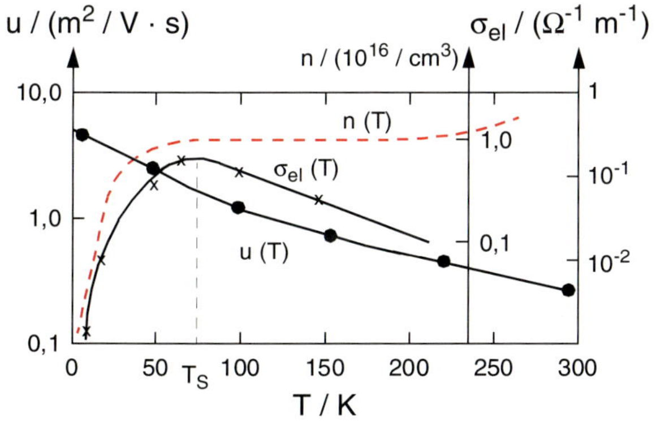

Abb. 2.17. Temperaturverlauf von $u(T)$, $n(T)$ und $\sigma_{el}(T)$ für n-dotiertes Germanium bei einer Dotierung von $n_D = 10^{16}/cm^3$

Tabelle 2.4. Vergleich der Temperaturabhängigkeit des spezifischen Widerstands $\varrho_s(T)/\varrho_s(0\,°C)$ für ein Metall (Cu) und einen Halbleiter (Ge)

T/K	$\varrho_s(T)/\varrho_s(T = 273\ K)$	
	Cu	Ge
273	1	1
300	1,12	0,8
400	1,55	$1,2 \cdot 10^{-2}$
500	1,99	$1,4 \cdot 10^{-3}$
600	2,43	$3 \cdot 10^{-4}$
800	3,26	$8 \cdot 10^{-5}$
1000	4,64	–

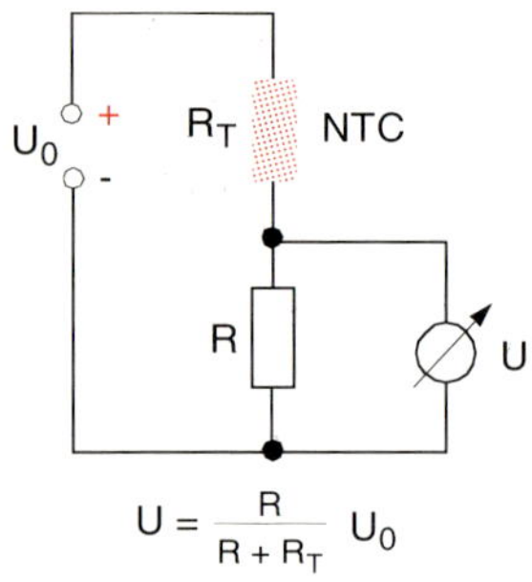

Abb. 2.18. Verwendung eines NTC-Widerstandes zur Temperaturmessung

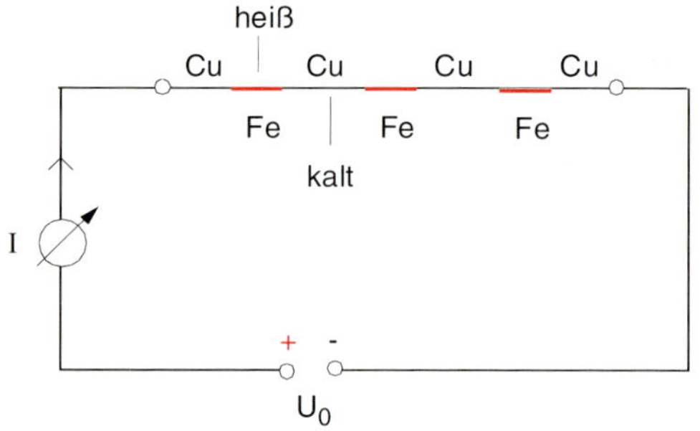

Abb. 2.19. Zur Demonstration der Wärmeleistung $P = I^2 \cdot R$ an einer Leiterkette mit abwechselnden Stücken aus Kupfer und Eisen. Die Eisendrähte glühen hell (R ist groß!), während die Kupferdrähte kalt bleiben

$\alpha = [\mathrm{d}\varrho/\mathrm{d}T]/\varrho_0$ ihres spezifischen Widerstandes. Sie werden deshalb auch als NTC-Widerstände (negative temperature coefficient) bezeichnet.

In Tabelle 2.4 sind charakteristische Zahlenwerte für Kupfer und Germanium angegeben.

Die starke Temperaturabhängigkeit des Widerstandes von Halbleitern wird ausgenutzt für empfindliche Temperaturfühler. Wird ein solcher Halbleiterwiderstand in einem Spannungsteiler verwendet (Abb. 2.18), so ergibt jede Temperaturänderung eine Änderung der Ausgangsspannung U, und damit ein Spannungssignal, das zur Temperaturanzeige und auch zur Temperaturstabilisierung in entsprechenden Regelkreisen verwendet werden kann.

2.3 Stromleistung und Joulesche Wärme

Um die Ladung q vom Ort mit dem Potential ϕ_1 zu einem Punkt mit dem Potential ϕ_2 zu bringen, wird die Arbeit

$$W = q \cdot (\phi_1 - \phi_2) = q \cdot U$$

aufgewandt bzw. gewonnen (siehe (1.13)). Bei zeitlich konstanter Spannung U liefert eine Ladungsmenge $\mathrm{d}Q/\mathrm{d}t$, die pro Sekunde durch einen Leiter fließt, die ***elektrische Leistung***

$$P = \frac{\mathrm{d}W}{\mathrm{d}t} = U \cdot \frac{\mathrm{d}Q}{\mathrm{d}t} = U \cdot I \,, \tag{2.17a}$$

deren Dimension $[P] = 1\,\mathrm{V \cdot A} = 1\,\mathrm{Watt} = 1\,\mathrm{W}$ ist.

Die vom Strom während der Zeit $\Delta t = t_2 - t_1$ geleistete Arbeit ist

$$W = \int_{t_1}^{t_2} U \cdot I \,\mathrm{d}t = U \cdot I \cdot \Delta t \,, \tag{2.17b}$$

falls U und I zeitlich konstant sind. Ihre Dimension ist $1\,\mathrm{Watt \cdot Sekunde} = 1\,\mathrm{Ws} = 1\,\mathrm{Joule} = 1\,\mathrm{J} = 1\,\mathrm{N \cdot m}$. Diese elektrische Energie wird durch die der Kraft $q \cdot \boldsymbol{E}$ entgegengesetzt gleiche Reibungskraft $\boldsymbol{F}_\mathrm{R} = -k_\mathrm{R} \cdot \boldsymbol{v}_\mathrm{D}$ in Wärmeenergie umgewandelt: Der Leiter wird heiß! (***Joulesche Wärme***).

In Ohmschen Leitern kann man wegen $U = I \cdot R$ die elektrische Leistung auch schreiben als

$$P = U \cdot I = I^2 \cdot R = \frac{U^2}{R} \,, \tag{2.18}$$

d.h. bei *konstantem Strom* wird an den Stellen des Leiters mit größtem Widerstand R die meiste Leistung verbraucht (Abb. 2.19), während bei *konstanter Spannung* die Leistung mit sinkendem Widerstand R ansteigt! Um z.B. eine elektrische Kochplatte heißer zu machen, muß man ihren Gesamtwiderstand (z.B. durch Parallelschaltung mehrerer Teilwiderstände) verringern.

2.4 Netzwerke; Kirchhoffsche Regeln

In elektrischen Schaltungen hat man oft ein Netzwerk von vielen Leitern, die sich verzweigen können oder in sogenannten Knotenpunkten zusammenlaufen. Zur Berechnung der einzelnen Leiterströme, der Spannungen und des Gesamtwiderstandes einer Schaltung sind folgende Regeln sehr nützlich:

- Verzweigen sich mehrere Leiter in einem Punkte P (Abb. 2.20), so muß die Summe der einlaufen-

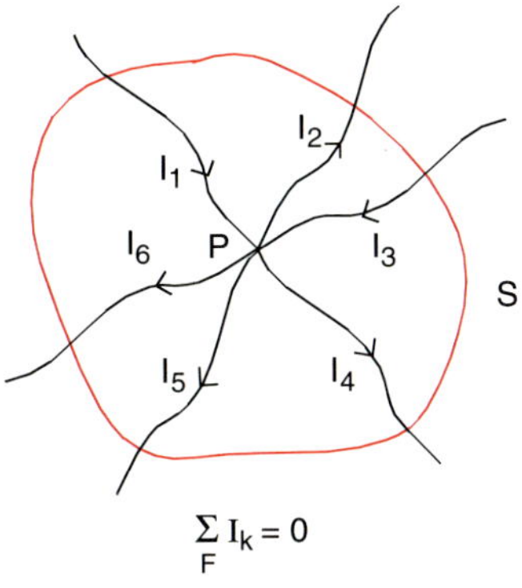

Abb. 2.20. Zur 1. Kirchhoffschen Regel

den Ströme gleich Summe der auslaufenden Ströme sein:

$$\sum I_k = 0 \tag{2.19}$$

(***1. Kirchhoffsche Regel***). Dies folgt sofort aus der Kontinuitätsgleichung, da im Punkte P weder Ladung erzeugt noch vernichtet wird und daher der gesamte Strom durch eine geschlossene Fläche S um den Punkt P Null sein muß. Nach (2.4) gilt nämlich:

$$\begin{aligned}\frac{\mathrm{d}Q}{\mathrm{d}t} &= -\frac{\mathrm{d}}{\mathrm{d}t}\int\limits_{V(S)} \varrho_{\mathrm{el}} \cdot \mathrm{d}V \\ &= \int\limits_{V(S)} \operatorname{div}\boldsymbol{j} \cdot \mathrm{d}V \\ &= \int\limits_{S} \boldsymbol{j} \cdot \mathrm{d}\boldsymbol{S} = \sum I_k = 0.\end{aligned}$$

- In jedem geschlossenen Stromkreis ist die Summe aller Verbraucherspannungen gleich der Generatorspannung U_0 (Abb. 2.21)

$$U_0 = \sum U_k, \tag{2.20a}$$

wobei die Summation über alle im Stromkreis zusätzlichen Spannungsquellen und alle Verbraucher geht, die in Abb. 2.21 durch Ohmsche Widerstände R_k symbolisiert sind, obwohl auch induktive oder kapazitive Verbraucher in diese Regel eingeschlossen werden können (siehe Abschn. 5.4). Schließt man die Generatorspannung U_0 in die Summation mit ein (sie erhält

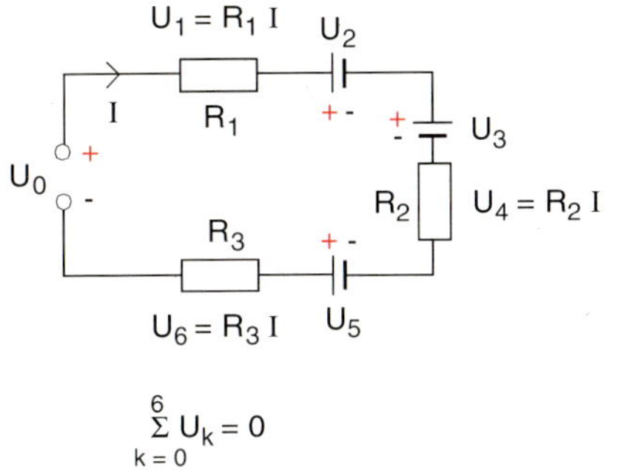

Abb. 2.21. Zur 2. Kirchhoffschen Regel

dann das entgegengesetzte Vorzeichen wie die Spannungen U_k ($k \neq 0$)), so folgt aus (2.20a):

$$\sum_{k=0}^{r} U_k = 0 \tag{2.20b}$$

(***2. Kirchhoffsche Regel***).

2.4.1 Reihenschaltung von Widerständen

Schaltet man in einem Stromkreis, durch den der Strom I fließt, mehrere Widerstände R_k hintereinander (Abb. 2.22), so ist der Spannungsabfall am Widerstand R_k

$$U_k = I \cdot R_k,$$

und aus (2.20a) folgt:

$$U_0 = \sum U_k = I \cdot \sum R_k = I \cdot R.$$

Der Gesamtwiderstand $R = \sum R_k$ ist also gleich der Summe der Einzelwiderstände.

> Bei der Hintereinanderschaltung von Widerständen (Reihenschaltung) addieren sich die Einzelwiderstände!

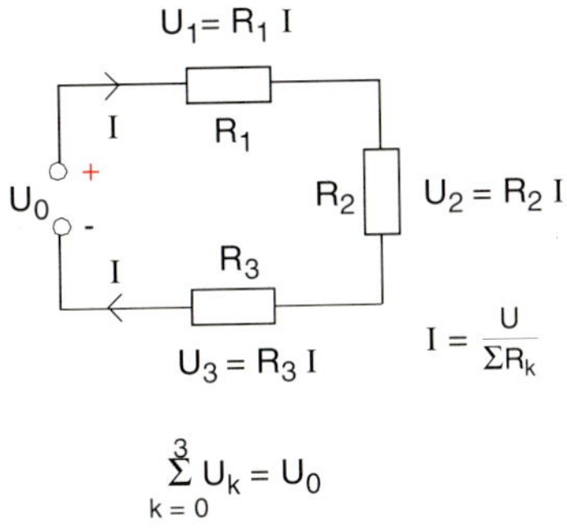

Abb. 2.22. Hintereinanderschaltung von Widerständen

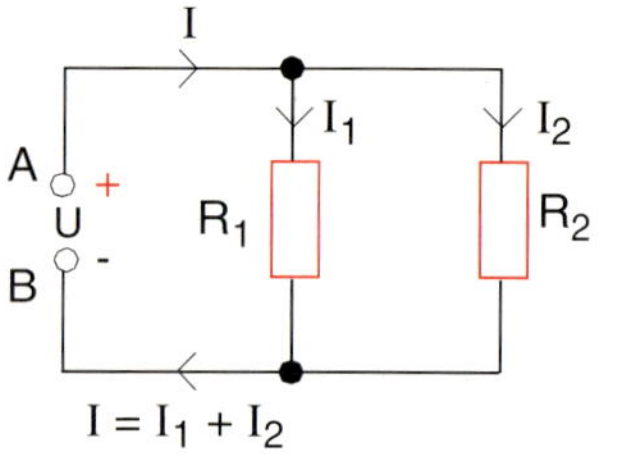

Abb. 2.23. Parallelschaltung von Widerständen

2.4.2 Parallelschaltung von Widerständen

Werden zwei Widerstände parallel geschaltet (Abb. 2.23), so gilt bei einer Spannung U zwischen den Punkten A und B:

$$\frac{U}{R} = I = I_1 + I_2 = \frac{U}{R_1} + \frac{U}{R_2} \Rightarrow$$
$$\frac{1}{R} = \frac{1}{R_1} + \frac{1}{R_2} \; . \tag{2.21}$$

Bei der Parallelschaltung von Widerständen addieren sich die Reziprokwerte der Widerstände.

Der Gesamtwiderstand

$$R = \frac{R_1 \cdot R_2}{R_1 + R_2}$$

ist deshalb kleiner als der kleinste Wert der beiden Widerstände!

2.4.3 Wheatstonesche Brückenschaltung

Zur genauen Messung von Widerständen wird die ***Wheatstone-Brücke*** in Abb. 2.24 verwendet. R_1, R_2 und R_3 sind bekannte Widerstände, R_x ist unbekannt. Zwischen den Punkten A und B wird eine Spannung U_0 angelegt. Die Spannungen $U_1 = U_0 \cdot R_x/(R_1 + R_x)$ und $U_2 = U_0 \cdot R_3/(R_2 + R_3)$ an den Punkten C und D gegen B sind genau dann gleich, wenn gilt:

$$\frac{R_1}{R_x} = \frac{R_2}{R_3} \Rightarrow U_1 = U_2 \Rightarrow I = 0 \; ,$$

d.h. wenn der Strom durch das Meßinstrument Null wird. Daraus folgt für R_x:

$$R_x = \frac{R_1 \cdot R_3}{R_2} \; .$$

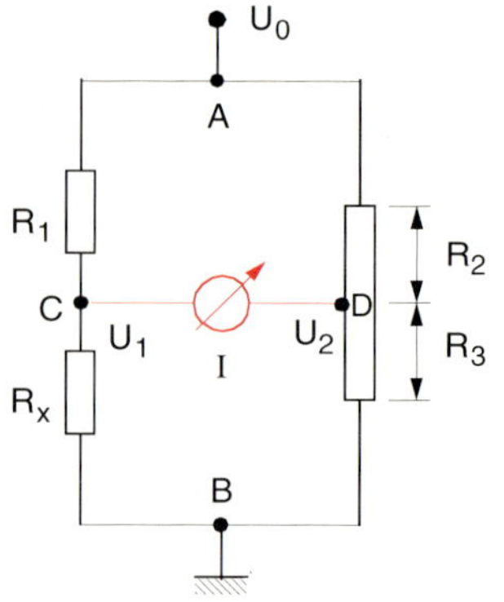

Abb. 2.24. Wheatstonesche Brückenschaltung

Üblicherweise benutzt man zum Abgleich der Brückenschaltung einen variablen Spannungsteiler (***Potentiometer***), mit dessen Hilfe sich R_2 und R_3 gleichzeitig verändern lassen (Abb. 2.24). Es gilt bei einer Länge L des Spannungsteilers und dem Abgriff an der Stelle x:

$$\frac{R_3}{R_2} = \frac{L - x}{x} \; .$$

Man erhält dann:

$$R_x = R_1 \frac{L - x}{x} \; . \tag{2.22}$$

Da der Nullabgleich sehr empfindlich ist (das Meßinstrument kann noch sehr kleine Ströme I und damit kleine Spannungen $(U_1 - U_2)$ messen), stellt die Wheatstone-Brücke eine sehr präzise Möglichkeit zur Messung von Widerständen und ihrer Temperaturabhängigkeit dar.

2.5 Meßverfahren für elektrische Ströme

Zur Messung elektrischer Ströme können im Prinzip alle Effekte ausgenutzt werden, die durch elektrische Ströme erzeugt werden. Dies sind insbesondere die Joulesche Wärme, die magnetische Wirkung, die elektrolytische Zersetzung leitender Flüssigkeiten und die an einem stromdurchflossenen Leiter abfallende Spannung. Geräte zur Messung des elektrischen Stromes heißen ***Amperemeter***. Einige gebräuchliche Typen sollen kurz vorgestellt werden. Für eine detailliertere Darstellung siehe [2.7,8].

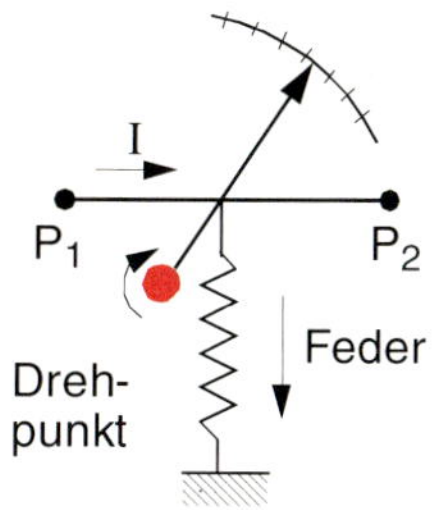

Abb. 2.25. Hitzdraht-Amperemeter

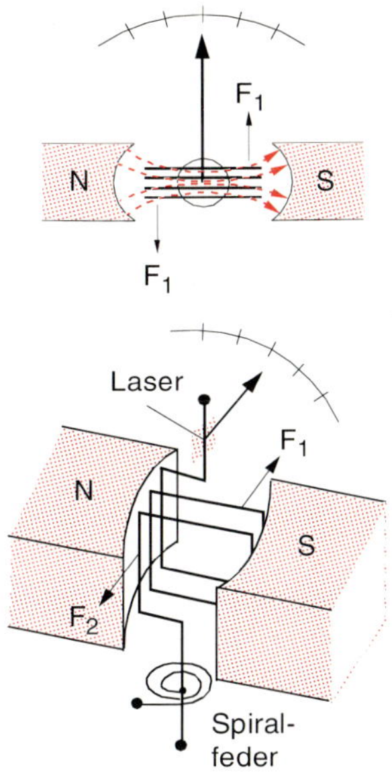

Abb. 2.26. Prinzip des Drehspul-Amperemeters

2.5.1 Strommeßgeräte

a) Hitzdraht-Amperemeter

Wenn durch einen Draht mit dem Widerstand R ein Strom I fließt, wird im Draht die elektrische Leistung $P = I \cdot U$ in Wärme umgewandelt. Dies führt zu einer Temperaturerhöhung und damit zu einer Längenausdehnung des Drahtes (siehe Bd. 1, Kap. 11), die im ***Hitzdraht-Amperemeter*** über einen geeigneten Hebelmechanismus in eine Zeigerdrehung umgesetzt wird (Abb. 2.25). Solche Instrumente sind sehr robust, aber nicht sonderlich empfindlich. Ihr Meßbereich liegt bei $I \geq 0{,}1\,\mathrm{A}$.

b) Strommessung durch Ausnutzung magnetischer Wirkungen

Elektrische Ströme erzeugen Magnetfelder (siehe Kap. 3), welche Kräfte oder Drehmomente auf magnetische Dipole bewirken. Dies wird zur mechanischen Bewegung von Zeigern ausgenutzt.

Im ***Drehspul-Amperemeter*** (Abb. 2.26) wird das zum Strom proportionale Drehmoment auf eine vom Meßstrom durchflossene Spule in einem Permanentmagneten zur Drehung eines Zeigers gegen eine rücktreibende Spiralfeder verwendet (siehe Abschn. 3.5.4). Geräte, die auf der Wechselwirkung einer stromdurchflossenen Spule mit Magnetfeldern beruhen, heißen allgemein ***Galvanometer***. Im ***Weicheiseninstrument*** (Abb. 2.27) erzeugt der Meßstrom durch eine Spule ein Magnetfeld, welches zwei Weicheisenkörper im Magnetfeld so magnetisiert, daß sie sich abstoßen. Da beim Umpolen des Stromes beide Weicheisenstücke magnetisch umgepolt werden, ist die Anzeige unabhängig von der Stromrichtung, d.h. ein Weicheiseninstrument kann auch zur Messung von Wechselstrom verwendet werden.

Man nimmt sogenanntes Weicheisen, weil dieses Material gut magnetisierbar ist, sich aber auch leicht umpolen läßt, d.h. seine Hystereseschleife (siehe Abschn. 3.5.5) umschließt eine kleine Fläche.

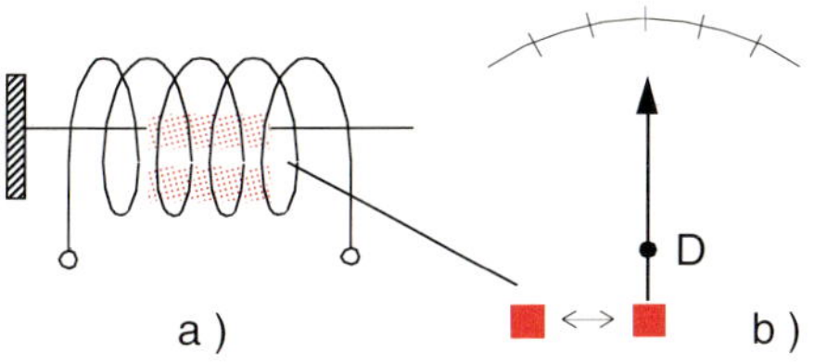

Abb. 2.27a,b. Vereinfachtes Modell des Weicheiseninstruments. (**a**) Seitenansicht; (**b**) Frontansicht

c) Strommeßgeräte, die auf elektrolytischen Wirkungen basieren

Viele molekulare Stoffe werden chemisch zersetzt, wenn sie vom elektrischen Strom durchflossen werden (siehe Abschn. 2.6). Die Moleküle dissoziieren in positive und negative Ionen, die als Ladungsträger den Strom transportieren und an den Elektroden abgelagert werden. Die pro Sekunde abgeschiedene Stoffmenge ist proportional zum Strom und kann deshalb zur Strommessung benutzt werden.

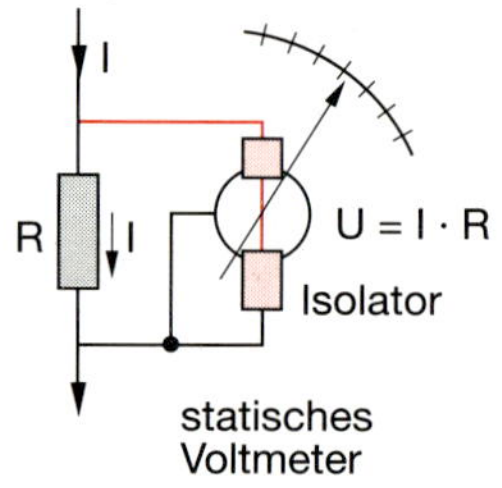

Abb. 2.28. Strommessung mit Hilfe eines statischen Voltmeters (siehe Abb. 5.1)

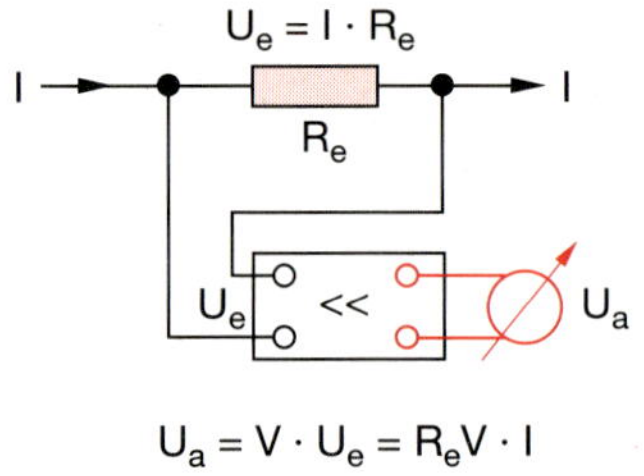

Abb. 2.30. Empfindliche Strommessung mit einem Spannungsverstärker, der die Eingangsspannung $U_e = I_e \cdot R$ bzw. den Eingangsstrom I_e verstärkt, so daß die Ausgangsleistung $P = I_a \cdot U_a$ hoch genug ist, ein mechanisches Meßwerk zu bewegen. Meistens wird jedoch eine elektronische digitale Anzeige gewählt

d) Statische Voltmeter als Strommesser

Da der Strom I, der durch den Widerstand R fließt, dort einen Spannungsabfall $U = I \cdot R$ erzeugt, kann I im Prinzip mit einem parallel zu R geschalteten Voltmeter (dessen ***Innenwiderstand*** R_i groß sein muß gegen R) gemessen werden (Abb. 2.28).

2.5.2 Schaltung von Amperemetern

Jedes Amperemeter hat einen Maximalstrom für den Vollausschlag des Zeigers über die Meßskala, der von der Konstruktion des Meßwerks abhängt. Möchte man größere Ströme messen, so kann man den Meßbereich durch Parallelschaltung von Widerständen erweitern (Abb. 2.29). Ist der Innenwiderstand des Meßwerks R_i, so fließt bei Parallelschaltung eines Widerstandes R nur der Bruchteil $I_1 = I \cdot R/(R + R_i)$ des gesamten Stromes $I = I_1 + I_2$ durch das Instrument.

Da bei der Messung eines Stromes I an einem Meßinstrument mit dem Gesamtwiderstand $R_M = R \cdot R_i/(R + R_i)$ die Spannung $\Delta U = R_M \cdot I = R_i \cdot I_1$ abfällt, ändert die Strommessung die Spannung im Schaltkreis. Der Widerstand R_M eines Amperemeters sollte deshalb so klein wie möglich sein. Dies kann mit Geräten großer Empfindlichkeit (d.h. kleine Ströme I_1 können noch gemessen werden) und kleinem Innenwiderstand R_i erreicht werden.

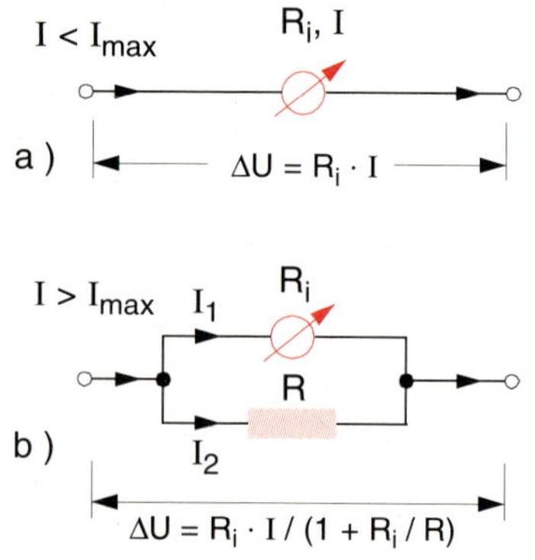

Abb. 2.29a,b. Strommessung mit einem Amperemeter mit Innenwiderstand R_i und Maximalstrom I_{max}. (**a**) Für $I < I_{max}$; (**b**) für $I > I_{max}$

Moderne Strommeßgeräte verstärken die durch den Meßstrom am Eingangswiderstand R_e eines Verstärkers erzeugte Spannung $U_e = R_e \cdot I$ um einen Faktor V (Abb. 2.30) und können auf diese Weise Ströme bis hinunter zu 10^{-16} A noch messen.

BEISPIEL

$I = 10^{-10}$ A, $R_e = 10\,\mathrm{k\Omega} \Rightarrow U_e = 1\,\mu\mathrm{V}$, $U_a = V \cdot U_e = 1$ V mit $V = 10^6$.

2.5.3 Strommeßgeräte als Voltmeter

Da eine Spannung U einen Strom $I = U/R$ durch einen Widerstand R bewirkt, können Strommeßgeräte auch zur Spannungsmessung verwendet werden. Dazu wird ein Widerstand R in Reihe mit dem Meßwerk ge-

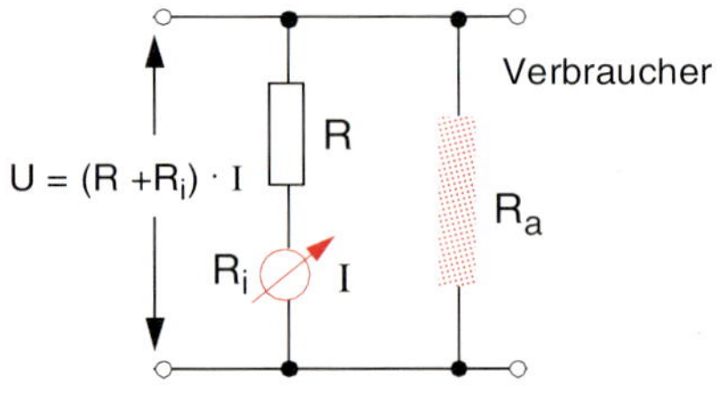

Abb. 2.31. Einsatz eines Strommeßgerätes zur Spannungsmessung

schaltet (Abb. 2.31), so daß der Strom $I = U/(R + R_i)$ im Meßbereich der Anzeigeskala liegt. Als Voltmeter verwendete Strommeßgeräte sollten einen möglichst *großen* Gesamtwiderstand $(R + R_i)$ haben, damit der Meßstrom den Gesamtstrom im Schaltkreis möglichst wenig beeinflußt.

Amperemeter sollen einen möglichst kleinen, Voltmeter einen möglichst großen Gesamtwiderstand haben. Es können jedoch zur Strom- und Spannungsmessung gleiche Geräte (mit entsprechendem Widerstand, Parallel- bzw. Vorschaltung) verwendet werden.

2.6 Ionenleitung in Flüssigkeiten

Taucht man zwei Metallelektroden in eine Flüssigkeit, in der Säuren, Laugen oder Salze gelöst sind (Abb. 2.32), so fließt bei Anlegen einer Spannung U ein Strom I. Man nennt solche den elektrischen Strom leitende Flüssigkeiten ***Elektrolyte***. Anders als bei der metallischen Leitung ist hier aber der Stromdurchgang mit einer chemischen Zersetzung des Elektrolyten verbunden. Sowohl an der positiven Elektrode, der ***Anode***, als auch an der negativen Elektrode, der ***Kathode***, werden Stoffe in fester oder gasförmiger Form abgeschieden.

Verwendet man z.B. eine Kupfersulfatlösung in Wasser, so spalten bereits ohne angelegte Spannung die $CuSO_4$-Moleküle infolge ihrer Wechselwirkung mit den Wassermolekülen auf in positiv geladene Cu^{++}-Ionen und negativ geladene SO_4^{--}-Ionen. Der Name „Ion" kommt aus dem Griechischen und bedeutet „das Wandernde". Bei Anlegen eines elektrischen Feldes wandern die positiven Ionen (Kationen) zur Kathode, nehmen dort zwei Elektronen aus der

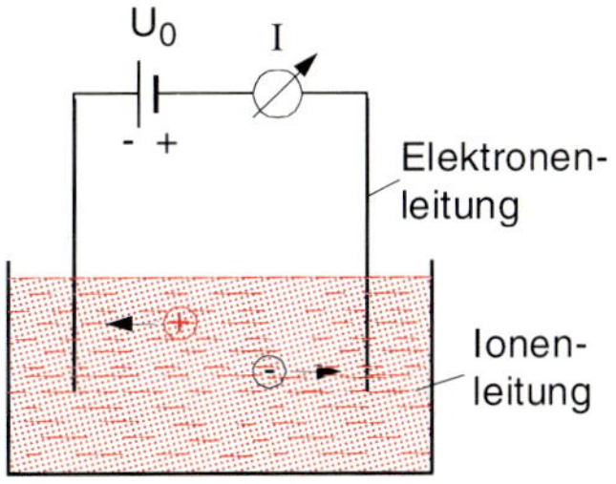

Abb. 2.32. Elektrolytische Leitung

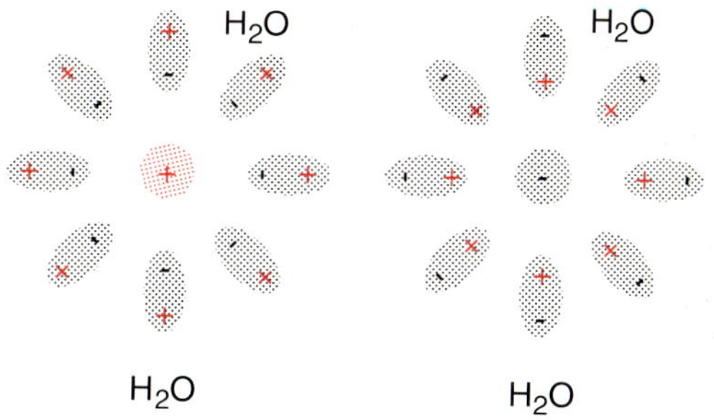

Abb. 2.33. Anlagerung von Wasser-Dipol-Molekülen an ein positives bzw. negatives Ion

Kathode auf und scheiden sich als metallisches Kupfer ab. Die negativen Ionen (Anionen) wandern zur Anode. Dort geben sie zwei Elektronen ab, und die neutralen SO_4-Reste reagieren mit Wasser gemäß

$$2SO_4 + 2H_2O \longrightarrow 2H_2SO_4 + O_2\ .$$

Der Sauerstoff entweicht an der Anode als Gas.

Alle Elektrolyte bestehen aus Molekülen mit einer unsymmetrischen Elektronenverteilung, die in entgegengesetzt geladene Ionen dissoziieren. Für die Dissoziation ist die Energie ΔW_1 notwendig. Bei der Anlagerung der Ionen an die Wasserdipole wird Energie gewonnen.

$$CuSO_4 \underset{+\Delta W_1}{\longrightarrow} Cu^{++} + SO_4^{--}$$

$$Cu^{++} + nH_2O \underset{-\Delta W_2}{\longrightarrow} (Cu \cdot nH_2O)^{++}$$

$$SO_4^{--} + nH_2O \underset{-\Delta W_3}{\longrightarrow} (SO_4 \cdot nH_2O)^{++}\ .$$

Die Dissoziation der Elektrolytmoleküle in Wasser in Ionenpaare geschieht immer dann spontan (d.h. auch ohne äußeres Feld), wenn der Energiegewinn $\Delta W_2 + \Delta W_3$ durch Anlagerung der Dipolmoleküle an die geladenen Ionen (Abb. 2.33) größer ist als der Energieaufwand ΔW_1 zur Dissoziation.

Erhöht man, von kleinen Werten kommend, die Konzentration n (Moleküle/m^3) des gelösten Salzes im Wasser, so steigt bei konstanter Spannung U der Strom I. Die Leitfähigkeit σ_{el} steigt anfangs linear mit n an, geht dann in Sättigung über und sinkt bei hohen Konzentrationen wieder ab (Abb. 2.34). Dieser Verlauf läßt sich folgendermaßen verstehen:

Die Leitfähigkeit

$$\sigma_{el} = n \cdot q \cdot u$$

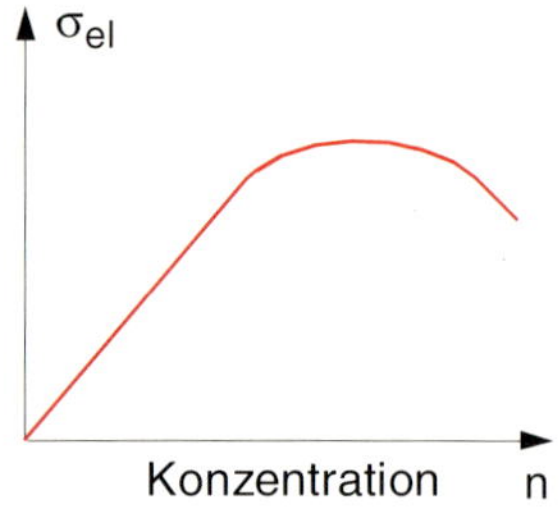

Abb. 2.34. Typischer Verlauf der elektrischen Leitfähigkeit σ_{el} eines Elektrolyten als Funktion der Konzentration

kann nach (2.6c) als Produkt aus Ladungsträgerkonzentration n und Beweglichkeit u geschrieben werden. Bei kleinen Konzentrationen ist u unabhängig von n und liegt in der Größenordnung von $10^{-8}\,\mathrm{m^2/Vs}$ (Tabelle 2.5). Die Leitfähigkeit σ_{el} steigt dann linear mit n an.

Tabelle 2.5. Ionenbeweglichkeiten in wässriger Lösung bei sehr kleinen Ionenkonzentrationen bei 20 °C

Kationen	u^+ $\mathrm{m^2/V\cdot s}$	Anionen	u^- $\mathrm{m^2/V\cdot s}$
H^+	$31{,}5\cdot10^{-8}$	OH^-	$17{,}4\cdot10^{-8}$
Li^+	$3{,}3\cdot10^{-8}$	Cl^-	$6{,}9\cdot10^{-8}$
Na^+	$4{,}3\cdot10^{-8}$	Br^-	$6{,}7\cdot10^{-8}$
Ag^+	$5{,}4\cdot10^{-8}$	I^-	$6{,}7\cdot10^{-8}$
Zn^{++}	$4{,}8\cdot10^{-8}$	SO_4^{--}	$7{,}1\cdot10^{-8}$

BEISPIEL

Für $n^+ = n^- = 10^{24}/\mathrm{m^3}$ (schwache Ionenkonzentration von $1{,}5\,\mathrm{mol/m^3}$) und $u^+ = 4{,}3\cdot10^{-8}\,\mathrm{m^2/Vs}$ für Na^+ und $u^- = 6{,}9\cdot10^{-8}\,\mathrm{m^2/Vs}$ für Cl^- wird die elektrische Leitfähigkeit einer NaCl-Lösung $\sigma_{el} = (n^+u^+ + n^-u^-)\,e = 1{,}8\cdot10^{-2}\,\mathrm{A/Vm}$. Bei einer Feldstärke von $E = 10^3\,\mathrm{V/m}$ wird die Driftgeschwindigkeit $v_D^+ = 4{,}3\cdot10^{-5}\,\mathrm{m/s}$, $v_D^- = 6{,}9\cdot10^{-5}\,\mathrm{m/s}$ und die Stromdichte $j = \sigma_{el}\cdot E = 18\,\mathrm{A/m^2}$.

Mit zunehmender Konzentration n nimmt der mittlere Abstand zwischen den Ionen ab, und damit wird die Anziehung zwischen den Ionen größer. Man muß zur räumlichen Trennung der Ionen Arbeit aufwenden. Dies läßt sich auch durch die in Abschn. 2.2 diskutierte Reibungskraft ausdrücken, die mit zunehmender Ionenkonzentration wegen der langreichweitigen Coulomb-Kraft $F \propto 1/r^2$ bei Ion-Ion-Stößen größer wird. Die Beweglichkeit wird deshalb mit zunehmender Konzentration n erst langsam, dann immer schneller kleiner, so daß die Zunahme von n schließlich überkompensiert wird durch die Abnahme von u.

Die Leitfähigkeit σ_{el} von Elektrolyten nimmt mit zunehmender Temperatur zu (im Gegensatz zu Metallen, wo sie abnimmt!). Dies hat zwei Gründe:

- Die Viskosität des Lösungsmittels nimmt mit steigender Temperatur ab, deshalb steigt die Beweglichkeit u.
- Die thermische Energie der Ionen nimmt mit T zu, so daß man weniger zusätzliche Energie zur räumlichen Trennung der Ionen gegen die Coulomb-Anziehung aufbringen muß.

Ein Mol eines Ions mit der Ladung $Z\cdot e$ transportiert die Ladung

$$Q = N_A\cdot Z\cdot e = F\cdot Z\,,$$

wobei N_A die Avogadrokonstante (Loschmidtzahl) ist. Die Ladung, die von 1 Mol einwertiger Ionen transportiert wird, heißt ***Faraday-Konstante***

$$F = N_A\cdot e = 96\,485{,}309\,\mathrm{C}\,.$$

Beim Transport der Ladung F wird eine Masse $m = M/Z$ transportiert, wobei M die Molmasse der Ionen ist. Die Masse der Ionen, die beim Ladungstransport von 1 C an den Elektroden abgeschieden wird, heißt ***elektrochemisches Äquivalent*** E_C.

BEISPIEL

$\frac{1}{2}\cdot 63{,}5\,\mathrm{g} = 31{,}75\,\mathrm{g}$ Cu^{++}-Ionen transportieren die Ladung F, d.h. bei einem Ladungstransport von 1 C wird die Kathode um 0,33 mg schwerer.

Man kann durch Messung von Strom I und Massenzunahme Δm der Kupferkathode die Elementarladung $e = 1{,}6022\cdot10^{-19}\,\mathrm{C}$ bestimmen.

2.7 Stromtransport in Gasen; Gasentladungen

Teilweise oder vollständig ionisierte Gase, die als ***Plasma*** bezeichnet werden, gehören zu den gemischten Leitern. Der Ladungstransport wird sowohl durch

Elektronen als auch durch positive und negative Ionen übernommen. Abgesehen von einigen Ausnahmen sind die Plasmen *quasi-neutral*, d.h. gemittelt über ein Mindestvolumen $\Delta V \approx r_D^3$ ist die Zahl der negativen Ladungen gleich der der positiven Ladungen. Die Größe r_D heißt ***Debye-Länge***.

2.7.1 Ladungsträgerkonzentration

Die Ladungsträgerdichte $n^+ \approx n^- = n$ wird bestimmt durch die Erzeugungsrate $(\mathrm{d}n/\mathrm{d}t)_{\mathrm{erz}} = \alpha$ und die Vernichtungsrate. Der Hauptvernichtungsprozeß ist die Rekombination, bei der ein Elektron und ein positives Ion zusammenstoßen und dabei ein neutrales Atom bzw. Molekül bilden. Die kinetische Energie ihrer Relativbewegung vor dem Stoß wird entweder durch Aussendung eines Photons abgeführt (Rekombinationsstrahlung) oder an einen dritten Stoßpartner (der auch die Wand des Gefäßes sein kann) abgegeben. Die Rekombinationsrate muß proportional zum Produkt $n^+ \cdot n^-$ der Dichten von Elektronen und Ionen sein, d.h. $(\mathrm{d}n/\mathrm{d}t)_{\mathrm{rek}} = -\beta n^2$.

Insgesamt erhalten wir daher für die zeitliche Änderung der Ladungsträgerkonzentration:

$$\frac{\mathrm{d}n}{\mathrm{d}t} = \alpha - \beta n^2 . \tag{2.23}$$

Stationäres Gleichgewicht $(\mathrm{d}n/\mathrm{d}t) = 0$ herrscht, wenn die Erzeugungs- und Vernichtungsrate gleich groß sind. Daraus erhält man für die stationäre Ladungsträgerdichte

$$n_{\mathrm{stat}} = \sqrt{\alpha/\beta} . \tag{2.24}$$

Man beachte:

Die Größe n ist die Dichte der Ionen*paare*. Man hat also insgesamt $2n$ Ladungsträger $(n^+ + n^- = 2n)$ pro Volumeneinheit.

Hört die Erzeugung von Elektronen zur Zeit $t = 0$ bei einer Ladungsträgerdichte $n_0 = n(t = 0)$ plötzlich auf, so vermindert sich $n(t)$ durch Rekombination. Integration von (2.23) mit $\alpha = 0$ liefert:

$$n(t) = \frac{n_0}{1 + \beta n_0 t} = \frac{n_0}{1 + t/\tau_{1/2}} . \tag{2.25}$$

Die Halbwertszeit $\tau_{1/2} = 1/(\beta n_0)$ gibt an, nach welcher Zeit die Konzentration auf die Hälfte ihres Anfangswertes n_0 abgesunken ist.

2.7.2 Erzeugungsmechanismen für Ladungsträger

Ionen-Elektronen-Paare können in Gasen auf verschiedene Weise erzeugt werden:

a) Thermische Ionisation

Bringt man zwischen die Platten eines geladenen Kondensators eine Kerzenflamme oder einen Bunsenbrenner, so fließt ein Strom, der wieder auf Null zurückgeht, wenn die Flamme entfernt wird (Abb. 2.35). Offensichtlich werden durch die Flamme elektrische Ladungsträger erzeugt, die im elektrischen Feld des Kondensators zu den geladenen Platten transportiert werden. Es zeigt sich, daß diese Ladungsträger durch eine Kombination von thermischer Anregung und dadurch initiierten chemischen Prozesse in der Flamme entstehen.

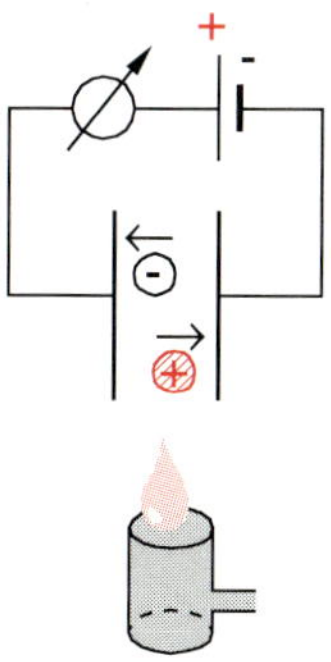

Abb. 2.35. Thermische Ionisation von Molekülen durch einen Bunsenbrenner

Um allein durch Zufuhr thermischer Energie (d.h. Erhöhung der kinetischen Energie der Atome oder Moleküle) infolge von Stößen der Teilchen miteinander Ionisation zu erreichen, muß die Temperatur sehr hoch sein.

BEISPIEL

Bei einer Temperatur $T = 5000\,\mathrm{K}$ (Oberflächentemperatur der Sonne) ist nur ein Bruchteil von 10^{-4} des neutralen atomaren Wasserstoffs ionisiert.

Mit Hilfe von speziellen Festkörperoberflächen als Katalysatoren kann der Ionisationsgrad schon bei tieferen Temperaturen stark erhöht werden.

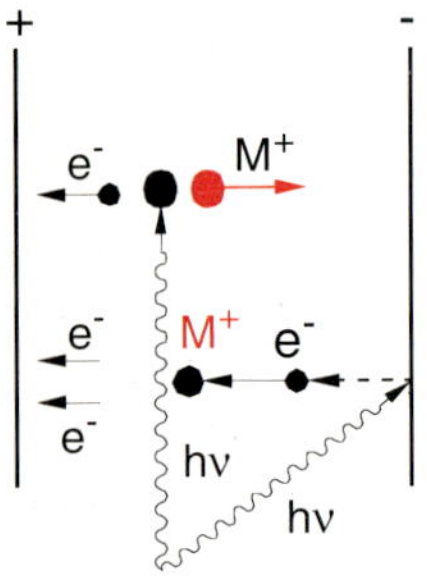

Abb. 2.36. Photoionisation in Gasen durch kurzwellige Strahlung von Photonen $h\nu$, zum einen durch den Prozeß $\mathrm{M} + \mathrm{h}\nu \longrightarrow \mathrm{M}^+ + \mathrm{e}^-$ und zum anderen durch Freisetzung von Elektronen durch Photoeffekt an der negativen Platte des Kondensators, die dann infolge Elektronenstoßionisation Ionen erzeugen

b) Elektronenstoßionisation

Beschleunigt man Elektronen auf genügend hohe Energien ($E_{\text{kin}} \geq$ Ionisationsenergie $\approx 10\,\text{eV}$), so können sie beim Stoß mit Atomen oder Molekülen ein Elektron aus der Elektronenhülle herausschlagen und dadurch ein Elektron-Ion-Paar erzeugen:

$$\mathrm{e}^- + \mathrm{A} \longrightarrow \mathrm{A}^+ + \mathrm{e}^- + \mathrm{e}^- \,. \tag{2.26}$$

Dies ist der Hauptmechanismus zur Erzeugung von Ladungsträgern in Gasentladungen.

c) Photoionisation

Bestrahlt man die Luft zwischen den Platten eines geladenen Kondensators mit ultraviolettem Licht genügend kurzer Wellenlänge oder mit Röntgenstrahlung, so kann man einen Strom messen, der proportional zur Intensität der Strahlung ist. Die Ionen-Elektronen-Paare entstehen durch Photoionisation der Gasmoleküle

$$\mathrm{M} + h\nu \longrightarrow \mathrm{M}^+ + \mathrm{e}^- \,.$$

Trifft die Strahlung auf die Platten des Kondensators, so werden Elektronen aus der negativen Platte ausgelöst, die dann durch Beschleunigung im elektrischen Feld genügend Energie erhalten können, um durch Elektronenstoßionisation neue Elektronen-Ionen-Paare zu erzeugen (Abb. 2.36).

2.7.3 Strom-Spannungs-Kennlinie

Erzeugt man in einem Gefäß mit zwei Elektroden K und A, das ein Gas bei einem Druck von einigen Millibar enthält, durch einen der oben diskutierten Prozesse Ladungsträger, so beobachtet man als Funktion der zwischen K und A anliegenden Spannung U

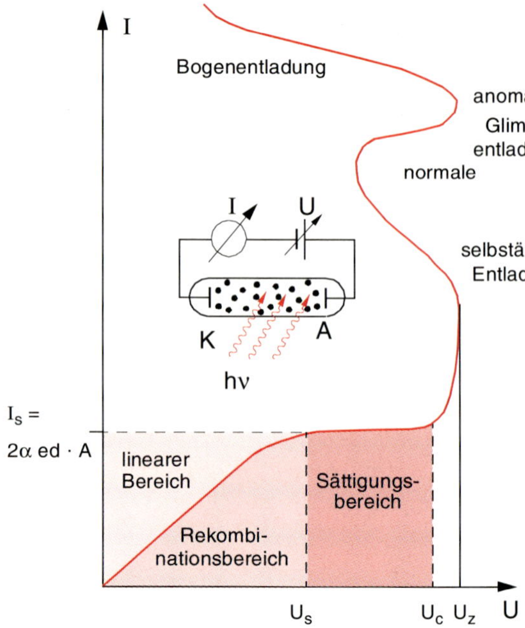

Abb. 2.37. Strom-Spannungs-Charakteristik eines ionisierten Gases

einen Strom $I(U)$, der etwa den in Abb. 2.37 gezeigten Verlauf hat. Anfangs steigt $I(U)$ proportional zur Spannung U (linearer Bereich), geht dann in einen nahezu konstanten, d.h. von U unabhängigen Wert I_{S} über (Sättigungsbereich), um dann oberhalb einer von Gasart, Gasdruck und Gefäßgeometrie abhängigen kritischen Spannung U_{C} steil anzusteigen (Stoßionisation) und dann bei der ***Zündspannung*** U_{Z} in eine selbständige Entladung überzugehen, die auch ohne von außen erzeugte Ladungsträger aufrechterhalten werden kann.

Dieser Verlauf läßt sich folgendermaßen erklären: Die durch einen der Erzeugungsprozesse a) – c) gebildeten Ladungsträger erhalten, analog zu den Elektronen im Metall, im elektrischen Feld $\boldsymbol{E}$ zwischen den Elektroden K und A eine Driftgeschwindigkeit

$$v_{\mathrm{D}} = \frac{e \cdot \tau_{\mathrm{s}}}{m} \boldsymbol{E} \,,$$

die sich ihrer thermischen Geschwindigkeit $\boldsymbol{v}$ überlagert und die von der Feldstärke $\boldsymbol{E}$, von der mittleren Stoßzeit $\tau_{\mathrm{s}} = \Lambda / \overline{v}$ und damit über die freie Weglänge $\Lambda = kT/(p \cdot \sigma_{\mathrm{St}})$ vom Druck p des Gases und dem Stoßquerschnitt σ_{St} abhängt. Die positiven Ladungsträger driften zur Elektrode K, die negativen zu A.

Auf dem Weg vom Entstehungsort zu den Elektroden können die Ladungsträger rekombinieren. Die Zahl der Rekombinationen hängt dabei von der Zeitspanne zwischen Entstehung und Ankunft auf den Elektroden ab, sie sinkt daher mit wachsender Feldstärke $\boldsymbol{E}$.

Solange die Zahl $Z = I/q$ der pro Zeiteinheit die Elektroden erreichenden Ladungsträger klein ist gegen die Rekombinationsrate, wird das Gleichgewicht zwischen Erzeugungs- und Rekombinationsrate nicht wesentlich gestört, und wir erhalten aus (2.24) für die Ladungsträgerkonzentration $n_{\text{stat}} = \sqrt{\alpha/\beta}$, so daß wir für die Stromdichte $\boldsymbol{j}$ auf die Elektroden gemäß (2.3) und (2.6b) mit den (Beträgen der) Beweglichkeiten $u^{\pm} = \sigma_{\text{el}}^{\pm}/(n \cdot q)$ erhalten:

$$\begin{aligned} \boldsymbol{j} &= q \cdot n_{\text{stat}}(u^+ + u^-) \cdot \boldsymbol{E} \\ &= e\sqrt{\alpha/\beta}\,(u^+ + u^-) \cdot \boldsymbol{E} \,, \end{aligned} \tag{2.27}$$

wenn jeder der Ladungsträger die Elementarladung $q = \pm e$ trägt.

In diesem Bereich gilt also das Ohmsche Gesetz (2.6b), und der Strom $I = j \cdot A$ auf die Elektroden mit der Fläche A und dem Abstand d steigt linear mit der Spannung $U = E \cdot d$.

Steigt die Spannung weiter an, so sinkt die Rekombinationsrate, weil die Driftgeschwindigkeit v_{D} zunimmt und daher die Aufenthaltsdauer der Ladungsträger abnimmt. Sättigung des Stromes $I(U)$ wird erreicht, wenn alle gebildeten Ladungsträger die Elektroden erreichen, bevor sie rekombinieren können. Bei einem Elektrodenabstand d hat man die Bildungsrate $n = \alpha \cdot d \cdot A$ von Ladungsträgerpaaren im Volumen $V = d \cdot A$, und die Sättigungsstromdichte $j_{\text{sat}} = I/A$ ist daher

$$j_{\text{sat}} = 2\alpha \cdot e \cdot d \,. \tag{2.28}$$

BEISPIELE

1. Durch kosmische Strahlung werden in bodennahen Schichten unserer Atmosphäre etwa 10^6 Ionenpaare pro m^3 und s erzeugt. Der Rekombinationskoeffizient bei Atmosphärendruck ist etwa $\beta = 10^{-12}\,\text{m}^3\text{s}^{-1}$. Aus (2.24) erhält man daraus eine stationäre Ionenpaarkonzentration von $10^9\,\text{m}^{-3}$. Die Beweglichkeit u der positiven Ionen in Luft bei Atmosphärendruck ist bei einem Stoßquerschnitt $\sigma_{\text{St}} \approx 10^{-18}\,\text{m}^2$

   $$u = \frac{e}{m \cdot \overline{v} \cdot n \cdot \sigma_{\text{St}}} = 3 \cdot 10^{-4}\,\text{m}^2/\text{Vs} \,,$$

   die der negativen Ladungsträger (Elektronen und negative Ionen) ist im Mittel etwa doppelt so groß. Legt man an einen Plattenkondensator in Luft mit Plattenabstand d eine Spannung U an, so fließt auf Grund der Ionenkonzentration in Luft ein elektrischer Strom I, dessen Stromdichte gemäß (2.27)

   $$\boldsymbol{j} = e \cdot \sqrt{\alpha/\beta} \cdot (u^+ + u^-) \cdot \boldsymbol{E} \Rightarrow$$
   $$j = 1{,}5 \cdot 10^{-3} U/d$$

   ist. Im Sättigungsfall werden alle gebildeten Ladungsträger auf die Elektroden abgezogen, d.h. die Stromdichte ist dann

   $$j_{\text{sat}} = 2 \cdot 10^6 \cdot 1{,}6 \cdot 10^{-19} \cdot d \,.$$

   Für $d = 0{,}1\,\text{m}$ wird die Sättigungsstromdichte in diesem Fall also bereits für Feldstärken von $E = 0{,}6\,\text{V/m}$ erreicht.
2. Steigert man die Erzeugungsrate (z.B. durch Röntgenstrahlung) auf $\alpha = 10^{12}$ Ionenpaare pro m^3s), so steigt bei gleichem Rekombinationskoeffizienten β die Sättigungsfeldstärke um den Faktor 10^3 auf $200\,\text{V/m}$.

Wird die Spannung U zwischen den Elektroden über den kritischen Wert U_{C} vergrößert, so erhalten die Ladungsträger im elektrischen Feld eine so große Energie, daß sie beim Stoß mit den neutralen Atomen oder Molekülen des Gases diese ionisieren können (Stoßionisation). Dazu tragen vor allem die Elektronen bei, da sie auf die Elektronen der neutralen Atome wegen ihrer gleichen Masse effektiver als die Ionen Energie übertragen können (siehe Bd. 1, Kap. 4).

2.7.4 Mechanismus von Gasentladungen

Um durch Stoßionisation neue Ladungsträger zu erzeugen, müssen die Elektronen im beschleunigenden Feld $\boldsymbol{E}$ während der freien Weglänge Λ zwischen zwei Stößen mindestens eine Energie aufnehmen, die ausreicht, um das gestoßene Neutralteilchen mit der Ionisierungsenergie W_{ion} zu ionisieren. Bei einem elektrischen Feld $\boldsymbol{E}$ in x-Richtung ist ihre Energieaufnahme daher $e \cdot E \cdot \Lambda_x$, wobei Λ_x die Strecke in x-Richtung ist, die im Mittel zwischen zwei Stößen zurück-

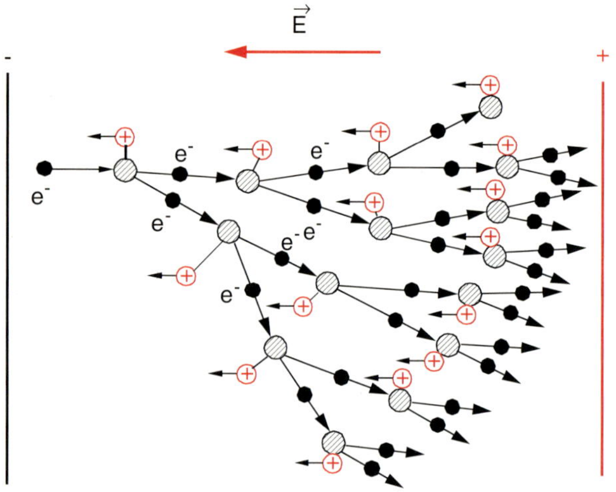

Abb. 2.38. Multiplikationseffekt bei der Erzeugung von Ladungsträgern in einer Gasentladung

gelegt wird. Die Bedingung für Stoßionisation auf der Strecke Λ_x ist daher

$$e \cdot E \cdot \Lambda_x \geq W_{\text{ion}} . \tag{2.29}$$

Ein Strom von N Elektronen pro Zeiteinheit, die im Feld $\boldsymbol{E}$ in x-Richtung beschleunigt werden, erzeugt dann entlang der Strecke dx

$$\mathrm{d}N = \gamma N \mathrm{d}x \tag{2.30}$$

neue Ladungsträgerpaare und damit dN zusätzliche Elektronen, die nach entsprechender Beschleunigung wieder stoßionisieren können (Abb. 2.38).
Der Faktor

$$\gamma = \frac{(\mathrm{d}N/N)}{\mathrm{d}x}$$

gibt die Anzahl der Sekundärelektronen an, die ein Primärelektron im Mittel pro Weglängeneinheit in x-Richtung erzeugt. Da die freie Weglänge $\Lambda \propto 1/p$ vom Druck p im Entladungsraum abhängt, ist auch das ***Ionisierungsvermögen*** γ abhängig vom Verhältnis E/p von Feldstärke E und Druck p und von der Ionisierungsenergie W_{ion}. In Abb. 2.39a ist $\gamma(E/p)$ für verschiedene Gase aufgetragen. Man sieht daraus z.B., daß bei gleichem Wert E/p das Ionisierungsvermögen für Ne oder He wegen deren hohen Ionisierungsenergien kleiner ist als für Luft.

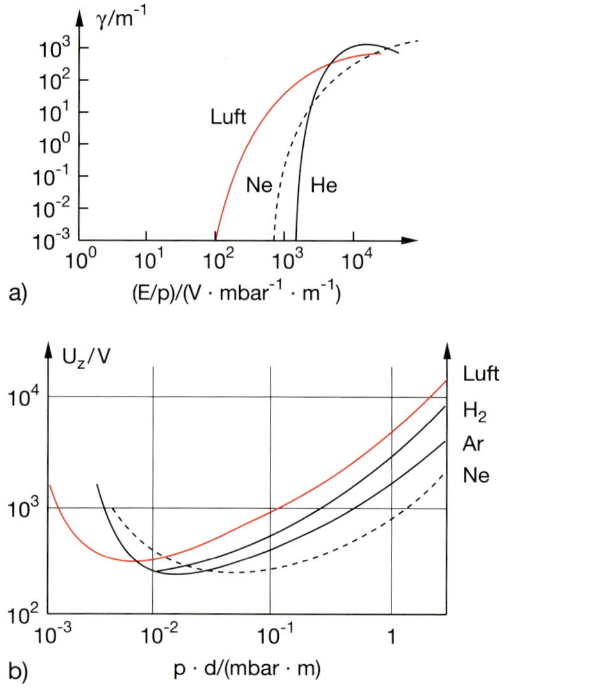

Abb. 2.39. (**a**) Ionisierungsvermögen γ als Funktion des Verhältnisses E/p für verschiedene Gase; (**b**) Zündspannung U_Z als Funktion des Produktes von Druck p und Elektrodenabstand d

Durch Integration von (2.30) ergibt sich die nach der Strecke $x = d$ angewachsene Zahl von Elektronen pro Zeiteinheit zu

$$N_1 = N_0 \mathrm{e}^{\gamma d} , \tag{2.31}$$

wobei $N_0 = N(x = 0)$ der bei $x = 0$ vorhandene Elektronenstrom ist (z.B. durch Glühemission aus der Kathode bei $x = 0$ erzeugt).

Die bei der Stoßionisation gebildeten $N^+ = N_0(\mathrm{e}^{\gamma d} - 1)$ positiven Ionen pro Zeiteinheit (hier fehlt das in (2.31) enthaltene primäre Elektron) werden in Feldrichtung auf die Kathode hin beschleunigt und können beim Aufprall auf die Kathode dort Sekundärelektronen herausschlagen. Wenn δ die mittlere Zahl der pro Ion erzeugten Sekundärelektronen ist (δ hängt ab vom Kathodenmaterial sowie von Ionenart und Ionenenergie), werden insgesamt $\delta \cdot N_0(\mathrm{e}^{\gamma d} - 1)$ Sekundärelektronen erzeugt. Diese werden wieder zur Anode hin beschleunigt und erzeugen auf der Strecke d

$$N_2 = \delta \cdot N_0 \cdot (\mathrm{e}^{\gamma d} - 1) \cdot \mathrm{e}^{\gamma d}$$

Ionenpaare. Der Prozeß setzt sich fort, so daß insgesamt

$$N = N_0 e^{\gamma d} \sum_i \delta^i (e^{\gamma d} - 1)^i \tag{2.32}$$

Sekundärelektronen pro Zeiteinheit entstehen.

Für $\delta(e^{\gamma d} - 1) < 1$ hat die geometrische Reihe (2.32) den Wert

$$N = N_0 \frac{e^{\gamma d}}{1 - \delta\,(e^{\gamma d} - 1)} \ . \tag{2.33a}$$

Der Entladungsstrom

$$I = eN = eN_0 \frac{e^{\gamma d}}{1 - \delta(e^{\gamma d} - 1)} \tag{2.33b}$$

wächst stärker als linear mit der Feldstärke E, weil γ und damit auch N steil mit E ansteigen (Abb. 2.39a). Solange jedoch $\delta\,(e^{\gamma d} - 1) < 1$ bleibt, ist die Entladung *unselbständig*. Der Strom (2.33b) wird Null, wenn $N_0 = 0$ wird, d.h. wenn die Startelektronen (2.31) nicht von außen (z.B. durch Röntgenstrahlung oder durch Glühemission) erzeugt werden.

Dies ändert sich, wenn das Ionisierungsvermögen γ so groß wird, daß $\delta(e^{\gamma d} - 1) \geq 1$ wird, d.h.

$$\gamma \geq \frac{1}{d} \ln\left(\frac{\delta + 1}{\delta}\right), \tag{2.34}$$

weil dann in (2.32) $N \longrightarrow \infty$ geht. Aus jedem zufällig (z.B. durch die kosmische Strahlung) erzeugten Primärelektron entwickelt sich eine unendlich anwachsende Lawine von Ladungsträgern. Da das Ionisierungsvermögen γ wie gesagt steil mit der Feldstärke ansteigt, wird die Zündbedingung (2.34) für jede Entladung oberhalb einer Zündfeldstärke E_Z erfüllt. Die Entladung brennt *selbständig*. Die Zündspannung U_Z hängt ab von Gasart und Gasdruck (Abb. 2.39b) und von der Geometrie des Entladungsgefäßes, wie Elektrodenabstand d und Elektrodenform, und auch vom Elektrodenmaterial (weil δ vom Kathodenmaterial abhängt).

Die Bedingung für eine selbständige stationäre Entladung lautet:

> Jeder Ladungsträger muß für seinen eigenen Ersatz sorgen.

Man beachte:

Da mit zunehmender Dichte n der Ladungsträger die Leitfähigkeit σ_{el} ansteigt, sinkt der Widerstand der selbständigen Gasentladung mit zunehmendem Strom (Abb. 2.40), die Strom-Spannungs-Charakteristik dI/dU wird negativ! Da der dadurch bei fester Spannung U beliebig ansteigende Entladungsstrom zur Zerstörung der Spannungsversorgung führen würde (bzw. zum Durchbrennen der Sicherung), muß man Gasentladungen durch Vorschalten eines Ohmschen Widerstand R stabilisieren (Abb. 2.41). Mit zunehmendem Strom wächst der Spannungsabfall $\Delta U = I \cdot R$ am Widerstand, so daß für die Entladung nur noch die mit I absinkende Spannung

$$U = U_0 - R \cdot I$$

(Widerstandsgerade in Abb. 2.41) zur Verfügung steht. Ein stabiler Betrieb stellt sich im Schnittpunkt der Widerstandsgeraden mit der Charakteristik $I(U)$ der Gasentladung ein.

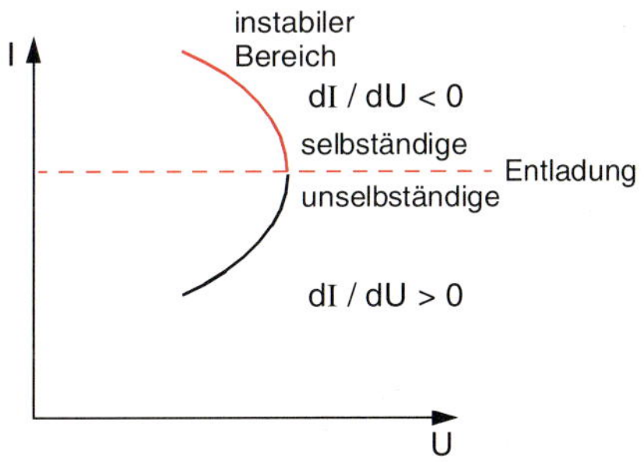

Abb. 2.40. Strom-Spannungs-Charakteristik einer Entladung mit stabilem ($dI/dU > 0$) und instabilem Bereich ($dI/dU < 0$) mit negativem differentiellen Widerstand dU/dI

2.7.5 Verschiedene Typen von Gasentladungen

Die Elektronen können beim Stoß mit den Atomen diese nicht nur ionisieren, sondern auch Energien $W < W_{ion}$ übertragen, die zur Anregung von Energiezuständen des neutralen Atoms führen. Diese *angeregten Zustände* geben ihre Anregungsenergie W im allgemeinen nach kurzer Zeit (typisch sind 10^{-8} s) wieder ab, indem sie Licht der Photonenenergie $W = h \cdot \nu$ abstrahlen: Deshalb leuchten Gasentladungen. Auch bei der Rekombination von Elektronen mit

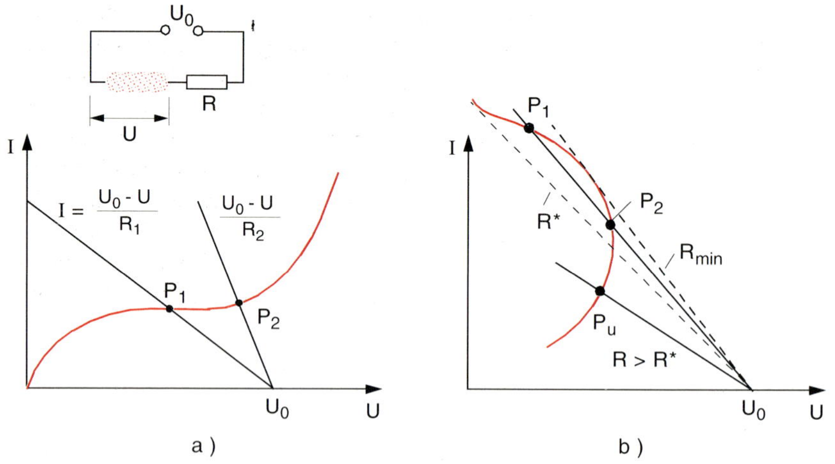

Abb. 2.41a,b. Stabilisierung einer Gasentladung durch Vorschalten eines ohmschen Widerstandes R. (**a**) Unselbständige Entladung ($\mathrm{d}U/\mathrm{d}I > 0$). Durch Wahl von R kann der Arbeitspunkt P beliebig gewählt werden; (**b**) selbständige Entladung ($\mathrm{d}U/\mathrm{d}I < 0$). An den Schnittpunkten der Geraden mit der Kurve $I(U)$ ist die Summe der Spannungsabfälle am Vorwiderstand und an der Gasentladung gleich U_0. Für $R < R_{\min}$ kann bei nicht zu hoher Stromstärke keine Stabilisierung erreicht werden. Für $R_{\min} < R < R^*$ gibt es zwei mögliche Entladungsbedingungen in den Punkten P_1 und P_2, und für $R > R^*$ wird die Entladung unselbständig

Ionen wird Licht emittiert. Die Intensität, Farbe und räumliche Verteilung der Lichtemission hängt von der Art der Gasentladung, von der Gasart und vom Gasdruck ab. Wir unterscheiden:

a) Glimmentladungen

Glimmentladungen sind Niederdruckentladungen ($p = 10^{-4}$–10^{-2} bar) bei relativ geringen Stromstärken im mA-Bereich. Man sieht geschichtete Leuchterscheinungen (Abb. 2.42), deren Struktur sich mit dem Druck p und der Entladungsspannung U ändern. Die beobachtete Schichtstruktur entspricht der Feldverteilung $E(x)$, die nicht mehr räumlich konstant ist (Abb. 2.43).

Die an der Kathode durch die aufprallenden Ionen erzeugten Sekundärelektronen werden beschleunigt, bis sie nach der Strecke x_1 genug Energie zur Anregung der Gasatome haben. Deshalb entsteht dicht an der Kathode das intensive negative Glimmlicht.

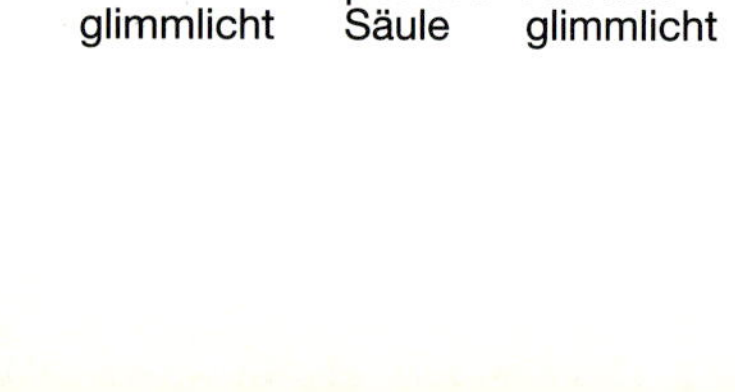

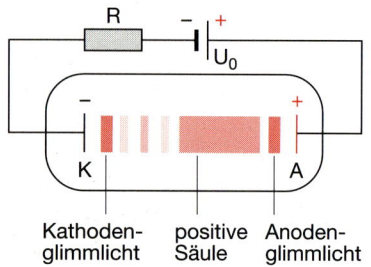

Abb. 2.42. Schematische Darstellung der Leuchterscheinungen in einer Glimmentladung

Nach der Strecke x_2 haben die Elektronen genügend Energie, um zu ionisieren. Dort bildet sich eine starke Konzentration von Elektron-Ionen-Paaren. Weil die schweren Ionen langsamer aus diesem Bereich zur Kathode driften als die Elektronen in Richtung Anode, entsteht hier ein Überschuß an positiver Ladung. Diese Raumladung führt zu einer Erhöhung der Feldstärke zwischen Kathode und x_2 (*Kathodenfall* der Spannung in Abb. 2.43c) und zu einer entsprechenden Verringerung der Feldstärke im Gebiet zwischen x_2 und Anode. Dadurch wird die Beschleunigung der

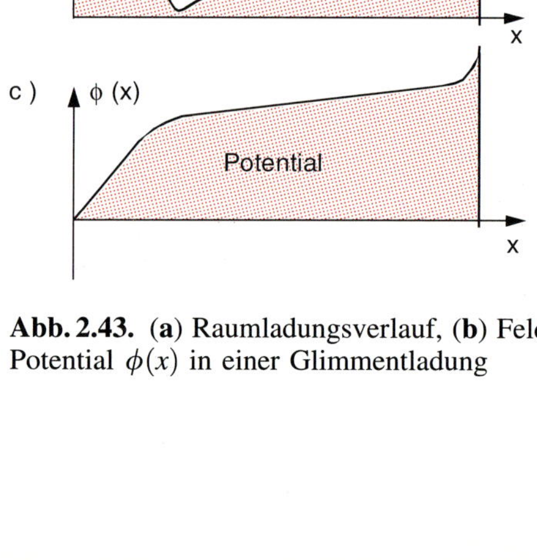

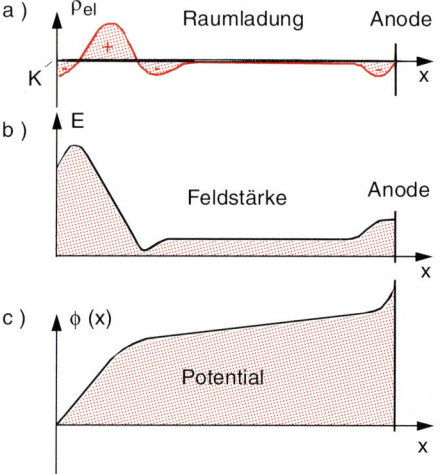

Abb. 2.43. (**a**) Raumladungsverlauf, (**b**) Feldstärke und (**c**) Potential $\phi(x)$ in einer Glimmentladung

Elektronen in diesem Gebiet verringert und damit auch die Ionisierungsrate. In diesem Gebiet herrscht daher eine negative Raumladung (Abb. 2.43a).

Der größte Teil des Entladungsraumes wird von der *positiven Säule* ausgefüllt, in der ein relativ konstantes elektrisches Feld existiert, das gerade stark genug ist, um die Ionisierungsrate gleich der Rekombinationsrate zu halten. Hier haben die Elektronen genügend Energie, um die Atome anzuregen, so daß die gesamte positive Säule ein diffuses Licht aussendet.

Bei kleiner werdendem Druck wird die freie Weglänge größer, so daß die positive Säule in viele leuchtende Scheiben strukturiert ist, deren Dicke Δx der mittleren freien Weglänge entspricht.

b) Bogenentladungen

Dies sind stromstarke Entladungen bei höherem Druck. Durch den großen Strom werden die Elektroden so heiß, daß sie durch Glühemission Elektronen emittieren. Der Nachschub an Elektronen braucht also nicht mehr unbedingt durch Ionenaufprall zu erfolgen. Die elektrische Leitfähigkeit der Bogenentladung ist sehr hoch, so daß der Bogen bereits bei geringen Spannungen brennt. Ein Beispiel ist die Kohlenbogenentladung (Abb. 2.44a), die als intensive Lichtquelle zur Projektion benutzt wird. Auch zum ***Elektroschweißen*** wird ein solcher Hochstromlichtbogen zwischen dem Werkstück als einer Elektrode und einem Wolframstift als zweiter Elektrode verwendet (Abb. 2.44b). Zum Zünden werden die Elektroden kurzzeitig kurzgeschlossen und dann auseinandergezogen. Um Oxidation des Werkstücks zu vermeiden, wird ein koaxialer Argonstrom über die Schweißstelle geblasen (Schutzgas-Schweißen).

Auch Quecksilber- oder Xenonhochdrucklampen, die intensive Lichtquellen mit großer Leuchtdichte darstellen, sind Hochstrom-Hochdruck-Entladungen. Sie werden durch einen kurzen Hochspannungsimpuls gezündet und brennen dann als selbständige Entladungen.

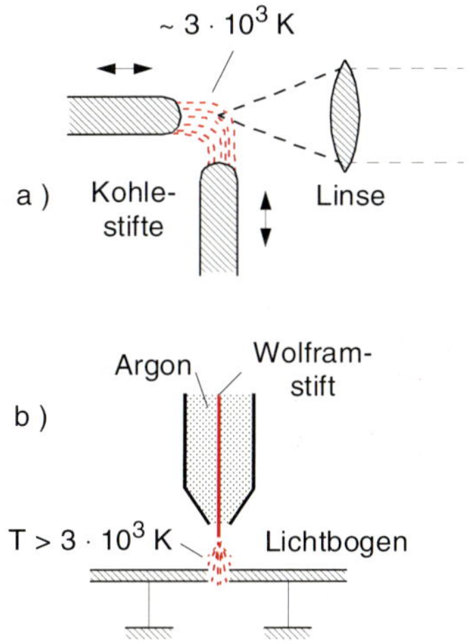

Abb. 2.44. (**a**) Kohlenbogenentladung als intensive Lichtquelle; (**b**) Bogenentladung beim Elektroschweißen

c) Funkenentladungen

Funkenentladungen sind kurzzeitige Bogenentladungen, die wieder erlöschen, weil die Versorgungsspannung zusammenbricht. Sie werden z.B. bei der Entladung eines Kondensators durch eine Gasentladungsröhre erzeugt und finden in der Photographie Verwendung zur Ausleuchtung oder Aufhellung von Objekten (Blitzlicht).

In besonders spektakulärer Form lassen sich Funkenentladungen als Blitze bei Gewittern beobachten (siehe Abschn. 1.9). Durch die kurzzeitige starke Erwärmung der Luft im Funkenkanal kommt es zu plötzlichem Druckanstieg, der sich als Knallwelle in der Luft fortpflanzt (Donner).

Ausführliche Darstellungen von Gasentladungen findet man in [2.9,10].

2.8 Stromquellen

Wir haben uns bisher mit den Eigenschaften des Leitungsmechanismus beim Stromtransport durch feste, flüssige oder gasförmige Leiter befaßt, aber noch nicht diskutiert, wie man elektrischen Strom erzeugen kann.

Alle Stromquellen basieren auf einer Trennung von positiven und negativen Ladungen. Bei dieser räumlichen Trennung muß gegen die anziehenden Coulomb-Kräfte Arbeit geleistet werden, die aus mechanischer Energie, chemischer Energie, Lichtenergie oder Kernenergie kommt. Die Ladungstrennung führt zu einer Potentialdifferenz zwischen räumlich getrennten Orten in der Stromquelle, die als Spannung U zwischen den Polen der Quelle gemessen wird. Verbindet man diese Pole durch ein leitendes Material, so kann ein Strom I fließen, dessen maximale Stärke $I_{max} < U/R$ durch Spannung U und Widerstand R des Leiters, aber auch durch den von der Quelle maximal lieferbaren Strom $I = dQ/dt$ bei der Ladungstrennung begrenzt wird.

Die technisch bei weitem am häufigsten verwendeten Stromquellen sind elektrodynamische Generatoren, die auf der Ladungstrennung durch magnetische Induktion beruhen. Sie werden in Kap. 5 besprochen. Eine große Bedeutung für eine vom öffentlichen Netz unabhängige Stromversorgung haben chemische Stromquellen in Form von Batterien oder Akkumulatoren. Insbesondere die zur Zeit weiterentwickelten chemischen Brennstoffzellen werden für Elektroautos in der Zukunft bedeutsam werden. Wir wollen beide Formen dieser chemischen Stromquellen kurz erläutern.

Das Prinzip der Solarzellen, bei denen Sonnenenergie zur Erzeugung von elektrischem Strom ausgenutzt wird, kann erst im Bd. 3 im Rahmen der Halbleiterphysik erklärt werden.

Zum Schluß sollen noch Thermospannungen und -ströme vorgestellt werden, die auf der Temperaturabhängigkeit des Kontaktpotentials zwischen verschiedenen Metallen beruhen.

2.8.1 Innenwiderstand einer Stromquelle

Jede Stromquelle hat einen Innenwiderstand R_i, der daher rührt, daß die Ladungsträger auf dem Wege vom Ort ihrer Trennung zu den Ausgangsklemmen des Gerätes Stöße mit den Atomen oder Molekülen des entsprechenden Leitermateriales erleiden. Wenn die ***Klemmenspannung*** der unbelasteten Stromquelle U_0 ist (man nennt U_0 auch die ***elektromotorische Kraft*** *EMK*), dann sinkt bei Belastung mit einem äußeren Widerstand R_a (Abb. 2.45) die Klemmenspannung auf den Wert

$$U = U_0 - I \cdot R_i = U_0 \cdot \left(1 - \frac{R_i}{R_i + R_a}\right) = U_0 \frac{R_a}{R_i + R_a} \,. \tag{2.35}$$

Die Klemmenspannung wird daher abhängig vom Verbraucherwiderstand!

Man kann jedoch durch elektronische Spannungsstabilisierung den Innenwiderstand R_i sehr klein machen (siehe Kap. 5), so daß man damit eine Klemmenspannung erhält, die in vorgegebenen Grenzen praktisch unabhängig von der Belastung wird.

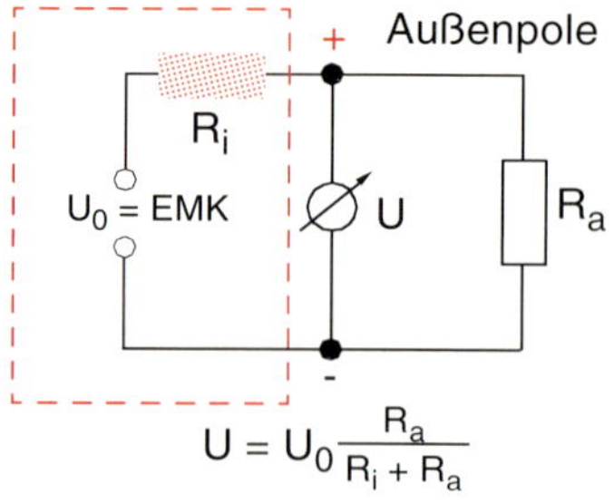

Abb. 2.45. Zum Innenwiderstand einer Stromquelle

2.8.2 Galvanische Elemente

Taucht man zwei verschiedene Metallelektroden in eine Elektrolytflüssigkeit, so mißt man zwischen beiden Elektroden eine elektrische Spannung. Die Ursache für diese Spannung kann man folgendermaßen verstehen:

Zwischen Metallelektrode und der umgebenden Elektrolytflüssigkeit besteht ein Konzentrationsgefälle von Metallionen, das sich durch *Diffussion* (d.h. durch Übergang von Metallionen in die Lösung) auszugleichen sucht. Nun ist die Bindungsenergie $|e \cdot \phi_1|$ der Ionen im Metall im allgemeinen wesentlich größer als ihre Bindungsenergie $|e \cdot \phi_2|$ im Elektrolyten, wo sie durch Anlagerung von Wasser-Dipol-Molekülen an die positiven Ionen bestimmt wird (Abb. 2.33). Durch den Übergang positiver Ionen von der Elektrode in die Lösung entsteht eine negative Raumladung in der Elektrode und eine entsprechende positive Raumladung in einer Schicht der Elektrolytflüssigkeit um die Elektrode (Abb. 2.46).

Dadurch wird eine Potentialdifferenz $\Delta\phi = U$ aufgebaut, die zu einer Spannung U zwischen Elektrode und Elektrolyt führt. Diese Potentialdifferenz treibt die Ionen wieder zurück in die Elektrode. Gleichgewicht herrscht, wenn die Zahl der pro Sekunde in Lösung gehenden Ionen gleich der Zahl der wieder in die Elektrode zurückkehrenden Ionen ist. Dies ist der Fall, wenn sich eine Spannung $U = \phi_1 - \phi_2$ aufgebaut hat. Für die Konzentrationen c_2 (im Elektrolyten) und c_1 (im Metall) gilt dann das Boltzmann-Gleichgewicht:

$$\frac{c_1}{c_2} = e^{-eU/kT} \tag{2.36}$$

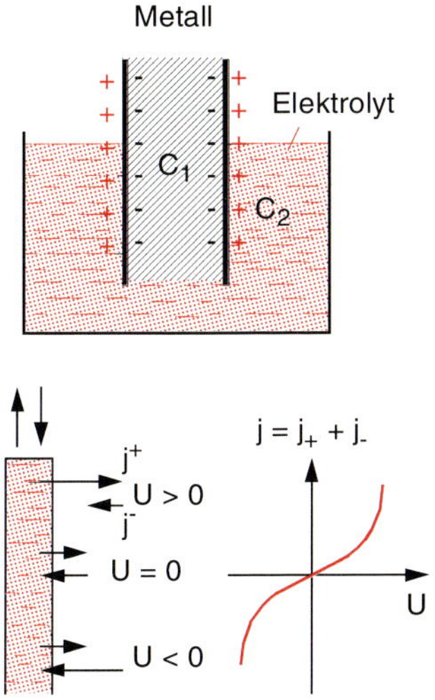

Abb. 2.46. Aufbau einer Raumladungsschicht mit entsprechender Potentialdifferenz $\Delta\phi$ zwischen Metallelektrode und Elektrolyt

(siehe analoge Diskussion für die barometrische Höhenformel in Bd. 1, Kap. 7).

In diesem Gleichgewichtszustand fließt durch die Elektrode kein Nettostrom. Wird eine positive äußere Spannung an die Elektrode (gegen den Elektrolyten) gelegt, so gehen positive Metallionen verstärkt in Lösung. Die Elektrode löst sich auf. Wird eine negative Spannung angelegt, d.h. das Potential der Elektrode wird erniedrigt gegenüber dem des Elektrolyten, so können sich Metallionen aus der Lösung an der Elektrode abscheiden, die dadurch dicker wird.

Taucht man zwei verschiedene Elektroden mit den Potentialdifferenzen $\Delta\phi_1 = U_1$ bzw. $\Delta\phi_2 = U_2$ zwischen Elektrode und Elektrolyt in den Elektrolyten ein, so mißt man die Spannungsdifferenz $\Delta U = U_1 - U_2$ zwischen den beiden Elektroden. Eine Anordnung aus zwei verschiedenen Metallelektroden in einem Elektrolyten heißt ***galvanisches Element***, nach dem italienischen Anatomen *Luigi Galvani* (1737–1798), der als erster entdeckte, daß elektrischer Strom erzeugt werden kann, wenn in tierisches Gewebe zwei verschiedene Metallelektroden eingebracht werden (Froschschenkelversuche). *Allesandro Volta* (1745–1827) erkannte 1794, daß dieses Prinzip der Stromerzeugung verallgemeinert werden kann auf beliebige Anordnungen von ungleichen Metallen in einem Elektrolyten und entwickelte die ersten in der Praxis verwendbaren Batterien. Nach *Volta* ist die Spannungseinheit 1 V benannt.

Man beachte:

Die Absolutwerte U der Potentialdifferenzen $\Delta\phi$ sind nicht meßbar, nur die Differenzen ΔU zwischen verschiedenen Metallen.

Man kann nun die verschiedenen Metalle nach ihren Spannungsdifferenzen ΔU gegeneinander in eine ***Spannungsreihe*** einordnen (Tabelle 2.6).

Anmerkung

Diese galvanische Spannungsreihe ist nicht identisch mit der Kontaktspannungsreihe in Tabelle 1.3, in der die Austrittsarbeiten für Elektronen aufgelistet sind.

Wählt man willkürlich eine von Wasserstoffgas umspülte Platinelektrode als Referenz, deren Potentialdifferenz $\Delta\phi_R$ gegen eine 1-molare Elektrolytlösung (1 mol Ionen pro Liter Lösung) als Nullpunkt dieser Spannungsreihe definiert wird, dann können durch Differenzmessungen die in Tabelle 2.6 aufgeführten Spannungen für die verschiedenen Metalle angegeben werden. Damit ist aus Tabelle 2.6 sofort die Spannung eines galvanischen Elements ablesbar, wenn die Metalle der beiden Elektroden bekannt sind. So ergibt z.B. ein Element mit einer Zink- und einer Kupferelektrode in einer verdünnten H_2SO_4-Lösung im unbelasteten Zustand eine Spannung von 1,1 V, wobei die Zn-Elektrode den negativen, die Cu-Elektrode den positiven Pol bildet (Abb. 2.47).

Verbindet man die beiden Pole des galvanischen Elementes, das die Spannung U liefert, durch einen Lastwiderstand R_a (Abb. 2.48), so fließt gemäß (2.35) ein Strom

$$I = \frac{U}{R_a + R_i} ,$$

Tabelle 2.6. Galvanische Spannungsreihe einiger Metalle, gemessen gegen die Normal-Wasserstoff-Elektrode bei einer Konzentration von 1 Mol Ionen pro Liter Elektrolytflüssigkeit bei $T = 293$ K

Elektrode	U/V	Elektrode	U/V
Li	−3,02	Ni	−0,25
K	−2,92	Pb	−0,126
Na	−2,71	H_2	0
Zn	−0,76	Cu	+0,35
Fe	−0,44	Ag	+0,8
Cd	−0,40	Au	+1,5

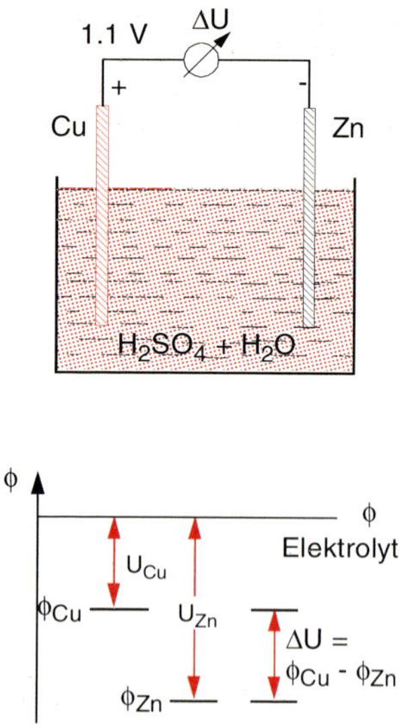

Abb. 2.47. Zwischen zwei verschiedenen Metallelektroden in einem Elektrolyten besteht die Spannungsdifferenz $\Delta U = U_1 - U_2 = \Delta\phi_1 - \Delta\phi_2$

wobei R_i der Innenwiderstand des Elementes ist. Der Strom wird im Metall durch Elektronentransport getragen, wobei die Elektronen von der negativen Zinkelektrode zur positiven Kupferelektrode fließen. Dadurch entsteht ein Elektronenmangel in der Zn-Elektrode und ein Elektronenüberschuß in der Cu-Elektrode. Diese Ladungsänderung ruft eine entsprechende Änderung der Spannung zwischen Zn- und Cu-Elektrode hervor, die wieder ausgeglichen wird durch die Ionenwanderung im Elektrolyten. Die Zn-Atome gehen als Zn^{++}-Ionen in Lösung und lassen daher je zwei Elektronen in der Zn-Elektrode zurück, wandern zur Cu-Elektrode (weil durch den Elektronenüberschuß in der Cu-Elektrode das Potential der Kupferelektrode negativ wird gegen das Potential der Zn^{++}-Lösungsschicht um die Zn-Elektrode (Abb. 2.46)) und scheiden sich als neutrale Zn-Atome auf der Cu-Elektrode ab. Die Zn-Elektrode wird dabei immer dünner, die Cu-Elektrode überzieht sich mit einer Zinkschicht. Sobald die Cu-Elektrode vollständig mit Zink bedeckt ist, sinkt die Spannung des Elementes auf Null, weil jetzt praktisch zwei gleiche Elektroden vorhanden sind.

Um die Lebensdauer der Cu/Zn-Batterie zu verlängern, kann man als Elektrolyt eine $CuSO_4$-Lösung verwenden. Durch die nun erfolgende Abscheidung von Cu^{++}-Ionen auf der Cu-Elektrode werden immer wieder neue Kupferschichten gebildet. Die Batterie ist erst „leer", wenn alles Kupfer aus der $CuSO_4$-Lösung verbraucht ist.

Der Innenwiderstand R_i des galvanischen Elementes ist durch die Beweglichkeit u der Ionen und durch ihre Konzentration c bestimmt (siehe auch Abb. 2.34). Er hängt außerdem von der Geometrie der Anordnung ab. Bei homogener Stromdichte $\boldsymbol{j}$ zwischen zwei quadratischen Plattenelektroden mit Seitenlänge L, deren Abstand d klein gegen L ist, gilt gemäß (2.7):

$$R_i = \frac{d}{\sigma_{el} L^2} = \frac{m \cdot d}{n q^2 \tau_s L^2} , \tag{2.37}$$

wobei $\tau_s = \Lambda / \overline{v}$ die mittlere Zeit zwischen zwei Stößen der Ionen und n die Zahl der Ionen pro Volumeneinheit ist.

2.8.3 Akkumulatoren

Taucht man zwei Bleiplatten in eine mit Wasser verdünnte Schwefelsäurelösung, so überziehen sich beide Platten bald mit einer Schicht aus Bleisulfat $PbSO_4$. Legt man jetzt an die beiden Platten eine äußere Spannung an (Abb. 2.49a), so werden die im Elektrolyten dissoziierten Ionen H^+ und OH^- (siehe Abschn. 2.6) zu den Elektroden wandern. Dort geben sie ihre Ladungen ab und reagieren dabei mit den $PbSO_4$-Schichten gemäß folgendem Schema:

$$\begin{aligned} \text{Anode: } & PbSO_4 + 2OH^- \longrightarrow \\ & \qquad PbO_2 + H_2SO_4 + 2e^- ; \\ \text{Kathode: } & PbSO_4 + 2H^+ + 2e^- \longrightarrow \\ & \qquad Pb + H_2SO_4 . \end{aligned} \tag{2.38}$$

Bei dieser *Aufladung* des Akkumulators wird die Anode zu Bleioxid PbO_2 und die Kathode zu metallischem Blei. Man hat also durch den Aufladungsprozeß ein chemisches Element mit ungleichen Elek-

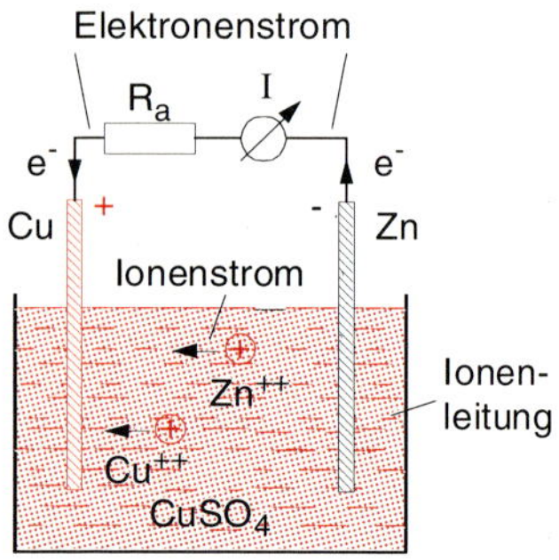

Abb. 2.48. Galvanisches Element mit $CuSO_4$-Elektrolyt

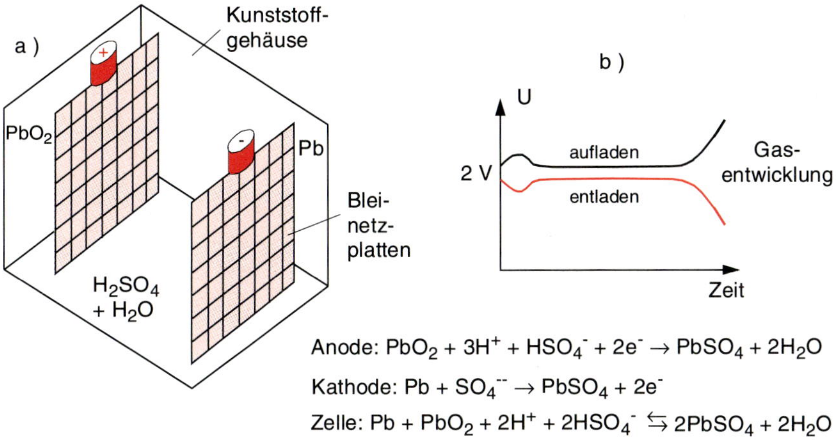

Abb. 2.49a,b. Bleiakkumulator: (**a**) Aufbau; (**b**) Spannungsverlauf und chemische Reaktion beim Aufladen (A) und Entladen (E)

troden geschaffen, das nun selbst wieder eine Spannung liefern kann, wobei zwischen dem Pluspol (PbO_2) und dem Minuspol (Pb) eine Spannung von 2 V auftritt.

Am Ende der Aufladung beobachtet man an der Anode das Entweichen von Sauerstoffgas (aus der Reaktion $4OH^- \longrightarrow 2H_2O + O_2 + 4e^-$) und an der Kathode von Wasserstoffgas ($2H^+ + 2e^- \longrightarrow H_2$). Beim Entladen des Akkumulators laufen die Prozesse (2.38) in umgekehrter Richtung ab:

$$\text{Anode: } PbO_2 + HSO_4^- + 3H^+ + 2e^- \longrightarrow PbSO_4 + 2H_2O\,; \tag{2.39}$$
$$\text{Kathode: } Pb + SO_4^{--} \longrightarrow PbSO_4 + 2e^-\,.$$

Der Wirkungsgrad η des Akkus, definiert als das Verhältnis von Entladungsenergie zu Aufladeenergie, beträgt etwa 75–80%. Der Rest geht in Wärmeenergie über.

Die Speicherkapazität ist etwa 30 Wh pro kg Blei, wobei man statt Bleiplatten Bleigitter benutzt, um eine größere Elektrodenoberfläche zu erhalten. Technische Details über Bleiakkumulatoren findet man in [2.11]. In Abb. 2.49b ist der zeitliche Spannungsverlauf beim Auf- und Entladevorgang dargestellt.

2.8.4 Verschiedene Typen von Batterien

Außer dem im vorigen Abschnitt behandelten Bleiakkumulator gibt es eine Reihe anderer chemischer Elemente, die auf der Ladungstrennung durch chemische Reaktionen beruhen. Ein Beispiel ist die wiederaufladbare ***Nickel-Cadmium-Batterie*** (Abb. 2.50), deren Ni- und Cd-Elektroden in einer KOH-Lauge im ungeladenen Zustand mit einer Hydroxidschicht bedeckt sind. Beim Aufladen wird an der Kathode die Reaktion initiiert:

$$Cd(OH)_2 + 2e^- \longrightarrow Cd + 2OH^-\,,$$

und an der Anode:

$$2Ni(OH)_2 + 2OH^- \longrightarrow 2Ni(OH)_3 + 2e^-\,.$$

Die Aufladung ist beendet, wenn die gesamte Elektrodenoberfläche der Kathode in Cd umgewandelt ist.

Bei der Entladung laufen die Reaktionen wieder in umgekehrter Richtung, und im äußeren Stromkreis fließen die Elektronen von der Cd- zur Ni-Elektrode.

Für viele Anwendungszwecke sind flüssige Elektrolyte nicht akzeptabel (Auslaufgefahr). Man hat deshalb nach festen Ersatzelektrolyten gesucht. Eine interessante Alternative zum Blei-Akkumulator ist

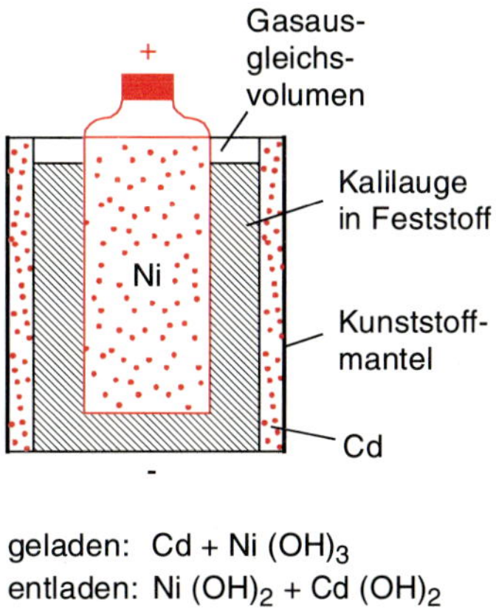

Abb. 2.50. Gasdichte, wiederaufladbare Nickel-Cadmium-Batterie mit porösen Ni- und Cd-Elektroden, die eine Spannung von 1,2 V liefert

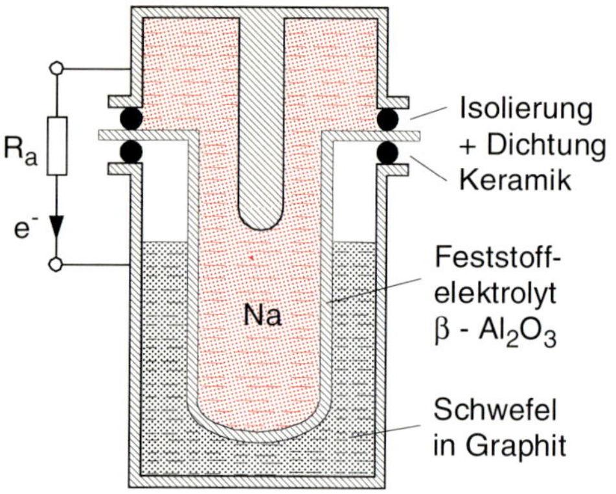

Abb. 2.51. Natrium-Schwefel-Batterie

die ***Natrium-Schwefel-Batterie*** [2.12,13], deren Elektrolyt aus fester Al_2O_3-Keramik besteht (Abb. 2.51). Auf der einen Seite des Elektrolyten befindet sich flüssiges Natrium, auf der anderen Seite flüssiger Schwefel, der in einem Graphitschwamm aufgesaugt ist, um die elektrische Leitfähigkeit zu erhöhen. An der Anode läuft bei der Entladung die Reaktion

$$2Na^+ + S + 2e^- \longrightarrow Na_2S$$

ab, an der Kathode:

$$Na \longrightarrow Na^+ + e^- \; .$$

Die Klemmenspannung beträgt etwa 2 V, die maximale massenbezogene Energiedichte liegt mit 1 kWh/kg um den Faktor 30 höher als beim Bleiakkumulator.

Als „kleine" Trockenbatterien zum Gebrauch in tragbaren netzunabhängigen elektronischen Geräten werden heute moderne Ausführungsformen des bereits 1866 von *Leclanché* entwickelten ***Leclanché-Elementes*** verwendet (Abb. 2.52).

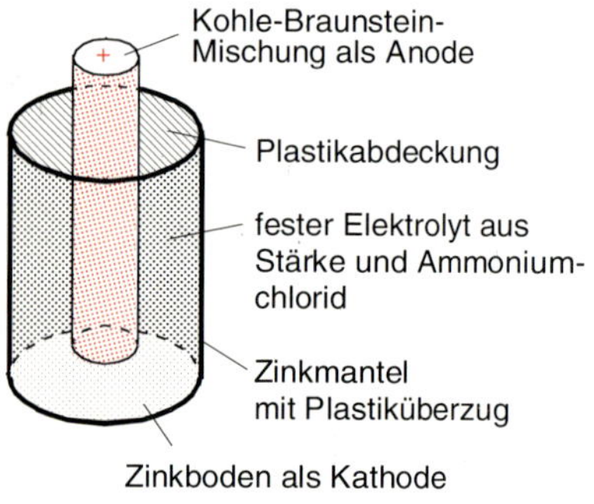

Abb. 2.52. Aufbau einer kleinen Trockenbatterie

Ein Kohlestab, der mit Braunstein (MnO_2) vermischt ist, bildet die Mittelelektrode, der äußere Zinkzylinder die Gegenelektrode. Zwischen beiden befindet sich der feste Elektrolyt, der eine mit Füllstoffen (Stärkebrei, Cellulose) verfestigte Ammoniumchloridlösung (NH_4Cl) darstellt.

2.8.5 Chemische Brennstoffzellen

Beim Akkumulator wird die chemische Energie von im Akkumulator vorhandenen Reaktionspartnern ($PbSO_4+H_2O$) bzw. ($Pb+H_2SO_4$) zur Umwandlung in elektrische Energie genutzt. Die Reaktionsprodukte verbleiben innerhalb der Zellen und führen zum Abbau der Potentialdifferenz (Entladung) zwischen den Polen. Die Energiespeicherfähigkeit von Batterien und Akkus ist daher begrenzt.

Dieser Nachteil wird bei chemischen Brennstoffzellen vermieden, weil hier die Reaktionspartner von außen kontinuierlich zugeführt werden. In Abb. 2.53 ist ein vereinfachtes Schema einer mit Wasserstoff und Sauerstoff betriebenen Brennstoffzelle dargestellt. Hier wird die elektrische Energie in der stark exothermen ***Knallgas-Reaktion***

$$2H_2 + O_2 \longrightarrow 2H_2O \qquad (2.40)$$

gewonnen, die jedoch in der Brennstoffzelle unter kontrollierten Bedingungen abläuft, um eine explosi-

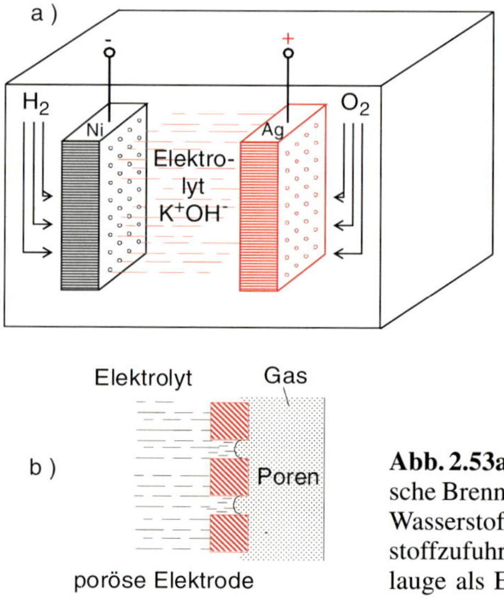

Abb. 2.53a,b. Chemische Brennstoffzelle mit Wasserstoff- und Sauerstoffzufuhr und Kalilauge als Elektrolyt

onsartige Energiefreisetzung zu vermeiden. Der Trick der Brennstoffzellen ist die räumliche Trennung von Oxidations- und Reduktionsreaktion. Die Reaktion (2.40) wird dabei durch eine geeignete Konstruktion der Brennstoffzelle aufgespalten in die Teilreaktion

$$O_2 + 2H_2O + 4e^- \longrightarrow 4OH^- \qquad (2.40a)$$

an der Kathode, welche je ein Elektron an die vier Reaktionsprodukte OH^- abgibt (Elektronenaufnahme = Reduktion) und die anodische Teilreaktion

$$H_2 + 2OH^- \longrightarrow 2H_2O + 2e^-, \qquad (2.40b)$$

bei der pro OH^--Radikal ein Elektron abgegeben wird (Oxidation).

Für die beiden Reaktionen sind sowohl ein Katalysator als auch eine wäßrige Elektrolytlösung erforderlich. Deshalb kann die Reaktion nur an der Dreiphasengrenze von Gas, Elektrolyt und Katalysator ablaufen. Dies erfordert eine spezielle Struktur und geometrische Anordnung der Elektroden. Man verwendet z.B. poröse Elektroden, durch welche sowohl das zugeführte Gas (O_2 bzw. H_2) als auch der Elektrolyt eindringen kann. Die Dreiphasengrenze entspricht dem Meniskus des Elektrolyten (Abb. 2.53b) in den Poren der Elektrode, der sich beim Gleichgewicht zwischen Gasdruck und Flüssigkeitskapillardruck (Bd. 1, Kap. 6) einstellt.

Dazu müssen die Poren den richtigen Durchmesser haben. Als Katalysator können z.B. Nickel für die Kathode (H_2-Elektrode) und Silber für die Anode (O_2-Elektrode) verwendet werden.

Typische Leistungen solcher Brennstoffzellen sind 0,5 W pro cm^2 Elektrodenfläche bei einer Spannung von etwa 0,8 V. Man muß deshalb für den Einsatz zum Autoantrieb mehrere Zellen hintereinanderschalten, um eine für den Antriebselektromotor günstige Spannung zu erreichen. In Abb. 2.54 sind Batteriespanung und Leistung einer Anordnung von 33 in Serie geschalteter Brennstoffzellen als Funktion des entnommenen Batteriestroms dargestellt.

Der Vorteil solcher Brennstoffzellen ist die direkte Umwandlung von chemischer Energie ohne den Umweg über Wärmeenergie (der bei fossilen Kraftwerken notwendig ist). Deshalb entfällt hier die Begrenzung durch den Carnot-Wirkungsgrad (siehe Bd. 1, Kap. 11).

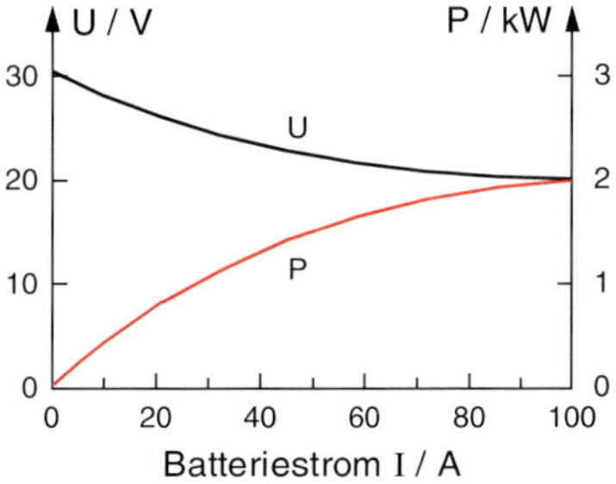

Abb. 2.54. Spannung U und Leistung P einer 33-zelligen 2 kW-Brennstoffzellenbatterie bei 82° C als Funktion des Elektrodenstromes I (Mit freundlicher Genehmigung der Siemens AG)

Das bisherige Hauptproblem ist die langsame *Vergiftung* des Katalysators durch geringe Verunreinigungen in den zugeführten Gasen. Inzwischen ist es jedoch gelungen, sehr langlebige und leistungsstarke Brennstoffzellen zu entwickeln, die, in Verbindung mit einem Elektromotor, interessante Alternativen zum Benzin- oder Dieselmotor darstellen, weil sie als Abfallprodukte lediglich Wasser abgeben [2.14,15].

2.9 Thermische Stromquellen

Zur Erzeugung von elektrischem Strom durch Erwärmung von Stoffen läßt sich die Temperaturabhängigkeit von Kontaktspannungen zwischen zwei verschiedenen Metallen ausnutzen.

2.9.1 Kontaktpotential

Um die in einem Metall frei beweglichen Leitungselektronen aus dem Metall herauszubringen, muß man Arbeit leisten gegen die anziehenden Kräfte zwischen Elektronen und positiven Ionen des Metallgitters. Diese ***Austrittsarbeit*** W_a ist analog zu der in Bd. 1, Abschn. 11.4.2 behandelten Austrittsarbeit eines Atoms aus einer Flüssigkeit (Verdampfungswärme).

Bringt man nun zwei verschiedene Metalle mit unterschiedlichen Austrittsarbeiten W_{a_1} und W_{a_2} in Kontakt miteinander, so fließen Elektronen vom Metall mit der kleineren Austrittsarbeit $|W_{a_1}|$ in das Metall mit $|W_{a_2}| > |W_{a_1}|$. Dadurch entsteht eine Raumladung (Abb. 2.55), die zu einem elektrischen Gegenfeld führt, das die Elektronen wieder zurücktreibt. Gleichgewicht herrscht, wenn die Ströme in beiden Richtungen gleich groß sind. Durch die Raum-

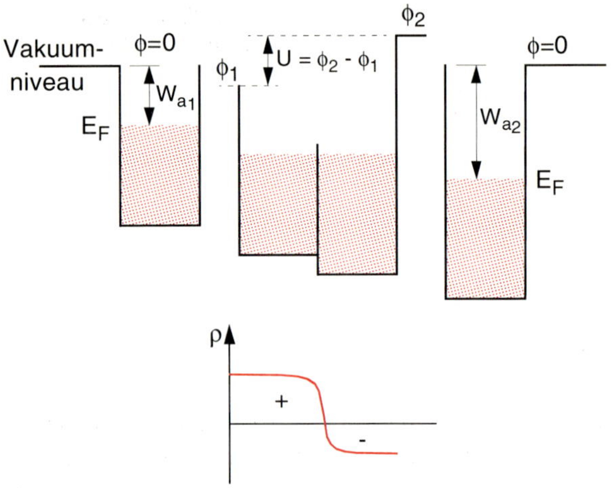

Abb. 2.55. Kontaktspannung und Raumladungsverteilung beim Kontakt zwischen Metallen mit verschiedenen Austrittsarbeiten W_{a_1} und W_{a_2} bzw. Potentialen ϕ_1 und ϕ_2

ladungen werden die Potentiale ϕ in beiden Metallen verschoben (Abb. 2.55), und es entsteht eine ***Kontaktspannung*** $U = \phi_1 - \phi_2$ zwischen den beiden Metallen.

Wählt man das Vakuumpotential · $\phi_{\text{Vak}} = 0$, so wird für ein Metall mit einem Potential ϕ die Austrittsarbeit $W_a = -e\phi$.

Diese Kontaktspannung ist jedoch nicht ohne weiteres meßbar, weil für die Messung ein geschlossener Stromkreis realisiert werden muß (Abb. 2.56), in dem die Summe aller Kontaktspannungen Null ist.

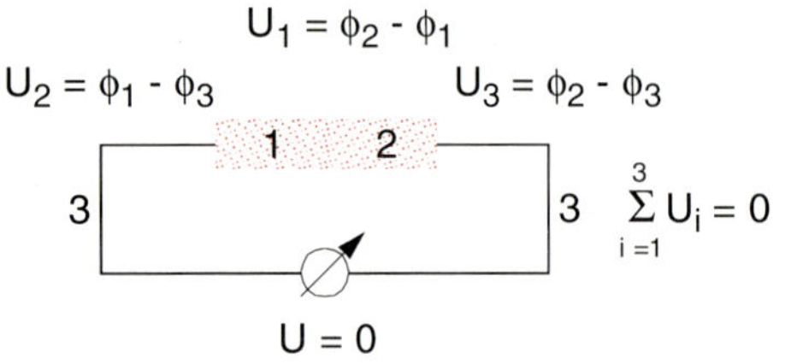

Abb. 2.56. In einem geschlossenen Stromkreis ist bei gleicher Temperatur aller Kontakte die Summer aller Kontaktspannungen Null

2.9.2 Thermoelektrische Spannung

Die Kontaktspannung hängt von der Temperatur des Kontaktes ab. Dies kann man sich folgendermaßen klarmachen:

In Bd. 1, Abschn. 7.3.5 wird gezeigt, daß im thermischen Gleichgewicht die Konzentrationen n_1, n_2 von Teilchen bei unterschiedlichen Energien E_1, E_2 einer Boltzmann-Verteilung

$$\frac{n_2}{n_1} = \mathrm{e}^{-\Delta E/kT} \tag{2.41}$$

mit $\Delta E = E_2 - E_1$ folgen. Obwohl die Elektronen im Metall nicht einer Boltzmann-, sondern einer Fermiverteilung folgen (siehe Bd. 3), gilt auch für sie in guter Näherung die Verteilung (2.41), wobei im Beispiel der beiden im Kontakt stehenden Metalle die Differenz der Elektronen-Austrittsarbeiten $\Delta E = -e(\phi_2 - \phi_1) = eU$ durch die Kontaktspannung U gegeben ist. Auflösen nach U gibt:

$$U = \frac{k \cdot T}{e} \ln \frac{n_1}{n_2} \; . \tag{2.42}$$

Haben zwei Kontakte in diesem geschlossenen Kreis unterschiedliche Temperaturen, so sind die Beträge der temperaturabhängigen Kontaktspannungen

$$U_1 = \frac{kT_1}{e} \ln \frac{n_1}{n_2} \qquad U_2 = -\frac{kT_2}{e} \ln \frac{n_1}{n_2}$$

verschieden, da das Verhältnis n_1/n_2 im wesentlichen durch die unterschiedlichen Austrittsarbeiten der Metalle und nur in zweiter Linie durch die Temperatur bestimmt ist. Es entsteht daher eine ***Thermospannung***

$$U_{\text{th}} = \frac{k}{e} \ln \frac{n_1}{n_2} \cdot (T_1 - T_2) = a \cdot \Delta T \; , \tag{2.42a}$$

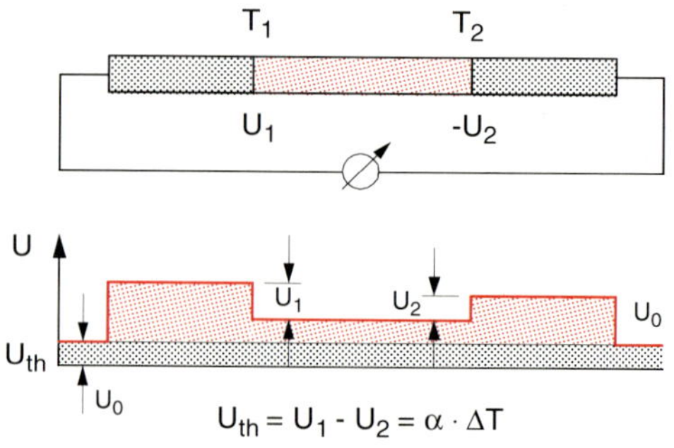

Abb. 2.57. Thermospannung zwischen zwei Kontakten unterschiedlicher Temperaturen

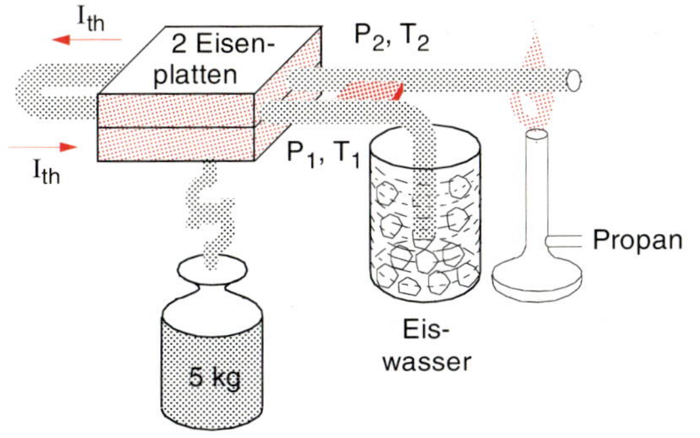

Abb. 2.58. Demonstration großer Thermoströme, die durch ihr Magnetfeld ein 5-kg-Gewicht halten können

die in einem weiten Temperaturbereich annähernd proportional zur Temperaturdifferenz ΔT zwischen den beiden Kontakten ist (Abb. 2.57).

Man kann diese Thermospannung zur Temperaturmessung verwenden (Thermoelement, Bd. 1, Abschn. 11.1.1), aber auch als Spannungsquelle für *Thermoströme*. Dies läßt sich demonstrieren an dem in Abb. 2.58 gezeigten Experiment. Das eine Ende eines dicken Kupferbügels wird in Eiswasser gehalten, das andere mit einem Brenner erhitzt. Zwischen dem heißen und dem kalten Ende ist ein Steg aus einem anderen Metall gelötet, so daß zwischen den Punkten P_1 und P_2 eine Thermospannung U_{th} auftritt, die im Kupferbügel einen Strom $I_{th} = U_{th}/R$ erzeugt.

Bei genügend kleinem Widerstand R kann I_{th} mehrere hundert Ampere betragen. Man kann den Thermostrom durch das von ihm in zwei lose aneinander liegenden Weicheisenplatten erzeugte Magnetfeld nachweisen. Dieses Magnetfeld ist stark genug, um die mit einem 5-kg-Gewicht beschwerte untere Platte zu halten. Die Platte fällt herunter, wenn der Brenner weggenommen wird.

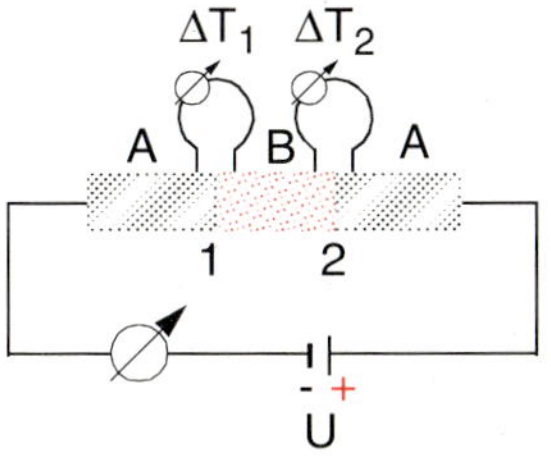

Abb. 2.59. Zum Nachweis des Peltier-Effektes

2.9.3 Peltier-Effekt

Schickt man durch einen Stab, der aus aneinandergelöteten verschiedenen Metallen in der Reihenfolge ABA besteht, einen Strom (Abb. 2.59), so kühlt sich ein Kontakt ab, der andere erwärmt sich. Polt man den Strom um, so kehren sich auch die Vorzeichen der Temperaturänderungen ΔT_1 bzw. ΔT_2 an den beiden Kontakten 1 und 2 um.

Dieser sogenannte ***Peltier-Effekt*** stellt also eine Umkehrung der Erzeugung eines Thermostromes dar. Die Erwärmung findet jeweils an derjenigen Kontaktstelle statt, welche bei gleicher Richtung des Thermostromes die kältere ist.

Die an der Kontaktstelle erzeugte Wärmeleistung ist proportional zum Strom I.

$$dW/dt = p_e \cdot I \qquad (2.43)$$

Die von den beiden Metallen an der Kontaktstelle abhängige Konstante p_e heißt *Peltier-Koeffizient*. Typische Werte liegen in der Größenordnung von $p_e \approx 10^2\,\mathrm{J/C}$. Zwischen Thermospannung U_{th} und dem Peltier-Koeffizienten p_e besteht die empirische Beziehung

$$U_{th} = \frac{p_e}{T} \cdot \Delta T\,. \qquad (2.44)$$

ZUSAMMENFASSUNG

- Ein elektrischer Strom ist ein Transport elektrischer Ladungen. Er ist immer mit Massetransport verbunden. Die Stromdichte

$$\boldsymbol{j} = n^+ q^+ \boldsymbol{v}_\mathrm{D}^+ + n^- q^- \boldsymbol{v}_\mathrm{D}^-$$

hängt ab von den Dichten $n^\pm$ der Ladungsträger mit der Ladung $q^\pm$ und von ihren Driftgeschwindigkeiten $\boldsymbol{v}_\mathrm{D}$.

- Der Zusammenhang zwischen Stromdichte $\boldsymbol{j}$ und elektrischer Feldstärke $\boldsymbol{E}$ wird durch das Ohmsche Gesetz gegeben:

$$\boldsymbol{j} = \sigma_\mathrm{el} \cdot \boldsymbol{E}.$$

Die elektrische Leitfähigkeit σ_el ist eine Materialkonstante, die im allgemeinen von der Temperatur abhängt.

- Der spezifische elektrische Widerstand $\varrho_\mathrm{s} = 1/\sigma_\mathrm{el}$ eines Leiters wird durch Stöße der Ladungsträger mit den Atomen des Leitermaterials bewirkt. Der Gesamtwiderstand R eines Leiters hängt außerdem von seiner Geometrie ab.
- Die Berechnung auch komplizierter Netzwerke ist mit Hilfe der Kirchhoffschen Regeln möglich, die besagen:

a) In einem Knotenpunkt mehrerer elektrischer Leiter gilt

$$\sum_k I_k = 0\,.$$

b) In einem geschlossenen Leiterkreis aus mehreren Widerständen oder Spannungsquellen gilt

$$\sum_k U_k = 0\,.$$

- Bei Gasentladungen tragen sowohl Elektronen als auch Ionen zum Strom bei. Unselbständige Entladungen erlöschen, wenn die Erzeugung von Ladungsträgern durch äußere Einflüsse aufhört. Bei selbständigen Entladungen muß jeder Ladungsträger innerhalb der Entladung für seinen Ersatz sorgen.
- Alle Stromquellen benutzen die durch Energieaufwand erfolgte Trennung von positiven und negativen Ladungen und die dadurch erzeugte Potentialdifferenz zwischen zwei räumlich getrennten Orten (Polen) der Stromquelle als Energiespeicher. Bei der Verbindung der Pole durch einen Leiter mit Widerstand R_a führt dies zu einem elektrischen Strom $I = U/(R_\mathrm{a} + R_\mathrm{i})$. Der Innenwiderstand R_i der Stromquelle ist durch Stöße der Ladungsträger innerhalb der Stromquelle bedingt.

ÜBUNGSAUFGABEN

1. Eine Glühlampe ist über zwei 10 m lange Kupferdrähte ($\varnothing = 0{,}7$ mm) und einen Schalter mit einer Gleichspannungsquelle verbunden, so daß ein Strom von 1 A fließt. Die Dichte von Kupfer beträgt $\varrho = 8{,}92\,\mathrm{g/cm^3}$ und die der Ladungsträger $n = 5 \cdot 10^{28}\,\mathrm{m^{-3}}$.
   a) Auf wieviel Kupferatome kommt im Mittel ein Ladungsträger?
   b) Zum Zeitpunkt $t = 0$ wird der vorher offene Schalter geschlossen. Nach welcher Zeit t_1 fängt die Lampe an zu leuchten? Wie sieht qualitativ der Stromverlauf aus?
   c) Berechnen Sie die Zeit t_2, nach der das erste Elektron aus der Spannungsquelle durch den Glühfaden der Lampe fließt.
   d) Wie lange muß der Strom fließen, bis 1 g Elektronen durch den Querschnitt des Drahtes gewandert ist?
2. Ein 1 m langer Eisendraht hat auf der einen Seite einen Durchmesser $d_1 = 1$ mm und verjüngt sich gleichmäßig auf einen Durchmesser $d_2 = 0{,}25$ mm am anderen Ende. Berechnen Sie
   a) den Gesamtwiderstand des Drahtes ($\varrho_\mathrm{Eisen} = 8{,}71 \cdot 10^{-8}\,\Omega\mathrm{m}$),

▶

b) die pro Längeneinheit abfallende Leistung für den Fall, daß an den Draht eine Spannungsquelle mit $U = 1\,\mathrm{V}$ angeschlossen wird.

3. Berechnen Sie den Ersatzwiderstand der Schaltung zwischen A und B in Abb. 2.60.

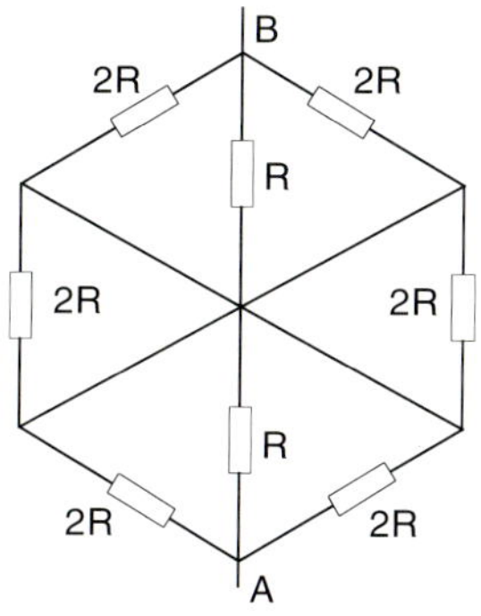

Abb. 2.60. Zu Aufgabe 3

4. Wie groß sind in der gezeichneten Schaltung (Abb. 2.61) die Ströme I_1, I_2 und I_3? Welche Potentialdifferenz hat der Punkt A gegenüber der Masse?
Zahlenbeispiel: $U_1 = 10\,\mathrm{V}$, $R_i(U_1) = 1\,\Omega$, $U_2 = 4\,\mathrm{V}$, $R_i(U_2) = 1\,\Omega$, $R_1 = 3\,\Omega$, $R_2 = 4\,\Omega$, $R_3 = 4\,\Omega$, $R_4 = 8\,\Omega$, $R_5 = 12\,\Omega$, $R_6 = 24\,\Omega$.

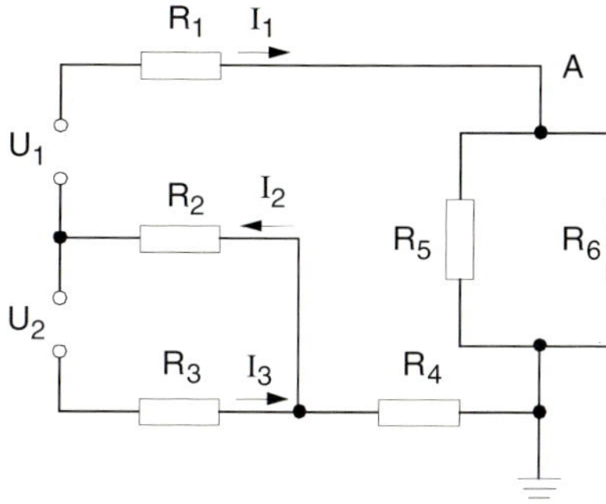

Abb. 2.61. Zu Aufgabe 4

5. Eine Autobatterie hat im unbelasteten Zustand die Spannung $U_0 = 12\,\mathrm{V}$. Beim Anlassen des Motors sinkt die Spannung auf den Wert $U_1 = 10\,\mathrm{V}$, wobei der Strom $I = 150\,\mathrm{A}$ fließt.
a) Wie groß sind Innenwiderstand R_i der Batterie und Widerstand R_a des Anlassers?
b) Bei tiefen Temperaturen erhöht sich R_i auf den Wert $R_i = R_a$. Wie groß wird dann U_1?
c) Wie groß ist in a), b) die im Anlasser und in der Batterie verbrauchte Leistung?

6. Die Punkte A und B bilden die Enden eines Netzwerkes (Abb. 2.62) aus acht Elementen (durch Kreise gekennzeichnet).
a) Wie groß ist die Gesamtkapazität, wenn es sich um gleich große Kondensatoren der Kapazität C handelt?
b) Wie groß ist der Gesamtwiderstand, wenn es sich um gleich große Widerstände R handelt?

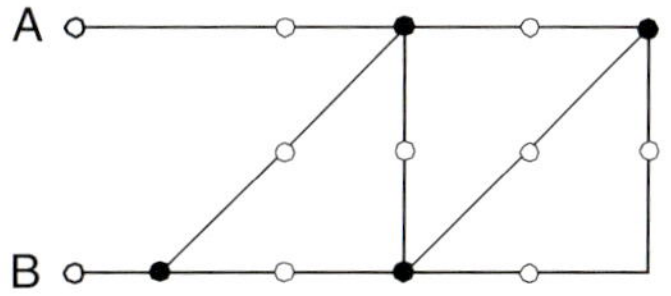

Abb. 2.62. Zu Aufgabe 6

7. Ein Zylinder von 12 cm Durchmesser und 60 cm Länge soll in einem Nickelsalzbad galvanisch mit einer 0,1 mm starken Nickelschicht überzogen werden. Die Stromdichte soll $0{,}25\,\mathrm{A/cm^2}$ nicht übersteigen.
a) Welcher Maximalstrom I_m ist möglich?
b) Wie groß ist das elektrochemische Äquivalent E_C?
(Hinweis: Nickelionen sind zweifach geladen, $m_{Ni} = 58{,}71 \cdot 1{,}67 \cdot 10^{-27}\,\mathrm{kg}$, Avogadro-Konstante: $6{,}023 \cdot 10^{23}\,\mathrm{mol^{-1}}$, Elementarladung: $1{,}6 \cdot 10^{-19}\,\mathrm{C}$)
c) Wie lange muß der Zylinder im Bad bleiben, wenn der Strom I_m fließt ($\varrho_{Ni} = 8{,}7\,\mathrm{g/cm^3}$)?

8. Eine Spannungsquelle mit der elektromotorischen Kraft $EMK = 4{,}5\,\mathrm{V}$ und einem inneren Widerstand $R_i = 1{,}2\,\Omega$ wird über einen Außenwiderstand R_a geschlossen. Wie groß muß R_a gewählt werden, damit an ihm die maximale Leistung abgegeben wird, und wie groß ist diese Leistung?

9. Ein Kondensator ($C_1 = 20\,\mu\mathrm{F}$) ist auf 1000 V aufgeladen. Nun wird er durch Leitungen mit dem Widerstand R mit einem zweiten, ungeladenen Kondensator ($C_2 = 10\,\mu\mathrm{F}$) verbunden.
a) Wie groß waren Ladung und Energie von C_1 vor der Verbindung mit C_2, wie groß sind sie nachher?
b) Wie groß sind Spannung, Gesamtladung und Gesamtenergie von $C_1 + C_2$ nach der Verbindung?
Wo ist die Energiedifferenz geblieben?

►

10. Die Strom-Spannungs-Charakteristik einer Gasentladung sei wie in Abb. 2.63 gegeben.

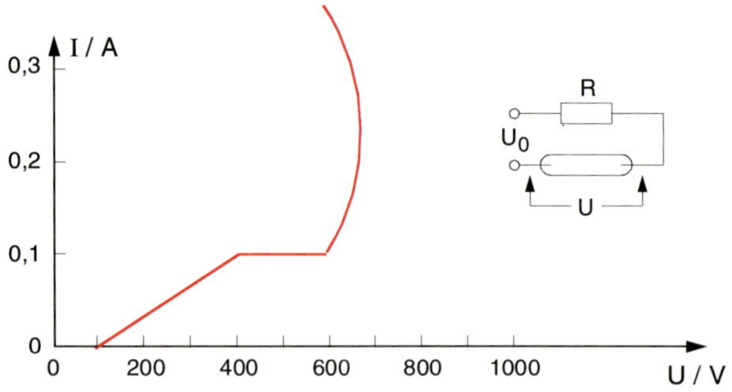

Abb. 2.63. Zu Aufgabe 10

a) Berechnen Sie R_{min} und R_{max} für den Vorschaltwiderstand, damit die Gasentladung stabil brennt, wenn eine Spannung $U = 1000\,\text{V}$ angelegt wird.

b) Angenommen, der Vorschaltwiderstand sei $R = 5\,\text{k}\Omega$. Was verändert sich, wenn die Spannung auf 500 V bzw. 1250 V verändert wird?

11. Eine KCl-Lösung habe die spezifische Leitfähigkeit $\sigma_{\text{el}} = 1{,}1\,(\Omega \cdot \text{m})^{-1}$. Wie groß sind bei einer Ionendichte von $n^+ = n^- = 10^{20}/\text{cm}^3$ die Amplituden der Ionenbewegungen in einem elektrischen Wechselfeld mit $E_0 = 30\,\text{V/cm}$ und $f = 50\,\text{Hz}$, wenn die Beweglichkeit der beiden Ionenarten als gleich angenommen wird?

12. Ein abgeschirmtes Kabel, das aus einem Innenleiter ($r_1 = 1\,\text{mm}$) und einer konzentrischen Metallhülle ($r_2 = 8\,\text{mm}$ Innenradius) besteht, ist mit Isoliermaterial ($\varrho_s = 10^{12}\,\Omega\text{m}$) gefüllt. Wie groß ist der Leckstrom, der durch die Isolierschicht zwischen Innenleiter und Außenhülle bei 100 m Kabellänge fließt, wenn der Innenleiter auf 3 kV liegt?

13. Das in 12. beschriebene Kabel kann durch das Schaltbild in Abb. 2.64 beschrieben werden, wobei R_1 der Widerstand pro m und R_2 der Leckwiderstand pro m ist.

a) Wie groß ist der Widerstand R_n zwischen a und b für n Meter Kabellänge?

b) Wie groß ist für $R_1 = R_2$ der Grenzwert $\lim\limits_{n \to \infty} R_n$?

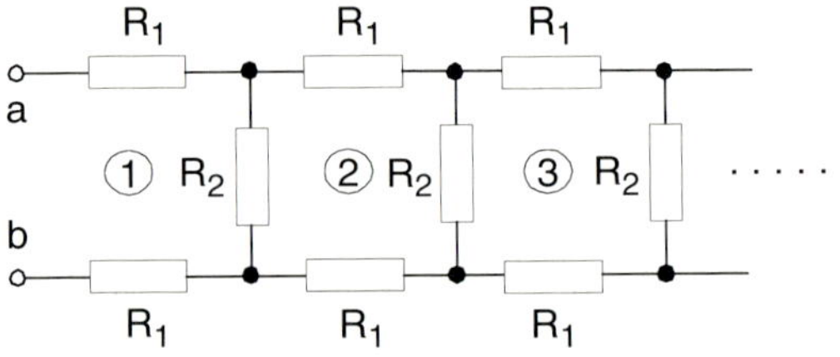

Abb. 2.64. Zu Aufgabe 13

3. Statische Magnetfelder

Schon im Altertum wurde beobachtet, daß bestimmte Mineralien, die in der Nähe der Stadt Magnesia in Kleinasien gefunden wurden, Eisen anzogen. Man nannte sie ***Magnete*** und nutzte sie in Form von Kompaßnadeln zur Navigation, da man festgestellt hatte, daß solche Magnetnadeln immer nach Norden zeigten. Die Chinesen kannten Magnete bereits früher. Die genauere Erklärung der physikalischen Grundlagen dieser *Permanentmagnete* gelang allerdings erst in diesem Jahrhundert nach der Entwicklung der Quantentheorie und der modernen Festkörperphysik, und auch heute sind noch nicht alle Fragen der magnetischen Erscheinungen in Materie restlos geklärt.

Wir haben im Abschn. 2.5 erfahren, daß auch elektrische Ströme magnetische Wirkungen haben können. In diesem Kapitel sollen nun die von Permanentmagneten und von elektrischen Strömen erzeugten Magnetfelder genauer diskutiert und die Eigenschaften verschiedener magnetischer Materialien phänomenologisch behandelt werden. In Bd. 3 wird dann gezeigt, daß auch die Magnetfelder permanenter Magnete im atomaren Bereich auf bewegte Ladungen und atomare magnetische Momente zurückzuführen sind.

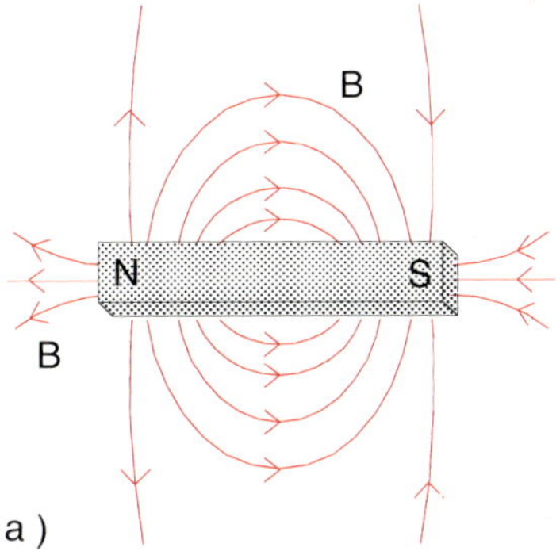

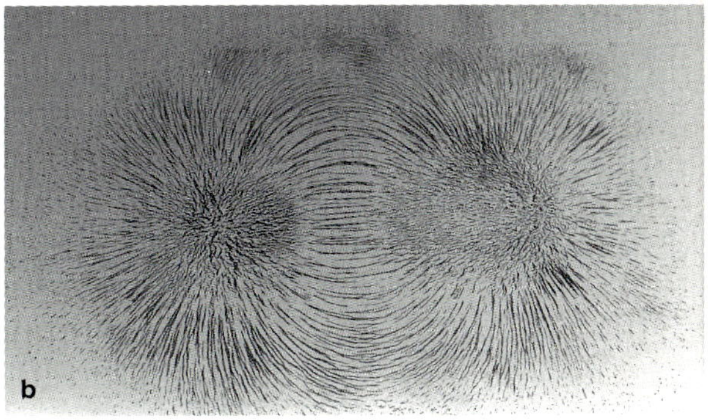

Abb. 3.1a,b. Feldlinienbild eines Stabmagneten. (**a**) Schematisch; (**b**) experimentelle Demonstration mit Eisenfeilspänen. Man beachte, daß die Feldlinien geschlossene Kurven sind, d.h. sie hören nicht an den Polen auf

3.1 Permanentmagnete; Polstärke

Wir beginnen mit einigen grundlegenden Experimenten:

Bestreut man eine Glasplatte, unter der ein stabförmiger Permanentmagnet liegt, mit Eisenpulver, so stellt man fest, daß sich die Eisenfeilspäne in Form von Linien anordnen, die sich über zwei Punkten des Permanentmagneten häufen (Abb. 3.1). Wir nennen diese beiden Häufungsstellen die ***magnetischen Pole***.

Hängt man einen stabförmigen Permanentmagneten in seinem Massenschwerpunkt an einem Faden drehbar auf, so zeigt einer der beiden Pole nach Norden (wir nennen ihn deshalb den ***magnetischen Nordpol***), der andere nach Süden (***magnetischer Südpol***). Nähert man dem drehbar aufgehängten Stabmagneten einen zweiten Stabmagneten (Abb. 3.2), so

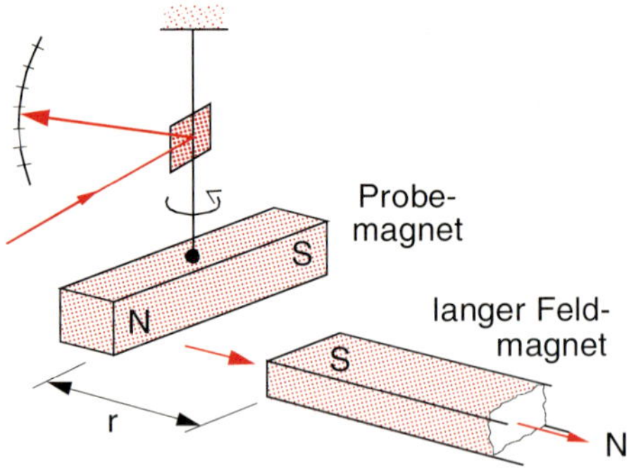

Abb. 3.2. Magnetische Drehwaage zur Messung der Kraft zwischen den Magnetpolen. Der Feldmagnet muß sehr lang sein, so daß die Entfernung zwischen seinen Polen groß ist gegen den Abstand der Magnete

beobachtet man, daß der Nordpol des ersten Magneten vom Südpol des zweiten angezogen, vom Nordpol dagegen abgestoßen wird.

> Gleichnamige Pole stoßen sich also ab und ungleichnamige ziehen sich an, völlig analog zur Wechselwirkung zwischen elektrischen Ladungen in der Elektrostatik. Der elektrischen Ladung Q entspricht in der Magnetostatik die ***magnetische Polstärke*** p.

Experimentell findet man mit einer Anordnung, die analog zur Coulombschen Drehwaage aufgebaut ist, für die Kraft zwischen zwei Magnetpolen p_1 und p_2 im Abstand r voneinander

$$\boldsymbol{F} = f \cdot \frac{p_1 \cdot p_2}{r^2} \hat{\boldsymbol{r}} \,. \tag{3.1}$$

Die Proportionalitätskonstante f hängt von der Definition der magnetischen Polstärke p ab. Im SI-System erhält die Polstärke p die Dimension 1 Vs. Ihre Größe und damit auch die der Konstanten f wird durch einen Vergleich mit den magnetischen Kräften zwischen stromdurchflossenen Drähten definiert (siehe Abschn. 3.3.6). Man schreibt f aus später ersichtlichen Zweckmäßigkeitsgründen, analog zur Elektrostatik, als

$$f = \frac{1}{4\pi\mu_0}, \quad \text{wobei} \quad \mu_0 = 4\pi \cdot 10^{-7} \frac{\mathrm{V \cdot s}}{\mathrm{A \cdot m}}$$

magnetische Permeabilitätskonstante (oft auch ***Induktionskonstante***) heißt.

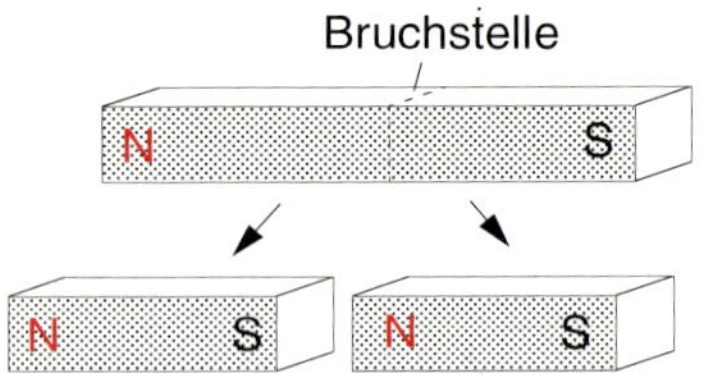

Abb. 3.3. Beim Durchbrechen eines Stabmagneten erhält man keine getrennten Magnetpole, sondern wieder zwei Dipole

Gleichung (3.1) ist formal völlig analog zum Coulomb-Gesetz (1.1). Es gibt jedoch einen wesentlichen Unterschied zur Elektrostatik: Bricht man einen Stabmagneten in der Mitte durch, so stellt man fest, daß man nicht etwa zwei getrennte magnetische Pole erhält, sondern daß jede der beiden Hälften wieder einen magnetischen Dipol mit Nord- und Südpol bildet (Abb. 3.3). Diese Teilung kann man fortsetzen und erhält immer das gleiche Resultat, so daß wir zu dem Schluß kommen:

> Es gibt keine isolierten magnetischen Pole. In der Natur kommen Nord- und Südpol immer gemeinsam vor, nie einzeln.

Man kann jedoch durch einen langen dünnen Stabmagneten beide Pole räumlich weit trennen und damit in der näheren Umgebung eines Poles näherungsweise einen magnetischen Monopol realisieren, mit dem man dann (3.1) experimentell prüfen kann.

Ein weiterer, damit zusammenhängender Unterschied zwischen elektrischen und magnetischen Feldern soll noch besonders betont werden: Die elektrischen Feldlinien starten an den positiven und enden an den negativen Ladungen, während die magnetischen Feldlinien immer *geschlossen* sind! Sie laufen innerhalb des magnetischen Feldes weiter vom Südpol zum Nordpol, wo sie dann austreten und zum Südpol zurückkehren (vergleiche die Abb. 3.1 und 1.4).

Analog zum elektrischen Feld (siehe (1.4)) kann man die ***magnetische Feldstärke H*** der Polstärke p_1 eines permanenten Magneten definieren als den Grenzwert

$$\boldsymbol{H} = \lim_{p_2 \to 0} \left(\frac{\boldsymbol{F}}{p_2} \right) , \tag{3.2}$$

den wir erhalten, wenn bei der experimentellen Prüfung von (3.1) die Polstärke p_2 des „Probemagneten" sehr klein gegenüber der Polstärke p_1 des

„Feldmagneten" gemacht wird. Die Dimension von H ergibt sich aus (3.1) zu:

$$[H] = 1\,\mathrm{A/m}\,.$$

Wegen dieser formalen Analogie zum Coulomb-Gesetz hat man die Größe $\boldsymbol{H}(\boldsymbol{r})$ früher als magnetische Feldstärke bezeichnet, obwohl sich später herausstellen wird, daß die zur Beschreibung von Magnetfeldern wichtigere Größe das Produkt

$$\boldsymbol{B} = \mu_0 \cdot \boldsymbol{H} \tag{3.3}$$

von Magnetfeldstärke H und Permeabilitätskonstante μ_0 ist.

Die Größe $\boldsymbol{B}$, die traditionell ***magnetische Induktion*** oder auch ***magnetische Flußdichte*** (siehe Abschn. 3.2.1) genannt wird, stellt für die von Strömen erzeugten Magnetfelder das eigentliche Analogon zur elektrischen Feldstärke $\boldsymbol{E}$ dar, und die Gleichungen der Magnetostatik gehen bei der Verwendung von $\boldsymbol{B}$ in analoge Gleichungen der Elektrostatik über, wenn man Stromdichten durch Ladungsdichten ersetzt.

Wir wollen deshalb, in Übereinstimmung mit der modernen Lehrbuchliteratur, $\boldsymbol{B}$ und nicht $\boldsymbol{H}$ als ***magnetische Feldstärke*** bezeichnen.

Die Größe $\boldsymbol{H}$ heißt dann (aus später ersichtlichen Gründen) die ***magnetische Erregung***.

Aus den Dimensionen von μ_0 und $\boldsymbol{H}$ ergibt sich die Dimension von $\boldsymbol{B}$ zu

$$[B] = 1\,\mathrm{Vsm^{-2}} \overset{\text{def}}{=} 1\,\mathrm{Tesla} = 1\,\mathrm{T}\,.$$

Da 1 T eine für praktische Zwecke sehr große Einheit ist, werden die Untereinheiten $1\,\mathrm{mT} = 10^{-3}\,\mathrm{T}$ oder $1\,\mu\mathrm{T} = 10^{-6}\,\mathrm{T}$ verwendet. Oft benutzt man auch die im cgs-System übliche Einheit

$$1\,\mathrm{Gauß} = 1\,\mathrm{G} = 10^{-4}\,\mathrm{T}\,.$$

BEISPIEL

Die mittlere Stärke des Erdmagnetfeldes beträgt etwa $20\,\mu\mathrm{T} = 0{,}2\,\mathrm{G}$. Mit großen supraleitenden Magneten erreicht man Werte bis zu 20 T. Mit sogenannten Hybridmagneten, bei denen dem Magnetfeld des supraleitenden Magneten noch zusätzlich ein durch normale Ströme erzeugtes Magnetfeld überlagert wird, kommt man bis auf 35 T [3.1].

3.2 Magnetfelder stationärer Ströme

Schickt man durch einen langen geraden Draht einen Strom I, so stellt man fest, daß eine Kompaßnadel in der Nähe des Drahtes so abgelenkt wird, daß sie immer tangential zu konzentrischen Kreisen um den Draht ausgerichtet ist (Abb. 3.4). Der elektrische

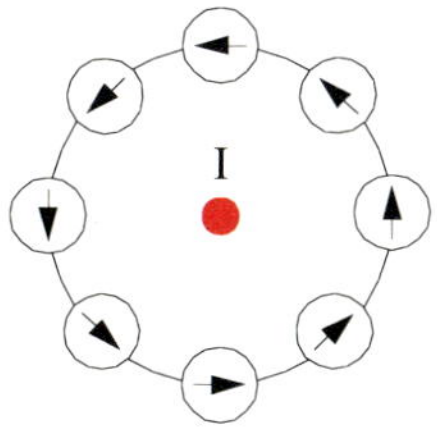

Abb. 3.4. Messung des Magnetfeldes eines geraden stromdurchflossenen Drahtes mit einer Kompaßnadel, die um den Draht herumgeführt wird

Strom muß also ein Magnetfeld erzeugen. Man kann es mit Hilfe von Eisenfeilspänen sichtbar machen und findet dabei, daß die Magnetfeldlinien in einer Ebene senkrecht zum Draht konzentrische Kreise um den Durchstoßpunkt des Drahtes sind (Abb. 3.5). Die Richtung des Magnetfeldes kehrt sich bei Umkehrung der Stromrichtung ebenfalls um.

Eine stromdurchflossene zylindrische Spule aus vielen Windungen (Abb. 3.6) erzeugt ein Magnetfeld, das dem eines Stabmagneten ähnlich ist (Dipolfeld). Hängt man, wie in Abb. 3.2, statt des Stabmagneten eine solche stromdurchflossene Spule an die Drehwaage, so findet man ein zum Stabmagneten völlig äquivalentes Verhalten: An den Enden der Spule gibt es einen „Nordpol" bzw. einen „Südpol", die sich bei Umkehrung der Stromrichtung vertauschen. Man sieht aus Abb. 3.6 deutlich, daß die magnetischen Feldlinien nicht an den Magnetpolen enden, sondern geschlossene Kurven darstellen.

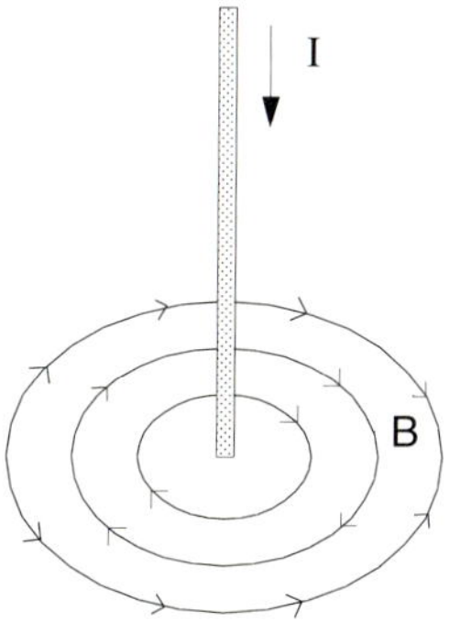

Abb. 3.5. Magnetfeldlinien um einen geraden stromdurchflossenen Draht

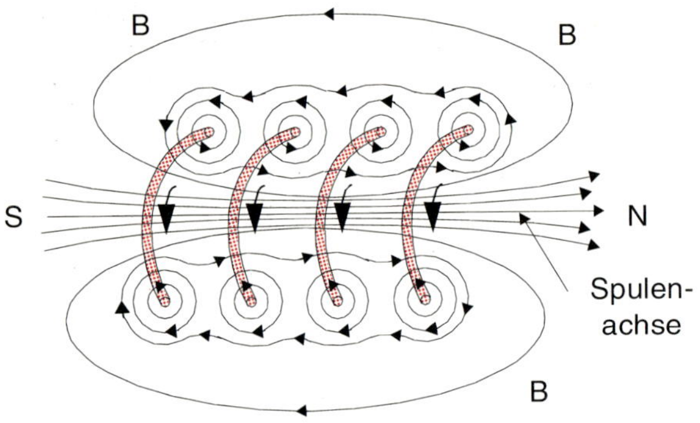

Abb. 3.6. Magnetfeld einer stromdurchflossenen langen Zylinderspule

Wir wollen in diesem Kapitel Methoden angeben, wie man die Magnetfelder beliebiger Anordnung von stromführenden Leitern berechnen kann. Dazu müssen wir zuerst einige neue Begriffe einführen.

3.2.1 Magnetischer Kraftfluß und magnetische Spannung

Analog zum elektrischen Kraftfluß $\Phi_{\text{el}} = \int \boldsymbol{E} \cdot \text{d}\boldsymbol{A}$ definieren wir den ***magnetischen Kraftfluß***

$$\Phi_{\text{m}} = \int_A \boldsymbol{B} \cdot \text{d}\boldsymbol{A}\,, \tag{3.4}$$

der ein Maß für die Zahl der magnetischen Kraftlinien durch die Fläche A ist.

Da alle Magnetlinien geschlossen sind, folgt sofort (Abb. 3.7), daß der gesamte magnetische Fluß durch die Oberfläche S eines Volumens V Null sein muß, da durch sie genauso viele Feldlinien ein- wie austreten. Es gilt deshalb:

$$\oint \boldsymbol{B} \cdot \text{d}\boldsymbol{S} \equiv 0\,.$$

Die Umwandlung dieses Oberflächenintegrals in ein Integral über das von der Oberfläche S eingeschlossene Volumen V ergibt nach dem Gaußschen Satz:

$$\oint \boldsymbol{B} \cdot \text{d}\boldsymbol{S} = \int \text{div}\,\boldsymbol{B}\,\text{d}V \equiv 0\,,$$

woraus folgt:

$$\boxed{\text{div}\,\boldsymbol{B} = 0}\,. \tag{3.5}$$

Dies ist die mathematische Formulierung der physikalischen Tatsache, daß es keine magnetischen Monopole gibt; Quellen und Senken des magnetischen Feldes (Nord- und Südpole) kommen immer zusammen vor, im Gegensatz zum elektrostatischen Feld, wo bei Anwesenheit von Ladungen mit der Ladungsdichte ϱ gilt:

$$\text{div}\,\boldsymbol{E} = \varrho/\varepsilon_0 \neq 0\,.$$

Im elektrostatischen Feld ergab das Linienintegral

$$\int_{P_1}^{P_2} \boldsymbol{E} \cdot \text{d}\boldsymbol{s} = U$$

die elektrische Spannung $U = \phi_1 - \phi_2$ zwischen den beiden Punkten P_1 und P_2. Auf einem geschlossenen Wege war $\oint \boldsymbol{E} \cdot \text{d}\boldsymbol{s} \equiv 0$. Für das magnetische Feld ergibt ein Integral entlang einem geschlossenen Weg jedoch nicht Null.

> Man findet experimentell für das Integral $\oint \boldsymbol{H} \cdot \text{d}\boldsymbol{s}$ das ***Ampèresche Gesetz***:
>
> $$\oint \boldsymbol{H} \cdot \text{d}\boldsymbol{s} = I \;\Rightarrow\; \oint \boldsymbol{B} \cdot \text{d}\boldsymbol{s} = \mu_0 \cdot I\,, \tag{3.6}$$
>
> wenn der Integrationsweg eine Fläche umschließt, die von einem Strom I durchflossen wird.

Wegen

$$I = \int \boldsymbol{j} \cdot \text{d}\boldsymbol{A}$$

läßt sich (3.6) mit Hilfe des Stokesschen Satzes umformen in

$$\mu_0 \cdot \int \boldsymbol{j} \cdot \text{d}\boldsymbol{A} = \oint \boldsymbol{B} \cdot \text{d}\boldsymbol{s} = \int \textbf{rot}\,\boldsymbol{B} \cdot \text{d}\boldsymbol{A}\,.$$

Weil dies für beliebige Integrationswege gilt, folgt für die Integranden:

$$\boxed{\textbf{rot}\,\boldsymbol{B} = \mu_0 \cdot \boldsymbol{j}\,, \quad \textbf{rot}\,\boldsymbol{H} = \boldsymbol{j}}\,, \tag{3.7}$$

während für das elektrostatische Feld $\textbf{rot}\,\boldsymbol{E} = \boldsymbol{0}$ gilt (siehe (1.65c)).

Man kann das Integral $\oint \boldsymbol{H} \cdot \text{d}\boldsymbol{s}$ auf verschiedene Weise messen:

- Man führt einen Pol eines langen Stabmagneten mit der Polstärke p auf einem Halbkreis um einen

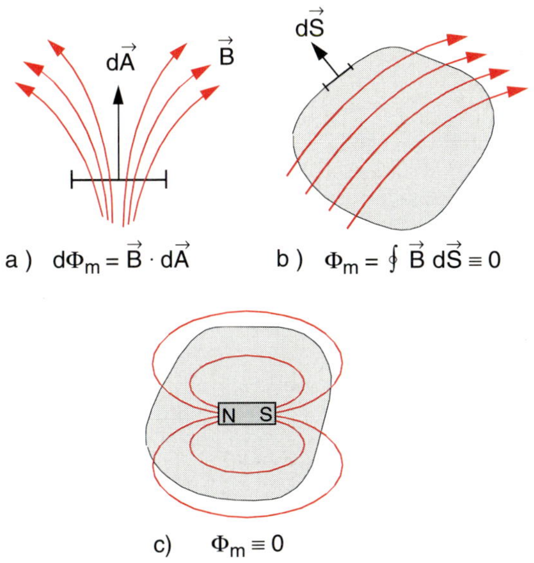

Abb. 3.7.a-c. Der magnetische Fluß Φ_m durch eine geschlossene Oberfläche S ist Null

stromdurchflossenen Leiter herum (Abb. 3.8) und mißt die dabei je nach Umlaufsinn gewonnene bzw. aufzuwendende Arbeit [3.2]

$$W = \frac{1}{2} p \cdot \oint \boldsymbol{H} \cdot d\boldsymbol{s} = \frac{1}{2} p \cdot I \,.$$

- Windet man eine dünne lange flexible Spule n-mal um einen Leiter, in dem ein Strom I eingeschaltet wird (Abb. 3.9), so mißt man an den Enden der Spule eine elektrische Spannung U (siehe Abschn. 4.1), die proportional ist zu $\oint \boldsymbol{H} \cdot d\boldsymbol{s} = n \cdot I$. Man nennt deshalb, auch in Analogie zum elektrischen Linienintegral $\int \boldsymbol{E} \cdot d\boldsymbol{s} = U_{el}$, das Integral $\oint \boldsymbol{H} \cdot d\boldsymbol{s}$ die ***magnetische Spannung*** U_m, obwohl ihre Dimension 1 A und nicht 1 V ist.

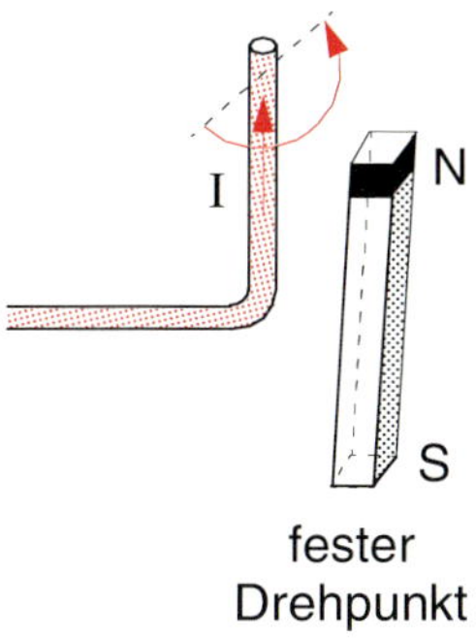

Abb. 3.8. Messung der magnetischen Spannung U_m mit Hilfe eines langen Stabmagneten, der auf einem Kegelmantel halb um den stromführenden Draht geführt wird

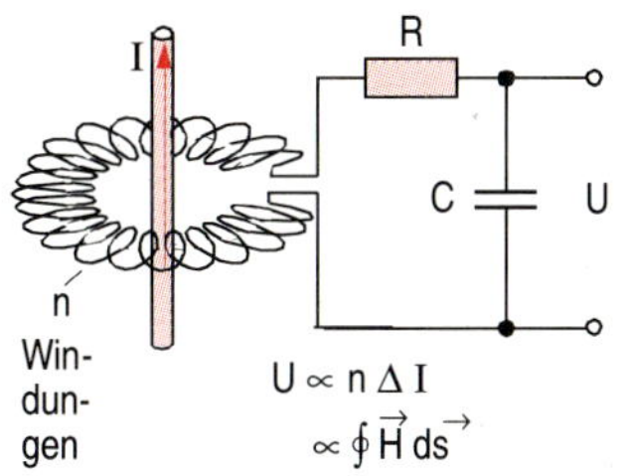

Abb. 3.9. Magnetischer Spannungsmesser. Beim Einschalten des Stromes I entsteht in der Spule eine Induktionsspannung, die am Kondensator C eine zur Stromänderung ΔI proportionale Spannung erzeugt

Mit Hilfe des Ampèreschen Gesetzes und des magnetischen Kraftflusses lassen sich die Magnetfelder spezieller Stromverteilungen leicht berechnen, wie im folgenden an einigen Beispielen gezeigt werden soll.

3.2.2 Das Magnetfeld eines geraden Stromleiters

Wie wir in Abb. 3.5 gesehen haben, sind die Magnetfeldlinien um einen vom Strom I durchflossenen Draht konzentrische Kreise, auf denen jeweils $|\boldsymbol{H}(\boldsymbol{r})| = \text{const}$ gilt. Wählt man als Integrationsweg einen solchen Kreis mit dem Radius $r > r_0$ um den zylindrischen Draht mit Radius r_0 (Abb. 3.10a), so erhält man unter Verwendung ebener Polarkoordinaten

$$\oint \boldsymbol{H} \cdot d\boldsymbol{s} = \int_0^{2\pi} r \cdot H \cdot d\varphi = 2\pi \cdot r \cdot H(r) = I \,.$$

Für den Betrag von H bzw. B erhält man dann:

$$H(r) = \frac{I}{2\pi r} \quad \Rightarrow \quad B(r) = \frac{\mu_0 I}{2\pi r} \,. \qquad (3.8)$$

Für $r < r_0$ wird nur der Teil $\pi \cdot r^2 \cdot j$ des Stromes vom Integrationsweg umschlossen. Wir erhalten jetzt:

$$2\pi r \cdot B(r) = \mu_0 \pi r^2 j$$

$$\Rightarrow \quad B(r) = \frac{1}{2} \mu_0 j \cdot r = \frac{\mu_0 I}{2\pi r_0^2} r \,. \qquad (3.9)$$

$B(r)$ hat also den größten Wert auf der Oberfläche $r = r_0$ des stromführenden Drahtes (Abb. 3.10b).

3.2.3 Magnetfeld im Inneren einer langgestreckten Spule

Aus dem experimentellen Feldlinienbild mit Eisenfeilspänen sieht man, daß das Magnetfeld im Inneren

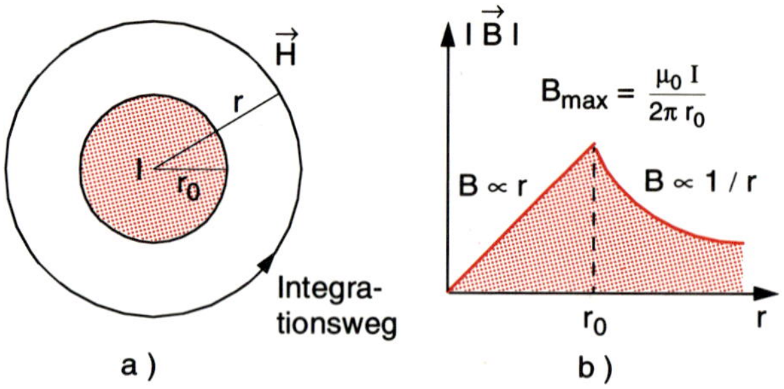

Abb. 3.10. (**a**) Integrationsweg entlang den kreisförmigen Magnetfeldlinien um einen geraden Stromleiter. (**b**) Feldstärke $|\boldsymbol{B}(\boldsymbol{r})|$ als Funktion des Abstandes r von der Drahtmitte

der vom Strom I durchflossenen Spule (Abb. 3.6) mit N Windungen praktisch homogen ist und im Außenraum demgegenüber vernachlässigbar klein ist, wenn der Durchmesser der Spule mit n Windungen pro m klein gegenüber ihrer Länge L ist. Wir integrieren auf dem in Abb. 3.11 gestrichelt eingezeichneten Wege. Da nur die Strecke im Inneren einen merklichen Beitrag liefert (auf den Strecken $\overline{AC}$ und $\overline{DB}$ ist $\boldsymbol{B} \perp \mathrm{d}\boldsymbol{s}$, und außen kann der Integrationsweg beliebig weit von der Spule entfernt gewählt werden), erhalten wir:

$$\oint \boldsymbol{H} \cdot \mathrm{d}\boldsymbol{s} = H \cdot L = N \cdot I$$

$$\Rightarrow \quad H = n \cdot I \;\Rightarrow\; B = \mu_0 n \cdot I \tag{3.10}$$

mit $n = N/L$. Das magnetische Feld im Spuleninneren ist bei dieser vereinfachten Betrachtung homogen, d.h. unabhängig vom Ort!

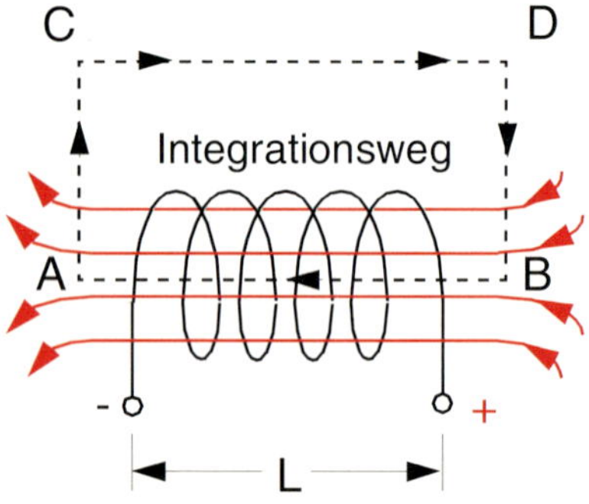

Abb. 3.11. Integrationsweg zur Bestimmung des Magnetfeldes einer langen Zylinderspule

BEISPIEL

$n = 10^3, \quad I = 10\,\mathrm{A}, \quad \mu_0 = 1{,}26 \cdot 10^{-6}\,\mathrm{V \cdot s/(A \cdot m)}$
$\Rightarrow H = 10^4\,\mathrm{A/m} \Rightarrow B = 0{,}0126\,\mathrm{T} = 126\,\mathrm{G}$.

3.2.4 Das Vektorpotential

In den Abschnitten 1.3 und 1.4 wurde gezeigt, daß es einen allgemeinen Weg gibt, um das elektrostatische Potential $\phi(\boldsymbol{r})$ mit Hilfe von (1.20) und das elektrische Feld $\boldsymbol{E}(\boldsymbol{r}) = -\mathbf{grad}\ \phi(\boldsymbol{r})$ zumindest numerisch zu berechnen, wenn die Ladungsverteilung $\varrho(\boldsymbol{r})$ bekannt ist. Die Frage ist nun, ob in analoger Weise das Magnetfeld $\boldsymbol{B}(\boldsymbol{r})$ bzw. ein noch zu definierendes „magnetisches Potential" bestimmt werden kann, wenn man die Stromverteilung kennt.

Aus (3.6) folgt, daß $\oint \boldsymbol{B} \cdot \mathrm{d}\boldsymbol{s} \neq 0$ ist, wenn der Integrationsweg stromdurchflossene Flächen umschließt. In solchen Fällen ist dann das Integral $\oint \boldsymbol{B} \cdot \mathrm{d}\boldsymbol{s}$ nicht mehr unbedingt unabhängig vom Integrationsweg, und man kann deshalb *nicht* mehr, wie im elektrostatischen Fall (siehe Abschn. 1.3), ein magnetisches Potential ϕ_m durch die Definition $\boldsymbol{B} = -\mu_0 \cdot \mathbf{grad}\ \phi_\mathrm{m}$ eindeutig bestimmen, weil dann ja, $\mathbf{rot}\ \boldsymbol{B} = -\mu_0 \cdot \nabla \times \nabla\phi_\mathrm{m} \equiv 0$, im Widerspruch zu (3.7) gelten müßte (siehe Bd. 1, Abschn. A.1.6).

Da $\operatorname{div} \boldsymbol{B} = 0$ gilt, kann man jedoch ohne Widerspruch eine vektorielle Feldgröße $\boldsymbol{A}(\boldsymbol{r})$ durch die Relation

$$\boldsymbol{B} = \mathbf{rot}\ \boldsymbol{A} \tag{3.11}$$

definieren, die das ***Vektorpotential*** des Magnetfeldes $\boldsymbol{B}(\boldsymbol{r})$ heißt. Dadurch wird automatisch die Bedingung (3.5) erfüllt, weil immer gilt:

$$\operatorname{div} \boldsymbol{B} = \nabla \cdot (\nabla \times A) \equiv 0\ .$$

Durch die Definitionsgleichung $\boldsymbol{B} = \mathbf{rot}\ \boldsymbol{A}$ ist das Vektorpotential $\boldsymbol{A}(\boldsymbol{r})$ noch nicht völlig festgelegt, weil z.B. auch ein anderes Vektorpotential

$$\boldsymbol{A}' = \boldsymbol{A} + \mathbf{grad}\ f$$

mit einer beliebigen skalaren Ortsfunktion $f(\boldsymbol{r})$ wegen $\mathbf{rot\ grad}\ f \equiv 0$ genau wie $\boldsymbol{A}$ (3.11) genügt. Man muß daher noch eine Zusatzbedingung (***Eichbedingung***) an $\boldsymbol{A}$ stellen, für die man im Falle stationärer, d.h. zeitunabhängiger Felder,

$$\boxed{\operatorname{div} \boldsymbol{A} = 0 \quad (\textit{Coulomb-Eichung})} \tag{3.12}$$

wählt, was sich weiter unten als zweckmäßig erweisen wird. Durch diese Zusatzbedingung ist $\boldsymbol{A}(\boldsymbol{r})$ eindeutig bestimmt bis auf eine additive Konstante, die wir – genau wie beim elektrostatischen Potential – so wählen, daß $\boldsymbol{A}(\boldsymbol{r})$ im Unendlichen Null wird. Die beiden Definitionsgleichungen für das Vektorpotential lauten dann

$$\boxed{\mathbf{rot}\,\boldsymbol{A} = \boldsymbol{B}} \quad \boxed{\operatorname{div}\boldsymbol{A} = 0} \ .$$

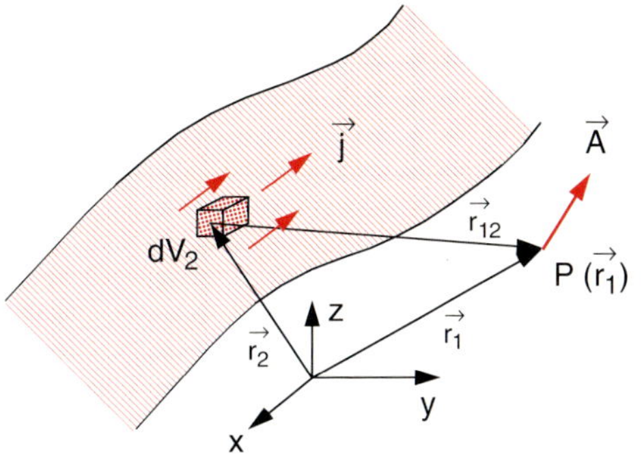

Abb. 3.12. Zum Vektorpotential $\boldsymbol{A}(\boldsymbol{r}_1)$ einer Stromverteilung $\boldsymbol{j}(\boldsymbol{r}_2)$

3.2.5 Das magnetische Feld einer beliebigen Stromverteilung; Biot-Savart-Gesetz

In diesem Abschnitt wollen wir zeigen, daß das Vektorpotential $\boldsymbol{A}(\boldsymbol{r})$ aus einer gegebenen Stromverteilung $\boldsymbol{j}(\boldsymbol{r})$ in völlig analoger Weise bestimmt werden kann wie das skalare Potential ϕ_{el} aus der Ladungsverteilung $\varrho(\boldsymbol{r})$.

Aus (3.7) folgt mit $\boldsymbol{B} = \mathbf{rot}\,\boldsymbol{A}$ und Bd. 1, Abschn. A.1.6:

$$\nabla \times \nabla \times \boldsymbol{A} = \mathbf{grad}\ \operatorname{div}\boldsymbol{A} - \mathbf{div\ grad}\ \boldsymbol{A} = \mu_0 \cdot \boldsymbol{j} \ .$$

Wegen $\operatorname{div}\boldsymbol{A} = 0$ erhalten wir

$$\boxed{\Delta \boldsymbol{A} = -\mu_0 \cdot \boldsymbol{j}} \ . \qquad (3.13)$$

In Komponentenschreibweise wird dies:

$$\Delta A_i = -\mu_0 \cdot j_i \ , \quad i = x, y, z \ . \qquad (3.13a)$$

Man beachte, daß diese drei Komponentengleichungen mathematisch völlig äquivalent zur Poisson-Gleichung $\Delta\phi_{\mathrm{el}} = -\varrho/\varepsilon_0$ sind, wenn man die Stromdichtekomponente j_i durch die Ladungsdichte ϱ und μ_0 durch $1/\varepsilon_0$ ersetzt. Deshalb müssen auch ihre Lösungen äquivalent sein, und wir erhalten für das Vektorpotential $\boldsymbol{A}(\boldsymbol{r}_1)$ im Punkte $P(\boldsymbol{r}_1)$ analog zu (1.20) die Vektorgleichung;

$$\boldsymbol{A}(\boldsymbol{r}_1) = \frac{\mu_0}{4\pi} \int \frac{\boldsymbol{j}(\boldsymbol{r}_2)\,\mathrm{d}V_2}{r_{12}} \qquad (3.14)$$

mit $r_{12} = |\boldsymbol{r}_1 - \boldsymbol{r}_2|$, wobei die Integration über das gesamte stromführende Volumen V_2 erfolgt (Abb. 3.12).

Wenn man das Vektorpotential einer Stromverteilung berechnet hat, kann man aus $\boldsymbol{B} = \mathbf{rot}\,\boldsymbol{A}$ das Magnetfeld $\boldsymbol{B}(\boldsymbol{r}_1)$ im Punkte $P(\boldsymbol{r}_1)$ durch Differentiation gewinnen. Dabei muß man beachten, daß die Differentiation nach den Koordinaten $\boldsymbol{r}_1$ des Aufpunktes P, die Integration jedoch über das Volumen $\mathrm{d}V_2$ der stromführenden Gebiete erfolgt. Die Reihenfolge von Differentiation und Integration kann vertauscht werden. Man erhält dann:

$$\boldsymbol{B}(\boldsymbol{r}_1) = \frac{\mu_0}{4\pi} \int \nabla \times \frac{\boldsymbol{j}(\boldsymbol{r}_2) \cdot \mathrm{d}V_2}{r_{12}} \ . \qquad (3.15)$$

Mit $r_{12} = \sqrt{(x_1 - x_2)^2 + (y_1 - y_2)^2 + (z_1 - z_2)^2}$ ergibt die Ausführung der Differentiation:

$$\boxed{\boldsymbol{B}(\boldsymbol{r}_1) = \frac{\mu_0}{4\pi} \int \frac{\boldsymbol{j}(\boldsymbol{r}_2) \times \hat{\boldsymbol{e}}_{12}}{r_{12}^2}\,\mathrm{d}V_2} \qquad (3.16)$$

mit dem Einheitsvektor $\hat{\boldsymbol{e}}_{12} = \boldsymbol{r}_{12}/r_{12}$.

Fließt der Strom nur in dünnen Drähten (Abb. 3.13), so kann man $\boldsymbol{j} \cdot \mathrm{d}V = \boldsymbol{j} \cdot \mathrm{d}\boldsymbol{A} \cdot \mathrm{d}\boldsymbol{s} = \boldsymbol{I} \cdot \mathrm{d}\boldsymbol{s}$ setzen, weil der Integrand $\boldsymbol{j}$ auf der Querschnittsfläche annähernd konstant ist, so daß wir die Integration über $\mathrm{d}\boldsymbol{A}$ sofort ausführen können. Dadurch läßt sich das dreidimensionale Volumenintegral auf ein Linienintegral

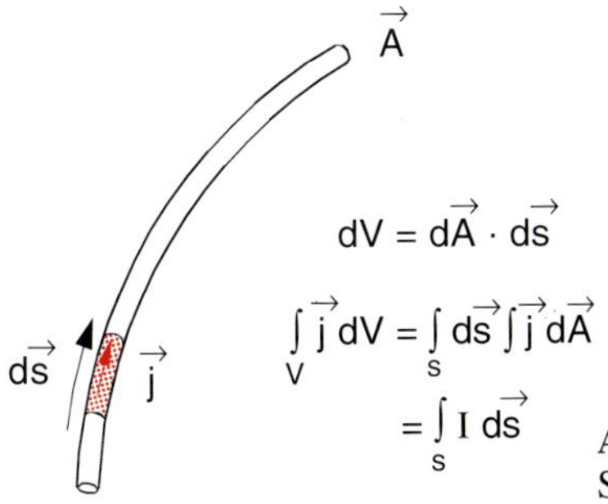

$\vec{A}$
$dV = d\vec{A} \cdot d\vec{s}$
$\int_V \vec{j}\,dV = \int_s d\vec{s} \int \vec{j}\, d\vec{A}$
$= \int_s I\, d\vec{s}$
$d\vec{s}$
$\vec{j}$

Abb. 3.13. Zum Biot-Savart-Gesetz

$$\boldsymbol{B}(\boldsymbol{r}_1) = -\frac{\mu_0}{4\pi} \cdot I \cdot \int \frac{\hat{\boldsymbol{e}}_{12} \times \mathrm{d}\boldsymbol{s}_2}{r_{12}^2} \tag{3.16a}$$

zurückführen. Diese Relation heißt ***Biot-Savart-Gesetz***.

Wir wollen seine Anwendung durch einige Beispiele illustrieren.

Anmerkung

Die Benennung von Vektorpotential $\boldsymbol{A}$ und Fläche $\boldsymbol{A}$ mit dem gleichen Buchstaben sollte nicht zu Verwechslungen führen. Im Zweifelsfall wird der Buchstabe $\boldsymbol{A}$ dann ausdrücklich benannt.

3.2.6 Beispiele zur Berechnung von magnetischen Feldern spezieller Stromanordnungen

a) Das Magnetfeld eines geraden Leiters

Wir betrachten in Abb. 3.14 einen langen stromführenden Draht in z-Richtung. Das Magnetfeld $\boldsymbol{B}(\boldsymbol{R})$, das im Punkte $P(\boldsymbol{R})$ erzeugt wird, ist gemäß (3.16a) wegen $\hat{\boldsymbol{e}}_r \times \mathrm{d}\boldsymbol{s} = -\hat{\boldsymbol{e}}_t \cdot \cos\alpha\,\mathrm{d}z$:

$$\boldsymbol{B}(\boldsymbol{R}) = \frac{\mu_0 I}{4\pi}\,\hat{\boldsymbol{e}}_t \cdot \int \frac{\cos\alpha}{r^2}\,\mathrm{d}z\,, \tag{3.16b}$$

wobei der Einheitsvektor $\hat{\boldsymbol{e}}_t$ in der x-y-Ebene Tangente an den Kreis mit Radius R ist.

Wegen $r = R/\cos\alpha$, $z = R \cdot \mathrm{tg}\,\alpha \Rightarrow \mathrm{d}z = R\,\mathrm{d}\alpha/\cos^2\alpha$ folgt für den Betrag $B = |\boldsymbol{B}|$

$$B = \frac{\mu_0 I}{4\pi R} \int\limits_{-\pi/2}^{+\pi/2} \cos\alpha\,\mathrm{d}\alpha = \frac{\mu_0 I}{2\pi R}\,, \tag{3.17}$$

das bereits im Abschn. 3.2.2 hergeleitete Ergebnis.

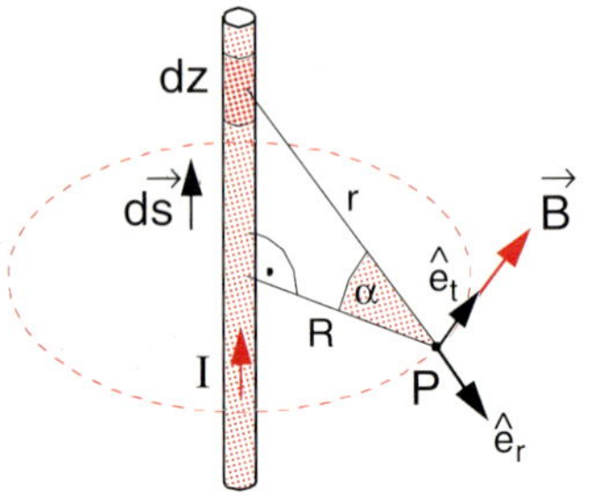

Abb. 3.14. Zur Berechnung von Magnetfeld und Vektorpotential eines langen geraden Leiters

Da die Stromdichte $\boldsymbol{j}$ nur eine z-Komponente hat, muß das Vektorpotential gemäß (3.14) in z-Richtung zeigen, d.h.

$$\boldsymbol{A} = \{0, 0, A_z\}.$$

Aus $\boldsymbol{B} = \mathbf{rot}\,\boldsymbol{A}$ folgt dann

$$\frac{\partial A_z}{\partial y} = B_x, \quad \frac{\partial A_z}{\partial x} = -B_y \quad \text{und} \quad B_z = 0\,.$$

Geht man zu Zylinderkoordinaten (R, φ, z) über, so erhält man

$$B_R = \frac{1}{R}\frac{\partial A_z}{\partial \varphi} \quad \text{und} \quad B_\varphi = -\frac{\partial A_z}{\partial r}\,.$$

Weil A_z wegen der Zylindersymmetrie nicht von φ abhängt, ist $\partial A_z/\partial\varphi = 0 \;\Rightarrow\; B_R = 0$. Damit wird

$$B = B_\varphi = -\frac{\partial A_z}{\partial R} = \frac{\mu_0 I}{2\pi R}\,.$$

Durch Integration folgt dann:

$$A_z = \int B\,\mathrm{d}R = -\frac{\mu_0 \cdot I}{2\pi} \ln\frac{R}{R_0}\,. \tag{3.18}$$

Auch hier kommt die Randbedingung $A(\infty) = 0$ wie schon im Falle des Potentials des geladenen Stabes in (1.18c) nicht in Frage. In Abb. 3.15 ist der Vergleich zwischen dem elektrischen Potential $\phi(R)$ des mit der Ladungsdichte $\mathrm{d}Q/\mathrm{d}z = \lambda$ belegten Stabes (siehe Abschn. 1.3.4c) und dem Vektorpotential $A_z(R)$ eines stromführenden Drahtes verdeutlicht, um die enge Analogie zwischen den beiden Fällen zu zeigen.

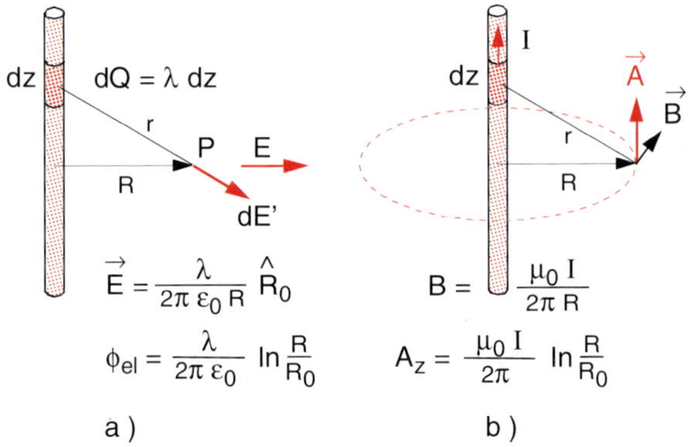

Abb. 3.15. Vergleich zwischen dem elektrischen Potential $\phi(R)$ eines geladenen Drahtes mit der Linienladungsdichte $\mathrm{d}Q/\mathrm{d}z = \lambda$ (**a**) und dem Vektorpotential $A_z(R)$ eines stromführenden Drahtes mit der Stromdichte $j(r)$ (**b**)

b) Das Magnetfeld einer kreisförmigen Stromschleife

Liegt die Stromschleife in der x-y-Ebene (Abb. 3.16a), so hat nach (3.16) das Magnetfeld $\boldsymbol{B}$ in der Schleifenebene nur eine z-Komponente, deren Betrag im Aufpunkt $P(x, y, 0)$ nach (3.16a) wegen $|\hat{\boldsymbol{e}}_{12} \times \mathrm{d}\boldsymbol{s}| = \sin\varphi \, \mathrm{d}s$ den Wert

$$B_z = \frac{\mu_0 \cdot I}{4\pi} \cdot \oint \frac{\sin\varphi}{r_{12}^2} \, \mathrm{d}s \qquad (3.19)$$

hat, wobei $\sin\varphi = (R - r\cos\alpha)/r_{12}$ ist. Im Mittelpunkt des Kreises ist $r_{12} = R$ und $\varphi = \pi/2$, so daß man dort erhält:

$$B_z = \frac{\mu_0 \cdot I}{2 \cdot R} \,. \qquad (3.19a)$$

Auf der Symmetrieachse (z-Achse durch den Mittelpunkt) erhalten wir den Beitrag $\mathrm{d}\boldsymbol{B}$ des Wegelements $\mathrm{d}\boldsymbol{s}$ zum Magnetfeld $\boldsymbol{B}$:

$$\mathrm{d}\boldsymbol{B} = -\frac{\mu_0 \cdot I}{4\pi} \cdot \frac{\boldsymbol{r} \times \mathrm{d}\boldsymbol{s}}{r^3} \,. \qquad (3.19b)$$

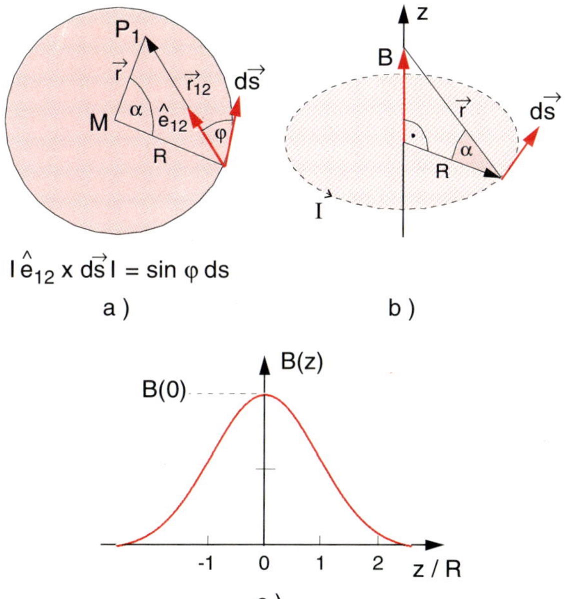

Abb. 3.16a–c. Zur Berechnung des Magnetfeldes einer Stromschleife (**a**) in der Schleifenebene, (**b**) auf der Symmetrieachse. (**c**) Verlauf von $B(z)$ auf der Achse

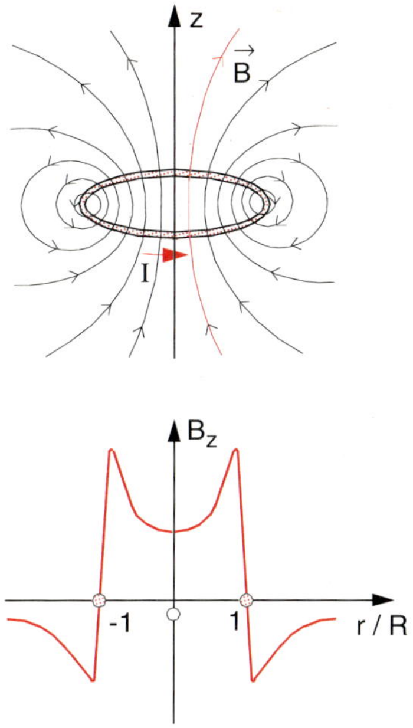

Abb. 3.17. Magnetfeldlinien einer Stromschleife und der Verlauf $B(z)$ in der Schleifenebene

Bei der Integration über alle Wegelemente des Kreises mitteln sich die Komponenten $\mathrm{d}B_\perp = \mathrm{d}B \cdot \cos\alpha$ senkrecht zur Symmetrieachse zu Null. Es bleibt nur die Parallelkomponente $\mathrm{d}B_\parallel = \mathrm{d}B \cdot \sin\alpha$, die bei der Integration wegen $|\boldsymbol{r} \times \mathrm{d}\boldsymbol{s}| = R \cdot \mathrm{d}s$ ergibt:

$$B_z = \frac{\mu_0 \cdot I}{4\pi \cdot r^3} \cdot \oint R \cdot \mathrm{d}s = \frac{\mu_0 \cdot I \cdot R}{4\pi \cdot r^3} \cdot 2\pi \cdot R \,.$$

Wegen $r^2 = R^2 + z^2$ folgt daraus

$$B_z = \frac{\mu_0 \cdot I \cdot \pi \cdot R^2}{2\pi(z^2 + R^2)^{3/2}} \,. \qquad (3.19c)$$

Der Feldverlauf $B_z(z)$ auf der Schleifenachse ist in Abb. 3.16c dargestellt.

Für Punkte außerhalb der Symmetrieachse ist die Berechnung von $B(r)$ schwieriger. Man erhält für Punkte auf der Schleifenebene elliptische Integrale, deren Lösung nur numerisch möglich ist (siehe z.B. [3.3]). Die Feldstärke B_z in der Schleifenebene ist in Abb. 3.17 als Funktion des Abstands r vom Schleifenmittelpunkt aufgetragen. Die Magnetfeldlinien des stromführenden Ringes sind im oberen Teil von Abb. 3.17 dargestellt. Das Feldlinienbild gleicht dem eines kurzen Stabmagneten (siehe Abb. 3.1).

Die Stromschleife stellt daher einen magnetischen Dipol dar. Mit dem Flächennormalenvektor $\boldsymbol{A} = \pi R^2 \cdot \hat{\boldsymbol{e}}_z$ läßt sich das Magnetfeld (3.19c) schreiben als

$$\boldsymbol{B} = \frac{\mu_0}{2\pi}\frac{I \cdot \boldsymbol{A}}{r^3} . \tag{3.20}$$

Man nennt das Produkt

$$\boldsymbol{p}_\mathrm{m} = I \cdot \boldsymbol{A} \tag{3.21}$$

von Kreisstrom I und der vom Strom umschlossenen Fläche $\boldsymbol{A}$ das ***magnetische Dipolmoment*** der Stromschleife. Für große Entfernungen ($z \gg R$) gilt dann:

$$\boldsymbol{B} = \frac{\mu_0}{2\pi}\frac{\boldsymbol{p}_\mathrm{m}}{r^3} . \tag{3.20a}$$

Man vergleiche (3.20a) mit dem entsprechenden Ausdruck (1.25) für das elektrische Feld des elektrischen Dipols $\boldsymbol{p}_\mathrm{e}$.

c) Das Magnetfeld eines Helmholtz-Spulenpaares

Ein Helmholtz-Spulenpaar besteht aus zwei parallelen Ringspulen mit Radius R im Abstand $d = R$, die in gleicher Richtung von einem Strom I durchflossen werden (Abb. 3.18).

Wir betrachten zunächst eine Anordnung mit beliebigem Spulenabstand d. Der Nullpunkt des Koordinatensystems liege im Mittelpunkt des Spulenpaares. Auf der Symmetrieachse der Spulen (z-Achse) ist der Betrag $B(z)$ des Magnetfeldes im Abstand z vom Nullpunkt nach (3.19c):

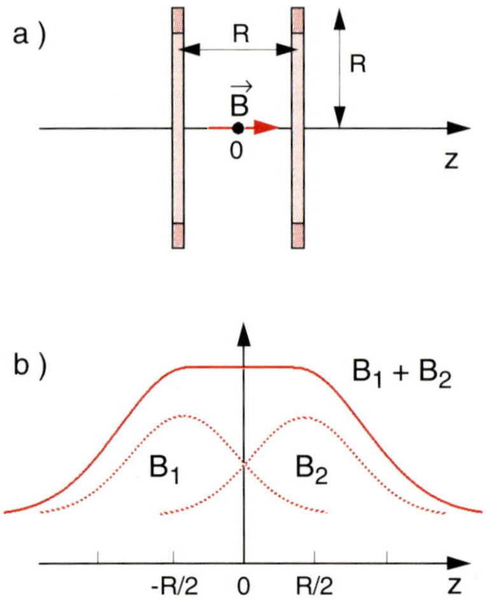

Abb. 3.18a,b. Magnetfeld eines Helmholtz-Spulenpaars. (**a**) Anordnung; (**b**) Magnetfeldstärke $B(z)$ entlang der Achse

$$\begin{aligned} B(z) &= B_1\left(\frac{d}{2} + z\right) + B_2\left(-\frac{d}{2} + z\right) \\ &= \frac{\mu_0 \cdot I \cdot R^2}{2} \cdot \left\{\frac{1}{\left[(d/2+z)^2 + R^2\right]^{3/2}} + \frac{1}{\left[(-d/2+z)^2 + R^2\right]^{3/2}}\right\} . \end{aligned} \tag{3.22a}$$

Entwickelt man diesen Ausdruck in eine Taylor-Reihe um $z = 0$, so fallen alle Terme mit ungeradzahligen Potenzen von z heraus. Dies ist schon deshalb klar, weil der Betrag von B symmetrisch um $z = 0$ ist. Wir erhalten:

$$\begin{aligned} B(z) = &\frac{\mu_0 I R^2}{\left[(d/2)^2 + R^2\right]^{3/2}} \\ &\cdot \left[1 + \frac{3}{2}\frac{d^2 - R^2}{(d^2/4 + R^2)^2} z^2 \right. \\ &\left. + \frac{15}{8}\frac{d^4/2 - 3d^2R^2 + R^4}{(d^2/4 + R^2)^4} z^4 + \cdots\right] . \end{aligned} \tag{3.22b}$$

Wählt man nun $d = R$ (*Helmholtz-Bedingung*), so verschwindet der Term mit z^2, und das Feld ist um $z = 0$ in sehr guter Näherung konstant:

$$B(z) \approx \frac{\mu_0 I R^2}{(5R^2/4)^{3/2}}\left[1 - \frac{144}{125}\frac{z^4}{R^4}\right] . \tag{3.22c}$$

Bei einem Verhältnis $z/R = 0{,}3$ beträgt die relative Abweichung der Feldstärke $B(z)$ vom Wert $B(0)$ weniger als 1%!

Drei zueinander senkrechte Helmholtz-Spulenpaare werden benutzt, um äußere Magnetfelder, z.B. das Erdmagnetfeld, zu kompensieren und damit im Experimentiervolumen magnetfeldfreie Bedingungen zu erreichen.

d) Das Feld einer Zylinderspule

In Abschn. 3.2.3 wurde gezeigt, daß im Inneren einer unendlich langen Spule mit n Windungen pro m ein homogenes Magnetfeld

$$B = \mu_0 \cdot n \cdot I$$

vorliegt. Wir wollen jetzt den Einfluß der Randeffekte bei endlicher Spulenlänge L untersuchen. Der Nullpunkt des Koordinatensystems soll in der Mitte der

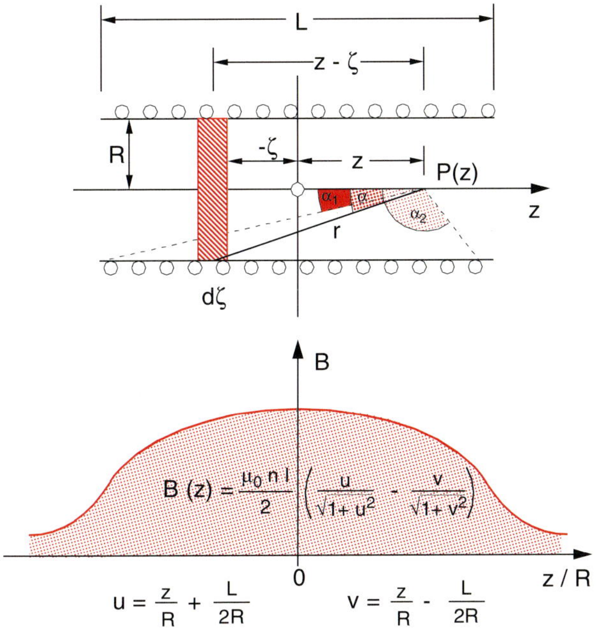

Abb. 3.19. Zur Berechnung der Randeffekte des Magnetfeldes einer Zylinderspule

Spule liegen, deren Symmetrieachse als z-Achse gewählt wird (Abb. 3.19).

Der Anteil des Magnetfeldes im Punkte $P(z)$, der von den $n \cdot \mathrm{d}\zeta$ Windungen mit dem Querschnitt $A = \pi \cdot R^2$ im Längenintervall $\mathrm{d}\zeta$ erzeugt wird, ist nach (1.19c)

$$\mathrm{d}B = \frac{\mu_0 \cdot I \cdot A \cdot n \cdot \mathrm{d}\zeta}{2\pi\left[R^2 + (z-\zeta)^2\right]^{3/2}} . \tag{3.23}$$

Das Gesamtfeld am Ort $P(z)$ erhält man durch Integration über alle Windungen von $\zeta = -L/2$ bis $\zeta = +L/2$. Das Integral läßt sich durch Substitution $z - \zeta = R \cdot \alpha$ lösen und ergibt:

$$\begin{aligned} B(z) &= \int\limits_{-L/2}^{+L/2} \mathrm{d}B = -\frac{\mu_0 I \cdot n}{2} \int\limits_{\alpha_1}^{\alpha_2} \sin\alpha \cdot \mathrm{d}\alpha \\ &= \frac{\mu_0 \cdot n \cdot I}{2} \cdot \left\{ \frac{z + L/2}{\sqrt{R^2 + (z + L/2)^2}} \right. \\ &\quad \left. - \frac{z - L/2}{\sqrt{R^2 + (z - L/2)^2}} \right\} . \end{aligned} \tag{3.24}$$

Im Mittelpunkt der Spule ($z = 0$) wird

$$\begin{aligned} B(z=0) &= \frac{\mu_0 \cdot n \cdot I}{2} \cdot \frac{L}{\sqrt{R^2 + L^2/4}} \\ &\approx \mu_0 \cdot n \cdot I \quad \text{für} \quad L \gg R . \end{aligned} \tag{3.25}$$

An den Enden der Spule ($z = \pm L/2$) ist das Feld auf der Spulenachse:

$$\begin{aligned} B(z = \pm L/2) &= \frac{\mu_0 \cdot n \cdot I}{2} \cdot \frac{L}{\sqrt{R^2 + L^2}} \\ &\approx \mu_0 \cdot \frac{n \cdot I}{2} \quad \text{für} \quad L \gg R \end{aligned} \tag{3.26}$$

auf den halben Maximalwert $B(0)$ gesunken.

Für Aufpunkte weit außerhalb der Spule ($z \gg L \gg R$) können wir die Wurzeln in (3.24) nach Potenzen von $R/(z \pm L/2)$ entwickeln und erhalten

$$\begin{aligned} B(z) \approx &\frac{\mu_0 \cdot n \cdot I \cdot \pi \cdot R^2}{4\pi} \\ &\cdot \left\{ \frac{1}{(z - L/2)^2} - \frac{1}{(z + L/2)^2} \right\} . \end{aligned} \tag{3.27}$$

Die lange Spule mit der Querschnittsfläche $A = \pi \cdot R^2$ wirkt also auf weit entfernte Punkte P wie ein Stabmagnet (siehe Abschn. 3.1) mit der Polstärke

$$p = \pm\mu_0 \cdot n \cdot I \cdot A = B(z=0) \cdot A . \tag{3.28}$$

3.3 Kräfte auf bewegte Ladungen im Magnetfeld

Wenn sich Ladungen in Magnetfeldern bewegen, tritt außer der schon früher behandelten Coulomb-Kraft zwischen den Ladungen eine weitere Kraft auf, deren Größe und Richtung wir durch einige grundlegende Experimente bestimmen wollen:

- Durch einen geraden Draht, der beweglich im Magnetfeld eines Hufeisenmagnetes aufgehängt ist, lassen wir einen Strom I fließen (Abb. 3.20). Man beobachtet, daß der Draht senkrecht zur Stromrichtung und senkrecht zum Magnetfeld $\boldsymbol{B}$ abgelenkt wird. Umkehr der Stromrichtung oder Umpolung von $\boldsymbol{B}$ bewirkt eine Richtungsumkehr der Kraft $\boldsymbol{F}$.
- Läßt man durch zwei parallele Drähte elektrische Ströme I_1 bzw. I_2 fließen (Abb. 3.21), so stellt

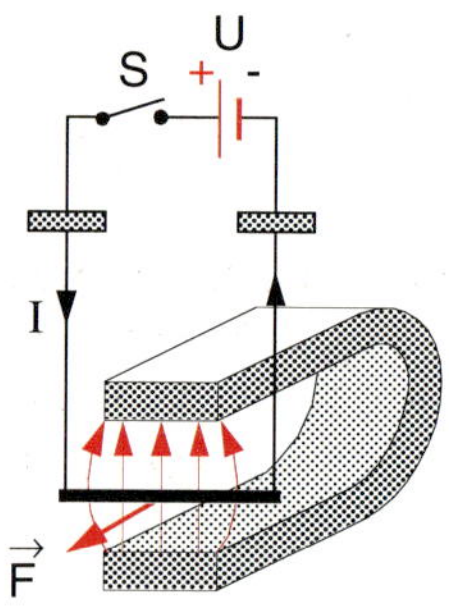

Abb. 3.20. Auf einen stromdurchflossenen Leiter im Magnetfeld $\boldsymbol{B}$ wirkt die Kraft $\boldsymbol{F}$ senkrecht zu $\boldsymbol{B}$ und senkrecht zur Stromrichtung

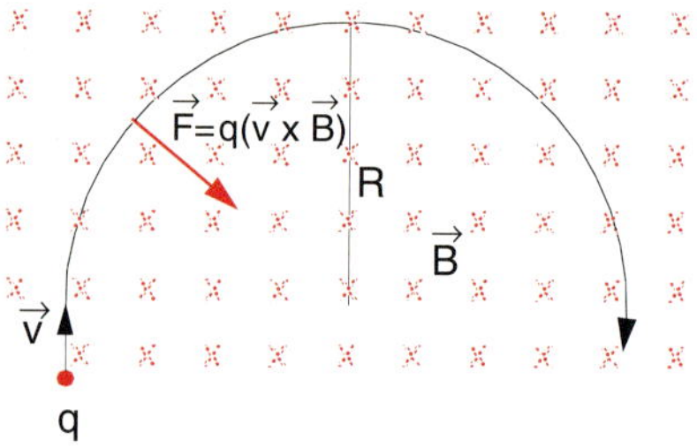

Abb. 3.22. Ablenkung eines Elektronenstrahls durch ein äußeres Magnetfeld bei senkrechtem Einschuß in das homogene Magnetfeld $\boldsymbol{B}$ senkrecht zur Zeichenebene

man fest, daß sich die beiden Drähte anziehen, wenn I_1 parallel zu I_2 ist, während sie sich abstoßen, wenn die Ströme entgegengesetzt gerichtet sind. Die Anziehungs- bzw. Abstoßungskraft ist proportional zum Produkt der beiden Stromstärken $I_1 \cdot I_2$. Da ein stromdurchflossener Draht ein Magnetfeld erzeugt (Abschn. 3.2), andererseits ein elektrischer Strom bewegte Ladungen darstellt, schließen wir, daß auf bewegte Ladungen in einem Magnetfeld eine Kraft wirkt.

- Wir lassen den Elektronenstrahl in einer Kathodenstrahlröhre durch ein Magnetfeld fliegen, das durch einen Permanentmagneten von außen erzeugt wird (Abb. 3.22). Experimente bei verschiedenen Richtungen des Magnetfeldes haben ergeben, daß der Elektronenstrahl durch eine Kraft abgelenkt wird, die immer senkrecht zum Magnetfeld $\boldsymbol{B}$ und senkrecht zur Geschwindigkeit $\boldsymbol{v}$ der Elektronen gerichtet sein muß. Wird das Magnetfeld z.B. durch ein Helmholtz-Spulenpaar (Abschn. 3.2.6) erzeugt, so lassen sich die Größe und die Richtung des Magnetfeldes durch Drehen des Spulenpaares beliebig verändern. Durch Variation der Beschleunigungsspannung für die Elektronen können wir auch die Geschwindigkeit $\boldsymbol{v}$ der Elektronen ändern. Das experimentelle Ergebnis dieser und vieler weiterer Experimente ist: Die ablenkende Kraft auf die mit der Geschwindigkeit $\boldsymbol{v}$ fliegenden Elektronen ist proportional zum Vektorprodukt von $\boldsymbol{B}$ und $\boldsymbol{v}$.

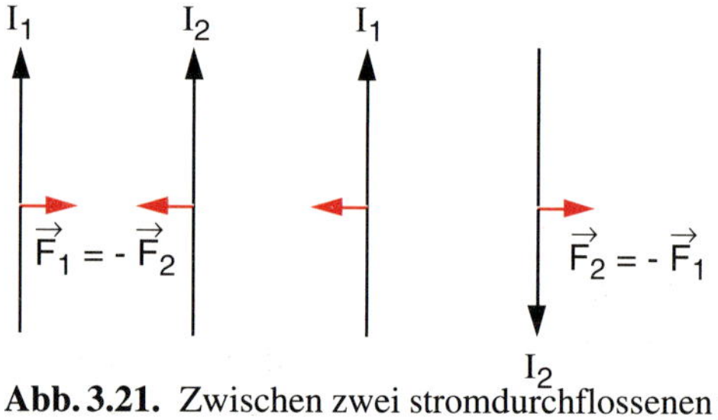

Abb. 3.21. Zwischen zwei stromdurchflossenen parallel angeordneten Drähten wirkt eine anziehende Kraft, wenn I_1 und I_2 parallel sind und eine abstoßende Kraft bei entgegengerichteten Strömen

Diese experimentellen Fakten führen uns zu dem allgemeinen Ausdruck für die Kraft $\boldsymbol{F}$ auf eine Ladung q, die sich mit der Geschwindigkeit $\boldsymbol{v}$ im Magnetfeld $\boldsymbol{B}$ bewegt:

$$\boldsymbol{F} = k \cdot q \cdot (\boldsymbol{v} \times \boldsymbol{B}) ,$$

wobei k eine Proportionalitätskonstante ist. Im SI-System wird die elektrische Stromstärke I über die Kraft $\boldsymbol{F}$ zwischen zwei stromdurchflossenen Drähten (siehe Abschn. 3.3.6) so definiert, daß die Proportionalitätskonstante k gleich der dimensionslosen Zahl 1 wird, wenn die Kraft $\boldsymbol{F}$ in N, die Ladung q in As und die Geschwindigkeit v in m/s gemessen werden. Die magnetische Feldstärke (Induktion) $\boldsymbol{B}$ wird dadurch direkt durch die Kraft $\boldsymbol{F}$ auf die bewegte Ladung definiert. Ihre Dimension ist, wie bereits im Abschn. 3.1 auf andere Weise gezeigt wurde:

$$[B] = 1\,\frac{\mathrm{N}}{\mathrm{As}\cdot\mathrm{m/s}} = 1\,\frac{\mathrm{N}}{\mathrm{A}\cdot\mathrm{m}} = 1\,\frac{\mathrm{Vs}}{\mathrm{m}^2} = 1\,\mathrm{T}\,.$$

Wir erhalten dann die ***Lorentz-Kraft***:

$$\boxed{\boldsymbol{F} = q \cdot (\boldsymbol{v} \times \boldsymbol{B})}\,. \tag{3.29a}$$

Liegt zusätzlich noch ein elektrisches Feld $\boldsymbol{E}$ vor, so beträgt die Kraft auf eine Ladung q:

$$\boxed{\boldsymbol{F} = q \cdot (\boldsymbol{E} + \boldsymbol{v} \times \boldsymbol{B})}\,. \tag{3.29b}$$

Dieser allgemeine Ausdruck und nicht (3.29a) wurde, historisch gesehen, von *Hendrik Antoon Lorentz* (1853–1928) aufgestellt und wird deshalb als allgemeine Lorentz-Kraft bezeichnet. Wir werden in Abschn. 3.4 den tieferen Zusammenhang zwischen elektrischem und magnetischem Feld behandeln.

3.3.1 Experimentelle Demonstration der Lorentz-Kraft

Die Lorentz-Kraft kann quantitativ mit dem ***Fadenstrahlrohr*** demonstriert werden (Abb. 3.23), welches aus einem kugelförmigen Glaskolben mit einer Elektronenquelle besteht, in dem ein geringer Druck eines Gases (z.B. Neon oder Hg-Dampf) eingestellt ist. Der Kolben befindet sich in einem homogenen Magnetfeld $\boldsymbol{B}$, das durch ein Helmholtz-Spulenpaar (Abschn. 3.2.6c) erzeugt wird.

Die von der Glühkathode emittierten Elektronen werden durch die Spannung U beschleunigt auf die Geschwindigkeit

$$v = \sqrt{\frac{2e \cdot U}{m}}\,, \tag{3.30}$$

deren Anfangsrichtung $\boldsymbol{v}_0 = \{v_x, 0, 0\}$ senkrecht zum Magnetfeld $\boldsymbol{B} = \{0, 0, B_z\}$ gewählt wird. Da die Lorentz-Kraft nach (3.29) in der x-y-Ebene liegt und immer senkrecht auf $\boldsymbol{v}$ steht, wird die Bahn der Elektronen ein Kreis in der x-y-Ebene. Die Lorentz-Kraft wirkt als Zentripetalkraft, und wir erhalten aus

$$e \cdot v \cdot B = \frac{m \cdot v^2}{R}$$

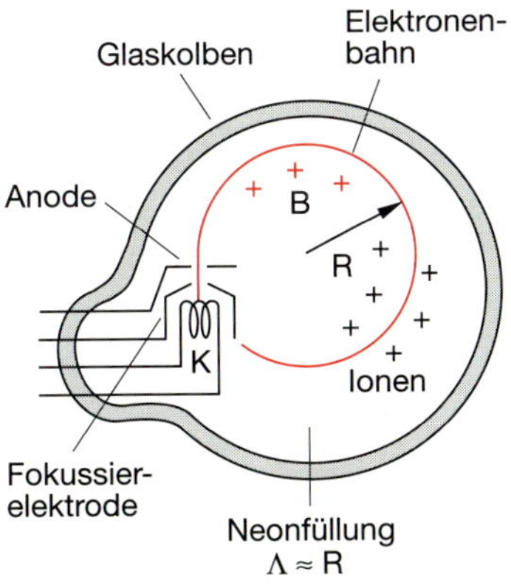

Abb. 3.23. Fadenstrahlrohr

und (3.30) den Radius R des Kreises:

$$R = \frac{1}{B} \cdot \sqrt{2m \cdot U/e}\,. \tag{3.31}$$

Man kann den kreisförmigen Elektronenstrahl sehen, weil die Elektronen beim Stoß mit den Atomen im Gaskolben diese zum Leuchten anregen. Die Stöße führen aus folgenden Gründen nicht zu einer völligen Verschmierung der Kreisbahn:

- Die Dichte n der Atome wird so niedrig gewählt, daß die freie Weglänge $\Lambda = 1/(n \cdot \sigma)$ (σ = Streuquerschnitt der Elektronen) größer als der Umfang $2\pi R$ der Kreisbahn ist.
- Außer der Anregung ionisieren die Elektronen auch die Restgasatome. Die schweren Ionen können nicht so schnell wegdiffundieren und bilden einen positiv geladenen „Ionenschlauch" um die Bahn der Elektronen, der die Elektronen immer wieder fokussiert.

Aus den gemessenen Werten von R, U und B in (3.31) kann das Verhältnis e/m von Elektronenladung $-e$ und Elektronenmasse m bestimmt werden.
Schießt man ein Elektron schräg mit der Geschwindigkeit $\boldsymbol{v} = \{v_x, v_y, v_z\}$ in das Magnetfeld $\boldsymbol{B} = \{0, 0, B_z\}$ ein (Abb. 3.24), so lautet die Bewegungsgleichung

$$m \cdot \boldsymbol{a} = q \cdot (\boldsymbol{v} \times \boldsymbol{B}) \tag{3.32}$$

in Komponentenschreibweise mit $q = -e$

$$m \cdot \dot{v}_x = -e \cdot v_y \cdot B_z\,;$$
$$m \cdot \dot{v}_y = +e \cdot v_x \cdot B_z\,;$$
$$m \cdot \dot{v}_z = 0\,.$$

Ihre Lösung ergibt als Bahnkurve eine Spirale mit dem Radius

$$R = \frac{1}{B} \cdot \sqrt{2m \cdot U/e}$$

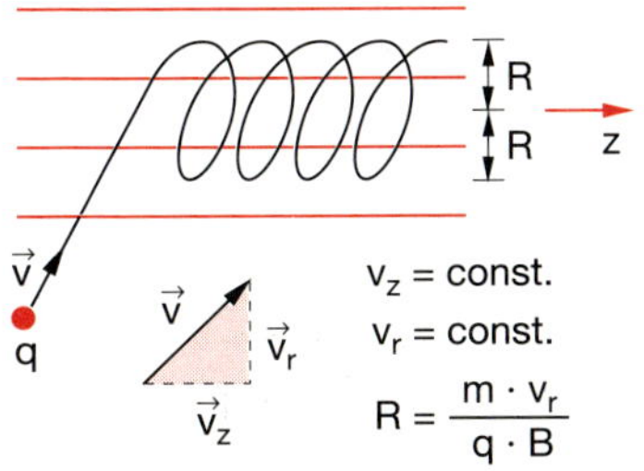

Abb. 3.24. Spiralbahn von Elektronen, die schräg in ein homogenes Feld eingeschossen werden

und der Steighöhe, d.h. der Strecke Δz, welche während der Umlaufzeit

$$\Delta t = \frac{2\pi \cdot R}{\sqrt{v_x^2 + v_y^2}} = \frac{2\pi \cdot m}{e \cdot B} \tag{3.33a}$$

in z-Richtung zurückgelegt wird,

$$\Delta z = v_z \cdot \Delta t = \frac{2\pi \cdot m}{e \cdot B} \cdot v_z \,. \tag{3.33b}$$

Man kann solche Spiralen mit verschiedenen Ganghöhen im Fadenstrahlrohr sehr schön sichtbar machen, wenn man das Rohr entsprechend dreht, so daß die Einschußrichtung unter verschiedenen Winkeln gegen die Magnetfeldrichtung liegt.

3.3.2 Elektronen- und Ionenoptik mit Magnetfeldern

Die Lorentz-Kraft ermöglicht die Abbildung von Elektronen- und Ionenstrahlen durch Magnetfelder, wie im folgenden an einigen Beispielen gezeigt werden soll [3.4].

a) Fokussierung im magnetischen Längsfeld

Die von einer Glühkathode emittierten Elektronen werden durch eine Spannung U beschleunigt und auf eine Lochblende am Ort ($x = 0$, $y = 0$, $z = 0$) fokussiert, aus der sie dann divergent mit der Geschwindigkeit $\boldsymbol{v} = \{v_x, v_y, v_z\}$ austreten (Abb. 3.25). Im magnetischen Längsfeld $\boldsymbol{B} = \{0, 0, B_z\}$ fliegen sie auf Schraubenbahnen und werden gemäß (3.33a) nach der Zeit

$$\Delta t = \frac{2\pi \cdot m}{e \cdot B}$$

auf der z-Achse bei $z_f = v_z \cdot \Delta t$ wieder fokussiert, unabhängig von den Werten der Querkomponenten v_x, v_y der Geschwindigkeit! Wenn $v_z \gg \sqrt{v_x^2 + v_y^2}$ erfüllt ist, gilt näherungsweise:

$$v_z \approx v = \sqrt{2e \cdot U/m}.$$

Für die „Brennweite“ $f = z_f/4$ dieser ***magnetischen Elektronenlinse*** erhält man daher

$$\boxed{f = \frac{\pi}{B}\sqrt{\frac{m \cdot U}{2e}}}\,, \tag{3.34}$$

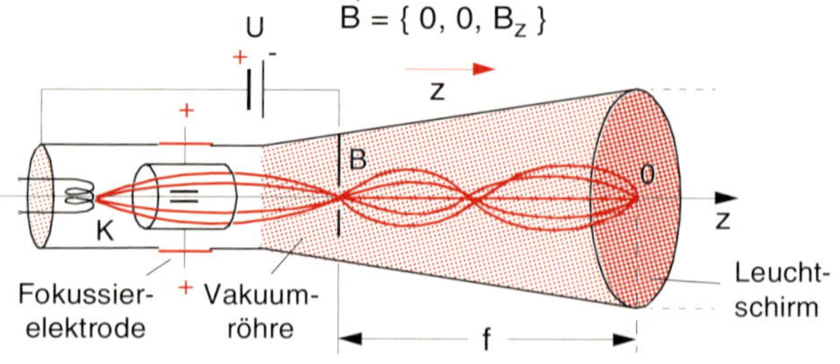

Abb. 3.25. Fokussierung von Elektronen im homogenen magnetischen Längsfeld, das wie eine Linse mit der Brennweite $f = z_f/4$ wirkt

weil ein Punkt (die Eintrittsblende) im Abstand $2f$ von der Symmetrieebene bei $z = z_f/2 = 2f$ wieder in einen Punkt (den Brennpunkt) bei $z = z_f$ abgebildet wird.

b) Wienfilter

Schickt man einen Elektronen- oder Ionenstrahl in z-Richtung durch ein homogenes Magnetfeld $\{0, B_y, 0\}$, das senkrecht zu einem homogenen elektrischen Feld $\{E_x, 0, 0\}$ steht (Abb. 3.26), so wird die Lorentz-Kraft

$$\boldsymbol{F} = q \cdot (\boldsymbol{E} + \boldsymbol{v} \times \boldsymbol{B}) = \boldsymbol{0} \quad \text{für} \quad v = \frac{E}{B}\,, \tag{3.35}$$

d.h. nur Teilchen in einem engen Geschwindigkeitsintervall Δv um $v = E/B$ werden nicht oder nur so wenig abgelenkt, daß sie den Spalt S passieren können. Hinter dem Spalt erhält man also Teilchen einer gewünschten Geschwindigkeit v, die man durch Wahl von E oder B einstellen kann. Die Breite Δv des durch-

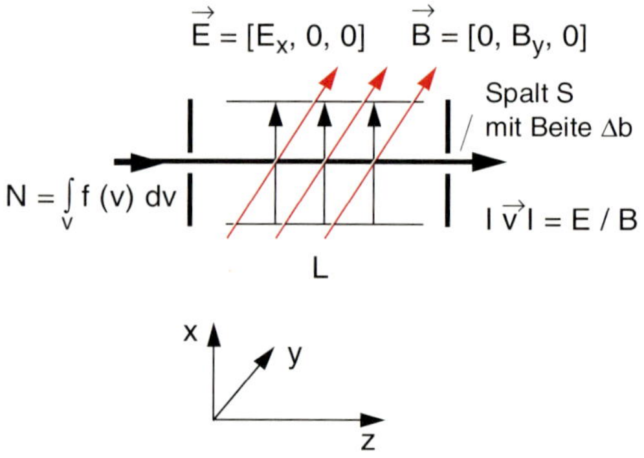

Abb. 3.26. Wienfilter

gelassenen Geschwindigkeitsintervalls hängt von der Spaltbreite Δb, der Weglänge $\Delta z = L$ durch die Feldregion und der Geschwindigkeit v ab. Die Rechnung ergibt (siehe Aufgabe 3.9)

$$\Delta v = \frac{2E_{\text{kin}}}{q \cdot L^2 \cdot B} \cdot \Delta b \, . \tag{3.36}$$

Die Anordnung, welche nach ihrem Entdecker *Max C. W. Wien* (1866–1938) ***Wienfilter*** heißt, wirkt also als Geschwindigkeitsselektor für Ionen oder Elektronen.

c) Fokussierung durch ein homogenes magnetisches Querfeld

Ionen mit der Masse m und der Ladung q mögen divergent aus einer spaltförmigen Quelle S in ein Magnetfeld senkrecht zur Zeichenebene in Abb. 3.27 eintreten. Im Magnetfeld sind die Teilchenbahnen Kreise mit dem Radius

$$R = \frac{m \cdot v}{e \cdot B} \, .$$

Ein Ion, dessen Anfangsgeschwindigkeit $\boldsymbol{v}_0$ in der Zeichenebene senkrecht zur Geraden $\overline{\text{SA}}$ liegt, wird nach Durchlaufen eines Halbkreises diese Ebene wieder im Punkt A erreichen. Die Bahnkurve eines anderen Ions, dessen Anfangsgeschwindigkeit den Winkel α gegen $\boldsymbol{v}_0$ hat, schneidet die Bahnkurve des ersten Ions im Punkte C und erreicht die Gerade $\overline{\text{SA}}$ in B. Die Strecke $\overline{\text{AB}}$ ist für kleine Winkel α

$$\overline{\text{AB}} \approx 2R \cdot (1 - \cos\alpha) \approx R \cdot \alpha^2 \, . \tag{3.37}$$

Alle Teilchen, die innerhalb des Winkelbereiches $(90° \pm \alpha/2)$ gegen die Gerade $\overline{\text{SA}}$ aus der Quelle austreten, werden also durch einen Austrittsspalt der Breite $b \approx R \cdot \alpha^2$ durchgelassen, d.h. das 180°-Magnetfeld bildet die Ionenquelle S auf den Spalt $\overline{\text{AB}}$ ab.

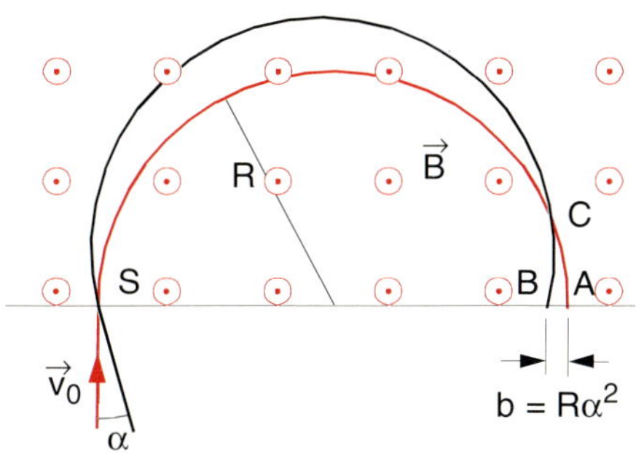

Abb. 3.27. Magnetisches Sektorfeld als Massenfilter

Emittiert die Quelle Ionen mit verschiedenen Massen m_i, so durchlaufen diese Kreisbahnen mit verschiedenen Radien

$$R_i = m_i \cdot v_i/(e \cdot B) \tag{3.37a}$$

und treffen daher an verschiedenen Orten auf die Gerade $\overline{\text{SA}}$. Zwei Massen m_1 und m_2 können noch voneinander getrennt werden, wenn das Auftreffintervall $\overline{\text{AB}}$ für m_1 nicht mit dem Intervall $\overline{\text{DE}}$ der Masse m_2 überlappt, d.h. wenn gilt:

$$R_1 - R_2 \geq \frac{1}{2} \cdot R \cdot \alpha^2 \, , \tag{3.37b}$$

wobei $R = (R_1 + R_2)/2$ der mittlere Radius ist.

Werden die Ionen vor dem Eintritt in das Magnetfeld durch eine Spannung U auf die Geschwindigkeit

$$v = \sqrt{2e \cdot U/m}$$

beschleunigt, so werden ihre Bahnradien

$$R = \frac{1}{B} \cdot \sqrt{2m \cdot U/e} \, . \tag{3.37c}$$

Für die relative Massenauflösung $\Delta m/m$ ergibt sich mit (3.37b und c)

$$\begin{aligned} \frac{\Delta m}{m} &= \frac{R_1^2 - R_2^2}{R^2} \\ &= \frac{(R_1 - R_2) \cdot 2R}{R^2} = \alpha^2 \, . \end{aligned} \tag{3.38}$$

Man sieht hieraus, daß das Massenauflösungsvermögen stark vom Divergenzwinkel α der Anfangsgeschwindigkeiten $\boldsymbol{v}_0$ abhängt [3.5].

3.3.3 Kräfte auf stromdurchflossene Leiter im Magnetfeld

Die Stromstärke I in einem Leiter mit der Ladungsdichte $\varrho = n \cdot q$ und dem Querschnitt A ist nach (2.6a):

$$I = n \cdot q \cdot v_{\text{D}} \cdot A \, ,$$

wenn sich die Ladungen q mit der Driftgeschwindigkeit v_{D} bewegen. Die Lorentz-Kraft auf ein Leiterstück der Länge $\mathrm{d}L$, in dem sich $n \cdot A \cdot \mathrm{d}L$ Ladungen q befinden, ist daher

$$\begin{aligned} \mathrm{d}\boldsymbol{F} &= n \cdot A \cdot \mathrm{d}L \cdot q \cdot (\boldsymbol{v}_{\text{D}} \times \boldsymbol{B}) \\ &= (\boldsymbol{j} \times \boldsymbol{B}) \cdot \mathrm{d}V \, , \end{aligned} \tag{3.39}$$

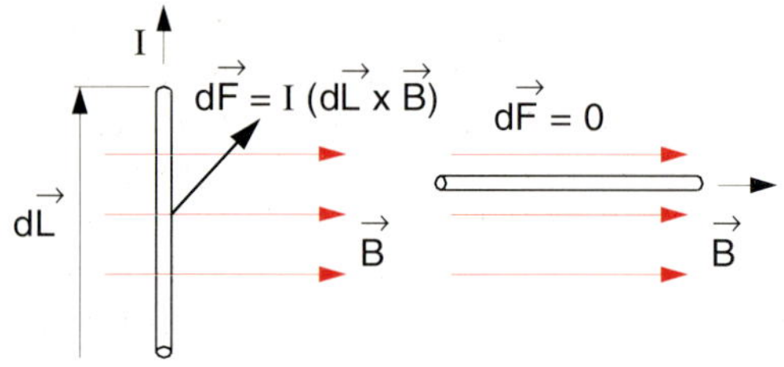

Abb. 3.28. Kraft auf einen Leiter im Magnetfeld

wenn $\mathrm{d}V = A \cdot \mathrm{d}L$ das betrachtete Volumenelement des Leiters ist. Die Gesamtkraft auf einen Leiter der Länge L mit Querschnitt A und der Stromdichte $\boldsymbol{j}$ im Magnetfeld $\boldsymbol{B}$ ist

$$\boldsymbol{F} = \int (\boldsymbol{j} \times \boldsymbol{B})\,\mathrm{d}V \,.$$

Für den Fall eines geraden Drahtes im homogenen Magnetfeld (Abb. 3.28) sind $\boldsymbol{j}$ und $\boldsymbol{B}$ räumlich konstant, und man erhält mit $I = \boldsymbol{j} \cdot \boldsymbol{A}$ die Kraft pro Längenelement $\mathrm{d}\boldsymbol{L}$

$$\boxed{\mathrm{d}\boldsymbol{F} = I \cdot (\mathrm{d}\boldsymbol{L} \times \boldsymbol{B})} \,. \tag{3.40}$$

3.3.4 Hall-Effekt

Die Lorentz-Kraft (3.29a) bewirkt eine Ablenkung der Ladungsträger eines Leiters senkrecht zum Magnetfeld und zur Stromrichtung (Abb. 3.29). Das Magnetfeld soll hier so schwach sein, daß es die Ladungsträger nicht auf Kreisbahnen zwingt, sondern nur etwas ablenkt. Diese Ablenkung führt zu einer Ladungstrennung, die wiederum ein elektrisches Feld $\boldsymbol{E}_\mathrm{H}$ erzeugt. Die Ladungstrennung schreitet so lange fort, bis das sich aufbauende elektrische Feld eine der Lorentz-Kraft $\boldsymbol{F}_\mathrm{L} = n \cdot q \cdot (\boldsymbol{v}_\mathrm{D} \times \boldsymbol{B})$ entgegengerichtete gleich große elektrische Kraft $\boldsymbol{F}_\mathrm{C} = n \cdot q \cdot \boldsymbol{E}_\mathrm{H}$ bewirkt.

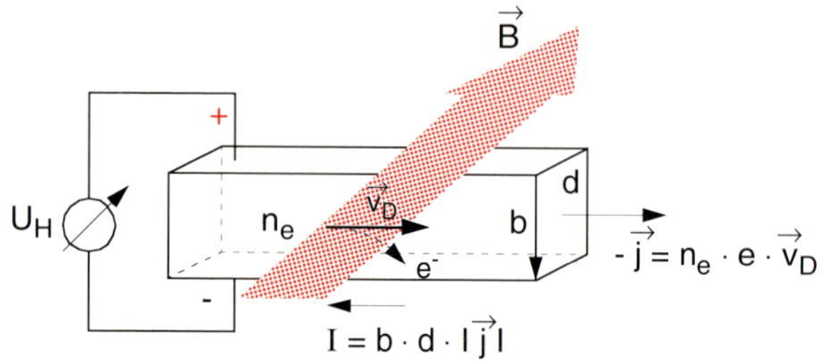

Abb. 3.29. Zum Hall-Effekt

Bei einem Leiter mit rechteckigem Querschnitt $A = b \cdot d$ führt dieses elektrische Feld zu einer *Hall-Spannung*

$$U_\mathrm{H} = \int \boldsymbol{E}_\mathrm{H} \cdot \mathrm{d}\boldsymbol{s} = \boldsymbol{b} \cdot \boldsymbol{E}_\mathrm{H}$$

zwischen den gegenüberliegenden Seitenflächen im Abstand b. U_H soll hier die Spannung zwischen oberer und unterer Seitenfläche sein. Der Vektor $\boldsymbol{b}$ zeigt also von oben nach unten. Aus der Relation

$$q \cdot \boldsymbol{E}_\mathrm{H} = -q \cdot (\boldsymbol{v} \times \boldsymbol{B})$$

folgt mit $\boldsymbol{j} = n \cdot q \cdot \boldsymbol{v}$ für die Hall-Spannung

$$U_\mathrm{H} = -\frac{(\boldsymbol{j} \times \boldsymbol{B}) \cdot \boldsymbol{b}}{n \cdot q} \,. \tag{3.41a}$$

Das Vektorprodukt $\boldsymbol{j} \times \boldsymbol{B}$ zeigt in Abb. 3.29 nach unten (in Richtung von $\boldsymbol{b}$), unabhängig davon, ob positiv oder negativ geladene Teilchen den Strom $I = j \cdot b \cdot d$ transportieren. Man kann daher schreiben:

$$U_\mathrm{H} = -\frac{j \cdot B \cdot b}{n \cdot q} = -\frac{I \cdot B}{n \cdot q \cdot d} \,. \tag{3.41b}$$

In Metallen und in den meisten Halbleitern sind die Ladungsträger Elektronen mit der Ladung $q = -e$, so daß man eine positive Hallspannung

$$U_\mathrm{H} = \frac{I \cdot B}{n \cdot e \cdot d} \tag{3.41c}$$

mißt. Manche Halbleiter zeigen jedoch eine *negative* Hallspannung! Dies läßt sich folgendermaßen verstehen: Zur Leitung tragen überwiegend Elektronen-Defektstellen (sogenannte *Löcher*, siehe Bd. 3) bei. Ein Elektron besetzt bei seiner Bewegung im elektrischen Feld ein Loch neben seinem bisherigen Platz. Das Loch, welches dieses Elektron hinterläßt, wird von einem anderen Elektron besetzt usw. Das Loch wirkt wie ein positives Teilchen, welches sich mit einer Driftgeschwindigkeit $\boldsymbol{v}_\mathrm{D}^+$ bewegt, die entgegengesetzt zur Driftgeschwindigkeit $\boldsymbol{v}_\mathrm{D}^-$ der Elektronen ist und deren Betrag sich von $|\boldsymbol{v}_\mathrm{D}^-|$ unterscheidet.

Die Messung der Hall-Spannung ist eine empfindliche Methode, Magnetfeldstärken zu bestimmen. Dazu benutzt man geeichte *Hall-Sonden* mit bekannter Sondenempfindlichkeit $S = U_\mathrm{H}/B$.

Bei vorgegebener Stromdichte j wird die Hall-Spannung um so größer, je *kleiner* die Ladungsträgerdichte n ist! Dann ist nämlich die Driftgeschwindigkeit $\boldsymbol{v}_D$ und damit die Lorentz-Kraft größer. Halbleiter haben etwa 10^6-mal kleinere Werte für n als Metalle. Als Hallsonden werden deshalb durchweg Halbleiter verwendet [3.6].

BEISPIEL

Mit einer Halbleiter-Hallsonde mit $b = 1\,\text{cm}$, $d = 0{,}1\,\text{cm}$, $n = 10^{15}\,\text{cm}^{-3}$ erhält man bei einem Strom $I = 0{,}1\,\text{A}$ eine Stromdichte von $1\,\text{A/cm}^2$ und daher mit $e = 1{,}6 \cdot 10^{-19}\,\text{C}$ eine Empfindlichkeit S der Sonde von $S = U_H/B \approx 0{,}6\,\text{V/T}$.

Bei sehr kleinen Magnetfeldern braucht man einen Spannungsverstärker, um auch Spannungen im Nanovoltbereich und damit Feldstärken im Bereich $B < 10^{-6}\,\text{T}$ noch messen zu können.

3.3.5 Das Barlowsche Rad zur Demonstration der „Elektronenreibung" in Metallen

Eine um eine Achse drehbare kreisförmige Aluminiumscheibe taucht man mit dem unteren Rand in flüssiges Quecksilber (Abb. 3.30). Legt man zwischen Achse und Quecksilberwanne eine Spannung an, so fließt ein Strom in radialer Richtung durch die Scheibe. Wird jetzt ein Magnetfeld in axialer Richtung eingeschaltet, so werden die Elektronen in der Scheibe senkrecht zu ihrer Flußrichtung, also in tangentialer Richtung, abgelenkt. Infolge der „Reibungskraft" zwischen Elektronen und Metallatomen wird das ganze Rad durch diese tangentiale Elektronenbewegung mitbewegt: Es beginnt sich zu drehen. Umpolen des Magnetfeldes oder der Stromrichtung kehrt die Drehrichtung der Scheibe um. Dieses Experiment ist eine schöne Demonstration für das im Abschn. 2.2 vorgestellte Modell der elektrischen Leitung in Metallen, bei dem der elektrische Widerstand durch die „Reibungskraft" zwischen Elektronen und Gitteratomen beschrieben wird.

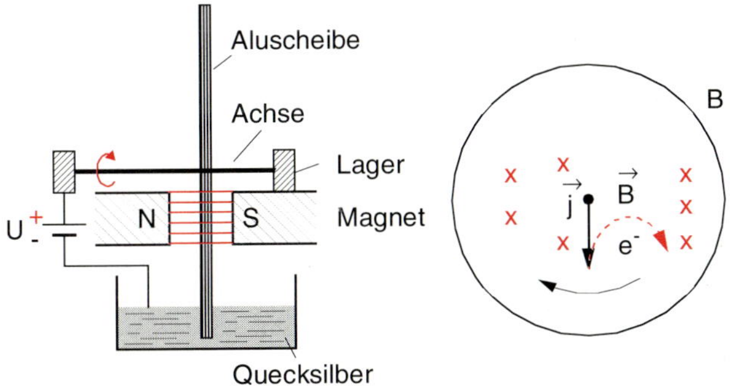

Abb. 3.30. Barlowsches Rad

3.3.6 Kräfte zwischen zwei parallelen Stromleitern

Wir wollen zum Schluß dieses Abschnittes noch auf die Definition der Stromstärkeeinheit 1 A über die Kraft zwischen zwei parallelen stromdurchflossenen Drähten eingehen. Die Kraft auf eine Ladung $\mathrm{d}q = \varrho \cdot A \cdot \mathrm{d}L$, die mit der Driftgeschwindigkeit v_D durch den Leiter 1 mit Querschnitt A und Länge $\mathrm{d}L$ im Magnetfeld $\boldsymbol{B}$ des Leiters 2 fließt, ist die Lorentz-Kraft

$$\mathrm{d}\boldsymbol{F} = \mathrm{d}q \cdot (\boldsymbol{v}_D \times \boldsymbol{B}) = I_1 \cdot (\mathrm{d}\boldsymbol{L} \times \boldsymbol{B}) .$$

Das Magnetfeld des Drahtes 2 ist nach (3.8)

$$\boldsymbol{B} = \frac{\mu_0}{2\pi r} \cdot I_2 \cdot \hat{\boldsymbol{e}}_\varphi ,$$

wobei $\hat{\boldsymbol{e}}_\varphi$ der Einheitsvektor in φ-Richtung (Tangente an einen Kreis um den Draht) ist. Bei parallelen Drähten in z-Richtung gilt: $\boldsymbol{B} \perp \boldsymbol{v}_D$. Der Betrag der Kraft pro Meter Drahtlänge ($L = 1\,\text{m}$) ist dann bei einem Abstand $r = R$ zwischen den Drähten nach (3.40):

$$\frac{F}{L} = I_1 \cdot \frac{\mu_0}{2\pi} \cdot \frac{I_2}{R} = \frac{\mu_0 \cdot I^2}{2\pi R} , \tag{3.42}$$

wenn durch beide Drähte der gleiche Strom I fließt (Abb. 3.31).

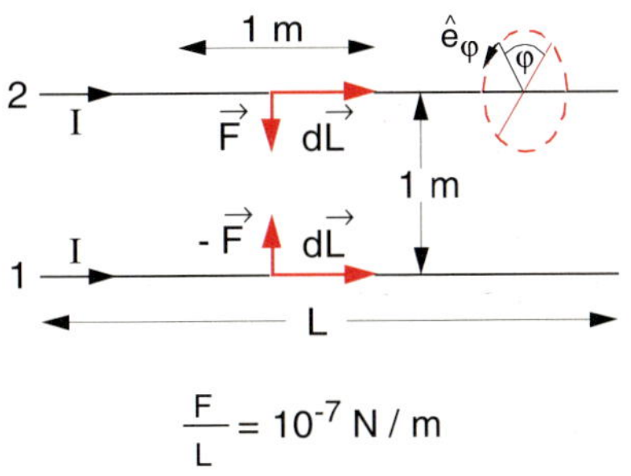

Abb. 3.31. Zur Definition der Stromstärkeeinheit 1 Ampere

Bei einem Strom $I = 1\,\mathrm{A}$ ergibt sich bei einem Abstand der Drähte von $R = 1\,\mathrm{m}$ die Kraft pro m Drahtlänge

$$F/L = \mu_0/2\pi = 2 \cdot 10^{-7}\,\mathrm{N/m}\,. \tag{3.43}$$

Dies wird zur Definition der SI-Einheit 1 Ampere verwendet:

> 1 A ist diejenige Stromstärke, die zwischen zwei unendlich langen, geraden, im Abstand von 1 m voneinander angeordneten Leitern eine Kraft von $2 \cdot 10^{-7}\,\mathrm{N}$ pro m Leiterlänge verursacht.

3.4 Elektromagnetisches Feld und Relativitätsprinzip

In Abschnitt 3.3 hatten wir die Lorentz-Kraft als Kraft auf eine im Magnetfeld bewegte Ladung eingeführt, die zusätzlich zur Coulomb-Kraft wirkt. Wir wollen nun zeigen, daß es sich hier keineswegs um eine grundlegend neue Kraft handelt, denn sie kann mit Hilfe der Relativitätstheorie direkt mit der Coulomb-Kraft verknüpft werden. Es wird sich zeigen, daß die relativistische Behandlung des Coulomb-Gesetzes, angewandt auf bewegte Ladungen, automatisch die Lorentz-Kraft ergibt. Dies kann man anschaulich folgendermaßen einsehen:

Eine in einem Inertialsystem S' ruhende Ladung Q (Abb. 3.32) erzeugt dort ein Coulomb-Feld $\boldsymbol{E}'$. In einem anderen Inertialsystem S, gegen das sich S' mit der Geschwindigkeit $\boldsymbol{v}$ bewegt, hat Q die Geschwindigkeit $\boldsymbol{v}$ und entspricht daher einem Strom $I = Q \cdot \boldsymbol{v}$, der ein Magnetfeld $\boldsymbol{B}$ erzeugt, zusätzlich zu dem vom Beobachter O gemessenen elektrischen Feld $\boldsymbol{E}$. Andererseits sind alle Inertialsysteme äquivalent, d.h. die Beschreibung physikalischer Gesetze muß unabhängig von dem speziell gewählten Inertialsystem sein (siehe Bd. 1, Abschn. 3.6). Insbesondere müssen die Kräfte auf eine Probeladung q von beiden Beobachtern als gleich gemessen werden, damit sie zu den gleichen Bewegungsgesetzen kommen. Das heißt: Wenn der Beobachter O' seine Ergebnisse in den Koordinaten des Systems S beschreibt, indem er eine Lorentz-Transformation anwendet, muß er zu den gleichen Ergebnissen kommen wie der Beobachter O in seinem System S. Deshalb muß ein Zusammenhang zwischen $\boldsymbol{E}'$, $\boldsymbol{E}$ und $\boldsymbol{B}$ dergestalt bestehen, daß die Äquivalenz aller Inertialsysteme bei der Beschreibung physikalischer Vorgänge gewahrt bleibt, d.h. daß die Wirkung von $\boldsymbol{E}$ und $\boldsymbol{B}$ auf die Probeladung q, beschrieben im System S, zu den gleichen Gesetzen führt wie die Wirkung von $\boldsymbol{E}'$ in S'. Dies wollen wir im folgenden genauer untersuchen, wobei die Grundlagen der speziellen Relativitätstheorie, die in Bd. 1, Kap. 3 und 4 behandelt wurden, vorausgesetzt werden [3.7].

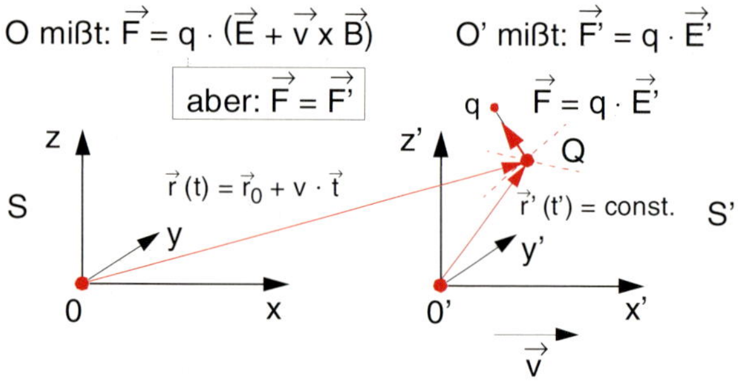

Abb. 3.32. Äquivalenz der Beschreibung der Kraft $\boldsymbol{F}$ auf eine Probeladung in zwei verschiedenen, aber gleichwertigen Inertialsystemen

3.4.1 Das elektrische Feld einer bewegten Ladung

Eine Probeladung q möge in einem System S im Punkte $\{x, y, z\}$ ruhen, während eine im Nullpunkt des Systems S' ruhende Feldladung Q sich mit der Geschwindigkeit $\boldsymbol{v} = \{v_x, 0, 0\}$ relativ zu S bewegt und zum Zeitpunkt $t = 0$ den Koordinaten-Ursprung $\{0, 0, 0\}$ passiert (Abb. 3.33). Wir wollen die Kraft

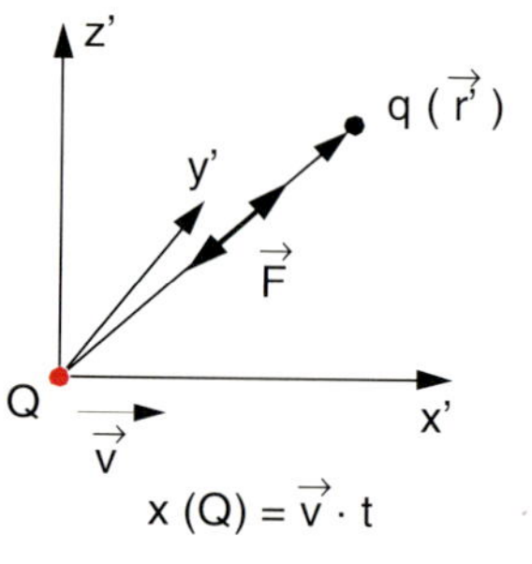

Abb. 3.33. Zur Herleitung von (3.45)

$\boldsymbol{F} = q \cdot \boldsymbol{E}$ zur Zeit $t = 0$ und damit die Feldstärke $\boldsymbol{E}$ der bewegten Ladung Q berechnen. Dazu gehen wir von folgender Überlegung aus:

Die Größe der Ladungen Q bzw. q wird durch ihre Bewegungen nicht geändert. In S haben die Ladungen Q und q zur Zeit $t = 0$ die Raum-Zeit-Koordinaten $\{0,0,0,0\}$ und $\{x,y,z,0\}$. In einem System S', das sich mit der Feldladung Q bewegt und dessen Ursprung zur Zeit $t = 0$ mit dem von S zusammenfällt, bleibt Q für alle Zeiten im Ursprung $O' = \{0,0,0,t'\}$, während die Raum-Zeit-Koordinaten von q durch $\{x',y',z',t'\}$ gegeben sind. Die Lorentz-Transformation für Länge, Geschwindigkeiten und Kräfte bei der Beschreibung des gleichen physikalischen Sachverhaltes im Laborsystem S bzw. im bewegten System S' sind in Tabelle 3.1 zur besseren Übersicht noch einmal zusammengestellt. Für unseren Fall lauten sie für die Koordinaten:

$$x' = \gamma(x - v \cdot t)\ ; \quad y' = y\ ; \quad z' = z\ ;$$
$$t' = \gamma\left(t - \frac{v \cdot x}{c^2}\right) .$$

Man beachte, daß die in S *gleichzeitigen* Punkt-Ereignisse $\{0,0,0,0\}$ für Q und $\{x,y,z,0\}$ für q zur Zeit $t = 0$ im System S' zu $\{0,0,0,0\}$ für Q und $\{x',y',z',t' = -\gamma \cdot v \cdot x/c^2\}$ für q werden und damit für einen Beobachter O' in S' nicht mehr gleichzeitig stattfinden! Um die Kraft zwischen q und Q in S' zu bestimmen, brauchen wir den Abstand zwischen q und Q, d.h. wir müssen die Koordinaten beider Ladungen gleichzeitig messen. Da jedoch die Feldladung Q in S' ruht, bleiben ihre Raumkoordinaten zeitlich konstant und sind daher dieselben zur Zeit $t' = 0$ und $t' = -\gamma \cdot v \cdot x/c^2$. Wir können deshalb den Abstand $r' = (x'^2 + y'^2 + z'^2)^{1/2}$ zwischen Q und q eindeutig bestimmen.

Tabelle 3.1. Lorentz-Transformationen für Längen, Geschwindigkeiten und Kräfte

Längen und Zeit	Geschwindigkeiten
$x' = \gamma\,(x - v \cdot t)$	$u'_x = \delta\,(u_x - v)$
$y' = y$	$u'_y = \frac{\delta}{\gamma}\,u_y$
$z' = z$	$u'_z = \frac{\delta}{\gamma}\,u_z$
$t' = \gamma\left(t - \frac{v \cdot x}{c^2}\right)$	$\delta = \left(1 - \frac{v \cdot u_x}{c^2}\right)^{-1}$
$\gamma = (1 - v^2/c^2)^{-1/2}$	$\delta' = \left(1 + \frac{v u'_x}{c^2}\right)^{-1}$
Kräfte:	
$F'_x = \delta \cdot \left(F_x - \frac{v}{c^2}\boldsymbol{F} \cdot \boldsymbol{u}\right)$	$F_x = \delta'\left(F'_x + \frac{v}{c^2}\boldsymbol{F} \cdot \boldsymbol{u}'\right)$
$F'_y = \frac{\delta}{\gamma}\,F_y\ ; \quad F'_z = \frac{\delta}{\gamma}\,F_z$	$F_y = \frac{\partial}{\delta'}\,F'_y\ ; \quad F_z = \frac{\partial}{\delta'}\,F'_z$

Wie das Experiment zeigt, hängt bei ruhender Feldladung Q die elektrische Kraft $\boldsymbol{F}' = q \cdot \boldsymbol{E}'$ für genügend kleine Werte von q nicht von der Geschwindigkeit der Probeladung q ab. In S' gilt daher das Coulomb-Gesetz

$$\boldsymbol{F}' = \frac{q \cdot Q}{4\pi \cdot \varepsilon_0} \cdot \frac{\hat{\boldsymbol{r}}'}{r'^2} . \tag{3.44}$$

Transformieren wir jetzt diese Kräfte gemäß der Lorentz-Transformation in Tabelle 3.1 zurück in das System S, so ergeben sich die Komponenten:

$$\begin{aligned} F_x &= F'_x = \frac{q \cdot Q \cdot x'}{4\pi \cdot \varepsilon_0 \cdot r'^3}\ ; \\ F_y &= \gamma \cdot F'_y = \frac{\gamma \cdot q \cdot Q \cdot y'}{4\pi \cdot \varepsilon_0 \cdot r'^3}\ ; \\ F_z &= \gamma \cdot F'_z = \frac{\gamma \cdot q \cdot Q \cdot z'}{4' \cdot \varepsilon_0 \cdot r'^3} . \end{aligned} \tag{3.45a}$$

Da aber gilt

$$x' = \gamma \cdot x\ ; \quad y' = y\ ; \quad z' = z$$
$$\Rightarrow\ r' = (\gamma^2 \cdot x^2 + y^2 + z^2)^{1/2} ,$$

erhalten wir für die Vektorgleichung

$$\begin{aligned} \boldsymbol{F} &= \frac{q \cdot Q}{4\pi \cdot \varepsilon_0} \cdot \frac{\gamma \cdot \boldsymbol{r}}{(\gamma^2 x^2 + y^2 + z^2)^{3/2}} \\ &= q \cdot \boldsymbol{E}(\gamma, \boldsymbol{r}) . \end{aligned} \tag{3.45b}$$

Man sieht aus (3.45b), daß die Kraft zwar immer längs der Verbindungslinie $\boldsymbol{r}$ von Q nach q weist, daß sie aber nicht mehr kugelsymmetrisch ist. Liegt q auf der x-Achse, d.h. in Bewegungsrichtung von Q, so ist $y = z = 0$, und $\boldsymbol{F}$ wird um den Faktor $1/\gamma^2$ kleiner als bei ruhender Feldladung. In der Richtung senkrecht zur Geschwindigkeit $\boldsymbol{v}$ von Q ist $x = 0$, und $\boldsymbol{F}$ wird um den Faktor γ größer.

Die Feldlinien des elektrischen Feldes

$$\boldsymbol{E} = \frac{Q}{4\pi \cdot \varepsilon_0} \frac{\gamma \cdot \boldsymbol{r}}{(\gamma^2 x^2 + y^2 + z^2)^{3/2}} \tag{3.46}$$

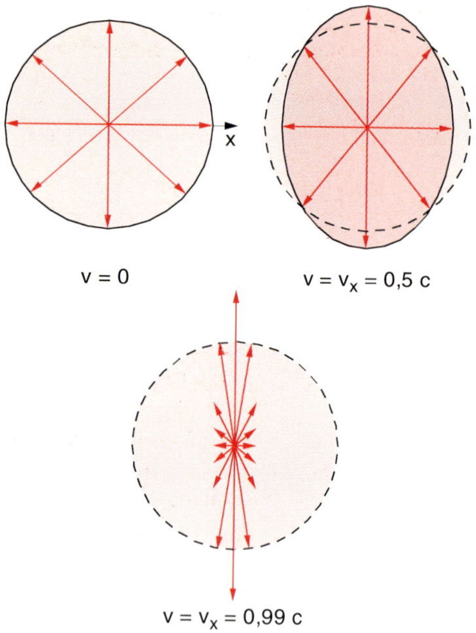

Abb. 3.34. Elektrisches Feld einer bewegten Ladung Q für $v = 0$, $v = 0{,}5\,c$ und $v = 0{,}99\,c$

sind in Abb. 3.34 für zwei verschiedene Geschwindigkeiten $v = 0{,}5 \cdot c$ und $v = 0{,}99 \cdot c$ illustriert und mit dem kugelsymmetrischen Feld der ruhenden Ladung $v = 0$ verglichen. Mit Hilfe des Winkels ϑ zwischen der Richtung von $\boldsymbol{v}$ und der Richtung von $\boldsymbol{r}$ läßt sich (3.46) umformen in:

$$\boldsymbol{E} = \frac{Q}{4\pi \cdot \varepsilon_0 \cdot r^3} \frac{(1 - v^2/c^2) \cdot \boldsymbol{r}}{\left[1 - (v^2/c^2)\sin^2\vartheta\right]^{3/2}} . \qquad (3.46a)$$

3.4.2 Zusammenhang zwischen elektrischem und magnetischem Feld

Wir betrachten nun den Fall, daß sich beide Ladungen $q(0, y, z, t = 0)$ und $Q(0, 0, 0, t = 0)$ im System S mit der Geschwindigkeit $\boldsymbol{v} = \{v_x, 0, 0\}$ parallel zueinander im konstanten Abstand $r = (y^2 + z^2)^{1/2}$ bewegen (Abb. 3.35).

Im System S', das sich mit der Geschwindigkeit $\boldsymbol{v}$ bewegt, ruhen beide Ladungen. Sie haben immer die Koordinaten $x' = 0$ und den Abstand $r' = (y'^2 + z'^2)^{1/2} = r$. Ein Beobachter O' in S' mißt deshalb die Coulomb-Kraft

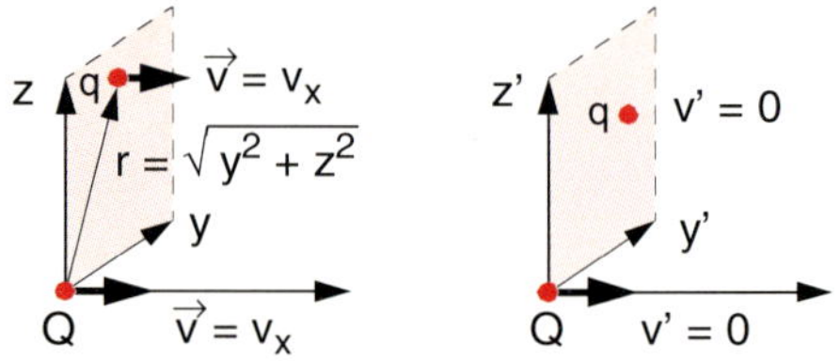

Abb. 3.35. Die beiden Ladungen q, Q ruhen im System S' und haben daher im System S die gleiche Geschwindigkeit $v = v_x$

$$F_{x'} = 0\,; \quad F_{y'} = \frac{q \cdot Q \cdot y'}{4\pi \cdot \varepsilon_0 \cdot r'^3}\,; \quad F_{z'} = \frac{q \cdot Q \cdot z'}{4\pi \cdot \varepsilon_0 \cdot r'^3} . \qquad (3.47)$$

Wir transformieren jetzt diese Kraftkomponenten ins System S. Da sich q in S' nicht bewegt, ist in der Lorentz-Transformation in Tabelle 3.1 $u' = 0$, und wir erhalten im System S:

$$F_x = F'_x = 0\,; \quad F_y = \frac{F'_y}{\gamma} = \frac{q \cdot Q \cdot y}{4\pi \cdot \varepsilon_0 \cdot \gamma \cdot r'^3}\,; \quad F_z = \frac{F'_z}{\gamma} = \frac{q \cdot Q \cdot z}{4\pi \cdot \varepsilon_0 \cdot \gamma \cdot r'^3} . \qquad (3.48)$$

Wenn q in S ruhen würde, hätten wir nach (3.45) zur Zeit $t = 0$, d.h. $x = 0$, die Kraft

$$F_x = 0\,; \quad F_y = \frac{\gamma \cdot q \cdot Q \cdot y}{4\pi \cdot \varepsilon_0 \cdot r'^3}\,; \quad F_z = \frac{\gamma \cdot q \cdot Q \cdot z}{4\pi \cdot \varepsilon_0 \cdot r'^3} \qquad (3.45c)$$

$$\Rightarrow \boldsymbol{F} = \frac{\gamma \cdot q \cdot Q}{4\pi \cdot \varepsilon_0 \cdot r'^3}\{0, y, z\} .$$

Wenn die Beschreibung in beiden Inertialsystemen zu gleichen Ergebnissen führen soll, dann muß der Unterschied zwischen (3.45b) und (3.45c)

$$\Delta\boldsymbol{F} = \frac{q \cdot Q}{4\pi \cdot \varepsilon_0 \cdot r'^3}\left(\frac{1}{\gamma} - \gamma\right)\{0, y, z\} = \boldsymbol{F}_{\text{magn}} \qquad (3.49)$$

der magnetischen Kraft $\boldsymbol{F}_{\text{magn}} = q \cdot (\boldsymbol{v} \times \boldsymbol{B})$ entsprechen, die der Beobachter O gemäß (3.29a) annimmt.

Einsetzen in (3.49) liefert

$$q(\boldsymbol{v} \times \boldsymbol{B}) = -\frac{q \cdot Q}{4\pi \cdot \varepsilon_0 \cdot r'^3} \cdot \gamma \cdot (v^2/c^2) \cdot \{0, y, z\} . \tag{3.50}$$

Ein Vergleich von (3.49) mit (3.45c) zeigt ferner, daß zwischen dieser magnetischen Kraft, die für O bei der mit der Geschwindigkeit v bewegten Probeladung q auftritt, und der elektrischen Kraft $\boldsymbol{F}_{\text{el}}$, die O bei ruhender Probeladung messen würde, die Beziehung besteht:

$$\boxed{\boldsymbol{F}_{\text{magn}} = -\frac{v^2}{c^2} \cdot \boldsymbol{F}_{\text{el}}} . \tag{3.51}$$

Die zusätzliche magnetische Kraft kommt also zustande durch die Bewegung von q. Würden sich beide Ladungen Q und q mit Lichtgeschwindigkeit $v = c$ gegen das System des Beobachters bewegen, so würde $\boldsymbol{F}_{\text{magn}} = -\boldsymbol{F}_{\text{el}}$ werden, d.h. die Gesamtkraft zwischen beiden Ladungen würde Null werden, unabhängig vom Vorzeichen beider Ladungen (Abb. 3.36). Diese Situation läßt sich in der Tat experimentell in Teilchenbeschleunigern annähern (siehe Bd. 4), in denen Elektronen und Protonen Geschwindigkeiten $v \geq 0{,}99999c$ erreichen können.

Für den Zusammenhang zwischen elektrischem und magnetischem Feld der bewegten Ladung Q, gemessen im Laborsystem S, erhalten wir aus

$$\boldsymbol{F}_{\text{magn}} = q \cdot (\boldsymbol{v} \times \boldsymbol{B}) \quad \text{und} \quad \boldsymbol{F}_{\text{el}} = q \cdot \boldsymbol{E}$$

durch Einsetzen in (3.51):

$$\boldsymbol{E} = -\frac{c^2}{v^2} \cdot (\boldsymbol{v} \times \boldsymbol{B}) ;$$
$$\boldsymbol{B} = \frac{1}{c^2} \cdot (\boldsymbol{v} \times \boldsymbol{E}) . \tag{3.52}$$

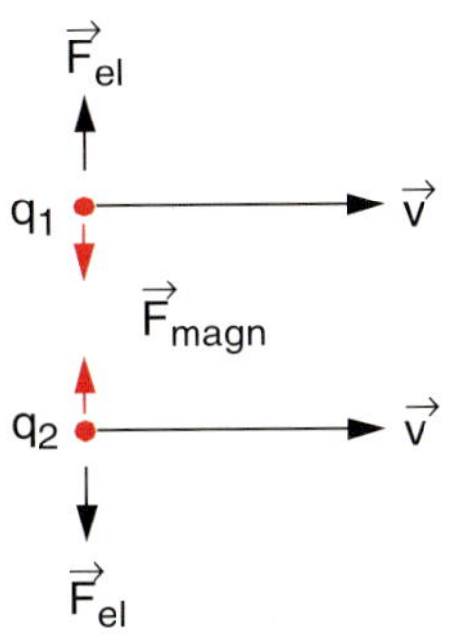

Abb. 3.36. Elektrische und magnetische Kräfte zwischen zwei Ladungen q_1 und q_2 gleichen Vorzeichens, die sich beide mit der gleichen Geschwindigkeit bewegen

Da $\boldsymbol{B} \perp \boldsymbol{v}$ gilt, folgt für die Beträge von $\boldsymbol{E}$ und $\boldsymbol{B}$ für eine Ladung, die sich mit der Geschwindigkeit v bewegt, die Relation

$$|\boldsymbol{B}| = \frac{v}{c^2} \cdot |\boldsymbol{E}| . \tag{3.53}$$

Wenn die Geschwindigkeit $v \to c$ geht, wird

$$B = \frac{1}{c} \cdot E .$$

3.4.3 Relativistische Transformation von Ladungsdichte und Strom

Wir wollen uns die Ursache für das Magnetfeld eines elektrischen Stromes nochmals an einem weiteren, sehr instruktiven Beispiel klarmachen:

Eine Probeladung q möge sich mit der Geschwindigkeit $\boldsymbol{v}$ parallel zu einem langen geraden Leiter bewegen, durch den der Strom I fließt (Abb. 3.37). Nach den im Abschn. 3.4.2 beschriebenen Experimenten wird von einem Beobachter O im Laborsystem S, in dem der Leiter ruht, die Lorentz-Kraft

$$\boldsymbol{F} = q \cdot (\boldsymbol{v} \times \boldsymbol{B})$$

gemessen. Für ihn hat der elektrisch neutrale Leiter die linearen Ladungsdichten (Ladung pro m Leiterlänge) λ_+ für die positiven Ionen bzw. $\lambda_- = -\lambda_+$ für die Elektronen, die sich mit der Driftgeschwindigkeit $\boldsymbol{v}_{\text{D}}$ gegen die im Leiter ruhenden Ionen bewegen, so daß der Strom $I = \lambda_- \cdot v_{\text{D}}$ entsteht.

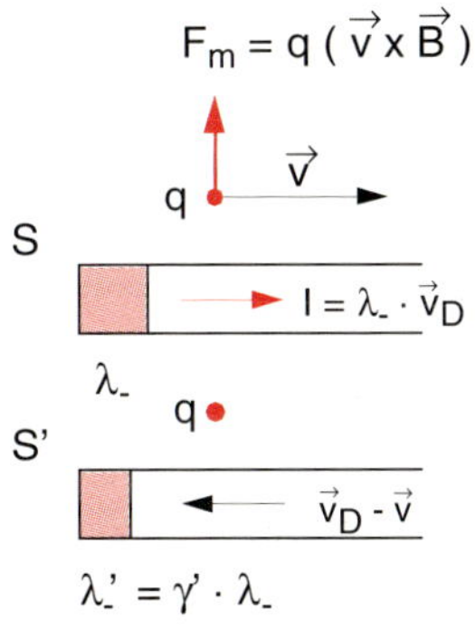

Abb. 3.37a,b. Wechselwirkung zwischen einem geraden Leiter mit der Stromstärke I und einer Ladung q, die sich parallel zum Draht mit der Geschwindigkeit $v = v_x$ bewegt: (**a**) Im System S, in dem der Leiter ruht; (**b**) im System S', in dem die Ladung q ruht und sich die Ladungsträger im Draht mit der Geschwindigkeit $\boldsymbol{v}_{\text{D}} - \boldsymbol{v}$ bewegen

Für einen Beobachter O' hingegen, der sich mit der Probeladung q, also mit der Geschwindigkeit $\boldsymbol{v}$ parallel zum Leiter bewegt, ist die Leiterlänge infolge der Lorentz-Kontraktion verkürzt, und er mißt deshalb die größere Ladungsdichte

$$\lambda'_+ = \frac{\lambda_+}{\sqrt{1 - v^2/c^2}} = \gamma \cdot \lambda_+ \tag{3.54a}$$

für die im Leiter ruhenden Ionen bzw.

$$\lambda'_- = \frac{\lambda_0}{\sqrt{1 - v'^2/c^2}} = \gamma' \cdot \lambda_0 \tag{3.54b}$$

für die Elektronen, die sich nach dem Additionstheorem für Geschwindigkeiten aus Tabelle 3.1 mit der Geschwindigkeit

$$\boldsymbol{v}' = \frac{\boldsymbol{v}_\mathrm{D} - \boldsymbol{v}}{1 - \boldsymbol{v}_\mathrm{D}\boldsymbol{v}/c^2}$$

relativ zu O' bewegen. Ihre Ladungsdichte wäre λ_0 für einen Beobachter, der sich mit den Elektronen bewegt, für den also die Elektronen ruhen würden. Es gilt daher analog zu (3.54a)

$$\lambda_- = \frac{\lambda_0}{\sqrt{1 - v_\mathrm{D}^2/c^2}} \; . \tag{3.54c}$$

Einsetzen in (3.54b) liefert mit den Abkürzungen $\beta' = v'/c$; $\beta_\mathrm{D} = v_\mathrm{D}/c$:

$$\lambda'_- = \frac{\sqrt{1 - \beta_\mathrm{D}^2}}{\sqrt{1 - \beta'^2}} \cdot \lambda_- \; .$$

Mit Hilfe des relativistischen Additionstheorems für Geschwindigkeiten (siehe Tabelle 3.1):

$$\beta' = \frac{\beta_\mathrm{D} - \beta}{1 - \beta \cdot \beta_\mathrm{D}}$$

können wir β' eliminieren und erhalten schließlich:

$$\begin{aligned} \lambda'_- &= \frac{1 - \beta \cdot \beta_\mathrm{D}}{\sqrt{1 - \beta^2}} \cdot \lambda_- \\ &= \gamma \cdot (1 - \beta \cdot \beta_\mathrm{D}) \cdot \lambda_- \; . \end{aligned} \tag{3.54d}$$

Während für den ruhenden Beobachter O der Leiter elektrisch neutral ist, d.h. $\lambda_+ = -\lambda_-$ gilt (sonst würde ja auf eine in S *ruhende* Ladung eine Kraft ausgeübt), erscheint für den mit der Ladung q bewegten Beobachter O' die gesamte von Null verschiedene Ladungsdichte $\lambda' = \lambda'_+ + \lambda'_-$:

$$\begin{aligned} \lambda' &= \frac{1}{\sqrt{1 - \beta^2}} \cdot \lambda_+ + \frac{1 - \beta \cdot \beta_\mathrm{D}}{\sqrt{1 - \beta^2}} \cdot \lambda_- \\ &= \gamma \cdot (v/c^2) \cdot v_\mathrm{D} \cdot \lambda_+ \; , \end{aligned} \tag{3.55}$$

wobei hier $\lambda_+ = -\lambda_-$ verwendet wurde.

Die Stromstärke ist für den ruhenden Beobachter O:

$$I = \lambda_- \cdot v_\mathrm{D}$$

für den bewegten Beobachter O' hingegen

$$I' = \lambda'_+ \cdot (-v) + \lambda'_- \cdot v' \; .$$

Setzt man für λ'_+, λ'_- und v' die obigen Ausdrücke ein und berücksichtigt $\lambda_+ = -\lambda_-$, so erhält man das Ergebnis

$$I' = \frac{1}{\sqrt{1 - \beta^2}} \cdot I = \gamma \cdot I \; . \tag{3.56}$$

Der bewegte Beobachter O' mißt also einen um den Faktor $\gamma > 1$ größeren Strom als der ruhende Beobachter O.

Auf die Ladung q, die sich mit der Geschwindigkeit v parallel zum Leiter in x-Richtung bewegt, wirkt deshalb für den mitbewegten Beobachter O' nach (1.18a) und (3.54b) die Kraft

$$\begin{aligned} \boldsymbol{F}' &= q \cdot \boldsymbol{E}' = \frac{q \cdot \lambda' \cdot \hat{\boldsymbol{r}}}{2\pi \cdot \varepsilon_0 \cdot r} \\ &= \gamma \cdot q \cdot (v/c^2) \cdot \frac{I}{2\pi \cdot \varepsilon_0} \cdot \frac{\hat{\boldsymbol{r}}}{r} \; . \end{aligned} \tag{3.57}$$

Der ruhende Beobachter mißt dann gemäß der Lorentz-Transformation (Tabelle 3.1) die Kraft:

$$\boldsymbol{F} = \boldsymbol{F}'/\gamma = q \cdot v/c^2 \cdot \frac{I \cdot \hat{\boldsymbol{r}}}{2\pi \cdot \varepsilon_0 \cdot r} \; . \tag{3.58}$$

Da das Magnetfeld eines stromführenden Leiters nach (3.17) den Betrag

$$B = \mu_0 \cdot I/(2\pi r)$$

hat und senkrecht zu $\boldsymbol{v}$ und $\hat{\boldsymbol{r}}$ gerichtet ist, läßt sich (3.58) auch schreiben als

$$\boldsymbol{F} = q \cdot \frac{1}{c^2 \cdot \varepsilon_0 \cdot \mu_0} \cdot (\boldsymbol{v} \times \boldsymbol{B}) \; . \tag{3.59}$$

Dies ist identisch mit der Lorentz-Kraft (3.29a), wenn die Beziehung

$$\boxed{\varepsilon_0 \cdot \mu_0 = 1/c^2} \tag{3.60}$$

zwischen den Feldkonstanten ε_0, μ_0 und der Lichtgeschwindigkeit c gilt, die wir später noch auf eine andere Weise herleiten können (siehe Abschn. 7.1).

Zusammenfassend können wir also sagen:

> Das Magnetfeld eines Stromes und die Lorentz-Kraft auf eine bewegte Probeladung q im Magnetfeld lassen sich mit Hilfe der Relativitätstheorie allein aus dem Coulomb-Gesetz und den Lorentz-Transformationen herleiten. Das Magnetfeld ist also keine prinzipiell vom elektrischen Feld unabhängige Eigenschaft geladener Materie, sondern ist im Sinne der Relativitätstheorie eigentlich eine Änderung des elektrischen Feldes bewegter Ladungen infolge der Lorentz-Kontraktion. Man spricht daher vom ***elektromagnetischen Feld*** einer bewegten Ladung.

Man beachte, daß die unterschiedliche Lorentz-Kontraktion für die im Draht ruhenden Ionen und die sich bewegenden Elektronen nur durch eine kleine Driftgeschwindigkeit $\boldsymbol{v}_\mathrm{D}$ entsteht. (Die größere thermische Geschwindigkeit der Elektronen hat den Mittelwert Null und spielt deshalb keine Rolle.) Da typische Driftgeschwindigkeiten von der Größenordnung mm/s sind (siehe Abschn. 2.7), machen sich relativistische Effekte also hier auch schon bei sehr kleinen Geschwindigkeiten bemerkbar. Allerdings muß man sich folgende Relationen klarmachen:

Würde der Draht nur aus positiven Ionen (d.h. ohne Elektronen) bestehen, so wäre die elektrische Kraft

$$\boldsymbol{F}_\mathrm{el} = \frac{c^2}{v \cdot v_\mathrm{D}} \cdot \boldsymbol{F}_\mathrm{magn}$$

für eine Driftgeschwindigkeit $v_\mathrm{D} = 1\,\mathrm{mm/s}$ und eine Geschwindigkeit von $100\,\mathrm{m/s}$ der Probeladung q etwa 10^{18} mal so groß wie die magnetische. Bei einem neutralen Leiter kompensieren die Elektronen diese elektrische Kraft auf eine Probeladung q vollständig, wenn q relativ zum Leiter ruht. Wenn q sich bewegt, ist die Kompensation nicht mehr vollständig. Es bleibt gemäß (3.55) wegen der unterschiedlichen Lorentz-Kontraktion ein Rest

$$\Delta Q = \gamma \cdot (v \cdot v_\mathrm{D}/c^2) \cdot Q \tag{3.61}$$

der gesamten Ionenladung Q übrig, dessen elektrische Kraft gleich der als magnetische Kraft $\boldsymbol{F} = q \cdot (\boldsymbol{v} \times \boldsymbol{B})$ bezeichneten Lorentz-Kraft ist.

3.4.4 Transformationsgleichungen für das elektromagnetische Feld

Wir wollen jetzt die Transformationsgleichungen für das elektromagnetische Feld $(\boldsymbol{E}, \boldsymbol{B})$ beim Übergang von einem ruhenden auf ein bewegtes Inertialsystem herleiten. Dazu betrachten wir den im vorigen Abschnitt behandelten Fall, daß im Laborsystem S sich beide Ladungen $Q(x(t), 0, 0)$ und $q(x(t), y, z)$ parallel zueinander mit der Geschwindigkeit $\boldsymbol{v} = \{v_x, 0, 0\}$ bewegen und daher im mitbewegten System S' ruhen. Der im Laborsystem ruhende Beobachter O mißt die Kraftkomponenten

$$\begin{aligned} F_x &= q \cdot E_x\,; \\ F_y &= q \cdot (E_y - v_x \cdot B_z)\,; \\ F_z &= q \cdot (E_z + v_x \cdot B_y) \end{aligned} \tag{3.62}$$

auf die Probeladung q und schließt daraus auf das Vorhandensein eines elektrischen und magnetischen Feldes.

Der mit beiden Ladungen mitbewegte Beobachter O' mißt nur ein elektrisches Feld (allerdings ein anderes als der ruhende Beobachter!) und erhält die Kraftkomponenten

$$\begin{aligned} F'_x &= q \cdot E'_x\,; \\ F'_y &= q \cdot E'_y\,; \\ F'_z &= q \cdot E'_z\,. \end{aligned} \tag{3.63}$$

Zwischen den Kraftkomponenten in beiden Systemen müssen die Lorentz-Transformationen gelten:

$$F'_x = F_x\,; \quad F'_y = \gamma \cdot F_y\,; \quad F'_z = \gamma \cdot F_z\,,$$

woraus für den Zusammenhang zwischen $\boldsymbol{E}$, $\boldsymbol{B}$ und $\boldsymbol{E}'$ folgt:

$$\begin{aligned} E'_x &= E_x\,; \\ E'_y &= \gamma \cdot (E_y - v_x \cdot B_z)\,; \\ E'_z &= \gamma \cdot (E_z + v_x \cdot B_y)\,. \end{aligned} \tag{3.64a}$$

Für die Rücktransformation, welche den Fall beschreibt, daß Q im System S ruht, so daß jetzt O' ein elektrisches und ein magnetisches Feld beobachtet, gilt dann wegen $v'_x = -v_x$:

$$\begin{aligned} E_x &= E'_x \; ; \\ E_y &= \gamma \cdot (E'_y + v_x \cdot B'_z) \; ; \\ E_z &= \gamma \cdot (E'_z - v_x \cdot B'_y) \; . \end{aligned} \tag{3.64b}$$

Für den allgemeinen Fall, daß sich Q sowohl gegen O als auch gegen O' bewegt, messen beide Beobachter sowohl elektrische als auch magnetische Felder, aber von unterschiedlicher Größe. Die entsprechenden Transformationsgleichungen erhält man aus (3.64) und den Lorentz-Transformationen für Geschwindigkeiten (Bd. 1, (3.28)). Das Ergebnis ist:

$$\begin{aligned} B'_x &= B_x \; ; \\ B'_y &= \gamma \cdot \left(B_y + \frac{v}{c^2} \cdot E_z\right) \; ; \\ B'_z &= \gamma \cdot \left(B_z - \frac{v}{c^2} \cdot E_y\right) \; , \end{aligned} \tag{3.65a}$$

mit den entsprechenden Rücktransformationen:

$$\begin{aligned} B_x &= B'_x \; ; \\ B_y &= \gamma \cdot \left(B'_y - \frac{v}{c^2} \cdot E'_z\right) \; ; \\ B_z &= \gamma \cdot \left(B'_z + \frac{v}{c^2} \cdot E'_y\right) \; . \end{aligned} \tag{3.65b}$$

Die Gleichungen (3.64) und (3.65), in denen die Felder $\boldsymbol{E}$ und $\boldsymbol{B}$ miteinander gekoppelt auftreten, zeigen, daß elektrische und magnetische Felder eng miteinander verknüpft sind. Man nennt dieses gekoppelte Feld ***elektromagnetisches Feld***. Die Trennung in eine rein elektrische oder rein magnetische Komponente hängt vom Bezugssystem ab, in dem der Vorgang beschrieben wird. Man beachte jedoch, daß alle Beobachter in beliebigen Inertialsystemen immer zu widerspruchsfreien, konsistenten Aussagen über die Bewegungsgleichungen kommen!

3.5 Materie im Magnetfeld

In diesem Abschnitt sollen auf phänomenologischer Basis die wichtigsten magnetischen Erscheinungen behandelt werden, die man beobachtet, wenn Materie in ein äußeres Magnetfeld gebracht wird. Ein mikroskopisches, d.h. atomares Modell dieser Phänomene kann erst in Bd. 3 nach der Behandlung der Atomphysik verstanden werden. Die hier diskutierten magnetischen Phänomene sind völlig analog zu der im Abschn. 1.7 behandelten dielektrischen Polarisation. Wir beginnen mit dem wichtigen Begriff des magnetischen Dipols.

3.5.1 Magnetische Dipole

Wir hatten im Abschn. 3.2.6 gesehen, daß das Magnetfeld einer ebenen Stromschleife dem eines kurzen permanenten Dipolmagneten gleicht. Als ***magnetisches Dipolmoment*** definieren wir das Produkt

$$\boldsymbol{p}_{\mathrm{m}} = I \cdot \boldsymbol{A} \tag{3.66}$$

aus Stromstärke I und Flächennormalenvektor $\boldsymbol{A}$, dessen Richtung so bestimmt ist, daß er mit der Umlaufrichtung des Stromes I eine Rechtsschraube bildet (Abb. 3.38).

Bringt man eine solche stromdurchflossene Leiterschleife in ein äußeres Magnetfeld, so bewirken die auftretenden Lorentz-Kräfte ein Drehmoment auf den Dipol, das wir am Beispiel einer rechteckigen Spule berechnen wollen, die in einem homogenen Magnetfeld $\boldsymbol{B}$ um die Achse C drehbar aufgehängt ist (Abb. 3.39):

Auf die beiden gegenüberliegenden Leiterstücke a der Rechteckschleife mit der Fläche $A = a \cdot b$ wirkt die Lorentz-Kraft

$$\boldsymbol{F} = a \cdot I \cdot (\hat{\boldsymbol{e}}_a \times \boldsymbol{B}) \; ,$$

wobei $\hat{\boldsymbol{e}}_a$ ein Einheitsvektor in Richtung von a ist. Die Kraft auf die Leiterstücke b wird durch die Aufhängung aufgefangen. Die Kraft $\boldsymbol{F}$ bewirkt ein Drehmoment

$$\begin{aligned} \boldsymbol{D} &= 2 \cdot \frac{b}{2} \cdot (\hat{\boldsymbol{e}}_b \times \boldsymbol{F}) \\ &= a \cdot b \cdot I \cdot (\hat{\boldsymbol{e}}_a \times \hat{\boldsymbol{e}}_b) \times \boldsymbol{B} = I \cdot \boldsymbol{A} \times \boldsymbol{B} \; . \end{aligned}$$

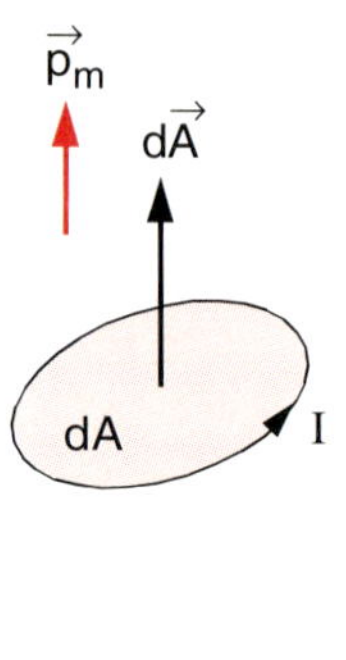

Abb. 3.38. Magnetisches Dipolmoment $\boldsymbol{p}_{\mathrm{m}}$ eines vom Strom I umflossenen Flächenelementes d$\boldsymbol{A}$

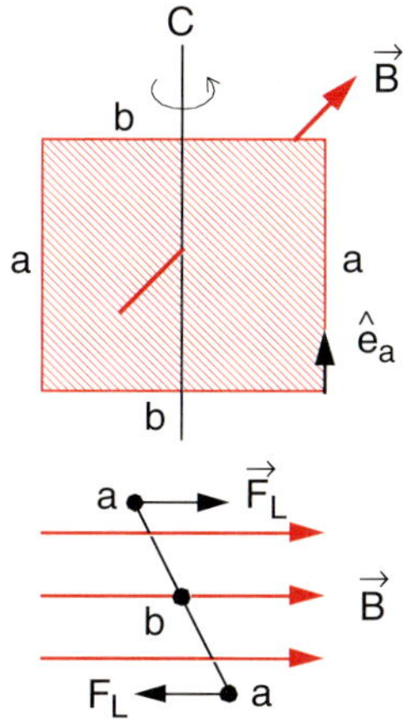

Abb. 3.39. Drehmoment auf eine stromdurchflossene Rechteckscheibe aud Grund der Lorentzkräfte

Mit dem magnetischen Dipolmoment $\boldsymbol{p}_\mathrm{m} = I \cdot \boldsymbol{A}$ erhalten wir:

$$\boxed{\boldsymbol{D} = \boldsymbol{p}_\mathrm{m} \times \boldsymbol{B}} \,. \tag{3.67}$$

Man beachte die Analogie zum elektrostatischen Fall, wo das Drehmoment auf einen elektrischen Dipol $\boldsymbol{p}_\mathrm{el}$ im elektrischen Feld $\boldsymbol{D} = \boldsymbol{p}_\mathrm{el} \times \boldsymbol{E}$ war.

Auch die potentielle Energie des magnetischen Dipols im Magnetfeld kann man analog zum elektrischen Fall herleiten (siehe Abschn. 1.4.1) und erhält

$$W = -\boldsymbol{p}_\mathrm{m} \cdot \boldsymbol{B} \,. \tag{3.68}$$

Auch hier ist die resultierende Kraft auf den magnetischen Dipol im homogenen Magnetfeld Null, im inhomogenen Feld beträgt sie

$$\boldsymbol{F} = \boldsymbol{p}_\mathrm{m} \cdot \mathbf{grad}\; \boldsymbol{B} \,. \tag{3.69}$$

Die Gleichungen (3.67) bis (3.69) enthalten nicht die spezielle geometrische Form der Leiterschleife. Sie sind deshalb für beliebige magnetische Dipole gültig (z.B. auch für Permanentmagnete).

Im folgenden sind einige Beispiele für magnetische Dipole aufgeführt.

a) Drehspulmeßgeräte

Das Drehmoment stromdurchflossener Spulen im Magnetfeld wird im Drehspulinstrument zur Strommessung ausgenutzt. Eine dünne Rechteckspule mit N Windungen wird in einem radialen Magnetfeld drehbar um einen gespannten Draht aufgehängt (Abb. 2.26). Das Drehmoment

$$\boldsymbol{D} = \boldsymbol{M}_\mathrm{m} \times \boldsymbol{B} = N \cdot I \cdot \boldsymbol{A} \cdot \boldsymbol{B}$$

hat im radialen Feld des entsprechend geformten Permanentmagneten den Betrag $D = I \cdot N \cdot A \cdot B \cdot \sin\alpha = I \cdot N \cdot A \cdot B$, weil im Drehbereich der Spule der Flächennormalenvektor $\boldsymbol{A}$ immer senkrecht zur Feldrichtung zeigt. Die Spule stellt sich so ein, daß das rücktreibende Drehmoment des tordierten Aufhängedrahtes gleich D ist. Über einen Spiegel kann man die Torsion mit Hilfe eines Lichtzeigers auf einer Skala anzeigen (Spiegel-Galvanometer). Robustere Instrumente benutzen eine drehbar gelagerte feste Achse. Durch eine Schneckenfeder, die auch als Stromzufuhr dient, wird das rücktreibende Drehmoment erzeugt. Die Meßempfindlichkeit wird durch die Stärke der Feder und die Lagerreibung bestimmt.

b) Atomare magnetische Momente

Ein Teilchen mit der Masse m und der Ladung q, das mit der Geschwindigkeit v einen Kreis mit dem Radius R umläuft, stellt einen Kreisstrom $I = q \cdot \nu = q \cdot v/(2\pi R)$ dar. Das magnetische Moment diese Kreisstromes ist

$$\boldsymbol{p}_\mathrm{m} = q \cdot \nu \cdot \boldsymbol{A} = \frac{1}{2} \cdot q \cdot R^2 \cdot \boldsymbol{\omega} \,. \tag{3.70}$$

Der Drehimpuls der umlaufenden Masse m ist

$$\boldsymbol{L} = m \cdot (\boldsymbol{R} \times \boldsymbol{v}) = m \cdot R^2 \cdot \boldsymbol{\omega} \,. \tag{3.71}$$

Wir erhalten daher den Zusammenhang zwischen Drehimpuls und magnetischem Moment des umlaufenden geladenen Teilchens (Abb. 3.40):

$$\boxed{\boldsymbol{p}_\mathrm{m} = \frac{q}{2m} \cdot \boldsymbol{L}} \,. \tag{3.72}$$

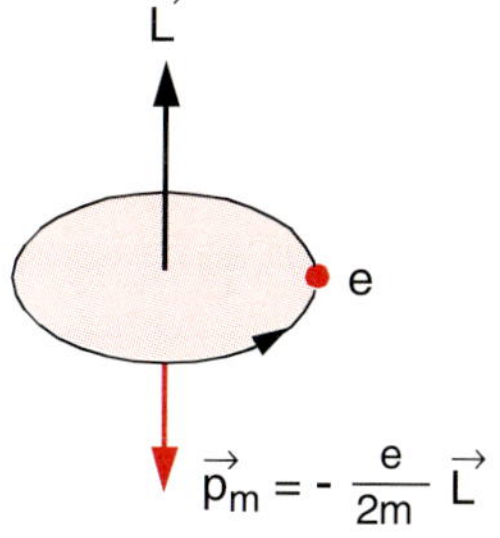

Abb. 3.40. Zusammenhang zwischen Bahndrehimpuls $\boldsymbol{L}$ und magnetischem Moment $\boldsymbol{p}_\mathrm{m}$ eines auf einem Kreis umlaufenden Teilchens mit Masse m und Ladung $q = -e$

BEISPIEL

Im Bohrschen Atommodell des Wasserstoffatoms läuft ein Elektron der Masse m_e und der Ladung $q = -e$ auf einer Kreisbahn um das Proton (siehe Bd. 3). Mißt man seinen Bahndrehimpuls $L = l \cdot \hbar$ (l ganzzahlig) in Einheiten des Planckschen Wirkungsquantums $\hbar$, so wird sein magnetisches Bahnmoment

$$\boldsymbol{p}_m = -\frac{e}{2m_e} \cdot \boldsymbol{L} \quad \Rightarrow \quad |\boldsymbol{p}_m| = -l \cdot \frac{e \cdot \hbar}{2 \cdot m_e} .$$

Das magnetische Bahnmoment des Elektrons für $l = 1$

$$\mu_B = \frac{e \cdot \hbar}{2m_e} \tag{3.73}$$

bei einem Bahndrehimpuls $L = \hbar$ nennt man das ***Bohrsche Magneton***.

3.5.2 Magnetisierung und magnetische Suszeptibilität

Im Inneren einer Spule mit n Windungen pro m, die vom Strom I durchflossen wird, existiert im Vakuum ein Magnetfeld (siehe Abschn. 3.2.3)

$$H_0 = n \cdot I \Rightarrow B_0 = \mu_0 \cdot n \cdot I .$$

Füllt man den Innenraum der Spule mit Materie, z.B. Eisen, so stellt man fest, daß der magnetische Kraftfluß

$$\Phi_m = \int \boldsymbol{B} \cdot \mathrm{d}\boldsymbol{A}$$

sich um einen Faktor μ vergrößert hat. Da die Fläche A konstant geblieben ist, muß für die magnetische Kraftflußdichte B gelten:

$$B_{\text{Materie}} = \mu B_{\text{Vakuum}} = \mu\mu_0 H_{\text{Vakuum}} . \tag{3.74}$$

Die dimensionslose Materialkonstante μ heißt die ***relative Permeabilität***.

Diese Änderung des magnetischen Kraftflusses läßt sich erklären durch die Einwirkung des Magnetfeldes auf die Atome oder Moleküle des entsprechenden Stoffes. Analog zum elektrischen Feld, das durch Ladungsverschiebung induzierte elektrische Dipole erzeugt oder bereits vorhandene Dipole ausrichtet und damit eine dielektrische Polarisation der Materie bewirkt (siehe Abschn. 1.7), beobachtet man auch im Magnetfeld eine *magnetische Polarisierung* der Materie. Sie entsteht durch atomare magnetische Momente $\boldsymbol{p}_m$, die entweder durch das äußere Magnetfeld erzeugt werden oder die bereits vorhanden sind, aber durch $\boldsymbol{B}_a$ ausgerichtet werden. Man beschreibt sie makroskopisch durch die ***Magnetisierung M***, die das magnetische Moment pro Volumeneinheit angibt, also die Vektorsumme

$$\boldsymbol{M} = \frac{1}{V} \sum_V \boldsymbol{p}_m \tag{3.75}$$

der atomaren magnetischen Dipolmomente $\boldsymbol{p}_m$ pro m^3. Die Dimension der Magnetisierung

$$[M] = 1\,\frac{\mathrm{A \cdot m^2}}{\mathrm{m^3}} = 1\,\frac{\mathrm{A}}{\mathrm{m}}$$

ist dieselbe wie die der magnetischen Erregung (früher: Feldstärke) H. Für die magnetische Feldstärke (Induktion) der mit Materie ausgefüllten Spule erhalten wir dann:

$$\boldsymbol{B} = \mu_0 \cdot (\boldsymbol{H}_0 + \boldsymbol{M}) . \tag{3.76}$$

Man stellt experimentell fest, daß bei nicht zu großen Feldstärken (siehe unten) die Magnetisierung $\boldsymbol{M}$ proportional zur magnetischen Erregung $\boldsymbol{H}$ ist (Abb. 3.41):

$$\boldsymbol{M} = \chi \cdot \boldsymbol{H} . \tag{3.77}$$

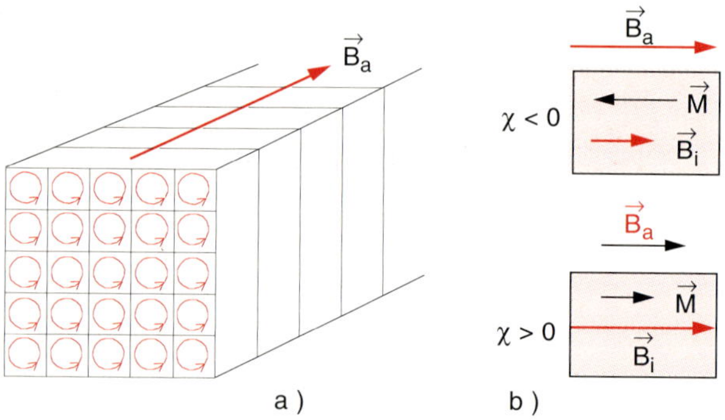

Abb. 3.41. (**a**) Magnetisierung $\boldsymbol{M}$ erzeugt durch atomare Kreisströme in den Atomen des magnetischen Materials. Jeder dieser Kreisströme erzeugt ein magnetisches Dipolmoment $\boldsymbol{p}_m$. (**b**) Die Orientierung der Dipole führt zu einer Magnetisierung $\boldsymbol{M} = 1/V \sum \boldsymbol{p}_m$, die entweder die magnetische Erregung verstärken (Paramagnete, $\chi > 0$) oder schwächen (Diamagnete, $\chi < 0$)

Der Proportionalitätsfaktor χ heißt ***magnetische Suszeptibilität***. Sein Wert nimmt im allgemeinen mit wachsender Temperatur ab.

Ein Vergleich von (3.76) und (3.77) zeigt, daß zwischen χ und μ der folgende Zusammenhang besteht:

$$\boldsymbol{B} = \mu_0 \cdot \mu \cdot \boldsymbol{H} = \mu_0 \cdot (1+\chi) \cdot \boldsymbol{H}$$
$$\Rightarrow \mu = 1 + \chi. \qquad (3.78)$$

Nach dem Wert und dem Vorzeichen der magnetischen Suszeptibilität χ werden die verschiedenen Stoffe hinsichtlich ihres magnetischen Verhaltens in verschiedene Klassen eingeteilt (Abb. 3.42):

$$\left.\begin{array}{ll}\text{Diamagnetische Stoffe:} & \chi < 0 \\ \text{Paramagnetische Stoffe:} & \chi > 0\end{array}\right\} |\chi| \ll 1$$
$$\text{Ferromagnete:} \quad \chi > 0 \quad |\chi| \gg 1$$

Tabelle 3.2. Molare magnetische Suszeptibilität χ_m einiger dia- und paramagnetischer Stoffe und relative Permeabilitäten μ einiger Ferromagnete unter Normalbedingungen ($p = 10^5$ Pa, $T = 0$ °C) [3.8]

a) Diamagnetische Stoffe			
Gase	$\chi_m \cdot 10^{-9}$/Mol	Stoff	$\chi_m \cdot 10^{-9}$/Mol
He	− 1,9	Cu	− 5,46
Ne	− 7,2	Ag	− 19,5
Ar	−19,5	Au	− 28
Kr	−28,8	Pb	− 23
Xe	−43,9	Te	− 39,5
H_2	− 4,0	Bi	−280
N_2	−12,0	H_2O	− 13

b) Paramagnetische Stoffe			
Stoff	$\chi_m \cdot 10^{-9}$/Mol	Stoff	$\chi_m \cdot 10^{-9}$/Mol
Al	+ 16,5	O_2	+ 3450
Na	+ 16,0	$FeCO_3$	+11300
Mn(α)	+ 529	$CoBN_2$	13000
Ho	72900	Gd_2O_3	53200

c) Ferromagnetische Stoffe	
Stoff	μ
Eisen je nach Vorbehandlung	500 − 10000
Kobalt	80 − 200
Permalloy 78% Ni, 3% Mo	$10^4 - 10^5$
Mumetall 76% Ni, 5% Cu, 2% Co	10^5
Supermalloy	$10^5 - 10^6$

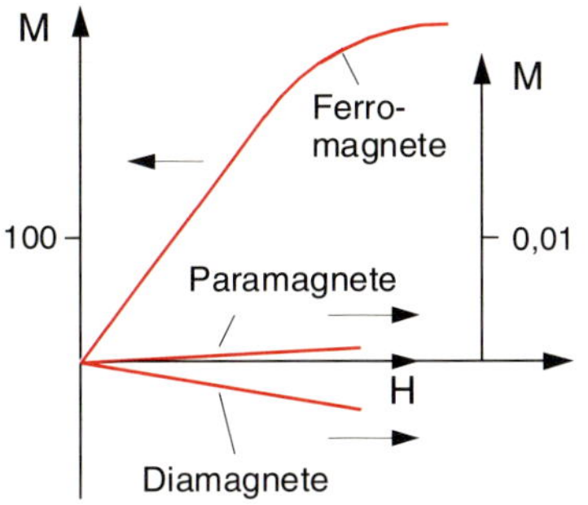

Abb. 3.42. Magnetisierung $M(H)$ als Funktion der magnetischen Erregung H für Dia- und Paramagnetische Stoffe (rechte Skala) und für Ferromagnete (linke Skala)

Tabelle 3.2 gibt Beispiele für die Suszeptibilität einiger Stoffe bei Zimmertemperatur [3.8]. Häufig wird die molare Suszeptibilität χ_{mol} angegeben. Sie ist analog zu (3.77) definiert durch:

$$\boldsymbol{M}_{\text{mol}} = \chi_{\text{mol}} \cdot \boldsymbol{H},$$

wobei $\boldsymbol{M}_{\text{mol}}$ die Magnetiesierung pro Mol des Stoffes ist. Der Zusammenhang zwischen χ_{mol} und der in (3.77) definierten Suszeptibilität ist:

$$\chi_{\text{mol}} = \chi \cdot V_{\text{mol}},$$

wobei V_{mol} das Volumen ist, das von 1 mol des Stoffes eingenommen wird.

3.5.3 Diamagnetismus

Diamagnetische Stoffe bestehen aus Atomen oder Molekülen, die *kein* permanentes magnetisches Dipolmoment besitzen. Bringt man solche Stoffe jedoch in ein Magnetfeld, so entstehen *induzierte* Dipole $\boldsymbol{p}_{\text{m}}$, die so gerichtet sind, daß ihr Magnetfeld dem induzierenden äußeren Feld $\boldsymbol{B}_{\text{a}}$ entgegengerichtet ist, so daß das Feld $\boldsymbol{B}_{\text{i}}$ im Inneren der Probe kleiner als das äußere Feld wird (siehe Abschn. 4.2). Die Magnetisierung

$$\boldsymbol{M} = \chi \cdot \boldsymbol{H}$$

ist daher ebenfalls dem äußeren Feld entgegengesetzt, d.h. die Suszeptibilität χ ist negativ! Die Proportionalität gilt bis zu solchen Werten des äußeren Feldes, die immer noch klein sind gegen die *inneratomaren* Felder, welche durch die Bewegung der Elektronen in den Atomhüllen erzeugt werden und von der Größenordnung 10^2 T sind (siehe Aufgabe 3).

Da die Kraft auf einen magnetischen Dipol $\boldsymbol{p}_{\text{m}}$ im inhomogenen Magnetfeld $\boldsymbol{B}$ durch $\boldsymbol{F} = \boldsymbol{p}_{\text{m}} \cdot \textbf{grad}\ \boldsymbol{B}$

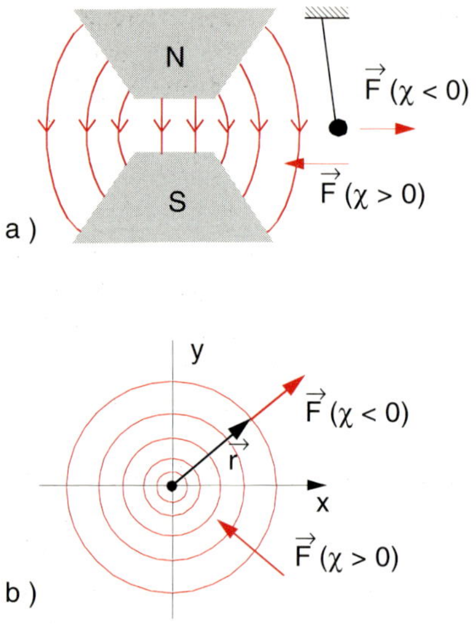

Abb. 3.43a,b. Ein diamagnetischer Körper wird im inhomogenen Feld aus dem Bereich großer Feldstärke herausgedrängt. (**a**) Inhomogenes Magnetfeld eines Elektromagneten; (**b**) Beispiel für das Magnetfeld eines geraden Drahtes

gegeben ist (vgl. (1.29)) und $\boldsymbol{M} = (\sum \boldsymbol{p}_\mathrm{m})/V$ antiparallel zu $\boldsymbol{B}$ ist, wird ein diamagnetischer Körper aus dem Bereich großer Feldstärke herausgedrängt (Abb. 3.43a). Bei einer Feldstärke $\boldsymbol{B}$ wird die Kraft auf eine Probe mit dem Volumen V bei einer Magnetisierung $\boldsymbol{M} = \chi \cdot \boldsymbol{H} = (\chi/\mu_0) \cdot \boldsymbol{B}$:

$$\begin{aligned} \boldsymbol{F} &= \boldsymbol{M} \cdot V \cdot \mathbf{grad}\ \boldsymbol{B} \\ &= (\chi/\mu_0) \cdot V \cdot \boldsymbol{B} \cdot \mathbf{grad}\ \boldsymbol{B}\,. \end{aligned} \tag{3.79}$$

BEISPIEL

Zur Illustration dieses Phänomens betrachten wir das Magnetfeld eines stromführenden Drahtes. Es ist in radialer Richtung inhomogen, da es nach (3.17) mit $1/r$ abfällt. Es gilt:

$$\begin{aligned} \boldsymbol{B} &= \frac{\mu_0 I}{2\pi r^2} \cdot \{-y, x, 0\} \\ \Rightarrow \quad \mathbf{grad}\ B_x &= \frac{\mu_0 I}{2\pi r^4} \cdot \{2xy, y^2 - x^2, 0\}\ ; \\ \mathbf{grad}\ B_y &= \frac{\mu_0 I}{2\pi r^4} \cdot \{y^2 - x^2, -2xy, 0\}\,. \end{aligned}$$

Mit $\boldsymbol{M} = (\chi/\mu_0) \cdot \boldsymbol{B}$ folgt für die Kraft auf einen Körper mit dem Volumen V

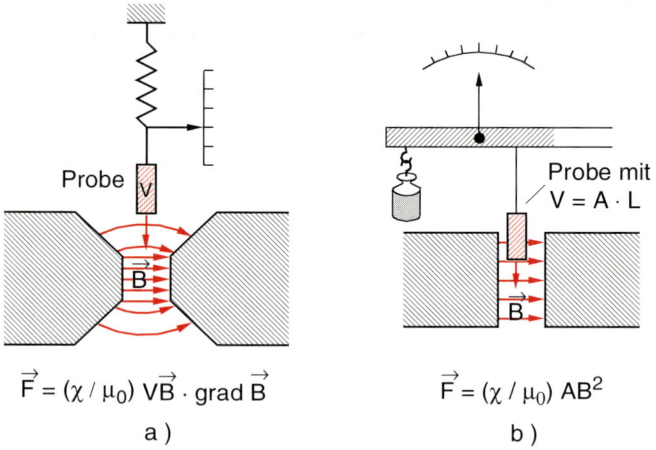

Abb. 3.44a,b. Messung der Suszeptibilität mit Hilfe einer Wägemethode. (**a**) Faraday-Methode; (**b**) Methode nach Gouy

$$\begin{aligned} \boldsymbol{F} &= \boldsymbol{M} \cdot V \cdot \mathbf{grad}\ \boldsymbol{B} \\ &= (\chi/\mu_0)\, V \cdot \boldsymbol{B} \cdot \mathbf{grad}\ \boldsymbol{B} \\ &= -\frac{\mu_0 \chi I^2 \cdot V}{4\pi^2 r^4} \cdot \{x, y, 0\}\,. \end{aligned}$$

Diamagnetische Körper ($\chi < 0$) erfahren also eine Kraft radial nach außen, wo das Feld schwächer ist, während paramagnetische Körper und besonders Ferromagnete zum Draht hingezogen werden (Abb. 3.43b). Oft wird das inhomogene Magnetfeld durch eine konische Form der Polschuhe eines Elektromagneten erzeugt.

Die Kraft $\boldsymbol{F}$ kann man ausnutzen, um die Suszeptibilität mit Hilfe einer Wägemethode zu messen. Bei der ***Faraday-Methode*** (Abb. 3.44a) realisiert man durch geeignete Formung der Polschuhe eines Elektromagneten einen möglichst konstanten Feldgradienten am Ort der Probe.

Bei der Meßmethode von *Gouy* taucht die zylindrische Probe mit dem Querschnitt A halb in das möglichst homogene Feld ein, während die andere Hälfte im praktisch feldfreien Raum ist (Abb. 3.44b). Die Arbeit $F \cdot \Delta z$, die man bei einer Verschiebung Δz gegen die Kraft $\boldsymbol{F}$ aufbringen muß, ist gleich der Änderung $\Delta W = M \cdot A \cdot B \cdot \Delta z$ der magnetischen Energie. Daraus erhält man die Kraft

$$F = (\chi/\mu_0) \cdot A \cdot B^2\,. \tag{3.80}$$

BEISPIEL

Bei einem Probenvolumen von $1\,\mathrm{cm}^3$, einer Suszeptibilität $\chi = -10^{-6}$, einer Magnetfeldstärke $B = 1\,\mathrm{T}$ und einem Feldgradienten von $100\,\mathrm{T/m}$ wird die Kraft bei der Faraday-Methode $F = 8 \cdot 10^{-5}\,\mathrm{N}$, während sie für $A = 10^{-4}\,\mathrm{m}^2$ und $B = 1\,\mathrm{T}$ bei der Gouy-Methode den gleichen Wert erreicht. Man braucht also eine empfindliche Waage!

3.5.4 Paramagnetismus

Die Atome paramagnetischer Stoffe besitzen *permanente* magnetische Dipole $\boldsymbol{p}_\mathrm{m}$, deren Orientierung aber ohne äußeres Magnetfeld infolge der thermischen Bewegung über alle Raumrichtungen verteilt sind, so daß für den Mittelwert der Vektorsumme gilt:

$$\boldsymbol{M} = \frac{1}{V} \sum \boldsymbol{p}_\mathrm{m} = \boldsymbol{0}\,.$$

Im äußeren Magnetfeld werden die Dipole teilweise ausgerichtet (Abb. 3.45). Der Grad der Ausrichtung wird durch den Quotienten $(\boldsymbol{p}_\mathrm{m} \cdot \boldsymbol{B})/(kT)$ aus potentieller Energie des Dipols $\boldsymbol{p}_\mathrm{m}$ im Magnetfeld zu thermischer Energie bestimmt. Man erhält für $\boldsymbol{p}_\mathrm{m} \cdot \boldsymbol{B} \ll k \cdot T$ bei N Dipolen pro m^3 für die Magnetisierung

$$\boldsymbol{M} = N \cdot |\boldsymbol{p}_\mathrm{m}| \cdot \frac{\boldsymbol{p}_\mathrm{m} \cdot \boldsymbol{B}}{3kT} \cdot \hat{\boldsymbol{e}}_B$$

in Feldrichtung mit dem Einheitsvektor $\hat{\boldsymbol{e}}_B$ und daher für die Suszeptibilität

$$\chi = \mu_0 \cdot M/B = \frac{\mu_0 \cdot N \cdot p_\mathrm{m}^2}{3kT}\,, \tag{3.81}$$

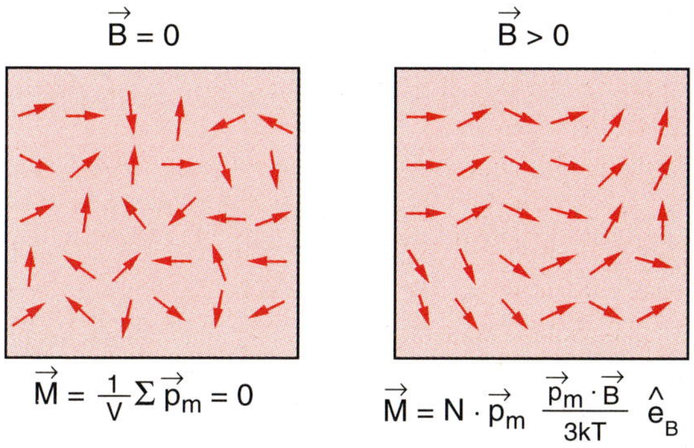

Abb. 3.45. Ausrichtung von für $B = 0$ statistisch orientierten magnetischen Dipolen durch ein äußeres Magnetfeld $\boldsymbol{B}$

wobei $\boldsymbol{p}_\mathrm{m}$ das atomare bzw. molekulare magnetische Dipolmoment ist. Man sieht, daß die Suszeptibilität bei steigender Temperatur T mit $1/T$ abnimmt!

3.5.5 Ferromagnetismus

Bei ferromagnetischen Materialien ist χ sehr groß, und die Magnetisierung kann um viele Größenordnungen höher sein als bei paramagnetischen Stoffen. Bringt man eine ferromagnetische Probe in ein äußeres Magnetfeld $\boldsymbol{B}_\mathrm{a}$ und mißt die Magnetisierung $M(B_\mathrm{a})$, so findet man, daß $M(B_\mathrm{a})$ keine eindeutige Funktion ist, sondern von der Vorbehandlung der Probe abhängt. Startet man die Messung mit einer völlig entmagnetisierten Probe beim äußeren Feld $B_\mathrm{a} = 0$, so erhält man die Kurve a in Abb. 3.46, bei der M zuerst linear mit B zunimmt und dann in Sättigung übergeht. Sättigung ist erreicht, wenn alle mikroskopischen magnetischen Dipole in Feldrichtung ausgerichtet sind.

Fährt man jetzt das Feld B_a wieder zurück, so folgt die Magnetisierung $M(B_\mathrm{a})$ einer anderen Kurve b, bis bei entsprechend großem entgegengesetztem Feld $-B$ wieder Sättigung eintritt. Erneute Änderung des äußeren Feldes ergibt die Kurve c, die sich im Sättigungsfall wieder den Kurven a und b nähert. Die Kurve a nennt man auch *jungfräuliche* Kurve, die geschlossene Kurve b+c heißt ***Hystereseschleife***. Die Restmagnetisierung $M(B_\mathrm{a} = 0) = M_\mathrm{R}$ beim Durchlaufen der Kurve b heißt ***Remanenz***, die zur Beseitigung der Restmagnetisierung notwendige entgegengerichtete Feldstärke B_K wird ***Koerzitivkraft*** genannt.

Beim Durchlaufen der Hystereseschleife braucht man Energie zum Ausrichten der magnetischen Dipole im Ferromagneten. In Abschn. 4.4 wird gezeigt, daß die magnetische Energie im Volumen V gegeben ist durch

$$W_\mathrm{magn} = \frac{1}{2} \cdot B \cdot H \cdot V\,. \tag{3.82}$$

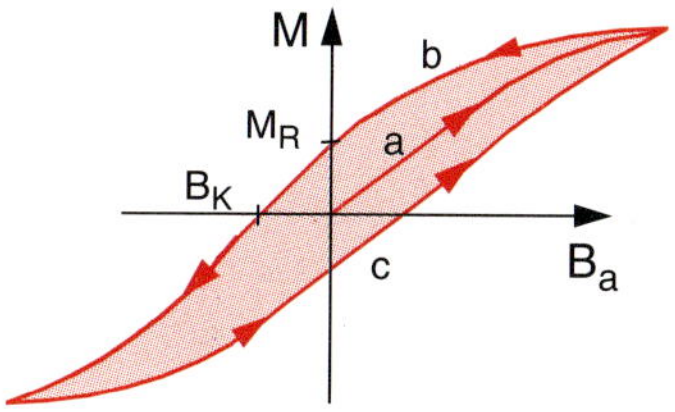

Abb. 3.46. Hysteresekurve der Magnetisierung M in Abhängigkeit vom äußeren Feld B_a

Das Integral

$$\int M(B) \cdot \mathrm{d}B = \chi \cdot \mu \cdot \mu_0 \cdot \int H \cdot \mathrm{d}H \qquad (3.83)$$
$$= \frac{1}{2} \cdot \chi \cdot \mu \cdot \mu_0 \cdot H^2$$
$$= \frac{1}{2}(\mu - 1) \cdot H \cdot B$$

gibt die Fläche unter der Magnetisierungskurve $M(B)$ an und entspricht nach (3.82) gerade der zur Magnetisierung notwendigen zusätzlichen magnetischen Energie pro Volumeneinheit der magnetisierten Probe. Die Fläche, die von der Hystereseschleife umrandet wird, gibt also gerade die bei einem Magnetisierungszyklus aufzuwendende Energie an, die in Wärmeenergie der Probe umgewandelt wird.

Die meisten ferromagnetischen Materialien bestehen aus *Übergangselementen*, d.h. aus Atomen mit nicht aufgefüllten inneren Elektronenschalen, wie z.B. Eisen, Nickel oder Kobalt. Folgende Experimente zeigen jedoch, daß der Ferromagnetismus nicht nur durch die Atomstruktur bedingt ist, sondern ein *kollektives Phänomen* im Festkörper ist, das durch das Zusammenwirken vieler Atome zustande kommt, und deshalb bei freien Atomen in der Gasphase nicht auftritt:

Erhitzt man einen Ferromagneten über eine bestimmte Temperatur T_C (***Curie-Temperatur***), so verschwindet der Ferromagnetismus. Der Festkörper bleibt aber paramagnetisch für alle $T > T_C$. Die drastische Verringerung von χ läßt sich leicht demonstrieren durch einen an einem Faden aufgehängten kleinen Eisenzylinder, der für Temperaturen $T < T_C$ von einem Magneten angezogen wird, so daß er schräg hängt (Abb. 3.47a). Erhitzt man den Zylinder über die Curie-Temperatur T_C, so fällt er zurück in die senkrechte Lage.

Ein weiteres Experiment benutzt einen drehbar aufgehängten Ring aus ferromagnetischem Material, der an einer Stelle zwischen den Polschuhen eines Permanentmagneten läuft (Abb. 3.47b). Erhitzt man den Ring dicht neben dem Magneten mit einem Bunsenbrenner über die Curie-Temperatur, so beginnt der Ring sich zu drehen, weil der noch kältere ferromagnetische Teil in den Magneten hineingezogen wird, wodurch Energie gewonnen wird, die zum Teil in die kinetische Energie der Rotation des Rings umgewandelt wird.

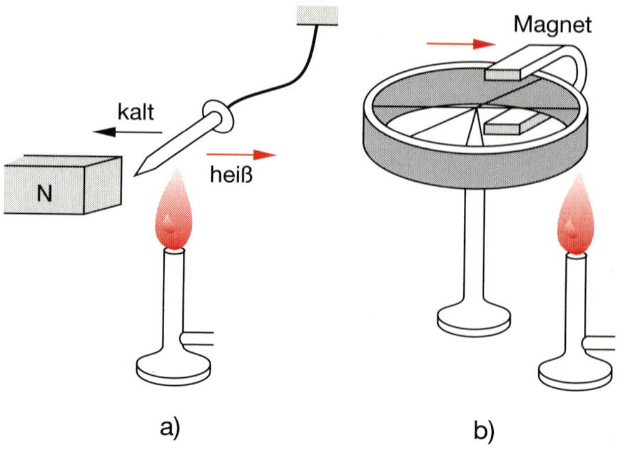

Abb. 3.47a,b. Nachweis des bei der Curie-Temperatur verschwindenden Ferromagnetismus

Der beobachtete Temperaturverlauf der magnetischen Suszeptibilität χ oberhalb der Curie-Temperatur T_C kann durch

$$\chi(T) = \frac{C}{T - \theta_C}$$

beschrieben werden. Die Materialkonstante C heißt *Curie-Konstante*, θ_C ist die *paramagnetische Curie-Temperatur*. In Tabelle 3.3 sind T_C, C und θ_C für einige Ferromagnete angegeben.

Verdampft man einen ferromagnetischen Festkörper, so sind die Atome bzw. Moleküle in der Gasphase paramagnetisch. Ein ferromagnetischer Festkörper besteht also aus paramagnetischen Atomen oder Molekülen.

Mißt man die Magnetisierungskurve eines Ferromagneten sehr genau, dann stellt man fest, daß sie nicht glatt verläuft, sondern aus lauter kleinen Treppenstufen besteht (Abb. 3.48), d.h. die Ausrichtung der atomaren Dipolmomente geschieht nicht kontinuierlich, sondern sprungweise. Diese sogenannten

Tabelle 3.3. Curietemperatur T_C, Curie-Konstante C und paramagnetische Curietemperatur θ_C für einige paramagnetische Substanzen

Substanz	T_C/K	C/K	θ_C/K
Co	1395	2,24	1415
Fe	1043	2,22	1100
Ni	629	0,59	650
EuO	70	4,7	78

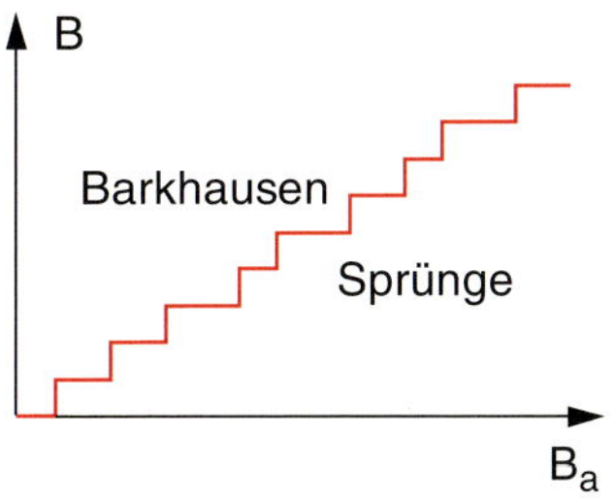

Abb. 3.48. Vergrößerter Ausschnitt der Magnetisierungskurve a in Abb. 3.46, welche Stufen zeigt, die durch das Umklappen magnetischer Bezirke verursacht werden

Barkhausen-Sprünge lassen sich erklären, wenn man annimmt, daß der ferromagnetische Festkörper aus mikroskopischen Bereichen besteht, in denen jeweils alle atomaren Momente durch eine starke Wechselwirkung zwischen den atomaren Momenten parallel ausgerichtet sind (spontane Magnetisierung). Ohne äußeres Feld sind die resultierenden magnetischen Momente

$$\boldsymbol{M}_\mathrm{W} = N_\mathrm{W} \cdot \boldsymbol{p}_\mathrm{m} \quad \text{mit} \quad N_\mathrm{W} = 10^8 - 10^{12}$$

dieser sogenannten ***Weißschen Bezirke*** mit N_W Atomen pro Volumeneinheit in ihrer Richtung statistisch verteilt, so daß nur ein geringes Gesamtmoment des Festkörpers übrig bleibt (Remanenz). Legt man ein äußeres Feld an, so klappen die Momente aller N Atome eines Weißschen Bezirkes gleichzeitig in die Feldrichtung um, sobald das Feld eine bestimmte Mindeststärke erreicht hat, bei der die Erniedrigung der magnetischen Energie

$$W_\mathrm{magn} = -V_\mathrm{W} \cdot \boldsymbol{M}_\mathrm{W} \cdot \boldsymbol{B}$$

die zum Umklappen notwendige Energie übersteigt (V_W sei das Volumen eines Weißschen Bezirks). Diese Mindestenergie ist durch die Struktur der Weißschen Bezirke und ihre Ankopplung an ihre Umgebung bestimmt, die für die einzelnen Bezirke ganz verschieden sein kann. Deshalb klappen auch die verschiedenen Bezirke bei unterschiedlichen Feldstärken um.

Die Sprünge in der Magnetisierungskurve $M(B)$ und das sie verursachende Umklappen der Weißschen Bezirke lassen sich akustisch einfach demonstrieren, wenn man einen kleinen Eisenstab in einer Induktionsspule, die mit einem Verstärker und einem Lautsprecher verbunden ist, in ein veränderliches Magnetfeld bringt (Abb. 3.49). Beim Anstieg des Magnetfeldes verursachen die sprunghaften Änderungen der Magnetisierung Induktionsspannungsspitzen (siehe Kap. 4), welche im Lautsprecher Knackgeräusche verursachen.

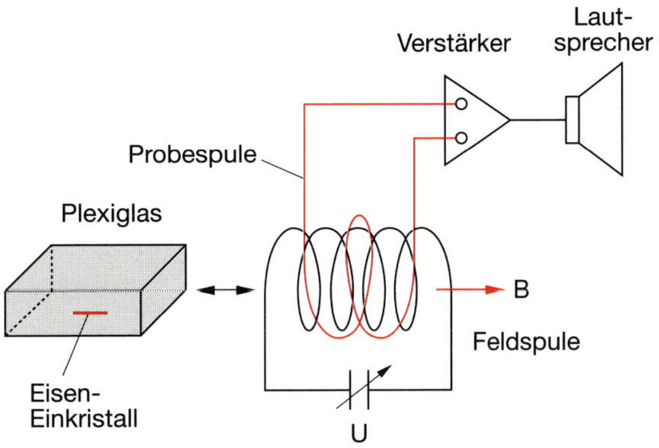

Abb. 3.49. Akustischer Nachweis der Barkhausen-Sprünge durch die Spannungsspitzen, die durch Induktion in einer Spule um das magnetische Eisen erzeugt werden und nach Verstärkung im Lautsprecher Knackgeräusche hervorrufen

Man kann die Weißschen Bezirke und ihr Verhalten beim Anlegen eines äußeren Feldes auch direkt sichtbar machen (Abb. 3.50). Dazu legt man einen kleinen dünnen Eisenkristall in eine Glasschale, die mit einer flachen Schicht einer Eisen-Thiosulfat-Lösung gefüllt ist und sich in einem äußeren Magnetfeld befindet. Mit einem Mikroskop beobachtet man durch ein Polarisationsfilter das von der Probe reflektierte Licht, dessen Polarisierungsrichtung durch die Magnetisierungsrichtung der Probe beeinflußt wird. Man sieht daher im Mikroskop die Weißschen Bezirke als verschieden helle Bereiche und kann ihr Umklappen bzw. die Verschiebung ihrer Grenzen beim

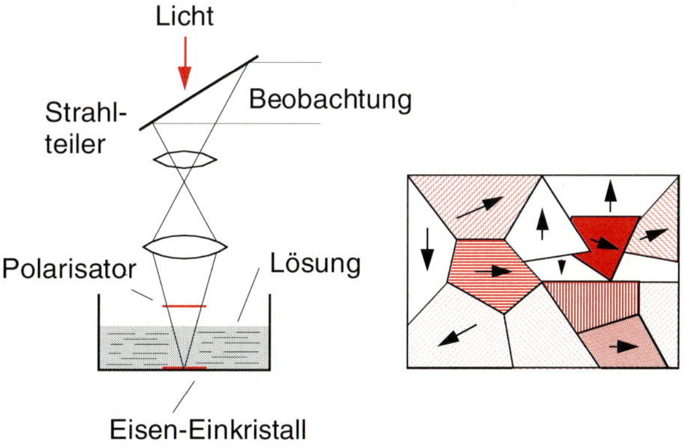

Abb. 3.50. Sichtbarmachung der Weißschen Bezirke durch ihre Beeinflussung der Polarisationseigenschaften von reflektiertem polarisierten Licht

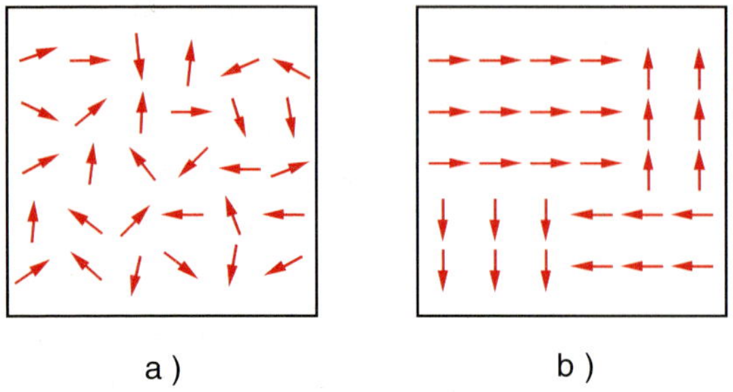

Abb. 3.51a,b. Mechanisches Demonstrationsmodell der Weißschen Bezirke: (**a**) Ohne äußeres Magnetfeld; (**b**) mit äußerem Magnetfeld unterhalb der Sättigung

Überschreiten einer bestimmten Grenzfeldstärke des angelegten Feldes optisch sehr eindrucksvoll demonstrieren (siehe den Lehrfilm: „Ferromagnetic Domain Motion" von Ealing [3.9]).

Das kollektive Verhalten der atomaren Magnete innerhalb eines Weißschen Bezirkes läßt sich sehr schön an einem Projektionsmodell vieler kleiner Permanentmagnetnadeln illustrieren, die auf Stiften drehbar angebracht sind (Abb. 3.51). Die Stifte sind in einer zweidimensionalen Symmetriestruktur (z.B. in einem quadratischen oder sechseckigen Muster) angeordnet. Bewegt man einen stärkeren Permanentmagneten über das Modell, so kann man die Richtung der kleinen Magnetnadeln statistisch verteilen und damit den Einfluß der Temperaturbewegung simulieren (Abb. 3.51a). Entfernt man den Magneten, so ordnen sich die Magnetnadeln innerhalb bestimmter Bereiche parallel zueinander an, wobei die Richtungen für die verschiedenen Bereiche unterschiedlich sind (Abb. 3.51b). Die kritische Feldstärke hängt von der Lage des Bezirkes relativ zum Rand des Modells und von der geometrischen Anordnung der Stifte ab.

In realen Ferromagneten beruht die Kopplung der atomaren magnetischen Momente, die zur Ausbildung der Weißschen Bezirke führt, in komplizierter Weise auf der Wechselwirkung zwischen den metallischen Leitungselektronen und den magnetischen Spin-Momenten der Elektronen in den nicht aufgefüllten Schalen (siehe Bd. 3).

Bei der Curie-Temperatur wird die thermische Energie $k \cdot T$ größer als diese Wechselwirkung, und die geordnete Richtung aller magnetischen Momente innerhalb eines Weißschen Bezirkes wird zerstört: Der Festkörper wird paramagnetisch.

Detaillierte Modelle des Ferromagnetismus, die fast alle Beobachtungen richtig beschreiben, sind erst in den letzten Jahren entwickelt worden [3.10].

3.5.6 Antiferro-, Ferrimagnete und Ferrite

Bei antiferromagnetischen Substanzen kann man die Struktur des Kristallgitters beschreiben durch zwei ineinandergestellte Untergitter (Abb. 3.52a), wobei ohne äußeres Magnetfeld die magnetischen Momente der Atome des einen Gitters alle antiparallel zu denen des anderen Gitters stehen, aber gleichen Betrag haben, so daß die Magnetisierung $\boldsymbol{M}$ insgesamt Null ist. Beispiele für solche Substanzen sind Metalle mit eingebauten paramagnetischen Ionen (wie z.B. MnO, MnF_2, Urannitrid UN).

Bei ferrimagnetischen Stoffen (z.B. Magnetit Fe_3O_4) sind die Beträge der magnetischen Momente der beiden Untergitter verschieden groß, so daß insgesamt eine spontane Magnetisierung auch ohne äußeres Feld übrigbleibt. Durch Einbau von Fremdatomen (z.B. Mg, Al) anstelle von Fe entstehen in der Elektrotechnik wichtige Ferrite.

Die Magnetisierungskurve der ferrimagnetischen Stoffe ist ähnlich zu der von Ferromagneten in Abb. 3.46, jedoch ist ihre Sättigungsmagnetisierung viel kleiner als bei Ferromagneten.

Ähnlich wie die Ferromagnete gehen die Antiferromagnete oberhalb einer kritischen Temperatur, der ***antiferromagnetischen Néel-Temperatur*** T_N, in den paramagnetischen Zustand über.

Ihre Suszeptibilität χ hat für $T > T_N$ den Temperaturverlauf (Abb. 3.52b)

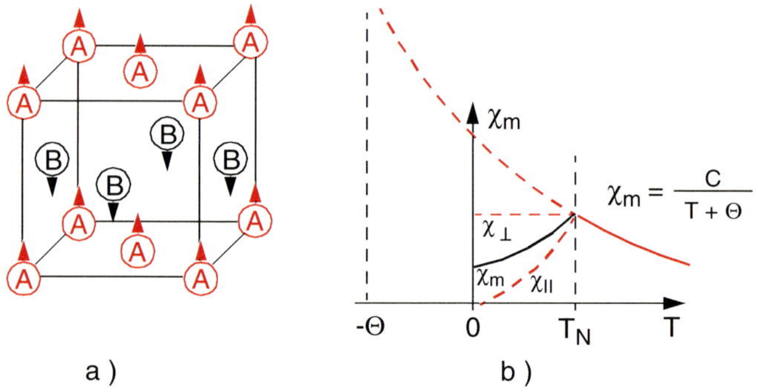

Abb. 3.52a,b. Antiferromagnet. (**a**) Kristallmodell; (**b**) Suszeptibilität

Tabelle 3.4. Néel-Temperatur T_N und paramagnetische Néel-Temperatur θ_N für einige antiferromagnetische Substanzen

Substanz	T_N/K	θ_N/K
$FeCl_2$	24	48
MnF_2	67	82
FeO	195	570
CoO	291	330
NiO	520	

$$\chi = \frac{C}{T + \theta_N} .$$

Dabei ist $\theta_N > T_N$ die sogenannte *paramagnetische Néel-Temperatur* und C die Curie-Konstante. In Tabelle 3.4 sind als Beispiele Werte von T_N und θ_N für einige ferromagnetische Substanzen angegeben. Man sieht daraus, daß die Néel-Temperaturen im allgemeinen deutlich unter den Curie-Temperaturen der Ferromagnete liegen. Dies zeigt, daß die Kopplungsenergie, welche die Ausrichtung der magnetischen Momente bewirkt, bei Antiferromagneten kleiner ist als bei Ferromagneten.

Bei tieferen Temperaturen ($T < T_N$) kommt es in Antiferromagneten infolge der Domänenstruktur der Untergitter (analog zu den Weißschen Bezirken der Abb. 3.50) zu kollektiven Orientierungen der atomaren magnetischen Momente $\boldsymbol{p}_m$, die sich in den verschiedenen Domänen, je nach Kristallorientierung, in Feldrichtung oder senkrecht zur Feldrichtung einstellen können. Es gibt daher zwei Kurven $\chi_\parallel(T)$ und $\chi_\perp(T)$, wobei $\chi_\perp(T)$ nahezu unabhängig von T ist. Der Mittelwert $\chi(T)$ zeigt dann die in Abb. 3.52b dargestellte Abhängigkeit.

3.5.7 Feldgleichungen in Materie

Im Vakuum gilt für den Zusammenhang zwischen magnetischer Feldstärke $\boldsymbol{B}$ und magnetischer Erregung $\boldsymbol{H}$

$$\boldsymbol{B} = \mu_0 \cdot \boldsymbol{H} . \tag{3.84}$$

In Materie mit der relativen Permeabilität μ gilt:

$$\begin{aligned}\boldsymbol{B} &= \mu \cdot \mu_0 \cdot \boldsymbol{H} = \mu_0 \cdot (\boldsymbol{H} + \boldsymbol{M}) \\ &= \mu_0 \cdot \boldsymbol{H} \cdot (1 + \chi)\end{aligned} \tag{3.85}$$

mit der Magnetisierung $\boldsymbol{M} = \chi \cdot \boldsymbol{H}$.

Da es auch in Materie keine magnetischen Monopole gibt, gilt auch in Materie

$$\operatorname{div} \boldsymbol{B} = 0. \tag{3.86}$$

Das Ampèresche Gesetz (3.6) gilt auch für Materie, so daß für die magnetische Erregung folgt:

$$\mathbf{rot}\, \boldsymbol{H} = \boldsymbol{j}, \tag{3.87}$$

wobei j die Stromdichte der äußeren Ströme darstellt, welche das äußere Magnetfeld $\boldsymbol{B}_a = \mu_0 \cdot \boldsymbol{H}$ erzeugen.

In Materie folgt aus (3.86)

$$\begin{aligned}\operatorname{div} \boldsymbol{B} &= \operatorname{div}(\mu\mu_0 \boldsymbol{H}) \\ &= \mu\mu_0 \operatorname{div} \boldsymbol{H} + \mu_0 \boldsymbol{H} \cdot \mathbf{grad}\ \mu = 0.\end{aligned}$$

Für inhomogene Materialien ist **grad** $\mu \neq 0$ und daher auch im allg. $\operatorname{div} \boldsymbol{H} \neq 0$.

Im Kap. 1 wurde das Verhalten der elektrischen Feldgrößen $\boldsymbol{E}$ und $\boldsymbol{D}$ an der Grenzfläche zweier Medien mit unterschiedlicher Dielektrizitätskonstante behandelt. Es zeigte sich, daß beim Übergang vom Medium 1 in das Medium 2 die Tangentialkomponente von $\boldsymbol{E}$ stetig ist ($\boldsymbol{E}_\parallel^{(1)} = \boldsymbol{E}_\parallel^{(2)}$), aber die Normalkomponente einen Sprung macht ($\boldsymbol{E}_\perp^{(1)} = (\varepsilon_2/\varepsilon_1) \cdot \boldsymbol{E}_\perp^{(2)}$), wohingegen das Verhalten von $\boldsymbol{D}$ gerade umgekehrt war.

Ähnlich verhält es sich bei den magnetischen Feldgrößen. Aus einer zum Abschn. 1.7 völlig analogen Argumentation kann man schließen, daß aus **rot** $\boldsymbol{H} = \boldsymbol{j}$ im Medium, in welchem kein Strom fließt ($\boldsymbol{j} = 0$), die Bedingung **rot** $\boldsymbol{H} = 0$ gilt, woraus (analog zu **rot** $\boldsymbol{E} = 0$) folgt, daß die Tangentialkomponente von $\boldsymbol{H}$ stetig bleibt beim Übergang von einem Medium mit $\mu = \mu_1$ in ein Medium mit $\mu = \mu_2$:

$$\boldsymbol{H}_\parallel^{(1)} = \boldsymbol{H}_\parallel^{(2)} \Rightarrow \frac{\boldsymbol{B}_\parallel^{(1)}}{\mu_1} = \frac{\boldsymbol{B}_\parallel^{(2)}}{\mu_2} . \tag{3.88a}$$

Für die Normalkomponenten folgt aus $\operatorname{div} \boldsymbol{B} = 0$:

$$\boldsymbol{B}_\perp^{(1)} = \boldsymbol{B}_\perp^{(2)} \Rightarrow \mu_1 \boldsymbol{H}_\perp^{(1)} = \mu_2 \boldsymbol{H}_\perp^{(2)} . \tag{3.88b}$$

Man kann aus (3.88a,b) ein *Brechungsgesetz* für die Richtungsänderung von $\boldsymbol{H}$ und B bei schräger Orientierung herleiten (Abb. 3.53), aus dem sich die Richtungsänderung wegen

$$\operatorname{tg} \alpha_1 = B_\parallel^{(1)} \Big/ B_\perp^{(1)}$$

und

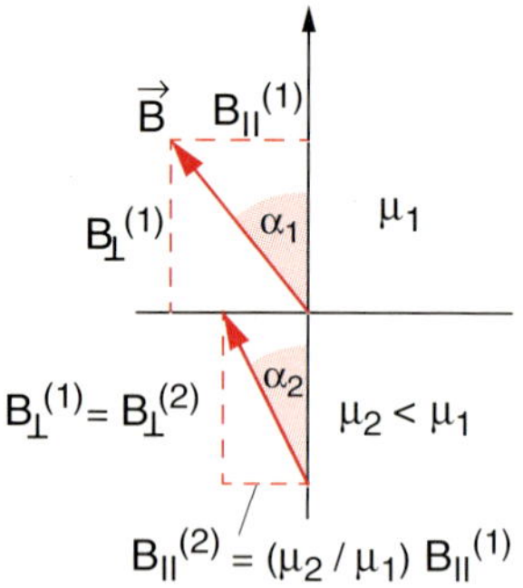

Abb. 3.53. Verhalten der Normal- und Tangentialkomponenten von $\boldsymbol{B}$ an einer Grenzfläche zwischen zwei Materialien mit relativen Permeabilitäten μ_1 und μ_2

$$\operatorname{tg}\alpha_2 = B_{\parallel}^{(2)} \Big/ B_{\perp}^{(2)}$$

ergibt als

$$\frac{\operatorname{tg}\alpha_1}{\operatorname{tg}\alpha_2} = \frac{\mu_1}{\mu_2} \,. \tag{3.89}$$

3.5.8 Elektromagnete

Die Vergrößerung der magnetischen Induktion B durch Stoffe mit großer relativer Permeabilität μ wird technisch ausgenutzt in Elektromagneten. Ihr Prinzip kann man sich folgendermaßen klarmachen:

Eine Ringspule mit N Windungen, durch die ein Strom I fließt, sei mit einem Eisenkern gefüllt. Für einen geschlossenen Integrationsweg im Eisen gilt nach (3.6) und (3.88a)

$$\oint \boldsymbol{H} \cdot \mathrm{d}\boldsymbol{s} = 2\pi \cdot R \cdot H = N \cdot I \,.$$

Hieraus ergibt sich:

$$H = \frac{N \cdot I}{2\pi \cdot R} \;\Rightarrow\; B = \mu \cdot \mu_0 \cdot \frac{N \cdot I}{2\pi \cdot R} \,. \tag{3.90}$$

Jetzt betrachten wir ein Eisenjoch mit einem Luftspalt der Dicke d (Abb. 3.54a). Da die Normalkomponente von $\boldsymbol{B}$ beim Übergang Eisen-Luft stetig ist, gilt:

$$B_{\mathrm{Fe}} = B_{\mathrm{Luft}} \;\Rightarrow\; \mu \cdot H_{\mathrm{Fe}} = H_{\mathrm{Luft}} \,. \tag{3.91}$$

Für das Linienintegral über die magnetische Erregung H erhalten wir bei einem Umlauf durch die Spule:

$$\begin{aligned}\oint \boldsymbol{H} \cdot \mathrm{d}\boldsymbol{s} &= (2\pi \cdot R - d) \cdot H_{\mathrm{Fe}} + d \cdot H_{\mathrm{Luft}} \\ &= \left(\frac{2\pi \cdot R - d}{\mu} + d\right) \cdot H_{\mathrm{Luft}} \,. \end{aligned} \tag{3.92}$$

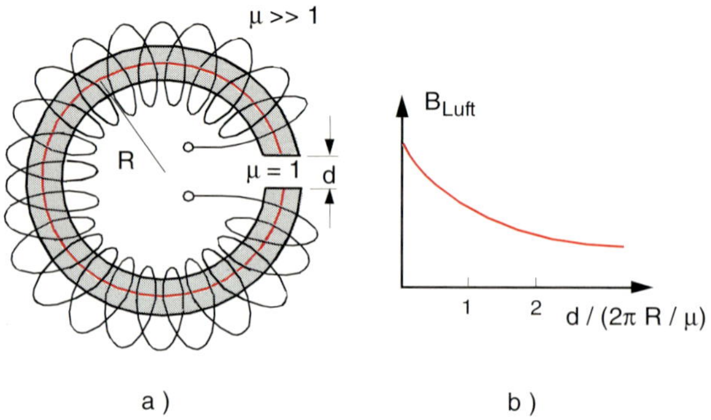

Abb. 3.54.a,b. Ringspule mit Eisenkern und Luftspalt der Dicke d (Elektromagnet)

Wegen (3.6) ergibt sich dann für die magnetische Erregung im Luftspalt

$$\begin{aligned} H_{\mathrm{Luft}} &= \frac{N \cdot I \cdot \mu}{\mu \cdot d + 2\pi \cdot R - d} \\ &\approx \frac{N \cdot I \cdot \mu}{\mu \cdot d + 2\pi \cdot R} \quad \text{für} \quad d \ll R \end{aligned} \tag{3.93}$$

und die magnetische Feldstärke

$$B = \frac{\mu \cdot \mu_0 \cdot N \cdot I}{\mu \cdot d + 2\pi \cdot R} \,. \tag{3.94}$$

Für $d = 2\pi R/\mu$ ist die Feldstärke auf die Hälfte des Wertes in Eisen gesunken. Da für Eisen $\mu \approx 2000$ ist, sinken H und B bei Vergrößern des Luftspaltes rasch ab (3.54b).

BEISPIEL

Mit einer Eisenkernspule ($\mu = 2000$) mit $N = 5000$ Windungen und einem Radius $R = 20\,\mathrm{cm}$ läßt sich bei einer Spaltbreite von $d = 1\,\mathrm{cm}$ ein Magnetfeld $B = 0{,}6\,\mathrm{T}$ erzeugen, wenn ein Strom $I = 1\,\mathrm{A}$ durch die Spule fließt.

3.6 Das Magnetfeld der Erde

Das Magnetfeld der Erde wird seit über 2000 Jahren zur Navigation mit Hilfe von Kompaßnadeln ausgenutzt. Seine genauere Form wurde im vorigen Jahrhundert vermessen, aber erst seit wenigen Jahren gibt es Modelle über seine Entstehung und seine zeitliche Änderung, obwohl auch heute noch viele Details ungeklärt sind.

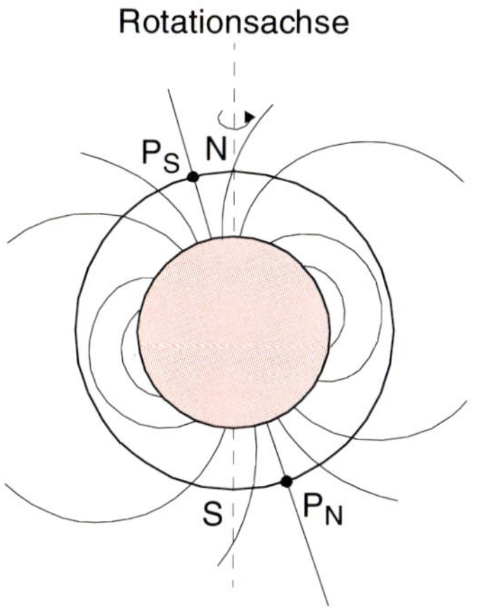

Abb. 3.55. Erdmagnetfeld. Die Quellen des Feldes liegen im inneren Teil der Erde, die äußeren Schichten tragen kaum dazu bei. Die Durchstoßpunkte P_N, P_S der Dipolachse durch die Erdoberfläche heißen geomagnetische Pole

Das Erdmagnetfeld ist näherungsweise gleich dem Feld eines magnetischen Dipols im Erdmittelpunkt, dessen Dipolachse zur Zeit um $11,4°$ gegen die Erdrotation geneigt ist (Abb. 3.55), und dessen Dipolmoment $\boldsymbol{p}_{m_E} \approx 8 \cdot 10^{22}\,\mathrm{A \cdot m^2}$ beträgt [3.11].

Genaue Messungen haben gezeigt, daß das wirkliche Erdmagnetfeld B_r von einem idealen Dipolfeld B_D etwas abweicht. Die Differenz

$$\Delta B(\theta, \varphi) = B_r(\theta, \varphi) - B_D(\theta, \varphi)$$

auf der Erdoberfläche als Funktion der geographischen Länge θ und Breite φ ist in Abb. 3.56 in Form von Kurven gleicher Werte ΔB (in 10^{-6} T) angegeben [3.11].

Diese lokalen Schwankungen des Erdmagnetfeldes werden unter anderem durch eine ungleichmäßige Verteilung magnetischer Mineralien in der Erdkruste bewirkt. Während die Feldstärke des Dipolfeldes mit wachsender Entfernung r vom Erdmittelpunkt für $r > R$ mit $1/r^3$ abfällt, nimmt ΔB stärker ab (etwa $1/r^4$), so daß in großer Entfernung von der Erde ihr Magnetfeld sich immer mehr dem eines idealen Dipols annähert.

Weit entfernt von der Erde im interplanetaren Raum wird das Dipolfeld der Erde stark verändert durch Ströme geladener Teilchen (Protonen, Elektronen), die von der Sonne emittiert werden (Sonnenwind, [3.12]).

Ein wichtiger experimenteller Befund ist die zeitliche Variation des Erdmagnetfeldes. Es zeigt sich, daß sich sowohl seine Richtung als auch seine Stärke im Laufe der Zeit ändern (Abb. 3.57). Aus Untersuchungen der Magnetisierung von ferromagnetischem Vulkangestein und von Sedimenten am Meeresboden des ozeanischen Rückens, wo dauernd Magma aus dem Inneren der Erde nachgeliefert wird, kann man Schlüsse ziehen über die Variation des Erdmagnetfeldes während geologischer Zeiträume. Dabei nimmt man an, daß das Gestein während des Lavaausbruches, bei dem es noch flüssig war, eine Magnetisierung parallel zum Erdmagnetfeld angenommen hat. Beim Erkalten wurde diese Magnetisierung „eingefroren“ und ist durch spätere Änderung des Erdfeldes nicht mehr geändert worden. Hat man nun den Zeitpunkt der Gesteinserstarrung (z.B. durch geologische Schichtenfolgen-Untersuchungen oder radioaktive Datierungsverfahren) bestimmt [3.13], kennt man die Richtung und (unter vernünftigen Zusatzannah-

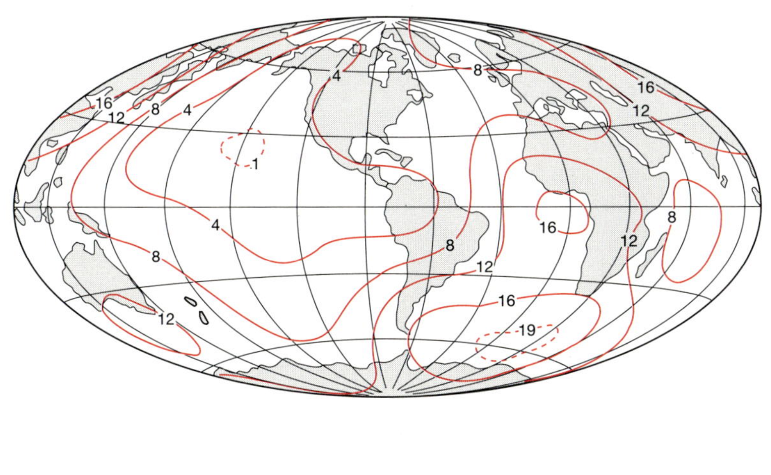

Abb. 3.56. Abweichungen des gemessenen Erdmagnetfeldes vom reinen Dipolfeld. Die Kurven verbinden Orte gleicher Abweichung, angegeben in Vielfachen von 10^{-6} T. Nach J. Untiedt; Physik in unserer Zeit **4**, 147 (1973)

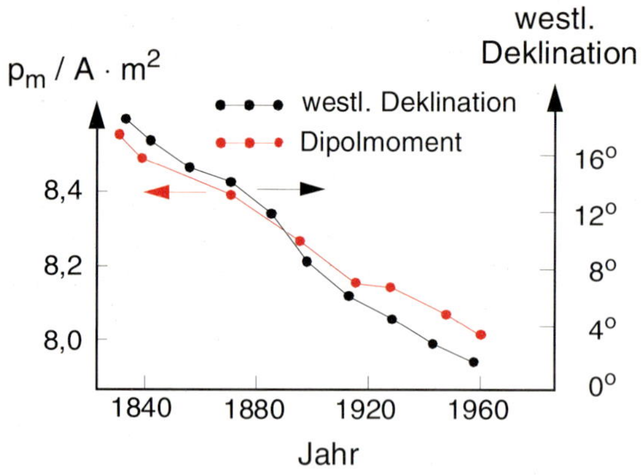

Abb. 3.57. Zeitliche Änderung von Stärke und Richtung des Erdmagnetfeldes in Frankfurt

men) auch die Stärke des Erdfeldes zu diesem Zeitpunkt.

Es zeigte sich, daß die „Umpolung" des Erdfeldes ziemlich statistisch in unregelmäßigen Abständen erfolgt, wobei der Mittelwert für eine Periode gleicher Orientierung etwa $2 \cdot 10^5$ Jahre beträgt. Der Umklapp-Prozeß verläuft demgegenüber sehr schnell. Das Magnetfeld bricht in etwa 10^4 Jahren zusammen und baut sich dann in umgekehrter Richtung wieder auf. Die magnetischen Pole des Dipolfeldes wandern statistisch um die geographischen Pole der Erde.

Die Frage ist nun, wodurch das Magnetfeld erzeugt wird.

Da alle ferromagnetischen Gesteine im Erdinnern eine Temperatur T oberhalb der Curie-Temperatur haben, kann das Erdmagnetfeld nicht von Permanentmagneten erzeugt werden. Es muß deshalb von Ringströmen, die symmetrisch zur Dipolachse fließen, stammen.

Auch seine statistischen zeitlichen Schwankungen schließen aus, daß es von Permanentmagneten, also festen magnetischen Gesteinen erzeugt wird. Diese Gesteine im äußeren festen Erdmantel sind nur für kleine geographische Variationen des Feldes verantwortlich. Die Hauptquellen des Feldes müssen deshalb elektrische Ströme im flüssigen Teil des Erdinneren sein. Dafür kommen Magmaströme aus ionisierten Teilchen im flüssigen Erdkern in Frage. Wie können solche Ströme entstehen? Dafür gibt es verschiedene mögliche Ursachen.

- Durch den radialen Temperaturgradienten entstehen Konvektionsströme. Es steigt flüssige Materie mit der Geschwindigkeit $\boldsymbol{v}$ nach oben, kühlt sich ab, wird fest und sinkt wegen ihrer größeren Dichte wieder ab. Infolge der Erddrehung mit der Winkelgeschwindigkeit $\boldsymbol{\omega}$ treten Coriolis-Kräfte $F_C = 2m \cdot (\boldsymbol{v} \times \boldsymbol{\omega})$ auf, die zu einer Ablenkung der Konvektionsströme in tangentialer Richtung führen.
- Wegen der fehlenden Rückstellkräfte bei Flüssigkeiten zeigt der flüssige Kern der rotierenden Erde eine größere Zentrifugalaufweitung bzw. Polabplattung als der feste äußere Teil der Erde. Deshalb durchläuft die Hauptträgheitsachse des flüssigen Erdinneren nicht genau den gleichen Präzessionskegel wie die Erdachse. Die Drehmomente, welche für die Präzession verantwortlich sind (siehe Bd. 1, Kap. 5), sind daher etwas verschieden für den flüssigen Erdkern und den festen Erdmantel.
  Dies führt zu einer Relativbewegung der Flüssigkeit gegen den festen Teil der Erde und damit zu Magmaströmen. Bei solchen Strömen aus teilweise ionisierter Materie hängt die Gesamtstromdichte

$$\boldsymbol{j} = \varrho^+ \boldsymbol{v}^+ + \varrho^- \boldsymbol{v}^-$$

von der unterschiedlichen Strömungsgeschwindigkeit der positiven und negativen Ladungsträger ab. Durch das magnetische Feld $\boldsymbol{B}$, welches durch den elektrischen Nettostrom erzeugt wird,

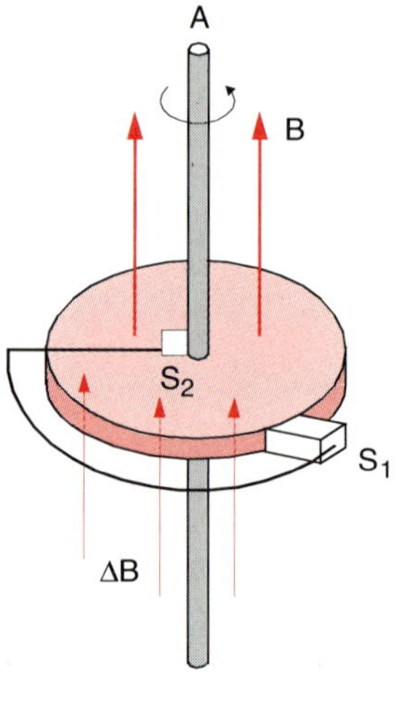

Abb. 3.58. Dynamo-Prinzip der Verstärkung des Magnetfeldes durch Ströme, die durch die Lorentz-Kraft angetrieben werden

tritt als zusätzliche Kraft die Lorentz-Kraft $\boldsymbol{F}_L = q \cdot (\boldsymbol{v} \times \boldsymbol{B})$ auf die Ladungsträger auf, welche zu einer räumlichen Trennung von positiven und negativen Ladungen führt. Dies kann Unterschiede in den Driftgeschwindigkeiten verstärken und damit zu einer Verstärkung des Magnetfeldes führen.

Die Bewegung der Ladungsträger im Magnetfeld kann ein Zusatzfeld erzeugen, welches das ursprüngliche Feld verstärkt. Dies ist in Abb. 3.58 verdeutlicht. Eine elektrisch leitende Scheibe rotiert um die Achse $\boldsymbol{A}$ in einem Magnetfeld $\boldsymbol{B} \parallel \boldsymbol{A}$. Verbindet man zwei Schleifkontakte an $\boldsymbol{A}$ und an dem Rand der Scheibe durch eine Leiterschleife, so fließt ein Strom durch die Schleife, der ein zum ursprünglichen Magnetfeld paralleles Magnetfeld erzeugt und dieses daher verstärkt (***Dynamo-Prinzip***).

Infolge von Reibungsverlusten und durch auftretende Turbulenzen können die Ströme sich im Laufe der Zeit ändern. Sie können auch zeitweilig eine räumliche Stromdichteverteilung haben, deren Nettomagnetfeld praktisch Null ist.

Viele Details dieses Modells des Erdmagnetfeldes sind noch ungeklärt und bedürfen weiterer Untersuchungen [3.14,15].

ZUSAMMENFASSUNG

- Magnetfelder können von Permanentmagneten oder durch elektrische Ströme erzeugt werden. Zwischen magnetischer Feldstärke B (magnetische Induktion) und magnetischer Erregung besteht im Vakuum die Relation $B = \mu_0 H$ ($\mu_0 =$ Permeabilitätskonstante).
- Stationäre Magnetfelder sind quellenfrei; es gibt keine magnetischen Monopole $\Rightarrow \operatorname{div} \boldsymbol{B} = 0$.
- Bei einem geschlossenen Wege um einen Leiter, in dem der elektrische Strom $I = \int\int_A \boldsymbol{j} \cdot \mathrm{d}A$ durch den Leiterquerschnitt $\boldsymbol{A}$ fließt, gilt:

$$\oint \boldsymbol{B} \cdot \mathrm{d}s = \mu_0 \cdot I \;\Rightarrow\; \textbf{rot}\,\boldsymbol{B} = \mu_0 \boldsymbol{j} \,.$$

- Das Magnetfeld um einen geraden Draht, durch den der Strom I fließt, ist zylindersymmetrisch und hat den Radialverlauf

$$B(r) = \frac{\mu_0 I}{2\pi r} \,.$$

- Das Magnetfeld einer langen Zylinderspule mit n Windungen per m Spulenlänge ist im Inneren homogen und hat den Wert

$$B = \mu_0 \cdot n \cdot I \,.$$

- Das Vektorpotential $\boldsymbol{A}$ eines Magnetfeldes $\boldsymbol{B}$ ist definiert durch

$$\boldsymbol{B} = \textbf{rot}\,\boldsymbol{A} \,.$$

Man kann $\boldsymbol{A}$ eindeutig machen durch die Coulombsche Eichbedingung:

$$\operatorname{div} \boldsymbol{A} = 0 \,.$$

- Das Vektorpotential $\boldsymbol{A}(\boldsymbol{r}_1)$ im Punkte $\boldsymbol{r}_1$ außerhalb einer beliebigen Stromverteilung im Volumen V_2 mit der Stromdichte $\boldsymbol{j}(\boldsymbol{r}_2)$ ist:

$$\boldsymbol{A}(\boldsymbol{r}_1) = \frac{\mu_0}{4\pi} \int \frac{\boldsymbol{j}(\boldsymbol{r}_2) \cdot \mathrm{d}V_2}{|\boldsymbol{r}_1 - \boldsymbol{r}_2|} \,.$$

- Auf eine mit der Geschwindigkeit $\boldsymbol{v}$ in einem elektrischen Feld $\boldsymbol{E}$ und einem magnetischen Feld $\boldsymbol{B}$ bewegte Probeladung q wirkt die Lorentz-Kraft:

$$\boldsymbol{F} = q\,(\boldsymbol{E} + \boldsymbol{v} \times \boldsymbol{B}) \,.$$

- Die Kraft auf einen vom Strom I durchflossenen Leiter ist pro Leiterlänge $\mathrm{d}L$:

$$\boldsymbol{F} = I\,(d\boldsymbol{L} \times \boldsymbol{B}) \,.$$

- Magnetische Längsfelder können als Linsen zur Fokussierung eines Strahls von geladenen Teilchen benutzt werden. Homogene magnetische Sektorfelder können zur Massentrennung geladener Teilchen in Massenspektrometern verwendet werden.
- Ein stromdurchflossener Leiter im Magnetfeld zeigt eine Hallspannung U_H, die zur Magnetfeldmessung ausgenutzt werden kann.

▶

- Das Magnetfeld eines Stromes und die Lorentz-Kraft auf eine bewegte Ladung im Magnetfeld lassen sich mit Hilfe der Relativitätstheorie allein aus dem Coulomb-Gesetz und den Lorentz-Transformationen herleiten.
- Sowohl elektrisches als auch magnetisches Feld ändern sich im allgemeinen beim Übergang zwischen verschiedenen Inertialsystemen. Die Gesamtkraft und damit die Bewegungsgleichungen bleiben jedoch invariant.
- Die magnetischen Eigenschaften von Materie werden durch die magnetische Suszeptibilität χ beschrieben. Wir unterscheiden:

  $$\begin{aligned}&\text{Diamagnete}: && |\chi| \ll 1,\ \chi < 0\\ &\text{Paramagnete}: && |\chi| \ll 1,\ \chi > 0\\ &\text{Ferromagnete}: && |\chi| \gg 1,\ \chi > 0\,.\end{aligned}$$

  In Materie gilt:

  $$\boldsymbol{B} = \mu_0\,(1+\chi)\,\boldsymbol{H} = \mu \cdot \mu_0 \boldsymbol{H}\,.$$

  Die dimensionslose Konstante μ heißt realtive Permeabilitätszahl.
- Das magnetische Dipolmoment einer vom Strom I umflossenen Fläche $\boldsymbol{A}$ ist definiert als $\boldsymbol{p}_\mathrm{m} = I \cdot \boldsymbol{A}$.
- Die Magnetisierung

  $$\boldsymbol{M} = x \cdot \boldsymbol{H} = \frac{1}{V}\sum \boldsymbol{p}_\mathrm{m}$$

  gibt die Vektorsumme aller atomaren magnetischen Dipole pro Volumeneinheit an.
- Ferromagnetismus ist eine Eigenschaft des makroskopischen Aufbaus bestimmter ferromagnetischer Stoffe. Er verschwindet oberhalb der Curie-Temperatur T_C.
- Das Magnetfeld der Erde wird hauptsächlich durch Magmaströme im Erdinneren erzeugt. Magnetische Materialien in der Erdkruste bewirken nur kleine lokale Variationen des Erdmagnetfeldes.

ÜBUNGSAUFGABEN

1. Zwei lange gerade Drähte sind im Abstand von 2 cm parallel zueinander in z-Richtung ausgespannt und werden jeweils von dem Strom $I = 10\,\mathrm{A}$ durchflossen, und zwar einmal in gleicher Stromrichtung, im anderen Fall in entgegengesetzter Richtung.
   a) Man veranschauliche sich das resultierende Magnetfeld in der x-y-Ebene senkrecht zu den Drähten durch graphische Überlagerung.
   b) Man berechne das Magnetfeld für Punkte der x- und y-Achse (Abb. 3.59a).
   c) Man bestimme die Kräfte pro Längeneinheit, die die Drähte aufeinander ausüben.
   d) Wie groß ist die Kraft, wenn die Drähte senkrecht zueinander stehen, d.h. auf den Geraden $z = y = 0$ und $x = 0$, $y = -2\,\mathrm{cm}$ (Abb. 3.59b)?
2. Zwei konzentrisch angeordnete Rohre werden in entgegengesetzter Richtung von einem Strom I durchflossen (Abb. 3.60). Bestimmen Sie das Magnetfeld $\boldsymbol{B}$, in Abhängigkeit vom Abstand r von der Achse ($0 \le r < \infty$)! Die Stromdichte sei konstant.

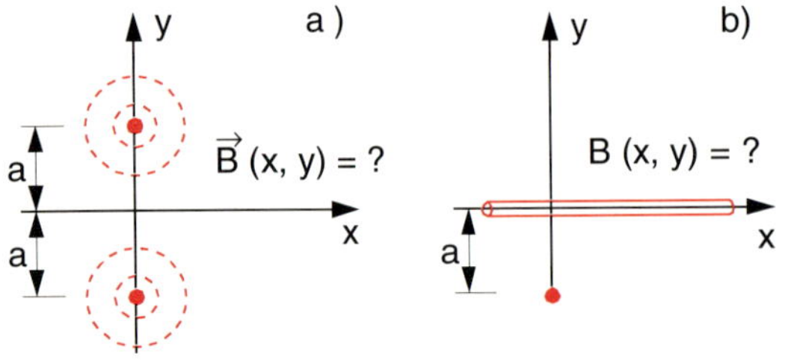

Abb. 3.59a,b. Zu Aufgabe 1

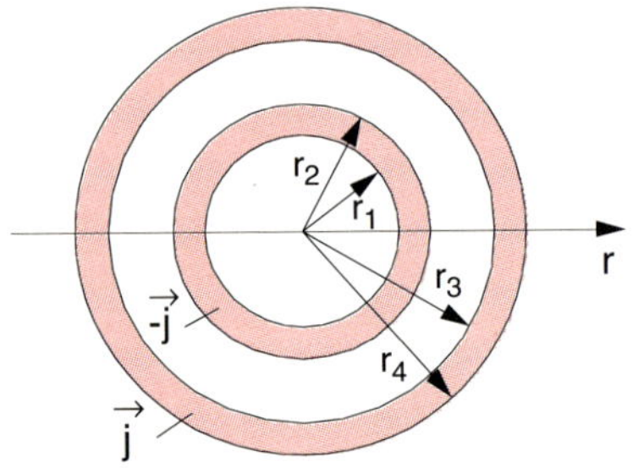

Abb. 3.60. Zu Aufgabe 2

3. Bei Wasserstoffatomen bewegt sich das Elektron (Ladung $e = 1{,}602 \cdot 10^{-19}\,\mathrm{C}$, $m = 9{,}109 \cdot 10^{-31}\,\mathrm{kg}$) mit einem Radius $r = 0{,}529 \cdot 10^{-10}\,\mathrm{m}$ um den Kern. Welcher mittleren Stromstärke entspricht diese Ladungsbewegung und welche Magnetfeldstärke erzeugt sie am Ort des Kernes?
4. In einer von einem homogenen Magnetfeld senkrecht durchsetzten Ebene liegt ein stromdurchflossener, halbkreisförmiger Draht (Abb. 3.61). Zeigen Sie, daß auf den Draht dieselbe Kraft wirkt, die ein gerader Draht längs des Durchmessers $\overline{AC}$ zwischen den Enden des Halbkreises erfahren würde.

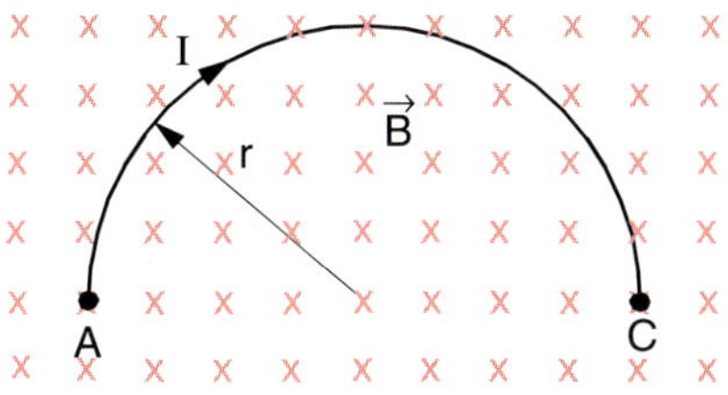

Abb. 3.61. Zu Aufgabe 4

5. Gegeben sind zwei Helmholtz-Spulen mit je 100 Windungen und einem Radius von 40 cm. Der Strom $I = 1$ A in beiden Spulen fließt in die gleiche Richtung.
   a) Wie groß ist das Magnetfeld im Mittelpunkt $z = 0$ bei einem Spulenabstand d?
   b) Wie groß muß die Stromstärke I sein, wenn man das Erdmagnetfeld von 0,5 Gauß $= 5 \cdot 10^{-5}$T kompensieren möchte? Wie muß die Spulenachse dann gerichtet sein?
   c) Wie fällt das Feld $B(z)$ auf den Spulenachsen außerhalb der Spulenebenen ab?
6. Ein Elektron befindet sich im Punkt $\{0, 0, 0\}$ mit der Geschwindigkeit $(v_0/\sqrt{3})\{1, 1, 1\}$ in einem homogenen Magnetfeld $\boldsymbol{H} = H_0 \cdot \{0, 0, 1\}$.
   a) Beschreiben Sie die Bahn des Elektrons.
   b) Wie ändert sich die Bahn des Elektrons, wenn zusätzlich ein E-Feld mit
   $$\boldsymbol{E}_1 = E_0 \cdot \{0, 0, 1\} \quad \text{bzw.} \quad \boldsymbol{E}_2 = E_0 \cdot \{1, 0, 0\}$$
   angelegt wird?
   c) Welche der folgenden Größen des Elektrons bleiben im Fall a) und im Fall b) erhalten:
   $$v_x,\ v_y,\ v_z,\ v_r,\ |\boldsymbol{v}|,\ \boldsymbol{p},\ |\boldsymbol{p}|,\ E_{\text{kin}}\ ?$$
7. Ein dünner Kupferstab (Dicke $\Delta x = 0{,}1$ mm, Breite $\Delta y = 1$ cm) wird senkrecht zu einem Magnetfeld $\boldsymbol{B} = \{B_x, 0, 0\}$ von 2 T in z-Richtung ausgespannt und von einem Strom von 10 A durchflossen. Berechnen Sie unter der Annahme, daß jedes Cu-Atom ein freies Leitungselektron liefert ($n_e = 8 \cdot 10^{22}\,\mathrm{cm}^{-3}$),
   a) die Driftgeschwindigkeit der Elektronen,
   b) die Hall-Spannung,
   c) die Kraft pro m des Streifens.
8. Ein Konstantanstück (Länge $L = 20$ cm, Querschnitt $A = 5\,\mathrm{mm}^2$, spezifischer Widerstand $\varrho = 0{,}5 \cdot 10^{-6}\,\Omega \cdot \mathrm{m}$) und ein Eisenbügel ($L = 60$ cm, $A = 5\,\mathrm{mm}^2$, $\varrho = 8{,}71 \cdot 10^{-8}\,\Omega \cdot \mathrm{m}$) sind an ihren beiden Enden miteinander verlötet. Die Thermospannungskonstante a aus (2.42a) zwischen den beiden Materialien beträgt $53\,\mu\mathrm{V/K}$.
   a) Berechnen Sie die Stromstärke, wenn sich die eine Lötstelle in Wasser bei 15 °C befindet, während die andere mit einer Flamme auf 75 °C erwärmt wird.
   b) Berechnen Sie die Stärke des Magnetfeldes im Zentrum der quadratischen Schleife.

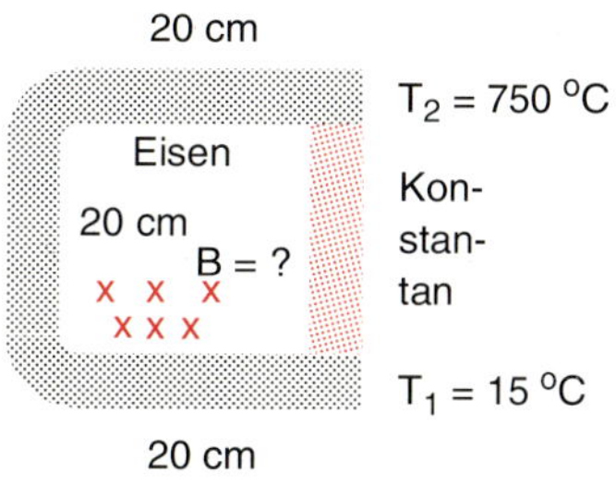

Abb. 3.62. Zu Aufgabe 8

9. Man berechne das vom Wienfilter durch eine Blende der Breite Δb durchgelassene Geschwindigkeitsintervall Δv für einen einfallenden parallelen Teilchenstrahl bei einer Eintrittsgeschwindigkeit v_0 der geladenen Teilchen (Abb. 3.26).

4. Zeitlich veränderliche Felder

Bisher haben wir nur zeitlich konstante elektrische und magnetische Felder behandelt. Alle Eigenschaften dieser statischen Felder, die durch ruhende Ladungen bzw. stationäre Ströme erzeugt werden, lassen sich aus wenigen Grundgleichungen herleiten (siehe Kap. 1–3). Diese Gleichungen selbst basieren auf experimentellen Beobachtungen und lauten:

$$\begin{array}{ll} \mathbf{rot}\,\boldsymbol{E} = \mathbf{0} & \mathbf{rot}\,\boldsymbol{B} = \mu_0 \cdot \boldsymbol{j} \\ \operatorname{div} \boldsymbol{E} = \varrho/\varepsilon_0 & \operatorname{div} \boldsymbol{B} = 0 \\ \boldsymbol{E} = -\mathbf{grad}\ \phi & \boldsymbol{B} = \mathbf{rot}\,\boldsymbol{A} \\ \multicolumn{2}{c}{\boldsymbol{j} = \sigma \cdot \boldsymbol{E}} \end{array} \tag{4.1}$$

Aus der räumlichen Ladungsverteilung $\varrho(x, y, z)$ können elektrische Feldstärke $\boldsymbol{E}(x, y, z)$ und elektrisches Potential $\phi(x, y, z)$ berechnet werden, aus der Stromverteilung $\boldsymbol{j}(x, y, z)$ magnetische Feldstärke $\boldsymbol{B}(x, y, z)$ und Vektorpotential $\boldsymbol{A}(x, y, z)$. Der Zusammenhang zwischen $\boldsymbol{j}$ und $\boldsymbol{E}$ ist durch die elektrische Leitfähigkeit σ als Materialkonstante des jeweiligen Stromleiters gegeben. Die Naturkonstanten ε_0 und μ_0 sind, wie bereits im vorigen Kapitel gezeigt wurde, über die Lichtgeschwindigkeit c im Vakuum durch

$$\varepsilon_0 \cdot \mu_0 = 1/c^2$$

miteinander verknüpft.

Die Frage ist nun, wie diese Gleichungen erweitert werden müssen, wenn sich die Ladungsdichten ϱ und Stromdichten $\boldsymbol{j}$ und damit auch elektrische und magnetische Felder zeitlich ändern.

Wir wollen in diesem Kapitel „langsame" zeitliche Veränderungen betrachten, bei denen die Laufzeit Δt des Lichtes über den Durchmesser der Ladungs- bzw. Stromverteilung sehr klein ist gegen die Zeitspanne T der zeitlichen Änderung von ϱ bzw. j, so daß wir diese Laufzeit vernachlässigen können. Im Kap. 6 wird diese Einschränkung fallengelassen.

4.1 Faradaysches Induktionsgesetz

Michael Faraday (Abb. 4.1) erkannte als erster, daß entlang eines Leiters in einem zeitlich veränderlichen Magnetfeld eine elektrische Spannung entsteht, die er ***Induktionsspannung*** nannte. Wir wollen zuerst einige grundlegende Experimente diskutieren, die uns den quantitativen Zusammenhang zwischen dieser Induktionsspannung und dem zeitlich veränderlichen magnetischen Kraftfluß Φ_m verdeutlichen.[1]

- Der Nordpol eines Stabmagneten wird durch eine Leiterspule mit N Windungen geschoben, deren Enden mit einem Oszillographen zur Messung des zeitlichen Spannungsverlaufs verbunden sind (Abb. 4.2). Man beobachtet während der Bewegung des Magneten eine Spannung $U(t)$, deren Größe und zeitlicher Verlauf von mehreren Faktoren abhängt. $U(t)$ ist proportional:
  1) zur Geschwindigkeit $v(t)$, mit welcher der Magnet durch die Spule bewegt wird,
  2) zum Produkt $N \cdot F$ aus der Zahl N der Spulenwindungen und Fläche F der Spule,
  3) zum Kosinus des Winkels α zwischen Flächennormale $\boldsymbol{F}$ der Spule und Magnetfeldrichtung $\boldsymbol{B}$.
  Wird das Experiment mit dem Südpol des Magneten wiederholt, so werden dieselben Beobachtungen gemacht, aber die Spannung $U(t)$ hat das umgekehrte Vorzeichen.
- Im homogenen Feld eines Helmholtz-Spulenpaares wird eine flache flexible Probespule mit N Windungen um die Spulenfläche F zusammenge-

[1] Im gesamten Kapitel 4 werden, abweichend von den vorherigen Kapiteln, Flächen mit dem Buchstaben F benannt, um Verwechslungen mit dem Vektorpotential auszuschließen. Da Kräfte hier nicht auftauchen, ist eine Verwechslung mit Kräften nicht zu befürchten.

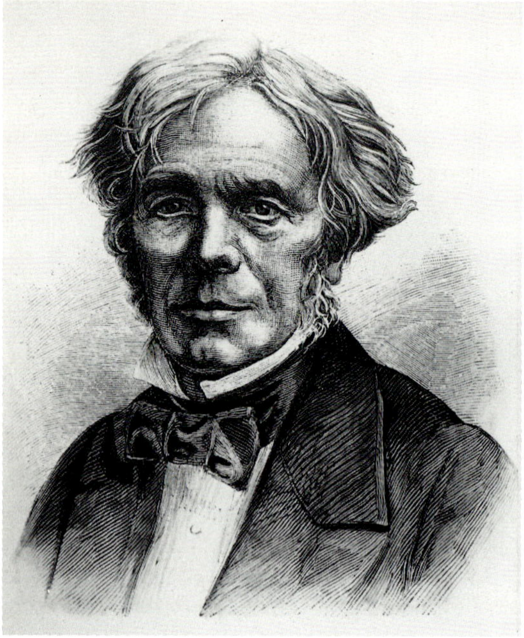

Abb. 4.1. *Michael Faraday* (1791–1867) fand 1831 das nach ihm benannte Induktionsgesetz. Mit freundlicher Genehmigung des Deutschen Museums, München

drückt, so daß sich ihre Fläche verkleinert. Wieder beobachtet man eine Induktionsspannung, deren Größe von der Geschwindigkeit des Zusammendrückens abhängt.

- Statt des Stabmagneten im ersten Experiment wird eine stromdurchflossene zylindrische Spule mit n Windungen pro m Spulenlänge verwendet (siehe Abschn. 3.2.6), deren Magnetfeld mit

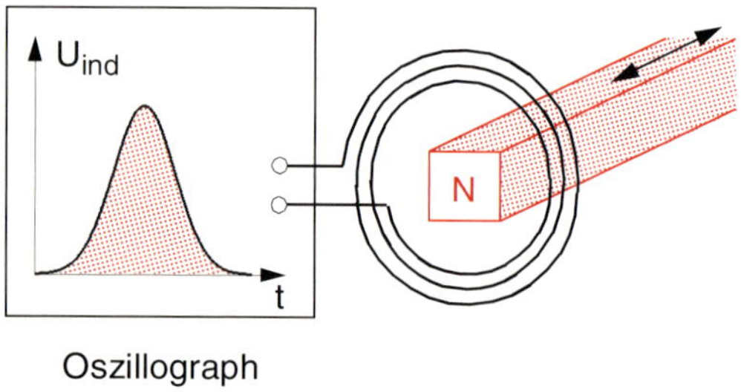

Abb. 4.2. Wenn ein Stabmagnet durch eine Leiterschleife (Spule mit N Windungen) geschoben wird, mißt man zwischen den Enden der Schleife eine elektrische Spannung $U_{ind}(t)$, die proportional zur zeitlichen Änderung $d\Phi_m/dt$ des magnetischen Flusses durch die Spule ist

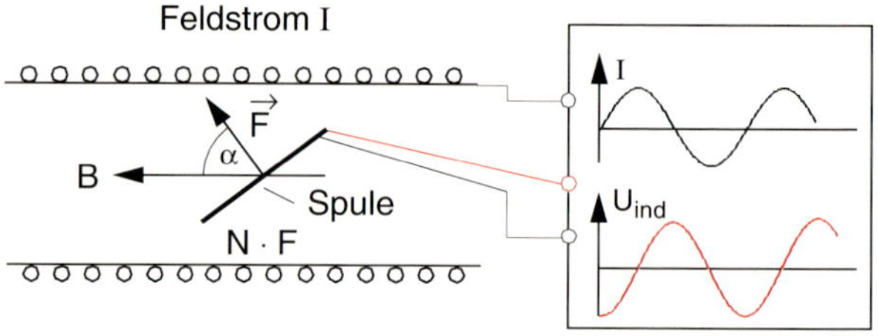

Abb. 4.3. Induktionsspannung zwischen den Enden einer feststehenden Leiterspule in einem zeitlich veränderlichen Magnetfeld

dem Spulenstrom I verändert werden kann. Zum Nachweis der Induktionsspannung dient eine kleine, um eine vertikale Achse drehbare Leiterspule im Inneren der Feldspule. Sowohl die Induktionsspannung $U(t)$ als auch der Feldspulenstrom $I(t)$ und damit das Magnetfeld $B(t) = \mu_0 \cdot n \cdot I(t)$ werden von einem Zweistrahl-Oszillographen angezeigt (Abb. 4.3). Schickt man bei feststehender Induktionsspule mit der Gesamtfläche $N \cdot F$ durch die Feldspule den Strom $I(t) = I_0 \cdot \sin \omega t$ und variiert die Kreisfrequenz ω, so findet man für die Induktionsspannung:

$$U_{ind}(t) = U_0 \cdot \sin(\omega t + 90°)$$

mit

$$U_0 = -\omega \cdot B \cdot N \cdot F \cdot \cos\alpha\,,$$

wenn N die Windungszahl der Probenspule mit Querschnittsfläche F und α der Winkel zwischen Flächennormale $\boldsymbol{F}$ und Feldrichtung $\boldsymbol{B}$ ist.

Die Ergebnisse dieser drei Experimente zeigen uns, daß die gemessene Induktionsspannung gleich der negativen zeitlichen Änderung des magnetischen Kraftflusses durch die Probespule ist. Dies ist das ***Faradaysche Induktionsgesetz***:

$$\boxed{U_{ind} = -\frac{d}{dt}\int \boldsymbol{B} \cdot d\boldsymbol{F} = -\frac{d\Phi_m}{dt}}\,. \qquad (4.2)$$

BEISPIELE

1. Eine Rechteckspule mit N Windungen der Fläche F wird in einem konstanten homogenen Magnetfeld $\boldsymbol{B}_0$ gedreht (Abb. 4.4). Wir erhalten für den magnetischen Fluß Φ_m durch die Spule

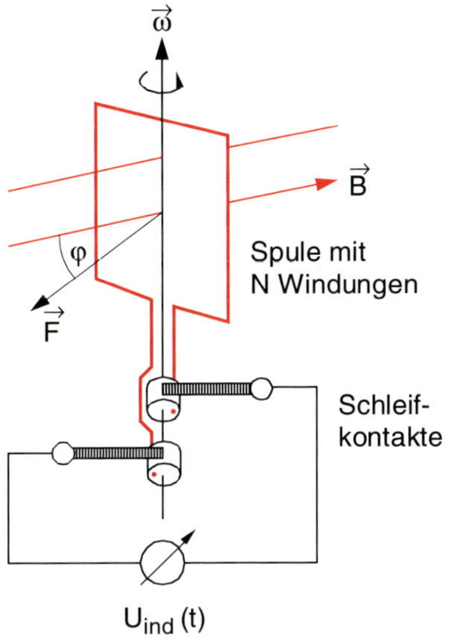

Abb. 4.4. Erzeugung einer Induktionswechselspannung durch Drehen einer Leiterschleife in einem konstanten Magnetfeld

$$\Phi_\mathrm{m} = \int \boldsymbol{B} \cdot \mathrm{d}\boldsymbol{F} = B \cdot N \cdot \cos\varphi(t)$$

mit $\varphi(t) = \omega \cdot t$, wenn $\varphi(t)$ der zeitabhängige Winkel zwischen Magnetfeld und Spulennormale ist. Die induzierte Spannung ist dann gemäß (4.2):

$$\begin{aligned} U_\mathrm{ind} &= -\frac{\mathrm{d}}{\mathrm{d}t}\Phi_\mathrm{m} \\ &= B \cdot N \cdot F \cdot \omega \cdot \sin\omega t\,. \end{aligned} \tag{4.2a}$$

Diese Gleichung bildet die Grundlage des technischen Wechselspannungsgenerators.

Sein Grundprinzip läßt sich an einem einfachen handbetriebenen Modell (Abb. 4.5) demonstrieren. Einige technische Ausführungen werden im Kap. 5 behandelt.

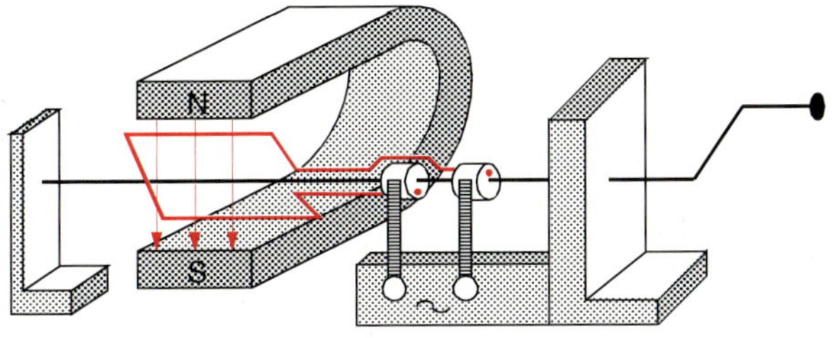

Abb. 4.5. Modell eines handgetriebenen Wechselspannungsgenerators

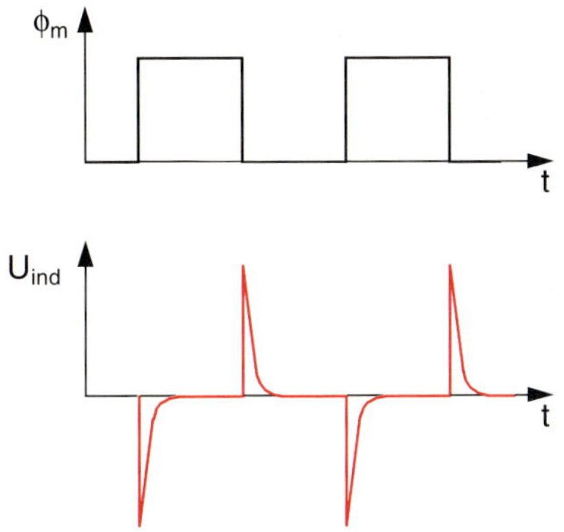

Abb. 4.6. Bei rechteckförmiger Modulation des Magnetfeldes entstehen in einer Meßspule Spannungsspitzen $U_\mathrm{ind} = -\mathrm{d}\Phi_\mathrm{m}/\mathrm{d}t$

2. Gibt man auf die Feldspule im zweiten Experiment eine Rechteckspannung, so wird der Spulenstrom und damit auch der magnetische Fluß Φ_m durch die Probenspule fast rechteckförmig moduliert (Abb. 4.6). Der zeitliche Verlauf der Induktionsspannung zeigt dann steile Spitzen mit umgekehrtem Vorzeichen beim Ansteigen bzw. Abfallen der Strompulse durch die Feldspule.
   Aus (4.2) folgt durch zeitliche Integration:

$$\Delta\Phi_\mathrm{m} = \int_{\Phi_1}^{\Phi_2} \mathrm{d}\Phi_\mathrm{m} = -\int_{t_1}^{t_2} U_\mathrm{ind}\,\mathrm{d}t\,. \tag{4.2b}$$

Das Integral $\int U_\mathrm{ind}\,\mathrm{d}t$ gibt die Fläche unter der Kurve $U_\mathrm{ind}(t)$ an und ist ein Maß für die Änderung $\Delta\Phi$ des magnetischen Flusses innerhalb der Zeitspanne $\Delta t = t_2 - t_1$.

Wir betrachten nun den Fall einer Spule mit nur einer Windung, welche die Fläche $\boldsymbol{F}$ umschließt. Wenn sich bei konstanter Spulenfläche und Orientierung das Magnetfeld $\boldsymbol{B}$ ändert, entsteht zwischen den Enden der Spule die Spannung:

$$U_\mathrm{ind} = -\int \dot{\boldsymbol{B}} \cdot \mathrm{d}\boldsymbol{F}\,. \tag{4.2c}$$

Diese Spannung kann auf ein elektrisches Feld $\boldsymbol{E}$ zurückgeführt werden. Nach (1.13) gilt:

$$U = \int \boldsymbol{E} \cdot \mathrm{d}\boldsymbol{s} ,$$

wobei die Integration über den Umfang der Leiterschleife erfolgt. Nach dem Stokesschen Satz gilt:

$$\oint \boldsymbol{E} \cdot \mathrm{d}\boldsymbol{s} = \int \mathbf{rot}\, \boldsymbol{E} \cdot \mathrm{d}\boldsymbol{F} . \tag{4.3}$$

Da dies für beliebige Flächen gelten muß, folgt aus dem Vergleich von (4.2c) mit (4.3)

$$\boxed{\mathbf{rot}\, \boldsymbol{E} = -\frac{\mathrm{d}\boldsymbol{B}}{\mathrm{d}t}} . \tag{4.4}$$

In Worten:

> Ein magnetisches Feld, welches sich zeitlich ändert, erzeugt ein elektrisches Wirbelfeld.

Man beachte:

Das durch Ladungen erzeugte elektrische Feld (Abb. 4.7) ist *konservativ*. Es gilt $\mathbf{rot}\, \boldsymbol{E} = \mathbf{0}$, und $\boldsymbol{E}$ kann daher als Gradient eines elektrischen Potentials geschrieben werden: $\boldsymbol{E} = -\mathbf{grad}\ \phi$. Die elektrischen Feldlinien starten an den positiven Ladungen und enden an den negativen Ladungen. Sie sind *nicht* geschlossen. Im Gegensatz dazu gilt für den Anteil des elektrischen Feldes, der durch ein sich änderndes Magnetfeld erzeugt wird, daß $\mathbf{rot}\, \boldsymbol{E} \neq \mathbf{0}$ ist. Die elektrischen Feldlinien sind geschlossen (Abb. 4.7b), und man kann diesen Anteil des elektrischen Feldes *nicht* als Gradient eines skalaren Potentials darstellen.

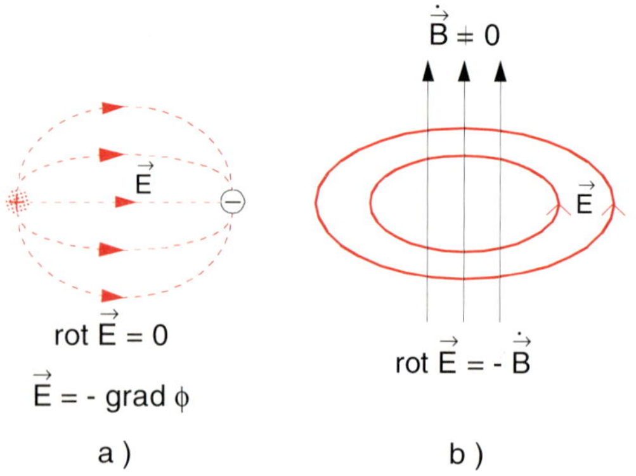

Abb. 4.7a,b. Die beiden Quellen des elektrischen Feldes: (**a**) stationäre Ladungen, die ein rotationsfreies Feld erzeugen; (**b**) ein sich änderndes Magnetfeld, das ein elektrisches Feld mit geschlossenen Feldlinien erzeugt

4.2 Lenzsche Regel

Aus dem negativen Vorzeichen im Induktionsgesetz (4.2) kann man folgenden Sachverhalt entnehmen, der als ***Lenzsche Regel*** bekannt ist:

- Die induzierte Spannung U_{ind} ist der Änderung des magnetischen Flusses entgegengerichtet. Die durch diese Spannung in einem Stromkreis erzeugten Ströme erzeugen ein Magnetfeld, welches das ursprüngliche Feld zu kompensieren versucht.
- Die bei der Bewegung eines Leiters im Magnetfeld induzierten Ströme sind immer so gerichtet, daß sie die Bewegung, durch die sie erzeugt werden, zu hemmen versuchen.

Man kann dies verallgemeinert so ausdrücken:

> Die durch Induktion entstehenden Ströme, Felder und Kräfte behindern stets den die Induktion einleitenden Vorgang (Lenzsche Regel).

Dies soll durch einige Beispiele illustriert werden.

4.2.1 Durch Induktion angefachte Bewegung

Bewegt man den Nordpol eines Stabmagneten gegen einen als Pendel aufgehängten Aluminiumring (Abb. 4.8), so ist die Richtung des im Ring induzierten Stromes derart, daß der Nordpol des induzierten magnetischen Dipols gegen den Nordpol des Permanentmagneten zeigt und deshalb der Ring vom Magneten abgestoßen wird. Das heißt natürlich auch, daß der Magnet vom Ring abgestoßen wird, so daß die Bewegung des Magneten in Richtung des Rings behindert wird. Zieht man jetzt den Permanentmagneten wieder weg, so kehrt sich die Richtung des induzierten Stromes und damit die des Dipols um, d.h. der Ring wird jetzt angezogen, und damit wird das Wegziehen behindert. Man kann daher durch periodische Bewegung

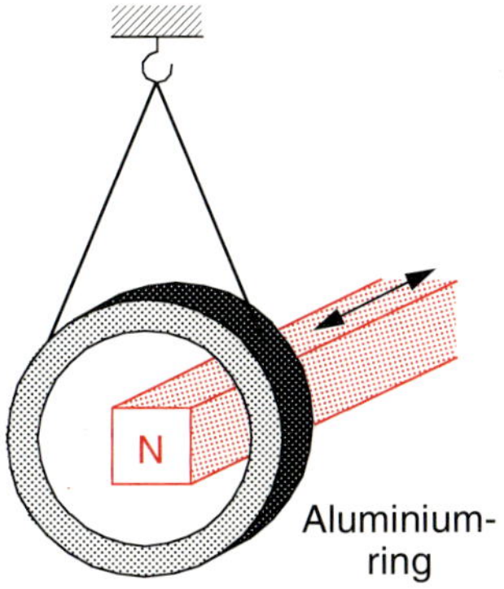

Abb. 4.8. Experimentelle Demonstration der Lenzschen Regel. Der Aluminiumring wird bei Annäherung des Stabmagneten immer abgestoßen, bei Entfernung des Magneten angezogen, unabhängig davon, ob man den Nordpol oder den Südpol des Magneten benutzt

des Magneten den Aluminiumring zum Schwingen bringen.

Benutzt man einen aufgeschlitzten, sonst aber identischen Aluminiumring, so stellt man bei der Bewegung des Magneten keinen meßbaren Effekt auf den Ring fest, weil sich in ihm keine Induktionsströme ausbilden können.

4.2.2 Elektromagnetische Schleuder

Auf einem langen Eisenjoch liegt über einer Feldspule ein Aluminiumring (Abb. 4.9). Schaltet man die Feldspule ein, so wird in diesem Ring ein Induktionsstrom erzeugt, dessen magnetisches Moment so gerichtet ist, daß der Ring hochgeschleudert wird. Man kann im Demonstrationsversuch leicht Schußhöhen von mehr als 10 m erreichen. Dieses Prinzip der ***elektromagnetischen Schleuder*** wird technisch angewandt, um kleinere Projektile auf große Geschwindigkeiten zu beschleunigen. Bisher wurden damit z.B. Massen von bis zu 0,1 kg auf Geschwindigkeiten bis zu 8 km/s gebracht [4.1].

4.2.3 Wirbelströme

Induktionsströme, die in ausgedehnten Leitern erzeugt werden, nennt man ***Wirbelströme***. Ihre Richtung und Stärke hängen von der zeitlichen Änderung $\mathrm{d}B/\mathrm{d}t$ des Magnetfeldes und von der räumlichen Abhängigkeit des elektrischen Widerstandes $R(x, y, z)$ ab. Sie können eindrucksvoll mit dem ***Waltenhofenschen Pendel*** demonstriert werden (Abb. 4.10).

Eine massive Aluminiumscheibe ist an einem langen Stab drehbar aufgehängt und pendelt zwischen den Polschuhen eines stromlosen Elektromagneten. Schaltet man den Magnetstrom ein, so wird die Pendelbewegung stark gedämpft. Bei genügend starkem Magnetfeld kann man das Pendel innerhalb einer Schwingungsperiode zum Stehen bringen. Der Grund sind die starken Wirbelströme, deren joulesche Verluste die mechanische Energie des Pendels in Wärmeenergie umwandeln.

Sägt man in das Aluminiumblech viele Schlitze senkrecht zur Bewegungsrichtung des Pendels, so können sich nur schwache Wirbelströme ausbilden, und die Dämpfung des Pendels ist entsprechend gering (Abb. 4.10b).

Die *Wirbelstrombremsung* wird in vielen elektrisch angetriebenen Fahrzeugen zur Schnellbremsung verwendet [4.2].

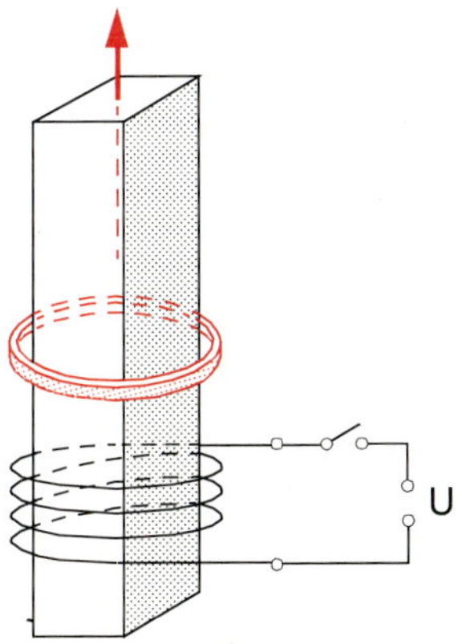

Abb. 4.9. Elektromagnetische Induktionsschleuder

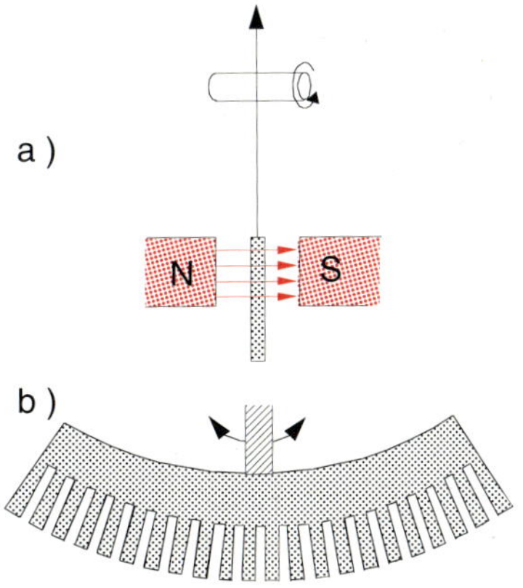

Abb. 4.10a,b. Waltenhofensches Pendel

4.3 Selbstinduktion und gegenseitige Induktion

Für die technische Anwendung von Spulen oder anderen Leiteranordnungen wäre es lästig, jedesmal das Integral (4.2) auszurechnen. Man kann nun jeder Anordnung eine skalare Größe, die *Induktivität*, zuordnen, welche viele Rechnungen vereinfacht. Die Berechnung der Induktivität kann jedoch unter Umständen kompliziert sein.

4.3.1 Selbstinduktion

In einer stromdurchflossenen Spule wird bei einer zeitlichen Änderung des Stromes der magnetische Fluß durch die Spule geändert. Nach dem Faradayschen Induktionsgesetz entsteht deshalb auch in der Spule selbst eine Induktionsspannung, die nach der Lenzschen Regel der Änderung der von außen angelegten „stromtreibenden" Spannung entgegengerichtet ist. Da das von der Spule erzeugte Magnetfeld proportional zum Strom I durch die Spule ist, folgt für den magnetischen Fluß

$$\Phi_\mathrm{m} = \int \boldsymbol{B} \cdot \mathrm{d}\boldsymbol{F} = L \cdot I ,$$

wobei die Proportionalitätskonstante L mit der Dimension

$$[L] = 1\,\mathrm{V \cdot s/A} = 1\,\mathrm{Henry} = 1\,\mathrm{H}$$

Selbstinduktionskoeffizient oder (Selbst-) ***Induktivität*** genannt wird. Für die Induktionsspannung erhalten wir aus (4.2):

$$U_\mathrm{ind} = -L \cdot \frac{\mathrm{d}I}{\mathrm{d}t} . \tag{4.5}$$

Wir betrachten einige Beispiele für Selbstinduktion.

a) Einschaltvorgang

Zur Zeit $t = 0$ wird an den Schaltkreis in Abb. 4.11a die konstante Spannung U_0 angelegt. Nach der Kirchhoffschen Regel erhalten wir:

$$U_0 = I \cdot R - U_\mathrm{ind} = I \cdot R + L \cdot \frac{\mathrm{d}I}{\mathrm{d}t} , \tag{4.6}$$

wobei R der ohmsche Widerstand der Spule ist. Mit dem Ansatz

$$I(t) = K \cdot \mathrm{e}^{-(R/L)\cdot t} + I_0$$

erhält man die Lösung der inhomogenen Differentialgleichung (4.6) für die Anfangsbedingung $I(0) = 0$:

$$I(t) = \frac{U_0}{R} \cdot \left(1 - \mathrm{e}^{-(R/L)\cdot t}\right) . \tag{4.7}$$

Der Strom steigt also beim Einschalten nicht plötzlich auf den nach dem ohmschen Gesetz zu erwartenden Wert U_0/R an, sondern mit einer Zeitverzögerung $\tau = L/R$, die von der Induktivität L der Spule abhängt (Abb. 4.11b). Man bezeichnet τ auch als *Zeitkonstante*. Nach der Zeit $t = \tau$ hat $I(t)$ etwa 63% seines Endwertes $I(\infty) = U_0/R$ erreicht.

Man kann dieses Zeitverhalten direkt auf dem Oszillographen sichtbar machen. Rein qualitativ, aber auch als Demonstration eindrucksvoll, läßt sich diese Zeitverzögerung mit den beiden Glühlampen G_1 und G_2 in Abb. 4.11b vorführen. Beim Schließen des Schalters leuchtet zuerst die Lampe G_1 und erst nach der Zeit $\tau = L/R$ die Lampe G_2 auf. Im stationären Zustand ($t \to \infty$) fließt dann durch beide Zweige der gleiche Strom, wenn die ohmschen Widerstände gleich sind.

b) Abschalten der Stromquelle

Wird zur Zeit $t = 0$ der vorher geschlossene Schalter S in Abb. 4.12 geöffnet, so ergibt sich mit den Anfangsbedingungen $U_0(t = 0) = 0$ und $I(0) = I_0$ die Gleichung

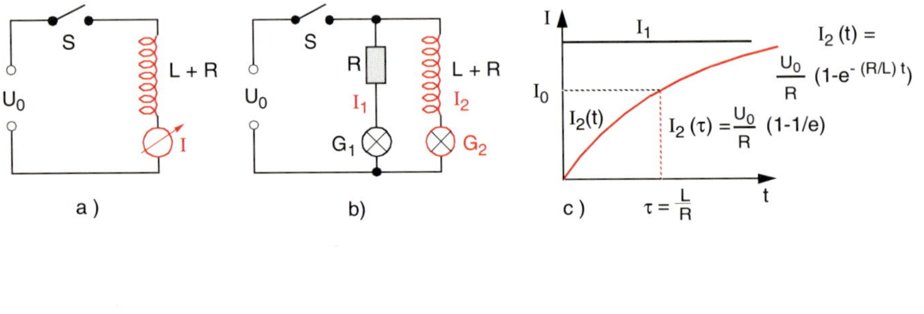

Abb. 4.11a–c. Demonstration der Selbstinduktion einer Spule. (**a**) Experimenteller Aufbau; (**b**) Illustration der zeitlichen Verzögerung des Stromes durch zwei Glühlampen; (**c**) Stromverlauf $I(t)$ nach dem Schließen des Schalters S

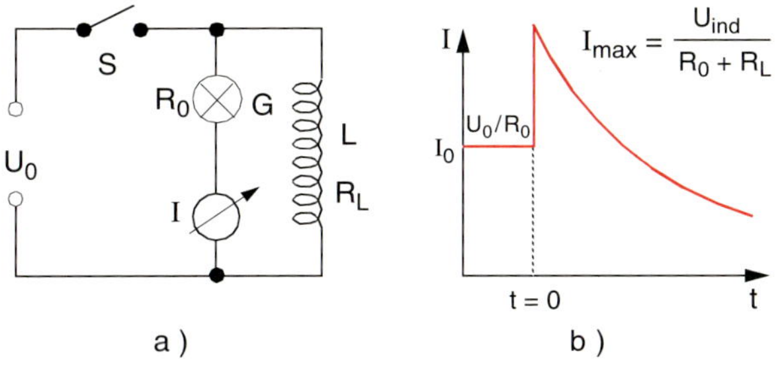

Abb. 4.12a,b. Induktionsspannung beim Abschalten der Stromquelle. (**a**) Schaltung; (**b**) Strom $I(t)$

$$0 = I \cdot R - U_{\mathrm{ind}} = I \cdot R + L \cdot \frac{\mathrm{d}I}{\mathrm{d}t}$$

mit der Lösung

$$I(t) = I_0 \cdot \mathrm{e}^{-(R/L)\cdot t} \tag{4.8}$$

mit $R = R_0 + R_L$. Hierbei ist der Widerstand R_0 ein Lastwiderstand, während R_L der ohmsche Widerstand der Spule ist. Beim Öffnen des Schalters sinkt die Spannung an der Spule nicht etwa sofort auf Null, sondern sie steigt erst auf einen Wert $U_{\mathrm{ind}} = L \cdot \mathrm{d}I/\mathrm{d}t$, der von dem zeitlichen Verhalten von $I(t)$ beim Öffnen des Schalters abhängt und sehr große Werte annehmen kann (Abb. 4.12b). Der Strom durch die Spule springt dabei vom Wert $I(t < 0) = U_0/R_0$ auf den Wert $I_0 = U_{\mathrm{ind}}/(R_L + R_0)$. Wird R_0 z.B. durch eine Glühbirne G realisiert, so blitzt diese beim Öffnen des Schalters sehr hell auf und kann beim sehr schnellen Öffnen sogar durchbrennen.

c) Zünden von Leuchtstofflampen

Beim Einschalten der Netzspannung $U_0 = 230\,\mathrm{V}$ fließt anfangs der gesamte Strom $I = U/(R_L + R_{BM})$ in Abb. 4.13 durch die Spule mit der Induktivität

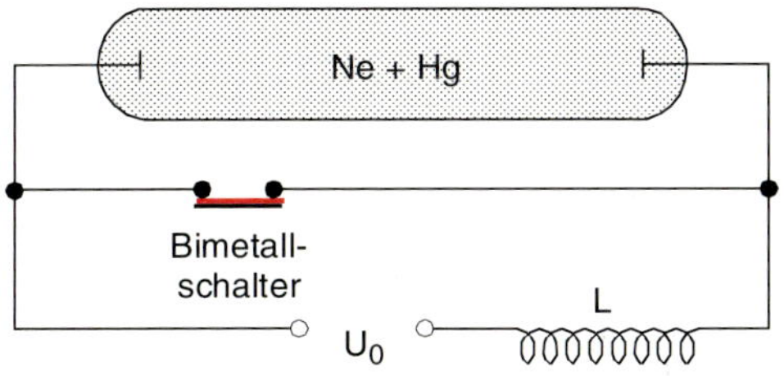

Abb. 4.13. Zündschaltung von Leuchtstoffröhren. Die beim Öffnen des Bimetallschalters BM an der Spule L entstehende Induktionsspannung wird zum Zünden der Gasentladung benutzt

L und den Bimetallschalter BM (siehe Bd. 1, Abschn. 11.1.2). Nach kurzer Zeit erwärmt sich dadurch BM und öffnet. Die dadurch bewirkte schnelle Abschaltung des Stromes erzeugt über L und damit auch über der Leuchtstoffröhre eine große Induktionsspannung U_{ind}, die zum Zünden der Gasentladung ausreicht [4.3].

d) Selbstinduktionskoeffizient einer Zylinderspule

Das Magnetfeld im Innern einer Spule der Länge l mit n Windungen pro Meter, die vom Strom I durchflossen werden (Abb. 4.14), ist gemäß (3.10)

$$B = \mu_0 \cdot n \cdot I\,.$$

Der magnetische Fluß durch eine Windung der Spule ist dann bei einer Querschnittsfläche F

$$\Phi_{\mathrm{m}} = B \cdot F = \mu_0 \cdot n \cdot F \cdot I\,.$$

Bei einer Änderung $\mathrm{d}I/\mathrm{d}t$ des Spulenstromes wird die Flußänderung

$$\frac{\mathrm{d}\Phi_{\mathrm{m}}}{\mathrm{d}t} = \mu_0 \cdot n \cdot F \cdot \frac{\mathrm{d}I}{\mathrm{d}t}\,.$$

Dabei wird zwischen den Enden der Spule mit $N = n \cdot l$ Windungen eine Spannung

$$U_{\mathrm{ind}} = -N \cdot \dot{\Phi}_m$$
$$= -\mu_0 n^2 l F \cdot \frac{\mathrm{d}I}{\mathrm{d}t} = -L \cdot \frac{\mathrm{d}I}{\mathrm{d}t} \tag{4.9}$$

induziert. Der Selbstinduktionskoeffizient L der Spule ist daher

$$L = \mu_0 \cdot n^2 \cdot V, \tag{4.10}$$

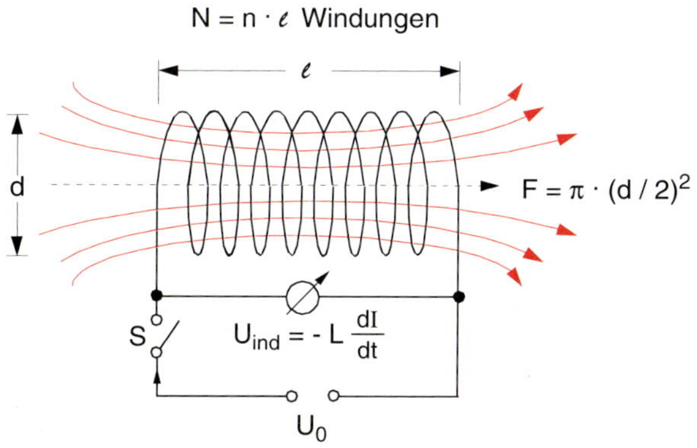

Abb. 4.14. Selbstinduktion einer Zylinderspule

wobei $V = l \cdot F$ das von der Spule eingeschlossene Volumen ist.

e) Selbstinduktion einer parallelen Doppelleitung

Zwei lange, parallele Drähte mit Radius r_0 und Abstand d, durch welche der Strom I in entgegengesetzter Richtung fließt, bilden eine elektrische Doppelleitung (Abb. 4.15). Sie stellt ein sehr wichtiges Element für die Übertragung elektrischer Leistung dar.

Wenn die Drähte in z-Richtung laufen, liegt das magnetische Feld in der x-y-Ebene. Auf der Verbindungslinie zwischen den beiden Drähten, die wir als x-Achse wählen, gilt gemäß (3.8) für den Betrag von $\boldsymbol{B}$ außerhalb der Drähte:

$$B^{(\mathrm{a})} = \frac{\mu_0 I}{2\pi}\left(\frac{1}{\frac{d}{2}+x} + \frac{1}{\frac{d}{2}-x}\right). \tag{4.11}$$

Im Inneren der Drähte ist $B^{(\mathrm{i})}$ nach (3.9) für den linken Draht ($I > 0$; $x < 0$)

$$B_\mathrm{l}^{(\mathrm{i})} = \frac{\mu_0 I}{2\pi r_0^2}\left(\frac{d}{2}+x\right) \tag{4.12a}$$

und für den rechten Draht ($I < 0$; $x > 0$)

$$B_\mathrm{r}^{(\mathrm{i})} = \frac{\mu_0 I}{2\pi r_0^2}\left(\frac{d}{2}-x\right). \tag{4.12b}$$

Der magnetische Fluß durch ein Stück der Doppelleitung mit der Länge l durch die Fläche $F = d \cdot l$ ist dann

$$\begin{aligned}\Phi_\mathrm{m} &= l \cdot \left[\int\limits_{-d/2+r_0}^{d/2-r_0} B^{(\mathrm{a})}\,\mathrm{d}x + \int\limits_{-d/2}^{-d/2+r_0} B_\mathrm{l}^{(\mathrm{i})}\,\mathrm{d}x + \int\limits_{d/2-r_0}^{d/2} B_\mathrm{r}^{(\mathrm{i})}\,\mathrm{d}x\right] \\ &= \frac{\mu_0 \cdot I \cdot l}{\pi} \cdot \left[\frac{1}{2} + \ln\frac{d-r_0}{r_0}\right].\end{aligned}$$

Damit wird der Selbstinduktionskoeffizient

$$L = \frac{\Phi_\mathrm{m}}{I} = \frac{\mu_0 \cdot l}{\pi} \cdot \left[\frac{1}{2} + \ln\frac{d-r_0}{r_0}\right]. \tag{4.13}$$

Man sieht aus (4.13), daß die Selbstinduktion einer Doppelleitung mit zunehmendem Abstand d logarithmisch anwächst. Man beachte, daß L mit abnehmendem Drahtradius r_0 zunimmt! Deshalb verwendet man für induktionsarme Doppelleitungen flache Bänder, die sich (nur durch eine dünne Isolationsschicht getrennt) fast berühren. Für $d = 2r_0$ erhält man aus (4.13) die minimale Induktion:

$$L(d = 2r_0) = \frac{\mu_0 \cdot l}{2\pi}. \tag{4.13a}$$

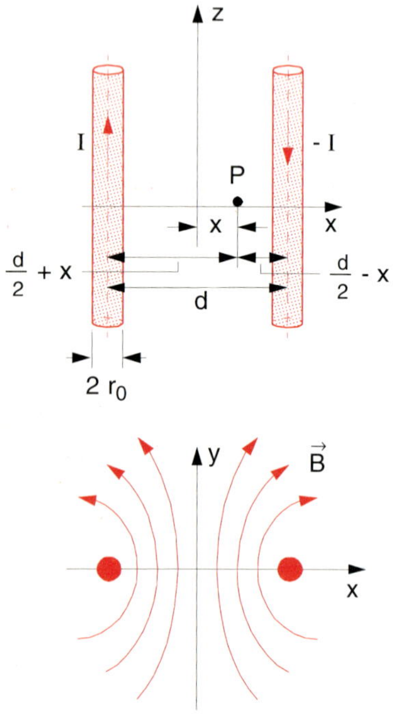

Abb. 4.15a,b. Parallele Doppelleitung. (*Oben*) Anordnung, (*unten*) Magnetfeld in der x-y-Ebene

4.3.2 Gegenseitige Induktion

Wir betrachten einen vom Strom I_1 durchflossenen Stromkreis 1 (Abb. 4.16). Nach dem Biot-Savart-Gesetz (siehe Abschn. 3.2.5) erzeugt er im Punkte $P(\boldsymbol{r}_2)$ ein Magnetfeld $\boldsymbol{B}$ mit dem Vektorpotential

$$\boldsymbol{A}(\boldsymbol{r}_2) = \frac{\mu_0 I_1}{4\pi}\int\frac{\mathrm{d}\boldsymbol{s}_1}{r_{12}}\ , \tag{4.14}$$

wobei $\mathrm{d}\boldsymbol{s}_1$ ein Linienelement des stromführenden Kreises 1 ist. Dieses Magnetfeld bewirkt einen magnetischen Fluß

$$\begin{aligned}\Phi_\mathrm{m} &= \int\limits_F \boldsymbol{B} \cdot \mathrm{d}\boldsymbol{F} \\ &= \int\limits_F \mathbf{rot}\,\boldsymbol{A} \cdot \mathrm{d}\boldsymbol{F} = \int\limits_{s_2} \boldsymbol{A} \cdot \mathrm{d}\boldsymbol{s}_2\end{aligned} \tag{4.15}$$

durch eine Fläche F, die von einer zweiten Leiter-

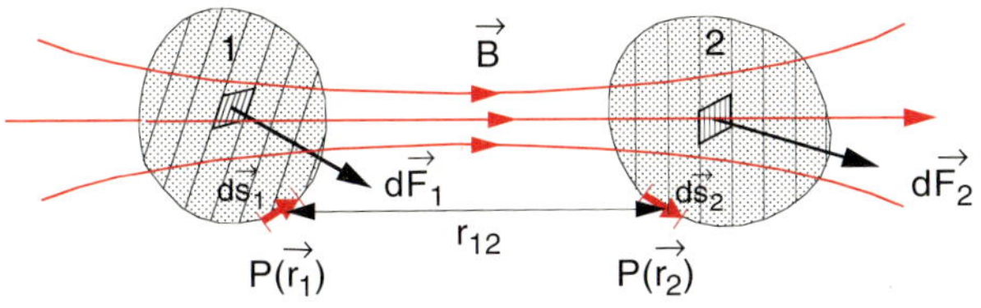

Abb. 4.16. Zur Definition des Koeffizienten L_{12} der gegenseitigen Induktion

schleife mit Linienelement $\mathrm{d}\boldsymbol{s}_2$ umrandet wird. Das letzte Gleichheitszeichen in (4.15) folgt aus dem Stokesschen Satz. Setzt man (4.14) in (4.15) ein, so erhält man für den magnetischen Fluß durch die zweite Leiterschleife, den der Strom I_1 bewirkt:

$$\Phi_\mathrm{m} = \frac{\mu_0 I_1}{4\pi} \int\limits_{s_1}\int\limits_{s_2} \frac{\mathrm{d}\boldsymbol{s}_1 \cdot \mathrm{d}\boldsymbol{s}_2}{r_{12}} = L_{12} \cdot I_1 \,. \tag{4.16}$$

Der Proportionalitätsfaktor

$$L_{12} = \frac{\mu_0}{4\pi} \int\int \frac{\mathrm{d}\boldsymbol{s}_1 \cdot \mathrm{d}\boldsymbol{s}_2}{r_{12}} \tag{4.17}$$

heißt Koeffizient der gegenseitigen Induktion oder auch ***gegenseitige Induktivität***. Er hängt ab von der geometrischen Gestalt der beiden Leiteranordnungen, von ihrer gegenseitigen Orientierung und von ihrem Abstand.

Für allgemeine Anordnungen ist (4.17) häufig nur numerisch lösbar. Wir wollen uns deshalb L_{12} für einige einfache Beispiele klarmachen.

a) Rechteckige Leiterschleife im homogenen Magnetfeld

Eine rechteckige Schleife mit der Fläche F befinde sich im Inneren einer vom Strom I durchflossenen Zylinderspule mit n Windungen pro Meter (Abb. 4.3). Der Fluß durch die Rechteckspule ist gemäß (3.10)

$$\Phi_\mathrm{m} = \int \boldsymbol{B} \cdot \mathrm{d}\boldsymbol{F} = \mu_0 \cdot n \cdot I \cdot F \cdot \cos\alpha \,,$$

wobei α der Winkel zwischen Zylinderachse und Flächennormale ist. Der Koeffizient der gegenseitigen Induktion ist daher

$$L_{12} = \mu_0 \cdot n \cdot F \cdot \cos\alpha \,.$$

Er wird Null für $\alpha = 90°$.

b) Zwei kreisförmige Leiterschleifen mit verschiedener relativer Orientierung

In Abb. 4.17a sind zwei kreisförmige Leiterschleifen mit verschiedenen relativen Orientierungen gezeigt. Die größte Induktivität erhält man, wenn beide Leiterebenen parallel sind und die gleiche Symmetrieachse haben (Abb. 4.17b). Der kleinste Wert $L_{12} = 0$ ergibt sich für die senkrechte Anordnung in Abb. 4.17c, weil das Magnetfeld der ersten Spule in der Ebene der zweiten Spule verläuft und deshalb der Fluß Φ_m durch die zweite Spule Null wird.

Für die parallele Anordnung in Abb. 4.17b geht für kleine Abstände d zwischen beiden Spulen ($d \ll R$) praktisch der gesamte vom ersten Kreis erzeugte Fluß durch die zweite Spule, so daß nach (3.19) der Koeffizient

$$L_{12} = \frac{\pi}{2}\mu_0 R \tag{4.18a}$$

für $d \ll R$ unabhängig vom Abstand d wird. Für große Entfernungen $d \gg R$ ist nach (3.20)

$$B \approx \frac{\mu_0}{2\pi} \cdot \frac{I \cdot F}{d^3} \,,$$

so daß der Koeffizient der gegenseitigen Induktion

$$L_{12} \approx \frac{\pi}{2}\mu_0 \cdot \frac{R^4}{d^3} \tag{4.18b}$$

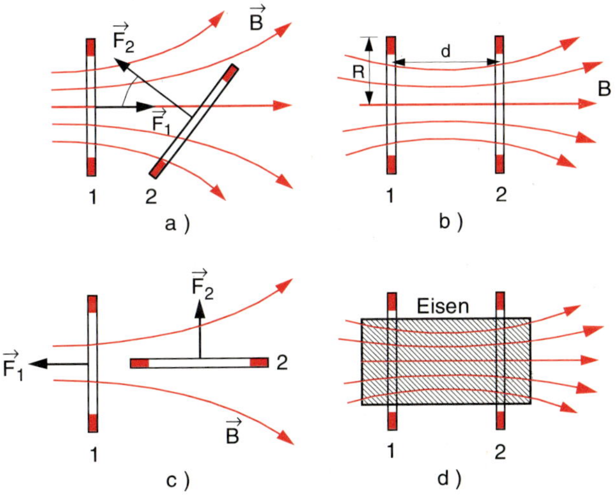

Abb. 4.17a–d. Gegenseitiger Induktionskoeffizient L_{12} für zwei kreisförmige Leiterschleifen gleicher Fläche bei verschiedener relativer Orientierung

wird. Während für diese beiden Grenzfälle die Bestimmung von L_{12} einfach ist, muß für den allgemeinen Fall das Integral (4.17) berechnet werden. Dies führt auf elliptische Integrale [4.4], deren Lösung nur näherungsweise oder numerisch möglich ist.

Schiebt man einen Eisenstab durch beide Spulen, so wird der Fluß Φ_m durch die Spule 2 größer, weil das Magnetfeld, das durch die Spule 1 erzeugt wird, im Eisenstab verstärkt und fast vollständig zur Spule 2 „geführt" wird (Abb. 4.17d).

Durch Verwendung ferromagnetischer Materialien mit großen Werten der relativen Permeabilität μ kann daher die Kopplung zwischen zwei Leiterspulen und damit der Koeffizient der gegenseitigen Induktion stark vergrößert werden. Dies wird z.B. bei Transformatoren ausgenutzt (siehe Abschn. 5.6).

4.4 Die Energie des magnetischen Feldes

Die beim Abschalten der äußeren Spannungsquelle in Abb. 4.11 im Widerstand R verbrauchte Energie muß im Magnetfeld der Spule gesteckt haben. Die Energie des Magnetfeldes ist damit:

$$W_{\text{magn}} = \int_0^\infty I \cdot U \cdot \mathrm{d}t = \int_0^\infty I^2 \cdot R \cdot \mathrm{d}t \,.$$

Mit (4.8) ergibt dies:

$$\begin{aligned} W_{\text{magn}} &= \int_0^\infty I_0^2 \cdot \mathrm{e}^{-(2R/L)\cdot t} \cdot R \cdot \mathrm{d}t \\ &= \frac{1}{2} I_0^2 \cdot L \,, \end{aligned}$$

wobei $I_0 = I(t = 0)$ der vor dem Abschalten durch die Spule fließende stationäre Strom ist.

Mit $L = \mu_0 n^2 \cdot V$ (siehe (4.10)) ergibt sich die Energiedichte des magnetischen Feldes:

$$w_{\text{magn}} = \frac{W_{\text{magn}}}{V} = \frac{1}{2}\mu_0 \cdot n^2 \cdot I_0^2 = \frac{1}{2}\frac{B^2}{\mu_0} \,.$$

Man vergleiche die entsprechenden Ausdrücke für Energie und Energiedichte des elektrischen und magnetischen Feldes:

$$\boxed{\begin{aligned} W_{\text{el}} &= \frac{1}{2} C U^2 \\ W_{\text{magn}} &= \frac{1}{2} L I^2 \\ w_{\text{el}} &= \frac{1}{2}\varepsilon_0 E^2 \\ w_{\text{magn}} &= \frac{1}{2}\mu_0 H^2 = \frac{1}{2\mu_0} B^2 \end{aligned}} \,. \qquad (4.19)$$

Benutzt man die Beziehung $\varepsilon_0 \cdot \mu_0 = 1/c^2$, so folgt für die Energiedichte des elektromagnetischen Feldes:

$$\boxed{w_{\text{em}} = \frac{1}{2}\varepsilon_0 (E^2 + c^2 B^2)} \,. \qquad (4.20\text{a})$$

In Materie mit der relativen Dielektrizitätskonstante ε und der Permeabilität μ wird (4.20a) zu

$$w_{\text{em}} = \frac{1}{2}\varepsilon_0 \left(\varepsilon E^2 + \frac{c^2}{\mu} B^2 \right)$$

oder mit $D = \varepsilon\varepsilon_0 E$ und $H = B/(\mu\mu_0)$

$$\boxed{w_{\text{em}} = \frac{1}{2}(\boldsymbol{E} \cdot \boldsymbol{D} + \boldsymbol{B} \cdot \boldsymbol{H})} \,. \qquad (4.20\text{b})$$

4.5 Der Verschiebungsstrom

In vielen Fällen ist die bisherige Formulierung des Ampèreschen Gesetzes (3.6)

$$\int \boldsymbol{B} \cdot \mathrm{d}\boldsymbol{s} = \mu_0 I = \mu_0 \int_F \boldsymbol{j} \cdot \mathrm{d}\boldsymbol{F}$$

nicht eindeutig. Wenn man aus (3.6) die differentielle Form (3.7)

$$\mathbf{rot}\, \boldsymbol{B} = \mu_0 \cdot \boldsymbol{j}$$

gewinnen will, muß (3.6) für beliebige Wege um den stromführenden Leiter gelten sowie für beliebige Flächen F, die von diesen Wegen umrandet werden.

In Abb. 4.18 ist ein Stromkreis mit Kondensator C gezeigt, durch den ein zeitlich veränderlicher Strom fließt. Wählt man als Integrationsweg in (3.6) die kreisförmige Kurve s_1, so kann man als Fläche die Kreisfläche F_1 annehmen, aber auch jede andere geschlossenen Fläche, die s_1 als Berandung hat, z.B. auch die in Abb. 4.18 gezeichnete Fläche F_2, die durch

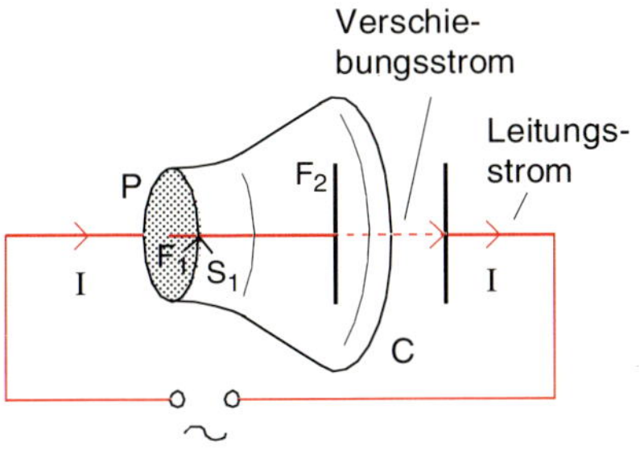

Abb. 4.18. Zur Erläuterung des Verschiebungsstroms

das Innere des Kondensators geht, wo die im üblichen Sinne definierte Stromdichte j Null ist. Das im Punkt P gemessene Magnetfeld wird bei der Wahl der ersten Fläche F_1 durch (3.6) gegeben, bei der Wahl der zweiten Fläche wäre es jedoch Null.

Um diesen Widerspruch aufzulösen, wurde von *James Clerk Maxwell* (1831–1879) der Begriff des ***Verschiebungsstromes*** eingeführt. Wenn in den Leitungen in Abb. 4.18 ein Strom I fließt, ändert sich die Ladung Q auf den Kondensatorplatten. Diese Ladungsänderung führt zu einer Änderung des elektrischen Feldes zwischen den Platten. Mit der Relation

$$I = \frac{\mathrm{d}Q}{\mathrm{d}t} = \frac{\mathrm{d}}{\mathrm{d}t}(\varepsilon_0 \cdot \boldsymbol{F} \cdot \boldsymbol{E}) = \varepsilon_0 \cdot \boldsymbol{F} \cdot \frac{\partial \boldsymbol{E}}{\partial t} \qquad (4.21)$$

zwischen der Ladung $Q = \varepsilon_0 \cdot F \cdot E$ auf den Platten mit der Fläche F und dem elektrischen Feld E läßt sich auch zwischen den Platten des Kondensators ein Verschiebungsstrom $I_\mathrm{V} = \varepsilon_0 \cdot F \cdot \partial E/\partial t$ und damit eine Stromdichte

$$\boldsymbol{j}_\mathrm{V} = \varepsilon_0 \cdot \frac{\partial \boldsymbol{E}}{\partial t} \qquad (4.22)$$

definieren, die Verschiebungsstromdichte heißt und direkt mit der zeitlichen Änderung $\partial E/\partial t$ der elektrischen Feldstärke im Kondensator verknüpft ist. Hier sind die partiellen Ableitungen gewählt, weil (4.22) auch für inhomogene Felder gilt, bei denen $\boldsymbol{E}(\boldsymbol{r}, t)$ auch von den Ortskoordinaten abhängt. Setzt man (4.22) in (3.6) ein, so ergibt sich:

$$\int \boldsymbol{B} \cdot \mathrm{d}\boldsymbol{s} = \mu_0 I = \mu_0 \int (\boldsymbol{j}_\mathrm{e} + \boldsymbol{j}_\mathrm{V}) \cdot \mathrm{d}\boldsymbol{F} \qquad (4.23a)$$

oder in der differentiellen Form (3.7)

$$\begin{aligned} \textbf{rot}\, \boldsymbol{B} &= \mu_0(\boldsymbol{j}_\mathrm{e} + \boldsymbol{j}_\mathrm{V}) \\ &= \mu_0 \boldsymbol{j}_\mathrm{e} + \mu_0 \varepsilon_0 \frac{\partial \boldsymbol{E}}{\partial t} \,. \end{aligned} \qquad (4.23b)$$

Wegen $\mu_0 \varepsilon_0 = 1/c^2$ läßt sich (4.23b) auch schreiben als

$$\boxed{\textbf{rot}\, \boldsymbol{B} = \mu_0 \boldsymbol{j} + \frac{1}{c^2}\frac{\partial \boldsymbol{E}}{\partial t}} \,. \qquad (4.23c)$$

Dieses wichtige Ergebnis besagt:

Magnetfelder werden nicht nur von Strömen erzeugt, sondern auch von zeitlich veränderlichen elektrischen Feldern.

Ohne diese Tatsache gäbe es keine elektromagnetischen Wellen (siehe Kap. 7).

Anmerkung

Durch die Einführung des Verschiebungsstroms wird die ***Kontinuitätsgleichung*** durch (4.23) erfüllt, also die Erhaltung der Ladung gerettet, was ohne den Term $\partial E/\partial t$ in (4.23c) nicht der Fall wäre. Aus (4.23c) erhält man nämlich:

$$0 = \operatorname{div} \textbf{rot}\, B = \mu_0 \operatorname{div} \boldsymbol{j} + \varepsilon_0 \mu_0 \frac{\partial}{\partial t} \operatorname{div} \boldsymbol{E} \,,$$

was mit $\operatorname{div} E = \varrho/\varepsilon_0$ die Kontinuitätsgleichung

$$\boxed{\operatorname{div} j + \frac{\partial}{\partial t}\varrho = 0}$$

ergibt.

Man kann (4.23) experimentell prüfen, indem man an einen Plattenkondensator mit runden Platten mit Radius R_0 eine hochfrequente Wechselspannung

$$U_\mathrm{C} = U_0 \cdot \cos \omega t$$

anlegt. Der Verschiebungsstrom ist dann

$$I_\mathrm{V} = \frac{\mathrm{d}Q}{\mathrm{d}t} = C \cdot \frac{\mathrm{d}U_\mathrm{C}}{\mathrm{d}t} = -C \cdot U_0 \cdot \omega \cdot \sin \omega t .$$

Die Magnetfeldlinien zwischen den Platten sind Kreise um die Symmetrieachse des Kondensators in den Ebenen $x = \text{const}$ (Abb. 4.19). Nach (3.8) ist die Magnetfeldstärke B am Rande des Kondensators im Abstand R_0 von der Achse

$$B = \frac{\mu_0 I_\mathrm{V}}{2\pi R_0} \,.$$

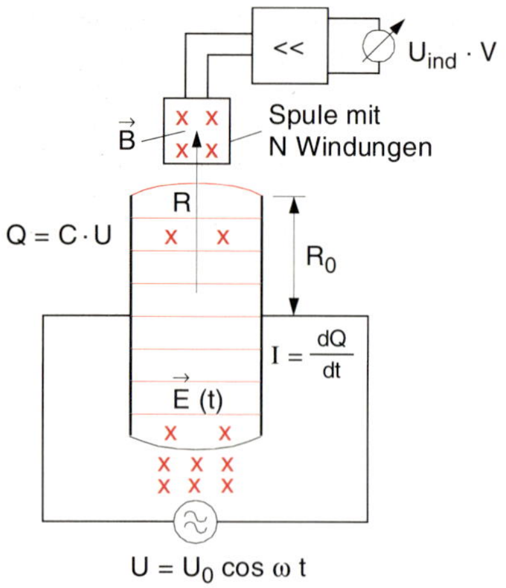

Abb. 4.19. Experimentelle Prüfung von (4.23)

Durch eine kleine Induktionsspule mit N Windungen und dem Flächennormalenvektor $\boldsymbol{F}$ parallel zum Magnetfeld ist der magnetische Fluß

$$\Phi_{\mathrm{m}} = N \cdot F \cdot B$$

und die induzierte Wechselspannung

$$U_{\mathrm{ind}} = -N \cdot F \cdot \frac{\mathrm{d}B}{\mathrm{d}t} = -\frac{\mu_0}{2\pi R_0} N \cdot C \cdot \frac{\mathrm{d}U_{\mathrm{C}}}{\mathrm{d}t}$$

mit der Amplitude

$$U_{\mathrm{ind}}^{\max} = \frac{\mu_0}{2\pi R_0} N \cdot F \cdot C \cdot U_0 \cdot \omega \,.$$

BEISPIEL

$F = 10^{-3}\,\mathrm{m}^2$, $N = 10^3$, $R_0 = 0{,}2\,\mathrm{m}$, $U_0 = 100\,\mathrm{V}$, $\omega = 2\pi \cdot 10^6\,\mathrm{s}^{-1}$, $d = 3\,\mathrm{cm}$ $\Rightarrow$ $C = \varepsilon_0 \cdot \pi R_0^2/d = 37 \cdot 10^{-12}\,\mathrm{F}$ $\Rightarrow$ $U_{\mathrm{ind}}^{\max} = (4\pi \cdot 10^{-7})/(2\pi \cdot 0{,}2) \cdot 36 \cdot 10^{-12} \cdot 10^2 \cdot 2\pi \cdot 10^6\,\mathrm{V} = 2{,}3 \cdot 10^{-8}\,\mathrm{V} = 23\,\mathrm{nV}$.
Man braucht also einen Verstärker, um die Spannung nachzuweisen.

Bei Anwesenheit von Materie mit der relativen Dielektrizitätskonstanten ε und der Permeabilität μ muß man (4.23c) modifizieren. Weil wir in (4.21) die Änderung der *freien* Ladung auf den Platten betrachten, andererseits aber das $\boldsymbol{E}$-Feld durch das Dielektrikum geschwächt wird, müssen wir das vom Dielektrikum *unabhängige* Feld $\boldsymbol{D}$ verwenden (siehe Abschn. 1.7.3). Ähnlich verhält es sich mit dem $\boldsymbol{B}$-Feld, dessen Stärke von der Permeabilität des Mediums abhängt. Um (4.23) unabhängig vom Medium zu formulieren, verwendet man das $\boldsymbol{H}$-Feld (siehe Abschn. 3.1). Die dielektrische Verschiebung $\boldsymbol{D}$ und die magnetische Erregung $\boldsymbol{H}$ sind zwar direkter (Kraft-) Messung nicht zugänglich, „verschönern“ aber (4.23) in dem Sinne, daß man die Gleichung invariant formulieren kann:

$$\boxed{\mathbf{rot}\,\boldsymbol{H} = \boldsymbol{j} + \frac{\partial \boldsymbol{D}}{\partial t}} \,. \tag{4.24}$$

4.6 Maxwell-Gleichungen und elektrodynamische Potentiale

Durch die Einführung des Verschiebungsstromes und mit Hilfe des Faradayschen Induktionsgesetzes können wir die Feldgleichungen (4.1) für stationäre Ladungen und Ströme auf zeitlich veränderliche Bedingungen erweitern. Unter Hinzunahme von (4.4) und (4.23c) erhalten wir die ***Maxwell-Gleichungen***:

$$\mathbf{rot}\,\boldsymbol{E} = -\frac{\partial \boldsymbol{B}}{\partial t}\,, \tag{4.25a}$$

$$\mathbf{rot}\,\boldsymbol{B} = \mu_0 \boldsymbol{j} + \frac{1}{c^2}\frac{\partial \boldsymbol{E}}{\partial t}\,, \tag{4.25b}$$

$$\mathrm{div}\,\boldsymbol{E} = \frac{\varrho}{\varepsilon_0}\,, \tag{4.25c}$$

$$\mathrm{div}\,\boldsymbol{B} = 0\,. \tag{4.25d}$$

Mit Hilfe von (1.65) und (4.24) kann man die Maxwell-Gleichungen folgendermaßen verallgemeinern:

$$\mathbf{rot}\,\boldsymbol{E} = -\frac{\partial \boldsymbol{B}}{\partial t}\,, \tag{4.26a}$$

$$\mathbf{rot}\,\boldsymbol{H} = \boldsymbol{j} + \frac{\partial \boldsymbol{D}}{\partial t}\,, \tag{4.26b}$$

$$\mathrm{div}\,\boldsymbol{D} = \varrho\,, \tag{4.26c}$$

$$\mathrm{div}\,\boldsymbol{B} = 0\,. \tag{4.26d}$$

Zusammen mit der Lorentz-Kraft

$$\boldsymbol{F} = q(\boldsymbol{E} + \boldsymbol{v} \times \boldsymbol{B})$$

und der Newtonschen Bewegungsgleichung $\boldsymbol{F} = \dot{\boldsymbol{p}}$ beschreiben diese Gleichungen alle elektromagneti-

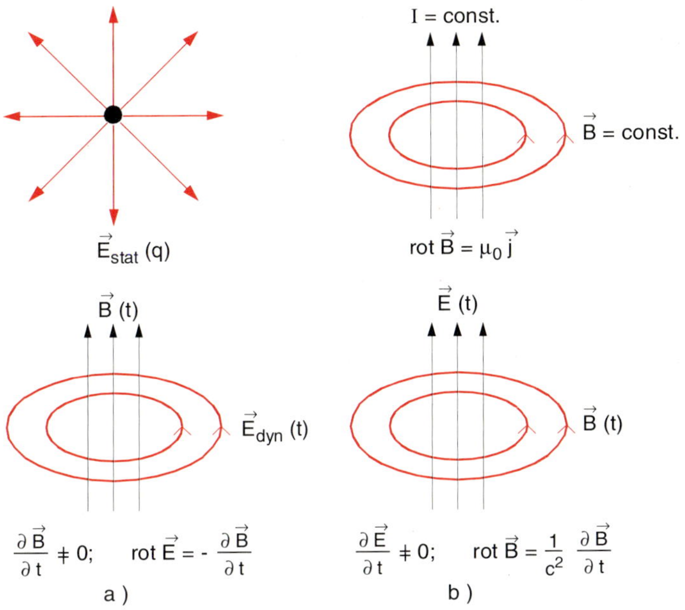

Abb. 4.20a,b. Anschauliche Darstellung der Maxwell-Gleichungen für die Erzeugung eines elektrischen Feldes durch zeitliche Änderung eines Magnetfeldes (Faradaysches Induktionsgesetz) und die Erzeugung eines Magnetfeldes durch zeitliche Änderung eines elektrischen Feldes im Vergleich zu den statischen Feldern

schen Phänomene. Elektrische Felder werden von Ladungen *und* von zeitlich sich ändernden Magnetfeldern erzeugt. Magnetische Felder werden von Strömen *und* von zeitlich sich ändernden elektrischen Feldern erzeugt (Abb. 4.20). Für zeitlich konstante Felder geht (4.25) wieder in (4.1) über.

Die Maxwell-Gleichungen (4.25) stellen ein System gekoppelter Differentialgleichungen für die Felder $\boldsymbol{E}$ und $\boldsymbol{B}$ dar, wobei $\boldsymbol{E}$ und $\boldsymbol{B}$ durch (4.25a) und (4.25b) miteinander gekoppelt sind. Zur Lösung dieser Gleichungen ist es oft zweckmäßig, die Gleichungen in einer entkoppelten Form zu schreiben. Dazu verwenden wir das skalare elektrische Potential ϕ_{el} und das magnetische Vektorpotential $\boldsymbol{A}$ mit $\textbf{rot}\,\boldsymbol{A} = \boldsymbol{B}$.

Da $\textbf{rot}\,\boldsymbol{E} \neq \mathbf{0}$ ist, kann $\boldsymbol{E}$ *nicht* mehr als $\textbf{grad}\;\phi_{\text{el}}$ geschrieben werden. Aus (4.25) folgt jedoch:

$$\textbf{rot}\,\boldsymbol{E} + \dot{\boldsymbol{B}} = \textbf{rot}\,(\boldsymbol{E} + \dot{\boldsymbol{A}}) = \mathbf{0}, \tag{4.27}$$

wobei räumliche und zeitliche Differentiation vertauscht wurden ($\dot{\boldsymbol{B}} = \partial/\partial t\,(\textbf{rot}\,\boldsymbol{A}) = \textbf{rot}\,\dot{\boldsymbol{A}}$).

Wir können wegen (4.27) die Summe $\boldsymbol{E} + \dot{\boldsymbol{A}}$ als Gradient eines skalaren Potentials schreiben:

$$\boldsymbol{E} + \frac{\partial \boldsymbol{A}}{\partial t} = -\textbf{grad}\;\phi_{\text{el}}$$

$$\Rightarrow \boldsymbol{E} = -\textbf{grad}\;\phi_{\text{el}} - \frac{\partial \boldsymbol{A}}{\partial t}, \tag{4.28}$$

was für stationäre Felder ($\partial \boldsymbol{A}/\partial t = \mathbf{0}$) wieder in die übliche Form der Elektrostatik übergeht.

Das Vektorpotential $\boldsymbol{A}$ ist durch $\boldsymbol{B} = \textbf{rot}\,\boldsymbol{A}$ nicht eindeutig bestimmt (siehe Abschn. 3.2.4), da jede Funktion $\boldsymbol{A} + \boldsymbol{u}$ mit $\textbf{rot}\,\boldsymbol{u} = \mathbf{0}$ das gleiche $\boldsymbol{B}$-Feld ergibt. Fordert man zusätzlich die ***Lorentzsche Eichbedingung***

$$\operatorname{div} \boldsymbol{A} = -\frac{1}{c^2}\frac{\partial \phi_{\text{el}}}{\partial t}\,, \tag{4.29}$$

die für zeitlich konstante Felder wieder in die Bedingung (3.12) übergeht, so sieht man durch Einsetzen in die Maxwell-Gleichungen (4.25a–d), daß diese automatisch erfüllt werden. Es folgt nämlich aus (4.28):

- $\textbf{rot}\,\boldsymbol{E} = -\textbf{rot grad}\;\phi_{\text{el}} - \textbf{rot}\,\dot{\boldsymbol{A}} = -\dot{\boldsymbol{B}}$, weil $\nabla \times \nabla\phi \equiv \mathbf{0}$ gilt.
- $\operatorname{div} \boldsymbol{B} = \operatorname{div} \textbf{rot}\,\boldsymbol{A} \equiv 0$.

Aus (4.25c) folgt mit (4.29)

$$\operatorname{div} \boldsymbol{E} = \operatorname{div}\left(-\textbf{grad}\;\phi_{\text{el}} - \frac{\partial \boldsymbol{A}}{\partial t}\right) = \frac{\varrho}{\varepsilon_0} \tag{4.30}$$

$$\Rightarrow \Delta\phi_{\text{el}} - \frac{1}{c^2}\frac{\partial^2 \phi_{\text{el}}}{\partial t^2} \equiv -\frac{\varrho}{\varepsilon_0}\,.$$

Dies ist die Erweiterung der Poisson-Gleichung $\Delta\phi_{\text{el}} = -\varrho/\varepsilon_0$ der Elektrostatik (1.16) auf zeitlich veränderliche Felder.

Für das Vektorpotential $\boldsymbol{A}$ ergibt sich aus (4.25b)

$$\mathbf{rot}\,\mathbf{rot}\,\boldsymbol{A} = \mu_0 \boldsymbol{j} + \frac{1}{c^2}\frac{\partial \boldsymbol{E}}{\partial t} \,.$$

Wegen $\nabla \times (\nabla \times \boldsymbol{A}) = \mathbf{grad}\ \mathrm{div}\boldsymbol{A} - \Delta\boldsymbol{A}$ und $\mathrm{div}\boldsymbol{A} = -(1/c^2)\cdot(\partial\phi_{\mathrm{el}}/\partial t)$ folgt durch Einsetzen:

$$\Delta\boldsymbol{A} - \frac{1}{c^2}\frac{\partial^2 \boldsymbol{A}}{\partial t^2} = -\mu_0 \boldsymbol{j}, \tag{4.31}$$

was die Erweiterung des Biot-Savart-Gesetzes darstellt und für stationäre Felder wieder in (3.13) übergeht.

Durch die Einführung der elektrodynamischen Potentiale ϕ_{el} und $\boldsymbol{A}$ mit der Lorentz-Eichung gehen die gekoppelten Differentialgleichungen erster Ordnung für die Felder $\boldsymbol{E}$ und $\boldsymbol{B}$ (Maxwell-Gleichung (4.25)) über in die entkoppelten Differentialgleichungen (4.30) und (4.31) *zweiter* Ordnung für die Potentiale, wobei (4.31) als Vektorgleichung drei skalaren Gleichungen für die Komponenten von $\boldsymbol{A}$ entspricht.

Im ladungs- und stromfreien Vakuum ($\varrho \equiv 0$, $\boldsymbol{j} \equiv \mathbf{0}$) gehen (4.30) und (4.31) über in

$$\Delta\phi_{\mathrm{el}} = \frac{1}{c^2}\frac{\partial^2 \phi_{\mathrm{el}}}{\partial t^2}\ ; \quad \Delta\boldsymbol{A} = \frac{1}{c^2}\frac{\partial^2 \boldsymbol{A}}{\partial t^2} \,. \tag{4.32}$$

Durch Vergleich mit (10.69) in Bd. 1 sieht man, daß diese Gleichungen Wellen von ϕ_{el} und $\boldsymbol{A}$ und damit auch von $\boldsymbol{E}$ und $\boldsymbol{B}$ beschreiben, die sich im Raum mit der Phasengeschwindigkeit $v = c$ ausbreiten (siehe auch Kap. 7).

ZUSAMMENFASSUNG

- Ändert sich der magnetische Fluß $\Phi_{\mathrm{m}} = \int \boldsymbol{B}\cdot \mathrm{d}\boldsymbol{F}$ durch eine Leiterspule, so tritt zwischen den Enden der Leiterspule eine elektrische Spannung

  $$U_{\mathrm{ind}} = -\frac{\mathrm{d}\Phi_{\mathrm{m}}}{\mathrm{d}t}$$

  auf.
- Die durch Induktion entstehenden Ströme, Felder und Kräfte sind so gerichtet, daß sie dem die Induktion verursachenden Vorgang entgegenwirken (Lenzsche Regel).
- Die Selbstinduktion einer elektrischen Anordnung bewirkt eine Induktionsspannung

  $$U_{\mathrm{ind}} = -L\cdot\frac{\mathrm{d}I}{\mathrm{d}t}\,,$$

  welche der von außen angelegten Spannung entgegengerichtet ist. Der Selbstinduktionskoeffizient L hängt von der Geometrie des Schaltkreises ab.
- Die wechselseitige Induktion L_{12} zwischen zwei elektrischen Leiteranordnungen hängt sowohl von deren Geometrie als auch von ihrer relativen Orientierung ab.
- Die räumliche Energiedichte des magnetischen Feldes im Vakuum ist

  $$w_{\mathrm{magn}} = \frac{1}{2\mu_0}B^2 = \frac{1}{2}\boldsymbol{B}\cdot\boldsymbol{H}\,.$$

  Die Energiedichte des elektromagnetischen Feldes im Vakuum ist

  $$w_{\mathrm{em}} = \frac{1}{2}\,\varepsilon_0\,(E^2 + c^2B^2)\,.$$

  Sowohl im Vakuum als auch in Materie kann sie ganz allgemein geschrieben werden als

  $$w_{\mathrm{em}} = \frac{1}{2}(ED + BH)\,.$$
- Ein sich änderndes elektrisches Feld erzeugt ein magnetisches Feld $\boldsymbol{B}$ mit

  $$\mathbf{rot}\,\boldsymbol{B} = \frac{1}{c^2}\frac{\partial \boldsymbol{E}}{\partial t}\,.$$
- Alle Phänomäne der Elektrodynamik können durch die vier Maxwell-Gleichungen (4.25) bzw. (4.26) und die Lorentz-Kraft (3.29b) beschrieben werden. Die Maxwell-Gleichungen erfüllen die Kontinuitätsgleichung

  $$\mathrm{div}\boldsymbol{j} + \frac{\partial\varrho}{\partial t} = 0\,.$$

ÜBUNGSAUFGABEN

1. Ein rechteckiger Drahtbügel in der x-y-Ebene mit der Breite $\Delta y = b$ liegt senkrecht zu einem homogenen Magnetfeld in z-Richtung. Zieht man einen reibungsfrei gleitenden Stab mit konstanter Geschwindigkeit v in x-Richtung (Abb. 4.21), so muß man Arbeit gegen die Lorentz-Kraft leisten.
   a) Zeigen Sie, daß dabei eine Spannung $U_{\text{ind}} = -\dot{\Phi}_{\text{m}}$ auftritt, die gleich der „Hall-Spannung" zwischen den Enden des Bügels ist.
   b) Zeigen Sie ferner, daß die mechanische Leistung gleich der elektrischen Leistung $U \cdot I$ ist, wenn Masse und elektrischer Widerstand des gleitenden Stabes vernachlässigt werden.
   c) Die vom Bügel eingeschlossene Fläche werde durchsetzt von einem inhomogenen Magnetfeld $\boldsymbol{B} = \{0, 0, B_z\}$ mit $B_z = a \cdot x$. Wie sieht der zeitliche Verlauf des induzierten Stromes $I(t)$ aus, wenn der Widerstand des Bügels $R = b \cdot L$ proportional zur Gesamtlänge des Leiters ist?

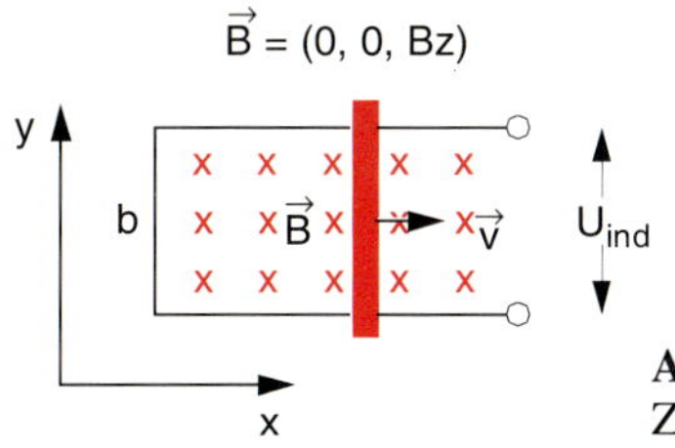

Abb. 4.21. Zu Aufgabe 4.1

2. Berechnen Sie die Selbstinduktion pro Meter eines Kabels aus zwei konzentrischen Leiterrohren für Hin- und Rückfluß des Stromes, wenn die Rohrradien R_1 und R_2 sind. Wie groß ist die magnetische Energiedichte zwischen den Rohren, wenn der Strom I fließt?
   Zahlenbeispiel: $R_1 = 1\,\text{mm}$, $R_2 = 5\,\text{mm}$, $I = 10\,\text{A}$.
3. Zwei konzentrische Kreisringe, die in einer Ebene liegen, haben die Radien R_1 und R_2.
   a) Wie groß ist die Gegeninduktivität?
   b) Wie groß ist der Induktionsfluß Φ_{m}, wenn durch einen der beiden Ringe der Strom I geschickt wird?
   Zeigen Sie, daß Φ_{m} unabhängig davon ist, durch welchen der beiden Ringe der Strom geschickt wird.
4. Eine Doppelleitung bestehe aus zwei dünnen leitenden Streifen der Breite $b = 10$ cm und der Dicke $d = 0{,}1$ cm im Abstand von 2 mm, durch die ein Strom in entgegengesetzter Richtung fließt. Man berechne die Induktivität L und die Kapazität C pro m Leitungslänge, wenn sich zwischen den Streifen Isoliermaterial mit $\varepsilon = 5$ befindet. Hängt das Produkt $L \cdot C$ von den Abmessungen der Leitung ab?
5. Zeigen Sie, daß für das Waltenhofensche Pendel in Abb. 4.10 das dämpfende Drehmoment
   a) $D_{\text{D}} \propto \dot{\varphi}$ ist, wenn φ der Winkel der Pendelstange gegen die Vertikale ist,
   b) $D_{\text{D}} \propto I^2$ ist, wenn I der Strom durch die felderzeugenden Spulen ist.
6. Über einen Schalter S wird eine Gleichspannungsquelle mit $U_0 = 20\,\text{V}$ zur Zeit $t = 0$ mit einer Spule ($L = 0{,}2\,\text{H}$, $R_{\text{L}} = 100\,\Omega$) verbunden. Berechnen Sie den Strom $I(t)$.
7. Zeigen Sie mit Hilfe des Gaußschen Satzes, daß die zeitliche Änderung $\text{d}Q/\text{d}t$ der Ladung $Q = \int \varrho \cdot \text{d}V$ in einem Volumen V und der Strom $I = \int \boldsymbol{j} \cdot \text{d}\boldsymbol{S}$ durch die Oberfläche S durch die ***Kontinuitätsgleichung***

   $$\dot{\varrho} + \operatorname{div} \boldsymbol{j} = 0$$

   beschrieben werden.
8. Ein Zug fährt mit einer Geschwindigkeit vom 200 km/h nach Süden über eine gerade Eisenbahnstrecke, deren beide Schienen den Abstand 1,5 m haben. Welche Spannung wird auf Grund des Erdmagnetfeldes $\boldsymbol{B}$ zwischen den Schienen gemessen, wenn $\boldsymbol{B}$ den Wert $B = 4 \cdot 10^{-5}\,\text{T}$ hat und seine Richtung 65° gegen die Senkrechte geneigt ist?
9. Eine Spule mit N Windungen umschließt einen geraden Draht, durch den ein Wechselstrom $I = I_0 \cdot \sin \omega t$ fließt. Wie groß ist die zwischen den Enden der Spule induzierte Spannung?
   a) wenn die N Windungen konzentrische Kreise um den stromführenden Draht bilden?
   b) wenn die Spulenwindungen mit Radius R_1 einen Torus bilden, dessen Mittellinie einen Kreis mit Radius R_2 um den Draht bildet?
   c) wenn eine rechteckige flache Spule mit N Windungen mit Seitenlänge a in radialer Rich-

tung und den Seitenlängen b parallel zum Draht im Abstand d bzw. $d + a$ vom Draht angeordnet ist?

10. Ein Elektromagnet wird durch einen Strom von 1 A erregt, der durch 10^3 Windungen der Feldspule mit $F = 100\,\text{cm}^2$ einer Länge $l = 0{,}4$ m und einem Widerstand $R = 5\,\Omega$ fließt. Das Magnetfeld B im Eisenkern ist $B = 1\,\text{T}$. Wie groß ist die an den Enden der Spule auftretende Induktionsspannung, wenn der Strom in einer Zeit $\Delta t = 1$ ms abgeschaltet wird?

5. Elektrotechnische Anwendungen

Die Grundlagenforschung über elektrische und magnetische Felder und ihre zeitlichen Änderungen hat bereits im vorigen Jahrhundert zu vielen Anwendungen geführt, welche entscheidend zur *technischen Revolution* beigetragen haben. Beispiele sind die Erzeugung und der Transport von elektrischer Energie und ihr Einsatz in Industrie, Verkehr und in Haushalten. Wir wollen hier nur die wichtigsten Anwendungen behandeln, die auch heute noch von großer Bedeutung sind.

5.1 Elektrische Generatoren und Motoren

Das Faradaysche Induktionsgesetz (4.2) bildet die Grundlage für die technische Realisierung von elektrischen Generatoren.

Das einfachste Modell eines Wechselstromgenerators bildet eine rechteckige Spule mit der Windungsfläche F, welche im homogenen Magnetfeld B mit der Winkelgeschwindigkeit ω gedreht wird (Abb. 4.3). Sie liefert eine induzierte Spannung

$$U = B \cdot F \cdot \omega \cdot \sin \omega t\,,$$

die durch Schleifkontakte K_1 und K_2 auf zwei feststehende Klemmen übertragen wird. Ein Generator wandelt also mechanische Energie (die zum Antrieb der Spule gebraucht wird) in elektrische Energie um. Gibt man andererseits auf die Klemmen eine externe Wechselspannung U_e, so dreht sich die Spule (eventuell erst nach Anstoßen) mit der Frequenz der externen Wechselspannung. Der Generator ist zum Motor geworden (***Synchronmotor***, Abb. 5.1).

Schickt man durch die Spule einen Gleichstrom, so kann sie höchstens eine halbe Umdrehung vollführen. Polt man jedoch die Richtung des Stromes jeweils im richtigen Moment um, so dreht sich die Spule kontinuierlich im zeitlich konstanten äußeren Magnetfeld B. Diese Umpolung geschieht durch einen geschlitzten Schleifkontakt, den ***Kommutator***, der für den Fall *einer* Spule aus zwei voneinander isolierten Hälften besteht, die mit den beiden Enden der Spule leitend verbunden sind (Abb. 5.2a). Durch den Kommutator ist unser Generator als ***Gleichstromgenerator*** oder ***-motor*** verwendbar.

Dreht man die Spule mit Kommutator, so liefert der mit mechanischer Energie angetriebene Generator an den Ausgangsklemmen eine pulsierende Gleichspannung (Abb. 5.2b). Man kann sie glätten, indem man statt nur einer Spule N Spulen verwendet, deren Ebenen um den Winkel π/N gegeneinander verdreht sind. Mit N zweiteiligen Kommutatoren können die Wechselspannungen der Spulen gleichgerichtet und dann überlagert werden. Man kommt auch mit nur einem Kommutator aus, wenn dieser $2N$ Segmente und N Abnehmer hat. Dazu muß man das Ende einer Spule jeweils mit dem Anfang der nächsten Spule und mit einem Segment des Kommutators verbinden.

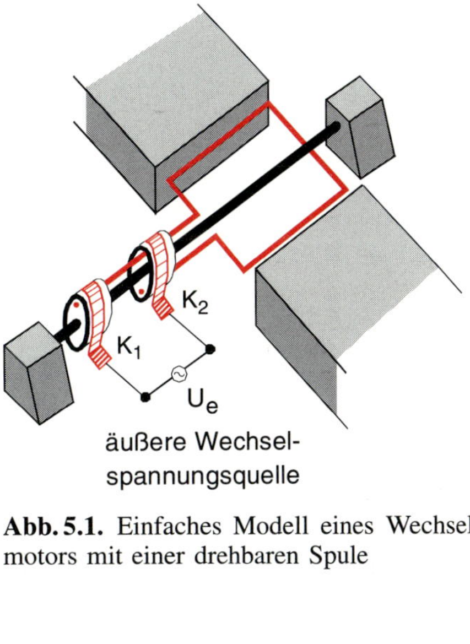

Abb. 5.1. Einfaches Modell eines Wechselstromsynchronmotors mit einer drehbaren Spule

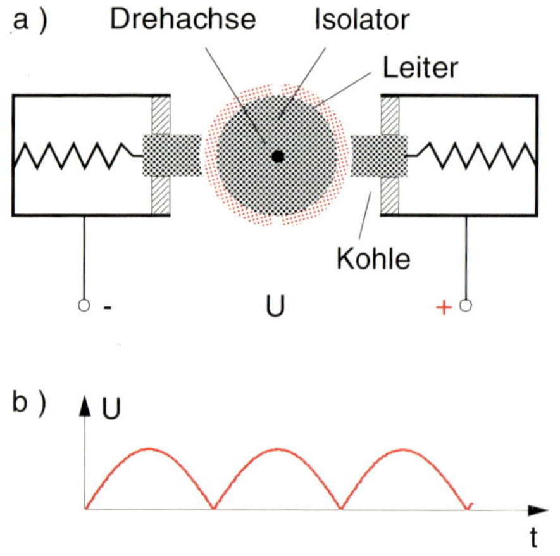

Abb. 5.2. (**a**) Zweiteiliger Kommutator mit Schleifkontakten eines Gleichstromgenerators bzw. Motors mit nur einer Spule; (**b**) pulsierende Gleichspannung bei nur einer sich drehenden Spule

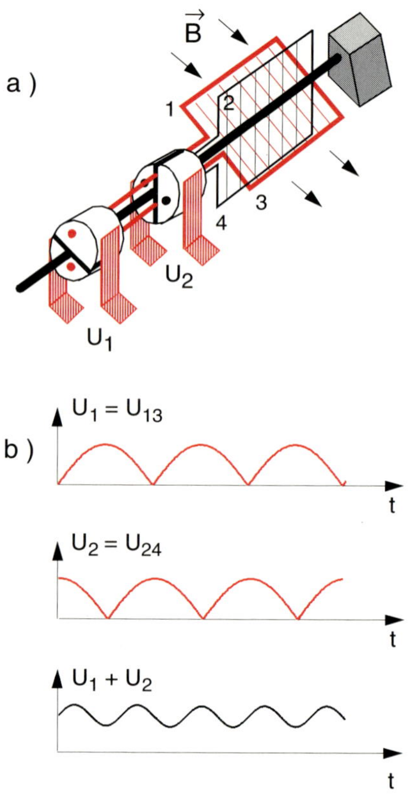

Abb. 5.3. (**a**) Generator mit zwei um 90° gegeneinander versetzten Spulen. (**b**) Pulsierende Gleichspannung der beiden Spulen und ihre Überlagerung

Zur Illustration ist in Abb. 5.3 ein Generator mit zwei Spulen gezeigt, die um den Winkel $\pi/2$ gegeneinander verdreht sind. Die an den beiden Spulen abgenommenen Induktionsspannungen sind um 90° gegeneinander phasenverschoben (Abb. 5.3b). Die Überlagerung der gleichgerichteten Spannungen führt zur geglätteten unteren Kurve. Dazu verbindet man z.B. die Enden 1 und 2 sowie 3 und 4 miteinander und nimmt, wie in Abb. 5.2a, die Spannung zwischen gegenüberliegenden Segmenten mit zwei Schleifkontakten ab.
Die drei wichtigsten Bestandteile eines Generators (bzw. eines Elektromotors) sind:

- der feststehende Feldmagnet (Stator),
- die rotierenden Spulen (Rotor),
- der Kommutator oder auch Kollektor, mit den auf ihm schleifenden Kontakten, die meistens durch Kohlestifte realisiert werden, welche durch Federn auf den rotierenden Kollektor gedrückt werden.

Die Optimierung des Rotors wurde durch die Erfindung des ***Trommelankers*** erreicht, dessen Prinzip in Abb. 5.4 illustriert wird. Statt der Luftspulen benutzt man einen Zylinder aus magnetischem Material, auf den in Längsnuten die Spulen aufgewickelt sind (Abb. 5.4a). Dadurch wird der magnetische Kraftfluß Φ_m vergrößert. Bei geeigneter Schaltung der N Spulen braucht der Kollektor, dessen Umfang in Abb. 5.4b in einer Ebene abgewickelt gezeichnet ist, nur N und nicht $2N$ voneinander isolierte Segmente (Lamellen), an denen beim Generator die Ausgangsspannung als geglättete Gleichspannung an zwei Kohlestiften (Bürsten) abgenommen wird. Dazu muß man die Spannungen der sich jeweils im Magnetfeld befindlichen Spulen phasenrichtig addieren. Dies erreicht man, indem jeweils das Ende einer Spule mit dem Anfang der nächsten und mit einem Segment auf dem Kommutator verbunden wird. Bei der in Abb. 5.4b gezeigten Stellung wird die Spannung zwischen den Segmenten 2 und 5 abgenommen, zwischen denen die Spannung zwischen den hintereinandergeschalteten Stücken 11-4-9-2-7-12 und der dazu parallelen Reihenschaltung 5-10-3-8-1-6 liegt. Beim Gleichstrommotor wird auf die Lamellen des Kollektors über die Kohlestifte von außen die Gleichspannung gegeben.

Da die induzierte Spannung U nach (4.2a) proportional zur Magnetfeldstärke B ist, sollte B möglichst groß sein, um große elektrische Leistungen

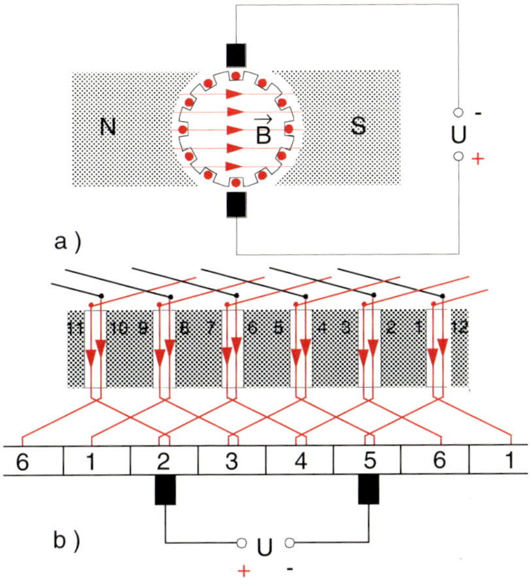

Abb. 5.4. (**a**) Trommelanker mit magnetisierbarem Eisenkern, in dessen Nuten sechs Induktionsspulen gewickelt sind. (**b**) In eine Ebene abgewickelte Darstellung der Verbindung der Spulen mit den entsprechenden Segmenten des Kollektors. Die in (**a**) gezeigten Kohlestifte schleifen am Kollektor in einer Ebene hinter dem Trommelanker

zu erzeugen. Dies erreicht man am besten mit Elektromagneten. Damit man keine eigene Stromversorgung für den Feldstrom braucht, sind alle elektrischen Maschinen so geschaltet, daß sie ihren eigenen Feldstrom erzeugen. Dabei wird ausgenutzt, daß Elektromagnete auch ohne Feldstrom auf Grund der remanenten Magnetisierung im Eisen (siehe Abb. 3.46) ein schwaches Restmagnetfeld aufweisen, welches genügt, um beim Drehen der Spule eine Induktionsspannung zu erzeugen, die dann dazu benutzt wird, den Feldstrom zu erzeugen und damit das Magnetfeld zu verstärken (***Dynamoelektrisches Prinzip***).

5.1.1 Gleichstrommaschinen

Man benutzt, je nach Verwendungszweck, drei verschiedene Schaltungen für Gleichstromgeneratoren bzw. -motoren:

a) Die Hauptschlußmaschine

Bei der Hauptschlußmaschine (Abb. 5.5) wird nach der Gleichrichtung durch den Kommutator der gesamte aus den Rotorspulen kommende Strom durch die Wicklungen des Feldmagneten und durch den Verbraucherkreis geschickt, d.h. Rotor, Feldwicklung

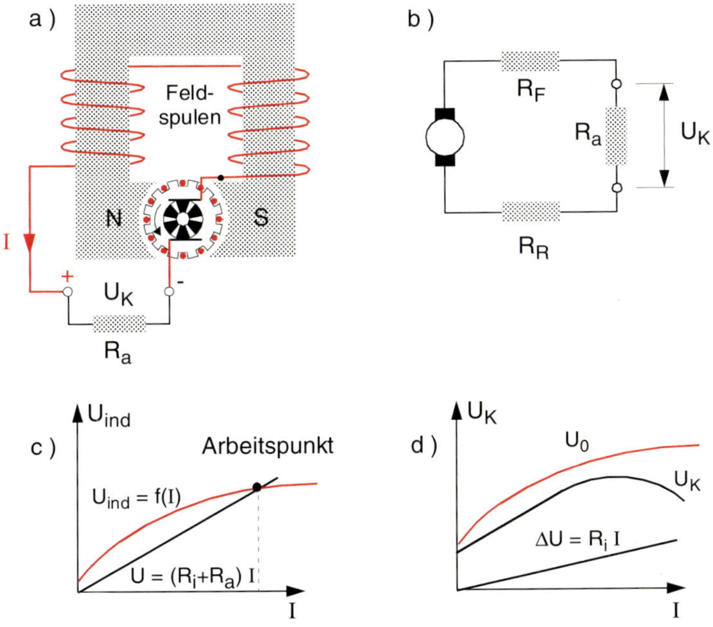

Abb. 5.5a–d. Hauptschlußmaschine. (**a**) Schematische Darstellung; (**b**) Ersatzschaltbild; (**c**) Erregungskurve mit Arbeitspunkt; (**d**) Strom-Spannungs-Kennlinie

und Verbraucher sind hintereinandergeschaltet (Serienschaltung). Es fließt also nur dann ein Feldstrom I, wenn der Verbraucherkreis geschlossen ist. Der Magnetfeldstrom ist gleich dem Verbraucherstrom.

Mit zunehmendem Strom I steigt die induzierte Spannung, wodurch der Strom weiter ansteigt. Wegen der Sättigung im Eisen ist die Kurve $U = f(I)$ gekrümmt (Abb. 5.5c). Stationärer Betrieb stellt sich ein am Schnittpunkt der Geraden $U = (R_i + R_a) I$ mit $U = f(I)$.

Ist $R_i = R_F + R_R$ der gesamte innere Widerstand der Maschine (Feldspule plus Rotor) so ist die Klemmenspannung

$$U_K = U_0 - I \cdot R_i \; , \qquad (5.1)$$

wobei $U_0(I)$ die elektromotorische Kraft, d.h. die Induktionsspannung für $R_i = 0$, ist. Ist der Widerstand R_R klein gegen R_F, so ist U_0 praktisch gleich der induzierten Spannung U_{ind}, die proportional zur Feldstärke B und damit zum Strom I ist. In Abb. 5.5b sind Klemmenspannung U_K und elektromotorische Kraft U_0 als Funktion von I aufgetragen. Wegen der Sättigung des Magnetfeldes bei hohen Strömen (siehe Abb. 3.46) geht U_0 für große I gegen einen konstanten Wert, und U_K sinkt gemäß (5.1).

Bei einem Verbraucherwiderstand R_a gilt für die gesamte elektrische Leistung der Maschine:

$$P = U_0 \cdot I = I^2 \cdot (R_i + R_a) \; .$$

Davon wird der Anteil $P_i = I^2 R_i$ in der Maschine verbraucht und der Anteil $P_a = I^2 R_a$ nach außen abgegeben.

Der ***elektrische Wirkungsgrad*** der Hauptschlußmaschine ist daher

$$\eta = \frac{P_a}{P} = \frac{R_a}{R_i + R_a} \; . \qquad (5.2)$$

Um einen möglichst großen Wirkungsgrad zu erreichen, muß der Innenwiderstand R_i der Maschine also klein sein, d.h. man muß dicke Drähte für die Wicklungen verwenden.

Der Vorteil der Hauptschlußmaschine ist ihre an den Verbraucher angepaßte Leistung. Wird viel Leistung verbraucht, so steigt I und damit die Leistung der Maschine. Ihr Nachteil ist, daß die erzeugte Spannung nicht konstant ist.

b) Die Nebenschlußmaschine

Bei der Nebenschlußmaschine (Abb. 5.6) sind der Verbraucherkreis und die Magnetwicklung parallel

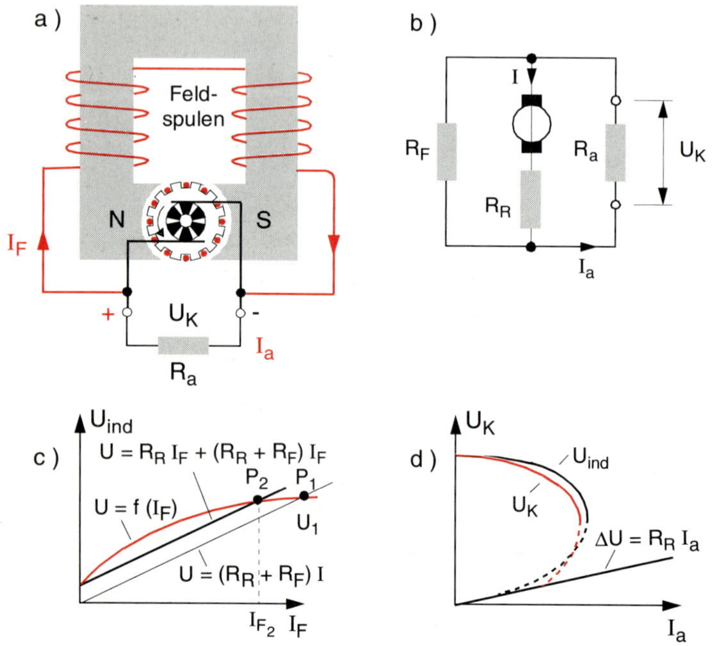

Abb. 5.6. (**a**) Nebenschlußmaschine. (**b**) Ersatzschaltbild; (**c**) Erregungskurve mit lastabhängigem Arbeitspunkt; (**d**) Strom-Spannungs-Kennlinie

geschaltet, so daß auch ohne Verbraucherleistung immer der Magnetfeldstrom I_F durch die Wicklung mit Widerstand R_F fließt. Der vom Kommutator abgenommene Strom

$$I = I_F + I_a = \frac{U_{ind}}{R_F} + \frac{U_{ind}}{R_a}$$
$$\Rightarrow I_F/I_a = R_a/R_F \tag{5.3}$$

teilt sich auf in den Feldstrom I_F und den nach außen abgegebenen Strom I_a, welcher durch den Verbraucherwiderstand R_a im Außenkreis fließt. Die an den Verbraucher abgegebene Leistung ist $P_a = I_a^2 R_a$, und die in der Maschine verbrauchte Leistung ist im Feldmagneten $P_F = I_F^2 R_F$ und im Rotor $P_R = I^2 R_R$.
Der elektrische Wirkungsgrad ist daher

$$\eta = \frac{P_a}{P_a + P_F + P_R} = \frac{I_a^2 R_a}{I_a^2 R_a + I_F^2 R_F + I^2 R_R} . \tag{5.4}$$

Mit (5.3) ergibt dies

$$\eta = \frac{1}{1 + \frac{R_R}{R_a} + \frac{R_a + 2R_R}{R_F} + \frac{R_a R_R}{R_F^2}} , \tag{5.5}$$

woraus man sieht, daß zur Maximierung von η der Feldspulenwiderstand R_F, im Gegensatz zur Hauptschlußmaschine, möglichst groß sein sollte.

Die Strom-Spannungs-Kennlinie einer Nebenschlußmaschine ist in Abb. 5.6d dargestellt. Bei abgeschaltetem Verbraucher ($I_a = 0$) ist $I = I_F$, d.h. der gesamte vom Rotor abgegebene Strom fließt durch die Feldspulen. Damit wird die induzierte Spannung $U_{ind} = U_1$ maximal. Sie stellt sich auf den in Abb. 5.6c gezeigten Schnittpunkt P_1 zwischen der Geraden

$$U = (R_R + R_F)\, I_{F_1}$$

und der Kurve $U = f(I_F)$ ein, die durch das Magnetisierungsverhalten des Magneten bestimmt wird. Wird jetzt ein Verbraucher R_a parallel geschaltet, so steigt $I = I_F + I_a$ an. Dadurch sinkt die vom Kommutator abgenommene Klemmenspannung auf

$$U_K = U'_{ind} - R_R\,(I_F + I_a) . \tag{5.6}$$

Mit sinkender Spannung U_K sinken nämlich auch Feldspulenstrom $I_F = U_K/R_F$ und Magnetfeldstärke B, und damit fällt die induzierte Spannung auf den Wert

$$U_{ind} = U_2 = R_R I_a + (R_R + R_F)\, I_{F_2} , \tag{5.7}$$

welcher dem Punkt P_2 in Abb. 5.6c entspricht.

Mit zunehmendem Verbraucherstrom I_a schiebt sich die Gerade U_2 immer höher und der Schnittpunkt P_2 zu immer tieferen Spannungen U_{ind} und damit auch gemäß (5.6) zu tieferen Klemmenspannungen U_K. Oberhalb eines maximalen Stromes I_a^{max} gibt es keinen Schnittpunkt mehr, d.h. ein stabiler Betrieb ist dann nicht mehr möglich.

Die Nebenschlußmaschine wird im allgemeinen im oberen Teil der $U(I_2)$-Kennlinie betrieben. Werden die Ausgangsklemmen kurzgeschlossen ($R_a = 0$), so gehen die Spannung U und deren Steigung dU/dI_2 gegen Null, d.h. ein Kurzschluß schadet nicht!

Der Vorteil der Nebenschlußmaschine ist eine relativ gute Spannungskonstanz im oberen Teil ihrer Kennlinie. Ihr Nachteil ist ihre geringe Resistenz gegen starke Belastungsschwankungen. Wird die Belastung zu groß, so bleibt ein Elektromotor, der als Nebenschlußmaschine geschaltet ist, stehen.

c) Die Verbundmaschine

Man kann die Vorteile von Haupt- und Nebenschlußmaschine kombinieren, indem man zwei getrennte Magnetfeldwicklungen anbringt: Eine aus dickem Draht mit geringem Widerstand R_{F_1}, die in Serie mit dem Verbraucherkreis geschaltet ist, und eine mit großem Widerstand R_{F_2}, die parallel geschaltet ist (Abb. 5.7). Dadurch erreicht man eine bessere Kon-

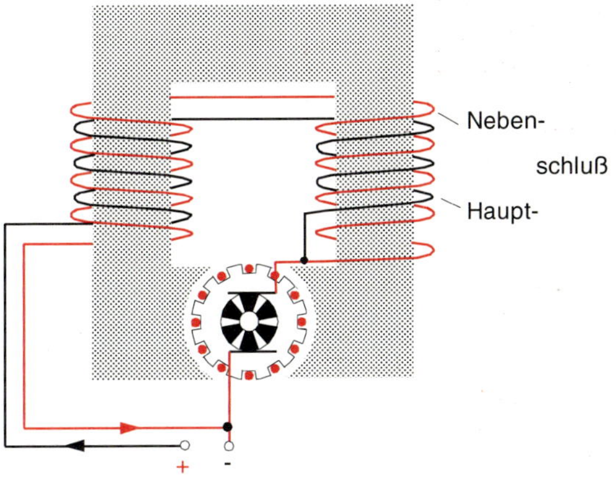

Abb. 5.7. Verbundmaschine

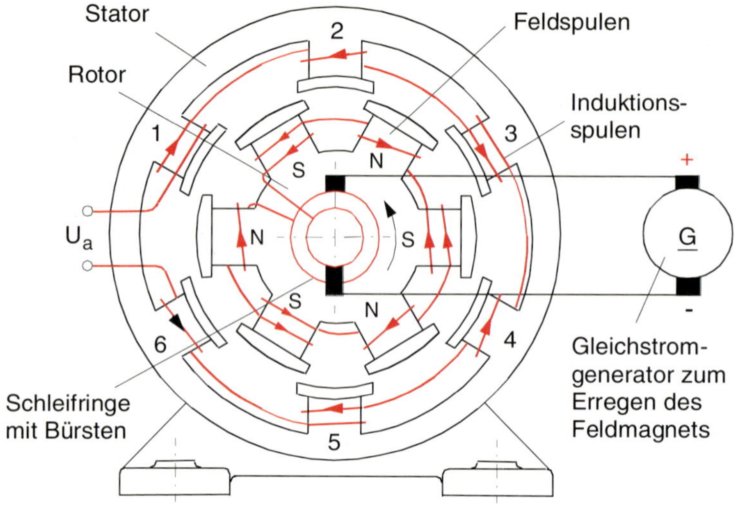

Abb. 5.8. Wechselstromgenerator mit einem rotierenden Feldmagneten und feststehenden Induktionsspulen

stanz der Spannung $U(I_a)$ und gleichzeitig eine bessere Anpassung an sich stark ändernde Belastungen.

5.1.2 Wechselstromgeneratoren

Die Wechselstrommaschinen können auf den Kommutator verzichten. Das einfache Modell der Abb. 4.5 ist jedoch zur Optimierung des Wirkungsgrades in der technischen Praxis wesentlich modifiziert worden.

Bei den heute üblichen *Innenpolmaschinen* läßt man das Magnetfeld rotieren, und die Induktionsspulen sind räumlich fest. Dadurch braucht man zur Übertragung großer Ströme zum Verbraucher keine Schleifkontakte mehr, die leicht verschmoren können. In Abb. 5.8 ist als Beispiel ein sechspoliger Wechselstromgenerator gezeigt. Der rotierende Feldmagnet ist ein Elektromagnet, der drei Nord- und drei Südpole besitzt. Am feststehenden Gehäuse sind sechs Induktionsspulen mit Eisenkern angebracht, die hintereinandergeschaltet und abwechselnd mit umgekehrtem Windungssinn gewickelt sind. Die an den Ausgangsklemmen anliegende Wechselspannung wird so gleich der Summe aller Induktionsspannungen.

Der Rotormagnet erhält den Feldstrom über Schleifkontakte. Die Versorgungsspannung wird entweder im Nebenschluß von den Ausgangsklemmen abgenommen und gleichgerichtet oder von einem eigenen Gleichstromgenerator erzeugt.

Um einen Wechselstrom von 50 Hz zu erzeugen, muß die Umdrehungszahl Z eines Generators mit drei Spulen und drei Magnetpolpaaren $Z = 50 \cdot 60/3$ Umdrehungen/Minute $= 1000\,\text{U/min}$ betragen.

Mehr Informationen über elektrische Generatoren und Motoren findet man z.B. in [5.1,2].

5.2 Wechselstrom

Eine Wechselspannung

$$U = U_0 \cdot \cos \omega t\ ,$$

die an einem Widerstand R anliegt, erzeugt einen Wechselstrom

$$I = I_0 \cdot \cos \omega t$$

mit $I_0 = U_0/R$. Die Zeit $T = 2\pi/\omega$ zwischen zwei Maxima heißt die *Periode* (Abb. 5.9). Sie beträgt im mitteleuropäischen Verbundnetz mit $\omega = 2\pi \cdot 50\,\text{Hz} \Rightarrow T = 20\,\text{ms}$. Die elektrische Leistung dieses Wechselstromes

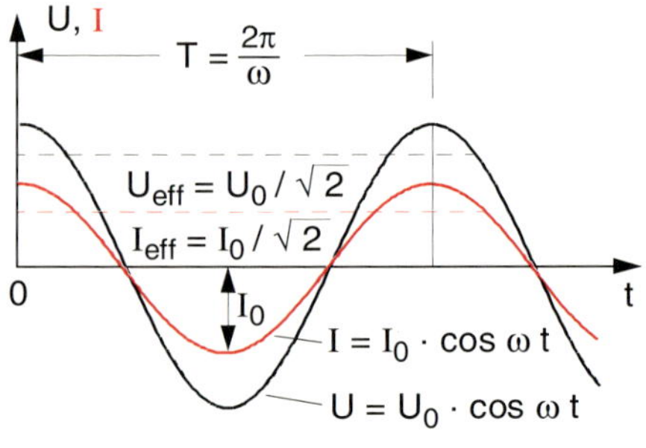

Abb. 5.9. Zur Definition der charakteristischen Größen einer Wechselspannung

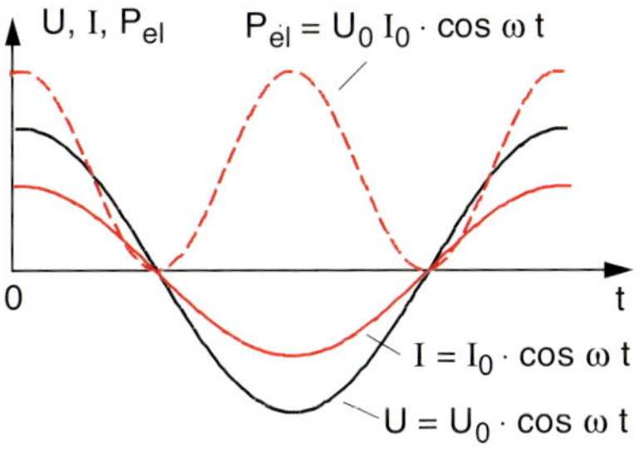

Abb. 5.10. Leistungskurve des Wechselstroms, wenn Strom und Spannung in Phase sind

$$P_{el} = U \cdot I = U_0 I_0 \cos^2 \omega t \tag{5.8}$$

ist ebenfalls eine periodische Funktion der Zeit (Abb. 5.10). Ihr zeitlicher Mittelwert ist

$$\overline{P}_{el} = \frac{1}{T}\int_0^T U_0 I_0 \cos^2 \omega t \,\mathrm{d}t \quad \text{mit} \quad T = 2\pi/\omega$$
$$= \frac{1}{2} U_0 I_0 .$$

Ein von einer Gleichspannung $U = U_0/\sqrt{2}$ erzeugter Gleichstrom $I = I_0/\sqrt{2}$ würde die gleiche mittlere Leistung haben wie der Wechselstrom mit den Amplituden U_0, I_0 (Abb. 5.11). Man nennt deshalb

$$U_{eff} = \frac{U_0}{\sqrt{2}}, \quad I_{eff} = \frac{I_0}{\sqrt{2}} \tag{5.9}$$

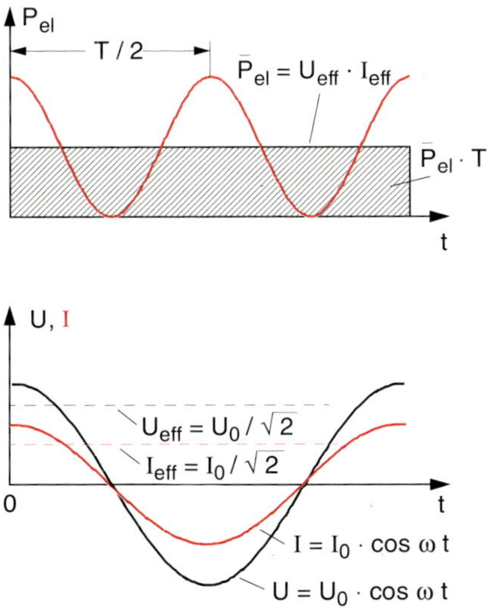

Abb. 5.11. Mittlere Leistung des Wechselstroms; Effektivwerte von Strom und Spannung

die ***Effektivwerte*** von Spannung und Strom des Wechselstroms.

BEISPIEL

Bei unserem einphasigen Wechselstromnetz liegt zwischen den Polen der Steckdose eine Effektivspannung $U_{eff} = 230\,\mathrm{V} \Rightarrow U_0 = \sqrt{2} \cdot 230\,\mathrm{V} \approx 325\,\mathrm{V}$. Mit $\nu = 50\,\mathrm{Hz} \Rightarrow \omega \approx 300\,\mathrm{s}^{-1}$ läßt sich die Wechselspannung daher schreiben als

$$U(t) = 325 \cdot \cos(2\pi \cdot 50 \cdot t/\mathrm{s})\mathrm{V} .$$

Enthält der Stromkreis Induktivitäten L oder Kapazitäten C, so sind im allgemeinen Strom und Spannung nicht mehr in Phase (siehe Abschn. 5.4). Es gilt dann für eine Wechselspannung

$$U = U_0 \cdot \cos\omega t, \quad I = I_0 \cdot \cos(\omega t + \varphi) .$$

Die mittlere Leistung ist nun

$$\overline{P}_{el} = \frac{U_0 I_0}{T}\int_0^T \cos\omega t \cdot \cos(\omega t + \varphi)\,\mathrm{d}t$$
$$= \frac{U_0 I_0}{2} \cdot \cos\varphi . \tag{5.10}$$

Für $\varphi = 90°$ wird $\overline{P}_{el} = 0$ (Abb. 5.12).

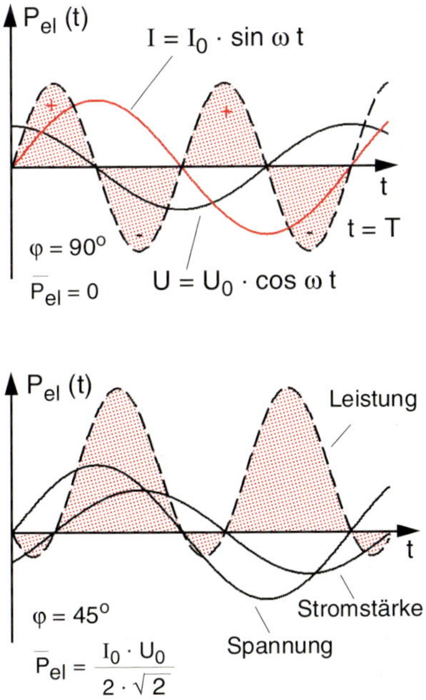

Abb. 5.12. Zeitlicher Verlauf der elektrischen Leistung $P = I \cdot U$ bei verschiedenen Werten der Phasenverschiebung φ zwischen Strom I und Spannung U. Die Wirkleistung ist die Differenz zwischen den Flächen oberhalb und unterhalb der Achse $U \cdot I = 0$

BEISPIEL

Eine Spule im Wechselstromkreis, deren ohmscher Widerstand R vernachlässigbar ist, verbraucht im zeitlichen Mittel keine Energie. Die zum Aufbau des Magnetfeldes notwendige Energie wird beim Abbau wieder frei. Entsprechendes gilt für einen verlustfreien Kondensator, dessen elektrisches Feld auf- und abgebaut wird.

Man nennt die in Spulen und Kondensatoren aufgenommene Leistung des Wechselstroms deshalb auch ***Blindleistung***, während die echt verbrauchte Leistung in ohmschen Widerständen die ***Wirkleistung*** heißt.

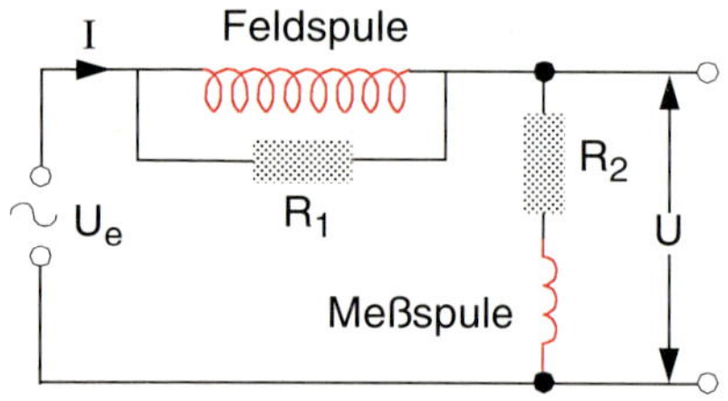

Abb. 5.13. Schaltung zum Messen der Wirkleistung

Zur Messung der Wirkleistung kann man ein Meßinstrument verwenden, dessen Anzeige S proportional zu $\overline{P}_{el}$ ist. Ein Beispiel ist die in Abb. 5.13 gezeigte Schaltung eines Drehspulinstrumentes, bei dem der Permanentmagnet der Abb. 2.26 ersetzt ist durch eine feststehende Feldspule. Durch diese Spule fließt der Strom I, während die Spannung $U = I_2 \cdot (R_2 + R_M)$ mit Hilfe des Stromes I_2 gemessen wird, der durch die drehbare Meßspule mit einem großen Vorwiderstand R_2 fließt. Das magnetische Moment der Meßspule ist dann proportional zu U und das Magnetfeld der Feldspule proportional zu I, so daß das wirkende Drehmoment, und damit die Anzeige, proportional zu $U \cdot I$ ist. Die mechanische Trägheit des Zeigers bewirkt eine zeitliche Mittelung über die schnellen Perioden des Wechselstroms.

Zur Erweiterung des Meßbereiches können verschiedene *Shuntwiderstände* R_1 bzw. Vorwiderstände R_2 zugeschaltet werden.

5.3 Mehrphasenstrom; Drehstrom

Läßt man statt der einen Spule in Abb. 5.1 N um jeweils den Winkel $2\pi/N$ gegeneinander versetzte Spulen im Magnetfeld rotieren, so sind die zwischen den Enden jeder Spule induzierten Wechselspannungen:

$$U_n^{\mathrm{ind}} = U_0 \cos\left(\omega t - \frac{n-1}{N} \cdot 2\pi\right) \tag{5.11}$$

jeweils um den Winkel $\Delta\varphi = 2\pi/N$ gegeneinander phasenverschoben. Man kann das eine Ende aller Spulen auf denselben Schleifkontakt geben und die anderen auf jeweils getrennte Kontakte, so daß man insgesamt $N + 1$ Ausgangsklemmen hat.

Eine häufiger verwendete Methode benutzt einen Magneten, der sich um die Achse A dreht (Abb. 5.14) und in drei feststehenden Spulen, die um 120° gegeneinander versetzt sind, Wechselspannungen erzeugt.

In der Technik hat vor allem der Dreiphasenstrom Bedeutung erlangt, weil sich mit ihm bei vertretbarem Aufwand eine wesentlich höhere elektrische Leistung übertragen läßt, und weil er als *Drehstrom* die Realisierung neuer Typen von Elektromotoren erlaubt (siehe unten).

Verbindet man jeweils ein Ende der drei Spulen mit einem ohmschen Verbraucherwiderstand R und benutzt eine gemeinsame Rückleitung zu den miteinander verbundenen anderen Enden der Induktions-

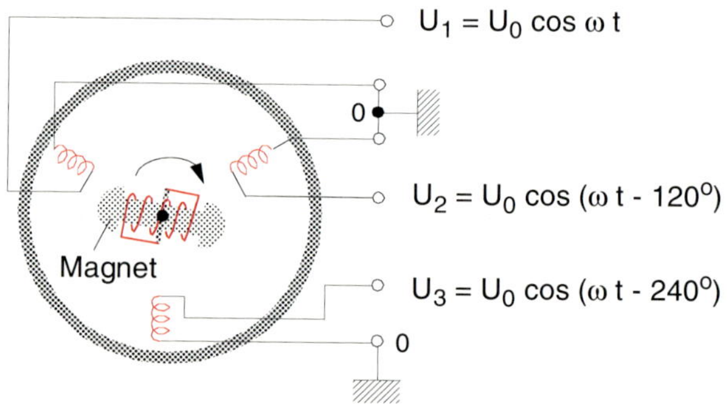

Abb. 5.14. Erzeugung von drei gegeneinander um 120° phasenverschobenen Wechselspannungen mit gemeinsamen Bezugspol 0

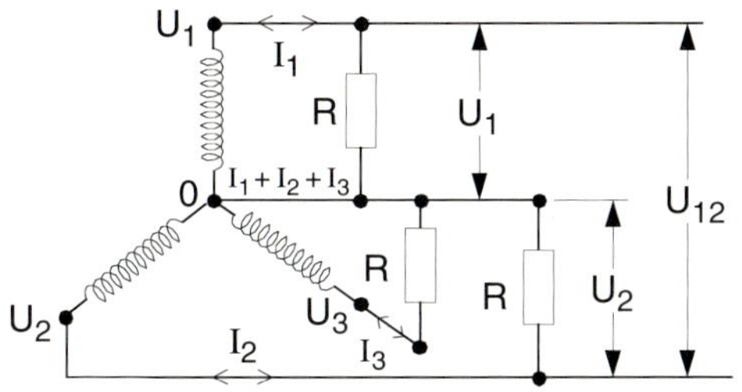

Abb. 5.15. Sternschaltung des Drehstroms

spulen (***Sternschaltung***, Abb. 5.15), so sind die in den drei Leitungen 1, 2, 3 fließenden Ströme $I = U_{ind}/R$ mit $I_0 = U_0/R$

$$\begin{aligned} I_1 &= I_0 \cos \omega t, \\ I_2 &= I_0 \cos(\omega t - 120°)\ , \\ I_3 &= I_0 \cos(\omega t - 240°)\ . \end{aligned} \tag{5.12}$$

Durch Anwenden des Additionstheorems für Winkelfunktionen läßt sich aus (5.12) berechnen, daß

$$\sum_{k=1}^{3} I_k \equiv 0\ , \tag{5.12a}$$

d.h. durch die gemeinsame Rückleitung fließt kein Strom (Abb. 5.16). Deshalb wird sie oft ***Nulleiter*** genannt. Man könnte den Nulleiter deshalb im Prinzip einsparen. Die Gleichung (5.12a) gilt jedoch nur für gleiche ohmsche Verbraucher R, aber nicht mehr, wenn in den verschiedenen Verbraucherkreisen phasenverdrehende Verbraucher (Induktivitäten, Kapazitäten) oder ungleiche Widerstände R angeschlossen wurden.

Liefert jede Induktionsspule in Abb. 5.15 die Spannungsamplitude U_0, so liegt z.B. zwischen den Ausgangsklemmen 1 und 2 die Spannung

$$\begin{aligned} \Delta U_{1,2} &= U_1 - U_2 \\ &= U_0\left[\cos \omega t - \cos(\omega t - 120°)\right] \\ &= -U_0 \cdot \sqrt{3} \sin(\omega t - 60°) \\ &= +U_0 \cdot \sqrt{3}\ \cos(\omega t + 30°). \end{aligned} \tag{5.13}$$

Statt $-30°$ beträgt die Phasenverschiebung für $\Delta U_{2,3}$ $-90°$ und für $\Delta U_{3,1}$ $-150°$. Man erhält also zwischen zwei Phasen des Dreiphasenstroms ebenfalls eine Wechselspannung, deren Amplitude aber um den Faktor $\sqrt{3}$ größer ist.

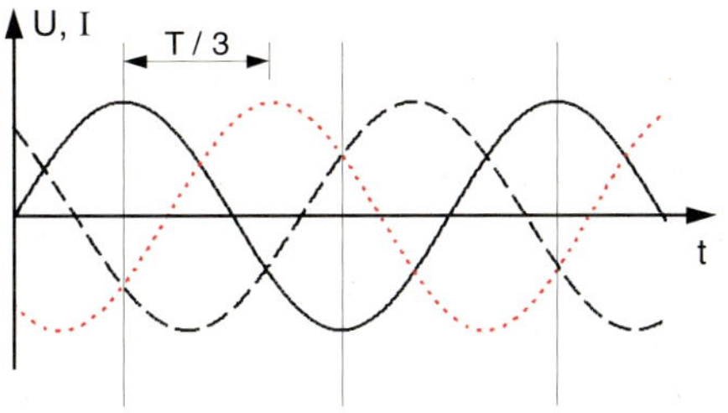

Abb. 5.16. Die Summe der drei Einphasen-Wechselströme ist bei gleichen Verbrauchern Null

BEISPIEL

$U_1^{eff} = U_2^{eff} = 230\,\text{V} \Rightarrow U_0 = \sqrt{2} \cdot U^{eff} = 325\,\text{V} \Rightarrow$ $\Delta U_0 = \sqrt{3} \cdot U_0 = 563\,\text{V}.$

Die Maximalamplitude $\Delta U(t)$ der Wechselspannung zwischen zwei Phasen im Dreiphasennetz unserer Stromversorgung ist also 563 V, ΔU_{eff} beträgt 398 V.

Gibt man die Spannungen

$$U_n = U_0 \cos\left(\omega t - n\frac{2}{3}\pi\right)\ ,$$

die in Abb. 5.15 von den drei Ausgangsklemmen abgenommen werden, auf drei Magnetfeldspulen, deren Achsen um 120° gegeneinander verdreht sind (Abb. 5.17), so entsteht ein Magnetfeld, das sich mit der Frequenz ω um die Symmetrieachse senkrecht zur Ebene der Anordnung in Abb. 5.17 dreht. Dies läßt sich durch eine auf der Symmetrieachse unterstützte drehbare Magnetnadel demonstrieren, wenn man ω so niedrig wählt, daß man die Rotation optisch verfolgen kann.

Die Rotation des Magnetfeldes läßt sich anhand eines vereinfachten Vektormodells erläutern

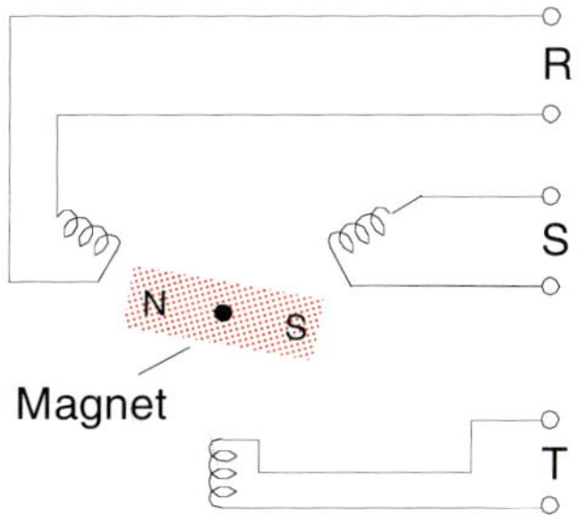

Abb. 5.17. Demonstration des magnetischen Drehfeldes des Drehstroms

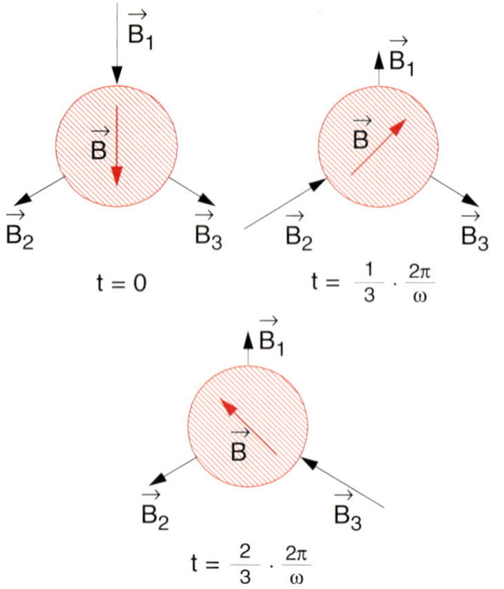

Abb. 5.18. Vektoraddition der Magnetfelder in den drei Spulen des Magnetfeldes

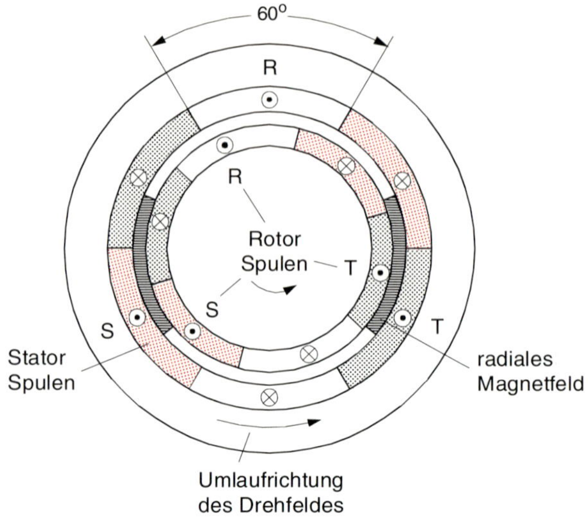

Abb. 5.19. Modell eines Drehstrommotors

(Abb. 5.18). Die drei Magnetfelder $\boldsymbol{B}$ zeigen in die Richtung der jeweiligen Spulenachsen (siehe Abschn. 3.2.6 d und Abb. 3.6), liegen also in einer Ebene und bilden jeweils einen Winkel von 120° miteinander. Zum Zeitpunkt $t = 0$ sei in Spule 1 der Feldstrom maximal, und das Feld zeige radial zur Mitte der Anordnung. Dann sind die Ströme in den Spulen 2 und 3 um ±120° phasenverschoben, d.h. die Felder $\boldsymbol{B}_2$, $\boldsymbol{B}_3$ sind um den Faktor $\cos 120° = -1/2$ schwächer und radial nach *außen* gerichtet. Die Überlagerung der drei Felder ergibt ein radial nach innen gerichtetes Feld in der Richtung der Spulenachse 1. Nach einer drittel Periode, d.h. nach $t = 2/3 \cdot \pi/\omega$, hat sich das periodische $\boldsymbol{B}$-Feld um den Phasenwinkel 120° geändert. Es hat jetzt für Spule 2 den Maximalwert und zeigt nach innen, während die beiden anderen Spulenfelder um den Faktor $-1/2$ schwächer und nach außen gerichtet sind. Die Vektorsumme zeigt jetzt in Richtung der Spulenachse 2 radial nach innen.

Wegen dieser Drehung des Magnetfeldes heißt der Dreiphasenstrom auch ***Drehstrom***.

Man nutzt das magnetische Drehfeld zum Bau von Drehstrommotoren aus [5.3]. Ihr Prinzip wird bereits durch den sich drehenden Magneten deutlich. Eine technische Realisierungsmöglichkeit ist in Abb. 5.19 gezeigt. Statt der Magnetnadel wird ein drehbarer Eisenring verwendet, der von einer Spule umwickelt ist (*Kurzschlußläufer*).

Neben der Sternschaltung in Abb. 5.15 wird häufig die ***Dreieckschaltung*** der Abb. 5.20 für Drehstromanwendungen verwendet, bei der ausgenutzt wird, daß die Summe aller drei Spannungen Null ist.

$$U_{\text{tot}} = \sum_{n=0}^{2} U_0 \cos\left(\omega t - n\frac{2}{3}\pi\right) = 0 \tag{5.14}$$

Bei der Dreieckschaltung sind die Spannungen zwischen den Punkten 1, 2, 3 immer gleich der Spannung einer Phase. Der Vorteil gegenüber dem Einphasenstrom ist die geringere Belastung pro Phase, wenn man die Wechselstromleistung mehrerer Verbraucher auf die einzelnen Leitungen gleichmäßig verteilt. Der

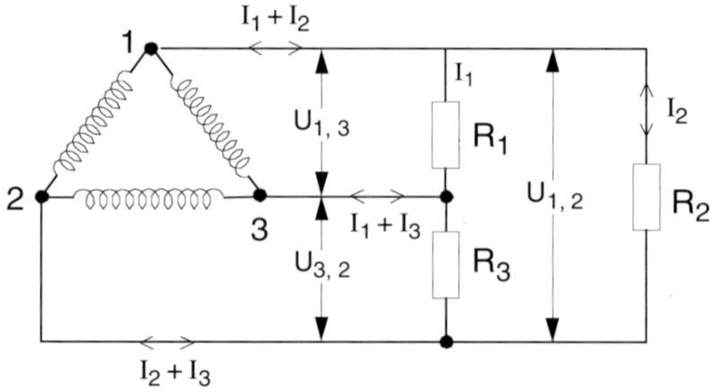

Abb. 5.20. Dreieckschaltung für Drehstrom

Strom durch jede der drei Leitungen ist jedoch immer gleich der Summe zweier im allgemeinen phasenverschobener Verbraucherströme. So fließt z.B. in Abb. 5.20 von der Anschlußklemme 1 der Strom

$$I = I_1 + I_2 = U_{1,3}/R_1 + U_{1,2}/R_2 \ .$$

Bei der Dreieckschaltung gilt unabhängig von den Verbraucherwiderständen R_i immer $\sum U_i = 0$, aber nicht mehr wie bei der Sternschaltung $\sum I_i = 0$.

5.4 Wechselstromkreise mit komplexen Widerständen; Zeigerdiagramme

Die an Induktivitäten L und Kapazitäten C auftretenden Phasenverschiebungen zwischen Strom und Spannung lassen sich am übersichtlichsten in einer komplexen Schreibweise darstellen [5.4]. Um die reale Bedeutung komplexer Widerstände klarzumachen, wollen wir uns zunächst zwei einfache Beispiele ansehen.

5.4.1 Wechselstromkreis mit Induktivität

Die von außen angelegte Spannung $U_a = U_0 \cos \omega t$ muß im geschlossenen Stromkreis der Abb. 5.21 entgegengesetzt gleich der induzierten Spannung $U_{ind} = -L \cdot dI/dt$ sein, wenn vom ohmschen Widerstand einmal abgesehen werden kann:

$$U_a + U_{ind} = 0$$

$$\Rightarrow U_0 \cos \omega t = L \cdot \frac{dI}{dt} \ , \qquad (5.15)$$

$$\Rightarrow I = \frac{U_0}{L} \int \cos \omega t \, dt = \frac{U_0}{\omega L} \sin \omega t$$

$$= I_0 \sin \omega t \quad \text{mit} \quad I_0 = \frac{U_0}{\omega L} \ . \qquad (5.16)$$

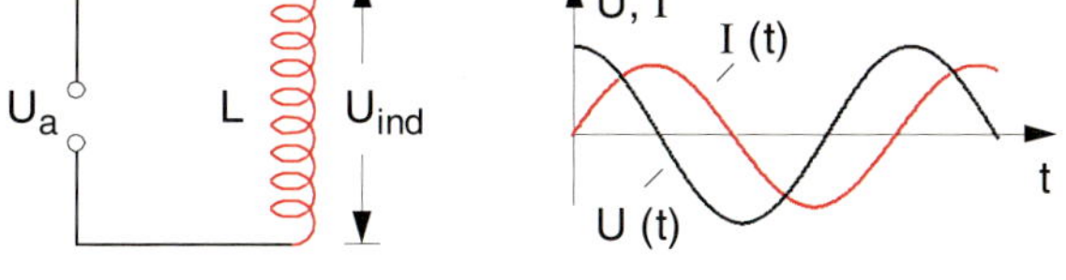

Abb. 5.21. Wechselstromkreis mit Induktivität

> Strom und Spannung sind nicht mehr in Phase. Der Wechselstrom wird durch eine Spule um 90° gegenüber der Wechselspannung verzögert.

Man definiert als Betrag $|R_L|$ des ***induktiven Widerstandes*** den Quotienten

$$|R_L| = \frac{U_0}{I_0} = \omega \cdot L \ . \qquad (5.17)$$

Will man auch die Phasenverschiebung berücksichtigen, so läßt sich der phasenschiebende Widerstand R_L durch eine komplexe Zahl Z ausdrücken, deren Betrag gleich $|R_L|$ ist und deren Winkel φ gegen die reelle Achse die Phasenverschiebung zwischen Strom und Spannung angibt (Abb. 5.22). Da $\text{tg}\,\varphi = \text{Im}\{Z\}/\text{Re}\{Z\}$ gilt (siehe Abschn. A.3.2 in Bd. 1), muß für $\varphi = 90°$ der Realteil von Z Null sein.

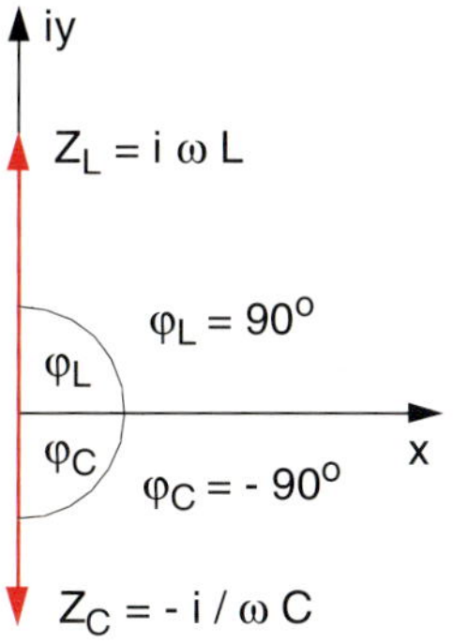

Abb. 5.22. Komplexe Darstellung des induktiven und des kapazitiven Widerstandes

5.4.2 Wechselstromkreis mit Kapazität

Aus der Gleichung

$$U = Q/C$$

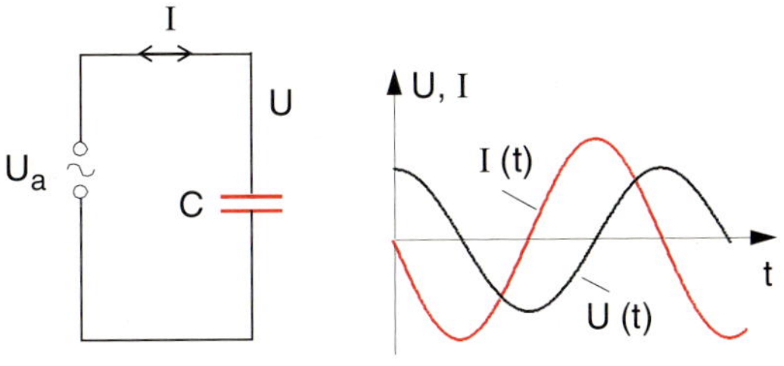

Abb. 5.23. Wechselstromkreis mit Kapazität C

folgt durch zeitliche Differentiation

$$\frac{dU}{dt} = \frac{1}{C}\frac{dQ}{dt} = \frac{1}{C} \cdot I . \tag{5.18}$$

Mit $U = U_0 \cdot \cos \omega t$ wird

$$\begin{aligned} I &= -\omega C \cdot U_0 \cdot \sin \omega t \\ &= \omega C \cdot U_0 \cdot \cos(\omega t + 90^\circ). \end{aligned}$$

Der Strom eilt der Spannung um 90° voraus. Der komplexe Widerstand der Kapazität C ergibt sich daher mit $I_0 = \omega C U_0$ zu

$$\begin{aligned} Z &= \frac{U}{I} = e^{-i\pi/2} \frac{U_0}{I_0} \\ &= -i \frac{1}{\omega C} = \frac{1}{i \omega C} . \end{aligned} \tag{5.19}$$

5.4.3 Allgemeiner Fall

An einen Wechselstromkreis, in dem ein ohmscher Widerstand R, eine Induktivität L und eine Kapazität C in Serie geschaltet sind, wird eine äußere Wechselspannung $U(t)$ angelegt (Abb. 5.24). Nach dem Kirchhoffschen Gesetz (Abschn. 2.4) muß die Summe aus äußerer Spannung $U(t)$ und Induktionsspannung $U_{\text{ind}} = -L \cdot dI/dt$ gleich dem Spannungsabfall $U_1 + U_2 = I \cdot R + Q/C$ an Widerstand R und Kapazität C sein. Es gilt daher

$$U = I \cdot R + L \cdot \frac{dI}{dt} + \frac{Q}{C} . \tag{5.20}$$

Differentiation nach der Zeit ergibt mit $dQ/dt = I$

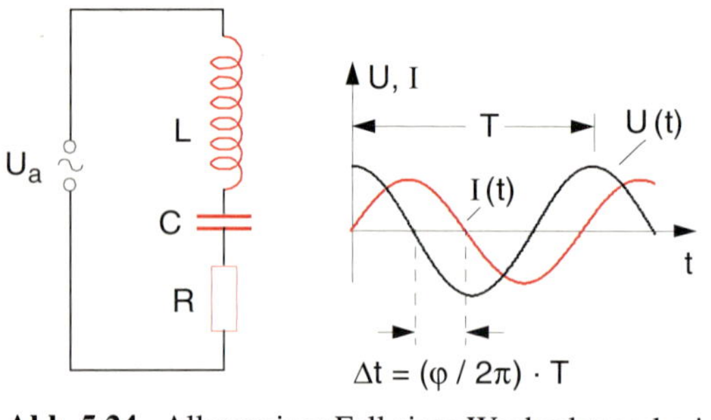

Abb. 5.24. Allgemeiner Fall eines Wechselstromkreises mit Induktivität L, Kapazität C und ohmschem Widerstand R in Serie

$$\frac{dU}{dt} = L \cdot \frac{d^2 I}{dt^2} + R \cdot \frac{dI}{dt} + \frac{1}{C} I . \tag{5.21}$$

Wir wählen den komplexen Lösungsansatz

$$U = U_0 \cdot e^{i\omega t}, \quad I = I_0 \cdot e^{i(\omega t - \varphi)} . \tag{5.22}$$

Jede physikalisch sinnvolle Lösung muß natürlich reell sein. Wir nutzen jedoch hier die folgende Eigenschaft linearer Differentialgleichungen aus:

Sind die Funktionen $f(t)$ und $g(t)$ Lösungen von (5.21), so ist auch jede Linearkombination $af(t) + bg(t)$ eine Lösung, insbesondere auch die komplexe Funktion $f(t) + ig(t) = U(t)$. Das bedeutet: Wenn wir eine komplexe Lösung gefunden haben, so sind Real- und Imaginärteil dieser Lösung auch Lösungen. Welche der Lösungen in Frage kommt, wird durch die Anfangsbedingungen festgelegt (siehe auch Bd. 1, Kap. 10).

Der komplexe Ansatz erlaubt eine einfachere Schreibweise und einen eleganteren Lösungsweg. Einsetzen von (5.22) in (5.21) liefert:

$$i\omega U = (-L\omega^2 + i\omega R + 1/C) I . \tag{5.23}$$

Definieren wir, analog zum reellen ohmschen Widerstand R, den ***komplexen Widerstand*** Z durch $Z = U/I$, so erhalten wir aus (5.23)

$$Z = \frac{U}{I} = R + i\left(\omega L - \frac{1}{\omega C}\right). \tag{5.24}$$

Ein komplexer Widerstand kann als Vektor in der komplexen Zahlenebene dargestellt werden (Abb. 5.25). Sein Betrag

$$|Z| = \sqrt{R^2 + \left(\omega L - \frac{1}{\omega C}\right)^2} \tag{5.25}$$

wird ***Impedanz*** genannt.

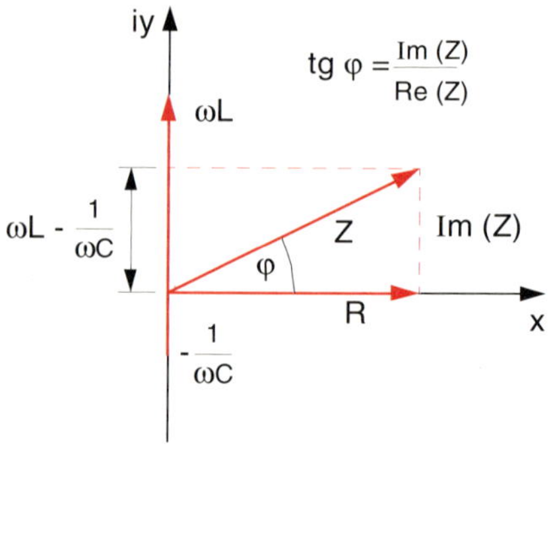

Abb. 5.25. Komplexe Darstellung des Gesamtwiderstandes Z in der komplexen Ebene

Die vom komplexen Widerstand bewirkte Phasenverschiebung φ zwischen Strom und Spannung wird durch den Quotienten

$$\operatorname{tg}\varphi = \frac{\mathrm{Im}\{Z\}}{\mathrm{Re}\{Z\}} = \frac{\omega L - \frac{1}{\omega C}}{R} \tag{5.26}$$

von Imaginär- und Realteil beschrieben. In der Polardarstellung (siehe Bd. 1, Abschn. A.3.2)

$$Z = |Z| \cdot \mathrm{e}^{\mathrm{i}\varphi}$$

entspricht $|Z|$ der Länge des Vektors und φ dem Phasenwinkel.

Die Darstellung von komplexen Widerständen als Vektoren in der komplexen Ebene heißt in der Elektrotechnik ***Zeigerdiagramm***. Wir werden seine Nützlichkeit für die übersichtliche Darstellung phasenschiebender Elemente im nächsten Abschnitt an einigen Beispielen erläutern.

Man sieht aus dem Zeigerdiagramm Abb. 5.25 oder aus (5.24), daß für

$$\omega L = \frac{1}{\omega C}$$

der Imaginärteil von Z Null ist. Das bedeutet, daß die Phasenverschiebung zwischen Strom und Spannung Null wird. Man kann trotz vorhandener Induktivitäten bzw. Kapazitäten durch geeignete Wahl von L und C im Verbraucherkreis die Blindleistung auf Null bringen.

Der Strom I durch den Wechselstromkreis in Abb. 5.24 kann nun bei einer von außen angelegten Wechselspannung

$$U = U_0 \cos \omega t$$

geschrieben werden als

$$I = I_0 \cos(\omega t - \varphi)$$

mit

$$I_0 = \frac{U_0}{\sqrt{R^2 + \left(\omega L - \frac{1}{\omega C}\right)^2}}\,;$$

$$\operatorname{tg}\varphi = \frac{\omega L - \frac{1}{\omega C}}{R}\,. \tag{5.27}$$

5.5 Lineare Netzwerke; Hoch- und Tiefpässe; Frequenzfilter

Lineare Netzwerke sind dadurch gekennzeichnet, daß zwischen Strom I und Spannung U immer eine lineare Beziehung

$$U = Z \cdot I \tag{5.28}$$

besteht, die die komplexe Schreibweise des Ohmschen Gesetzes (2.6d) darstellt. Fließen in einem Stromkreis gleichzeitig Wechselströme mit verschiedenen Frequenzen ω, so kann man die Ströme $I(\omega_i)$ bei einer beliebig ausgesuchten Frequenz ω_i aus den Spannungen $U(\omega_i)$ ausrechnen und dann die Anteile aller beteiligten Frequenzen addieren.

Dieses Superpositionsprinzip, das aus der Linearität von (5.28) folgt, besagt also bei einer komplexen Schreibweise:

$$U(t) = \sum_k U_k(\omega_k) = \sum_k U_{0k}\mathrm{e}^{\mathrm{i}(\omega_k t - \varphi_k)}, \tag{5.29a}$$

$$I(t) = \sum_k I_{0k}\mathrm{e}^{\mathrm{i}(\omega_k t - \psi_k)}, \tag{5.29b}$$

$$\Rightarrow \quad Z_k(\omega_k) = \frac{U_{0k}}{I_{0k}} \cdot \mathrm{e}^{\mathrm{i}(\psi_k - \varphi_k)}. \tag{5.29c}$$

Das Superpositionsprinzip ist für die Hochfrequenztechnik von großer Bedeutung, da es gestattet, die Veränderung komplizierter Spannungspulse $U(t)$ bzw. Strompulse $I(t)$ beim Durchgang durch lineare Netzwerke zu bestimmen, indem man die Eingangspulse in ihre Fourierkomponenten $U_\mathrm{e}(\omega)$ bzw. $I_\mathrm{e}(\omega)$ zerlegt, aus dem bekannten Wechselstromwiderstand $Z(\omega)$ die Anteile $U_\mathrm{a}(\omega)$ bzw. $I_\mathrm{a}(\omega)$ des Ausgangssignals bestimmt und anschließend diese Anteile addiert (Fourier-Synthese). Dies soll an einigen Beispielen erläutert werden.

5.5.1 Hochpaß

Ein elektrischer Hochpaß ist eine Schaltung, die hohe Frequenzen ω praktisch ungedämpft durchläßt, tiefe Frequenzen aber unterdrückt. In Abb. 5.26 ist eine von mehreren Realisierungsmöglichkeiten gezeigt.

Für $\omega L - 1/(\omega C) = \pm R$ sinkt die Ausgangsspannung auf $U_e/\sqrt{2}$. Dies ergibt die Bedingung

$$\omega_{1,2} = \pm\frac{R}{2L} + \sqrt{\frac{R^2}{4L^2} + \omega_R^2}\,, \tag{5.40}$$

woraus man die Frequenzbreite $\Delta\omega$ zwischen den Frequenzen ω_1 und ω_2, bei denen $|U_a|$ auf $|U_e|/\sqrt{2}$ abgesunken ist, erhält.

$$\Delta\omega = \frac{R}{L} \tag{5.41}$$

Die Ausgangsspannung ist gegenüber der Eingangsspannung verzögert. Die Phasenverschiebung φ zwischen beiden ist für die Schaltung in Abb. 5.29a

$$\operatorname{tg}\varphi = \frac{\omega L - 1/\omega C}{R}\,. \tag{5.42}$$

Sie wird $\varphi(0) = -90°$ für $\omega = 0$, geht durch Null für $\omega = \omega_R$ und wird $\varphi(\infty) = +90°$ für $\omega = \infty$.

Die Schaltung in Abb. 5.30a wirkt als Sperrfilter. Hier wird $|U_a| = 0$ für $\omega = \omega_R$.

Die Durchlaßkurven $|U_a|/|U_e|$ und die Phasenverschiebungen φ zwischen U_a und U_e sind in Abb. 5.29 und Abb. 5.30 für das Durchlaßfilter und für das Sperrfilter als Funktionen von ω aufgetragen.

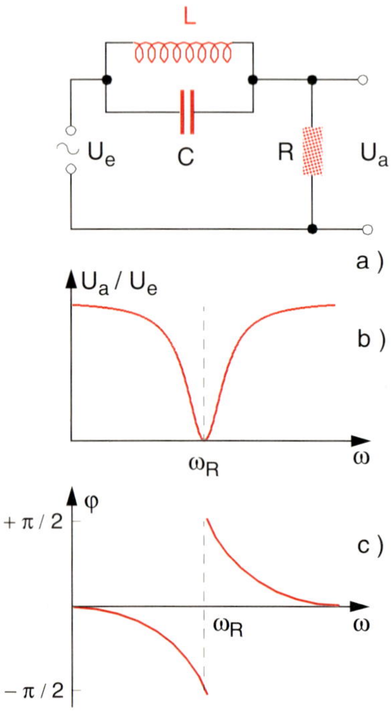

Abb. 5.30a–c. Frequenz-Sperrfilter. (**a**) Schaltung; (**b**) Durchlaßkurve; (**c**) Phasenverschiebung φ zwischen U_a und U_e

Man vergleiche Abb. 5.29 mit dem völlig analogen Bild in Bd. 1, Abb. 10.22 für erzwungene Schwingungen!

5.6 Transformatoren

Für den Transport elektrischer Energie über weite Entfernungen ist es günstig, möglichst hohe Spannungen U zu wählen, da dann der Leitungsverlust durch Joulesche Wärme infolge des Leitungswiderstandes R möglichst klein wird. Will man eine elektrische Leistung $P_{el} = U \cdot I$ übertragen, so verliert man in der Leitung die Leistung $\Delta P_{el} = I^2 \cdot R$, so daß der relative Leistungsverlust

$$\frac{\Delta P_{el}}{P_{el}} = \frac{I^2 \cdot R}{U \cdot I} = \frac{I \cdot R}{U} = \frac{R}{U^2} P_{el} \tag{5.43}$$

bei vorgegebener Leistung P_{el} mit steigender Spannung proportional zu $1/U^2$ absinkt!

Der Leitungswiderstand R bewirkt einen Spannungsabfall $\Delta U = I \cdot R$, so daß aus (5.43) folgt:

$$\frac{\Delta P_{el}}{P_{el}} = \frac{\Delta U}{U}\,. \tag{5.43a}$$

BEISPIEL

Eine Kupferleitung von 2,5 km Länge mit einem Querschnitt von 0,2 cm² hat nach Tabelle 2.2 bei 20 °C einen spezifischen Widerstand $\varrho_{el} = 1{,}7 \cdot 10^{-8}\,\Omega \cdot \mathrm{m}$ und daher einen Gesamtwiderstand von $R = 2{,}1\,\Omega$. Will man bei $U = 230\,\mathrm{V}$ eine Leistung von 20 kW übertragen, so braucht man dazu einen Strom von 87 A. Der Spannungsabfall an unserer Leitung ist jedoch bereits $\Delta U = I \cdot R = 185\,\mathrm{V}$, so daß beim Verbraucher nur noch 45 V anliegen. Der relative Leistungsverlust beträgt nach (5.43) $\Delta P_{el}/P_{el} = 0{,}80$. Das heißt, nur 20% der vom Erzeuger abgeschickten Leistung erreichen den Verbraucher. Transformiert man jedoch die Spannung auf 20 kV, so braucht man nur noch 1 A für die gleiche Leistung, der Spannungsabfall ist jetzt $\Delta U = 2{,}1\,\mathrm{V}$ und der relative Leistungsverlust in der Leitung $\Delta P_{el} = 10^{-4}$!

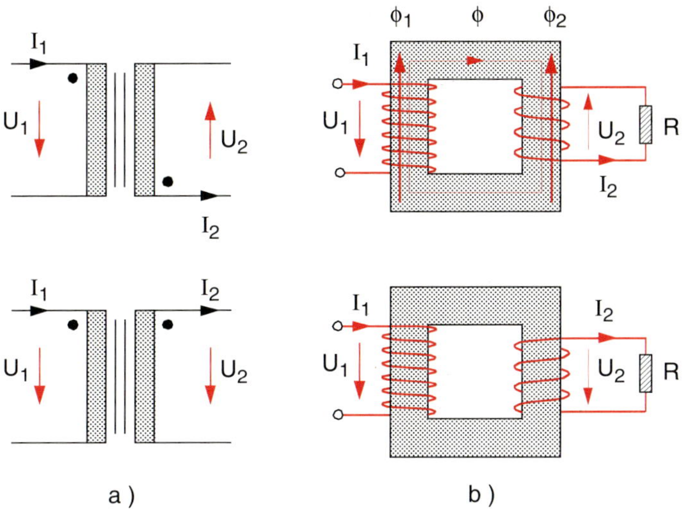

Abb. 5.31a,b. Transformator. (**a**) Schaltzeichnung; (**b**) technische Ausführung. Im oberen Teil haben Primär- und Sekundärspule gleichen, im unteren Teil umgekehrten Windungssinn. Dadurch ist die Ausgangsspannung oben um 180° gegenüber der Eingangsspannung verschoben, und unten sind die Spannungen gleichphasig. Dies wird durch die Punkte im Schaltschema (**a**) symbolisiert

Die Umformung von Spannungen geschieht mit ***Transformatoren***, die auf dem Faradayschen Induktionsgesetz basieren:

Zwei Spulen L_1 und L_2 mit den Windungszahlen N_1 und N_2 werden durch ein Eisenjoch so miteinander gekoppelt, daß der magnetische Fluß der vom Primärstrom I_1 durchflossenen Primärspule L_1 vollständig die Sekundärspule L_2 durchsetzt (Abb. 5.31). Wegen der großen relativen magnetischen Permeabilität μ des Eisens laufen praktisch alle Magnetfeldlinien, welche innerhalb der stromdurchflossenen Primärspule erzeugt werden, durch das Eisenjoch in Abb. 5.31b und durchsetzen daher die Sekundärspule L_2. Um Wirbelströme zu vermeiden, die zur Aufwärmung des Joches und damit zu Verlusten führen würden, besteht das Eisenjoch aus vielen dünnen, voneinander isolierten Eisenblechen, die durch isolierte Schrauben zusammengepreßt werden, damit durch die mit der Frequenz ω des Wechselstroms modulierten magnetischen Kräfte keine Vibrationen der Bleche entstehen (Trafo-Brummen).

5.6.1 Unbelasteter Transformator

Wir wollen zuerst den unbelasteten Transformator betrachten, bei dem im Sekundärkreis kein Strom fließt ($I_2 = 0$).

Wird an der Primärspule L_1 des unbelasteten Transformators die Eingangsspannung

$$U_1 = U_0 \cos \omega t$$

angelegt, so wird in L_1 ein Strom I_1 fließen, der einen magnetischen Fluß Φ_m erzeugt. Dieser bewirkt eine Induktionsspannung

$$U_{ind} = -L \frac{dI_1}{dt} = -N_1 \frac{d\Phi_m}{dt} , \qquad (5.44a)$$

welche der von außen angelegten Spannung U_1 entgegengesetzt gleich ist, da nach dem Kirchhoffschen Gesetz im geschlossenen Stromkreis 1 gelten muß:

$$U_1 + U_{ind} = 0 . \qquad (5.44b)$$

Man kann hier den ohmschen Widerstand der Spule gegenüber ihrem induktiven Widerstand $\omega \cdot L_1$ vernachlässigen. Wenn der gesamte in L_1 erzeugte Fluß Φ_m auch durch die Sekundärspule L_2 geht, wird dort eine Spannung

$$U_2 = -N_2 \frac{d\Phi_m}{dt} \qquad (5.45)$$

erzeugt. Wegen $d\Phi_m/dt = U_1/N_1$ folgt aus (5.45) und (5.44a,b):

$$\boxed{\frac{U_2}{U_1} = -\frac{N_2}{N_1}} . \qquad (5.46)$$

Das Minuszeichen zeigt an, daß bei gleichsinniger Wicklung von Primär- und Sekundärspule (Abb. 5.31 oben) die Sekundärspannung U_2 im unbelasteten Transformator gegenüber der Eingangsspannung U_1 um 180° phasenverschoben ist. Bei entgegengesetztem Wicklungssinn der Sekundärspule sind U_1 und U_2 in Phase (Abb. 5.31 unten).

Die vom idealen unbelasteten Transformator (verlustfreie Spulen, am Sekundärkreis ist kein Verbraucher angeschlossen) aufgenommene mittlere Leistung ist

$$\overline{P}_{\mathrm{el}} = \frac{1}{2} U_{01} I_{01} \cos\varphi \equiv 0 \;, \tag{5.47}$$

weil der Phasenwinkel φ zwischen Spannung U_1 und Strom I_1 nach (5.16) $\varphi = 90°$ ist. Der in der Primärspule fließende Strom I_1 ist ein reiner Blindstrom.

5.6.2 Belasteter Transformator

Belastet man die Sekundärseite durch einen Verbraucher mit Widerstand R, so fließt in der Sekundärspule ein Strom $I_2 = U_2/R$, der selbst einen magnetischen Fluß $\Phi_2 \propto I_2$ erzeugt, welcher gegenüber dem von I_1 erzeugten Fluß Φ_1 um 90° phasenverschoben ist, da I_2 phasengleich mit $U_2 = RI_2$ ist, die Spannung $U_2 = -N_2\,\mathrm{d}\Phi/\mathrm{d}t$ aber um 90° gegen Φ_1 phasenverschoben ist.

Dieser vom Sekundärstrom I_2 erzeugte Fluß Φ_2 überlagert sich dem Fluß Φ_1 zu einem Gesamtfluß

$$\Phi = \Phi_1 + \Phi_2 \;,$$

der eine Phasenverschiebung $0 < \Delta\varphi < 90°$ gegenüber der Eingangsspannung U_1 hat, wobei gilt: $\mathrm{tg}\,\Delta\varphi = \Phi_2/\Phi_1$. Dies hat zur Folge, daß sich dem Primär-Blindstrom I_1 ein phasenverschobener Anteil, der durch Φ_2 induziert wird, überlagert, und die aus dem Primäranschluß entnommene Leistung

$$\overline{P}_{\mathrm{el}} = \frac{1}{2} U_0 \sqrt{I_{01}^2 + I_{02}^2} \cdot \cos(\varphi - \Delta\varphi) \tag{5.48}$$

ist nicht mehr Null, weil $\varphi - \Delta\varphi \neq 90°$ ist.

Zur quantitativen Beschreibung des durch einen beliebigen komplexen Widerstand Z auf der Sekundärseite belasteten idealen Transformators, bei dem alle Streuverluste des magnetischen Flusses oder Wärmeverluste in den Wicklungen oder im Eisenkern vernachlässigt werden können, benutzen wir die Gleichungen

$$U_1 = \mathrm{i}\,\omega L_1 I_1 + \mathrm{i}\,\omega L_{12} I_2 \;, \tag{5.49a}$$

$$U_2 = Z \cdot I_2 = -\mathrm{i}\,\omega L_{12} I_1 - \mathrm{i}\,\omega L_2 I_2 \;, \tag{5.49b}$$

wobei L_1, L_2 die Induktivitäten von Primär- und Sekundärkreis sind und L_{12} die gegenseitige Induktivität ist. Die komplexe Schreibweise bringt die Phasenverschiebung zwischen Strom und Spannung zum Ausdruck (siehe Abschn. 5.4). Die Spannung U_1 in (5.49a) ist die Ursache des induzierten Stromes I_1 und eilt ihm um 90° voraus. Die induzierte Spannung U_2 ist jedoch gegenüber dem induzierenden Strom I_2 um 90° verzögert; deshalb stehen in (5.49b) die beiden Minuszeichen.

Löst man (5.49b) nach I_2 auf und setzt diesen Ausdruck in (5.49a) ein, so lassen sich die Ströme I_1 und I_2 durch die Eingangsspannung U_1 ausdrücken

$$I_1 = \frac{\mathrm{i}\,\omega L_2 + Z}{\mathrm{i}\,\omega L_1 Z + \omega^2\,(L_{12}^2 - L_1 L_2)} \cdot U_1 \;, \tag{5.50a}$$

$$I_2 = -\frac{\mathrm{i}\,\omega L_{12}}{\mathrm{i}\,\omega L_1 Z + \omega^2\,(L_{12}^2 - L_1 L_2)} \cdot U_1 \;. \tag{5.50b}$$

Daraus erhält man das Stromübersetzungsverhältnis

$$\frac{I_2}{I_1} = -\frac{\mathrm{i}\,\omega L_{12}}{\mathrm{i}\,\omega L_2 + Z} \tag{5.51}$$

und wegen $U_2 = I_2 \cdot Z$ das Spannungsverhältnis

$$\frac{U_2}{U_1} = -\frac{\mathrm{i}\,\omega L_{12} Z}{\mathrm{i}\,\omega L_1 Z + \omega^2\,(L_{12}^2 - L_1 L_2)} \;. \tag{5.52a}$$

Als Maß für die magnetische Kopplung zwischen Primär- und Sekundärspule führen wir den ***Kopplungsgrad***

$$k = \frac{L_{12}}{\sqrt{L_1 \cdot L_2}} \quad \text{mit} \quad 0 < k < 1$$

ein. (Für vollkommene Kopplung ist $k = 1$, d.h. $L_{12} = \sqrt{L_1 L_2}$.) Damit wird das Spannungsverhältnis (5.52a) nach Kürzen:

$$\frac{U_2}{U_1} = -\frac{L_{12}}{L_1 - \mathrm{i}\,\omega\,(k^2 - 1)\,L_1 L_2/Z} \;. \tag{5.52b}$$

Für den Betrag $|U_2|/|U_1|$ ergibt dies:

$$\frac{|U_2|}{|U_1|} = \frac{L_{12}/L_1}{\sqrt{1 + \left(\omega^2 L_2^2/|Z|^2\right)(k^2 - 1)^2}} \;. \tag{5.52c}$$

Wir wollen uns nun das Verhalten des Transformators bei einer ohmschen Last R, bei einer induktiven Belastung L und bei einer kapazitiven Belastung C des Sekundärkreises ansehen.

a) $Z = R$

Für vollständige Kopplung beider Spulen (d.h. $k = 1$, keine magnetischen Streuverluste) erhält man für das

Spannungsverhältnis (5.52b) mit $L_{12}^2 = L_1 L_2$ das bereits in (5.46) erhaltene Ergebnis:

$$\frac{U_2}{U_1} = -\frac{L_{12}}{L_1} = -\sqrt{\frac{L_2}{L_1}} = -\frac{N_2}{N_1} . \qquad (5.53)$$

Bei vollständiger Kopplung ist das Spannungsverhältnis unabhängig vom Lastwiderstand R!

Dies gilt allerdings nur, solange der Spannungsabfall an den Spulen auf Grund des ohmschen Spulenwiderstandes vernachlässigt werden kann (was wir in (5.49) getan haben).

Für $k < 1$ nimmt $|U_2|/|U_1|$ nach (5.52c) mit sinkendem R ab, d.h. mit steigender Strombelastung sinkt die Sekundärspannung U_2.

BEISPIEL

Es sei $k^2 = 0{,}9$. Dann sinkt für $R = 0{,}1\,\omega L_2$ das Verhältnis (U_2/U_1) auf $1/\sqrt{2} \approx 71\%$ des Wertes für den unbelasteten Transformator ($R = \infty$).

Für die Phasenverschiebung φ zwischen U_2 und U_1 ergibt sich aus (5.52b)

$$\operatorname{tg}\varphi = -\frac{\omega L_2(1-k^2)}{R} . \qquad (5.54)$$

Für $k \to 1$ geht $\varphi \to 180°$, unabhängig von R. Für nichtideale Kopplung ($k < 1$) wird $\varphi < 180°$.

b) $Z = \mathrm{i}\omega L$ (rein induktive Belastung)

Aus (5.52b) und der Definition von k erhält man:

$$\frac{U_2}{U_1} = -\frac{L_{12}/L_1}{1 + (L_2/L)(1-k^2)} . \qquad (5.55)$$

Der Quotient ist rein reell, d.h. die Phasenverschiebung ist immer $\varphi = 180°$. Das Spannungsverhältnis hängt ab vom Verhältnis $L_2(1-k^2)/L$.

BEISPIEL

Es sei $k^2 = 0{,}9$, $L_2/L = 10$. Dann folgt aus (5.55): $(U_2/U_1)_L = \frac{1}{2}(U_2/U_1)_{L=\infty}$, wobei $L = \infty$ dem unbelasteten Fall entspricht. Dies ist klar, weil durch die Parallelschaltung von $L = 0{,}1\,L_2$ die zusätzliche Belastung von 10% gleich den Koppelverlusten von 10% ist. Für $k^2 = 1$ hat die Belastung durch L keinen Einfluß auf das Verhältnis U_2/U_1.

c) $Z = 1/(\mathrm{i}\omega C)$ (rein kapazitive Belastung)

Das Verhältnis

$$\frac{U_2}{U_1} = \frac{L_{12}}{L_1 - \omega^2 C L_1 L_2 (1-k^2)}$$

wird *größer* als beim Leerlaufbetrieb ($Z = \infty$) in (5.52b)! Für die Resonanzfrequenz

$$\omega_{\mathrm{R}} = \sqrt{\frac{1}{CL_2(1-k^2)}} \qquad (5.56)$$

wird U_2, solange Verluste im Transformator vernachlässigt werden, unendlich groß! Man nennt dies die *Resonanzüberhöhung* des Trafo-Übersetzungsverhältnisses.

5.6.3 Anwendungsbeispiele

Transformatoren spielen in technischen Anwendungen sowohl bei der Umwandlung von Spannungen als auch bei der Erzeugung hoher Ströme eine wichtige Rolle [5.5] (siehe Farbtafel 1).

Ein Beispiel ist der Transformator in Abb. 5.32, dessen Sekundärwicklung nur aus einer Windung besteht, die als Rinne ausgebildet ist. Wird der Strom I_2 durch diese Windung groß genug, so kann die Temperatur des Ringes durch die in ihm verbrauchte Leistung $I_2^2 \cdot R$ so groß werden, daß Metalle in der Rinne schmelzen, falls ihr Schmelzpunkt niedriger ist als der des Ringes.

Solche Hochstromtransformatoren werden für Schmelzöfen bei der Aluminiumschmelze und auch zur Edelstahlgewinnung verwendet.

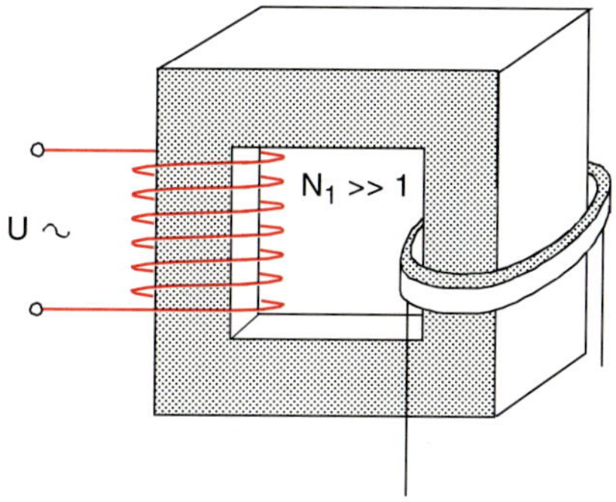

Abb. 5.32. Transformator mit nur einer Sekundärwicklung zum Schmelzen von Metallen

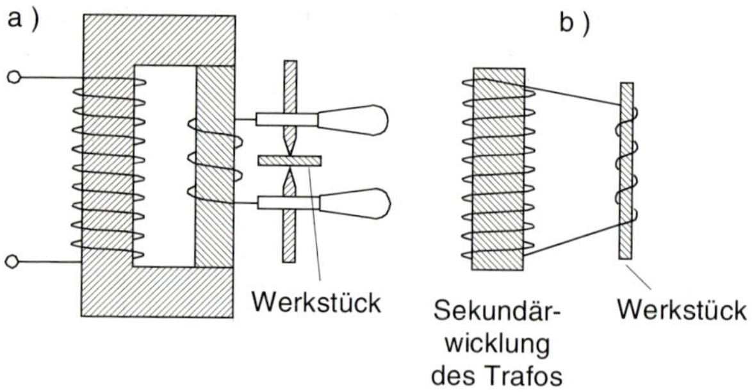

Abb. 5.33a,b. Transformatoren mit großem Sekundärstrom (**a**) zum Punktschweißen; (**b**) zur induktiven Aufheizung eines Metallstabes durch Wirbelströme

BEISPIEL

$N_1 = 100$, $N_2 = 1$, $U_1^{\text{eff}} = 230\,\text{V}$, $R = 5 \cdot 10^{-3}\,\Omega \Rightarrow$
$U_2^{\text{eff}} = 2{,}3\,\text{V}$, $I_2^{\text{eff}} = 460\,\text{A}$, $\overline{P}_{\text{el}} = I_2^2 R = 1{,}06\,\text{kW}$

Schließt man an die Sekundärspule eines Transformators mit wenigen Sekundärwicklungen eine zweite Spule an, in die man einen Metallstift steckt, so wird der Stift durch Wirbelströme so heiß, daß er glüht (Abb. 5.33).

Hochspannungstransformatoren, die ein großes Windungsverhältnis N_2/N_1 besitzen, kommen in Fernsehgeräten zur Erzeugung der Ablenkspannung für den Elektronenstrahl (Zeilen-Trafo) und für viele andere Hochspannungsanwendungen zum Einsatz.

5.7 Gleichrichtung

Da man für viele wissenschaftliche und technische Geräte Gleichspannungen und -ströme benötigt, muß man Schaltungen entwerfen, welche den Wechselstrom aus der Steckdose oder aus der Sekundärwicklung eines Transformators in einen möglichst konstanten Gleichstrom, ohne nennenswerte Welligkeit, umwandeln. Dies wird erreicht mit Hilfe von Gleichrichtern, die durch Röhrendioden (siehe Abschn. 5.9.1) oder Halbleiterdioden (siehe Bd. 3) realisiert werden. Das Schaltsymbol für solche Dioden ist in Abb. 5.34 gezeigt. Als Stromrichtung (durch die Richtung des Diodenpfeiles angegeben) hat man sich (aus historischen Gründen) auf die sogenannte *technische Stromrichtung* geeinigt, welche der Strom-

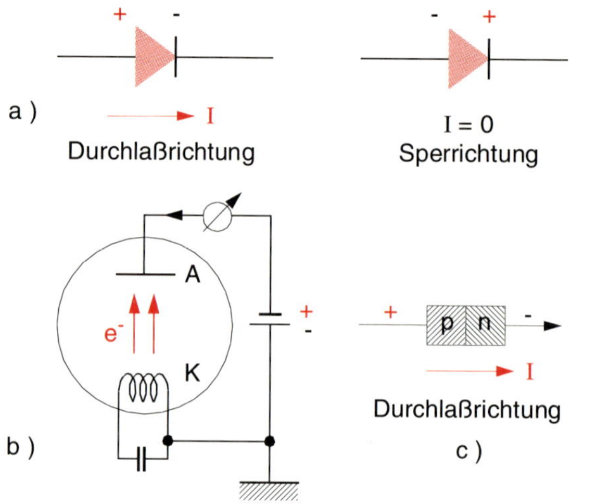

Abb. 5.34. (**a**) Technisches Symbol für eine Diode. Der Diodenpfeil zeigt in die technische Stromrichtung, welche der Elektronenflußrichtung entgegengesetzt ist. (**b**) Röhrendiode; (**c**) Halbleiterdiode

richtung positiver Ladungsträger entspricht und deshalb der Elektronenflußrichtung entgegengerichtet ist. Bei positiver Spannung der Anode gegen die Kathode bzw. des Kollektors gegen den Emitter leitet die Diode, bei negativen Spannungen sperrt sie. In Abb. 5.35 ist ein typisches Strom-Spannungs-Kennlinienbild einer Diode gezeigt. Bei kleinen negativen Spannungen mißt man lediglich den kleinen *Sperrstrom*, der fließen kann, wenn die kinetische Energie der Elektronen noch die Sperrspannung überwinden kann, d.h. wenn $E_{\text{kin}} + eU > 0$ gilt.

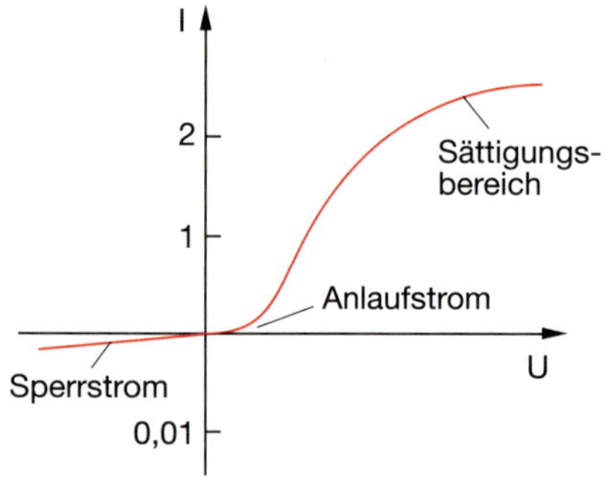

Abb. 5.35. Diodenkennlinie mit Anlaufstrom und Sättigungsbereich. Die Skala für den negativen Strom im Sperrbereich ist hundertfach gespreizt. Der Anlaufstrom wird durch die Raumladung um die Kathode (bzw. in der p-n Grenzschicht) bestimmt

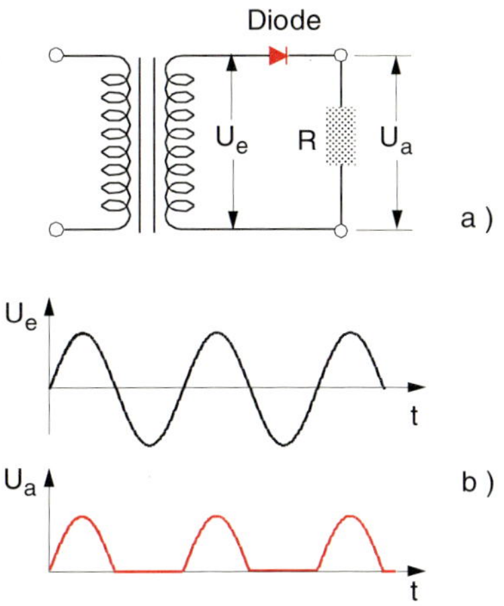

Abb. 5.36a,b. Einweggleichrichtung. (**a**) Schaltung. (**b**) Vergleich der Wechselspannung vor der Diode mit der pulsierenden Gleichspannung nach der Gleichrichtung

5.7.1 Einweggleichrichtung

Mit nur einer Diode (Abb. 5.36) wird immer nur die positive Hälfte des Wechselstromes durchgelassen, was zu großer Welligkeit der Gleichspannung führt. Auch die Verwendung eines *Glättungskondensators* C (Abb. 5.37) ergibt für die meisten Anwendungen unbefriedigende Qualität der Gleichspannung. Die maximale Gleichspannung ist U_0.

5.7.2 Zweiweggleichrichtung

Bei der Zweiweggleichrichtung (Abb. 5.38) bildet die Mitte der Sekundärwicklung des Transformators das

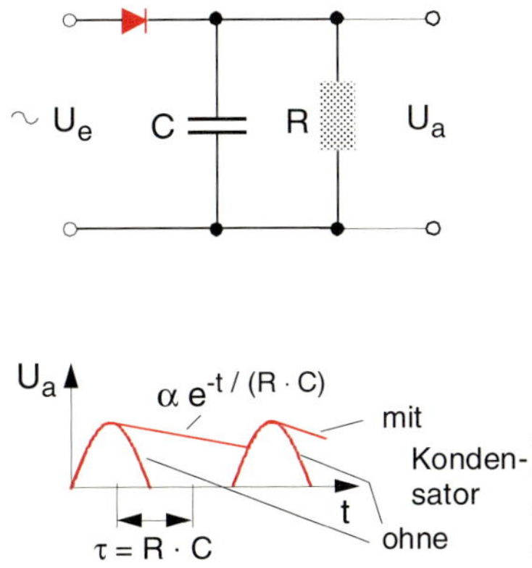

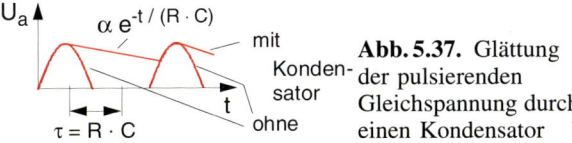

Abb. 5.37. Glättung der pulsierenden Gleichspannung durch einen Kondensator

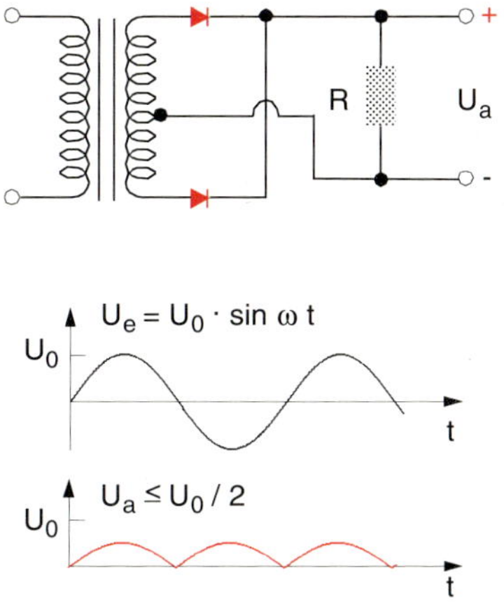

Abb. 5.38. Zweiweggleichrichtung

Bezugspotential, das im allgemeinen geerdet wird. Die beiden Enden der Sekundärspule werden über zwei parallel geschaltete Dioden wieder zusammengeführt und bilden dann nach der Gleichrichtung den anderen Pol der Gleichspannung. Die beiden Dioden leiten abwechselnd den Strom für die positive bzw. negative Halbwelle der Wechselspannung, so daß man die bei der Einweggleichrichtung auftretenden Lücken überbrückt.

Die maximale Gleichspannung ist $U_0/2$ bei einer Eingangsspannung $U_e = U_0 \sin \omega t$ zwischen den Enden der Sekundärspule des Transformators. Nachteil: Man braucht einen Transformator mit Mittelabgriff.

5.7.3 Brückenschaltung

Die heute überwiegend verwendete Gleichrichterschaltung ist die ***Graetz-Schaltung***, bei der vier Dioden in einer Brückenschaltung eingesetzt werden (Abb. 5.39). Man bekommt sie inzwischen als integrierten Baustein für kleine und mittlere Leistungen. Wie man sich an Abb. 5.39 klarmachen kann, erhält man die gleiche Form der Gleichspannung wie bei der Zweiweggleichrichtung, aber mit der Spannungsamplitude U_0 statt $U_0/2$.
Die Glättung der pulsierenden Gleichspannung wird häufig durch eine Kombination von Ladekondensator C_1 und frequenzabhängigem Spannungsteiler (***Siebglied***) realisiert (Abb. 5.40).

Die Ausgangsspannung U_a ist bei einer Spannung U_1 am Ladekondensator C_1

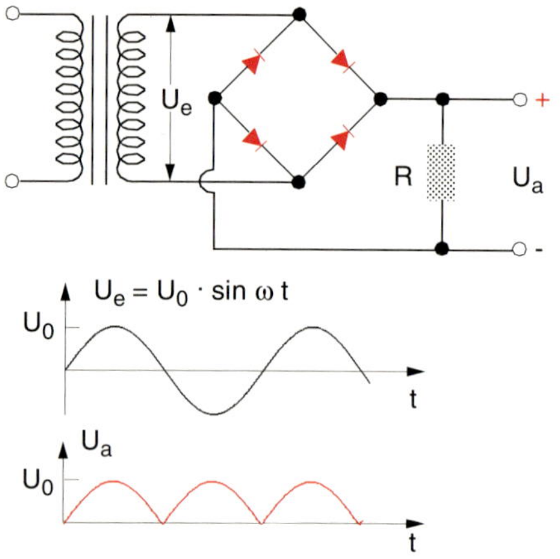

Abb. 5.39. Graetz-Gleichrichterschaltung

$$U_a(\omega) = \frac{U_1}{\sqrt{(1-\omega^2 LC_2)^2 + \omega^2 L^2/R^2}}\,, \quad (5.57)$$

wie man sich mit Hilfe der Wechselstromwiderstände $i\omega L$ und $1/(i\omega C)$ für Spule und Kondensator und der Parallelschaltung von R und C_2 überlegen kann. Während die Gleichspannung ($\omega = 0$) ungeschwächt durchgelassen wird, werden alle Pulsationen ($\omega > 0$) abgeschwächt.

Die Siebschaltung in Abb. 5.40 stellt einen speziellen Tiefpaß dar. Ersetzt man die Spule L durch einen Widerstand R, so erhält man den Tiefpaß der Abb. 5.28. Hier hat man allerdings auch für die Gleichspannung ($\omega = 0$) einen Spannungsabfall (siehe Aufgabe 5.9).

BEISPIEL

$\omega = 2\pi \cdot 50\,\mathrm{s}^{-1}$, $R = 50\,\Omega$, $L = 1\,\mathrm{H}$, $C_2 = 10^{-3}\,\mathrm{F} \Rightarrow \omega L \approx 314\,\Omega$, $1/(\omega C) \approx 3\,\Omega \Rightarrow U_a(\omega) = 0{,}01\,U_1(\omega)$, während für die Gleichspannung gilt: $U_a(\omega = 0) = U_1(\omega = 0)$.

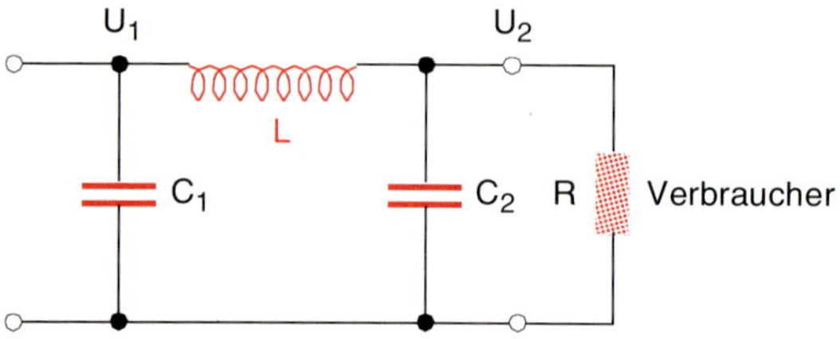

Abb. 5.40. Glättung der Gleichspannung durch Ladekondensator C_1 und Siebglied L und C_2 nach der Gleichrichtung

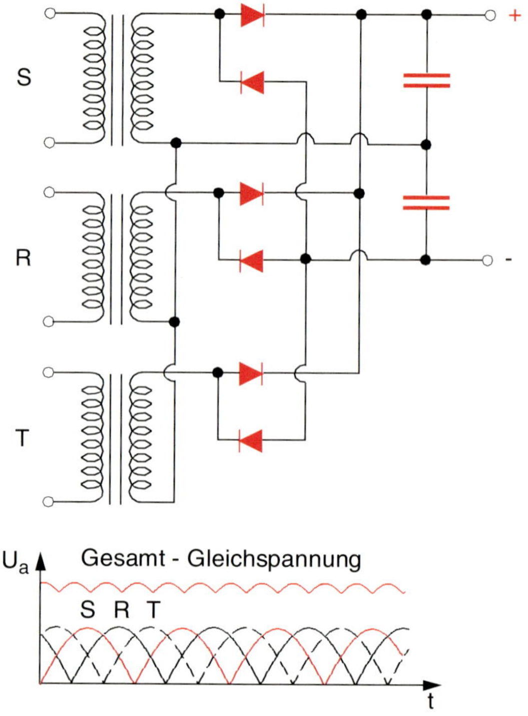

Abb. 5.41. Drehstromgleichrichtung der drei Phasen R, S, T beim technischen Drehstrom

In einer modernen Gleichrichtungsschaltung für kleine und mittlere Leistungen (z.B. als Netzteil für Computer oder bessere Radios) wird die Ausgangsspannung elektronisch stabilisiert, wodurch die Restwelligkeit auf Werte $\Delta U/U < 10^{-3}$–10^{-4} heruntergedrückt werden kann [5.4].

Für hohe Leistungen ist die Drehstromgleichrichtung am besten (Abb. 5.41). Da die Phasenverschiebung zwischen den einzelnen Phasen nur 120° beträgt, hat der Gleichstrom bei Zweiweggleichrichtung bzw. Graetz-Gleichrichtung jeder Phase und Überlagerung der drei gleichgerichteten Anteile selbst ohne Ladekondensator nur noch eine Welligkeit

$$\frac{U_{max} - U_{min}}{U_{max}} \approx 0{,}13 = 13\%$$

(verglichen mit 100% bei der Zweiweggleichrichtung des Einphasenstromes). Durch einen Ladekondensator C wird die Glättung wesentlich effektiver als beim Einphasenstrom, weil die Zeitspanne Δt zwischen zwei aufeinanderfolgenden Spannungsmaxima nur $1/3$ der entsprechenden Zeit beim Einphasenstrom beträgt. Deshalb ist der Abfall der Spannung während der Zeit Δt viel kleiner ($\Delta U \propto \exp[-\Delta t/(RC)]$).

5.7.4 Kaskadenschaltung

Für manche spezielle Anwendungen, insbesondere für Teilchenbeschleuniger (siehe Bd. 4, Kap. 3) braucht man sehr hohe Gleichspannungen, die man mit den obigen Gleichrichterschaltungen kaum realisieren kann, weil die elektrische Durchschlagfestigkeit der Sekundärwicklung von Hochspannungstransformatoren die maximal erreichbare Spannung begrenzt.

Deshalb ist von *Greinacher* (1880–1974) eine geniale Spannungsvervielfacher-Gleichrichtung entwickelt worden, die eine Kaskade von Gleichrichtern und Kondensatoren benutzt. In Abb. 5.42 ist eine solche Kaskadenschaltung am Beispiel von sechs Dioden und sechs Kondensatoren illustriert. Ihr Verständnis verlangt etwas Gedankenakrobatik:

Die untere Seite S_0 der Sekundärwicklung des Hochspannungstrafos wird geerdet. Während der negativen Spannungshalbwelle in S_1 wird die Spannungsänderung vom Kondensator C_1 nach P_1 übertragen. Da die Diode D_1 für negative Spannungen in P_1 leitet, schließt sie P_1 mit S_0 kurz und hält P_1 auf Erdpotential, während S_1 auf $-U_0$ liegt. Während der nächsten Halbwelle steigt die Spannung in S_1 von $-U_0$ bis $+U_0$. Dieser Spannungssprung von $2U_0$ wird von C_1 auf P_1 übertragen, so daß dort jetzt die Spannung $+2U_0$ anliegt, die über D_2, D_3, D_4, D_5 und D_6 auf die Punkte P_2–P_6 übertragen wird, wo jetzt überall die Spannung $2U_0$ herrscht. Während der nächsten Halbwelle in S_1 sinkt die Spannung in S_1 wieder auf $-U_0$, in P_1 aber nur bis auf $U = 0$. In P_3 sinkt die Spannung auf $+U_0$, weil der Kondensator C_3 den Spannungssprung $\Delta U = -U_0$ in P_1 voll auf P_3 überträgt. Bei der nächsten Halbwelle in S_1 gibt es wieder einen Spannungssprung von $\Delta U = +2U_0$, der über die Dioden und Kondensatoren auf P_3–P_6 übertragen wird, so daß nun in P_1 die Spannung $2U_0$, in P_3–P_6 die Spannung $3U_0$ herrscht. Dies geht so weiter, bis in den Punkten P_n die Spannungen $U = n \cdot U_0$ erreicht sind, also im Endpunkt P_6 die Spannung $+6U_0$ [5.6].

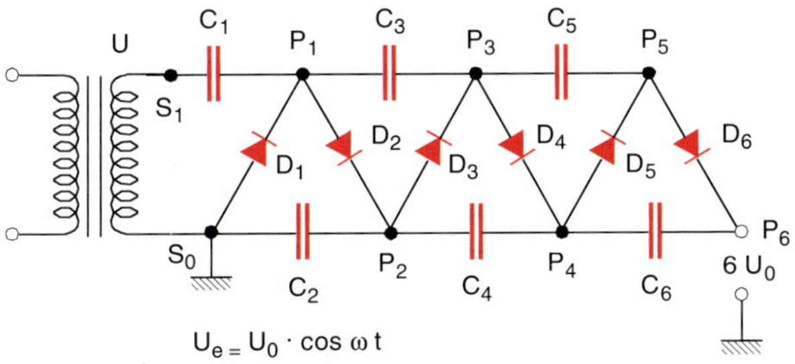

Abb. 5.42. Kaskadenschaltung zur Multiplikation der gleichgerichteten Spannung

5.8 Impedanz-Anpassung bei Wechselstromkreisen

Oft hat man das Problem, aus einer Wechselspannungsquelle eine maximale Leistung auf einen Schaltkreis mit komplexem Widerstand Z übertragen zu müssen. Dies gelingt nur, wenn die komplexen Widerstände von Quelle und Verbraucher einander angepaßt sind.

Um die Bedingung für optimale Anpassung zu finden, betrachten wir in Abb. 5.43 eine Wechselspannungsquelle mit der Spannung $U = U_0 \cos \omega t$, welche über einen „Anpassungswiderstand" Z_1 mit dem Verbraucher mit Widerstand

$$Z_2 = R_2 + \mathrm{i}\left(\omega L_2 - \frac{1}{\omega C_2}\right)$$

verbunden ist.

Der effektive Strom I_{eff} durch den gesamten Schaltkreis ist

$$I_{\text{eff}} = U_{\text{eff}}/Z \quad \text{mit} \quad Z = Z_1 + Z_2 \,.$$

Die im Kreis 2 verbrauchte Wirkleistung ist

$$\overline{P}_{\text{el}} = I_{\text{eff}}^2 \cdot R_2 = \frac{U_{\text{eff}}^2}{|Z|^2} \cdot R_2 \,. \tag{5.58}$$

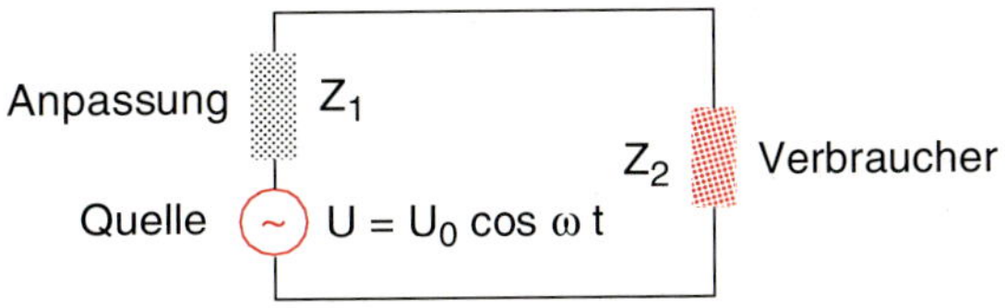

Abb. 5.43. Anpassung des komplexen Quellenwiderstandes Z_1 an einen Verbraucher mit komplexem Widerstand Z_2 zur optimalen Leistungsübertragung

Einsetzen des komplexen Widerstandes

$$Z = R_1 + R_2 + \mathrm{i}\left[\omega(L_1 + L_2) - \frac{1}{\omega}\left(\frac{1}{C_1} + \frac{1}{C_2}\right)\right]$$

ergibt die Wirkleistung:

$$\overline{P}_{\mathrm{el}} = \frac{U_{\mathrm{eff}}^2 \cdot R_2}{(R_1 + R_2)^2 + \left[\omega(L_1 + L_2) - \frac{1}{\omega}\left(\frac{1}{C_1} + \frac{1}{C_2}\right)\right]^2} . \tag{5.59}$$

Man sieht sofort, daß $\overline{P}_{\mathrm{el}}$ maximal wird, wenn die zweite Klammer im Nenner Null wird, d.h. wenn gilt:

$$\omega L_2 - \frac{1}{\omega C_2} = -\left(\omega L_1 - \frac{1}{\omega C_1}\right) . \tag{5.60}$$

Setzt man mit der Bedingung (5.60) die Ableitung von (5.59) nach R_2 gleich Null:

$$\frac{\mathrm{d}\overline{P}_{\mathrm{el}}}{\mathrm{d}R_2} = 0 ,$$

so ergibt sich: $R_2 = R_1$.

Optimale Leistungsanpassung erhält man also, wenn die Wirkwiderstände gleich sind, aber die Blindwiderstände entgegengesetzt gleich sind. In diesem Fall wird insgesamt keine Blindleistung erzeugt, und die übertragene Wirkleistung ist maximal.

5.9 Elektronenröhren

Elektronenröhren bestehen aus einem evakuierten Glaskolben, in den verschiedene Elektroden über eingeschmolzene leitende Durchführungen eingebaut werden.

5.9.1 Vakuum-Dioden

Die einfachste Ausführung ist die Vakuum-Diode mit nur zwei Elektroden, der Kathode K und der Anode A (Abb. 5.44). Von der geheizten Kathode K werden Elektronen emittiert, die bei positiver Spannung U_A zwischen Anode und Kathode auf die Anode zu beschleunigt werden. Der Strom durch die Diode hängt ab von Temperatur und Oberfläche der Kathode und von der Anodenspannung (Abb. 5.44b). Wird U_A negativ, so werden die aus der Kathode austretenden Elektronen wieder auf die Kathode zurückgedrängt und können die Anode nicht erreichen. Es fließt kein Anodenstrom. Die Vakuum-Diode kann daher als Gleichrichter verwendet werden. Obwohl inzwischen überwiegend Halbleiterdioden eingesetzt werden, behauptet sich die Röhrendiode bei extremen Anforderungen (sehr geringer Sperrstrom, hohe gleichzurichtende Spannung) immer noch.

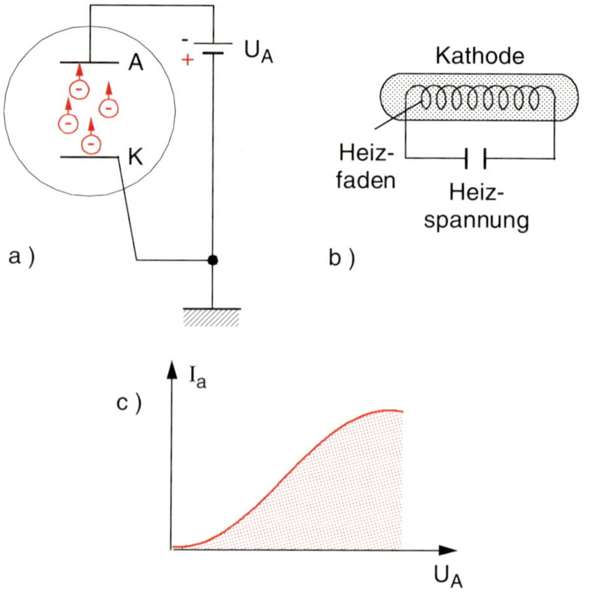

Abb. 5.44a-c. Vakuum-Diode. (**a**) Aufbau; (**b**) Glühkathode; (**c**) Strom-Spannungs-Charakteristik

5.9.2 Triode

Fügt man außer Kathode und Anode noch eine dritte Elektrode, das Steuergitter, ein (Abb. 5.45), so erhält man eine ***Triode***. Das Steuergitter besteht aus einem zylindrischen leitenden Maschennetz, das die Kathode umgibt. Die Elektronen müssen daher auf ihrem Weg von der Kathode zur Anode durch die Maschen des Steuergitters fliegen. Durch geringe Änderung der Spannung U_G zwischen Gitter und Kathode kann der Elektronenstrom I_A von der Kathode zur Anode stark beeinflußt werden (Abb. 5.45b).

Gibt man auf das Gitter z.B. zusätzlich zur Gleichspannung U_{G_0} eine Wechselspannung

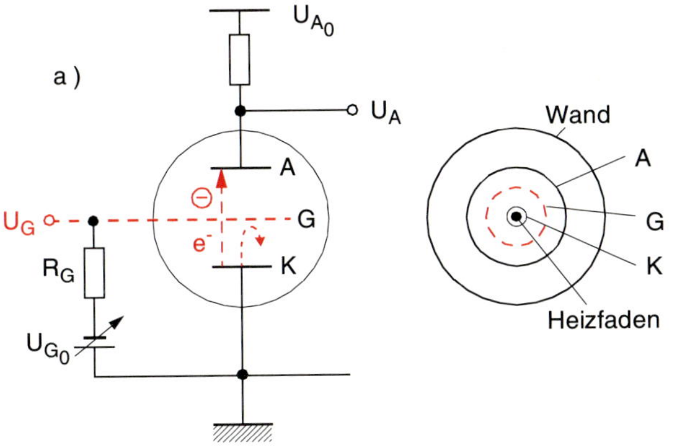

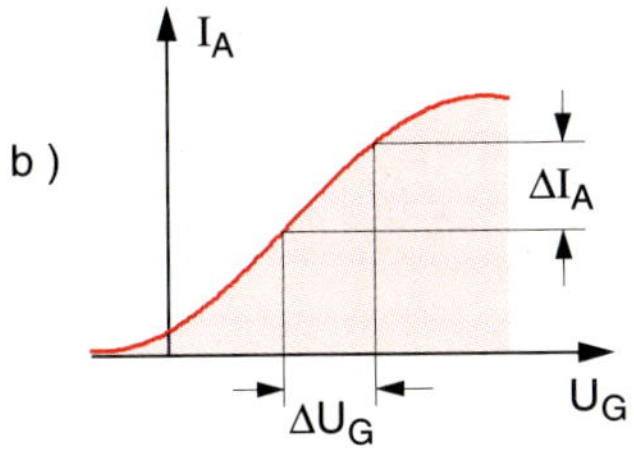

Abb. 5.45a,b. Triode. (**a**) Aufbau; (**b**) Einfluß der Gitterspannung auf die Stromstärke

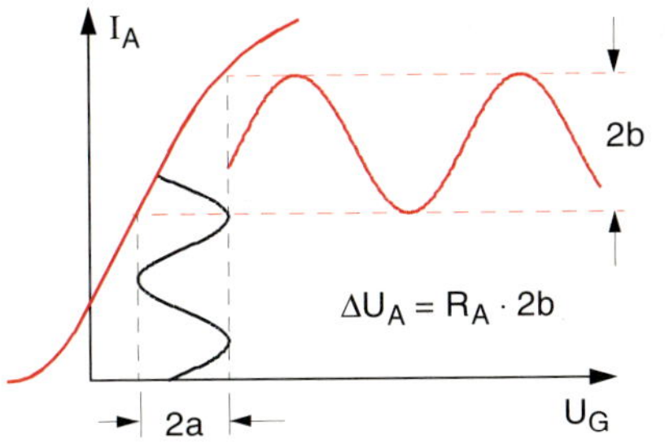

Abb. 5.46. Modulation des Anodenstroms durch die Gitterspannung

$$U_G = U_{G_0} + a \cdot \cos \omega t \ ,$$

so wird der Anodenstrom

$$I_A = I_{A_0} + b \cdot \cos \omega t$$

moduliert (Abb. 5.46). Die zwischen Anode und Kathode abgegriffene Spannung

$$U_A = U_{A_0} - R_A \cdot I_A$$

ist dann ebenfalls moduliert mit der Modulationsamplitude

$$\Delta U_A = R_A \cdot b \cdot \cos \omega t \ ,$$

die im allgemeinen wesentlich größer ist als die an das Gitter angelegte Steuerspannung $\Delta U_G = a \cdot \cos \omega t$. Die Spannungsverstärkung

$$V_U = \frac{R_A \cdot b}{a}$$

hängt von den Betriebsparametern U_{G_0}, U_{A_0}, R_A und von der geometrischen Struktur der Triode ab. Man erreicht Werte zwischen $V = 10$ bis $V = 1000$.

Für die meisten Anwendungen werden heute statt der Vakuumtrioden Halbleitertransistoren verwendet, die in Bd. 3 behandelt werden. Bei sehr großen Leistungen $P_A = U_A \cdot I_a$ (z.B. für Rundfunk- und Fernsehsender) werden jedoch auch heute noch große Vakuumtrioden eingesetzt [5.7].

ZUSAMMENFASSUNG

- Die mechanischen Drehmomente, die auf stromdurchflossene Spulen im Magnetfeld wirken, werden in Elektromotoren zum Antrieb ausgenutzt.
- Elektrische Generatoren erzeugen eine Wechselspannung, die auf der beim Drehen einer Spule im Magnetfeld auftretenden Induktion beruht.
- Die mittlere Leistung des Wechselstroms ist

  $$\overline{P} = U_{eff} \cdot I_{eff} \cdot \cos \varphi = \frac{1}{2} U_0 \cdot I_0 \cdot \cos \varphi \ ,$$

  wobei φ der Phasenwinkel zwischen Strom und Spannung ist.
- Ein Dreiphasenstrom erzeugt ein magnetisches Drehfeld, das zum Antrieb in Elektromotoren benutzt wird.
- Ein elektrischer Schwingkreis ist eine Anordnung aus Induktivität L und Kapazität C. Er hat die Resonanzfrequenz

  $$\omega = 1/\sqrt{L \cdot C} \ .$$

- Serien- und Parallelschwingkreise zeigen bezüglich der Frequenzabhängigkeit ihres komplexen Widerstandes Z ein komplementäres Verhalten: Bei der Resonanzfrequenz ist für

▶

Parallelkreise Z reell und maximal, für Serienkreise minimal.

- Transformatoren sind durch einen Eisenkern miteinander induktiv gekoppelte Spulen. Sie formen eine Eingangswechselspannung um. Bei vollständiger Kopplung ist das Spannungsverhältnis U_a/U_e dem Windungsverhältnis von Sekundär- zu Primärspule.
- Wechselspannungen werden gleichgerichtet durch Dioden. Eine Gleichrichterschaltung mit vier Dioden in einer Brücke heißt Graetz-Schaltung.
- Durch geeignete Kombination von Gleichrichtern und Kondensatoren kann die Spannung vervielfacht werden.
- Zur Spannungs- oder Stromverstärkung kann man auch eine Triode verwenden.

ÜBUNGSAUFGABEN

1. a) Eine Schaltung in einem verschlossenen Kasten (Abb. 5.47) besteht aus einem Widerstand R und einem Kondensator C. Bei einer Gleichspannung U_1 hat sie einen Widerstand von $100\,\Omega$, bei einer Wechselspannung von 50 Hz einen Widerstand von $20\,\Omega$.
   Wie ist die Schaltung aufgebaut, und wie groß sind R und C?
   b) Ein Frequenzfilter im Kasten der Abb. 5.47 hat maximale Transmission $|U_2|/|U_1|$ bei $\omega_0 = 75\,\text{s}^{-1}$ und $|U_2|/|U_1| = 0{,}01$ bei $\omega = 0$. Es besteht aus Widerstand R, Kondensator C und Spule L mit $R_L = 1\,\Omega$, $L = 0{,}1$ H. Wie ist die Schaltung aufgebaut, und wie groß sind R und C?

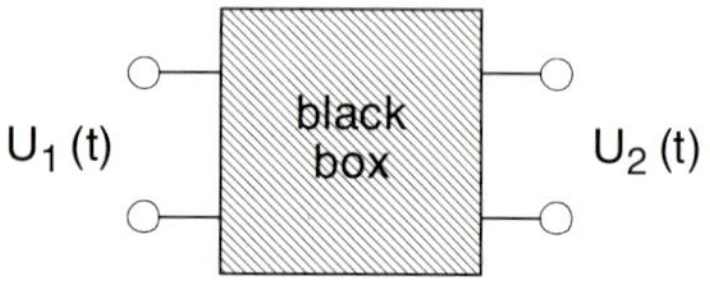

Abb. 5.47. Zu Aufgabe 1

2. Berechnen Sie den frequenzabhängigen Widerstand $Z(\omega)$ und seinen Betrag $|Z(\omega)|$ für den Parallel-Schwingkreis in Abb. 5.30a. Wie groß sind Resonanzfrequenz ω_0 und Halbwertsbreite $\Delta\omega$ zwischen den Frequenzen ω_1 und ω_2, bei denen $|Z|$ auf die Hälfte des Maximalwertes gesunken ist, wenn $R_L = 1\,\Omega$, $L = 10^{-4}$ H und $C = 1\,\mu$F sind?
3. Ein Luftspulentransformator besteht aus zwei langen Zylinderspulen mit Querschnittsfläche F, die dicht übereinander gewickelt sind und die Windungszahlen N_1 und N_2 haben.
   Bestimmen Sie Sekundärspannung U_2 und Sekundärstrom I_2 sowie ihre Phasenverschiebung gegen die Primärspannung U_1, wenn der Trafoausgang
   a) mit dem Widerstand R,
   b) mit einem Kondensator C,
   belastet wird.
   Wie groß ist die Eingangsleistung, wenn Verluste im Trafo vernachlässigbar sind?
4. Berechnen Sie für die Schaltung in Abb. 5.48 die Transmission $|U_2|/|U_1|$ und $|I_2|/|I_1|$ bei einer Eingangsspannung $U_1 = U_0 \cos\omega t$ für $L = 0{,}1$ H, $C = 100\,\mu$F, $R = 50\,\Omega$, $\omega = 300\,\text{s}^{-1}$.

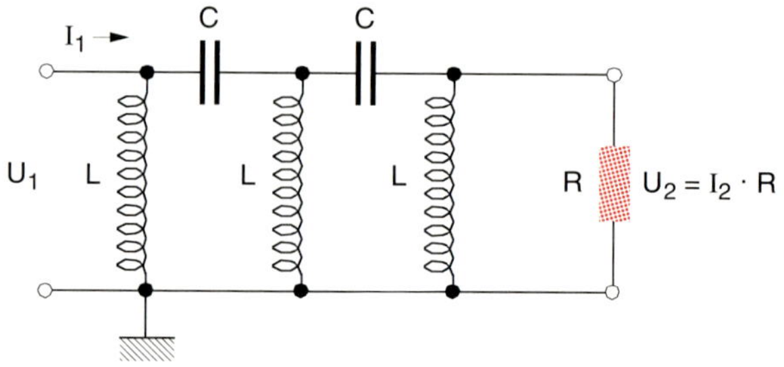

Abb. 5.48. Zu Aufgabe 4

5. Eine flache Kreisspule mit einer Fläche von $100\,\text{cm}^2$ und 500 Windungen rotiert in einem homogenen Magnetfeld $B = 0{,}2$ T um eine Achse in der Spulenebene senkrecht zu $\boldsymbol{B}$ (Abb. 5.1). Welche mechanische Leistung muß man aufbringen, wenn hinter dem Kommutator ein Verbraucherwiderstand von $R = 10\,\Omega$ angeschlossen wird? Der Spulenwiderstand sei $R_i = 5\,\Omega$, die Frequenz $\nu = 50$ Hz.

►

6. An eine Wechselspannungsquelle $U = U_0 \cos \omega t$ mit $\omega = 2\pi \cdot 50\,\mathrm{s}^{-1}$, $U_0 = 15\,\mathrm{V}$ sei
a) eine Einweggleichrichtung (Abb. 5.36),
b) eine Graetz-Gleichrichtung (Abb. 5.39)
angeschlossen. Bestimmen Sie bei einem Verbraucherwiderstand $R = 50\,\Omega$ und einem Ladekondensator $C = 1\,\mathrm{mF}$ den zeitlichen Verlauf der Ausgangsspannung $U_2(t)$, die Restwelligkeit und die verbrauchte Gleichstromleistung.
7. Ein Kondensator ($C = 10\,\mu\mathrm{F}$) mit einem Leckwiderstand von $10\,\mathrm{M}\Omega$ wird an eine Wechselspannungsquelle $U = U_0 \cos \omega t$ mit $U_0 = 300\,\mathrm{V}$ und $\omega = 2\pi \cdot 50\,\mathrm{s}^{-1}$ angeschlossen. Welcher Strom (Blind- plus Wirkstrom) fließt, und welche Leistung wird im Kondensator verbraucht?
8. An den Wechselstromkreis der Abb. 5.24 wird eine Wechselspannung $U = U_0 \sin \omega t$ gelegt. Welche Spannung U_L (Amplitude und Phase) liegt an der Spule L?
Zahlenbeispiel: $R = 20\,\Omega$, $L = 5 \cdot 10^{-2}\,\mathrm{H}$, $C = 50\,\mu\mathrm{F}$, $U_0 = 300\,\mathrm{V}$, $\omega = 2\pi \cdot 50\,\mathrm{s}^{-1}$.
9. Bestimmen Sie das Verhältnis $(U_\mathrm{a}/U_\mathrm{e})$ als Funktion der Frequenz ω, wenn man statt des L,C_2-Siebglieds in Abb. 5.40 den Tiefpaß in Abb. 5.28 verwendet.
10. Leiten Sie Gl. (5.7) her, und bestimmen Sie, bei welchem Verbraucherstrom I_a die Klemmenspannung U_K der Nebenschlußmaschine ihren größten Wert hat.

6. Elektromagnetische Schwingungen und die Entstehung elektromagnetischer Wellen

Die beiden nächsten Kapitel sind von großer Wichtigkeit, nicht nur für die Hochfrequenztechnik, sondern vor allem für ein grundlegendes Verständnis der Entstehung, der Eigenschaften und Ausbreitung elektromagnetischer Wellen. Die mathematische Behandlung ist in weiten Teilen analog zur Beschreibung mechanischer Schwingungen und Wellen, die ausführlich in Bd. 1, Kap. 10, dargestellt wurde.

6.1 Der elektromagnetische Schwingkreis

Ein elektromagnetischer Schwingkreis stellt eine Schaltung aus Kondensator C und Induktivität L dar (siehe Abschn. 5.4), in welcher der Kondensator periodisch aufgeladen und entladen wird. Die Analogie zum mechanischen Modell der schwingenden Masse m, die durch Federkräfte an ihre Ruhelage gebunden ist (harmonischer Oszillator, Bd. 1, Abschn. 10.1), wird durch Abb. 6.1 verdeutlicht: Der potentiellen Energie der Masse m entspricht die elektrische Energie $W_{\text{el}} = 1/2 \cdot CU^2$ des geladenen Kondensators (Abb. 6.1a). Der Kondensator C entlädt sich über die Spule L, und der dabei fließende Strom $I = \mathrm{d}Q/\mathrm{d}t$ erzeugt in der Spule ein Magnetfeld B mit der magnetischen Energie $W_{\text{m}} = 1/2 \cdot L \cdot I^2$, der im mechanischen Modell die kinetische Energie entspricht. Wegen ihrer trägen Masse schwingt die Kugel über die Ruhelage hinaus und wandelt dabei ihre kinetische Energie wieder in potentielle Energie

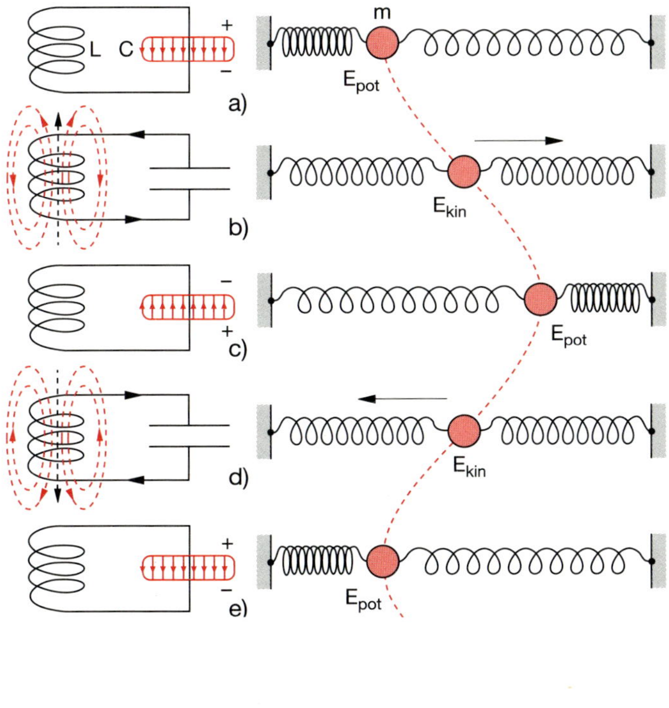

Abb. 6.1a–e. Vergleich zwischen elektromagnetischem Schwingkreis und dem mechanischen Modell eines Oszillators, realisiert durch eine schwingende Masse m, die zwischen zwei Federn aufgehängt ist

um. Im elektrischen Fall sind Induktionsgesetz und Lenzsche Regel das Analogon zur Trägheit. Wenn der Strom I abzunehmen beginnt, entsteht in der Spule eine Induktionsspannung, welche die Abnahme von I hemmt, also den Strom weiter treibt, bis der Kondensator umgekehrt aufgeladen ist (Abb. 6.1c). Jetzt beginnt wieder dasselbe Spiel in umgekehrter Richtung.

6.1.1 Gedämpfte elektromagnetische Schwingungen

Genau wie im mechanischen Modell, bei dem die Reibung die Schwingung dämpft, wirken beim elektromagnetischen Schwingkreis die ohmschen Widerstände R von Spule und Leitungen als Energieverlustquellen, so daß die Energie pro Sekunde um $\Delta W/\Delta t = I^2 \cdot R$ abnimmt. Es entsteht eine gedämpfte Schwingung (Abb. 6.2).

Betrachten wir als Beispiel wieder unseren Serienkreis der Abb. 5.24. Wird der Kreis von außen einmal zu Schwingungen angeregt, wie dies z.B. durch einen elektrischen Puls geschehen kann (Abb. 6.2a), so führt er gedämpfte Schwingungen aus, deren mathematische Behandlung von (5.21) ausgeht:

$$L \cdot \frac{d^2 I}{dt^2} + R \cdot \frac{dI}{dt} + \frac{1}{C} I = 0. \tag{6.1}$$

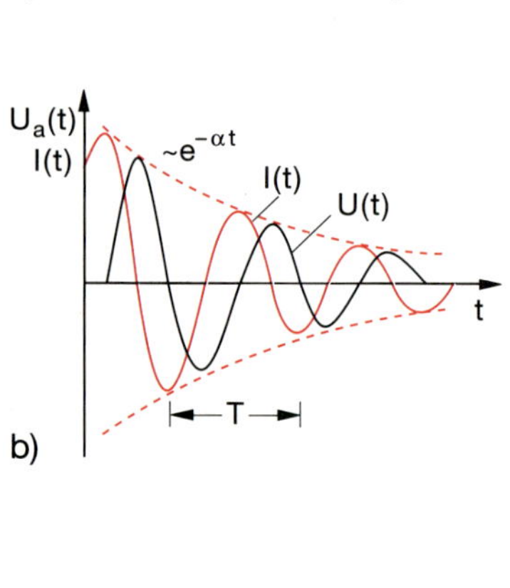

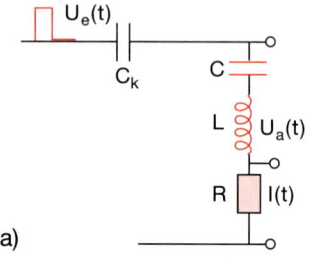

Abb. 6.2a,b. Gedämpfter Schwingkreis. (**a**) Experimentelle Realisierung; (**b**) zeitlicher Verlauf von U und I

Wir benutzen (völlig analog zu Bd. 1, Abschn. 10.4) den Lösungsansatz:

$$I = A \cdot e^{\lambda t} , \tag{6.2a}$$

wobei A und λ komplex sein können. Einsetzen in (6.1) ergibt für λ die Gleichung

$$\lambda^2 + \frac{R}{L}\lambda + \frac{1}{LC} = 0 ,$$

deren Lösungen

$$\begin{aligned} \lambda_{1,2} &= -\frac{R}{2L} \pm \sqrt{\frac{R^2}{4L^2} - \frac{1}{LC}} \\ &= -\alpha \pm \beta \end{aligned} \tag{6.3}$$

entscheidend vom Wert β, d.h. vom Verhältnis R/L abhängen. Die allgemeine Lösung von (6.1) lautet

$$I = A_1 e^{-(\alpha-\beta)t} + A_2 e^{-(\alpha+\beta)t} . \tag{6.2b}$$

a) Kriechfall

Für $R^2/(4L^2) > 1/(LC)$ wird β reell. Da der Strom $I(t)$ als physikalische Größe reell sein muß, folgt, daß A_1 und A_2 ebenfalls reell sein müssen. Mit den Anfangsbedingungen $I(0) = I_0$ und $\dot{I}(0) = \dot{I}_0$ erhält man aus (6.2b):

$$A_1 = \frac{I_0}{2}\left(1 + \frac{\alpha}{\beta}\right) + \frac{\dot{I}_0}{2\beta} ,$$

$$A_2 = \frac{I_0}{2}\left(1 - \frac{\alpha}{\beta}\right) - \frac{\dot{I}_0}{2\beta} .$$

Für $\dot{I}_0 = 0$ erhält man die spezielle Lösung

$$I(t) = I_0 \cdot e^{-\alpha t}\left[\cosh(\beta t) + \frac{\alpha}{\beta}\sinh(\beta t)\right] . \tag{6.4a}$$

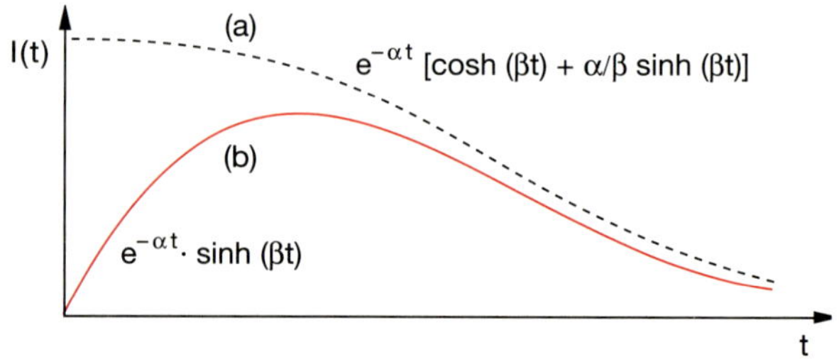

Abb. 6.3. Übergedämpfte Schwingung mit verschiedenen Anfangsbedingungen. Kurve (*a*): $I(0) = I_0$, $\dot{I}(0) = 0$, Kurve (*b*): $I(0) = 0$

Der Strom fällt monoton von $I(0) = I_0$ ab und erreicht $I = 0$ nur asymptotisch (Abb. 6.3). Für den Fall $I_0 = 0$, $\dot{I}_0 \neq 0$ ergibt sich

$$I(t) = (\dot{I}_0/\beta) \cdot \mathrm{e}^{-\alpha t} \sinh(\beta t) \,. \tag{6.4b}$$

Der Strom steigt erst von $I(0) = 0$ an und kriecht dann asymptotisch wieder gegen $I = 0$ (Abb. 6.3, Kurve b).

b) Aperiodischer Grenzfall

Für $\beta = 0$ erhält man den aperiodischen Grenzfall mit der Lösung

$$I = \mathrm{e}^{-\alpha t}(I_0 + A_3 t) \,. \tag{6.5}$$

Auch hier hat $I(t)$ keinen Nulldurchgang.

c) Gedämpfte Schwingung

Der uns hier eigentlich interessierende Fall der ***gedämpften Schwingung*** liegt vor für $R^2 < 4L/C$, d.h. β ist imaginär. Wir setzen $\beta = \mathrm{i} \cdot \omega$ und erhalten mit (6.3) die Lösung von (6.1) als

$$I(t) = \mathrm{e}^{-\alpha t}[A_1 \mathrm{e}^{\mathrm{i}\,\omega t} + A_2 \mathrm{e}^{-\mathrm{i}\omega t}] \,, \tag{6.6}$$

wobei die Koeffizienten $A_1 = a + \mathrm{i}\,b$ und $A_2 = a - \mathrm{i}\,b$ komplex konjugierte sind, damit der Strom $I(t)$ eine reelle physikalische Größe wird. Damit wird aus (6.6)

$$I(t) = 2\,|A| \cdot \mathrm{e}^{-\alpha t} \cos(\omega t + \varphi) \tag{6.7}$$

mit $|A| = \sqrt{a^2 + b^2}$ und $\operatorname{tg} \varphi = b/a$. Die Größen a und b sind aus den Anfangsbedingungen zu bestimmen.

Der Strom $I(t)$ im Schwingkreis $I(t)$) führt also eine gedämpfte Schwingung aus mit der Frequenz

$$\omega = \sqrt{\frac{1}{LC} - \frac{R^2}{4L^2}} \,, \tag{6.8}$$

die für $R = 0$ in die Frequenz $\omega_0 = 1/\sqrt{L \cdot C}$ des ungedämpften Kreises übergeht.

6.1.2 Erzwungene Schwingungen

Wenn an den Schwingkreis eine äußere Wechselspannung $U = U_0 \cdot \cos \omega t$ angelegt wird (Abb. 6.4a), so schwingt der Kreis mit der stationären Schwingungsamplitude U_0, und auch der Strom

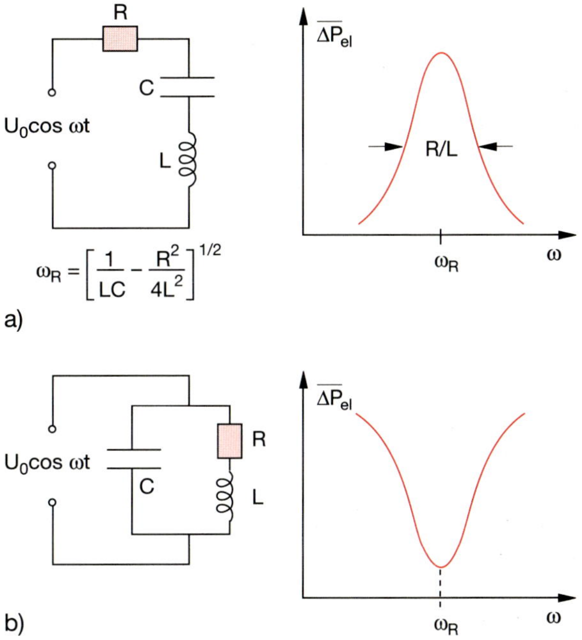

Abb. 6.4a,b. Im Schwingkreis verbrauchte Wirkleistung ΔP_{el} als Funktion der Frequenz ω bei periodischer äußerer Anregung. (**a**) Serienschwingkreis; (**b**) Parallelschwingkreis

$I = I_0 \cdot \cos(\omega t - \varphi)$ durch den Kreis hat eine zeitlich konstante Amplitude $I_0 = U_0/|Z|$ (erzwungene Schwingung), wobei Z der im Abschn. 5.4 eingeführte komplexe Widerstand des Kreises ist.

Die im Widerstand R verbrauchte Wirkleistung ist:

$$\begin{aligned} P_{\mathrm{el}}^{\mathrm{wirk}} &= I^2 R = \frac{U^2}{Z^2} \cdot R \\ &= \frac{\left[U_0 \cdot \cos(\omega t)\right]^2}{Z^2} \cdot R \,. \end{aligned} \tag{6.9}$$

Setzen wir für Z den Ausdruck (5.26) ein, so ergibt sich für den mittleren Leistungsverlust:

$$\left\langle P_{\mathrm{el}}^{\mathrm{wirk}} \right\rangle = \frac{1}{2} \cdot \frac{U_0^2 \cdot R}{R^2 + \left(\omega L - \frac{1}{\omega C}\right)^2} \,. \tag{6.10}$$

Der Leistungsverlust erreicht für $\omega = \omega_{\mathrm{R}}$ den maximalen Wert

$$\left\langle P_{\mathrm{el}}^{\mathrm{wirk}} \right\rangle_{\max} = \frac{1}{2} \frac{U_0^2}{R} \,. \tag{6.11}$$

In Abb. 6.4a ist der Leistungsverbrauch eines Serienschwingkreises als Funktion der Frequenz ω aufgetragen. Die Halbwertsbreite der Kurve $\Delta P_{\mathrm{el}}(\omega)$ ist für $R/\omega L \ll 1$: $\Delta\omega_{1/2} \approx R/L$.

Analoge Verhältnisse erhält man für den Parallelschwingkreis der Abb. 6.4b, dessen Widerstand $|Z|$ allerdings für $\omega = \omega_R$ maximal statt minimal wird. Deshalb wird hier die im Schwingkreis verbrauchte Wirkleistung *minimal* für $\omega = \omega_{\mathrm{R}}$ (siehe Aufgaben 5.8 und 6.2).

Ein experimentelles Beispiel für die Anregung gedämpfter Schwingungen ist in Abb. 6.5 illustriert, wo der Schwingkreis, wie in Abb. 6.2 gezeigt, durch eine periodische Pulsfolge zu Schwingungen angestoßen wird, deren Dämpfung vom einstellbaren Wert R/L abhängt. Mit dieser Anordnung lassen sich auf dem Oszillographen durch Variation von R oder L die oben diskutierten Fälle wie Kriechfall, aperiodischer Grenzfall und gedämpfte Schwingungen leicht demonstrieren.

Die historisch erste Realisierung gedämpfter elektrischer Schwingungen basierte auf dem in Abb. 6.6 gezeigten Funkenschwingkreis. Ein Kondensator C wird von einer Gleichspannungsquelle mit der Spannung U_0 über den Widerstand R aufgeladen. Sobald die Kondensatorspannung U die Zündspannung einer Funkenstrecke F übersteigt, zündet diese. Der Entladungsstrom des Kondensators baut in der Spule L ein Magnetfeld auf, das (völlig analog zu Abb. 6.1) bei seinem Abbau den Kondensator umlädt und so zu einer gedämpften Schwingung im Kreis C, L, F führt, wobei der Widerstand R der Funkenstrecke die Schwingung dämpft. Wenn die Schwingungsfrequenz hoch genug ist, bleibt die Leitfähigkeit der einmal gezündeten Funkenstrecke auch beim Nulldurchgang des Stroms erhalten, weil die gebildeten Ionen nicht so schnell rekombinieren oder aus dem Entladungskanal herausdiffundieren.

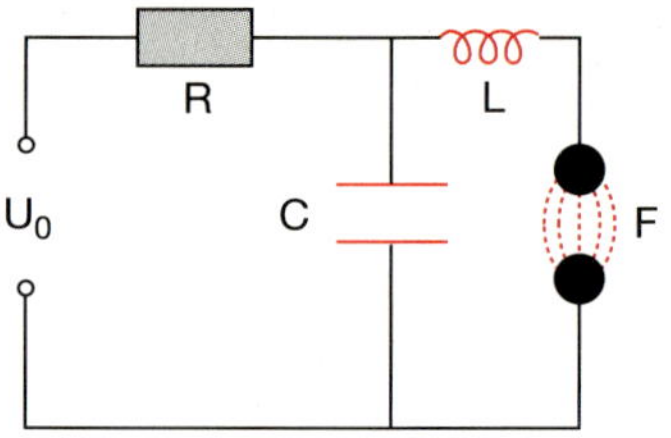

Abb. 6.6. Funkenschwingkreis

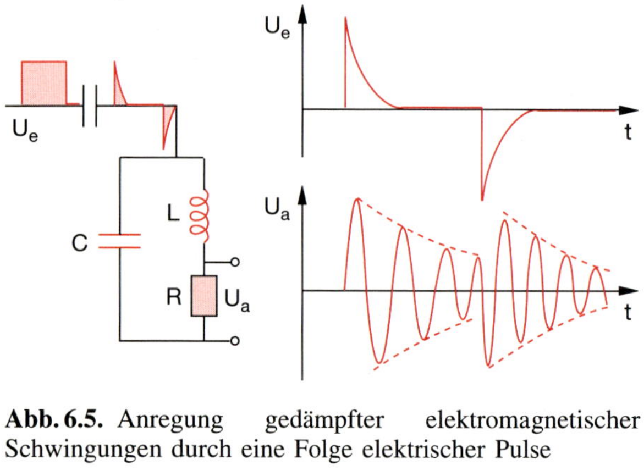

Abb. 6.5. Anregung gedämpfter elektromagnetischer Schwingungen durch eine Folge elektrischer Pulse

6.2 Gekoppelte Schwingkreise

Genau wie bei mechanischen Oszillatoren, die man durch elastische Federn miteinander koppeln kann (gekoppelte Pendel, Bd. 1, Abschn. 10.8), lassen sich auch elektromagnetische Schwingkreise durch gegenseitige Induktion, durch kapazitive oder Ohmsche Kopplung miteinander koppeln, so daß ein Teil der Schwingungsenergie des einen Kreises auf den anderen übertragen werden kann.

Als Beispiel sind in Abb. 6.7 zwei induktiv gekoppelte Schwingkreise gezeigt. Zur Induktionsspannung $U_{\mathrm{ind}} = -L \cdot \mathrm{d}I/\mathrm{d}t$ in jedem Kreis kommt jetzt noch die durch die gegenseitige Induktion erzeugt Spannung $U_1 = -L_{12}\mathrm{d}I_2/\mathrm{d}t$ für den ersten Kreis bzw. $U_2 = -L_{12}\mathrm{d}I_1/\mathrm{d}t$ für den zweiten Kreis hinzu, so daß wir statt (5.24) die gekoppelten Differentialgleichungen

$$L_1 \frac{\mathrm{d}^2 I_1}{\mathrm{d}t^2} + R_1 \frac{\mathrm{d}I_1}{\mathrm{d}t} + \frac{I_1}{C_1} = -L_{12} \frac{\mathrm{d}^2 I_2}{\mathrm{d}t^2} \tag{6.12a}$$

$$L_2 \frac{\mathrm{d}^2 I_2}{\mathrm{d}t^2} + R_2 \frac{\mathrm{d}I_2}{\mathrm{d}t} + \frac{I_2}{C_2} = -L_{12} \frac{\mathrm{d}^2 I_1}{\mathrm{d}t^2} \tag{6.12b}$$

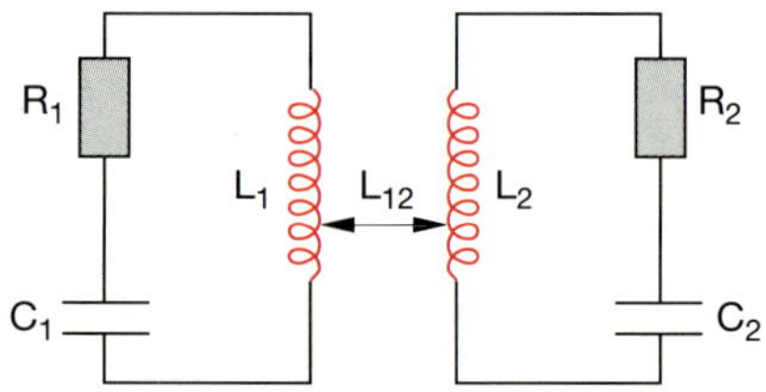

Abb. 6.7. Induktiv gekoppelte Schwingkreise

erhalten. Setzen wir wieder $I = I_0 \cdot e^{i\omega t}$, so ergeben sich aus (6.12b) die beiden gekoppelten Gleichungen

$$\left(-L_1\omega^2 + i\,\omega R_1 + \frac{1}{C_1}\right)I_1 - \omega^2 L_{12} I_2 = 0$$
$$-\omega^2 L_{12} I_1 + \left(-L_2\omega^2 + i\,\omega R_2 + \frac{1}{C_1}\right)I_2 = 0 \qquad (6.13)$$

für I_1 und I_2, die nur dann nichttriviale Lösungen $I_1 \neq 0$, $I_2 \neq 0$ haben, wenn die Koeffzientendeterminante Null ist.

Dies ergibt die Bestimmungsgleichung für die Resonanzfrequenzen ω der gekoppelten Kreise

$$\left[R_1 + i\left(\omega L_1 - \frac{1}{\omega C_1}\right)\right] \qquad (6.14)$$
$$\cdot \left[R_2 + i\left(\omega L_2 - \frac{1}{\omega C_2}\right)\right] = -\omega^2 L_{12}^2 ,$$

deren allgemeine Lösung etwas mühsam ist. Wir wollen deshalb die Lösungen an dem einfachen Spezialfall zweier gekoppelter gleicher und verlustfreier Schwingkreise ($R_1 = R_2 = 0$, $L_1 = L_2 = L$, $C_1 = C_2 = C$) verdeutlichen: Hierfür erhält man mit dem Kopplungsgrad $k = L_{12}/L$ (siehe Abschn. 5.6) aus (6.14) durch Lösen der quadratischen Gleichung für ω^2:

$$\omega_1 = \sqrt{\frac{1}{(L - L_{12})C}} = \frac{\omega_0}{\sqrt{1 - L_{12}/L}} = \frac{\omega_0}{\sqrt{1-k}} , \qquad (6.15a)$$

$$\omega_2 = \sqrt{\frac{1}{(L + L_{12})C}} = \frac{\omega_0}{\sqrt{1+k}} . \qquad (6.15b)$$

Durch die Kopplung spaltet die Frequenz ω_0 des ungekoppelten Kreises auf in zwei Frequenzen ω_1 und ω_2. Die Aufspaltung $\Delta\omega = \omega_1 - \omega_2$ wird für schwache Kopplung ($L_{12} \ll L$)

$$\Delta\omega = \omega_0 \cdot k = \omega_0 \cdot \frac{L_{12}}{L} , \qquad (6.16)$$

also proportional zum Kopplungsgrad k. Man vergleiche die völlig analogen Verhältnisse bei mechanisch gekoppelten Pendeln (Bd. 1, Abschn. 10.8).

Außer der induktiven Kopplung wird in der Praxis auch die *kapazitive Kopplung* durch einen gemeinsamen Kondensator C (Abb. 6.8a) oder die *galvanische Kopplung* durch einen gemeinsamen Widerstand R beider Schwingkreise (Abb. 6.8b) verwendet. Sie werden mathematisch analog behandelt. Anstelle des Kopplungsgliedes $\omega^2 L_{12}$ in (6.13) tritt dann $1/C$ bei kapazitiver Kopplung und $\omega \cdot R$ bei galvanischer Kopplung [6.1].

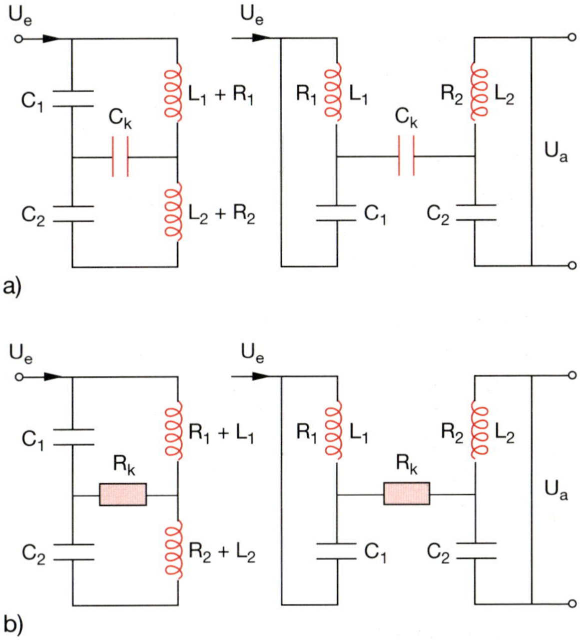

Abb. 6.8. (**a**) Kapazitive Kopplung von Parallel- und Serienschwingkreisen. (**b**) Galvanische Kopplung von Schwingkreisen

Legt man an den ersten der beiden induktiv gekoppelten Schwingkreise mit den komplexen Widerständen $Z_i = R_i + i\,(\omega L_i - 1/\omega C_i)$ von außen eine Wechselpannung $U = U_0 \cdot e^{i\omega t}$ an, so erhält man statt (6.13) die Gleichungen:

$$U = Z_1 I_1 + i\,\omega L_{12} I_2 ,$$
$$0 = i\,\omega L_{12} I_1 + Z_2 I_2 . \qquad (6.17)$$

Durch Elimination von I_1 ergibt sich für den im zweiten Kreis fließenden Strom

$$I_2 = -\frac{i\,\omega L_{12}}{\omega^2 L_{12}^2 + Z_1 Z_2} U . \qquad (6.18)$$

Setzt man die Ausdrücke für Z_i ein, so ergibt sich eine etwas längliche Formel. Mit der Abkürzung

$$X = \mathrm{Im}\{Z\} = \omega L - \frac{1}{\omega C}$$

läßt sie sich jedoch für gleiche gekoppelte Kreise ($Z_1 = Z_2 = Z$) vereinfachen zu:

$$|I_2| = \frac{\omega L_{12}}{\sqrt{[\omega^2 L_{12}^2 + R^2 - X^2]^2 + 4R^2X^2}}\,|U|. \qquad (6.19a)$$

Anmerkung

Das Symbol X ist in der Elektrotechnik gebräuchlich für den *Blindwiderstand* $\mathrm{Im}\{Z\}$, der oft auch ***Reaktanz*** genannt wird.

Für verlustfreie Kreise ($R = 0$) wird daraus mit dem Kopplungsgrad $k = L_{12}/L$:

$$\frac{|I_2|}{|U|} = \frac{\omega^3 k/L}{\omega^4(k^2-1) + 2\omega_0^2\omega^2 - \omega_0^4}\,, \qquad (6.19b)$$

wobei $\omega_0 = 1/\sqrt{L \cdot C}$ die Eigenresonanzfrequenz des ungekoppelten Kreises ist. Die Kurve $|I_2|/|U|$ als Funktion der Frequenz ω ist in Abb. 6.9 für verschiedene Kopplungsgrade aufgetragen. Man sieht, daß man für $k \neq 0$ zwei Maxima erhält, deren Abstand mit wachsender Kopplung zunimmt.

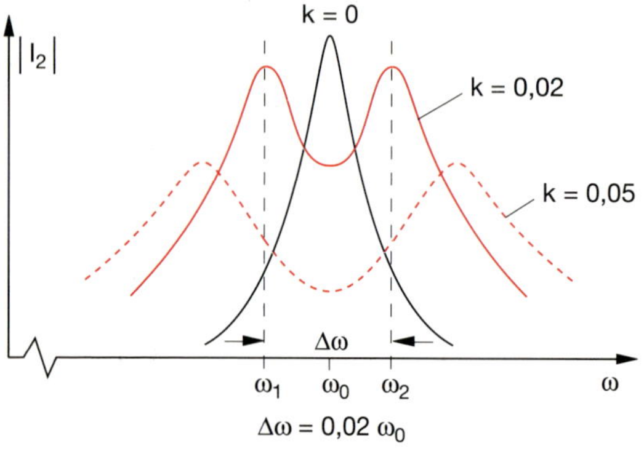

Abb. 6.9. Resonanzkurve des Stromes $I_2(\omega)$ in einem gekoppelten Schwingkreis, wenn an den anderen Kreis eine Wechselspannung $U = U_0 \cos \omega t$ gelegt wird

6.3 Erzeugung ungedämpfter Schwingungen

Um ungedämpfte Schwingungen zu realisieren, muß der Energieverlust dem Schwingkreis dauernd von außen ersetzt werden. Dies kann auf verschiedene Weise geschehen.

Ein einfaches Beispiel, welches nur bei sehr langsamen Schwingungen realisiert werden kann, aber für Demonstrationen sehr eindrucksvoll ist (Abb. 6.10), benutzt die manuelle Betätigung eines Schalters, der dem Kondensator im richtigen Zeitpunkt die fehlende Energie aus einer Gleichspannungsquelle wieder zuführt. Induktivität L und Kapazität C werden so groß gewählt, daß die Schwingungsfrequenz etwa 1 Hz beträgt, damit die phasenverschobenen Schwingungen von Strom und Spannung auf zwei großen Zeigerinstrumenten im Hörsaal demonstriert werden können. Durch eine Glühbirne als Widerstand R lassen sich die Schwingungen direkt optisch sichtbar machen.

Für höhere Frequenzen versagt die manuelle Synchronisation, und man muß eine elektronische Rückkopplung verwenden. Ein Beispiel ist die in Abb. 6.11 gezeigte ***Meißnersche Schaltung***, bei der durch induktive Kopplung zwischen der Schwingkreisspule L und der Rückkopplungsspule L_R die Stromzufuhr aus einer externen Gleichspannungsquelle gesteuert wird. Dies geschieht z.B. über eine Elektronenröhre (Triode, siehe Abschn. 5.9), in welcher der Elektronenstrom durch die Spannung

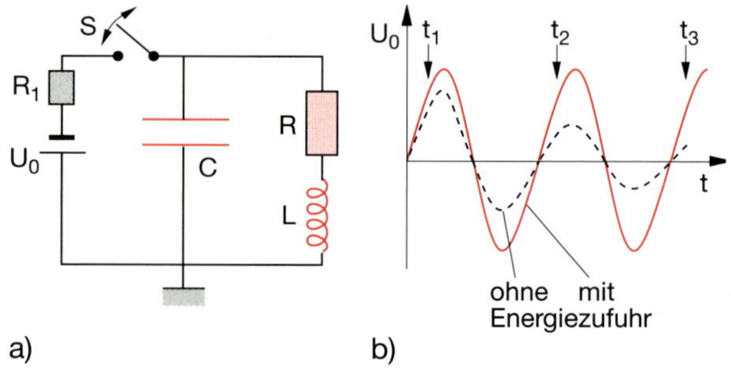

Abb. 6.10a,b. Erzeugung von ungedämpften langsamen Schwingungen eines gedämpften Schwingkreises. Zu den Zeiten $t_n = t_0 + n \cdot t$ $(n = 0, 1, 2, \ldots)$ führt man dem System Energie zu, indem man kurz den Schalter S schließt. (**a**) Anordnung; (**b**) Zeitverlauf der Schwingungen mit und ohne periodische Energiezufuhr

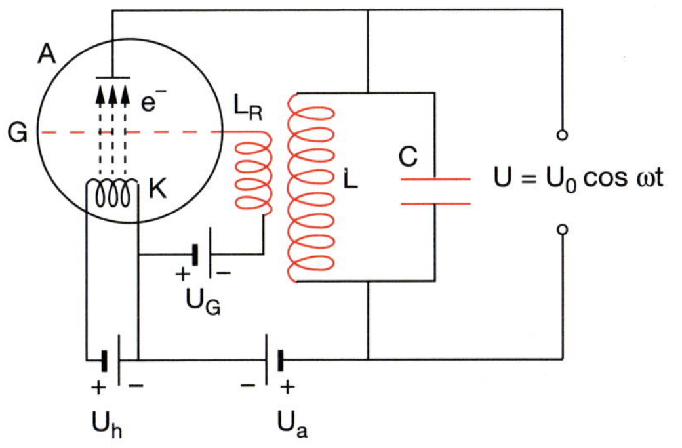

Abb. 6.11. Meißnersche Rückkopplungsschaltung zur Erzeugung ungedämpfter Schwingungen im Radiofrequenzbereich

am Gitter G gesteuert wird. Ist die Gitterspannung U_G negativ gegenüber der Kathode, so können die von der Kathode emittierten Elektronen die Anode nicht erreichen [6.2].

Wird nun (durch eine äußere Störung) eine Schwingung (wenn auch mit beliebig kleiner Amplitude) im Schwingkreis angeregt, so wird durch den entsprechenden Wechselstrom durch die Spule L auf Grund der induktiven Kopplung in der Spule L_R eine Wechselspannung induziert, welche das Gitter periodisch positiv und negativ vorspannt. Bei richtiger Phasenlage wird dadurch der Strom durch die Triode so moduliert, daß er den Wechselstrom I durch die Spule L phasenrichtig verstärkt und dadurch eine stabile Schwingung $U = U_0 \cos \omega t$ erzeugt mit zeitlich konstanter Amplitude U_0, die von der Spannung U_a und von der Gittervorspannung U_G abhängt.

Als Beispiel einer ungedämpften nicht sinusförmigen, aber periodischen Schwingung soll die Kippschwingung dienen, deren Schaltung in Abb. 6.12 erläutert ist. Wird zur Zeit $t = 0$ der Schalter S geschlossen, dann lädt die Gleichspannungsquelle mit der Spannung U_0 den Kondensator C so lange auf (siehe Abschn. 2.2.3), bis bei der Spannung U_Z die Glimmlampe G zündet. Wegen des kleinen Widerstandes $R_G \ll R$ der gezündeten Lampe entlädt sich der Kondensator wieder schnell bis zur Löschspannung U_L, bei welcher die Glimmentladung erlischt. Dann beginnt die Aufladung erneut. Aus (2.11) erhält man für die Periode T der Kippschwingung:

$$T = RC \cdot \ln \frac{U_0 - U_L}{U_0 - U_Z} . \tag{6.20}$$

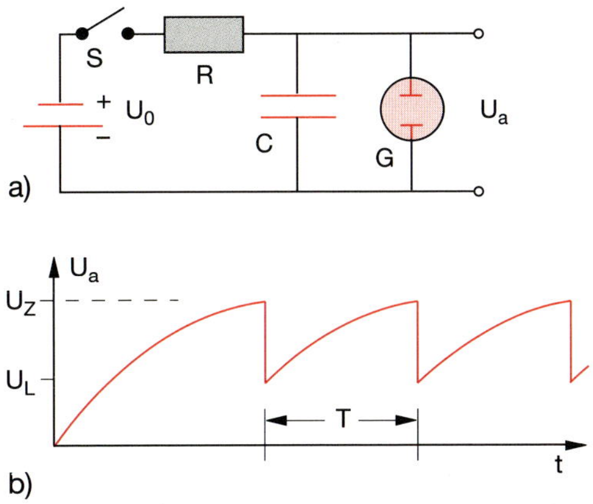

Abb. 6.12a,b. Kippschwingung. (**a**) Versuchsaufbau; (**b**) Zeitlicher Verlauf der an der Glimmlampe anliegenden Spannung

Für sehr hohe Frequenzen sind Induktivitäten und Kapazitäten im Schwingkreis der Abb. 6.11 zu groß. Außerdem genügen Elektronenröhren nicht mehr zur Anfachung von Schwingungen mit $\omega > 10^{10}\,\mathrm{s}^{-1}$, weil die Laufzeit der Elektronen in der Röhre größer wird als die Schwingungsdauer. Für diesen Frequenzbereich ist deshalb das ***Klystron*** entwickelt worden, das aus zwei Hohlraumresonatoren (siehe Abschn. 7.8.2) besteht (Abb. 6.13). Elektronen werden von einer Glühkathode emittiert und durch eine positive Spannung auf etwa 1 kV beschleunigt, bevor sie in den ersten Hohlraumresonator eintreten. Eine Hochfrequenzspannung $U = U_0 \cos \omega t$ zwischen Eintritts- und Austrittswand des Hohlraum-

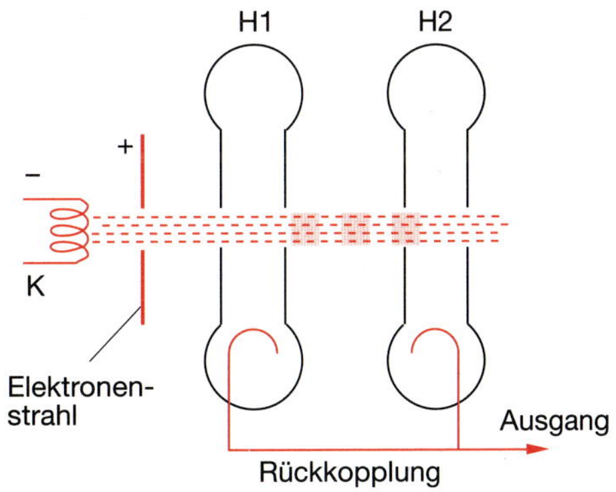

Abb. 6.13. Schematische Darstellung eines Klystrons. H1, H2: Hohlraumresonatoren

resonators beschleunigt bzw. bremst die Elektronen während ihrer Durchflugzeit, so daß die Stromdichte $j = \varrho \cdot v$ beim Eintritt in den zweiten Resonator moduliert ist. Die Elektronen kommen in Form von Dichtepaketen im zweiten Resonator an. Da eine zeitlich modulierte Raumladungsdichte zu einer zeitlich modulierten Spannung führt, regen die Elektronenpakete den zweiten Resonator zu Schwingungen an. Die Wechselspannung wird mit der richtigen Phase auf den ersten Resonator zurückgekoppelt, so daß dort die Modulationsamplitude des Elektronenstrahls verstärkt wird. Durch diese Rückkopplung entwickelt sich aus statistischen Schwankungen der Elektronenstrahldichte eine stabile ungedämpfte Schwingung mit der Resonanzfrequenz des Hohlraums.

6.4 Offene Schwingkreise; Hertzscher Dipol

Wir haben in den vorangegangenen Abschnitten elektromagnetische Schwingkreise behandelt, bei denen die Energie periodisch zwischen elektrischer Feldenergie eines Kondensators und magnetischer Energie einer Induktivität oszilliert. Den geschlossenen Schwingkreis der Abb. 6.1, bei dem C und L noch räumlich getrennt sind, kann man kontinuierlich in einen offenen Schwingkreis überführen, wie dies in Abb. 6.14 illustriert ist. Die Induktivität L der Spule in Abb. 6.14a geht in Abb. 6.14b über in die Induktivität der Leiterschleife. Die Kapazität C wird durch Ausbiegen der Schleife immer kleiner und geht schließlich in die des geraden Leiters mit den Endplatten über (Abb. 6.14c), welche man dann auch noch weglassen kann, so daß man zu einem einfachen geraden Draht gelangt. Dieser kann als offener Schwingkreis mit räumlich gleichmäßig verteilter Kapazität C und Induktivität L angesehen werden (Abb. 6.14d).

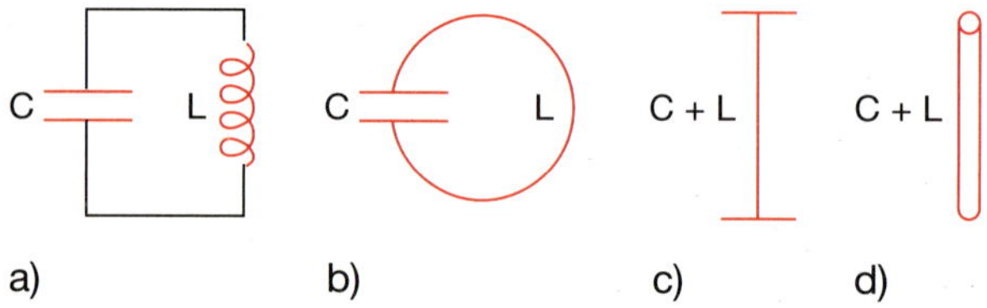

Abb. 6.14a–d. Kontinuierlicher Übergang vom Schwingkreis mit Kondensator und Spule zum elektromagnetisch schwingenden geraden Draht einer Antenne

Der entscheidende Unterschied zwischen dem geschlossenen Schwingkreis der Abb. 6.14a und dem geraden Draht der Abb. 6.14d, in dem Ladungen periodisch zwischen den Enden des Drahtes schwingen, ist in Abb. 6.15 verdeutlicht. In Abb. 6.15a sind elektrisches Feld und magnetisches Feld räumlich lokalisiert. Der größte Teil der elektrischen Feldenergie ist im Volumen zwischen den Platten des Kondensators konzentriert, das Streufeld ist vernachlässigbar. Ebenso ist das magnetische Feld überwiegend auf das Volumen innerhalb der Spule beschränkt (siehe Abschn. 3.2.6 d).

In Abb. 6.15b ist zwar das elektrische Feld noch lokalisiert, das magnetische Feld reicht jedoch als Feld einer Leiterschleife (siehe Abschn. 3.2.6 b) weit in den Raum hinaus. Beim geraden Draht, in dem ein Wechselstrom fließt, reichen sowohl das magnetische als auch das elektrische Feld weit in den Raum hinaus. Bei zeitlicher Änderung von Strom-

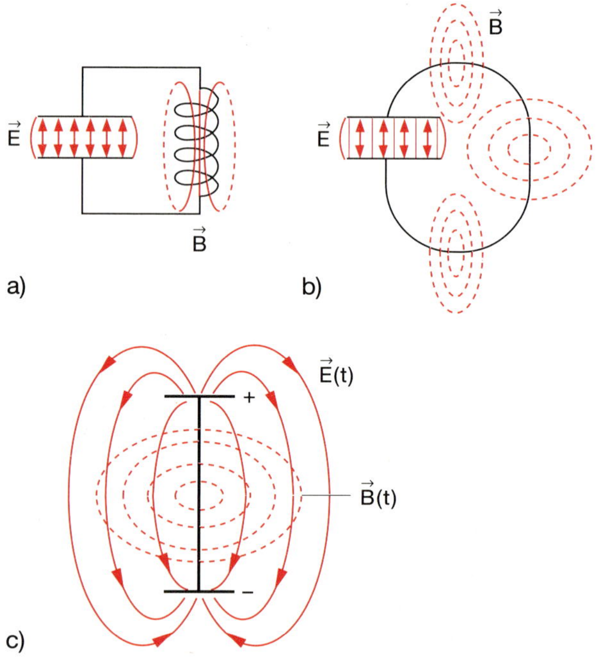

Abb. 6.15a–c. Illustration der Änderung des elektromagnetischen Feldes beim Übergang vom Schwingkreis mit räumlich begrenzten elektrischen und magnetischen Feldern zum offenen Schwingkreis mit Feldern, die weit in den Raum hinausreichen

und Ladungsdichte ändern sich die magnetischen und elektrischen Felder. Diese Änderung breitet sich mit Lichtgeschwindigkeit im Raum aus und führt zu einer Energieabstrahlung dieser *Senderanordnung* in Form von elektromagnetischen Wellen.

Wir müssen nun vier Fragen beantworten:

- Wie erreicht man experimentell, daß in einem geraden Draht Ladungen schwingen?
- Wie sehen elektrisches und magnetisches Feld einer solchen schwingenden Ladungsverteilung aus?
- Welcher Zusammenhang besteht zwischen diesen zeitlich veränderlichen Feldern und elektromagnetischen Wellen, die in den Raum hinaus laufen?
- Welche Strahlungsleistung strahlt der Sender ab?

6.4.1 Experimentelle Realisierung eines Senders

Zur Anregung elektromagnetischer Schwingungen in einem offenen Schwingkreis kann man die induktive, kapazitive oder galvanische Kopplung an einen rückgekoppelten geschlossenen Schwingkreis verwenden, dem die Kopplungsenergie von außen wieder zugeführt werden muß. Eine schematische Schaltung ist in Abb. 6.16 gezeigt. Die praktische Realisierung wird durch das Beispiel in Abb. 6.17 illustriert, wo als Hochfrequenzquelle ein mit konstanter Amplitude schwingender Kreis verwendet

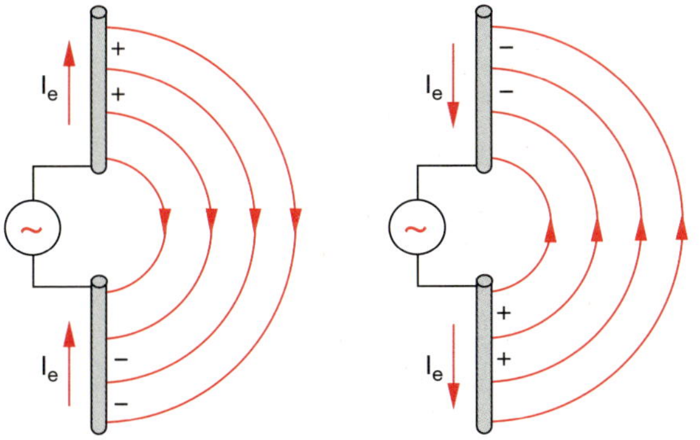

Abb. 6.16. Schematische Darstellung der Erzeugung eines hochfrequenten Wechselstroms in einer Stabantenne. Gezeigt ist der Elektronenstrom I_e und die elektrischen Feldlinien während zweier um 180° verschobenen Phasen des Wechselspannungsgenerators

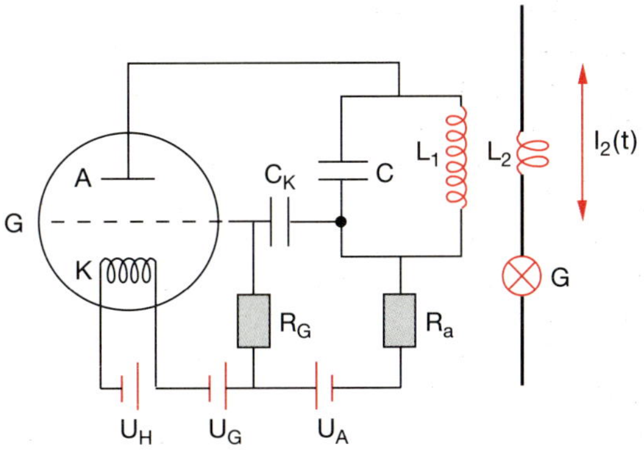

Abb. 6.17. Induktive Kopplung eines offenen Schwingkreises an einen mit konstanter Amplitude schwingenden geschlossenen Kreis mit kapazitiver Rückkopplung an das Gitter G der Triode, deren Strom die Verlustenergie des Kreises nachliefert. Die Induktivität L_2 braucht keine konkrete Spule zu sein, sondern kann die Induktivität des geraden Drahtes sein

wird, dem durch die kapazitive Kopplung an das Gitter der Triode periodisch Energie aus der Anodenspannungsquelle zugeführt wird. Diese Energie deckt den Energieverlust durch Joulesche Wärme im Kreis selbst und die durch induktive Kopplung an den offenen Schwingkreis abgegebene Energie, die von der im Draht schwingenden Ladungsverteilung in den Raum abgestrahlt wird.

Der erste Kreis dient dabei als Impedanzwandler (siehe Abschn. 5.8) zwischen der Energiequelle (Anodenspannungsquelle) und dem Verbraucher (schwingende Ladung im Draht).

Wie wir im Abschn. 5.8 gesehen haben, kann Energie optimal von der Energiequelle an den Energieverbraucher übertragen werden, wenn die Wirkwiderstände gleich und die Blindwiderstände entgegengesetzt gleich sind. Wenn der erste Kreis mit $(L_1 + L_{12})$ so abgestimmt ist, daß er bei der gewünschten Frequenz in Resonanz ist, dann ist sein Widerstand reell. Der Betrag $|Z|$ kann durch geeignete Wahl von L und C an den Innenwiderstand des Generators (Röhre $+R_a$) optimal angepaßt werden. Die induktive Kopplung zwischen Antenne und Schwingkreis wirkt wie ein Transformator, der auf den kleineren Widerstand der Antenne (größerer Strom!) transformiert.

Man kann den Strom I_2 im geraden Draht durch ein Glühlämpchen G sichtbar machen. Dabei läßt sich durch Variation der Entfernung zwischen L_1 und L_2

oder durch Änderung der Orientierung des geraden Drahtes oder Stabes der Grad der Kopplung zwischen beiden Schwingkreisen verändern, was durch eine entsprechende Änderung der Helligkeit des Glühlämpchens angezeigt wird, die proportional zu $\langle I^2 \rangle$ ist.

Fließt in dem Stab mit der Länge l ein Wechselstrom

$$I(z,t) = I_0(z) \cdot \sin \omega t \ ,$$

so erzwingt die Randbedingung

$$I(z = \pm l/2) = 0$$

an den beiden Stabenden, daß die räumliche Verteilung der Stromamplitude $I_0(z)$ Nullstellen an beiden Enden hat (Abb. 6.18).

> Der Strom $I(z,t)$ entspricht einer stehenden Welle (siehe Bd. 1, Abschn. 10.12) mit der größten Wellenlänge $\lambda = 2l$.

Für die niedrigste Resonanzfrequenz ω_0 des Stabes erhält man daher

$$\omega_0 = \frac{2\pi c}{\lambda} = \frac{\pi}{l} \cdot v_{\mathrm{Ph}} \ ,$$

wobei

$$v_{\mathrm{Ph}} = \frac{c}{\sqrt{\varepsilon \cdot \mu}} = \frac{1}{\sqrt{\varepsilon\varepsilon_0 \mu\mu_0}}$$

die Phasengeschwindigkeit ist, mit der sich das elektromagnetische Feld im Stab ausbreitet, während $(\varepsilon_0\mu_0)^{-1/2}$ die Vakuumlichtgeschwindigkeit ist.

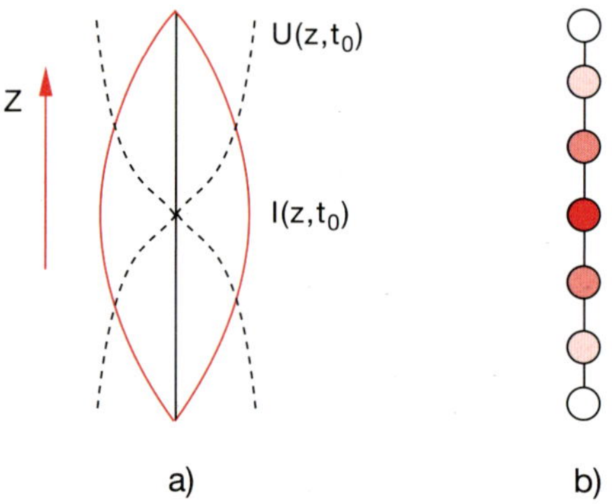

Abb. 6.18. (**a**) Stromverteilung $I(z,t_0)$ und Spannungsverteilung $U(z,t_0)$ entlang eines geraden Drahtes zum Zeitpunkt t_0. (**b**) Nachweis der Stromverteilung $\langle I^2(z) \rangle_t$ mit Hilfe von Glühlämpchen

Man kann die Stromverteilung $I_0(z)$ experimentell mit einer Reihe von Glühlämpchen nachweisen, die entlang des Stabes angebracht sind, und deren Helligkeit proportional zu $I_0^2(z)$ ist.

Die Spannungsverteilung ist gegenüber der Stromverteilung um $\lambda/4$ verschoben, weil durch die Ladungstrennung die Spannungsextrema an den Enden des Stabes auftreten.

6.4.2 Das elektromagnetische Feld des schwingenden Dipols

Ein leitender gerader Stab möge die Ladungsdichte ϱ haben. Wenn in ihm ein Wechselstrom induziert wird, dann schwingen die negativen frei beweglichen Elektronen gegen die feststehenden Ionenrümpfe. Die Stromdichte $\boldsymbol{j} = \varrho \cdot \boldsymbol{v}$ der Elektronen hängt von Ladungsdichte ϱ und der Geschwindigkeit $\boldsymbol{v}(t)$ der schwingenden Elektronen ab.

Nach (3.14) ist das Vektorpotential $\boldsymbol{A}(\boldsymbol{r}_1)$ einer *stationären* Stromverteilung mit der Stromdichte $\boldsymbol{j}(\boldsymbol{r}_2)$

$$\boldsymbol{A}(\boldsymbol{r}_1) = \frac{\mu_0}{4\pi} \int_{V_2} \frac{\boldsymbol{j}(\boldsymbol{r}_2)\,\mathrm{d}V_2}{r_{12}} \ , \tag{6.21}$$

wobei $r_{12} = |\boldsymbol{r}_1 - \boldsymbol{r}_2|$ der Abstand zwischen der Ladung $\mathrm{d}q = \varrho \cdot \mathrm{d}V_2$ und dem Aufpunkt P_1 ist (Abb. 6.19).

Will man $\boldsymbol{A}(\boldsymbol{r}_1)$ für eine *zeitlich veränderliche* Stromdichte $\boldsymbol{j}(\boldsymbol{r}_2, t)$ *als Funktion der Zeit* bestimmen, so muß man berücksichtigen, daß die Ausbreitung des elektromagnetischen Feldes, das am Ort der schwingenden Ladung q entsteht, bis zum Punkt P_1 die Zeit $\Delta t = r_{12}/c$ benötigt. Jede Änderung des Feldes im Volumenelement $\mathrm{d}V_2$ auf Grund der Änderung von $\boldsymbol{j}$ oder q braucht die Zeit Δt, bis sie in P_1 ankommt (***Retardierung***).

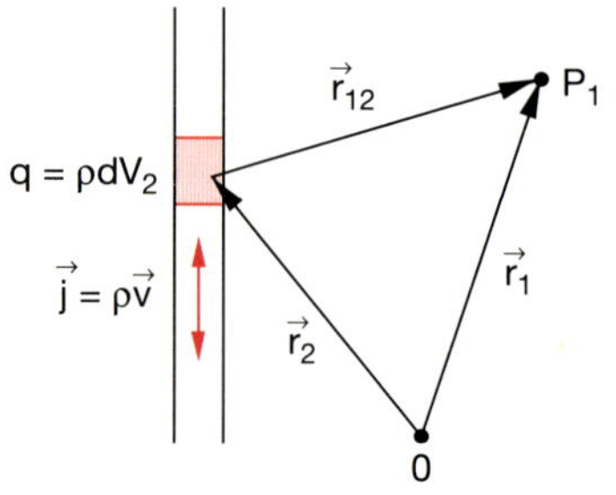

Abb. 6.19. Zur Bestimmung des zeitabhängigen Vektorpotentials $\boldsymbol{A}$ im Punkte P_1, das von der schwingenden Ladungsverteilung $\boldsymbol{j} = \varrho \cdot \boldsymbol{v}(t)$ im Stab erzeugt wird

Deshalb muß man in (6.21) berücksichtigen, daß das Vektorpotential $\boldsymbol{A}(\boldsymbol{r}_1, t)$ im Punkte P_1, das zur Zeit t gemessen wird, von Strömen im Volumenelement $\mathrm{d}V_2$ zur Zeit $(t - r_{12}/c)$ erzeugt wird:

$$\boldsymbol{A}(\boldsymbol{r}_1, t) = \frac{\mu_0}{4\pi} \int \frac{\boldsymbol{j}(\boldsymbol{r}_2, t - r_{12}/c) \cdot \mathrm{d}V_2}{r_{12}} . \qquad (6.22)$$

In großer Entfernung vom Stab ($r_{12} \gg l_0$) kann man (6.22) sofort lösen, wenn man folgende Näherungen verwendet:

- Für einen festen Aufpunkt P_1 ist die Entfernung $r_{12} \approx r$ für alle Punkte des Stabes gleich, d.h. $1/r_{12}$ kann vor das Integral gezogen werden.
- Die Geschwindigkeit $\boldsymbol{v}$, mit der die Ladung $\mathrm{d}q = \varrho \cdot \mathrm{d}V_2$ schwingt, ist klein gegen die Lichtgeschwindigkeit c. Das heißt: Die Laufzeit $\tau = l/c$ der elektromagnetischen Welle über die Stablänge l ist klein gegen die Schwingungsperiode $T = 2\pi/\omega$ der schwingenden Ladung $\mathrm{d}q = \varrho \cdot \mathrm{d}V_2$. Dies bedeutet, daß die Laufzeitdifferenz $\Delta(r_{12}/c)$ von verschiedenen Punkten des Stabes zum Aufpunkt P_1 klein ist gegen T, d.h. alle Wellen, die von verschiedenen Punkten $\boldsymbol{r}_2$ des Stabes zur Zeit t_1 starten, kommen in P_1 praktisch alle zur gleichen Zeit $t_2 = t_1 + r/c$ an, d.h. praktisch auch mit gleicher Phase!

Damit wird aus (6.22)

$$\boldsymbol{A}(\boldsymbol{r}_1, t) = \frac{\mu_0}{4\pi r} \int \boldsymbol{v} \cdot \varrho(\boldsymbol{r}_2, t - r/c) \, \mathrm{d}V_2 . \qquad (6.23)$$

Da der Wechselstrom im Stab durch den Fluß von Elektronen mit der Ladungsdichte ϱ bewirkt wird, können wir den Integranden in (6.23) auffassen als eine Ladung $\mathrm{d}q = \varrho \cdot \mathrm{d}V_2$, die mit der zeitlich sich ändernden Geschwindigkeit $v(t)$ gegen die räumlich feste positive Ladung der Ionenrümpfe oszilliert (Abb. 6.20).

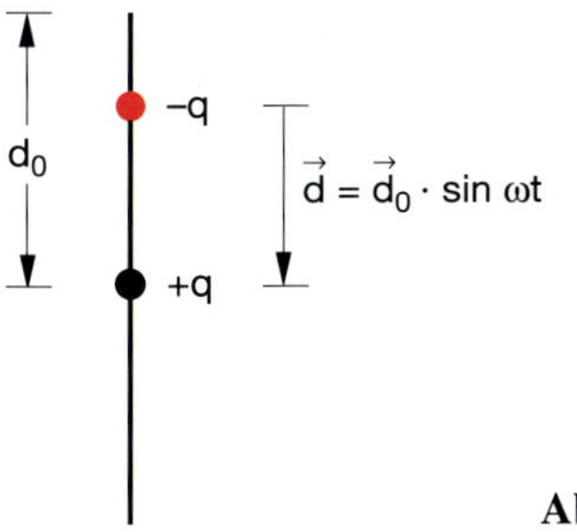

Abb. 6.20. Hertzscher Dipol

Ist d der Abstand zwischen den Ladungsschwerpunkten $+q$ der positiven und $-q$ der negativen Ladungsverteilung, so ändert sich $d = d_0 \cdot \sin \omega t$, wenn ein Wechselstrom $I = I_0 \cos \omega t$ durch den Stab fließt. Man kann deshalb den Stab als schwingenden elektrischen Dipol auffassen (***Hertzscher Dipol***) mit dem zeitabhängigen Dipolmoment:

$$\boldsymbol{p}(t) = q \cdot d_0 \cdot \sin \omega t \cdot \hat{\boldsymbol{e}}_z = q \cdot \boldsymbol{d} . \qquad (6.24)$$

Man beachte:

Die Amplitude d_0 ist wesentlich kleiner als die Stablänge l der Antenne, weil die Elektronen bei einer Geschwindigkeit $v \ll c$ während einer viertel Schwingungsperiode nur die Strecke $d_0 = 1/2 \cdot l \cdot v/c$ zurücklegen.

Wegen $\boldsymbol{v} = \dot{\boldsymbol{d}}$ gilt

$$\frac{\mathrm{d}\boldsymbol{p}}{\mathrm{d}t} = q \cdot \boldsymbol{v} ,$$

und wir erhalten aus (6.23) für das Vektorpotential des Hertzschen Dipols:

$$\boldsymbol{A}(\boldsymbol{r}_1, t) = \frac{\mu_0}{4\pi r} \frac{\mathrm{d}}{\mathrm{d}t} \boldsymbol{p}(t - r/c) . \qquad (6.25)$$

Wegen $\omega \cdot (t - r/c) = \omega t - (2\pi/\lambda) \cdot r = \omega t - kr$ ergibt das Einsetzen von (6.24) in (6.25):

$$\boldsymbol{A}(\boldsymbol{r}_1, t) = \frac{\mu_0}{4\pi} q \cdot d_0 \cdot \omega \frac{\cos(\omega t - kr)}{r} \hat{\boldsymbol{e}}_z . \qquad (6.26)$$

Dies ist die Gleichung einer Kugelwelle (siehe Bd. 1, Abschn. 10.9.4), welche sich vom Mittelpunkt des Hertzschen Dipols aus mit der Geschwindigkeit $c = \omega/k$ (Lichtgeschwindigkeit) ausbreitet. Dies bedeutet

> Die schwingende Ladung q erzeugt ein zeitlich veränderliches Vektorpotential $\boldsymbol{A}$ (und damit auch ein zeitlich veränderliches magnetisches und elektrisches Feld), das sich mit Lichtgeschwindigkeit in den Raum ausbreitet.

Wie sehen nun elektrisches und magnetisches Feld des schwingenden Dipols aus? Um das Magnetfeld $\boldsymbol{B}$ zu berechnen, wählen wir die Dipolachse als z-Achse (Abb. 6.21). Dazu folgt aus $\boldsymbol{A} = \{0, 0, A_z\}$ und $\boldsymbol{B} = \mathbf{rot}\, \boldsymbol{A}$ (siehe Abschn. 3.2)

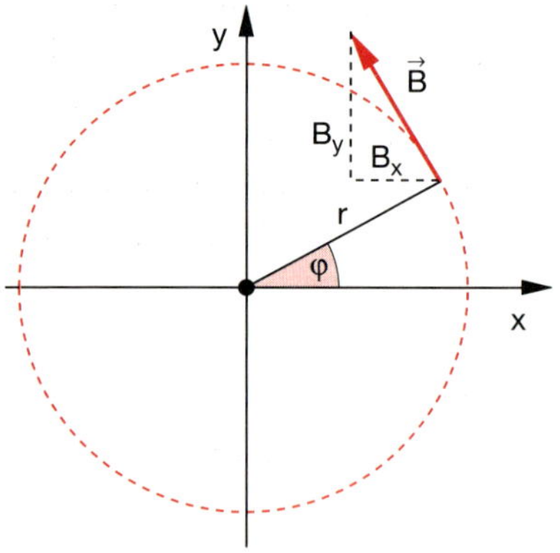

Abb. 6.21. Zur Berechnung des Magnetfeldes $\boldsymbol{B}$ aus dem Vektorpotential des schwingenden Dipols mit der Dipolachse in z-Richtung

$$B_x = \frac{\partial A_z}{\partial y} \; ; \quad B_y = -\frac{\partial A_z}{\partial x} \; ; \quad B_z = 0 \, , \qquad (6.27)$$

d.h. das $\boldsymbol{B}$-Feld liegt in der x-y-Ebene.

Bei der räumlichen Differentiation von (6.25) nach y müssen wir beachten, daß auch $\boldsymbol{r}(x, y, z)$ von y abhängt. Deshalb erhalten wir nach Produkt- und Kettenregel mit $p = |\boldsymbol{p}| = p_z$

$$B_x = \frac{\mu_0}{4\pi}\left[\frac{\partial}{\partial y}\left(\frac{1}{r}\right)\dot{p} + \frac{1}{r}\frac{\partial}{\partial y}\left(\dot{p}\left(t - \frac{r}{c}\right)\right)\right] .$$

Setzen wir $u = t - r/c$ und $\dot{p} = \mathrm{d}p/\mathrm{d}u$, so wird mit $\partial u/\partial r = -1/c$, $r = \sqrt{x^2 + y^2 + z^2} \Rightarrow \partial r/\partial y = y/r$:

$$\frac{\partial \dot{p}}{\partial y} = \frac{\partial \dot{p}}{\partial u} \cdot \frac{\partial u}{\partial r} \cdot \frac{\partial r}{\partial y} = -\ddot{p} \cdot \frac{1}{c} \cdot \frac{y}{r} .$$

Wegen

$$\frac{\partial}{\partial y}\left(\frac{1}{r}\right) = -\frac{y}{r^3}$$

erhalten wir schließlich, wenn wir noch die Relation $\mu_0\varepsilon_0 = 1/c^2$ verwenden:

$$B_x = -\frac{1}{4\pi\varepsilon_0 c^2}\left[\dot{p}\frac{y}{r^3} + \ddot{p}\frac{y}{c \cdot r^2}\right] . \qquad (6.28a)$$

In analoger Weise läßt sich B_y berechnen:

$$B_y = \frac{1}{4\pi\varepsilon_0 c^2}\left[\dot{p}\frac{x}{r^3} + \ddot{p}\frac{x}{c \cdot r^2}\right] . \qquad (6.28b)$$

Mit Hilfe von Polarkoordinaten lassen sich x und y für beliebige Raumpunkte $P(x, y, z)$ schreiben als

$$x = r \cdot \sin\vartheta \cdot \cos\varphi; \quad y = r \cdot \sin\vartheta \cdot \sin\varphi \, ,$$

wobei $r = \sqrt{x^2 + y^2 + z^2}$ der Abstand des Aufpunktes P_1 vom Mittelpunkt des Dipols (Ursprung des Koordinatensystems) und ϑ der Winkel gegen die Dipolachse ist (Abb. 6.22). Gleichung (6.28) lautet dann:

$$B_x = -\frac{1}{4\pi\varepsilon_0 c^2}\left[\frac{\dot{p}(u)\sin\vartheta\cos\varphi}{r^2} + \frac{\ddot{p}(u)\sin\vartheta\cos\varphi}{r \cdot c}\right] , \qquad (6.29a)$$

$$B_y = \frac{1}{4\pi\varepsilon_0 c^2}\left[\frac{\dot{p}(u)\sin\vartheta\sin\varphi}{r^2} + \frac{\ddot{p}(u)\sin\vartheta\sin\varphi}{r \cdot c}\right] , \qquad (6.29b)$$

was wir in die Vektorgleichung

$$\boldsymbol{B}(\boldsymbol{r}, t) = \frac{1}{4\pi\varepsilon_0 c^2 r^3}\left[(\dot{\boldsymbol{p}} \times \boldsymbol{r}) + \frac{r}{c}(\ddot{\boldsymbol{p}} \times \boldsymbol{r})\right] \qquad (6.30)$$

zusammenfassen können.

Es sei daran erinnert, daß wegen der Retardierung das Magnetfeld $B(\boldsymbol{r}, t)$ zur Zeit t vom Dipol $\boldsymbol{p}$ zur Zeit $(t - r/c)$ erzeugt wird, d.h. in (6.30) müssen $\dot{p}$ und $\ddot{p}$ zur Zeit $(t - r/c)$ berechnet werden.

Weil $\boldsymbol{p} \parallel \dot{\boldsymbol{p}} \parallel \ddot{\boldsymbol{p}}$ ist, folgt $\boldsymbol{B} \perp \boldsymbol{p}$ und $\boldsymbol{B} \perp \boldsymbol{r}$.

In großer Entfernung vom Dipol ($r \gg d_0$) steht das Magnetfeld $\boldsymbol{B}$ senkrecht zur Dipolachse $\boldsymbol{p}$ und senkrecht auf der Ausbreitungsrichtung $\boldsymbol{r}$ der vom Dipol ausgesandten Welle.

Das Magnetfeld (6.30) hat zwei Anteile, die mit wachsender Entfernung r vom Dipol unterschiedlich stark abfallen. In großer Entfernung überwiegt der zweite Term mit $\ddot{\boldsymbol{p}}$, der mit $1/r$ abfällt, während der erste Term mit $\dot{\boldsymbol{p}}$ proportional zu $1/r^2$ kleiner wird.

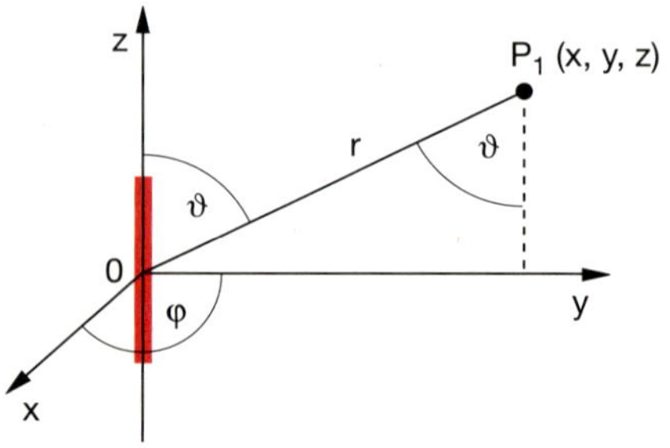

Abb. 6.22. Zur Herleitung von (6.29)

Ein Vergleich mit dem Biot-Savart Gesetz (3.16)

$$\mathrm{d}\boldsymbol{B} = \frac{1}{4\pi\varepsilon_0 c^2} \frac{\boldsymbol{j} \times \boldsymbol{r}}{r^3} \cdot \mathrm{d}V$$

zeigt, daß für $\int \boldsymbol{j} \cdot \mathrm{d}V = \dot{\boldsymbol{p}}$ der erste Term in (6.30) das Magnetfeld darstellt, welches direkt von der zeitlich oszillierenden Stromdichte $\boldsymbol{j}$ erzeugt wird.

Der zweite Term in (6.30) wird zwar indirekt auch vom schwingenden Dipol erzeugt (wie die Herleitung zeigt); aber die Tatsache, daß er mit wachsender Entfernung r langsamer als der erste Term abfällt, deutet darauf hin, daß eine zusätzliche Quelle für das Magnetfeld vorhanden sein muß, die wir uns jetzt klarmachen wollen [6.3].

Wir betrachten in Abb. 6.23 das zeitlich veränderliche Magnetfeld B in einem Punkte P in der x-y-Ebene, dessen Verbindungslinie r zum Dipolmittelpunkt senkrecht auf der Dipolachse steht, in dem also $\vartheta = 90°$ ist.

Der zweite Term in (6.30) ergibt dann im raumfesten Punkt P ein zeitlich veränderliches Magnetfeld

$$|\boldsymbol{B}| = \frac{\ddot{p}}{4\pi\varepsilon_0 c^3 r} = \frac{q d_0 \omega^2}{4\pi\varepsilon_0 c^3 r} \sin(\omega t - kr) .$$

Während die Einhüllende der mit $1/r$ abfallenden Amplitude die räumliche Änderung von B angibt, ist für den Beobachter im raumfesten Punkt P die Änderung von B durch die zeitliche Änderung $\dot{B}$ gegeben. Da die Welle mit der Geschwindigkeit c über den Punkt P hinwegläuft, ist die Änderung $\mathrm{d}B/\mathrm{d}t$ für den Beobachter sehr groß. Diese zeitliche Änderung erzeugt nach dem Faradayschen Induktionsgesetz im Punkte P ein zeitlich veränderliches elektrisches Feld $E(t)$. Dieses wiederum bewirkt nach (4.21) einen Verschiebungsstrom und damit ein zusätzliches Magnetfeld. Dieser Anteil wird durch den zweiten Term in (6.30) beschrieben. Die beiden Anteile zum Magnetfeld im Punkte P sind bereits in der Maxwell-Gleichung (4.25b)

$$\mathbf{rot}\, \boldsymbol{B} = \mu_0 \boldsymbol{j} + \frac{1}{c^2} \frac{\partial \boldsymbol{E}}{\partial t}$$

enthalten. Der erste Term in (4.25b) entspricht dem ersten Term in (6.30), der zweite in (4.25b) dem zweiten in (6.30).

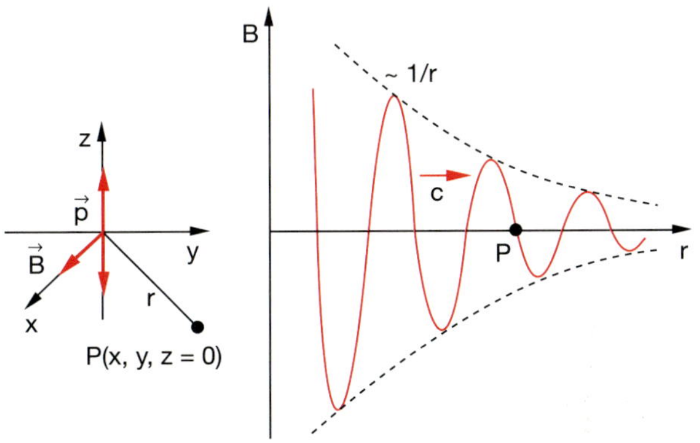

Abb. 6.23. Zur Illustration der Entstehung des zweiten Terms in (6.30). Die gestrichelte Kurve gibt die Einhüllende der mit $1/r$ abfallenden Magnetfeldamplitude an

Die zeitabhängigen Felder $\boldsymbol{E}(\boldsymbol{r}, t)$ und $\boldsymbol{B}(\boldsymbol{r}, t)$, die vom schwingenden Dipol am Ort des Dipols erzeugt werden, breiten sich mit Lichtgeschwindigkeit im Raum aus. Dabei erzeugen sich elektrisches und magnetisches Feld an jedem Raumpunkt wechselseitig durch ihre zeitlichen Änderungen. Die so entstehenden *Sekundärfelder* überlagern sich den primär vom Dipol erzeugten Feldern. In wachsender Entfernung vom Dipol wird der relative Anteil der Sekundärfelder immer größer, weil ihr Anteil nur mit $1/r$ abfällt, während der vom Dipol direkt erzeugte Anteil mit $1/r^2$ abfällt.

Das elektrische Feld $\boldsymbol{E}$ können wir mit Hilfe des elektrischen Potentials ϕ_{el} bestimmen, welches mit dem Vektorpotential $\boldsymbol{A}$ durch die Lorentzsche Eichbedingung (4.29)

$$\mathrm{div}\, \boldsymbol{A} = -\frac{1}{c^2} \frac{\partial \phi_{\mathrm{el}}}{\partial t} \tag{6.31}$$

zusammenhängt. Mit $\boldsymbol{A} = \{0, 0, A_z\}$ wird $\mathrm{div}\, \boldsymbol{A} = \partial A_z / \partial z$, und wir können völlig analog zur Berechnung von B_x in (6.28) die Differentiation ausführen und erhalten aus (6.25)

$$\nabla \cdot \boldsymbol{A} = -\frac{1}{4\pi\varepsilon_0 c^2} \frac{\boldsymbol{r} \cdot \left[\dot{\boldsymbol{p}} + \left(\frac{r}{c}\right)\ddot{\boldsymbol{p}}\right]_{(t-r/c)}}{r^3} . \tag{6.32}$$

Mit (6.31) ergibt dies für das elektrische Potential durch zeitliche Integration:

$$\phi_{\mathrm{el}}(\boldsymbol{r}, t) = \frac{1}{4\pi\varepsilon_0} \frac{\boldsymbol{r} \cdot \left[\boldsymbol{p} + \left(\frac{r}{c}\right)\dot{\boldsymbol{p}}\right]_{(t-r/c)}}{r^3} , \tag{6.33}$$

woraus wir schließlich wegen (4.28)

$$\boldsymbol{E} = -\nabla \phi_{\mathrm{el}} - \frac{\partial \boldsymbol{A}}{\partial t}$$

das elektrische Feld als Summe zweier Anteile erhalten:

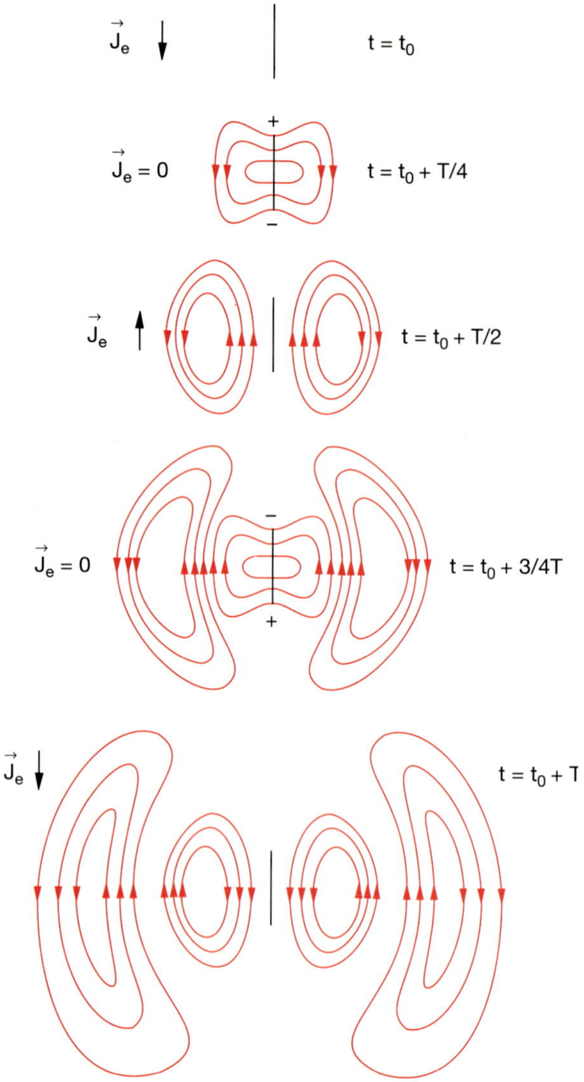

Abb. 6.24. Elektrisches Feldlinienbild des Hertzschen Dipols zu Zeitpunkten $t = t_0 + n \cdot T/4$. Die Verteilung ist rotationssymmetrisch um die Dipolachse

$$\boldsymbol{E}(\boldsymbol{r},t) = \boldsymbol{E}_1(\boldsymbol{r},t) + \boldsymbol{E}_2(\boldsymbol{r},t)\ . \tag{6.34a}$$

Der erste Term

$$\boldsymbol{E}_1(\boldsymbol{r},t) = \frac{3(\boldsymbol{p}\cdot\hat{\boldsymbol{r}})\hat{\boldsymbol{r}} - \boldsymbol{p}}{4\pi\varepsilon_0 r^3} \tag{6.34b}$$

mit $\hat{\boldsymbol{r}} = \boldsymbol{r}/r$ ist das Feld eines Dipols mit Dipolmoment $\boldsymbol{p} = q \cdot \boldsymbol{d}$ zur Zeit $(t - r/c)$. Er beschreibt also wieder eine Welle.

Der zweite Anteil

$$\boldsymbol{E}_2 = \frac{1}{4\pi\varepsilon_0 c^2 r^3}\left[\ddot{\boldsymbol{p}}(t - r/c) \times \boldsymbol{r}\right] \times \boldsymbol{r} \tag{6.34c}$$

ist der von den sich ändernden Magnetfeldern erzeugte Anteil des elektrischen Feldes. Er steht senkrecht auf $\boldsymbol{r}$ und, wie man durch Vergleich mit (6.30) sieht, auch senkrecht auf $\boldsymbol{B}$. Während der erste Anteil mit wachsendem Abstand stark ($\propto 1/r^3$) abfällt, führt der zweite Anteil, der nur proportional zu $1/r$ abfällt, zur Erzeugung von elektrischen und magnetischen Wellen, die sich wechselseitig anfachen. Es kommt damit zur Abstrahlung von Energie.

In einem Raumpunkt P in der Richtung von $\boldsymbol{r}$, die den Winkel ϑ mit der Dipolachse bildet, kann (6.34c) geschrieben werden als

$$\left|\boldsymbol{E}_2(r,\vartheta,t)\right| = \frac{\ddot{p}(t - r/c)\sin\vartheta}{4\pi\varepsilon_0 c^2 r}\ . \tag{6.34d}$$

In Abb. 6.24 sind „Momentaufnahmen" der elektrischen Feldlinien des Hertzschen Dipols zu Zeitpunkten $t = t_0 + n \cdot T/4$ im Abstand einer viertel Schwingungsperiode T dargestellt.

Die magnetischen Feldlinien sind Kreise um die Dipolachse (Abb. 6.25). Zu einem festen Zeitpunkt t_0 hat der Betrag der magnetischen Feldstärke für große Entfernungen r von der Dipolachse eine räumliche Modulation $B(r) = (B_0/r) \cdot \cos kr$ mit Nullstellen im Abstand $\Delta r = \pi c/\omega$.

Analoges gilt für die elektrische Feldstärke $\boldsymbol{E}$, deren Feldlinienbild in der Polarebene eine nierenförmige räumliche Verteilung hat (Abb. 6.26). Die elektrischen Feldlinien stehen senkrecht auf der Äquatorebene.

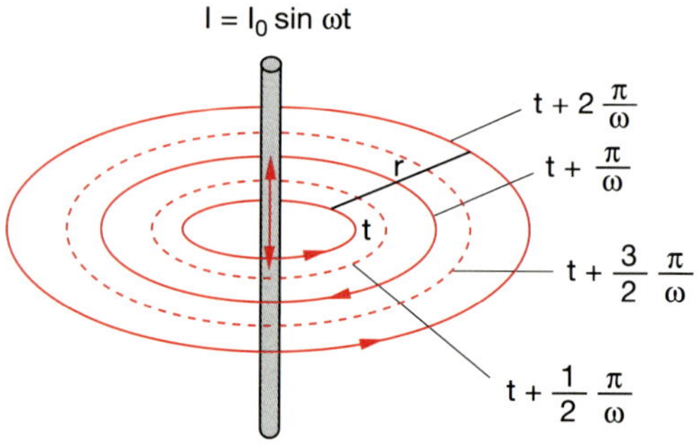

Abb. 6.25. Magnetisches Feldlinienbild des Hertzschen Dipols in der Äquatorebene

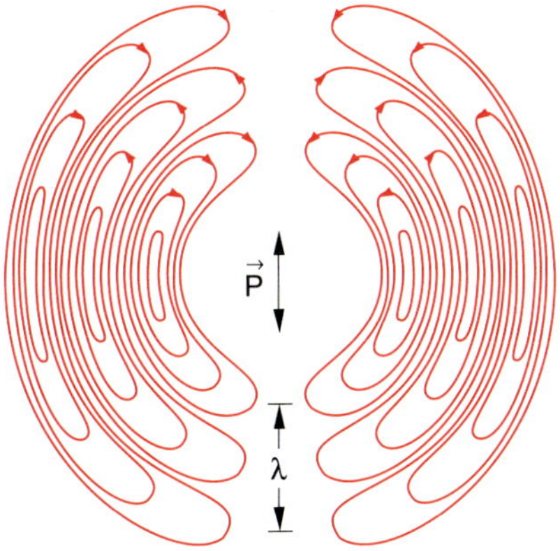

Abb. 6.26. Die räumliche Verteilung der elektrischen Feldlinien. Die Wellenlänge λ der abgestrahlten elektromagnetischen Welle entspricht dem doppelten räumlichen Abstand zwischen zwei Nullstellen des elektrischen Feldes

6.5 Die Abstrahlung des schwingenden Dipols

Wir haben im vorigen Abschnitt gesehen, daß der Hertzsche Dipol elektromagnetische Wellen in den Raum abstrahlt, die sich mit Lichtgeschwindigkeit ausbreiten. Wir wollen jetzt die abgestrahlte Leistung und ihr Frequenzspektrum bestimmen.

6.5.1 Die abgestrahlte Leistung

Der Vergleich von (6.34c) für das $\boldsymbol{E}$-Feld mit (6.30) für das $\boldsymbol{B}$-Feld zeigt, daß in großem Abstand vom Dipol der Betrag von $\boldsymbol{B}$ um den Faktor $1/c$ kleiner ist als der von $\boldsymbol{E}$. Setzen wir diese Relation in (4.20a) für die Energiedichte des elektromagnetischen Feldes ein, so ergibt sich:

$$w_{\text{em}} = \frac{1}{2}\,\varepsilon_0\,(E^2 + c^2B^2) = \varepsilon_0 E^2. \tag{6.35}$$

Daraus ergibt sich die ***Energiestromdichte*** (Energie, die pro Zeiteinheit durch die Flächeneinheit transportiert wird) zu

$$S = \varepsilon_0 \cdot c \cdot E^2. \tag{6.36a}$$

Setzen wir für den Betrag der elektrischen Feldstärke den Ausdruck (6.34d) ein, so erhalten wir mit $p = qd_0 \sin\omega(t-r/c) \Rightarrow \ddot{p} = -qd_0\omega^2 \sin\omega(t-r/c)$

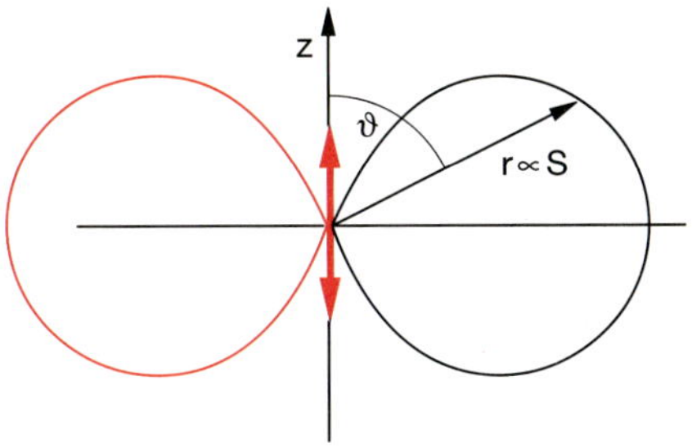

Abb. 6.27. Räumliche Verteilung der Leistungsabstrahlung eines schwingenden Dipols. Die Länge der Strecke $r(\vartheta)$ ist proportional zur Energiestromdichte S

für die Energie, die pro Sekunde durch $1\,\text{m}^2$ einer Kugelfläche im Abstand $r \gg d_0$ um den Dipol unter dem Winkel ϑ gegen die Dipolachse geht, den Ausdruck:

$$S = \frac{q^2 d_0^2\,\omega^4 \sin^2\vartheta}{16\pi^2\varepsilon_0 c^3 r^2}\sin^2\left(\omega(t-r/c)\right). \tag{6.36b}$$

Der Dipol strahlt also bevorzugt in die Richtungen senkrecht zur Dipolachse ($\vartheta = 90°$), während in Richtung der Dipolachse keine Energie abgestrahlt wird (Abb. 6.27).

Aus der $1/r^2$-Abhängigkeit von S sieht man, daß der genannte Energiestrom durch eine Kugelfläche mit Radius r konstant, d.h. unabhängig von r ist.

Mit wachsendem Abstand r gehen die anderen Anteile von $\boldsymbol{E}$ und $\boldsymbol{B}$ in (6.34c) und (6.30) zu schnell gegen Null, als daß sie einen merklichen Beitrag zum Energietransport leisten könnten.

Durch ein Flächenelement $\mathrm{d}F = r^2 \sin\vartheta \cdot \mathrm{d}\vartheta \cdot \mathrm{d}\varphi$ (siehe Bd. 1, Abschn. A.2.3) dieser Kugelfläche strömt die Leistung $P = S \cdot \mathrm{d}F$, woraus man durch Integration über ϑ und φ die in den gesamten Raum abgestrahlte Leistung

$$P_{\text{em}} = \oint \boldsymbol{S}\cdot\mathrm{d}\boldsymbol{F} = \frac{q^2 d_0^2\,\omega^4}{6\pi\varepsilon_0 c^3}\sin^2\left(\omega(t-r/c)\right) \tag{6.37}$$

erhält. Wegen $\overline{\sin^2\omega(t-r/c)} = \frac{1}{2}$ ergibt dies im zeitlichen Mittel:

$$\boxed{\overline{P}_{\text{em}} = \frac{q^2\omega^4 d_0^2}{12\pi\varepsilon_0 c^3}}\,. \tag{6.38}$$

Man beachte die Abhängigkeit von ω^4!

6.5.2 Strahlungsdämpfung

Die gesamte Energie eines harmonischen Oszillators mit der Masse m, der Schwingungsfrequenz ω und der Schwingungsamplitude d_0 ist (siehe Bd. 1, Abschn. 10.6):

$$\overline{W} = \overline{E}_{\text{kin}} + \overline{E}_{\text{pot}} = \frac{1}{2} m\omega^2 d_0^2 \,. \tag{6.39}$$

Dies gilt auch für unseren Hertzschen Dipol, bei dem Ladungsträger q mit der Masse m mit der Geschwindigkeit $v = \omega \cdot d_0 \cdot \cos\omega t$ schwingen.

Wird dem schwingenden Dipol nicht von außen die abgestrahlte Energie wieder zugeführt, so nimmt sie im Laufe der Zeit durch Abstrahlung gemäß (6.38) ab, d.h. die Schwingungsamplitude d_0 nimmt ab. Die relative Energieabnahme ist dann der Quotient aus (6.38) und (6.39)

$$\frac{\overline{\mathrm{d}W/\mathrm{d}t}}{\overline{W}} = -\frac{q^2\omega^2}{6\pi\varepsilon_0 mc^3} = -\gamma \,. \tag{6.40}$$

Aus $\mathrm{d}\overline{W}/\mathrm{d}t = -\gamma\overline{W}$ folgt durch Integration:

$$\overline{W}(t) = \overline{W}_0 \cdot \mathrm{e}^{-\gamma t} \,. \tag{6.41}$$

Nach der Zeit $\tau = 1/\gamma$ ist die Energie auf $1/\mathrm{e}$ ihres anfänglichen Wertes $\overline{W}_0 = \overline{W}(t=0)$ abgesunken (Abb. 6.28a).

BEISPIEL

Beschreiben wir ein angeregtes Atom durch das Modell des gedämpften Oszillators, der seine Anregungsenergie in Form von Licht aussendet, so können wir in (6.40) die entsprechenden Werte $m = m_e = 9 \cdot 10^{-31}\,\mathrm{kg}$, $q = -e = -1{,}6 \cdot 10^{-19}\,\mathrm{C}$, $\omega = (2\pi c)/\lambda \approx 3{,}8 \cdot 10^{15}\,\mathrm{s}^{-1}$ für $\lambda = 500\,\mathrm{nm}$ einsetzen und erhalten $\gamma = 9 \cdot 10^7\,\mathrm{s}^{-1}$, woraus eine Abklingzeit von $\tau = 1/\gamma = 1{,}1 \cdot 10^{-8}\,\mathrm{s}$ folgt.
Die mittlere Energie des angeregten Atoms ist $W \approx 4 \cdot 10^{-19}\,\mathrm{J}$, woraus eine Schwingungsamplitude $d_0 = 8 \cdot 10^{-11}\,\mathrm{m}$ folgt. Die abgestrahlte Leistung des Atoms ist dann:

$$\begin{aligned}\frac{\overline{\mathrm{d}W}}{\mathrm{d}t} &= -\gamma\overline{W} = -9 \cdot 10^7 \cdot 4 \cdot 10^{-19}\,\mathrm{W} \\ &\approx 3{,}6 \cdot 10^{-12}\,\mathrm{W} \,.\end{aligned}$$

Um aus einer Gasentladungslampe 1 W Lichtleistung zu erhalten, müssen etwa $3 \cdot 10^{11}$ Atome pro Sekunde angeregt werden.

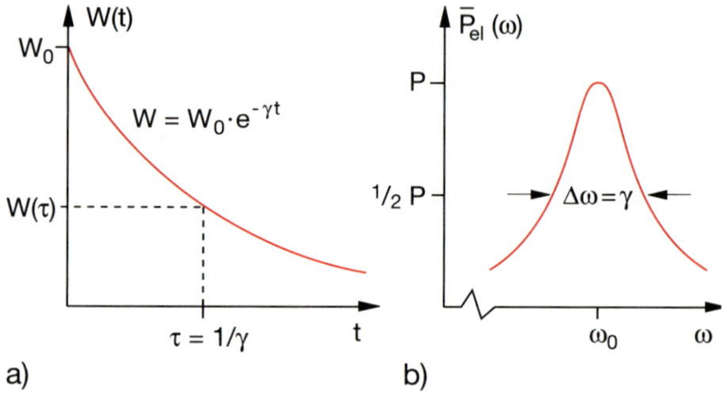

Abb. 6.28. (**a**) Exponentieller Abfall der Energie des gedämpften Oszillators. (**b**) Frequenzspektrum der abgestrahlten Leistung des gedämpften schwingenden Dipols, der durch eine äußere Anregung zu stationären Schwingungen gezwungen wird

6.5.3 Frequenzspektrum der abgestrahlten Leistung

Die Schwingungsamplitude d_0 eines gedämpften Oszillators mit der Auslenkung

$$z = d = d_0 \mathrm{e}^{-\beta t} \mathrm{e}^{\mathrm{i}\,\omega t} \,,$$

der durch die elektrische Feldstärke $E = E_0 \cdot \mathrm{e}^{\mathrm{i}\,\omega t}$ zu erzwungenen stationären Schwingungen angeregt wird (siehe Bd. 1, Abschn. 10.5), kann aus der Bewegungsgleichung

$$\ddot{z} + 2\beta\dot{z} + \omega_0^2 z = \frac{q}{m} E_0 \mathrm{e}^{\mathrm{i}\,\omega t} \tag{6.42}$$

ermittelt werden. Damit die Energie $W \propto d^2$ wie $W(t) = W_0 \mathrm{e}^{-\gamma t}$ abfällt, muß $\beta = \gamma/2$ sein. Setzt man den Lösungsansatz

$$z = z_0 \mathrm{e}^{\mathrm{i}\,\omega t}$$

in (6.42) ein, erhält man die komplexe Schwingungsamplitude

$$z_0 = \frac{(q/m)E_0}{(\omega_0^2 - \omega^2) + \mathrm{i}\,\gamma\omega} \,, \tag{6.43}$$

deren Betragsquadrat

$$|z_0|^2 = \frac{(q^2/m^2)E_0^2}{(\omega_0^2 - \omega^2)^2 + \gamma^2\omega^2} \tag{6.44}$$

ist. Mit $|z_0| = d_0$ erhalten wir aus (6.38) das Frequenzspektrum der zeitlich gemittelten abgestrahlten Leistung (Abb. 6.28b)

$$\frac{\mathrm{d}\overline{W}}{\mathrm{d}t} = \frac{q^4\omega^4 E_0^2}{12\pi\varepsilon_0 m^2 c^3}\,\frac{1}{\left(\omega_0^2-\omega^2\right)^2+\gamma^2\omega^2}\,. \qquad (6.45)$$

Für $(\omega_0^2-\omega^2)^2 = \omega^2\gamma^2$ fällt der zweite Faktor in (6.45) auf die Hälfte seines Maximalwerts bei $\omega = \omega_0$. Daraus erhält man die beiden Lösungen

$$\omega_{1,2} = \sqrt{\omega_0^2+\gamma^2/4} \pm \gamma/2\,.$$

Das Frequenzintervall $\Delta\omega = \omega_1 - \omega_2 = \gamma$ heißt deshalb die volle Halbwertsbreite der Spektralverteilung der abgestrahlten Leistung.

BEISPIEL

Wenn Licht passender Frequenz ω auf Atome fällt, können diese das Licht absorbieren und dadurch in einen energetisch höheren Zustand übergehen. Die Anregungsenergie wird dann als *Resonanzfluoreszenz* wieder gemäß (6.28) abgestrahlt. Variiert man die Frequenz ω des anregenden Lichtes kontinuierlich, so ändert sich die abgestrahlte Leistung $P(\omega)$ gemäß (6.45). Für $\gamma = 10^8\,\mathrm{s}^{-1}$ und $\omega = 3{,}8\cdot 10^{15}\,\mathrm{s}^{-1}$ erhält man eine Halbwertsbreite (*Linienbreite*) von $\Delta\omega = 10^8\,\mathrm{s}^{-1} \Rightarrow \Delta\nu = 16\,\mathrm{MHz}$. Die relative Linienbreite ist mit $\Delta\omega/\omega = \gamma/\omega = 2{,}6\cdot 10^{-8}$ sehr klein. Angeregte Atome senden Licht also nur in sehr schmalen Frequenzbereichen aus.

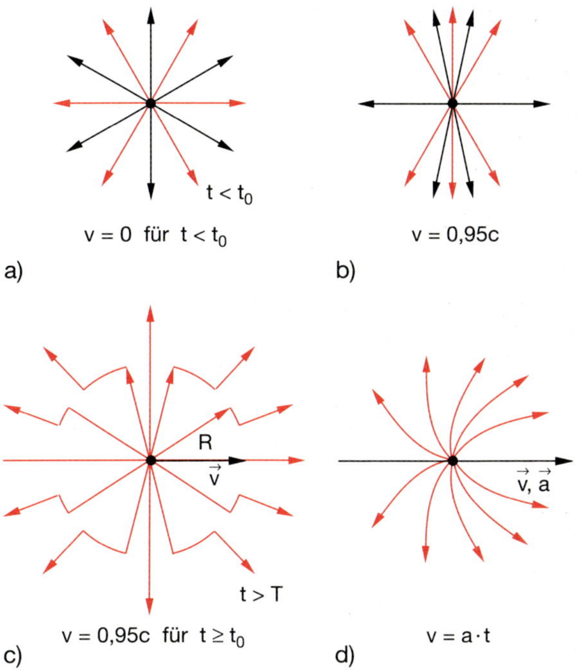

Abb. 6.29. (**a**) Elektrische Feldlinien einer ruhenden Ladung. (**b**) Stationäres Feldlinienbild einer mit konstanter Geschwindigkeit $\boldsymbol{v}$ bewegten Ladung. (**c**) Feldlinienbild einer Ladung q zur Zeit $t_0 = t_0 + R/c$, wenn die vorher ruhende Ladung zur Zeit t_0 plötzlich auf die Geschwindigkeit $\boldsymbol{v}$ beschleunigt wurde. (**d**) Feldlinien einer kontinuierlich beschleunigten Ladung

6.5.4 Die Abstrahlung einer beschleunigten Ladung

Wir hatten in Abschn. 6.4.2 gesehen, daß die Amplitude E_0 des vom schwingenden Dipol abgestrahlten elektrischen Feldes in großem Abstand vom Dipol proportional zur zweiten zeitlichen Ableitung $\ddot{p}$ des Dipolmomentes $p = q\cdot d$ ist (6.34d), also proportional zur Beschleunigung $a = \ddot{d}$ der schwingenden Ladung q. Die abgestrahlte Leistung ist dann gemäß (6.36a) proportional zum Quadrat der Beschleunigung.

Dies ist nicht auf harmonisch schwingende Ladungen beschränkt, sondern gilt ganz allgemein für beliebig beschleunigte Ladungen [6.4].

Man kann sich die von beschleunigten Ladungen ausgesandten elektromagnetischen Wellen folgendermaßen anschaulich klarmachen:

Im Abschn. 3.4.1 hatten wir das elektrische Feld einer mit der Geschwindigkeit $\boldsymbol{v}$ bewegten Ladung diskutiert. Wenn die Ladung beschleunigt wird, ändert sie ihre Geschwindigkeit, und damit ändert sich die räumliche Verteilung der elektrischen Feldlinien. Dies ist nochmals in Abb. 6.29a–d illustriert:

In Abb. 6.29a ist das elektrische Feldlinienbild einer ruhenden Ladung q dargestellt. Wird q zur Zeit $t = t_0$ fast instantan auf eine hohe Geschwindigkeit $v \lesssim c$ in x-Richtung beschleunigt, so ändert sich ihr Feldlinienbild in das einer mit der Geschwindigkeit v bewegten Ladung (Abb. 6.29b).

Diese Änderung kann sich aber nicht sofort im ganzen Raum bemerkbar machen, sondern breitet sich mit der Lichtgeschwindigkeit c aus. Das veränderte Feld, das von der Ladung zu einem Zeitpunkt $t_1 = t_0 + \Delta t$ erzeugt wird (wir nehmen Δt so klein an, daß sich die Ladung q praktisch noch nicht von ihrem Ausgangspunkt $x_0 = x(t_0)$ entfernt hat), kann von einem Beobachter zur Zeit t_2 noch nicht gemessen werden, wenn sein Abstand R von q größer ist als $c \cdot (t_2 - t_1)$. Er beobachtet dann noch das Feld einer ruhenden Ladung.

Da die Feldlinien in Abb. 6.29a gleichmäßig über alle Richtungen verteilt sind (Coulomb-Feld), in Abb. 6.29b aber um den Winkel $\alpha = 90°$ gegen die Richtung von $\boldsymbol{v}$ zusammengedrängt sind, gibt es auf der Fläche $R = c \cdot (t_2 - t_1)$ einen Sprung der Feldliniendichte, der in Abb. 6.29c schematisch dargestellt ist.

In dem mehr realistischen Feld einer gleichmäßigen Beschleunigung erfolgt die Änderung der Feldlinien nicht abrupt, sondern kontinuierlich. Für eine gleichförmig beschleunigte Ladung q erhält man daher statt des Feldliniensprunges eine Krümmung der Feldlinien (Abb. 6.29d) (siehe z.B. den Film: „Charges that start and stop" von Ealing [6.2]).

Genauso verhält es sich mit dem magnetischen Feld. Wenn sich die Geschwindigkeit $\boldsymbol{v}$ der Ladung q ändert, so ändert sich entsprechend der Strom $\boldsymbol{j} = q \cdot \boldsymbol{v}$ und damit das Magnetfeld.

Für die abgestrahlte Leistung einer Ladung q, deren Beschleunigung $\boldsymbol{a}$ parallel zur Geschwindigkeit $\boldsymbol{v}$ in x-Richtung erfolgt, erhält man eine Winkelverteilung, die gegenüber der von Abb. 6.27 gegen die Richtung von $\boldsymbol{a}$ geneigt ist (Abb. 6.30).

Die allgemeine mathematische Behandlung der Abstrahlung beliebig beschleunigter Ladungen erfolgt in der theoretischen Elektrodynamik. Wir beschränken uns hier auf zwei experimentelle Beispiele:

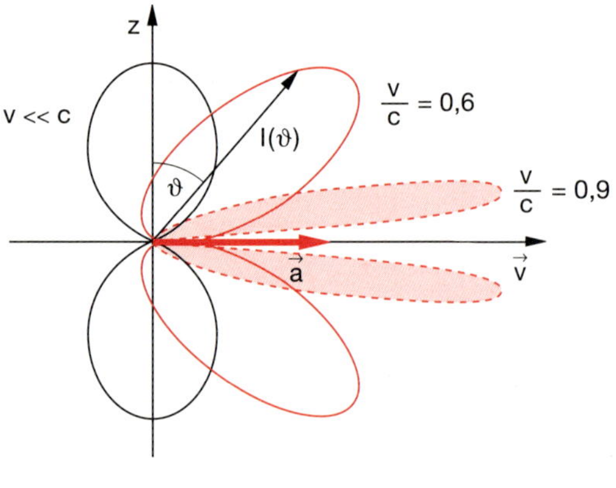

Abb. 6.30. Räumliche Abstrahlcharakteristik einer gleichförmig beschleunigten Ladung ($\boldsymbol{a} \parallel \boldsymbol{v}$) bei verschiedenen Geschwindigkeiten v

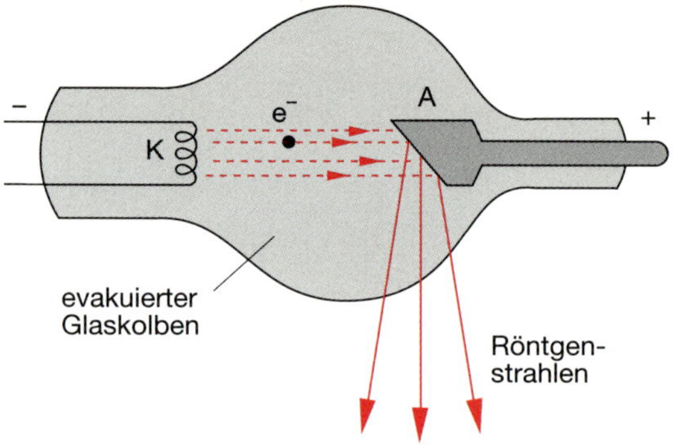

Abb. 6.31. Röntgenröhre

a) Röntgenbremsstrahlung

In einer evakuierten Röhre (Abb. 6.31) werden aus der Kathode K Elektronen emittiert und durch eine Spannung U von 10–100 kV auf eine Geschwindigkeit $v = (2e \cdot U/m)^{1/2}$ gebracht. Danach treffen sie auf die Anode A, die aus massivem Material (Kupfer oder Wolfram) besteht.

Im Coulomb-Feld der Kerne der Anodenatome werden die Elektronen abgelenkt (Abb. 6.32), so daß sich die Richtung ihrer Geschwindigkeit ändert. Wegen der dabei auftretenden großen Beschleunigung strahlen die Elektronen einen Teil ihrer Energie in Form von Röntgenstrahlung mit einem kontinuierlichen Spektrum $P_{\mathrm{em}}(\omega)$ wieder ab (***Bremsstrahlung***).

b) Synchrotronstrahlung

Elektronen, die auf sehr hohe Energien W (MeV–GeV) beschleunigt wurden, können durch ein Magnet-

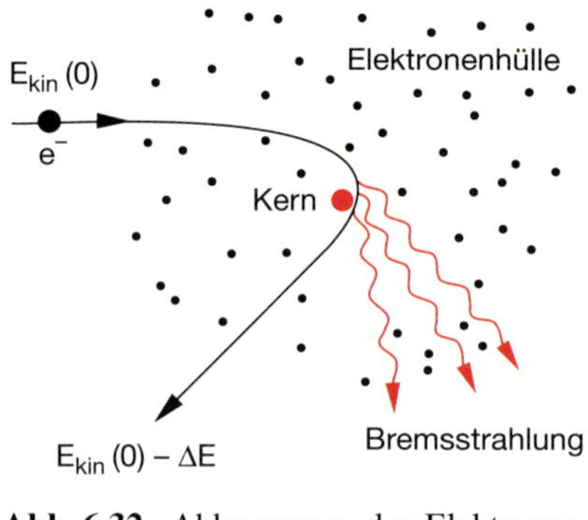

Abb. 6.32. Abbremsung der Elektronen im Coulomb-Feld der Atomkerne der Anodenatome

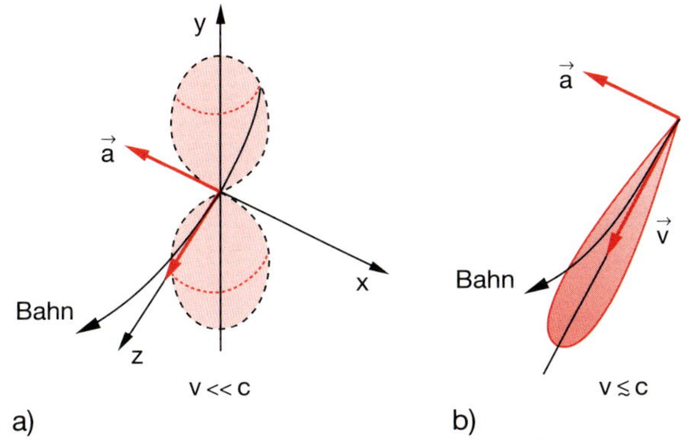

Abb. 6.33a,b. Abstrahlcharakteristik einer beschleunigten, mit konstanter Geschwindigkeit auf einer Kreisbahn umlaufenden Ladung. (**a**) Für $v \ll c$ ergibt sich die Verteilung wie beim Hertzschen Dipol. Man erhält sie durch Rotation der schraffierten Fläche um die x-Achse. (**b**) Für $v \lesssim c$ wird die Verteilung auf einen schmalen Winkelbereich um $\boldsymbol{v}$ konzentriert

feld auf einer Kreisbahn mit Radius R gehalten werden, wenn die Beträge von Lorentz-Kraft $e \cdot v \cdot B$ und Zentripetalkraft $m \cdot v^2/R$ gleich sind.

Auf dieser Sollbahn laufen sie dann mit konstantem Betrag $v = (e/m)B \cdot R$ der Geschwindigkeit, wobei $m = m(v)$ ihre relativistische Masse ist. Ihre Zentripetalbeschleunigung ist $a = v^2/R$ und ihre abgestrahlte Leistung ist proportional zu a^2. Die Beschleu-

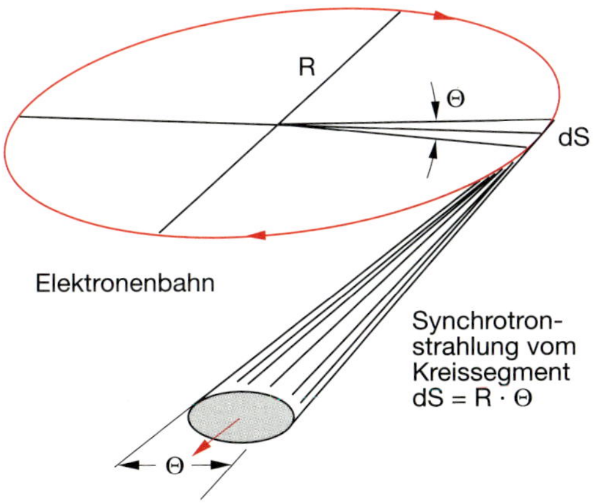

Abb. 6.34. Synchrotronstrahlung, emittiert von Elektronen, die mit konstanter Geschwindigkeit auf einem Kreis umlaufen

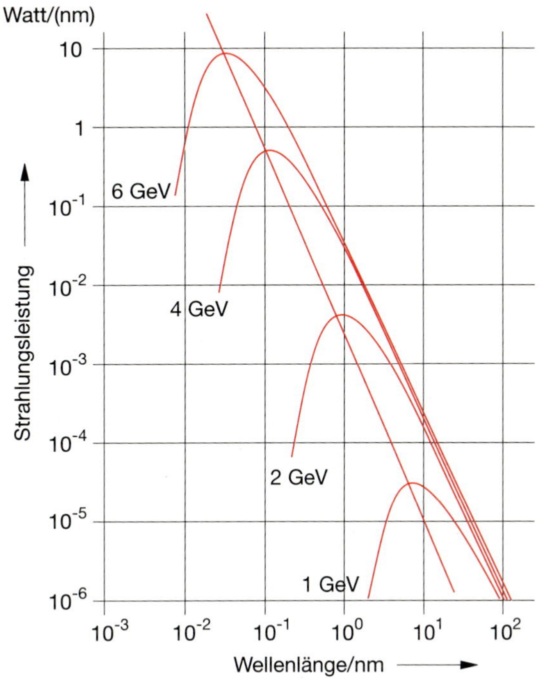

Abb. 6.35. Spektrale Verteilung der abgestrahlten Synchrotronstrahlungsleistung im Wellenlängenintervall $\Delta\lambda = 1$ nm im Speicherring DORIS bei einem Elektronenstrom von 0,16 pA (10^6 Elektronen pro Sekunde) für verschiedene Elektronenenergien

nigung $\boldsymbol{a}$ steht hier immer senkrecht zur Geschwindigkeit $\boldsymbol{v}$.

Bei großen Geschwindigkeiten wird auf Grund relativistischer Effekte die räumliche Verteilung der abgestrahlten Leistung geändert (Abb. 6.33), wobei mit zunehmender Geschwindigkeit die Verteilung immer mehr in die Richtung der Geschwindigkeit verschoben wird.

Für die Elektronen in einem Synchrotron ist $v \approx 0{,}99999c$, so daß die emittierte Strahlung der beschleunigten Ladung nur in einen engen Raumwinkel um die Tangente an die Bahn emittiert wird (Abb. 6.34). In Abb. 6.35 sind für einige Werte der Elektronenenergie die spektralen Verteilungen der Synchrotronstrahlung für den Speicherring DORIS in Hamburg auf einer doppelt-logarithmischen Skala gezeigt [6.5].

Man sieht, daß z.B. bei $E = 6$ GeV das Maximum der Synchrotronstrahlung bei einer Wellenlänge von 0,03 nm (also im kurzwelligen Röntgenbereich) liegt.

ZUSAMMENFASSUNG

- Elektromagnetische Schwingungen in einem Schwingkreis aus Kondensator und Spule basieren auf einem periodischen Austausch zwischen elektrischer und magnetischer Feldenergie.
- Die Schwingungsresonanzfrequenz ist in einem Kreis aus Kapazität C, Induktivität L und ohmschen Widerstand R

$$\omega = \sqrt{\frac{1}{LC} - \frac{R^2}{4L^2}} \, .$$

- Durch induktive, kapazitive oder galvanische Kopplung kann Schwingungsenergie von einem Schwingkreis auf einen anderen übertragen werden. Der Kopplungsgrad bei induktiver Kopplung ist $k = L_{12}/\sqrt{L_1 \cdot L_2}$.
- Beim offenen Schwingkreis sind elektrisches und magnetisches Feld nicht mehr räumlich lokalisiert. Die Schwingungsenergie breitet sich in Form von elektromagnetischen Wellen in den Raum aus.
- Ein Modell für einen offenen Schwingkreis ist der Hertzsche Dipol, bei dem eine Ladung $-q$ gegen eine Ladung $+q$ periodisch schwingt und der dadurch ein oszillierendes elektrisches Dipolmoment $p = q \cdot d_0 \cdot \sin \omega t$ darstellt.
- Die vom Hertzschen Dipol in den gesamten Raum abgestrahlte zeitlich gemittelte Leistung ist

$$\boldsymbol{P}_{\text{em}} \propto q^2 d_0^2 \, \omega^4 \, .$$

Die in den Raumwinkel $\mathrm{d}\Omega$ unter dem Winkel ϑ gegen die Dipolachse abgestrahlte Leistung ist im nichtrelativistischen Fall $\propto \sin^2 \vartheta \cdot \mathrm{d}\Omega$.
- Jede beschleunigte Ladung q strahlt Energie in Form elektromagnetischer Wellen ab. Die abgestrahlte Leistung ist $\boldsymbol{P}_{\text{em}} \propto q^2 \cdot a^2$, wenn a die Beschleunigung ist.
- Bei großen Geschwindigkeiten $(v \approx c)$ der Ladung q ändern sich Betrag und Richtungsverteilung der abgestrahlten Leistung. Diese konzentriert sich auf einen Winkelbereich $\Delta\vartheta$ um die Richtung der Geschwindigkeit, wobei $\Delta\vartheta \propto 1/\gamma$ mit $\gamma = (1 - v^2/c^2)^{-1/2}$.

ÜBUNGSAUFGABEN

1. Ein Parallelschwingkreis oszilliere mit einer Frequenz von 800 kHz. Nach 30 Schwingungen ist die Spannungsamplitude am Kondensator $C = 1$ nF auf die Hälfte ihres Anfangswertes gesunken. Wie groß sind R und L?
2. Auf welchen Bruchteil des Maximalwertes ist die Leistungsresonanzkurve eines Serienschwingkreises, deren Maximum bei ω_0 liegt, bei $\omega_1 = \omega_0 \pm R/L$ und $\omega_2 = \omega_0 \pm 2RL$ gesunken? Wie groß ist beim Parallelschwingkreis das Verhältnis $|Z(\omega_0 \pm R/L)| / |Z(\omega_0)|$?
3. Wie groß sind die Eigenfrequenzen ω_1 und ω_2 eines Systems aus zwei gekoppelten gleichen Schwingkreisen mit $\omega_0 = 10^6\,\mathrm{s}^{-1}$, $L = 10^4$ H und $L_{12} = k \cdot L$ mit $k = 0{,}05$?
4. Das Elektron im Wasserstoffatom hat eine kinetische Energie von 13,6 eV und einen Bahnradius von $5{,}3 \cdot 10^{-11}$ m. Wie groß wäre in einem klassischen Modell die abgestrahlte Energie
   a) pro Umlauf und
   b) pro Sekunde?
   c) Wie würde die Bahn bei Berücksichtigung dieses Energieverlustes aussehen? Um wieviel würde sich der Bahnradius pro Umlauf ändern?
5. Wie groß ist die Leistung, die von einem geladenen Teilchen mit der Ladung q abgestrahlt wird, das sich mit der Geschwindigkeit $v \ll c$ in einer Ebene senkrecht zu einem Magnetfeld B bewegt? Wie ändert sich dadurch seine Geschwindigkeit v und sein Bahnradius R?
6. Ein Proton durchläuft in einem linearen Beschleuniger auf einer Strecke von 3 m eine Potentialdifferenz $U = 10^6$ V und wird dadurch konstant beschleunigt.
   a) Welche Energie strahlt es dabei ab?

►

b) Wie groß ist die abgestrahlte Leistung?
c) Man vergleiche dies mit der Leistung, die ein Proton mit der Energie von 1 MeV abstrahlt, das mit konstanter Geschwindigkeit auf einem Kreis mit Umfang 3 m umläuft.

7. Ein System aus oszillierenden Dipolen, die in einem kleinen (praktisch punktförmigen) Volumen konzentriert sind, strahlt isotrop eine Leistung von 10^4 W ab.
a) Wie groß sind in einer Entfernung von $r = 1$ m ($r \gg$ Quellenausdehnung) die Amplituden des elektrischen und magnetischen Feldes?
b) Wie groß ist die Intensität der elektromagnetischen Welle?

8. Ein nicht isotroper Sender strahlt elektromagnetische Wellen gerichtet in einen Raumwinkel von 10^{-2} Sterad ab. In einer Entfernung von 1 km hat das elektrische Feld eine Amplitude von 10 V/m. Wie groß ist die abgestrahlte Leistung des Senders?
Wie groß sind die Schwingungsamplituden d_0 der Elektronen in einer Antenne mit 1 cm^2 Querschnitt und 10 m Länge bei einer Elektronendichte $n_e = 10^{28}$ m^{-3}, wenn der Sender bei einer Frequenz $\nu = 10$ MHz sendet.

9. Die Sonne strahlt der Erde eine Leistung von $1{,}4 \cdot 10^3$ W/m^2 (*Solarkonstante*) zu.
a) Wie groß sind elektrische und magnetische Feldstärke der Sonnenstrahlung auf der Erde, wenn Reflexion und Absorption in der Erdatmosphäre nicht berücksichtigt werden?
b) Wie groß ist die gesamte von der Sonne in alle Richtungen abgestrahlte Leistung?
c) Wie groß ist die elektrische Feldstärke der Strahlung auf der Sonnenoberfläche (Radius der Sonne: $6{,}96 \cdot 10^5$ km).

10. Eine Glühbirne mit einer elektrischen Leistung von 100 W strahlt 70% dieser Leistung isotrop in Form elektromagnetischer Wellen ab. Wie groß ist die elektrische Feldstärke in 1 m Entfernung? Man vergleiche dies mit der Feldstärke der Sonnenstrahlung. Welche Leistung müßte die Lampe haben, damit die Feldstärken gleich sind?

7. Elektromagnetische Wellen im Vakuum

Im vorangegangenen Kapitel wurde gezeigt, daß ein schwingender Dipol Energie in Form von elektromagnetischen Wellen abstrahlt. Wir wollen uns in diesem Kapitel etwas genauer mit der Beschreibung dieser Wellen und mit ihren Eigenschaften befassen. Dem Leser wird empfohlen, die analoge Darstellung mechanischer Wellen in Bd. 1, Kap. 10 zu vergleichen.

7.1 Die Wellengleichung

Wir beginnen mit den Maxwell-Gleichungen, die sich im ladungs- und stromfreien Vakuum ($\varrho = 0, \boldsymbol{j} = \boldsymbol{0}$) vereinfachen zu

$$\nabla \times \boldsymbol{E} = -\frac{\partial \boldsymbol{B}}{\partial t}\,, \qquad (7.1\text{a})$$

$$\nabla \times \boldsymbol{B} = \varepsilon_0 \cdot \mu_0 \cdot \frac{\partial \boldsymbol{E}}{\partial t}\,. \qquad (7.1\text{b})$$

Wendet man auf beide Seiten von (7.1a) den Differentialoperator **rot** an und setzt **rot** $\boldsymbol{B}$ aus (7.1b) ein, so erhält man

$$\begin{aligned}\nabla \times \nabla \times \boldsymbol{E} &= -\nabla \times \frac{\partial \boldsymbol{B}}{\partial t} = -\frac{\partial}{\partial t}(\nabla \times \boldsymbol{B})\\ &= -\varepsilon_0 \cdot \mu_0 \frac{\partial^2 \boldsymbol{E}}{\partial t^2}\,,\end{aligned} \qquad (7.2)$$

wobei die zeitliche Differentiation vorgezogen werden kann, da ∇ nicht von der Zeit abhängt.
Nun gilt für **rot rot** $\boldsymbol{E}$ (siehe Bd. 1, Abschn. A.1.6)

$$\begin{aligned}\nabla \times \nabla \times \boldsymbol{E} &= \nabla(\nabla \cdot \boldsymbol{E}) - \nabla \cdot (\nabla \boldsymbol{E})\\ &= \textbf{grad}(\operatorname{div} \boldsymbol{E}) - \operatorname{div}(\textbf{grad}\ \boldsymbol{E}).\end{aligned}$$

Im ladungsfreien Raum ist $\varrho = 0$ und daher nach (1.10) auch $\operatorname{div} \boldsymbol{E} = \varrho/\varepsilon_0 = 0$. Deshalb erhalten wir aus (7.2) die Gleichung

$$\boxed{\Delta \boldsymbol{E} = \varepsilon_0 \mu_0 \frac{\partial^2 \boldsymbol{E}}{\partial t^2}}\,, \qquad (7.3)$$

wobei $\Delta = \textbf{div grad}$ der Laplace-Operator ist. Ein Vergleich mit (10.69) in Bd. 1 zeigt, daß dies eine Wellengleichung ist, welche die Ausbreitung eines zeitlich veränderlichen elektrischen Feldes $\boldsymbol{E}(\boldsymbol{r}, t)$ im Vakuum mit der Lichtgeschwindigkeit

$$c = \frac{1}{\sqrt{\varepsilon_0 \mu_0}} \qquad (7.4)$$

beschreibt. Dies ist eine Vektorgleichung, die drei Komponentengleichungen vertritt. Für die E_x-Komponente ergibt z.B. (7.3) in kartesischen Koordinaten

$$\frac{\partial^2 E_x}{\partial x^2} + \frac{\partial^2 E_x}{\partial y^2} + \frac{\partial^2 E_x}{\partial z^2} = \frac{1}{c^2} \frac{\partial^2 E_x}{\partial t^2}\,. \qquad (7.3\text{a})$$

Entsprechende Gleichungen gelten für E_y und E_z.

Eine ganz analoge Wellengleichung erhält man für das magnetische Feld $\boldsymbol{B}(\boldsymbol{r}, t)$, wenn man von (7.1b) **rot rot** $\boldsymbol{B}$ bildet und entsprechend (7.1a) einsetzt (siehe Aufgabe 7.1).

7.2 Ebene elektrische Wellen

Besonders einfache Lösungen der Wellengleichung (7.3) erhält man, wenn $\boldsymbol{E}$ nur von einer Koordinate, z.B. der z-Koordinate abhängt. Dann gilt

$$\frac{\partial \boldsymbol{E}}{\partial x} = \frac{\partial \boldsymbol{E}}{\partial y} \equiv \boldsymbol{0}\,, \qquad (7.5)$$

d.h. der Vektor $\boldsymbol{E}$ hat auf einer Ebene $z = z_0 = \text{const}$ zu einem festen Zeitpunkt $t = t_0$ überall den gleichen Wert und die gleiche Richtung.

Die Wellengleichung (7.3) vereinfacht sich dadurch zu

$$\frac{\partial^2 \boldsymbol{E}}{\partial z^2} = \frac{1}{c^2}\frac{\partial^2 \boldsymbol{E}}{\partial t^2} \;. \tag{7.6}$$

Aus $\operatorname{div} \boldsymbol{E} = 0$ im ladungsfreien Vakuum folgt dann wegen (7.5):

$$\frac{\partial E_z}{\partial z} = 0 \;\Rightarrow\; E_z = a = \text{räumlich konstant.}$$

Wir wählen die Randbedingungen so, daß die Konstante $a = 0$ wird. Die Welle hat dann nur noch E_x- und E_y-Komponenten:

$$\boldsymbol{E} = \{E_x, E_y, 0\}.$$

Die allgemeinen Lösungen von (7.6) für ebene Wellen sind

$$\begin{aligned} E_x &= f_x(z - ct) + g_x(z + ct) \;, \\ E_y &= f_y(z - ct) + g_y(z + ct) \;. \end{aligned} \tag{7.7}$$

Dabei sind f und g beliebige stetig differenzierbare Funktionen des Arguments $(z - ct)$ bzw. $(z + ct)$ (siehe Bd. 1, Abschn. 10.9). Sie stellen ebene, aber nicht notwendigerweise periodische Wellen dar (Abb. 7.1), weil die Ebenen $z = \text{const}$ Flächen konstanter Phase sind, d.h. für alle Punkte der Ebene $z = z_0$ ist das Argument $(z \pm ct)$ zur gleichen Zeit gleich. Diese Phasenflächen laufen für die Funktion $f(z - ct)$ mit der Geschwindigkeit c in die $+z$-Richtung, denn aus $z - ct = \text{const}$ folgt durch Differentiation

$$\frac{\mathrm{d}z}{\mathrm{d}t} - c = 0 \;\Rightarrow\; \frac{\mathrm{d}z}{\mathrm{d}t} = +c \;.$$

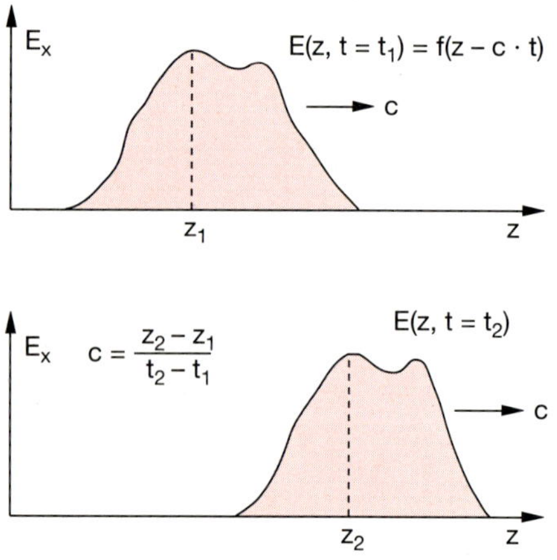

Abb. 7.1. Nichtperiodische ebene Welle, die sich in $+z$-Richtung ausbreitet

Für die Funktion $g(z + ct)$ laufen sie in die $-z$-Richtung.

Die Lösungen (7.7) der Wellengleichung (7.6) sind ebene ***transversale Wellen***, weil der elektrische Feldvektor $\boldsymbol{E} = \{E_x, E_y, 0\}$ senkrecht auf der Ausbreitungsrichtung $\hat{\boldsymbol{e}}_z$ steht.

Man beachte:

- Die Transversalität $\boldsymbol{E} \perp \hat{\boldsymbol{e}}_z$ folgt aus $\operatorname{div} \boldsymbol{E} = 0$ und gilt deswegen im allgemeinen auch nur im ladungsfreien Raum! In einem Medium mit Raumladungen $\varrho \neq 0$ oder wenn leitende Begrenzungsflächen vorhanden sind, braucht die Welle *nicht* transversal zu sein. Beispiele sind Wellen in Hohlleitern oder in anisotropen Medien.
- Eine Welle braucht nicht unbedingt periodisch zu sein. Man denke an Stoßwellen (Bd. 1, Abschn. 10.13), elektromagnetische Pulse oder an elektromagnetische Wellen, die von elektrischen Funken erzeugt werden und die ein breites Frequenzspektrum mit statistisch verteilten Phasen der einzelnen Komponenten haben. Auch solche unperiodischen Wellen sind Lösungen der Wellengleichung (7.3) und haben die Form (7.7), wenn es ebene Wellen sind.

7.3 Periodische Wellen

Ein besonders wichtiger, in der Physik häufig anzutreffender Spezialfall elektromagnetischer Wellen sind die ebenen periodischen Wellen, die durch Sinus- oder Cosinusfunktionen dargestellt werden können.

Wir nennen die räumliche Periode, nach der (zum gleichen Zeitpunkt) die Funktion f in (7.7) wieder den gleichen Wert hat, die Wellenlänge λ (Abb. 7.2a).

$$f(z + \lambda - ct) = f(z - ct) \;. \tag{7.8}$$

Benutzen wir für periodische Wellen den Ansatz

$$\boldsymbol{E} = \boldsymbol{E}_0 \cdot f(z - ct) = \boldsymbol{E}_0 \cdot \sin k(z - ct) \;, \tag{7.9a}$$

so folgt aus der Periodizitätsbedingung (7.8) für die Konstante k:

$$k \cdot \lambda = 2\pi \;\Rightarrow\; k = \frac{2\pi}{\lambda}. \tag{7.10a}$$

Man bezeichnet k als ***Wellenzahl***. Wir können dann (7.9a) wegen $c = \nu \cdot \lambda$ schreiben als

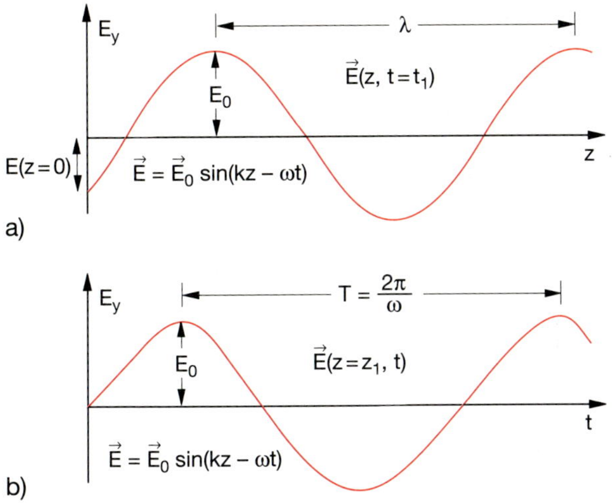

Abb. 7.2a,b. Harmonische elektromagnetische Welle, deren $\boldsymbol{E}$-Vektor in y-Richtung schwingt und die sich in $+z$-Richtung ausbreitet. (**a**) Momentaufnahme zum Zeitpunkt t_1; (**b**) Zeitabhängigkeit am festen Ort $z = z_1$

$$\boldsymbol{E} = \boldsymbol{E}_0 \cdot \sin\left(kz - \frac{2\pi c}{\lambda} t\right)$$
$$= \boldsymbol{E}_0 \cdot \sin(kz - \omega t) \,. \tag{7.9b}$$

Natürlich können wir auch Cosinusfunktionen als periodische Lösungen (7.8) ansetzen:

$$\boldsymbol{E} = \boldsymbol{E}_0 \cdot \cos(kz - \omega t) \,. \tag{7.9c}$$

Die richtige Wahl hängt von den Anfangsbedingungen ab. Häufig werden die komplexen Schreibweisen

$$\boldsymbol{E}_1 = \boldsymbol{E}_0 \cdot \mathrm{e}^{\mathrm{i}(kz-\omega t)} \tag{7.9d}$$

oder

$$\boldsymbol{E}_2 = \boldsymbol{E}_0 \cdot \mathrm{e}^{-\mathrm{i}(kz-\omega t)}$$
$$= \boldsymbol{E}_0 \cdot \mathrm{e}^{\mathrm{i}(\omega t-kz)} = \boldsymbol{E}_1^* \tag{7.9e}$$

verwendet, deren Realteil $\frac{1}{2}(\boldsymbol{E}_1 + \boldsymbol{E}_2)$ oder Imaginärteil $\mp\frac{\mathrm{i}}{2} \cdot (\boldsymbol{E}_1 - \boldsymbol{E}_2)$ dann die reellen Lösungen (7.9c) bzw. (7.9b) repräsentieren.

Breitet sich eine ebene Welle in einer beliebigen Richtung aus, so können wir einen Ausbreitungsvektor $\boldsymbol{k} = \{k_x, k_y, k_z\}$ definieren, den wir ***Wellenvektor*** nennen und für dessen Betrag gilt:

$$|\boldsymbol{k}| = k = \frac{2\pi}{\lambda} \,. \tag{7.10b}$$

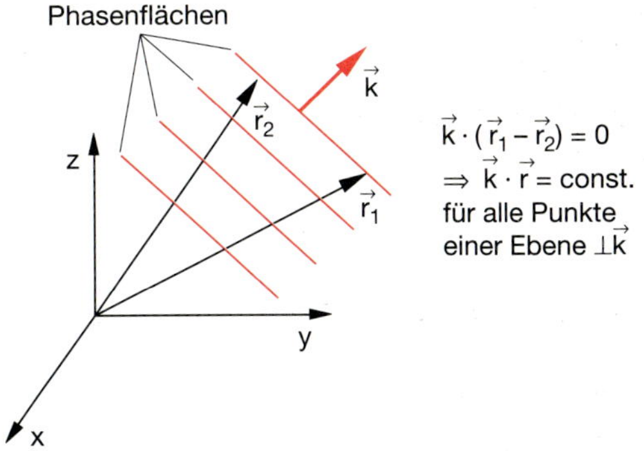

Abb. 7.3. Ebene Welle in Ausbreitungsrichtung $\boldsymbol{k}$. Die Phasenflächen sind die Ebenen $\boldsymbol{k} \cdot \boldsymbol{r} = \text{const}$, senkrecht zu $\boldsymbol{k}$

Die Phasenflächen sind dann Ebenen senkrecht zu $\boldsymbol{k}$. Der Wellenvektor $\boldsymbol{k}$ ist daher Normalenvektor auf den Phasenebenen (Abb. 7.3). Wie in Bd. 1, Abschn. 10.9 gezeigt wurde, ist die komplexe Darstellung solcher Wellen:

$$\boldsymbol{E} = \boldsymbol{E}_0 \cdot \mathrm{e}^{\mathrm{i}(\omega t - \boldsymbol{k}\cdot\boldsymbol{r})} \,. \tag{7.11}$$

Für $\boldsymbol{k} = \{0, 0, k_z = k\}$ geht (7.11) wieder in (7.9e) über.

7.4 Polarisation elektromagnetischer Wellen

Die Polarisation einer elektromagnetischen Welle ist durch die Richtung des elektrischen Vektors $\boldsymbol{E}$ definiert.

7.4.1 Linear polarisierte Wellen

Zeigt der Vektor $\boldsymbol{E}_0$ einer Welle

$$\boldsymbol{E} = \boldsymbol{E}_0 \cdot \mathrm{e}^{\mathrm{i}(\omega t - kz)}$$

immer in die gleiche Richtung $\perp \hat{\boldsymbol{e}}_z$, d.h. ist

$$\boldsymbol{E}_0 = E_{0x}\hat{\boldsymbol{e}}_x + E_{0y}\hat{\boldsymbol{e}}_y \,, \tag{7.12}$$

so heißt die Welle *linear polarisiert* (Abb. 7.4). Beide Komponenten der Welle

$$E_x = E_{0x}\mathrm{e}^{\mathrm{i}(\omega t - kz)}$$
$$E_y = E_{0y}\mathrm{e}^{\mathrm{i}(\omega t - kz)}$$

schwingen *in Phase*.

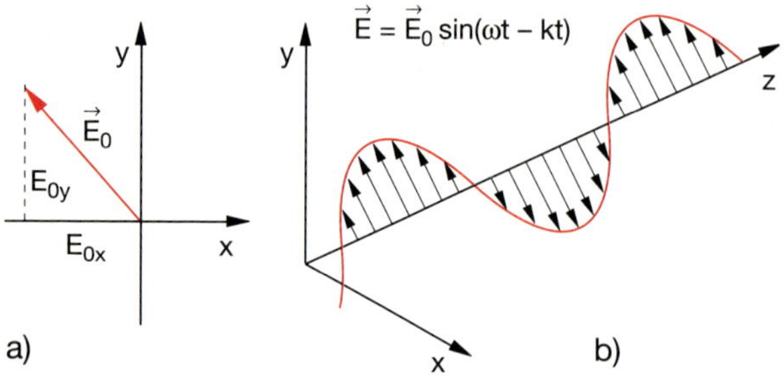

Abb. 7.4a,b. Linear polarisierte Welle $\boldsymbol{E} = \boldsymbol{E}_0 \cdot \cos(\omega t - kz)$. (**a**) Richtung des Vektors $\boldsymbol{E}$ in der x-y-Ebene. (**b**) Räumliche Darstellung des elektrischen Vektors $\boldsymbol{E}(z, t = t_1)$

7.4.2 Zirkular polarisierte Wellen

Sind die Beträge von E_{0x} und E_{0y} gleich, aber die Komponenten um 90° gegeneinander phasenverschoben, d.h. gilt

$$E_x = E_0 \mathrm{e}^{\mathrm{i}(\omega t - kz)} ,$$

$$E_y = E_0 \mathrm{e}^{\mathrm{i}(\omega t - kz + \pi/2)} , \tag{7.13a}$$

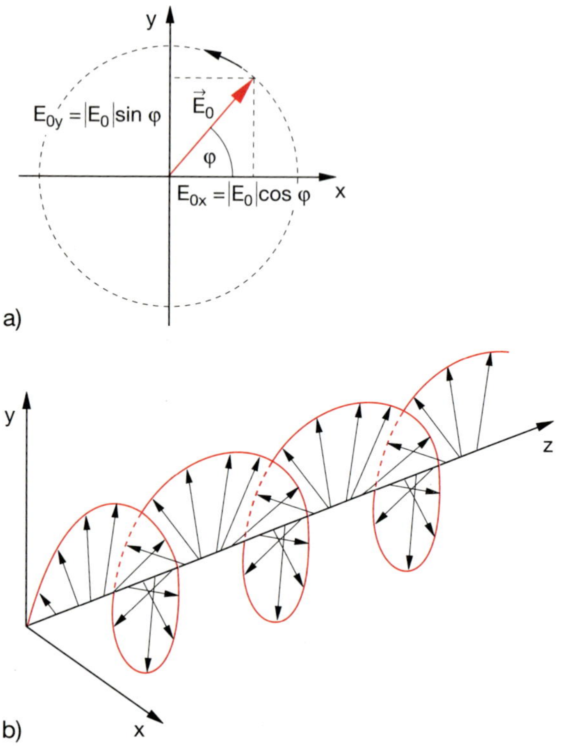

Abb. 7.5a,b. Zirkular polarisierte elektromagnetische Welle. (**a**) $\boldsymbol{E}_0(x, y)$; (**b**) räumliche Darstellung

so beschreibt die Spitze des Vektors

$$\begin{aligned} \boldsymbol{E}(z = 0, t) &= \left(E_0 \hat{\boldsymbol{e}}_x + E_0 \mathrm{e}^{\mathrm{i}\pi/2} \hat{\boldsymbol{e}}_y\right) \mathrm{e}^{\mathrm{i}\omega t} \\ &= E_0 (\hat{\boldsymbol{e}}_x + \mathrm{i} \hat{\boldsymbol{e}}_y) \mathrm{e}^{\mathrm{i}\omega t} \end{aligned}$$

einen Kreis in der x-y-Ebene. Der elektrische Vektor $\boldsymbol{E} = \boldsymbol{E}_0 \cdot \mathrm{e}^{\mathrm{i}(\omega t - kz)}$ beschreibt dann eine Kreisspirale um die z-Richtung (Abb. 7.5).

In Komponentendarstellung läßt sich (7.13a) zusammenfassend schreiben:

$$\begin{Bmatrix} E_x \\ E_y \end{Bmatrix} = E_0 \begin{Bmatrix} 1 \\ \mathrm{i} \end{Bmatrix} \mathrm{e}^{\mathrm{i}(\omega t - kz)} . \tag{7.13b}$$

7.4.3 Elliptisch polarisierte Wellen

Ist $E_{0x} \neq E_{0y}$ oder ist die Phasenverschiebung φ zwischen den beiden Komponenten E_x, E_y der Welle nicht gerade 90°, so beschreibt der $\boldsymbol{E}$-Vektor eine elliptische Spirale. Solche Wellen heißen *elliptisch polarisiert*.

7.4.4 Unpolarisierte Wellen

Wenn der $\boldsymbol{E}_0$-Vektor der Welle (7.9) keine zeitlich konstante Richtung hat und auch keine Ellipse durchläuft, sondern seine Richtung statistisch im Laufe der Zeit ändert, liegt eine unpolarisierte Welle vor.

Lichtwellen sind im allgemeinen unpolarisiert, weil sie eine Überlagerung der Anteile von vielen statistisch orientierten schwingenden Dipolen (den angeregten Atomen) darstellen.

Wie man polarisierte Lichtwellen herstellen und ihre Polarisation messen kann, wird im nächsten Kapitel erläutert.

7.5 Das Magnetfeld elektromagnetischer Wellen

Für eine in x-Richtung linear polarisierte Welle $\boldsymbol{E} = E_0 \cdot \hat{\boldsymbol{e}}_x \cdot \mathrm{e}^{\mathrm{i}(\omega t - kz)}$ erhalten wir durch Anwendung des Differentialoperators **rot** :

$$(\nabla \times \boldsymbol{E})_x = 0; \quad (\nabla \times \boldsymbol{E})_z = 0 ;$$

$$(\nabla \times \boldsymbol{E})_y = \frac{\partial E_x}{\partial z} . \tag{7.14}$$

Aus der Maxwell-Gleichung

$$\frac{\partial \boldsymbol{B}}{\partial t} = -(\nabla \times \boldsymbol{E})$$

folgt damit:

$$\frac{\partial B_x}{\partial t} = \frac{\partial B_z}{\partial t} = 0 \tag{7.15}$$

und damit $B_x(t) = \text{const}$ und $B_z(t) = \text{const}$.

Die Lösungen für die B_x- und B_z-Komponenten ergeben also nur zeitlich konstante Felder, die zur eigentlichen Welle nichts beitragen. Wir können die Randbedingungen immer so wählen, daß die Konstanten Null werden. Das $\boldsymbol{B}$-Feld der Welle hat dann nur eine y-Komponente. Aus (7.14) folgt

$$-\frac{\partial B_y}{\partial t} = \frac{\partial E_x}{\partial z} = -\mathrm{i}kE_x ,$$

woraus sich durch zeitliche Integration ergibt:

$$\begin{aligned} B_y &= \mathrm{i}kE_0 \int \mathrm{e}^{\mathrm{i}(\omega t - kz)} \cdot \mathrm{d}t \\ &= \frac{k}{\omega} E_0 \mathrm{e}^{\mathrm{i}(\omega t - kz)} . \end{aligned} \tag{7.16}$$

Mit der Relation $\omega/k = c$ wird dies zu $|\boldsymbol{B}| = \frac{1}{c}|\boldsymbol{E}|$.

Da $\boldsymbol{E} = \{E_x, 0, 0\}$ und $\boldsymbol{B} = \{0, B_y, 0\}$, steht $\boldsymbol{B}$ senkrecht auf $\boldsymbol{E}$ (Abb. 7.6). Beide Vektoren stehen wiederum senkrecht auf der Ausbreitungsrichtung $\boldsymbol{k}$. Wir können dies durch die Vektorgleichung

$$\boxed{\boldsymbol{B} = \frac{1}{\omega}(\boldsymbol{k} \times \boldsymbol{E})} \tag{7.16a}$$

beschreiben.

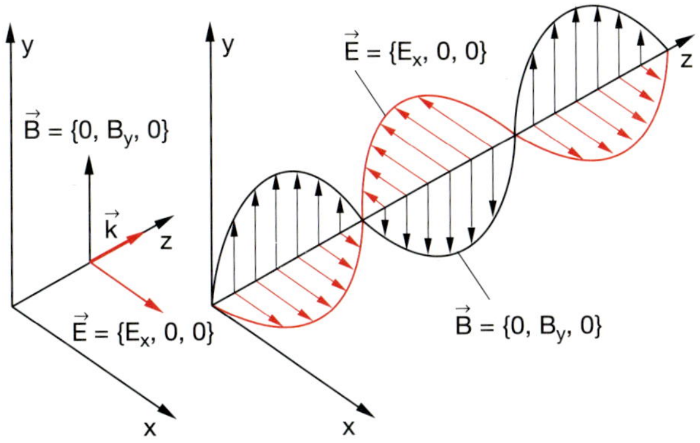

Abb. 7.6. Elektrischer und magnetischer Feldvektor einer linear polarisierten ebenen elektromagnetischen Welle

Bei einer ebenen elektromagnetischen Welle im Vakuum stehen elektrischer und magnetischer Feldvektor senkrecht aufeinander. Beide Felder schwingen in Phase. Der Betrag von $\boldsymbol{B}$ ist

$$|\boldsymbol{B}| = \frac{1}{c}|\boldsymbol{E}| . \tag{7.17}$$

$\boldsymbol{E}$ und $\boldsymbol{B}$ stehen senkrecht auf $\boldsymbol{k}$.

BEISPIELE

1. Eine 100 W-Glühbirne strahlt im sichtbaren Bereich eine Lichtleistung von etwa 5 W aus. In 2 m Entfernung fallen dann etwa 0,1 W auf eine Fläche von 1 m^2. Die elektrische Feldstärke ist dort $|\boldsymbol{E}| \approx 6\,\mathrm{V/m}$.
2. Filtert man aus dem Sonnenlicht ein Spektralintervall von $\Delta\lambda = 1\,\mathrm{nm}$ bei $\lambda = 500\,\mathrm{nm}$ heraus, so hat das durchgelassene grüne Licht eine Intensität auf der Erdoberfläche von etwa 4 W/m^2. Dies ergibt eine elektrische Feldstärke von etwa 40 V/m.
   Die magnetische Feldstärke ist dann $|\boldsymbol{B}| = 3{,}3 \cdot 10^{-9} \cdot 40\,\mathrm{Vs/m^2} = 1{,}3 \cdot 10^{-7}\,\mathrm{T} = 1{,}3 \cdot 10^{-3}$ Gauß. Dies ist sehr klein gegen das statische Erdmagnetfeld von 0,2 Gauß.

Der magnetische Anteil einer elektromagnetischen Welle hat (vor allem im sichtbaren Spektralbereich) einen wesentlich geringeren Einfluß als der elektrische Anteil. Die Ursache für die Wirkungen von Licht (z.B. Belichtung einer Photoplatte, Anregung der Sehzellen in unserer Netzhaut) ist überwiegend der *elektrische* Anteil der Welle.

Man beachte:

- Nur in großer Entfernung vom Hertzschen Dipol ($r \gg d_0$) sind $\boldsymbol{E}(t)$ und $\boldsymbol{B}(t)$ in Phase.
  In der Nahzone des Dipols ist der erste Term in (6.30) dominant, der proportional zu $\dot{p}$ ist und deshalb eine andere Phase hat als der zweite Term, der proportional zu $\ddot{p}$ ist.
  Am Dipol selbst sind $\boldsymbol{E}$ und $\boldsymbol{B}$ um 90° phasenverschoben, wie man aus Abb. 6.2 für Strom und Spannung eines Schwingkreises und aus den elektrischen und magnetischen Feldlinienbildern in Abb. 6.24 bzw. Abb. 6.25 erkennt.

- Die Relation $\boldsymbol{B} \perp \boldsymbol{E}$ und die Transversalität der elektromagnetischen Welle gelten allgemein nur im Vakuum. Liegen Ströme oder Raumladungen vor, so braucht $\boldsymbol{B}$ nicht mehr senkrecht auf $\boldsymbol{E}$ zu stehen.

7.6 Energie- und Impulstransport durch elektromagnetische Wellen

In Abschnitt 4.4 haben wir für die Energiedichte des elektromagnetischen Feldes den Ausdruck

$$w_{\text{em}} = \frac{1}{2}\varepsilon_0(E^2 + c^2B^2) = \varepsilon_0 E^2 \tag{7.18}$$

(wegen $B^2 = E^2/c^2$) erhalten (4.20). Diese Energiedichte wird von einer elektromagnetischen Welle mit der Ausbreitungsgeschwindigkeit c in der Ausbreitungsrichtung $\boldsymbol{k}$ des Wellenvektors transportiert (Abb. 7.7). Wir nennen die Energie, die pro Zeiteinheit durch die Flächeneinheit senkrecht zu $\boldsymbol{k}$ transportiert wird, die ***Intensität*** oder auch ***Energiestromdichte***

$$I = c \cdot \varepsilon_0 \cdot E^2 \,. \tag{7.19}$$

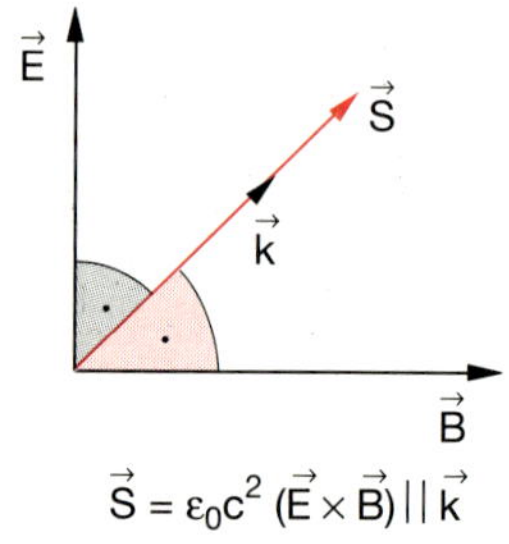

Abb. 7.7. Energietransport durch eine ebene Welle

Da $\boldsymbol{E} = \boldsymbol{E}_0 \cdot \sin(\omega t - \boldsymbol{k} \cdot \boldsymbol{r})$ eine periodische Funktion der Zeit ist, variiert bei linear polarisierten Wellen die Intensität

$$I(t) = I_0 \cdot \sin(\omega t - \boldsymbol{k} \cdot \boldsymbol{r}) \quad \text{mit} \quad I_0 = c\varepsilon_0 E_0^2$$

periodisch mit der Frequenz 2ω. Der zeitliche Mittelwert ist wegen $\langle \sin^2 \omega t \rangle = 1/2$

$$\boxed{\langle I(t) \rangle = \frac{1}{2} c \cdot \varepsilon_0 E_0^2} \,. \tag{7.20}$$

Anmerkung

Bei zirkular polarisierten Wellen ist wegen der Phasenverschiebung von 90° zwischen E_x und E_y-Komponente die Intensität

$$\begin{aligned} I &= c\varepsilon_0(E_x^2 + E_y^2) \\ &= c\varepsilon_0 E_0^2 \left[\sin^2(\omega t - \boldsymbol{k} \cdot \boldsymbol{r}) + \cos^2(\omega t - \boldsymbol{k} \cdot \boldsymbol{r})\right] \\ &= c\varepsilon_0 E_0^2 \end{aligned}$$

zeitlich konstant (im Gegensatz zur linear polarisierten Welle).

Die Richtung des Energieflusses wird durch den ***Poynting-Vektor***

$$\boldsymbol{S} = \boldsymbol{E} \times \boldsymbol{H} \tag{7.21a}$$

gegeben, der im Vakuum zu

$$\boldsymbol{S} = \varepsilon_0 c^2 (\boldsymbol{E} \times \boldsymbol{B}) \tag{7.21b}$$

wird. Der Betrag von $\boldsymbol{S}$ ist dann nach (7.17) und (7.20)

$$\begin{aligned} S = |\boldsymbol{S}| &= \varepsilon_0 c^2 |\boldsymbol{E}| \cdot |\boldsymbol{B}| \\ &= \varepsilon_0 c E^2 = I \,, \end{aligned} \tag{7.22}$$

und die Dimension von S ist

$$[S] = 1\,\text{W/m}^2 .$$

Gleichung (7.22) sieht man folgendermaßen ein:

Wir betrachten ein Volumen V im Vakuum (Abb. 7.8), in dem die Feldenergie

$$W_{\text{em}} = \int \varepsilon_0 E^2 \cdot \mathrm{d}V$$

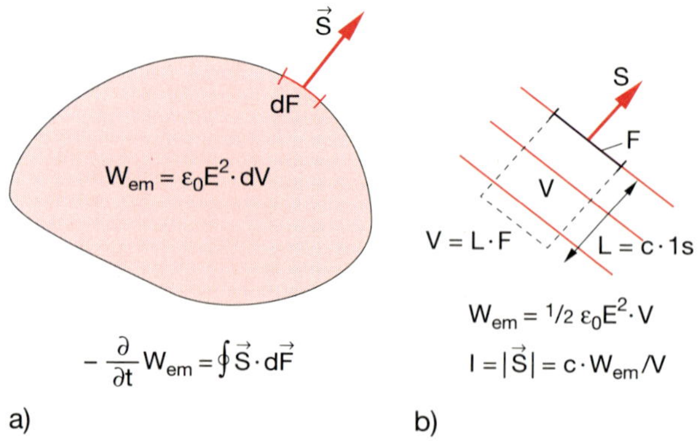

Abb. 7.8.a,b. Zur Herleitung des Poynting-Vektors als Vektor des Energieflusses pro Flächeneinheit. Bei einer ebenen Welle steht $\boldsymbol{S}$ senkrecht auf den Phasenebenen. Sein Betrag ist gleich $c \cdot w_{\text{em}} = c \cdot W_{\text{em}}/V$

enthalten ist. Der Energiefluß pro Zeiteinheit durch die Oberfläche F dieses Volumens muß gleich der zeitlichen Abnahme dieser Energie sein:

$$-\frac{\partial}{\partial t}\int \varepsilon_0 E^2 \cdot \mathrm{d}V = \oint \boldsymbol{S} \cdot \mathrm{d}\boldsymbol{F} = \int\limits_V \operatorname{div} \boldsymbol{S} \cdot \mathrm{d}V ,$$

wobei die letzte Gleichsetzung aus dem Gaußschen Satz folgt. Da dies für beliebige Volumina gelten muß (*Energie-Erhaltung*), folgt für die Integranden:

$$-\frac{\partial}{\partial t}(\varepsilon_0 E^2) = \operatorname{div} \boldsymbol{S} \,. \tag{7.23}$$

Bei einer ebenen elektromagnetischen Welle im Vakuum gilt: $\boldsymbol{E} \perp \boldsymbol{B}$, $\boldsymbol{E} \perp \boldsymbol{k}$ und $\boldsymbol{B} \perp \boldsymbol{k}$. Dann muß der Poynting-Vektor $\boldsymbol{S} = \varepsilon_0 c^2 (\boldsymbol{E} \times \boldsymbol{B})$ in Richtung des Wellenvektors $\boldsymbol{k}$, also in Ausbreitungsrichtung der Welle, zeigen (Abb. 7.7 und 7.8b).

Anmerkung

Dies gilt nicht mehr in anisotropen Medien, wo Energiefluß $\boldsymbol{S}$ und Ausbreitungsrichtung $\boldsymbol{k}$ in unterschiedliche Richtungen zeigen können (siehe Abschn. 8.6).

BEISPIELE

1. Während der Aufladung eines Kondensators baut sich zwischen den Platten ein elektrisches Feld $\boldsymbol{E}$ auf, und durch die Zuleitungen fließt ein Strom $I = \mathrm{d}Q/\mathrm{d}t$. Um das ansteigende elektrische Feld im Raum zwischen den Platten bilden sich ringförmige Magnetfeldlinien $\boldsymbol{B}$ (Abb. 7.9a). Der Poynting-Vektor $\boldsymbol{S} = \varepsilon_0 c^2 (\boldsymbol{E} \times \boldsymbol{B})$ zeigt radial nach innen.
   Der Energiestrom zum Aufbau des elektrischen Feldes ist also *nicht* parallel zum Zuleitungsdraht in z-Richtung gerichtet (wie man vermuten könnte), sondern die Energie strömt radial von außen in das Feldvolumen ein!

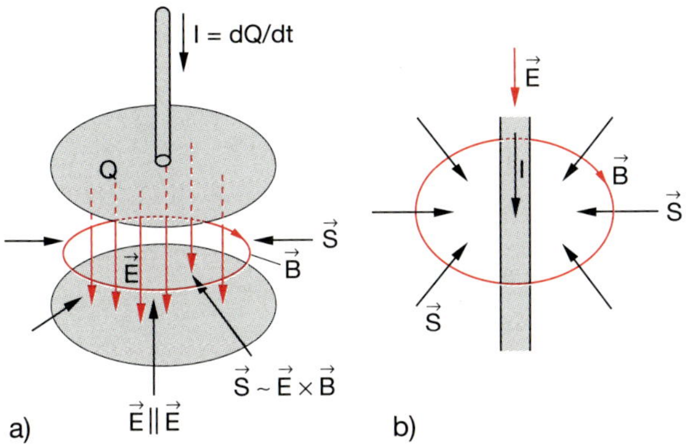

Abb. 7.9a,b. Richtung des Poynting-Vektors (**a**) beim Aufladen eines Kondensators, (**b**) beim Nachschub der in einem stromführenden Draht verbrauchten Jouleschen Wärme

2. Durch einen geraden Draht mit Widerstand R fließt ein konstanter Strom I, der im Draht die Joulesche Wärmeleistung $\mathrm{d}W_{\mathrm{el}}/\mathrm{d}t = I^2 \cdot R$ erzeugt. Die verbrauchte Leistung muß im stationären Betrieb natürlich nachgeliefert werden. Auch hier ist der Poynting-Vektor radial in den Draht hineingerichtet, d.h. die Energie strömt nicht durch den Draht, sondern radial von außen in den Draht (Abb. 7.9b). Die Erklärung dafür ist die folgende:
   Die den Strom tragenden Elektronen bewegen sich mit der sehr kleinen Driftgeschwindigkeit v_{D} (siehe Abschn. 2.2). Bei einem Strom von 10 A durch einen Draht von 1 mm^2 Querschnitt ist $v_{\mathrm{D}} \approx 0{,}8$ mm/s. Das elektrische Feld und das Magnetfeld des Stroms pflanzen sich aber beim Schließen des Stromschalters entlang dem Draht mit der Geschwindigkeit $v = (\varepsilon\varepsilon_0 \mu\mu_0)^{-1/2}$ fort. Die Energie wird daher durch das elektromagnetische Feld transportiert, nicht durch den materiellen Ladungstransport!

Einer ebenen elektromagnetischen Welle läßt sich nicht nur eine Energiestromdichte $\boldsymbol{S}$ zuordnen, sondern auch ein Impuls pro Volumeneinheit

$$\boldsymbol{\pi}_{\mathrm{St}} = \frac{1}{c^2}\boldsymbol{S} = \varepsilon_0 (\boldsymbol{E} \times \boldsymbol{B}) \,. \tag{7.24}$$

Er hat die Richtung des Poynting-Vektors $\boldsymbol{S}$ und den Betrag

$$|\boldsymbol{\pi}_{\mathrm{St}}| = \varepsilon_0 \cdot E \cdot B = w_{\mathrm{em}}/c = I/c^2 , \tag{7.25}$$

wobei I die Intensität der Welle ist.

Die Impulsdichte der elektromagnetischen Welle beträgt also $\pi_{\mathrm{St}} = w_{\mathrm{em}}/c$. Ein Teilchen, welches sich mit Lichtgeschwindigkeit c bewegt, hat die Energie $E = mc^2$ und den Impulsbetrag $p = m \cdot c = E/c$ (siehe Bd.1, Abschn. 4.4). Man kann deshalb in analoger Weise der elektromagnetischen Welle eine Massendichte $\varrho = w_{\mathrm{em}}/c^2 = (\varepsilon_0/c^2)\,E^2$ zuordnen.

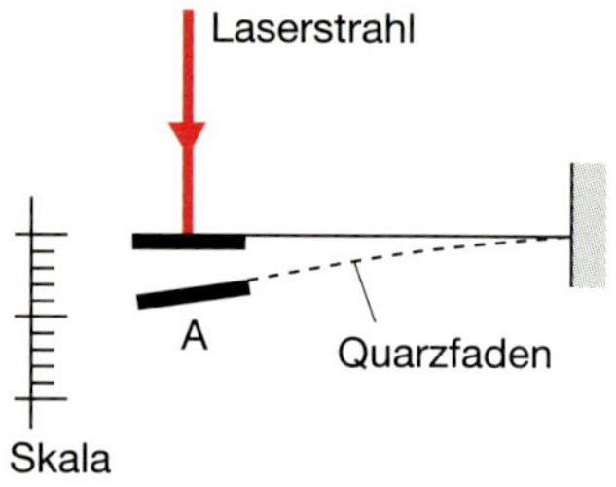

Abb. 7.10. Messung des Strahlungsdruckes durch die Auslenkung einer empfindlichen Quarzwaage mit absorbierender Fläche A

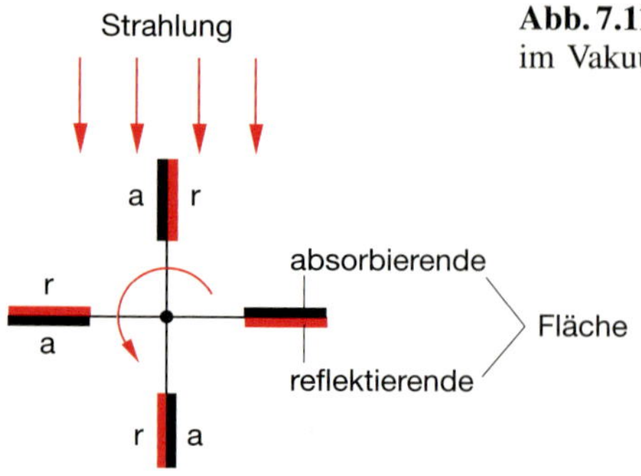

Abb. 7.11. Lichtmühle im Vakuum

Wird eine elektromagnetische Welle von einem Körper absorbiert (siehe Abschn. 8.2), so überträgt sie ihren Impuls auf diesen Körper, der daher einen Rückstoß erfährt. Bei der Reflexion der Welle wird der doppelte Impuls übertragen. Da der Impulsübertrag pro Sekunde und Flächeneinheit dem Druck auf die Fläche entspricht, ist der ***Strahlungsdruck*** der elektromagnetischen ebenen Welle bei senkrechtem Einfall auf einen völlig absorbierenden Körper

$$p_{\mathrm{St}} = c \cdot |\boldsymbol{\pi}_{\mathrm{St}}| = \varepsilon_0 E^2 = w_{\mathrm{em}} \tag{7.26}$$

mit

$$[w_{\mathrm{em}}] = 1\,\frac{\mathrm{Ws}}{\mathrm{m}^3} = 1\,\frac{\mathrm{N}}{\mathrm{m}^2}$$

gleich der Energiedichte des elektromagnetischen Feldes.

Man kann den Strahlungsdruck durch eine empfindliche Waage messen (Abb. 7.10).

BEISPIELE

1. Ein Lichtstrahl mit der Leistung $\overline{P}_{\mathrm{el}} = 10$ W fällt senkrecht auf eine absorbierende Fläche $A = 1\ \mathrm{mm}^2$. Er überträgt pro Sekunde den Impuls $|\mathrm{d}p/\mathrm{d}t| = \pi_{\mathrm{St}} \cdot A \cdot c$ auf die Fläche. Die wirkende Rückstoßkraft ist dann

$$\boldsymbol{F} = \frac{\mathrm{d}p}{\mathrm{d}t} = \overline{P}_{\mathrm{el}}/c\ . \tag{7.27}$$

   Ihr Betrag ist $F = 3{,}3 \cdot 10^{-8}$ N. Der Strahlungsdruck $p_{\mathrm{St}} = F/A = 3{,}3 \cdot 10^{-2}$ Pa ist also sehr klein und nur bei großen Lichtleistungen mit empfindlichen Waagen meßbar.
2. Mit sehr intensiven gepulsten Lasern mit Intensitäten bis zu $10^{18}\ \mathrm{W/cm^2}$ lassen sich Lichtdrücke bis zu 10^9 Bar $= 10^{14}\ \mathrm{N/m^2}$ erreichen [7.1].
3. Bei möglichst reibungsarmer Lagerung kann man mit Hilfe des Strahlungsdruckes eine „Lichtmühle“ im Vakuum betreiben, die aus vier Flächen besteht, welche auf einer Seite reflektierend und auf der anderen Seite absorbierend sind (Abb. 7.11). Da der Impulsübertrag auf die reflektierenden Flächen doppelt so groß ist wie auf die absorbierenden, wird ein Nettodrehmoment ausgeübt, welches die Mühle (gegen die Lagerreibung) in Drehung versetzt. Die im Handel erhältlichen Lichtmühlen drehen sich entgegengesetzt zu der in Abb. 7.11 angegebenen Richtung. Was ist der Grund dafür? (*Hinweis:* Es herrscht kein Vakuum in diesen Lichtmühlen, siehe Aufgabe 7.10).
4. Der Strahlungsdruck der Sonnenstrahlung ist einer der Gründe (neben dem Sonnenwind) für die Krümmung von Kometenschweifen (Abb. 7.12). Der Schweif eines Kometen entsteht aus Material des Kometenkerns, das beim Vorbeiflug des Kometen an der Sonne durch Absorption der Sonnenstrahlung verdampft. Er besteht aus neutralen Molekülen, aus Ionen und aus Staub. Die elektrisch geladene Ionenkomponente wird durch das Magnetfeld der Sonne und durch den Sonnenwind abgelenkt, die Staubkomponente wird stärker durch den Strahlungsdruck beein-

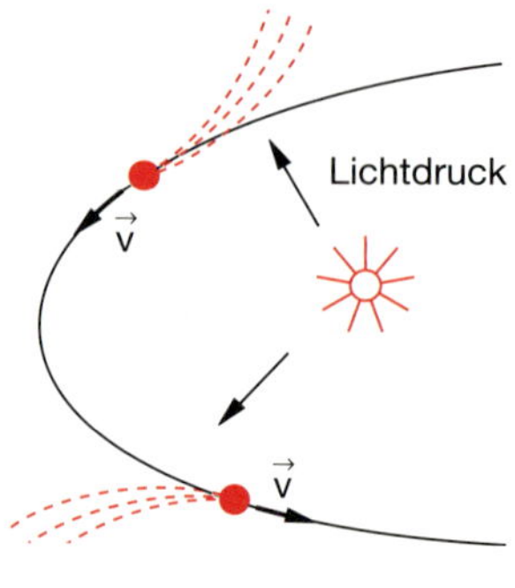

Abb. 7.12. Ablenkung eines Kometenschweifs durch den Strahlungsdruck der Sonnenstrahlung

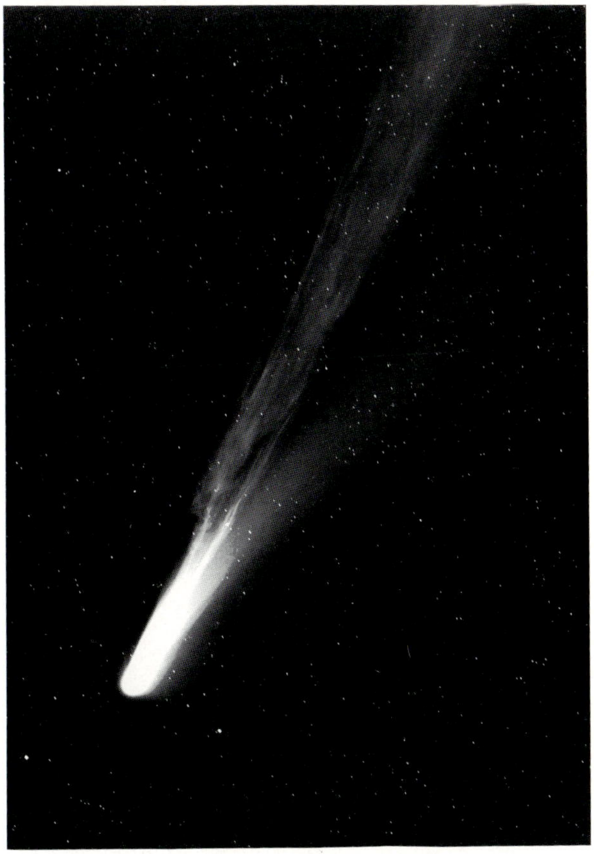

Abb. 7.13. Photographie des Kometen Mrkos, 1957 d. Mit freundlicher Genehmigung der Hale Observatories

flußt. Deshalb sieht man im allgemeinen zwei etwas verschieden gekrümmte Schweife (Abb. 7.13), wobei der Staubschweif stärker gekrümmt ist [7.2].

7.7 Messung der Lichtgeschwindigkeit

Nach unserem heutigen Kenntnisstand hängt die Ausbreitungsgeschwindigkeit von elektromagnetischen Wellen im Vakuum *nicht* von ihrer Frequenz ω ab. Dies bedeutet, daß Phasen- und Gruppengeschwindigkeit im Vakuum immer gleich sind, es gibt keine Dispersion! (Siehe Bd. 1, Abschn. 10.9.7).

$$v_{\mathrm{Ph}} = v_{\mathrm{G}} = \frac{\omega}{k} = c \,. \tag{7.28}$$

Man kann den Wert von c daher bei beliebigen Frequenzen bestimmen. Die meisten Messungen wurden bisher bei optischen Frequenzen durchgeführt [7.3]. Deshalb wird c auch allgemein als ***Lichtgeschwindigkeit*** bezeichnet, obwohl ihr Wert für das gesamte elektromagnetische Spektrum gleich ist.

7.7.1 Die astronomische Methode von Ole Rømer

Die älteste Methode zur Bestimmung der Lichtgeschwindigkeit basiert auf astronomischen Beobachtungen der Umlaufzeit der Jupitermonde. Diese Umlaufzeiten waren von mehreren Astronomen mit großer Genauigkeit vermessen worden, weil man ihre Verfinsterung, wenn sie vom Jupiter verdeckt wurden, und ihr Wiederauftauchen gut beobachten konnte. *Ole Christensen Rømer* (1644–1710) fand heraus, daß die aus den vorhandenen Tabellen für die Umlaufzeiten vorausberechneten Verfinsterungen eines Mondes gut mit den Beobachtungen übereinstimmten, wenn die Erde dem Jupiter nahe war (Stellung 1 in Abb. 7.14), der Jupiter also in Opposition zur Sonne stand, daß die beobachteten Verfinsterungen aber etwa 22 Minuten zu spät eintraten, wenn der Jupiter in Konjunktion (Stellung 2 der Erde) stand.

Im Gegensatz zu vielen zeitgenössischen Gelehrten führte *Rømer* diese Beobachtungsergebnisse auf die unterschiedliche Laufzeit des Lichtes vom Jupitermond zur Erde in den beiden Positionen 1 bzw. 2 zurück. Da der Durchmesser der Erdbahn ($D \approx 3 \cdot 10^{11}$ m) bereits gut bekannt war, konnte *Rømer* damit die Lichtgeschwindigkeit zu

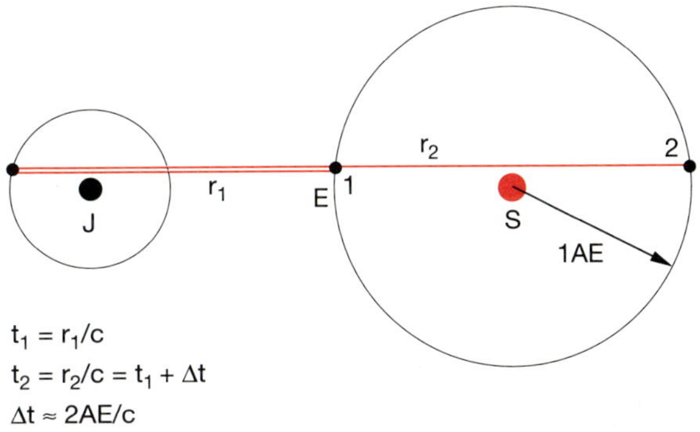

Abb. 7.14. Zur Bestimmung der Lichtgeschwindigkeit mit Hilfe der astronomischen Methode von *Ole Rømer*

$$c = \frac{3 \cdot 10^{11}\,\mathrm{m}}{22 \cdot 60\;\mathrm{s}} = 2{,}3 \cdot 10^8\,\mathrm{m/s}$$

bestimmen, ein Ergebnis, das vom wahren Wert nur um etwa 25% abweicht [7.3].

7.7.2 Die Zahnradmethode von Fizeau

Während *Rømer* als Meßstrecke eine große Entfernung ($3 \cdot 10^{11}$m) benutzte, konnte *Armand Fizeau* (1819–1896) die zeitliche Meßgenauigkeit so weit steigern, daß er mit einer Meßstrecke auf der Erde auskam. Er benutzte eine Anordnung (Abb. 7.15), bei der die Lichtquelle LQ durch ein astronomisches Fernrohr zu einem parallelen Lichtstrahl gebündelt wurde, welcher dann an einem Spiegel S in der Entfernung d reflektiert wurde. Ein Teil des reflektierten Lichtstrahls gelangte durch den Strahlteiler St in das Okular des Fernrohrs und konnte dort beobachtet werden.

Mit einem schnell rotierenden Zahnrad ZR wird der Strahl in der Brennebene der Linse L1 periodisch unterbrochen, so daß Lichtblitze der Dauer T_1 und der Frequenz $\nu = 1/\Delta T = 1/(2T_1)$ ausgesandt werden, wenn Steg und Lücke im Zahnrad gleiche Breite haben.

Dreht sich jetzt das Zahnrad mit einer Winkelgeschwindigkeit ω gerade so schnell, daß der von der Lücke n durchgelassene Lichtblitz nach Reflexion am Spiegel die nächste Lücke $(n+1)$ wieder passiert, dann sieht man Helligkeit. Bei schnellerer Umdrehung trifft der reflektierte Lichtpuls auf einen Steg und man beobachtet Dunkelheit, bei 2ω passiert er die Lücke $n+2$, usw.

Die Zeit zwischen zwei Lücken ist bei N Zähnen und N Lücken

$$\Delta T = \frac{2\pi}{\omega}\frac{1}{N}\,,$$

so daß die Lichtgeschwindigkeit zu

$$c = \frac{2d}{\Delta T} = \frac{d \cdot N \cdot \omega}{\pi} = 2dN \cdot f$$

bestimmt werden kann, wobei f die Drehfrequenz des Zahnrads ist.

Fizeau wählte als Meßstrecke die Entfernung $d = 8{,}6\,\mathrm{km}$ zwischen den Gipfeln zweier Berge. Sein Zahnrad hatte $N = 720$ Zähne und drehte sich mit der Frequenz $\nu = n \cdot f = n \cdot 24\,\mathrm{Hz}$ $(n = 1, 2, \ldots)$.

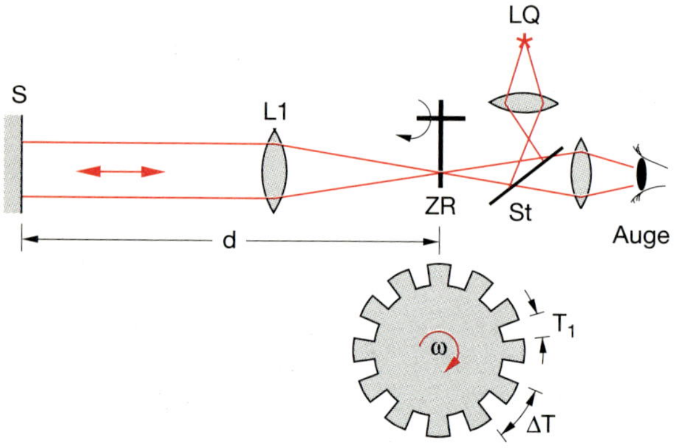

Abb. 7.15. Messung der Lichtgeschwindigkeit mit der Zahnradmethode von *Fizeau*

7.7.3 Phasenmethode

Statt mit einem Zahnrad wie bei der Fizeau-Methode kann man das Licht heutzutage mit optischen Modulatoren mit wesentlich höherer Frequenz f unterbrechen (Abb. 7.16). Dazu verwendet man einen gebündelten, parallelen Lichtstrahl eines Helium-Neon-Lasers, der durch eine ***Pockels-Zelle*** geschickt wird (dies ist ein elektrooptischer Modulator, welcher die Polarisationsebene des Lichtes im Takte einer angelegten Hochfrequenzspannung mit der Frequenz f dreht). Hinter einem Polarisator P wird dadurch die transmittierte Lichtintensität I_t gemäß

$$I_t = I_0\left[1 + \cos^2(2\pi ft)\right]$$

moduliert. Ein Teil des Strahls wird durch einen Strahlteiler auf die schnell reagierende Photodiode PD1 gelenkt. Nach Reflexionen an einem Spiegel

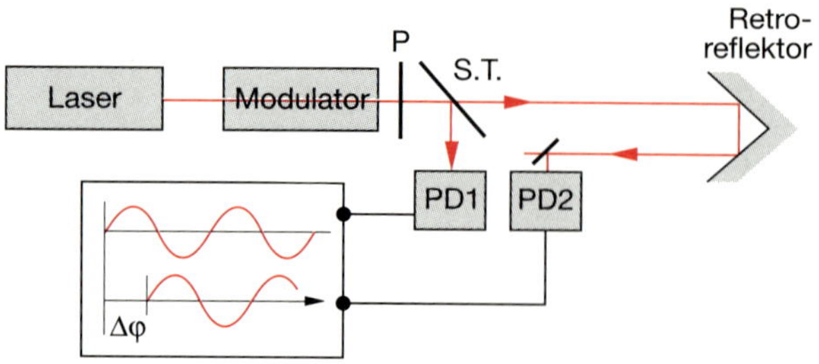

Abb. 7.16. Phasenmethode zur Messung der Lichtgeschwindigkeit

wird der andere Teilstrahl mit einer zweiten schnellen Photodiode nachgewiesen und die Phasenverschiebung $\Delta\varphi$ zwischen den Ausgangsspannungen der Dioden PD1 und PD2 in Abb. 7.16 gemessen. Die Laufzeit $\Delta T = 2d/c$ des Lichtes über die Strecke $2d$ ist dann mit der Phasenverschiebung $\Delta\varphi$ verknüpft über

$$\Delta T = \Delta\varphi/(2\pi f) \, .$$

BEISPIEL

$f = 10^7$ Hz, $d = 3$ m, $\Rightarrow \Delta\varphi = 2\pi f \cdot \Delta T = 2\pi f \cdot 2d/c \approx 72°$. Man kann φ auf 0,1° genau messen. Damit folgt eine Meßgenauigkeit von 0,14%.

7.7.4 Bestimmung von c aus der Messung von Frequenz und Wellenlänge

Aus der Relation

$$c = \nu \cdot \lambda$$

für elektromagnetische Wellen läßt sich die Lichtgeschwindigkeit c bestimmen, wenn man Frequenz ν und Wellenlänge λ einer Lichtwelle eines frequenzstabilen Lasers gleichzeitig mißt.

Dies ist mit modernen Methoden der Interferometrie (Abschn. 10.4) und der Frequenzmischung möglich [7.4]. Der genaueste gemessene Wert ist (als gewichteter Mittelwert verschiedener Messungen)

$$c = 2{,}99792458 \cdot 10^8 \text{ m/s} \, .$$

Dieser Wert wird heute als *Definitionswert* benutzt, um die Längeneinheit 1 Meter zu definieren (siehe Bd. 1, Abschn. 1.6.1), so daß nur noch die *Frequenz* ν zu messen ist. Die Wellenlänge λ wird also als Quotient

$$\lambda = c/\nu$$

aus dem *Definitionswert* c und dem *gemessenen Wert für die Frequenz* ν bestimmt [7.5].

7.8 Stehende elektromagnetische Wellen

Stehende elektromagnetische Wellen können, genau wie mechanische Wellen, erzeugt werden durch phasenrichtige Überlagerung verschiedener, in verschiedene Richtungen laufender Wellen gleicher Frequenz ω.

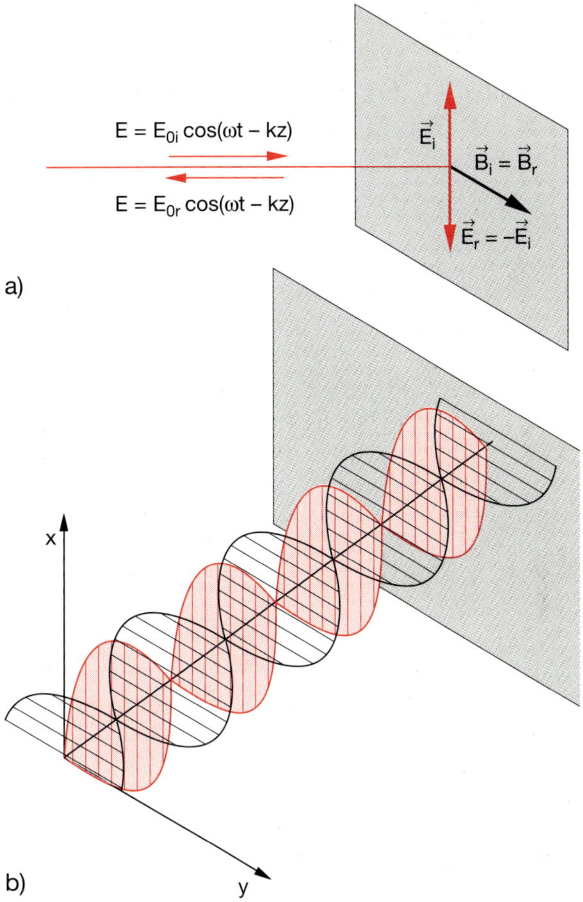

Abb. 7.17a,b. Eindimensionale stehende elektromagnetische Welle, die durch Reflexion an einer leitenden Ebene bei $z = 0$ durch Überlagerung mit der einfallenden Welle erzeugt wurde

7.8.1 Eindimensionale stehende Wellen

Eindimensionale stehende Wellen entstehen durch Reflexion einer ebenen Welle, die senkrecht auf eine leitende Ebene fällt (siehe Bd. 1, Abschn. 10.12). Betrachten wir z.B. eine ebene linear polarisierte Welle $E = E_{0x}\cos(\omega t - kz)$ in z-Richtung mit dem elektrischen Vektor $\boldsymbol{E} = \{E_x, 0, 0\}$ und dem magnetischen Vektor $\boldsymbol{B} = \{0, B_y, 0\}$ (Abb. 7.17).

Da auf der Oberfläche eines idealen Leiters bei $z = 0$ keine Tangentialkomponente E_x existieren kann, gilt am Ort der Ebene $z = 0$:

$$\boldsymbol{E}(z=0) = \boldsymbol{E}_{0\mathrm{i}} + \boldsymbol{E}_{0\mathrm{r}} = \boldsymbol{0}$$
$$\Rightarrow \boldsymbol{E}_{0\mathrm{i}} = -\boldsymbol{E}_{0\mathrm{r}} \,. \tag{7.29}$$

Die Überlagerung von einfallender Welle $\boldsymbol{E}_\mathrm{i}$ und reflektierter Welle $\boldsymbol{E}_\mathrm{r}$ ergibt:

$$\boldsymbol{E}(z,t) = \boldsymbol{E}_{0\mathrm{i}} \cos(\omega t - kz) + \boldsymbol{E}_{0\mathrm{r}} \cos(\omega t + kz)$$
$$= 2\boldsymbol{E}_0 \cdot \sin(kz) \cdot \sin(\omega t) \tag{7.30}$$

mit $\boldsymbol{E}_0 = \boldsymbol{E}_{0\mathrm{i}} = -\boldsymbol{E}_{0\mathrm{r}}$. Für den magnetischen Anteil erhalten wir aus der Relation

$$\frac{\partial E_x}{\partial z} = -\frac{\partial B_y}{\partial t} \,,$$

die aus der Maxwell-Gleichung $\mathbf{rot}\, \boldsymbol{E} = -\dot{\boldsymbol{B}}$ folgt:

$$\boldsymbol{B}(z,t) = 2\boldsymbol{B}_0 \cos(kz) \cdot \cos(\omega t) \tag{7.31}$$

mit $\boldsymbol{B}_0 = \{0, (k/\omega) \cdot E_0, 0\}$. Zwischen den Maxima von $\boldsymbol{E}$ und denen von $\boldsymbol{B}$ tritt also eine räumliche Verschiebung von $\lambda/4$ auf und eine zeitliche Verschiebung von $T/4 = \pi/2\omega$, im Gegensatz zur laufenden Welle, bei der $\boldsymbol{E}$ und $\boldsymbol{B}$ in Phase schwingen.

Der Grund für die Phasenverschiebung ist der Phasensprung der elektrischen Komponente $\boldsymbol{E}$ bei der Reflexion (7.29), welcher bei der magnetischen Komponente nicht auftritt (siehe Abschn. 8.5). Diese hat gemäß (7.31) Maxima bei $z = 0$ und erleidet keinen Phasensprung bei der Reflexion.

Solche eindimensionalen stehenden elektromagnetischen Wellen im Wellenlängenbereich von etwa 0,1–1 m kann man gut mit einer Dipolantenne nachweisen, welche man in z-Richtung bewegt und in deren Mitte ein Glühlämpchen angebracht ist (Abb. 7.18). An den Maxima der elektrischen Feldstärke leuchtet das Lämpchen hell auf, an den Nullstellen ist es dunkel.

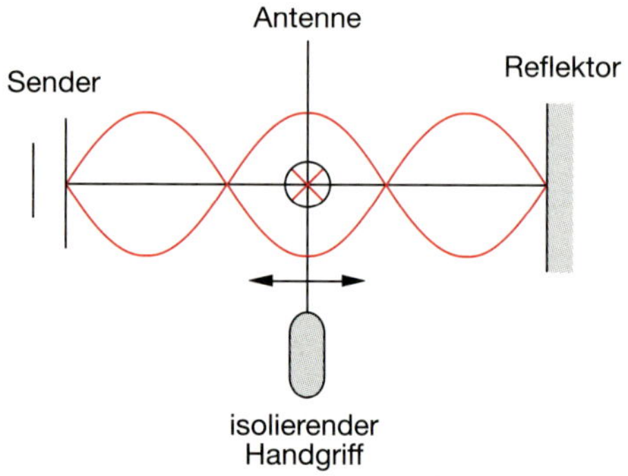

Abb. 7.18. Nachweis einer eindimensionalen stehenden elektromagnetischen Welle mit Hilfe einer Dipolantenne

7.8.2 Dreidimensionale stehende Wellen; Hohlraumresonatoren

Wir betrachten einen Quader aus ideal leitenden Wänden mit den Kantenlängen a, b und c (Abb. 7.19). Legen wir den Koordinatenursprung in eine Ecke des Quaders und die Koordinatenachsen in die Kanten, so gelten für die elektrische Feldstärke $\boldsymbol{E} = \{E_x, E_y, E_z\}$ die Randbedingungen, daß die Tangentialkomponenten auf den Wänden Null sein müssen. Das heißt:

$$\begin{aligned} E_x &= 0 \quad \text{für} \quad z = 0, c \quad \text{und} \quad y = 0, b\,; \\ E_y &= 0 \quad \text{für} \quad x = 0, a \quad \text{und} \quad z = 0, c\,; \\ E_z &= 0 \quad \text{für} \quad x = 0, a \quad \text{und} \quad y = 0, b\,. \end{aligned} \tag{7.32a}$$

Wird eine elektromagnetische Welle mit Wellenvektor $\boldsymbol{k} = \{k_x, k_y, k_z\}$ im Hohlraum erzeugt, so wird sie an den Wänden reflektiert. Die Überlagerung der verschiedenen Komponenten mit Wellenvektoren $\{\pm k_x, \pm k_y, \pm k_z\}$ führt genau dann zu stationären stehenden Wellen im Hohlraum, wenn die Randbedingungen

$$k_x = n\pi/a; \;\; k_y = m\pi/b; \;\; k_z = q\pi/c \tag{7.32b}$$

erfüllt sind, wobei n, m, q ganze Zahlen sind. Für den Betrag des Wellenvektors $\boldsymbol{k}$ folgt wegen

$$|\boldsymbol{k}| = \sqrt{k_x^2 + k_y^2 + k_z^2}$$

und den Randbedingungen (7.32b) die Bedingung

$$|\boldsymbol{k}| = k = \pi\sqrt{\frac{n^2}{a^2} + \frac{m^2}{b^2} + \frac{q^2}{c^2}} \,. \tag{7.33}$$

Für die möglichen Frequenzen ω einer beliebigen stehenden Welle im Quader erhalten wir wegen $\omega = c \cdot k$

$$\omega = c \cdot \pi\sqrt{\frac{n^2}{a^2} + \frac{m^2}{b^2} + \frac{q^2}{c^2}} \,. \tag{7.34}$$

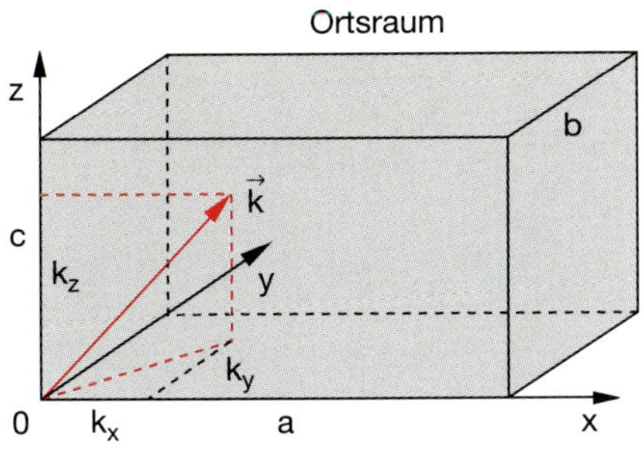

a)

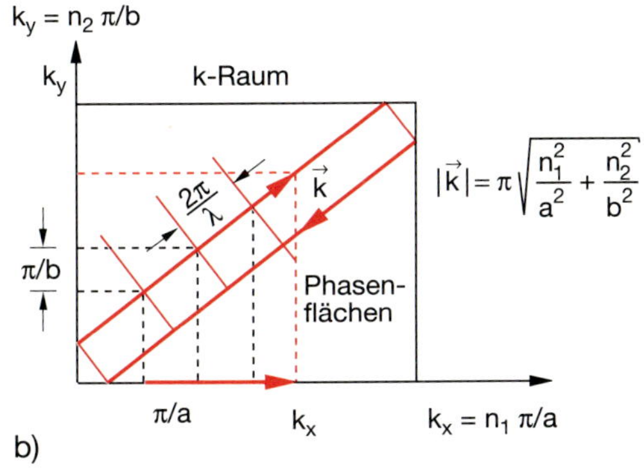

b)

Abb. 7.19a,b. Quader aus leitenden Wänden als Hohlraumresonator für stehende elektromagnetische Wellen. (**a**) Darstellung im Ortsraum; (**b**) Illustration der Randbedingung (7.32b) und (7.33)

In unserem Quader sind also nur solche stehenden Wellen möglich, welche die Form

$$\boldsymbol{E}_{n,m,q} = \boldsymbol{E}_0(n,m,q) \cdot \cos \omega t$$

haben mit $\boldsymbol{E}_0 = \{E_{0x}, E_{0y}, E_{0z}\}$ und

$$\begin{aligned} E_{0x} &= A \cdot \cos\left(\frac{\pi n}{a}\, x\right) \sin\left(\frac{\pi m}{b}\, y\right) \sin\left(\frac{\pi q}{c}\, z\right), \\ E_{0y} &= B \cdot \sin\left(\frac{\pi n}{a}\, x\right) \cos\left(\frac{\pi m}{b}\, y\right) \sin\left(\frac{\pi q}{c}\, z\right), \\ E_{0z} &= C \cdot \sin\left(\frac{\pi n}{a}\, x\right) \sin\left(\frac{\pi m}{b}\, y\right) \cos\left(\frac{\pi q}{c}\, z\right). \end{aligned} \tag{7.35}$$

Ihre Feldamplitude $\boldsymbol{E}_0$ steht senkrecht auf dem Wellenvektor $\boldsymbol{k}$, der den Randbedingungen (7.32b) genügt.

Wir nennen den ideal leitenden Kasten einen ***Hohlraumresonator*** und die in ihm möglichen stehenden Wellen (7.35) seine Eigenschwingungen oder ***Resonatormoden***.

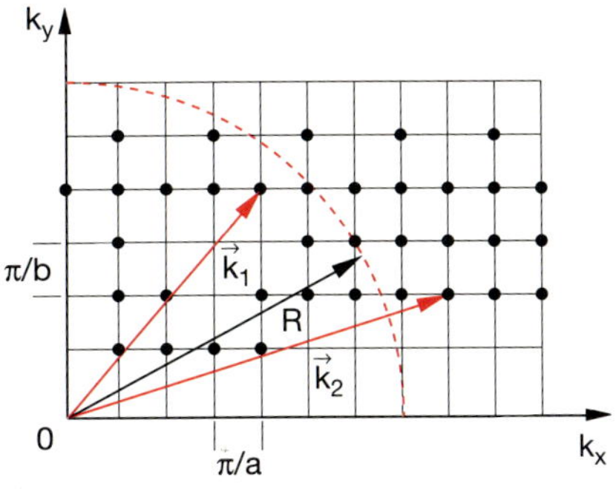

$\vec{k}_1 = \{\frac{4\pi}{a}, \frac{4\pi}{b}\}$; $\vec{k}_2 = \{\frac{8\pi}{a}, \frac{2\pi}{b}\}$

Abb. 7.20. Darstellung der ***k***-Vektoren möglicher stehender Wellen im Resonator als Gitterpunkte im ***k***-Raum

Die Frage ist nun, wie viele solcher Eigenschwingungen mit Frequenzen ω bis zu einer vorgegebenen Grenzfrequenz ω_G es in dem Resonator gibt.

Um die Rechnung einfacher zu machen, betrachten wir statt des Quaders den Spezialfall des Würfels mit $a = b = c$. Die Frequenzbedingung (7.34) wird dann

$$\begin{aligned} \omega &= \frac{c \cdot \pi}{a} \sqrt{n^2 + m^2 + q^2} \\ &\Rightarrow n^2 + m^2 + q^2 = \omega^2 a^2 / (c^2 \pi^2)\,. \end{aligned} \tag{7.36}$$

In einem Koordinatensystem mit den Achsen k_x, k_y und k_z bilden die Punkte $(n,\ m,\ q)$ ein Gitter mit den Gitterkonstanten π/a (Abb. 7.20). Es gibt also genauso viele Eigenschwingungen im Hohlraum wie Gitterpunkte im k-Raum. In diesem Raum stellt (7.33) die Gleichung einer Kugel mit dem Radius $|\boldsymbol{k}| = \pi/a\sqrt{n^2 + m^2 + q^2} = \omega/c$ dar. Für $n^2 + m^2 + q^2 \gg 1$ ist der Kugelradius k groß gegen die Gitterkonstante π/a, d.h. $\lambda \ll 2a$. Dann wird die Zahl der Gitterpunkte mit $n, m, q > 0$ gut angenähert durch die Zahl der Einheitszellen $(\pi/a)^3$ im Kugeloktanten (Abb. 7.21) mit dem Volumen im k-Raum

$$V_k = \frac{1}{8} \cdot \frac{4\pi}{3} k^3 = \frac{\pi}{6} \left(\frac{a\omega}{\pi c}\right)^3. \tag{7.37}$$

Berücksichtigt man noch, daß jede stehende Welle eine beliebige Polarisationsrichtung haben kann, die man jedoch immer als Linearkombination aus zwei zueinander senkrecht polarisierten Wellen darstellen kann (d.h. für eine stehende Welle in z-Rich-

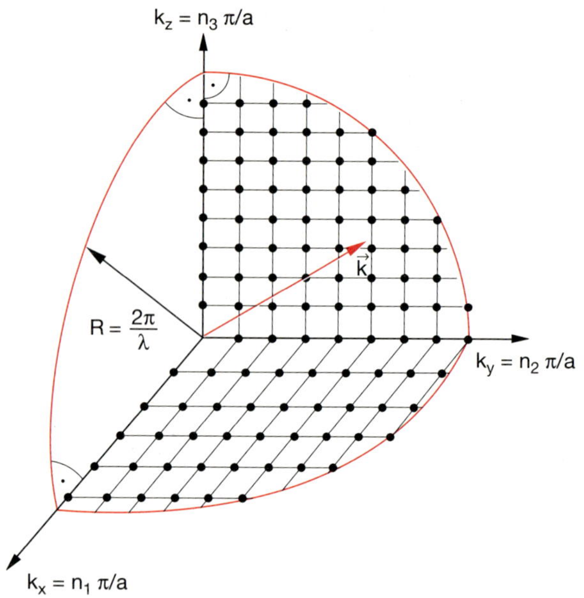

Abb. 7.21. Zur Herleitung der Zahl möglicher Eigenschwingungen im kubischen Resonator

tung $\boldsymbol{E} = \boldsymbol{E}_0 \cdot \sin kz \cdot \sin \omega t$ ist $\boldsymbol{E}_0 = E_{0x}\hat{\boldsymbol{e}}_x + E_{0y}\hat{\boldsymbol{e}}_y$), so erhalten wir die Zahl der möglichen Eigenschwingungen im Hohlraumresonator mit Frequenzen ω, die kleiner sind als eine vorgegebene Grenzfrequenz ω_G

$$N(\omega \leq \omega_G) = \frac{\pi}{3}\left(\frac{a \cdot \omega_G}{\pi c}\right)^3 = \frac{8\pi \nu_G^3 a^3}{3c^3}, \tag{7.38a}$$

wobei wir $\nu_G = \omega_G/2\pi$ eingesetzt haben. Dividiert man durch das Volumen im Ortsraum $V = a^3$ des Resonators, so erhält man die Zahl der Moden pro Volumeneinheit mit $\nu \leq \nu_G$

$$N/V = n = \frac{8\pi \nu_G^3}{3c^3}. \tag{7.38b}$$

Oft interessiert die spektrale Modendichte, d.h. die Zahl der möglichen Eigenschwingungen des Resonators innerhalb des Frequenzintervalls ν bis $\nu + \Delta\nu$ mit $\Delta\nu = 1\,\text{Hz}$.

Aus (7.38b) ergibt sich durch Differentiation nach ν:

$$n(\nu) = \frac{8\pi\nu^2}{c^3}, \tag{7.39}$$

$n(\nu)$ heißt ***spektrale Modendichte***.

Anmerkung

- Die obigen Ergebnisse erhält man in einer ganz allgemeinen Form, wenn man die Wellengleichung

$$\Delta \boldsymbol{E} = \frac{1}{c^2}\frac{\partial^2 E}{\partial t^2}$$

löst unter den Randbedingungen $\boldsymbol{E}_t = \boldsymbol{0}$ für $x = 0, a$; $y = 0, b$; $z = 0, c$. Die allgemeine stationäre Lösung ist dann die Linearkombination

$$\boldsymbol{E}(\boldsymbol{r}, t) = \sum_n \sum_m \sum_q \boldsymbol{E}_{n,m,q} \tag{7.40}$$

der Resonatormoden (7.35) [7.6].

- Bei nicht quaderförmigen Resonatoren kann man die Lösungen nicht immer analytisch angeben. Bei Kreiszylindern erhält man z.B. statt der Sinusfunktion in (7.35) Besselfunktionen als Amplitudenfaktoren der Resonatormoden [7.7].

7.9 Wellen in Wellenleitern und Kabeln

Wellenleiter, oft auch ***Hohlleiter*** genannt, sind Resonatoren mit offenen Endflächen, so daß außer stehenden Wellen auch fortschreitende Wellen in Richtung der offenen Enden möglich sind, die aber in den dazu senkrechten Richtungen räumlich begrenzt sind. Sie erhalten eine wachsende Bedeutung, nicht nur in der Mikrowellentechnik, sondern auch in der Optik als optische Lichtwellenleiter in Quarzfasern und in integrierten optoelektronischen Schaltungen. Wir wollen nun untersuchen, welchen Einfluß die durch die Begrenzungen gegebenen Randbedingungen auf die Lösungen der Wellengleichung (7.3) haben.

7.9.1 Wellen zwischen zwei planparallelen leitenden Platten

Wir betrachten als einfaches Beispiel zwei planparallele leitende Platten im Abstand $\Delta x = a$, zwischen denen elektromagnetische Wellen hin- und herlaufen (Abb. 7.22). Eine Welle $\boldsymbol{E} = \{0, E_y, 0\}$ mit dem Wellenvektor $\boldsymbol{k} = \{k_x, 0, k_z\}$ wird abwechselnd an der oberen Wand bei $x = a$ und an der unteren

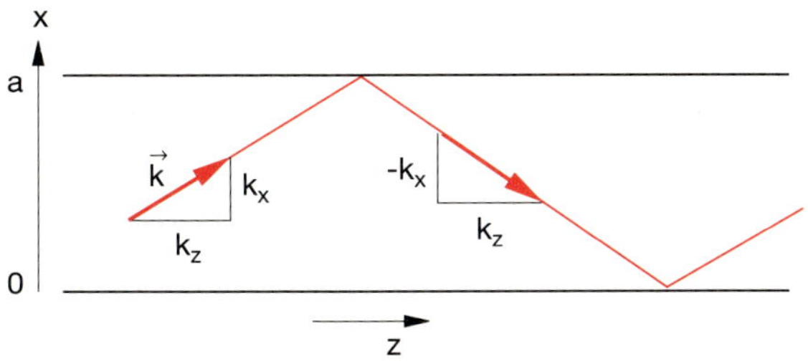

Abb. 7.22. Wellenausbreitung zwischen zwei planparallelen Platten

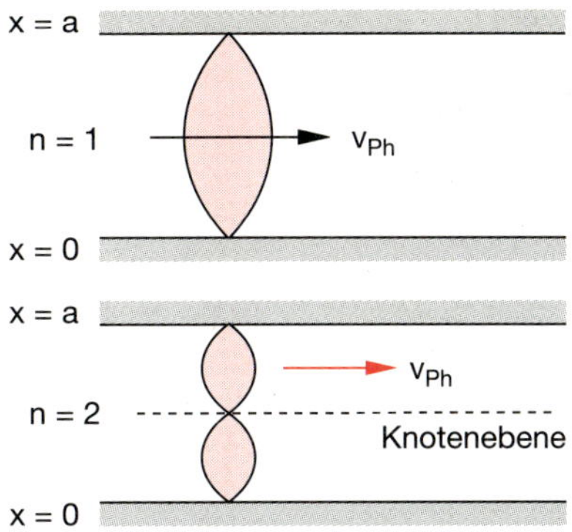

Abb. 7.23. Die Randbedingungen $k_x = n \cdot \pi / a$ für die k_x-Komponente einer zwischen zwei leitenden Platten in den Ebenen $x = 0$ und $x = a$ laufenden Welle führen zu Feldverteilungen $E_y(x)$ wie bei eindimensionalen stehenden Wellen

Wand bei $x = 0$ reflektiert. Bei der Reflexion wechselt k_x sein Vorzeichen, während k_z erhalten bleibt. Die Welle erleidet einen Phasensprung von π, so daß die Amplitude $\boldsymbol{E}$ ihr Vorzeichen umkehrt.

Im Raum zwischen den Platten entsteht daher eine Überlagerung der Welle mit $\boldsymbol{k} = \{k_x, 0, k_z\}$ und der reflektierten Welle mit $\boldsymbol{k} = \{-k_x, 0, k_z\}$. Das Gesamtwellenfeld ist dann

$$\begin{aligned}\boldsymbol{E} &= \boldsymbol{E}_0 \big[\sin(\omega t - k_x x - k_z z) \\ &\quad - \sin(\omega t + k_x x - k_z z) \big] \\ &= -2\boldsymbol{E}_0 \sin(k_x x) \cdot \cos(\omega t - k_z z) \qquad (7.41) \\ &\quad \text{mit} \quad \boldsymbol{E}_0 = \{0, E_{0y}, 0\}.\end{aligned}$$

Weil allgemein die Tangentialkomponente der elektrischen Feldstärke $\boldsymbol{E}_t = \{0, E_y, E_z\}$ auf den leitenden Ebenen $x = 0$ und $x = a$ Null sein muß, erhalten wir, analog zu den Überlegungen im vorigen Abschnitt, die Randbedingung:

$$k_x = n \cdot \pi / a \quad (n = 1, 2, 3, \ldots) \,. \qquad (7.42)$$

Für die Komponente k_z des Wellenvektors $\boldsymbol{k}$ gibt es dagegen keine Einschränkung durch Randbedingungen.

Die durch (7.41) beschriebene Welle ist wesentlich verschieden von den stehenden Wellen (7.32) bzw. (7.35), denn (7.41) stellt eine in z-Richtung *laufende* Welle dar, deren Amplitude $-2E_0 \sin(k_x x)$ eine Funktion der Koordinate x ist (Abb. 7.23).

Die Feldstärke $\boldsymbol{E}$ der Welle (7.41) ist wegen (7.42) Null in den Ebenen

$$x = \frac{\pi}{2k_x} = \frac{a}{2n} \,. \qquad (7.43)$$

Man nennt diese Ebenen auch Knotenebenen (Abb. 7.23).

Man beachte:

- Außer den hier diskutierten speziellen Wellen mit der Amplitude $\boldsymbol{E}_0 = \{0, E_{0y}, 0\}$ ergibt die Wellengleichung (7.3) mit den Randbedingungen $E_0 = 0$ für $x = 0$ und $x = a$ unendlich viele weitere Lösungen mit Amplituden $\boldsymbol{E}_0 = \{E_{0x}, E_{0y}, E_{0z}\}$. Beispiele sind:

  $$\boldsymbol{E} = (\boldsymbol{A} \sin k_x x + \boldsymbol{B} \cos k_x x) \cos(\omega t - k_z z)$$

  mit $\boldsymbol{A}, \boldsymbol{B} \parallel \hat{\boldsymbol{e}}_x$ oder Wellen mit einer Amplitude $\boldsymbol{E}_0 = \{0, 0, E_{0z}\}$ in z-Richtung.
  Man unterscheidet zwei Typen von Lösungen: Steht der elektrische Vektor senkrecht zur Ausbreitungsrichtung, d.h. ist $\boldsymbol{E}_0 = \{E_{0x}, E_{0y}, 0\}$, so nennt man die Wellen ***TE-Wellen*** (transversal-elektrisch). Hat $\boldsymbol{E}$ eine von Null verschiedene Komponente E_z, so muß die magnetische Feldstärke $\boldsymbol{B} = \{B_{0x}, B_{0y}, 0\}$ senkrecht auf der Ausbreitungsrichtung stehen. Man nennt solche Wellen ***TM-Wellen*** (siehe Abschn. 7.9.2).
- Die Einschränkung der Welle durch die Wände bei $x = 0$ bewirkt eine räumliche Modulation der Feldamplitude in x-Richtung, während bei einer unendlich ausgedehnten ebenen Welle in z-Richtung die Feldamplitude unabhängig von x oder y ist.

Der zweite Faktor in (7.41) beschreibt die in z-Richtung laufende Welle $\cos(\omega t - k_z z)$, die sich mit der Phasengeschwindigkeit

$$v_{Ph} = \frac{\omega}{k_z} \qquad (7.44a)$$

in z-Richtung ausbreitet.

Da die Lichtgeschwindigkeit im Vakuum durch $c = \omega/k = \omega/(k_x^2 + k_z^2)^{1/2}$ gegeben ist, läßt sich (7.44a) auch schreiben als

$$v_{Ph} = \frac{c}{k_z}\sqrt{k_x^2 + k_z^2}$$
$$= c \cdot \sqrt{1 + (k_x/k_z)^2} \geq c\,! \qquad (7.44b)$$

Dies zeigt das überraschende Ergebnis, daß sich die Welle in dem Wellenleiter mit einer Phasengeschwindigkeit $v_{Ph} > c$, also schneller als im freien Raum, ausbreitet!

Die Gruppengeschwindigkeit

$$v_G = \frac{d\omega}{dk_z} = \frac{d\omega}{dk} \cdot \frac{dk}{dk_z}$$
$$= \frac{c^2}{\omega} k_z = \frac{c^2}{v_{Ph}} < c, \qquad (7.45)$$

ist jedoch kleiner als für Wellen im freien Raum, wo $v_G = v_{Ph} = c$ gilt. Wellen in Hohlleitern zeigen also Dispersion, d.h. die Phasengeschwindigkeit $v_{Ph} = \omega/k$ und damit auch die Gruppengeschwindigkeit v_G hängt von der Frequenz ω ab (Abb. 7.24).

Setzt man in $k^2 = k_x^2 + k_z^2$ die Randbedingung (7.42) $k_x = n\pi/a$ ein, so folgt mit $k = \omega/c$:

$$k_z = \sqrt{\frac{\omega^2}{c^2} - \frac{n^2\pi^2}{a^2}}\,, \qquad (7.46)$$

so daß

$$v_{Ph} = \frac{c}{\sqrt{1 - \frac{n^2\pi^2c^2}{a^2\omega^2}}} \qquad (7.47)$$

wird, woraus man die Abhängigkeit $v_{Ph}(\omega)$ erkennt. Man beachte, daß v_{Ph} von n abhängt, also für verschiedene Moden unterschiedlich ist.

In Abb. 7.24b ist die Dispersionskurve $\omega(k)$ dargestellt, deren Steigung $v_G = d\omega/dk_z$ die Gruppengeschwindigkeit ergibt.

Da k_z für eine physikalisch reale Welle reell sein muß, folgt aus (7.46) für die Frequenz:

$$\omega \geq \omega_G = n \cdot \frac{c\pi}{a} \Rightarrow \nu \geq \nu_G = \frac{n \cdot c}{2a}\,. \qquad (7.48)$$

Dieser Grenzfrequenz ν_G kann man die Grenzwellenlänge

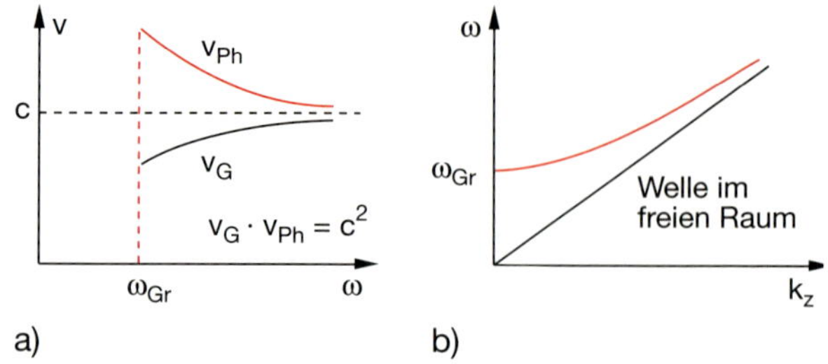

Abb. 7.24. (**a**) Phasen- und Gruppengeschwindigkeit für elektromagnetische Wellen zwischen parallelen Grenzflächen als Funktion der Frequenz ω; (**b**) Dispersionsrelation $\omega(k)$ für eine elektromagnetische Welle zwischen ebenen Platten (rot) verglichen mit $\omega(k)$ für Wellen im freien Raum (schwarz). Der Quotient $v_{Ph} = \omega/k$ gibt die Phasengeschwindigkeit an, während die Steigung $d\omega/dk$ der Gruppengeschwindigkeit v_G entspricht

$$\lambda \leq \lambda_G = \frac{c}{\nu_G} = \frac{2a}{n} \quad (n = 1, 2, 3, \ldots) \qquad (7.49)$$

einer Welle außerhalb des Wellenleiters zuordnen. Es gibt also eine untere Grenzfrequenz ω_G und eine obere Grenzwellenlänge λ_G. Für $\omega < \omega_G$ kann sich keine Welle zwischen den Platten in z-Richtung ausbreiten. Die Wellenlänge λ von Wellen zwischen den Platten darf höchstens gleich dem doppelten Plattenabstand a sein (dies entspricht dem Grenzfall $k_z = 0$ für $\lambda = \lambda_G$).

Ein solcher Wellenleiter wirkt wie ein Filter, das nur Wellen mit Wellenlängen $\lambda < \lambda_G$ durchläßt. Durch geeignete Wahl des Abstandes a läßt sich ω_G festlegen.

Man beachte:

Für $k_x = 0$ wird $k = k_z = \omega/c$ und $v_{Ph} = c$, d.h. es gibt dann keine Dispersion. Die Dispersion kommt also durch den Zickzackweg der Wellenfronten infolge der Reflexionen an den Wänden $x = 0$ und $x = a$ zustande, bei dem der Winkel von $\boldsymbol{k}$ gegen die z-Richtung von ω abhängt.

7.9.2 Hohlleiter mit rechteckigem Querschnitt

Gehen wir jetzt von dem oben diskutierten Plattenpaar zu einem wirklichen Hohlleiter mit einem rechteckigem Querschnitt $\Delta x \cdot \Delta y = a \cdot b$ über (Abb. 7.25), der in z-Richtung offen ist, so haben wir eine zusätzliche

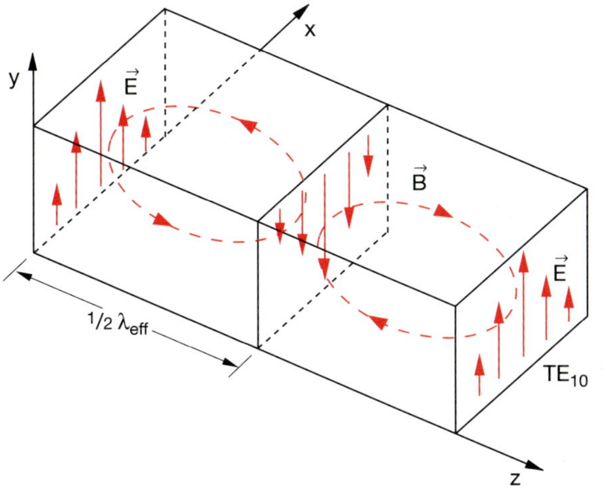

Abb. 7.25. Hohlleiter mit rechteckigem Querschnitt mit einer in z-Richtung laufenden TE_{10}-Welle ($\boldsymbol{E} = \{0, E_y, 0\}$ und $\boldsymbol{B} = \{B_x, 0B_z\}$)

Randbedingung in y-Richtung. Deshalb wird die Feldamplitude $\boldsymbol{E}_0(x, y)$ der laufenden Welle

$$\boldsymbol{E}(x, y, z, t) = \boldsymbol{E}_0(x, y) \cdot \cos(\omega t - k_z z) \qquad (7.50)$$

jetzt eine Funktion von x *und* y sein.

Auf den leitenden Wänden muß die Tangentialkomponente von $\boldsymbol{E}$ Null sein.

Setzt man den Ansatz (7.50) in die Wellengleichung (7.3a) ein, so erhält man

$$\frac{\partial^2 \boldsymbol{E}}{\partial x^2} + \frac{\partial^2 \boldsymbol{E}}{\partial y^2} = \left(\frac{\omega^2}{c^2} - k_z^2\right) \cdot \boldsymbol{E} = 0 \, . \qquad (7.51)$$

Analog zu den nur in x-Richtung begrenzten Wellenleitern erhalten wir zwei Typen von Lösungen: Transversal-elektrische TE-Wellen mit $\boldsymbol{E} = \{E_x, E_y, 0\}$ und transversal-magnetische TM-Wellen mit $\boldsymbol{B} = \{B_x, B_y, 0\}$.

Die allgemeinen Lösungen (7.50) können dann aus (7.51) und mit Hilfe der Maxwell-Gleichungen erhalten werden. Für TE-Wellen lauten sie mit den Randbedingungen

$$k_x = n\pi/a; \quad k_y = m\pi/b \qquad (7.51a)$$

$$\begin{aligned} E_{0x}(x, y) &= A \cdot \cos\frac{n\pi}{a} x \cdot \sin\frac{m\pi}{b} y \, , \\ E_{0y}(x, y) &= B \cdot \sin\frac{n\pi}{a} x \cdot \cos\frac{m\pi}{b} y \, , \qquad (7.52) \\ E_{0z} &= 0. \end{aligned}$$

Das Magnetfeld erhält man dann aus

$$\textbf{rot}\, \boldsymbol{E} = -\frac{\partial \boldsymbol{B}}{\partial t} \, . \qquad (7.52a)$$

Als Beispiel betrachten wir in Abb. 7.25 eine spezielle TE_{nm}-Lösung mit $E_x = E_z = 0$ und $n = 1$, $m = 0$. Aus (7.52) und (7.50) ergibt sich dann:

$$E_y = E_0 \sin\frac{\pi}{a} x \cos(\omega t - k_z z) \, . \qquad (7.50a)$$

Das Magnetfeld dieser sogenannten TE_{10}-Welle erhält man dann mit Hilfe von (7.52a) zu:

$$\begin{aligned} B_x &= -\frac{k_z}{\omega} E_0 \sin(k_x x) \cdot \cos(\omega t - k_z z) \, , \\ B_y &= 0, \qquad (7.53) \\ B_z &= -\frac{k_x}{\omega} E_0 \cos(k_x x) \cdot \sin(\omega t - k_z z) \, . \end{aligned}$$

Man sieht, daß $\boldsymbol{B} = \{B_x, 0, B_z\}$ *nicht* mehr senkrecht auf der Ausbreitungsrichtung z steht (Abb. 7.25), weil das Magnetfeld eine Komponente $B_z \neq 0$ hat.

Für den Wellenvektor in Ausbreitungsrichtung erhalten wir durch Einsetzen von (7.50) in (7.51) die Bedingung

$$k_x^2 E_y + k_z^2 E_y - \frac{\omega^2}{c^2} E_y = 0 \, ,$$

woraus folgt:

$$k_z = \sqrt{(\omega^2/c^2) - \pi^2/a^2} \, . \qquad (7.54a)$$

Die *effektive Wellenlänge* $\lambda_{\mathrm{eff}} = 2\pi v_{\mathrm{Ph}}/\omega$ mit $v_{\mathrm{Ph}} = \omega/k_z$ ergibt sich aus (7.47) zu:

$$\lambda_{\mathrm{eff}} = \frac{\lambda_0}{\sqrt{1 - (\lambda_0/2a)^2}} \, , \qquad (7.54b)$$

wenn $\lambda_0 = c/v$ die Wellenlänge einer Welle gleicher Frequenz im freien Raum ist. Die Wellenlänge der Hohlleiterwelle ist also größer als im freien Raum!

Außer den TE-Wellen gibt es in Hohlleitern auch TM-Wellen, bei denen das magnetische Feld transversal ist und das elektrische Feld eine Komponente in Ausbreitungsrichtung hat (Abb. 7.26).

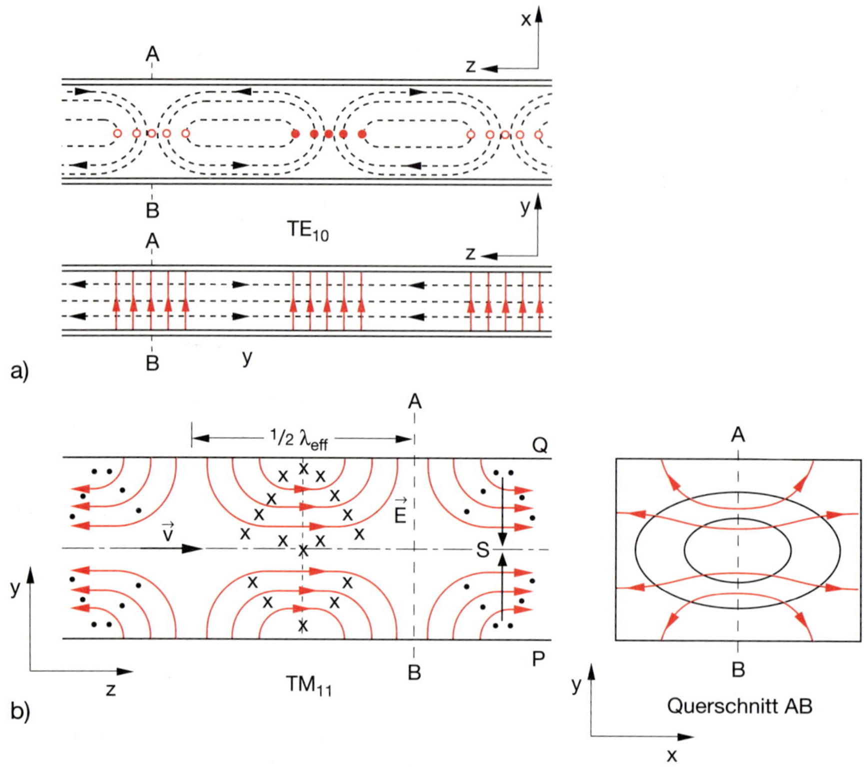

Abb. 7.26. TEM-Wellen in einem Wellenleiter mit rechteckigem Querschnitt. Die roten Linien stellen die elektrischen Feldlinien dar. (**a**) TE_{10}-Welle. Die elektrischen Feldlinien zeigen in $\pm y$-Richtung. (**b**) TM_{11}-Welle. Das Magnetfeld steht senkrecht auf der Zeichenebene ($\times$ bedeutet: B zeigt in die Zeichenebene, • bedeutet: $\boldsymbol{B}$ zeigt aus der Zeichenebene)

Die entsprechenden Lösungen der Wellengleichung sind z.B.

$$E_x = E_0 \frac{k_x k_z}{k_x^2 + k_y^2} \cos(k_x x) \sin(k_y y) \cdot \sin(\omega t - k_z z);$$

$$E_y = E_0 \frac{k_y k_z}{k_x^2 + k_y^2} \sin(k_x x) \cos(k_y y) \cdot \sin(\omega t - k_z z); \tag{7.55a}$$

$$E_z = E_0 \sin(k_x x) \sin(k_y y) \cos(\omega t - k_z z) ;$$

$$B_x = -\frac{\omega}{k_z c^2} E_y$$

$$B_y = +\frac{\omega}{k_z c^2} E_x \tag{7.55b}$$

$$B_z = 0.$$

mit den entsprechenden Randbedingungen (7.51a) für k_x und k_y [7.8].

Solche in Hohlleitern (Wellenleitern) fortschreitenden Wellen nennt man TE_{nm}-bzw. TM_{nm}-Wellen, je nachdem, ob $\boldsymbol{E}$ oder $\boldsymbol{B}$ senkrecht auf der z-Richtung steht. Die räumliche Amplitudenverteilung in der x-y-Ebene hat mit den Randbedingungen (7.51a) n Knotenflächen $x = x_n$ und m Knotenflächen $y = y_m$.

Bei TE-Wellen ist es möglich, daß n oder m Null sein kann, während bei TM-Wellen sowohl n als auch m ungleich Null ist. Die in Abb. 7.26 dargestellte TM_{11}-Welle ist also die einfachste TM-Welle.

In Halbleitern mit kreisförmigem Querschnitt erhält man aus den entsprechenden Randbedingungen statt der Vorfaktoren $\sin(k_x x)$ bzw. $\cos(k_y y)$ Besselfunktionen.

Einige Beispiele für solche Amplitudenverteilungen $E(x, y)$ in zylindrischen Hohlleitern sind in Abb. 7.27 illustriert. In diesem Fall steht n für die Zahl der radialen und m für die der azimutalen Knotenflächen.

Die Grenzfrequenz läßt sich analog zu (7.48) bestimmen. Aus

$$k_z = \sqrt{k^2 - k_x^2 - k_y^2}$$

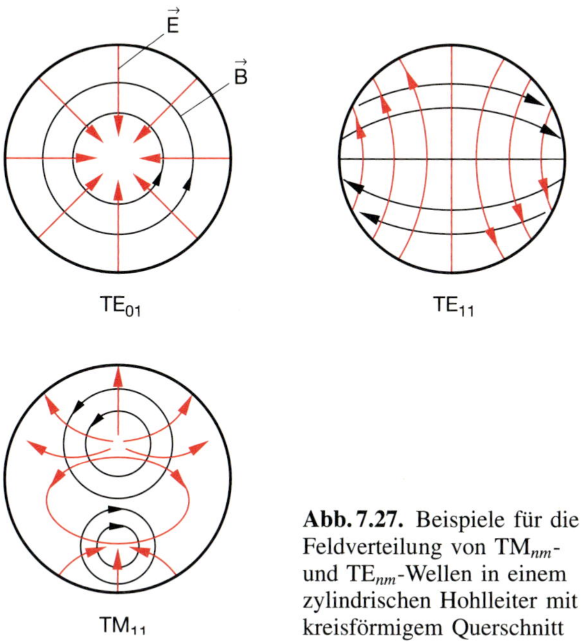

Abb. 7.27. Beispiele für die Feldverteilung von TM_{nm}- und TE_{nm}-Wellen in einem zylindrischen Hohlleiter mit kreisförmigem Querschnitt

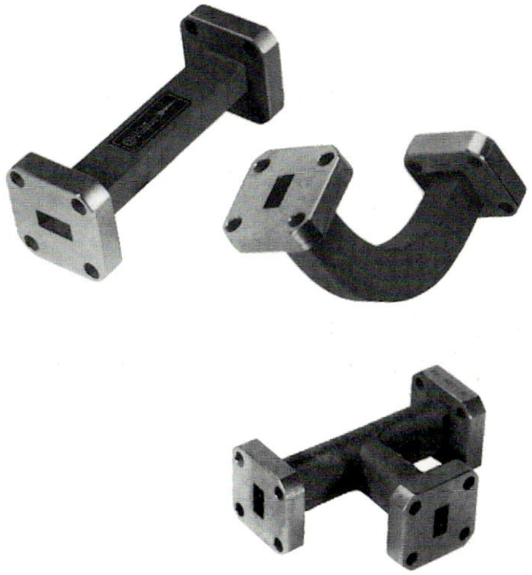

Abb. 7.29. Photo eines kommerziellen Mikrowellen-Hohlleiters mit T-Stück und Flanschen

erhält man mit $k = \omega/c$ und den Randbedingungen (7.42):

$$\omega \geq \omega_G = c \cdot \pi \sqrt{\frac{n^2}{a^2} + \frac{m^2}{b^2}} \,. \tag{7.56}$$

Wählt man a und b geeignet, so kann man erreichen, daß sich bei einer gewünschten Frequenz ω z.B. nur eine TE_{11} Welle ausbreiten kann.

Solche Hohlleiter spielen für den Transport von Mikrowellen eine große Rolle [7.9]. Sie verhindern, daß die von einem Mikrowellensender erzeugte Leistung sich im ganzen Raum ausbreitet. Durch die leitenden Wände wird die Welle in einem begrenzten Volumen bis zum Verwendungsort „geführt", wo sie praktisch ungeschwächt ankommt. Man kann damit Wellen auch „um die Ecke" leiten (Abb. 7.28). Dadurch lassen sich große Variationsmöglichkeiten für die Wellenleitung realisieren. Die kommerziell erhältlichen Hohlleiter bestehen aus Leiterstücken mit Flanschen (Abb. 7.29), so daß man durch Zusammensetzen verschiedener Teilstücke die an das jeweilige Problem angepaßte Wellenleitung erhalten kann [7.10].

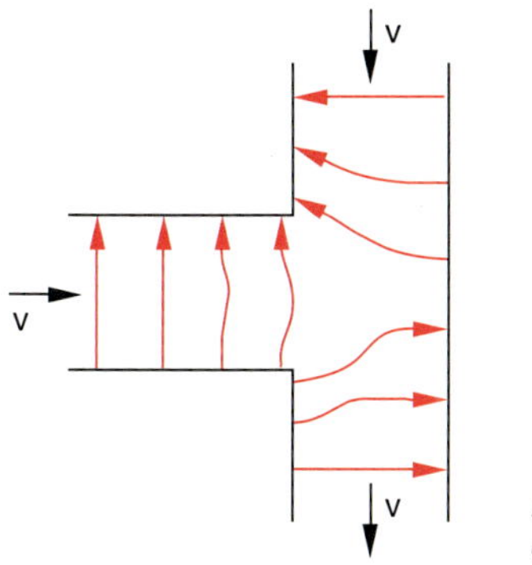

Abb. 7.28. Verzweigung eines Hohlleiters

7.9.3 Drahtwellen; Lecherleitung; Koaxialkabel

a) Lecherleitung

Elektromagnetische Wellen können nicht nur in Hohlleitern „geführt" werden, sondern sie können sich auch entlang elektrisch leitenden Drähten ausbreiten. Zur Illustration dient der in Abb. 7.30 gezeigte Versuch:

Bringt man zwei in z-Richtung verlaufende parallele Drähte, die an einem Ende miteinander verbunden sind (***Lecherleitung***), in das elektromagnetische Feld eines Hochfrequenzsenders, so beobachtet man entlang der Lecherleitung stehende elektromagnetische Wellen, die zu einer periodischen Spannungsverteilung $U(z)$ und einer entsprechenden Stromverteilung

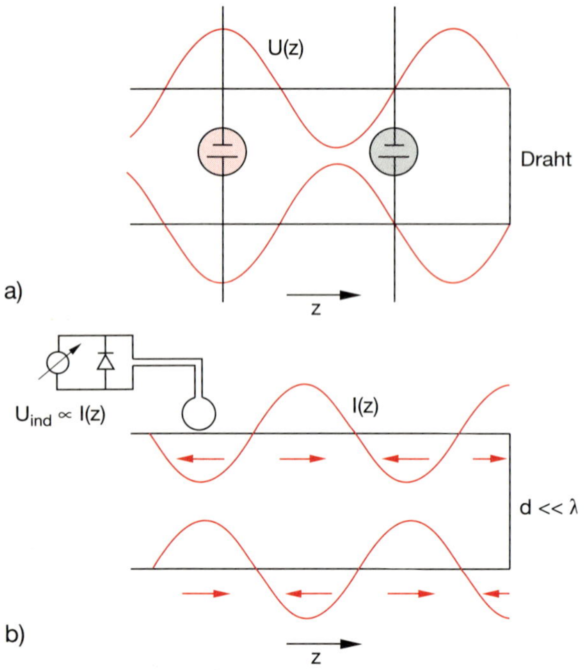

Abb. 7.30a,b. Lecherleitung. (**a**) Messung der Spannung $U(z)$ mittels einer Glimmlampe; (**b**) Messung der Stromstärke $I(z)$ mittels einer Induktionsspule. Der Strom hat Schwingungsbäuche an den kurzgeschlossenen Leiterenden und -knoten an den offenen Enden, bei der Spannung verhält es sich umgekehrt

$I(z)$ führen. Die Spannungsverteilung $U(z)$ läßt sich messen mit einer Glimmlampe, die quer über die Lecherleitung gelegt wird und in z-Richtung verschiebbar ist (Abb. 7.30a). Am offenen Ende der Leitung tritt ein Spannungsbauch, am kurzgeschlossenen Ende ein Spannungsknoten auf. Die Stromverteilung $I(z)$ kann über ihr Magnetfeld $B(r,z)$ mit einer kleinen Induktionsspule gemessen werden, deren Enden an einen Oszillographen gehen.

Mit Hilfe einer Gleichrichterdiode kann die Induktionsspannung auch direkt mit einem Voltmeter angezeigt werden (Abb. 7.30b).

Der Strom $I(z)$ ist Null am offenen Ende der Leitung und hat ein Maximum am geschlossenen Ende. Dort tritt ein Phasensprung um π auf. Wird der Abstand d zwischen den Leitungen sehr klein gegen die Wellenlänge λ der stehenden Wellen, so sind die Ströme in den beiden Leitern gerade gegenphasig.

b) Koaxialkabel

In Kapitel 6 haben wir gesehen, daß ein gerader Draht, durch den ein hochfrequenter Wechselstrom fließt, wie ein Hertzscher Dipol wirkt, der Energie in Form von Wellen in den Raum abstrahlt. Die abgestrahlte Leistung ist nach (6.28) proportional zur vierten Potenz der Frequenz ω.

Man kann deshalb bei hohen Frequenzen elektrische Ströme nicht mehr durch einfache leitende Drähte transportieren, weil der Energieverlust zu groß wird.

Hier helfen Doppelleitungen wie in Abb. 7.30, bei denen der Abstand d der beiden Leiter klein ist gegen die Wellenlänge λ, weil dann die von den beiden Leitern abgestrahlten Wellen um π gegeneinander phasenverschoben sind und sich daher durch destruktive Interferenz auslöschen.

Noch besser zur Vermeidung von Abstrahlverlusten eignen sich ***Koaxialkabel***, die aus einem dünnen Innenleiter mit dem Radius a und einem koaxialen Außenleiter mit Radius b bestehen (Abb. 7.31). Sie können als zylindrische Wellenleiter mit kreisförmigem Querschnitt angesehen werden. Der Unterschied zum üblichen Hohlleiter ist allerdings, daß durch den Innenleiter eine zusätzliche Randbedingung auftritt. Wird der Außenleiter geerdet, so ist das elektrische Feld radial, wobei Richtung und Betrag von $\boldsymbol{E}$ vom Potential $V(z)$ des Innenleiters abhängen.

Die Magnetfeldlinien sind konzentrische Kreise um den Innenleiter, wobei sich ihr Drehsinn als Funktion von z periodisch mit der Wellenlänge als Periode ändert.

Wenn eine elektromagnetische Welle in z-Richtung durch das Koaxialkabel läuft, wird die Span-

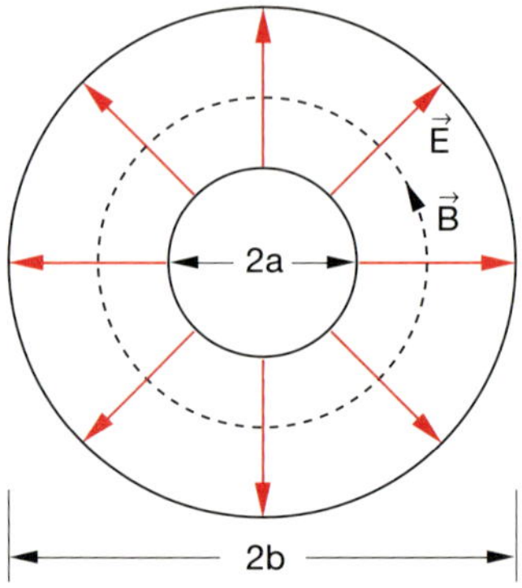

Abb. 7.31. Koaxialwellenleiter mit radialen elektrischen und kreisförmigen magnetischen Feldlinien

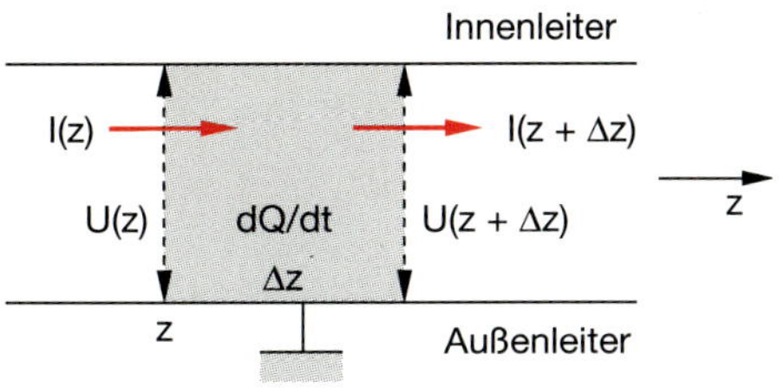

Abb. 7.32. Zur Herleitung der Wellengleichung (7.59)

nung U zwischen Innen- und Außenleiter eine Funktion von z (Abb. 7.32).

Ist $\hat{L}$ die Induktivität und $\hat{C}$ die Kapazität pro m Kabellänge, so gilt nach dem Induktionsgesetz

$$\Delta U = U(z + \Delta z) - U(z) = -\hat{L}\Delta z \frac{\mathrm{d}I}{\mathrm{d}t} ,$$

woraus für $\Delta z \to 0$ folgt:

$$\frac{\partial U}{\partial z} = -\hat{L}\frac{\partial I}{\partial t} . \tag{7.57}$$

Die Ladung auf der Länge Δz ist

$$q = \hat{C} \cdot U \cdot \Delta z .$$

Die zeitliche Änderung der Ladung $\partial q/\partial t$ verhält sich wie der Strom

$$\Delta I = I(z + \Delta z) - I(z) ,$$

der aus dem bzw. in das Volumen zwischen z und $z + \Delta z$ fließt. Deshalb gilt:

$$\frac{\partial I}{\partial z} = -\hat{C}\frac{\partial U}{\partial t} . \tag{7.58}$$

Differenziert man (7.57) nach z und (7.58) nach t und setzt $\partial^2 I/(\partial z \partial t)$ in (7.58) ein, so ergeben sich die Gleichungen:

$$\frac{\partial^2 U}{\partial z^2} = \hat{L}\hat{C}\frac{\partial^2 U}{\partial t^2} , \tag{7.59a}$$

$$\frac{\partial^2 I}{\partial z^2} = \hat{L}\hat{C}\frac{\partial^2 I}{\partial t^2} . \tag{7.59b}$$

Dies ist eine Wellengleichung für die Spannung $U = U_0 \cdot \sin(\omega t - kz)$ und den Strom $I = I_0 \cdot \sin(\omega t - kz - \varphi)$, deren Amplituden sich mit der Geschwindigkeit

$$v_{\mathrm{Ph}} = \frac{1}{\sqrt{\hat{L} \cdot \hat{C}}} \tag{7.60}$$

in z-Richtung ausbreiten.

Der Quotient $Z_0 = U_0/I_0 = \sqrt{\hat{L}/\hat{C}}$ heißt ***Wellenwiderstand*** des Koaxialkabels (siehe Aufgabe 7.15). Seine Dimension ist $[Z_0] = 1\,\mathrm{V/A} = 1\,\Omega$.

BEISPIEL

Ein Koaxialkabel mit $\hat{C} = 100\,\mathrm{pF/m}$ und $\hat{L} = 0{,}25\,\mu\mathrm{H/m}$ hat einen Wellenwiderstand von $Z_0 = 50\,\Omega$.

Der Wellenwiderstand hängt für das Beispiel des Koaxialleiters in Abb. 7.31 von den Radien a und b von Innen- und Außenleiter ab. Man erhält (siehe Aufgabe 7.15)

$$Z_0 = \frac{1}{2\pi\varepsilon_0 c}\ln(b/a) . \tag{7.61}$$

Bei einem flexiblen Koaxialkabel ist der Innenleiter ein dünner Draht, der Außenleiter ein Drahtgeflecht. Der Raum zwischen Innen- und Außenleiter ist mit einem Isolierstoff ($\varepsilon > 1$) gefüllt. Dadurch wird die Kapazität $\hat{C}$ um den Faktor ε größer, d.h. die Phasengeschwindigkeit um $\sqrt{\varepsilon}$ kleiner (siehe auch Kap. 8).

Im Koaxialleiter können, wie auch im freien Raum, sowohl $\boldsymbol{E}$ als auch $\boldsymbol{B}$ senkrecht auf der Ausbreitungsrichtung stehen. Die Wellenformen der im Kabel laufenden Welle heißen dann TEM_{nm}-Moden (transversal-elektromagnetische Moden).

Sie haben n Knoten entlang der Radialkoordinate r und m Knoten entlang der Azimutalkoordinate φ.

7.9.4 Beispiele für Wellenleiter

Im folgenden wollen wir einige Beispiele für Wellenleiter in ganz verschiedenen Wellenlängenbereichen betrachten.

a) Radiowellen in der Erdatmosphäre

Unter dem Einfluß des kurzwelligen ionisierenden Anteils der Sonnenstrahlung wird ein Teil der Moleküle und Atome in der Erdatmosphäre in Höhen oberhalb 50–100 km ionisiert. Diese *Ionosphäre* reflektiert elektromagnetische Wellen im Radiofrequenzbereich

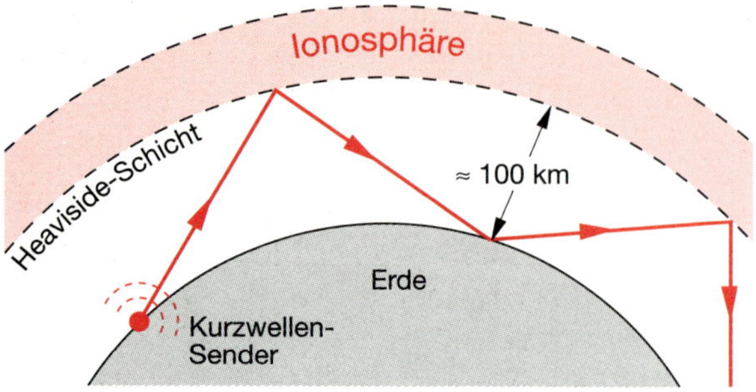

Abb. 7.33. Reflexion von Radiowellen an der Heaviside-Schicht zwischen Ionosphäre und Mesosphäre

($\nu > 100\,\mathrm{MHz}$). Man bezeichnet die Übergangsschicht, bei der sich die Dielektrizitätskonstante ε schnell ändert und an der daher eine Reflexion der Welle stattfindet, als *Heaviside-Schicht* (Abb. 7.33).

Infolge der Reflexion können die Radiowellen vom Sender S an Stellen der Erde gelangen, an die sie durch rein geometrische Ausbreitung nie hinkommen würden. Da die Ionosphäre und damit auch die Höhe der Heaviside-Schicht von dem Ionenfluß im Sonnenwind beeinflußt werden, kann bei Veränderungen des Ionenstroms von der Sonne (Protuberanzen, Flares) der Radiofunkverkehr auf der Erde gestört werden.

b) Lichtwellenleiter

Lichtwellenleiter (in optischen Fibern) sind dünne, flexible Quarzfasern (etwa $100\,\mu\mathrm{m}$ Durchmesser), bei denen eine Kernzone (etwa $5\,\mu\mathrm{m}$ Durchmesser) einen höheren Brechungsindex hat als der umgebende Mantel (Abb. 7.34). Deshalb wird eine Lichtwelle, die im Fiberkern verläuft, dort infolge von Totalreflexion eingefangen, solange der Winkel des Wellenvektors $\boldsymbol{k}$ mit der Grenzschicht klein genug ist (siehe Kap. 8). Man kann Lichtwellen mit solchen optischen Lichtleitern über viele Kilometer ohne nennenswerte Dämpfung transportieren.

Auch hier können $\mathrm{TEM}_{n,m}$-Moden auftreten, wenn der Kerndurchmesser a größer als $a > n \cdot \pi / k_r$ ist, wobei k_r die Radialkomponente des Wellenvektors $\boldsymbol{k} = \{k_r, k_z\}$ ist.

Für eine detaillierte Darstellung der Wellenausbreitung in optischen Fibern wird auf die Spezialliteratur verwiesen [7.11].

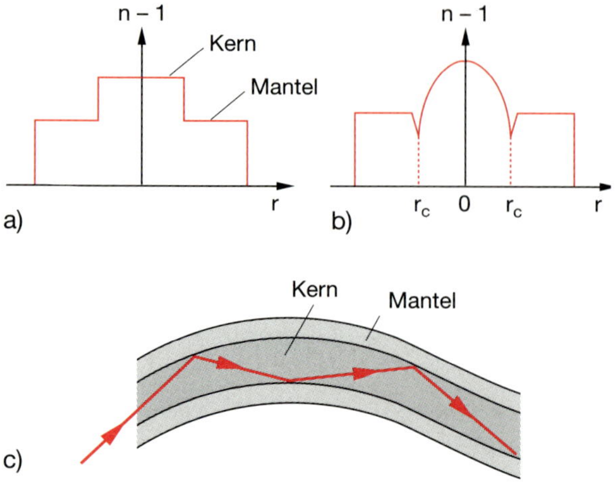

Abb. 7.34a–c. Ausbreitung von Lichtwellen in einem Lichtwellenleiter. (**a**) Querschnitt mit Stufenbrechungsindexprofil, (**b**) mit Gradientenindexprofil. Die Minima bei $r = r_c$ vergrößern den Winkel der Totalreflexion. (**c**) Totalreflexion von Lichtwellen an der Grenzschicht Kern-Mantel

7.10 Das elektromagnetische Frequenzspektrum

Die Maxwell-Gleichungen und die aus ihnen abgeleitete Wellengleichung (7.3) beschreiben elektromagnetische Felder und ihre Ausbreitung als Wellen im Raum.

Periodische Wellen sind Spezialfälle der viel größeren Lösungsmannigfaltigkeit der Wellengleichung. Dabei ist die Frequenz ω und damit die Wellenlänge $\lambda = 2\pi c/\omega$ dieser Wellen noch völlig offen.

Alle Phänomene elektromagnetischer Wellen im Vakuum wie Ausbreitungsgeschwindigkeit c, Energiedichte w_{em}, Poynting-Vektor $\boldsymbol{S}$ etc. müssen für alle Frequenzen ω durch die Maxwell-Gleichungen beschreibbar sein.

Das gesamte uns zur Zeit bekannte Frequenzspektrum elektromagnetischer Wellen, das über 24 Dekaden umfaßt, ist schematisch in Abb. 7.35 dargestellt, um die Frequenzen $\nu = \omega/2\pi$, die Wellenlängen $\lambda = c/\nu$ und die entsprechenden Photonenenergien (in eV) übersichtlich vergleichen zu können. Ein ***Photon*** ist dabei die kleinste Energieeinheit eines elektromagnetischen Feldes der Frequenz ν, dessen Feldenergiedichte w_{em} „gequantelt" ist und immer als

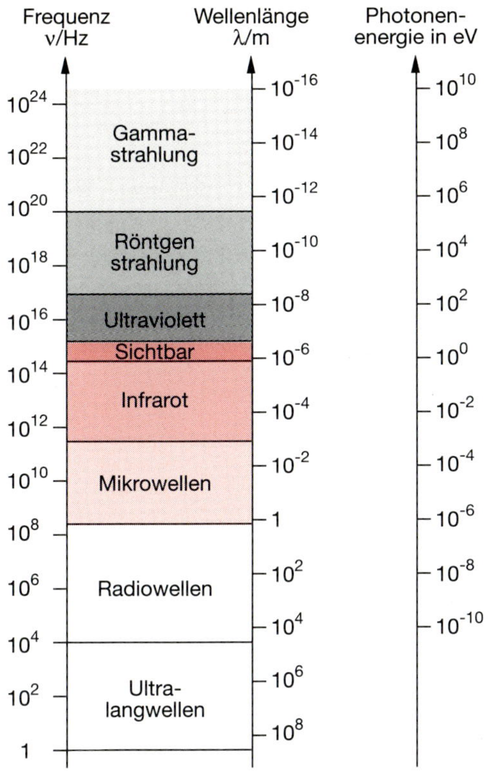

Abb. 7.35. Übersicht des gesamten bisher bekannten elektromagnetischen Spektrums

Summe von *Energiequanten* $h \cdot \nu$ geschrieben werden kann, wobei die Konstante h das ***Plancksche Wirkungsquantum*** heißt (siehe Abschn. 12.7).

Wenn auch der gesamte Spektralbereich für das elektromagnetische Feld im Vakuum durch dieselben Gleichungen mit den gleichen Konstanten ε_0, μ_0 beschrieben werden kann, so ändert sich dies grundlegend, wenn die Wechselwirkung des elektromagnetischen Feldes *mit Materie* betrachtet wird. Hier spielen die *frequenzabhängigen* Eigenschaften der Materie wie z.B. Absorption, Streuung, Dispersion und Reflexion eine große Rolle (siehe Kap. 8).

Die Untersuchung dieser Materialeigenschaften für die verschiedenen Spektralbereiche hat unsere Kenntnisse über die submikroskopische Struktur der Materie entscheidend erweitert (siehe Bd. 3 und 4).

Bis vor 100 Jahren stand für solche Untersuchungen nur der enge Spektralbereich ($\lambda = 400$–$700\,\text{nm}$) des sichtbaren Lichtes zur Verfügung, weil das menschliche Auge der einzige damals bekannte Detektor für elektromagnetische Wellen war. Die in diesem Frequenzbereich auftretenden Phänomene und ihre Beschreibung bilden den Gegenstand der *Optik*. Inzwischen gibt es Strahlungsquellen und Detektoren für den Infrarotbereich ($\lambda > 700\,\text{nm}$), für den Mikrowellenbereich ($\lambda > 400\,\mu\text{m}$), den Ultraviolettbereich ($\lambda < 400\,\text{nm}$), den Röntgenbereich ($\lambda \lesssim 10\,\text{nm}$) und den Gammastrahlungsbereich ($\lambda \lesssim 0{,}01\,\text{nm}$). In all diesen Spektralbereichen sind neue Methoden des Nachweises und der quantitativen Messung entwickelt worden. Deshalb schließt die moderne Optik auch den Infrarot- und Ultraviolettbereich mit ein.

Besonders bemerkenswert sind die Fortschritte durch Erschließung neuer Spektralgebiete in der Astrophysik. Früher war der sichtbare Spektralbereich, d.h. Licht, die einzige Informationsquelle (außer Meteoriten) über außerirdische Objekte und Vorgänge (Sterne, Planetenbewegungen, Kometen und Galaxien).

Inzwischen gibt es astronomische Untersuchungen im Radiofrequenzbereich (Radioastronomie) im infraroten, ultravioletten und Röntgenbereich, welche ganz neue, bisher unbekannte Phänomene zu Tage gebracht haben und damit neue Erkenntnisse über den Kosmos ermöglicht haben.

Für Beobachtungen vom Erdboden aus ist man auf diejenigen Spektralbereiche beschränkt, die von der Erdatmosphäre durchgelassen werden (Abb. 7.36). Dies sind im wesentlichen das sichtbare, das Radiofrequenzgebiet und enge „Fenster" im nahen Infrarot. Die Strahlung in anderen Bereichen wird durch „Spurengase" wie z.B. CO_2, H_2O, OH oder CH_4 in der Atmosphäre absorbiert. Die Hauptbestandteile der Atmosphäre, N_2 und O_2, absorbieren erst unterhalb $\lambda < 200\,\text{nm}$, dem sogenannten Vakuum-UV. Für alle diese Spektralbereiche muß man Messungen deshalb von Stationen außerhalb der Atmosphäre (Ballons, Satelliten, Raumsonden) machen.

Die Realisierung von Sendern für elektromagnetische Wellen hängt vom Spektralgebiet ab. Für den Bereich $\lambda > 1\,\text{m}$ ($\nu < 3 \cdot 10^8\,\text{Hz}$) stehen Hochfrequenzsender (wie z.B. in Abb. 6.16) zur Verfügung. Für den Mikrowellenbereich ($\lambda > 1\,\text{mm} \Rightarrow \nu < 3 \cdot 10^{11}\,\text{Hz}$) gibt es Mikrowellengeneratoren (wie z.B. Klystrons oder Carcinotrons [7.12]). Im Infraroten sind thermische Strahler (z.B. das durch

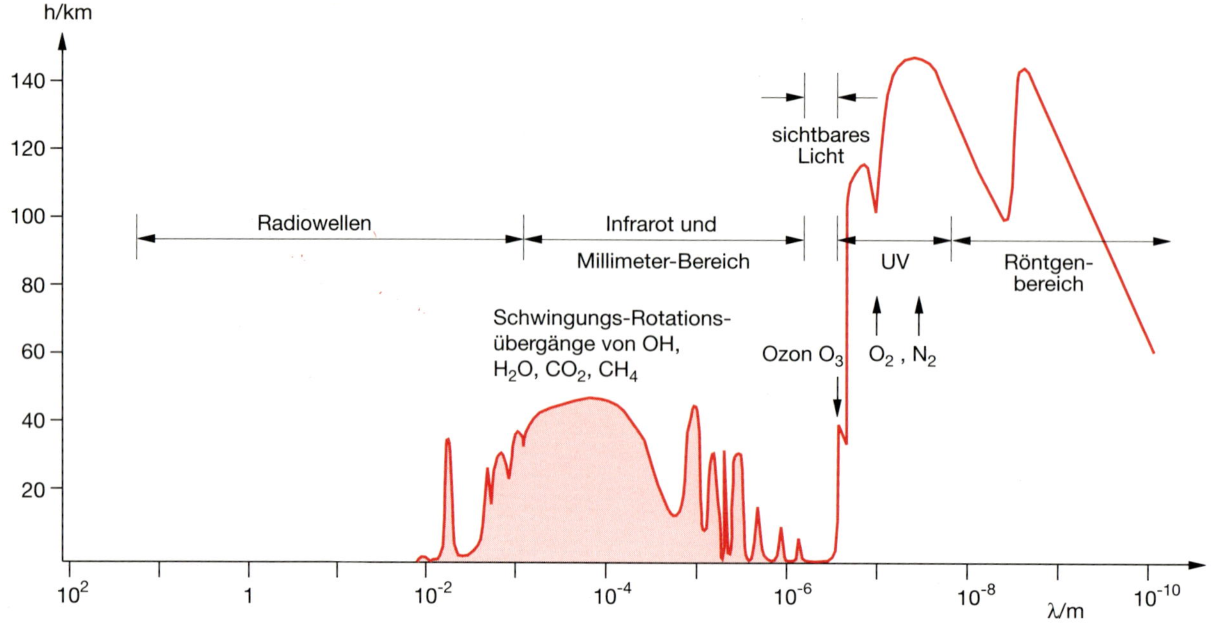

Abb. 7.36. Spektrales Transmissionsverhalten der Atmosphäre. Die rote Kurve gibt die Höhe h in der Atmosphäre über dem Erdboden an, in der die Intensität $I(\lambda)$ der von außen einfallenden Strahlung auf $1/e$ abgeschwächt wird. Man sieht, daß es nur wenige spektrale „Fenster" gibt, in denen $I(\lambda)$ ungeschwächt auf dem Erdboden ankommt

Ohmsche Heizung auf 2000 K gebrachte Wolframband einer Lampe, ein auf 1000–2000 K geheizter Nernststift oder angeregte Moleküle) Quellen für elektromagnetische Strahlung. Für das sichtbare Licht bilden die Übergänge zwischen Energieniveaus von Atomen und Molekülen die hauptsächlichen Quellen (siehe Bd. 3).

Da der sichtbare Spektralbereich naturgemäß für den Menschen eine besondere Rolle spielt, werden in den nächsten Kapiteln Phänomene bei der Wechselwirkung von Licht mit Materie, bei der Überlagerung von elektromagnetischen Wellen (Interferenz) oder bei der Beugung am Beispiel von Licht dargestellt, weil sie für diesen Spektralbereich besonders „augenfällig" sind und man sie (ohne Zuhilfenahme anderer Detektoren) unmittelbar beobachten kann.

Die hier gewonnenen Ergebnisse gelten bei entsprechender Skalierung der Wellenlänge aber im allgemeinen auch für die anderen Spektralbereiche.

Die im folgenden behandelten Prinzipien und Phänomene des sichtbaren Lichtes bilden den Inhalt der Optik, die allerdings bei Verwendung entsprechender Detektoren heute sowohl den ultravioletten als auch den infraroten Spektralbereich umfaßt.

ZUSAMMENFASSUNG

- Alle elektromagnetischen Wellen im Vakuum sind Lösungen der Wellengleichung (7.3)

$$\Delta \boldsymbol{E} = \frac{1}{c^2}\frac{\partial^2 \boldsymbol{E}}{\partial t^2} ,$$

die aus den Maxwell-Gleichungen hergeleitet werden kann.

- Ebene periodische Wellen $\boldsymbol{E} = \boldsymbol{E}_0 \cdot \cos(\omega t - \boldsymbol{k} \cdot \boldsymbol{r})$ sind besonders wichtige Spezialfälle der allgemeinen Lösungen.

- Die Ausbreitungsgeschwindigkeit $c = \omega/k$ elektromagnetischer Wellen im Vakuum ist für alle Frequenzen gleich, d.h. es gibt keine Dispersion. Der Wert von $c = 299792458\,\mathrm{m/s}$ wird als Definitionswert aufgefaßt und dient zur Definition der Längeneinheit 1 m.
- Zwischen elektrischem und magnetischem Feld einer elektromagnetischen Welle bestehen die Relationen

  $$|\boldsymbol{E}| = c|\boldsymbol{B}|\ ; \quad \boldsymbol{E}\perp\boldsymbol{B}\ ; \quad \boldsymbol{E},\boldsymbol{B}\perp\boldsymbol{k}\ .$$

  $\boldsymbol{E}$, $\boldsymbol{B}$ und $\boldsymbol{k}$ bilden ein Rechtssystem.
- Die elektromagnetischen Wellen transportieren Energie und Impuls. Der Poynting-Vektor

  $$\boldsymbol{S} = \varepsilon_0 c^2 (\boldsymbol{E} \times \boldsymbol{B})$$

  gibt die Richtung des Transportes an.
  Die Intensität I einer Welle ist die Energie, die pro Sekunde durch $1\,\mathrm{m}^2$ Fläche transportiert wird. Es gilt:

  $$I = |\boldsymbol{S}|\ .$$

  Der Impuls der ebenen elektromagnetischen Welle pro Volumeneinheit ist

  $$\boldsymbol{\pi}_{\mathrm{St}} = \frac{1}{c^2}\boldsymbol{S}\ .$$
- Die stationären Lösungen der Wellengleichungen in geschlossenen Resonatoren sind stehende Wellen $\boldsymbol{E} = \boldsymbol{E}_0 \sin \boldsymbol{k}\cdot\boldsymbol{r}$, deren räumliche Amplitudenverteilung durch die Randbedingungen an den Resonatorwänden festgelegt sind.
- In Wellenleitern mit Ausbreitungsmöglichkeit in z-Richtung breiten sich die TE_{mn}- bzw. TM_{mn}-Wellen $\boldsymbol{E} = \boldsymbol{E}_0(x,y)\cos(\omega t - k_z z)$ aus, deren Amplitude $\boldsymbol{E}_0$ von x und y abhängt.

ÜBUNGSAUFGABEN

1. Zeigen Sie, daß aus den Maxwell-Gleichungen (7.1) eine zu (7.3) analoge Wellengleichung für das magnetische Feld $\boldsymbol{B}$ folgt.
2. Zeigen Sie, daß für eine beliebige ebene Welle, die sich in der Richtung $\boldsymbol{k}$ ausbreitet, die Ebenen $\boldsymbol{k}\cdot\boldsymbol{r} = \mathrm{const}$ Phasenflächen sind.
3. Aus der Linearität der Wellengleichung folgt, daß jede Linearkombination der Wellenamplitude von Lösungen wieder eine Lösung ergibt. Gilt dies auch für die Intensitäten der Wellen? Gibt es Fälle, bei denen man die Intensitäten zweier Teilwellen addieren kann, um die Gesamtintensität zu bekommen?
4. Zeigen Sie, daß jede lineare polarisierte Welle als Linearkombination aus zwei zirkular polarisierten Wellen mit entgegengesetztem Drehsinn beschrieben werden kann.
5. Ein Sonnenenergiekollektor hat eine Fläche von $4\,\mathrm{m}^2$ und besteht aus einer geschwärzten Metallplatte, die 80% der einfallenden Energie absorbiert. Die Platte wird in inneren Kanälen von Wasser durchlaufen, welches die Energie abführt. Wie groß muß der Wasserdurchfluß sein, wenn der Kollektor die Temperatur von 80 °C nicht überschreiten soll, die Wärmeabgabe des Kollektors an die Umgebung ($T = 20$ °C) $\Delta Q = \kappa\cdot\Delta T$ ist und die Sonnenstrahlung unter einem Winkel von 20° gegen die Flächennormale einfällt (Sonnenintensität am Ort des Detektors $500\,\mathrm{W/m^2}$, $\kappa = 2$ W/K).
6. Ein Kondensator aus planparallelen Platten mit der Kapazität C wird aufgeladen mit dem konstanten Strom $I = \mathrm{d}Q/\mathrm{d}t$.
   a) Man bestimme das elektrische und das magnetische Feld während der Aufladung.
   b) Wie groß ist der Poynting-Vektor $\boldsymbol{S}$?
   c) Drücken Sie die Gesamtenergie, die in den Kondensator mit Ladung Q geflossen ist, zum einen durch $|\boldsymbol{S}|$ und zum anderen durch Q und C aus.
7. Die Sonne strahlt der Erde (außerhalb der Erdatmosphäre) eine Intensität von $1400\,\mathrm{W/m^2}$ zu. Wieviel Sonnenenergie erhält der Mars? Angenommen, der Mars würde 50% der eingestrahlten Energie diffus reflektieren (d.h. gleichmäßig in einem Raumwinkel von 2π). Wieviel dieser reflektierten Strahlung erreicht die Erde zum Zeitpunkt der Messung, bei dem

▶

die Erde zwischen Sonne und Mars steht? (Entfernung Erde-Sonne: $1{,}5 \cdot 10^{11}$ m, Sonne-Mars: $2{,}3 \cdot 10^{11}$ m).

8. Die maximale Intensität der Sonnenstrahlung auf eine zur Sonnenrichtung senkrechte Fläche auf der Erdoberfläche ist in Deutschland im Juni etwa $800\,\mathrm{W/m^2}$. Welche Leistung würde durch die Augenpupille (Durchmesser 2 mm) gehen, wenn man ungeschützt in die Sonne schauen würde? Die Augenlinse bildet die Sonnenscheibe auf einem Fleck mit etwa 0,1 mm Durchmesser auf der Netzhaut ab. Wie groß ist die Intensität auf der Netzhaut?
9. Eine kleine Kugel (Radius R, Dichte ϱ) soll durch den Strahlungsdruck in einem senkrecht nach oben verlaufenden Laserstrahl gegen die Schwerkraft in der Schwebe gehalten werden (Abb. 7.37). Wie groß muß die Intensität des Lasers sein, wenn sie über den Kugelquerschnitt als konstant angesehen werden kann und das Reflexionsvermögen der Kugel 100% beträgt?

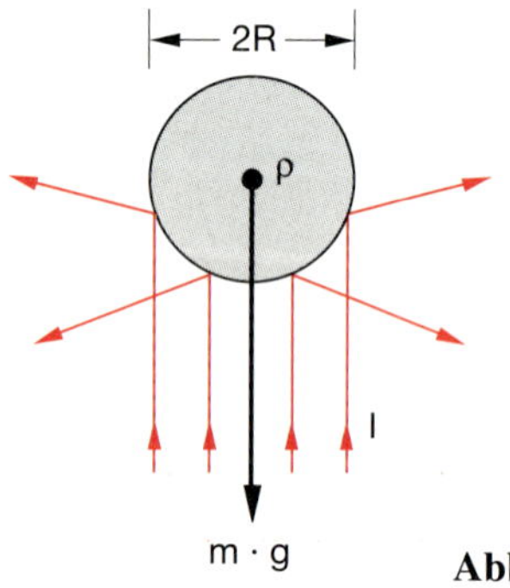

Abb. 7.37. Zu Aufgabe 9

10. a) Eine Lichtmühle im Vakuum mit vier Flügeln aus absorbierenden oder reflektierenden Flächen à $2 \times 2\,\mathrm{cm^2}$, deren Mittelpunkt 2 cm von der Drehachse entfernt ist, wird von einem parallelen Lichtbündel mit Querschnitt $6 \times 6\,\mathrm{cm^2}$ und einer Intensität $I = 10^4\,\mathrm{W/m^2}$ bestrahlt. Wie groß ist das wirkende Drehmoment?
b) Nun wird die gleiche Mühle in ein Gefäß gebracht, das mit Argongas ($p = 10$ mbar) gefüllt ist. Die Wärmekapazität der absorbierenden Flächen ist $10^{-1}\,\mathrm{Ws/K}$ je Fläche. Schätzen Sie jetzt das Drehmoment ab, wenn die Gefäßwände Zimmertemperatur haben.
11. Eine kleine Antenne strahlt eine Leistung von 1 W ab, die von einem Parabolspiegel mit 1 m ⌀ und einer Brennweite von 0,5 m gesammelt und als paralleles Wellenbündel (ebene Welle) reflektiert wird (Abb. 7.38). Wie groß ist die Intensität der Welle, wenn der Dipol im Brennpunkt steht und senkrecht zur Verbindungslinie SO orientiert ist?

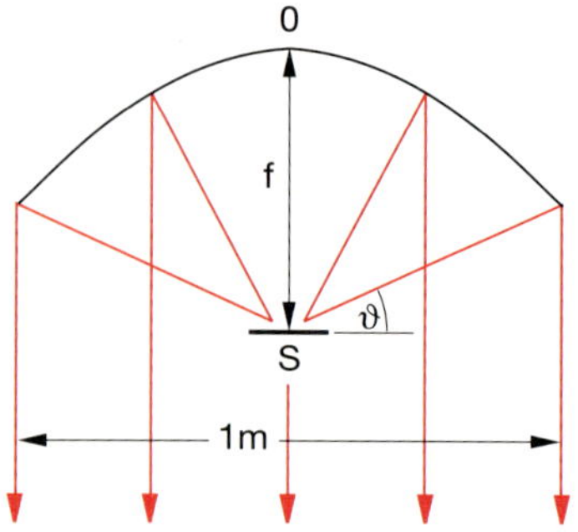

Abb. 7.38. Zu Aufgabe 11

12. In einem rechteckigen Hohlleiter ($a = 3$ cm) soll sich eine elektromagnetische Welle mit der Geschwindigkeit $v_G = 10^8\,\mathrm{m/s}$ ausbreiten. Wie groß muß ihre Wellenlänge λ sein, und wie groß ist die Phasengeschwindigkeit?
13. Durch einen geraden Kupferdraht (⌀ 3 mm, $R = 0{,}03\,\Omega/\mathrm{m}$, $L = 100$ m) fließt ein Strom von 30 A. Man berechne $\boldsymbol{E}$, $\boldsymbol{B}$ und den Poynting-Vektor $\boldsymbol{S}$ auf der Oberfläche des Drahtes.
14. Es gibt Pläne, Raumschiffe zu weit entfernten Himmelskörpern durch Photonenrückstoß auf hohe Geschwindigkeiten zu beschleunigen. Wie groß muß die Intensität des Lichtes einer „Lampe" mit $100\,\mathrm{cm^2}$ Fläche sein, die Licht aus dem Raumschiff nach „hinten" aussendet, damit eine Masse von 1000 kg eine Beschleunigung von $10^{-5}\,\mathrm{m/s^2}$ erfährt?
15. Man berechne für einen koaxialen Wellenleiter mit Innenradius a und Außenradius b die Kapazität C pro m, die Induktivität L pro m und den Wellenwiderstand Z_0. Wie groß muß für $a = 1$ mm b sein, damit $Z_0 = 100\,\Omega$ wird?

8. Elektromagnetische Wellen in Materie

Nachdem wir uns im vorigen Kapitel mit den Eigenschaften elektromagnetischer Wellen im Vakuum befaßt haben, wollen wir nun untersuchen, welchen Einfluß Materie auf die Ausbreitung elektromagnetischer Wellen hat. Wir müssen dazu die vereinfachten Maxwell-Gleichungen (7.1) im Vakuum, aus denen sich die Wellengleichung für Wellen im Vakuum ergab, durch Terme ergänzen, welche den Einfluß des Mediums enthalten.

Während die Ausbreitung und die Überlagerung elektromagnetischer Wellen in Materie durch eine solche klassische makroskopische Theorie, die auf den erweiterten Maxwell-Gleichungen basiert, gut beschrieben werden können, lassen sich die Erzeugung und Vernichtung von elektromagnetischen Wellen (Emission und Absorption) durch die Atome des Mediums im mikroskopischen Modell der Atomphysik nur durch die Quantentheorie richtig deuten (siehe Bd. 3).

Trotzdem gewinnt man durch das klassische Modell des gedämpften Oszillators für die absorbierenden oder emittierenden Atome, das wir bereits beim Hertzschen Dipol verwendet haben, einen guten Einblick in die physikalischen Phänomene, die bei elektromagnetischen Wellen in Materie auftreten.

Wir wollen zuerst eine anschauliche phänomenologische Darstellung geben, bevor wir die Lösung der erweiterten Maxwell-Gleichungen behandeln.

8.1 Brechungsindex

Mißt man die Ausbreitungsgeschwindigkeit $v_{\mathrm{Ph}} = c'$ elektromagnetischer Wellen im Medium, so stellt man experimentell fest:

- Der Wert von c' ist um einen vom Medium abhängenden Faktor $n > 1$ kleiner als die Lichtgeschwindigkeit c im Vakuum.

$$c'(n) = \frac{c}{n} \;. \tag{8.1}$$

- Der Wert von n und damit auch die Geschwindigkeit c' hängen nicht nur vom Medium ab, sondern auch von der Wellenlänge λ.

$$n = n(\lambda) \;\Rightarrow\; c' = c'(\lambda) \quad (\textit{Dispersion}).$$

Wie läßt sich dieses Ergebnis verstehen? Dazu betrachten wir in Abb. 8.1 eine ebene Lichtwelle,

$$\boldsymbol{E}_{\mathrm{e}} = \boldsymbol{E}_0 \mathrm{e}^{\mathrm{i}\,(\omega t - kz)} = \boldsymbol{E}_0 \mathrm{e}^{\mathrm{i}\,\omega (t - z/c')} \;,$$

die in z-Richtung durch ein Medium (z.B. eine Gasschicht) der Dicke Δz läuft. Innerhalb des Mediums ist die Wellenlänge $\lambda = \lambda_0/n$ kleiner als außerhalb. In diesem Medium werden die Atomelektronen zu erzwungenen Schwingungen angeregt. Diese schwingenden Dipole strahlen ihrerseits wieder elektroma-

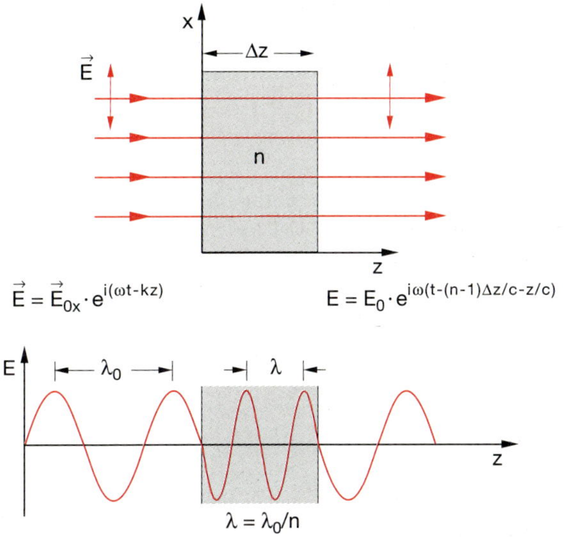

Abb. 8.1. Durchgang einer ebenen Welle durch ein Medium mit Brechungsindex n

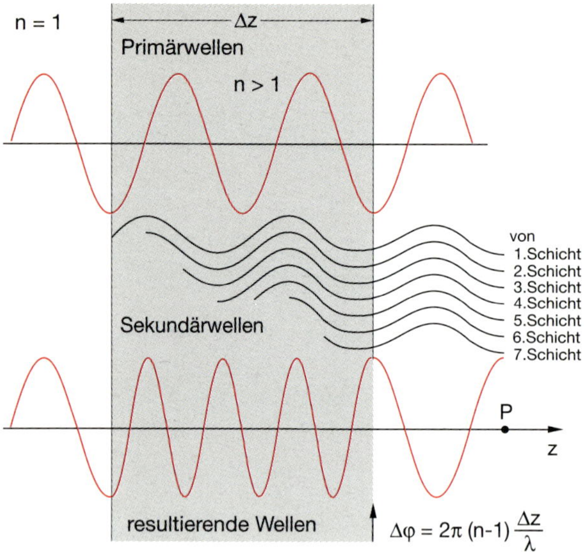

Abb. 8.2. Anschauliche Darstellung der Verzögerung einer Welle beim Durchgang durch ein transparentes Medium. Die einfallende Welle wird überlagert mit den phasenverzögerten Sekundärwellen, welche von den zu erzwungenen Schwingungen angeregten Dipolen in den einzelnen Schichten des Mediums ausgehen

gnetische Wellen $\boldsymbol{E}_k$ der gleichen Frequenz ω wie die der Erregerwelle aus, aber die Phase der erzwungenen Schwingung ist verzögert gegen die der Erregerschwingung (siehe Bd. 1, Abschn. 10.5).

Im Beobachtungspunkt $P(z)$ auf der z-Achse überlagern sich Primär- und Sekundärwellen zu einem Gesamtwellenfeld

$$\boldsymbol{E} = \boldsymbol{E}_\mathrm{e} + \sum_k \boldsymbol{E}_k \,. \tag{8.2}$$

Wegen der Phasenverzögerung der Sekundärwellen $\boldsymbol{E}_k$ ist die gesamte Welle $\boldsymbol{E}$ im Punkte P verzögert, d.h. sie kommt später an als ohne Medium, ihre Geschwindigkeit c' ist also kleiner (Abb. 8.2).

Wir wollen diese Überlagerung zuerst pauschal durch den Brechungsindex n beschreiben, bevor wir dann den Wert von n durch atomare Größen ausdrükken können.

8.1.1 Makroskopische Beschreibung

Im Vakuum würde die Welle für die Strecke Δz die Zeit $t = \Delta z/c$ benötigen. Im Medium läuft sie mit der Geschwindigkeit $c' = c/n$ und braucht daher die zusätzliche Zeit

$$\Delta t = (n-1) \cdot \Delta z/c \,.$$

Nach Durchlaufen des Mediums wird die Welle im Punkte $P(z)$ also beschrieben durch

$$\begin{aligned} \boldsymbol{E}(z) &= \boldsymbol{E}_0 \mathrm{e}^{\mathrm{i}\,\omega[t-(n-1)\Delta z/c - z/c]} \\ &= \boldsymbol{E}_0 \mathrm{e}^{\mathrm{i}\,\omega(t-z/c)} \cdot \mathrm{e}^{-\mathrm{i}\,\omega(n-1)\Delta z/c} \,. \end{aligned} \tag{8.3}$$

Der erste Faktor in (8.3) gibt die *ungestörte* Welle an, die man ohne Medium erhalten würde.

Der Einfluß des Mediums kann also durch den zweiten Faktor

$$\mathrm{e}^{-\mathrm{i}\varphi} \quad \text{mit} \quad \varphi = \omega(n-1)\Delta z/c$$

beschrieben werden. Ist $\varphi \ll 1$, d.h. ist die durch das Medium bewirkte Phasenverschiebung φ genügend klein (dies ist bei Gasen mit $n-1 \ll 1$ häufig erfüllt, aber bei festen Stoffen im allgemeinen nicht mehr), so können wir die Näherung

$$\mathrm{e}^{-\mathrm{i}\varphi} \approx 1 - \mathrm{i}\varphi$$

verwenden und erhalten aus (8.3) die Überlagerung (8.2) in der Form:

$$\begin{aligned} \boldsymbol{E}(z) &= \underbrace{\boldsymbol{E}_0 \mathrm{e}^{\mathrm{i}\,\omega\left(t-\frac{z}{c}\right)}} \underbrace{-\mathrm{i}\,\omega(n-1)\frac{\Delta z}{c}\boldsymbol{E}_0 \mathrm{e}^{\mathrm{i}\,\omega\left(t-\frac{z}{c}\right)}} \\ &= \qquad \boldsymbol{E}_\mathrm{e} \qquad + \qquad \sum_k \boldsymbol{E}_k \,. \end{aligned} \tag{8.4}$$

8.1.2 Mikroskopisches Modell

Um den zweiten Term $\boldsymbol{E}_\mathrm{Medium}$ in (8.4) mit Hilfe einer mikroskopischen, aber klassischen Theorie zu berechnen, beschreiben wir jedes Atomelektron, das durch die Lichtwelle $\boldsymbol{E} = \boldsymbol{E}_0 \cdot \mathrm{e}^{\mathrm{i}(\omega t - kz)}$ zu erzwungenen Schwingungen angeregt wird, durch das Modell des gedämpften harmonischen Oszillators (siehe Bd. 1, Abschn. 10.4,5).

Aus der Bewegungsgleichung der durch eine in x-Richtung polarisierte Welle erzwungenen Schwingung des Oszillators:

$$m\ddot{x} + b\dot{x} + Dx = -eE_0 \mathrm{e}^{\mathrm{i}(\omega t - kz)} \tag{8.5}$$

erhalten wir mit $\omega_0^2 = D/m$, $\gamma = b/m$ und dem Ansatz $x = x_0 \cdot \mathrm{e}^{\mathrm{i}\omega t}$ für die Schwingung der Atomelektronen in der Ebene $z = 0$:

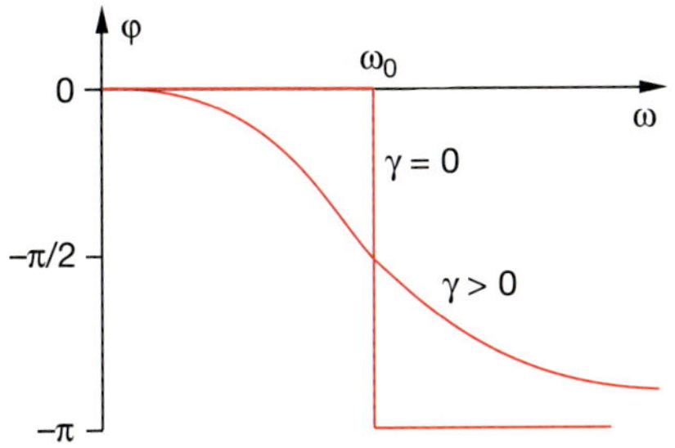

Abb. 8.3. Phasenverschiebung φ zwischen Schwingungsamplitude $x(t)$ des Dipols und Erregerwelle $E(t)$ als Funktion der Erregerfrequenz ω für verschiedene Werte der Dämpfungskonstanten γ

$$x_0 = -\frac{eE_0/m}{(\omega_0^2 - \omega^2) + \mathrm{i}\,\gamma\omega} \tag{8.6a}$$

$$\Rightarrow \; x = -\frac{eE_0/m}{\sqrt{(\omega_0^2 - \omega^2)^2 + \gamma^2\omega^2}}\,\mathrm{e}^{\mathrm{i}\,(\omega t + \varphi')} \tag{8.6b}$$

$$= +\frac{eE_0/m}{\sqrt{(\omega_0^2 - \omega^2) + \gamma^2\omega^2}}\,\mathrm{e}^{\mathrm{i}\,(\omega t + \varphi)}, \tag{8.6c}$$

wobei $\varphi = \varphi' + \pi$ ist. Die Phasenverschiebung φ zwischen Schwingungsamplitude $x(t)$ und Erregerwelle $E(t)$ hängt ab von ω und γ (Abb. 8.3). Es gilt:

$$\operatorname{tg}\varphi = -\frac{\gamma \cdot \omega}{\omega_0^2 - \omega^2}\;. \tag{8.6d}$$

Diese schwingenden Dipole mit dem Dipolmoment $p = -e \cdot x$ (die Valenz-Elektronen schwingen gegen die als ortsfest angenommenen positiven Ionenrümpfe) strahlen ihrerseits wieder Wellen aus (siehe Abschn. 6.4). Der Anteil E_D eines einzelnen Dipols zur Feldstärke E im Punkte P in der Entfernung $r \gg x_0$ vom Dipol, gemessen zur Zeit t, ist nach (6.34d) für $\vartheta = 90°$

$$E_\mathrm{D} = -\frac{e\omega^2 x_0}{4\pi\varepsilon_0 c^2 r}\,\mathrm{e}^{\mathrm{i}\omega(t - r/c)}\;, \tag{8.7}$$

wobei die Retardierung, d.h. die Laufzeit der Welle vom Dipol zum Punkt P berücksichtigt wurde.

Sind in einer dünnen Schicht der Dicke Δz in der Ebene $z = z_0$ $\Delta z \cdot \int N \cdot \mathrm{d}A$ schwingende Dipole (N ist die räumliche Dichte der Dipole), so ist das gesamte, von allen Dipolen der Schicht im Punkte P erzeugte Feld durch die Überlagerung aller dieser Anteile E_D gegeben (Abb. 8.4). Da der Abstand der Atome klein ist gegen die Wellenlänge λ des Lichtes, können wir die räumliche Dipolverteilung als kontinuierlich ansehen und erhalten durch Integration für das Feld aller Dipole in der Schichtdicke Δz um $z = 0$

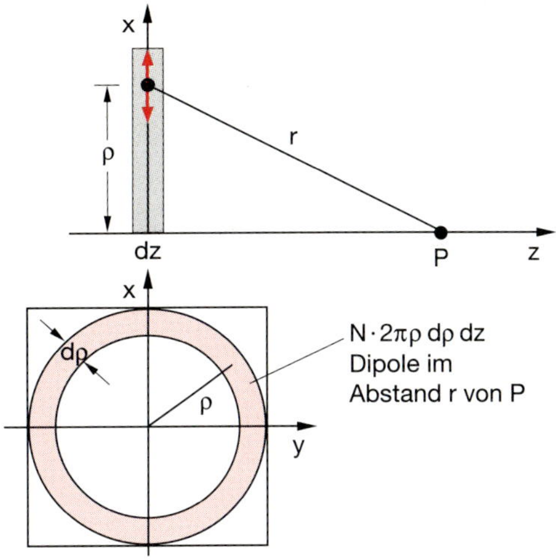

Abb. 8.4. Zur Herleitung der elektrischen Feldstärke E, die von Dipolen in der Ebene $z = 0$ im Punkte $P(z)$ bewirkt wird

$$E(z) = -\frac{e\omega^2 x_0 \mathrm{e}^{\mathrm{i}\omega t}}{4\pi\varepsilon_0 c^2}\,\Delta z \cdot \int_0^\infty N\frac{\mathrm{e}^{-\mathrm{i}\,\omega r/c}}{r}\,2\pi\varrho\,\mathrm{d}\varrho\;. \tag{8.8}$$

Wegen $r^2 = z^2 + \varrho^2 \Rightarrow r\,\mathrm{d}r = \varrho\,\mathrm{d}\varrho$ (in der Ebene $z = z_0$ ist z konstant!) ergibt das Integral:

$$\int_{r=z}^{\infty} N\mathrm{e}^{-\mathrm{i}\,\omega r/c}\,\mathrm{d}r = -\frac{c}{\mathrm{i}\,\omega}\left[N \cdot \mathrm{e}^{-\mathrm{i}\,\omega r/c}\right]_z^\infty. \tag{8.9}$$

Da für $\varrho \to \infty$ auch die Dichte N der erzwungenen Dipole gegen Null geht, weil die einfallende Lichtwelle nicht unendlich ausgedehnt ist, trägt der Term mit $r = \infty$ nichts bei, und wir erhalten für die Lösung von (8.8)

$$E(z) = \frac{\mathrm{i}\,\omega e x_0 N}{2\varepsilon_0 c}\,\mathrm{e}^{\mathrm{i}\,\omega(t - z/c)}\;. \tag{8.10}$$

Setzen wir den Ausdruck (8.6a) für x_0 ein, so ergibt sich die Feldamplitude $E(z)$, die von $N \cdot \Delta z$ Dipolen in der Schicht mit der Dicke Δz erzeugt wird, zu:

$$E(z) = -\,\mathrm{i}\,\omega\frac{\Delta z}{c}\cdot\frac{Ne^2}{2\varepsilon_0 m\left[(\omega_0^2-\omega^2)+\mathrm{i}\,\omega\gamma\right]}\cdot E_0\mathrm{e}^{\mathrm{i}\,\omega(t-r/c)}\ . \qquad (8.11)$$

Dies ist der in (8.4) enthaltene zusätzliche Anteil $\sum E_k$. Der Vergleich mit (8.4) liefert dann für den Brechungsindex n den Ausdruck:

$$n = 1 + \frac{Ne^2}{2\varepsilon_0 m[(\omega_0^2-\omega^2)+\mathrm{i}\omega\gamma]}\ . \qquad (8.12a)$$

Der Brechungsindex, auch *Brechzahl* genannt, ist eine komplexe Zahl! Er hängt ab:

- von der Dichte N der schwingenden Dipole, d.h. von der Atomdichte des Mediums,
- von der Frequenzdifferenz $\Delta\omega = \omega_0 - \omega$ zwischen der Frequenz ω der elektromagnetischen Welle und der Resonanzfrequenz $\omega_0 = \sqrt{D/m}$ der schwingenden Atomelektronen, die durch die elektrostatische Rückstellkraft $(-D\cdot x)$ der Elektronen an ihre Gleichgewichtslage und durch ihre Masse $m = m_\mathrm{e}$ festgelegt ist.

Man beachte:

Die obige Herleitung für den Brechungsindex (8.12a) gilt eigentlich nur für *optisch dünne* Medien, bei denen der Brechungsindex nur wenig von 1 verschieden ist (d.h. $n-1 \ll 1$), bei denen also die Dichte N der schwingenden Dipole genügend klein ist. Dies ist bei Gasen gut erfüllt.

BEISPIEL

Der Brechungsindex von Luft bei Atmosphärendruck ist $n = 1{,}0003$, d.h. $(n-1) \ll 1$ (Tabelle 8.1).

Die Näherung $(n-1) \ll 1$ wurde zweifach ausgenutzt. Einmal beim Übergang von (8.3) nach (8.4), wo $\mathrm{e}^{-\mathrm{i}(n-1)} \approx 1 - \mathrm{i}(n-1)$ verwendet wurde. Außerdem wurde angenommen, daß das von den Dipolen erzeugte Feld klein ist gegenüber dem Feld der einfallenden Welle, so daß für die Erregerfeldstärke $\boldsymbol{E}_0$ in (8.5) die Feldstärke der einfallenden Welle eingesetzt wurde, obwohl eigentlich die Gesamtfeldstärke (die im Medium von z abhängt) hätte verwendet werden müssen. Für $(n-1) \ll 1$, d.h. kleine Dichte N, sind jedoch beide Näherungen gerechtfertigt.

Wir werden in Abschn. 8.3 diese Beschränkung $((n-1) \ll 1)$ fallenlassen und einen allgemein gültigen Ausdruck für den Brechungsindex aus den erweiterten Maxwell-Gleichungen herleiten.

Tabelle 8.1. Brechungsindex von trockener Luft bei 20 °C und 1 bar Luftdruck

λ/nm	$(n-1)\cdot 10^4$
300	2,915
400	2,825
500	2,790
600	2,770
700	2,758
800	2,750
900	2,745

8.2 Absorption und Dispersion

Um die physikalische Bedeutung der komplexen Brechzahl n zu verstehen, schreiben wir (8.12a) in der Form $n = n' - \mathrm{i}\kappa$. Durch Erweitern des Bruches in (8.12a) mit $\left[(\omega_0^2-\omega^2)-\mathrm{i}\,\omega\gamma\right]$ erhalten wir nämlich:

$$n = 1 + \frac{Ne^2}{2\varepsilon_0 m}\frac{(\omega_0^2-\omega^2)-\mathrm{i}\omega\gamma}{(\omega_0^2-\omega^2)^2+\omega^2\gamma^2} = n' - \mathrm{i}\kappa. \qquad (8.12b)$$

Setzen wir dies in (8.3) ein, so ergibt sich für die Feldstärke $\boldsymbol{E}(z)$ der durch das Medium mit der Dicke Δz transmittierten Welle mit $k_0 = \omega/c$

$$\boldsymbol{E}(z) = \boldsymbol{E}_0\mathrm{e}^{-\omega\kappa\frac{\Delta z}{c}}\cdot\mathrm{e}^{-\mathrm{i}\,\omega(n'-1)\frac{\Delta z}{c}}\cdot\mathrm{e}^{\mathrm{i}\,(\omega t-k_0 z)} = \boldsymbol{E}_0\cdot A\cdot B\cdot\mathrm{e}^{\mathrm{i}\,(\omega t-k_0 z)}\ . \qquad (8.13)$$

Der Faktor $A = \mathrm{e}^{-\omega\kappa\Delta z/c}$ gibt die Abnahme der Amplitude beim Durchgang durch das Medium an. Nach der Strecke $\Delta z = c/(\omega\cdot\kappa)$ ist die Amplitude der Welle auf $1/\mathrm{e}$ der einfallenden Amplitude E_0 abgesunken (***Absorption***).

Die Intensität $I = c\cdot\varepsilon_0\cdot E^2$ erfährt dann die Abnahme

$$I = I_0\cdot\mathrm{e}^{-\alpha\Delta z} \qquad (8.14)$$

(***Beersches Absorptionsgesetz***). Die Größe

$$\alpha = \frac{4\pi\kappa}{\lambda_0} = 2k_0\kappa \tag{8.15}$$

heißt ***Absorptionskoeffizient***. Er hat die Dimension $[\alpha] = 1\,\mathrm{m}^{-1}$. Der Absorptionskoeffizient ist proportional zum Imaginärteil κ der komplexen Brechzahl, wobei $k_0 = 2\pi/\lambda_0$ die Wellenzahl der Welle im Vakuum ist.

Der Faktor $B = \mathrm{e}^{-\mathrm{i}\,\omega(n'-1)\Delta z/c}$ in (8.13) gibt die Phasenverzögerung der Welle beim Durchgang durch das Medium an. Diese zusätzliche Phasenverschiebung gegenüber dem Durchlaufen der Strecke Δz im Vakuum ist:

$$\begin{aligned}\Delta\varphi &= \omega(n'-1)\Delta z/c \\ &= 2\pi(n'-1)\Delta z/\lambda_0\,,\end{aligned} \tag{8.16}$$

d.h. die gesamte Phasenänderung der Welle über eine Laufstrecke $\Delta z = \lambda_0$ ist im Medium $\Delta\varphi = n' \cdot 2\pi$, während sie im Vakuum 2π beträgt.

Da die Wellenlänge λ definiert ist als der räumliche Abstand zwischen zwei Phasenflächen, die sich um $\Delta\varphi = 2\pi$ unterscheiden, folgt daraus, daß die Wellenlänge λ im Medium mit Brechungsindex $n = n' - \mathrm{i}\kappa$ kleiner wird als die Wellenlänge λ_0 im Vakuum:

$$\lambda = \frac{\lambda_0}{n'}\,. \tag{8.17}$$

Weil die Frequenz ω der Welle sich nicht ändert (siehe auch Abschn. 8.5) folgt für die Phasengeschwindigkeit $v_{\mathrm{Ph}} = v \cdot \lambda = (\omega/2\pi) \cdot \lambda$ der Welle

$$v_{\mathrm{Ph}} = c' = \frac{c}{n'}\,. \tag{8.18}$$

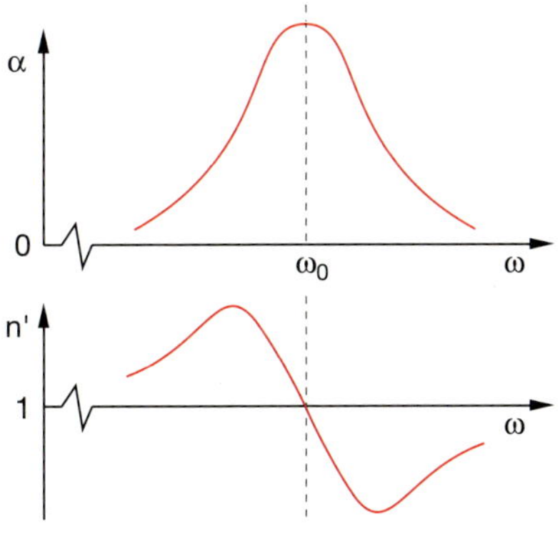

Abb. 8.5. Absorptionskoeffizient $\alpha(\omega) = 2k_0 \cdot \kappa(\omega)$ und Realteil des Brechungsindex in der Umgebung einer Absorptionslinie bei ω_0

Bei allen durchsichtigen Medien (Beispiele: Glas, Wasser, Luft) ist der Absorptionskoeffizient für sichtbares Licht sehr klein (sonst wären sie nicht durchsichtig). Dann ist der Imaginärteil κ des komplexen Brechungsindexes $n = n' - \mathrm{i}\kappa$ klein gegen den Realteil n', und man kann für diesen Fall

$$n \approx n'$$

setzen. Deshalb erscheint in vielen Gleichungen der Optik einfach n statt n', weil hier überwiegend mit Stoffen kleiner Absorption (Linsen, Prismen) gearbeitet wird (Tabelle 8.2). Man sollte aber im Gedächtnis behalten, daß dies genau genommen nur der Realteil des allgemeinen komplexen Brechungsindex ist.

Aus (8.12b) erhalten wir für Real- und Imaginärteil des Brechungsindex $n = n' - \mathrm{i}\kappa$ die ***Dispersions-Relationen***

$$n' = 1 + \frac{Ne^2}{2\varepsilon_0 m}\frac{(\omega_0^2 - \omega^2)}{(\omega_0^2 - \omega^2)^2 + \gamma^2\omega^2}\,, \tag{8.19a}$$

$$\kappa = \frac{Ne^2}{2\varepsilon_0 m}\frac{\gamma\omega}{(\omega_0^2 - \omega^2)^2 + \gamma^2\omega^2}\,, \tag{8.19b}$$

welche Absorption und Dispersion von elektromagnetischen Wellen in Materie mit Imaginär- und Realteil der komplexen Brechzahl n verknüpfen (Abb. 8.5).

Man beachte:

Sowohl das Maximum der Funktion $\kappa(\omega)$ als auch der Nulldurchgang von $n'(\omega) - 1$ liegen nicht genau bei $\omega = \omega_0$ (siehe Abschn. 8.3.3 und Aufgabe 8.2).

Tabelle 8.2. Brechzahlen n einiger optischer Gläser und durchsichtiger Stoffe

λ/nm	480	589	656
FK3	1,470	1,464	1,462
BK7	1,522	1,516	1,514
SF4	1,776	1,755	1,747
SFS1	1,957	1,923	1,910
Quarzglas	1,464	1,458	1,456
Lithium-fluorid LiF	1,395	1,392	1,391
Diamant	2,437	2,417	2,410

Die oben hergeleitete Formel (8.12) für den Brechungsindex n beruhte auf dem Modell gedämpfter harmonischer Oszillatoren, die alle dieselbe Eigenfrequenz ω_0 und die gleiche Dämpfungskonstante γ hatten. Um sie auf wirkliche Medien mit realen Atomen anzuwenden, müssen wir noch folgende experimentellen Befunde berücksichtigen, die in Bd. 3 näher begründet werden:

- Die Atome einer absorbierenden Substanz besitzen viele Energiezustände E_k, zwischen denen durch Absorption von Licht mit Frequenzen ω_k Übergänge stattfinden können. Für die Absorption vom tiefsten Zustand E_0 aus gilt für die absorbierte Energie:

$$\Delta E = E_k - E_0 = \hbar\omega_k ,$$

  wobei $\hbar = h/2\pi$ das durch 2π geteilte *Plancksche Wirkungsquantum* ist (siehe Abschn. 12.4).
- Wenn ein Atom mit einem anregbaren Elektron durch einen klassischen Oszillator beschrieben wird, so ist die Wahrscheinlichkeit W_k, daß es auf einer bestimmten Frequenz ω_k absorbiert, kleiner als die Wahrscheinlichkei $W = \sum W_k$, daß es auf irgendeiner der vielen möglichen Frequenzen ω_k absorbiert.
  Für eine bestimmte Frequenz ω_k hat das Atom nur den Bruchteil f_k ($f_k < 1$) des Absorptions- oder Emissionsvermögens eines klassischen Oszillators. Diese Zahl $f_k < 1$ heißt die *Oszillatorenstärke* des atomaren Übergangs. Summiert man die Absorptionswahrscheinlichkeit über alle möglichen Übergänge des Atoms, so muß gerade das Absorptions- bzw. Emissionsvermögen des klassischen Oszillators herauskommen, d.h. es muß gelten:

$$\sum_k f_k = 1 \tag{8.20}$$

(Summenregel von *Thomas*, *Reiche*, *Kuhn* [8.1]). Die einzelnen Atome können unabhängig voneinander auf einer ihrer Eigenfrequenzen ω_k Energie aus der einfallenden Lichtwelle absorbieren. Die Gesamtabsorption ist dann die Summe der Anteile der einzelnen Atome. Entsprechend wird der Brechungsindex n statt (8.12a) durch die Formel

$$n = 1 + \frac{e^2}{2\varepsilon_0 m_e} \sum_k \frac{N_k f_k}{(\omega_{0k}^2 - \omega^2) + i\gamma_k\omega} \tag{8.21}$$

bestimmt, wobei N_k die Zahl der Atome pro m^3 ist, welche die Absorptionsfrequenz ω_k haben. Absorptionskoeffizient $\alpha(\omega)$ und Brechungsindex $n'(\omega)$ sehen also für Medien mit vielen Absorptionseigenfrequenzen ω_k komplizierter aus als in Abb. 8.5 am Beispiel einer einzigen Absorptionsfrequenz ω_0 gezeigt wurde (Abb. 8.6). In Abb. 8.7 sind zur Illustration $\kappa(\omega)$ und $n'(\omega)$ in der Umgebung der beiden gelben Natrium-D-Linien gezeigt.

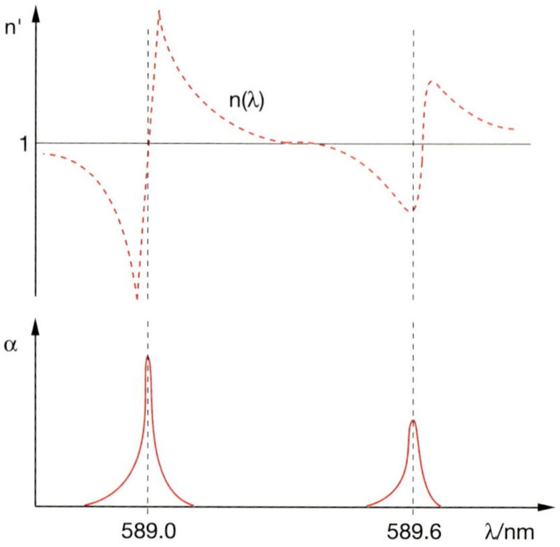

Abb. 8.7. Beispiel von Dispersion und Absorption in der Umgebung der beiden Natrium D-Linien bei $\lambda_1 =$ 589,0 nm und $\lambda_2 =$ 589,6 nm (ohne Berücksichtigung der Hyperfeinstruktur)

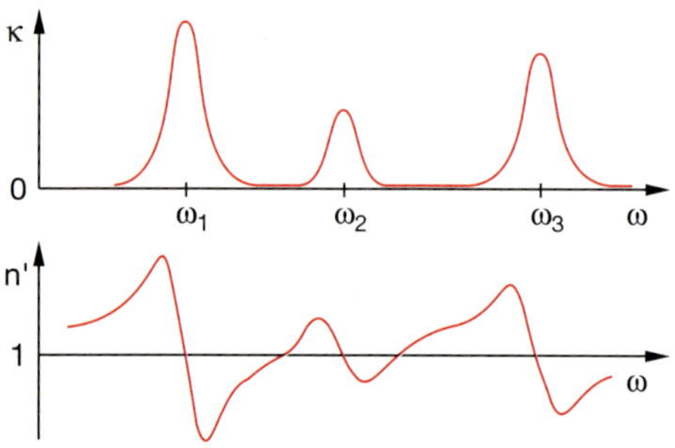

Abb. 8.6. Schematische Darstellung von $\kappa(\omega)$ und $n'^{(\omega)}$ für einen Frequenzbereich, in dem mehrere Absorptionsfrequenzen ω_k liegen

Weil in Medien die Lichtgeschwindigkeit $c'(\omega)$ von der Frequenz ω abhängt, unterscheiden sich Phasen- und Gruppengeschwindigkeit (siehe Bd. 1, Abschn. 10.9.7). Es gilt:

$$v_G = \frac{d\omega}{dk} = \frac{d}{dk}(v_{Ph} \cdot k) = v_{Ph} + k \cdot \frac{dv_{Ph}}{dk}.$$

Da $k = k_0 \cdot n'$ und $v_{Ph} = c/n'$ ist, läßt sich dies umformen in:

$$\begin{aligned} v_G &= \frac{v_{Ph}}{1 - \omega/n' \cdot dn'/d\omega} \\ &= \frac{c}{n' - \omega \cdot dn'/d\omega} . \end{aligned} \tag{8.22}$$

Diese Relation bringt uns folgende Einsichten:

Aus Abb. 8.6 geht hervor, daß es Spektralbereiche gibt, in denen $n' < 1$ ist. Dort ist $v_{Ph} = c/n' > c$ also größer als die Lichtgeschwindigkeit im Vakuum. Die Gruppengeschwindigkeit bleibt jedoch immer kleiner als c, wie man sieht, wenn man $dn'/d\omega$ aus (8.19a) berechnet.

Man nennt die Bereiche mit $dn'/d\omega > 0$ Bereiche mit ***normaler Dispersion***. In Bereichen mit $dn'/d\omega < 0$ liegt ***anomale Dispersion*** vor, dort wächst n' mit zunehmender Wellenlänge λ. In den Bereichen anomaler Dispersion wird der Imaginärteil κ des Brechungsindex und damit auch der Absorptionskoeffizient α maximal.

> Bereiche anomaler Dispersion sind Bereiche maximaler Absorption.

8.3 Lichtstreuung

In den beiden vorigen Abschnitten wurden Dispersion und Absorption erklärt durch die Wechselwirkung der einfallenden elektromagnetischen Welle mit den atomaren Oszillatoren, die zu erzwungenen Schwingungen in Richtung des $\boldsymbol{E}$-Vektors der Welle angeregt werden. Jeder Dipol strahlt gemäß (6.2b) die mittlere Leistung

$$\overline{P}_S = \frac{e^2 x_0^2 \omega^4}{32\pi^2 \varepsilon_0 c^3} \sin^2 \vartheta \tag{8.23}$$

in den Raumwinkel $d\Omega = 1$ Sterad um die Richtung ϑ gegen die Dipolachse. Durch eine in x-Richtung linear polarisierte Welle in z-Richtung sind alle erzwungenen schwingenden Dipole in x-Richtung ausgerichtet und strahlen dann gemäß (8.23) auch in Richtungen, die um den Winkel $\alpha = (\pi/2 - \vartheta)$ von der Richtung der einfallenden Welle abweichen. Man nennt dieses Phänomen ***Lichtstreuung***.

Die Frage ist nun: Wann tritt Lichtstreuung auf? Von welchen Größen hängt sie ab? Warum geht Licht beim Durchgang durch ein homogenes, isotropes Medium nur geradeaus, obwohl die einzelnen Dipole ihre Strahlung in alle Richtungen aussenden?

8.3.1 Kohärente Streuung; Interferenz

Um diese Fragen zu klären, betrachten wir zuerst ein Medium aus regelmäßig angeordneten Atomen mit dem Abstand d (z.B. einen idealen Kristall, Abb. 8.8). Fällt eine ebene elektromagnetische Welle in z-Richtung ein, so schwingen alle erzwungenen atomaren Oszillatoren in einer Ebene $z = z_0$ in Phase.

Zur Illustration ist in Abb. 8.9 ein Schnitt durch diese Ebene $z = z_0$ in x-Richtung gelegt. Wenn wir die Gesamtamplitude der von allen Atomen dieser Ebene in die Richtung α gestreuten Welle berechnen wollen, müssen wir berücksichtigen, daß die einzelnen Teilwellen verschieden lange Wege durchlaufen. Der Wegunterschied zwischen benachbarten Teilwellen ist $\Delta s = d \cdot \sin\alpha$. Er verursacht einen Phasenunterschied

$$\Delta\varphi = \frac{2\pi}{\lambda}\Delta s = \frac{2\pi}{\lambda} d \cdot \sin\alpha \tag{8.24}$$

zwischen benachbarten Teilwellen.

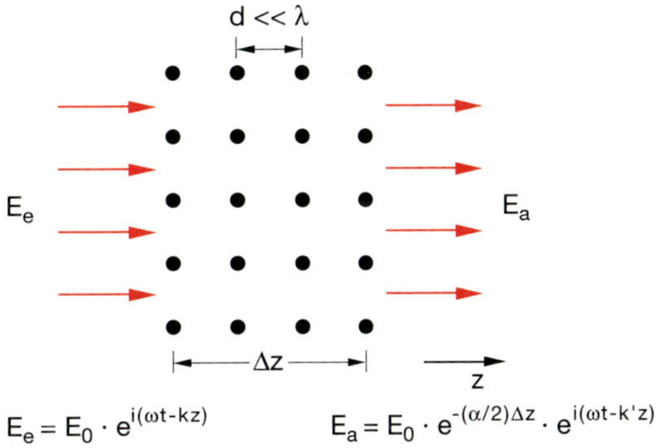

Abb. 8.8. Beim Durchgang einer elektromagnetischen Welle durch einen idealen Kristall mit $d < \lambda$ findet eine Phasenverzögerung, aber keine Streuung statt

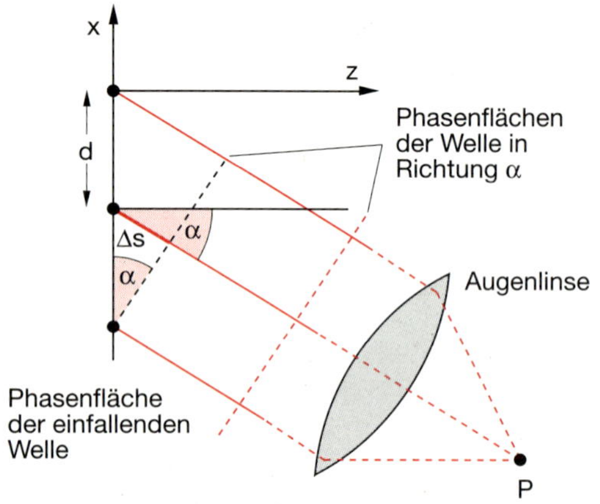

Abb. 8.9. Zur Herleitung von (8.26)

Die Gesamtamplitude von N streuenden Atomen auf der Geraden in x-Richtung in Abb. 8.9 ist dann für gleiche Teilamplituden A der einzelnen Streuer:

$$E = A \cdot \sum_{j=1}^{N} \mathrm{e}^{\mathrm{i}(\omega t+\varphi_j)} = A \cdot \mathrm{e}^{\mathrm{i}\omega t} \sum_{j=1}^{N} \mathrm{e}^{\mathrm{i}\cdot(j-1)\Delta\varphi} ,$$

wenn wir die Phase der ersten Teilwelle $\varphi_1 = 0$ setzen. Die Summe der geometrischen Reihe ist:

$$\sum_{j=1}^{N} \mathrm{e}^{\mathrm{i}(j-1)\Delta\varphi} = \frac{\mathrm{e}^{\mathrm{i}N\Delta\varphi} - 1}{\mathrm{e}^{\mathrm{i}\Delta\varphi} - 1} \tag{8.25}$$

$$= \mathrm{e}^{\mathrm{i}\frac{N-1}{2}\Delta\varphi} \cdot \frac{\mathrm{e}^{\mathrm{i}\frac{N}{2}\Delta\varphi} - \mathrm{e}^{-\mathrm{i}\frac{N}{2}\Delta\varphi}}{\mathrm{e}^{\mathrm{i}\Delta\varphi/2} - \mathrm{e}^{-\mathrm{i}\Delta\varphi/2}}$$

$$= \mathrm{e}^{\mathrm{i}\frac{N-1}{2}\Delta\varphi} \cdot \frac{\sin\left[(N/2)\Delta\varphi\right]}{\sin(\Delta\varphi/2)} .$$

Die Intensität $I = c\varepsilon_0|E|^2$ der gestreuten Welle ist dann:

$$I(\alpha) = I_0 \cdot \frac{\sin^2\left[N\pi(d/\lambda)\sin\alpha\right]}{\sin^2\left[\pi(d/\lambda)\sin\alpha\right]} , \tag{8.26}$$

wobei $I_0 = c\varepsilon_0 A^2$ die von einem Sender ausgestrahlte Intensität ist. Der Verlauf dieser Funktion hängt entscheidend ab vom Verhältnis d/λ.

Für $d < \lambda$ hat $I(\alpha)$ nur ein Maximum für $\alpha = 0$ und fällt dann auf $I = 0$ ab für größere Werte von α (siehe Bd. 1, Abschn. 10.11). Wir wollen uns das Verhalten von $I(\alpha)$ für kleine Winkel α ansehen, wo die Näherung $\sin\alpha \approx \alpha$ gilt. Für $d < \lambda$ und $\sin\alpha \ll 1$ ist

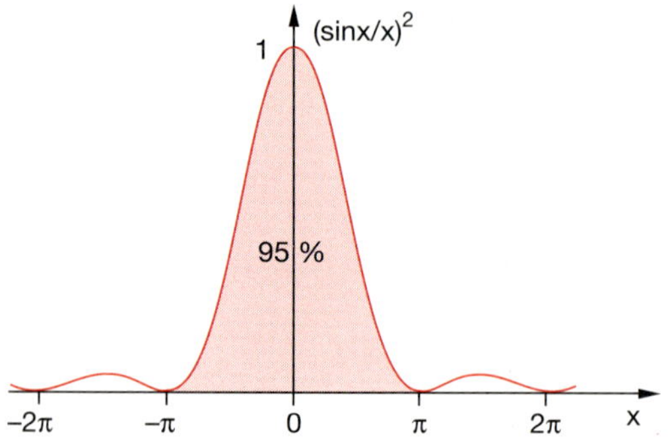

Abb. 8.10. Die Funktion $(\sin x/x)^2$

auch $\pi(d/\lambda)\sin\alpha \ll 1$, und wir können (8.26) daher schreiben als

$$I(\alpha) = N^2 I_0 \cdot \frac{\sin^2 x}{x^2} \tag{8.27}$$

mit $x = N\pi(d/\lambda)\sin\alpha$. Die Funktion $(\sin x/x)^2$ ist in Abb. 8.10 dargestellt. Man sieht, daß sie nur im Bereich $-\pi \le x \le +\pi$ größere Werte annimmt. Die Fläche unter dem zentralen Maximum

$$\int_{-\pi}^{+\pi} \frac{\sin^2 x}{x^2}\,\mathrm{d}x \approx 0{,}9 \cdot \int_{-\infty}^{+\infty} \frac{\sin^2 x}{x^2}\,\mathrm{d}x$$

enthält etwa 90% der gesamten in alle Winkel α gestreuten Intensität.

Ist die Breite $D = N \cdot d$ unseres streuenden Kristalls groß gegen die Wellenlänge λ ($N \cdot d \gg \lambda$), so folgt: $\sin\alpha \ll x/\pi < 1$, d.h. die Intensität $I(\alpha)$ hat nur merkliche Werte in einem sehr engen Winkelbereich um die Richtung $\alpha = 0$ der einfallenden Welle.

BEISPIEL

$D = 1\,\mathrm{cm}$, $\lambda = 500\,\mathrm{nm} \Rightarrow \sin\alpha < 5\cdot 10^{-7}/10^{-2} = 5\cdot 10^{-5}$.

Dieses Ergebnis macht folgende erstaunliche Tatsache deutlich:

Obwohl jeder einzelne Oszillator seine Strahlungsenergie in alle Raumrichtungen von $\alpha = -\pi$ bis $\alpha = +\pi$ abstrahlt, führt die Überlagerung von regelmäßig angeordneten Streuern mit einem Abstand $d < \lambda$ zu keiner Gesamtstreuintensität für

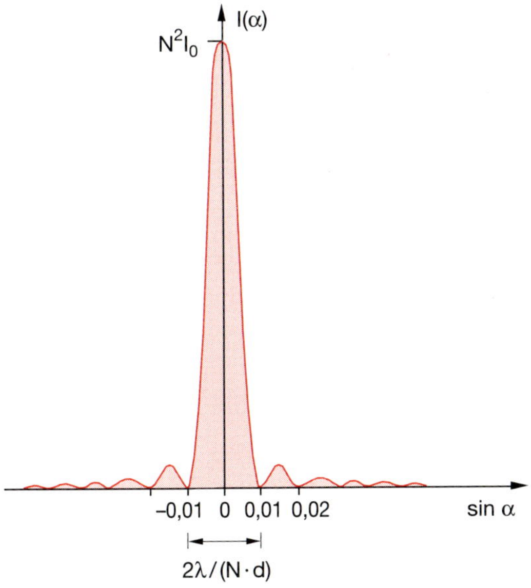

Abb. 8.11. Die Streuintensität $I(\alpha)$ für $d < \lambda$ und $D = N \cdot d = 100\lambda$. Die Fußpunktsbreite $\Delta\alpha$ zwischen den Nullstellen von $I(\alpha)$ ist $\Delta\alpha = 2\lambda/(N \cdot d)$

$\alpha \neq 0$. Alles Licht geht in die ursprüngliche Einfallsrichtung $\alpha = 0$ (Abb. 8.11). Die geringen Abweichungen von $\alpha = 0$ sind durch die Beugung der einfallenden Welle an dem Medium mit endlicher Breite $D = N \cdot d$ bedingt, welche den Bündeldurchmesser des einfallenden Lichtes begrenzt (siehe Kap. 10).

8.3.2 Inkohärente Streuung

Die Situation ändert sich völlig, wenn die Atome unregelmäßig angeordnet sind (z.B. in pulverisierten Stoffen) oder sich in thermischer Bewegung befinden und damit ihre Abstände zeitlich statistisch ändern (wie z.B. in Flüssigkeiten oder Gasen). In diesen Fällen gibt es keine festen Phasenbeziehungen mehr zwischen Schwingungen der einzelnen von der Lichtwelle angeregten Oszillatoren. Während man die Überlagerung der Streuung von Oszillatoren mit festen relativen Phasen als ***kohärente Streuung*** bezeichnet, liegt bei statistisch verteilten oder zeitlich statistisch variierenden Phasen der streuenden Oszillatoren ***inkohärente Streuung*** vor.

Wir wollen uns den Unterschied klarmachen am Beispiel der Überlagerung zweier Teilwellen, die von

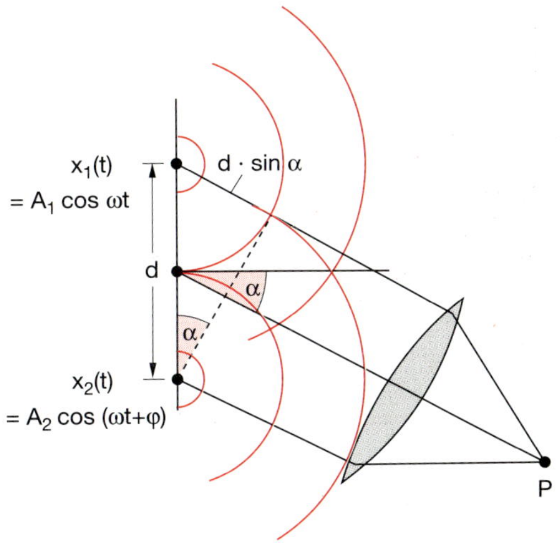

Abb. 8.12. Überlagerung der Streuamplituden in der Richtung α von zwei Streuern S_1, S_2 im Abstand d

Oszillatoren an den Orten $\boldsymbol{r}_1$, $\boldsymbol{r}_2$ mit Schwingungsamplituden

$$x_1(t) = A_1 \cos \omega t; \quad x_2(t) = A_2 \cos(\omega t + \varphi)$$

ausgesandt werden (Abb. 8.12). Die Gesamtintensität in Richtung α ist dann:

$$I = c\varepsilon_0 \left[A_1 \cos \omega t + A_2 \cos(\omega t + \psi)\right]^2 , \tag{8.28}$$

wobei die Phasenverschiebung

$$\psi = \varphi + \frac{2\pi}{\lambda} d \cdot \sin \alpha$$

sich aus der zeitlichen Phasendifferenz φ der beiden Oszillatoren und der räumlichen Phasendifferenz $(2\pi/\lambda)d \cdot \sin \alpha$ zusammensetzt. Auflösen der Klammer in (8.28) ergibt bei Verwendung der Relation $2 \cos \alpha \cdot \cos \beta = \cos(\alpha + \beta) + \cos(\alpha - \beta)$

$$I = c\varepsilon_0 \Big[A_1^2 \cos^2(\omega t) + A_2^2 \cos^2(+\psi) \\ + A_1 A_2 \big(\cos(2\omega t + \psi) + \cos \psi\big)\Big] .$$

Alle bisher verfügbaren Detektoren können der schnellen Lichtoszillation mit der Frequenz ω nicht folgen. Sie messen den zeitlichen Mittelwert der Intensität, der sich wegen $\overline{\cos^2 \omega t} = 1/2$ und wegen $\overline{\cos \omega t} = 0$ zu

$$\bar{I} = \frac{1}{2} c\varepsilon_0 \left[A_1^2 + A_2^2 + 2A_1 A_2 \overline{\cos \psi}\right] \tag{8.29}$$

ergibt. Dabei wurde vorausgesetzt, daß eventuelle zeitliche Schwankungen der Phase ψ langsam sind im Vergleich zur Lichtperiode $T = 2\pi/\omega$. Für zeitlich konstante Phase ψ (d.h. starre Phasenkopplung zwischen den beiden Oszillatoren) ist $\overline{\cos\psi} = \cos\psi$, so daß die zeitliche gemittelte Intensität, je nach Phase ψ, die Werte zwischen

$$I_{\max} = \frac{1}{2} c\varepsilon_0 (A_1 + A_2)^2$$

für

$$\psi = m \cdot 2\pi, \quad m = 0, 1, 2, \ldots \tag{8.30a}$$

und

$$I_{\min} = \frac{1}{2} c\varepsilon_0 (A_1 - A_2)^2$$

für

$$\psi = (2m + 1)\,\pi \tag{8.30b}$$

annehmen kann. Es gibt *Interferenzerscheinungen* (siehe Kap. 9 und Bd. 1, Abschn. 10.10), die zu einer räumlichen Strukturierung der Intensität führen (kohärente Überlagerung).

Im Falle inkohärenter Streuung variert die Phase ψ statistisch zwischen $-\pi$ und $+\pi$. Der Zeitmittelwert von $\cos\psi$ ist dann $\overline{\cos\psi} = 0$, und die zeitlich gemittelte Gesamtintensität I wird damit

$$\bar{I} = \frac{1}{2} c\varepsilon_0 (A_1^2 + A_2^2)\ . \tag{8.31}$$

Wenn z.B. die Abstände der Streuer räumlich statistisch verteilt sind, sind ihre Phasen bei der Anregung durch eine ebene Welle statistisch verteilt, so daß sich der Term $\cos\psi$ wegmittelt.

Wir erhalten daher das wichtige Ergebnis:

> Bei der kohärenten Streuung ist die Gesamtintensität gleich dem Quadrat der Summe aller Streuamplituden (unter Beachtung ihrer relativen Phasen). Bei der inkohärenten Streuung werden die Intensitäten der Einzelwellen addiert, die relativen Phasen mitteln sich aus und spielen daher keine Rolle.

Die gesamte zeitlich gemittelte Streuleistung, die von N inkohärenten Streuern unter dem Winkel ϑ gegen die Richtung des $\boldsymbol{E}$-Vektors der einfallenden

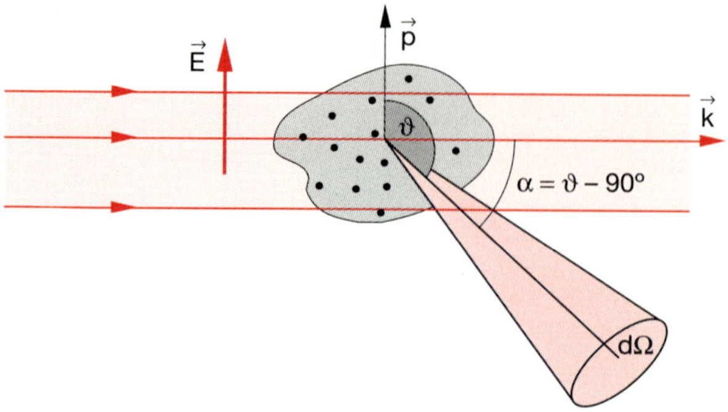

Abb. 8.13. Messung der in den Raumwinkel $d\Omega$ um den Winkel ϑ gegen den elektrischen Feldvektor der einfallenden Welle gestreute Lichtleistung $P_S(\vartheta)$

Welle in den Raumwinkel $\Omega = 1$ Sterad gestreut wird (Abb. 8.13), ist dann nach (6.36):

$$\overline{P}_S(\vartheta) = \frac{Ne^2 x_0^2 \omega^4}{32\pi^2 \varepsilon_0 c^3} \sin^2\vartheta \tag{8.32a}$$

Setzt man für x_0^2 den Ausdruck (8.6b) ein, so ergibt sich schließlich:

$$\overline{P}_S(\omega, \vartheta) = \frac{Ne^4 E_0^2 \sin^2\vartheta}{32\pi^2 m^2 \varepsilon_0 c^3} \cdot \frac{\omega^4}{(\omega_0^2 - \omega^2)^2 + \gamma^2\omega^2} \tag{8.32b}$$

und für die über alle Winkel ϑ integrierte, in den Raumwinkel 4π emittierte gesamte Streuleistung

$$\overline{P}_S(\omega) = \frac{Ne^4 E_0^2}{12\pi\varepsilon_0 m^2 c^3} \cdot \frac{\omega^4}{(\omega_0^2 - \omega^2)^2 + \gamma^2\omega^2}\ . \tag{8.32c}$$

8.3.3 Streuquerschnitte

Wir definieren den Quotienten

$$\sigma_S = \left(\overline{P}_S/N\right)/I_e$$

aus gestreuter Lichtleistung eines Atoms $\overline{P}_S/N$ und einfallender Lichtintensität $I_e = 1/2\,\varepsilon_0 c E_0^2$ als Streuquerschnitt σ ($[\sigma] = 1\,\text{m}^2$). Diese Definition hat folgende anschauliche Bedeutung:

Man kann die streuende Wirkung eines Atoms beschreiben durch eine Kreisscheibe der Fläche σ, so daß alles Licht, das auf diese Fläche fällt, *vollständig* gestreut wird.

Die Streuleistung $\overline{P}_S$ von N Atomen ist dann

$$\overline{P}_S = N \cdot \sigma_S \cdot I_e \,.$$

Aus (8.32c) folgt damit für den Streuquerschnitt für Lichtstreuung an Atomen oder Molekülen (***Rayleigh-Streuung***)

$$\sigma_S = \frac{e^4}{6\pi\varepsilon_0^2 c^4 m^2} \cdot \frac{\omega^4}{(\omega_0^2 - \omega^2)^2 + \omega^2\gamma^2} \,. \qquad (8.33)$$

Der Streuquerschnitt nimmt für $\omega \approx \omega_0$ besonders große Werte an (Resonanz-Rayleigh-Streuung). Das Maximum von $\sigma(\omega)$ liegt bei der Frequenz

$$\omega_m = \omega_0 (1 - \gamma^2 / 2\omega_0^2)^{-1/2} ,$$

wobei ω_0 die Resonanzfrequenz der induzierten Dipole ist.

Ist das einfallende Licht nicht monochromatisch, sondern hat es eine Bandbreite $\Delta\omega$ mit $\gamma < \Delta\omega \ll \omega_0$, so erhält man den mittleren Streuquerschnitt $\overline{\sigma}_S(\omega)$ durch Integration über alle Frequenzen ω innerhalb der Bandbreite $\Delta\omega$ [8.2]. Für $\omega \gg \Delta\omega$ ergibt sich dann:

$$\overline{\sigma}_S(\omega) \propto \omega^4 \,.$$

Zur Illustration wollen wir einige Beispiele betrachten.

8.3.4 Lichtstreuung in unserer Atmosphäre

Auch wenn wir *nicht* in Richtung Sonne schauen, sehen wir am Tage über uns Helligkeit, weiße Wolken oder einen blauen Himmel. Dies haben wir der Streuung des Sonnenlichtes an den Molekülen und an Mikropartikeln, wie Wassertröpfchen, Aerosolen oder Staubpartikeln, in der Erdatmosphäre zu verdanken (Abb. 8.14). Für Astronauten außerhalb der Erdatmosphäre ist der Himmel tiefschwarz (abgesehen von den hellen Sternen).

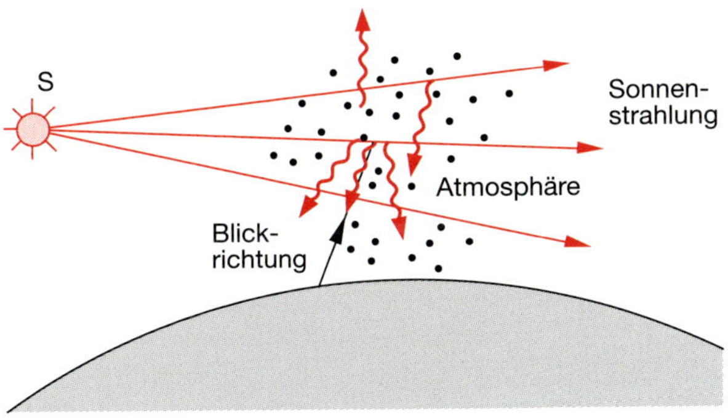

Abb. 8.14. Streuung des Sonnenlichtes in der Erdatmosphäre

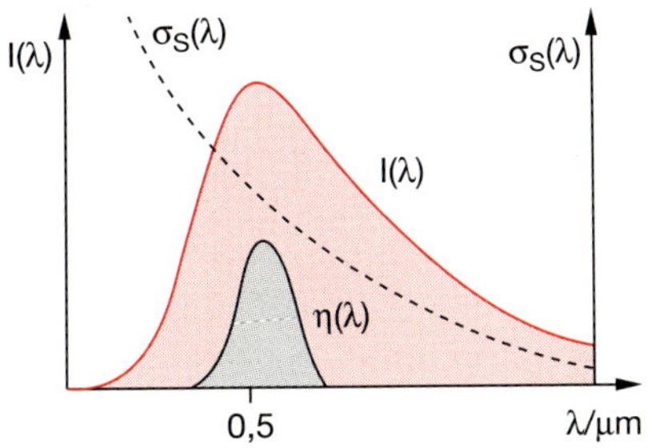

Abb. 8.15. Intensitätsverteilung der Sonnenstrahlung und Spektralverlauf der Augenempfindlichkeit $\eta(\lambda)$

Wir wollen nun folgende Fragen beantworten:

a) Warum ist der wolkenlose Himmel blau?

Die blaue Farbe des Himmels wird durch drei Faktoren bestimmt:

- Die Intensitätsverteilung $I(\lambda)$ der Sonnenstrahlung, die bei etwa $\lambda = 455\,\text{nm}$ ihr Maximum hat (Abb. 8.15) (siehe auch Abschn. 12.5).
- Die Wellenlängenabhängigkeit des Streuquerschnittes $\sigma_S(\lambda)$, der mit $1/\lambda^4$ variiert.
- Die spektrale Verteilung $\eta(\lambda)$ unserer Augenempfindlichkeit, die beim Maximum der Sonnenstrahlung ihr Maximum hat (biologische Anpassung).

Die von uns empfundene Farbe, d.h. Wellenlängenverteilung des Himmels, ist daher bestimmt durch das von unserem Gehirn registrierte Signal

$$S(\lambda) \propto I(\lambda) \cdot \sigma(\lambda) \cdot \eta(\lambda) \,.$$

Die Eigenfrequenzen ω_0 der Moleküle unserer Atmosphäre (N_2, O_2, H_2) liegen alle im ultravioletten Spektralbereich bei $\lambda_0 < 200\,\text{nm}$, so daß in (8.33) $\omega_0^2 - \omega^2$ für das sichtbare Gebiet ($400\,\text{nm} < \lambda < 700\,\text{nm}$) sehr groß gegen $\omega \cdot \gamma$ ist. Für die Variation von $\sigma(\lambda)$ mit λ können wir dann näherungsweise $\sigma(\lambda) \propto 1/\lambda^4$ setzen.

BEISPIEL

Für $\omega = 1/3\,\omega_0 \Rightarrow (\omega_0^2 - \omega^2)^2 = 0{,}8\,\omega_0^4$.

Um das spektrale Maximum von $S(\lambda)$ zu ermitteln, müssen wir auch die Eindringtiefe des Lichtes mit der Wellenlänge λ bestimmen. Sie beträgt (siehe analoge Überlegung bei der Streuung von Teilchen in Bd. 1, Abschn. 7.3.6)

$$L_e \approx \frac{1}{n \cdot \sigma_S} ,$$

wobei n die Anzahl der streuenden Moleküle pro Volumeneinheit ist. Nach der Strecke L_e ist die einfallende Lichtintensität auf $1/e$ ihres Anfangswertes infolge der Streuung abgesunken. Mit $\sigma_S \propto 1/\lambda^4$ ergibt sich:

$$L_e \propto \frac{\lambda^4}{n} .$$

BEISPIEL

Typische Rayleigh-Streuquerschnitte für Stickstoffmoleküle sind $\sigma_S(\lambda_0) \approx 3 \cdot 10^{-31}\,\mathrm{m}^2$ für $\lambda_0 = 600\,\mathrm{nm}$.
Bei einer Dichte $n = 10^{25}\,\mathrm{m}^{-3}$ der Stickstoffmoleküle bei Atmosphärendruck ergibt sich:

$$L_e \approx 3 \cdot 10^5 \left(\frac{\lambda}{\lambda_0}\right)^4 \mathrm{m} .$$

Für $\lambda = 400\,\mathrm{nm}$ (blaues Licht) $\Rightarrow L_e = 60\,\mathrm{km}$, für $\lambda = 700\,\mathrm{nm}$ (rotes Licht) $\Rightarrow L_e = 550\,\mathrm{km}$.

Man sieht aus diesem Beispiel, daß die Abschwächung des Sonnenlichtes durch Rayleigh-Streuung an den Luftmolekülen nur bei sehr tiefem Sonnenstand eine entscheidende Rolle spielt.

Allerdings sind in der Atmosphäre immer kleine Mikropartikel (Staub, Wassertröpfchen, Eiskristalle, etc.), die das Licht um Größenordnungen stärker streuen (Mie-Streuung, siehe Abschn. 8.3.5), so daß insgesamt die stärkere Abschwächung des blauen Anteils durchaus merklich wird. Man beobachtet daher auf hohen Bergen ein stärker zum Violetten hin verschobenes Himmelsblau.

Da das Licht bei der Streuung nicht absorbiert, sondern nur in alle Richtungen gestreut wird, gelangt ein Teil des gestreuten Lichtes zum Erdboden (also vor allem blaues Licht), ein Teil wird zurück in den Weltraum gestreut und trägt dazu bei, daß die Erde (wie alle anderen Planeten mit einer Atmosphäre) heller erscheint, als wenn sie keine Atmosphäre hätte. Das auf die Erde gelangende Streulicht trägt zum diffusen Lichtuntergrund bei und bewirkt, daß der Himmel relativ gleichmäßig hell erscheint. Die genaue Behandlung der Lichtstreuung in der Erdatmosphäre ist sehr kompliziert [8.3,4].

b) Warum ist das Himmelslicht teilweise polarisiert?

Schaut man durch ein Polarisationsfilter in den blauen Himmel, so stellt man durch Drehen des Filters fest, daß das in der Atmosphäre gestreute Sonnenlicht teilweise polarisiert ist. Dies kommt folgendermaßen zustande: Die vom Sonnenlicht induzierten molekularen Dipole schwingen alle in einer Ebene senkrecht zur Einfallsrichtung $\boldsymbol{k}$ (Abb. 8.16).

In dieser Ebene haben sie statistisch verteilte Richtungen, da das einfallende Sonnenlicht unpolarisiert ist. Die in der Ebene SMB schwingenden Dipole strahlen in die Richtung θ gegen die Dipolachse zum Beobachter B den Bruchteil $I_S \propto I_0 \cdot \sin^2\theta = I_0 \cdot \cos^2\alpha$, der in der Ebene SMB polarisiert ist, während die senkrecht zur Ebene SMB schwingenden Dipole, für die $\theta = 90°$ ist, ihre maximale Streuintensität zum Beobachter hin aussenden.

Die senkrecht zur Ebene polarisierte Komponente der Streustrahlung ist also stärker als die parallele Komponente. Der Polarisationsgrad

$$P = \frac{I_\perp - I_\parallel}{I_\perp + I_\parallel} = \frac{1 - \cos^2\alpha}{1 + \cos^2\alpha}$$

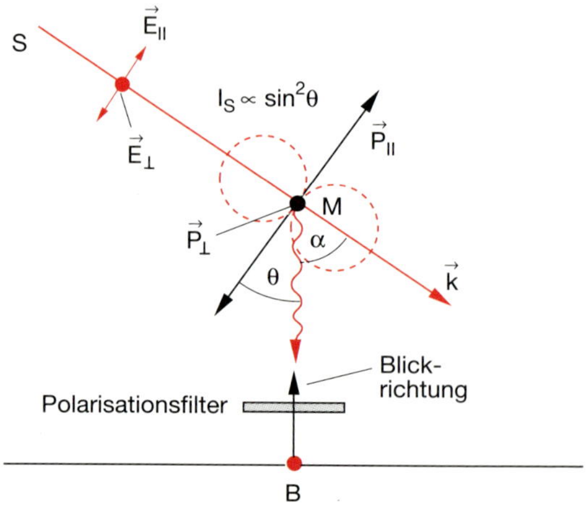

Abb. 8.16. Zur Erklärung der Polarisation des Himmelslichtes

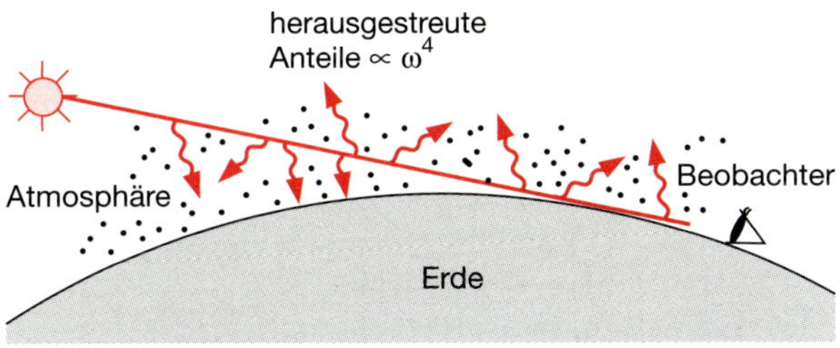

Abb. 8.17. Zur Erklärung der Rotverschiebung im Spektrum des transmittierten Lichtes der untergehenden Sonne

hängt ab von dem Winkel $\alpha = 90° - \theta$ der Blickrichtung *BM* gegen die Sonnenstrahlung *SM*.

c) Warum ist die auf- oder untergehende Sonne rötlich gefärbt?

Auch dies liegt an der Lichtstreuung in der Atmosphäre. Bei tiefem Sonnenstand ist der Lichtweg durch die Atmosphäre bis in unser Auge sehr lang (Abb. 8.17, siehe auch obiges Beispiel). Der Blauanteil der Sonnenstrahlung wird gemäß (8.33) stärker aus der Blickrichtung herausgestreut als der Rotanteil, so daß im *transmittierten* Anteil, der das Auge erreicht, die spektrale Verteilung der Intensität sich zum Roten hin verschoben hat. Dieser Effekt ist besonders ausgeprägt, weil der Lichtweg über eine lange Strecke durch die tiefen Schichten der Atmosphäre läuft, in denen außer den Luftmolekülen auch Wassertröpfchen, Eiskristalle oder Staubteilchen vorhanden sind, die wesentlich stärker streuen als einzelne Moleküle.

8.3.5 Streuung an Mikropartikeln; Mie-Streuung

Wenn Licht nicht an freien Atomen oder Molekülen gestreut wird, sondern an kleinen festen Mikropartikeln (Staub, Zigarettenrauch, etc.) oder an Flüssigkeitströpfchen (z.B. Nebel), so tritt eine teilweise kohärente Streuung auf. Wenn der Durchmesser der Partikel oder Tröpfchen klein ist gegen die Wellenlänge λ des gestreuten Lichtes, so sind die Phasendifferenzen zwischen den Teilwellen, die von den Atomen eines Tröpfchens gestreut werden, klein gegen 2π. Das heißt, daß sich die Amplituden der Wellen praktisch phasengleich addieren (Abb. 8.18).

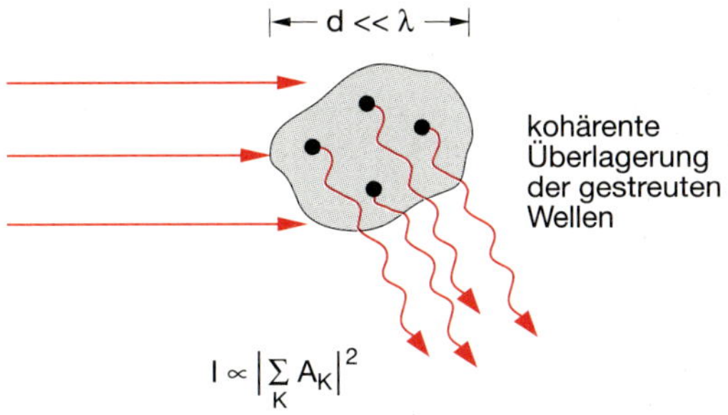

Abb. 8.18. Streuung von Licht an Mikropartikeln mit Durchmesser $d \ll \lambda$

Selbst wenn die Atome im Tröpfchen statistische Bewegungen mit Weglängen $s \ll \lambda$ vollführen, ändert dies die Phasen φ nur um Beträge $\Delta\varphi \ll 2\pi$. Deshalb ist die von N Atomen in einem kleinen Wassertröpfchen gestreute Lichtleistung

$$P_S \propto (N \cdot A_S)^2 = N^2 \cdot P_S(\text{Atom}) \qquad (8.34)$$

N mal größer als bei inkohärenter Streuung an N Molekülen, deren statistisch variierender Abstand groß gegen λ ist. Die Streuintensität steigt also proportional zu d^6 (!), solange der Durchmesser d der Teilchen klein ist gegen die Lichtwellenlänge λ.

Wenn die Durchmesser d in die Größenordnung der Lichtwellenlänge λ kommen, hängt die gestreute Intensität sehr stark vom Durchmesser der streuenden Partikel und von Material und Oberflächenbeschaffenheit ab (Mie-Streuung, nach *Gustav Mie* (1868–1957)). Jetzt kann sowohl konstruktive als auch destruktive Interferenz auftreten, je nach dem optischen Wegunterschied zwischen den Streuwellen von den einzelnen Molekülen des Teilchens. Die genaue theoretische Behandlung der Mie-Streuung erfordert einen erheblichen mathematischen Aufwand und würde den Rahmen einer Einführung sprengen [8.5].

8.4 Wellengleichung für elektromagnetische Wellen in Materie

Wir gehen aus von den Maxwellgleichungen (4.26), die auf Grund der Überlegungen in den Abschnitten

1.7.3 und 3.5.2 in Materie mit der freien Ladungsdichte ϱ und der Stromdichte $\boldsymbol{j}$ die Form haben:

$$\nabla \times \boldsymbol{E} = -\frac{\partial \boldsymbol{B}}{\partial t}, \quad \nabla \cdot \boldsymbol{D} = \varrho ,$$

$$\nabla \times \boldsymbol{B} = \mu\mu_0 \left(\boldsymbol{j} + \frac{\partial \boldsymbol{D}}{\partial t} \right), \quad \nabla \cdot \boldsymbol{B} = 0$$

mit der dielektrischen Verschiebungsdichte

$$\boldsymbol{D} = \varepsilon\varepsilon_0 \boldsymbol{E} = \varepsilon_0 \boldsymbol{E} + \boldsymbol{P} ,$$

wobei $\boldsymbol{P}$ die dielektrische Polarisation ist.

8.4.1 Wellen in nichtleitenden Medien

In Isolatoren ist $\boldsymbol{j} = \boldsymbol{0}$, da hier keine Leitungsströme fließen. In ungeladenen Isolatoren sind auch keine freien Ladungsträger vorhanden, so daß $\varrho = 0$ gilt.

Analog zu der Herleitung der Wellengleichung im Vakuum (Abschn. 7.1) erhalten wir die Wellengleichung

$$\Delta \boldsymbol{E} = \mu\mu_0\varepsilon\varepsilon_0 \frac{\partial^2 \boldsymbol{E}}{\partial t^2} = \frac{1}{v_{\mathrm{Ph}}^2} \frac{\partial^2 \boldsymbol{E}}{\partial t^2} \tag{8.35a}$$

für Wellen in Materie mit der Ausbreitungsgeschwindigkeit

$$v_{\mathrm{Ph}} = c' = \frac{1}{\sqrt{\mu\mu_0\varepsilon\varepsilon_0}} = \frac{c}{\sqrt{\mu \cdot \varepsilon}} . \tag{8.36}$$

Eine analoge Gleichung

$$\Delta \boldsymbol{B} = \frac{1}{c'^2} \frac{\partial^2 \boldsymbol{B}}{\partial t^2} \tag{8.35b}$$

ergibt sich für das magnetische Feld.

Für nicht ferromagnetische Medien ist $\mu \approx 1$ (siehe Abschn. 3.5).

Der Vergleich von (8.36) mit (8.1) zeigt, daß der Brechungsindex n mit der relativen Dielektrizitätskonstante ε verknüpft ist durch:

$$\boxed{n = \sqrt{\varepsilon}} . \tag{8.36a}$$

Setzt man in die Maxwellgleichung

$$\mathbf{rot}\, \boldsymbol{B} = \mu_0 \frac{\partial \boldsymbol{D}}{\partial t}$$

den Ausdruck $\boldsymbol{D} = \varepsilon_0 \boldsymbol{E} + \boldsymbol{P}$ ein, so erhält man mit $\mu = 1$ statt (8.35) die völlig analoge Gleichung:

$$\Delta \boldsymbol{E} = \mu_0\varepsilon_0 \frac{\partial^2 \boldsymbol{E}}{\partial t^2} + \mu_0 \frac{\partial^2 \boldsymbol{P}}{\partial t^2} = \frac{1}{c^2} \frac{\partial \boldsymbol{E}}{\partial t^2} + \frac{1}{\varepsilon_0 c^2} \frac{\partial^2 \boldsymbol{P}}{\partial t^2} . \tag{8.35c}$$

Sie enthält in prägnanter Form das bereits im Abschnitt 8.1 diskutierte Ergebnis, daß die Welle im Medium aus der mit der Vakuumlichtgeschwindigkeit c (!) laufenden Primärwelle besteht, der sich die durch die induzierten atomaren Dipole erzeugten Sekundärwellen, welche sich auch mit der Geschwindigkeit c ausbreiten, überlagern. Die kleinere Geschwindigkeit $c' = c/n$ kommt durch die Phasenverschiebung zwischen Sekundärwellen und Primärwelle zustande (Abb. 8.2).

Aus $\boldsymbol{B} = 1/\omega\,(\boldsymbol{k} \times \boldsymbol{E})$ (7.16a) folgt mit $\boldsymbol{k} = n\boldsymbol{k}_0$ und $|\boldsymbol{k}_0|/\omega = n/c$, $\hat{\boldsymbol{k}}_0 = \boldsymbol{k}_0/|\boldsymbol{k}_0|$

$$\boldsymbol{B} = \frac{n}{c}\,(\hat{\boldsymbol{k}}_0 \times \boldsymbol{E}) = \frac{|n|}{c}\,(\hat{\boldsymbol{k}}_0 \times \boldsymbol{E})\mathrm{e}^{-\mathrm{i}\,\varphi_B} , \tag{8.37}$$

wenn der komplexe Brechungsindex $n = n' - \mathrm{i}\,\kappa$ geschrieben wird als

$$n = |n| \cdot \mathrm{e}^{-\mathrm{i}\,\varphi_B} \quad \text{mit} \quad \operatorname{tg} \varphi_B = \frac{\kappa}{n'} .$$

Man sieht hieraus, daß in absorbierenden Medien ($\kappa \neq 0$) elektrisches Feld $\boldsymbol{E}$ und magnetisches Feld $\boldsymbol{B}$ *nicht* mehr in Phase sind.

Für den einfachsten Fall eines isotropen und homogenen Mediums hat bei einer einfallenden ebenen Welle

$$\boldsymbol{E} = \{E_x, 0, 0\} = \left\{E_0 \cdot \mathrm{e}^{\mathrm{i}\,(\omega t - kz)}, 0, 0\right\}$$

die dielektrische Polarisation nur eine Komponente P_x, für die bei nicht zu großen Feldstärken (Bereich der linearen Optik) gilt:

$$P_x = N\alpha E_x = N\alpha E_0 \mathrm{e}^{\mathrm{i}\,(\omega t - kz)} , \tag{8.38}$$

wobei N die Zahl der induzierten Dipole pro Volumeneinheit und α ihre Polarisierbarkeit ist (siehe Abschn. 1.7).

Setzt man (8.38) in (8.35c) ein, so ergibt sich

$$-k^2 E_x = -\frac{\omega^2}{c^2} E_x - \frac{\omega^2 N\alpha}{c^2} E_x$$

$$\Rightarrow\ k^2 = \frac{\omega^2}{c^2}(1 + N\alpha/\varepsilon_0) . \tag{8.39}$$

Mit $v_{\mathrm{Ph}} = c/n = \omega/k \;\Rightarrow\; n = c \cdot k/\omega$ folgt

$$\boxed{n^2 = 1 + N\alpha/\varepsilon_0} \,. \tag{8.40}$$

Dies ist der Zusammenhang zwischen Brechungsindex n und Polarisierbarkeit α der Atome des Mediums.

Das induzierte Dipolmoment $p = -ex$ jedes atomaren Dipols, bei dem die Ladung $-e$ durch das elektrische Feld $\boldsymbol{E}$ der Welle die Auslenkung x erfährt, ist dann gemäß (8.6a)

$$p = \frac{e^2 E}{m(\omega_0^2 - \omega^2 + \mathrm{i}\gamma\omega)} \,.$$

Andererseits ist $p = \alpha(\omega) \cdot E$, so daß wir für die Polarisierbarkeit erhalten:

$$\alpha = \frac{e^2}{m(\omega_0^2 - \omega^2 + \mathrm{i}\gamma\omega)} \tag{8.41}$$

Der Vergleich mit (8.40) gibt schließlich

$$\boxed{n^2 = 1 + \frac{e^2 N}{\varepsilon_0 m(\omega_0^2 - \omega^2 + \mathrm{i}\gamma\omega)}} \,. \tag{8.42}$$

Diese Relation gilt auch für größere Werte von $(n-1)$. Für $(n-1) \ll 1$ geht (8.42) wegen $(n^2-1) \approx (n-1) \cdot 2$ wieder in (8.12) über.

8.4.2 Wellen in leitenden Medien

Wenn eine elektromagnetische Welle in ein leitendes Medium mit der elektrischen Leitfähigkeit σ eindringt, so erzeugt die elektrische Feldstärke $\boldsymbol{E}$ der Welle einen elektrischen Strom mit der Stromdichte $\boldsymbol{j}$. Man kann daher in der Maxwellgleichung (4.26b) nicht mehr wie bei Isolatoren $\boldsymbol{j} = \boldsymbol{0}$ setzen. Verfährt man zur Ableitung der Wellengleichung wie in Abschn. 8.4.1, so erhält man mit $\boldsymbol{j} = \sigma \cdot \boldsymbol{E}$ statt (8.35a) die Wellengleichung in leitenden Medien:

$$\Delta \boldsymbol{E} = \frac{1}{v_{\mathrm{Ph}}^2} \frac{\partial^2 \boldsymbol{E}}{\partial t^2} + \mu\mu_0\sigma \frac{\partial \boldsymbol{E}}{\partial t} \,. \tag{8.43}$$

Der zusätzliche Term $\mu\mu_0\sigma \cdot \partial\boldsymbol{E}/\partial t$ entspricht dem Dämpfungsterm $-\gamma\, \mathrm{d}x/\mathrm{d}t$ in der Bewegungsgleichung des gedämpften Oszillators. Die Lösung von (8.43) für eine ebene Welle, die in z-Richtung durch das Medium läuft, muß deshalb eine gedämpfte Welle

$$\boldsymbol{E}(z,t) = \boldsymbol{E}_0 \cdot \mathrm{e}^{-(\alpha/2)z} \cdot \mathrm{e}^{\mathrm{i}(\omega t - kz)} \tag{8.44}$$

mit dem Absorptionskoeffizienten α sein.

Wir wollen uns überlegen, wie der Absorptionskoeffizient α mit der Leitfähigkeit σ zusammenhängt:

Bei einem elektrisch leitenden Medium liefern bei genügend hohen Frequenzen ω die freien Leitungselektronen den Hauptanteil zum Brechungsindex. Da hier die Rückstellkraft Null ist (im Gegensatz zu den gebundenen Atomelektronen, die durch Rückstellkräfte mit der Federkonstante $k = m \cdot \omega_0^2$ an ihre Ruhelage gebunden sind), ist in (8.42) $\omega_0 = 0$. Wir erhalten daher für den Brechungsindex

$$n^2 = 1 - \frac{Ne^2/(\varepsilon_0 m)}{\omega^2 - \mathrm{i}\gamma\omega} \,. \tag{8.45}$$

Die Dämpfungskonstante γ ist durch Stöße der freien Leitungselektronen bestimmt. Für eine mittlere Zeit τ zwischen zwei Stößen gilt: $\gamma = 1/\tau$. Im Abschn. 2.2 hatten wir aus (2.6b) die Beziehung

$$\sigma = \frac{Ne^2}{m}\tau = \frac{Ne^2}{\gamma m}$$

zwischen elektrischer Leitfähigkeit σ und mittlerer Stoßzeit τ hergeleitet.

Setzt man dies in (8.45) ein, so erhalten wir für den Brechungsindex von Metallen

$$n^2 = 1 + \frac{\sigma/\varepsilon_0}{\mathrm{i}\omega(1 + \mathrm{i}\omega\tau)} \,. \tag{8.46}$$

Für hohe Frequenzen ω (z.B. für sichtbares Licht) wird $\omega\tau \gg 1$. Wir erhalten daher für diesen Grenzfall

$$n^2 \approx 1 - \frac{\sigma/\varepsilon_0}{\omega^2\tau} \,. \tag{8.46a}$$

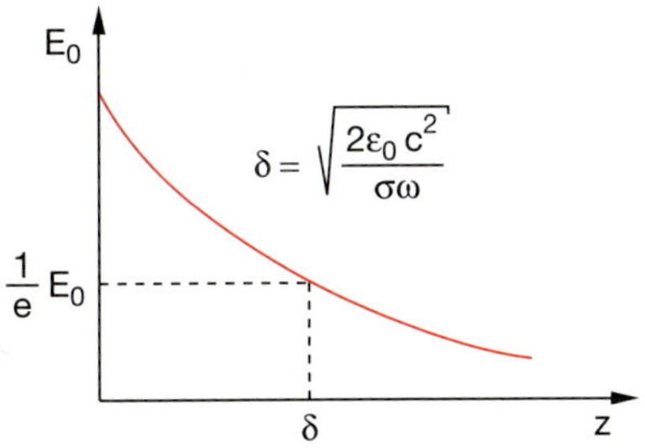

Abb. 8.19. Exponentieller Abfall der Amplitude einer elektromagnetischen Welle beim Eindringen in ein leitendes Medium

Für niedrige Frequenzen ($\omega\tau \ll 1$) läßt sich (8.46) wegen $\sqrt{-i} = (1-i)/\sqrt{2}$ annähern durch

$$n \approx \sqrt{\sigma/2\varepsilon_0\omega}\,(1-\mathrm{i}) = n' - \mathrm{i}\kappa \tag{8.46b}$$

d.h. Realteil und Imaginärteil der Brechzahl sind gleich groß. Der Absorptionskoeffizient (8.15) $\alpha = 2k_0\kappa$ wird dann:

$$\alpha = \sqrt{\frac{2\sigma\cdot\omega}{\varepsilon_0 c^2}}\,. \tag{8.47a}$$

Die Strecke

$$\delta = \frac{1}{\alpha} = \sqrt{\frac{\varepsilon_0 c^2}{2\sigma\omega}}\,, \tag{8.47b}$$

nach der die Intensität $\bar{I}$ der eingedrungenen Welle auf $1/e$ ihres Anfangswertes gesunken ist, heißt ***Eindringtiefe*** oder auch ***Skintiefe*** (Abb. 8.19).

BEISPIEL

Für Kupfer ist $\sigma = 6\cdot 10^7\,\mathrm{A/(V\cdot m)}$ und $\tau \approx 2{,}7\cdot 10^{-14}\,\mathrm{s}$ (siehe Abschn. 2.2).
a) Für $\omega = 10^{13}\,\mathrm{s}^{-1}$ ist $\omega\tau \ll 1$ und $n = 580\,(1-\mathrm{i})$ $\Rightarrow\ \alpha = 3{,}8\cdot 10^7\,\mathrm{m}^{-1}$. Die Eindringtiefe ist $\delta = 1/\alpha \approx 26\,\mathrm{nm}$.
b) Für $\omega = 3\cdot 10^{15}\,\mathrm{s}^{-1}$ ($\lambda = 600\,\mathrm{nm}$) ist $\omega\tau \gg 1$ und nach (8.46a) $n^2 = -27 \Rightarrow n = n' - \mathrm{i}\kappa$ mit $n' \approx 0$ und $\kappa = 5{,}2$. Der Absorptionskoeffizient ist daher $\alpha \approx 10^8\,\mathrm{m}^{-1}$. Die Eindringtiefe ist jetzt nur noch $\delta \approx 10^{-8}\,\mathrm{m} = 10\,\mathrm{nm}$.
c) Für $\omega = 3\cdot 10^{12}\,\mathrm{s}^{-1}$ ($\lambda \approx 600\,\mathrm{\mu m}$) $\Rightarrow n = 10^3\,(1-\mathrm{i})$ sind Real- und Imaginärteil gleich groß. Die Eindringtiefe wird $\delta \approx 15\,\mathrm{nm}$. Allerdings versagt hier schon unser einfaches Modell, weil nicht nur die freien Elektronen, sondern auch die Atomschwingungen zur Absorption beitragen.

Führt man die sogenannte ***Plasmafrequenz***

$$\omega_\mathrm{P} = \sqrt{\frac{Ne^2}{\varepsilon_0 m}} = \sqrt{\frac{\sigma}{\varepsilon_0\tau}} \tag{8.48}$$

ein, so läßt sich (8.46a) für $\omega\tau \gg 1$ schreiben als

$$n^2 = 1 - \left(\frac{\omega_\mathrm{P}}{\omega}\right)^2. \tag{8.49}$$

Für $\omega < \omega_\mathrm{P}$, d.h. $\sigma > \varepsilon_0\cdot\tau\cdot\omega^2$, aber $\omega\tau \gg 1$ wird $n^2 < 0 \Rightarrow n$ wird imaginär, d.h. die Welle wird beim Eindringen absorbiert.

Für $\omega > \omega_\mathrm{P}$ wird n reell. Das Medium wird durchsichtig!

BEISPIEL

Für Kupfer ist $\sigma \approx 6\cdot 10^7\,\mathrm{A/Vm}$, $\tau = 2{,}7\cdot 10^{-14}\,\mathrm{s}$ $\Rightarrow \omega_\mathrm{P} = 1{,}6\cdot 10^{16}\,\mathrm{s}^{-1} \Rightarrow \nu_\mathrm{p} = 2{,}5\cdot 10^{15}\,\mathrm{Hz} \Rightarrow \lambda = 120\,\mathrm{nm}$, d.h. für $\lambda > 120\,\mathrm{nm}$ ist der Brechungsindex von Kupfer imaginär, d.h. es tritt Absorption auf. Für $\lambda < 120\,\mathrm{nm}$ wird Kupfer transparent.

Anmerkung

In diesem einfachen Modell wurde der Einfluß der gebundenen Atomelektronen vernachlässigt, welcher mit abnehmender Wellenlänge zunimmt, so daß auch für $\omega > \omega_\mathrm{P}$ eine Restabsorption bleibt, die auf die Absorption durch gebundene Elektronen zurückzuführen ist.

8.4.3 Die elektromagnetische Energie von Wellen in Medien

In einem isotropen Medium mit dem komplexen Brechungsindex $n = n' - \mathrm{i}\kappa$ wird der Wellenvektor

$$\boldsymbol{k} = n\cdot\boldsymbol{k}_0\,,$$

wenn $\boldsymbol{k}_0$ mit $|\boldsymbol{k}_0| = \omega/c$ der Wellenvektor im Vakuum ist.

Für das Magnetfeld der Welle gilt nach (8.37)

$$\begin{aligned}\boldsymbol{B} &= \frac{1}{\omega}(\boldsymbol{k}\times\boldsymbol{E}) = \frac{n}{c}\,(\hat{\boldsymbol{k}}_0\times\boldsymbol{E})\\ &= \frac{|n|}{c}\,(\hat{\boldsymbol{k}}_0\times\boldsymbol{E})\,\mathrm{e}^{-\mathrm{i}\varphi_B} = \frac{1}{v_\mathrm{Ph}}\,(\hat{\boldsymbol{k}}_0\times\boldsymbol{E})\,\mathrm{e}^{-i\varphi_B}\,.\end{aligned}$$

$\boldsymbol{B}$ steht wie im Vakuum senkrecht auf $\boldsymbol{E}$ und auf der Ausbreitungsrichtung. Bei komplexem Brechungsindex brauchen $\boldsymbol{B}$ und $\boldsymbol{E}$ nicht mehr in Phase zu sein! Ist der Imaginärteil des Brechungsindex klein gegen den Realteil (geringe Absorption), so ist die Phasenverschiebung jedoch vernachlässigbar.
Der Poyntingvektor der Welle ist

$$\boldsymbol{S} = \boldsymbol{E}\times\boldsymbol{H} = \frac{1}{\mu\mu_0}\boldsymbol{E}\times\boldsymbol{B} = \varepsilon\varepsilon_0 v_\mathrm{Ph}^2\,(\boldsymbol{E}\times\boldsymbol{B})\,. \tag{8.50}$$

Setzen wir für $\boldsymbol{E}$ den Ausdruck (8.44) ein und für $\boldsymbol{B}$ die Relation (8.37), so erhalten wir mit

$$E = E_0 \cdot e^{i\omega(t-nz/c)} = E_0 \cdot e^{-\frac{\alpha}{2}z} \cdot e^{+i\varphi}$$

$(\varphi = \omega(t - n'z/c))$ für den Betrag des Poyntingvektors

$$|\boldsymbol{S}| = \varepsilon\varepsilon_0 v_{\text{Ph}} E_0^2 e^{-\alpha z} \cos\varphi \cos(\varphi - \varphi_B), \quad (8.51a)$$

wobei $\alpha = 2k_0\kappa$ der Absorptionskoeffizient ist. Der zeitliche Mittelwert $\langle S \rangle$ kann wegen

$$\begin{aligned}\langle \cos\varphi \cdot \cos(\varphi - \varphi_B)\rangle &= \left\langle \cos^2\varphi \cdot \cos\varphi_B + \cos\varphi \cdot \sin\varphi \cdot \sin\varphi_B \right\rangle \\ &= \frac{1}{2}\cos\varphi_B\end{aligned}$$

und wegen

$$\operatorname{tg}\varphi_B = \kappa/n' \quad \Rightarrow \quad \cos\varphi_B = \frac{n'}{|n|}$$

geschrieben werden als

$$\langle |\boldsymbol{S}| \rangle = \frac{\varepsilon\varepsilon_0 c n'}{2\,|n|^2} E_0^2. \quad (8.51b)$$

Die zeitlich gemittelte Intensität einer Welle in einem Medium mit Brechzahl n ist daher

$$\boxed{\begin{aligned}\bar{I} &= \frac{1}{2}\varepsilon\varepsilon_0 c n'/|n|^2 \cdot E_0^2 e^{-\alpha z} \\ &= \frac{1}{2}\varepsilon\varepsilon_0 v_{\text{Ph}} E_0^2 e^{-\alpha z}\cos\varphi_B\end{aligned}} \quad . \quad (8.51)$$

8.5 Wellen an Grenzflächen zwischen zwei Medien

Eine ebene Welle

$$\boldsymbol{E}_\text{e} = \boldsymbol{A}_\text{e} \cdot e^{i(\omega_\text{e} t - \boldsymbol{k}_\text{e}\cdot\boldsymbol{r})} \quad (8.52a)$$

möge auf eine Grenzfläche zwischen zwei Medien mit unterschiedlichen Brechungsindizes n_1 bzw. n_2 treffen (Abb. 8.20). Nach den in Abschn. 8.2 entwickelten Vorstellungen regt die einfallende Welle in beiden Medien die Atomelektronen zu erzwungenen Schwingungen an. Die ausgestrahlten Sekundärwellen der schwingenden Dipole überlagern sich der Primärwelle. Die Frage ist nun, wie das gesamte Wellenfeld auf beiden Seiten der Grenzfläche aussieht.

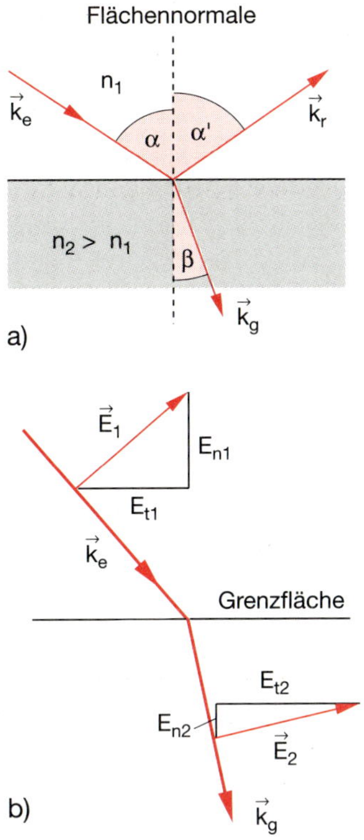

Abb. 8.20. (**a**) Wellenvektor von einfallender, gebrochener und reflektierter Welle an der ebenen Grenzfläche zwischen zwei Medien. (**b**) Zerlegung der elektrischen Feldstärke in Tangential- und Normalkomponente

Das Experiment zeigt, daß die einfallende Welle (8.52a) aufspaltet in

- eine gebrochene Welle

$$\boldsymbol{E}_\text{g} = \boldsymbol{A}_\text{g} \cdot e^{i(\omega_\text{g} t - \boldsymbol{k}_\text{g}\cdot\boldsymbol{r})}, \quad (8.52b)$$

  die in das Medium 2 eindringt und im allgemeinen eine andere Richtung hat als die einfallende Welle, und
- eine reflektierte Welle

$$\boldsymbol{E}_\text{r} = \boldsymbol{A}_\text{r} \cdot e^{i(\omega_\text{r} t - \boldsymbol{k}_\text{r}\cdot\boldsymbol{r})}. \quad (8.52c)$$

Wir wollen nun Relationen zwischen den Amplituden $\boldsymbol{A}_i$ und den Wellenvektoren $\boldsymbol{k}_i$ der drei Wellen finden.

8.5.1 Randbedingungen für elektrische und magnetische Feldstärke

Wir zerlegen die Vektoren $\boldsymbol{E}$ und $\boldsymbol{B}$ in eine Komponente $\boldsymbol{E}_\text{t}$ bzw. $\boldsymbol{B}_\text{t}$ parallel zur Grenzfläche (Tangentialkomponente (Abb. 8.20b)) und eine Komponente $\boldsymbol{E}_\text{n}$ bzw. $\boldsymbol{B}_\text{n}$ senkrecht zur Grenzfläche (Normalkomponente). Wir schreiben die Vektoren also als $\boldsymbol{E} = \boldsymbol{E}_\mathrm{t} + \boldsymbol{E}_\mathrm{n}$; $\boldsymbol{B} = \boldsymbol{B}_\mathrm{t} + \boldsymbol{B}_\mathrm{n}$. Beim Übergang der Welle von Medium 1 zu Medium 2 müssen die Tangentialkomponente $\boldsymbol{E}_\mathrm{t}$ und die Normalkomponente $\boldsymbol{B}_\mathrm{n}$ stetig sein, d.h. $\boldsymbol{E}_\mathrm{t}(1) = \boldsymbol{E}_\mathrm{t}(2)$; $\boldsymbol{B}_\mathrm{n}(1) = \boldsymbol{B}_\mathrm{n}(2)$ (siehe Abschn. 1.7.3 und 3.5.7).

Wie wir bereits im Abschn. 1.7 gesehen haben, sinkt die elektrische Feldstärke in einem Medium mit der relativen Dielektrizitätskonstanten ε, welches in das homogene Feld eines Plattenkondensators gebracht wird, auf $1/\varepsilon$ ihres Vakuumwertes.

Da sich die Tangentialkomponente $\boldsymbol{E}_\mathrm{t}$ nicht ändert, muß dieser Sprung allein auf die Normalkomponente zurückgeführt werden. Daher gilt beim Übergang zwischen zwei Medien mit den relativen Dielektrizitätskonstanten ε_1, ε_2 die Relation

$$\frac{E_{\mathrm{n}_1}}{E_{\mathrm{n}_2}} = \frac{\varepsilon_2}{\varepsilon_1} = \frac{n_2^2}{n_1^2} , \tag{8.53}$$

weil für den Brechungsindex $n \approx \sqrt{\varepsilon}$ gilt, falls Absorption und magnetische Suszeptibilität vernachlässigt werden können.

Bei der magnetischen Feldstärke liegen die Verhältnisse gerade umgekehrt. Hier gilt nach Abschn. 3.5.7

$$B_{\mathrm{n}_1} = B_{\mathrm{n}_2}; \quad \frac{B_{\mathrm{t}_1}}{B_{\mathrm{t}_2}} = \frac{\mu_1}{\mu_2} . \tag{8.54}$$

Da jedoch für alle nicht ferromagnetischen Materialien die relative Permeabilitätskonstante $\mu \approx 1$ ist, gilt hier im allgemeinen auch $B_{\mathrm{t}_1} \approx B_{\mathrm{t}_2}$.

8.5.2 Reflexions- und Brechungsgesetz

Wir wählen unser Koordinatensystem so, daß die Grenzfläche in der x-z-Ebene liegt und der Wellenvektor $\boldsymbol{k}_\mathrm{e}$ der einfallenden Welle in der x-y-Ebene (Abb. 8.21). Die Ebene, welche durch $\boldsymbol{k}_\mathrm{e}$ und die Normale $\boldsymbol{N}$ auf der Grenzfläche bestimmt ist, heißt ***Einfallsebene*** (in Abb. 8.21 ist dies die x-y-Ebene). Für die drei Wellen (8.52a-c) folgt dann aus der Stetigkeit der Tangentialkomponente E_t:

$$E_\mathrm{et} + E_\mathrm{rt} = E_\mathrm{gt} . \tag{8.55a}$$

Für den Koordinatenursprung ($\boldsymbol{r} = \boldsymbol{0}$) ergibt dies:

$$\mathrm{A_{et}} \mathrm{e}^{\mathrm{i}\,(\omega_\mathrm{e} t)} + \mathrm{A_{rt}} \mathrm{e}^{\mathrm{i}\,(\omega_\mathrm{r} t)} = \mathrm{A_{gt}} \mathrm{e}^{\mathrm{i}\,(\omega_\mathrm{g} t)} . \tag{8.55b}$$

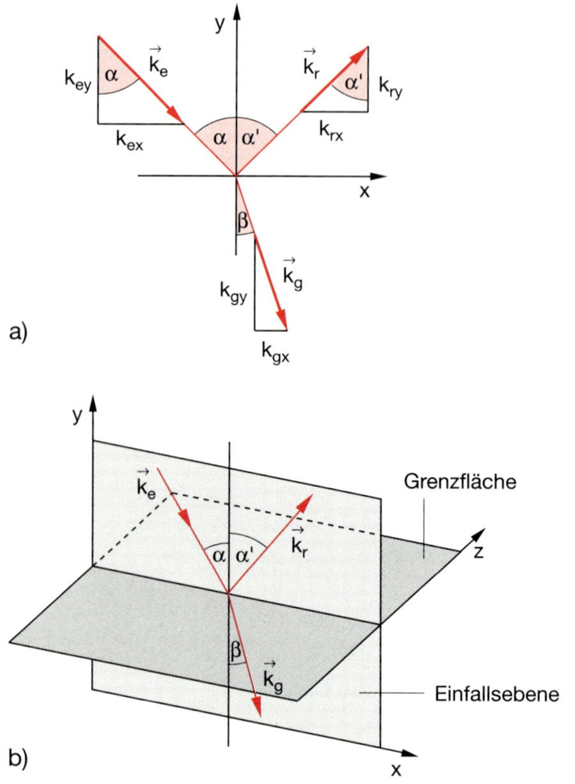

Abb. 8.21a,b. Wahl des Koordinatensystems für die Beschreibung von Reflexion und Brechung. (**a**) Einfallsebene als Zeichenebene; (**b**) perspektivische Darstellung

Diese Gleichung hat für beliebige Zeiten t nur dann nichttriviale Lösungen, wenn gilt:

$$\omega_\mathrm{e} \equiv \omega_\mathrm{r} \equiv \omega_\mathrm{g} , \tag{8.56}$$

d.h. alle drei Wellen haben die gleiche Frequenz ω.

Beim Übergang vom Medium 1 ins Medium 2, bei dem sich bei verschiedenen Brechungszahlen n_1, n_2 die Phasengeschwindigkeit

$$v_\mathrm{Ph} = c' = c/n = \nu \cdot \lambda = \omega \cdot \lambda / 2\pi$$

ändert, kann sich daher nur die Wellenlänge λ ändern, *nicht* die Frequenz ω!

Aus der Bedingung (8.55a), die ja für beliebige Punkte $\boldsymbol{r}$ der Grenzfläche gelten muß, folgt insbesondere, daß an jedem Ort $\boldsymbol{r}$ der Grenzfläche die

Phasen der drei Wellen gleich sein müssen. Zusammen mit (8.56) folgt daraus:

$$\boldsymbol{k}_\mathrm{e} \cdot \boldsymbol{r} = \boldsymbol{k}_\mathrm{r} \cdot \boldsymbol{r} = \boldsymbol{k}_\mathrm{g} \cdot \boldsymbol{r} \,. \tag{8.57}$$

Da die Grenzfläche in Abb. 8.21 in der x-z-Ebene liegt, gilt:

$$\begin{aligned} \boldsymbol{r} &= x\hat{\boldsymbol{e}}_x + z\hat{\boldsymbol{e}}_z , \\ \boldsymbol{k}_\mathrm{e} &= k_{\mathrm{e}x}\hat{\boldsymbol{e}}_x + k_{\mathrm{e}y}\hat{\boldsymbol{e}}_y \,. \end{aligned} \tag{8.58}$$

Da wir über die Richtungen von $\boldsymbol{k}_\mathrm{g}$ und $\boldsymbol{k}_\mathrm{r}$ noch nichts wissen, setzen wir allgemein an:

$$\begin{aligned} \boldsymbol{k}_\mathrm{r} &= k_{\mathrm{r}x}\hat{\boldsymbol{e}}_x + k_{\mathrm{r}y}\hat{\boldsymbol{e}}_y + k_{\mathrm{r}z}\hat{\boldsymbol{e}}_z \,, \\ \boldsymbol{k}_\mathrm{g} &= k_{\mathrm{gg}}\hat{\boldsymbol{e}}_x + k_{\mathrm{g}y}\hat{\boldsymbol{e}}_y + k_{\mathrm{g}z}\hat{\boldsymbol{e}}_z \,. \end{aligned}$$

Einsetzen in (8.57) liefert mit (8.58)

$$k_{\mathrm{e}x}x = k_{\mathrm{r}x}x + k_{\mathrm{r}z}z = k_{\mathrm{g}x}x + k_{\mathrm{g}z}z \,. \tag{8.59}$$

Da diese Gleichung für alle Punkte der Grenzfläche, d.h. für beliebige Werte von x und z, gelten muß, folgt:

$$\begin{aligned} k_{\mathrm{e}x} &= k_{\mathrm{r}x} = k_{\mathrm{g}x} \,, \\ k_{\mathrm{r}z} &= k_{\mathrm{g}z} = 0 \,. \end{aligned} \tag{8.60}$$

Das bedeutet:

> Auch die Wellenvektoren von reflektierter und gebrochener Welle liegen in der Einfallsebene. Alle drei Wellen pflanzen sich in derselben Ebene fort.

In Abb. 8.21a ist diese Einfallsebene die Bildebene. Man entnimmt der Zeichnung unmittelbar die Relationen:

$$\begin{aligned} k_{\mathrm{e}x} &= k_\mathrm{e} \cdot \sin\alpha \,, \\ k_{\mathrm{r}x} &= k_\mathrm{r} \cdot \sin\alpha' \,, \\ k_{\mathrm{g}x} &= k_\mathrm{g} \cdot \sin\beta \,. \end{aligned} \tag{8.61}$$

Da für die Phasengeschwindigkeit $v_\mathrm{Ph} = c'$ der elektromagnetischen Wellen gilt: $v_\mathrm{Ph} = c/n$, folgt für die Beträge der Wellenvektoren in einem Medium mit Brechungsindex n:

$$k = \frac{\omega}{c'} = n \cdot \frac{\omega}{c} \,. \tag{8.62}$$

Da ω in beiden Medien denselben Wert hat, ergibt sich aus (8.62) mit (8.61)

$$\frac{\sin\alpha}{c_1'} = \frac{\sin\alpha'}{c_1'} = \frac{\sin\beta}{c_2'} \,. \tag{8.63}$$

Dies bedeutet:

$$\sin\alpha = \sin\alpha' \;\Rightarrow\; \alpha = \alpha' \tag{8.64}$$

> Einfallswinkel α und Reflexionswinkel α' sind gleich. Zwischen dem Einfallswinkel α und dem Winkel β der gebrochenen Welle besteht folgende Beziehung:
>
> $$\frac{\sin\alpha}{\sin\beta} = \frac{c_1'}{c_2'} = \frac{n_2}{n_1} \tag{8.65}$$
>
> (***Snelliussches Brechungsgesetz***).

8.5.3 Amplitude und Polarisation von reflektierten und gebrochenen Wellen

Man kann die Amplitudenvektoren $\boldsymbol{A}$ der drei Wellen (8.52) zerlegen in Komponenten $\boldsymbol{A}_\mathrm{p}$ *parallel* und $\boldsymbol{A}_\mathrm{s}$ *senkrecht* zur Einfallsebene (Abb. 8.22).

Bei unserer Wahl des Koordinatensystems hat die Parallelkomponente $\boldsymbol{A}_\mathrm{p} = \{A_x, A_y, 0\}$ eine x- und eine y-Komponente, während die senkrechte Komponente $\boldsymbol{A}_\mathrm{s} = \{0, 0, A_z\}$ in z-Richtung zeigt, also tangential zur Grenzfläche ist.

Aus der Stetigkeit von $\boldsymbol{E}_\mathrm{s}$ an der Grenzfläche folgt mit (8.55b) und (8.56) sofort:

$$\boldsymbol{A}_\mathrm{es} + \boldsymbol{A}_\mathrm{rs} = \boldsymbol{A}_\mathrm{gs} \,. \tag{8.66a}$$

Für die Tangentialkomponenten des magnetischen Feldvektors folgt aus (8.54) für nicht ferrogmagnetische Materialien ($\mu \approx 1$) wegen $\boldsymbol{B} = 1/\omega(\boldsymbol{k} \times \boldsymbol{E})$

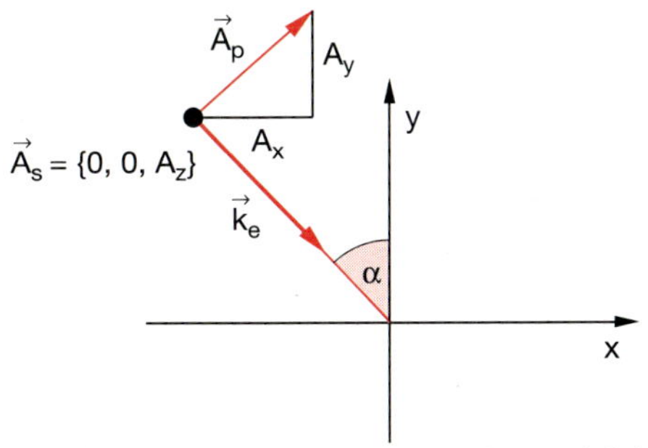

Abb. 8.22. Zur Herleitung der Fresnelgleichungen. Die Komponente $\boldsymbol{A}_\mathrm{s}$ steht senkrecht auf der Zeichenebene

$$(\boldsymbol{k}_e \times \boldsymbol{E}_e)_x + (\boldsymbol{k}_r \times \boldsymbol{E}_r)_x = (\boldsymbol{k}_g \times \boldsymbol{E}_g)_x \,,$$

was für die Komponente $\boldsymbol{E}_s$ senkrecht zur Einfallsebene die Bedingung:

$$k_{ey}A_{es} + k_{ry}A_{rs} = k_{gy}A_{gs} \tag{8.66b}$$

ergibt. Da $k_{ry} = -k_{ey}$ ist, folgt:

$$A_{es} - A_{rs} = \frac{k_{gy}}{k_{ey}} A_{gs} \,. \tag{8.67}$$

Aus (8.66a) und (8.67) erhält man:

$$A_{gs} = \frac{2}{1+a} A_{es} \quad \text{mit} \quad a = k_{gy}/k_{ey} \,,$$
$$A_{rs} = \frac{1-a}{1+a} A_{es} \,.$$

Aus Abb. 8.21 entnimmt man:

$$\frac{k_{ey}}{k_e} = \cos\alpha; \quad k_{gy}g = \cos\beta \,.$$

Dies ergibt wegen $k_g = (n_2/n_1)k_e$:

$$a = \frac{n_2 \cos\beta}{n_1 \cos\alpha} \,.$$

Damit erhalten wir schließlich bei Verwendung von (8.65) die Amplitudenverhältnisse für reflektierte und gebrochene Welle (***Reflexionskoeffizient*** ϱ_s bzw. ***Transmissionskoeffizient*** τ_s):

$$\varrho_s = \frac{A_{rs}}{A_{es}} = \frac{1-a}{1+a} = \frac{n_1\cos\alpha - n_2\cos\beta}{n_1\cos\alpha + n_2\cos\beta} = -\frac{\sin(\alpha-\beta)}{\sin(\alpha+\beta)} \,, \tag{8.68a}$$

$$\tau_s = \frac{A_{gs}}{A_{es}} = \frac{2}{1+a} = \frac{2n_1\cos\alpha}{n_1\cos\alpha + n_2\cos\beta} = \frac{2\sin\beta\cos\alpha}{\sin(\alpha+\beta)} \,. \tag{8.68b}$$

Eine völlig analoge Überlegung für die zur Einfallsebene parallelen Komponenten $\boldsymbol{E}_p$ ergibt (siehe Aufgabe 8.5)

$$\varrho_p = \frac{A_{rp}}{A_{ep}} = \frac{n_2\cos\alpha - n_1\cos\beta}{n_2\cos\alpha + n_1\cos\beta} = \frac{\text{tg}(\alpha-\beta)}{\text{tg}(\alpha+\beta)} \,, \tag{8.69a}$$

$$\tau_p = \frac{A_{gp}}{A_{ep}} = \frac{2n_1\cos\alpha}{n_2\cos\alpha + n_1\cos\beta} = \frac{2\sin\beta\cos\alpha}{\sin(\alpha+\beta)\cos(\alpha-\beta)} \,. \tag{8.69b}$$

Die Gleichungen (8.68, 8.69) heißen ***Fresnel-Formeln***. Sie bilden die Grundlage aller Berechnungen für die Reflexion oder Transmission elektromagnetischer Wellen an Grenzflächen zwischen zwei Medien mit Brechzahlen n_1 bzw. n_2, wenn die einfallende Welle im Medium 1 läuft und unter dem Einfallswinkel α auf die Grenzfläche trifft. Sie erlauben die Bestimmung der Polarisation von reflektierter und gebrochener Welle bei beliebiger Polarisation der einfallenden Welle [8.6].

Wir wollen die Anwendungen der Fresnel-Formeln nun an einigen Beispielen illustrieren.

8.5.4 Reflexions- und Transmissionsvermögen einer Grenzfläche

Der zeitliche Mittelwert $\bar{I}_e$ der Intensität I_e der einfallenden Welle in einem Medium mit dem reellen Brechungsindex n_1 ist nach (8.51):

$$\bar{I}_e = \varepsilon_0\varepsilon_1 c_1' \overline{E_e^2} = \frac{1}{2}\varepsilon_0\varepsilon_1 c_1' A_e^2 \tag{8.70a}$$

mit $A = (A_s^2 + A_p^2)^{1/2}$ und $c_1' = c/n_1$. Der entsprechende Wert für die an der Grenzfläche reflektierte Intensität ist

$$\bar{I}_r = \frac{1}{2}\varepsilon_0\varepsilon_1 c_1' A_r^2 \,. \tag{8.70b}$$

Wir bezeichnen das Verhältnis

$$R = \frac{\bar{I}_r}{\bar{I}_e} = \frac{A_r^2}{A_e^2} \tag{8.71a}$$

als ***Reflexionsvermögen*** der Grenzfläche. Streng genommen müßten wir hierbei berücksichtigen, daß ein Strahl, der unter dem Winkel α auf die Grenzfläche F

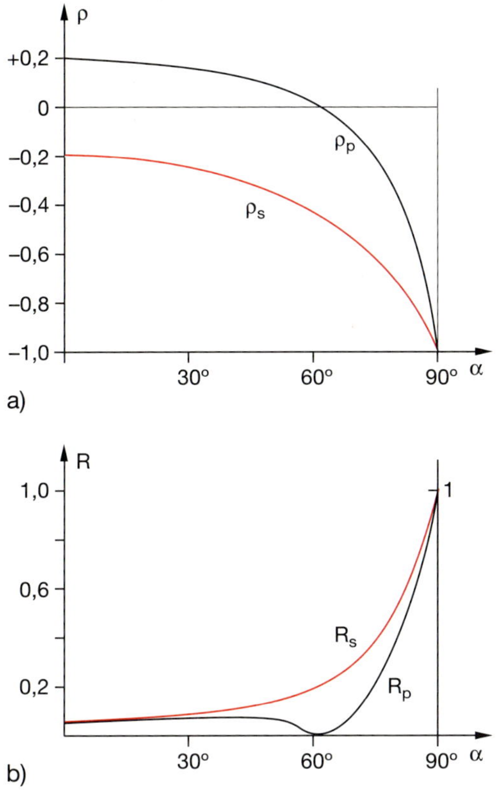

Abb. 8.23a,b. Reflexionskoeffizienten $\varrho(\alpha)$, Transmissionskoeffizienten $\tau(\alpha)$ und Reflexionsvermögen $R(\alpha) = \varrho^2(\alpha)$ einer Luft-Glas-Grenzfläche ($n_1 = 1$, $n_2 = 1{,}5$) für die zur Einfallsebene senkrechte bzw. parallele Komponente

auftrifft, im Medium 1 nur eine Querschnittsfläche $F_\alpha = F\cos\alpha$ hat. Dadurch ist die Intensität (Energie pro Zeit und Fläche) um den Faktor $1/\cos\alpha$ höher als die Intensität, die an der Grenzfläche herrscht. Deshalb sollten wir eigentlich schreiben:

$$R = \frac{\bar{I}_r \cos\alpha'}{\bar{I}_e \cos\alpha} . \qquad (8.71b)$$

Weil aber bei der Reflexion gilt: $\alpha' = \alpha$, sind wir berechtigt, (8.71a) zu verwenden.

Im Falle der Transmission müssen wir aber beachten, daß $\alpha \neq \beta$ ist, und das ***Transmissionsvermögen*** wird

$$T = \frac{\bar{I}_t \cos\beta}{\bar{I}_e \cos\alpha} . \qquad (8.71c)$$

Für $\bar{I}_t$ setzen wir ein:

$$\bar{I}_t = \frac{1}{2}\,\varepsilon_2\varepsilon_0 c_2' A_g^2 = \frac{1}{2}\cdot\varepsilon_2\varepsilon_0\mu_2\mu_0 c_2'^2 \cdot \frac{1}{\mu_0 c_2'}\,A_g^2$$
$$= \frac{1}{2}\,\frac{n_2}{\mu_0 c}\,A_g^2 ,$$

wobei wir die Tatsache $c_2'^2 = 1/\varepsilon_2\varepsilon_0\mu_2\mu_0$ und die Voraussetzung $\mu_2 = 1$ ausnutzen. Analog ergibt sich

$$\bar{I}_e = \frac{1}{2}\frac{n_1}{\mu_0 c}\,A_e^2 ,$$

so daß wir mit (8.71c) erhalten:

$$T = \frac{n_2\cos\beta\, A_g^2}{n_1\cos\alpha\, A_e^2} . \qquad (8.71d)$$

Da das Verhältnis A_r/A_e für die zur Einfallsebene parallele bzw. senkrechte Komponente von A_e unterschiedlich sein kann, hängt das Reflexionsvermögen nach den Fresnel-Formeln (8.68,69) sowohl vom Einfallswinkel α und von den Brechungsindizes n_1, n_2 als auch von der Polarisation der einfallenden Welle ab. Wir erhalten aus (8.68) für die zur Einfallsebene senkrechte Komponente:

$$R_s = \frac{A_{rs}^2}{A_{es}^2} = \left(\frac{n_1\cos\alpha - n_2\cos\beta}{n_1\cos\alpha + n_2\cos\beta}\right)^2$$
$$= \left(\frac{\sin(\alpha-\beta)}{\sin(\alpha+\beta)}\right)^2 , \qquad (8.72a)$$

während für die parallele Komponente gilt:

$$R_p = \frac{A_{rp}^2}{A_{ep}^2} = \left(\frac{n_2\cos\alpha - n_1\cos\beta}{n_2\cos\alpha + n_1\cos\beta}\right)^2$$
$$= \left(\frac{\mathrm{tg}(\alpha-\beta)}{\mathrm{tg}(\alpha+\beta)}\right)^2 . \qquad (8.72b)$$

In Abb. 8.23 sind Reflexionskoeffizient $\varrho(\alpha)$, Transmissionskoeffizient $\tau(\alpha)$ und Reflexionsvermögen $R(\alpha)$ für die beiden Komponenten im Fall $n_1 < n_2$ dargestellt. Bei senkrechtem Einfall ($\alpha = 0$) ist das Reflexionsvermögen für beide Komponenten gleich, wie es aus Symmetriegründen auch sein muß. Aus (8.72a,b) folgt:

$$\boxed{R(\alpha = 0) = \left(\frac{n_1 - n_2}{n_1 + n_2}\right)^2} . \qquad (8.73)$$

BEISPIEL

Das Reflexionsvermögen einer Luft-Glas Grenzfläche ($n_1 = 1$, $n_2 = 1{,}5$) ist für $\alpha = 0°$

$$R = \left(\frac{0{,}5}{2{,}5}\right)^2 = 0{,}04\,.$$

Es werden also 4% der einfallenden Intensität reflektiert. Der Bruchteil

$$T = \frac{4n_1 n_2}{(n_1 + n_2)^2} \qquad (8.74)$$

dringt durch die Grenzschicht in das Medium 2 ein.

Allgemein kann man nachrechnen, daß ohne Absorption für die einzelnen Komponenten gilt:

$$T_p + R_p = 1,$$
$$T_s + R_s = 1,$$

wie auch insgesamt gilt:

$$T + R = 1.$$

8.5.5 Brewsterwinkel

Man sieht aus (8.69a), daß für $\alpha + \beta = 90°$ die Amplitude $A_{rp} = 0$ wird, d.h. die reflektierte Welle hat keine Parallelkomponente der elektrischen Feldstärke (Abb. 8.24), sie ist vollständig polarisiert senkrecht zur Einfallsebene.

Der Einfallswinkel $\alpha = \alpha_B$, für den $\alpha + \beta = 90°$ wird, bei dem also die Wellenvektoren von reflektierter und gebrochener Welle senkrecht aufeinander stehen, heißt ***Brewsterwinkel***. Für $\alpha = \alpha_B$ wird das Reflexionsvermögen R_p Null (Abb. 8.23).

Dies läßt sich anschaulich verstehen. Die einfallende Welle regt die Elektronen der Atome in der Grenzschicht zu Schwingungen in Richtung des $\boldsymbol{E}$-Vektors im Medium an (Abb. 8.24b). Der Betrag des Poyntingvektors $\boldsymbol{S}$ ist proportional zu $\sin^2 \vartheta$ (siehe Abschn. 6.5). Die induzierten Dipole strahlen keine Energie in Richtung der Dipolachse ($\vartheta = 0$) ab.

Aus $\sin\alpha / \sin\beta = n_2/n_1$ und $\alpha_B + \beta = 90°$ folgt die Brewsterbedingung

$$\boxed{\operatorname{tg} \alpha_B = \frac{n_2}{n_1}}\,. \qquad (8.75)$$

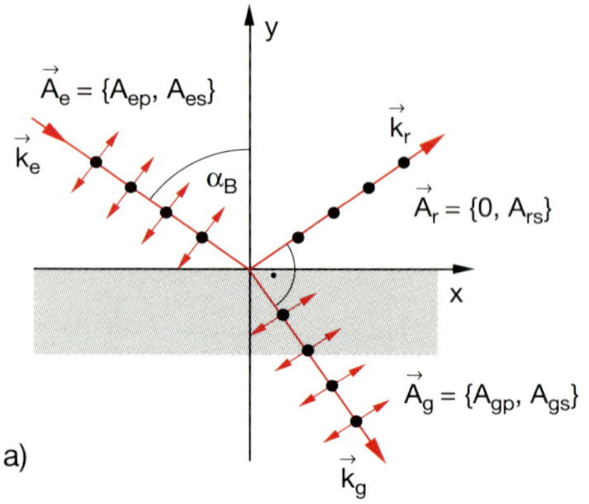

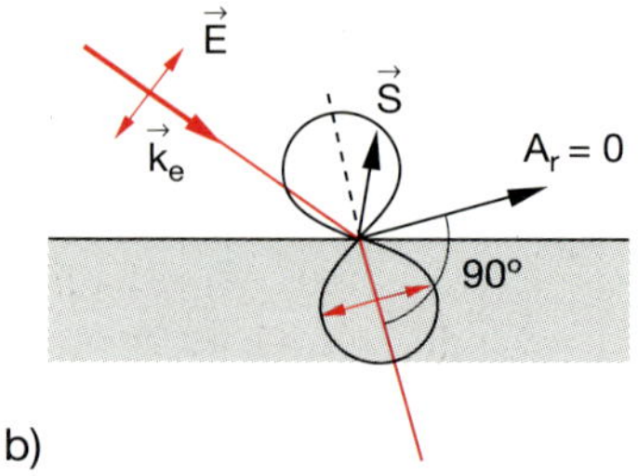

Abb. 8.24a,b. Linearpolarisation des reflektierten Lichts beim Einfall unter dem Brewsterwinkel α_B. (**a**) Schematische Darstellung; (**b**) physikalische Erklärung mit Hilfe der Abstrahlcharakteristik der schwingenden Dipole

BEISPIEL

Für die Grenzfläche Luft-Glas ist $n_1 = 1$ und $n_2 = 1{,}5$ (bei $\lambda = 600$ nm). Damit wird $\alpha_B = 56{,}3°$.

Läßt man einen linear polarisierten Laserstrahl mit dem Amplitudenvektor $\boldsymbol{A} = \boldsymbol{A}_p$ unter 56,3° auf eine Glasplatte fallen, so geht der Strahl *ohne* Reflexionsverluste durch die Platte, weil $A_r = 0$ wird. Dies wird ausgenutzt, wenn man bei Gaslasern (siehe Bd. 3) das Entladungsrohr mit Brewsterfenstern abschließt, um Reflexionsverluste zu vermeiden.

8.5.6 Totalreflexion

Läßt man eine Lichtwelle aus einem optisch dichteren Medium 1 ins optische dünnere Medium 2 ($n_1 > n_2$) laufen, so folgt aus dem Brechungsgesetz (8.65) für den Winkel α:

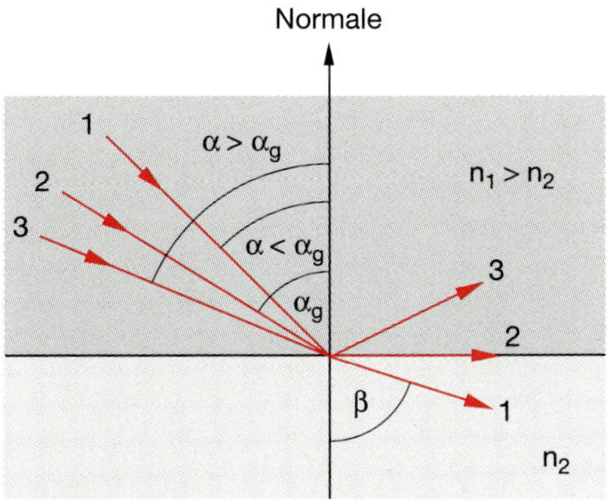

Abb. 8.25. Zur Totalreflexion von Wellen, die aus dem optisch dichteren Medium unter Winkeln $\alpha > \alpha_g$ auf die Grenzfläche fallen

$$\sin\alpha = \frac{n_2}{n_1}\sin\beta \, .$$

Da $\sin\beta$ nicht größer als 1 werden kann, muß für den Winkel α gelten

$$\sin\alpha \le n_2/n_1 \, ,$$

damit die Welle ins Medium 2 eintreten kann (Abb. 8.25).

Für Winkel α mit $\sin\alpha > n_2/n_1$ wird alles Licht an der Grenzfläche reflektiert (Totalreflexion). Man nennt den Winkel α_g, für den

$$\sin\alpha_g = n_2/n_1 \tag{8.76}$$

ist, den ***Grenzwinkel der Totalreflexion***.

BEISPIEL

Für $n_1 = 1{,}5$ und $n_2 = 1$ wird $\alpha_g = 41{,}8°$. Man kann die Totalreflexion ausnutzen in 90°-Umkehrprismen (Abb. 8.26), bei denen der einfallende Lichtstrahl wieder in die gleiche Richtung, aber seitlich versetzt, reflektiert wird.

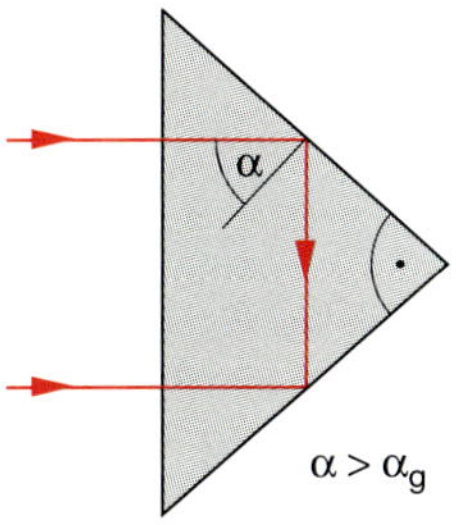

Abb. 8.26. Ausnutzung der Totalreflexion beim Retroreflexionsprisma (*Katzenauge*)

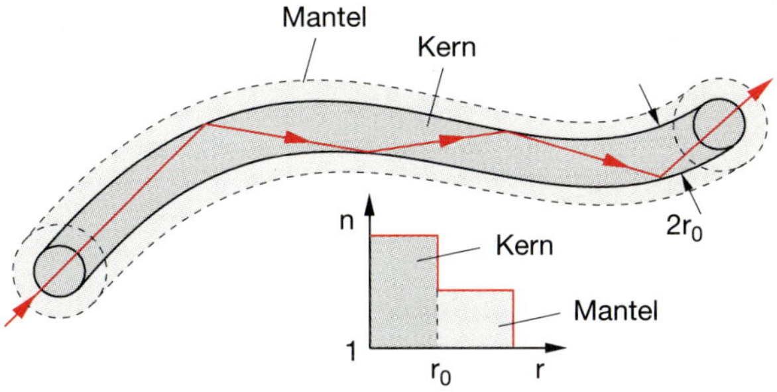

Abb. 8.27. Totalreflexion in einer Lichtleitfaser aus Glas

Solche *Retro-Reflektoren* wurden z.B. von den Astronauten auf dem Mond installiert, so daß man von der Erde aus mit einem Laserstrahl diese Retro-Reflektoren anpeilen und das reflektierte Licht messen kann. Mit gepulsten Lasern kann aus der Messung der Lichtlaufzeit die Entfernung zwischen Meßstation auf der Erde und Retroreflektor auf dem Mond bis auf 0,1 m genau (!) vermessen werden.

Die Totalreflexion wird in Lichtwellenleitern ausgenutzt, bei denen eine flexible dünne Quarzfaser einen Kern mit Brechungsindex n_1 hat (Durchmesser 3 µm – 1 mm), der von einem Mantel mit niedrigerem Brechungsindex $n_2 < n_1$ umgeben ist (Abb. 8.27).

Man beachte:

- Totalreflexion tritt nur beim Übergang vom optisch dichteren zum optisch dünneren Medium auf, wenn $\alpha \ge \alpha_g$ wird.
- Auch bei der Totalreflexion dringt die Welle etwas in das Medium 2 mit $n_2 < n_1$ ein (etwa

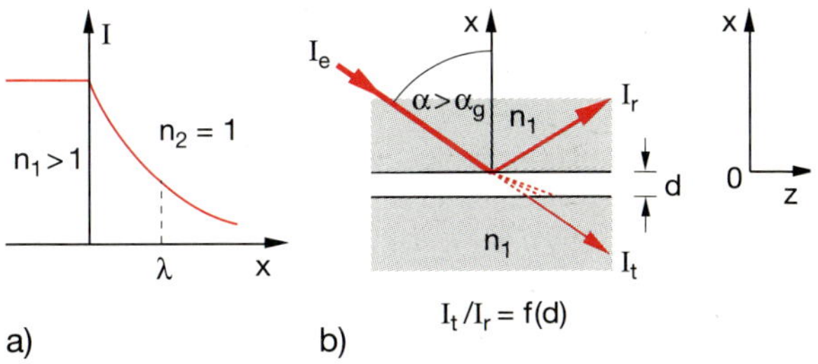

Abb. 8.28a,b. Verhinderte Totalreflexion. (**a**) Über die Grenzfläche bei $x = 0$ in das Medium mit $n_2 < n_1$ eindringende Intensität. (**b**) Experimentelle Anordnung zur Demonstration der verhinderten Totalreflexion. Mit abnehmender Dicke d des Luftspalts steigt das Verhältnis I_t/I_r

1 Wellenlänge weit). Man kann dies experimentell durch die „verhinderte“ Totalreflexion nachweisen (Abb. 8.28). Nähert man der totalreflektierenden Grenzfläche Glas-Luft eine zweite Glasfläche, so tritt Licht in diese ein, wenn der Luftspalt kleiner als λ wird.

8.5.7 Änderung der Polarisation bei schrägem Lichteinfall

Läßt man linear polarisiertes Licht unter dem Winkel α auf eine Grenzfläche fallen, so tritt bei der reflektierten und bei der gebrochenen Welle im allgemeinen eine Drehung der Polarisationsebene ein.

Sei γ_e der Winkel, den der elektrische Feldvektor $\boldsymbol{E}_e$ der einfallenden Welle mit der Einfallsebene bildet (Abb. 8.29). Dann ist

$$\operatorname{tg}\gamma_e = \frac{A_{es}}{A_{ep}} .$$

Für den Winkel γ_r, den der $\boldsymbol{E}$-Vektor der reflektierten Welle mit der Einfallsebene bildet, folgt aus den Fresnelformeln (8.68,69)

$$\operatorname{tg}\gamma_r = \frac{A_{rs}}{A_{rp}} = -\frac{\cos(\alpha-\beta)}{\cos(\alpha+\beta)} \cdot \operatorname{tg}\gamma_e . \quad (8.77)$$

Da $\cos(\alpha-\beta) > \cos(\alpha+\beta)$ ist, folgt:

$$\gamma_r > \gamma_e .$$

> Bei der Reflexion wird die Polarisierungsrichtung von der Einfallsebene weggedreht.

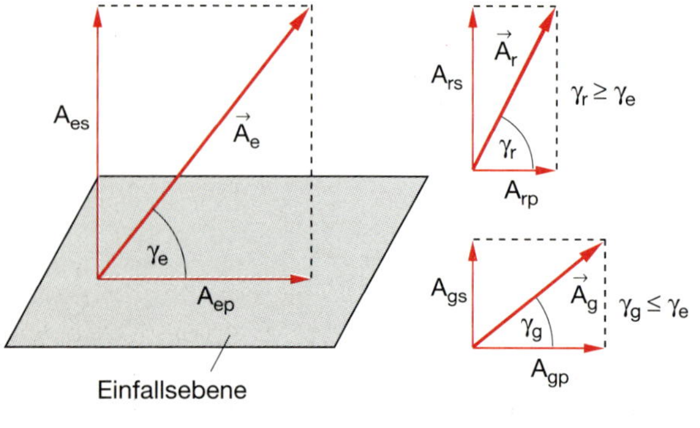

Abb. 8.29. Zur Änderung der Polarisation bei der Reflexion

Nur bei senkrechtem Einfall ($\alpha = 0°$) oder für $\gamma_e = 0°$ oder $90°$ bleibt die Polarisationsrichtung erhalten (abgesehen vom Brewster-Fall mit $A_{es} = 0$, für den man γ_r nicht mehr definieren kann).

Für die durchgelassene Welle erhalten wir den Winkel γ_g mit

$$\operatorname{tg}\gamma_g = \frac{A_{gs}}{A_{gp}} = \cos(\alpha-\beta) \cdot \operatorname{tg}\gamma_e . \quad (8.78)$$

Da $\cos(\alpha-\beta) \leq 1$ ist, folgt $\gamma_g \leq \gamma_e$.

> Bei der Brechung wird die Polarisationsebene zur Einfallsebene hingedreht.

8.5.8 Phasenänderung bei der Reflexion

Wir betrachten im folgenden nur absorptionsfreie Medien ($\kappa = 0$). Wird die Welle am optisch dichteren Medium 2 reflektiert ($n_2 > n_1$), so folgt aus (8.68), daß die Amplitude $\boldsymbol{A}_{rs}$ der zur Einfallsebene senkrechten Komponente das Vorzeichen gegenüber $\boldsymbol{A}_{es}$ ändert. Das bedeutet:

> Bei der Reflexion am optisch dichteren Medium tritt für die zur Einfallsebene senkrechte Komponente ein Phasensprung von π auf.

Für die zur Einfallsebene parallele Komponente $\boldsymbol{A}_p$ in Abb. 8.22 sagen wir, daß ein Phasensprung von π bei der Reflexion stattgefunden hat, wenn die y-Komponente ihr Vorzeichen wechselt.

Man sieht aus (8.69a), daß ϱ_p negativ wird für $(\alpha+\beta) > \pi/2$. Da $\alpha+\beta = \pi/2$ die Bedingung für den Brewsterwinkel $\alpha = \alpha_B$ ist, erfährt die Parallelkomponente nur für Einfallswinkel $\alpha > \alpha_B$ einen Phasensprung von π bei der Reflexion am optisch dichteren Medium. Der Übergang von $\alpha < \alpha_B$ zu $\alpha > \alpha_B$ ist für A_p trotzdem *nicht* diskontinuierlich, weil A_p für $\alpha = \alpha_B$ Null wird.

Anmerkung

Bei senkrechtem Einfall ($\alpha = 0°$) wird die Unterscheidung zwischen A_p und A_s bedeutungslos, da alle Ebenen durch die Einfallsrichtung Einfallsebenen sind. Die Welle macht dann einen Phasensprung von π bei der Reflexion.

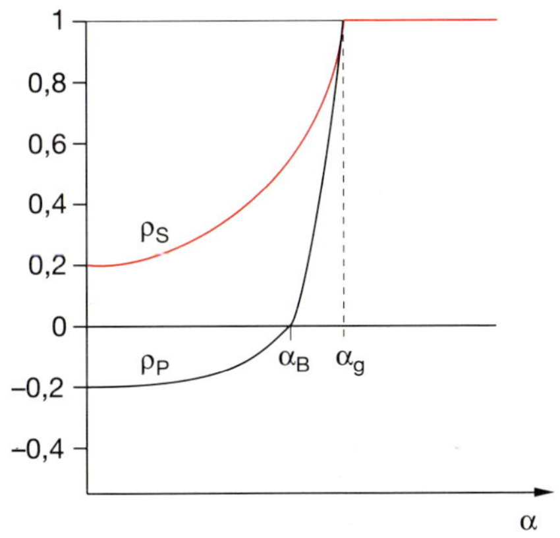

Abb. 8.30. Amplitudenreflexionskoeffizienten ϱ_s und ϱ_p beim Übergang vom optisch dichteren in das optisch dünnere Medium

Bei der Reflexion am optisch dünneren Medium ($n_2 < n_1 \Rightarrow \alpha < \beta$) sieht man aus (8.68a), daß für die zur Einfallsebene senkrechte Komponente $\boldsymbol{A}_s$ *kein* Phasensprung auftritt. Für die parallele Komponente $\boldsymbol{A}_p$ ergibt (8.69a), daß für $(\alpha + \beta) < \pi/2$, d.h. $\alpha < \alpha_B$, ein Phasensprung von π auftritt, danach (bis zur Totalreflexion) tritt kein Phasensprung auf (Abb. 8.30).

Für die gebrochene Welle bleibt in jedem Fall das Vorzeichen erhalten, d.h. hier tritt in keinem der beiden Fälle ein Phasensprung auf.

Bei der Totalreflexion (Abb. 8.30) sind die Phasensprünge $\Delta\varphi$ der beiden Komponenten verschieden groß. Man sieht dies, wenn man (8.68) bzw. (8.69) mit Hilfe von (8.76) umschreibt. So erhält man z.B. aus (8.68a) durch Kürzen mit n_1:

$$\varrho_s = \frac{\cos\alpha - \sqrt{\sin^2\alpha_g - \sin^2\alpha}}{\cos\alpha + \sqrt{\sin^2\alpha_g - \sin^2\alpha}} . \qquad (8.79)$$

Für $\alpha > \alpha_g$ wird der Radikand negativ und Zähler und Nenner komplex. Wie man durch Nachrechnen erkennt, bleibt jedoch $\varrho_s \cdot \varrho_s^* = 1$, so daß das Reflexionsvermögen $R = 1$ bleibt.

Der Phasensprung $\Delta\varphi(\alpha)$ steigt von $\Delta\varphi(\alpha_g) = 0$ bis $\Delta\varphi(90°) = \pi$ (Abb. 8.31). Genauere Details findet man in [8.6,7].

Man erhält für die senkrecht polarisierte Komponente einer an der Grenzfläche total reflektierten Welle ($n_2 < n_1$) den Phasensprung $\Delta\varphi_s$ mit

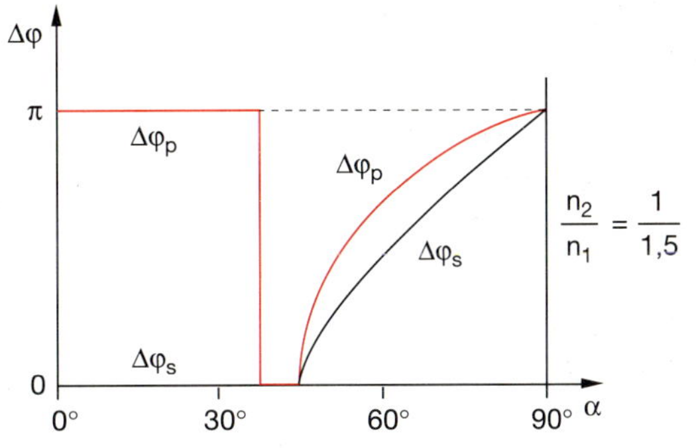

Abb. 8.31. Phasensprünge für A_p und A_s bei der Totalreflexion als Funktion des Einfallswinkels α für $n_1 = \sqrt{2} \cdot n_2$

$$\mathrm{tg}\left(\frac{\Delta\varphi_s}{2}\right) = \frac{1}{\cos\alpha}\sqrt{\sin^2\alpha - \left(\frac{n_2}{n_1}\right)^2} \qquad (8.80a)$$

und für die parallele Komponente

$$\mathrm{tg}\left(\frac{\Delta\varphi_p}{2}\right) = \frac{n_1^2}{n_2^2\cos\alpha}\sqrt{\sin^2\alpha - \left(\frac{n_2}{n_1}\right)^2} . \qquad (8.80b)$$

8.5.9 Reflexion an Metalloberflächen

Metalle absorbieren elektromagnetische Wellen in einem weiten Frequenzbereich. Der Imaginärteil κ des komplexen Brechungsindex ist im Sichtbaren im allgemeinen größer als der Realteil n! (Siehe Abschn. 8.4.2).

Um aus den Fresnelformeln (8.68a,69a) das Reflexionsvermögen einer Grenzfläche Luft-Metall zu bestimmen, müssen wir $n_1 = 1$ und $n_2 = n' - \mathrm{i}\kappa$ einsetzen. Dies ergibt bei reeller Amplitude der einfallenden Welle komplexe Ausdrücke für die Amplituden A_{rs} und A_{rp} der reflektierten Welle.

Die Phasensprünge $\Delta\varphi$ zwischen reflektierter und einfallender Welle sind dann durch

$$\mathrm{tg}(\Delta\varphi) = -\frac{\mathrm{Im}(A_r)}{\mathrm{Re}(A_r)}$$

gegeben. Sie können Werte zwischen 0 und π annehmen und sind für A_{rs} und A_{rp} im allgemeinen unterschiedlich (siehe Aufgabe 8.6). Deshalb ändert sich der Polarisationszustand der Welle bei der Reflexion, außer wenn linear polarisiertes Licht einfällt,

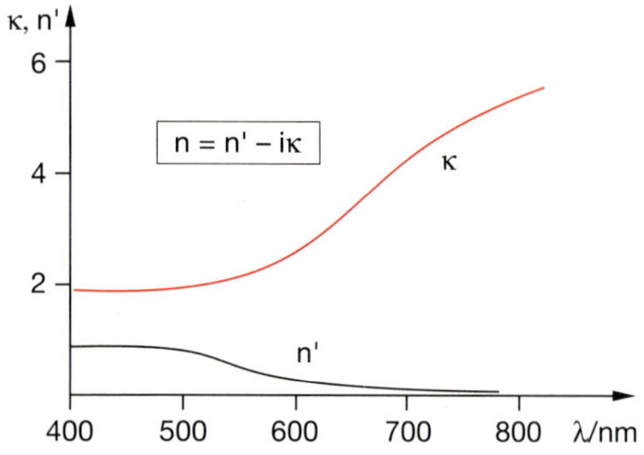

Abb. 8.32. Wellenlängenabhängigkeit von Real- und Imaginärteil des Brechungsindex von Gold

dessen $\boldsymbol{E}$-Vektor senkrecht bzw. parallel zur Einfallsebene liegt. Bei allen anderen Richtungen von $\boldsymbol{E}$ wird aus linear polarisiertem Licht bei der Reflexion elliptisch polarisiertes Licht.

Bei senkrechtem Einfall ($\alpha = 0$) erhalten wir aus (8.73) das Reflexionsvermögen:

$$R = \left|\frac{n' - \mathrm{i}\kappa - 1}{n' - \mathrm{i}\kappa + 1}\right|^2 = \frac{(n'-1)^2 + \kappa^2}{(n'+1)^2 + \kappa^2} . \qquad (8.81)$$

Es hängt vom Imaginär- und Realteil der komplexen Brechzahl $n = n' - \mathrm{i}\kappa$ ab. Da diese beiden Größen gemäß (8.46a) von der Frequenz ω und damit von der Wellenlänge λ der einfallenden Strahlung abhängen (Abb. 8.32), wird $R(\lambda)$ wellenlängenabhängig!

BEISPIEL

Für Aluminium ist der Brechungsindex bei $\lambda = 600\,\mathrm{nm}$: $n' = 0{,}95$, $\kappa = 6{,}4$. Das Reflexionsvermögen ist daher bei senkrechtem Einfall $R = 0{,}91$.

Man sieht aus (8.81) daß für $\kappa \gg n'$ das Reflexionsvermögen $R \approx 1$ wird.

> Dies bedeutet: Die Grenzschicht von stark absorbierenden Medien hat ein großes Reflexionsvermögen (siehe Tabelle 8.3)!

Das Transmissionsvermögen einer dünnen absorbierenden Schicht der Dicke Δz ist durch

$$T = \frac{I_\mathrm{t}}{I_\mathrm{e}} = \mathrm{e}^{-\alpha \Delta z} = \mathrm{e}^{-4\pi\kappa\Delta z/\lambda_0}$$

Tabelle 8.3. Realteil n' und Imaginärteil κ der Brechzahl $n = n' - \mathrm{i}\kappa$ und Reflexionsvermögen R einiger Metalle bei 500 und 1000 nm

Wellenlänge in nm	Metall	n'	κ	R
500	Kupfer	1,031	2,78	0,65
500	Silber	0,17	2,94	0,93
500	Gold	0,84	1,84	0,50
1000	Kupfer	0,147	6,93	0,99
1000	Silber	0,13	6,83	0,99
1000	Gold	0,18	6,04	0,98

gegeben. Der Absorptionskoeffizient $\alpha(\lambda)$ und damit auch $\kappa(\lambda)$ hängt von der Wellenlänge λ ab (siehe Abb. 8.6). Die Wellenlängen, für die κ maximal ist, werden nach (8.81) bevorzugt reflektiert (Abb. 8.33).

Anmerkung

In der Abbildung ist zwar im Gegensatz zu (8.81), wo senkrechter Einfall vorausgesetzt wurde, schräger Einfall dargestellt, die allgemeine Formel sagt aber sinngemäß dasselbe aus wie (8.81).

EXPERIMENT

Malt man mit einem roten Folienschreiber auf eine transparente Folie, so erscheint das Schriftbild in Transmission rot, weil grün bevorzugt absorbiert wird. Legt man die Folie auf einen dunklen Untergrund und beleuchtet sie von oben, so erscheint die Schrift in der Reflexion grün!

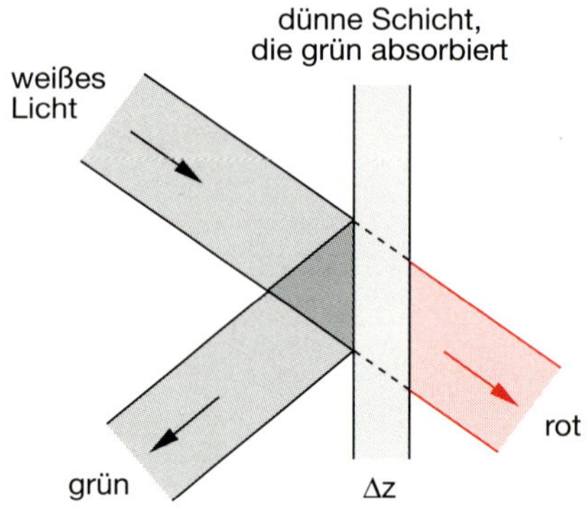

Abb. 8.33. Zur Demonstration, daß bei stark absorbierenden Medien Reflexions- und Absorptionsvermögen zueinander proportional sind

8.6 Lichtausbreitung in nichtisotropen Medien; Doppelbrechung

In optisch anisotropen Medien ist (im Modell des schwingenden Oszillators) die Rückstellkraft $F_R = -k_R x$, mit der ein schwingendes Elektron an seine Ruhelage gebunden ist, von der Richtung der Schwingung im Kristall abhängig. Dies bedeutet, daß die Eigenfrequenz $\omega_0 = (k_R/m)^{1/2}$ für die verschiedenen Polarisationsrichtungen der einfallenden Welle verschieden sind. Nach (8.42) hat dies zur Folge, daß der Brechungsindex n nicht nur von der Frequenz ω, sondern auch von der Richtung des $\boldsymbol{E}$-Vektors und des $\boldsymbol{k}$-Vektors, d.h. von der Ausbreitungsrichtung der Welle abhängt (Abb. 8.34).

Die optische Anisotropie hängt von der Kristallstruktur ab. In Abb. 8.35 ist die Anordnung der Atome in einem Kalkspatkristall $CaCO_3$ illustriert. Man sieht, daß es eine Vorzugsrichtung gibt (senkrecht zur Ebene der Abb. 8.35b), daß die Atomanordnung jedoch *nicht* rotationssymmetrisch um diese Achse ist. Dies macht bereits anschaulich deutlich, daß die Rückstellkräfte auf die Elektronenhüllen auf Grund des anisotropen Kraftfeldes der positiv geladenen Kerne von der Richtung in der Ebene der Abb. 8.35b abhängen.

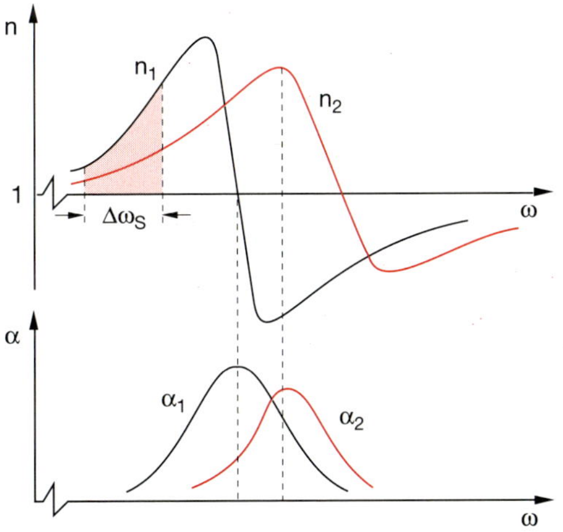

Abb. 8.34. Brechungsindizes $n_1(\omega)$ und $n_2(\omega)$ und Absorptionskoeffizienten $\alpha(\omega)$ für zwei zueinander senkrecht polarisierte Wellen in einem anisotropen Kristall. Der sichtbare Spektralbereich ist durch $\Delta\omega_s$ bezeichnet

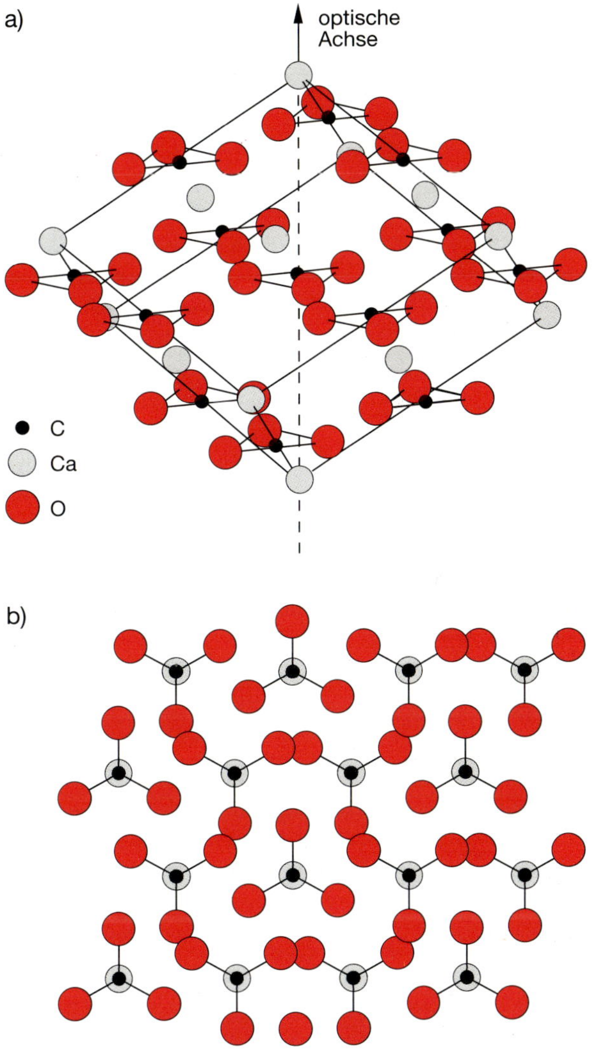

Abb. 8.35. (**a**) Kristallstruktur von Kalkspat $CaCO_3$; räumliche Anordnung der Atome. (**b**) Ebener Schnitt senkrecht zur optischen Achse durch einen $CaCO_3$-Kristall

8.6.1 Ausbreitung von Lichtwellen in anisotropen Medien

Um dies genauer zu verstehen, führen wir ein einfaches analoges mechanisches Experiment (Abb. 8.36) durch. Zwei verschieden starke Spiralfedern sind in x- bzw. y-Richtung auf einem weißen Brett ausgespannt. Der Verbindungspunkt P ist durch eine schwarze Scheibe markiert. Zieht man jetzt die Scheibe mit einem Faden in die Diagonalrichtung, so folgt die Scheibe *nicht*, wie vielleicht erwartet, dieser Richtung, sondern der Kurve *P–B*, die gegen die Diagonale geneigt ist. In jedem Punkt dieser Bahn ist die Summe aller Kräfte (Zugkraft $\boldsymbol{F}_Z$ und Rückstellkraft $\boldsymbol{F}_R = \boldsymbol{F}_{R_1} + \boldsymbol{F}_{R_2}$) Null.

Für unser Oszillatormodell der Doppelbrechung bedeutet dies: Die Schwingungsrichtung der Oszillatoren im anisotropen Kristall ist nicht unbedingt parallel zum elektrischen Vektor der einfallenden Welle. Mathematisch läßt sich dies dadurch beschreiben, daß die relative Dielektrizitätskonstante ε kein Skalar mehr ist, sondern ein Tensor

$$\tilde{\varepsilon} = \begin{pmatrix} \varepsilon_{xx} & \varepsilon_{xy} & \varepsilon_{xz} \\ \varepsilon_{yx} & \varepsilon_{yy} & \varepsilon_{yz} \\ \varepsilon_{zx} & \varepsilon_{zy} & \varepsilon_{zz} \end{pmatrix}. \tag{8.82}$$

Der Zusammenhang zwischen dielektrischer Verschiebungsdichte $\boldsymbol{D}$ und Feldstärke $\boldsymbol{E}$ wird dann statt durch (1.64) durch die Gleichung:

$$\boldsymbol{D} = \tilde{\varepsilon} \cdot \varepsilon_0 \boldsymbol{E} \tag{8.83a}$$

gegeben, was in Komponentenschreibweise heißt:

$$\begin{aligned} \frac{1}{\varepsilon_0} D_x &= \varepsilon_{xx} E_x + \varepsilon_{xy} E_y + \varepsilon_{xz} E_z \,, \\ \frac{1}{\varepsilon_0} D_y &= \varepsilon_{yx} E_x + \varepsilon_{yy} E_y + \varepsilon_{yz} E_z \,, \\ \frac{1}{\varepsilon_0} D_z &= \varepsilon_{zx} E_x + \varepsilon_{zy} E_y + \varepsilon_{zz} E_z \,. \end{aligned} \tag{8.83b}$$

Man beachte, daß $\boldsymbol{D}$ und $\boldsymbol{E}$ im allgemeinen *nicht* mehr parallel sind. Schreibt man die dielektrische Verschiebungsdichte als

$$\boldsymbol{D} = \varepsilon_0 \boldsymbol{E} + \boldsymbol{P} \,, \tag{8.83c}$$

so sieht man, daß die dielektrische Polarisation $\boldsymbol{P}$ im allgemeinen nicht mehr parallel zu $\boldsymbol{E}$ ist, d.h. analog zu unserem mechanischen Modell in Abb. 8.36a ist die Schwingungsrichtung der induzierten Dipole nicht unbeding parallel zur erregenden Feldstärke $\boldsymbol{E}$ der einfallenden Welle (Abb. 8.36b). Um die Ausbreitung einer ebenen elektromagnetischen Welle im anisotropen Kristall zu untersuchen, benutzen wir die beiden Maxwellgleichungen

$$\operatorname{div} \boldsymbol{D} = 0; \quad \operatorname{div} \boldsymbol{B} = 0$$

in nichtleitenden und ladungsfreien ($\varrho = 0$) Medien. Aus ihnen folgt:

$$\boldsymbol{D} \cdot \boldsymbol{k} = 0 \quad \text{und} \quad \boldsymbol{B} \cdot \boldsymbol{k} = 0 \,.$$

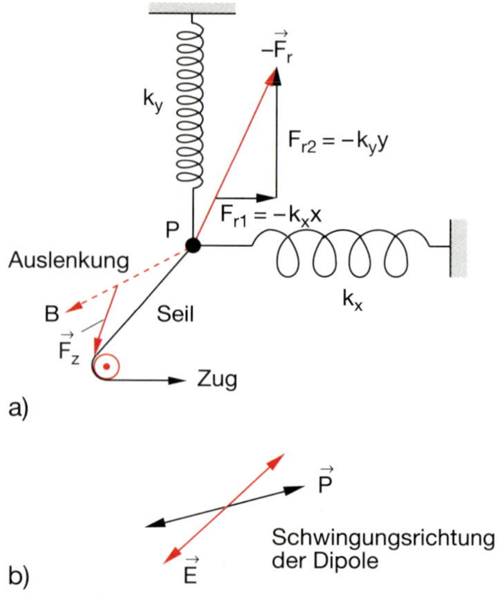

Abb. 8.36. (**a**) Mechanisches Analogmodell zur optischen Doppelbrechung. (**b**) Erregendes Feld und Polarisation haben nicht mehr dieselbe Richtung

Sowohl $\boldsymbol{D}$ als auch $\boldsymbol{B}$ stehen senkrecht auf dem Wellenvektor $\boldsymbol{k}$. Aus $\boldsymbol{B} = (n/c) \cdot (\hat{\boldsymbol{k}}_0 \times \boldsymbol{E})$ (8.37) folgt $\boldsymbol{B} \perp \boldsymbol{E}$. Aus der Definition des Poynting-Vektors

$$\boldsymbol{S} = \varepsilon_0 c^2 (\boldsymbol{E} \times \boldsymbol{B}) \quad (\text{für } \mu = 1)$$

folgt $\boldsymbol{B} \perp \boldsymbol{S}$.

Da $\boldsymbol{B}$ senkrecht auf $\boldsymbol{k}$, $\boldsymbol{E}$, $\boldsymbol{D}$ und $\boldsymbol{S}$ steht, müssen alle vier Größen in einer Ebene liegen (Abb. 8.37). $\boldsymbol{E}$ und $\boldsymbol{D}$ bilden einen Winkel α miteinander, der durch (8.83), also durch den Dielektrizitätstensor $\tilde{\varepsilon}$, bestimmt wird.

Die Richtung des Wellenvektors $\boldsymbol{k}$ ist nicht mehr identisch mit der des Energieflusses $\boldsymbol{S}$. Die beiden Vektoren $\boldsymbol{k}$ und $\boldsymbol{S}$ bilden den gleichen Winkel α miteinander wie $\boldsymbol{E}$ und $\boldsymbol{D}$, weil $\boldsymbol{E} \perp \boldsymbol{S}$ und $\boldsymbol{D} \perp \boldsymbol{k}$. Während

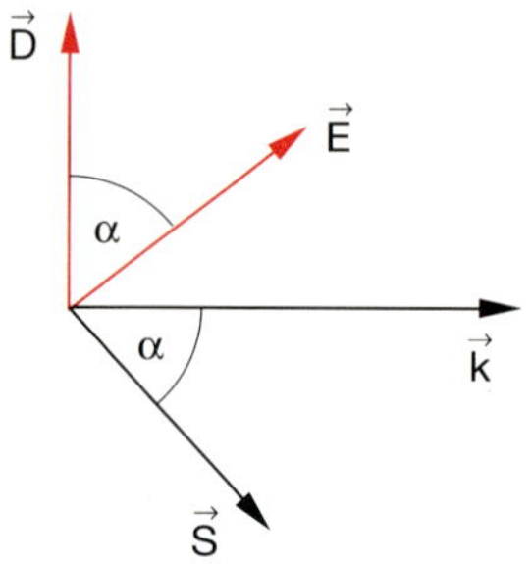

Abb. 8.37. Bei der Ausbreitung einer Lichtwelle im anisotropen Kristall liegen die Vektoren $\boldsymbol{k}, \boldsymbol{E}, \boldsymbol{D}$ und $\boldsymbol{S}$ in einer Ebene, aber $\boldsymbol{E}$ steht nicht mehr senkrecht auf $\boldsymbol{k}$

die Phasenflächen senkrecht auf $\boldsymbol{k}$ stehen, läuft die Energie (und damit auch die „Lichtstrahlen“ im Sinne der geometrischen Optik in Kap. 9) in Richtung von $\boldsymbol{S}$.

8.6.2 Brechungsindex-Ellipsoid

Genau wie beim Trägheitstensor (Bd. 1, Abschn. 5.7) diskutiert wurde, läßt sich auch beim Dielektrizitäts-Tensor immer ein Koordinatensystem (x, y, z) finden, indem $\tilde{\varepsilon}$ diagonal wird (Hauptachsen-Transformation).

$$\tilde{\varepsilon}_{\mathrm{HA}} = \begin{pmatrix} \varepsilon_1 & 0 & 0 \\ 0 & \varepsilon_2 & 0 \\ 0 & 0 & \varepsilon_3 \end{pmatrix} \tag{8.85}$$

Die Hauptwerte ε_1, ε_2, ε_3 erhält man durch Diagonalisierung der dem Tensor entsprechenden Matrix (8.82). Diesen Hauptwerten entsprechen gemäß (8.36a) drei Werte des Brechungsindex

$$n_1 = \sqrt{\varepsilon_1}, \quad n_2 = \sqrt{\varepsilon_2}, \quad n_3 = \sqrt{\varepsilon_3} .$$

Trägt man in einem Hauptachsensystem (x, y, z) einen Vektor

$$\boldsymbol{r} = n_1 \hat{\boldsymbol{e}}_x + n_2 \hat{\boldsymbol{e}}_y + n_3 \hat{\boldsymbol{e}}_z$$

vom Nullpunkt aus auf, so beschreibt sein Endpunkt ein Ellipsoid

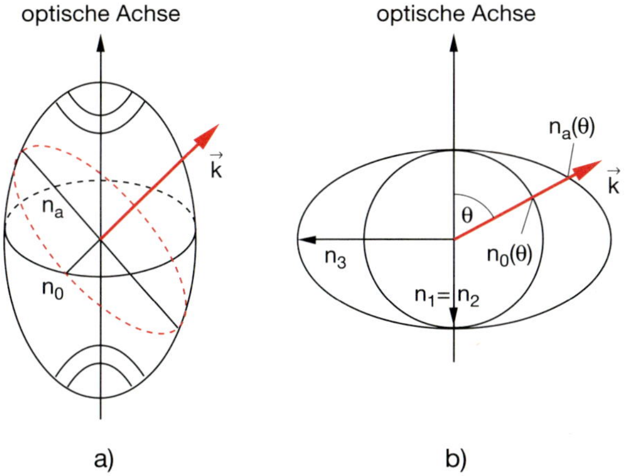

Abb. 8.38. (**a**) Indexellipsoid. (**b**) Zweidimensionale Darstellung von $n_{a(\vartheta)}$ und $n_o(\vartheta)$ für einen positiv einachsigen Kristall

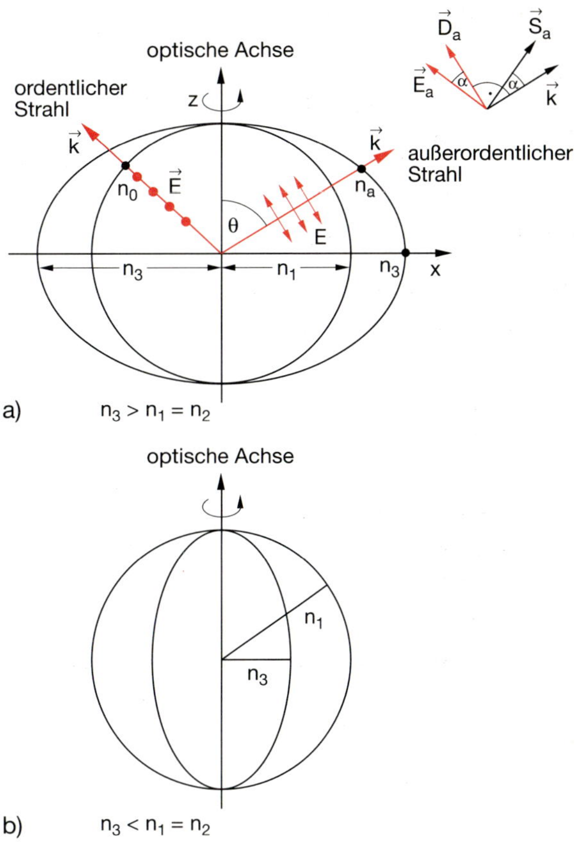

Abb. 8.39a,b. Schnitt durch das Indexellipsoid (**a**) für positiv, (**b**) für negativ optisch einachsige Kristalle. Die Schnittpunkte der Ausbreitungsrichtung mit Kreis bzw. Ellipse geben die Brechzahlen n_o bzw. $n_a(\vartheta)$ an

$$\frac{x^2}{n_1^2} + \frac{y^2}{n_2^2} + \frac{z^2}{n_3^2} = 1 , \tag{8.86}$$

welches ***Indexellipsoid*** heißt (Abb. 8.38). Die Länge der Hauptachsen dieses Ellipsoids geben die Hauptwerte n_i des Brechungsindex an.

Wenn eine elektromagnetische Welle in Richtung $\boldsymbol{k}$ ihres Wellenvektors durch den Kristall läuft, so schneidet die Fläche durch den Nullpunkt senkrecht zu $\boldsymbol{k}$, in welcher der Vektor $\boldsymbol{D}$ der Welle liegt, das Ellipsoid in einer Ellipse (Abb. 8.38 und 8.39). Die Länge der Strecke in Richtung von $\boldsymbol{D}$ vom Nullpunkt zur Schnittkurve gibt den Brechungsindex n für diese Welle an und damit auch ihre Phasengeschwindigkeit $c' = c/n$.

Tabelle 8.4. Brechzahlen n_o und n_a für einige doppelbrechende optisch einachsige Kristalle bei $\lambda = 589{,}3$ nm

Kristall	n_o	n_a
Quarz	1,5443	1,5534
Kalkspat	1,6584	1,4864
Turmalin	1,669	1,638
ADP Ammonium-Dihydrogen-Phosphat	1,5244	1,4791
KDP Kalium-Dihydrogen-Phosphat	1,5095	1,4683
Cadmiumsulfid CdS	2,508	2,526

Es gibt im allgemeinen Fall $n_1 \neq n_2 \neq n_3 \neq n_1$ zwei Richtungen von k, für welche die Schnittfläche ein Kreis ist. Sie heißen die ***optischen Achsen*** des Kristalls. Breitet sich die Welle in Richtung einer optischen Achse aus, so ist ihre Ausbreitungsgeschwindigkeit unabhängig von der Richtung ihres $\boldsymbol{E}$-Vektors. In diesem Fall zeigen $\boldsymbol{E}$ und $\boldsymbol{D}$ in die gleiche Richtung.

Kristalle, für die $n_1 = n_2 \neq n_3$ gilt, heißen ***optisch einachsig***. Ihr Indexellipsoid ist rotationssymmetrisch um die z-Hauptachse als Symmetrieachse. Ist $n_3 > n_1 = n_2$, so handelt es sich um optisch positive, für $n_3 < n_1 = n_2$ um optisch negative einachsige Kristalle. Zeichnet man für einen optisch einachsigen Kristall einen Schnitt in der x-z-Ebene durch dieses Index-Ellipsoid (Hauptschnitt), so entsteht für eine Polarisationskomponente ($\boldsymbol{E}$ in der x-z-Ebene) eine Ellipse, für die dazu orthogonale Komponente ($\boldsymbol{E}$ senkrecht zur x-z-Ebene) ein Kreis (Abb. 8.39). Der zum Kreis gehörige Brechungsindex n_o hängt nicht vom Winkel θ zwischen Ausbreitungsrichtung von $\boldsymbol{k}$ und optischer Achse ab. Er verhält sich wie bei einem isotropen Medium und heißt daher *ordentlicher* Brechungsindex n_o, während der *außerordentliche* Brechungsindex n_a vom Winkel θ abhängt. Bei unserer Wahl der Koordinatenachsen sind die Lichtwellen mit $\boldsymbol{E} = \{0, E_y, 0\}$ ordentliche, die mit $\boldsymbol{E} = \{E_x, 0, E_z\}$ außerordentliche Wellen bzw. Strahlen. In Tabelle 8.4 sind für einige optisch einachsige Kristalle die Brechzahlen n_o und n_a angegeben.

8.6.3 Doppelbrechung

Läßt man in einen Kalkspatkristall ein paralleles, unpolarisiertes Lichtbündel eintreten, so spaltet es (auch bei senkrechtem Einfall) in zwei Teilbündel auf (Abb. 8.40). Ein Bündel folgt dem Snelliusschen

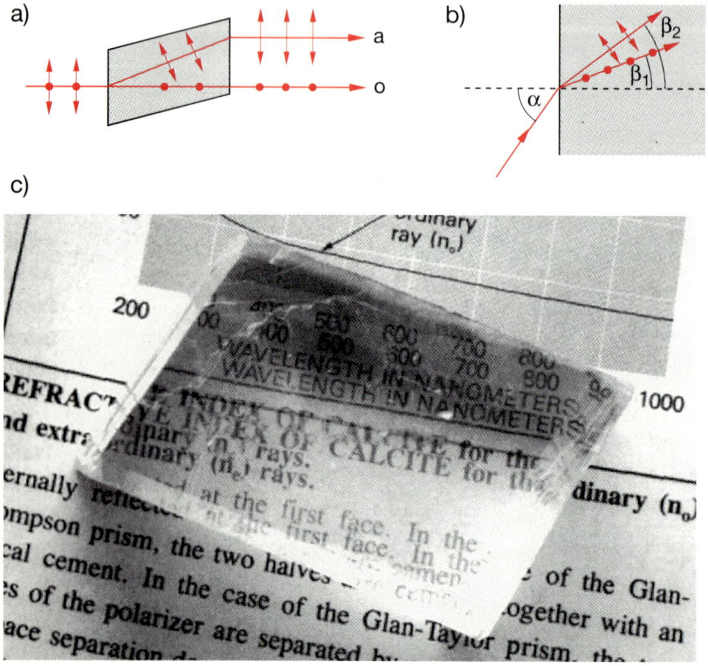

Abb. 8.40a-c. Optische Doppelbrechung. (**a**) Senkrechter Einfall; (**b**) schräger Einfall; (**c**) Illustration der Doppelbrechung im Kalkspat-Kristall

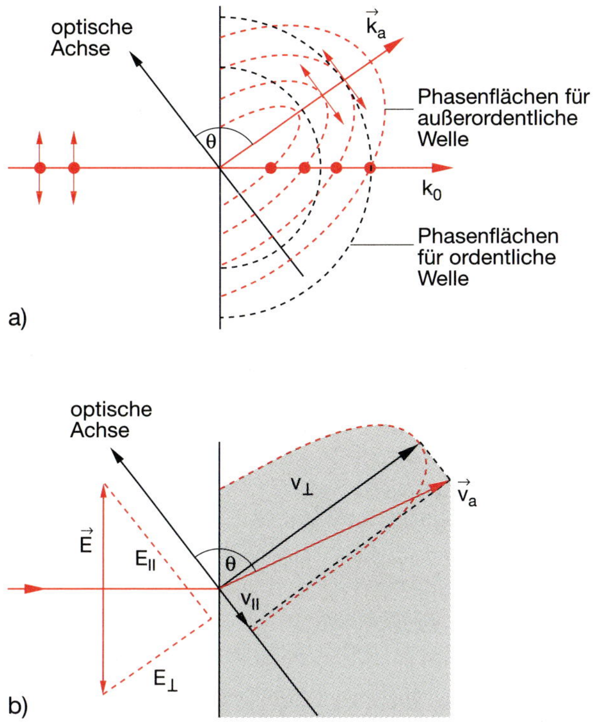

Abb. 8.41. (**a**) Erklärung der Doppelbrechung mit Hilfe des Huygensschen Prinzips. (**b**) Elliptische Wellenfronten für die außerordentliche Welle

Brechungsgesetz (8.65) (d.h. bei $\alpha = 0$ ist auch $\beta = 0$). Es wird deshalb ***ordentlicher Strahl*** genannt (wie ein ordentlicher Bürger, der gesetzestreu ist). Das andere Teilbündel hat auch für $\alpha = 0$ einen Brechwinkel $\beta \neq 0$ (***außerordentlicher Strahl***).

Mißt man den Polarisationszustand der beiden Teilwellen, so stellt man fest, daß beide orthogonal zueinander polarisiert sind.

Wie in Bd. 1, Abschn. 10.11, erläutert wurde, kann man die Brechung mit Hilfe des Huygensschen Prinzips verstehen. Die Ausbreitungsrichtung ist die Normale zur Einhüllenden der Wellenfronten der Elementarwellen. Für den Anteil der Welle, der senkrecht zur optischen Achse polarisiert ist (ordentlicher Strahl), hängt der Brechungsindex n_o nicht von der Richtung ab. Die Phasenfronten der Elementarwellen in der Einfallsebene sind daher Kreise (schwarze Kreise in Abb. 8.41a). Für den parallel zur Einfallsebene polarisierten Anteil können wir den $\boldsymbol{E}$-Vektor aufspalten in eine Komponente parallel und eine senkrecht zur optischen Achse. Die beiden Komponenten haben unterschiedliche Phasengeschwindigkeiten $v_{\|} = c/n_{\|}$ und $v_\perp = c/n_\perp$ (Abb. 8.41b). Die Wellenfronten für die außerordentliche Welle sind deshalb Ellipsen. Die Ausbreitungsrichtung der außerordentlichen Welle ist die Richtung des Poynting-Vektors, der senkrecht auf $\boldsymbol{E}$ steht. Bildet $\boldsymbol{E}$ den Winkel $(90° - \theta)$ gegen die optische Achse, so läuft der außerordentliche Strahl unter dem Winkel θ gegen die optische Achse.

Die dadurch bedingte Aufspaltung zwischen ordentlichem und außerordentlichem Strahl (Doppelbrechung) hängt also von der Lage der optischen Achse ab.

Fällt die optische Achse mit der Ausbreitungsrichtung zusammen, so findet keine Doppelbrechung statt. Beide Wellen haben dann gleiche Phasengeschwindigkeit. Ist die Ausbreitungsrichtung senkrecht zur optischen Achse, so laufen beide Strahlen auch ohne Aufspaltung durch den Kristall, aber die Phasengeschwindigkeiten $c_o = c/n_o$ und $c_a = c/n_a$ sind unterschiedlich.

8.7 Erzeugung und Anwendung von polarisiertem Licht

Wie in Abschn. 7.4 gezeigt wurde, kann eine ebene elektromagnetische Welle, die in z-Richtung läuft, immer dargestellt werden durch

$$\boldsymbol{E} = (\boldsymbol{A}_x + \boldsymbol{A}_y)e^{i(\omega t - kz)},$$

wobei die Amplituden

$$\boldsymbol{A}_x = \boldsymbol{E}_{0x}e^{i\varphi_1}, \quad \boldsymbol{A}_y = \boldsymbol{E}_{0y}e^{i\varphi_2}$$

im allgemeinen komplexe Vektoren sind.

Für $\varphi_1 = \varphi_2$ ist die Welle linear polarisiert (Abb. 7.4), für $|\boldsymbol{A}_x| = |\boldsymbol{A}_y|$ und $|\varphi_1 - \varphi_2| = \pi/2$ ist sie zirkular polarisiert (Abb. 7.5), und für $|\boldsymbol{A}_x| \neq |\boldsymbol{A}_y|$ oder $|\varphi_1 - \varphi_2| \notin \{0, \pi/2, \pi\}$ ist sie elliptisch polarisiert.

Gibt es keine zeitlich konstante, sondern eine statistisch schwankende Phasendifferenz $\varphi_1 - \varphi_2$, so variiert die Richtung von $\boldsymbol{E}$ statistisch in einer Ebene senkrecht zu z. Solche Wellen heißen *unpolarisiert*.

Eine Welle, die von einem schwingenden Dipol ausgesendet wird, ist in genügend großer Entfernung von Dipol ($r \gg d_0$) linear polarisiert, wobei $\boldsymbol{E}$ parallel zur Dipolachse gerichtet ist (siehe Abschn. 6.4).

Lichtwellen werden von energetisch angeregten Atomen oder Molekülen ausgesandt. In den meisten Fällen (z.B. bei Stoßanregung der Atome) sind die Richtungen der atomaren Dipole statistisch in alle Richtungen verteilt. Deshalb ist das Licht üblicher Lichtquellen (z.B. Glühlampe, Gasentladung) im allgemeinen unpolarisiert.

Die Frage ist nun, wie man aus solchem unpolarisiertem Licht polarisiertes Licht erzeugen kann. Dazu gibt es eine Reihe von Möglichkeiten, von denen einige hier kurz vorgestellt werden [8.8].

8.7.1 Erzeugung von linear polarisiertem Licht durch Reflexion

Läßt man unpolarisiertes Licht unter dem Brewsterwinkel α_B auf eine Glasplatte fallen, so enthält der reflektierte Anteil nur eine Polarisationskomponente $\boldsymbol{A}_\perp$ senkrecht zur Einfallsebene (Abb. 8.24). Das reflektierte Licht ist daher vollständig linear polarisiert (siehe Abschn. 8.5.4). Das transmittierte Licht ist nur teilweise polarisiert. Man definiert als ***Polarisationsgrad*** *PG* von teilweise linear polarisiertem Licht den Quotienten

$$PG = \frac{I_\parallel - I_\perp}{I_\parallel + I_\perp} \,, \tag{8.87}$$

wobei $I_\parallel$, $I_\perp$ die Intensitäten des Lichtes mit den $\boldsymbol{E}$-Vektoren parallel bzw. senkrecht zu einer vorgegebenen Richtung sind.

Aus (8.72a) für das Refelexionsvermögen des senkrechten Anteils kann man dann wegen $R + T = 1$ ausrechnen, daß beim Brewsterwinkel die Intensität I_T des transmittierten Lichtes um etwa 15% geschwächt wird.

Der Polarisationsgrad des transmittierten Lichtes ist für unpolarisiertes einfallendes Licht ($I_\parallel = I_\perp = 0{,}5 I_0$).

$$PG = \frac{0{,}5 - 0{,}5 \cdot 0{,}85}{0{,}5 + 0{,}5 \cdot 0{,}85} \approx 0{,}08 \,,$$

also nur 8%. Durch mehrmaligen Durchgang durch Brewstergrenzflächen (Abb. 8.42) läßt sich auch für das transmittierte Licht der Polarisationsgrad erhöhen. Weil immer nur die Komponente $I_\perp$ aus dem Lichtstrahl heraus reflektiert wird, hat man keine Verluste für die Komponente $I_\parallel$. Die Intensität des transmittierten Lichtes strebt daher gegen $I_\parallel = 0{,}5 I_0$, wenn die Zahl der Brewsterflächen wächst.

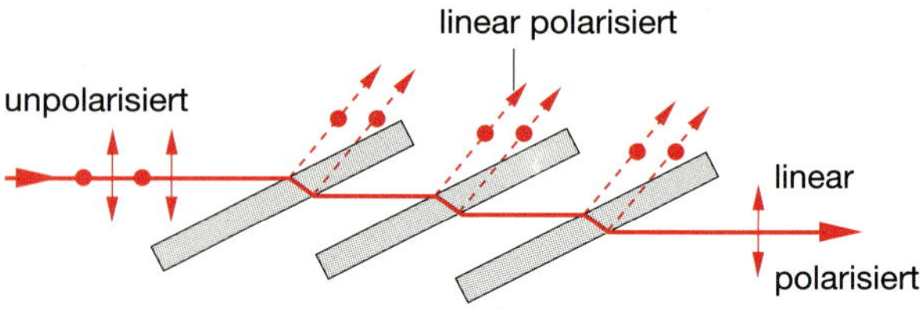

Abb. 8.42. Erzeugung von linear polarisiertem Licht durch Transmission durch viele Brewsterflächen

8.7.2 Erzeugung von linear polarisiertem Licht beim Durchgang durch dichroitische Kristalle

Die in der Praxis einfachste Methode zur Erzeugung von linear polarisiertem Licht bei Verwendung üblicher Lampen als Lichtquellen benutzt Polarisationsfolien, die aus ***dichroitischen*** („zweifarbigen") kleinen Kristallen bestehen, welche orientiert in eine Gelatineschicht eingebettet sind. Diese anisotropen Kristalle (z.B. Herapathit) haben richtungsabhängige Rückstellkräfte für die zu Schwingungen angeregten Atomelektronen. Deshalb sind ihre Eigenfrequenzen

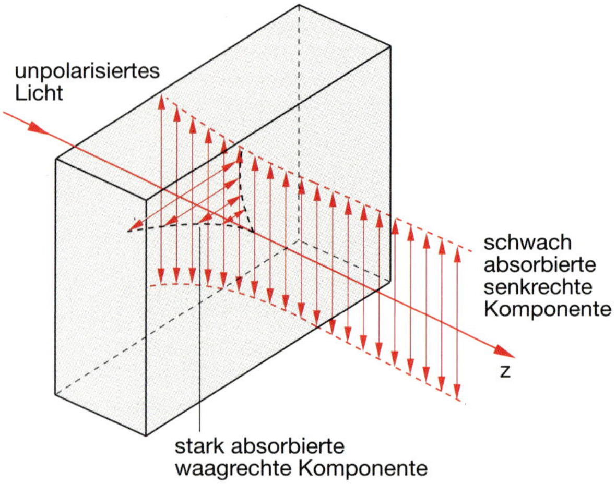

Abb. 8.43. Grundprinzip des dichroitischen Polarisators (Polarisationsfolie), wo eine Polarisationskomponente stärker absorbiert wird als die dazu senkrecht polarisierte

ω_0 in (8.19) und damit auch der Absorptionskoeffizient bei einer vorgegebenen Wellenlänge von der Richtung des $\boldsymbol{E}$-Vektors der einfallenden Lichtwelle abhängig (Abb. 8.43).

Man kann die Folie so drehen, daß Licht der gewünschten Polarisation durchgelassen und solches der dazu senkrechten Polarisation absorbiert wird.

Eine solche optische Anisotropie läßt sich auch erreichen, indem eine Zellulosehydrat-Folie durch Streckung in einer Richtung dichroitisch gemacht wird (*Spannungsdoppelbrechung*, siehe Abschn. 8.7.6).

Der Nachteil der Polarisationsfolien ist ihre relativ große Abschwächung auch für die gewünschte Polarisationskomponente. Bei großen Lichtintensitäten (z.B. bei Laserstrahlen) führt die große Absorption leicht zum Verbrennen der Folie. Deshalb müssen in solchen Fällen doppelbrechende nichtabsorbierende Kristalle verwendet werden.

8.7.3 Doppelbrechende Polarisatoren

Mit Hilfe der optischen Doppelbrechung in optisch einachsigen durchsichtigen Kristallen läßt sich auch für große Intensitäten (z.B. für Laser) aus unpolarisiertem Licht linear oder elliptisch polarisiertes Licht machen.

Ein Beispiel für einen solchen Polarisator ist das ***Nicolsche Prisma*** (Abb. 8.44a), das aus einem doppelbrechenden negativ optisch einachsigen Rhomboederkristall besteht, der entlang der diagonalen Fläche schräg zur optischen Achse aufgeschnitten wird und dann mit einem durchsichtigen Kleber wieder zusammengefügt wird. Fällt unpolarisiertes Licht auf die Eintrittsfläche, so wird es durch die Brechung in einen ordentlichen Strahl und einen außerordentlichen aufgespalten. Wegen $n_o > n_a$ wird der ordentliche Strahl stärker gebrochen. Beide Strahlen treffen unter verschiedenen Winkeln auf die Klebefläche. Der Kleber (z.B. Kanadabalsam) hat einen Brechungsindex $n_K = 1{,}54$, der kleiner ist als der Brechungsindex $n_o = 1{,}66$ des ordentlichen Strahls, aber größer als der des außerordentlichen Strahls ($n_a = 1{,}49$). Ist der Winkel β_o, unter dem der ordentliche Strahl auf die Klebefläche trifft, größer als der Grenzwinkel β_g der Totalreflexion ($\sin\beta_g = n_K/n_o$), so wird die ordentliche Welle vollständig reflektiert, so daß das transmittierte Licht nur noch den zur Einfallsebene parallel polarisierten außerordentlichen Strahl enthält und deshalb vollständig linear polarisiert ist.

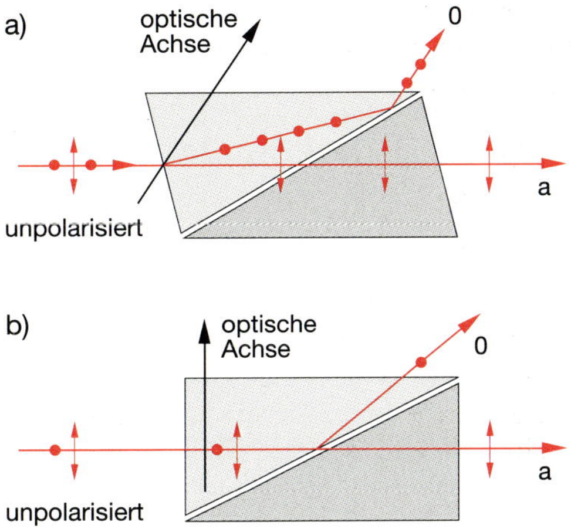

Abb. 8.44. (**a**) Nicolsches Prisma zur Erzeugung von linear polarisiertem Licht. (**b**) Glan-Thompson-Polarisator

Da beim Nicolschen Prisma Ein- und Austrittsfläche schräg zur Einfallsrichtung des Lichtes stehen, tritt ein Strahlversatz für den transmittierten außerordentlichen Strahl auf.

Dieser Nachteil wird beim ***Glan-Thompson-Polarisator*** (Abb. 8.44b) vermieden, der senkrechte Endflächen hat. Er ist so aus einem Kalkspatkristall geschnitten, daß die optische Achse parallel zur Eintrittsfläche liegt. Deshalb tritt beim Auftreffen von unpolarisiertem Licht keine Doppelbrechung auf. Ordentliche und außerordentliche Welle laufen parallel, jedoch mit unterschiedlichen Geschwindigkeiten c/n_1 bzw. c/n_3 durch den Kristall bis zur Kittfläche, wo wieder, wie beim Nicolschen Prisma, die ordentliche Welle total reflektiert wird.

Die Vorteile des Glan-Thompson-Polarisators sind:

- Es gibt keinen Strahlversatz.
- Die gesamte Eintrittsfläche kann genutzt werden.
- Man kommt mit kürzeren Gesamtlängen des Polarisators aus.

Um beide Polarisationsrichtungen nutzen zu können, wurden spezielle Strahlteilerwürfel (Abb. 8.45) entwickelt. Im Prinzip könnte man wie beim Glan-Thompson-Polarisator die Transmission des außerordentlichen Strahls und die Totalreflexion des ordentlichen Strahls ausnutzen, wenn der Unter-

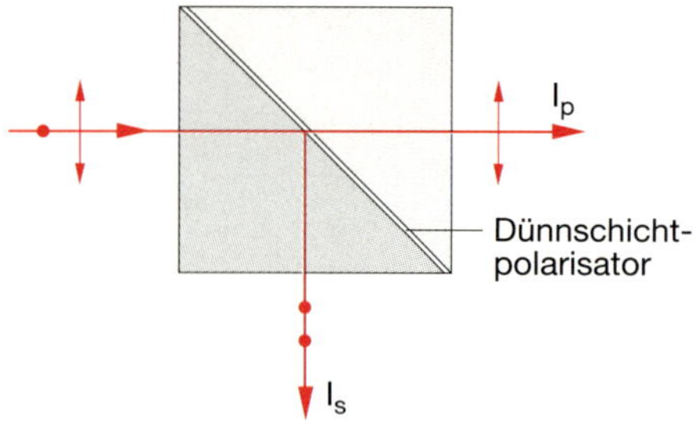

Abb. 8.45. Polarisations-Strahlteilerwürfel

schied der Brechungsindizes $\Delta n = n_1 - n_K$ zur Kittschicht groß genug wird, daß $\beta_g \geq 45°$ wird. In der Praxis verwendet man jedoch überwiegend Würfel aus isotropem Glas, die entlang der Diagonalfläche aufgeschnitten und mit einem Dünnschichtpolarisator versehen werden, bevor sie wieder verkittet werden. Dieser besteht aus einer Vielzahl dünner dielektrischer Schichten mit Dicken von $\lambda/2$, deren Reflexionsvermögen für eine Polarisationskomponente groß, für die anderen klein ist (Abb. 8.46).

Mit doppelbrechenden Kristallen läßt sich aus linear polarisiertem einfallenden Licht elliptisch bzw. zirkular polarisiertes transmittiertes Licht erzeugen. Dazu dreht man den Kristall, der in Form einer dünnen, planparallelen Platte mit der optischen Achse in der Plattenebene geschnitten ist, so, daß die optische Achse um 45° gegen die Polarisationsrichtung $\boldsymbol{E}$ der einfallenden Welle

$$\boldsymbol{E} = \boldsymbol{E}_0 \cdot e^{i(\omega t - kz)} \quad \text{mit} \quad \boldsymbol{E}_0 = \{E_{0x}, E_{0y}, 0\}$$

geneigt ist (Abb. 8.47).

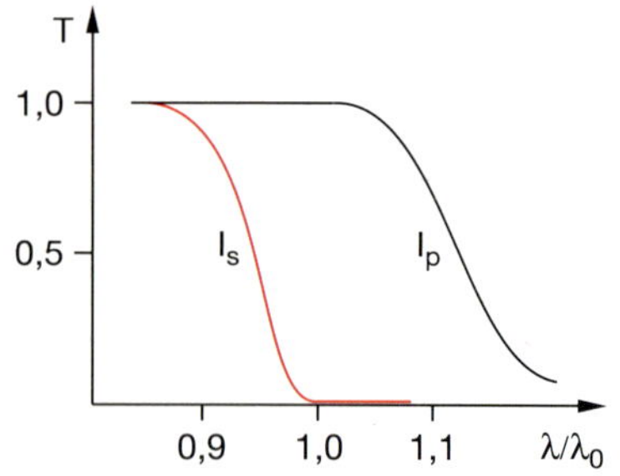

Abb. 8.46. Transmission T der dielektrischen Strahlteilerschicht für die parallele und senkrechte Polarisationskomponente innerhalb eines Wellenlängenbereichs um die optimale Wellenlänge λ_0

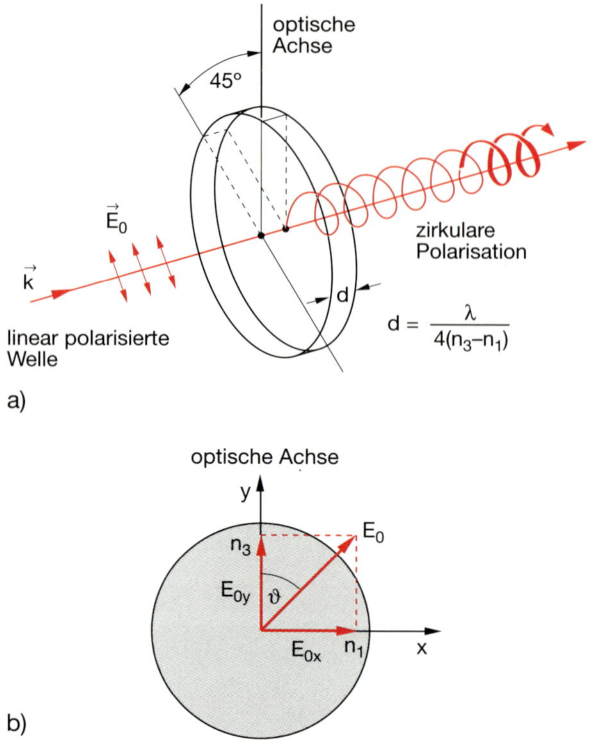

Abb. 8.47a,b. Prinzip des Zirkular-Polarisators ($\lambda/4$-Plättchen). (**a**) Anschauliche Darstellung; (**b**) Richtung des $\boldsymbol{E}$-Vektors der einfallenden Welle

Die beiden zueinander senkrecht polarisierten Anteile der Welle mit E_{0x} und E_{0y} erfahren unterschiedliche Brechungsindizes n_1 bzw. n_3 (siehe Abb. 8.39) und haben daher nach Durchlaufen der Strecke d die relative Phasenverschiebung

$$\Delta\varphi = \frac{2\pi}{\lambda_0} d(n_3 - n_1)$$

gegeneinander. Wird die Dicke d so gewählt, daß $d(n_3 - n_1) = \lambda_0/4$ wird, also $\Delta\varphi = \pi/2$, so ist die austretende Welle für $\alpha = 45°$ ($E_x = E_y$) zirkular polarisiert ($\lambda/4$-***Plättchen***).

BEISPIEL

Verwendet man einen positiv optisch einachsigen Kristall mit $n_1 = 1{,}55$ und $n_3 = 1{,}58$, so ergibt sich

$$d = \frac{\lambda}{4 \cdot 0{,}03} = 8{,}3\lambda\,.$$

Man sieht, daß solche $\lambda/4$-Plättchen im allgemeinen sehr dünn und deshalb mechanisch fragil sind. Um dies zu vermeiden, kann man entweder Δn sehr klein wählen, oder man betreibt die $\lambda/4$-Zirkularpolarisatoren in höherer Ordnung, d.h. man macht die Dicke so groß, daß $\Delta\varphi = (2m+1)\pi/2$ mit $m \gg 1$ gilt. Der Nachteil der Verwendung höherer Ordnungen ist die stärkere Abhängigkeit der Phasenverschiebung $\Delta\varphi(\lambda)$ von der Wellenlänge λ.

8.7.4 Polarisationsdreher

In der optischen Praxis tritt häufig das Problem auf, die Schwingungsebene von linear polarisiertem Licht um einen vorgegebenen Winkel $\Delta\alpha$ zu drehen.

Dies läßt sich mit einer ***λ/2-Platte*** erreichen, welche die doppelte Dicke einer $\lambda/4$-Platte hat. Die optische Achse liegt wieder in der Plattenebene. Hat der $\boldsymbol{E}$-Vektor der einfallenden Welle den Winkel φ gegen die optische Achse (Abb. 8.48), so läßt sich $\boldsymbol{E}_0$ in die beiden Komponenten

$$E_{0\parallel} = E_0 \cos\varphi \quad \text{und} \quad E_{0\perp} = E_0 \sin\varphi$$

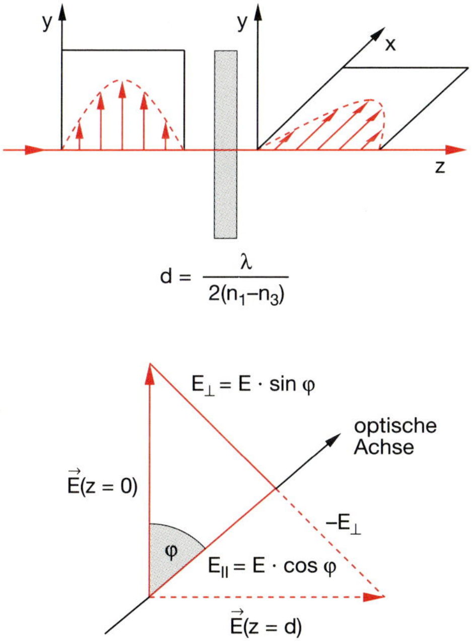

Abb. 8.48. Drehung der Polarisationsebene einer polarisierten Welle durch ein $\lambda/2$-Plättchen

parallel bzw. senkrecht zur optischen Achse zerlegen, die in der Eintrittsfläche in Phase sind. Nach Durchlaufen der $\lambda/2$-Platte ist auf Grund der unterschiedlichen Laufzeiten der beiden Komponenten eine Phasendifferenz von π zwischen beiden Komponenten entstanden. Für $z = d$ gilt dann mit $(k_\perp - k_\parallel)\cdot d = \pi$

$$\begin{aligned} E_\parallel &= E_0 \cos\varphi \cdot \mathrm{e}^{\mathrm{i}k_\parallel d}\mathrm{e}^{\mathrm{i}\omega t}\,, \\ E_\perp &= E_0 \sin\varphi \cdot \mathrm{e}^{\mathrm{i}k_\perp d}\mathrm{e}^{\mathrm{i}\omega t}\,, \\ &= -E_0 \sin\varphi \cdot \mathrm{e}^{\mathrm{i}k_\parallel d}\mathrm{e}^{\mathrm{i}\omega t}\,, \end{aligned} \tag{8.88}$$

so daß der $\boldsymbol{E}$-Vektor bei $z = d$ sich um den Winkel $\Delta\alpha = 2\varphi$ gedreht hat (Abb. 8.48). Durch Drehen des $\lambda/2$-Plättchens um die Einfallrichtung z läßt sich jeder Winkel φ und damit jede gewünschte Drehung $\Delta\alpha = 2\varphi$ einstellen.

8.7.5 Optische Aktivität

Manche Stoffe drehen auch bei beliebiger Richtung der Polarisationsebene des einfallenden linear polarisierten Lichtes diese Ebene beim Durchgang durch die Schichtdicke d um einen Winkel

$$\alpha = \alpha_s \cdot d\,. \tag{8.89}$$

Der Proportionalitätsfaktor α_s heißt spezifisches optisches Drehvermögen (Abb. 8.49). Man unterscheidet zwischen rechtsdrehenden und linksdrehenden Substanzen, wobei der Drehsinn für einen Beobachter definiert ist, der gegen die Lichtrichtung schaut. Früher wurden die Bezeichnungen „d" (von lat. *dexter*) und „l" (*laevus*) verwendet. Heute findet man jedoch in der Literatur [8.9] durchgängig die Bezeichnung (+) für rechtsdrehende (positive Drehwinkel α) und (–) für linksdrehende Stoffe.

Der physikalische Grund für diese Drehung sind spezielle Symmetrieeigenschaften des Mediums. Es gibt eine Reihe von Substanzen, bei denen optische

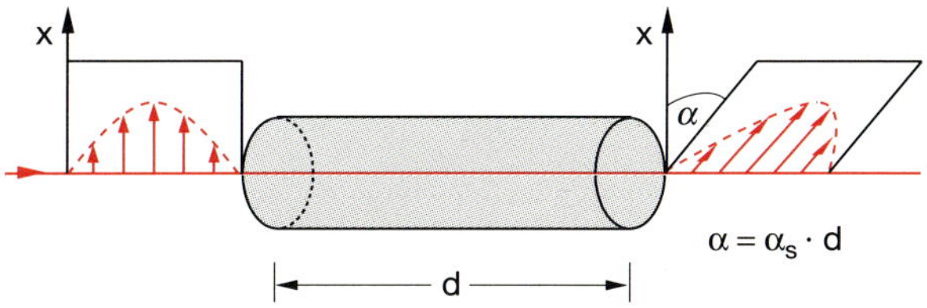

Abb. 8.49. Zur optischen Aktivität eines Mediums

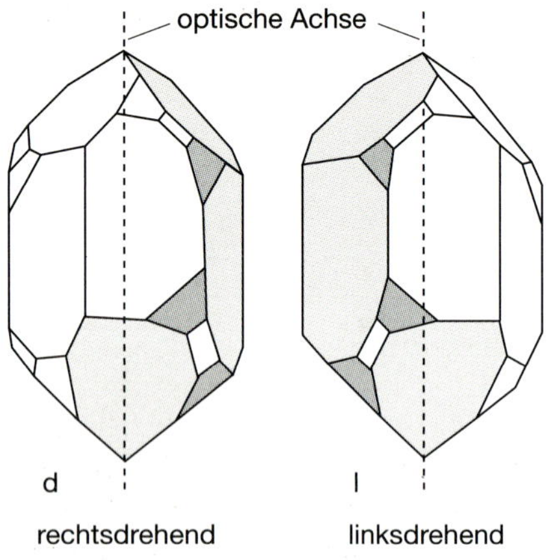

Abb. 8.50. Die zueinander spiegelbildlichen Kristallstrukturen von links- bzw. rechtsdrehendem Quarz

Aktivität nur in der festen, kristallinen Phase beobachtet wird, während die Drehung der Polarisationsebene im flüssigen oder gasförmigen Zustand verschwindet. Sie muß also durch die Symmetrie der Kristallstruktur bedingt sein. Ein Beispiel ist kristalliner Quarz, der als rechtsdrehender oder linksdrehender Quarz in der Natur vorkommt (Abb. 8.50).

Auf der anderen Seite gibt es auch Stoffe (wie z.B. Zucker oder Milchsäure), die auch im flüssigen Zustand optische Aktivität zeigen. Hier muß also die Symmetrie der Moleküle eine Rolle spielen.

Die physikalische Erklärung der optischen Aktivität ist korrekt nur mit Hilfe der Quantentheorie möglich. Ein anschauliches Modell kann jedoch die Grundzüge dieses Phänomens deutlich machen.

Analog zur Erzeugung von linearen Schwingungen der atomaren Dipole, die in einem homogenen Medium durch eine linear polarisierte Welle induziert werden, nimmt man hier an, daß die äußeren Elektronen dieser speziellen Moleküle bzw. Kristalle durch zirkular polarisiertes Licht zu elliptischen Spiralbewegungen um die Ausbreitungsrichtung angeregt werden. Dieses Modell wird auch in der Tat nahegelegt durch die spiralförmige Anordnung der Sauerstoff- und Silizium-Atome in kristallinem Quarz, wobei die Spirale rechtshändig für rechtsdrehenden und linkshändig für linksdrehenden Quarz ist. Man nennt solche Moleküle, die in zwei zueinander spiegelbildlichen Strukturen (***Spiegelisomerie***) vorkommen, auch ***chirale*** („händige") ***Moleküle***. Beispiele sind Zucker, Milchsäure oder 2-Butanol

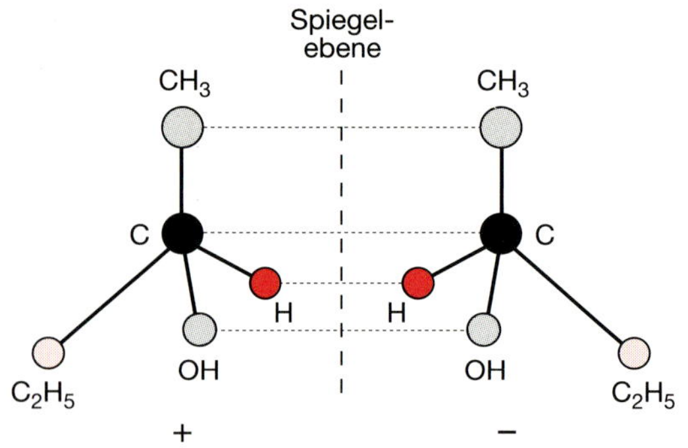

Abb. 8.51. Zwei isomere Formen des 2-Butanol-Moleküls, die zueinander spiegelbildlich sind bezüglich der Spiegelebene senkrecht zur Zeichenebene

(Abb. 8.51). Wir können eine in x-Richtung linear polarisierte Welle

$$\boldsymbol{E} = \hat{\boldsymbol{e}}_x E_{0x} \mathrm{e}^{\mathrm{i}(\omega t - kz)}$$

immer zusammensetzen aus zwei entgegengesetzt zirkular polarisierten Wellen (Abb. 8.52).

$$\begin{aligned} \boldsymbol{E}^+ &= \frac{1}{2}(\hat{\boldsymbol{e}}_x E_{0x} + \mathrm{i}\hat{\boldsymbol{e}}_y E_{0y})\mathrm{e}^{\mathrm{i}(\omega t - kz)} \\ \boldsymbol{E}^- &= \frac{1}{2}(\hat{\boldsymbol{e}}_x E_{0x} - \mathrm{i}\hat{\boldsymbol{e}}_y E_{0y})\mathrm{e}^{\mathrm{i}(\omega t - kz)} . \end{aligned} \quad (8.90)$$

Haben beide Komponenten im Medium unterschiedliche Phasengeschwindigkeiten $v^+ = c/n^+$ bzw. $v^- = c/n^-$, so ist die zusammengesetzte Welle nach der Strecke d wieder linear polarisiert, aber ihre Polarisationsebene hat sich um einen Winkel

$$\alpha = \frac{\pi}{\lambda_0} d(n^- - n^+)$$

gedreht.

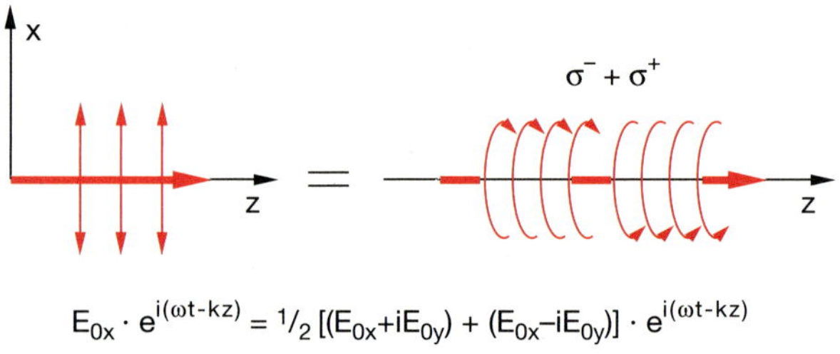

Abb. 8.52. Zusammensetzung einer linear polarisierten Welle aus links- und rechtszirkular polarisierten Komponenten. Zur Festlegung des Polarisationssinns σ siehe Abschn. 12.7

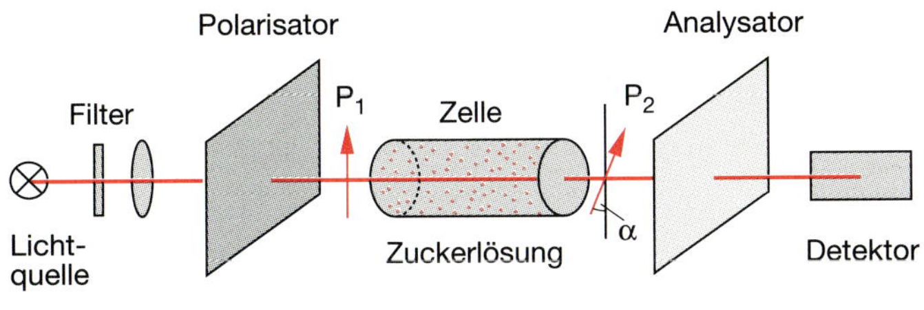

Abb. 8.53. Zur Messung der Zuckerkonzentration mit einem Polarimeter

Die unterschiedlichen Brechungsindizes n^+, n^- werden durch die unterschiedlichen Wechselwirkungen der links- bzw. rechts zirkular polarisierten Welle mit den sich in einem Vorzugsdrehsinn bewegenden Elektronen verursacht.

Man kann sich überlegen, daß auch in einer Flüssigkeit, in der ohne Lichtwelle die Orientierungen der Moleküle statistisch verteilt sind, durch die induzierten elektrischen und magnetischen Dipolmomente der chiralen Moleküle eine, wenn auch kleine, Orientierung zustande kommt, die dann die optische Aktivität bewirkt.

Sind in einer Flüssigkeit gleich viele links- wie rechtsdrehende Moleküle vorhanden, so heben sich ihre Effekte auf, und die optische Aktivität wird Null.

Bei biologischen Molekülen bevorzugt die Natur offensichtlich eine der beiden Spiegelisomere. So ist der Blutzucker linksdrehend. Mit Hilfe eines Polarimeters (Abb. 8.53) kann man aus dem Drehwinkel $\alpha = \alpha_s \cdot c \cdot l$ einer Zuckerlösung mit der Konzentration c und der Flüssigkeitslänge l die Konzentration bestimmen. Dazu setzt man die Probe zwischen zwei Polarisatoren und mißt, bei welchem Kreuzungswinkel der Durchlaßrichtungen die transmittierte Intensität Null wird [8.10].

8.7.6 Spannungsdoppelbrechung

Auch in homogenen isotropen Medien läßt sich durch äußere Druck- oder Zugkräfte eine optische Doppelbrechung erzeugen. Dies führt zu orts- und richtungsabhängigen Brechungsindexänderungen Δn, aus deren Messung man Informationen über die mechanischen Spannungen im Medium und über ihre räumliche Verteilung erhält. Eine solche Messung kann mit der in Abb. 8.53 gezeigten Anordnung erfolgen, wenn das Lichtbündel soweit aufgeweitet wird, daß es das gesamte Werkstück durchstrahlt. Das zu untersuchende durchsichtige Medium wird von linear polarisiertem Licht durchstrahlt und trifft dann auf einen zweiten Polarisator P_2, dessen Durchlaßrichtung senkrecht zu der des ersten Polarisators P_1 steht. Ist das Medium isotrop, so sperrt P_2 das transmittierte Licht, und das Gesichtsfeld ist dunkel. Wird jetzt eine mechanische Spannung auf das Medium ausgeübt, so bewirken die optisch doppelbrechenden Gebiete des Mediums eine Änderung der Polarisationseigenschaften und damit eine von Null verschiedene Transmission durch P_2 (Abb. 8.54). Da die Phasenverschiebung

$$\Delta\varphi(x,y) = \frac{2\pi}{\lambda_0} \int_0^d \Delta n(x,y)\,\mathrm{d}z$$

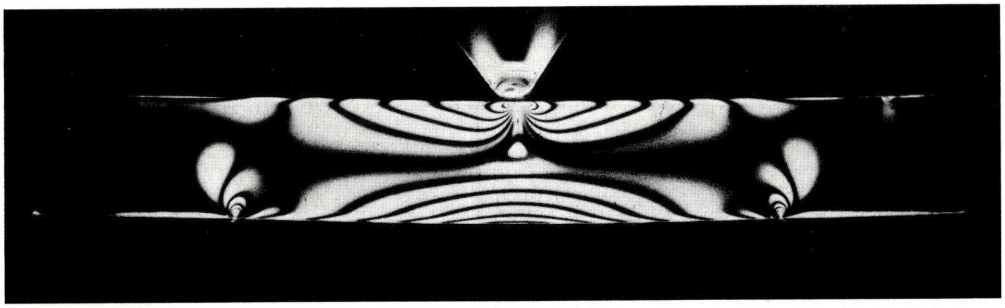

Abb. 8.54. Spannungsdoppelbrechung eines Balkens aus Plexiglas, der auf zwei Stützen ruht und in der Mitte belastet wird, sichtbar gemacht mit Hilfe der Polarimetrie. Aus M. Cagnet, M. Françon, J. C. Thierr, *Atlas optischer Erscheinungen* (Springer, Berlin, Göttingen 1962)

von der Wellenlänge λ_0 abhängt, sieht man bei Einstrahlen von weißem Licht hinter P_1 ein farbiges Flächenmuster (siehe Farbtafel 11), welches detaillierte Informationen über die mechanische Spannungsverteilung im Medium gibt.

Dieses Verfahren der *Polarimetrie* wird z.B. von Glasbläsern verwendet, um zu prüfen, ob nach der Bearbeitung eines Werkstückes aus Glas noch mechanische Spannungen vorhanden sind, die dann durch Tempern (Erwärmen auf eine hohe Temperatur, bei der durch Fließvorgänge die mechanischen Spannungen abgebaut werden, mit nachträglichem langsamen Abkühlen) beseitigt werden müssen.

Auch zur Untersuchung der Belastungsverteilung mechanischer Tragwerke kann man an Plexiglasmodellen die Verteilung der mechanischen Spannungen untersuchen [8.11].

8.8 Nichtlineare Optik

Bei genügend kleinen elektrischen Feldstärken der einfallenden Welle sind die Auslenkungen der Elektronen aus ihrer Ruhelage klein, und die Rückstellkräfte sind proportional zur Auslenkung (Hookescher Bereich). Die induzierten Dipolmomente $\boldsymbol{p} = \alpha \cdot \boldsymbol{E}$ sind dann proportional zur elektrischen Feldstärke $\boldsymbol{E}$, und die im Medium durch die Lichtwelle erzeugte dielektrische Polarisation

$$\boldsymbol{P} = \varepsilon_0 \chi \cdot \boldsymbol{E} \tag{8.91}$$

ist linear von $\boldsymbol{E}$ abhängig, wobei χ die elektrische Suszeptibilität ist (siehe (1.58)). Dies ist der Bereich der *linearen Optik*.

BEISPIEL

Die Feldstärke des auf die Erde auftreffenden Sonnenlichtes innerhalb einer Bandbreite von 1 nm bei $\lambda = 500$ nm ist etwa 3 V/m. Die durch die Coulombkraft bewirkte inneratomare Feldstärke ist dagegen

$$E_C \approx \frac{10\,\text{V}}{10^{-10}\,\text{m}} = 10^{11}\,\text{V/m}\,.$$

Deshalb sind die durch das Sonnenlicht bewirkten Auslenkungen der Elektronen (z.B. bei der Rayleigh-Streuung) sehr klein gegen ihren mittleren Abstand vom Atomkern.

Bei größeren Lichtintensitäten, wie sie z.B. mit Lasern (siehe Bd. 3) erreicht werden, kann durchaus der nichtlineare Bereich der Auslenkung realisiert werden. Statt (8.91) muß man dann ansetzen:

$$P_i = \varepsilon_0 \Big(\chi_{ij}^{(1)} E_j + \chi_{ijk}^{(2)} E_j E_k + \chi_{ijkl}^{(3)} E_j E_k E_l + \cdots \Big)\,, \tag{8.92}$$

wobei $\chi^{(n)}$ die Suszeptibilität n-ter Ordnung ist, die durch einen Tensor $(n+1)$-ter Stufe dargestellt wird. (Über gleichlautende Indizes wird summiert.) Obwohl die Größen $\chi^{(n)}$, die von Art und Symmetrieeigenschaften des Mediums abhängen, mit wachsendem n schnell abnehmen, können die höheren Terme in (8.92) bei genügend großen Feldstärken $\boldsymbol{E}$ durchaus eine wesentliche Rolle spielen.

Läuft nun eine monochromatische Lichtwelle

$$\boldsymbol{E} = \boldsymbol{E}_0 \cos(\omega t - kz) \tag{8.93}$$

durch das Medium, so enthält die Polarisation $\boldsymbol{P}$ wegen der höheren Potenzen n außer der Frequenz ω der einfallenden Welle auch Anteile auf höheren Harmonischen $m \cdot \omega$ $(m = 2, 3, 4 \ldots)$. Dies bedeutet: Die induzierten schwingenden Dipole strahlen elektromagnetische Wellen nicht nur auf der Grundfrequenz ω (Rayleigh-Streuung) ab, sondern auch auf höheren harmonischen. Die Amplituden dieser Anteile mit $m\omega$ hängen ab von der Größe der Koeffizienten $\chi^{(n)}$ (also vom nichtlinearen Medium) und von der Amplitude $\boldsymbol{E}_0$ der einfallenden Welle.

Wir wollen uns dieses Phänomen an einigen Beispielen verdeutlichen [8.12,13].

8.8.1 Optische Frequenzverdopplung

Setzen wir (8.93) in (8.92) ein, so ergibt sich bei Berücksichtigung höchstens quadratischer Terme in (8.92) und für den einfachsten Fall isotroper Medien am Ort $z = 0$ die Polarisation

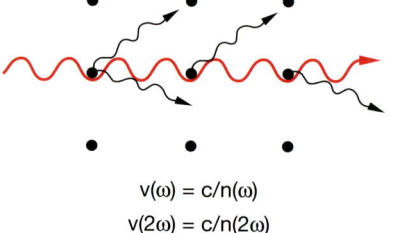

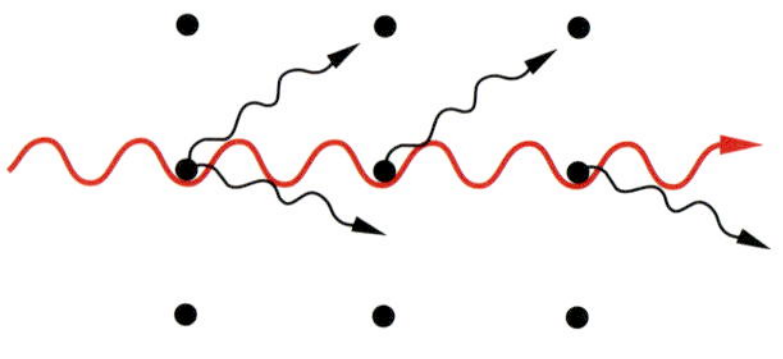

Abb. 8.55. Schematische Darstellung der optischen Frequenzverdopplung

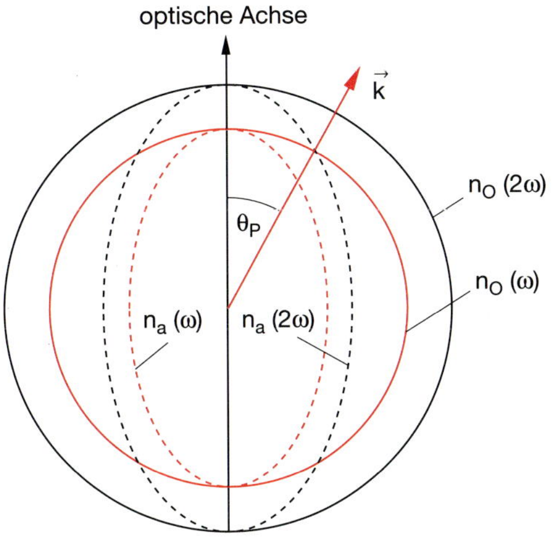

Abb. 8.56. Zur Phasenanpassung zwischen Grundwelle ω und Oberwelle 2ω in doppelbrechenden Kristallen

$$P_x = \varepsilon_0 \left(\chi^{(1)} E_{0x} \cos \omega t + \chi^{(2)} E_{0x}^2 \cos^2 \omega t \right) .$$

Für P_y und P_z gelten analoge Gleichungen. Wegen $\cos^2 x = 1/2(1 + \cos 2x)$ ergibt sich dann:

$$P_x = \varepsilon_0 \left(\frac{1}{2} \chi^{(2)} E_{0x}^2 + \chi^{(1)} E_{0x} \cos \omega t + \frac{1}{2} \chi^{(2)} E_{0x}^2 \cos 2\omega t \right) . \quad (8.94)$$

Die Polarisation P_x enthält also einen konstanten Term $1/2\varepsilon_0 \chi^{(2)} E_{0x}^2$, einen von ω abhängigen Term und einen Term, der den Schwingungsanteil auf der doppelten Frequenz 2ω beschreibt.

Läuft nun eine ebene Welle (8.93) durch das Medium, so induziert sie in jeder Ebene $z = z_0$ Dipole, deren Schwingungsphase von der Phase der Erregerwelle in dieser Ebene abhängt. In einer Ebene $z = z_0 + \Delta z$ besteht die gleiche Phasendifferenz zwischen Dipolen und Erregerwelle.

Die von den Dipolen in der Ebene $z = z_0$ abgestrahlten Wellen auf der Grundfrequenz ω erreichen die Ebene $z = z_0 + \Delta z$ in der gleichen Zeitspanne wie die Erregerwelle. Sie überlagern sich deshalb den dort erzeugten Sekundärwellen phasenrichtig (siehe Abschn. 8.1), so daß sich eine makroskopische Sekundärwelle aufbaut, die sich der primär einfallenden Welle überlagert und wegen ihrer Phasenverschiebung zur kleineren Geschwindigkeit $v_{\text{Ph}} = c/n$ der Gesamtwelle führt.

Wegen der Dispersion des Mediums $n(\omega)$ gilt diese phasenrichtige Überlagerung im allgemeinen nicht mehr für die Oberwelle, da ihre Phasengeschwindigkeit $v_{\text{Ph}}(2\omega) = c/n(2\omega) \neq v_{\text{Ph}}(\omega) = c/n(\omega)$ ist. Das heißt: In homogenen isotropen Medien können die in den einzelnen Schichten des Mediums erzeugten Oberwellen sich *nicht* zu einer makroskopischen Welle aufaddieren. Nach einer Wegstrecke

$$\Delta z = \frac{\lambda/2}{n(2\omega) - n(\omega)}$$

ist die Oberwelle gegenüber der Grundwelle um π phasenverschoben. Sie ist daher gegenphasig zu den schwingenden Dipolen und verhindert deren Schwingung auf der Frequenz 2ω.

Dadurch wird die Konversion der Grundwelle in die Oberwelle, gemittelt über den gesamten Kristall, praktisch Null, d.h. es wird kaum Energie von der Grundwelle in die Oberwelle transformiert (Abb. 8.55).

Hier hilft glücklicherweise die Doppelbrechung in anisotropen Medien (siehe Abschn. 8.6). Kann man erreichen, daß z.B. in einer bestimmten Richtung θ_p gegen die optische Achse der Brechungsindex $n_a(2\omega)$ in einem optisch negativ einachsigen Kristall gleich $n_o(\omega)$ ist (Abb. 8.56), so laufen Erregerwelle und die Sekundärwellen mit der Frequenz 2ω in dieser Richtung mit gleicher Phasengeschwindigkeit. Dann können sich alle in beliebigen Ebenen erzeugten Oberwellen phasenrichtig addieren zu einer makroskopischen Welle. In diesem Fall der richtigen *Phasenanpassung* wird also ein Teil der ankommenden Welle (8.83) in die in gleicher Richtung laufende Oberwelle umgewandelt (***optische Frequenzverdopplung***). Aus rotem Licht bei $\lambda = 690$ nm (Rubin-Laser) wird dann z.B. ultraviolettes Licht bei $\lambda = 345$ nm [8.14].

Die Phasenanpassungsbedingung lautet also:

$$n_a(2\omega) = n_o(2\omega) \Rightarrow v_{\text{Ph}}(\omega) = v_{\text{Ph}}(2\omega) \Rightarrow \boldsymbol{k}(2\omega) = 2\boldsymbol{k}(\omega) . \quad (8.84)$$

8.8.2 Optische Frequenzmischung

Laufen zwei Lichtwellen

$$\boldsymbol{E}_1 = E_{01} \hat{\boldsymbol{e}}_x \cos(\omega_1 t - \boldsymbol{k}_1 \cdot \boldsymbol{r})$$
$$\boldsymbol{E}_2 = E_{02} \hat{\boldsymbol{e}}_x \cos(\omega_2 t - \boldsymbol{k}_2 \cdot \boldsymbol{r})$$

durch das optisch nichtlineare Medium, so bewirkt die Gesamtfeldstärke $\boldsymbol{E} = \boldsymbol{E}_1 + \boldsymbol{E}_2$ eine Polarisation, deren nichtlinearer Anteil $P^{(2)}(\omega)$ die folgenden Frequenzanteile enthält:

$$\begin{aligned} P^{(2)}(\omega) &= \varepsilon_0 \chi^{(2)} [E_{01}^2 \cos^2 \omega_1 t + E_{02}^2 \cos^2 \omega_2 t \\ &\quad + 2E_{01}E_{02} \cos \omega_1 t \cdot \cos \omega_2 t] \\ &= \frac{1}{2}\varepsilon_0 \chi^{(2)} \Big[(E_{01}^2 + E_{02}^2) \\ &\quad + E_{01}^2 \cos 2\omega_1 t + E_{02}^2 \cos 2\omega_2 t \\ &\quad + 2E_{01}E_{02} \big(\cos(\omega_1 + \omega_2)\, t \\ &\quad + \cos(\omega_1 - \omega_2)\, t \big) \Big] . \end{aligned} \tag{8.95}$$

Außer den Oberwellen mit $\omega = 2\omega_1$ bzw. $2\omega_2$ entstehen auch Wellen mit der Summenfrequenz $(\omega_1 + \omega_2)$ und der Differenzfrequenz $(\omega_1 - \omega_2)$.

Wählt man die Phasenanpassung richtig, so kann man erreichen, daß sich für einen dieser Anteile alle Beiträge von den einzelnen Dipolen phasenrichtig überlagern und es daher zu einer makroskopischen Welle auf der entsprechenden Frequenz kommt (***optische Frequenzmischung***).

So heißt z.B. die Phasenanpassungsbedingung zur Erzeugung der Summenfrequenz:

$$\begin{aligned} \boldsymbol{k}_3(\omega_1 + \omega_2) &= \boldsymbol{k}_1(\omega_1) + \boldsymbol{k}_2(\omega_2) \\ n_3 \cdot \omega_3 &= n_1\omega_1 + n_2\omega_2 \quad \text{mit} \quad n_i = n(\omega_i) \end{aligned} \tag{8.96}$$

Diese Möglichkeit der optischen Frequenzmischung in optisch nichtlinearen doppelbrechenden Kristallen hat nicht nur zur Entwicklung von intensiven Strahlungsquellen in neuen Spektralbereichen geführt, wo bisher keine Laser existierten, sondern hat auch viel dazu beigetragen, die elektronische Struktur nichtlinearer Materialien genauer zu studieren (siehe [8.15] und Bd. 3).

ZUSAMMENFASSUNG

- Elektromagnetische Wellen haben in Materie mit der Brechzahl n die Phasengeschwindigkeit $c' = c/n$, die von der Frequenz ω der Welle abhängt, da $n = n(\omega)$ (Dispersion).
- Der Brechungsindex n ist eine komplexe Zahl

  $n = n' - \mathrm{i}\kappa .$

  Der Realteil gibt die Dispersion, der Imaginärteil κ die Absorption der Welle an. n' und κ sind miteinander verknüpft durch die Dispersionsrelation (8.19).
- Die Intensität einer in z-Richtung durch ein absorbierendes Medium laufenden Welle nimmt ab nach dem Beerschen Absorptionsgesetz

  $I = I_0 \cdot \mathrm{e}^{-\alpha z} \quad \text{mit} \quad \alpha = \frac{4\pi}{\lambda_0}\kappa .$

  Dies gilt für nicht zu große Intensitäten, bei denen Sättigungseffekte vernachlässigbar sind.
- Licht wird von Atomen, Molekülen und Mikropartikeln gestreut. Kohärente Streuung tritt auf, wenn zwischen den verschiedenen Streuzentren zeitlich konstante Abstände $d < \lambda$ bestehen. Bei zeitlich fluktuierenden Abständen d wird inkohärente Streuung beobachtet. Bei inkohärenter Streuung ist die gesamte Streuintensität gleich der Summe der an den verschiedenen Teilchen gestreuten Intensitäten I_k:

  $I = \sum_k I_k .$

  Bei kohärenter Streuung müssen die Streuamplituden A_k addiert und dann quadriert werden:

  $I = \left(\sum A_k \right)^2 .$
- An der Grenzfläche zwischen zwei Medien mit unterschiedlichen Brechzahlen n_1 und n_2 treten Brechung und Reflexion auf. Amplituden und Polarisation von reflektierter und gebrochener Welle hängen vom Einfallswinkel ab und können aus den Fresnel-Formeln (8.68,69) bestimmt werden.
- Für die Summe aus Reflexionsvermögen R und Transmissionsvermögen T gilt:

  $R + T = 1 ,$

  wenn keine Absorption stattfindet. Bei senkrechtem Einfall ist

  $R = \left| \frac{n_1 - n_2}{n_1 + n_2} \right|^2 .$

Grenzflächen von stark absorbierenden Materialien haben ein hohes Reflexionsvermögen.

- In nichtisotropen Medien sind elektrische Feldstärke $\boldsymbol{E}$ und dielektrische Verschiebung $\boldsymbol{D}$ im allgemeinen nicht mehr parallel. Die Richtung des Poynting-Vektors bildet mit dem Wellenvektor $\boldsymbol{k}$ den gleichen Winkel α, um den $\boldsymbol{E}$ gegen $\boldsymbol{D}$ geneigt ist. Eine einfallende Welle spaltet im allgemeinen auf in eine ordentliche und eine außerordentliche Welle. Der Brechungsindex n hängt von der Polarisationsrichtung der Welle ab. Für den ordentlichen Strahl ist n_o wie im isotropen Medium, unabhängig von der Ausbreitungsrichtung, für den außerordentlichen Strahl hängt n_a von dem Winkel zwischen $\boldsymbol{k}$ und der optischen Achse ab.
- Polarisiertes Licht kann erzeugt werden durch Reflexion unter dem Brewsterwinkel, durch dichroitische Dünnschichtpolarisatoren und durch optisch doppelbrechende Kristalle.
- Wellen in Medien lassen sich durch eine aus den Maxwellgleichungen ableitbare Wellengleichung beschreiben. Diese enthält, zusätzlich zur Wellengleichung im Vakuum, einen Term, der die Polarisation des Mediums durch die Welle beschreibt und der als Quelle für neue, von den induzierten Dipolen ausgesandte Wellen angesehen werden kann.
- Bei Bestrahlung mit genügend intensivem Licht (nichtlineare Optik) wird der lineare Auslenkungsbereich der induzierten Dipole überschritten. Sie senden Oberwellen aus, die bei richtiger Wahl der Ausbreitungsrichtung in nichtisotropen Kristallen (Phasenanpassung) phasenrichtig verstärkt werden (optische Frequenzverdopplung).

ÜBUNGSAUFGABEN

1. Berechnen Sie nach (8.12) den Brechungsindex von Luft bei Atmosphärendruck für Licht der Wellenlänge $\lambda = 500\,\text{nm}$, wenn die Resonanzfrequenz der Stickstoffmoleküle bei $\omega_0 = 10^{16}\,\text{s}^{-1}$ liegt. Was können Sie beim Vergleich mit Tabelle 8.1 über den Wert der Oszillatorenstärke f in (8.21) sagen?
2. Berechnen Sie die Frequenz ω_m, bei welcher der Streuquerschnitt (8.33) für Lichtstreuung maximal wird. Vergleichen Sie das Ergebnis mit der frequenzabhängigen Energieaufnahme eines gedämpften erzwungenen Oszillators (Bd. 1, Kap. 10).
3. Unter welchem Winkel α muß ein Lichtstrahl auf eine Luft-Glas-Grenzfläche fallen, damit der Winkel zwischen einfallendem und reflektiertem Strahl gleich dem Winkel zwischen einfallendem und gebrochenem Strahl wird?
4. An den 8 Ecken eines Würfels mit Kanten der Länge 100 nm in Richtung der x-, y- bzw. z-Achse mögen 8 Atome sitzen, die von einer ebenen Lichtwelle ($\lambda = 500\,\text{nm}$) in z-Richtung zu Schwingungen in x-Richtung angeregt werden. Wie groß ist der in y-Richtung gestreute Bruchteil der einfallenden Intensität I_0, wenn der Streuquerschnitt für ein einzelnes Atom $\sigma = 10^{-30}\,\text{m}^2$ ist?
5. Leiten Sie die Fresnelgleichungen (8.69a,b) her.
6. Bestimmen Sie aus den Fresnelformeln für den Übergang von Luft ($n'_1 = 1, \kappa_1 = 0$) nach Silber ($n'_2 = 0{,}17,\ \kappa_2 = 2{,}94$) die Amplitudenreflexionskoeffizienten ϱ_s, ϱ_p und das Reflexionsvermögen für die Einfallswinkel $\alpha = 0°$, $\alpha = 45°$ und $\alpha = 85°$.
7. Ein Lichtstrahl mit der Leistung $P = 1\,\text{W}$ läuft durch ein absorbierendes Medium der Länge $L = 3\,\text{cm}$ mit dem Absorptionskoeffizienten α. Wie groß ist die absorbierte Leistung
   a) für $\alpha = 10^{-3}\,\text{cm}^{-1}$,
   b) für $\alpha = 1\,\text{cm}^{-1}$?
8. Eine Lichtleitfaser hat einen Kerndurchmesser von 10 µm. Die Brechzahl des Kerns sei $n_1 = 1{,}60$, die des Mantels $n_2 = 1{,}59$. Wie klein ist der minimale Krümmungsradius der Faser, bei der die Totalreflexion für Strahlen in der Krümmungsebene noch erhalten bleibt?
9. Zeigen Sie, daß man (8.12) für $\omega - \omega_0 \gg \gamma$ schreiben kann als $n - 1 = a + b/(\lambda^2 - \lambda_0^2)$, um damit z.B. eine einfache Dispersionsformel für Luft zu erhalten.

9. Geometrische Optik

Für viele Anwendungszwecke ist die Wellennatur des Lichtes von untergeordneter Bedeutung, weil es hauptsächlich auf die Ausbreitungsrichtung des Lichtes und deren Änderung durch *abbildende Elemente* wie Spiegel oder Linsen ankommt.

Die Ausbreitungsrichtung einer Welle ist in isotropen Medien durch die Normale auf der Phasenfläche bestimmt. Diese Normalen werden in der geometrischen Optik als ***Lichtstrahlen*** bezeichnet.

Grenzt man eine Welle durch Berandungen ein (z.B. durch Blenden, Ränder von Linsen oder Spiegeln), so nennen wir den begrenzten Teil der Welle ein ***Lichtbündel***. Ein Lichtbündel kann als Gesamtmenge aller Lichtstrahlen aufgefaßt werden, welche den Bündelquerschnitt ausfüllen (Abb. 9.1). Außer dem Querschnitt und der Ausbreitungsrichtung kann man dem Lichtbündel auch Welleneigenschaften wie Wellenlänge λ, Fortpflanzungsgeschwindigkeit c', Intensität $I = c'\varepsilon\varepsilon_0 E^2$ und Polarisation zuordnen. Anschaulich spricht man dann von einem intensiven bzw. schwachen Lichtbündel oder von polarisierten Lichtstrahlen.

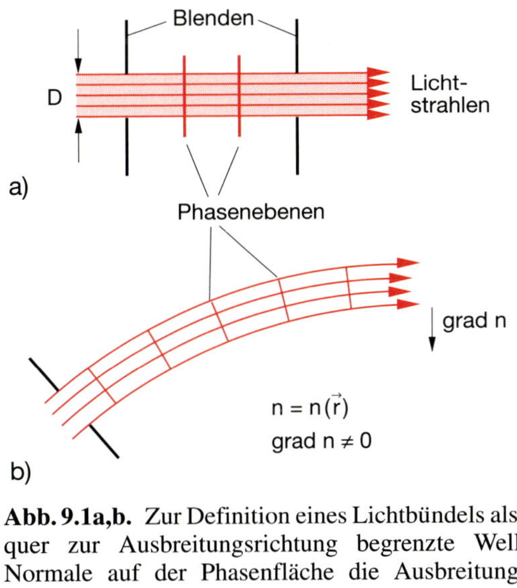

Abb. 9.1a,b. Zur Definition eines Lichtbündels als räumlich quer zur Ausbreitungsrichtung begrenzte Welle, deren Normale auf der Phasenfläche die Ausbreitungsrichtung des Lichtstrahls angibt: (**a**) in optisch homogenen Medien, (**b**) in optisch inhomogenen Medien mit **grad** $n \neq 0$

Die Beschreibung einer räumlich begrenzten fortschreitenden Welle durch Lichtstrahlen oder Lichtbündel ist natürlich eine Näherung. Im Inneren des Lichtbündels, wo die Änderung der Feldstärke quer zur Ausbreitungsrichtung langsam erfolgt (bei einer ebenen Welle $E = E_0 \cos(\omega t - kz)$ ist E in x- und y-Richtung konstant!), ist diese Näherung gerechtfertigt. Am Rande des Bündels treten jedoch abrupte Intensitätsänderungen auf, und Beugungseffekte sind nicht mehr zu vernachlässigen.

Wir können die Näherung der geometrischen Optik dann anwenden, wenn der Lichtbündelquerschnitt groß ist gegen die Wellenlänge des Lichtes, weil dann im allgemeinen Beugungserscheinungen vernachlässigbar sind. Als praktische Faustformel kann man sich merken, daß bei Wellenlängen von $\lambda = 0{,}5\,\mu\mathrm{m}$ Lichtbündel einen Durchmesser von $D > 10\,\mu\mathrm{m}$ haben müssen. In diesem Sinne ist ein Lichtstrahl als geometrische Gerade mit dem Querschnitt Null eine Idealisierung, die bei der zeichnerischen Darstellung der Lichtausbreitung in optischen Systemen sehr nützlich ist.

Das Näherungsmodell des Lichtbündels hat den folgenden Vorteil: Die Untersuchung der wirklichen Welle in optischen Anordnungen, in denen viele, im allgemeinen gekrümmte, Grenzflächen zwischen Medien mit verschiedenen Brechzahlen n vorkommen (siehe Abschn. 8.5), ist äußerst kompliziert. Die Näherung der geometrischen Optik erlaubt eine wesentlich einfachere Behandlung, deren Genauigkeit für viele praktische Zwecke völlig ausreichend ist.

Um die Ausbreitung von Lichtstrahlen und von Lichtbündeln in optischen Geräten berechnen zu können, wollen wir zunächst einige Grundlagen der geometrischen Optik zusammenfassen.

9.1 Grundaxiome der geometrischen Optik

Für die Ausbreitung von Strahlenbündeln, charakterisiert durch Lichtstrahlen, gelten die folgenden Grundtatsachen, die man sowohl aus experimentellen Beobachtungen als auch aus theoretischen Prinzipien herleiten kann:

- In einem optisch homogenen Medium sind die Lichtstrahlen Geraden.
- An der Grenzfläche zwischen zwei Medien werden die Lichtstrahlen nach dem Reflexionsgesetz (8.64) reflektiert und gemäß dem Snelliusschen Brechungsgesetz (8.65) gebrochen.
- Mehrere Strahlenbündel, die sich durchdringen, beeinflussen sich im Rahmen der linearen Optik (d.h. bei nicht zu großen Intensitäten) nicht. Sie lenken sich insbesondere nicht gegenseitig ab. Im Überlagerungsgebiet der Strahlenbündel können Interferenzerscheinungen auftreten, aber nachdem die Bündel wieder räumlich getrennt sind, ist ihre Intensitätsverteilung so, als ob die anderen Bündel nicht vorhanden wären.

Man beachte jedoch, daß dies nicht mehr bei nichtlinearen optischen Phänomenen gilt (siehe Abschn. 8.8).

Die ersten beiden Sätze lassen sich auch aus dem ***Fermatschen Prinzip*** herleiten, das in Bd. 1 am Beispiel der Brechung erläutert wurde (Bd. 1, Abschn. 10.11). Es besagt, daß das Licht, das vom Punkt P_1 ausgesandt wird, den Punkt P_2 immer auf dem Wege erreicht, für den die Lichtlaufzeit minimal ist. Wir wollen uns dies noch einmal am Beispiel der Reflexion an einer ebenen Grenzfläche $y = 0$ klarmachen (Abb. 9.2).

Der Lichtweg von $P_1(x_1, y_1)$ über $R(x, 0)$ nach $P_2(x_2, y_2)$ ist

$$s = s_1 + s_2 = \sqrt{(x - x_1)^2 + y_1^2} + \sqrt{(x_2 - x)^2 + y_2^2} \,. \tag{9.1}$$

Wenn die Lichtlaufzeit $t = s/c$ minimal sein soll, muß gelten:

$$\frac{\mathrm{d}t}{\mathrm{d}x} = 0$$
$$\Rightarrow \frac{x - x_1}{\sqrt{(x - x_1)^2 + y_1^2}} = \frac{x_2 - x}{\sqrt{(x_2 - x)^2 + y_2^2}}$$
$$\Rightarrow \sin\alpha_1 = \sin\alpha_2 \,. \tag{9.2}$$

Aus der Minimalforderung für die Lichtlaufzeit folgt also das Reflexionsgesetz

$$\sin\alpha_1 = \sin\alpha_2 \Rightarrow \alpha_1 = \alpha_2 \,. \tag{9.3}$$

Das Fermatsche Prinzip gilt auch in inhomogenen Medien mit örtlich veränderlichem Brechungsindex. Hier sind die Lichtstrahlen gekrümmt (Abb. 9.1b). Das Prinzip der minimalen Laufzeit, d.h. des minimalen optischen Weges zwischen zwei Punkten P_1 und P_2, heißt hier (Abb. 9.3):

$$\delta \int_{P_1}^{P_2} n \,\mathrm{d}s = 0 \,, \tag{9.4}$$

wobei δ eine infinitesimale *Variation* des optischen Weges gegenüber dem kürzesten Wege bedeutet.

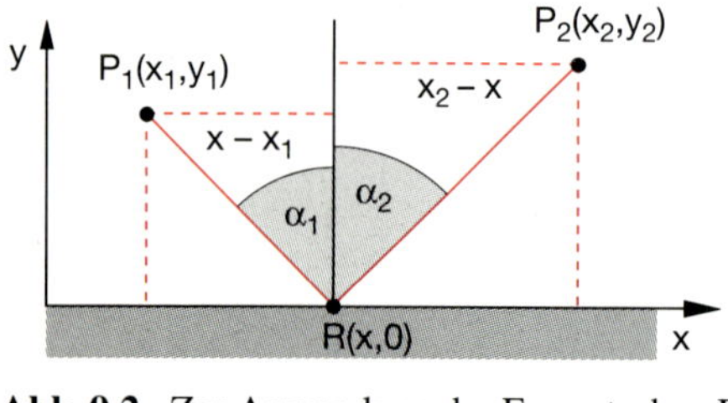

Abb. 9.2. Zur Anwendung des Fermatschen Prinzips bei der Reflexion von Licht an einer ebenen Grenzfläche

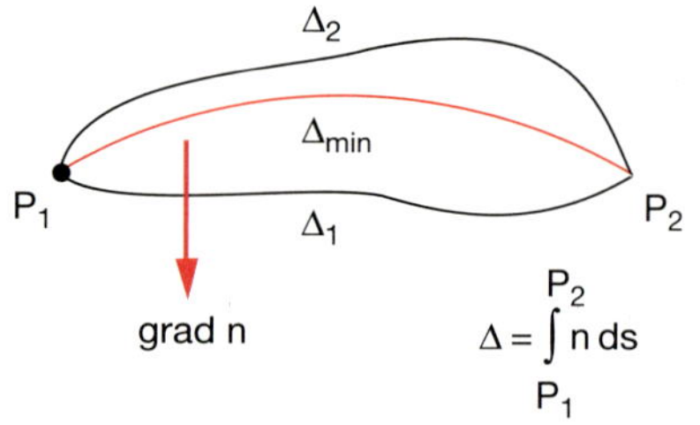

Abb. 9.3. Fermatsches Prinzip als Variationsprinzip für Lichtstrahlen in optisch inhomogenen Medien

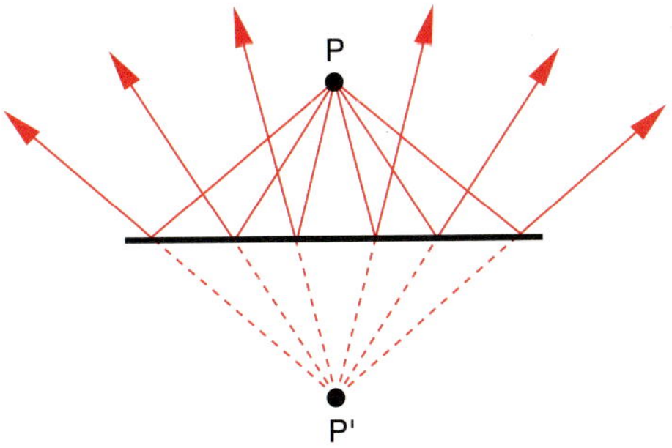

Abb. 9.4. Optische Abbildung durch einen Spiegel, der von jedem Punkt P des Raumes oberhalb des Spiegels ein *virtuelles Bild* P' (Spiegelbild) erzeugt

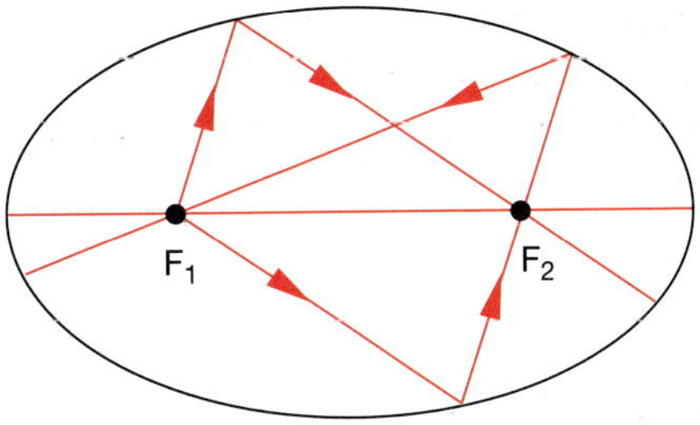

Abb. 9.6. Ein elliptischer Spiegel bildet genau zwei Punkte, nämlich die beiden Brennpunkte F_1, F_2 ineinander ab

9.2 Die optische Abbildung

Das Ziel vieler optischer Anordnungen ist eine optische Abbildung, bei der Licht, das von einem Punkte P_1 ausgeht, wieder in einem Punkte P_2 vereinigt wird.

Man kann eine solche Abbildung z.B. durch einen ***ebenen Spiegel*** erreichen, wie man aus Abb. 9.4 sieht. Alle Strahlen, die von P ausgehen, gehen zwar nach Reflexion an der Spiegelebene divergent in den oberen Halbraum, aber ihre Verlängerungen in die untere Halbebene schneiden sich alle in einem Punkte P', dem Spiegelbild von P. Ein Betrachter in der oberen Halbebene sieht das Bild P' hinter dem Spiegel. Das Spiegelbild eines Gegenstandes erscheint genauso groß wie der Gegenstand (Abb. 9.5). Der ebene Spiegel ist das *einzige* optische Element, das eine ideale Abbildung in dem Sinne erzeugt, daß jeder Punkt P des Raumes in einen anderen Punkt P' abgebildet wird.

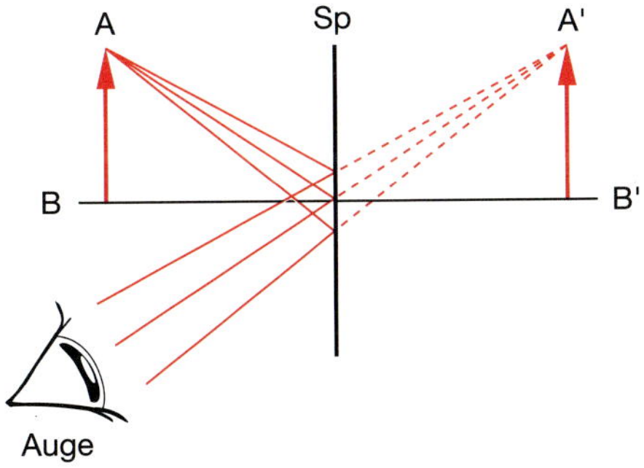

Abb. 9.5. Ein ebener Spiegel bildet einen Gegenstand AB in ein gleich großes Bild A′B′ ab (1:1-Abbildung)

Ein *elliptischer Spiegel* (Abb. 9.6) bildet z.B. nur zwei Punkte ineinander ab, nämlich die beiden Brennpunkte. Ein *Kugelspiegel* bildet nur einen Punkt, den Mittelpunkt M, in sich ab.

Eine näherungsweise Abbildung kann man mittels der einfachen geometrischen Anordnung in Abb. 9.7 erreichen, in welcher ein beleuchteter oder selbstleuchtender Gegenstand in der Ebene A auf die Beobachtungsebene B abgebildet wird. Zwischen den beiden Ebenen wird ein undurchlässiger Schirm mit einer kleinen Blendenöffnung gestellt, deren Durchmesser d variiert werden kann. Alle Strahlen, die von einem Punkt P des Bildes ausgehen, werden in eine Kreisscheibe um P' abgebildet, deren Durchmesser d' sich aus Abb. 9.7 nach dem Strahlensatz ergibt zu

$$d' = \frac{a+b}{a} d . \tag{9.5}$$

Es gibt also keine genaue Punkt- zu Punktabbildung mehr, aber wenn der Durchmesser d der Lochblende klein genug gemacht wird, kann dennoch jeder Punkt des Gegenstandes in die *Nähe* eines Bildpunktes abgebildet werden. Die Abbildung wird um so „schärfer", je kleiner d wird, wie man aus Abb. 9.8

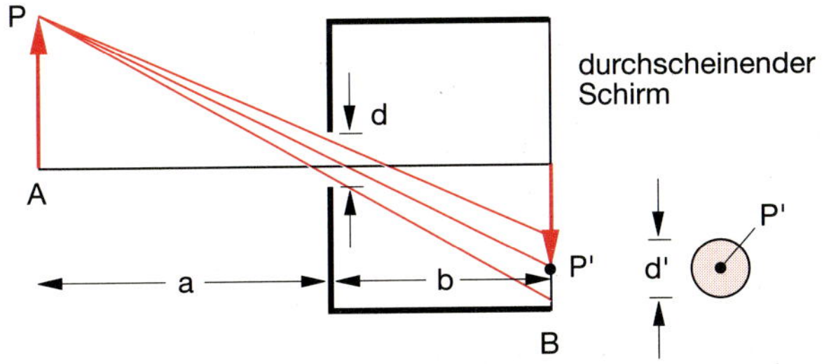

Abb. 9.7. Schematische Darstellung einer Lochkamera

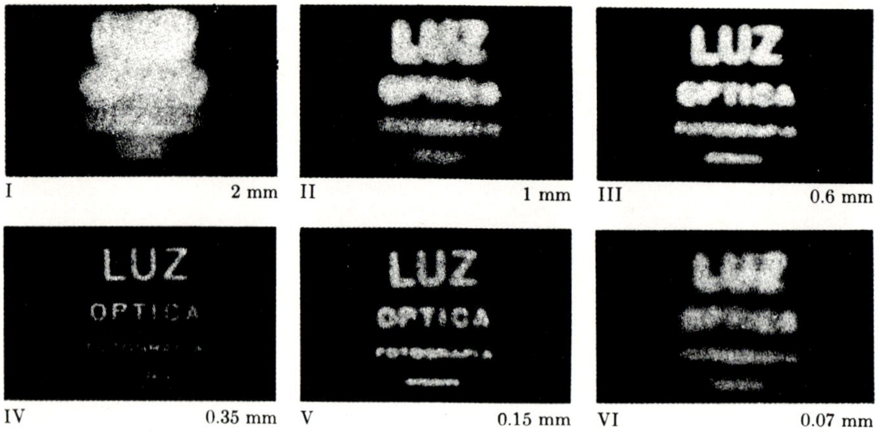

Abb. 9.8. Abbildung einer beleuchteten Schrifttafel mit Hilfe einer Lochkamera bei verschiedenen Lochdurchmessern. (Dr. N. Joel, Unesco Pilot Project for the Teaching of Physics)

sehen kann. Allerdings gibt es eine durch die Beugung bedingte Grenze (siehe Abschn. 10.7.4). Sobald die Größe des zentralen Beugungsmaximums $d_{\mathrm{B}} = 2b \cdot \lambda/d$ größer wird als der geometrische Bilddurchmesser $d' = d \cdot (a+b)/a$, wird die Bildschärfe wieder schlechter. Unsere Lochkamera hat also einen optimalen Blendendurchmesser

$$d_{\mathrm{opt}} = \sqrt{\frac{a \cdot b}{a+b} \cdot 2\lambda}\,. \tag{9.6}$$

BEISPIEL

$\lambda = 500\,\mathrm{nm}$, $a = 20\,\mathrm{cm}$, $b = 5\,\mathrm{cm} \Rightarrow d_{\mathrm{opt}} = 0{,}2\,\mathrm{mm}$. Jeder Gegenstandspunkt P wird dann in einem Kreis mit Radius $r = 0{,}1\,\mathrm{mm}$ abgebildet. Dies ist für viele Anwendungen durchaus eine akzeptable Bildschärfe.

Ein Hauptnachteil der Lochkamera ist ihre geringe Lichtstärke. Die Bedeutung abbildender Elemente wie Linsen oder Hohlspiegel liegt darin, daß sie

- größere Öffnungen erlauben und damit wesentlich lichtstärker sind als eine abbildende Lochblende,
- daß sie das Bild des Gegenstandes in jeder passenden Entfernung erzeugen können.

Beide Punkte sind für die praktische Anwendbarkeit von großer Bedeutung. Allerdings führen alle diese abbildenden Elemente Abbildungsfehler ein, die man zwar durch geschickte Kombination verschiedener Elemente minimieren, aber nie völlig beseitigen kann. Wir wollen uns dies jetzt an einigen Beispielen klarmachen.

9.3 Hohlspiegel

Während ebene Spiegel verzerrungsfreie Bilder von Gegenständen im Maßstab 1:1 erzeugen, lassen sich mit gekrümmten Spiegelflächen verkleinerte oder vergrößerte Bilder erzeugen, die im allgemeinen jedoch nicht mehr völlig verzerrungsfrei sind. Wir betrachten in Abb. 9.9 einen ***sphärischen Hohlspiegel*** mit dem Kugelmittelpunkt M. Zwei parallel zur Achse einfallende Strahlen 1 und 2 werden an der Kugelfläche nach dem Reflexionsgesetz ($\alpha_{\mathrm{e}} = \alpha_{\mathrm{r}}$) reflek-

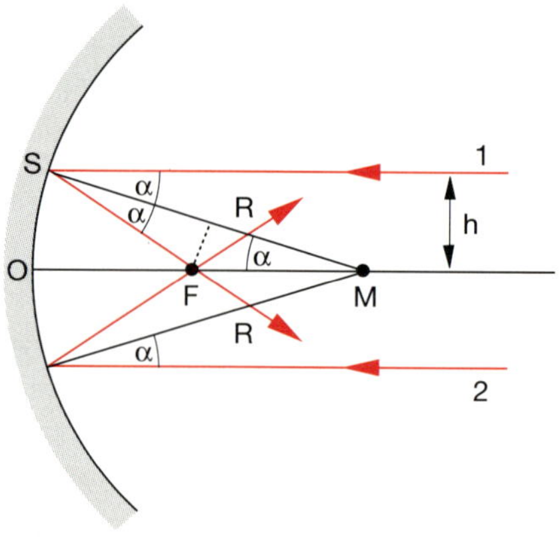

Abb. 9.9. Sphärischer Hohlspiegel mit Brennpunkt F, Kugelmittelpunkt M und Brennweite $f = \overline{OF} \approx R/2$

tiert und schneiden sich im Punkte F (***Brennpunkt***) auf der Achse.

Da das Dreieck MFS gleichschenklig ist, gilt: $\overline{FM} = (R/2)/\cos\alpha$, und daher ist

$$\overline{OF} = R\big(1 - 1/(2\cos\alpha)\big) \ . \tag{9.7a}$$

Für genügend kleine Abstände h des Strahles von der Symmetrieachse MO (***paraxiale Strahlen***) wird der Winkel α sehr klein, und wir können $\cos\alpha \approx 1$ setzen. Dann wird die ***Brennweite*** des sphärischen Spiegels

$$\overline{OF} = f = R/2 \ . \tag{9.7b}$$

Für paraxiale Strahlen ist die Brennweite eines Kugelspiegels gleich dem halben Kugelradius!

Man beachte:

Der Schnittpunkt F der reflektierten Strahlen mit der Achse OM hängt vom Achsenabstand h der einfallenden Strahlen ab.

Mit $\cos\alpha = \sqrt{1-\sin^2\alpha}$ und $\sin\alpha = h/R$ ergibt sich:

$$f = R\left[1 - \frac{1}{2\cos\alpha}\right] = R\left[1 - \frac{R}{2\sqrt{R^2-h^2}}\right]. \tag{9.7c}$$

Die Brennweite f eines sphärischen Spiegels nimmt mit zunehmendem Abstand h von der Achse ab (Abb. 9.10). Für $\alpha = 60°$ (d.h. $h = 0{,}87\,R$) wird $\overline{OF} = 0$.

In Abb. 9.11 ist die Abbildung eines Achsenpunktes A in der beliebigen Entfernung $g = \overline{OA} > R$ in einen Punkt B gezeigt. Für die eingezeichneten Winkel

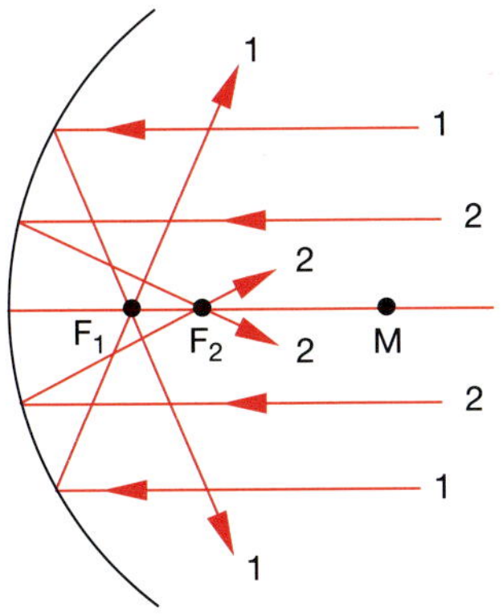

Abb. 9.10. Die Brennweite f eines Kugelspiegels ist für achsenferne Strahlen kleiner als für achsennahe Strahlen

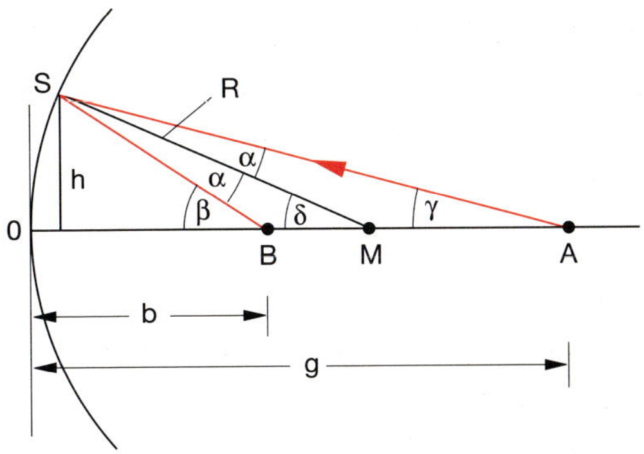

Abb. 9.11. Abbildung eines Punktes A auf der Achse in einen Bildpunkt B, der ebenfalls auf der Spiegelachse liegt

gilt: $\delta = \alpha + \gamma$ (Außenwinkel im $\triangle BSA$), $\beta = \delta + \alpha$, woraus folgt:

$$\gamma + \beta = 2\delta \ . \tag{9.8}$$

Nun gilt für kleine Winkel γ und β (achsennahe Strahlen):

$$\gamma \approx \operatorname{tg}\gamma = \frac{h}{g} \ ,$$

$$\beta \approx \operatorname{tg}\beta = \frac{h}{b} \ ,$$

$$\delta \approx \sin\delta = \frac{h}{R} \ ,$$

so daß wir aus (9.8) und (9.7b) die Beziehung

$$\boxed{\frac{1}{g} + \frac{1}{b} \approx \frac{2}{R} \approx \frac{1}{f}} \tag{9.9}$$

erhalten, welche für achsennahe Strahlen die Gegenstandsweite g mit der Bildweite b und mit der Brennweite f verknüpft.

Um die geometrische Konstruktion der Abbildung zu erläutern und den Abbildungsmaßstab zu bestimmen, betrachten wir in Abb. 9.12 als Gegenstand den Pfeil $A'A$ mit der Länge h.

Von A aus zeichnen wir drei Strahlen:

- Den Strahl S_1 parallel zur Achse MO, der nach der Reflexion durch den Brennpunkt F geht.
- Den schrägen Strahl S_2, der vor der Reflexion durch F geht und daher nach der Reflexion parallel zur Achse verläuft.
- Den Strahl S_3 durch den Kugelmittelpunkt, der in sich reflektiert wird.

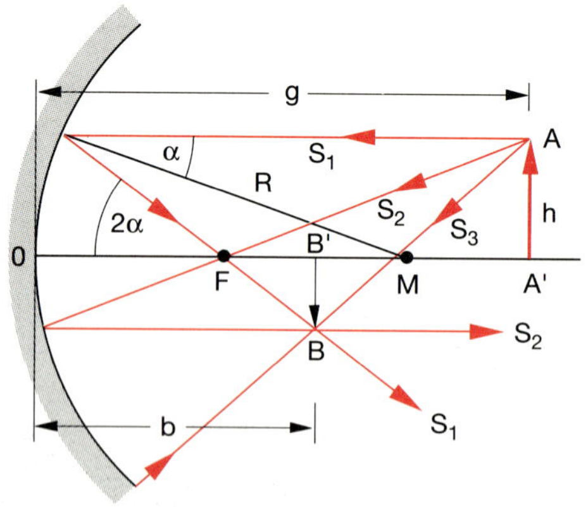

Abb. 9.12. Zur geometrischen Konstruktion des Bildes B eines beliebigen, aber achsennahen Punktes A

Alle drei Strahlen schneiden sich (in der paraxialen Näherung) im Punkte B, dem Bildpunkt von A. Ist die Gegenstandsweite $g = \overline{A'O}$ größer als der Spiegelradius R, so liegt B zwischen F und M, aber auf der anderen Seite der Symmetrieachse. Es entsteht ein umgekehrtes Bild.

Anmerkung

Zur Bildkonstruktion würden auch zwei Strahlen genügen. Der dritte kann zur Konsistenzprüfung benutzt werden.

Der Abbildungsmaßstab ist, wie man aus Abb. 9.12 und dem Strahlensatz erkennt,

$$\frac{\overline{AA'}}{\overline{BB'}} = \frac{g-R}{R-b} .$$

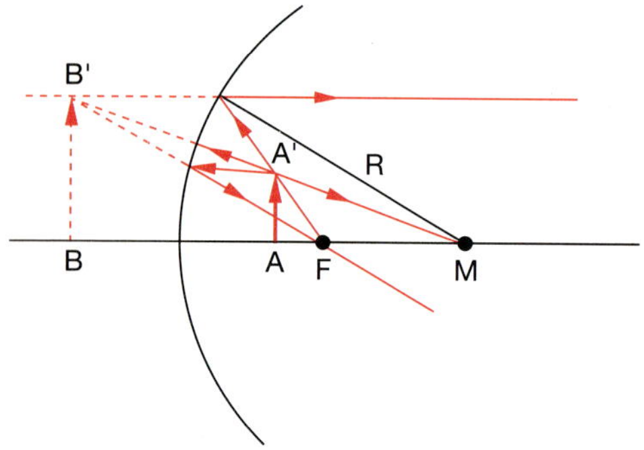

Abb. 9.13. Entstehung eines virtuellen Bildes beim sphärischen Spiegel, wenn der Gegenstand zwischen Spiegel und Brennpunkt F liegt

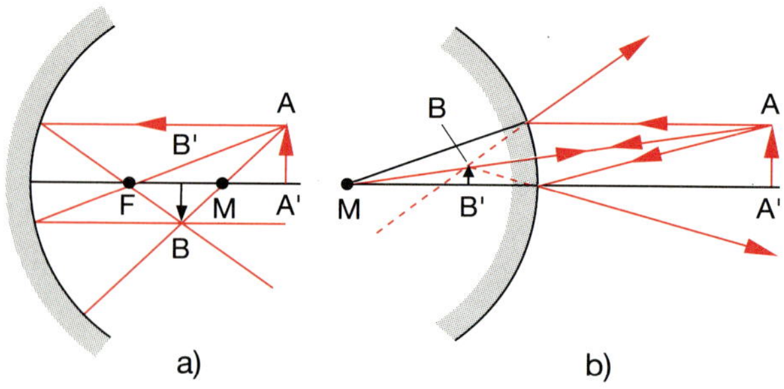

Abb. 9.14. (**a**) Konkaver und (**b**) konvexer Hohlspiegel

Setzt man die Relation (9.9) ein, so ergibt dies

$$\frac{\overline{AA'}}{\overline{BB'}} = \frac{g}{b} . \tag{9.10}$$

Der Abbildungsmaßstab ist gleich dem Verhältnis von Gegenstandsweite zu Bildweite.

Wenn der Gegenstand AA' zwischen Brennpunkt F und Spiegel liegt, werden die reflektierten Strahlen divergent (Abb. 9.13). Ihre rückwärtigen Verlängerungen schneiden sich (in der paraxialen Näherung) in den Punkten BB' hinter dem Spiegel. Man nennt das so entstandene Bild virtuell, weil man es nicht wirklich auf einem Schirm sieht, den man in die Ebene des virtuellen Bildes stellt, sondern nur als Spiegelbild des Gegenstandes.

Liegt der Krümmungsmittelpunkt M des Spiegels auf der gleichen Seite wie der Gegenstand A, so heißt

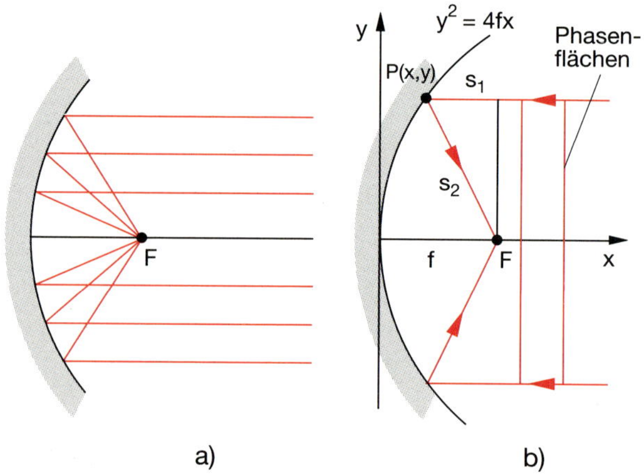

Abb. 9.15. (**a**) Parabolischer Spiegel. (**b**) Zur Anwendung des Fermatschen Prinzips bei einer einfallenden ebenen Welle

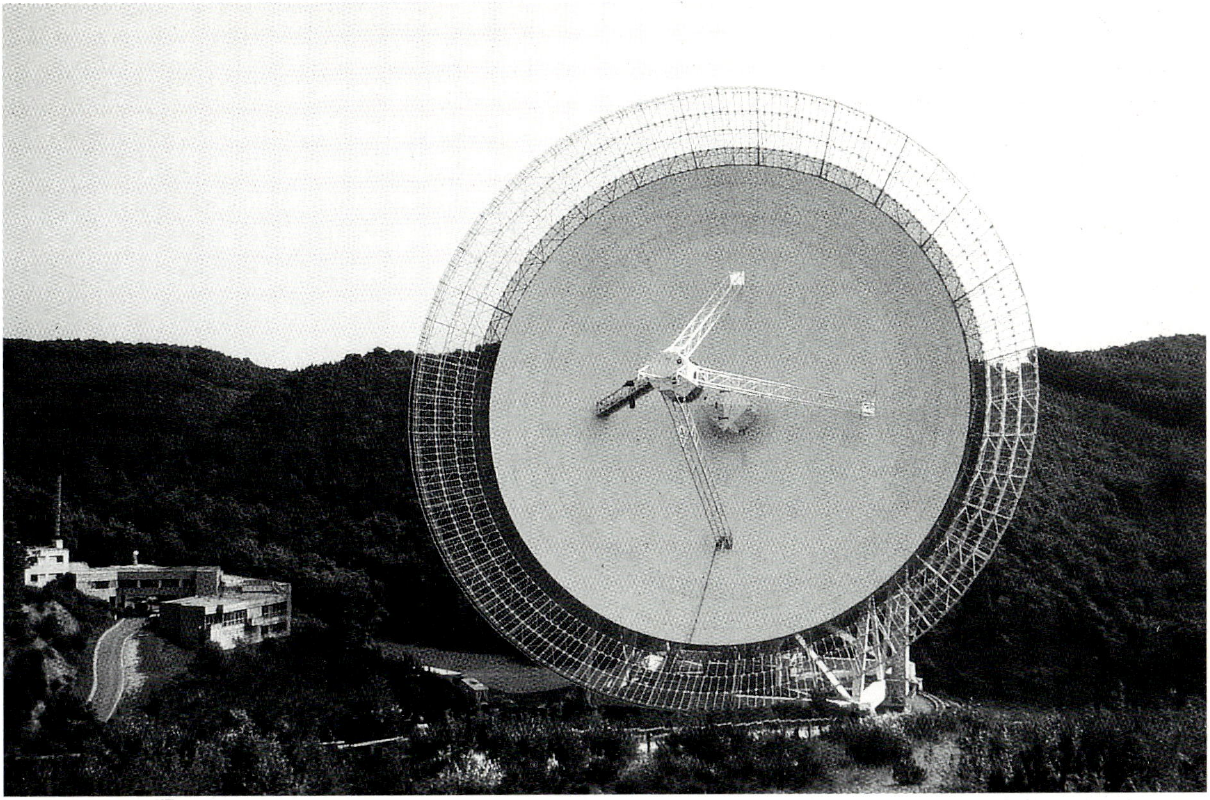

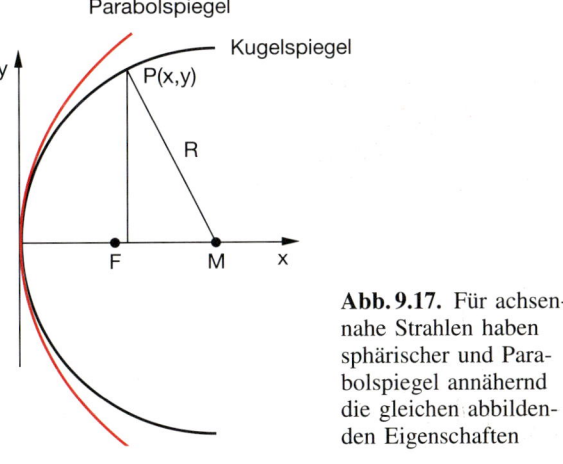

Abb. 9.16. Radioteleskop des Max-Planck-Instituts für Radioastronomie in Effelsberg (vgl. Farbtafel 7)

der Spiegel ***konkav*** gekrümmt (Abb. 9.14a), liegen M und A auf entgegengesetzten Seiten des Spiegels, sprechen wir von einem ***konvexen Spiegel*** (Abb. 9.14b), der nur virtuelle Bilder des Gegenstandes erzeugen kann.

Als einen in der Praxis häufig anzutreffenden Hohlspiegel wollen wir noch den ***Parabolspiegel*** (Abb. 9.15) behandeln, der z.B. als Scheinwerferspiegel und in der Radioastronomie (Abb. 9.16) verwendet wird.

Ein Parabolspiegel fokussiert eine ebene einfallende Welle nach der Reflexion in einen Punkt F, den Brennpunkt. Er macht also aus einer ebenen Welle eine Kugelwelle. Dies sieht man am einfachsten mit Hilfe des Fermatschen Prinzips:

Die Phasenflächen der einfallenden Welle sind die Ebenen $x = \text{const}$. Damit alle Strahlen parallel zur x-Achse, unabhängig von ihrem Abstand y von der Symmetrieachse, nach der Reflexion durch F laufen, muß der optische Weg $s = s_1 + s_2$ von einer Ebene $x = \text{const}$ (die wir hier als $x = f$ wählen) bis zum Punkte F für alle Strahlen gleich groß sein.

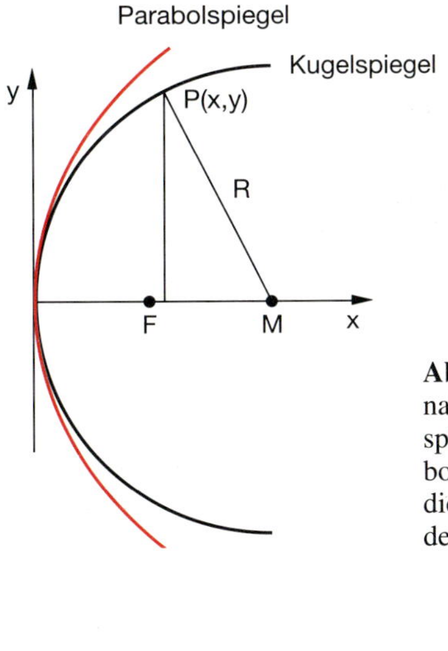

Abb. 9.17. Für achsennahe Strahlen haben sphärischer und Parabolspiegel annähernd die gleichen abbildenden Eigenschaften

Nun gilt nach Abb. 9.15b:

$$s = s_1 + s_2 = f - x + \sqrt{(f-x)^2 + y^2}\ .$$

Für $y^2 = 4fx$ wird $s = 2f$ und damit unabhängig von y. Die Gleichung des Parabolspiegels mit der x-Achse als Symmetrieachse und der Brennweite f heißt also:

$$y^2 = 4fx \Rightarrow x = \frac{1}{4f}y^2\ . \tag{9.11}$$

Es ist interessant, sich den Unterschied zum sphärischen Spiegel anzuschauen:

Für die sphärische Kugelfläche in Abb. 9.17 gilt anstelle von (9.11)

$$y^2 + (x-R)^2 = R^2$$
$$\Rightarrow x = R - \sqrt{R^2 - y^2}\ . \tag{9.12a}$$

Für $y^2 < R^2$ kann die Wurzel entwickelt werden. Dies ergibt:

$$x = \frac{y^2}{2R} + \frac{y^4}{8R^3} + \frac{y^6}{16R^5} + \cdots\ . \tag{9.12b}$$

Für achsennahe Strahlen ($y \ll R$) kann man die höheren Glieder in (9.12b) vernachlässigen, und man erhält mit $f = R/2$ die Gleichung der Parabel (9.11). Dies heißt:

> In der paraxialen Näherung wirkt ein sphärischer Spiegel mit dem Radius R wie ein Parabolspiegel mit der Brennweite $f = R/2$.

Man beachte jedoch, daß der Parabolspiegel, im Gegensatz zum sphärischen Spiegel, für *alle* Abstände y von parallel zur Achse einfallenden Strahlen den gleichen Brennpunkt hat.

9.4 Prismen

Beim Durchgang durch ein Prisma, dessen Querschnittsfläche ein gleichschenkliges Dreieck ist, wird ein Lichtstrahl zweimal gebrochen und insgesamt um den Winkel δ gegen die Einfallsrichtung abgelenkt. Man entnimmt Abb. 9.18:

$$\delta = \alpha_1 - \beta_1 + \alpha_2 - \beta_2\ .$$

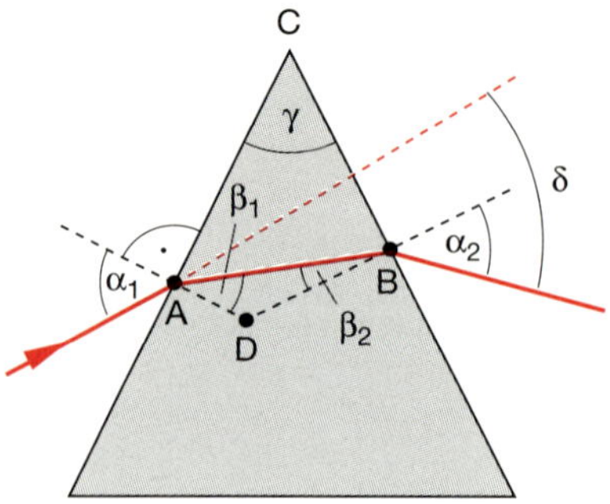

Abb. 9.18. Ablenkung δ eines Lichtstrahls durch ein Prisma

Wir wollen den Ablenkwinkel δ ausdrücken durch den Einfallswinkel α_1 und den Prismenwinkel γ. Es gilt: $\gamma = \beta_1 + \beta_2$ (weil $\gamma + 90° - \beta_1 + 90° - \beta_2 = 180°$), so daß

$$\delta = \alpha_1 + \alpha_2 - \gamma\ . \tag{9.13}$$

Minimale Ablenkung bei festem Prismenwinkel γ erfolgt, wenn

$$\frac{\mathrm{d}\delta}{\mathrm{d}\alpha_1} = 1 + \frac{\mathrm{d}\alpha_2}{\mathrm{d}\alpha_1} = 0 \Rightarrow \mathrm{d}\alpha_2 = -\mathrm{d}\alpha_1\ . \tag{9.14}$$

Bildet man die Ableitungen des Snelliusschen Brechungsgesetzes $\sin\alpha = n \cdot \sin\beta$ für die beiden brechenden Prismenflächen, so erhält man:

$$\cos\alpha_1 \mathrm{d}\alpha_1 = n \cdot \cos\beta_1 \cdot \mathrm{d}\beta_1\ , \tag{9.15a}$$
$$\cos\alpha_2 \mathrm{d}\alpha_2 = n \cdot \cos\beta_2 \cdot \mathrm{d}\beta_2\ . \tag{9.15b}$$

Wegen $\beta_1 + \beta_2 = \gamma$ gilt $\mathrm{d}\beta_1 = -\mathrm{d}\beta_2$, so daß sich durch Division von (9.15a) durch (9.15b) ergibt:

$$\frac{\cos\alpha_1\,\mathrm{d}\alpha_1}{\cos\alpha_2\,\mathrm{d}\alpha_2} = -\frac{\cos\beta_1}{\cos\beta_2}\ .$$

Für den Strahlengang mit minimaler Ablenkung δ ($\mathrm{d}\alpha_1 = -\mathrm{d}\alpha_2$) wird daraus

$$\frac{\cos\alpha_1}{\cos\alpha_2} = \frac{\cos\beta_1}{\cos\beta_2}\ ,$$

was wegen des Brechungsgesetzes umgeformt werden kann in:

$$\frac{1-\sin^2\alpha_1}{1-\sin^2\alpha_2} = \frac{n^2-\sin^2\alpha_1}{n^2-\sin^2\alpha_2}\ . \tag{9.16}$$

Für $n \neq 1$ kann diese Gleichung nur erfüllt werden für $\alpha_1 = \alpha_2 = \alpha$.

Beim symmetrischen Strahlengang mit $\alpha_1 = \alpha_2$ (d.h. auch $\beta_1 = \beta_2$) erfolgt die kleinste Ablenkung! Für diesen Fall ergibt (9.13) für den minimalen Ablenkungswinkel δ bei einem Einfallswinkel α:

$$\delta_{\min} = 2\alpha - \gamma\ . \tag{9.17}$$

Mit Hilfe des Brechungsgesetzes erhält man daraus:

$$\sin\frac{\delta+\gamma}{2} = \sin\alpha = n \cdot \sin\beta$$
$$= n \cdot \sin(\gamma/2)\ . \tag{9.18}$$

Die Abhängigkeit des Ablenkwinkels δ vom Brechungsindex ergibt sich aus (9.18) wegen $\mathrm{d}\delta/\mathrm{d}n = (\mathrm{d}n/\mathrm{d}\delta)^{-1}$ zu:

$$\frac{\mathrm{d}\delta}{\mathrm{d}n} = \frac{2\sin(\gamma/2)}{\cos\left[(\delta+\gamma)/2\right]}$$
$$= \frac{2\sin(\gamma/2)}{\sqrt{1 - n^2\sin^2(\gamma/2)}}\ . \tag{9.19}$$

Da der Brechungsindex $n(\lambda)$ von der Wellenlänge λ des einfallenden Lichtes abhängt (Dispersion, Abschn. 8.2), ergibt sich schließlich der Ablenkwinkel δ eines Prismas mit Brechungsindex n wegen $\mathrm{d}\delta/\mathrm{d}\lambda = \mathrm{d}\delta/\mathrm{d}n \cdot \mathrm{d}n/\mathrm{d}\lambda$ für den symmetrischen Strahlengang zu:

$$\frac{\mathrm{d}\delta}{\mathrm{d}\lambda} = \frac{2\sin(\gamma/2)}{\sqrt{1 - n^2\sin^2(\gamma/2)}} \cdot \frac{\mathrm{d}n}{\mathrm{d}\lambda}\ . \tag{9.20}$$

In Abb. 9.19 ist die Ablenkung eines parallelen weißen Lichtstrahles durch unterschiedliche Berechnung für die verschiedenen Wellenlängen illustriert.

Da für die meisten durchsichtigen Materialien im sichtbaren Spektralbereich $\mathrm{d}n/\mathrm{d}\lambda < 0$ gilt, folgt aus (9.20), daß blaues Licht stärker gebrochen wird als rotes Licht.

BEISPIEL

Für ein gleichseitiges Prisma ($\gamma = 60°$) wird

$$\frac{\mathrm{d}\delta}{\mathrm{d}\lambda} = \frac{\mathrm{d}n/\mathrm{d}\lambda}{\sqrt{1 - n^2/4}}\ .$$

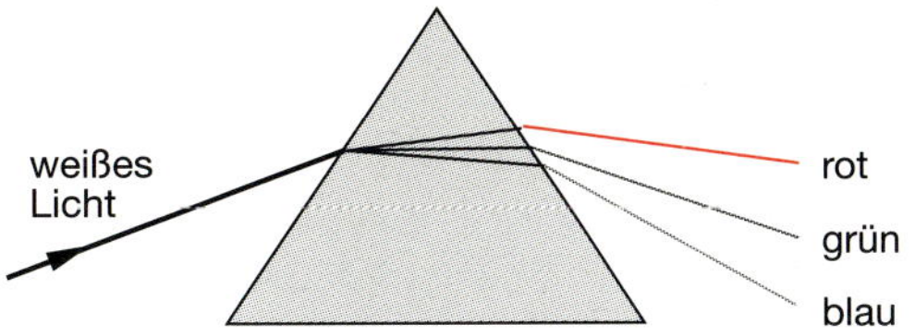

Abb. 9.19. Im Bereich normaler Dispersion ($\mathrm{d}n/\mathrm{d}\lambda < 0$) wird blaues Licht stärker gebrochen als rotes Licht

Mit $\mathrm{d}n/\mathrm{d}\lambda = 4 \cdot 10^5\,\mathrm{m}^{-1}$ bei $\lambda = 400\,\mathrm{nm}$ und $n = 1{,}8$ (Flintglas) wird $\mathrm{d}\delta/\mathrm{d}\lambda = 1 \cdot 10^{-3}\,\mathrm{rad/nm}$, d.h. zwei Wellenlängen λ_1 und λ_2, die sich um 10 nm unterscheiden, haben einen um $10^{-2}\,\mathrm{rad} \approx 0{,}5°$ verschiedenen Ablenkwinkel.

9.5 Linsen

Wohl kaum ein optisches Element hat einen so großen Einfluß auf die Entwicklung der Optik gehabt wie die optischen Linsen in ihren verschiedenen Ausführungsformen.

Nachdem der in Holland lebende deutschstämmige Brillenmacher *Hans Lippershey* (1570–1619) das erste Fernrohr mit von ihm selbst geschliffenen Linsen gebaut hatte, das er *optische Röhre* nannte, konnte Galilei 1610 mit einem verbesserten Fernrohr erstmals die *Galileischen Monde* (Io, Europa, Ganymed und Callisto) des Jupiter beobachten (siehe Bd. 1, Abb. 1.1).

Außer dem Linsenfernrohr basieren viele weitere optische Geräte (z.B. Lupe, Mikroskop, Projektoren, Fotoapparat) auf geeigneten Kombinationen verschiedener Linsen (siehe Kap. 11). Es lohnt sich daher, die optischen Eigenschaften von Linsen etwas genauer zu studieren.

9.5.1 Brechung an einer gekrümmten Fläche

Wir betrachten in Abb. 9.20 einen Lichtstrahl, der im Abstand h parallel zur Symmetrieachse auf eine sphärische Grenzfläche zwischen zwei Medien mit den Brechzahlen n_1 und n_2 fällt. Der Strahl wird am Auftreffpunkt A gebrochen, pflanzt sich im homogenen Medium geradlinig fort und schneidet im Brennpunkt F die Symmetrieachse. Für achsennahe Strahlen ($h \ll R$) gilt für den Kreisbogen $\widehat{OA}$

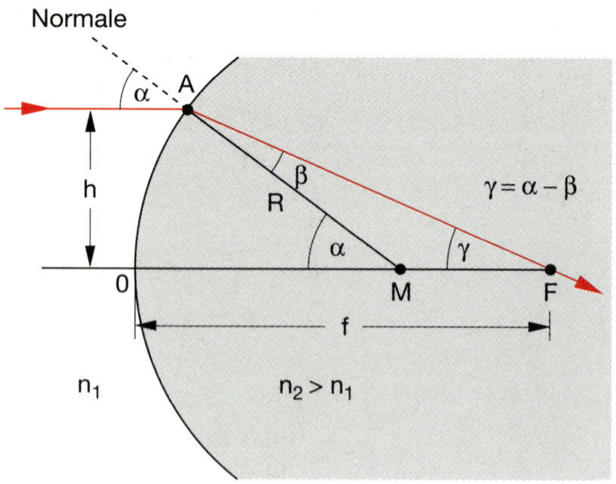

Abb. 9.20. Zur Definition der Brennweite einer sphärisch gekrümmten Grenzfläche

$$\widehat{OA} = R \cdot \alpha \approx f \cdot \gamma = f \cdot (\alpha - \beta) \,,$$

so daß die Brennweite:

$$f = \frac{\alpha}{\alpha - \beta} R$$

wird. Für kleine Winkel α und β kann das Brechungsgesetz durch

$$n_1 \alpha \approx n_1 \sin\alpha = n_2 \sin\beta \approx n_2 \cdot \beta$$

angenähert werden. Damit ergibt sich die Brennweite einer gekrümmten Grenzfläche mit Krümmungsradius R im Medium 2 zu:

$$f_2 = \left(\frac{n_2}{n_2 - n_1}\right) R \,. \tag{9.21a}$$

BEISPIEL

Für die Grenzfläche zwischen Luft ($n_1 = 1$) und Glas ($n_2 = 1{,}5$) ergibt (9.21a) $f = 3R$.

Man beachte:

Gleichung (9.21a) gilt nur näherungsweise für achsennahe Strahlen (siehe Abschn. 9.5.5).

Genau wie beim Hohlspiegel läßt sich auch hier das Bild eines Gegenstandes zeichnerisch bestimmen, indem man für jeden Punkt A des Gegenstandes mindestens zwei Strahlen zeichnet (Abb. 9.21): den achsenparallelen Strahl, welcher im Medium 2 durch den Brennpunkt F_2 geht und den Strahl durch den

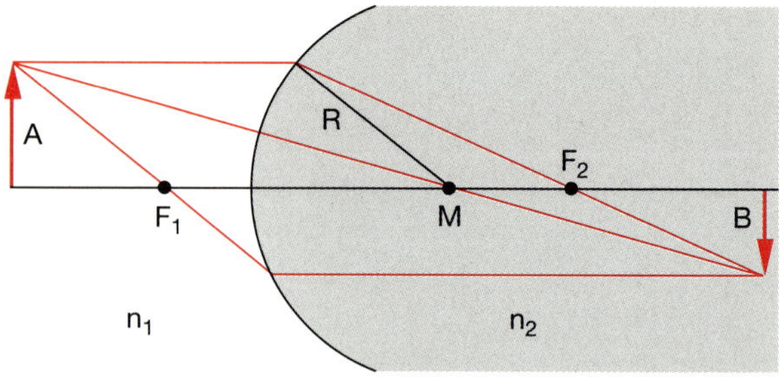

Abb. 9.21. Geometrische Strahlenkonstruktion bei der Abbildung eines Gegenstandes A durch eine sphärische Grenzfläche

Krümmungsmittelpunkt M, der senkrecht auf die Grenzfläche trifft und deshalb nicht gebrochen wird. Der Schnittpunkt beider Strahlen ist der Bildpunkt B.

Umgekehrt kann natürlich auch für Lichtstrahlen, die vom Medium 2 nach 1 gehen, A als Bildpunkt von B angesehen werden. Zeichnet man den Strahl, der im Medium 2 parallel zur Symmetrieachse verläuft, so schneidet dieser im Medium 1 die Achse im Punkt F_1, den wir als gegenstandsseitigen Brennpunkt bezeichnen. Für seine Brennweite erhält man analog zur Herleitung von (9.21a)

$$f_1 = \left(\frac{n_1}{n_1 - n_2}\right) R \,. \tag{9.21b}$$

Liegt der Gegenstand A im Abstand a von O, das Bild B im Abstand b (Abb. 9.22), so folgt aus dem genäherten Brechungsgesetz $n_1 \cdot \alpha \approx n_2 \cdot \beta$ mit $\alpha = \delta + \varepsilon$ und $\beta = \delta - \gamma$ (α und δ sind Außenwinkel zu den Dreiecken APM bzw. PMB):

$$n_1(\delta + \varepsilon) \approx n_2(\delta - \gamma) \,.$$

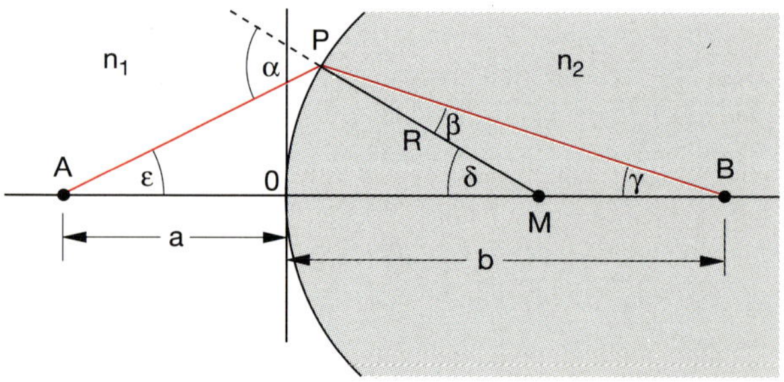

Abb. 9.22. Zur Herleitung von (9.22)

Der Bogen PO kann für kleine Winkel γ und δ angenähert werden durch

$$\widehat{PO} = R \cdot \delta \approx b \cdot \gamma \approx a \cdot \varepsilon ,$$

so daß man damit nach Kürzen durch $\widehat{PO}$ die zu (9.9) analoge Relation

$$\frac{n_1}{a} + \frac{n_2}{b} = \frac{n_2 - n_1}{R} \qquad (9.22)$$

zwischen der Gegenstandsweite a, der Bildweite b und dem Krümmungsradius R erhält. Setzt man (9.21a,b) ein, so läßt sich dies durch die Brennweite f ausdrücken als

$$\frac{n_1}{a} + \frac{n_2}{b} = \frac{n_2}{f_2} = -\frac{n_1}{f_1} . \qquad (9.22a)$$

9.5.2 Dünne Linsen

Eine Linse besteht aus einem durchsichtigen Material mit Brechzahl n_2, das auf beiden Seiten durch polierte Grenzflächen von einem anderen Medium mit Brechzahl n_1 (im allgemeinen Luft) getrennt ist (Abb. 9.23).

Wir wollen hier nur den Fall von Linsen mit sphärischen Grenzflächen in Luft behandeln, so daß wir $n_1 = 1$ und $n_2 = n$ setzen können. Die verschiedenen Linsentypen werden nach Größe und Vorzeichen der Krümmungsradien R_i ihrer beiden Grenzflächen klassifiziert. Der Krümmungsradius R wird als positiv definiert, wenn der Krümmungsmittelpunkt auf der der Lichtquelle abgewandten Seite der Grenzfläche liegt, er ist negativ, wenn er auf der Seite der Lichtquelle liegt. Als Lichtquelle kann auch ein beleuchteter Gegenstand angesehen werden.

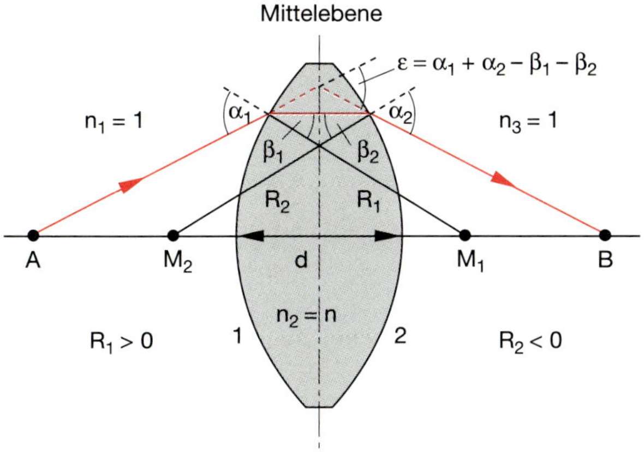

Abb. 9.23. Abbildung einer Lichtquelle A auf den Punkt B durch eine Linse mit den Krümmungsradien R_1, R_2

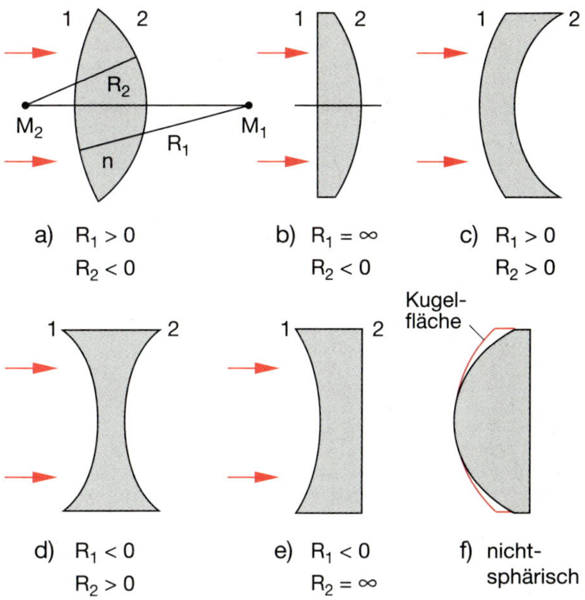

Abb. 9.24a–f. Beispiele für verschiedene Linsentypen: (**a**) konvex-konvex = bikonvex, (**b**) plan-konvex, (**c**) konvex-konkav, (**d**) bikonkav, (**e**) konkav-plan, (**f**) nichtsphärische Linse

So hat z.B. die Grenzfläche in Abb. 9.20 einen positiven Krümmungsradius. In Abb. 9.23 ist $R_1 > 0$ und $R_2 < 0$. Abb. 9.24 zeigt einige Linsentypen. Eine gekrümmte Linsengrenzfläche heißt ***konvex***, wenn die Linse zwischen Grenzfläche und Krümmungsmittelpunkt liegt, sonst ist sie ***konkav*** gekrümmt.

Eine ***dünne Linse*** ist eine Idealisierung realer Linsen, für die der maximale Abstand $d = \overline{O_1 O_2}$ der beiden Grenzflächen sehr klein ist gegen die Brennweiten.

Die optische Abbildung durch eine Linse entspricht aufeinanderfolgenden Abbildungen durch die beiden gekrümmten Grenzflächen (Abb. 9.25). Für die erste Grenzfläche erhalten wir aus (9.22) mit $n_1 = 1$ und $n_2 = n$:

$$\frac{1}{a_1} + \frac{n}{b_1} = \frac{n - 1}{R_1} . \qquad (9.23a)$$

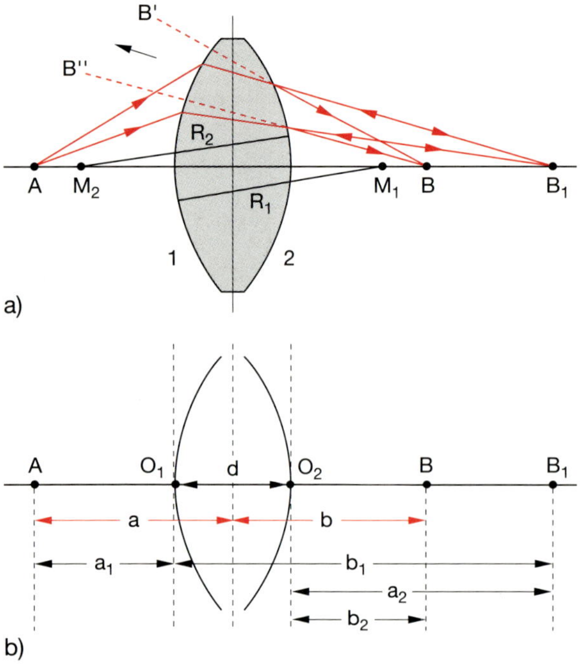

Abb. 9.25a,b. Zur Herleitung der Linsengleichung (9.24)

Wenn nur die Grenzfläche 1 mit Krümmungsradius R_1 vorhanden wäre, würde der Punkt A in den Bildpunkt B_1 abgebildet werden (Abb. 9.25a).

Der Bildpunkt B_1 dieser Abbildung kann nun formal als Gegenstand für die Abbildung durch die zweite Grenzfläche angesehen werden. Die von B_1 ausgehenden Strahlen gehen durch Brechung an der Fläche 2 in die punktierten Strahlen über, deren Schnittpunkt bei Verlängerung in die Bildebene den wirklichen Bildpunkt B ergibt, d.h. für einen Beobachter in B sieht es so aus, als ob die Strahlen von B' bzw. B'' kämen. Für die zweite Abbildung ist $n_1 = n$, $n_2 = 1$ und $a_2 = -(b_1 - d)$ (Abb. 9.25b).

Die Gleichung für die zweite Abbildung heißt dann, wenn man bedenkt, daß der Krümmungsradius der zweiten Fläche gleich $-R_2$ ist:

$$\frac{-n}{b_1 - d} + \frac{1}{b_2} = \frac{1-n}{R_2} . \tag{9.23b}$$

Setzt man b_1 aus (9.23a) ein, so ergibt sich die Gleichung:

$$\frac{1}{a_1} + \frac{1}{b_1} = (n-1)\left(\frac{1}{R_1} - \frac{1}{R_2}\right) + \frac{n \cdot d}{b_1(b_1 - d)} . \tag{9.24a}$$

Führen wir die Abstände $a = a_1 + d/2$ und $b = b_2 + d/2$ von A bzw. B bis zur Linsenmitte ein, so erhalten wir für dünne Linsen ($d \ll a$, $d \ll b$) die Linsengleichung:

$$\boxed{\frac{1}{a} + \frac{1}{b} = (n-1)\left(\frac{1}{R_1} - \frac{1}{R_2}\right)} . \tag{9.24b}$$

Dies ist die allgemeine Gleichung für die Abbildungsgrößen dünner Linsen, bei denen der Abstand $\overline{O_1O_2}$ klein ist gegen die Brennweiten f_1 bzw. f_2, so daß man für die zeichnerische Konstruktion der Linsenabbildung die zwei Brechungen der Lichtstrahlen an den beiden Grenzflächen durch eine Brechung an der Mittelebene der Linse (mit dem Brechwinkel $\alpha_1 - \beta_1 + \alpha_2 - \beta_2$) ersetzen kann (Abb. 9.23 und 9.26).

Für einen achsenparallelen einfallenden Strahl ist in (9.24) $a = \infty$. Da dieser auf der Bildseite durch den Brennpunkt F gehen muß, folgt $b = f$ und damit für die Brennweite einer dünnen Linse:

$$\boxed{f = \frac{1}{n-1}\left(\frac{R_1 \cdot R_2}{R_2 - R_1}\right)} . \tag{9.25a}$$

Für eine bikonvexe Linse mit gleichen Krümmungsradien ($R_1 = -R_2$) wird die Brennweite

$$f = \frac{1}{n-1}\frac{R}{2} . \tag{9.25b}$$

Man vergleiche dies mit der Brennweite $f = R/2$ eines sphärischen Hohlspiegels.

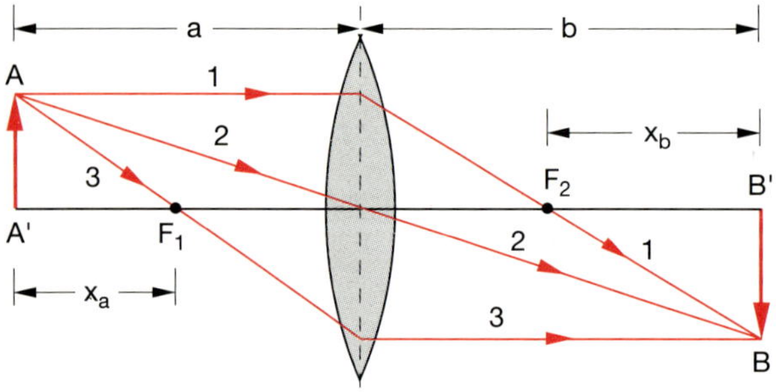

Abb. 9.26. Zeichnerische Konstruktion der Abbildung durch eine dünne Linse

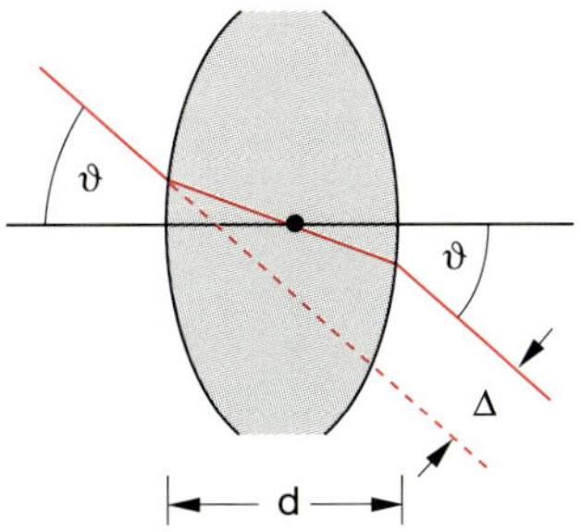

Abb. 9.27. Der Strahl durch die Linsenmitte wird nicht abgelenkt, sondern nur um Δ parallel versetzt. Für $d \to 0$ (dünne Linsen) kann Δ vernachlässigt werden

Setzt man die Brennweite (9.25a) in (9.24) ein, so erhält man die ***Abbildungsgleichung dünner Linsen***:

$$\boxed{\frac{1}{a} + \frac{1}{b} = \frac{1}{f}} \,. \tag{9.26}$$

Zur zeichnerischen Konstruktion der Abbildung durch dünne Linsen benutzt man einen parallel zur Achse einfallenden Strahl 1 (Abb. 9.26), der durch den bildseitigen Brennpunkt F_2 geht, einen Strahl 2 durch den Mittelpunkt der Linse, der nicht abgelenkt wird und dessen Parallelverschiebung

$$\Delta = d \cdot \sin\alpha \left(1 - \frac{\cos\alpha}{\sqrt{n^2 - \sin^2\alpha}}\right)$$

(Abb. 9.27) für dünne Linsen ($d \to 0$) vernachlässigt werden kann. Faßt man B als Lichtquelle und A als Bildpunkt auf, so muß der Strahl 3 durch den Brennpunkt F_1 gehen.

Setzt man in (9.26) $a = f + x_a$ und $b = f + x_b$, so ergibt sich für die Entfernungen x_a und x_b zwischen Gegenstand A und Brennpunkt F_1 bzw. zwischen Bild B und F_2 (Abb. 9.26) die ***Newtonsche Abbildungsgleichung***

$$x_a \cdot x_b = f^2 \,. \tag{9.26a}$$

Die ***Lateralvergrößerung*** (auch ***Abbildungsmaßstab*** genannt)

$$M = \frac{\overline{BB'}}{\overline{AA'}}$$

der Abbildung kann aus Abb. 9.26 nach dem Strahlensatz sofort ermittelt werden zu:

$$M = -\frac{b}{a} = \frac{f}{f-a} \,. \tag{9.27}$$

Ist $M < 0$, so steht das Bild des Gegenstandes auf dem Kopf, für $M > 0$ haben Bildpfeil und Gegenstandspfeil in Abb. 9.26 dieselbe Richtung.

9.5.3 Dicke Linsen

Bei dünnen Linsen konnten wir die zweifache Brechung an den beiden Grenzflächen durch eine Brechung an der Mittelebene der Linse ersetzen. Bei dicken Linsen, bei denen der Abstand $\overline{O_1O_2}$ der beiden Grenzflächen nicht mehr vernachlässigbar gegen die anderen Größen (a, b, f) der Abbildung ist, würde diese Vereinfachung zu größeren Fehlern führen. Wenn man sich jedoch den Strahlengang eines schräg auf die Linse fallenden Strahles, der innerhalb der Linse durch ihren Mittelpunkt O geht, anschaut (Abb. 9.28), so sieht man, daß er durch folgende Strahlenkonstruktion ersetzt werden kann: Man verlängert einfallenden und austretenden Strahl geradlinig bis zu den Schnittpunkten S_1 bzw. S_2 mit der Achse. Dadurch werden die Strahlbrechungen an den Linsengrenzflächen ersetzt durch Brechungen an zwei Ebenen, den ***Hauptebenen*** H_1, H_2 durch die Punkte S_1, S_2. Zwischen den Hauptebenen verläuft der Strahl parallel zur Achse.

Bei dieser Konstruktion wird die dicke Linse ($\overline{O_1O_2} = d$) ersetzt durch zwei dünne Linsen in den Hauptebenen H_1 und H_2. Man kann mit einigem algebraischen Aufwand zeigen [9.1], daß auch für dicke Linsen eine zu (9.26) völlig analoge Abbildungsgleichung gilt, wenn die Gegenstandsweite a vom Gegenstand bis zur ersten Hauptebene H_1 gemessen wird und die Bildweite b von der zweiten Hauptebene bis zum Bild (Abb. 9.29). Für die Brennweite einer dicken Linse mit der Dicke d ergibt sich statt (9.25b) in Luft

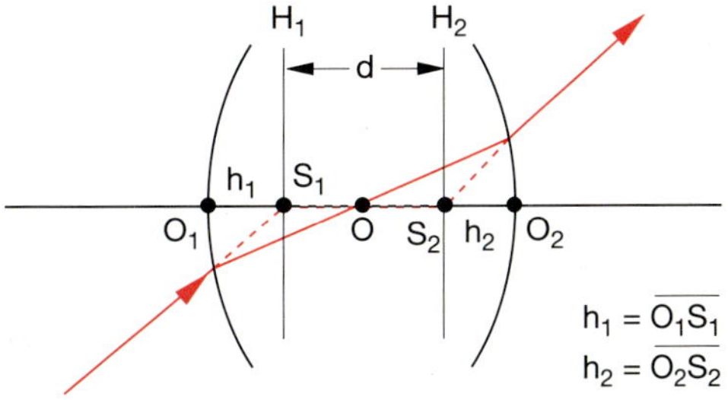

Abb. 9.28. Zur Definition der Hauptebenen einer dicken Linse

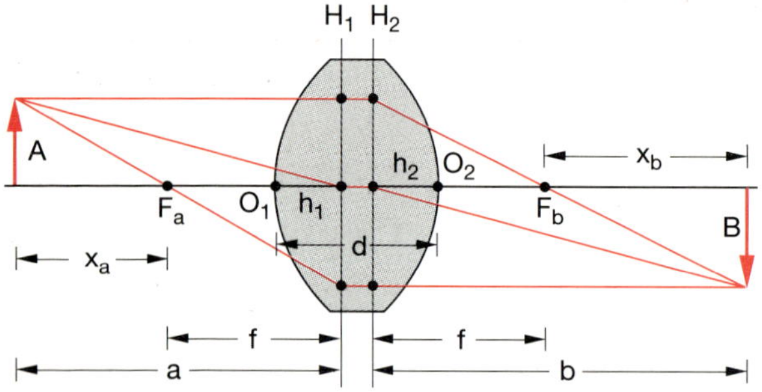

Abb. 9.29. Strahlenkonstruktion für die Abbildung einer dicken Linse

$$\frac{1}{f} = (n-1)\left[\frac{1}{R_1} - \frac{1}{R_2} + \frac{(n-1)\,d}{nR_1R_2}\right] . \tag{9.28}$$

Für die Entfernung $h_i = \overline{O_iS_i}$ der Hauptebenen von den Schnittpunkten O_i der Linsengrenzflächen mit der Achse erhält man:

$$h_1 = -\frac{(n-1)f \cdot d}{n \cdot R_2} ,$$
$$h_2 = -\frac{(n-1)f \cdot d}{n \cdot R_1} . \tag{9.29}$$

Die Schnittpunkte x_i der Hauptebenen mit der Symmetrieachse heißen *Hauptpunkte* der Linse. Für $d \to 0$ gehen die Hauptebenen in die Mittelebene der dünnen Linse über (O_1 und O_2 fallen dann zusammen), und (9.28) geht in (9.25a) über.

In Abb. 9.30 sind einige Beispiele für die Hauptebenen verschiedener Linsenformen gezeichnet.

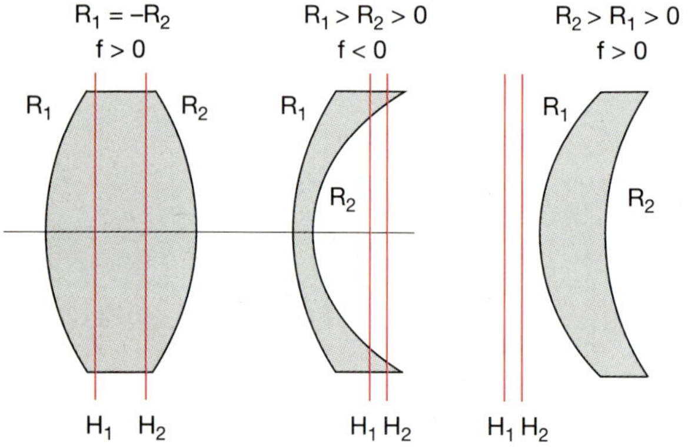

Abb. 9.30. Beispiele für die Lage der Hauptebenen bei verschiedenen Linsenformen

BEISPIEL

Für eine bikonvexe Linse mit $R_1 = 20\,\text{cm}$ und $R_2 = -30\,\text{cm}$ mit der Dicke $d = 1\,\text{cm}$ und der Brechzahl $n = 1{,}5$ wird die Brennweite f nach (9.28) $f = 24\,\text{cm}$. Die Hauptebenen liegen im Abstand $h_1 = +2{,}6\,\text{mm}$ bzw. $h_2 = -4{,}0\,\text{mm}$ von den Schnittpunkten O_1 bzw. O_2 der Linsengrenzflächen mit der Symmetrieachse entfernt, wie man durch Einsetzen in (9.29) sieht.

Die geometrische Konstruktion für eine Abbildung durch eine dicke Linse ist analog zu der durch eine dünne Linse (Abb. 9.26), wenn man die Hauptebenen als die brechenden Flächen ansieht (Abb. 9.29). Die Gegenstandsweite a wird von H_1 aus, die Bildweite b von H_2 aus gerechnet.

Für die Entfernung x_a zwischen Gegenstand A und Brennpunkt F_a und $x_b = \overline{F_bB}$ folgt aus Abb. 9.29 mit Hilfe des Strahlensatzes

$$\frac{x_a}{f} = \frac{A}{B} \quad \text{und} \quad \frac{x_b}{f} = \frac{B}{A}$$
$$\Rightarrow \; x_a \cdot x_b = f^2 . \tag{9.30}$$

Mit $x_a = a - f$ und $x_b = b - f$ erhält man daraus die Linsengleichung (9.26)

$$f = \frac{a \cdot b}{a + b} \;\Rightarrow\; \frac{1}{f} = \frac{1}{a} + \frac{1}{b} \tag{9.31}$$

auch für dicke Linsen, mit dem einzigen Unterschied, daß in (9.31) a und b von den Hauptebenen H_1 und H_2 aus und nicht wie bei der dünnen Linse von der Mittelebene aus gemessen werden.

9.5.4 Linsensysteme

Häufig braucht man für spezielle Abbildungen mehr als nur eine Linse (siehe Abschn. 9.5.5 und Kap. 11). Eine optimale Kombination verschiedener Linsen kann die Qualität der Abbildung wesentlich verbessern. Wir wollen uns an dem einfachen Beispiel zweier Linsen das Verfahren zur Bestimmung der optischen Parameter eines Linsensystems klarmachen.

Dazu betrachten wir in Abb. 9.31 ein System von zwei dicken Linsen mit den Brennweiten f_1 und f_2, deren Abstand zwischen den gegenüberliegenden Hauptebenen $D = \overline{H_{12}H_{21}}$ ist.

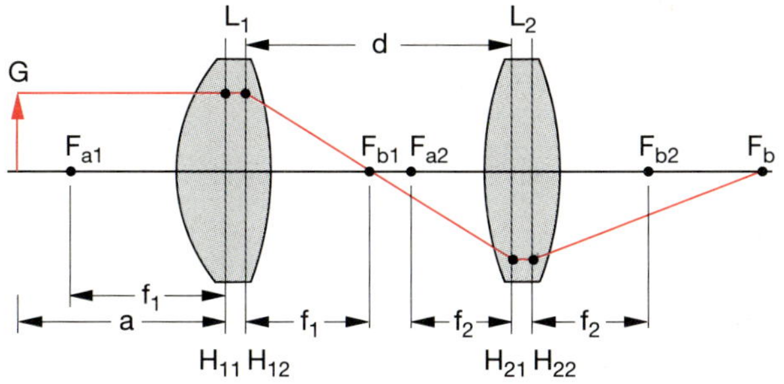

Abb. 9.31. Beispiel eines optischen Systems aus zwei dicken Linsen zur Herleitung von (9.32)

Ein achsenparalleler Strahl vom Gegenstand G läuft durch den bildseitigen Brennpunkt F_{b_1} der Linse L_1, der dann weiter in den Punkt F_b, den bildseitigen Brennpunkt des Linsensystems abgebildet wird. Ein unendlich ferner Gegenstand ($a = \infty$) wird von L_1 in die Brennebene abgebildet, d.h. $b_1 = f_1$. Das Zwischenbild hat für L_2 die Gegenstandsweite $a_2 = d - f_1$ und mit (9.31) daher die Bildweite

$$b_2 = \frac{a_2 f_2}{a_2 - f_2} = \frac{(d - f_1) f_2}{d - f_1 - f_2} \; .$$

Will man für das Gesamtsystem eine Brennweite f definieren, so daß wieder (9.31) gilt, so folgt:

$$f = \frac{f_1 \cdot f_2}{f_1 + f_2 - d}$$

und daraus

$$\boxed{\frac{1}{f} = \frac{1}{f_1} + \frac{1}{f_2} - \frac{d}{f_1 f_2}} \; . \qquad (9.32)$$

Ist $d \ll f_1$ und $d \ll f_2$, so können wir den letzten Term vernachlässigen und erhalten das Ergebnis:

> Die reziproken Brennweiten zweier nahe benachbarter Linsen addieren sich.

Man nennt die reziproke Brennweite $D^* = 1/f$ einer Linse die ***Brechkraft*** und mißt sie in ***Dioptrien***, deren Einheit $1\,\text{dp} = 1\,\text{m}^{-1}$ ist.

Gleichzeitig besagt (9.32) dann:

> Die Brechkräfte zweier nahe benachbarter auf die gleiche Symmetrieachse zentrierter Linsen addieren sich.

BEISPIEL

Eine Linse L_1 mit $f = 50\,\text{cm}$ hat eine Brechkraft $D_1^* = 1/(0{,}5\,\text{m}) = 2$ Dioptrien. Eine Linse L_2 mit $f_2 = 30\,\text{cm}$ hat eine Brechkraft $D_2^* = 3{,}3\,\text{dp}$. Das Gesamtsystem hat dann $D^* = D_1^* + D_2^* = 5{,}3\,\text{dp}$ und damit eine Brennweite $f = 18{,}9\,\text{cm}$, wenn der Linsenabstand d vernachlässigbar klein ist.

Durch die Wahl von f_1, f_2 und d in (9.32) kann man Linsensysteme mit praktisch beliebigen Brennweiten f realisieren [9.2].

BEISPIEL

Zwei Linsen mit $f_1 = 20\,\text{cm}$, $f_2 = 30\,\text{cm}$ haben nach (9.32) eine Brennweite

$$f = \frac{1}{8{,}33\,\text{m}^{-1} - d/(0{,}06\,\text{m}^2)} \; .$$

Für $d < 0{,}5\,\text{m}$ wird $f > 0$, das System wirkt als Sammellinse. Für $d > 0{,}5\,\text{m}$ wird die Gesamtbrennweite negativ, das System wirkt als Zerstreuungslinse. Für $d = 0{,}06\,\text{m}$ wird $f = 13{,}6\,\text{cm}$, für $d = 0{,}6\,\text{m} \Rightarrow f = -0{,}6\,\text{m}$.

In den Abbildungen 9.32 und 9.33 ist die geometrische Abbildung für zwei verschiedene Linsensysteme gezeigt, bei denen der Linsenabstand d kleiner als jede der beiden Brennweiten (Abb. 9.32) bzw. $d > f_1 + f_2$ (Abb. 9.33) ist. Das Bild B' in Abb. 9.32 würde ohne die Linse L_2 gemäß der gestrichelten Abbildungsgeraden entstehen.

Durch die Brechung an der zweiten Linse L_2 treffen sich die drei Strahlen 1, 2 und 3 im Bildpunkt B.

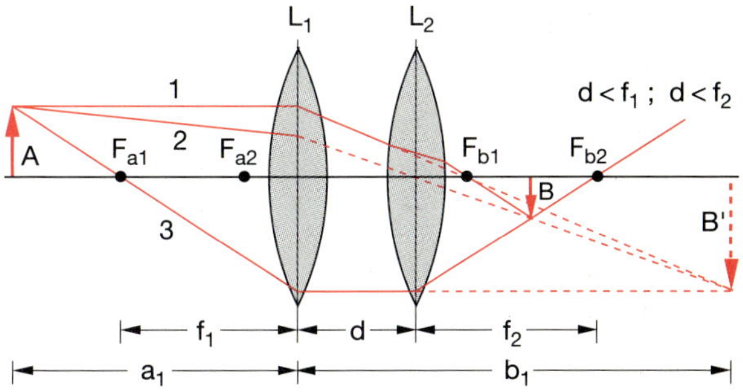

Abb. 9.32. Abbildung durch ein System zweier Linsen, deren Abstand d kleiner als jede ihrer Brennweiten f_i ist

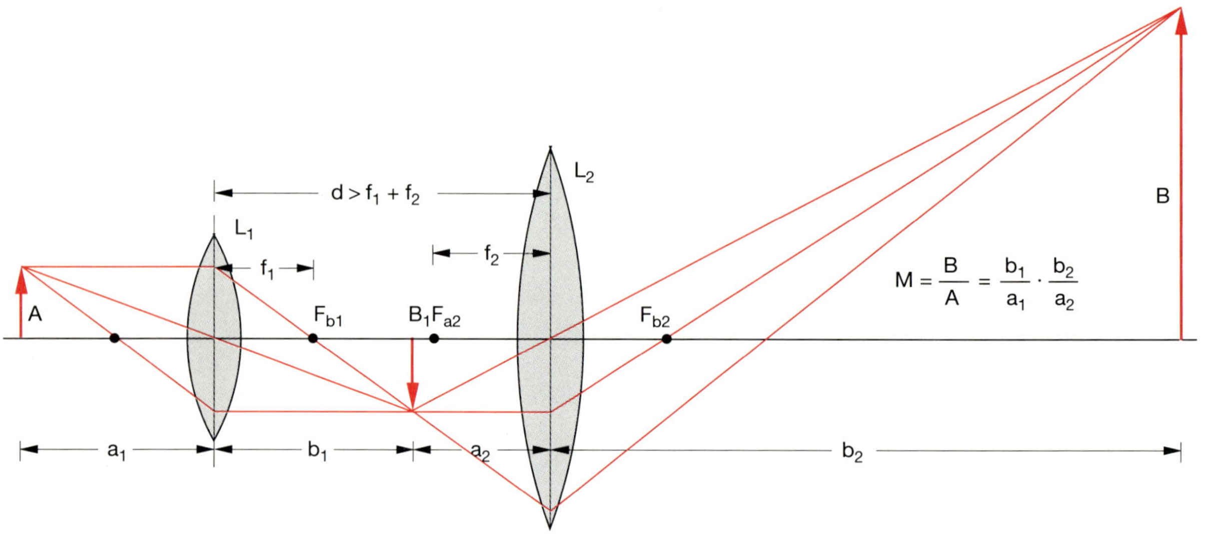

Abb. 9.33. Abbildung durch ein System zweier Linsen, deren Abstand d größer als die Summe der beiden Brennweiten ist. Das von L_1 erzeugte Zwischenbild B_1 wird von L_2 in B abgebildet

Der Abbildungsmaßstab M des optischen Systems ist mit $d > f_1 + f_2$ gleich dem Produkt $M_1 M_2$ der Lateralvergrößerungen der beiden Linsen. Es gilt nach Abb. 9.33

$$M = M_1 \cdot M_2 = \frac{b_1}{a_1} \cdot \frac{b_2}{a_2} = \frac{b_1 b_2}{a_1(d - b_1)} , \quad (9.33a)$$

da $a_2 = d - b_1$ gilt. Benutzt man für die beiden Linsen den Ausdruck (9.27) für die Vergrößerungen M_1 und M_2, so ergibt sich:

$$M = \frac{f_1 \cdot f_2}{(f_1 - a_1)(f_2 - b_1 - d)} \quad (9.33b)$$
$$= \frac{1}{(1 - a_1/f_1)\big(1 - (b_1 + d)/f_2\big)} .$$

Ersetzt man noch b_1 mit Hilfe der Linsengleichung (9.26), so erhält man:

$$M = \frac{1}{1 + \frac{a_1}{f_1 \cdot f_2}(d - f_2) + \frac{a_1 - d}{f_2}} . \quad (9.33c)$$

9.5.5 Linsenfehler

Die bisherigen Überlegungen und die daraus hergeleiteten Formeln sind Näherungen, die für achsennahe Strahlen gelten (paraxiale Näherung).

Für Strahlen, deren Abstand von der Achse nicht mehr klein genug ist oder welche die Linse asymmetrisch zur Achse durchlaufen, treten Abbildungsfehler auf, die dazu führen, daß Strahlen, die von einem Punkte ausgehen, nicht mehr in einen Punkt, sondern nur noch in die Umgebung des Bildpunktes abgebildet werden. Dies führt zu einer Unschärfe des Bildes, aber in vielen Fällen auch zu einer Verzerrung, die im allgemeinen für die verschiedenen Bereiche des Bildes unterschiedlich groß ist. Wir wollen die wichtigsten Abbildungsfehler von Linsen und Maßnahmen zu ihrer Korrektur kurz behandeln [9.3].

a) Chromatische Aberration

Da die Brechzahl $n(\lambda)$ des Linsenmaterials von der Wellenlänge λ des Lichtes abhängt, ist nach (9.25) die Brennweite $f(\lambda)$ der Linse für die verschiedenen Farben unterschiedlich groß. Für Glas z.B. nimmt n im sichtbaren Bereich von rot nach blau zu (normale Dispersion, siehe Abschn. 8.2), so daß beim Einstrahlen eines parallelen Bündels von weißem Licht (das alle Farben enthält) der Brennpunkt $F(\lambda_b)$ der blauen Komponente vor dem Brennpunkt $F(\lambda_r)$ der roten Komponente liegt (Abb. 9.34). Man kann dies demonstrieren, indem man konzentrische Kreis-

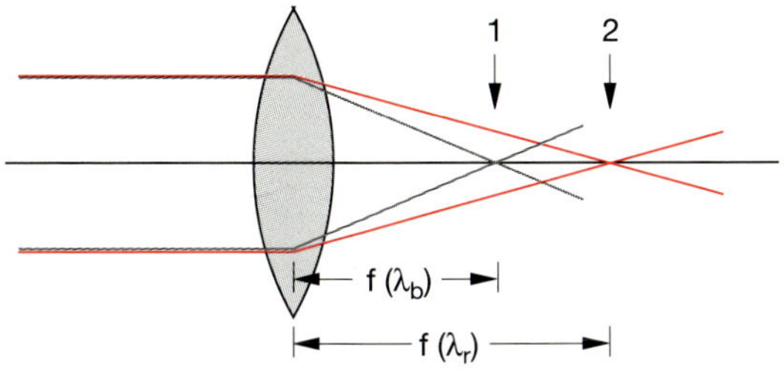

Abb. 9.34. Chromatische Aberration

ringe, die in eine schwarz beschichtete Platte geritzt sind, mit einer Kohlenbogenlampe beleuchtet und mit einer Linse auf einen Schirm abbildet. Je nach Stellung des Schirms in der Position 1 oder 2 sieht man blaue Ringe mit roten Rändern bzw. rote Ringe mit blauen Rändern.

Man kann die chromatische Aberration wenigstens teilweise verringern durch ein System aus zwei Linsen mit verschiedenen Brechzahlen $n_1(\lambda)$ und $n_2(\lambda)$. Ein solcher ***Achromat*** (Abb. 9.35) besteht aus einer Sammellinse L_1 mit Brechzahl n_1 und einer Zerstreuungslinse L_2 mit Brechzahl n_2, die miteinander verkittet sind.

Wir wollen nun berechnen, wie die Relation zwischen den Brennweiten f_1 und f_2 der beiden Linsen sein muß, damit der Achromat dieselbe Brennweite f für verschiedene Wellenlängen λ_b und λ_r hat. Aus der Linsengleichung (9.25a) erhalten wir für die Brennweiten f_i der beiden Linsen:

$$\frac{1}{f_i} = (n_i - 1)\,\varrho_i\,, \tag{9.34a}$$

wobei $\varrho_i = (R_{i2} - R_{i1})/(R_{i2} \cdot R_{i1})$ ist und R_{i1}, R_{i2} die Krümmungsradien von Vorder- bzw. Rückseite der i-ten Linse sind.

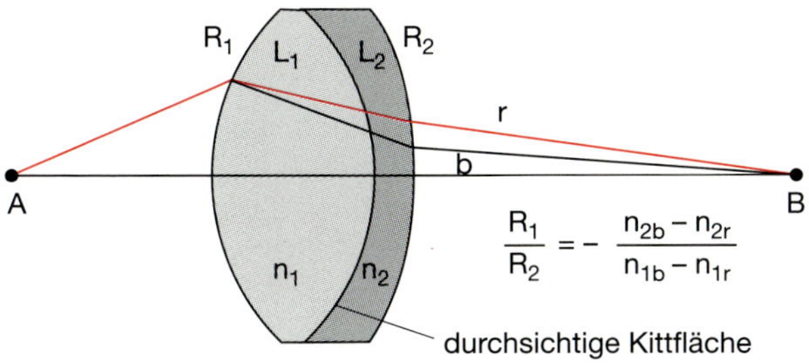

Abb. 9.35. Achromat

Die Brennweite f des Achromaten aus zwei Linsen in engem Kontakt $(d = 0)$ ergibt sich dann aus (9.32) zu

$$\frac{1}{f} = (n_1 - 1)\,\varrho_1 + (n_2 - 1)\,\varrho_2\,. \tag{9.34b}$$

Damit die Brennweite f für rotes Licht dieselbe ist wie für blaues Licht, muß gelten:

$$\begin{aligned}(n_{1r} - 1)\,\varrho_1 &+ (n_{2r} - 1)\,\varrho_2 \\ &= (n_{1b} - 1)\,\varrho_1 + (n_{2b} - 1)\,\varrho_2 \\ \Rightarrow \frac{\varrho_1}{\varrho_2} &= -\frac{n_{2b} - n_{2r}}{n_{1b} - n_{1r}}\,.\end{aligned} \tag{9.34c}$$

Üblicherweise definiert man die Brennweite f für gelbes Licht ($\lambda = 590\,\text{nm}$ der gelben Natriumlinie), für das angenähert gilt:

$$n_g \approx \frac{1}{2}(n_b + n_r)\,.$$

Mit (9.34a) erhält man dann für das Verhältnis der Brennweiten der beiden Linsen

$$\frac{f_2}{f_1} = -\frac{(n_{1g} - 1)(n_{2b} - n_{2r})}{(n_{2g} - 1)(n_{1b} - n_{1r})} \tag{9.34d}$$

und für die Krümmungsradien im Falle $R_{i_1} = -R_{i_2}$ (gleiche Radien für beide Flächen einer Linse) $\varrho_i = 2/R_i$

$$\frac{R_1}{R_2} = \frac{n_{2b} - n_{2r}}{n_{1b} - n_{1r}}\,. \tag{9.34e}$$

BEISPIEL

Benutzt man eine Linse L_1 aus optischem Glas BK7 ($n_{1b} = 1{,}520$, $n_{1g} = 1{,}515$, $n_{1r} = 1{,}510$) und L_2 aus Flintglas ($n_{2b} = 1{,}79$, $n_{2g} = 1{,}77$, $n_{2r} = 1{,}75$) so folgt aus (9.34c):

$$\varrho_1/\varrho_2 = -4\,.$$

Soll die Brennweite des Achromaten z.B. $f = 100\,\text{mm}$ sein, so muß nach (9.34b) gelten: $\varrho_1 = +15{,}6\,\text{m}^{-1}$, $\varrho_2 = -3{,}9\,\text{m}^{-1}$, so daß die Brennweiten der beiden Linsen $f_1 = 8{,}05\,\text{m}$ und $f_2 = -3\,\text{m}$ sein müssen.

b) Sphärische Aberration

Auch für monochromatisches Licht treten bei der Linsenabbildung Abweichungen von der Punkt-zu-

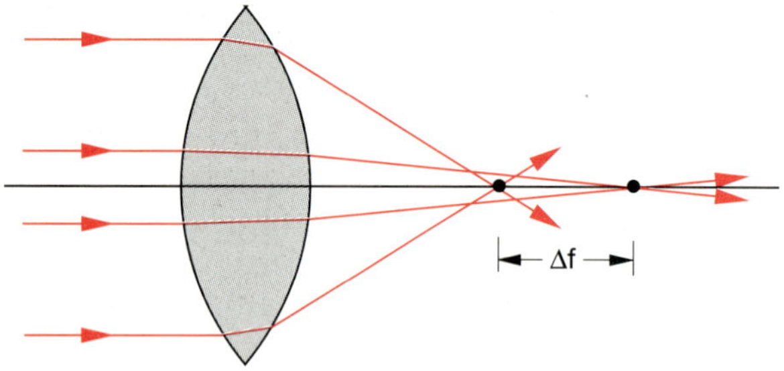

Abb. 9.36. Sphärische Aberration bei der Abbildung durch eine sphärische Bikonvexlinse

Punkt-Abbildung auf. So hängt z.B. die Brennweite einer Linse mit sphärischen Grenzflächen vom Abstand der Strahlen von der Achse ab (Abb. 9.36). Diese ***sphärische Aberration***, die wir in Abschn. 9.3 bereits beim Hohlspiegel diskutiert haben, wird sowohl bei dünnen als auch bei dicken Linsen beobachtet.

Wir wollen uns dies zuerst für die Brechung an einer sphärischen Fläche klarmachen. Aus Abb. 9.37, in der ein achsenparalleler Strahl im Abstand h von der Achse auf die Grenzfläche fällt, folgt für die Brennweite:

$$f = R + b, \quad b = R \cdot \frac{\sin\beta}{\sin\gamma}\;.$$

Wegen $\sin\beta = \sin\alpha/n$, $\sin\alpha = h/R$ und $\alpha = \beta + \gamma$ ergibt sich:

$$\begin{aligned} f &= R + \frac{h}{n \cdot \sin\gamma} = R\left[1 + \frac{1}{n\cos\beta - \cos\alpha}\right], \\ &= R \cdot \left[1 + \frac{1}{\sqrt{n^2 - \sin^2\alpha} - \sqrt{1 - \sin^2\alpha}}\right], \\ &= R \cdot \left[1 + \frac{1}{n \cdot \sqrt{1 - \frac{h^2}{n^2R^2}} - \sqrt{1 - \frac{h^2}{R^2}}}\right]. \end{aligned} \tag{9.35}$$

Vernachlässigt man den Term $h^2/R^2 \ll 1$ vollständig, so erhält man aus (9.35) sofort die in Abschn. 9.5.1 verwendete Näherung (9.21b) für achsennahe Strahlen. Geht man in der Näherung einen Schritt weiter und entwickelt in (9.35) die Wurzel $\sqrt{1-x} \approx 1 - 1/2 \cdot x$ für $x \ll 1$, so ergibt sich wegen $(1-x)^{-1} \approx 1 + x$ nach kurzer Rechnung aus (9.35):

$$\begin{aligned} f &= R \cdot \left[\frac{n}{n-1} - \frac{h^2}{2n\,(n-1)\,R^2}\right] \\ &= f_0 - \Delta f(h)\;. \end{aligned} \tag{9.36}$$

Man sieht daraus, daß die Brennweite f mit steigendem Abstand h des Strahls von der Achse abnimmt.

In analoger Weise erhält man bei Berücksichtigung des Terms h^2/R^2 (dies ist identisch mit der Näherung $\cos\gamma \approx 1 - \gamma^2/2$ in Abb. 9.22) die gegenüber (9.22) verbesserte Abbildungsgleichung für eine brechende Kugelfläche mit Krümmungsradius R:

$$\begin{aligned} \frac{1}{a} + \frac{n}{b} = \frac{n-1}{R} + h^2 &\left[\frac{1}{2a}\left(\frac{1}{a} + \frac{1}{R}\right)^2\right. \\ &\left. + \frac{n}{2b}\left(\frac{1}{R} - \frac{1}{b}\right)^2\right], \end{aligned} \tag{9.37}$$

die für achsennahe Strahlen ($h \to 0$) in (9.22) übergeht.

Der zweite Term in (9.37) ist ein Maß für die Abweichung der Bildweite b auf Grund der sphärischen Aberration.

Man sieht aus (9.37), daß diese Abweichung sowohl von h und R als auch von der Gegenstandsweite a abhängt.

Die Brennweite f einer dünnen Linse bei Berücksichtigung der sphärischen Aberration erhält man analog zur Herleitung im Abschn. 9.5.2, wenn man statt (9.21a) und (9.21b) die genauere Beziehung (9.36) verwendet und statt der paraxialen Näherung $\sin\alpha \approx \mathrm{tg}\,\alpha \approx \alpha$, $\cos\alpha \approx 1$ die nächsten Terme in der Entwicklung

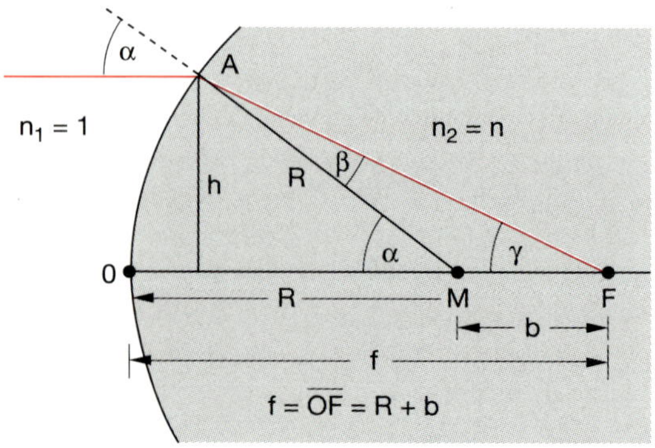

Abb. 9.37. Zur Herleitung der Abhängigkeit $f(h)$ der Brennweite bei der Brechung an einer Kugelfläche

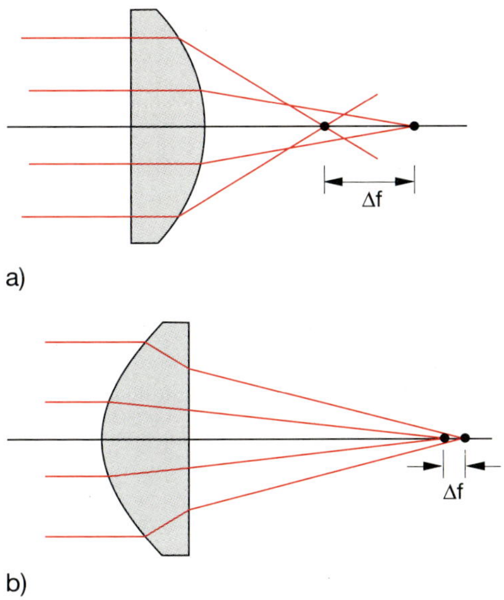

Abb. 9.38. Unterschiedliche sphärische Aberration bei den zwei verschiedenen Orientierungen einer plan-konvexen Linse

$$\sin\alpha \approx \alpha - \frac{1}{3!}\alpha^3, \quad \cos\alpha \approx 1 - \frac{\alpha^2}{2}$$

noch berücksichtigt.

Die etwas längere Rechnung ergibt für eine dünne Linse mit Radien R_1 und R_2 [9.4] für die Abweichung

$$\Delta_s = \frac{1}{f(h)} - \frac{1}{f(h=0)}$$

der reziproken Brennweiten $f(h)$ für achsenparallele Strahlen im Abstand h von der Achse und $f_0 = f(h=0)$ für paraxiale Strahlen:

$$\Delta_s = \frac{h^2}{8f_0^3 n(n-1)^2}\left[n^3 + (3n+2)(n-1)^2 p^2 + 4(n^2-1)pq + (n+2)q^2\right] \qquad (9.38)$$

mit $q = (R_1 + R_1)/(R_2 - R_1)$ und $p = (1 - f_0)$.

Man erhält ein Minimum der sphärischen Aberration für

$$q = -\frac{2(n^2-1)p}{n+2}\ . \qquad (9.39)$$

Es gibt bei vorgegebener Brechzahl n eine günstigste Linsenform, für die Δ_s minimal wird. So ist es z.B. besser, bei Abbildung eines Parallellichtbündels durch eine plan-konvexe Linse die gekrümmte Fläche zur Gegenstandsseite hin zu orientieren (Abb. 9.38), weil dann die achsenfernen Strahlen die Linse bei Winkeln nahe dem Minimum der Ablenkung (siehe Abschn. 9.4) durchlaufen. Ganz allgemein gilt für eine Abbildung mit Gegenstandsweite a und Bildweite b: Um minimale sphärische Aberration zu erreichen, muß die gekrümmte Fläche dem Strahlenbündel mit dem kleineren Öffnungswinkel zugekehrt sein, d.h. für $a > b$ muß die gekrümmte Fläche auf der Gegenstandsseite, die plane Fläche auf der Bildseite liegen.

Man kann die sphärische Aberration verringern,

- wenn man durch eine Blende die achsenfernen Strahlen unterdrückt. Dabei verliert man natürlich an Intensität;
- durch Verwenden einer Plan-Konvex-Linse, wobei die konvexe Seite dem parallel einfallendem Lichtbündel zugewandt ist (Abb. 9.38);
- durch Kombination verschiedener Sammel- und Zerstreuungslinsen zu einem sphärisch korrigierten Linsensystem;
- durch speziell optimierte, nichtsphärische Linsen, die zwar sehr schwer zu schleifen sind, was aber mit heutiger Technologie beherrschbar ist. Wesentlich einfacher herzustellen sind asphärische Linsen aus gepreßtem durchsichtigen Kunststoff (z.B. Acrylglas), die für viele Zwecke ausreichende Oberflächenqualität haben [9.5].

c) Koma

Bei der in Abschnitt b) behandelten sphärischen Aberration war das auf die Linse einfallende Lichtbündel symmetrisch zur Symmetrieachse der Linse. Läuft hingegen ein paralleles Lichtbündel durch eine schief stehende Linse (Abb. 9.39a), so hängen die Brechwinkel der einzelnen Strahlen nicht mehr nur vom Abstand h von der Achse ab, sondern sie unterscheiden sich auch bei gleichem Betrag $|h|$ für Strahlen oberhalb bzw. unterhalb des Mittenstrahls. Die Fokalpunkte der einzelnen Teilbündel (definiert als die Schnittpunkte benachbarter Teilstrahlen) liegen nicht mehr auf dem Mittenstrahl, der hier als x-Achse gewählt ist.

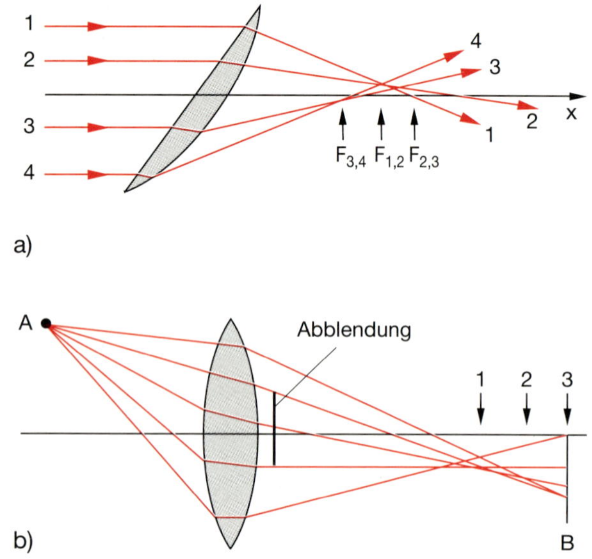

Abb. 9.39. (**a**) Koma beim Durchlaufen eines Parallellichtbündels durch eine schiefe Linse. Die einzelnen Teilbündel führen zu räumlich verschiedenen Brennpunkten F_i. (**b**) Bei der Abbildung eines Punktes A außerhalb der Symmetrieachse führen die verschiedenen Teilbündel zu unterschiedlichen Bildpunkten B_i

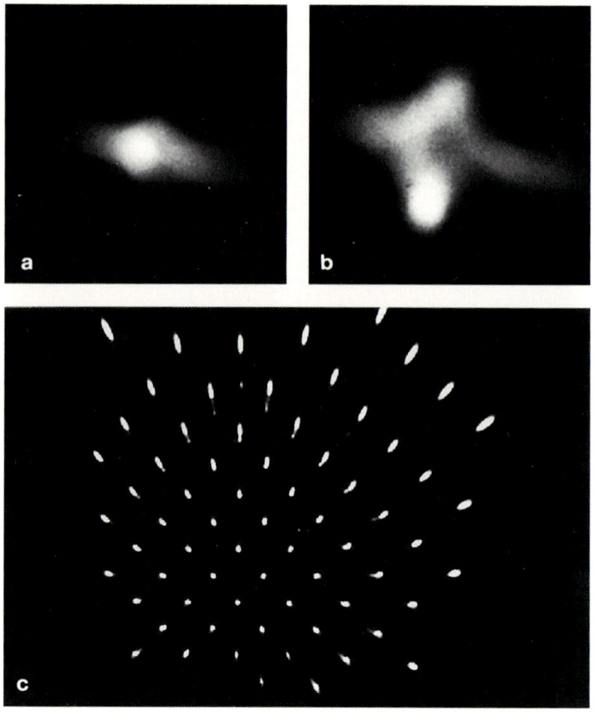

Abb. 9.40a–c. Durch Koma verzerrte Bilder des Punktes A in Abb. 9.39b. (**a**) Ohne Abdeckung der Linse; (**b**) bei Abdeckung des zentralen Teils der Linsenfläche; (**c**) durch Koma verzerrte Abbildung eines gleichmäßig gelochten Bleches

Bei der Abbildung eines Punktes A schneiden sich die Strahlen der verschiedenen Teilbündel in Punkten, die in verschiedenen Ebenen $x = x_{B_i}$ liegen und die auch unterschiedliche Abstände von der x-Achse haben (Abb. 9.39b). Das Bild von A, das wegen der sphärischen Aberration ein Kreis in der Ebene $x = x_B$ wäre, wenn A auf der x-Achse läge, wird jetzt eine ungleichmäßig beleuchtete komplizierte Fläche, deren Form von der Lage der Bildebene B abhängt.

Der Effekt wird besonders deutlich, wenn man den Mittelteil der Linse abdeckt, so daß nur Strahlen durch die äußeren Ränder der Linse zur Abbildung beitragen. Man erhält dann in der Bildebene B statt eines Bildpunktes bei fehlerfreier Abbildung eine verwaschene Bildkurve, deren Form vom Abstand x_B der Bildebene von der Linse abhängt. In Abb. 9.40 sind zur Illustration solche Bildkurven gezeigt, die man bei der Position *3* der Bildebene in Abb. 9.39b ohne und mit Abdeckung der zentralen Linsenfläche erhält. Man nennt diese Bildverzerrung Koma (vom griechischen $\kappa\acute{o}\mu\eta$ = Haar).

d) Astigmatismus

Die Abbildung von Gegenstandspunkten A weit entfernt von der Achse, die in der photographischen Praxis häufig notwendig ist, führt noch zu einer weiteren Verzerrung des Bildes eines Gegenstandes, dem Astigmatismus. Wir wollen ihn hier kurz erläutern, weil er auch bei der Abbildung durch unser Auge häufig auftritt. Dazu betrachten wir in Abb. 9.41a eine horizontale und eine vertikale Schnittebene durch ein schräges Lichtbündel, das von einem Punkt A außerhalb der Symmetrieachse der Linse ausgeht und von der Linse in den Bildraum abgebildet wird. Alle Strahlen in der horizontalen Schnittebene (Sagittalebene AS_1S_2) werden innerhalb eines eng begrenzten Lichtbündels in einen Bildpunkt B_S mit der Bildweite b_S abgebildet. Die Strahlen in der senkrechten Schnittebene (Meridionalebene AM_1M_2) werden hingegen

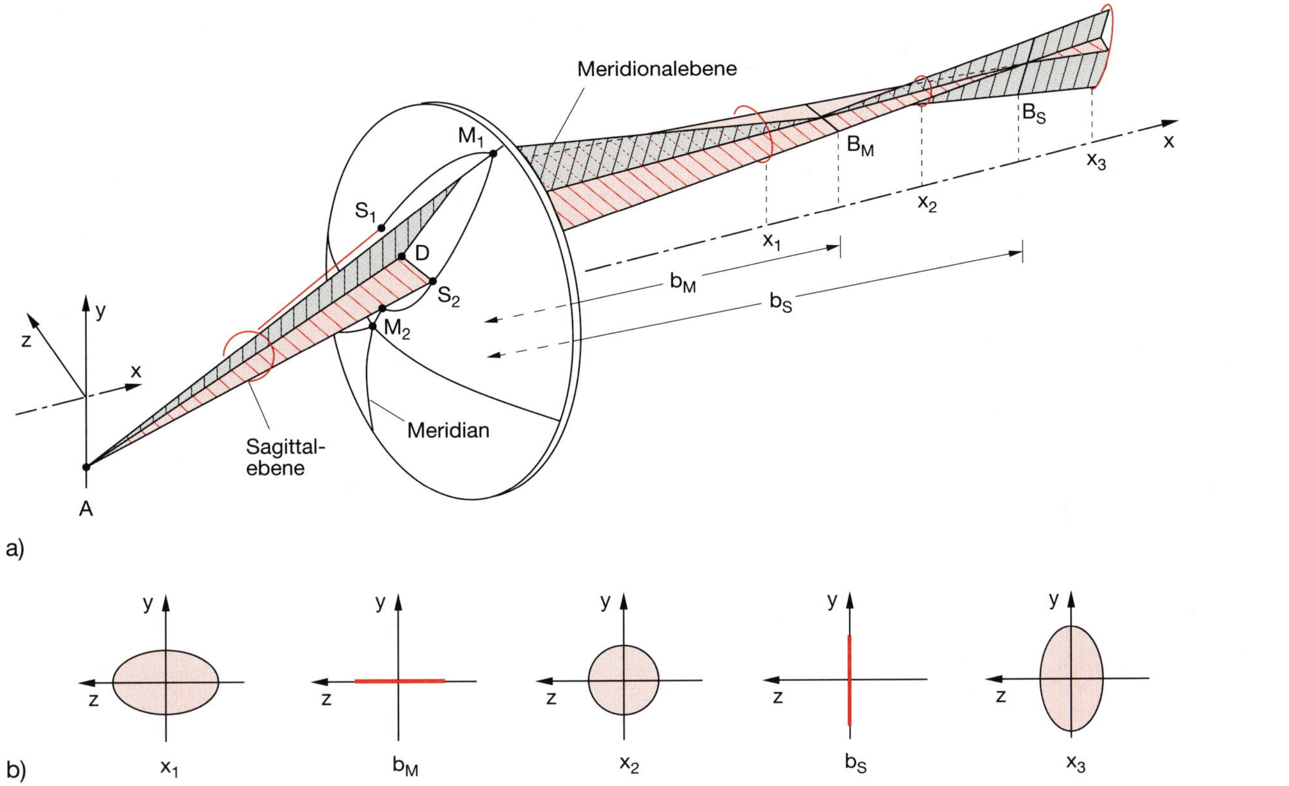

Abb. 9.41a,b. Astigmatismus bei der Abbildung eines schrägen Lichtbündels. (**a**) Perspektivische Ansicht; (**b**) Lichtbündelquerschnitt in den Ebenen im Abstand x_1, b_M, x_2, b_S, x_3

in einen anderen Bildpunkt B_M in der Bildweite $b_M < b_S$ abgebildet, weil z.B. die Strahlen AM_1 wegen des größeren Einfallswinkels auf die brechende Linsenfläche stärker gebrochen werden als die Strahlen AS_1.

Man erhält daher durch die Abbildung aller Teilstrahlen des gesamten Lichtbündels durch die Linse statt eines Bildpunktes B eine horizontale Bildline B_M in der Ebene $x - b_M$ und eine vertikale Bildlinie B_S bei $x = b_S > b_M$ (*astigmatische Verzerrung*). Zur Illustration ist in Abb. 9.41b der Lichtbündelquerschnitt in verschiedenen Abständen x der Bildebene dargestellt.

Der Abstand $\Delta x = b_S - b_M$ (*astigmatische Differenz*) wird um so größer, je schiefer das Lichtbündel die Linse durchläuft.

Eine solche astigmatische Verzerrung tritt nicht nur bei Linsen auf, sondern auch, wenn ein Lichtbündel schräg durch eine planparalle Platte läuft. Wird z.B. in den Strahlengang bei der Abbildung eines Achsenpunktes A durch eine Linse eine schräge planparallele Glasplatte gestellt (Abb. 9.42), so ist das Bild von A kein Punkt mehr, sondern je nach

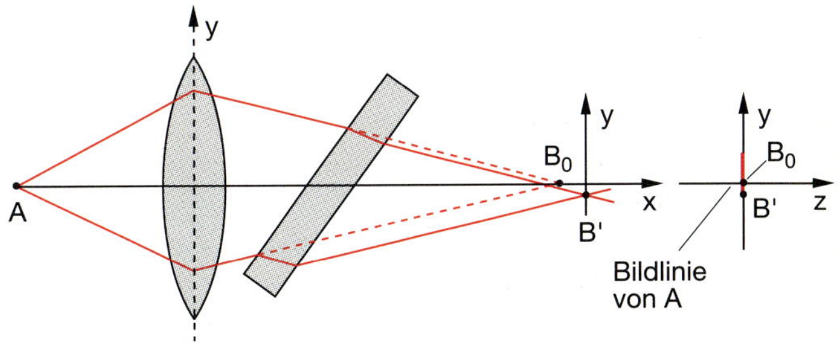

Abb. 9.42. Astigmatismus beim schrägen Durchgang eines Lichtbündels durch eine planparallele Platte. Ohne Platte läge das Bild von A in B_0. Die Strahlen in einer horizontalen Schnittfläche des Lichtbündels schneiden sich in B'

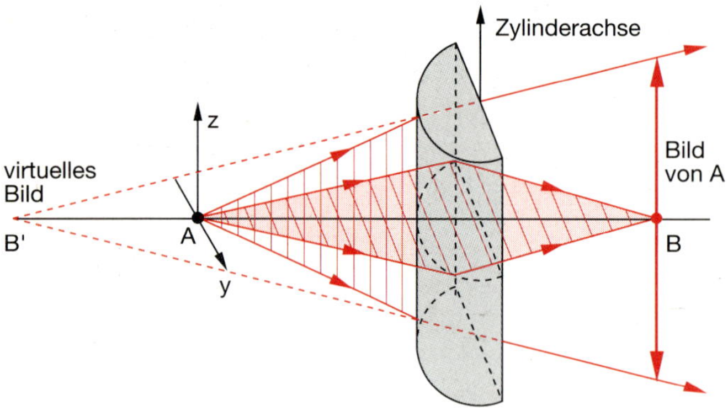

Abb. 9.43. Astigmatische Abbildung durch eine Zylinderlinse

dem Abstand x_B der Bildebene ein vertikaler oder horizontaler Strich bei $x = x_M$ bzw. $x = x_S$ oder eine elliptische Fläche bei anderen Abständen, wie in Abb. 9.41b gezeigt.

Besonders ausgeprägt sind astigmatische Verzerrungen bei der Abbildung durch eine Zylinderlinse (Abb. 9.43), die nur in einer Richtung fokussiert, d.h. alle Strahlen von einem Punkt A, die in einer Ebene senkrecht zur Zylinderachse verlaufen, werden in einem Punkt B in dieser Ebene abgebildet. Alle Strahlen von A in einer Ebene parallel zur Zylinderachse formen einen *virtuellen* Bildpunkt B'.

Insgesamt bildet die Zylinderlinse daher den Punkt A in einem Strich parallel zur Zylinderachse ab.

Man kann Zylinderlinsen mit sphärischen Linsen kombinieren zur Korrektur des Astigmatismus. Dies kann z.B. dadurch realisiert werden, daß eine sphärische Linse zusätzlich eine zylindrische Krümmung erhält, was bei Brillen zur Korrektur astigmatischer Augenfehler benutzt wird.

e) Bildfeldwölbung und Verzeichnung

Durch unterschiedlich starke Brechung von Lichtstrahlen, welche die Linse unter verschiedenen Winkeln gegen die Symmetrieachse durchlaufen, hängen die Bildweiten b_i bei der Abbildung von Punkten A_i einer Ebene von den Abständen dieser Punkte von der Achse ab. Das Bild der Gegenstandsebene ist daher nicht mehr eine Ebene, sondern eine gewölbte Fläche (Abb. 9.44). Wegen der astigmatischen Fehler erhält man zwei verschiedene Bildweiten für die sagittalen und die meridionalen Strahlen. Die Bildflächen der Gegenstandsebene sind daher zwei gewölbte Flächen B_S und B_M, die man für eine zur Symmetrieachse symmetrische Gegenstandsebene durch Rotation dieser Kurven um die Symmetrieachse erhält (***Bildfeldwölbung***).

Man kann die Bildfeldwölbung demonstrieren durch die Abbildung eines ebenen Speichenradmusters durch eine astigmatische Linse (Abb. 9.45). Je nach Abstand x_B der Bildebene werden die inneren bzw. die äußeren Kreise scharf abgebildet.

Wir hatten in Abschnitt b) gesehen, daß man durch Ausblenden der Randstrahlen bei achsenparallelen Lichtbündeln die sphärische Aberration verringern kann. Bei schrägen Strahlen treten jedoch trotz Ausblendens der Randstrahlen Abbildungsfehler auf, die zu einer Verzerrung der Abbildung von flächenhaften Objekten führen. Dies läßt sich demonstrieren an der Abbildung eines ebenen quadratischen Gitters durch eine Linse. Setzt man vor die Linse eine Kreisblende, die nur Mittenstrahlen durchläßt, so zeigt das Bild eine tonnenförmige ***Verzeichnung*** der Quadrate des Gitters (Abb. 9.46a), während bei einer Blende hinter der Linse eine kissenförmige Verzeichnung beobachtet wird (Abb. 9.46b).

Um dies zu verstehen, betrachten wir in Abb. 9.47 zwei Punkte A_0 und A_1 des flächenhaften Gegenstands. Das Bild B_1 von A_1 entsteht wegen der größeren Brechung der schrägen Strahlen vor der Bildebene

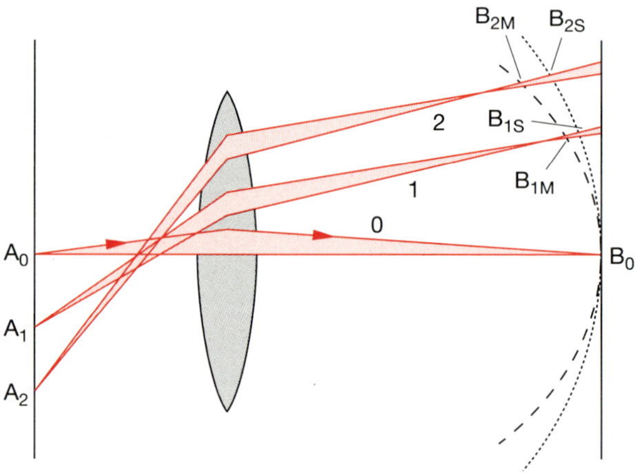

Abb. 9.44. Bildfeldwölbung

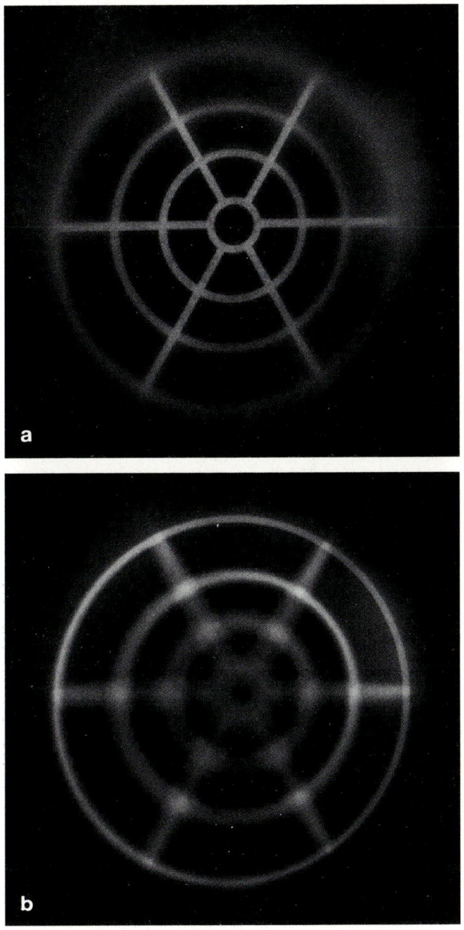

Abb. 9.45a,b. Experimentelle Demonstration der Bildfeldwölbung bei der Abbildung eines ebenen Speichenrades. (**a**) Bildebene geht durch B_0 in Abb. 8.44. (**b**) Bildebene liegt näher an der Linse und geht durch B_{1M}

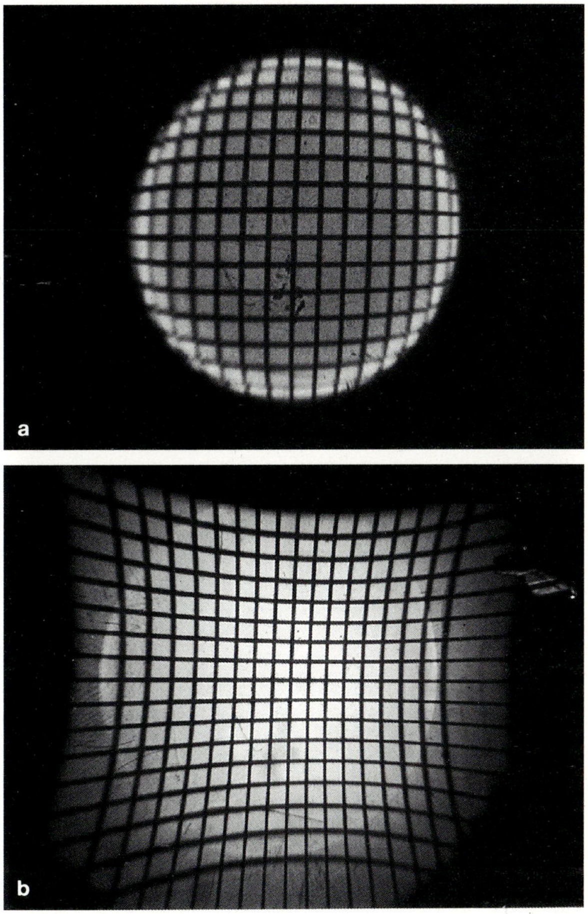

Abb. 9.46. (**a**) Tonnenförmige, (**b**) kissenförmige Verzeichnung eines ebenen quadratischen Kreuzgitters

B_0. Deshalb entsteht in dieser Ebene B_0 ohne Einfügen der Blende als Bild von A_1 ein Kreis mit dem Mittelpunkt M, wobei M durch den gestrichelten Mittenstrahl definiert wird und der Durchmesser $D = \overline{R_1 R_2}$ des Kreises durch die Randstrahlen R_1, R_2 bestimmt wird. Wird die Blende Bl vor der Linse eingebracht, so können nur noch Strahlen in einem engen Winkelbereich um den Strahl *1* in Abb. 9.47a die Bildebene erreichen, die als Bild von A_1 wieder einen (jetzt kleineren) Kreis um den Mittelpunkt M_1 bilden, der einen kleineren Abstand von B_0 hat als M. Da die Verschiebung zwischen M und M_1 um so größer ist, je weiter der Punkt A_1 von der Achse entfernt ist, wird ein Quadrat mit A_1 als Mittelpunkt in eine tonnenförmig verzerrte Fläche abgebildet.

Setzt man die Blende Bl *hinter* die Linse, so liegt der Mittelpunkt M_1 weiter entfernt von B_0 als M (Abb. 9.47b). Wie man sich leicht überlegt, führt dies zu einer kissenförmigen Verzeichnung des Bildes eines Quadrats um A_1.

9.5.6 Die aplanatische Abbildung

In der praktischen Anwendung möchte man nicht nur einzelne Punkte, sondern räumlich ausgedehnte Objekte möglichst verzerrungsfrei abbilden und dabei außerdem eine möglichst große Lichtstärke des abbildenden Linsensystems erreichen. Die Ver-

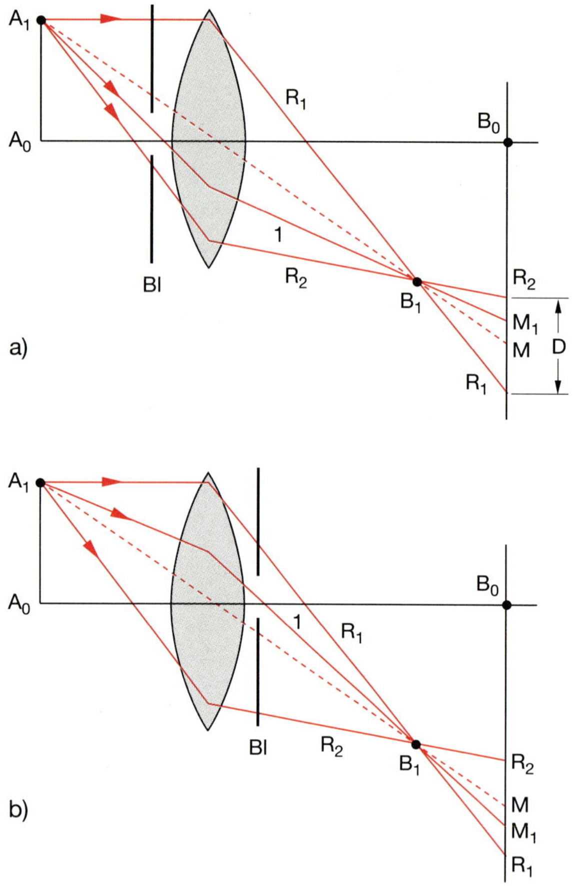

Abb. 9.47a,b. Bei der Abbildung eines ebenen Gegenstandes ist die Form der Verzeichnung des Bildes davon abhängig, ob eine Blende vor (**a**) oder hinter (**b**) die Linse gesetzt wird

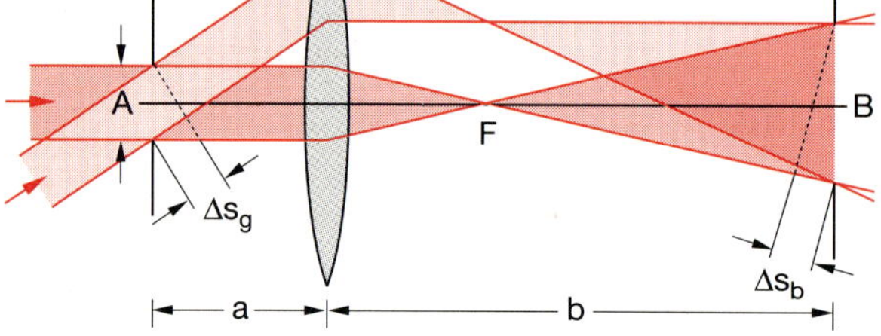

Abb. 9.48. Zur Herleitung der Sinusbedingung für die aplanatische Abbildung einer Blendenfläche

minderung der sphärischen Aberration z.B. durch Ausblenden aller achsenfernen Strahlen bedingt einen oft nich tolerierbaren Intensitätsverlust, und es wird daher in der optischen Technik angestrebt, durch Kombination geeigneter Linsenformen zu einem *korrigierenden Linsensystem* alle auftretenden Abbildungsfehler auch bei großem Öffnungsverhältnis zu minimieren. Eine wichtige Rolle spielt dabei eine von *Ernst Abbe* (1840–1905) entdeckte Relation zwischen dem Abbildungsmaßstab $M = |B|/|A| = b/a$ und den Öffnungswinkeln u_g und u_b der durch das optische System durchgelassenen Lichtbündel. Sie besagt, daß auch bei großen Öffnungswinkeln eine Abbildung mit minimalen Abbildungsfehlern möglich ist, wenn gilt:

$$\frac{\sin u_\mathrm{g}}{\sin u_\mathrm{b}} = \frac{|B|}{|A|} = \mathrm{const}\;. \tag{9.40}$$

Wir wollen diese ***Abbesche Sinusbedingung*** an einem einfachen Sonderfall, nämlich der Abbildung einer beleuchteten Kreisblende mit dem Durchmesser A durch eine Linse L erläutern (Abb. 9.48). Wir nehmen an, daß die Blende von einer weit entfernten ausgedehnten Lichtquelle beleuchtet wird. Die von zwei verschiedenen Punkten dieser Lichtquelle ausgehenden Parallelbündel sind mit ihren ebenen Phasenflächen in Abb. 9.48 eingezeichnet. Der optische Wegunterschied zwischen oberem und unterem Rand der Blende ist

$$\Delta s_\mathrm{g} = A \cdot \sin u_\mathrm{g}\;.$$

Durch die Linse wird die Blendenfläche in die Bildebene im Abstand b von der Linse abgebildet und erzeugt dort ein Bild der Größe B. Für $b \gg B$ kann die Krümmung der Phasenfläche B vernachlässigt werden. Man erhält dann für den entsprechenden optischen Wegunterschied:

$$\Delta s_\mathrm{b} = B \cdot \sin u_\mathrm{b}\;.$$

Für eine verzerrungsfreie Abbildung muß $\Delta s_\mathrm{g} = \Delta s_\mathrm{b}$ sein, so daß daraus sofort (9.40) folgt.

Man nennt eine Abbildung unter Einhaltung der Sinusbedingung ***aplanatisch***. Eine Linse (bzw. ein Linsensystem) kann allerdings eine solche aplanatische Abbildung immer nur für einen bestimmten, durch Konstruktion des Systems festgelegten Bereich Δa, Δb um vorgegebene Werte a der Gegenstandsweite und b der Bildweite leisten [9.6].

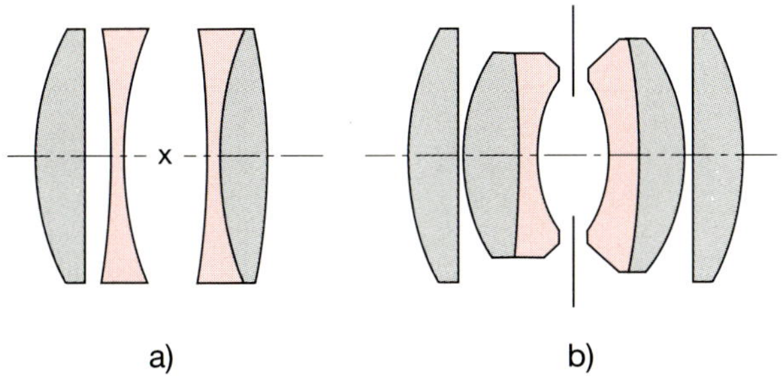

Abb. 9.49. Die Photoobjektive *Tessar* (**a**) und *Planar* (**b**), die von der Firma Carl Zeiss entwickelt wurden und eine achromatische sowie weitgehend aplanatische Abbildung realisieren

In Abb. 9.49 sind als Beispiele zwei Photoobjektive von Zeiss mit ihren minimierten Abweichungen von der idealen Abbildung gezeigt. Sie sind chromatisch korrigiert durch die Verwendung von einem Achromaten beim Tessar und einem Doppelachromaten beim Planar-Objektiv und liefern eine weitgehend aplanatische Abbildung bis zu einem Öffnungsverhältnis von 1 : 2,8 bei kurzer Brennweite des Planar.

9.6 Matrixmethoden der geometrischen Optik

In der geometrischen Optik wird jede optische Abbildung durch den Verlauf von Lichtstrahlen beschrieben (siehe Abschn. 9.1), die sich in homogenen Medien geradlinig ausbreiten und an den Grenzflächen zwischen Gebieten mit unterschiedlichen Brechzahlen n ihre Richtung ändern. In einem optischen System mit einer Symmetrieachse ist ein Lichtstrahl in jedem Punkte $P(x,r)$ definiert durch seinen Abstand $r=(y^2+z^2)^{1/2}$ von der Symmetrieachse (die wir als x-Achse wählen) und durch seinen Winkel α gegen die x-Richtung.

Im Rahmen der paraxialen Näherung für achsennahe Strahlen, bei der die Näherung $\sin\alpha \approx \operatorname{tg}\alpha \approx \alpha$ verwendet wird, besteht bei der Ausbreitung eines Lichtstrahls in einem homogenen Medium mit Brechzahl n_1 von der Ebene $x = x_0$ zur Ebene $x = x_1$ (Abb. 9.50) zwischen den Größen (r_0, α_0) und (r_1, α_1) der lineare Zusammenhang

$$\begin{aligned} n_1\alpha_1 &= n_1\alpha_0 \,, \\ r_1 &= (x_1 - x_0)\,\alpha_0 + r_0 \,. \end{aligned} \tag{9.41}$$

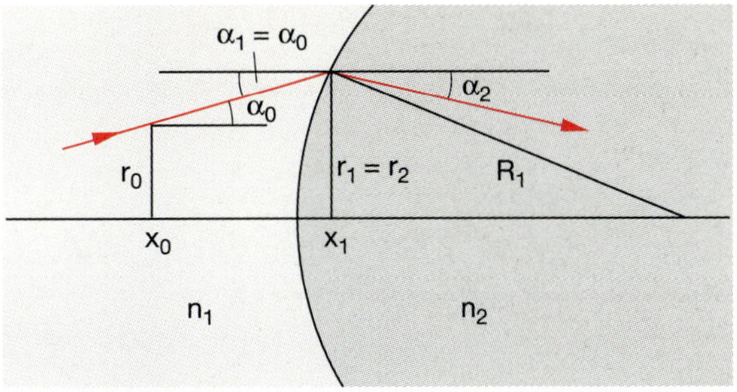

Abb. 9.50. Zur Matrixbeschreibung der Translation und der Brechung eines Lichtstrahls

Auch bei der Brechung an einer Grenzfläche besteht eine lineare Relation zwischen den Größen (r_1, α_2) auf der rechten Seite. Es gilt:

$$\begin{aligned} n_2\alpha_2 &= n_1\alpha_1 - \frac{n_2 - n_1}{R_1}\, r_1 \,, \\ r_2 &= r_1 \,. \end{aligned} \tag{9.42}$$

9.6.1 Grundlagen der Matrixbeschreibung

Die linearen Gleichungen (9.41,42) für r und α können in Matrizenform geschrieben werden. Beschreiben wir die Strahlparameter $(n\alpha, r)$ durch einen zweikomponentigen Spaltenvektor, so läßt sich (9.41) in Vektorform schreiben als

$$\begin{pmatrix} n_1\alpha_1 \\ r_1 \end{pmatrix} = \begin{pmatrix} 1 & 0 \\ \frac{x_1 - x_0}{n_1} & 1 \end{pmatrix} \cdot \begin{pmatrix} n_1\alpha_0 \\ r_0 \end{pmatrix}, \tag{9.41a}$$

während aus (9.42) die Gleichung

$$\begin{pmatrix} n_2\alpha_2 \\ r_2 \end{pmatrix} = \begin{pmatrix} 1 & -\frac{n_2 - n_1}{R_1}\, r_1 \\ 0 & 1 \end{pmatrix} \cdot \begin{pmatrix} n_1\alpha_1 \\ r_1 \end{pmatrix} \tag{9.42a}$$

wird. Man kann also die Ausbreitung des Lichtstrahls im homogenen Medium mit Brechzahl n von der Ebene $x = x_1$ zur Ebene $x = x_2$ durch die ***Translationsmatrix***

$$\widetilde{T} = \begin{pmatrix} 1 & 0 \\ \frac{x_2 - x_1}{n} & 1 \end{pmatrix} \tag{9.43a}$$

und die Brechung an einer gekrümmten Fläche mit Krümmungsradius R durch die ***Brechungsmatrix***

$$\widetilde{B} = \begin{pmatrix} 1 & -\frac{n_2-n_1}{R}\,r \\ 0 & 1 \end{pmatrix} \qquad (9.43b)$$

beschreiben.

Diese Matrixbeschreibung macht es möglich, den Verlauf von Lichtstrahlen durch optische Systeme mit vielen brechenden oder reflektierenden Flächen durch ein Produkt der entsprechenden Matrizen zu berechnen. Ein solches Verfahren ist besonders vorteilhaft bei der numerischen Berechnung von komplizierten Linsensystemen mit Hilfe von Rechnern.

9.6.2 Transformationsmatrix einer Linse

Wir betrachten in Abb. 9.51 einen Lichtstrahl, der durch eine Linse der Dicke d mit Krümmumgsradien R_1, R_2 und der Brechzahl n_2 vom Gegenstandsraum $(n = n_1)$ in den Bildraum $(n = n_3)$ läuft. Dabei werden die Strahlparameter sukzessiv vom Anfangswert $(n_1\alpha_1, r_1)$ im Punkt P_1 in den Endwert $(n_3\alpha_3, r_3)$ im Punkt P_4 überführt gemäß der Abfolge:

$$\begin{pmatrix} n_1\alpha_1 \\ r_1 \end{pmatrix} \to \begin{pmatrix} n_2\alpha_2 \\ r_1 \end{pmatrix} \to \begin{pmatrix} n_2\alpha_2 \\ r_2 \end{pmatrix} \to \begin{pmatrix} n_3\alpha_3 \\ r_2 \end{pmatrix}.$$

In Matrizenschreibweise sind Endzustand und Anfangszustand verknüpft durch

$$\begin{pmatrix} n_3\alpha_3 \\ r_2 \end{pmatrix} = \widetilde{B}_2 \cdot \widetilde{T}_{12} \cdot \widetilde{B}_1 \begin{pmatrix} n_1\alpha_1 \\ r_1 \end{pmatrix} \qquad (9.44)$$

mit den Matrizen

$$\widetilde{B}_1 = \begin{pmatrix} 1 & -\frac{n_2-n_1}{R_1}\,r_1 \\ 0 & 1 \end{pmatrix};$$

$$\widetilde{T}_{12} = \begin{pmatrix} 1 & 0 \\ \frac{x_2-x_1}{n_2} & 1 \end{pmatrix};$$

$$\widetilde{B}_2 = \begin{pmatrix} 1 & -\frac{n_3-n_2}{R_2}\,r_2 \\ 0 & 1 \end{pmatrix},$$

wobei gemäß den Regeln für Matrizenmultiplikation zuerst der Eingangsvektor $(n_1\alpha_1, r_1)$ mit $\widetilde{B}_1$ multipliziert wird, der so entstandene Vektor $(n_2\alpha_2, r_1)$ mit $\widetilde{T}_{12}$ usw. Das Produkt der drei Matrizen ergibt die Transformationsmatrix einer beliebigen Linse mit Brechzahl n_2 in einer Umgebung mit den Brechzahlen n_1 bzw. n_3

$$\widetilde{M}_\mathrm{L} = \widetilde{B}_2\widetilde{T}_{12}\widetilde{B}_1 \qquad (9.45)$$

$$= \begin{pmatrix} 1 - \frac{n_{32}}{n_2}\frac{x_{21}}{R_1} & -\frac{n_{21}}{R_1} - \frac{n_{32}}{R_2} + \frac{n_{21}n_{32}x_{21}}{n_2R_1R_2} \\ \frac{x_{21}}{n_2} & 1 - \frac{x_{21}}{R_1}\frac{n_{21}}{n_2} \end{pmatrix},$$

wobei $x_{21} = x_2 - x_1$, $n_{ik} = n_i - n_k$ ist. Für R_1, $R_2 \gg d$ kann $x_{21} \approx d$ gesetzt werden, so daß die Linsenmatrix M_L durch die Dicke der Linse, die Brechzahlen n_i und die Radien R_i der brechenden Flächen völlig bestimmt ist.

Eine dünne Linse $((x_2 - x_1) \to 0)$ mit der Brennweite f und der Brechzahl $n_2 = n$ in Luft $(n_1 = n_3 = 1)$ hat dann die wesentlich einfachere Transformationsmatrix

$$\widetilde{M}_\mathrm{dL} = \begin{pmatrix} 1 & (n-1)\left(\frac{1}{R_2} - \frac{1}{R_1}\right) \\ 0 & 1 \end{pmatrix}$$

$$= \begin{pmatrix} 1 & -1/f \\ 0 & 1 \end{pmatrix}, \qquad (9.45a)$$

wobei die Relation (9.25a) für die Brennweite f verwendet wurde.

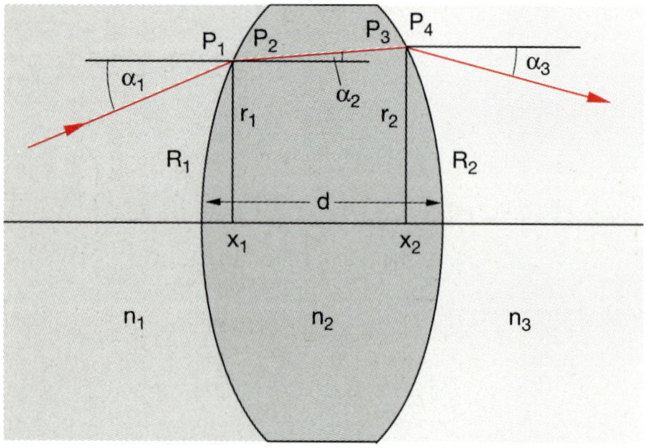

Abb. 9.51. Zur Berechnung der Transformationsmatrix einer Linse mit Krümmungsradien R_1, R_2

9.6.3 Abbildungsmatrix

Wird der Gegenstandspunkt A durch eine Linse L in den Bildpunkt B abgebildet (Abb. 9.52), so lautet die Abbildungsgleichung in Matrixschreibweise mit $n_1 = n_3 = 1$, $n_2 = n$:

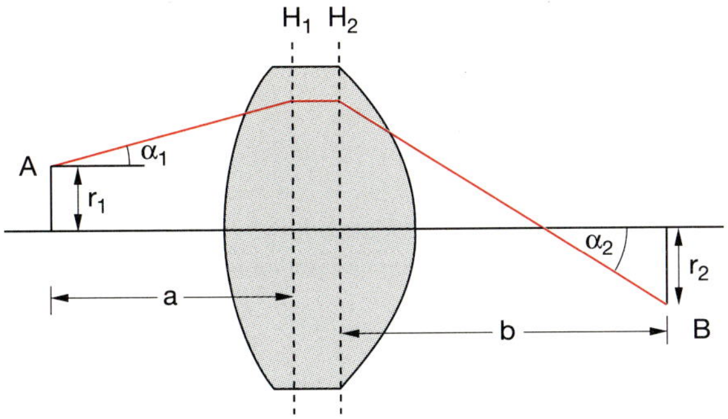

Abb. 9.52. Zur Transformationsmatrix einer dicken Linse

$$\begin{pmatrix} \alpha_1 \\ r_2 \end{pmatrix} = \widetilde{M}_{AB} \begin{pmatrix} \alpha_1 \\ r_1 \end{pmatrix} \tag{9.46}$$

mit der ***Abbildungsmatrix***

$$\widetilde{M}_{AB} = \widetilde{T}_2 \widetilde{M}_L \widetilde{T}_1 \ , \tag{9.47}$$

wobei die Translationsmatrizen für Gegenstands- und Bildraum die Form haben:

$$\widetilde{T}_1 = \begin{pmatrix} 1 & 0 \\ a & 1 \end{pmatrix} ; \quad \widetilde{T}_2 = \begin{pmatrix} 1 & 0 \\ b & 1 \end{pmatrix} , \tag{9.48}$$

so daß die Matrix (9.47) mit Hilfe von (9.45a) berechnet werden kann. Das Ergebnis ist:

$$\widetilde{M}_{AB} = \begin{pmatrix} 1 - \frac{a}{f} & -\frac{1}{f} \\ a - b - \frac{ab}{f} & 1 - \frac{b}{f} \end{pmatrix} . \tag{9.49}$$

Die Abbildungsgleichung (9.46) heißt dann

$$\begin{pmatrix} \alpha_2 \\ r_2 \end{pmatrix}_b = \begin{pmatrix} \alpha_1 \left(1 - \frac{a}{f}\right) - \frac{r_1}{f} \\ \alpha_1 \left(a - b - \frac{ab}{f}\right) + r_1 \frac{f-b}{f} \end{pmatrix} , \tag{9.46a}$$

wobei Gegenstandsweite a und Bildweite b bei einer dünnen Linse bis zur Mittelebene der Linse gerechnet werden (Abb. 9.26), während sie bei dicken Linsen bis zu den Hauptebenen gemessen werden (Abb. 9.29).

Für $\alpha_1 = 0$ (parallel zur Achse einlaufender Strahl) wird

$$\begin{pmatrix} \alpha_2 \\ r_2 \end{pmatrix} = \begin{pmatrix} -r_1/f \\ r_1 \frac{f-b}{f} \end{pmatrix} , \tag{9.46b}$$

was man mit Hilfe des Strahlensatzes sofort verifizieren kann.

9.6.4 Matrizen von Linsensystemen

Der Vorteil der Matrixmethode wird erst wirklich deutlich bei der Berechnung größerer Linsensysteme. Wir wollen hier nur als Beispiel ein System aus zwei Linsen behandeln mit den Brennweiten f_1, f_2, den Abständen d_{ik} zwischen den entsprechenden Hauptebenen und dem Abstand $D = d_{23}$ zwischen den Linsen (Abb. 9.53). Die Transformationsmatrix des Linsensystems ist dann

$$\begin{aligned} \widetilde{M}_{LS} &= \widetilde{B}_4 \widetilde{T}_{34} \widetilde{B}_3 \widetilde{T}_{23} \widetilde{B}_2 \widetilde{T}_{12} \widetilde{B}_1 \\ &= \widetilde{M}_{L2} \widetilde{T}_{23} \widetilde{M}_{L1} \ , \end{aligned} \tag{9.50}$$

wobei $\widetilde{T}_{ik}$ die Transformationsmatrix für den Lichtweg vom Punkt P_i nach P_k und $\widetilde{B}_i$ die Matrix (9.43b) für die Brechung an der i-ten Fläche mit Krümmungsradius R_i ist. Gemäß (9.45) kann man die äußeren drei Faktoren zusammenfassen in die Linsenmatrizen M_{Li} der dicken Linsen L_1 und L_2.

Für weitere Beispiele siehe Aufgaben 9.12–14.

Man beachte:

Die hier dargestellte Matrixmethode ist nur im Rahmen der paraxialen Näherung anwendbar. Für sehr weit von der Achse entfernte Strahlen gelten nicht mehr die linearen Näherungen (9.41,42), und die Rechnungen werden wesentlich komplizierter [9.7,8].

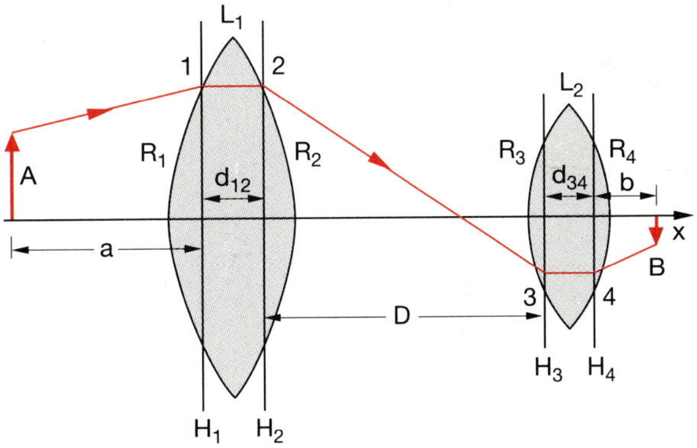

Abb. 9.53. Abbildung durch ein Linsensystem

9.7 Geometrische Optik der Erdatmosphäre

Einer Reihe optischer Erscheinungen in unserer Erdatmosphäre, die mit der Brechung und Reflexion von Licht zusammenhängen, können mit Hilfe der geometrischen Optik erklärt werden. Es gibt jedoch eine Vielzahl von Phänomenen, wie z.B. die Lichtstreuung (siehe Abschn. 8.3), die nur mit Hilfe des Wellenmodells korrekt beschrieben werden können und oft Ergebnisse der Quantentheorie (z.B. bei der Lichtabsorption) zu ihrer quantitativen Erklärung benötigen. Die Optik der Erdatmosphäre ist deshalb viel komplexer, als dies die wenigen hier behandelten Beispiele vermuten lassen [9.9].

9.7.1 Ablenkung von Lichtstrahlen in der Atmosphäre

Da die Dichte der Erdatmosphäre mit wachsender Höhe h abnimmt (siehe Bd. 1, Abschn. 7.2), nimmt auch ihr Brechungsindex $n(h)$ ab. Tritt ein Lichtstrahl von außen (z.B. von einem Stern) schräg in die Erdatmosphäre ein, so wird er auf Grund der radialen Brechzahländerung gekrümmt (Abb. 9.54a). Dies sieht man quantitativ aus Abb. 9.54b, in der bei einem radialen Brechzahlprofil $n(r)$ die optischen Wege $\mathrm{d}s_1 = n(r) \cdot r\,\mathrm{d}\varphi$ und $\mathrm{d}s_2 = n(r+\mathrm{d}r) \cdot (r+\mathrm{d}r) \cdot \mathrm{d}\varphi$ zwischen zwei Phasenflächen eines Parallelbündels gleich sein müssen. Dies ergibt die Bedingung $r \cdot \mathrm{d}n = -n \cdot \mathrm{d}r$, aus der sich der Krümmungsradius

$$r = -\frac{n}{\mathrm{d}n/\mathrm{d}r} \tag{9.51}$$

des Lichtstrahls ergibt. Auf dem Wege $\mathrm{d}s = r \cdot \mathrm{d}\varphi$ erfährt der Lichtstrahl also eine Winkelablenkung

$$\mathrm{d}\varphi = -\frac{1}{n}\frac{\mathrm{d}n}{\mathrm{d}r}\,\mathrm{d}s\,. \tag{9.51a}$$

Anmerkung

Im Falle der Abb. 9.54b ist $\mathrm{d}n/\mathrm{d}r < 0$, Krümmungsradius und Winkelablenkung sind also positiv.

Die Krümmung von Lichtstrahlen in der Atmosphäre führt dazu, daß der Winkel ζ, den der beim Beobachter B eintreffende Lichtstrahl von einem Stern gegen die Vertikale hat (ζ heißt ***Zenitdistanz***), kleiner erscheint.

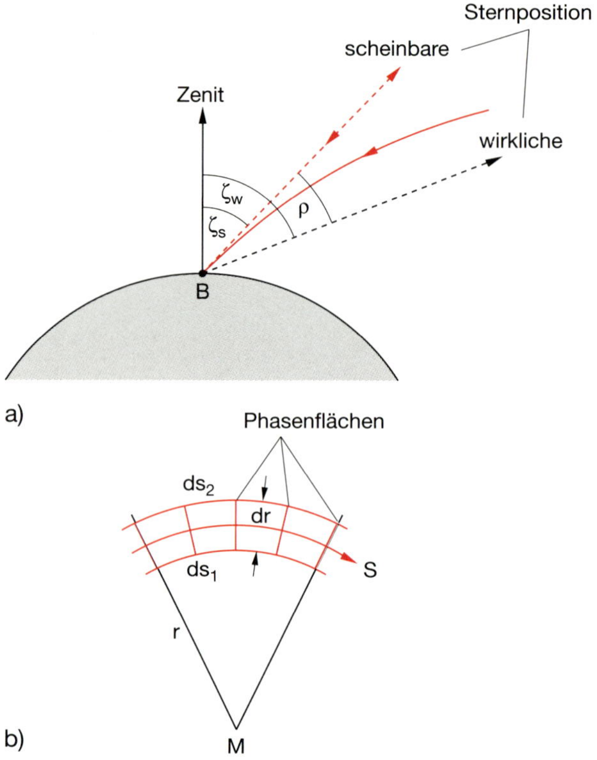

Abb. 9.54. (**a**) Astronomische Refraktion des Sternlichts. Die Krümmung des Lichtstrahls ist hier stark übertrieben gezeichnet. (**b**) Krümmung eines Lichtstrahls bei einem radialen Dichtegradienten

Die Differenz (Abb. 9.55) $\varrho = \zeta_\mathrm{w} - \zeta_\mathrm{s}$ zwischen wahrer und scheinbarer Zenitdistanz eines Sterns heißt ***Refraktionswinkel der Atmosphäre***. Er wächst mit der Länge des Weges durch die Atmosphäre. Da diese proportional zu $\mathrm{tg}\,\zeta$ ist, ferner die Differenz des Brechungsindex beim gesamten Weg durch die Atmosphäre $\Delta n = n_0 - 1$ ist, wird

$$\varrho \approx a \cdot (n_0 - 1) \cdot \mathrm{tg}\,\zeta\,.$$

Die experimentelle Beobachtung ergibt den Wert

$$\varrho_\mathrm{exp} = 58{,}2'' \cdot \mathrm{tg}\,\zeta\,.$$

Zur Bestimmung genauer Sternpositionen muß die Refraktion der Erdatmosphäre berücksichtigt werden.

Die Refraktion der Atmosphäre führt dazu, daß man von einem Beobachtungsort B der Höhe h

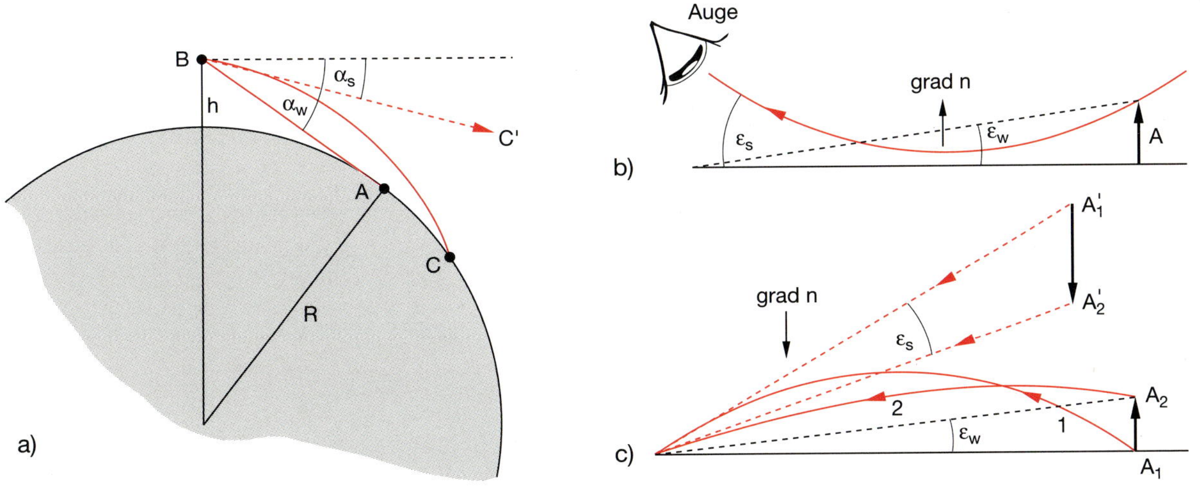

Abb. 9.55. (**a**) Erweiterung der Sichtweite auf Grund der Refraktion der Atmosphäre und Erklärung von Luftspiegelungen (Fata Morgana), (**b**) für $dn/dh > 0$, (**c**) für $dn/dh < 0$

über dem Erdboden weiter sehen kann, als dies der geradlinigen Tangente von B nach A entspricht (Abb. 9.55a). Der Punkt C, bis zu dem man auf Grund der Krümmung der Lichtstrahlen sehen kann, erscheint dem Beobachter in der Richtung von C'. Der Horizont scheint daher um den Winkel $\alpha_w - \alpha_s$ angehoben worden zu sein.

Auch die Erscheinung der ***Fata Morgana*** beruht auf der Krümmung von Lichtstrahlen in der Atmosphäre. Wenn die von zwei Gegenstandspunkten A_1, A_2 ausgehenden Lichtstrahlen 1 und 2 in der Atmosphäre gemäß (9.51) gekrümmt werden (Abb. 9.55b), so erscheint dem Beobachter, je nach Brechzahlgradient dn/dh, ein aufrechtes oder ein umgekehrtes Bild des Gegenstands. Bei starker Erwärmung bodennaher Luftschichten kann die Dichte der Luft nach oben hin zunehmen, so daß **grad** n nach oben zeigt. Bei genügend großer Krümmung der Lichtstrahlen ist der scheinbare Sehwinkel ε_s größer als der wahre Winkel ε_w zwischen den Strahlen von A_1 und A_2, so daß das scheinbare Bild wesentlich näher erscheint als der wirkliche Gegenstand.

9.7.2 Regenbogen

Das farbenprächtige Bild eines Regenbogens kann man beobachten, wenn die nicht mehr von Wolken verdeckte Sonne eine Regenwand beleuchtet und der Beobachter B mit dem Rücken zur Sonne S auf die Regenwand R blickt (Abb. 9.56). Das farbige Band des Regenbogens bildet den Teilbogen eines Kreises, dessen Mittelpunkt M auf der verlängerten Geraden SB liegt. Man sieht also nur dann fast einen Halbkreis, wenn die Sonne dicht über dem Horizont steht, also kurz vor Sonnenuntergang bzw. kurz nach Sonnenaufgang.

Häufig beobachtet man zwei Regenbögen mit verschiedener Intensität. Der Hauptregenbogen hat nach außen einen scharfen Rand, dem sich nach innen die Spektralfarben mit abnehmender Wellenlänge anschließen. Der Öffnungswinkel α_H zwischen

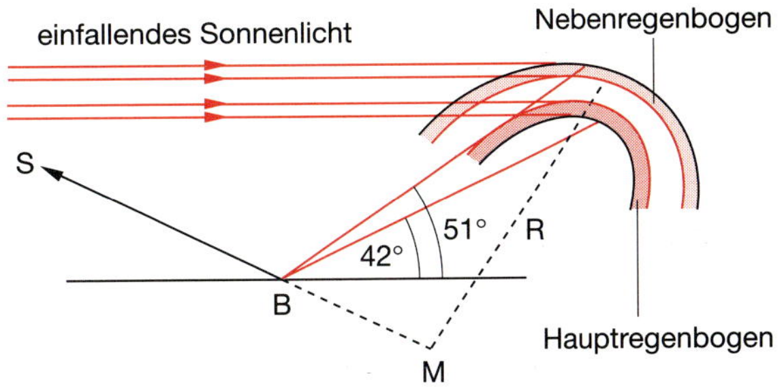

Abb. 9.56. Beobachtungsbedingungen für einen Regenbogen

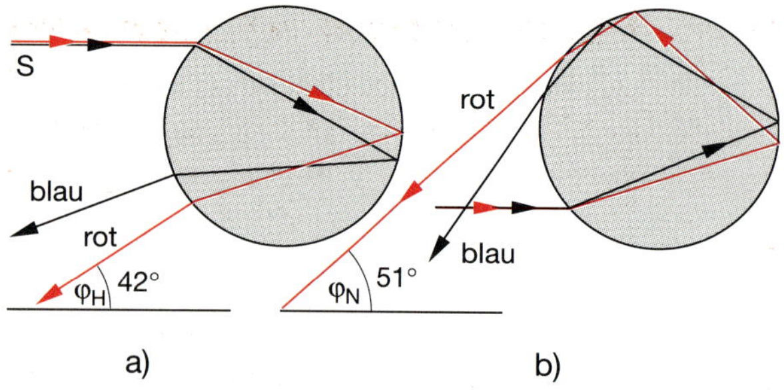

Abb. 9.57a,b. Erklärung der Entstehung von Haupt- und Nebenregenbogen

Symmetrieachse $\overline{SBM}$ und dem roten Rand beträgt etwa $\varphi_H \approx 42°$. Der intensitätsschwächere Nebenregenbogen, dessen Spektralfolge umgekehrt verläuft, also von außen blau nach innen rot, hat einen Öffnungswinkel $\varphi_N \approx 51°$.

René Descartes (1596–1650) hat bereits 1637 erkannt, daß Regenbögen infolge der Brechung des Sonnenlichtes durch Wassertropfen entstehen. Beim Hauptregenbogen werden die Lichtstrahlen nach ihrem Eintritt in den Wassertropfen einmal total reflektiert (Abb. 9.57a), beim Nebenregenbogen zweimal (Abb. 9.57b), so daß sich hier die Farbenfolge umkehrt.

Der Ablenkwinkel $\delta = 180° - \varphi$ des an dem Regenbogen wieder austretenden Lichtes hängt ab vom Eintrittsort z. Aus Abb. 9.58 entnimmt man die Relationen:

$$\delta = 180° - 4\beta + 2\alpha\,,$$

$$\sin\alpha = \frac{z}{R}, \quad \sin\beta = \frac{z}{n \cdot R}\,.$$

Die Funktion $\delta(z)$ hat ein Minimum (siehe Aufgabe 9.10) für

$$z = R \cdot \sqrt{\frac{1}{3}\,(4 - n^2)}\,,$$

bei dem der Winkel $\varphi = 4\beta - 2\alpha = 4\arcsin(z/nR) - 2\arcsin(z/R)$ für $n = 1{,}33$ den Wert $\varphi_{max} = 42°$ hat.

Bei diesem Winkel φ_{max}, für den $\mathrm{d}\varphi/\mathrm{d}z = 0$ wird, trägt eine maximale Breite Δz des einfallenden parallelen Lichtbündels zur Ablenkung in das Winkelintervall $\varphi \pm \Delta\varphi$ bei, so daß in dieser Richtung das von der Regenwand reflektierte Licht maximal wird.

Bei der zweimaligen Reflexion erhält man durch eine analoge Überlegung (siehe Aufgabe 9.10) den Ablenkwinkel $\varphi = 51°$ für den Nebenregenbogen.

Die Winkelbreite $\Delta\varphi$ des Regenbogens ergibt sich aus der Dispersion $n(\lambda)$ des Wassers zu

$$\Delta\varphi = \frac{\mathrm{d}\varphi}{\mathrm{d}n} \cdot \frac{\mathrm{d}n}{\mathrm{d}\lambda} \cdot \Delta\lambda$$

mit $\Delta\lambda = \lambda_{rot} - \lambda_{blau} \approx 330\,\mathrm{nm}$. Obwohl die Descartesche Theorie die grundsätzliche Erscheinung des Regenbogens richtig erklärt, werden doch feinere Details, wie z.B. die sekundären Regenbögen, die als zusätzliche schwach rötlich-grüne Ringe innerhalb des Hauptregenbogens oft zu beobachten sind, nicht beschrieben. Eine genauere Erklärung dieser Details, die auf Interferenz- und Beugungserscheinungen (siehe Kap. 10) zurückzuführen sind, übersteigt den Rahmen der geometrischen Optik und kann erst mit Hilfe der Wellentheorie des Lichtes richtig begründet werden.

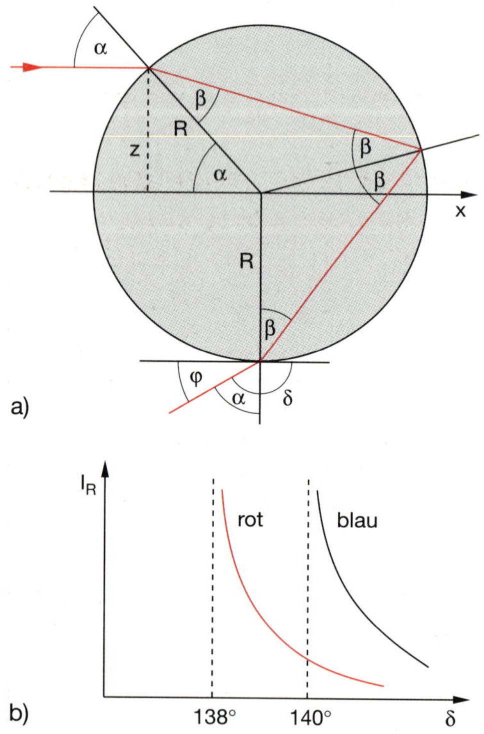

Abb. 9.58. (**a**) Zur Berechnung des Ablenkwinkels δ als Funktion des Abstandes z. (**b**) Intensität des Regenbogens als Funktion des Ablenkwinkels für rotes und blaues Licht

ZUSAMMENFASSUNG

- Wenn Beugungserscheinungen vernachlässigbar sind, kann die Ausbreitung von Licht im Rahmen der geometrischen Optik mit Hilfe von Lichtstrahlen beschrieben werden.
- Bei einer idealen optischen Abbildung werden alle von einem Punkt A ausgehenden Lichtstrahlen in einen Punkt B abgebildet. B heißt Bild von A. Bei einer realen Abbildung ist das Bild von A eine Fläche um den Bildpunkt B. Die Abbildung kann durch Reflexion (Spiegel) oder Brechung (Linsen) bewirkt werden.
- Alle abbildenden Elemente (außer dem ebenen Spiegel) haben Abbildungsfehler, die in axialsymmetrischen Abbildungssystemen für achsennahe Strahlen vernachlässigt werden können (paraxiale Näherung).
- Die Abbildungsgleichung einer dünnen Linse mit Brennweite f heißt

  $$\frac{1}{a}+\frac{1}{b}=\frac{1}{f},$$

  wobei a die Gegenstandsweite, b die Bildweite ist.
- Die wichtigsten Linsenfehler (Abweichung von der idealen Abbildung) sind chromatische Aberration, sphärische Aberration, Astigmatismus, Koma und Bildfeldwölbung.
- Die Abbildung durch dicke Linsen läßt sich durch Einführen von Hauptebenen auf die Abbildung durch dünne Linsen zurückführen.
- Mit Linsensystemen aus mehreren Linsen erhält man bei Variation von Brennweiten und Linsenabständen eine große Flexibilität der Abbildungseigenschaften.
- In der paraxialen Näherung läßt sich die Abbildung mit Hilfe von Matrizen darstellen. Die Abbildung durch ein System von Linsen wird durch das Produkt der Matrizen der Einzelkomponenten beschrieben.
- Im Medium mit örtlich veränderlichem Brechungsindex n tritt eine Krümmung der Lichtstrahlen auf, die proportional zu **grad** n ist.
- Der Regenbogen entsteht durch Brechung und Reflexion von Licht in Wassertröpfchen.

ÜBUNGSAUFGABEN

1. Zeigen Sie durch Anwenden des Fermatschen Prinzips, daß eine reflektierende Fläche, welche eine ebene Welle in einen Punkt fokussiert, ein Paraboloid sein muß.
2. Ein ebener Spiegel, auf den eine ebene Welle unter dem Winkel α einfällt, wird um den Winkel δ gedreht. Um welchen Winkel ändert sich die Richtung der reflektierten Welle?
   Wie sieht diese Änderung bei einem sphärischen Spiegel aus, auf den die Welle vor der Drehung in Richtung der Symmetrieachse einfällt?
3. Leiten Sie (9.26) für die Abbildung durch eine dünne Linse direkt aus Abb. 9.25 bzw. 9.26 her, mit der Näherung $\sin x \approx \operatorname{tg} x \approx x$.
4. Zwischen zwei ebenen Spiegeln ($z \pm d/2$) wird eine punktförmige Lichtquelle A an die Stelle ($z = 1/3\, d, x = 0$) gebracht. Ermitteln Sie durch Zeichnen der Abbildungsstrahlen die vier Bilder B_i, die A am nächsten liegen.
5. Eine 2 cm dicke Wasserschicht ($n = 1{,}33$) steht in einem zylindrischen Glasgefäß mit dem Radius $R = 3$ cm über einer 4 cm dicken Schicht von Tetrachlorkohlenstoff ($n = 1{,}46$).
   a) Wie groß ist der maximale Winkel α_m gegen die Normale, unter dem man noch den Mittelpunkt des Gefäßbodens sehen kann?
   b) Wie groß muß R sein, damit $\alpha_\mathrm{m} = 90°$ wird?
6. Sie sollen mit einer Linse ein 10-fach vergrößertes Bild eines Gegenstandes A auf einem Bildschirm B entwerfen, der 3 m von A entfernt ist. Welche Brennweite muß die Linse haben?
7. Ein Lichtstrahl durchsetzt eine planparallele Glasplatte mit Brechzahl n und Dicke d, deren Normale den Winkel α gegen den Lichtstrahl bildet.
   a) Man zeige, daß der austretende Lichtstrahl parallel zum eintretenden Strahl ist.
   b) Wie groß ist der Parallelversatz?

▶

8. Ein Lichtstrahl trifft auf einen Spiegel, der aus drei ebenen, zueinander senkrechten Spiegelflächen besteht. Zeigen Sie, daß der Strahl, unabhängig vom Auftreffpunkt, immer parallel zur Einfallsrichtung zurückreflektiert wird.
9. Ein Linsenfernrohr hat eine Objektivlinse mit Durchmesser $D_1 = 5\,\text{cm}$ und Brennweite $f_1 = 20\,\text{cm}$. Wie groß muß der Durchmesser D_2 der Okularlinse mit $f = 2\,\text{cm}$ sein, um alles Licht, das durch die Objektivlinse gelangt, sammeln zu können? Wie groß ist die Winkelvergrößerung des Instruments?
10. Ein Lichtstrahl trifft auf eine Glaskugel mit Radius R und Brechzahl n im Abstand h von der Achse (Abb. 9.59) und wird an der rückseitigen Oberfläche reflektiert.

    a) Wo schneidet er die Achse?

    b) Unter welchem Winkel δ gegen den einfallenden Strahl verläßt der Strahl die Kugel nach ein- bzw. zweimaliger Reflexion?

    c) Für welches Verhältnis h/R wird δ minimal?

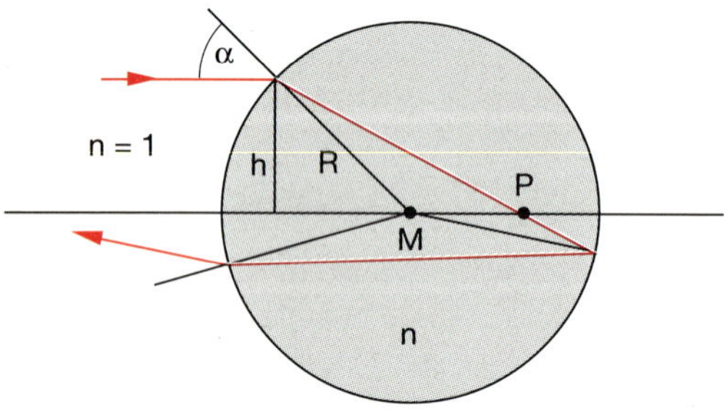

Abb. 9.59. Zu Aufgabe 10

    d) Zeigen Sie, daß für $n = 1{,}33$ (Wassertropfen) $\delta_{\min} = 138°$ bei einmaliger und $128°$ bei zweimaliger Reflexion wird.
11. Eine dünne Linse mit $R_1 = +10\,\text{cm}$, $R_2 = +20\,\text{cm}$ hat Brechzahlen $n(600\,\text{nm}) = 1{,}485$ und $n(400\,\text{nm}) = 1{,}50$.

    a) Wie sind die Brennweiten für diese beiden Wellenlängen?

    b) Geben Sie die Parameter für eine Zerstreuungslinse an, die diese chromatische Aberration kompensieren kann.
12. Zwei dünne Linsen mit Brennweiten f_1, f_2 haben einen Abstand D ($D < f_1$, $D < f_2$). Wie groß ist die Brennweite des Linsensystems mit $f_1 = 10$ cm, $f_2 = 50$ cm, $D = 5$ cm?
13. Zwei konkave Spiegel M_1, M_2 mit Krümmungsradien R_1, R_2 stehen sich im Abstand d gegenüber. Wo liegt das Bild B eines Punktes A, x cm entfernt von M_1, auf der gemeinsamen Symmetrieachse, das von M_1 bzw. M_2 abgebildet wird, für $R_1 = 24\,\text{cm}$, $R_2 = 40\,\text{cm}$, $d = 60\,\text{cm}$, $x = 6\,\text{cm}$?
14. Berechnen Sie mit Hilfe der Matrixmethode die Brennweite für die spezielle Version des in Abb. 9.49 gezeigten Tessarobjektives mit den Daten (in cm):

    $R_1 = 1{,}628$, $R_2 = -27{,}57$, $R_3 = -3{,}457$,
    $R_4 = 1{,}582$, $R_5 = \infty$, $R_6 = 1{,}92$,
    $R_7 = -2{,}40$,
    $n_1 = 1{,}6116$, $n_2 = 1{,}6053$, $n_3 = 1{,}5123$,
    $n_4 = 1{,}6116$,
    $d_{12} = 0{,}357$, $d_{23} = 0{,}189$, $d_{34} = 0{,}081$,
    $d_{45} = 0{,}325$, $d_{56} = 0{,}217$, $d_{67} = 0{,}396$.

10. Interferenz und Beugung

Aus der Linearität der Wellengleichung

$$\Delta \boldsymbol{E} = \frac{1}{c^2}\frac{\partial^2 E}{\partial t^2} \tag{10.1}$$

folgt, daß mit beliebigen Lösungen $\boldsymbol{E}_1$ und $\boldsymbol{E}_2$ auch jede Linearkombination $\boldsymbol{E} = a\boldsymbol{E}_1 + b\boldsymbol{E}_2$ eine Lösung von (10.1) ist.

Um das gesamte Wellenfeld $\boldsymbol{E}(\boldsymbol{r}, t)$ in einem beliebigen Raumpunkt P zur Zeit t zu erhalten, muß man die Amplituden der sich in P überlagernden Teilwellen $\boldsymbol{E}_i(\boldsymbol{r}, t)$ addieren (Superpositionsprinzip). Die Gesamtfeldstärke

$$\boldsymbol{E}(\boldsymbol{r}, t) = \sum_m \boldsymbol{A}_m(\boldsymbol{r}, t)\mathrm{e}^{\mathrm{i}\varphi_m} \tag{10.2}$$

des Wellenfeldes hängt sowohl von den Amplituden $\boldsymbol{A}_m(\boldsymbol{r}, t)$ als auch von den Phasen φ_m der sich überlagernden Teilwellen ab. Sie ist im allgemeinen Fall sowohl orts- als auch zeitabhängig.

Diese Überlagerung von Teilwellen heißt ***Interferenz*** (siehe auch Bd. 1, Abschn. 10.10). Das gesamte Raumgebiet, in dem sich Teilwellen überlagern, bildet das Interferenzfeld, dessen räumliche Struktur durch die ortsabhängige Gesamtintensität $I(\boldsymbol{r}, t) \propto |\boldsymbol{E}(\boldsymbol{r}, t)|^2$ bestimmt wird. Räumliche Begrenzungen des Wellenfeldes können einen Teil der interferierenden Wellen unterdrücken, die dann in der Summe (10.2) fehlen. Diese *unvollständige Interferenz* führt zu Beugungserscheinungen, welche eine zusätzliche Strukturierung des Wellenfeldes verursachen.

10.1 Zeitliche und räumliche Kohärenz

Eine zeitlich stationäre Interferenzstruktur kann nur dann beobachtet werden, wenn sich die Phasendifferenzen $\Delta\varphi = \varphi_j - \varphi_k$ zwischen beliebigen Teilwellen $\boldsymbol{E}_j$, $\boldsymbol{E}_k$ im Raumpunkt $P(\boldsymbol{r})$ während der Beobachtungsdauer Δt um weniger als 2π ändern. Man nennt die Teilwellen dann ***zeitlich kohärent***.

Die maximale Zeitspanne Δt_c, während der sich Phasendifferenzen zwischen allen im Punkt P überlagerten Teilwellen um höchstens 2π ändern, heißt ***Kohärenzzeit***.

Um uns dies klarzumachen, betrachten wir eine Lichtquelle, die Licht mit der Zentralfrequenz ν_0 und der spektralen Breite $\Delta\nu$ aussendet. Dieses Licht kann als Überlagerung vieler monochromatischer Teilwellen mit Frequenzen ν innerhalb des Frequenzintervalls $\nu_0 \pm \Delta\nu/2$ aufgefaßt werden.

Die Phasendifferenz $\Delta\varphi$ zwischen solchen Teilwellen mit den Frequenzen $\nu_1 = \nu_0 - \Delta\nu/2$ und $\nu_2 = \nu_0 + \Delta\nu/2$ ist für $\Delta\varphi(t = 0) = 0$:

$$\Delta\varphi(t) = 2\pi(\nu_2 - \nu_1)t \, .$$

Sie wächst linear mit der Zeit t an. Nach der Kohärenzzeit $t_c = 1/\Delta\nu$ ist sie auf $\Delta\varphi(t_c) = 2\pi$ angewachsen. Für alle anderen Komponenten, deren Frequenzdifferenz kleiner als $\Delta\nu$ ist, ist $\Delta\varphi(t_c) < 2\pi$. Die Überlagerung aller Komponenten enthält daher alle Phasendifferenzen zwischen 0 und 2π, und für den zeitlichen Mittelwert der Überlagerung gilt:

$$\boldsymbol{E}(t) = \frac{1}{t_c}\int_0^{t_c} \sum \boldsymbol{E}_i(\nu, t)\,\mathrm{d}t \equiv 0 \, .$$

Die Kohärenzzeit Δt_c einer Lichtwelle ist also gleich dem Kehrwert der spektralen Frequenzbreite $\Delta\nu$ (Abb. 10.1):

$$\Delta t_c = \frac{1}{\Delta\nu} \, . \tag{10.3}$$

Man kann dies auch folgendermaßen darstellen: Die Überlagerung aller Komponenten $\boldsymbol{E}_i(\nu)$ führt zu einem zeitlich abklingenden endlichen Wellenzug

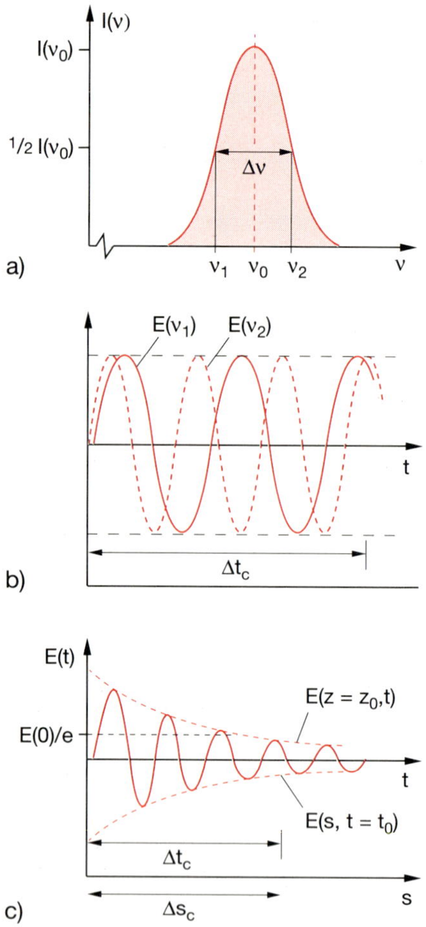

Abb. 10.1a–c. Zur zeitlichen Kohärenz einer Welle mit der spektralen Frequenzbreite $\Delta\nu$. Die Kohärenzzeit ist $\Delta t_c = 1/\Delta\nu$. (**a**) Spektralverteilung $I(\nu)$; (**b**) zeitliche Überlagerung zweier Teilwellen; (**c**) zeitlicher Verlauf der Gesamtfeldstärke aller Komponenten in (**a**)

$\boldsymbol{E}(t)$, der nach der Kohärenzzeit Δt_c auf $1/e$ seiner Anfangsamplitude abgeklungen ist (Abb. 10.1c).

Die Phasendifferenzen $\Delta\varphi_{j,k}$ zwischen den Teilwellen $\boldsymbol{E}_j$ und $\boldsymbol{E}_k$ können für die verschiedenen Orte $P(\boldsymbol{r})$ des Überlagerungsgebietes durchaus verschieden sein, weil die Phasendifferenzen $\Delta\varphi_i = (2\pi/\lambda_i)\Delta s$ bei gleicher Wellenlänge λ noch vom Weg $\Delta s = \overline{SP}$ zwischen Lichtquelle S und Beobachtungspunkt P abhängen. Ändert sich die räumliche Differenz

$$\Delta_r\varphi_i = \varphi_i(\boldsymbol{r}_1) - \varphi_i(\boldsymbol{r}_2) \tag{10.4}$$

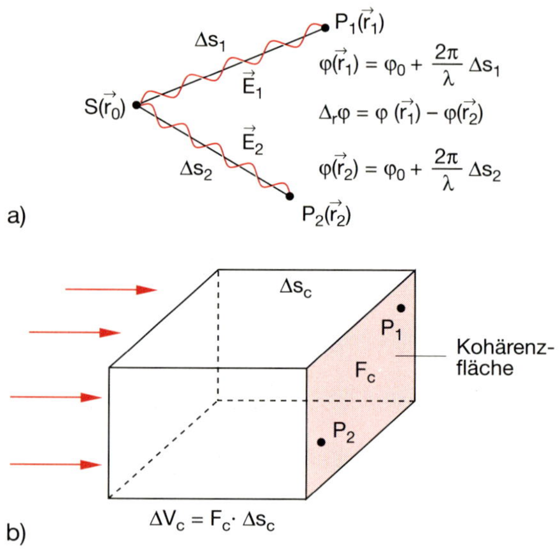

Abb. 10.2. (**a**) Phasendifferenz $\Delta_r\varphi$ zwischen den Phasen $\varphi(\boldsymbol{r}_1)$ und $\varphi(\boldsymbol{r}_2)$ einer monochromatischen Welle an zwei verschiedenen Raumpunkten; (**b**) Kohärenzfläche F_c und Kohärenzvolumen

der Phase φ_i einer beliebigen Teilwelle $\boldsymbol{E}_i$ während der Beobachtungszeit Δt um weniger als 2π, so heißt das Wellenfeld räumlich kohärent (Abb. 10.2). Die Fläche senkrecht zur Ausbreitungsrichtung, auf der $\Delta_r\varphi_i = 0$ erfüllt ist, heißt ***Kohärenzfläche*** F_c.

Als Kohärenzlänge $\Delta s_c = c' \cdot \Delta t_c$ wird die Strecke bezeichnet, die das Licht während der Kohärenzzeit zurücklegt. Das Produkt aus Kohärenzfläche und Kohärenzlänge Δs_c heißt ***Kohärenzvolumen*** ΔV_c [10.1].

> Nur innerhalb des Kohärenzvolumens können Interferenzstrukturen beobachtet werden.

BEISPIELE

1. Für Licht mit der Spektralbreite $\Delta\nu = 2 \cdot 10^9$ Hz (typische Dopplerbreite einer Spektrallinie im sichtbaren Bereich) ist $\Delta t_c = 1/\Delta\nu = 5 \cdot 10^{-10}$ s. Die Kohärenzlänge $\Delta s_c = c \cdot \Delta t_c$ beträgt dann $\Delta s_c = 0{,}15$ m.
2. Eine ebene Welle

$$\boldsymbol{E} = \boldsymbol{A} \cdot e^{i(\omega t - \boldsymbol{k}\cdot\boldsymbol{r})}$$

ist auf der gesamten Ebene $\boldsymbol{k} \cdot \boldsymbol{r} = \text{const}$ räumlich kohärent. Ist sie monochromatisch ($\Delta\nu = 0$), so ist ihre Kohärenzlänge unendlich groß. Die Welle ist dann im gesamten Raum kohärent. Ist ihre Frequenzbreite $\Delta\nu > 0$, so ist sie nur in einem Volumen mit der Länge $\Delta s_c = c'/\Delta\nu$, das aber senkrecht zu $\boldsymbol{k}$ unendlich ausgedehnt ist, kohärent.

3. Eine monochromatische Kugelwelle ist im gesamten Raumgebiet kohärent. Allgemein gilt: Wellen, die von „punktförmigen" Lichtquellen (die es natürlich nur als idealisierte Näherung gibt) emittitert werden, sind im gesamten Raumgebiet räumlich kohärent.

Wir wollen nun diese Begriffe Kohärenz und Interferenz an mehreren Beispielen für die experimentelle Realisierung kohärenter Wellen und ihrer Überlagerung demonstrieren.

10.2 Erzeugung und Überlagerung kohärenter Wellen

Um kohärente Teilwellen zu erzeugen, deren Überlagerung zu beobachtbaren Interferenzerscheinungen führt, gibt es prinzipiell zwei Methoden:

- Die Sender (d.h. die Erregerzentren für die Teilwellen) werden phasenstarr miteinander gekoppelt (Abb. 10.3).
- Die von *einer* Quelle S ausgehende Welle wird in zwei oder mehr Teilwellen aufgespalten, die dann verschieden lange Wege durchlaufen, bevor sie wieder überlagert werden (Abb. 10.4).

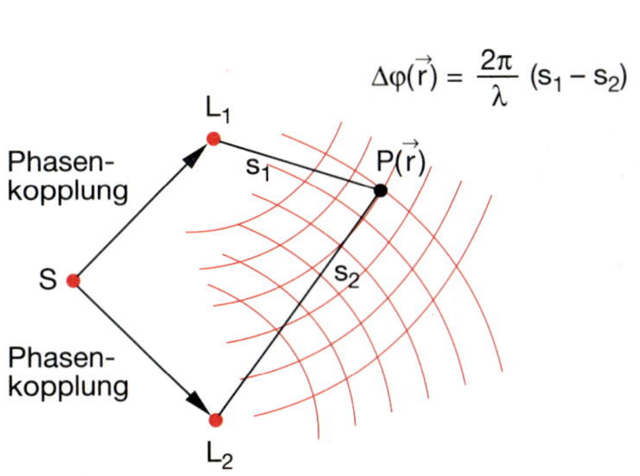

Abb. 10.3. Phasenstarre Kopplung zweier Quellen L_1 und L_2 an einen Sender S zur Erzeugung kohärenter Teilwellen, die sich im Interferenzgebiet mit zeitlich konstanten, aber ortsabhängigen Phasendifferenzen $\Delta\varphi(\boldsymbol{r})$ überlagern

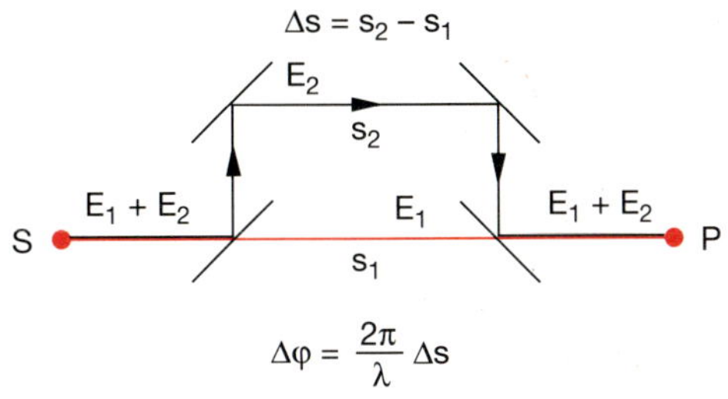

Abb. 10.4. Zweistrahl-Interferenz durch Strahlteilung in zwei Teilbündel, die nach Durchlaufen unterschiedlicher Wege wieder überlagert werden

Die erste Methode läßt sich experimentell für akustische Wellen realisieren (siehe Bd. 1, Abschn. 10.10), indem man z.B. zwei oder mehr räumlich getrennte Lautsprecher L_i durch die gleiche Wechselspannungsquelle antreibt.

Im Fall von Lichtwellen sind die Sender energetisch angeregte Atome (siehe Bd. 3), die im allgemeinen unabhängig voneinander mit statistisch verteilten Phasen Lichtwellen emittieren. Das von der gesamten Lichtquelle ausgesendetete Licht ist deshalb inkohärent, so daß die erste Methode für klassische Lichtquellen (z.B. Glühlampen, Gasentladungslampen, Sonne) nicht ohne weiteres anwendbar ist.

Durch eine kohärente Lichtwelle kann man die Atome zu phasengekoppelten erzwungenen Schwingungen anregen (siehe Abschn. 8.2). So schwingen z.B. alle Atome auf einer Ebene $z = z_0$ in Abb. 8.4 in Phase. Dies setzt jedoch die Existenz einer kohärenten anregenden Welle voraus. Mit speziellen Lichtquellen, den Lasern (siehe Bd. 3), lassen sich solche kohärenten intensiven Lichtwellen erzeugen, und unter speziellen Bedingungen ist es auch möglich, zwei verschiedene Laser phasenstarr miteinander zu koppeln.

In den meisten Fällen ist man in der Optik jedoch auf die zweite Methode angewiesen, um Interferenzphänome zu studieren, d.h. man verwendet *eine* Lichtquelle, deren ausgesandte Strahlung durch verschiedene Arten von Strahlteilern so aufgespalten wird, daß die einzelnen Teilwellen unterschiedliche Weglängen durchlaufen, bevor sie wieder überlagert werden.

Überlagert man zwei Teilwellen, so spricht man von ***Zweistrahl-Interferenz*** im Gegensatz zur ***Vielstrahl-Interferenz*** bei der kohärenten Überlagerung vieler Teilwellen.

Die Interferenz bildet die Basis für alle Interferometer. Dies sind Anordnungen, bei denen die Zweistrahl- oder Vielstrahl-Interferenz ausgenutzt wird zur Messung von Wellenlängen, von Änderungen kleiner Strecken im Submikrobereich oder von Brechungsindizes transparenter Medien und ihrer Abhängigkeit von Temperatur oder Druck.

Man beachte:

Interferenzerscheinungen als räumlich strukturierte, zeitlich konstante Intensitätsverteilung $I(\boldsymbol{r})$ der überlagerten Wellen lassen sich nur in einem begrenzten Raumgebiet beobachten, in dem die Wegdifferenzen Δs kleiner sind als die Kohärenzlänge $\Delta s_c = c' \cdot \Delta t_c$. Wir werden sehen, daß das Kohärenzvolumen sowohl von der räumlichen als auch von der zeitlichen Kohärenz des Wellenfeldes abhängt.

10.3 Experimentelle Realisierung der Zweistrahl-Interferenz

Es gibt eine große Zahl verschiedener experimenteller Anordnungen, mit denen sich eine von einer Lichtquelle L emittierte Lichtwelle in zwei Teilbündel aufspalten läßt, die dann mit Hilfe von Spiegeln oder Linsen wieder zusammengeführt und überlagert werden können. Wir wollen dies an einigen Beispielen verdeutlichen.

10.3.1 Fresnelscher Spiegelversuch

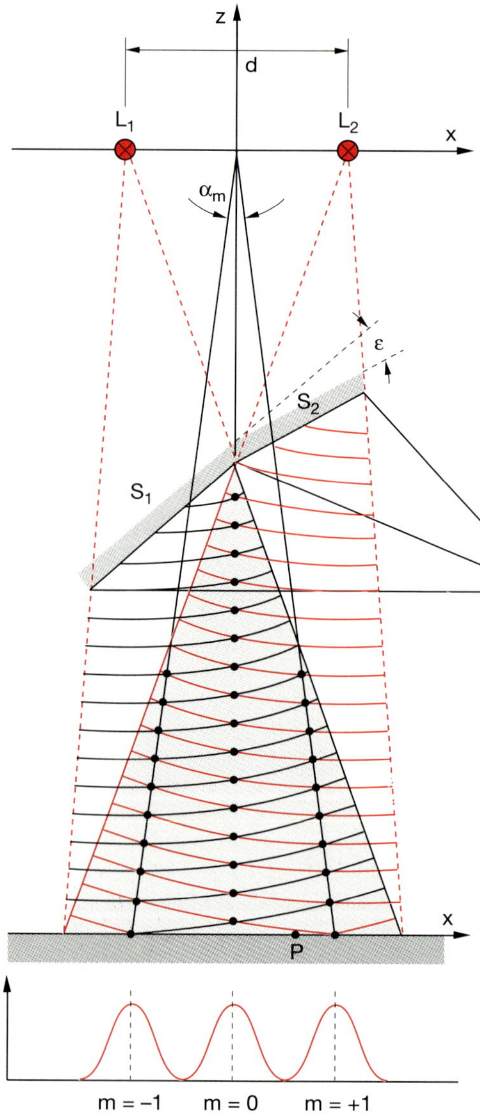

Abb. 10.5. Fresnelscher Spiegelversuch

Das Licht einer praktisch punktförmigen Lichtquelle L wird an zwei ebenen Spiegeln S_1 und S_2, die einen kleinen Winkel ε miteinander bilden, reflektiert (Abb. 10.5). Für einen Beobachter in der Beobachtungsebene B scheinen die beiden an S_1 und S_2 reflektierten Teilbündel von den *virtuellen Lichtquellen* L_1 bzw. L_2 herzukommen.

Die optischen Weglängen s_1 bzw. s_2 eines Lichtbündels $L - S_1 - P(x, y)$ bzw. $L - S_2 - P(x, y)$ von L zum Punkt $P(x, y)$ in der Beobachtungsebene (die wir in die x-y-Ebene legen) sind genau gleich den Wegen L_1P und L_2P.

Haben die beiden virtuellen Lichtquellen die Koordinaten $(x = \pm d, y = 0, z = z_0)$, so ist die Wegdifferenz zu einem Punkt $P(x, y, z = 0)$ in der x-y-Ebene

$$\Delta s = \sqrt{(x+d)^2 + y^2 + z_0^2} - \sqrt{(x-d)^2 + y^2 + z_0^2}\,. \qquad (10.5)$$

Alle Punkte $P(x,y)$, für die Δs einen konstanten Wert hat, liegen auf einer Hyperbel (siehe Aufgabe 10.1).

Ist $\Delta s = m \cdot \lambda\ (m = 0, 1, 2, \ldots)$, so sind die beiden Teilwellen in Phase, d.h., sie verstärken sich, und man beobachtet dort maximale Intensität

$$I_{\max} = c\varepsilon_0(\boldsymbol{E}_1 + \boldsymbol{E}_2)^2 .$$

(schwarze Punkte in Abb. 10.5).

Für $\Delta s = (2m+1)\lambda/2$ sind beide Teilwellen gegenphasig, und die Intensität nimmt den minimalen Wert

$$I_{\min} = c\varepsilon_0(\boldsymbol{E}_1 - \boldsymbol{E}_2)^2$$

an. Man sieht also in der x-y-Ebene ein räumliches Intensitätsmuster aus hellen und dunklen Hyperbeln.

Seine räumliche Ausdehnung ist durch die Kohärenzlänge $\Delta s_c = c/\Delta\nu$ und damit durch die spektrale Bandbreite $\Delta\nu$ der Lichtquelle sowie durch den Abstand zu den virtuellen Lichtquellen L_1 und L_2 begrenzt.

Wir haben hier eine punktförmige Lichtquelle angenommen, d.h., daß die räumliche Ausdehnung der Quelle vernachlässigt werden kann. Wir wollen jetzt untersuchen, welchen Einfluß die Größe der Lichtquelle auf die Größe des Kohärenzgebietes hat.

10.3.2 Youngscher Doppelspaltversuch

Die Strahlung einer ausgedehnten Lichtquelle LQ mit der Querdimension b beleuchte in der Ebene A zwei Spalte S_1 und S_2 im Abstand d voneinander (Abb. 10.6). Die Gesamtamplitude und die Phase der Welle in jeder der beiden Spalte erhält man durch Überlagerung aller Teilwellen, die von den einzelnen Flächenelementen dF_i der Quelle emittiert werden, wobei man die unterschiedlich langen Wege von den verschiedenen Flächenelementen dF_i der Quelle zu den Spalten S_j berücksichtigen muß.

Die beiden Spalte S_1 und S_2 können als Ausgangspunkt neuer Wellen betrachtet werden (Huygenssches Prinzip, siehe Bd. 1, Abschn. 10.11), die sich überlagern. Die Gesamtintensität $I(P)$ in dem Punkt P der Beobachtungsebene B ist dann durch die Amplituden A_i und die Phasen φ_i der Teilwellen in S_1 und S_2 und durch die Wegdifferenz $\Delta s = \overline{S_2P} - \overline{S_1P}$ festgelegt.

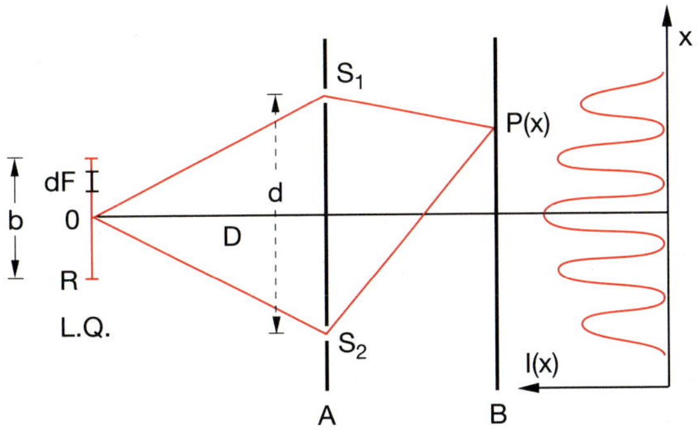

Abb. 10.6. Youngsches Doppelspaltexperiment

Wenn die einzelnen Flächenelemente dF_i der Quelle voneinander unabhängig mit statistisch verteilten Phasen emittieren (wie das bei den meisten Lichtquellen der Fall ist), werden die Phasen der Gesamtwellen $\sum E_i$ in S_1 und S_2 entsprechend statistisch schwanken. Dies würde jedoch die Intensität in P nicht beeinflussen, solange diese Schwankungen in S_1 und S_2 *synchron* verlaufen, weil dann die Phasendifferenz $\Delta\varphi = \varphi_1 - \varphi_2$ der von S_1 und S_2 ausgehenden Wellen zeitlich konstant bleibt. In diesem Fall bilden die beiden Spalte zwei kohärente Lichtquellen, die in der Beobachtungsebene B eine zeitlich konstante Interferenzstruktur erzeugen, völlig analog zum Fresnelschen Spiegelversuch.

Für Licht aus der Mitte O der Quelle trifft diese Situation zu, weil die Wege $\overline{OS_1}$ und $\overline{OS_2}$ gleich groß sind und deshalb Phasenschwankungen des von O emittierten Lichtes gleichzeitig in S_1 und S_2 eintref-

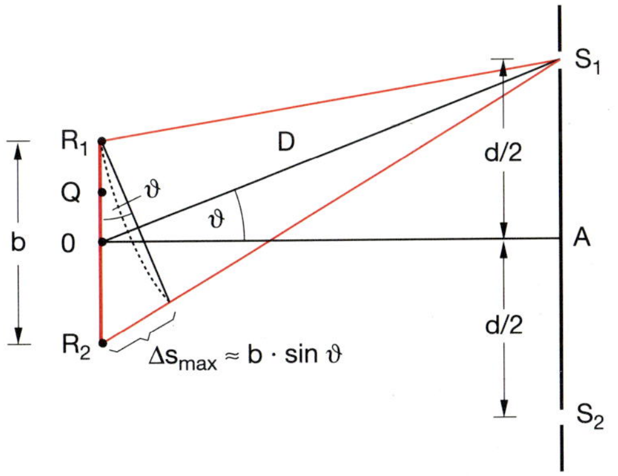

Abb. 10.7. Zum Einfluß der Quellengröße auf die Kohärenz der Wellen am Ort der Spalte S_1 und S_2

fen. Für alle anderen Punkte Q der Lichtquelle treten jedoch Wegdifferenzen $\Delta s = \overline{QS_1} - \overline{QS_2}$ auf, die für die Randpunkte R_i der Quelle am größten sind (Abb. 10.7).

Ist $D \gg d$ die Entfernung zwischen Quellenmittelpunkt O und den beiden Spalten S_1 und S_2, so gilt für die maximal auftretende Wegdifferenz

$$\begin{aligned}\Delta s_{max} &= \overline{R_1S_2} - \overline{R_1S_1} = \overline{R_2S_1} - \overline{R_1S_1}\\ &\approx b \cdot \sin\vartheta = b \cdot d/(2D)\ , \end{aligned} \tag{10.6}$$

da aus Symmetriegründen $\overline{R_1S_2} = \overline{R_2S_1}$ und $\sin\vartheta = d/(2D)$ ist. Wird Δs_{max} größer als $\lambda/2$, so kann bei statistischer Emission der verschiedenen Quellenpunkte Q die Phasendifferenz $\Delta\varphi = \varphi(S_1) - \varphi(S_2) = (2\pi/\lambda) \cdot \Delta s$ um mehr als π schwanken, so daß sich dann die Interferenzstruktur in der Beobachtungsebene B zeitlich wegmitteln würde.

Die Bedingung für die kohärente (das heißt phasenkorrelierte) Beleuchtung der beiden Spalte durch eine Lichtquelle mit Durchmesser b lautet daher:

$$\begin{aligned}\Delta s_{max} &\approx \frac{b \cdot d}{2D} < \lambda/2\\ \Rightarrow \frac{d}{\lambda} &< \frac{D}{b} \Rightarrow \frac{d^2}{\lambda^2} \approx \frac{1}{\Delta\Omega}\ . \end{aligned} \tag{10.7}$$

In Worten: Der maximale Abstand d/λ (in Einheiten der Wellenlänge λ), den zwei Spalte haben dürfen, um von einer ausgedehnten inkohärenten Lichtquelle noch kohärent beleuchtet zu werden, ist durch das Verhältnis D/b von Quellenabstand zu Quellendurchmesser gegeben. Wegen $b^2/D^2 = \Delta\Omega$ ist die Kohärenzfläche d^2/λ^2 in Einheiten von λ^2 gleich dem reziproken Raumwinkel $\Delta\Omega$, unter dem die Flächenlichtquelle von S_1 aus erscheint.

Wird die Bedingung (10.7) eingehalten, so erscheint in der Beobachtungsebene B eine Interferenzstruktur, auch wenn eine inkohärente ausgedehnte Lichtquelle verwendet wird. Die Ausdehnung der Quelle darf um so größer sein, je weiter entfernt sie ist.

BEISPIELE

1. $b = 1\,\text{cm}$, $D = 50\,\text{cm}$, $\lambda = 500\,\text{nm} \Rightarrow d \le 25\,\mu\text{m}$
2. Der nächste Fixstern ist Proxima Centauri, für den $D = 4{,}3\,\text{LJ} \approx 4 \cdot 10^{16}\,\text{m}$ und $b \approx 10^{10}\,\text{m}$ ist. Der Durchmesser der Kohärenzfläche beträgt deshalb für $\lambda = 500\,\text{nm}$ $d \approx 2\,\text{m}$.

10.3.3 Interferenz an einer planparallelen Platte

Fällt eine ebene Welle unter dem Einfallswinkel α auf eine planparallele, durchsichtige Platte mit dem Brechungsindex n (Abb. 10.8), so wird ein Teil der Welle reflektiert und ein Teil gebrochen (siehe Abschn. 8.5). Die gebrochene Welle wird an der unteren Begrenzungsschicht erneut reflektiert, tritt parallel zur Teilwelle 1 durch die obere Grenzfläche und überlagert sich dieser Teilwelle.

Der Gangunterschied Δs zwischen den beiden reflektierten Teilstrahlen ist nach Abb. 10.8 bei einer Dicke d der Glasplatte:

$$\begin{aligned}\Delta s &= n(\overline{AB} + \overline{BC}) - \overline{AD}\\ &= \frac{2nd}{\cos\beta} - 2d\,\text{tg}\,\beta\sin\alpha\ .\end{aligned}$$

Wegen $\sin\alpha = n \cdot \sin\beta$ läßt sich dies umformen in

$$\begin{aligned}\Delta s &= \frac{2nd}{\cos\beta} - \frac{2nd\sin^2\beta}{\cos\beta} = 2nd\cos\beta\\ &= 2d\sqrt{n^2 - \sin^2\alpha}\ .\end{aligned} \tag{10.8}$$

Da bei der Reflexion entweder an der oberen oder an der unteren Grenzfläche ein Phasensprung von π auftritt (siehe Abschn. 8.5.8), ergibt sich insgesamt eine Phasendifferenz zwischen den beiden Teilwellen von

$$\Delta\varphi = \frac{2\pi}{\lambda_0}\Delta s - \pi\ . \tag{10.9}$$

Die beiden Teilwellen verstärken sich (konstruktive Interferenz) für $\Delta\varphi = m \cdot 2\pi$, während man für

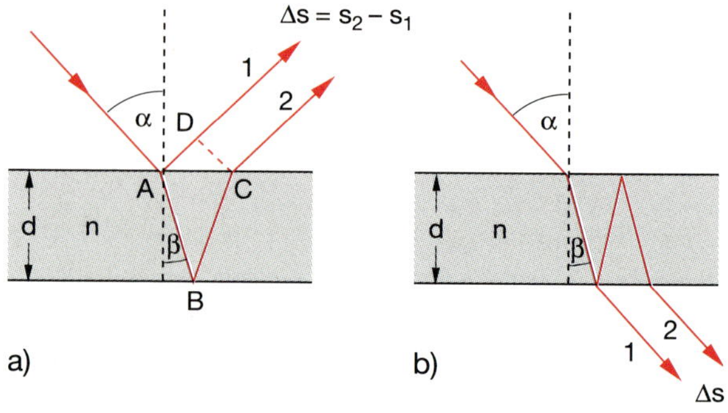

Abb. 10.8a,b. Zur Berechnung des Gangunterschiedes bei der Interferenz an einer planparallelen durchsichtigen Platte (**a**) im reflektierten Licht; (**b**) im transmittierten Licht

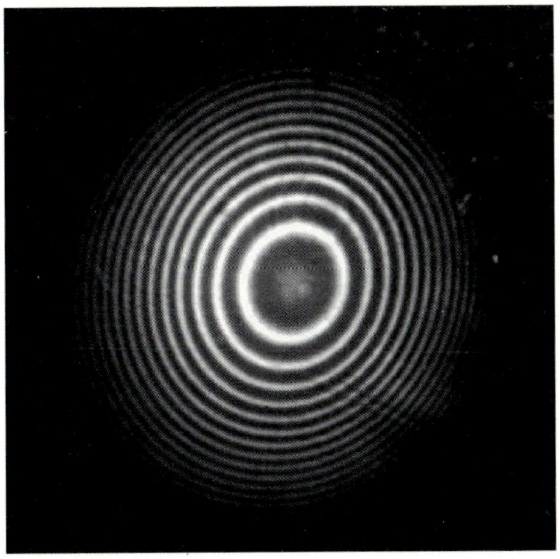

Abb. 10.9. Aufnahme der Interferenzringe im reflektierten Licht einer mit divergenter Argonlaserstrahlung beleuchteten planparallelen Glasplatte

$\Delta\varphi = (2m + 1)\pi$ minimale Intensität beobachtet. Beleuchtet man die planparallele Platte mit divergentem monochromatischen Licht der Wellenlänge λ_0, das Teilstrahlen mit Einfallswinkeln α im Bereich $\alpha_0 \pm \Delta\alpha$ enthält, so erhält man für alle diejenigen Werte von α maximale Intensität, für die gilt:

$$2d\sqrt{n^2 - \sin^2\alpha} = (m + 1/2)\lambda \,. \qquad (10.10)$$

Man beobachtet daher im reflektierten Licht ein System aus hellen und dunklen konzentrischen Ringen um die Normale auf der Platte (Abb. 10.9).

Auch für das transmittierte Licht ist der Gangunterschied zwischen zwei Teilbündeln durch (10.8) gegeben, wie man sich leicht anhand von Abb. 10.8b klarmachen kann. Hier fehlt jedoch der Phasensprung, so daß die Phasendifferenz statt (10.9) jetzt $\Delta\varphi = (2\pi/\lambda) \cdot \Delta s$ ist. Maximale Transmission ergibt sich daher für $\Delta s = m \cdot \lambda$. Die reflektierte Intensität wird dann minimal.

Für kleines Reflexionsvermögen $R \ll 1$ (z.B. eine unbeschichtete Glasplatte) kann man den Einfluß der mehrfach reflektierten Teilbündel vernachlässigen, und man hat ein Beispiel einer Zweistrahl-Interferenz. Es eignet sich gut zur Demonstration im Hörsaal, wie in Abb. 10.9 illustriert wird, wo die an einer dünnen Glasplatte entstehenden Interferenzringe bei divergenter Beleuchtung mit einem Argonlaser gezeigt sind. Man kann die ganze Hörsaalwand mit diesem Ringsystem überdecken.

10.3.4 Michelson-Interferometer

Wir betrachten in Abb. 10.10 ein paralleles Lichtbündel (ebene Welle), das in z-Richtung läuft und am Strahlteiler ST in zwei Teilbündel aufgespalten wird. Das reflektierte Teilbündel wird in y-Richtung umgelenkt, am Spiegel M_1 reflektiert und trifft nach Transmission durch ST auf die x-z-Beobachtungsebene B. Das zweite Teilbündel wird zuerst durch ST transmittiert, am Spiegel M_2 reflektiert, dann an ST reflektiert und überlagert sich der ersten Teilwelle in der Beobachtungsebene, die für ideale ebene Spiegel und eine genau in z-Richtung einfallende ebene Welle eine Phasenfläche ist.

Wir wollen die vom Interferometer transmittierte Gesamtintensität I_T in der Ebene B als Funktion der Wegdifferenz $\Delta s = s_1 - s_2$ berechnen:
Die einfallende ebene Welle sei

$$\boldsymbol{E}_e = \boldsymbol{A}_e \cos(\omega t - kz) \,. \qquad (10.11a)$$

Sind R und T das Reflexions- bzw. Transmissionsvermögen des Strahlteilers ST, so gilt für die Amplitude der ersten Teilwelle in der Ebene B mit $A_e = |\boldsymbol{A}_e|$:

$$|\boldsymbol{E}_1| = \sqrt{R \cdot T} A_e \cdot \cos(\omega t + \varphi_1) \,, \qquad (10.11b)$$

wobei die Phase φ_1 vom optischen Weg $ST - M_1 - ST - B$ abhängt. Für die zweite Teilwelle erhalten wir

$$E_2 = \sqrt{R \cdot T} A_e \cos(\omega t + \varphi_2) \,. \qquad (10.11c)$$

Die Amplituden beider Teilwellen in der Beobachtungsebene B sind also gleich, unabhängig vom Reflexionsvermögen R des Strahlteilers, da jede Teil-

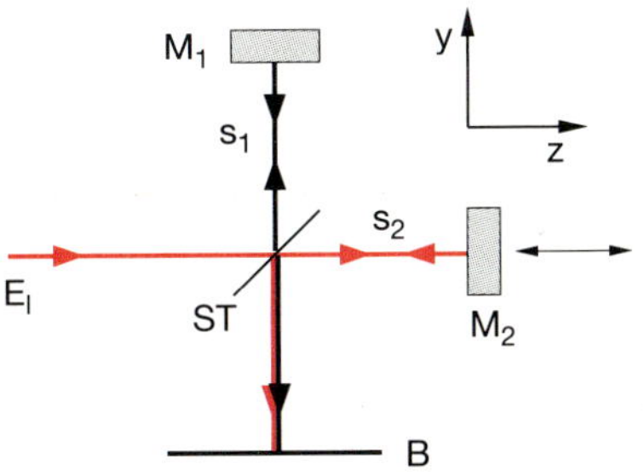

Abb. 10.10. Schematische Darstellung des Michelson-Interferometers

welle einmal am Strahlteiler reflektiert und einmal transmittiert wird. Dies gilt jedoch *nicht* für die in die Quelle zurückreflektierten Anteile!

Die gesamte durch B transmittierte Intensität I_T ist dann:

$$\begin{aligned} I_T &= c\varepsilon_0(E_1+E_2)^2 \\ &= c\varepsilon_0 RTA_e^2\left[\cos(\omega t+\varphi_1)+\cos(\omega t+\varphi_2)\right]^2 . \end{aligned} \tag{10.12}$$

Da der Detektor B über die kurzen Lichtperioden $T = 2\pi/\omega$ mittelt, ergibt sich aus (10.12) wegen $\cos^2 \omega t = 1/2$ die zeitlich gemittelte Intensität

$$\bar{I} = RTI_0(1+\cos\Delta\varphi)\,, \tag{10.13}$$

wobei $I_0 = c\varepsilon_0 E_e^2$ die einfallende Intensität und

$$\Delta\varphi = \varphi_1 - \varphi_2 = \frac{2\pi}{\lambda}\Delta s$$

die Phasendifferenz zwischen den beiden Teilwellen ist, die von der Wegdifferenz $\Delta s = s_1 - s_2$ und von der Wellenlänge $\lambda = 2\pi c/\omega$ der einfallenden Welle abhängt. Für $R = T = 0{,}5$ ergibt sich mit $\bar{I}_0 = \frac{1}{2}I_0$ die transmittierte zeitlich gemittelte Intensität

$$\bar{I}_T = \frac{1}{2}\bar{I}_0(1+\cos\Delta\varphi)\,. \tag{10.13a}$$

Abhängig von der Phasendifferenz $\Delta\varphi$ variiert die transmittierte Intensität zwischen der einfallenden Intensität $\bar{I}_0$ und Null (Abb. 10.11). Für $I_T = 0$ (d.h. $\Delta\varphi = (2m+1)\cdot\pi$) wird das gesamte Licht in die Quelle zurückreflektiert.

Das Michelson-Interferometer mit $R = T = 0{,}5$ wirkt also als wellenlängenabhängiger Spiegel. Bei einer fest eingestellten Wegdifferenz Δs werden bei

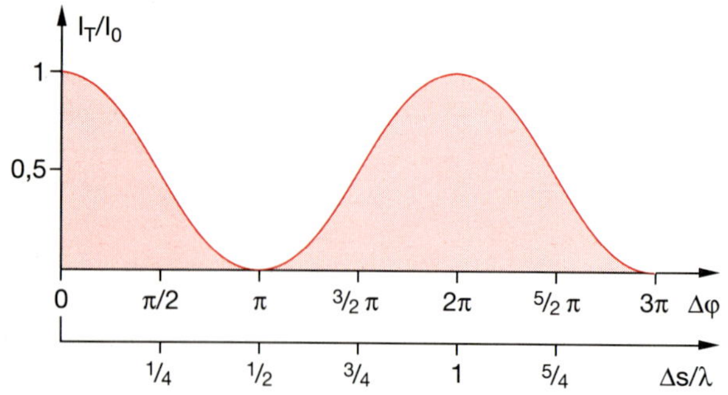

Abb. 10.11. Transmission des Michelson-Interferometers als Funktion des Wegunterschiedes $\Delta s/\lambda$ in Einheiten der Wellenlänge λ bei monochromatischer einfallender ebener Welle

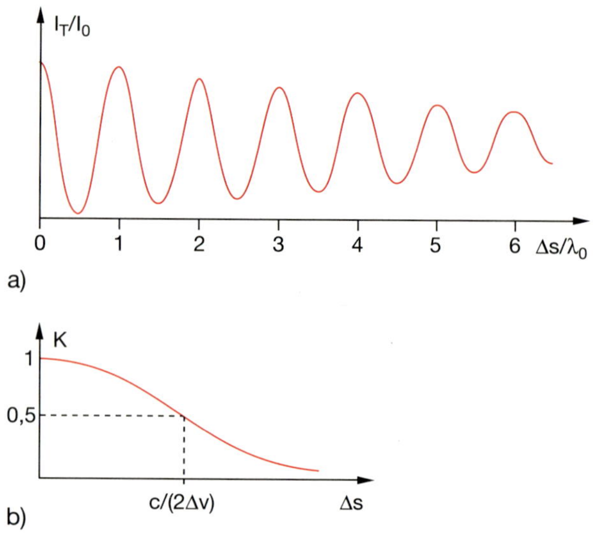

Abb. 10.12. (**a**) Transmittierte Intensität $I_{T(\Delta s)}$ bei einer einfallenden Welle mit spektraler Bandbreite $\Delta\nu$. (**b**) Kontrastfunktion $K(\Delta s, \Delta\nu)$ für ein spektrales Gaußprofil mit Halbwertsbreite $\Delta\nu$

spektral breitbandiger Einstrahlung die Wellenlängen $\lambda_m = 2\Delta s/(2m+1)$, $m = 0, 1, 2, \ldots$ vollständig reflektiert, während die Anteile mit $\lambda_m = \Delta s/m$ völlig durchgelassen werden. Für die Wellenlängen λ zwischen diesen Extremen wird ein Teil der Strahlung durchgelassen, ein Teil reflektiert.

Das Michelson-Interferometer kann als sehr genaues Wellenlängenmeßgerät benutzt werden. Wird z.B. der Spiegel M_2 auf einen Mikrometerschlitten gesetzt, der kontinuierlich in z-Richtung verschoben werden kann, so lassen sich die während der Verschiebung in B auftretenden Intensitätsmaxima durch Photodetektoren messen und zählen. Treten bei einer Verschiebung um Δz N Interferenzmaxima auf, so ist die Wellenlänge λ durch

$$\lambda = \frac{\Delta s}{N} = \frac{2\Delta z}{N} \tag{10.14}$$

bestimmt. Natürlich darf die Wegdifferenz $\Delta s = 2\Delta z$ nicht größer als die Kohärenzlänge Δs_c werden, da für $\Delta s > \Delta s_c$ der Kontrast zwischen Interferenzmaxima und -minima

$$K = \frac{I_{max} - I_{min}}{I_{max} + I_{min}}$$

gegen Null geht (Abb. 10.12).

BEISPIEL

Wenn die spektrale Bandbreite der einfallenden Strahlung $\Delta\nu \leq 3 \cdot 10^9\,\mathrm{s}^{-1}$ ist, wird die Kohärenzlänge $\Delta s_c = c/\Delta\nu \geq 10\,\mathrm{cm}$. Dann erhält man bei $\lambda = 500\,\mathrm{nm}$ und einer Verschiebung um $\Delta s = 20\,\mathrm{cm}$ von $\Delta z = -5\,\mathrm{cm}$ bis $\Delta z = +5\,\mathrm{cm}$ ($\Delta s = 2 \cdot \Delta z$!) eine Gesamtzahl $N = 4 \cdot 10^5$ von Interferenzmaxima. Ist die Genauigkeit der Messung $\Delta N = \pm 1$, so erreicht man eine Meßgenauigkeit von $\Delta\lambda = \pm 1{,}25 \cdot 10^{-3}\,\mathrm{nm} = 1{,}25\,\mathrm{pm}$, falls man Δz genau genug messen kann. Mit modernen Geräten kann man relative Genauigkeiten von besser als 10^{-8} realisieren, d.h. man kann Wellenlängen von 600 nm auf $\Delta\lambda = 6 \cdot 10^{-6}\,\mathrm{nm}$ genau messen [10.2,3]!

In der Praxis hat man bei der Verwendung üblicher Lichtquellen kein streng paralleles, sondern ein leicht divergentes Lichtbündel (Abb. 10.13). Die Teilstrahlen solcher Lichtbündel haben etwas unterschiedliche Neigungswinkel α gegen die z-Achse. Da der Wegunterschied $\Delta s = \Delta s_0 \cdot f(\alpha) \approx \Delta s_0 / \cos\alpha$ vom Winkel α abhängt, erhält man in der Ebene B keine gleichmäßige, von x und z unabhängige Intensität $I_T(s)$ wie bei streng parallelem Licht, sondern ein System aus hellen und dunklen Interferenzringen (siehe Abschn. 10.3.3 und Abb. 10.9). Für die hellen Ringe gilt die Bedingung $\Delta s = m \cdot \lambda$ und für die Minima $\Delta s = (2m+1) \cdot \lambda/2$.

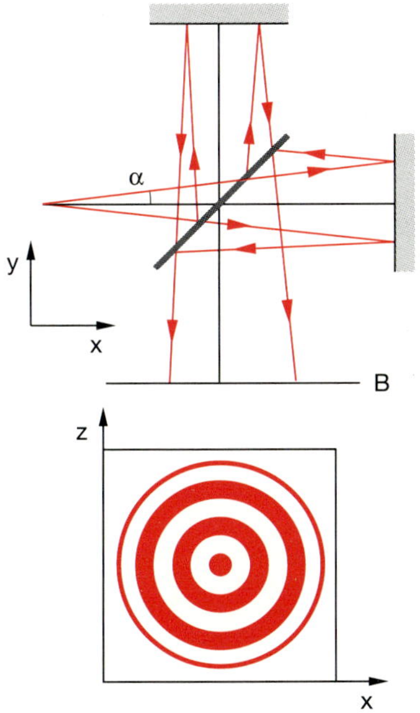

Abb. 10.13. Entstehung eines Interferenzringsystems bei divergenter einfallender Welle

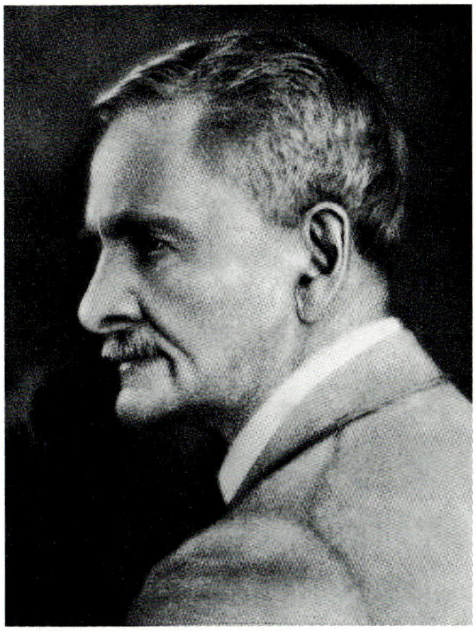

Abb. 10.14. *Albert Abraham Michelson* (1852–1931). Mit freundlicher Genehmigung des Deutschen Museums, München

10.3.5 Das Michelson-Morley-Experiment

Ein solches Interferometer wurde 1887 von *A. Michelson* (Abb. 10.14) und *E. Morley* dazu benutzt, experimentell zu klären, ob es einen ruhenden „Weltäther" geben kann, d.h. ein Medium, das den gesamten Raum ausfüllt und in dem sich die elektromagnetischen Wellen ausbreiten können, wie es die damals kontrovers diskutierte *Ätherhypothese* forderte. Das Experiment sollte die Bewegung der Erde relativ zu diesem Äther bestimmen, indem eine eventuell vorhandene Abhängigkeit der Lichtgeschwindigkeit c von der Richtung gegen die Erdgeschwindigkeit gemessen werden sollte (siehe Bd. 1, Abschn. 3.4). Wenn es einen ruhenden Äther gäbe, sollte der Wert von c von der Richtung gegen $\boldsymbol{v}$ abhängen, wie man aus folgender analogen Überlegung einsieht:

Wirft man von einem fahrenden Schiff einen Stein ins Wasser, so breitet sich eine Welle mit Kreisen als

Phasenflächen aus, deren Phasengeschwindigkeit v_{ph} realtiv zum Wasser unabhängig von der Richtung ist. Relativ zum Schiff, das die Geschwindigkeit $\boldsymbol{v}_S$ gegen das ruhende Wasser hat, ist die Phasengeschwindigkeit der Welle jedoch in Fahrtrichtung $v_{r_1} = v_{ph} - v_S$, während gegen die Fahrtrichtung $v_{r_2} = v_{ph} + v_S$ gilt. Aus der Messung von v_{r_1} und v_{r_2} läßt sich sowohl die Phasengeschwindigkeit $v_{ph} = (v_{r_1} + v_{r_2})/2$ als auch die Schiffsgeschwindigkeit $v_S = (v_{r_2} - v_{r_1})/2$ bestimmen.

Durch entsprechende Versuche mit Lichtwellen hofften die Experimentatoren, sowohl die Lichtgeschwindigkeit c als auch die Geschwindigkeit $\boldsymbol{v}$ der Erde relativ zum ruhenden Äther ermitteln zu können. Durch viele frühere Versuche von *Fizeau*, *Michelson* und anderen Forschern war bereits sichergestellt worden, daß die Erde bei ihrer Bewegung den „Äther" nicht an ihrer Oberfläche mitführen kann [10.4]. Wenn sich die Erde mit der Geschwindigkeit $\boldsymbol{v}$ bewegt, hat der Äther dann die Geschwindigkeit $-\boldsymbol{v}$ relativ zur Erde.

Orientiert man das Michelson-Interferometer so, daß der eine Teilarm parallel, der zweite senkrecht zur Erdgeschwindigkeit $\boldsymbol{v}$ steht (Abb. 10.15), so sollte für die Laufzeiten des Lichtes vom Strahlteiler zum Spiegel M_1 und zurück in dem parallelen Arm der Länge L gelten:

$$t_\parallel = \frac{L}{c-v} + \frac{L}{c+v} = \frac{2cL}{c^2 - v^2} \tag{10.15a}$$

$$= \gamma^2 \frac{2L}{c} \quad \text{mit} \quad \gamma = \left(1 - \frac{v^2}{c^2}\right)^{-1/2},$$

weil das Licht auf dem Hinweg *gegen* den Äther läuft, also die Geschwindigkeit $c - v$ relativ zur Erde, d.h. zur Meßapparatur haben sollte und auf dem Rückweg *mit* dem Äther läuft, so daß man die Geschwindigkeit $c + v$ erwarten würde.

Für den zu $\boldsymbol{v}$ senkrechten Arm bewegt sich der Spiegel M_2 während der Laufzeit t_2 um die Strecke $\Delta z = v \cdot t_2$ Der Lichtstrahl muß daher gegen den Vertikalarm geneigt sein, um den Spiegel M_2 zu erreichen. Die Neigung bestimmt sich aus der Vektoraddition der Strecken: $\boldsymbol{L} + \boldsymbol{v} \cdot t_2 = \boldsymbol{c} \cdot t_2$ (Abb. 10.15c), die wiederum aus der Vektoraddition der Geschwindigkeiten folgt. Man entnimmt der Abb. 10.15 die Beziehung:

$$c^2 t_2^2 = v^2 t_2^2 + L^2,$$

so daß man für die Laufzeit $t_\perp = 2t_2$ (Hin- und Rückweg)

$$t_\perp = \frac{2L}{\sqrt{c^2 - v^2}} = \gamma \cdot \frac{2L}{c} \tag{10.15b}$$

erhält. Der Zeitunterschied Δt zwischen den beiden Teilwellen beträgt daher

$$\Delta t = t_\parallel - t_\perp = \frac{2L}{c}(\gamma^2 - \gamma) . \tag{10.16}$$

Da die Geschwindigkeit der Erde auf ihrer Bahn um die Sonne $v \approx 3 \cdot 10^4$ m/s beträgt (die zusätzliche Geschwindigkeit auf Grund der Erdrotation beträgt bei der geographischen Breite $\varphi = 45°$ nur $3{,}2 \cdot 10^2$ m/s, also nur 1% von v), wird $v^2/c^2 \approx 10^{-8}$, so daß wir γ und γ^2 nähern können durch

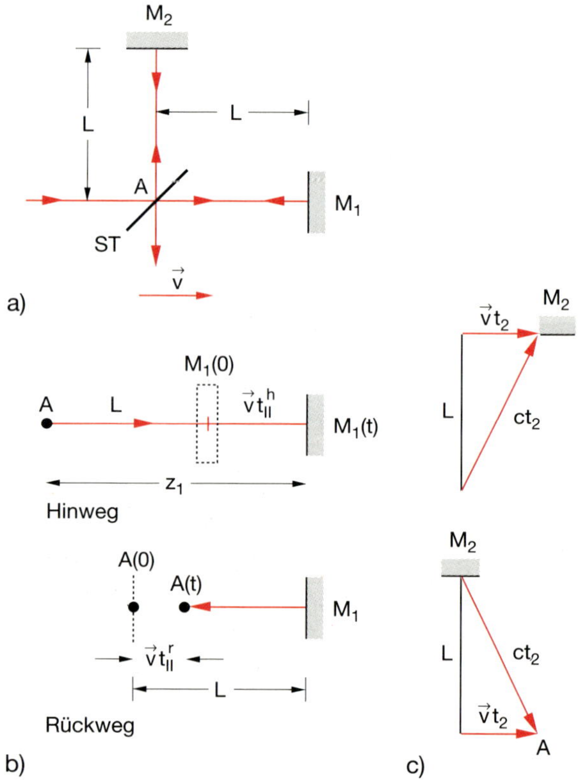

Abb. 10.15a–c. Zur Bestimmung einer eventuellen Zeitdifferenz zwischen den Lichtlaufzeiten der beiden Teilwellen im Michelson-Interferometer bei Existenz eines ruhenden Äthers. (**a**) Schematischer Versuchsaufbau. (**b**) Zeitdiagramm für den Laufweg parallel zu $\boldsymbol{v}$, (**c**) senkrecht zu $\boldsymbol{v}$

$$\gamma \approx 1 + \frac{1}{2} v^2/c^2 \quad \text{und} \quad \gamma^2 = 1 + v^2/c^2 \; .$$

Damit wird aus (10.16)

$$\Delta t = L \frac{v^2}{c^3} \; . \tag{10.17a}$$

Diese Zeitdifferenz Δt entspricht einer Phasendifferenz

$$\Delta\varphi = 2\pi\nu\Delta t = \frac{2\pi c}{\lambda} \Delta t \approx \frac{2\pi}{\lambda} \frac{Lv^2}{c^2} \; . \tag{10.17b}$$

Bei etwas schrägem Einfall des parallelen Lichtbündels gegen die Spiegelnormale (d.h. das Parallelbündel ist in y-Richtung etwas gegen die z-Achse verkippt) entstehen in der Beobachtungsebene Interferenzstreifen (siehe Aufgabe 10.3), die mit einem Fernrohr mit Fadenkreuz beobachtet wurden (Abb. 10.16). Einer Phasenverschiebung $\Delta\varphi$ entspricht eine Verschiebung um x Streifen in der Ebene B, wobei

$$x = \frac{\Delta\varphi}{2\pi} = \frac{Lv^2}{\lambda c^2} \; . \tag{10.17c}$$

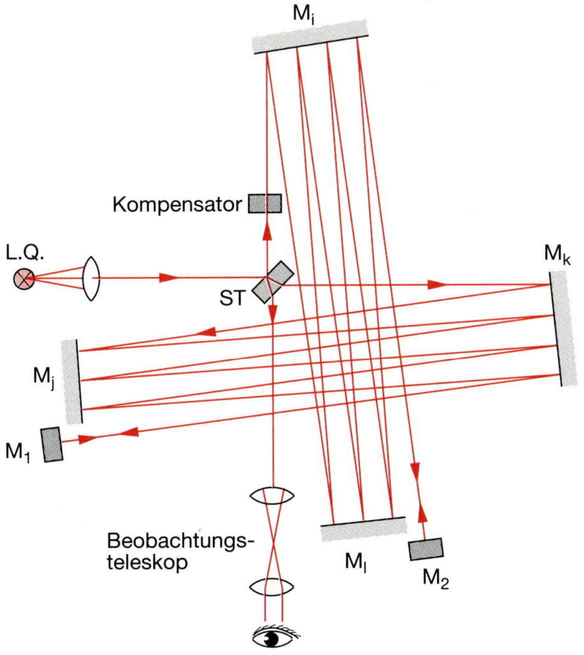

Abb. 10.16. Schematischer Aufbau des Michelson-Morley-Experimentes. Die Endspiegel M_1 und M_2 sind justierbar, so daß sie die Lichtbündel in sich reflektieren

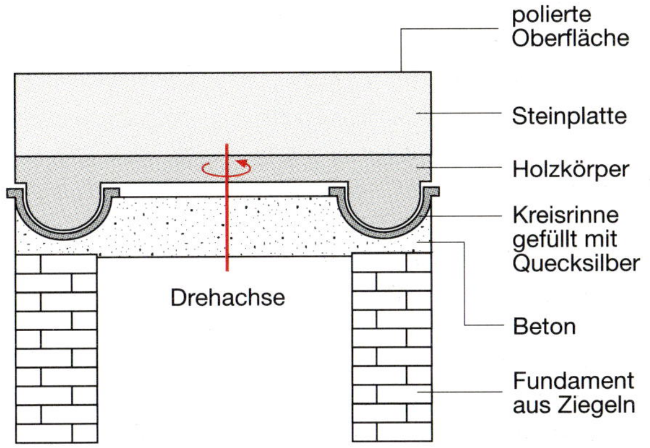

Abb. 10.17. Experimentelle Realisierung des drehbaren Interferometers

Wird das Interferometer, das auf einem Drehtisch montiert war (Abb. 10.17), um 90° gedreht, so sollte man, wenn die Ätherhypothese stimmt, eine Streifenverschiebung um

$$\Delta m = 2x = \frac{2Lv^2}{\lambda c^2} \tag{10.18}$$

beobachten. *Michelson* und *Morley* erhöhten die Empfindlichkeit ihres Interferometers durch Vielfachreflexionen (Abb. 10.16), so daß sie eine effektive Länge von $L = 11\,\text{m}$ erreichten. Einsetzen der Zahlenwerte $L = 11\,\text{m}$, $v^2/c^2 = 10^{-8}$ und $\lambda = 5 \cdot 10^{-7}\,\text{m}$ ergibt eine Streifenverschiebung von $\Delta m = 0{,}4$, was weit oberhalb der Beobachtungsgenauigkeit von $\Delta m \approx 0{,}1$ liegt. Für die experimentelle Durchführung verwendeten sie folgende Tricks:

- Da das Sternenlicht eine große Spektralbreite hat, tritt bei der Transmission durch den Strahlteiler Dispersion auf, die zu wellenlängenabhängigen Phasendifferenzen und damit zu einem Verwaschen der Interferenzstreifen führt. Dies kann durch einen Kompensator vermieden werden, da jetzt beide Teilstrahlen durch eine gleiche Glasdicke laufen.
- Die gesamte Steinplatte liegt auf einem Holzkörper, der in einer mit Quecksilber gefüllten Rinne schwimmt (Abb. 10.17), so daß sie leicht gedreht werden kann [10.5].

Trotz wiederholter und sorgfältiger Messungen konnte keine Streifenverschiebung bei der Drehung des Interferometers festgestellt werden. Daraus schloß *Michelson* zu Recht, daß die Lichtgeschwindigkeit für alle Richtungen gleich und unabhängig von der Geschwindigkeit der Lichtquelle oder der des Detektors ist (siehe Bd. 1, Abschn. 3.4). Dies bedeutet auch, daß es keinen Äther geben kann. Er ist nach der in Kap. 7 behandelten Theorie elektromagnetischer Wellen auch gar nicht notwendig, da sich elektromagnetische Wellen im Vakuum fortpflanzen können.

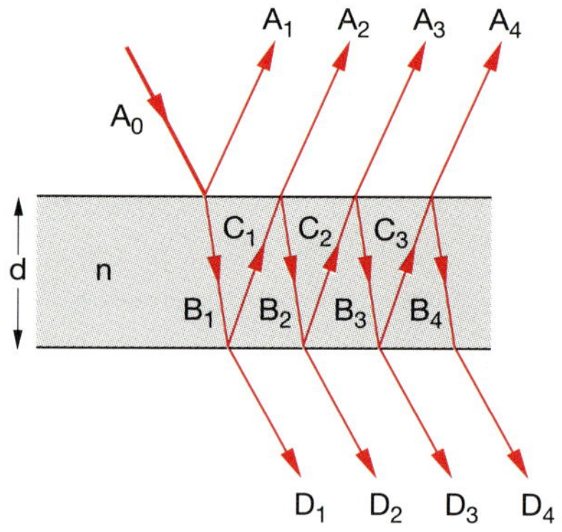

Abb. 10.18. Vielstrahlinterferenz an zwei planparallelen Grenzschichten mit dem Reflexionsvermögen R und dem Abstand d

10.4 Vielstrahl-Interferenz

Oft spielt bei Interferenzerscheinungen die Überlagerung *vieler* Teilwellen eine Rolle. Versieht man z.B. die beiden Seiten der in Abschn. 10.3.3 behandelten planparallelen Platten mit hochreflektierenden Schichten, so kann der eintretende Strahl oft zwischen beiden Flächen hin- und herreflektiert werden, und alle bei der Reflexion transmittierten Anteile können miteinander interferieren.

Wir wollen diesen Fall jetzt analog zu Abschn. 10.3.3 quantitativ behandeln, wobei wir hier jedoch auch die Amplituden der Teilwellen berechnen müssen.

Fällt eine ebene Welle

$$\boldsymbol{E} = \boldsymbol{A}_0 \cdot \mathrm{e}^{\mathrm{i}(\omega t - \boldsymbol{k}\cdot\boldsymbol{r})}$$

unter dem Winkel α auf die planparallele Platte (Abb. 10.18), so wird an jeder der beiden Grenzflächen eine Welle mit der Amplitude A_i in zwei Teilwellen aufgespalten, wobei der reflektierte Anteil die Amplitude $A_i \cdot \sqrt{R}$ und der transmittierte Anteil die Amplitude $A_i \cdot \sqrt{1-R}$ hat, solange man Absorption vernachlässigen kann. Man entnimmt Abb. 10.18 die folgenden Beziehungen für die Beträge der Amplituden A_i der an der oberen Grenzfläche reflektierten Wellen sowie der Amplituden B_i der gebrochenen, C_i der an der unteren Grenzfläche reflektierten und D_i der durchgelassenen Teilwellen:

$$|A_1| = \sqrt{R}\,|A_0|, \quad |B_1| = \sqrt{1-R}\,|A_0|\,,$$

$$|C_1| = \sqrt{R(1-R)}\,|A_0|, \quad |D_1| = (1-R)|A_0|\,;$$

$$|A_2| = \sqrt{1-R}\,|C_1| = (1-R)\sqrt{R}\,|A_0|\,,$$

$$|B_2| = \sqrt{R}\,|C_1| = R\cdot\sqrt{1-R}\,|A_0|\,,$$

$$|A_3| = \sqrt{1-R}|C_2| = R^{3/2}(1-R)|A_0| \quad \text{usw.}$$

Allgemein gilt für die Amplituden A_i der reflektierten Teilwellen für $i \geq 2$:

$$A_{i+1} = R \cdot A_i \tag{10.19a}$$

und für die durchgelassenen Anteile für $i \geq 1$:

$$D_{i+1} = R \cdot D_i\,. \tag{10.19b}$$

Wie in Abschn. 10.3.3 gezeigt wurde, besteht zwischen benachbarten Teilwellen sowohl im reflektierten als auch im transmittierten Anteil der optische Wegunterschied

$$\Delta s = 2d\sqrt{n^2 - \sin^2\alpha}\,, \tag{10.20}$$

was zu einer Phasendifferenz

$$\Delta\varphi = 2\pi\Delta s/\lambda + \delta\varphi$$

führt, wobei $\delta\varphi$ etwaige Phasensprünge bei der Reflexion berücksichtigen soll.

Aus Abschn. 8.5.8 wissen wir, daß der Phasensprung $\delta\varphi$ davon abhängt, ob der elektrische Vektor $\boldsymbol{E}$ parallel oder senkrecht zur Einfallsebene steht. Für $\boldsymbol{E}_\mathrm{s}$ gilt:

- Bei Reflexion am optisch dichteren Medium ist $\delta\varphi = \pi$.
- Bei Reflexion am optisch dünneren Medium ist $\delta\varphi = 0$.

Für $\boldsymbol{E}_\mathrm{p}$ gilt:

- Bei Reflexion am optisch dichteren Medium ist $\delta\varphi = 0$ für Einfallswinkel $\alpha < \alpha_\mathrm{B}$, aber $\delta\varphi = \pi$ für $\alpha > \alpha_\mathrm{B}$.

- Bei Reflexion am optisch dünneren Medium ist $\delta\varphi = \pi$ für $\alpha < \alpha_B$, aber $\delta\varphi = 0$ für $\alpha_B < \alpha < \alpha_c$, wobei α_c der Grenzwinkel der Totalreflexion ist.

Bei senkrechtem Einfall entfällt die Unterscheidung zwischen $\boldsymbol{E}_s$ und $\boldsymbol{E}_p$, und es tritt immer ein Phasensprung $\delta\varphi = \pi$ bei der Reflexion am optisch dichteren und $\delta\varphi = 0$ am optisch dünneren Medium auf.

Wie man sich anhand von Abb. 10.18 überlegen kann, beträgt die Phasendifferenz $\Delta\varphi$ zwischen den Wellen A_i und A_{i+1} für $i \geq 2$ in allen genannten Fällen

$$\Delta\varphi = 2\pi\Delta s/\lambda \, .$$

Eventuelle Phasensprünge bei der Reflexion wirken sich nur bei $A_0 \to A_1$ und bei $A_1 \to A_2$ auf die Phasendifferenz aus. Für A_{1s} gilt:

$$A_{1s} = \sqrt{R} \cdot A_0 \cdot e^{i\pi} = -\sqrt{R} A_0 \, , \tag{10.21a}$$

und für A_{1p} gilt (je nachdem, ob $\alpha < \alpha_B$ oder $\alpha > \alpha_B$ ist):

$$A_{1p} = \pm\sqrt{R} \cdot A_0 \, . \tag{10.21b}$$

Die Gesamtamplitude A der reflektierten Welle erhält man durch phasenrichtige Summation aller p Teilwellen (wir betrachten hier nur Beträge):

$$\begin{aligned} A &= A_1 + \sum_{m=2}^{p} A_m e^{i(m-1)\Delta\varphi} \qquad (10.22) \\ &= \pm A_0\sqrt{R} \\ &\quad \cdot \left[1 - (1-R)e^{i\Delta\varphi} - R(1-R)e^{-2i\Delta\varphi} - \ldots\right] \\ &= \pm A_0\sqrt{R} \\ &\quad \cdot \left[1 - (1-R)e^{i\Delta\varphi} \cdot \sum_{m=0}^{p-2} R^m e^{im\Delta\varphi}\right] . \end{aligned}$$

Ist die Platte sehr groß oder ist der Einfallswinkel $\alpha \approx 0$, so gibt es sehr viele Reflexionen. Für $p \to \infty$ hat die geometrische Reihe (10.22) den Grenzwert:

$$A = \pm A_0\sqrt{R}\frac{1 - e^{i\Delta\varphi}}{1 - Re^{i\Delta\varphi}} \, . \tag{10.23}$$

Die Intensität der reflektierten Welle ergibt sich daher zu

$$I_R = c\varepsilon_0 AA^* = I_0 \cdot R \cdot \frac{2 - 2\cos\Delta\varphi}{1 + R^2 - 2R\cos\Delta\varphi} \, .$$

Dies läßt sich wegen $1 - \cos x = 2\sin^2(x/2)$ umformen in:

$$I_R = I_0 \cdot \frac{4R \cdot \sin^2(\Delta\varphi/2)}{(1-R)^2 + 4R \cdot \sin^2(\Delta\varphi/2)} \, . \tag{10.24}$$

Analog findet man für die Intensität des durchgelassenen Lichtes

$$I_T = I_0 \cdot \frac{(1-R)^2}{(1-R)^2 + 4R \cdot \sin^2(\Delta\varphi/2)} \, . \tag{10.25}$$

Man sieht aus (10.24) und (10.25), daß $I_R + I_T = I_0$ gilt, da wir jegliche Absorption vernachlässigt haben. Mit der Abkürzung

$$F = \frac{4R}{(1-R)^2}$$

erhalten wir aus (10.24,25) die ***Airy-Formeln*** für die reflektierte und transmittierte Intensität:

$$I_R = I_0 \frac{F \cdot \sin^2(\Delta\varphi/2)}{1 + F\sin^2(\Delta\varphi/2)} \, , \tag{10.24a}$$

$$I_T = I_0 \frac{1}{1 + F\sin^2(\Delta\varphi/2)} \, . \tag{10.25a}$$

Zur Illustration zeigt Abb. 10.19 die Transmission $T = I_T/I_0$ einer planparallelen Platte als Funktion der Phasendifferenz $\Delta\varphi$ für verschiedene Werte des

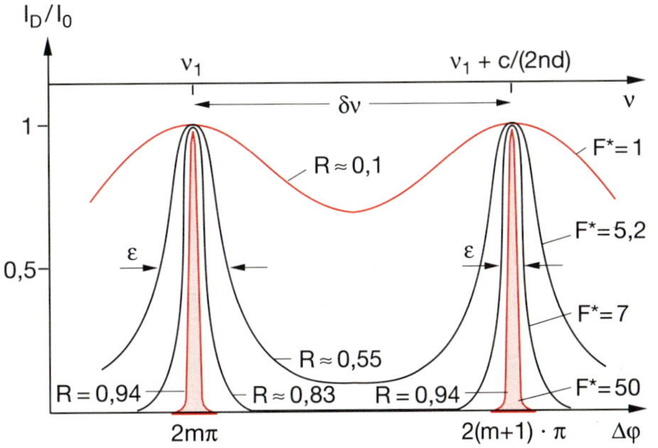

Abb. 10.19. Transmission $T = I_T/I_0$ einer planparallelen Platte bei senkrechtem Lichteinfall als Funktion der Phasendifferenz $\Delta\varphi$ für verschiedene Werte des Reflexionsvermögens R. Zur Definition der Finesse F^* siehe (10.30)

Reflexionsvermögens R jeder der beiden Grenzschichten.

Man sieht, daß für $\Delta\varphi = m \cdot 2\pi$ die Transmission $T = 1$ wird, d.h. alles einfallende Licht wird durchgelassen. Für $\Delta\varphi = (2m+1)\pi$ wird die Transmission minimal.

Die volle Halbwertsbreite ε der Transmissionskurven $I_T(\Delta\varphi)$ in Abb. 10.19, d.h. die Phasendifferenz $\varepsilon = (\Delta\varphi_1 - \Delta\varphi_2)$ mit $I_T(\Delta\varphi_i) = 1/2 I_0$ erhält man aus (10.25a) für genügend große Werte von F (schmale Transmissionsmaxima von $I_T(\Delta\varphi)$) zu

$$\varepsilon = \frac{4}{\sqrt{F}} = \frac{2(1-R)}{\sqrt{R}} \,. \tag{10.26}$$

Sie ist um so schmaler, je größer das Reflexionsvermögen R ist.

BEISPIELE

1. $R = 0{,}55 \Rightarrow \varepsilon = 1{,}2 \approx 0{,}2 \cdot 2\pi$,
2. $R = 0{,}9 \Rightarrow \varepsilon = 0{,}21 \approx 0{,}03 \cdot 2\pi$.

10.4.1 Fabry-Perot-Interferometer

Die Vielstrahlinterferenz an planparallelen Schichten wurde bereits 1897 von den französischen Forschern *Charles Fabry* und *Alfred Perot* zur Konstruktion von Interferometern ausgenutzt, die eine große Bedeutung in der modernen Optik und in der Spektroskopie haben [10.6]. Diese ***Fabry-Perot-Interferometer*** (FPI) können entweder durch eine sehr genau planparallel geschliffene Platte aus optischem Glas oder geschmolzenem Quarz realisiert werden, auf deren beide Seiten reflektierende Beläge aufgebracht werden (Abb. 10.20a) oder durch zwei einseitig verspiegelte Platten, deren reflektierende Flächen dann sehr genau parallel zueinander justiert werden müssen (Abb. 10.20b). Um störende Reflexionen an den Rückseiten der beiden Platten zu vermeiden, werden diese durch eine Antireflexschicht entspiegelt (siehe Abschn. 10.4.3) oder so geschliffen, daß sie gegen die Vorderfläche geneigt sind.

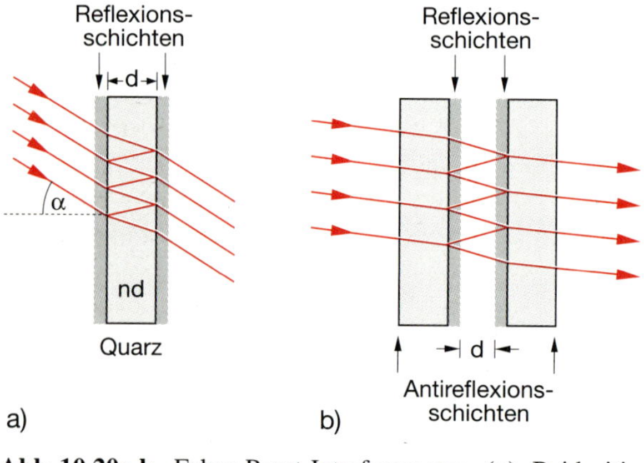

Abb. 10.20a,b. Fabry-Perot-Interferometer. (**a**) Beidseitig verspiegeltes Etalon, (**b**) zwei einseitig verspiegelte Platten, deren Rückseiten entspiegelt sind

Das FPI hat eine große Bedeutung in der hochauflösenden Spektroskopie. Dies soll an zwei Beispielen illustriert werden:

Wird das Licht einer (nahezu punktförmigen) Lichtquelle in der Brennebene der Linse L_1 als paralleles Strahlenbündel durch ein FPI geschickt (Abb. 10.21a), so hängt die transmittierte Intensität (10.25) von der Phasendifferenz $\Delta\varphi$ ab, die mit (10.20) bei senkrechtem Einfall ($\alpha = 0$) durch

$$\Delta\varphi = \frac{2\pi}{\lambda}\Delta s = \frac{4\pi}{\lambda} n \cdot d$$

gegeben ist. Bei festem Abstand d der beiden reflektierenden Ebenen ist die optische Wegdifferenz $2n \cdot d$, und es werden solche Wellenlängen λ_m maximal durchgelassen, für die

$$\Delta s = m \cdot \lambda_m \;\Rightarrow\; \lambda_m = \frac{2nd}{m} \tag{10.27}$$

gilt. In Abb. 10.21b ist $I_T(\lambda)$ für ein bestimmtes Reflexionsvermögen R dargestellt. Man sieht, daß die Transmissionskurve $I_T(\lambda)$ periodisch ist mit der Periode

$$\begin{aligned}\delta\lambda = \lambda_m - \lambda_{m+1} &= \frac{2nd}{m} - \frac{2nd}{m+1} \\ &= \frac{2nd}{m(m+1)} = \frac{\lambda_m}{m+1},\end{aligned} \tag{10.28a}$$

welche ***freier Spektralbereich*** des FPI heißt.

Für die Frequenz $\nu = c/\lambda$ wird der freie Spektralbereich

$$\delta\nu = \nu_{m+1} - \nu_m = \frac{c}{2nd} \,. \tag{10.28b}$$

Die Halbwertsbreite $\Delta\nu = \nu_1 - \nu_2$ der Transmissionskurve um das Maximum $I_T(\nu_m)$ ist durch

$$I_T(\nu_1) = I_T(\nu_2) = \frac{1}{2} I_T(\nu_m)$$

bestimmt. Setzt man dies in (10.25) ein, so erhält man

$$\Delta\nu = \frac{2}{\pi}\frac{\delta\nu}{\sqrt{F}} = \frac{c}{2nd}\frac{1-R}{\pi\sqrt{R}} \,. \qquad (10.29)$$

Das Verhältnis von freiem Spektralbereich $\delta\nu$ zu Halbwertsbreite $\Delta\nu$

$$F^* = \frac{\delta\nu}{\Delta\nu} = \frac{\pi \cdot \sqrt{R}}{1-R} \qquad (10.30)$$

heißt die (durch das Reflexionsvermögen R der reflektierenden Schichten bestimmte) ***Finesse*** F^* des FPI. Sie ist ein Maß für die effektive Zahl $p \approx F^*$ der miteinander interferierenden Teilbündel. Dies sieht man folgendermaßen ein:

Die Breite der Transmissonsmaxima in Abb. 10.21b ist durch die Zahl p der miteinander interferierenden Teilbündel gegeben. Wenn Δs der Wegunterschied zwischen benachbarten interferierenden Teilbündeln ist, dann ist der freie Spektralbereich

$$\delta\nu = \frac{c}{\Delta s} \,.$$

Zwischen dem ersten und dem p-ten Teilbündel beträgt der Wegunterschied dann $p \cdot \Delta s$, und die Frequenzbreite des Transmissionsmaximums ist durch

$$\Delta\nu = \frac{c}{p \cdot \Delta s}$$

bestimmt. Die Finesse ist dann

$$F^* = \frac{\delta\nu}{\Delta\nu} = p \,.$$

BEISPIEL

$R = 0{,}98 \Rightarrow F^* \approx 155$, d.h. für $R = 0{,}98$ interferieren etwa 155 Teilwellen miteinander.

Anmerkung

Bei den obigen Überlegungen wurden die reflektierenden Flächen als ideale Ebenen angenommen, die genau planparallel justiert sind. In der Praxis haben die wirklichen Flächen kleine Welligkeiten und Mikro-Rauhigkeiten. Ist die maximale Verzerrung einer Phasenfront einer ebenen Welle nach der Reflexion an der Spiegelfläche $2\pi/q$ gegenüber der idealen Ebene, so wird die Ebenheit der Spiegelfläche als λ/q angegeben. Nach p Umläufen der Welle zwischen den Spiegelflächen ist die Phasenabweichung $\Delta\varphi$ auf

$$\Delta\varphi = (p/q) \cdot 2\pi$$

angewachsen. Für $p = q/2$ entsteht dann für diese Teilbündel destruktive statt konstruktiver Interferenz. Auch eine Abweichung von der Planparallelität beider reflektierenden Flächen führt zu einer Variation der Phasendifferenz über den Bündelquerschnitt und damit zu einer Reduktion der Maximalumläufe, bei der konstruktive Interferenz für alle Teilbündel auftritt. Dies bewirkt ebenfalls eine Verminderung der Finesse. Ferner führen Beugungseffekte zu Abweichungen der Phasenfront von einer Ebene und daher zur Verminderung der Finesse.

Die Gesamtfinesse F^*_g des FPI wird durch diese Spiegelfehler, welche bei q Reflexionen zu Phasenfehlern von 2π führen können, kleiner als die Reflexions-Finesse. Es gilt für die Gesamtfinesse F^*_g:

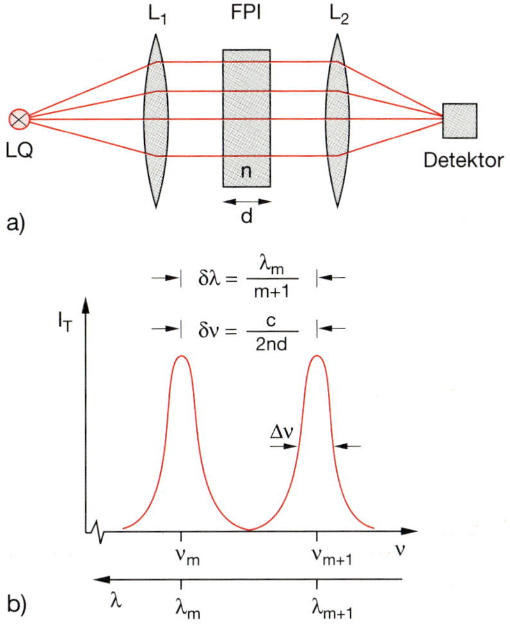

Abb. 10.21a,b. Transmission eines parallelen Lichtbündels durch ein FPI; (**a**) Experimentelle Anordnung, (**b**) transmittierte Intensität

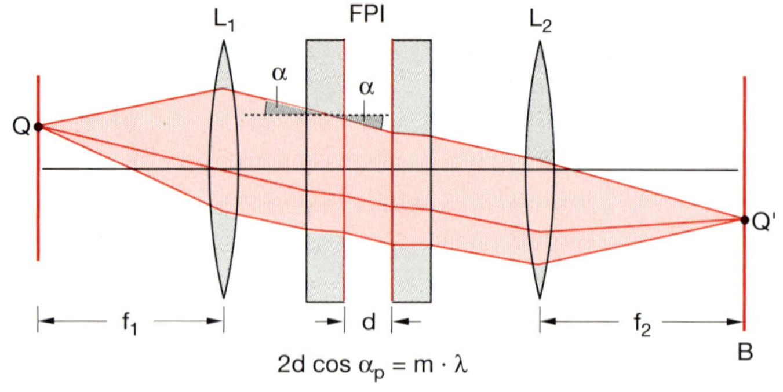

Abb. 10.22. Entstehung eines Ringsystems hinter einem Fabry-Perot-Interferometer bei Beleuchtung mit einer ausgedehnten monochromatischen Lichtquelle

$$\frac{1}{F_g^*} = \sqrt{\sum_i \left(\frac{1}{F_i^*}\right)^2}, \qquad (10.31)$$

wobei die einzelnen Anteile F_i^* die zusätzliche Verbreiterung der Transmissionsmaxima durch Einflüsse wie Oberflächenungenauigkeiten, Dejustierung und Beugungseffekten beschreiben. Es hat also keinen Sinn, die Reflexion der Spiegel zu groß zu wählen, da dann zwar die Zahl p der interferierenden Teilbündel groß wird, deren Phasendifferenz aber über den Bündelquerschnitt nicht mehr konstant ist. Die optimale Wahl von R ergibt $p = q$.

Im allgemeinen hat man keine punktförmigen, sondern ausgedehnte Lichtquellen. Wir betrachten in Abb. 10.22 ein „Luftspalt-FPI" (mit Brechzahl $n \approx 1$ zwischen den reflektierenden Ebenen), das von einer ausgedehnten Lichtquelle LQ in der Brennebene der Linse L_1 (dies ist die Ebene $z = z_0 = f$ senkrecht zur Symmetrieachse z, in der der dingseitige Brennpunkt liegt) beleuchtet wird. Das Licht, das von einem beliebigen Punkt Q der Quelle ausgesandt wird, durchläuft das FPI als paralleles Lichtbündel unter dem Winkel α gegen die Flächennormale. Nur für solche Winkel $\alpha_p (p = 1, 2, \ldots)$, welche wegen $n = 1$ die Bedingung

$$\begin{aligned} \Delta s &= 2d\sqrt{n^2 - \sin^2\alpha_p} = 2d\cos\alpha_p \\ &= m \cdot \lambda \end{aligned} \qquad (10.32)$$

erfüllen (m sei ganzzahlig), wird die Transmission des FPI maximal. Man erhält daher bei einer monochromatischen Flächenlichtquelle im transmittierten Licht ein System von konzentrischen hellen Ringen (Abb. 10.23), deren Schärfe von der Finesse F_g^* des FPI abhängt.

Bildet man das parallele Licht mit einer zweiten Linse L_2 mit Brennweite f_2 (siehe Abschn. 9.3) auf die Beobachtungsebene B ab, so werden die Durchmesser der Ringe

$$D_p = 2f_2 \cdot \operatorname{tg}\alpha_p \approx 2f_2 \cdot \alpha_p\,. \qquad (10.33)$$

Der kleinste Ringdurchmesser, für den die Bedingung (10.32) mit $m = m_0$ erfüllt ist, sei $D = D_0$. Setzen wir für kleine Winkel $\alpha \ll 1$ in (10.32) die Näherung $\cos\alpha \approx 1 - \alpha^2/2$ ein, so erhalten wir:

$$\begin{aligned} &2d(1 - \alpha_p^2/2) = m_p \cdot \lambda = (m_0 - p)\lambda \\ &\Rightarrow 2d = \left(m_0 + \frac{d\alpha_0^2}{\lambda}\right)\lambda = (m_0 + \varepsilon)\lambda\,. \end{aligned} \qquad (10.34)$$

Die Größe $\varepsilon = d\alpha_0^2/\lambda < 1$ heißt der ***Exzeß***. Für $\alpha_0 = 0$ ist $\varepsilon = 0$. Dann paßt bei senkrechtem Einfall gerade eine ganze Zahl von halben Wellenlängen zwischen die Interferometerplatten, d.h. $m_0 \cdot \lambda/2 = n \cdot d$.

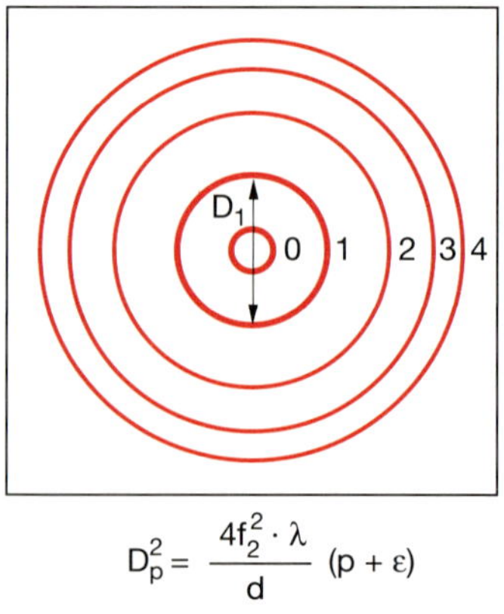

Abb. 10.23. Ringsystem im transmittierten Licht eines ebenen FPI, das von einer ausgedehnten monochromatischen Lichtquelle beleuchtet wird

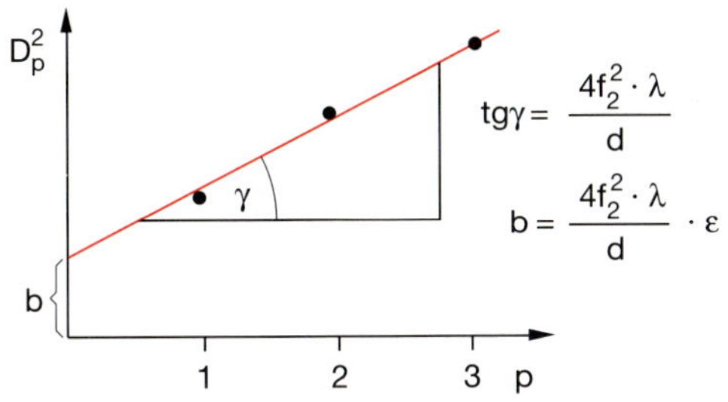

Abb. 10.24. Bestimmung von λ aus der Steigung und dem Achsenabschnitt der Geraden $D_p^2(p)$

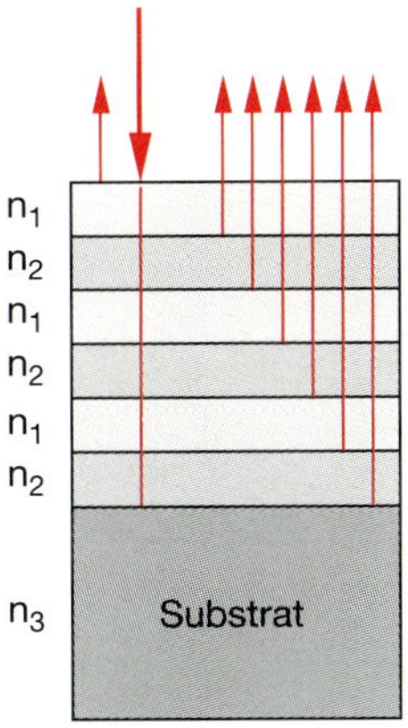

Abb. 10.25. Dielektrischer Spiegel mit Glassubstrat und vielen dünnen absorptionsarmen Schichten mit unterschiedlichen Brechzahlen n_1 und n_2. Die Dicke der Schichten ist übertrieben gezeichnet. Sie beträgt weniger als 1 μm

Für $\alpha_0 \neq 0$ gibt der Exzeß ε den Überschuß $\varepsilon = d/(\lambda/2) - m_0$ des Plattenabstandes $d/(\lambda/2)$ in Einheiten der halben Wellenlänge über die ganze Zahl m_0 an.

Es ergibt sich dann für die Quadrate D_p^2 der Ringdurchmesser (10.33) mit Hilfe von (10.34):

$$D_p^2 = \frac{4f_2^2 \cdot \lambda}{d}(p + \varepsilon)\,. \tag{10.35}$$

Trägt man die Größen D_p^2 gegen die Ringnummer p auf (Abb. 10.24), so läßt sich die Wellenlänge λ bestimmen, vorausgesetzt, man kennt den Abstand d. Aus der Steigung der Geraden erhält man den Ausdruck $4f_2^2\lambda/d$ und aus dem Achsenabstand D_0^2 dann den Exzeß ε.

10.4.2 Dielektrische Spiegel

Mit Metallspiegeln (Aluminium, Silber, Gold) erreicht man im sichtbaren Spektralbereich nur Reflexionswerte von höchstens $R = 0{,}95$, im allgemeinen weniger (typisch ist $R = 0{,}90$). Dies liegt daran, daß das Absorptionsvermögen von Metallspiegeln hoch ist und das Reflexionsvermögen daher überwiegend durch den Imaginärteil des Brechungsindex bestimmt wird (siehe Abschn. 8.5.9).

Das Reflexionsvermögen von Metallspiegeln ist für viele Anwendungen (z.B. Laserspiegel) nicht ausreichend. Um höhere Werte für R zu erreichen, kann man die Interferenz bei der Reflexion an vielen dünnen Schichten mit unterschiedlichen Brechzahlen n, aber kleiner Absorption, ausnutzen (Abb. 10.25). Für eine maximale Reflexion müssen sich die an den einzelnen Grenzflächen reflektierten Teilwellen alle phasenrichtig überlagern. Wir wollen uns dies am senkrechten Einfall von Licht der Wellenlänge λ auf einen dielektrischen Spiegel mit zwei Schichten klarmachen (Abb. 10.26). Für diesen Fall ($\alpha = 0$) gilt: Der elektrische Vektor erfährt bei der Reflexion am optisch dichteren Medium einen Phasensprung um π, während er bei der Reflexion am dünneren Medium keinen Phasensprung erfährt. Gilt für die Brechzahlen $n_{\text{Luft}} < n_1 > n_2 > n_3$, so erleidet das Licht nur bei der Reflexion an der oberen Grenzschicht einen Phasensprung von π. Konstruktive Interferenz erhält man, wenn die Dicken der Schichten $\lambda/4$ bzw. $\lambda/2$ sind.

Die Reflexionsvermögen der drei reflektierenden Grenzflächen sind:

$$R_1 = \left(\frac{n_1 - 1}{n_1 + 1}\right)^2, \quad R_2 = \left(\frac{n_1 - n_2}{n_1 + n_2}\right)^2,$$
$$R_3 = \left(\frac{n_2 - n_3}{n_2 + n_3}\right)^2. \tag{10.36}$$

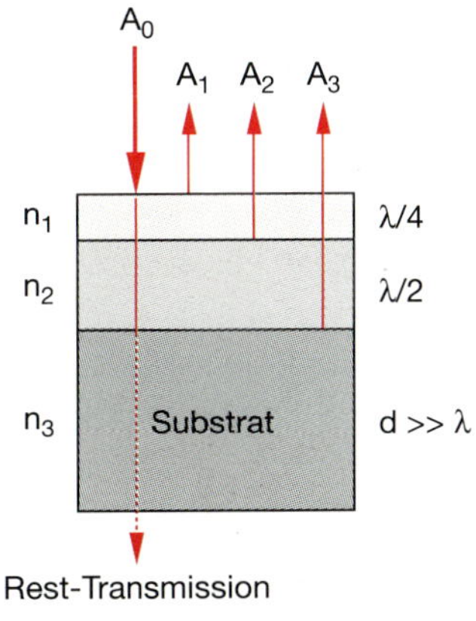

Abb. 10.26. Überlagerung der reflektierten Amplituden bei einem dielektrischen Zweischichtenspiegel mit $n_1 > n_2 > n_3$

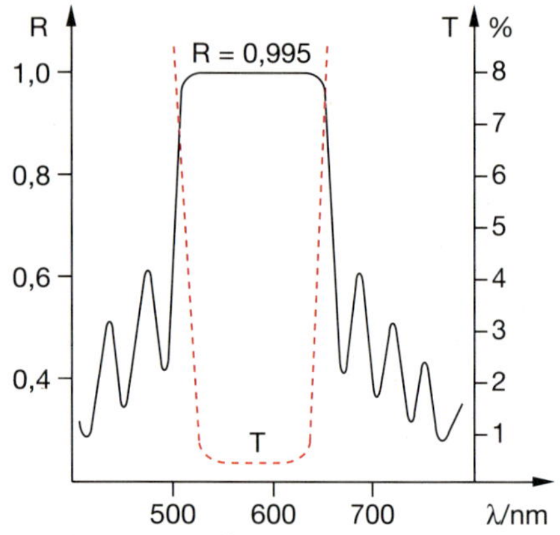

Abb. 10.27. Reflexionvermögen $R(\lambda)$ eines dielektrischen Mehrschichtenspiegels

Die gesamte Intensität ist dann (siehe Aufgabe 10.4):

$$I_R = \left|\sum_{p=1}^{3} A_p\right|^2 \tag{10.37}$$
$$= A_0^2\Big[\sqrt{R_1} + \sqrt{R_2}(1-R_1) + (1-R_1)(1-R_2)\sqrt{R_1R_2}\Big]^2 .$$

Man kann heute bei Verwendung von 15–20 Schichten Spiegel mit einem Reflexionsvermögen von bis zu 99,995% herstellen, das natürlich nur für einen bestimmten Spektralbereich um eine wählbare Wellenlänge λ_0 optimal ist [10.7]. In Abb. 10.27 ist als Beispiel eine Reflexionskurve für einen Spiegel aus zwölf dielektrischen Schichten gezeigt. Die Berechnung solcher Kurven und die Auswahl der einzelnen Schichtdicken erfordern umfangreiche Computerprogramme.

10.4.3 Antireflexschicht

Um die oft störenden Reflexionen an Glasoberflächen zu vermeiden (z.B. an Brillengläsern oder an den Linsen eines Fotoobjektivs), kann man die Flächen mit einer dünnen dielektrischen Schicht versehen, die eine destruktive Interferenz bewirkt (Abb. 10.28a). Der Phasenunterschied zwischen den an den beiden Grenzflächen reflektierten Teilwellen muß dann $(2m+1)\cdot\pi$ betragen. Wir betrachten im folgenden nur senkrechten Einfall.

Ein Teil der Welle wird zunächst an der ersten Grenzschicht reflektiert. Er erfährt dabei einen Phasensprung von π (siehe Abschn. 8.5.8). Der transmittierte Rest wird teilweise an der zweiten Grenzschicht reflektiert usw.

Im Prinzip läßt sich die gesamte Reflexion wie zu Anfang dieses Abschnitts berechnen, mit dem Unterschied, daß jetzt die Brechungsindizes der angrenzenden Medien nicht mehr gleich sind. Die Amplituden $|A_i|$ der reflektierten Teilwellen lauten:

$$|A_1| = \sqrt{R_1}|A_0| ;$$
$$|A_2| = (1-R_1)\sqrt{R_2}|A_0| ;$$
$$|A_3| = (1-R_1)R_2\sqrt{R_1}|A_0| ;$$
$$|A_4| = (1-R_1)R_2^{3/2}R_1|A_0| ;$$
$$|A_5| = (1-R_1)R_2^2R_1^{3/2}|A_0| \quad \text{usw.}$$

Berechnet man nun, unter welchen Bedingungen sich diese Wellen vollständig auslöschen, erhält man für den Brechungsindex der Antireflexschicht

$$n_1 = \sqrt{n_{\text{Luft}}\cdot n_2} \approx 1{,}225 \quad \text{für} \quad n_2 = 1{,}5 \tag{10.38}$$

und für die Dicke der Schicht

$$d = \frac{2m+1}{4}\frac{\lambda_0}{n_1} \quad \text{mit} \quad m = 0,1,2,\ldots$$

(Aufgabe 10.12).

Bei der in Abb. 10.28a gezeigten Einfachschicht erhält man nur für eine ausgesuchte Wellenlänge λ_0

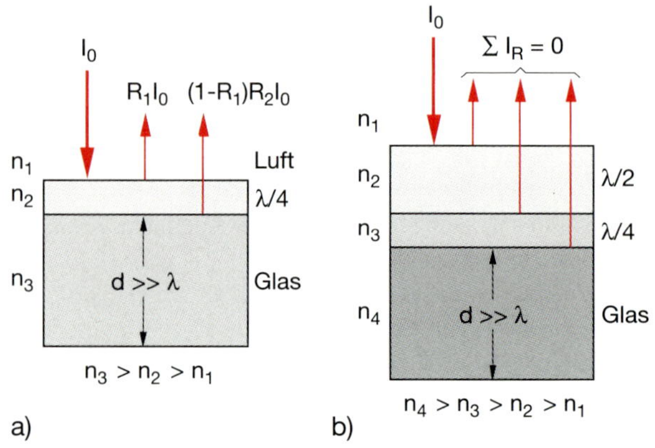

Abb. 10.28a,b. Antireflexionsbeschichtung. (**a**) Einfachschicht, (**b**) Zweifachschicht

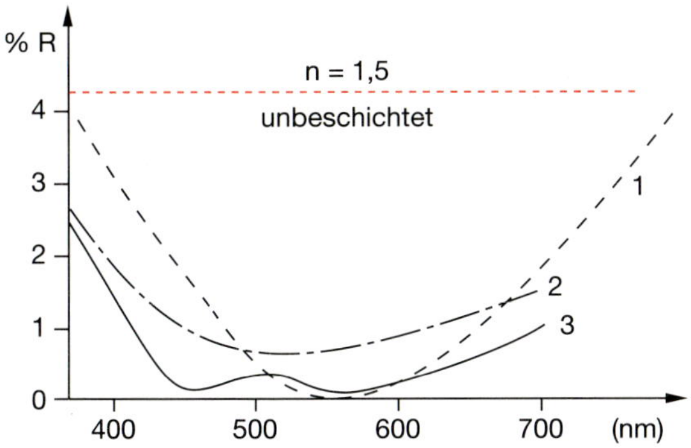

Abb. 10.29. Restreflexion bei einer einfachen Antireflexschicht (Kurve 1) im Vergleich mit unbeschichtetem Glas mit $n_2 = 1{,}5$. Die Kurve 2 wird durch einen Zweischichten-Breitband-Antireflexbelag erreicht, 3 durch einen Dreischichtenbelag

vollkommen destruktive Interferenz, d.h. $I_R(\lambda_0) = 0$ (Abb. 10.29). Bei Verwendung mehrerer Schichten läßt sich die Restreflexion für einen breiteren Spektralbereich minimieren. So erreicht man bereits mit zwei Schichten (Abb. 10.28b) eine Restreflexion, die im gesamten sichtbaren Bereich unter 1% liegt [10.8], verglichen mit 4% bei einer unbeschichteten Glasplatte (Abb. 10.29).

10.5 Beugung

Als Beugung bezeichnet man in der Optik das Phänomen, daß ein Lichtbündel beim Durchgang durch begrenzende Öffnungen oder beim Vorbeigang an Kanten nicht transmittierender Medien, die einen Teil des Lichtbündels absorbieren oder reflektieren, teilweise aus seiner ursprünglichen Richtung abgelenkt wird. Man beobachtet dann Licht auch in solchen Richtungen, in die es nach der geometrischen Optik nicht kommen dürfte.

10.5.1 Beugung am Spalt

In Abschn. 8.3.1 wurde bereits die Winkelverteilung $I(\theta)$ der Strahlung von N Sendern mit dem Abstand d auf einer Geraden behandelt, die von einer ankommenden ebenen Welle zu synchronen Schwingungen angeregt wurden (Abb. 8.9). Es zeigte sich, daß für

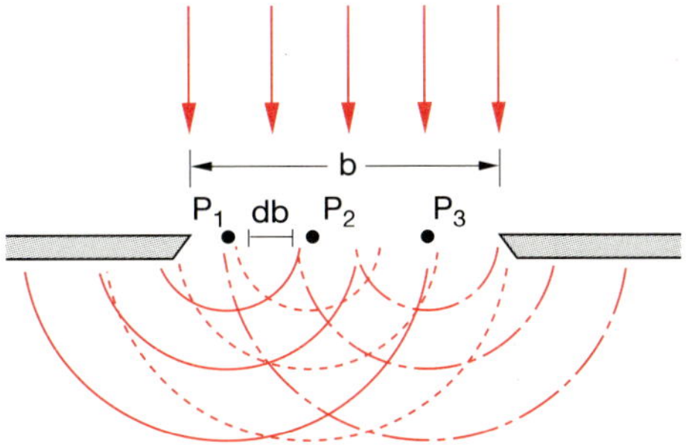

Abb. 10.30. Beugung am Spalt

$d < \lambda$ die Intensität $I(\theta)$ eine Winkelverteilung (8.26) mit einem Maximum bei $\theta = 0$ hatte, deren Fußpunktsbreite $\Delta\theta = \theta_1 - \theta_2$ zwischen den Nullstellen $I(\theta_1) = I(\theta_2) = 0$ durch die Bedingung

$$\sin\theta_{1,2} = \pm\frac{\lambda}{N \cdot d} = \pm\frac{\lambda}{b}$$

gegeben ist, wobei $b = N \cdot d$ die volle Breite der Senderanordnung ist.

Wenden wir dieses Modell auf den Durchgang einer ebenen Welle durch einen Spalt der Breite b an (Abb. 10.30), so müssen wir folgendes bedenken:

Jeder Raumpunkt P im Spalt ist Ausgangspunkt einer Kugelwelle, weil sich elektrische und magnetische Feldstärke der einfallenden Welle in P zeitlich ändern und deshalb dort (auch im Vakuum!), wie durch die Maxwell-Gleichungen beschrieben, neue Felder E und B bilden, die zu Sekundärwellen Anlaß geben. Diese Sekundärwellen überlagern sich (Huygenssches Prinzip, siehe Bd. 1, Abschn. 10.11).

Ersetzen wir einen Sender in Abb. 8.9 durch eine Strecke Δb von kontinuierlich verteilten Sendern, so haben wir im Spalt $N = b/\Delta b$ „Senderstrecken", deren Senderamplitude $A = A_0 \cdot \Delta b/b$ proportional zur Länge Δb ist. Aus (8.26) erhalten wir dann:

$$I(\theta) = I_0\left(\frac{\Delta b}{b}\right)^2 \frac{\sin^2\left[\pi(b/\lambda)\sin\theta\right]}{\sin^2\left[\pi(\Delta b \cdot \lambda)\sin\theta\right]} \ . \qquad (10.39)$$

Lassen wir nun $N \to \infty$ gehen, d.h. $\Delta b \to 0$, so geht (10.39) mit $x = \pi(b/\lambda)\sin\theta$ über in:

$$\lim_{N\to\infty} I(\theta) = I_0 \cdot \frac{\sin^2 x}{x^2} \ . \qquad (10.40)$$

Diese bereits in Abb. 8.10 gezeigte Funktion ist in Abb. 10.31 als Funktion des Beugungswinkels θ

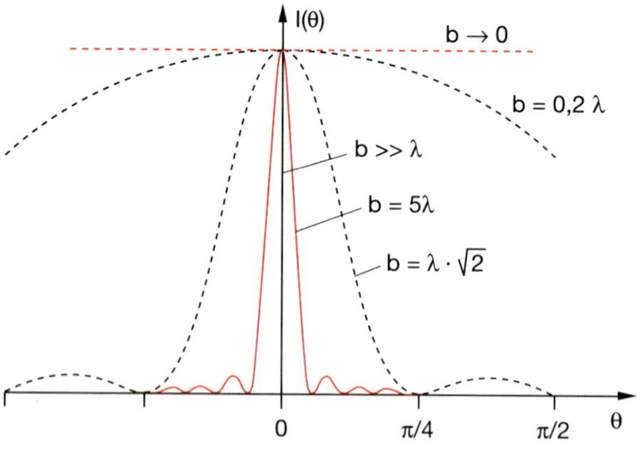

Abb. 10.31. Intensitätsverteilung $I(\theta)$ bei der Beugung am Spalt für verschiedene Werte des Verhältnisses λ/b von Wellenlänge λ zu Spaltbreite b

aufgetragen. Das meiste Licht geht geradeaus ($\theta = 0$). Die Verteilung $I(\theta)$ geht gegen Null für $\sin\theta = \lambda/b$, hat aber für $\theta > \lambda/b$ noch viele kleinere Maxima.

Dies kann man sich auch anschaulich klarmachen (Abb. 10.32). Für $\sin\theta = \lambda/b$ ist der Wegunterschied Δs zwischen dem ersten und dem letzten Teilbündel im gebeugten Licht gerade $\Delta s_m = \lambda$. Teilt man das gesamte gebeugte Lichtbündel in zwei Hälften, so gibt es zu jedem Teilbündel in der ersten Hälfte genau ein Teilbündel in der zweiten Hälfte mit dem Wegunterschied $\Delta s = \lambda/2$, so daß sich alle diese Teilbündel durch destruktive Interferenz auslöschen. Für $\Delta s = 3/2\lambda$ teilt man in drei gleiche Teilbündel auf, von denen sich zwei durch destruktive Interferenz auslöschen, während das dritte Teilbündel übrigbleibt (erstes Nebenmaximum in $I(\theta)$).

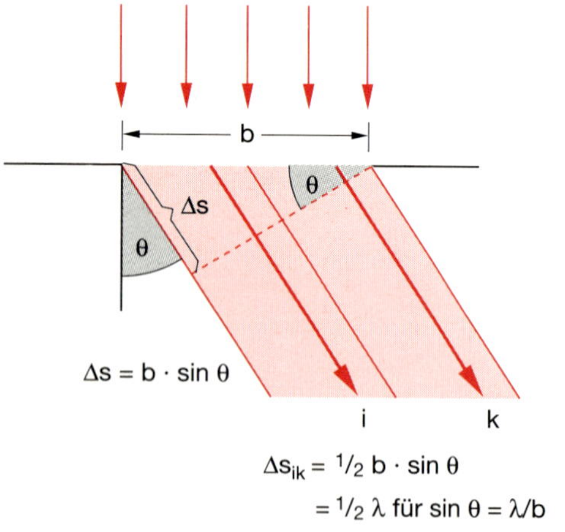

Abb. 10.32. Zur anschaulichen Darstellung der Intensitätsminima für $\sin\theta = \lambda/b$

Die Intensitätsverteilung $I(\theta)$ ist für verschiedene Verhältnisse λ/b in Abb. 10.31 dargestellt. Unabhängig vom Wert λ/b geht in das zentrale Beugungsmaximum der Bruchteil

$$\int_{-\pi}^{+\pi} \frac{\sin^2 x}{x^2}\,\mathrm{d}x \Big/ \int_{-\infty}^{+\infty} \frac{\sin^2 x}{x^2}\,\mathrm{d}x = 0{,}90$$

der gesamten vom Spalt durchgelassenen Lichtleistung.

Für $b \gg \lambda$ wird das zentrale Maximum von $I(\theta)$ sehr schmal, d.h. seine Fußpunktsbreite $\Delta\theta = 2\lambda/b$ wird klein: Das Licht geht im wesentlichen geradeaus weiter.

BEISPIEL

$b = 1000\lambda \Rightarrow \Delta\theta = 2 \cdot 10^{-3}\,\text{rad} \mathrel{\hat{=}} 0{,}11°$.
Man beachte jedoch, daß auch bei kleiner durch die Beugung bedingter Divergenz eines parallelen Lichtbündels dessen Bündeldurchmesser größer wird. Für $\lambda = 500\,\text{nm}$ ist der Bündeldurchmesser am Spalt: $b = 0{,}5\,\text{mm}$, in einer Entfernung von $d = 1\,\text{m}$ hinter dem Spalt aber bereits $b + d \cdot \Delta\theta \approx 2{,}5\,\text{mm}$. Das Lichtbündel ist dort bereits auf Grund der Beugung auf den fünffachen Durchmesser aufgeweitet.

Für $b < \lambda$ gibt es kein Minimum mehr für die Funktion $I(\theta)$. Das zentrale Beugungsmaximum ist über den ganzen Halbraum hinter dem Spalt ausgedehnt. Man sieht deshalb keine Beugungsstrukturen mehr, sondern eine monoton abfallende Verteilung der Intensität $I(\theta)$ über alle Winkel θ.

Bei der Beugung einer ebenen Welle, die senkrecht auf eine kreisförmige Blende mit Radius R fällt, muß die Intensitätsverteilung $I(\theta)$ der gebeugten Welle rotationssymmetrisch um die Symmetrieachse der Blende sein (Abb. 10.33). Die etwas aufwendigere Rechnung ([10.9], siehe auch Abschn. 10.6) ergibt statt (10.39) die Verteilung

$$I(\theta) = I_0 \cdot \left(\frac{2J_1(x)}{x}\right)^2 \tag{10.41}$$

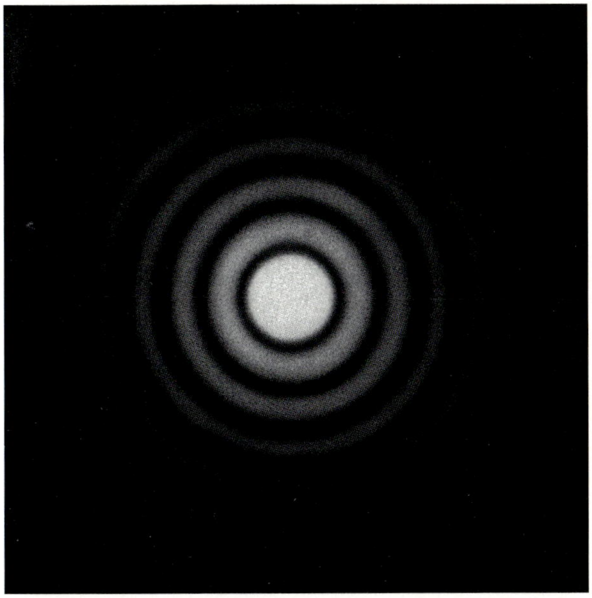

Abb. 10.33. Ringförmige Beugungsstruktur hinter einer Kreisblende, die mit parallelem Licht beleuchtet wird. Aus M. Cagnet, M. Françon, J. C. Thrierr: *Atlas optischer Erscheinungen* (Springer, Berlin, Göttingen 1962)

mit

$$x = \frac{2\pi R}{\lambda} \cdot \sin\theta \; ,$$

wobei $J_1(x)$ die Besselfunktion erster Ordnung ist. Die Intensitätsverteilung (10.41) hat Nullstellen bei $x_1 = 1{,}22\,\pi$, $x_2 = 2{,}16\,\pi, \ldots$, so daß die erste Nullstelle von $I(\theta)$ bei $\sin\theta_1 = 0{,}61\lambda/R$ liegt.

Die Lage der Nebenmaxima I_{M_i} und ihre Intensitäten sind:

$$\begin{aligned} I_{\mathrm{M}_1} &= 0{,}0175\,I_0 \quad &\text{bei} \quad \sin\theta_{\mathrm{M}_1} &= 0{,}815\,\lambda/R \; , \\ I_{\mathrm{M}_2} &= 0{,}00415\,I_0 \quad &\text{bei} \quad \sin\theta_{\mathrm{M}_2} &= 1{,}32\,\lambda/R \; , \\ I_{\mathrm{M}_3} &= 0{,}0016\,I_0 \quad &\text{bei} \quad \sin\theta_{\mathrm{M}_3} &= 1{,}85\,\lambda/R \; . \end{aligned}$$

Man beachte:

Beugungserscheinungen lassen sich nicht nur beim Durchgang eines Lichtbündels durch eine begrenzende Öffnung beobachten, sondern auch bei der Reflexion an einer begrenzten Spiegelfläche (Abb. 10.34). So erhält man z.B. durch Reflexion an einer spiegelnden Kreisfläche ein Beugungs-Intensitätsmuster im reflektierten Licht, das völlig dem im

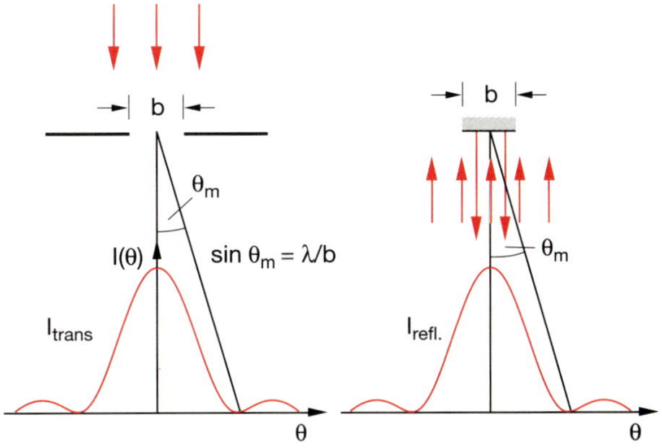

Abb. 10.34. Äquivalenz der Beugung des durch eine Blende transmittierten Lichtes und des an einem Spiegel gleicher Breite *b* reflektierten Lichtes

transmittierten Licht durch eine Öffnung der gleichen Form entspricht (siehe Abschn. 10.7.5).

10.5.2 Beugungsgitter

Fällt eine ebene Welle senkrecht auf eine Anordnung von N parallelen Spalten in der Ebene $z = 0$ (Beugungsgitter, Abb. 10.35), so ist die Intensitätsverteilung $I(\theta)$ durch zwei Faktoren bestimmt:

- Die Interferenz zwischen den Lichtbündeln der verschiedenen Spalte. Die daraus resultierende Verteilung entspricht genau der im Abschn. 8.3 behandelten kohärenten Emission von N Sendern, die zur Intensitätsverteilung (8.26) führte.
- Die durch die Beugung an jedem Spalt verursachte Intensitätsverteilung (10.39).

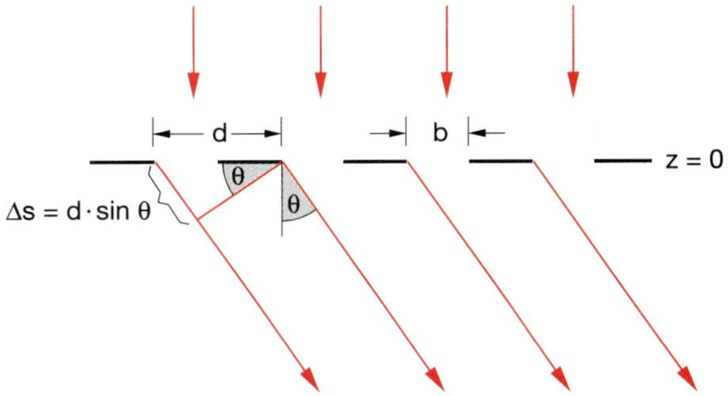

Abb. 10.35. Beugungsgitter von N parallelen Spalten, das senkrecht von einer ebenen Lichtwelle beleuchtet wird

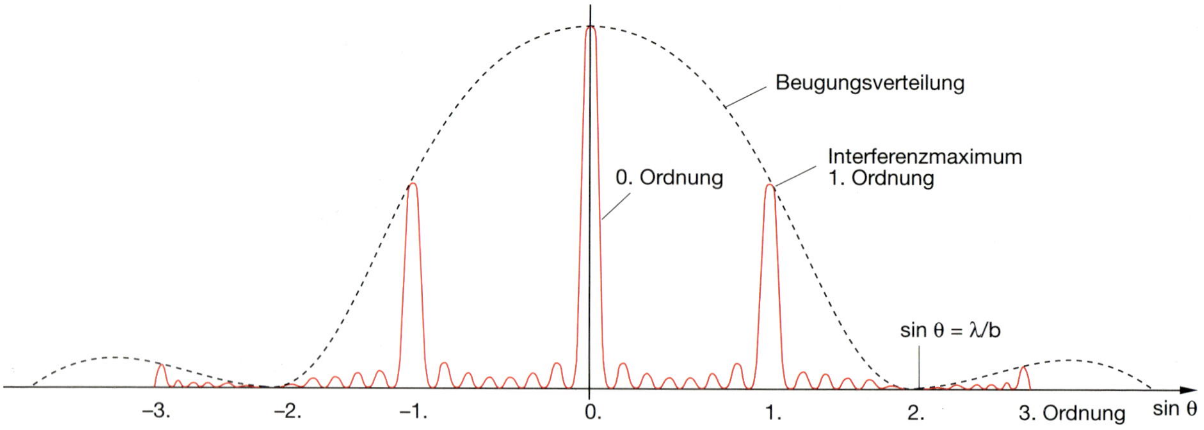

Abb. 10.36. Intensitätsverteilung $I(\theta)$ bei einem Beugungsgitter mit acht Spalten, bei dem $d/b = 2$ ist. In die zweite Interferenzordnung gelangt wegen des Beugungsminimums kein Licht

Ist b die Spaltbreite und d der Abstand zwischen benachbarten Spalten, so ergibt sich für die in Richtung θ gegen die z-Richtung emittierte Intensität

$$I(\theta) = I_0 \cdot \frac{\sin^2\left[\pi(b/\lambda)\sin\theta\right]}{\left[\pi(b/\lambda)\sin\theta\right]^2} \cdot \frac{\sin^2\left[N\pi(d/\lambda)\sin\theta\right]}{\sin^2\left[\pi(d/\lambda)\sin\theta\right]}, \qquad (10.42)$$

wobei der erste Faktor die Beugung am Einzelspalt beschreibt und der zweite Faktor die Interferenz zwischen N Spalten.

Maxima von $I(\theta)$ treten in denjenigen Richtungen auf, für welche der Wegunterschied zwischen den Teilbündeln aus benachbarten Spalten

$$\Delta s = d \cdot \sin\theta = m \cdot \lambda \qquad (10.43)$$

ein ganzzahliges Vielfaches der Wellenlänge λ ist. Wie groß diese Maxima sind, hängt von der Beugungsverteilung der Einzelspalte, d.h. vom ersten Faktor in (10.42) ab. Die Beugung sorgt dafür, daß überhaupt Licht in die Richtungen $\theta > 0$ gelangt. Je breiter die Spalte sind, desto geringer werden die möglichen Winkel θ.

In Abb. 10.36 ist als Beispiel die Verteilung $I(\theta)$ für ein Beugungsgitter aus acht Spalten gezeigt, bei dem das Verhältnis d/b von Spaltabstand d zu Spaltbreite b den Wert 2 hat.

Die einzelnen Hauptmaxima heißen ***Beugungsmaxima m-ter Ordnung*** (besser sollten sie Interferenzmaxima genannt werden). Wie man aus (10.43) sofort sieht, ist die höchste mögliche Ordnung m_{max} wegen $\sin\theta < 1$ durch

$$m_{max} = d/\lambda ,$$

also durch das Verhältnis von Spaltabstand d zu Wellenlänge λ gegeben. Die Hauptmaxima treten auf, wenn der Nenner des zweiten Terms in (10.42) Null wird.

Zwischen den Hauptmaxima liegen bei N Spalten $N-2$ kleine Nebenmaxima, bei Winkeln θ_p, für die der Zähler des zweiten Faktors in (10.42) den Wert 1 hat, der Nenner aber $\neq 0$ ist, also für

$$\sin\theta_p = \frac{(2p+1)\lambda}{2N \cdot d} \quad (p = 1,2,\ldots N-2) .$$

Die Höhe dieser Nebenmaxima kann man dem zweiten Faktor in (10.42) entnehmen. Für das p-te Maximum erhält man:

$$I(\theta_p) = \frac{I_0}{N^2} \frac{1}{\sin^2\left[(2p+1)\pi/(2N)\right]} ,$$

was bei ungerader Zahl N für das mittlere Maximum $(p = (N-1)/2)$ dann $I = I_0/N^2$ ergibt. Für genügend große N sind die Nebenmaxima also vernachlässigbar.

Die Beugungsgitter spielen in der Spektroskopie eine große Rolle bei der Messung von Lichtwellenlängen λ. Allerdings braucht man dazu Gitter mit etwa 10^5 Spalten. Da diese Transmissionsgitter technisch schwierig herzustellen sind, benutzt man

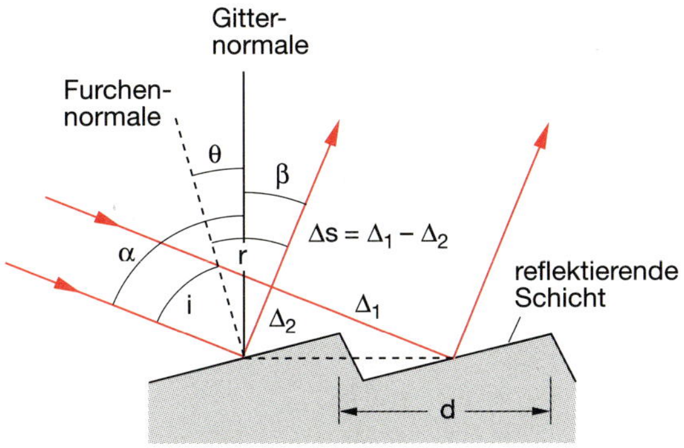

Abb. 10.37. Optisches Reflexions-Beugungsgitter

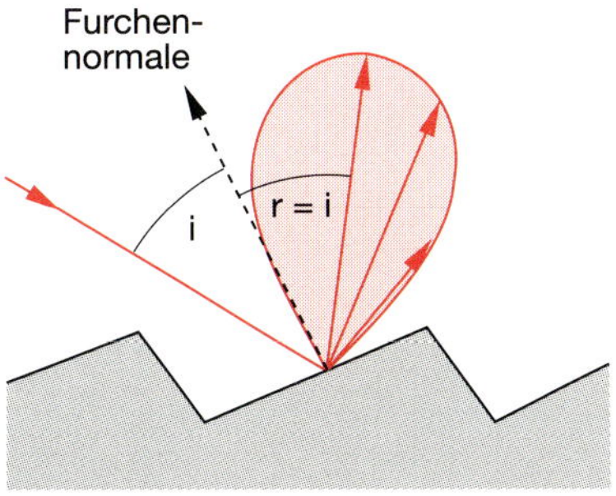

Abb. 10.38. Beugungsbedingte Intensitätsverteilung des an einer Furche des Gitters reflektierten Lichtes um den Reflexionswinkel $r = \alpha - \theta$

Reflexionsgitter, die durch Ritzen von Furchen in eine ebene Glasplatte oder durch holographische Verfahren (siehe Abschn. 11.8.1) hergestellt werden [10.10].

Fällt eine ebene Welle unter dem Einfallswinkel α gegen die Gitternormale ein (Abb. 10.37), so besteht zwischen den von benachbarten Furchen in Richtung β reflektierten Teilbündeln der Gangunterschied

$$\Delta s = d(\sin\alpha + \sin\beta)\ . \tag{10.44}$$

Man erhält also bei vorgegebener Einfallsrichtung α nur in solchen Richtungen β konstruktive Interferenz, für welche die Gittergleichung

$$d(\sin\alpha + \sin\beta) = m \cdot \lambda \tag{10.45}$$

erfüllt ist. Der Einfallswinkel α wird positiv definiert. Der Beugungswinkel β wird als positiv definiert, wenn er auf der gleichen Seite der Gitternormalen liegt, sonst ist β negativ (wie z.B. in Abb. 10.37).

Eine unter dem Winkel i gegen die Flächennormale einfallende Welle wird unter dem Winkel $r = i$ reflektiert. Man entnimmt Abb. 10.37, daß $i = \alpha - \theta$ und $r = \theta - \beta$ gilt (β ist negativ!). Für den Furchennormalenwinkel θ gegen die Gitternormale (***Blazewinkel***) gilt also

$$\theta = \frac{\alpha + \beta}{2}\ . \tag{10.46}$$

Da der Einfallswinkel α im allgemeinen durch die Konstruktion des Gitterspektrometers fest vorgegeben ist, der Winkel β aber durch den Furchenabstand d und die Wellenlänge λ bestimmt wird, kann der Blazewinkel nach (10.45)

$$\theta = \frac{\alpha}{2} + \frac{1}{2}\arcsin\left[\frac{m \cdot \lambda}{d} - \sin\alpha\right]$$

nur für einen bestimmten Wellenlängenbereich optimiert werden.

Er wird so gewählt, daß für die Mitte λ_m des zu messenden Wellenlängenbereiches $\Delta\lambda$ der Winkel β_m, bei dem das Interferenzmaximum m-ter Ordnung auftritt, gleich dem Reflexionswinkel $r = \theta - \beta$ ist. Dann geht fast die gesamte reflektierte Intensität in die m-te Ordnung. Wegen der Beugung an jeder Furche der Breite b wird das reflektierte Licht in einen Winkelbereich $\Delta\beta$ um $\beta_m = r - \theta$ gebeugt (Abb. 10.38), so daß man einen größeren Wellenlängenbereich $\Delta\lambda$ mit nur wenig variierender Intensität $I(\beta)$ messen kann.

BEISPIEL

Ein optisches Gitter mit $d = 1\,\mu\text{m}$ werde mit parallelem Licht ($\lambda = 0{,}6\,\mu\text{m}$) unter dem Winkel $\alpha = 30°$ beleuchtet. Die erste Interferenzordnung mit $m = 1$ erscheint nach (10.45) unter dem Winkel β, für den $\sin\beta = \pm(\lambda - d \cdot \sin\alpha)/d$ gilt, d.h. $\sin\beta \approx \pm 0{,}1 \Rightarrow \beta \approx \pm 6°$. Es gibt zwei Richtungen $\beta = \pm 6°$ gegen die Gitternormale, d.h. unter 36° und 24° gegen die Einfallsrichtung, in denen $I(\beta)$ maximal wird. Der optimale Blazewinkel ist dann nach (10.46) $\theta = 18°$ bzw. 12°.

Die Fußpunktsbreite der Intensitätsverteilung $I(\beta)$ um das Maximum, das für $m = 1$ bei dem Reflexionswinkel $\beta = \beta_1$ liegen möge, kann aus (10.42) berechnet werden zu $\Delta\beta = \lambda/N \cdot d$.

Dies entspricht genau der Breite der Beugungsverteilung an einem Spalt der Breite $b = N \cdot d$, also der Breite des gesamten Gitters.

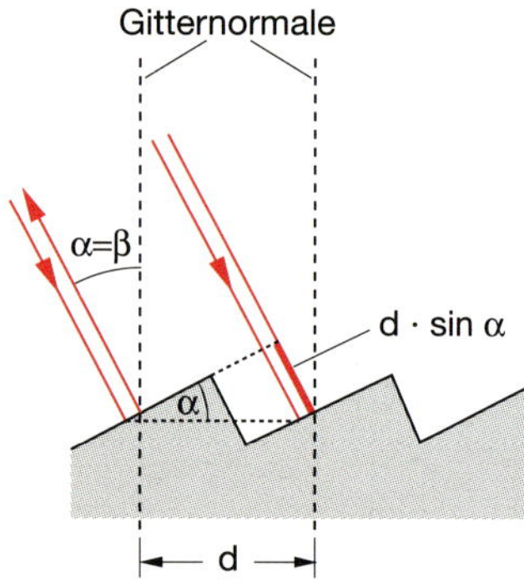

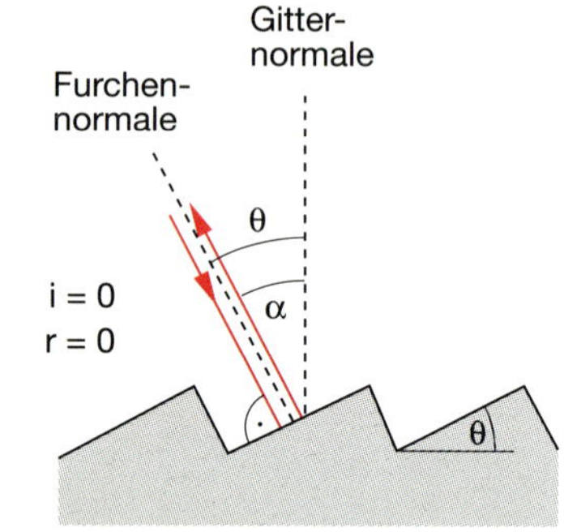

Abb 10.39a,b. Littrow-Gitter

Ist der Blazewinkel ϑ so gewählt, daß das einfallende Licht senkrecht auf die Furchenfläche fällt ($\alpha = \theta$), so wird die m-te Interferenzordnung für die Wellenlänge λ in die Einfallsrichtung zurückreflektiert ($\beta = \alpha$), wenn gilt:

$$\Delta s = 2d \cdot \sin\alpha = m \cdot \lambda\,.$$

Gitter, die als wellenlängenselektierende Spiegel wirken, heißen ***Littrow-Gitter*** (Abb. 10.39).

10.6 Fraunhofer- und Fresnel-Beugung

Wir haben bisher Interferenz- und Beugungserscheinungen immer für parallel einfallende Lichtbündel behandelt, so daß wir für alle Teilstrahlen wohldefinierte Beugungswinkel θ gegen die Richtung des einfallenden Lichtes angeben konnten. Dieser Fall wird ***Fraunhofer-Beugung*** genannt. Die Situation wird komplizierter bei divergentem bzw. konvergentem einfallenden Licht, dessen einzelne Teilbündel verschiedene Winkel α_p in einem Winkelbereich $\alpha_0 \pm \Delta\alpha$ haben, so daß die Wegdifferenzen Δs in (10.43) für diese Teilbündel etwas unterschiedlich sind (***Fresnel-Beugung***). Wir wollen die Fresnel-Beugung an einigen Beispielen illustrieren. Zuerst soll jedoch noch einmal die Bedeutung des Huygensschen Prinzips am Beispiel der Ausbreitung einer Kugelwelle verdeutlicht werden.

10.6.1 Fresnelsche Zonen

Wir betrachten in Abb. 10.40 eine Kugelwelle, die von der hier als punktförmig angenommenen Lichtquelle L ausgeht, und wollen berechnen, wie groß die Lichtintensität im Beobachtungspunkt P ist und wie sie von Hindernissen zwischen L und P beeinflußt wird. Auf einer Kugelfläche mit Radius R um L als Zentrum haben Wellenamplitude und Phase überall konstante Werte, da für die Kugelwelle gilt:

$$E(R) = \frac{E_0}{R}\,\mathrm{e}^{\mathrm{i}(\omega t - kR)}\,. \qquad (10.47)$$

Sehen wir jetzt die einzelnen Punkte S dieser Kugelfläche als Ausgangspunkte neuer Kugelwellen an (Huygenssches Prinzip), so hängen die Amplitude und die Phase dieser Sekundärwellen im Beobachtungspunkt P vom Abstand $\overline{SP}$ und vom Winkel θ gegen den Wellenvektor $\boldsymbol{k}$ der Kugelwelle im Punkte S ab.

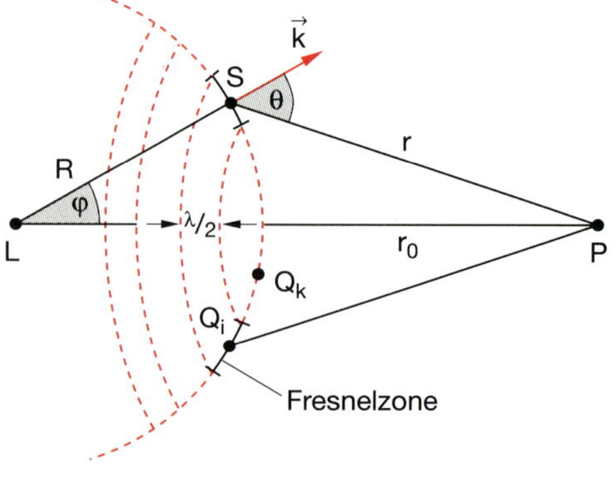

Abb. 10.40. Zur Konstruktion der Fresnelzonen

Alle Punkte S der Kugelfläche, welche den gleichen Abstand $r = \overline{SP}$ haben, liegen auf einem Kreis um die Verbindungslinie $\overline{LP}$ mit einem Radius $\varrho = R \cdot \sin\varphi$. Die Entfernung $\overline{LP}$ sei $r_0 + R$, d.h. $r(\varphi = 0) = r_0$. Konstruieren wir eine Reihe von Kugeln um P mit den Radien $r = r_0 + \lambda/2, r_0 + \lambda, r_0 + 3/2\lambda$, etc., so schneiden diese die Kugel um L in Kreisen, welche die Abstände $r_m = r_0 + m \cdot \lambda/2$ von P haben. Diese Kreise begrenzen Zonen auf der Kugel um L, welche ***Fresnelzonen*** heißen. Alle Punkte innerhalb der m-ten Zone haben Abstände r von P, die zwischen $r_0 + (m-1)\lambda/2$ und $r_0 + m \cdot \lambda/2$ liegen. Zu jedem Punkt Q_i einer Fresnelzone gibt es einen Punkt Q_k in der benachbarten Zone, dessen Entfernung Q_kP sich um $\lambda/2$ von $\overline{Q_iP}$ unterscheidet.

Ist $\mathrm{d}S_m$ die Fläche der m-ten Zone und $E_a = E_0/R$ die Amplitude der von L ausgehenden Lichtwelle am Ort der Zone, so ist der Beitrag dieser Zone zur Feldstärke der Sekundärwelle im Punkte P

$$\mathrm{d}E = K \cdot \frac{E_a}{r} \mathrm{e}^{\mathrm{i}\left[-k(R+r)+\omega t\right]} \,\mathrm{d}S\,. \tag{10.48}$$

Der Faktor K gibt die Abhängigkeit der von $\mathrm{d}S$ abgestrahlten Amplitude vom Winkel θ gegen die Flächennormale an. $K(\theta)$ ist eine langsam veränderliche Funktion (z.B. $K(\theta) = \cos\theta$) und kann über eine Fresnelzone als konstant angesehen werden.

Wendet man den Kosinussatz auf das Dreieck LSP an, so erhält man die Relation:

$$r^2 = R^2 + (R + r_0)^2 - 2R(R + r_0)\cos\varphi\,, \tag{10.49}$$

deren Differentiation nach φ die Gleichung

$$2r\,\mathrm{d}r = 2R(R + r_0)\sin\varphi\,\mathrm{d}\varphi \tag{10.50}$$

ergibt. Die Fläche in der Fresnelzone mit Radius $\varrho = R \cdot \sin\varphi$ ist

$$\mathrm{d}S = 2\pi R \cdot R\sin\varphi\,\mathrm{d}\varphi\,.$$

Setzt man $\sin\varphi\,\mathrm{d}\varphi$ aus (10.50) ein, so wird die Fläche

$$\mathrm{d}S = \frac{2\pi R}{R + r_0} r\,\mathrm{d}r\,. \tag{10.51}$$

Der Beitrag der m-ten Fresnelzone zur Feldstärke im Punkte P ist daher:

$$\begin{aligned} E_m &= K_m \cdot E_a \cdot \frac{2\pi R}{R + r_0} \int\limits_{r_{m-1}}^{r_m} \mathrm{e}^{-\mathrm{i}\left[k(R+r)-\omega t\right]}\,\mathrm{d}r \\ &= -\left[\frac{\lambda K_m E_a R}{\mathrm{i}(R + r)} \mathrm{e}^{-\mathrm{i}\left[k(R+r)-\omega t\right]}\right]_{r_{m-1}}^{r_m}. \end{aligned} \tag{10.52}$$

Weil $k = 2\pi/\lambda$ und $r_m = r_0 + m \cdot \lambda/2$, wird aus (10.52)

$$E_m = (-1)^{m+1} \frac{2\lambda K_m E_a R}{\mathrm{i}(R + r_0)} \mathrm{e}^{-\mathrm{i}\left[k(R+r_0)-\omega t\right]}\,. \tag{10.53}$$

Die Beiträge E_m der einzelnen Zonen wechseln ihr Vorzeichen von Zone zu Zone. Dies ist natürlich klar, weil die Wellen von L für alle Zonen die gleiche Phase haben, aber der Weg von den Zonen zu P sich mit m jeweils um $\lambda/2$ ändert, so daß die Phasen der Beträge E_m sich für aufeinanderfolgende Zonen jeweils um π unterscheiden.

Die Gesamtfeldstärke $E(P)$ ist

$$\begin{aligned} E(P) &= \sum_{m=1}^{N} E_m \qquad (10.54\text{a}) \\ &= |E_1| - |E_2| + |E_3| - |E_4| + \cdots \pm |E_N|\,. \end{aligned}$$

Wenn man bedenkt, daß sich die Beträge der E_m mit m nur sehr langsam ändern (wegen der Änderung von K), so gilt näherungsweise:

$$|E_m| \approx \frac{1}{2}\left(|E_{m-1}| + |E_{m+1}|\right). \tag{10.54b}$$

Deshalb ist es sinnvoll, die Reihe (10.54) umzuordnen in:

$$\begin{aligned} E(P) = &\frac{1}{2}|E_1| + \left(\frac{1}{2}|E_1| - |E_2| + \frac{1}{2}|E_3|\right) \\ &+ \left(\frac{1}{2}|E_3| - |E_4| + \frac{1}{2}|E_5|\right) \\ &+ \cdots + \frac{1}{2}|E_N|\,. \end{aligned} \tag{10.54c}$$

Wegen (10.54b) sind alle Glieder dieser Reihe vernachlässigbar, außer dem ersten und dem letzten Glied. Daher folgt

$$E(P) \approx \frac{1}{2}\left(|E_1| + |E_N|\right)\,. \tag{10.54d}$$

Wenn der Faktor $K_m(\theta)$ proportional zu $\cos\theta$ ist, wird der Beitrag der letzten Zone, bei der die Gerade SP

Tangente an den Kreis um L wird und deshalb senkrecht auf der Flächennormale steht, für $\theta = \pi/2$ Null. Alle weiteren Zonen mit $m > N$ können nicht mehr in Richtung zum Beobachtungspunkt P hin abstrahlen. Wir erhalten daher

$$E(P) \approx \frac{1}{2}E_1 = \frac{K_1 \lambda E_a R}{\mathrm{i}(R+r_0)} \mathrm{e}^{-\mathrm{i}\left[k(R+r_0)-\omega t\right]} . \tag{10.55}$$

Wenn wir die Primärwelle, die von L ausgeht, im Punkt P betrachten, erhalten wir

$$E(P) = \frac{E_0}{R+r_0} \mathrm{e}^{-\mathrm{i}\left[k(R+r_0)-\omega t\right]} . \tag{10.56}$$

Natürlich müssen (10.55) und (10.56) dasselbe Ergebnis liefern, da die Einführung einer fiktiven Kugel um L und die Anwendung des Huygensschen Prinzips an der Ausbreitung der Wellen nichts ändern dürfen.

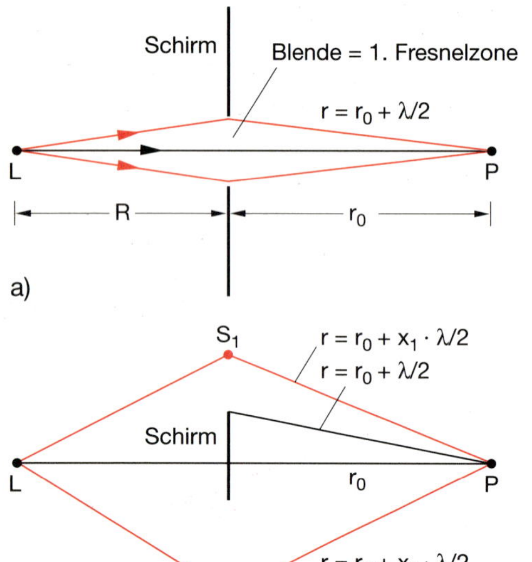

Abb. 10.41. (**a**) Durch die kreisförmige Öffnung in einem undurchlässigen Schirm, welche die erste Fresnelzone durchläßt, wird doppelt soviel Licht im Punkte P gemessen wie ohne Schirm. (**b**) Eine undurchlässige Scheibe von der Größe der ersten Fresnelzone läßt genauso viel Licht auf den Punkt P fallen, wie ohne die Scheibe aufträfe. Die Punkte S sind beliebige Punkte in der Ebene $z = 0$, die als Ausgangspunkte von Huygensschen Sekundärwellen angesehen werden

Der Vergleich von (10.55) mit (10.56) liefert daher einen Ausdruck für den Faktor K_1, der wegen $E_a = E_0/R$ lautet:

$$K_1 = -\frac{\mathrm{i}}{\lambda} . \tag{10.57}$$

Der Radius ϱ_m der m-ten Fresnel-Zone ist nach Abb. 10.40 wegen

$$\varrho_m = \sqrt{(r_0 + m\cdot\lambda/2)^2 - r_0^2} \approx \sqrt{m\cdot r_0\cdot\lambda} \quad \text{für} \quad r_0 \gg \lambda$$

abhängig von der Wellenlänge λ und vom Abstand r_0 zum Beobachtungspunkt.

BEISPIEL

$r_0 = 10\,\mathrm{cm}$, $\lambda = 0{,}5\,\mu\mathrm{m} \Rightarrow \varrho_1 = 0{,}22\,\mathrm{mm}$.

Stellen wir nun zwischen L und P im Abstand r_0 von P einen Schirm mit einer Blende, die gerade den Durchmesser $2\cdot\sqrt{r_0\lambda}$ der ersten Fresnelzone hat (Abb. 10.41a), so ist die von der Blende durchgelassene Feldstärke

$$E(P) = E_1 = \frac{2E_0}{R+r_0} \mathrm{e}^{-\mathrm{i}\left[k(R+r_0)-\omega t\right]} \tag{10.58}$$

gerade *doppelt so groß* (d.h. die Lichtintensität ist viermal so groß!) wie ohne Schirm. Dies liefert das auf den ersten Blick sehr erstaunliche Ergebnis, daß der absorbierende Schirm die Intensität im Punkte P gegenüber der Anordnung ohne Schirm *erhöht*.

Der Grund dafür ist natürlich die Verhinderung der destruktiven Interferenz der anderen Fresnelzonen durch den Schirm. Diese liefern nämlich zur Feldstärke in P den Beitrag $-1/2\,E_1$, wie man sofort aus dem Vergleich von (10.54a) und (10.54d) erkennt.

Anstatt die erste Fresnelzone durchzulassen, kann man sie auch durch eine absorbierende Scheibe unterdrücken, so daß alle anderen Zonen durchgelassen werden (Abb. 10.41b). In der Reihe (10.54) fehlt dann das erste Glied. Aus der umgeordneten Reihe (10.54c) sieht man, daß sich jetzt das zweite Glied nicht mehr zu Null kompensiert (weil $E_1 = 0$), so daß trotz der Abblendung im Punkte P Licht erscheint. Seine Intensität ist wegen (10.54a–c) genauso groß wie ohne Hindernis!

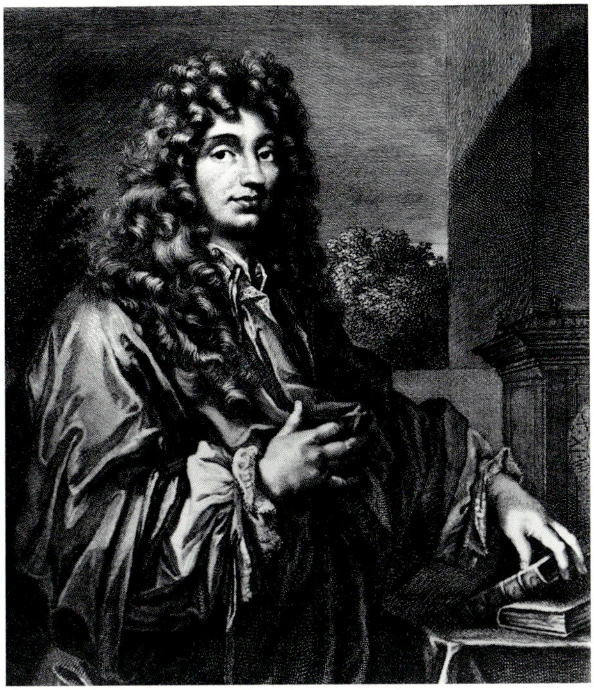

Abb. 10.42. *Christiaan Huygens.* Mit freundlicher Genehmigung des Deutschen Museums, München

Diese überraschenden Tatsachen zeigen wieder, daß das Huygenssche Prinzip, das von *Christiaan Huygens* (1629–1695, Abb. 10.42) bereits 1690 aufgestellt wurde, zur Beschreibung der Ausbreitung von Wellen im Raum sehr nützlich ist, während man mit Hilfe der geometrischen Optik beide Phänomene nicht erklären kann.

Wenn der Abstand R der Lichtquelle von der Blende in Abb. 10.41a sehr groß wird gegen den Blendendurchmesser, dann kann man die einfallende Welle als ebene Welle betrachten, und die gedachte Kugelfläche in Abb. 10.40 mit den Fresnelzonen wird eine Ebene (Abb. 10.43). Der Radius r_m der m-ten Fresnelzone hängt auch in diesem Fall von der Entfernung r_0 des Beobachtungspunktes ab.

Man beobachtet Fresnelbeugung immer dann, wenn die Austrittspupille des zur Beleuchtung in P beitragenden Lichtbündels viele Fresnelzonen umfaßt, d.h. wenn ihr Durchmesser $D \gg \sqrt{r_0 \cdot \lambda}$ ist. Dies bedeutet, daß dann viele Fresnelzonen zur Feldamplitude in P beitragen. Wird r_0 so groß, daß nur noch die erste Fresnelzone einen Beitrag liefert, erhält man Fraunhofersche Beugungsbilder.

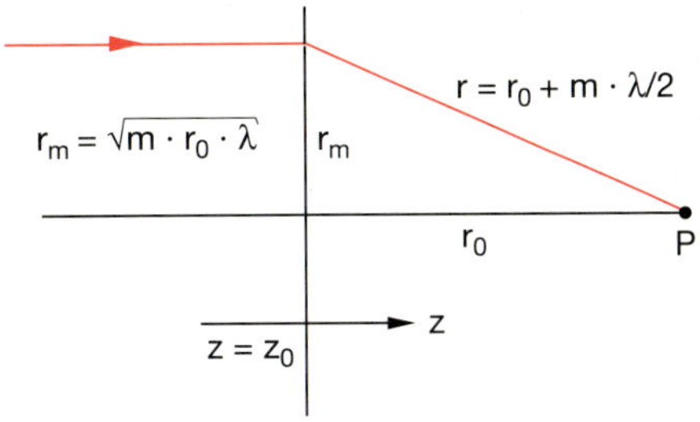

Abb. 10.43. Radius der m-ten Fresnelzone in der Ebene $z = z_0$ bei einer ebenen, in z-Richtung einfallenden Welle, wenn der Beobachtungspunkt bei $z = z_0 + r_0$ liegt

10.6.2 Fresnelsche Zonenplatte

Man kann die Ergebnisse des vorigen Abschnittes ausnutzen, um noch mehr Licht auf den Punkt P zu konzentrieren, als es mit der einfachen kreisförmigen Blende in Abb. 10.41a möglich ist. Dazu wird statt des Schirms eine Glasplatte verwendet, auf die undurchlässige Kreisringe so aufgedampft sind, daß sie z.B. den ungeradzahligen Fresnelzonen entsprechen (Abb. 10.44). Dadurch werden alle Beiträge der geradzahligen Zonen durchgelassen, so daß in der Summe (10.54) alle Glieder gleichen Vorzeichens in Phase aufsummiert werden.

Eine solche Anordnung heißt ***Fresnelsche Zonenplatte***. Die Durchmesser und die Breiten der transmittierenden Kreisringe hängen von der Entfernung LP und von der Entfernung r_0 der Platte vom Punkt P ab. Wie man Abb. 10.41 entnimmt,

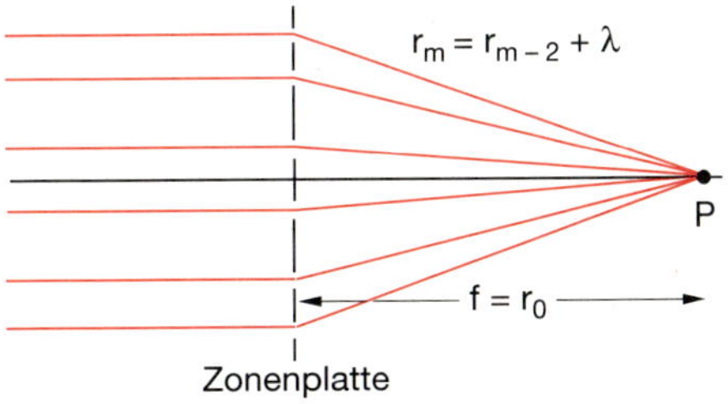

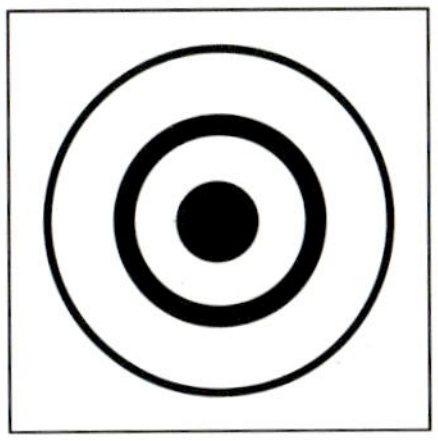

Abb. 10.44. Fresnelsche Zonenplatte

läßt sich der Radius r_m der m-ten Zone für $R \gg m \cdot \lambda$ aus der Relation $r_m^2 \approx (r_0 + m \cdot \lambda/2)^2 - r_0^2 \Rightarrow r_m^2 = r_0 m\lambda + m^2\lambda^2/4$ wegen $r_0 \gg m \cdot \lambda$ bestimmen zu:

$$r_m = \sqrt{m r_0 \cdot \lambda}\,. \tag{10.59}$$

Die Breite der m-ten Zone

$$\begin{aligned}\Delta r_m &= r_{m+1} - r_m \\ &= \sqrt{r_0\lambda}\left(\sqrt{m+1} - \sqrt{m}\right)\end{aligned} \tag{10.60}$$

nimmt mit wachsendem m ab. Die Zonenfläche

$$F = \pi(r_{m+1}^2 - r_m^2) = \pi r_0 \lambda \tag{10.61}$$

ist hingegen für alle Zonen gleich.

Eine solche Zonenplatte wirkt wie eine Linse, da sie auch Licht, das von der Quelle L schräg gegen die Verbindungsgerade LP ausgesandt wird, teilweise wieder in P vereinigt.

Sei $f = r_0$ der Abstand des Punktes P vom Zentrum der Zonenplatte, dann haben alle Punkte der m-ten Zone den Abstand $f + m \cdot \lambda/2$ von P. Wird die Zonenplatte von links mit parallelem Licht beleuchtet, so werden die Sekundärwellen in allen „offenen" Zonen in Phase erzeugt.

Da sich die Wege von den offenen Zonen $(n = 2m)$ um $2 \cdot \lambda/2 = \lambda$ unterscheiden, kommen alle Sekundärwellen in P mit gleicher Phase an. Der Punkt P ist also Brennpunkt der einfallenden Welle, und die Brennweite $f = r_0$ ergibt sich aus (10.59) zu

$$f = \frac{r_m^2}{m \cdot \lambda} = \frac{r_1^2}{\lambda}\,. \tag{10.62}$$

Die Brennweite f der Zonenplatte wird daher durch den Radius r_1 der ersten Fresnelzone und durch die Wellenlänge λ bestimmt. Eine Zonenplatte hat also eine wellenlängenabhängige Brennweite.

Solche abbildenden Zonenplatten haben in den letzten Jahren große Bedeutung für die Abbildung von Röntgenstrahlen erhalten (*Röntgenlinsen*). In diesem Bereich kann man keine Glas- oder Quarzlinsen verwenden, weil solche Materialien Röntgenstrahlen absorbieren und außerdem in diesem Wellenlängenbereich einen Brechungsindex $n' \approx 1$ haben.

Die experimentelle Realisierung benutzt meistens eine dünne, für Röntgenstrahlen durchlässige Folie, auf die dann aus Schwermetallen bestehende undurchlässige Zonen aufgedampft werden [10.11].

10.7 Allgemeine Behandlung der Beugung

Wir wollen nun einen allgemeinen Weg diskutieren, wie man Beugungserscheinungen an beliebigen Öffnungen oder Hindernissen berechnen kann. Obwohl solche Berechnungen häufig nur durch numerische Verfahren möglich sind, gibt die hier vereinfacht wiedergegebene Darstellung der Fresnel-Kirchhoffschen Beugungstheorie einen vertieften Einblick in die Grundlagen der Fresnelschen Beugung.

10.7.1 Das Beugungsintegral

Wir betrachten in Abb. 10.45 eine beliebige Öffnung σ in einem Schirm, der in der x-y-Ebene $z = 0$ steht, und wollen die Frage klären, welche Intensitätsverteilung sich in der x'-y'-Ebene $z = z_0$ ergibt, wenn die Öffnung beleuchtet wird. In der Ebene $z = 0$ möge die Feldamplitude

$$E_S = E_0(x,y) \cdot \mathrm{e}^{\mathrm{i}\varphi(x,y)} \tag{10.63}$$

sein. Stammt die Beleuchtung z.B. aus einer punktförmigen Lichtquelle L im Punkte $(0, 0, -g)$ (Abb. 10.45b), so ist

$$E_S = \frac{A}{R}\mathrm{e}^{\mathrm{i}(\omega t - kR)}\,. \tag{10.64}$$

Von einem infinitesimalen Flächenelement $\mathrm{d}\sigma(x,y)$ in der Ebene $z = 0$ werden nach dem Huygensschen Prinzip Sekundärwellen abgestrahlt, die zur Feldstärke im Punkte $P(x', y')$ den Beitrag

$$\begin{aligned}\mathrm{d}E_P &= C \cdot \frac{E_S \cdot \mathrm{d}\sigma}{r}\mathrm{e}^{\mathrm{i}(\omega t - kr)} \\ &= C\frac{A}{R \cdot r}\mathrm{e}^{\mathrm{i}\omega t}\mathrm{e}^{-\mathrm{i}k(R+r)}\,\mathrm{d}\sigma\end{aligned} \tag{10.65}$$

liefern, wobei der Faktor C die (im allgemeinen richtungsabhängige) Abstrahlung des Flächenelementes $\mathrm{d}\sigma$ beschreibt und $r = \left[(x - x')^2 + (y - y')^2 + z_0^2\right]^{1/2}$ ist.

Die gesamte von einer Lichtquelle beleuchtete Öffnung S des Schirmes bei $z = 0$ ergibt dann im Punkt P die Feldamplitude

$$E_P = \iint C \cdot E_S \cdot \frac{\mathrm{e}^{-\mathrm{i}kr}}{r}\,\mathrm{d}x\,\mathrm{d}y\,, \tag{10.66}$$

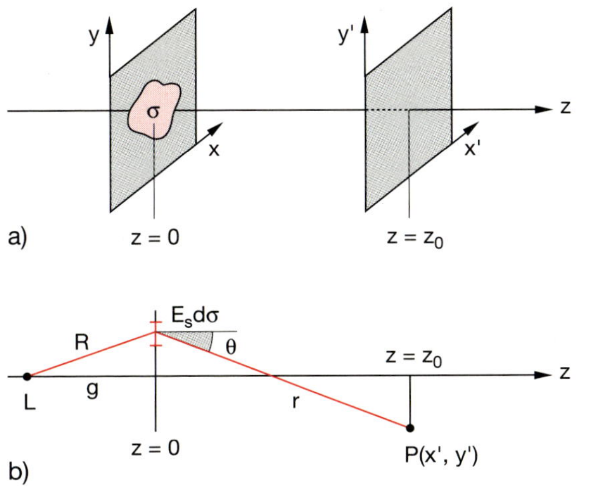

Abb. 10.45a,b. Zur Herleitung des Fresnel-Kirchhoffschen Beugungsintegrals

wobei sich das zweidimensionale Flächenintegral über alle Flächenelemente $\mathrm{d}\sigma = \mathrm{d}x \cdot \mathrm{d}y$ der Öffnung erstreckt. Das Integral (10.66) heißt ***Fresnel-Kirchhoffsches Beugungsintegral***.

Ist die Entfernung r zwischen den Punkten $S(x, y)$ in der Blendenöffnung und dem Beobachtungspunkt $P(x', y')$ groß gegen die Werte x, y der Blendenpunkte, so kann man wegen $x/z_0 \ll 1$, $y/z_0 \ll 1$ die Näherung

$$r = \sqrt{(x - x')^2 + (y - y')^2 + z_0^2} \tag{10.67}$$
$$\approx z_0 \cdot \left(1 + \frac{x'^2 + y'^2}{2z_0^2} - \frac{x'}{z_0^2}x - \frac{y'}{z_0^2}y + \cdots\right)$$

verwenden, in der die Entfernung r *linear* von den Koordinaten (x, y) der Blendenpunkte abhängt.

Diese Näherung heißt ***Fraunhofer-Beugung***, bei der die Beugungungserscheinungen im Fernfeld beobachtet werden. Der allgemeine Fall, bei der die lineare Näherung nicht mehr anwendbar ist, heißt ***Fresnel-Beugung***. Wir wollen dies an einigen Beispielen verdeutlichen.

10.7.2 Fresnel-Beugung an einem Spalt

Ein schmaler Spalt in y-Richtung mit der Breite $\Delta x = b \gg \lambda$ möge mit parallelem Licht beleuchtet werden (Abb. 10.46). Wir wollen die Intensitätsverteilung $I(x', z_0)$ des gebeugten Lichtes in der Ebene $y = 0$ für verschiedene Entfernungen z_0 der Beobachtungsebene $z = z_0$ von der Spaltebene $z = 0$ bestimmen. Das Beugungsintegral (10.66) reduziert sich auf ein eindimensionales Integral

$$E(P) = C \cdot E_S \int_{-b/2}^{+b/2} \mathrm{e}^{-\mathrm{i}kr}\,\mathrm{d}x\,, \tag{10.68}$$

wobei

$$r = \left[(x - x')^2 + z_0^2\right]^{1/2} = z_0\sqrt{1 + \left(\frac{x - x'}{z_0}\right)^2}$$

die Entfernung des Aufpunktes $P = (x', 0, z_0)$ von einem Spaltpunkt $(x, 0, 0)$ ist. Die Feldamplitude E_S ist über die Spaltfläche konstant und kann daher vor das Integral gezogen werden. Wir unterscheiden nun drei Entfernungszonen für z_0:

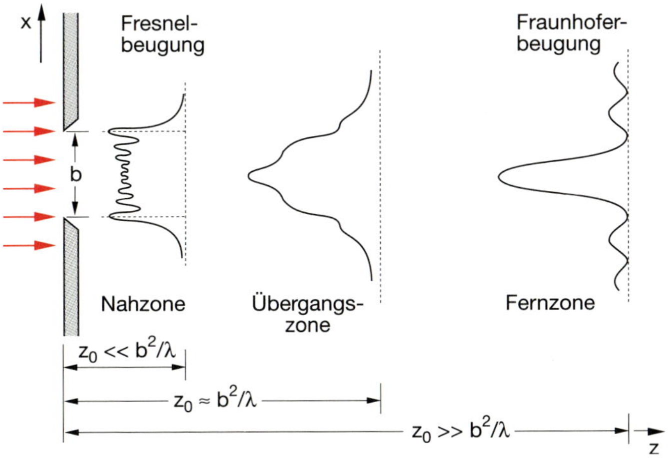

Abb. 10.46. Fresnelbeugung an einem Spalt. Gezeigt sind von links nach rechts die Intensitätsverteilungen in der Nahzone, in einer mittleren Entfernung und in sehr großer Entfernung, wo man die bekannte Fraunhoferbeugung erhält

- Die Nahzone (z_0 ist nicht wesentlich größer als die Spaltbreite $b \gg \lambda$). Dann ist der Radius $r_1 = \sqrt{z_0 \cdot \lambda}$ der ersten Fresnelzone klein gegen b, und viele Fresnelzonen tragen zur Feldamplitude im Punkt P bei, d.h. die Phase der Gesamtwelle in P variiert stark mit x'. Wir erhalten durch numerische Integration von (10.68) die linke in Abb. 10.46 gezeigte Intensitätsverteilung $I(P) \propto |E(P)|^2$.
- Eine mittlere Entfernungszone, bei der nur noch wenige Fresnelzonen beitragen (mittlere Verteilung $I(x')$ in Abb. 10.46).
- Eine Fernzone ($z_0 \gg b$) bei der der Radius $r_1 = \sqrt{z_0 \lambda}$ der ersten Fresnelzone größer ist als b. Dies ist der Bereich der Fraunhofer-Beugung (rechte Intensitätsverteilung in Abb. 10.46).
  Hier gilt für r die Näherung (10.67). Die von x unabhängigen Terme der Exponentialfunktion und der praktisch konstante Nenner r in (10.68) können dann vor das Integral gezogen werden, und man erhält damit die Fraunhofersche Beugungsformel (10.39) (siehe Aufgabe 10.5).

Man sieht hieraus, daß die üblicherweise dargestellte Fraunhofersche Beugungsverteilung eine Näherung ist, die nur für Entfernungen gilt, die sehr groß sind gegen die Dimensionen der beugenden Öffnung.

10.7.3 Fresnel-Beugung an einer Kante

Fällt paralleles Licht in z-Richtung auf einen undurchlässigen Schirm in der x-y-Ebene $z = 0$, welcher den Halbraum $x < 0$ abdeckt, so daß eine Kante des Schirms entlang der y-Achse verläuft, so beobachtet man hinter dem Schirm die in Abb. 10.47 gezeigten Beugungsstrukturen. Auch in den abgedeckten Halbraum $x' < 0$ gelangt Licht, und im nichtabgedeckten Halbraum $x' > 0$ oszilliert die Intensität $I(x')$.

Das Beugungsintegral (10.68) wird jetzt für den Beobachtungspunkt $P(x', z_0)$

$$E(P) = C \cdot E_S \int_0^\infty \frac{e^{ik\sqrt{(x-x')^2+z_0^2}}}{\sqrt{(x-x')^2+z_0^2}} \, dx \,. \qquad (10.69)$$

Für $x' \ll z_0$ läßt sich das Integral durch Reihenentwicklung der Wurzel näherungsweise lösen [10.12] und ergibt die in Abb. 10.47c gezeigte Intensitätsverteilung $I(x')$.

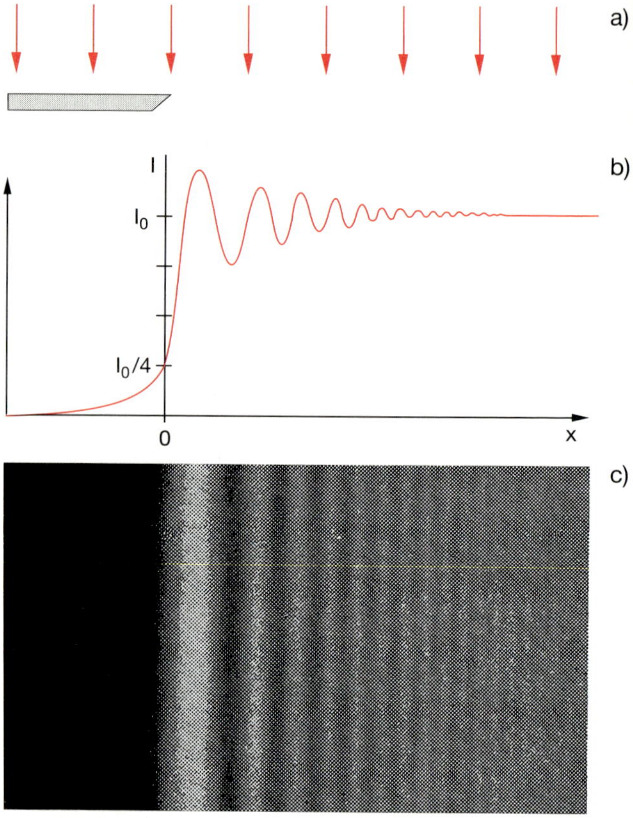

Abb. 10.47a–c. Intensitätsverteilung hinter einer beugenden Kante; (**a**) Schemazeichnung, (**b**) aus dem Beugungsintegral berechneter Verlauf, (**c**) beobachtete Struktur. Teilabb. (**c**) aus C. Gerthsen, H. Vogel: *Physik*, Springer-Lehrbuch, 17. Aufl. (Springer, Berlin, Heidelberg 1993)

10.7.4 Fresnel-Beugung an einer kreisförmigen Öffnung

Wird eine kreisförmige Öffnung mit Radius a in einem sonst undurchsichtigen Schirm mit parallelem Licht beleuchtet, so erhält man im Abstand z_0 hinter der Öffnung eine um die z-Achse rotationssymmetrische Beugungsstruktur (Abb. 10.48), deren Verlauf $I(\varrho)$ mit $\varrho^2 = x'^2 + x'^2$ vom Radius a der Blende und von der Entfernung z_0 zwischen Beobachtungsebene und Schirm abhängt.

Die Intensität im zentralen Punkt $P_0(\varrho = 0)$ ist maximal, wenn $z_0 = a^2/\lambda$ gilt, weil dann die erste

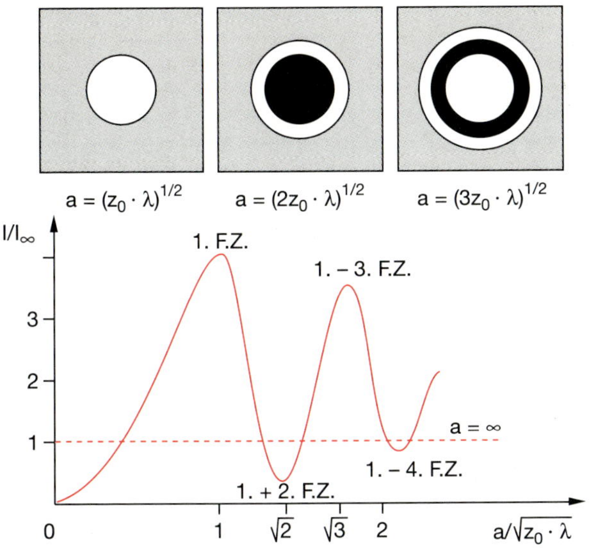

Abb. 10.48. Beugungsintensität in einem Punkt $P(z_0)$ auf der Achse als Funktion des Radius a einer Kreisblende. Im oberen Teil sind die Fresnelzonen für Blenden mit $a = \sqrt{nz_0 \cdot \lambda}$ für die Werte $n = 1, 2, 3$ illustriert, zu denen die Extrema der unteren Kurve gehören. Die gestrichelte Kurve gibt die Intensität ohne Schirm ($a = \infty$) an

Fresnelzone mit Radius $r_1 = \sqrt{z_0 \cdot \lambda} = a$ gleich der Fläche der Blendenöffnung ist (siehe Abschn. 10.6.1). Macht man den Abstand z_0 kleiner (bzw. den Blendenradius a größer), so daß $z_0 = a^2/2\lambda$ wird, so enthält die Blendenöffnung die beiden ersten Fresnelzonen, deren Beiträge zur Feldamplitude P_0 destruktiv interferieren, so daß dann die Intensität in P_0 fast Null wird. Man beobachtet dann einen dunklen Punkt im Zentrum der Beugungsstruktur.

Die Intensität $I(P_0)$ auf der Symmetrieachse variiert also oszillatorisch mit dem Abstand z_0 der Beobachtungsebene vom Schirm.

Eine analoge Intensitätsverteilung wird bei der Beugung an einer undurchlässigen Kreisscheibe mit Radius a beobachtet (Abb. 10.48). Auch hier beobachtet man maximale Helligkeit auf der Achse, wenn $z_0 = a^2/\lambda$ ist und minimale für $z_0 = a^2/2\lambda$.

10.7.5 Babinetsches Theorem

Aus (10.66) sehen wir, daß die Feldstärke $\boldsymbol{E}_P$ im Beobachtungspunkt P bestimmt ist durch das Flächenintegral über die Feldstärke $\boldsymbol{E}_S$ auf einer Flächen-

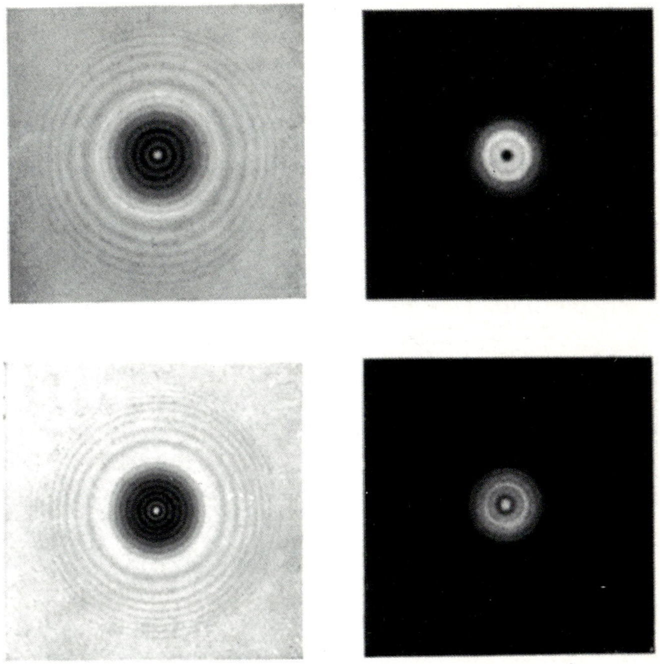

Abb. 10.49. Vergleich der Beugungsstruktur hinter einer Kreisblende (rechts) mit denen hinter einer undurchsichtigen Scheibe gleicher Größe (links). Die Bilder oben und unten sind in zwei verschiedenen Abständen von den beugenden Strukturen beobachtet. Aus W. Weizel, *Lehrbuch der Theoretischen Physik*, Bd. 1 (Springer, Berlin, Göttingen 1949)

öffnung σ in einem Schirm zwischen Lichtquelle und Beobachtungspunkt. Um die Beugungserscheinungen an komplizierten Öffnungen oder Hindernissen zu beschreiben, ist ein von *J. Babinet* (1794-1872) aufgestelltes Prinzip nützlich, das folgendes besagt:

Teilt man die Fläche σ in zwei Teilflächen σ_1 und σ_2, so ist die im Punkte P gemessene Feldstärke

$$E_P(\sigma) = E_P(\sigma_1) + E_P(\sigma_2),$$

wobei $E_P(\sigma_i)$ die Feldstärke ist, die man in P messen würde, wenn nur die Öffnung σ_i vorhanden wäre.

Ganz allgemein gilt bei einer Aufteilung in N Teilgebiete:

$$E_P(\sigma) = \sum_{1}^{N} E_P(\sigma_i) . \qquad (10.70)$$

BEISPIELE

1. Eine kreisringförmige Blende mit den Radien ϱ_1 und ϱ_2 ergibt eine Feldamplitude $E_P = E_P^{(1)} - E_P^{(2)}$, wobei $E_P^{(i)}$ die von einer kreisförmigen Blende ϱ_i erzeugte Feldamplitude ist und man natürlich die unterschiedlichen Phasen von $E_P^{(1)}$ und $E_P^{(2)}$ im Punkte P berücksichtigen muß.
2. Benutzt man z.B. die Aufteilung einer rechteckigen Blende wie in Abb. 10.50a, so kann man die Beugungsverteilung hinter der komplizierten Öffnung σ_1 als Differenz

$$E_P(\sigma_1) = E_P(\sigma) - E_P(\sigma_2)$$

der Beugungsverteilung an zwei einfacheren Strukturen σ und σ_2 erhalten.

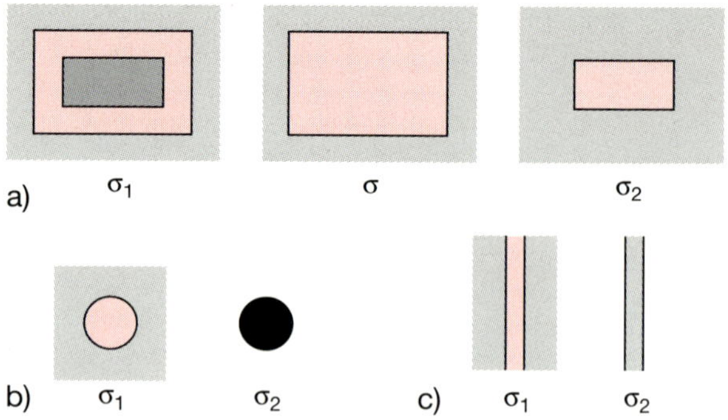

Abb. 10.50a–c. Komplementäre Beugungsflächen: (**a**) rechteckige Blenden, (**b**) kreisförmige Öffnung und undurchlässige Kreisscheibe gleicher Größe, (**c**) Spalt und Draht gleicher Dicke

Man nennt zwei Öffnungen σ_1 und σ_2 *komplementär* zueinander, wenn σ_1 an den Stellen blockiert, am denen σ_2 Licht durchläßt. Weitere Beispiele für komplementäre Beugungsflächen sind eine kreisförmige Öffnung in einem undurchlässigem Schirm (Abb. 10.50b) und eine undurchlässige Kreisscheibe gleicher Größe oder ein Spalt und ein Draht gleicher Dicke (Abb. 10.50c).

Im Falle von Abb. 10.50b,c ergibt die Summe $\sigma_1 + \sigma_2$ die gesamte, unbegrenzte Fläche σ, die keine Beugungserscheinungen erzeugt, weil sie keine Begrenzungen hat. Für die Beugungsverteilung der Feldstärken $E(P)$ gilt daher:

$$E_P(\sigma_1) = -E_P(\sigma_2)\ .$$

Für die Intensitätsverteilungen $I(P) = |(E_P)|^2$ erhält man also das Ergebnis, daß die Beugungserscheinungen einer Blende und einer gleich großen Scheibe gleich sind, wenn man die auf geometrischem Wege (d.h. ohne Beugung) von der Lichtquelle S zum Punkt 1 gelangende Intensität abzieht.

ZUSAMMENFASSUNG

- Interferenzerscheinungen können beobachtet werden, wenn zwei oder mehr kohärente Teilwellen mit ortsabhängigen Phasendifferenzen in einem Raumgebiet überlagert werden. Das maximale Volumen, in dem kohärente Überlagerung möglich ist, heißt Kohärenzvolumen.
- Die kohärenten Teilwellen können realisiert werden entweder durch phasenstarre Kopplung mehrerer Sender oder durch Aufspalten einer Welle in Teilwellen, die nach Durchlaufen verschieden langer Wege s_i wieder überlagert werden. Maximale Intensität erhält man für $\Delta s = m \cdot \lambda$.
- Mit einem Zweistrahlinterferometer wurde von *Michelson* experimentell gezeigt, daß die Lichtgeschwindigkeit unabhängig vom Bewegungszustand von Quelle oder Beobachter ist.
- Vielstrahlinterferenz wird im Fabry-Perot-Interferometer ausgenutzt zur genauen Messung von Lichtwellenlängen, bei dielektrischen Spiegeln zur Realisierung gewünschter wellenlängenabhängiger Reflexionsvermögen $R(\lambda)$.
- Die Ausbreitung von Wellen kann durch das Huygenssche Prinzip beschrieben werden, nach dem jeder Punkt einer Phasenfläche einer Welle Ausgangspunkt einer Kugelwelle ist. Die Gesamtwelle ist die kohärente Überlagerung aller Sekundärwellen.
- Beugung von Wellen kann angesehen werden als Interferenz von Sekundärwellen, die aus einem ▶

räumlich begrenzten Raumgebiet emittiert werden.

- Die durch Beugung einer Welle an einem Spalt der Breite b bewirkte Intensitätsverteilung ist

$$I(\theta) = I_0 \frac{\sin^2[\pi(b/\lambda)\,\sin\theta]}{[\pi(b/\lambda)\,\sin\theta]^2},$$

wobei θ der Winkel gegen die Ausbreitungsrichtung der einfallenden Welle ist.

- Die Intensitätsverteilung bei der Beugung an einer kreisförmigen Blende mit Radius R ist

$$I(\theta) = I_0 \frac{J_1^2[2\pi(R/\lambda)\sin\theta]}{[2\pi(R/\lambda)\sin\theta]^2},$$

wobei J_1 die Besselfunktion erster Ordnung ist.

- Bei einem Beugungsgitter wird die Intensitätsverteilung durch das Produkt zweier Faktoren bestimmt, wobei der erste Faktor die Beugung am Einzelspalt beschreibt und der zweite Faktor die Interferenz der Teilbündel von den einzelnen Spalten.
- Fraunhoferbeugung beschreibt die Beugung von parallelen Lichtbündeln, Fresnelbeugung die von divergenten bzw. konvergenten Lichtbündeln.
- Durch Abblenden der ersten Fresnelzone kann die Intensität hinter der Blende erhöht werden.
- Mit Hilfe von Fresnellinsen (Fresnelsche Zonenplatten) kann eine optische Abbildung durch konstruktive Interferenz aller Lichtbündel, die durch geradzahlige bzw. ungeradzahlige Fresnelzonen durchgelassen werden, erzielt werden.
- Das Babinetsche Theorem sagt aus, daß zwei komplementäre Schirme, bei denen Öffnungen und undurchsichtige Flächen vertauscht sind, außerhalb des Bereiches der geometrischen Optik dieselben Beugungserscheinungen liefern.

ÜBUNGSAUFGABEN

1. a) Zeigen Sie, daß der Ausdruck (10.5) für konstante Werte von Δs Hyperbeln $(x^2/a^2) - (y^2/b^2) = 1$ darstellt. Wie hängen a und b ab von Δs und vom Abstand $2d$ der virtuellen Lichtquellen?
b) Berechnen Sie für $z_0 \gg d$ den Scheitelabstand der Hyperbeln für $\Delta s = m \cdot \lambda$.
2. Wie groß sind die Radien der Interferenzringe bei divergentem Lichteinfall in ein Michelson-Interferometer als Funktion der Wegdifferenz Δs?
3. Wieso entsteht in der Beobachtungsebene B des Michelson-Interferometers bei einer ebenen einfallenden Welle ein Interferenzstreifensystem, wenn einer der beiden Spiegel M_1 oder M_2 leicht verkippt wird? Wie groß ist der Abstand der Interferenzstreifen bei einem Verkippungswinkel δ?
4. Wie groß ist das Reflexionsvermögen eines dielektrischen Spiegels mit zwei dielektrischen Schichten $n_2 = 1{,}8$, $n_3 = 1{,}3$ auf einem Glassubstrat mit $n_4 = 1{,}5$ in Luft mit $n_1 = 1$?
5. Bestimmen Sie die Beugungsverteilung $I(\alpha)$ hinter einem Spalt der Breite D, wenn ein paralleles Lichtbündel der Wellenlänge λ unter dem Winkel α_0 gegen die Flächennormale auf den Spalt trifft. Zeigen Sie, daß die dabei erhaltene Verteilung $I(\alpha_0, \alpha)$ für $\alpha_0 = 0$ in (10.39) übergeht.
6. Auf ein Beugungsgitter mit 1000 Furchen pro mm fällt ein paralleles Lichtbündel mit $\lambda = 480\,\text{nm}$ unter dem Einfallswinkel $\alpha = 30°$ gegen die Gitternormale.
a) Unter welchem Winkel β erscheint die erste Beugungsordnung? Gibt es eine zweite Ordnung?
b) Wie groß muß der Blazewinkel θ sein?
c) Was ist der Winkelunterschied $\Delta\beta$ für zwei Wellenlängen $\lambda_1 = 480\,\text{nm}$ und $\lambda_2 = 481\,\text{nm}$?
d) Wie groß darf die Spaltbreite b eines Gittermonochromators mit einem $10 \times 10\,\text{mm}$ Gitter und Brennweiten $f_1 = f_2 = 1\,\text{m}$ höchstens sein, um beide Wellenlängen noch trennen zu können? Wie groß ist die beugungsbedingte Fußpunktsbreite des Spaltbildes?
7. Das an einer auf Wasser ($n = 1{,}3$) schwimmenden dünnen Ölschicht ($n = 1{,}6$) reflektierte Sonnenlicht erscheint bei schräger Beleuchtung ▶

unter dem Winkel $\alpha = 45°$ grün ($\lambda = 500\,\text{nm}$). Wie dick ist die Schicht?
Welche Wellenlänge würde bei senkrechter ($\alpha = 0$) Beobachtung bevorzugt reflektiert?

8. Zwei planparallele rechteckige Glasplatten werden aufeinander gelegt, wobei auf einer Kante ein dünner Papierstreifen der Dicke d als Abstandhalter dient, so daß zwischen den Platten eine keilförmige Luftschicht entsteht. Bei senkrechter Beleuchtung mit parallelem Licht ($\lambda = 589\,\text{nm}$) beobachtet man zwölf Interferenzstreifen pro cm. Wie groß ist der Keilwinkel zwischen den Platten?
9. Der eine Spalt in einem Youngschen Doppelspaltexperiment möge doppelt so breit sein wie der zweite. Wie sieht die Intensitätsverteilung auf einem weit entfernten Schirm hinter den Spalten aus?
10. Das Beugungsmaximum erster Ordnung bei der Beugung an einem Spalt liegt nicht genau in der Mitte zwischen dem ersten und zweiten Beugungsminimum. Wie groß ist die relative Abweichung?
11. Ein Laserstrahl ($\lambda = 600$ nm) wird durch ein Teleskop auf ein Parallellichtbündel mit 1 m Durchmesser aufgeweitet und zum Mond geschickt.
a) Wie groß ist der Lichtfleck auf dem Mond, wenn die Luftunruhe der Erdatmosphäre vernachlässigt wird?
b) Welche Leistung des an einem Retroreflektor ($0{,}5 \times 0{,}5\,\text{m}^2$ Fläche) auf dem Mond reflektierten Lichtes empfängt das Teleskop, wenn die von der Erde ausgesandte Leistung 10^8 W war?
c) Wie groß wäre diese Leistung, wenn das Licht ohne Retroreflektor vom Mond diffus (gleichmäßig in alle Richtungen des Raumwinkels $\Omega = 2\pi$) mit einem Reflexionsvermögen $R = 0{,}3$ reflektiert würde?
12. a) Beweisen Sie, daß für eine einfache Antireflexschicht (10.38) gilt. Berücksichtigen Sie dabei die beiden Möglichkeiten für den Brechungsindex n_1 der Schicht, und wählen Sie die Schichtdicken entsprechend.
b) Zeigen Sie, daß man schon bei Berücksichtigung zweier reflektierter Strahlen ein zufriedenstellendes Ergebnis erhält.

11. Optische Instrumente und Techniken

Unser Sehvermögen ist wohl die wichtigste Verbindung zwischen dem menschlichen Individuum und seiner Außenwelt. Obwohl vom optischen Standpunkt aus das Auge eine ziemlich schlechte Linse mit vielen Linsenfehlern darstellt, bildet es doch, in Verbindung mit unserem die Linsenfehler korrigierenden Gehirn, ein bewundernswertes optisches Instrument, das sich in weiten Grenzen an die jeweiligen optischen Bedingungen optimal anpassen kann.

Trotzdem benötigt es für viele Situationen zusätzliche Instrumente, die seinen Wahrnehmungsbereich vergrößern können. Diese können das räumliche Auflösungsvermögen erhöhen (Lupe, Mikroskop), die in das Auge gelangende Lichtintensität verstärken (Fernrohr) oder den Spektralbereich erweitern (Bildwandler).

Wir wollen in diesem Kapitel die wichtigsten optischen Instrumente, ihre Vorteile und ihre Begrenzungen kennenlernen. Außerdem sollen einige moderne optische Techniken (konfokale Mikroskopie, adaptive Optik und Holographie) kurz vorgestellt werden.

11.1 Das Auge

Das Auge stellt ein adaptives optisches Instrument dar, das sich sowohl auf verschiedene Entfernungen der betrachteten Gegenstände als auch auf einen weiten Bereich von einfallenden Intensitäten einstellen kann. Es ist entsprechend vielschichtig aufgebaut.

11.1.1 Aufbau des Auges

Man unterscheidet das äußere Auge (Augenlider mit Wimpern, Tränendrüsen, Augenmuskeln), den eigentlichen Augapfel und die Netzhaut mit den Sehnerven (Abb. 11.1).

Der Augapfel ist nahezu kugelförmig. Er wird umschlossen von der undurchsichtigen weißen Sehnenhaut S (Sklera), die an der Vorderseite mit der vorgewölbten durchsichtigen Hornhaut H (Cornea) verbunden ist. Hinter der Hornhaut liegt die Regenbogenhaut I (Iris). Die Iris hat in der Mitte eine kreisförmige Öffnung mit variablem Durchmesser, die Pupille P, die sich (vom Gehirn gesteuert) an die herrschenden Lichtverhältnisse anpassen kann. Der Raum zwischen Hornhaut und Iris, die vordere Augenkammer K, ist mit einer durchsichtigen, wäßrigen Flüssigkeit gefüllt. Hinter der Iris liegt die aus vielen durchsichtigen Schichten aufgebaute bikonvexe Augenlinse L, deren Krümmung durch den Augenmuskel M variiert werden kann. Dadurch ändert sich die Brennweite der Augenlinse (Akkommodation). Die Brennweite des Auges wird jedoch nicht nur durch die Augenlinse, sondern auch durch Hornhaut, Kammerwasser und Glaskörper G bedingt. Da die äußere Grenzfläche der Hornhaut an Luft liegt, die innere Grenzfläche jedoch im Glaskörper, sind

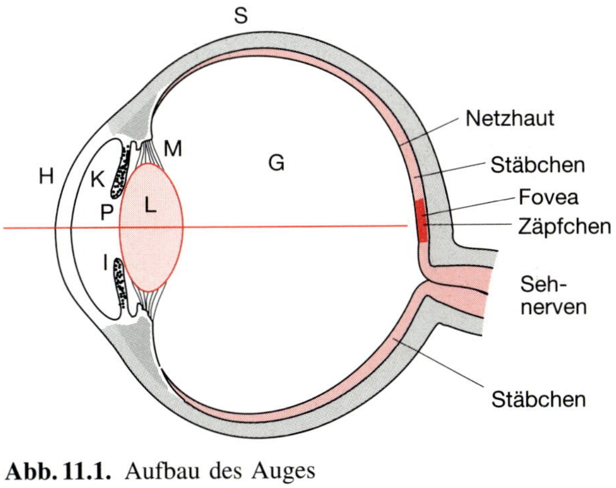

Abb. 11.1. Aufbau des Auges

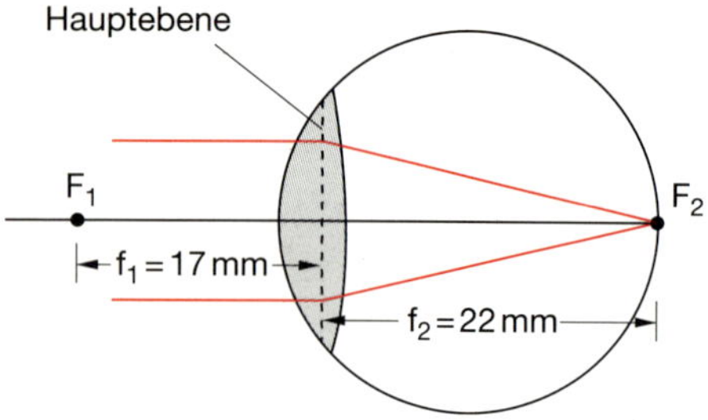

Abb. 11.2. Optische Ersatzdarstellung des Auges durch eine Linse mit Gegenstandsbrennweite f_1 und bildseitiger Brennweite f_2

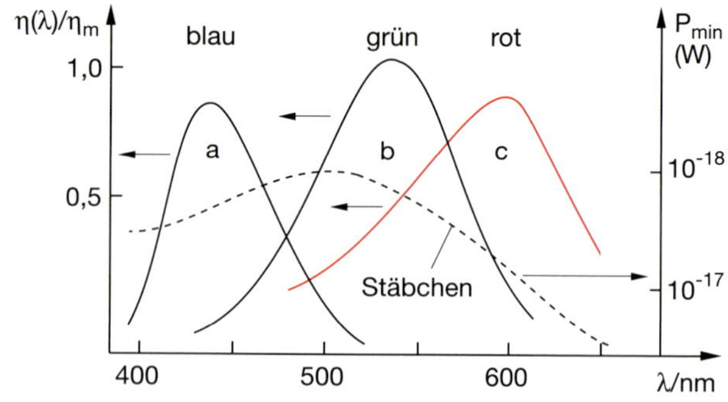

Abb. 11.4. Relative spektrale Empfindlichkeitskurven der drei Rezeptoren *a*, *b* und *c* in den Zäpfchen und des Rhodopsin-Pigments in den Stäbchen (gestrichelte Kurve, die rechte Ordinate gibt hierfür die auf die Netzhaut auftreffende minimale Leistung in Watt an)

die gegenstandsseitige Brennweite f_1 und die bildseitige Brennweite f_2 verschieden (Abb. 11.2).

Zur Diskussion der optischen Abbildung kann man das menschliche Auge ersetzen durch eine Linse, deren Brennweite variabel ist. Blickt man ins Unendliche (entspanntes Auge), so ist $f_1 = 17\,\text{mm}$, $f_2 = 22\,\text{mm}$. Stellt sich das Auge auf nahe Gegenstände ein (bis auf eine minimale Entfernung von 10 cm), so sinkt f_1 auf 14 mm und f_2 auf 19 mm.

Die lichtempfindliche Schicht des Auges ist die Netzhaut (Retina), die aus mehreren Schichten aufgebaut ist (Abb. 11.3). Zuerst kommt eine Nervenfaserschicht, dann Ganglien- und bipolare Zellen, an die sich dann die eigentlichen Sehzellen (Stäbchen und Zäpfchen) und die Pigmentschicht anschließen. Die gesamte Netzhaut hat wesentlich mehr Stäbchen als Zäpfchen. Nur in der Netzhautzone des schärfsten Sehens (Fovea) gibt es ausschließlich Zäpfchen. Dort ist die Dichte der Zäpfchen etwa $14000/\text{mm}^2$! Sie nimmt von der Mitte des Auges (wohin beim direkten Sehen das Licht fällt) zum Netzhautrand stark ab.

Die Stäbchen sind empfindlicher als die Zäpfchen (d.h. sie können noch geringere Lichtstärken nachweisen). Dafür sind sie „farbenblind“, d.h. sie können nur zwischen hell und dunkel unterscheiden im Gegensatz zu den Zäpfchen, von denen es drei Sorten gibt mit jeweils unterschiedlichen Rezeptoren für Rot, Grün und Blau (Abb. 11.4).. Bei ausreichender Helligkeit sehen wir nur mit den Zäpfchen, bei Dunkelheit nur mit den Stäbchen und in der Dämmerung mit beiden. Da die Stäbchen empfindlicher sind, kann man bei Dämmerung Farben nur schwer unterscheiden [11.1,2].

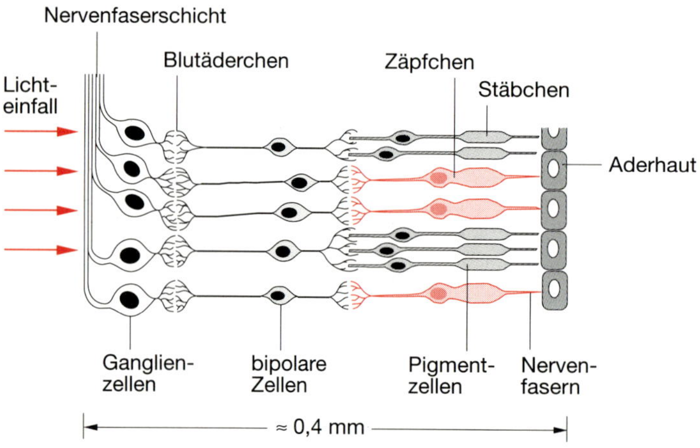

Abb. 11.3. Schematischer Aufbau der Netzhaut

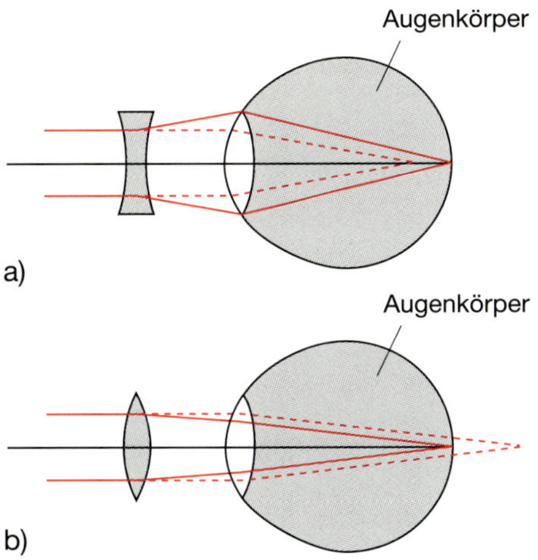

Abb. 11.5. (**a**) Kurzsichtigkeit und ihre Korrektur durch eine Zerstreuungslinse; (**b**) Weitsichtigkeit mit Korrektur durch eine Sammellinse

11.1.2 Kurz- und Weitsichtigkeit

Bei einem kurzsichtigen Auge ist die bildseitige Brennweite f_2 zu klein. Der Augenmuskel kann die Linse nicht genügend strecken (z.B. wenn die Augenhöhle zu eng ist), so daß die Krümmung zu groß ist. Bei allen weiter entfernten Gegenständen entsteht deshalb das scharfe Bild des Gegenstandes *vor* der Netzhaut, während es bei sehr nahen Gegenständen auf der Netzhaut entsteht. Man kann die Kurzsichtigkeit durch eine zusätzliche Zerstreuungslinse korrigieren (Abb. 11.5a), die entweder als Brille oder als Augen-Kontaktlinse getragen werden kann.

Bei einem weitsichtigen Auge kann die Augenlinse nicht mehr genügend gekrümmt werden (z.B. infolge der Ermüdung der Augenmuskeln bei Altersweitsichtigkeit). Deshalb liegt die bildseitige Brennebene *hinter* der Netzhaut. Weitsichtigkeit muß daher mit einer zusätzlichen Sammellinse korrigiert werden (Abb. 11.5b).

Auch beim Auge können die in Abschn. 9.5.5 behandelten Linsenfehler (z.B. Astigmatismus) auftreten. Sie können teilweise durch entsprechend geschliffene Brillengläser korrigiert werden, die dann eine Kombination aus sphärischen und zylindrischen Linsen sind.

11.1.3 Räumliche Auflösung und Empfindlichkeit des Auges

Je näher man einen Gegenstand an das Auge heranbringt, desto größer erscheint er uns, d.h. desto größer wird der Winkel ε zwischen den Lichtstrahlen von den Randpunkten des Gegenstandes (Abb. 11.6). Bei einer Entfernung s des Gegenstandes mit Durchmesser G gilt für den Sehwinkel ε:

$$\operatorname{tg} \varepsilon/2 = \frac{1}{2}\frac{G}{s} \Rightarrow \varepsilon \approx \frac{G}{s} \,. \tag{11.1}$$

Ein Gegenstand im Abstand g von der Augenlinse hat einen Bildabstand b, der durch die Linsengleichung

$$\frac{f_1}{g} + \frac{f_2}{b} = 1 \tag{11.2}$$

gegeben ist.

Anmerkung

Gleichung (11.2) ist verschieden von (9.26), weil vor der Augenlinse ein Medium mit einem anderen Brechungsindex ist als hinter der Linse und deshalb die Brennweiten f_i unterschiedlich sind. Sie läßt sich ganz analog zur Argumentation in Abschn. 9.5.2 herleiten (siehe Aufgabe 11.3 und [11.3]).

Da der Abstand b zwischen Netzhaut und Augenlinse durch die Geometrie des Auges fest vorgegeben ist, muß die Brennweite f der Augenlinse durch Ver-

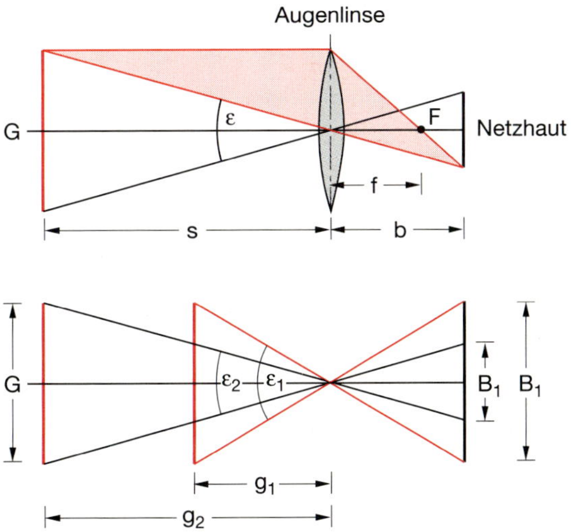

Abb. 11.6. Zur Definition des Sehwinkels ε

änderung der Linsenkrümmung an die Entfernung $s = g$ des Gegenstandes so angepaßt werden, daß das Bild auf der Netzhaut scharf erscheint (Adaption). Dies geht jedoch nur bis zu einem bestimmten Mindestabstand $s_{\min}$, der für die einzelnen Menschen variiert, aber einen typischen Mittelwert $s_{\min} = 0{,}10\,\text{m}$ hat. Um ohne zu große Ermüdung des Auges einen Gegenstand scharf zu sehen, sollte s nicht kleiner sein als $s_0 = 25\,\text{cm}$. Man nennt diesen Gegenstandsabstand s_0 die deutliche Sehweite und den dazugehörigen Sehwinkel ε_0.

Der kleinste noch vom Auge auflösbare Sehwinkel ε_0 ist einmal durch den Abstand der Rezeptoren auf der Netzhaut limitiert, zum anderen durch die Beugung an der Pupille (siehe Abschn. 11.3). Beide Begrenzungen ergeben einen minimalen Sehwinkel $\varepsilon_0^{(\min)} \approx 1'$! Dies bedeutet, zwei Objektpunkte, deren Abstand kleiner ist als

$$\begin{aligned}\Delta x_{\min} &\approx s_0 \cdot \varepsilon^{(\min)} \approx 25 \cdot 2{,}8 \cdot 10^{-4}\,\text{cm}\\ &= 70\,\mu\text{m},\end{aligned}$$

können vom Auge in der deutlichen Sehweite s_0 nicht mehr getrennt werden.

BEISPIEL

Viele Drucker arbeiten mit einer Auflösung von 360 dpi (dots per inch = Punkte pro Zoll). Dies entspricht gerade einem Punktabstand von 70 µm. Man erkennt aber mit bloßem Auge noch Stufen im Druckbild, wenn man das Blatt näher als 25 cm vor das Auge hält.
Das vorliegende Buch wird übrigens mit 2540 dpi gedruckt.

Die Empfindlichkeit des Auges für die Detektion kleiner Lichtleistungen ist erstaunlich. Bei an Dunkelheit adaptiertem Auge können die Stäbchen der Netzhaut noch vom Gehirn als Lichtempfindung registrierte Signale abgeben bei einer durch die Pupille durchgelassenen Lichtleistung von 10^{-17} W! Die größte vom Auge noch ohne Störung verarbeitbare Lichtleistung beträgt etwa 10^{-6} W.

Die Stärke unserer Lichtempfindung ist proportional zum Logarithmus der einfallenden Lichtintensität, jedoch ist sie abhängig von der vorher durch das Auge gefallenen Leistung. Das hell adaptierte Auge integriert die einfallende Lichtleistung etwa über 50 μs, das dunkeladaptierte über 0,5 s. Man kann deshalb mit dem Auge nicht sehr zuverlässige Absolutwerte für die Lichtleistung messen, hingegen einen relativen Vergleich heller/dunkler zwischen zwei beleuchteten Flächen sehr genau anstellen [11.4].

11.2 Vergrößernde optische Instrumente

Die Aufgabe vergrößernder optischer Instrumente ist es, den Sehwinkel ε zu vergrößern, ohne die deutliche Sehweite s_0 für das Auge zu unterschreiten. Als ***Winkelvergrößerung*** V des Instruments wird der Quotient

$$V = \frac{\text{Sehwinkel } \varepsilon \text{ mit Instrument}}{\text{Sehwinkel } \varepsilon_0 \text{ ohne Instrument}}$$

definiert.

Vergrößernde Instrumente erlauben deshalb, feinere Details eines Gegenstandes noch zu erkennen, die ohne das Instrument für das Auge nicht auflösbar wären, wenn ihr Sehwinkel ε_0 bei der deutlichen Sehweite s_0 kleiner als $1'$ ist.

Man beachte:

Die Vergrößerung $\varepsilon/\varepsilon_0$ ist im allgemeinen nicht dasselbe wie der Abbildungsmaßstab B/G, der definiert ist als Verhältnis von Bildgröße B zu Gegenstandsgröße G.

Da die optischen Instrumente im allgemeinen eine feste Brennweite f haben, können sie nur Objektpunkte A in einer vorgegebenen Ebene $z = g$ optimal scharf abbilden. Verschiebt man A um die Strecke Δz, so wird das Bild B des Objektpunktes in der Bildebene $z = b$ größer, und damit wird das Bild des Gegenstandes unschärfer. Man nennt den Bereich $\Delta z = \Delta z_s$, in dem man die Objekte verschieben kann, ohne daß die Fläche der Bilder von A doppelt so groß wird wie die minimale Fläche für $z_s = g$, die ***Schärfentiefe*** des optischen Instruments.

11.2.1 Die Lupe

Eine Lupe ist eine Sammellinse kurzer Brennweite f, die so zwischen Auge und Gegenstand gehalten wird, daß der Gegenstand in der Brennebene der Linse liegt

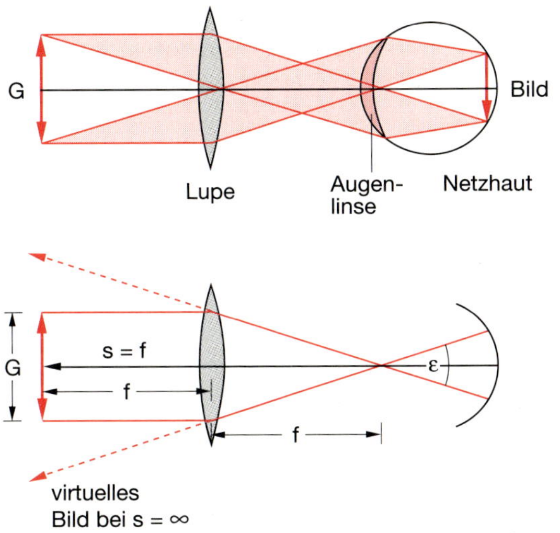

Abb. 11.7. Vergrößerung des Sehwinkels ε durch eine Lupe, in deren Brennebene der Gegenstand G liegt

(Abb. 11.7). Dadurch gelangt paralleles Licht ins Auge, und der Gegenstand erscheint dem Auge im Unendlichen zu liegen, d.h. das Auge kann sich auf unendliche Entfernungen einstellen, wobei es völlig entspannt ist.

Für das Auge erscheint das von der Lupe erzeugte virtuelle Bild unter dem Sehwinkel $\varepsilon = G/f$. Ohne Lupe würde der Gegenstand in der deutlichen Sehweite unter dem Winkel $\varepsilon_0 = G/s_0$ erscheinen.
Die Vergrößerung der Lupe ist daher bei einem Abstand f zwischen Lupe und Gegenstand

$$V_L = \frac{\varepsilon}{\varepsilon_0} = \frac{G}{F} \cdot \frac{s_0}{G} = \frac{s_0}{f} . \tag{11.3}$$

Die Vergrößerung der Lupe ist also gleich dem Verhältnis von deutlicher Sehweite s_0 zur Brennweite f der Lupe.

BEISPIEL

$f = 2\,\text{cm},\ s_0 = 25\,\text{cm} \Rightarrow V_L = 12{,}5$

Die Ursache für die Vergrößerung des Sehwinkels ist die (verglichen mit der deutlichen Sehweite s_0) kleine Brennweite der Lupe, die es gestattet, den Gegenstand näher an die Lupe zu bringen, wobei das Auge den Gegenstand im Unendlichen sieht, also nicht akkomodieren muß.

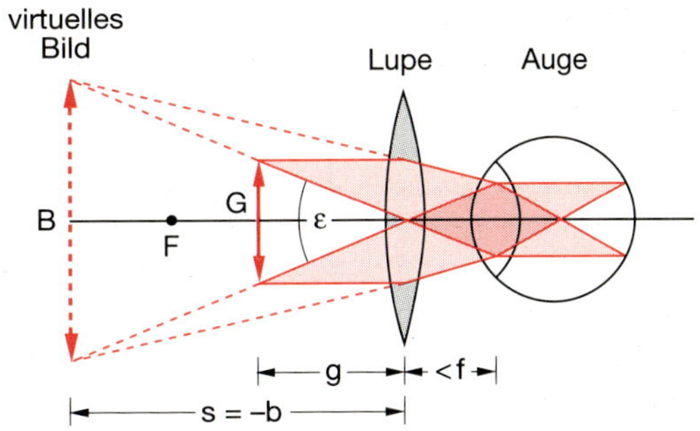

Abb. 11.8. Zur Gleichung (11.4)

Man kann V_L erhöhen, wenn man den Gegenstand noch näher an die Lupe bringt. Das virtuelle Bild erscheint dann nicht mehr im Unendlichen, sondern in endlicher Entfernung s (Abb. 11.8). Mit $B/G = b/g$ ergibt sich dann:

$$V_L = \frac{B}{s} \bigg/ \frac{G}{s_0} = \frac{s_0 \cdot b}{s \cdot g} .$$

Mit Hilfe der Abbildungsgleichung für die Lupe (da das virtuelle Bild auf der Gegenstandsseite der Linse liegt, ist $s = -b$!)

$$\frac{1}{f} = \frac{1}{g} + \frac{1}{b} = \frac{1}{g} - \frac{1}{s}$$

erhält man

$$V_L = \frac{s_0}{f} + \frac{s_0}{s} ,$$

was sich mit $1/s = (f-g)/(f \cdot g)$ schreiben läßt als:

$$V_L = \frac{s_0}{f}\left(1 + \frac{f-g}{g}\right) . \tag{11.4}$$

Für $g = f$ geht (11.4) wieder in (11.3) über.

BEISPIEL

$f = 2\,\text{cm},\ g = 1\,\text{cm} \Rightarrow V_L = 2s_0/f = 25$

Die Augenlinse muß sich jetzt allerdings stärker krümmen, um die divergenten Lichtbündel hinter der Lupe auf die Netzhaut zu fokussieren.

11.2.2 Das Mikroskop

Eine wesentlich stärkere Vergrößerung als mit der Lupe erreicht man mit dem Mikroskop, das im Prin-

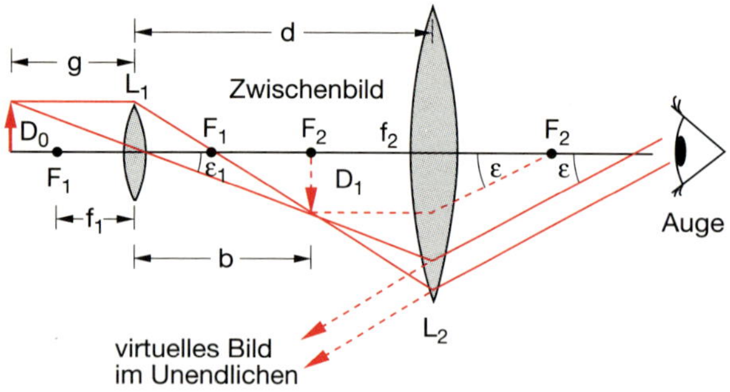

Abb. 11.9. Grundprinzip des Strahlengangs im Mikroskop

zip aus zwei Linsen besteht (Abb. 11.9). Die erste Linse (Objektiv) entwirft ein reelles Zwischenbild des Gegenstandes in der Brennebene der zweiten Linse (Okular). Ins Auge gelangen daher wieder parallele Strahlenbündel von jedem Punkt des Gegenstandes, so daß das Auge das Bild des Gegenstandes im Unendlichen sieht, genau wie in Abb. 11.7.

Wie man aus Abb. 11.9 auf Grund des Strahlensatzes erkennt, ist das Verhältnis $D_1/D_0 = b/g$. Aus der Linsengleichung für L_1 ergibt sich:

$$\frac{1}{f_1} = \frac{1}{g} + \frac{1}{b} \quad \Rightarrow \quad b = \frac{g \cdot f_1}{g - f_1} .$$

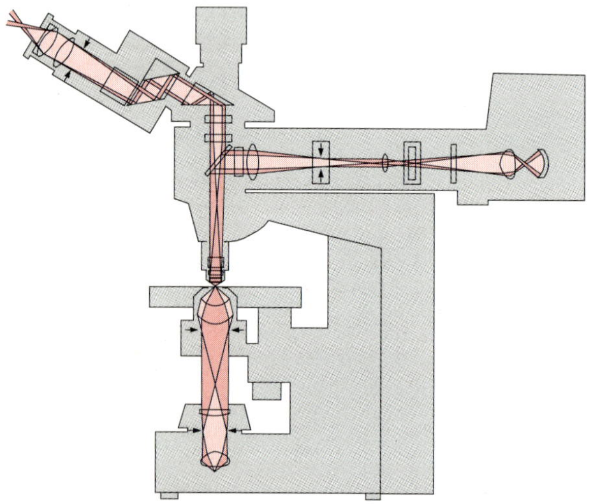

Abb. 11.10. Schnittzeichnung durch ein kommerzielles Mikroskop (nach einer Vorlage von Zeiss, Oberkochen)

Wird der Gegenstand in die Nähe der Brennebene von L_1 gebracht, so daß g nur wenig größer ist als f_1, dann wird $b \gg g \Rightarrow D_1 \gg D_0$.

Das Okular L_2 wirkt als Lupe für das Zwischenbild. Es gilt:

$$\operatorname{tg} \varepsilon = D_1/f_2 = \frac{D_0 \cdot b}{g \cdot f_2} .$$

Ohne Mikroskop wäre der Sehwinkel ε_0 bei einem Abstand s_0 des Gegenstandes vom Auge:

$$\operatorname{tg} \varepsilon_0 = \frac{D_0}{s_0} .$$

Die Winkelvergrößerung des Mikroskops ist daher:

$$V_M = \frac{D_0 b s_0}{D_0 g f_2} = \frac{b s_0}{g f_2} . \tag{11.5}$$

Mit dem Abstand $d = b + f_2$ zwischen L_1 und L_2 ergibt sich wegen $g \approx f_1$:

$$V_M \approx \frac{(d - f_2) s_0}{f_1 f_2} . \tag{11.6}$$

BEISPIEL

$f_1 = 0{,}5\,\text{cm}$, $f_2 = 2\,\text{cm}$, $d = 10\,\text{cm}$, $s_0 = 25\,\text{cm} \Rightarrow V_M = 200$

Man kann die Vergrößerung durch die Wahl der Brennweiten f_1 und f_2 einstellen. Meistens wählt man verschiedene Objektivlinsen, die man durch Drehen einer Trommel wahlweise in den Strahlengang bringen kann.

Die kommerziellen Mikroskope sind raffinierter aufgebaut als das einfache Schema der Abb. 11.9. Als Beispiel sind Aufbau und Strahlengang eines Zeiss-Mikroskops in Abb. 11.10 dargestellt.

11.2.3 Das Fernrohr

Im Gegensatz zum Mikroskop, das sehr nahe an L_1 liegende Gegenstände vergrößert, ist das Fernrohr zur Vergrößerung weit entfernter Objekte konstruiert. Das Fernrohrprinzip wurde in Holland entdeckt, und *Galilei* baute nach diesem Prinzip ein astronomisches Fernrohr, das er als erster zur Beobachtung der Planeten einsetzte (siehe Bd. 1, Abb. 1.1) und das in modifizierter Form auch von *Kepler* benutzt wurde.

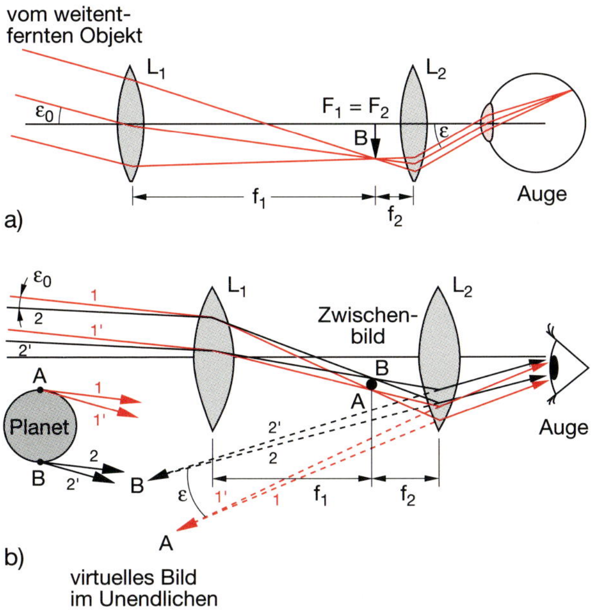

Abb. 11.11. (**a**) Zur Vergrößerung des Fernrohrs. (**b**) Bestimmung des Winkeldurchmessers eines Planeten als Winkel ε zwischen den Strahlen von entgegengesetzten Randpunkten A und B

Das Prinzip des Keplerschen Fernrohrs ist in Abb. 11.11 dargestellt. Es besteht, analog zum Mikroskop, aus einem System von zwei Linsen. Hier hat jedoch L_1 eine *sehr große* Brennweite f_1. Die Linse L_1 erzeugt ein reelles Zwischenbild des Objektes, welches dann mit der Linse L_2, die als Lupe wirkt, vergrößert betrachtet wird.

Ist der Gegenstand sehr weit entfernt ($g \gg f$), so entsteht das Zwischenbild mit der Bildgröße B in der rechten Brennebene von L_1, die gleichzeitig die linke Brennebene von L_2 ist. Der Winkel ε_0 ist dann der Winkel zwischen den Strahlen von gegenüberliegenden Randpunkten des Objektes. Mit $\varepsilon = B/f_2$ erhalten wir daher für die Vergrößerung des Fernrohrs:

$$V_F = \frac{\varepsilon}{\varepsilon_0} = \frac{B}{f_2 \varepsilon_0} = \frac{f_1 \varepsilon_0}{f_2 \varepsilon_0} = \frac{f_1}{f_2} . \qquad (11.7)$$

Die Vergrößerung des Fernrohrs ist also gleich dem Verhältnis der Brennweiten von Objektiv und Okular.

BEISPIEL

$f_1 = 2\,\text{m}, f_2 = 2\,\text{cm} \Rightarrow V = 100$

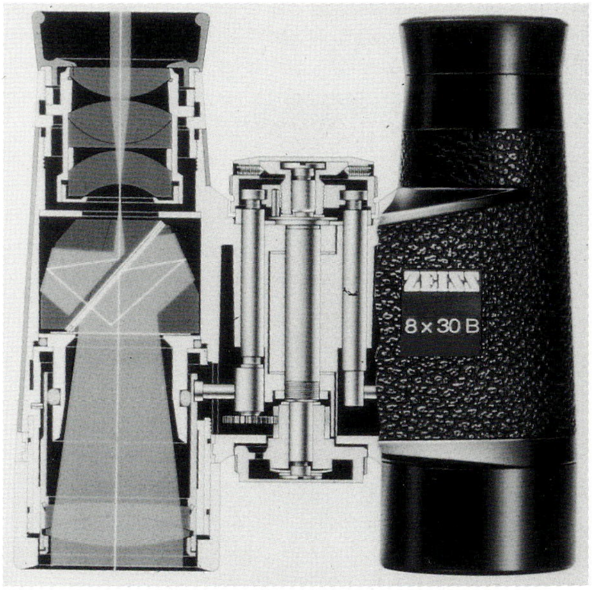

Abb. 11.12. Prismenfernrohr. Mit freundlicher Genehmigung von Zeiss, Oberkochen

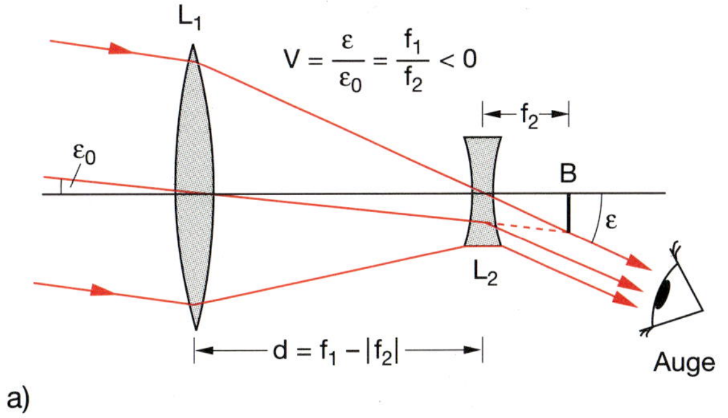

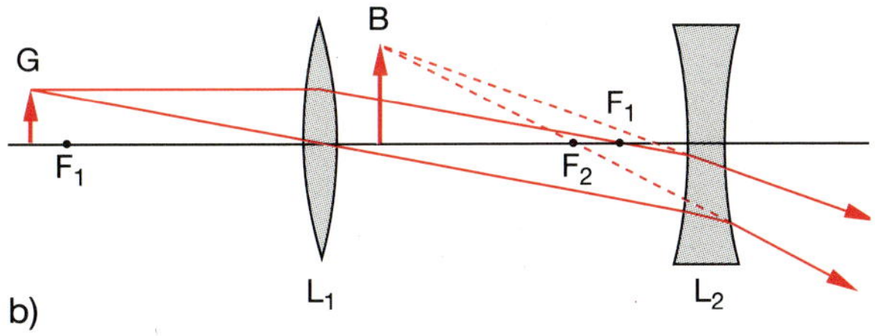

Abb. 11.13a,b. Fernrohr mit einer Zerstreuungslinse als Okular (Galileisches Fernrohr). (**a**) Winkelvergrößerung bei unendlich entferntem Gegenstand; (**b**) Erzeugung eines aufrechten Bildes bei endlicher Gegenstandsweite

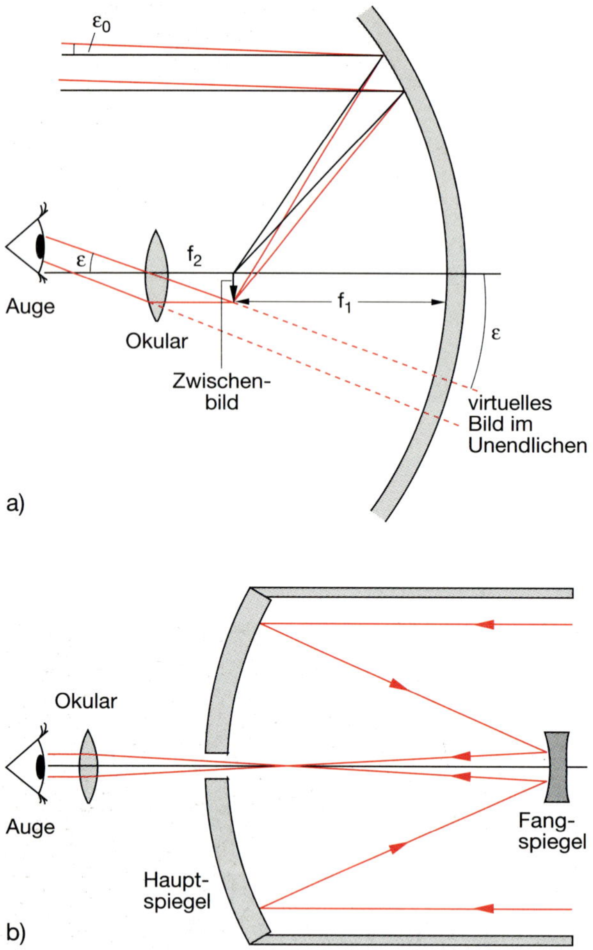

Abb. 11.14a,b. Spiegelteleskop: (**a**) Winkelvergrößerung; (**b**) Cassegrain-Teleskop

Anmerkung

Gleichung (11.6) geht in (11.7) über, wenn $d = f_1 + f_2$ ist und $s_0 = f_1$.

Will man (z.B. bei der Beobachtung irdischer Objekte) die Umkehrung des Bildes im Fernrohr vermeiden, so kann man entweder Umkehrprismen verwenden (Prismenfernrohr, Abb. 11.12) oder als Okular eine Zerstreuungslinse (Abb. 11.13).

In der Astronomie werden statt des Linsenfernrohres in Abb. 11.11 überwiegend Spiegelteleskope benutzt (Abb. 11.14), weil man Hohlspiegel mit größerem Durchmesser herstellen kann als Linsen [11.5]. Damit wird die Lichtstärke des Fernrohrs größer (siehe Abschn. 11.4).

11.3 Die Rolle der Beugung bei optischen Instrumenten

Wir hatten im Abschnitt 11.2 diskutiert, daß durch die Vergrößerung mit Hilfe optischer Instrumente feinere Details des Gegenstandes erkannt werden können. Diese Erhöhung des räumlichen Auflösungsvermögens wird begrenzt durch die Beugungserscheinungen. Dies soll an zwei Beispielen, dem Fernrohr und dem Mikroskop, illustriert werden.

11.3.1 Auflösungsvermögen des Fernrohrs

Wir betrachten in Abb. 11.15b das Bild zweier Sterne S_1 und S_2 mit dem Winkelabstand δ. Wegen ihrer großen Entfernung können die Sterne als punktförmige Lichtquellen angesehen werden, so daß das Licht von jedem Stern als ebene Welle behandelt werden kann. Wegen der Beugung an der begrenzten Öffnung einer Teleskoplinse mit Durchmesser D ist das Zwischenbild in der Brennebene von L_1 kein Punkt, sondern es entsteht eine radial-symmetrische Intensitätsverteilung (siehe Abb. 10.33), deren Verlauf entlang der x-Achse in der x-z-Ebene in Abb. 11.15a für einen einzelnen Stern dargestellt ist. Der Durchmesser d_{Beug} des zentralen Beugungsmaximums zwischen den Nullstellen der Besselfunktion ist nach Abschn. 10.5 gegeben durch

$$d_{\text{Beug}} = 2f_1 \cdot \sin\alpha_{\text{B}} \approx 2{,}44 \cdot f_1\lambda/D\,. \qquad (11.8\text{a})$$

In Abb. 11.15b sind die beiden beugungsbedingten Intensitätsverteilungen der Bilder zweier nahe benachbarter Sterne gezeigt. Beobachtet wird die Überlagerung der beiden Verteilungen $I_1(x - x_1)$ und $I_2(x - x_2)$ um die beiden Bildpunkte $F_1(x_1, z_0)$ und $F_2(x_2, z_0)$ in der Brennebene $z = z_0$.

Wenn das Hauptmaximum von $I_1(x_1)$ der Beugungsstruktur von S_1 näher an x_2 rückt als das erste Minimum von $I_2(x - x_2)$, läßt die Überlagerung $I(x) = I_1 + I_2$ keine getrennten Maxima mehr erkennen, d.h. man kann nicht mehr entscheiden, ob es sich um zwei getrennte Lichtquellen S_1 und S_2 handelt (***Rayleigh-Kriterium***, siehe Aufgabe 11.4 und Abschn. 11.6.3). Da das erste Minimum bei einem Winkelabstand $\Theta = 1{,}22 \cdot \lambda/D$ liegt (siehe Abschn. 10.5), ist der kleinste noch auflösbare Winkelabstand begrenzt auf

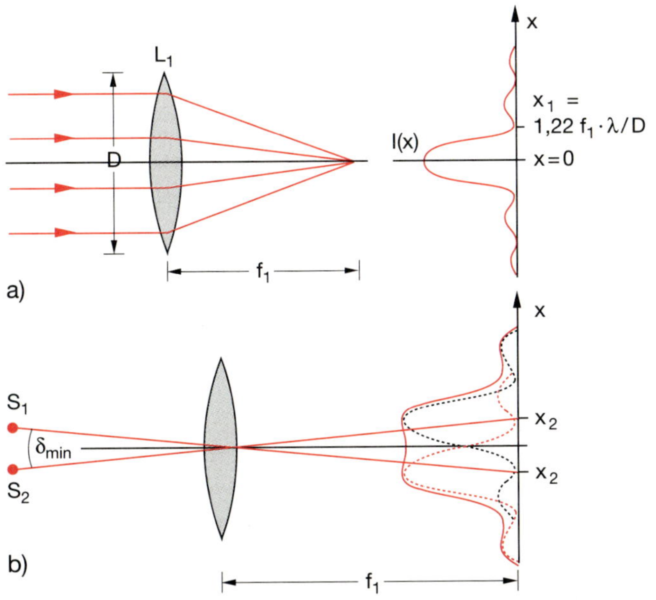

Abb. 11.15a–d. Zur Begrenzung des Winkelauflösungsvermögens eines Fernrohres durch die Beugung an der Teleskopöffnung. (**a**) Beugungsbedingte Intensitätsverteilung in der Brennebene von L_1 bei punktförmiger Lichtquelle. (**b**) Überlagerung der gerade noch auflösbaren Bilder zweier Lichtquellen. (**c**) Beugungsbild zweier auflösbarer punktförmiger Lichtquellen. (**d**) Rayleighgrenze der Auflösung. [(**c**,**d**) aus M. Cagnet, M. Françon, J. C. Thrierr: *Atlas optischer Erscheinungen*, Springer, Berlin, Göttingen 1962]

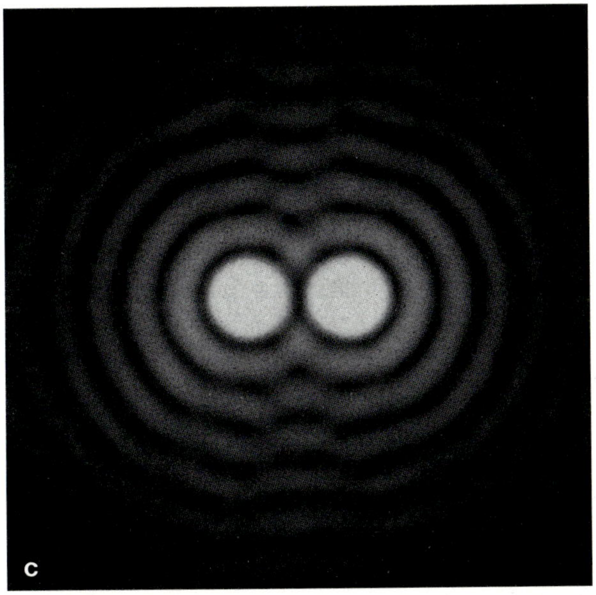

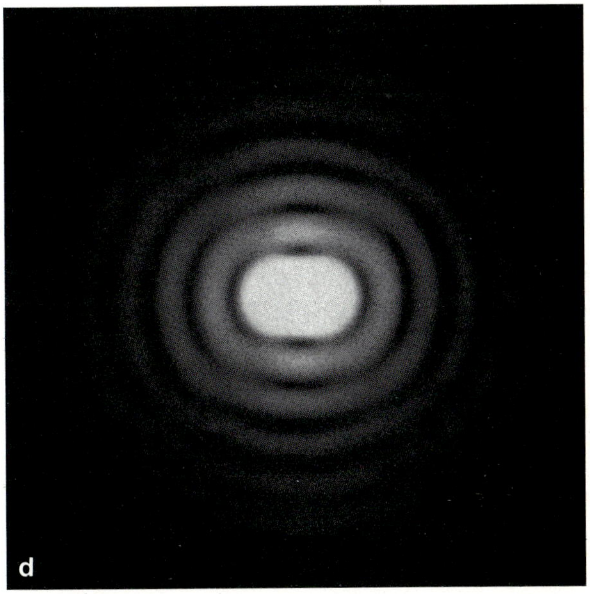

$$\boxed{\delta_{\min} = 1{,}22 \cdot \lambda/D} \,. \qquad (11.8\text{b})$$

Bei diesem Winkelabstand hat die Überlagerung der beiden Besselfunktionen $I_1(x - x_1) + I_2(x - x_2)$ noch zwei erkennbare Maxima bei $x = x_1$ und $x = x_2$ mit einer Einbuchtung

$$I\big(x = (x_1 + x_2)/2\big) \approx 0{,}85\, I_{\max} \,.$$

Wir definieren deshalb als beugungsbegrenztes ***Winkelauflösungsvermögen*** die Größe

$$R_{\mathrm{W}} = \frac{1}{\delta_{\min}} = \frac{D}{1{,}22\lambda} \,. \qquad (11.8\text{c})$$

Das räumliche Auflösungsvermögen eines optischen Instrumentes ist also begrenzt durch das Verhältnis D/λ von Durchmesser D der Instrumentenöffnung zu Wellenlänge λ.

BEISPIEL

$\lambda = 500\,\text{nm}$, $D = 1\,\text{m}$, $f_1 = 10\,\text{m}$ $\Rightarrow \delta_{\min} = 6 \cdot 10^{-7}\,\text{rad} = 0,13'' \Rightarrow d_{\text{Beug}} = 6\,\mu\text{m}$

Diese beugungsbegrenzte Auflösung spielt allerdings für Teleskope mit $D > 10\,\text{cm}$ auf der Erde im allgemeinen keine Rolle, da die Auflösung durch statistische Fluktuation des Brechungsindex der Erdatmosphäre (Luftunruhe) auf etwa $1''$ beschränkt ist. Mit einer speziellen Technik, der ***Speckle-Interferometrie*** [11.6], oder auch bei Verwendung adaptiver Optik (Abschn. 11.7) läßt sich die Luftunruhe teilweise „überlisten", so daß man fast beugungsbegrenzte Winkelauflösung erreichen kann.

Beim Hubble-Teleskop im Weltraum entfällt die Luftunruhe völlig, und man erreicht in der Tat die beugungsbegrenzte Auflösung. Bei einem Spiegeldurchmesser von $D = 2{,}4\,\text{m}$ bedeutet dies bei einer Wellenlänge $\lambda = 500\,\text{nm}$ eine Winkelauflösung von $0{,}06''$. Dies entspricht einer räumlichen Auflösung auf dem Mond (380 000 km Entfernung) von $\Delta x_{\min} = 90\,\text{m}$.

11.3.2 Auflösungsvermögen des Auges

Die Pupille des menschlichen Auges hat einen Durchmesser, der, je nach verlangter Schärfentiefe, zwischen $D = 1$–$8\,\text{mm}$ variieren kann. Die Augenlinse erzeugt dann von einer punktförmigen Lichtquelle (bei Vernachlässigung aller Linsenfehler), auf Grund der Beugung ein Beugungsscheibchen auf der Netzhaut, das einen Durchmesser

$$d_{\text{Beug}} = 2{,}44 \lambda f / D$$

hat. Für gelbes Licht ($\lambda = 600\,\text{nm}$), das im Augapfel (Brechungsindex $n = 1{,}33$) zu $\lambda = 450\,\text{nm}$ wird, ergibt dies für $f = 24\,\text{mm}$, $D = 1\,\text{mm}$:

$$d_{\text{Beug}} \approx 7\,\mu\text{m} .$$

Dies entspricht etwa dem mittleren Abstand der Lichtrezeptoren (Zäpfchen) in der Zone des schärfsten Sehens (Fovea), wo die Packungsdichte der Rezeptoren maximal ist.

Die entsprechende beugungsbedingte Winkelauflösung ist etwa $\delta \approx 1'$, so daß das Auge nur Strukturen bis zu minimalen Abständen

$$\Delta x_{\min} = s_0 \cdot \delta_{\min} \approx \frac{25\,\text{cm}}{60 \cdot 59} = 70\,\mu\text{m}$$

auflösen kann, wenn sich der Gegenstand in der deutlichen Sehweite s_0 befindet.

11.3.3 Auflösungsvermögen des Mikroskops

Auch beim Mikroskop ist die erreichbare räumliche Auflösung prinzipiell durch die Beugung begrenzt.

Wir betrachten in Abb. 11.16 einen Punkt P_1 des beleuchteten Objektes in der Beobachtungsebene, die den Abstand g von der Objektivlinse L_1 mit Durchmesser D hat.

In der Bildebene im Abstand b von L_1 entsteht als Bild des Punktes P_1 ein Beugungsscheibchen mit dem Durchmesser

$$d_{\text{Beug}} = 2{,}44 \cdot \lambda \cdot b/D .$$

Damit ein benachbarter Punkt P_2 des Objektes mit Abstand $\Delta x = \overline{P_1 P_2}$ noch als räumlich getrennt von P_1 beobachtbar ist, muß der Abstand der Maxima beider Beugungsscheibchen mindestens $0{,}5\, d_{\text{Beug}} = 1{,}22\, \lambda b/D$ betragen. Dies entspricht nach der Abbildungsgleichung einer Linse einem Objektabstand

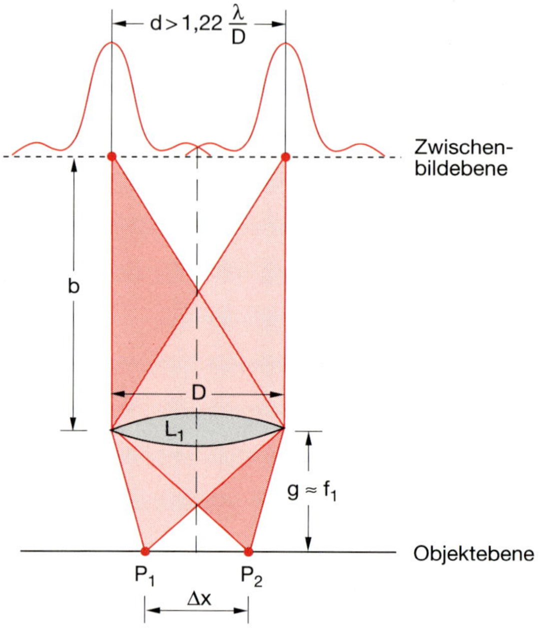

Abb. 11.16. Zur Herleitung des Auflösungsvermögens eines Mikroskops

$$\Delta x_{\min} = \frac{1}{2} d_{\text{Beug}} \cdot \frac{g}{b} = 1{,}22\,\lambda \cdot \frac{g}{D} .$$

Im allgemeinen Fall liegt die Objektebene praktisch in der Brennebene von L_1, so daß $g \approx f$. Dies ergibt für den kleinsten noch auflösbaren Abstand zweier Objektpunkte:

$$\Delta x_{\min} = 1{,}22 \cdot \lambda \cdot f/D . \tag{11.9}$$

Der von der Objektivlinse L_1 erfaßte maximale Öffnungswinkel α ist durch

$$2 \sin \alpha/2 = D/f \tag{11.10}$$

bestimmt. Man nennt die Größe D/f die ***numerische Apertur*** (*NA*) des Mikroskops. Damit läßt sich (11.9) schreiben als

$$\Delta x_{\min} = 1{,}22 \frac{\lambda}{NA} . \tag{11.11}$$

Durch Verwendung von Immersionsöl mit einem großen Brechungsindex ($n = 1{,}5$) zwischen Objekt und Objektiv läßt sich wegen $\lambda_n = \lambda_0/n$ ein Faktor 1,5 für die Auflösung gewinnen. Man erhält damit

$$\Delta x_{\min} = 1{,}22 \cdot \frac{\lambda}{n \cdot 2 \sin \alpha/2} . \tag{11.11a}$$

BEISPIEL

$n = 1{,}5$, $\sin \alpha/2 = 0{,}8$ (d.h. $\alpha \approx 106°$) $\Rightarrow \Delta x_{\min} \approx 0{,}5\,\lambda$.

In Worten:

> Strukturen, die kleiner sind als die halbe Wellenlänge des beleuchtenden Lichtes, können nicht aufgelöst werden.

Um eine höhere Auflösung zu erreichen, muß die Wellenlänge λ verringert werden. Deshalb wird intensiv an der Entwicklung der Röntgenmikroskopie (mit Fresnel-Linsen) gearbeitet, oder man verwendet zur Auflösung kleiner Strukturen Elektronenmikroskope (siehe Bd. 3).

Man kann in günstigen Fällen allerdings auch mit sichtbarem Licht noch Strukturen $\Delta x < \lambda/2$ auflösen mit der in Abb. 11.17a skizzierten Anordnung: Die zu untersuchende Struktur wird mit dem intensiven Licht eines Lasers beleuchtet. Eine sehr kleine Blende mit Durchmesser $d \ll \lambda$ wird dicht oberhalb des Objektes

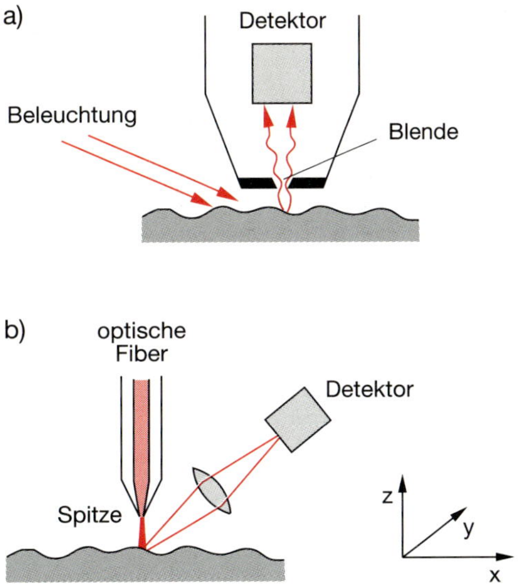

Abb. 11.17a,b. Auflösung von Strukturen $\Delta x < \lambda/2$ (**a**) durch Messung der von einer Oberfläche gestreuten Lichtintensität durch eine sehr kleine Blende mit $d \ll \lambda$, die dicht oberhalb der Oberfläche verschoben wird, (**b**) durch Beleuchtung der Oberfläche mit Licht aus einer feinen Faserspitze ($d \ll \lambda$) und Messung des an der Oberfläche gestreuten Lichtes

über die Oberfläche verschoben, und das durch die Blende hindurchtretende Licht wird mit einem Detektor registriert. Man mißt z.B. die von einer Oberfläche in der *x*-*y*-Ebene gestreute Lichtintensität $I_S(x, y)$, die vom Reflexionsvermögen abhängt, das wiederum durch die Oberflächenbeschaffenheit bestimmt ist.

Man kann das Laserlicht auch durch einen optischen Lichtwellenleiter (optische Fiber) zuführen, dessen Ende auf einen Durchmesser $d \ll \lambda$ verjüngt ist. Diese Spitze wird (ähnlich wie beim Tunnelmikroskop, siehe Bd. 3) dicht oberhalb der zu untersuchenden Oberfläche in *x*-*y*-Richtung bewegt (Abb. 11.17b). Gemessen wird die von der Oberfläche gestreute Lichtintensität als Funktion der Position (x, y) der Spitze.

11.3.4 Abbesche Theorie der Abbildung

Daß die Beugung für die Abbildung eine entscheidende Rolle spielt, wurde bereits von *Ernst Abbe* (1840–1905) erkannt, der dies an Hand der Bildentstehung im Mikroskop (Abb. 11.18) illustrierte.

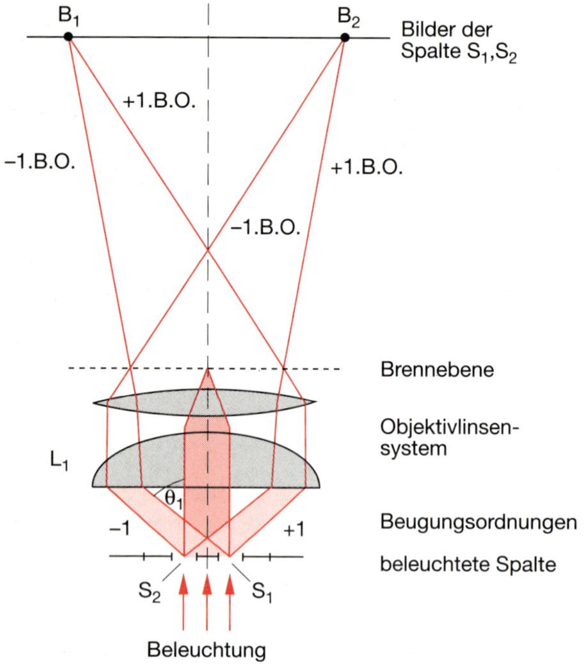

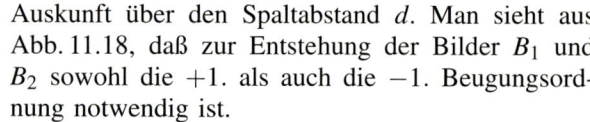

Abb. 11.18. Zur Abbeschen Theorie der Bildentstehung im Mikroskop

Ein Objekt (z.B. zwei Spalte S_1 und S_2 mit dem Abstand d) werde von unten mit parallelem Licht beleuchtet. Die nullte Beugungsordnung erscheint in der Richtung des durchgehenden Lichtes. Sie enthält jedoch keine Information über den Spaltabstand. Erst die höheren Beugungsordnungen, die bei den Winkeln Θ_m gegen die Einfallsrichtung erscheinen, geben wegen

$$d \cdot \sin \Theta_m = 1{,}22\, m \cdot \lambda \quad (m = 1, 2, \ldots)$$

Auskunft über den Spaltabstand d. Man sieht aus Abb. 11.18, daß zur Entstehung der Bilder B_1 und B_2 sowohl die $+1$. als auch die -1. Beugungsordnung notwendig ist.

Die Objektivlinse L_1 des Mikroskops muß also mindestens das Licht der ± 1. Beugungsordnung unter dem Winkel Θ_1 noch erfassen können, d.h. die numerische Apertur NA muß bei Verwendung von Immersionsöl mit Brechungsindex n mindestens

$$NA = 2 \sin \alpha/2 \geq 2 \sin \Theta_1 = \frac{1{,}22\,\lambda}{2nd} \qquad (11.12)$$

sein, um die räumliche Auflösung $\Delta x_{\min} = d$ zu erreichen. Diese Relation ist identisch mit (11.11a).

Experimentell kann man die Abbesche Abbildungstheorie eindrucksvoll demonstrieren, indem man ein Kreuzgitter in der x-y-Brennebene von L_1 mit parallelem Licht von hinten beleuchtet und hinter L_1 zwei zueinander senkrechte Spalte in x- bzw. y-Richtung mit variabler Spaltbreite stellt (Abb. 11.19). Wird einer der beiden Spalte soweit verengt, daß nur noch die nullte Beugungsordnung des Gitters durchgelassen wird, so verschwindet im Gitterbild in der Beobachtungsebene B_1 die Struktur des Gitters in einer Richtung, aus dem Kreuzgitter wird ein Strichgitter mit den Strichen senkrecht zur Richtung des engen Spaltes. Verengt man auch noch den anderen Spalt, so verschwindet die Gitterstruktur in der Bildebene vollständig. Durch einen Strahlteiler St kann ein Teil des Lichtes abgelenkt werden, um in der Ebene B_2 die Fraunhofersche Beugungsstruktur des Gitters zu beobachten, so daß man sehen kann, welche Beugungsordnungen von der Blende durchgelassen werden.

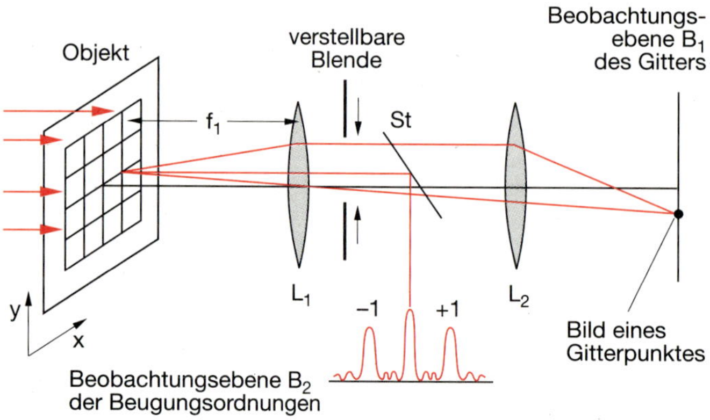

Abb. 11.19. Zur Demonstration der Abbeschen Theorie

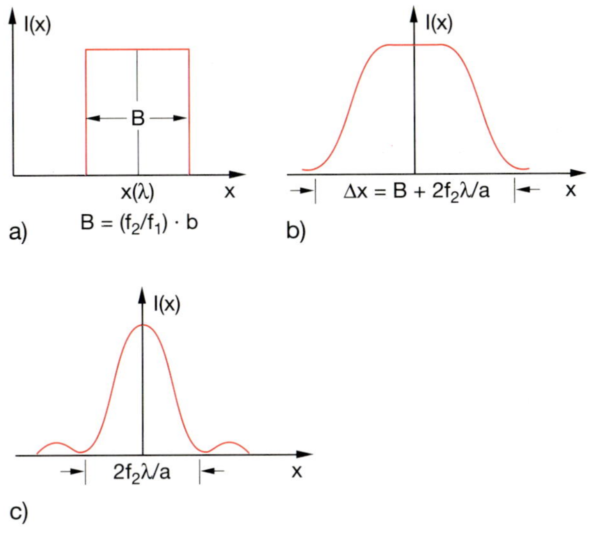

Abb. 11.28a–c. Intensitätsprofil $I(x)$ in der Beobachtungsebene. (**a**) Ohne Beugung bei endlicher Spaltbreite b; (**b**) mit Beugung; (**c**) für $b \to 0$

die Berandung von Sp_1 sein) wird auch bei einem unendlich schmalen Eintrittsspalt ($b \to 0$) die Intensitätsverteilung $I(x)$ keine Deltafunktion werden, sondern sie wird die Beugungsverteilung (10.39) in Abb. 10.32 (bzw. (10.41) in Abb. 10.33 bei kreisförmiger Eintrittspupille) ergeben mit einer Fußpunktsbreite $\Delta x_B = 2 \cdot f_2 \cdot \lambda / a$ bzw. $2{,}42 \cdot f_2 \cdot \lambda / a$ (Abb. 11.29a).

Enthält das einfallende Licht zwei eng benachbarte Wellenlängen λ_1 und $\lambda_2 = \lambda_1 + \Delta\lambda$, so ergeben sich in der Beobachtungsebene B zwei gegeneinander versetzte Beugungsstrukturen $I_1(x, \lambda_1)$ und $I_2(x, \lambda_2)$. Man kann sie noch als getrennte Strukturen erkennen, wenn der Abstand Δx ihrer Maxima einen Mindestabstand nicht unterschreitet.

Haben die Verteilungen $I_1(x, \lambda_1)$ und $I_2(x, \lambda_2)$ die gleiche Maximalintensität, so hat die beobachtete Überlagerung $I(x) = I_1(x, \lambda_1) + I_2(x, \lambda_2)$ noch eine erkennbare Einbuchtung zwischen den beiden Maxima, wenn das Beugungsmaximum von I_1 mit dem ersten Beugungsminimum von I_2 zusammenfällt (***Rayleigh-Kriterium***, Abb. 11.30). Das ist der Fall, wenn der Abstand der beiden Maxima $\Delta x = f_2 \cdot \lambda / a$ ist (Abb. 11.29b).

Aus der Intensitätsverteilung (10.40) läßt sich berechnen, daß dann die Einbuchtung in Abb. 11.30 gerade auf $8/\pi^2 \approx 0{,}8$ der beiden Maxima abfällt.

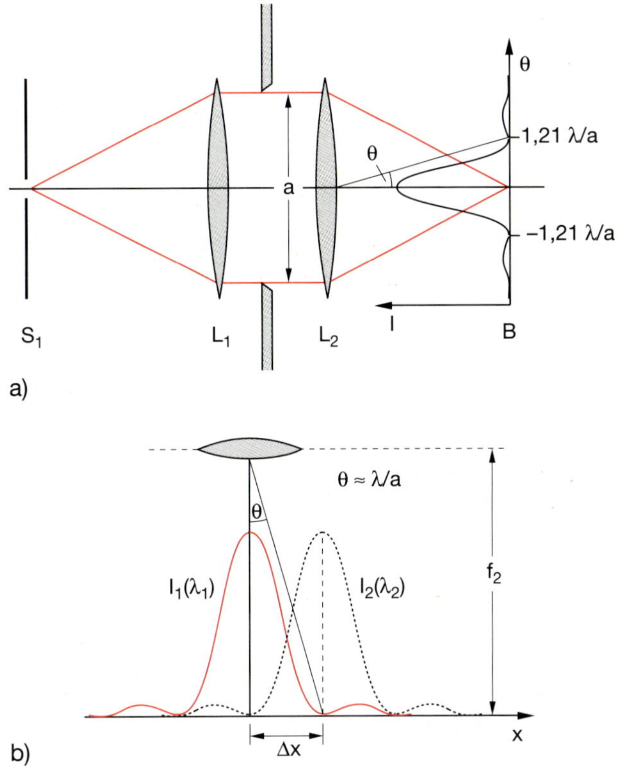

Abb. 11.29. (**a**) Verbreiterung des Spaltbildes durch Beugung an der Begrenzung des parallelen Strahlbündels. (**b**) Überlagerung der Beugungsbilder des Eintrittsspaltes für zwei gerade noch auflösbare Wellenlängen λ_1, λ_2

Man beachte:

Obwohl die Beugung an dem wesentlich schmaleren Eintrittsspalt der Breite b viel stärker ist als die an der

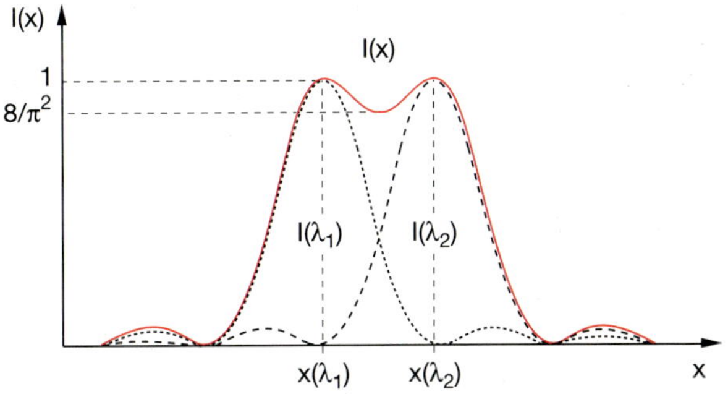

Abb. 11.30. Rayleigh-Kriterium für die Auflösung von zwei Spektrallinien $I(\lambda_1)$ und $I(\lambda_2)$

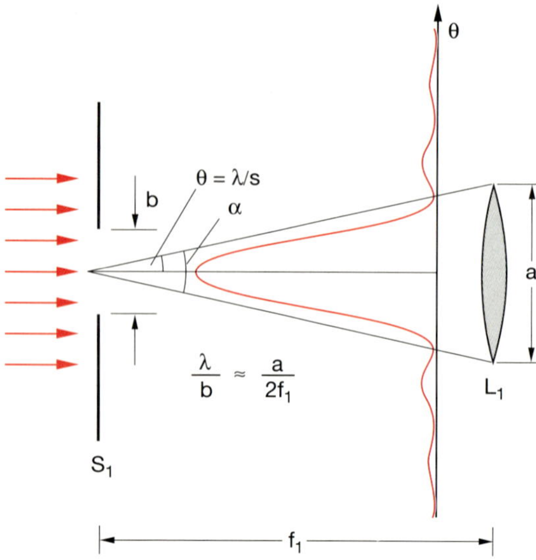

Abb. 11.31. Die Beugung am Eintrittsspalt führt zu steigendem Intensitätsverlust, wenn λ/b größer wird als $a/(2f_1)$

Eintrittspupille mit Durchmesser $a \gg b$, hat sie doch keinen Einfluß auf das spektrale Auflösungsvermögen. Sie bewirkt, daß das eintretende Licht (zusätzlich zu seiner geometrischen Divergenz) einen größeren Divergenzwinkel erhält. Bei parallelem Lichteinfall auf den Eintrittsspalt würde die Intensitätsverteilung in der Ebene der Kollimatorlinse L_1 auf Grund der Beugung am Eintrittsspalt den in Abb. 11.31 gezeigten Verlauf haben, mit einem Beugungswinkel $\theta = \lambda/b$ für die halbe Winkelbreite des zentralen Maximums. Wird θ größer als der halbe Akzeptanzwinkel $\alpha/2 = a/(2f_1)$ des Spektrometers, so kann die Kollimatorlinse das Licht nicht mehr voll erfassen, d.h. die transmittierte Lichtleistung sinkt drastisch, sobald die Spaltbreite

$$b < 2f_1 \cdot \lambda/a$$

wird, so daß b aus Intensitätsgründen immer größer als $2f_1 \cdot \lambda/a$ sein sollte. Dann hat (für $b = 2f_1 \cdot \lambda/a$) das durch Beugung an der Apertur a verbreiterte Spaltbild die halbe Fußpunktsbreite

$$\Delta x = (f_1 + f_2)\frac{\lambda}{a} . \qquad (11.18)$$

Mit zunehmender Spaltbreite b wird natürlich auch die Breite des Spaltbildes in der Beobachtungsebene B breiter. Die halbe Fußpunktsbreite der Intensitätsverteilung $I(x)$ ist bei monochromatischer Einstrahlung und $f_1 = f_2 = f$ (Abb. 11.28b):

$$\Delta x = \frac{b}{2} + f\frac{\lambda}{a} .$$

Dies entspricht einem Wellenlängenabstand

$$\Delta\lambda = \frac{\mathrm{d}\lambda}{\mathrm{d}x}\,\Delta x = \frac{1}{f}\frac{\mathrm{d}\lambda}{\mathrm{d}\theta}\,\Delta x .$$

Mit der minimalen Spaltbreite $b = 2f \cdot \lambda/a$ wird das spektrale Auflösungsvermögen

$$\frac{\lambda}{\Delta\lambda} = \frac{a}{2}\frac{\mathrm{d}\theta}{\mathrm{d}\lambda} , \qquad (11.19)$$

woraus mit (11.14) bei einem Prismenwinkel $\gamma = 60°$ $\Rightarrow \sin\gamma/2 = 1/2$ für den Prismenspektrographen bei meistens realisiertem symmetrischem Strahlengang folgt:

$$\frac{\lambda}{\Delta\lambda} = \frac{a}{2}\,\frac{\mathrm{d}n/\mathrm{d}\lambda}{\sqrt{1 - n^2/4}} . \qquad (11.20)$$

Ist die Eintrittspupille durch die Größe des Prismas bestimmt, so ist der Durchmesser a der Eintrittspupille bei einem gleichseitigen Prisma mit Basislänge L durch $a = L \cdot \cos\alpha/\big(2\sin(\gamma/2)\big) = L/2$ für $\alpha = 60°$ gegeben (Abb. 11.32). Die Austrittspupille hat bei symmetrischem Strahlengang für die zentrale Wellenlänge die gleiche Größe. Dann wird das spektrale Auflösungsvermögen des Prismenspektrographen

$$\frac{\lambda}{\Delta\lambda} = \frac{1}{4}\frac{L}{\sqrt{1 - n^2/4}}\frac{\mathrm{d}n}{\mathrm{d}\lambda} \qquad (11.21)$$

durch die Größe L des Prismas und durch die Dispersion $\mathrm{d}n/\mathrm{d}\lambda$ des Prismenmaterials bestimmt.

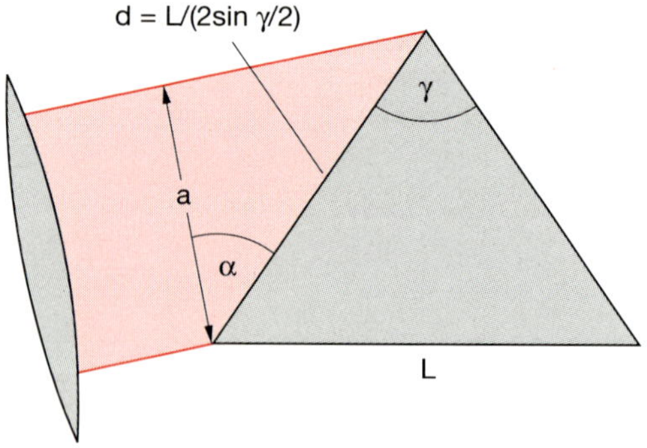

Abb. 11.32. Bestimmung des Durchmessers a der Eintrittspupille beim Prismenspektrographen, wenn das Prisma die Strahlbündelbegrenzung darstellt

BEISPIEL

$L = 10\,\text{cm}$, $n = 1{,}47$ (synthetischer Quarz Suprasil), $\text{d}n/\text{d}\lambda = 1100/\text{cm} \Rightarrow$

$$\frac{\lambda}{\Delta\lambda} = \frac{1}{4}\frac{10}{\sqrt{1-0{,}54}} \cdot 1100 = 4060\,.$$

Dies bedeutet: Bei einer Wellenlänge von $\lambda = 540\,\text{nm}$ können noch zwei Wellenlängen getrennt werden, wenn ihr Mindestabstand $\Delta\lambda = 0{,}14\,\text{nm}$ beträgt.

Ein größeres spektrales Auflösungsvermögen erreicht man mit Gitterspektrographen. Hier ist die Breite der Austrittspupille $a = N \cdot d \cdot \cos\beta$, wenn d der Furchenabstand und N die Zahl der beleuchteten Furchen ist (Abb. 11.25). Der Winkelabstand $\Delta\beta$ zwischen den Ausbreitungsrichtungen der gebeugten Wellen mit λ_1 und $\lambda_2 = \lambda_1 + \Delta\lambda$ muß größer sein als die halbe Winkelbreite

$$\Delta\beta_{\text{min}} = \frac{\lambda}{a} = \frac{\lambda}{N \cdot d \cdot \cos\beta} \qquad (11.22)$$

der zentralen Beugungsordnung der an der Begrenzung durch die effektive Gitterbreite $N \cdot d \cdot \cos\beta$ gebeugten Wellen. Dann folgt mit (11.16) aus

$$\Delta\lambda = \frac{\text{d}\lambda}{\text{d}\beta}\Delta\beta = \frac{\text{d}\cos\beta}{m} \cdot \Delta\beta$$
$$\geq \frac{\text{d} \cdot \cos\beta}{m}\Delta\beta_{\text{min}} = \frac{\lambda}{m \cdot N}$$
$$\Rightarrow \boxed{\frac{\lambda}{\Delta\lambda} \leq m \cdot N}\,. \qquad (11.23)$$

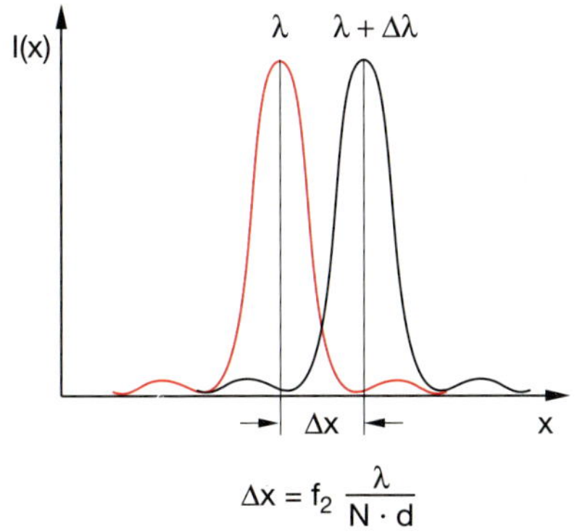

Abb. 11.33. Zum spektralen Auflösungsvermögen des Gitterspektrographen

Das spektrale Auflösungsvermögen eines Gitterspektrographen mit N beleuchteten Furchen ist also gleich dem Produkt aus Interferenzordnung m und der Zahl N der beleuchteten Gitterfurchen. Zwei Wellenlängen λ_1 und $\lambda_2 = \lambda_1 + \Delta\lambda$ können bei unendlich schmalem Eintrittsspalt noch aufgelöst werden, wenn die Maxima ihrer Intensitätsverteilungen in der Ebene des Austrittsspaltes den Abstand

$$\Delta x \geq f_2 \cdot \cos\beta \cdot \Delta\beta_{\text{min}} = f_2\lambda/(N \cdot d)$$

haben (Abb. 11.33).

BEISPIEL

Ein Gitter mit 10 cm Breite und 1200 Furchen/mm werde in zweiter Interferenzordnung betrieben. Bei voll ausgeleuchtetem Gitter ist dann $\lambda/\Delta\lambda = 2 \cdot 1{,}2 \cdot 10^5 = 2{,}4 \cdot 10^5$.

11.6.4 Ein allgemeiner Ausdruck für das spektrale Auflösungsvermögen

Man kann das Rayleigh-Kriterium für die räumliche Trennung zweier Spektrallinien, daß nämlich das Maximum der Beugungsverteilung $I(\lambda_1)$ höchstens bis an das erste Beugungsminimum von $I(\lambda_2)$ kommen darf, ganz allgemein formulieren:

Wenn ein Maximum von $I(\lambda_1)$ vorliegen soll, dann muß der maximal auftretende Wegunterschied Δs_{m} zwischen den interferierenden Teilbündeln ein geradzahliges Vielfaches der Wellenlänge sein:

$$\Delta s_{\text{m}} = 2q\lambda_1 \qquad (q = \text{ganzzahlig})\,. \qquad (11.24\text{a})$$

Dann kann man nämlich das Gesamtbündel in zwei Hälften aufteilen, wobei zu jedem Teilbündel in der ersten Hälfte ein Teilbündel aus der zweiten Hälfte existiert, dessen Weg sich um $q \cdot \lambda$ von dem der ersten Hälfte unterscheidet, d.h. alle Teilbündel interferieren konstruktiv (Abb. 11.34). Beim Gitterspektrographen ist z.B. in der ersten Interferenzordnung $2q = N$.

Soll für λ_2 das erste Interferenzminimum auftreten unter demselben Beugungswinkel, dann gilt

$$\Delta s_{\text{m}} = (2q - 1)\,\lambda_2\,. \qquad (10.24\text{b})$$

Mit $\lambda = \sqrt{\lambda_1 \cdot \lambda_2}$ ergibt sich aus (11.24a,b):

$$\boxed{\frac{\lambda}{\Delta\lambda} = \frac{\Delta s_{\text{m}}}{\lambda}}\,. \qquad (11.25)$$

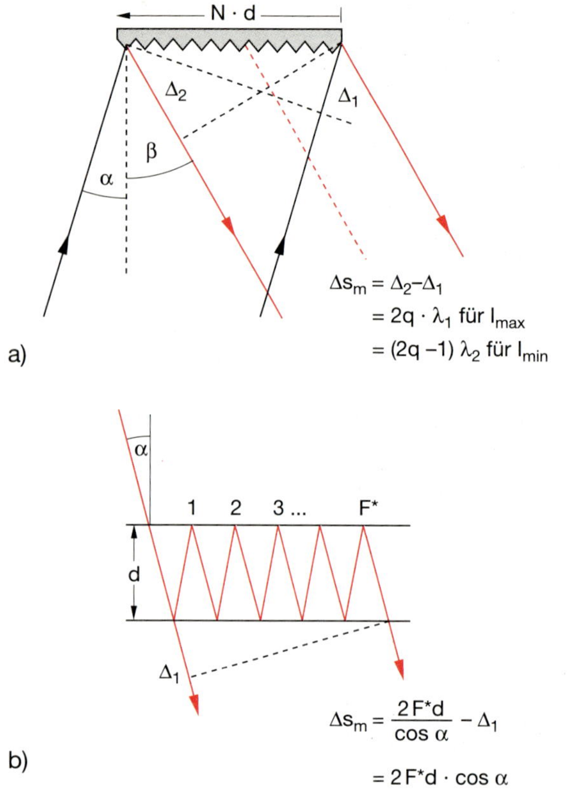

Abb. 11.34a,b. Das spektrale Auflösungsvermögen jedes Spektralapparates ist $\lambda/\Delta\lambda = \Delta s_m/\lambda$. (**a**) Beim Gitterspektrographen ist $\Delta s_m = N \cdot m \cdot \lambda$; (**b**) beim Interferometer ist $\Delta s_m = 2F^* \cdot d \cdot \cos\alpha$. (Zur Definition der Finesse F^* siehe Abschn. 10.4.1)

In Worten:

> Das spektrale Auflösungsvermögen ist gleich dem maximalen Wegunterschied Δs_m interferierender Strahlen, gemessen in Einheiten der Wellenlänge λ.

Wegen $\lambda = c/\nu$ und $|\Delta\lambda/\lambda| = |\Delta\nu/\nu|$ läßt sich (11.25) mit $\Delta s_m = c \cdot \Delta T_m$ umschreiben in

$$\left|\frac{\nu}{\Delta\nu}\right| \le \frac{\nu \cdot \Delta s_m}{c} = \nu \cdot \Delta T_m$$

oder

$$\boxed{\Delta\nu \cdot \Delta T_m \ge 1}\,. \tag{11.26}$$

Für jeden Spektralapparat (d.h. auch für Interferometer) ist das Produkt aus kleinstem noch auflösbarem Frequenzintervall $\Delta\nu$ und größter Laufzeitdifferenz ΔT_m der miteinander interferierenden Wellen gleich 1.

Will man daher das spektrale Auflösungsvermögen erhöhen, so muß man die maximale Wegdifferenz zwischen den interferierenden Strahlen vergrößern. Dies geht jedoch nur bis zu einer gewissen Grenze, da Δs_m nicht größer sein darf als die Kohärenzlänge der zu untersuchenden Strahlung.

Deshalb ist das kleinste noch auflösbare Frequenzintervall $\Delta\nu$ immer größer als die Linienbreite der einfallenden Strahlung.

BEISPIELE

1. $\Delta s_m = 1\,\text{m}$, $c = 3 \cdot 10^8\,\text{m} \Rightarrow \Delta T_m = 3{,}3\,\text{ns} \Rightarrow \Delta\nu = 3 \cdot 10^8\,\text{Hz}$.
   Für sichtbares Licht ($\nu = 5 \cdot 10^{14}\,\text{Hz}$) würde dies ein spektrales Auflösungsvermögen
   $$\frac{\nu}{\Delta\nu} = 1{,}7 \cdot 10^6$$
   ergeben.
2. Beim Gitterspektrographen ist $\Delta s_m = N \cdot d \cdot (\sin\alpha + \sin\beta) = N \cdot m \cdot \lambda \Rightarrow \lambda/\Delta\lambda = m \cdot N$.
3. Beim Fabry-Perot-Interferometer ist $\Delta s_m = 2F^*d \cdot \cos\alpha$ (10.32), wobei die Finesse F^* die effektive Zahl der miteinander interferierenden Teilbündel angibt. Wegen $2d\cos\alpha = m \cdot \lambda \Rightarrow \Delta s_m = F^* \cdot m \cdot \lambda$.

11.7 Adaptive Optik

Das Winkelauflösungsvermögen großer astronomischer Fernrohre auf der Erdoberfläche erreicht bei weitem nicht die durch die Beugung bedingte Grenze, weil Turbulenzen in der Erdatmosphäre oder durch Thermik aufsteigende Luft zu einer zeitlichen Variation des Brechungsindex führen und damit eine zeitlich fluktuierende Ablenkung des Lichtstrahls bewirken (Luftunruhe). Auf hohen Bergen ist dieser Effekt am kleinsten, aber es gibt immer noch eine viel größere Auflösungsgrenze $\Delta\varepsilon$ als die durch die Beugung bedingte. In Abb. 11.35 ist der Einfluß der Luftunruhe auf die Bildqualität des Beugungsscheibchens in der Beobachtungsebene x, y illustriert. Statt der Intensitätsverteilung $\sin^2 r/r^2$ mit

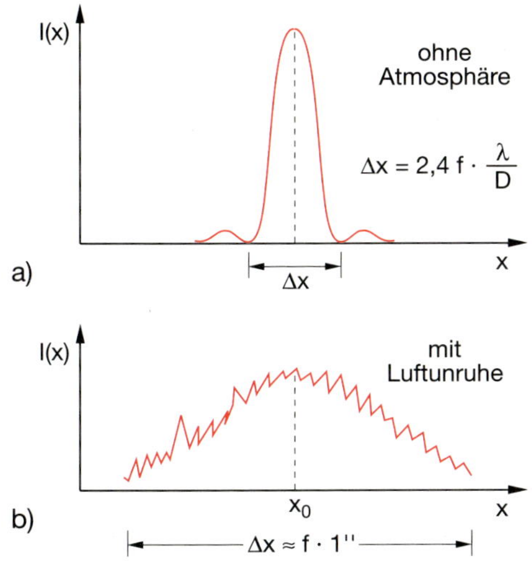

Abb. 11.35. (**a**) Beugungsbedingte Intensitätsverteilung eines Sternbildes ohne Einfluß der Atmosphäre. (**b**) Specklebild, verbreitert durch die Luftunruhe

$r^2 = x^2 + y^2$ der ungestörten Beugungsstruktur erhält man eine mehr oder minder regellos über eine größere Fläche verteilte Intensität $I(r)$.

Man kann die Luftunruhe wenigstens teilweise durch einen verformbaren Spiegel überlisten, der

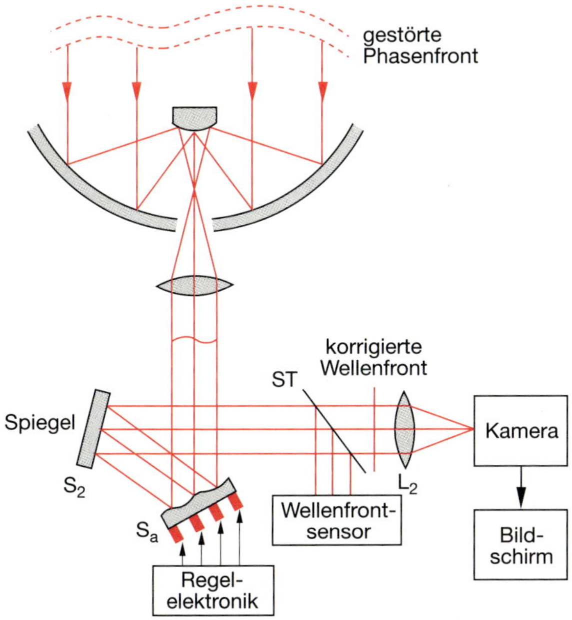

Abb. 11.36. Prinzip der adaptiven Optik

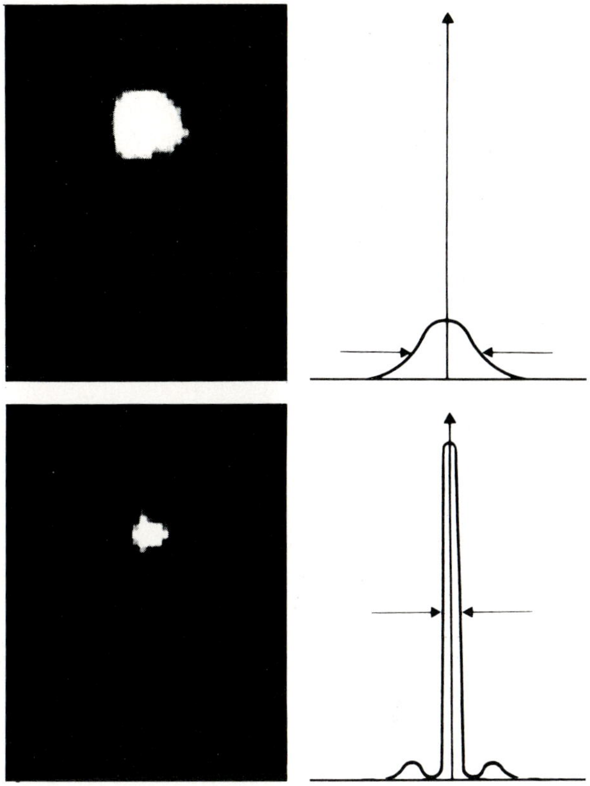

Abb. 11.37. Cyg vor und nach adaptiv optischer Korrektur im infraroten Wellenlängenbereich von 2,2 μm (K-Band). Bei einer atmosphärischen Korrelationslänge von circa 7 cm im sichtbaren Spektralbereich war die Bildgröße im K-Band auf 1,2 Bogensekunden gestört. Nach Einschalten der adaptiven Optik schrumpfte der Durchmesser auf weniger als 0,4 Bogensekunden, der theoretischen Auflösungsgrenze. Selbst der erste Beugungsring ist schwach zu erkennen. Aus F. Merkle: Sterne und Weltraum **12**, 708 (1989)

die Verzerrung der Wellenfront gegenüber der Ebene bei einer ebenen ungestörten Welle teilweise kompensiert. Das Prinzip ist in Abb. 11.36 illustriert [11.9]. Das vom Sekundärspiegel des Teleskops gesammelte Licht wird durch eine Linse L_1 parallel gemacht und fällt auf einen Spiegel S_a, der über elektronisch geregelte Stellelemente seine Oberfläche verformen kann. Über einen weiteren ebenen Spiegel S_2 und einen Strahlteiler ST gelangt das Licht auf die Linse L_2, die es in die Beobachtungsebene fokussiert. Ein Teil des parallelen Strahlbündels wird vom Strahlteiler ST auf einen Wellenfrontsensor reflektiert, welcher die Abweichung der Wellenfront von einer Ebene mißt und ein elektronisches Ausgangssignal liefert, das proportional zu dieser Abweichung ist. Dieses Signal aktiviert die Stellelemente (dies sind Piezozylinder, deren Länge sich bei Anlegen einer elektrischen Spannung ändert) unter dem Spiegel S_a, welche S_a solange verformen, bis die Wellenfront der von S_a reflektierten Welle so eben wie möglich ist. In Abb. 11.37 wird der Effekt der Wellenfrontadaption auf die minimal erreichbare Bildgröße des Sternes Cygnus α illustriert [10.10].

Natürlich läßt sich eine solche adaptive Optik auch für Fernrohre zur Beobachtung irdischer Objekte anwenden. Durch besondere Techniken der nichtlinearen Optik (Vierwellenmischung) lassen sich Spiegel aus speziellen Materialien (Flüssigkeiten, Gase) herstellen, die bei Bestrahlung mit Licht mit verzerrten Phasenflächen diese Verzerrung im reflektierten Licht genau kompensieren (phasenkonjugierende Spiegel [11.11]).

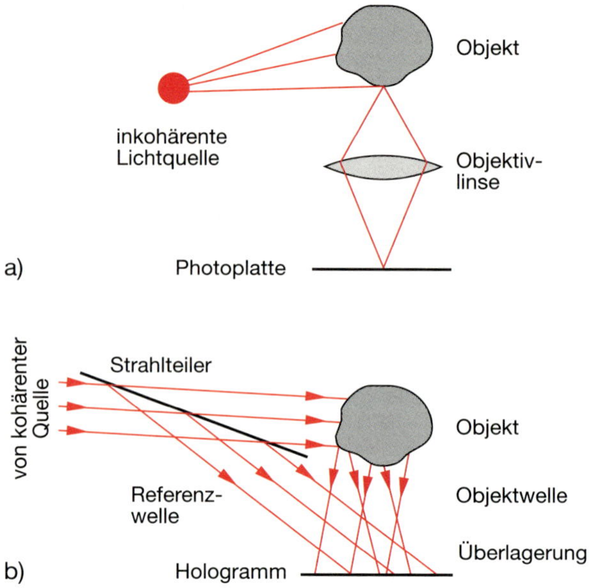

Abb. 11.38a,b. Vergleich der Aufnahmetechnik (**a**) für ein übliches Photo, (**b**) für ein Hologramm

11.8 Holographie

Bei der normalen Photographie wird ein beleuchteter Gegenstand mit Hilfe eines Linsensystems in eine Ebene abgebildet, in der sich die Photoschicht befindet (Abb. 11.38a). Die Schwärzung der lichtempfindlichen Schicht ist proportional zur auftreffenden Intensität. Dabei geht jede Information über die Phase der einfallenden Welle verloren. Dies bedeutet auch, daß keine direkte Information über die dreidimensionale Struktur des Objektes erhalten bleibt. Der dreidimensionale Gegenstand wird auf ein zweidimensionales Bild reduziert. Die Tatsache, daß wir aus dem zweidimensionalen Photo die dreidimensionalen Objekte erkennen können, ist nur unserem Gehirn zu verdanken, das durch Vergleich mit früher gespeicherten Informationen den realen Gegenstand rekonstruieren kann.

Dennis Gábor (1900–1979) hatte erstmals die Idee, durch Überlagerung zweier kohärenter Teilwellen, nämlich der vom Objekt gestreuten Beleuchtungswelle und einer von derselben Lichtquelle stammenden Referenzwelle, ein Interferenzmuster auf der Photoplatte zu speichern, das Informationen über Amplitude *und Phase* der vom Objekt gestreuten Welle und damit über die Entfernung der verschiedenen Objektpunkte von der Photoplatte enthält (Abb. 11.38b).

Man nennt die durch die Interferenz von Referenz- und Objektwelle erzeugte Schwärzungsverteilung auf der Photoplatte ein ***Hologramm***, aus dem sich nach der Entwicklung der Photoplatte durch erneutes Beleuchten mit Licht derselben Wellenlänge ein dreidimensionales Bild des Objektes „rekonstruieren" läßt. Damit war das Prinzip der Holographie erfunden, wofür *Gábor* 1971 den Nobelpreis erhielt.
Da man für dieses Verfahren jedoch kohärente Lichtquellen genügend hoher Intensität benötigt, konnte *Gábor* sein holographisches Verfahren nur unvollkommen in der Praxis realisieren. Erst nach der Entwicklung des Lasers (siehe Bd. 3) hat die Holographie ihren Siegeszug angetreten.

11.8.1 Aufnahme eines Hologramms

In Abb. 11.39 ist das Prinzip der Aufnahme eines Hologramms schematisch dargestellt: Der Ausgangsstrahl des Lasers, der eine monochromatische kohärente Lichtquelle darstellt, wird durch eine Linse (bzw. ein Linsensystem) aufgeweitet und dann durch einen Strahlteiler in zwei Teilbündel aufgespalten: Die Referenzwelle

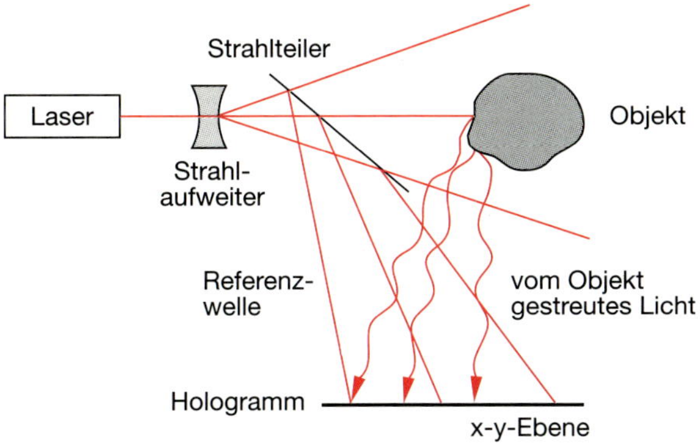

Abb. 11.39. Möglicher optischer Aufbau zur Aufnahme eines Hologramms

$$\boldsymbol{E}_0 = \boldsymbol{A}_0 \mathrm{e}^{\mathrm{i}(\omega t - \boldsymbol{k}_0 \cdot \boldsymbol{r})}$$

wird direkt auf die Photoplatte gerichtet, die wir in die x-y-Ebene legen. Das andere Teilbündel beleuchtet das Objekt. Das vom Objekt in Richtung der Photoplatte gestreute Licht hat auf der Photoplatte die Amplitude

$$\boldsymbol{E}_\mathrm{s} = \boldsymbol{A}_\mathrm{s} \mathrm{e}^{\mathrm{i}\left[\omega t + \varphi_\mathrm{s}(x,y)\right]} ,$$

wobei die Phase $\varphi_\mathrm{s}(x,y)$ von der Entfernung der Objektpunkte, welche das Licht streuen, abhängt. Die gesamte Intensität auf der Photoplatte am Ort $\boldsymbol{r}_0 = \{x, y, 0\}$ ist dann

$$\begin{aligned} I(x,y) &= c\varepsilon_0 \left|E_\mathrm{s}(x,y) + E_0(x,y)\right|^2 \\ &= c\varepsilon_0 \left| A_0^2 + A_\mathrm{s}^2 + A_0^* A_\mathrm{s} \mathrm{e}^{\mathrm{i}\left[\boldsymbol{k}_0 \cdot \boldsymbol{r}_0 - \varphi_\mathrm{s}(\boldsymbol{r}_0)\right]} \right. \\ &\qquad \left. + A_0 A_\mathrm{s}^* \mathrm{e}^{-\mathrm{i}\left[\boldsymbol{k}_0 \cdot \boldsymbol{r}_0 - \varphi_\mathrm{s}(\boldsymbol{r}_0)\right]} \right| \qquad (11.27) \\ &= c\varepsilon_0 \left| A_0^2 + A_\mathrm{s}^2 + 2 A_0 A_\mathrm{s} \cos(\varphi_0 - \varphi_\mathrm{s}) \right| , \end{aligned}$$

wobei die von x und y abhängige Phasendifferenz $(\varphi_0 - \varphi_\mathrm{s})$ durch die optischen Wegdifferenzen zwischen Referenz- und Streuwelle bestimmt wird. Der phasenabhängige Interferenzterm in (11.27) enthält die gewünschte Information über die Entfernung der verschiedenen Objektpunkte von den Punkten (x, y) der Photoplatte.

BEISPIELE

1. Das Objekt sei eine Ebene, die von einer ebenen Welle beleuchtet wird und diese reflektiert. Die Überlagerung von Referenz- und Objektwelle führt zu einer periodischen Intensitätsmodulation am Ort der Photoplatte mit einem räumlichen Abstand der Intensitätsmaxima

$$d = \frac{\lambda}{\sin\alpha_1 + \sin\alpha_2} ,$$

der von den Winkeln α_1, α_2 zwischen den Wellennormalen der beiden interferierenden Wellen und der Normale auf die Photoplatte abhängt (Abb. 11.40). Auf der Photoplatte entsteht daher ein periodisches Muster von Streifen mit einer sinusförmigen Schwärzungsmodulation.
Das so entstandene periodische Schwärzungsmuster kann als holographisches Transmissionsgitter mit dem Gitterabstand d verwendet werden.
Wird die photoempfindliche Schicht so gewählt, daß z.B. die belichteten Stellen durch chemische Verfahren entfernt werden können, so läßt sich durch Ätzverfahren auch ein holographisches Reflexionsgitter herstellen. Diese Gitter sind fehlerfrei, was die Gitterkonstante d angeht. Sie haben jedoch den Nachteil, daß ihre Oberfläche sinusförmig moduliert ist im Gegensatz zu den geritz-

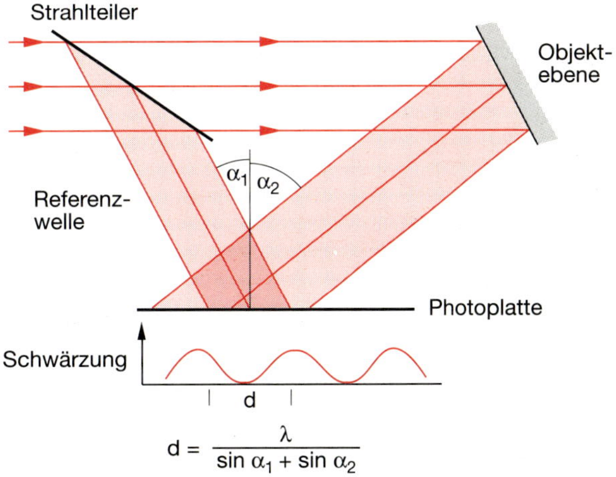

Abb. 11.40. Erzeugung eines holographischen Beugungsgitters durch Überlagerung zweier ebener Wellen, deren Wellenvektoren die Winkel α_1 und α_2 gegen die Normale zur Gitterebene haben

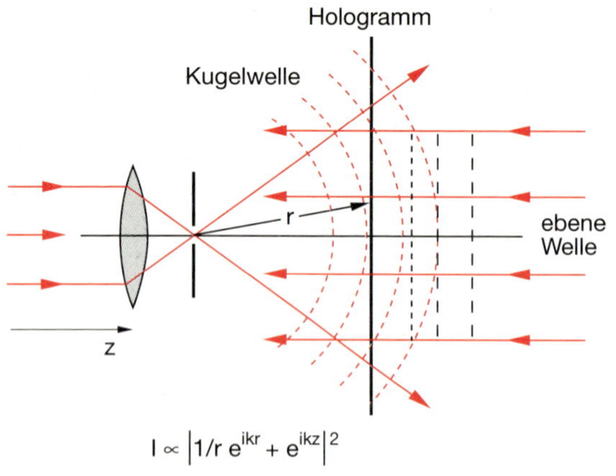

Abb. 11.41. Die Überlagerung einer ebenen Welle mit einer Kugelwelle gleicher Frequenz führt zu einer ringförmigen Intensitätsmodulation. Das dazugehörige Hologramm entspricht einer Fresnelschen Zonenplatte

ten Gittern, die eine treppenförmige Struktur haben. Das Reflexionsvermögen von holographischen Gittern ist daher geringer, und es gibt auch keinen Blazewinkel.

2. Eine ebene Welle wird mit einer Kugelwelle überlagert (Abb. 11.41). Das entstehende Hologramm zeigt ein ringförmiges Schwärzungsmuster und entspricht genau einer Fresnelschen Zonenplatte. Wird das entwickelte Hologramm mit einer ebenen Welle belichtet, so wird diese in einem Punkt P_0 fokussiert, der dem Zentrum der Kugelwelle bei Aufnahme des Hologramms entspricht. Die Schwärzung der Photoplatte ist proportional zur auftretenden Intensität, wobei der Kontrast zwischen maximaler und minimaler Schwärzung von den Amplituden der beiden interferierenden Teilwellen abhängt.
   Zur Erzielung eines guten Kontrastverhältnisses müssen die beiden Wellen jedoch nicht unbedingt die gleiche Amplitude haben. Ist z.B. die Intensität der Objektwelle nur 1% der Referenzintensität, so ist das Amplitudenverhältnis $E_s/E_r = 0{,}1$ und der *Kontrast* $\mathrm{K} = I_{max}/I_{min} = (1{,}1/0{,}9)^2 = 1{,}5$.

Man beachte:

Während bei der üblichen Photographie einem jeden Punkt des Objektes ein wohldefinierter Bildpunkt auf der Photoplatte entspricht, wird bei der Erzeugung eines Hologramms die von einem Objektpunkt ausgehende Streuwelle über die gesamte Photoplatte verteilt.

Dies bedeutet, daß jedes Teilstück des Hologramms bereits Informationen über das gesamte Objekt enthält. Man kann z.B. ein Hologramm in zwei Teile zerschneiden. Aus jedem Teilstück läßt sich wieder ein dreidimensionales Bild des Objektes gewinnen, wenn auch mit etwas geringerer Qualität als aus dem ganzen Hologramm.

11.8.2 Die Rekonstruktion des Wellenfeldes

Um aus dem Hologramm, das die Informationen über das Objekt in verschlüsselter Form enthält (Abb. 11.42), ein dreidimensionales Bild des Objektes zu gewinnen, muß die belichtete Photoplatte nach ihrer Entwicklung mit einer kohärenten ebenen Rekonstruktionswelle

$$\boldsymbol{E}_r = \boldsymbol{A}_r \cdot e^{i(\omega t - \boldsymbol{k}_r \cdot \boldsymbol{r})} \tag{11.28}$$

derselben Lichtfrequenz ω wie bei der Aufnahme des Hologramms beleuchtet werden (Abb. 11.43). Die durch das Hologramm transmittierte Amplitude

$$A_T = T(x, y) \cdot A_r \tag{11.29}$$

ist von der Schwärzung der Photoplatte bei der Aufnahme abhängig, die proportional zur Intensität

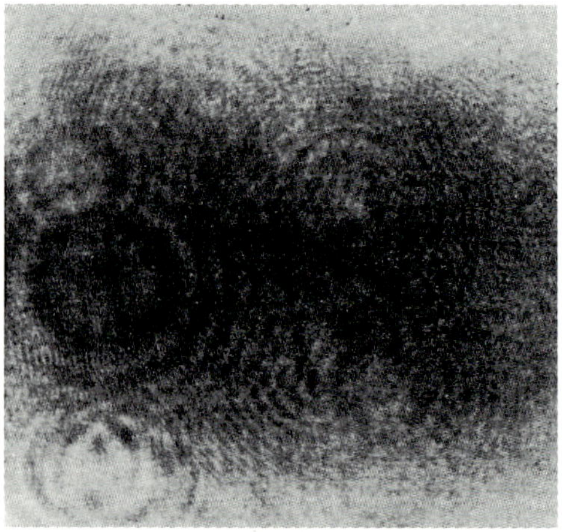

Abb. 11.42. Hologramm eines Schachbrettmusters [aus H. Nassenstein: Z. Angew. Physik **22**, 37–50 (1966)]

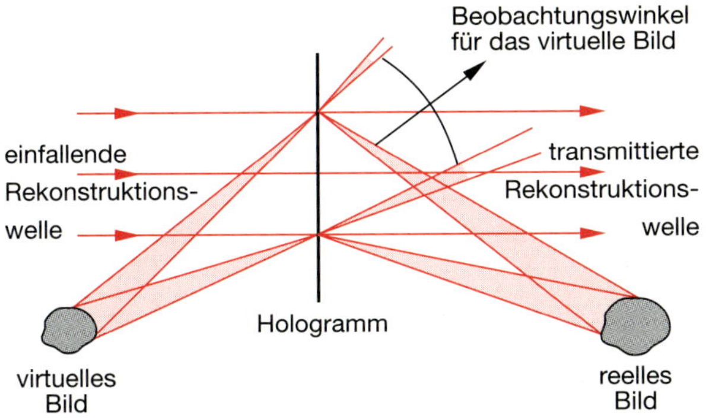

Abb. 11.43. Rekonstruktion des Hologramms

(11.27) ist. Die Transmission der entwickelten Platte ist

$$T(x,y) = T_0 - \gamma I(x,y) \tag{11.30}$$

(γ ist der Schwärzungskoeffiziet der Photoplatte), so daß die transmittierte Amplitude der Rekonstruktionswelle

$$\begin{aligned} A_T = {} & A_r T_0 - \gamma A_r (A_0^2 + A_s^2) \\ & - \gamma A_r A_0^* A_s e^{i(\boldsymbol{k}_0 \cdot \boldsymbol{r}_0 - \varphi_s)} \\ & - \gamma A_r A_0 s^* e^{-i(\boldsymbol{k}_0 \cdot \boldsymbol{r}_0 - \varphi_s)} \end{aligned} \tag{11.31}$$

ist. Die ersten beiden Terme beschreiben eine von (x,y) unabhängige Schwächung der transmittierten Rekonstruktionswelle. Die letzten beiden Terme entsprechen der neuen Welle

$$\begin{aligned} E_{T_1} &= -\gamma A_0^* A_r A_s e^{i\left[\omega t - (\boldsymbol{k}_r - \boldsymbol{k}_0)\cdot \boldsymbol{r}_0 - \varphi_s\right]} \\ E_{T_2} &= -\gamma A_0 A_r A_s^* e^{i\left[\omega t - (\boldsymbol{k}_r + \boldsymbol{k}_0)\cdot \boldsymbol{r}_0 - \varphi_s\right]} \end{aligned} \tag{11.32}$$

deren Richtung durch den Wellenvektor $\boldsymbol{k}_1 = \boldsymbol{k}_r - \boldsymbol{k}_0$ bzw. $\boldsymbol{k}_2 = \boldsymbol{k}_r + \boldsymbol{k}_0$ gegeben ist.

Beide Wellen tragen Informationen über die Amplitude A_s und Phase φ_s der Streuwelle, da sie genau die Amplitude

$$E_s = A_s \cdot e^{i(\omega t - \varphi_s)}$$

enthalten, die auch bei der Aufnahme des Hologramms vom Objekt auf die Photoplatte traf.

Schaut man durch das Hologramm gegen die Richtung einer dieser Wellen (11.32), so erscheint dem Auge das dreidimensionale Bild des Gegenstandes, wie er bei der Aufnahme des Hologramms vom Ort der Photoplatte aus zu sehen war.

11.8.3 Anwendungen der Holographie

Holographische Bilder vermitteln nicht nur faszinierende dreidimensionale Bilder, sondern sie haben inzwischen auch eine Fülle von wissenschaftlichen und technischen Anwendungen gefunden. Hier sollen nur einige Beispiele zur Illustration vorgestellt werden. Für detailliertere Informationen wird auf die Spezialliteratur verwiesen [11.12,13].

Ein erstes Beispiel ist die holographische Interferometrie, mit der kleine Verformungen von Objekten genau vermessen werden können [11.14]. Zuerst wird, wie oben beschrieben, ein Hologramm des zu untersuchenden Objektes (z.B. einer Metallplatte) aufgenommen. Dann wird die Platte, ohne sie aus ihrer Position zu entfernen, durch eine äußere Kraft verformt und wieder auf derselben Photoplatte ein Hologramm des verformten Körpers aufgenommen (Doppelbelichtung der feststehenden Photoplatte).

Die Streuwelle E_s von den verformten Stellen des Objekts hat bei der zweiten Belichtung des Hologramms eine andere Phase als bei der ersten Belichtung, so daß die Gesamtschwärzung des Hologramms von der Größe der Verformung abhängt. Zur Illustration ist in Abb. 11.44 das Doppelbelichtungshologramm einer Aluminiumplatte gezeigt [11.15], die durch die Membran eines Lautsprechers um wenige μm verformt wurde.

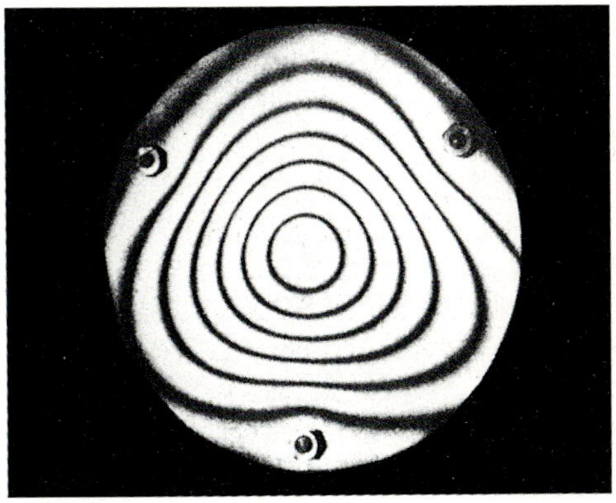

Abb. 11.44. Holographisches Interferogramm der Verformung einer Aluminiumscheibe. Das Hologramm wurde jeweils 15 s lang vor und nach der Verformung belichtet. (Dr. R. Lessing, Spindler & Hoyer, Göttingen)

Man kann mit dieser Technik z.B. die Wachstumsgeschwindigkeit von Pilzen innerhalb weniger Sekunden messen.

Eine interessante Anwendung der Holographie betrifft die Inspektion großer astronomischer Spiegel und der Abweichung ihrer Oberfläche von einer gewünschten Sollfläche. Dazu erzeugt man ein Computer-Hologramm der Sollfläche, das dann bei gleicher Referenzwelle verglichen wird mit dem Hologramm der wirklichen Spiegelfläche. Alle Stellen der Spiegeloberfläche, die von der Sollfläche abweichen, erzeugen, ähnlich wie in Abb. 11.44, ein Interferenzmuster, aus dem Lage und Größe der Abweichungen sofort bestimmt werden können.

Ein weiteres Beispiel ist die in Abb. 11.45 gezeigte Glühbirne, von der einmal im eingeschalteten Zustand bei stromdurchflossenem Glühfaden ein Hologramm aufgenommen wurde und dann, wenige Sekunden später, im ausgeschalteten Zustand. Das rekonstruierte Doppelbelichtungshologramm zeigt die Konvektion des Füllgases über dem Glühfaden und die thermische Verformung des Glaskörpers. Der Streifenabstand entspricht einer Verformung um eine halbe Wellenlänge.

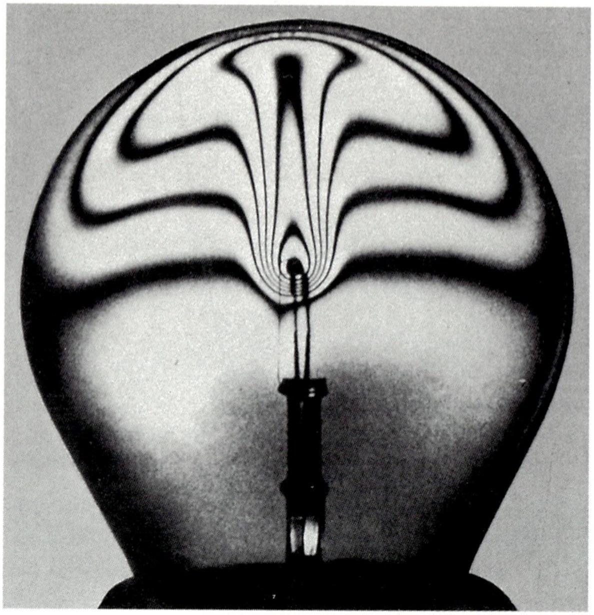

Abb. 11.45. Konvektionsströme oberhalb des Glühfadens einer Glühlampe und thermische Verformung des Glaskolbens. (Aus M. Cagnet, M. Françon, S. Mallick: *Atlas optischer Erscheinungen*, Ergänzungsband, Springer Berlin, Heidelberg 1971)

ZUSAMMENFASSUNG

- Die Vergrößerung V eines optischen Instrumentes ist definiert als

$$V = \frac{\text{Sehwinkel } \varepsilon \text{ mit Instrument}}{\text{Sehwinkel } \varepsilon_0 \text{ ohne Instrument}}$$

wobei $\varepsilon_0 = d/s_0$ der Sehwinkel ist, unter dem der Durchmesser d eines Gegenstandes in der deutlichen Sehweite $s_0 = 25\,\text{cm}$ erscheint.

- Die kleinste erzielbare Winkelauflösung $\delta_{\min}$ ist prinzipiell begrenzt durch die Beugung. Bei einem Durchmesser D der abbildenden Linse ist $\delta_{\min} \geq 1{,}22\,\lambda/D$. Als Winkelauflösungsvermögen wird der Kehrwert $R_W = 1/\delta_{\min} = D/(1{,}22\,\lambda)$ definiert.
- Man kann mit einem Mikroskop nur räumliche Strukturen auflösen, die größer als die halbe Wellenlänge λ sind.
- Im Wellenmodell kommt eine Abbildung einer Struktur durch Linsen erst dann zustande, wenn die höheren Beugungsordnungen vom abbildenen System durchgelassen werden (Abbesche Abbildungstheorie). Die nullte Beugungsordnung allein kann keine Abbildung bewirken.
- Die Lichtstärke optischer Systeme ist durch den minimalen Lichtbündelquerschnitt auf der Dingseite (Eintrittspupille) und auf der Bildseite (Austrittspupille) begrenzt. Ein Maß für die Lichtstärke einer Linse mit Durchmesser d und Brennweite f ist der erfaßbare Raumwinkel $\Omega = (\pi/4)\,(D/f)^2$.
- Spektralapparate sind auf Brechung oder Beugung und Interferenz beruhende optische Systeme, welche eine räumliche Trennung der verschiedenen Spektralanteile der einfallenden Strahlung ermöglichen.
- Das spektrale Auflösungsvermögen aller Spektralapparate

▶

$$\frac{\lambda}{\Delta\lambda} = \frac{\Delta s_m}{\lambda}$$

ist gleich dem maximalen Wegunterschied Δs_m zwischen interferierenden Teilbündeln, gemessen in Einheiten der Wellenlänge λ.

- Man kann die durch Medien mit inhomogenem Brechungsindex verursachte Verzerrung der Wellenfronten einer ebenen Welle teilweise korrigieren durch eine angepaßte Verzerrung von Spiegeloberflächen (adaptive Optik) oder durch nichtlineare optische Prozesse (optische Phasenkonjugation).
- Die Holographie benutzt die Interferenz der vom Objekt gestreuten Lichtwelle und einer dazu kohärenten Referenzwelle, um die relativen Phasen der Objektwelle zu messen und damit Informationen über die räumliche Struktur des Objektes im Hologramm zu speichern. Die Rekonstruktion des Hologramms führt zu räumlichen Bildern des Objektes.

ÜBUNGSAUFGABEN

1. Mit einer Linse wird die Sonne auf einen Schirm im Abstand $b = 2$ m von der Linse scharf abgebildet.
   Wie groß sind Brennweite f der Linse, Durchmesser d des Sonnenbildes und Lateralvergrößerung? Welche Winkelvergrößerung wird erreicht, wenn das Sonnenbild in der deutlichen Sehweite betrachtet wird?
2. Eine Lupe wird in der Entfernung $a = 1{,}5$ cm $< f = 2$ cm über eine Buchseite gehalten, um die kleine Schrift vergrößert sehen zu können. Das Auge des Betrachters wird auf die Entfernung zum virtuellen Bild akkomodiert. Wie groß ist die Winkelvergrößerung? Wie groß erscheint ein Buchstabe mit 0,5 mm Größe dem Betrachter?
3. Leiten Sie, analog zur Herleitung von (9.26), die allgemeinere Gleichung (11.2) her.
4. Die beiden Komponenten eines Doppelsternsystems haben den Winkelabstand $\varepsilon = 1{,}5''$. Wie groß muß der Durchmesser D eines Fernrohres sein, damit beide Sterne als räumlich aufgelöst erkannt werden können? Wie groß ist der minimale Winkelabstand, den zwei Sterne haben müssen, damit sie noch mit bloßen Auge getrennt wahrgenommen werden können?
5. Wie groß ist der Sehwinkel ε_0, unter dem der Durchmesser des Jupiters dem bloßen Auge erscheint? Warum „funkeln" Planeten nicht, im Gegensatz zu den Fixsternen?
6. Manchmal liest man in Zeitungsberichten, daß ein Teleskop an Bord eines Satelliten in einer Höhe $h = 400$ km über der Erde einen Tennisball ($d = 10$ cm) auf der Erde erkennen kann. Ist dies möglich? Wie groß müßte der Teleskopdurchmesser sein? Welche auflösbare Größe wäre durch die Luftunruhe bedingt?
7. Ein Radarsystem ($\lambda = 1$ cm) soll in einer Entfernung von 10 km noch die Gestalt eines Flugzeuges mit einer Auflösung von 1 m erkennen. Welche Winkelauflösung ist notwendig? Wie groß muß der Durchmesser der Parabolantenne sein?
8. Ein feines Steggitter mit Stegabstand $d = 20\,\mu$m wird durch ein Mikroskop mit entspanntem (d.h. auf ∞ eingestelltem) Auge betrachtet. Das Mikroskopobjektiv hat die Winkelvergrößerung $V_1 = 10$. Welche Brennweite f_2 des Okulars muß man wählen, damit die Gitterstäbe dem Auge wie eine Millimeterskala erscheinen?
9. Ein optisches Beugungsgitter ($d = 1\,\mu$m, Größe 10×10 cm) wird unter dem Einfallswinkel $\alpha = 60°$ mit Licht der Wellenlänge $\lambda = 500$ nm beleuchtet. Wie groß ist der Abstand zweier Spaltbilder $S(\lambda_1)$ und $S(\lambda_2)$ in der Beobachtungsebene eines Gitterspektrographen mit $f_1 = f_2 = 3$ m für $\lambda_1 = 500$ nm, $\lambda_2 = 501$ nm? Wie groß ist die Fußpunktsbreite des nullten Beugungsmaximums bei unendlich schmalem Eintrittsspalt? Wie groß darf die Breite b des Eintrittsspaltes höchstens sein, damit beide Spektrallinien noch getrennt erscheinen?
10. a) Wie groß sind spektrales Auflösungsvermögen und freier Spektralbereich eines Fabry-Perot-Interferometers, das einen Plattenabstand ▶

$d = 1\,\text{cm}$ und ein Reflexionsvermögen $R = 0{,}98$ der Spiegelflächen hat?
b) Um eine eindeutige Wellenlängenzuordnung treffen zu können, wird ein Prismenspektrograph zusätzlich verwendet. Wie groß muß seine Brennweite f sein, damit bei einer Spaltbreite von $10\,\mu\text{m}$ und $\text{d}n/\text{d}\lambda = 5000/\text{cm}$ zwei Wellenlängen, deren Abstand $\Delta\lambda$ dem freien Spektralbereich des FPI entspricht, noch völlig getrennt werden?

12. Thermische Strahlung; Photonen

Bisher haben wir uns mit der Ausbreitung elektromagnetischer Wellen im Vakuum und in Materie beschäftigt sowie mit den Phänomenen, die bei der Überlagerung und der räumlichen Begrenzung von Wellen auftreten (Interferenz und Beugung).

Wir wollen jetzt die Frage der Erzeugung und Vernichtung elektromagnetischer Wellen diskutieren, d.h. die Emission und Absorption von Strahlung, die uns eine vertiefte Einsicht in die Natur des Lichtes geben wird und die zur Entwicklung der Quantentheorie geführt hat.

Untersucht man die spektrale Verteilung von elektromagnetischer Strahlung (d.h. die Intensität $I(\lambda)$ als Funktion der Wellenlänge λ), die von verschiedenen Strahlungsquellen ausgesandt wird, so findet man zwei verschiedene Arten von Spektren:

- kontinuierliche Spektren, bei denen $I(\lambda)$ eine kontinuierliche Funktion ist, deren Form vor allem von der Temperatur der Strahlungsquelle und nur in geringem Maße vom Material des Strahlers abhängt.

  Beispiel: feste und flüssige Strahler, Gase bei hohem Druck, dichte Plasmen, die Sonne.

- diskrete Spektren, bei denen $I(\lambda)$ nur bei ganz bestimmten, für den Strahler charakteristischen Wellenlängen λ_k von Null verschieden ist. Wird diese diskrete Strahlung in einem Spektrographen spektral zerlegt, so erscheint in der Beobachtungsebene (siehe Abschn. 11.6) für jede dieser Wellenlängen λ_k ein räumlich getrenntes Abbild des Eingangsspaltes, so daß man eine Reihe von hellen (d.h. farbigen) Linien auf dunklem Untergrund beobachtet. Deshalb heißen die diskreten Spektren auch ***Linienspektren***.

  Beispiele: atomare und molekulare Gase oder Dämpfe bei nicht zu hohem Druck.

  Diese Linienspektren geben Informationen über die Struktur der Atome und Moleküle. Sie werden in Bd. 3 im Rahmen der Atomphysik ausführlich behandelt.

Energiequelle für die Emission der kontinuierlichen Strahlung ist die thermische Energie der Strahlungsquelle. Ausführliche Experimente zeigen, daß die von heißen Körpern ausgesandte Strahlung, die auch durch das Vakuum transportiert wird, transversale Wellen darstellt und sich als identisch mit den in Kap. 7 behandelten elektromagnetischen Wellen erweist.

Da die spektrale Intensitätsverteilung $I(\lambda)$ ganz wesentlich von der Temperatur des strahlenden Körpers abhängt, wird sie ***thermische Strahlung*** oder auch ***Wärmestrahlung*** genannt. Wir wollen uns in diesem Kapitel mit den Eigenschaften der thermischen Strahlung befassen.

12.1 Emissions- und Absorptionsvermögen eines Körpers

Jeder sich selbst überlassene Körper mit der Temperatur T_K tauscht mit seiner Umgebung so lange Energie aus, bis er die gleiche Temperatur T_U wie seine Umgebung hat. In diesem stationären Endzustand ist er dann im thermischen Gleichgewicht mit seiner Umgebung (Abb. 12.1). Befindet sich der Körper im Vakuum (z.B. unsere Erde), so ist die Wärmestrahlung die einzige Möglichkeit für den Energieaustausch (weil sowohl Wärmeleitung als auch Konvektion Materie zum Energietransport benötigen) (siehe Bd. 1, Abschn. 11.2).

Wir wollen in einem Versuch feststellen, wie die Intensität der Wärmestrahlung von der Beschaffenheit

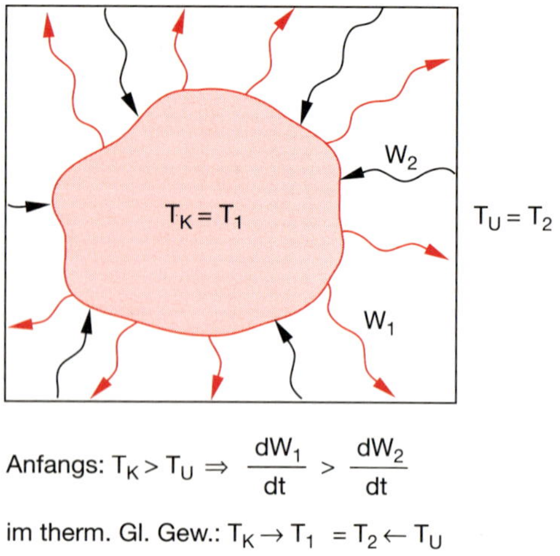

Abb. 12.1. Energieaustausch durch Wärmestrahlung zwischen einem Körper und seiner Umgebung. Im thermischen Gleichgewicht wird $\mathrm{d}W_1/\mathrm{d}t = \mathrm{d}W_2/\mathrm{d}t$ und $T_1 = T_2$

der Oberfläche des strahlenden Körpers abhängt. Dazu wird ein Hohlwürfel aus Blech mit verschieden behandelten Seitenflächen (z.B. schwarz, matt, hell, spiegelnd) mit heißem Wasser der Temperatur T gefüllt (***Lesliescher Würfel***). Dadurch haben alle Seitenflächen die gleiche Temperatur. Im jeweils gleichen Abstand d von den vier Seitenflächen werden gleiche Strahlungsempfänger (z.B. einzelne Thermoelemente oder Thermosäulen, die aus vielen hintereinandergeschalteten Thermoelementen bestehen (siehe Bd. 1, Abschn. 11.1)) aufgestellt (Abb. 12.2), welche die über alle Wellenlängen integrierte vom Detektor empfangene Strahlungsleistung messen. Sie zeigen alle verschiedene Strahlungsleistungen an. Dreht man den Würfel um $n \cdot 90°$ ($n = 1, 2, 3, \ldots$) um eine senkrechte Achse, so prüft man nach, daß dies nicht an den Detektoren liegt, sondern daß die verschieden behandelten Oberflächen des Würfels wirklich unterschiedliche Leistungen abstrahlen, wobei das Experiment die zunächst überraschende Tatsache zeigt, daß die *schwarze* Fläche die größte Leistung abstrahlt, die spiegelnde die kleinste.

Wir können dies quantitativ durch die Leistung

$$\frac{\mathrm{d}W}{\mathrm{d}t} = E^* \cdot \mathrm{d}F \cdot \mathrm{d}\Omega$$

beschreiben, die vom Flächenelement $\mathrm{d}F$ in den Raumwinkel $\mathrm{d}\Omega$ um die Flächennormale emittiert wird. Die von der Art der Oberfläche abbhängige Konstante E^* heißt das ***Emissionsvermögen*** der Oberfläche, welches die über alle Wellenlängen integrierte Leistung angibt, die pro m^2 Oberfläche in die Raumwinkeleinheit $\Omega = 1$ Sterad um die Flächennormale abgestrahlt wird (Abb. 12.3). Das Emissionsvermögen der schwarzen Oberfläche ist nach dem obigen Experiment also größer als das einer hellen Oberfläche gleicher Temperatur.

Als ***integrales Absorptionsvermögen*** A definieren wir den über alle Wellenlängen gemittelten Quotienten

$$A = \frac{\text{absorbierte Strahlungsleistung}}{\text{auftreffende Strahlungsleistung}} .$$

Der folgende Versuch beweist, daß für alle Körper mit der Temperatur T das Verhältnis

$$K(T) = \frac{E^*(T)}{A(T)} \tag{12.1}$$

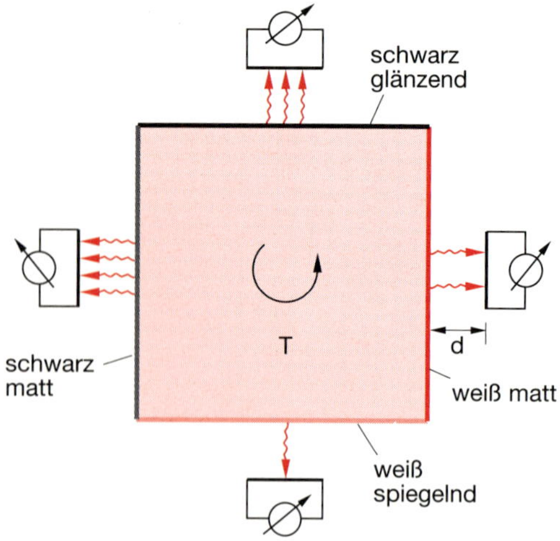

Abb. 12.2. Experimentelle Anordnung zur Messung des Emissionsvermögens verschieden behandelter Oberflächen

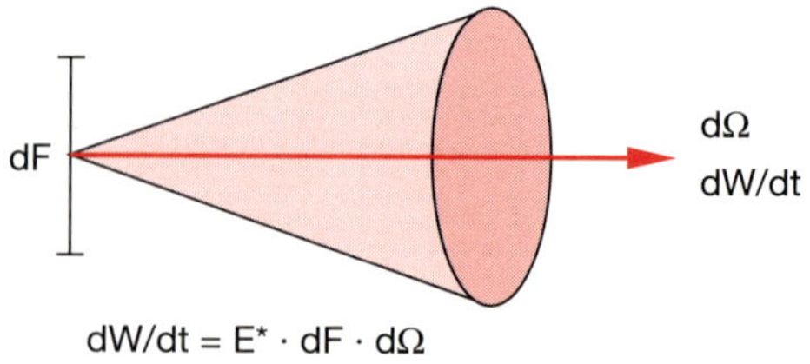

Abb. 12.3. Zur Definition des Emissionsvermögens E^* eines Flächenelementes $\mathrm{d}F$

von Emissions- zu Absorptionsvermögen gleich einer Konstante K ist, welche nur von der Temperatur T, aber nicht vom Material des Körpers abhängt.

EXPERIMENT

Wir stellen der schwarzen Fläche $F_1(T)$ eine gleichartige schwarze Fläche F_1' gegenüber und der spiegelnden Fläche $F_2(T)$ eine spiegelnde Fläche F_2', jeweils im gleichen Abstand d (Abb. 12.4a). Mißt man die Temperaturen T_1 bzw. T_2 von F_1' und F_2', so stellt man fest, daß $T_1 > T_2$ ist.

Die von den beiden Platten aufgenommenen Energien sind:

$$W_1' \propto E_1^* \cdot A_1' \quad \text{bzw.} \quad W_2' \propto E_2^* \cdot A_2'.$$

Da $E_1^* > E_2^*$ (siehe voriger Versuch in Abb. 12.2) und $A_1' > A_2'$ (weil ein schwarzer Körper mehr absorbiert als ein spiegelnder), folgt $W_1' > W_2'$.

Jetzt wird der Lesliesche Würfel um 180° um eine senkrechte Achse gedreht, so daß sich nun die Flächen F_1 und F_2' bzw. F_2 und F_1' gegenüberstehen (Abb. 12.4b). Das Meßergebnis ist nun $T_1 = T_2$! Da jetzt für die aufgenommenen Wärmemengen W_1^*, W_2^*

$$W_1^* \propto E_2^* \cdot A_1' \quad \text{und} \quad W_2^* \propto E_1^* A_2'$$

gilt, folgt aus $T_1 = T_2$: $W_1^* = W_2^*$

$$\Rightarrow \quad \frac{E_1^*(T)}{A_1'} = \frac{E_2^*(T)}{A_2'} \; . \tag{12.2}$$

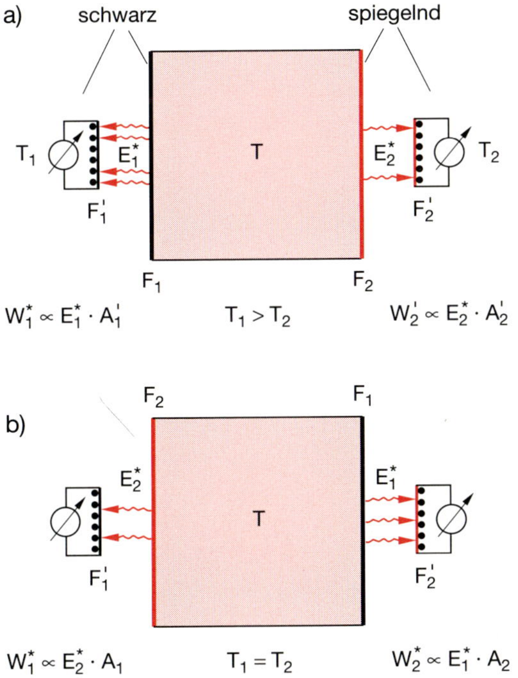

Abb. 12.4a,b. Zur Herleitung von (12.3)

Ein getrennter Versuch zeigt, daß das Absorptionsvermögen A der hier verwendeten Flächen im Temperaturbereich von 0–100° C nicht von der Temperatur T abhängt.

Da die Flächen F_1 und F_1' bzw. F_2 und F_2' jeweils aus dem gleichen Material bestehen, muß $A_1' = A_1$ und $A_2' = A_2$ sein, so daß aus (12.2) folgt:

$$\frac{E_1^*(T)}{A_1} = \frac{E_2^*(T)}{A_2} = K(T) \; . \tag{12.3}$$

In Worten:

> Das Verhältnis von Emissionsvermögen zu Absorptionsvermögen beliebiger Körper mit der Temperatur T ist eine nur von T abhängige Funktion $K(T)$.

Körper, für die $A \equiv 1$ ist, heißen ***schwarze Körper***. Ein schwarzer Körper absorbiert also die gesamte auf ihn auftreffende Strahlung. Er muß nach (12.3) daher von allen Körpern gleicher Temperatur das größte Emissionsvermögen haben!

Man beachte:

Körper mit großem Absorptionskoeffizienten, aber glatten Oberflächen stellen *keine* schwarzen Körper dar, weil mit wachsenden Werten des Imaginärteils κ im komplexen Brechungsindex $n' = n' - i\kappa$ auch das Reflexionsvermögen R nach (8.81) zunimmt. Der größte Teil der einfallenden Strahlung wird reflektiert, nur der geringere eindringende Teil wird absorbiert (Abb. 12.5). Um ein größeres Absorptionsvermögen zu erreichen, darf der Anstieg der Absorption nicht plötzlich erfolgen, sondern muß auf einer Strecke $\Delta z > \lambda$ stetig zunehmen. Deshalb haben absorbierende Körper (z.B. Samt, Ruß, trockener Graphit mit aufgerauhter Oberfläche) mit *rauhen*

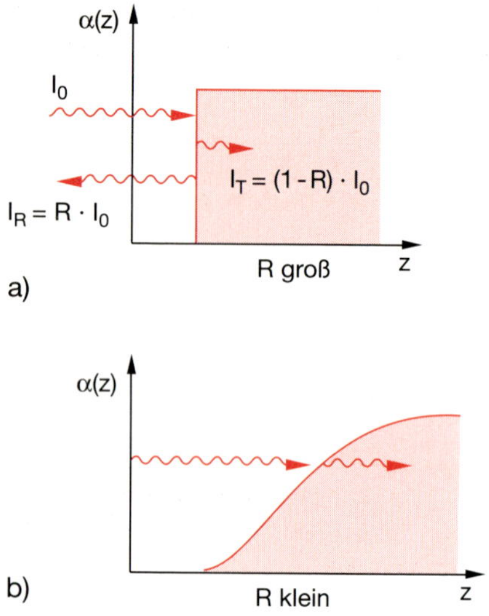

Abb. 12.5. (**a**) Trotz großem Absorptionskoeffizienten $\alpha \cdot \Delta z \gg 1$ absorbiert ein Körper mit konstanter optischer Dichte ($\alpha(z) = \text{const}$), aber glatter Oberfläche nur einen geringen Teil der auffallenden Strahlung. (**b**) Um einen schwarzen Körper zu realisieren, muß die optische Dichte des Körpers und damit der Absorptionskoeffizient $\alpha = 2(\omega/c)\,\kappa$ von der Oberfläche ins Innere einen genügend langsamen Anstieg haben

Oberflächen ein größeres Absorptionsvermögen. Ein großer Absorptionskoeffizient $\alpha = (4\pi/\lambda)\,\kappa$ bedingt daher *nicht* unbedingt auch ein großes Absorptionsvermögen $A = 1 - R - T$.

Die Sonne ist als Gasball mit langsam veränderlicher Dichte ein Beispiel für einen fast schwarzen Körper, da hier der Absorptionskoeffizient $\alpha(r)$ vom unscharfen Sonnenrand aus stetig, aber langsam genug zum Inneren hin zunimmt.

Oft hat man das Problem, einen Körper auf einer von seiner Umgebungstemperatur T_U abweichenden Temperatur T_K bei möglichst geringer Energiezufuhr bzw. -abfuhr zu halten.

Systeme mit geringem Energieaustausch mit ihrer Umgebung lassen sich realisieren, wenn man sowohl die Wärmeleitung und die Konvektion als auch die Wärmestrahlung minimiert.

Dies geschieht durch Strahlungsabschirmung und durch Verwendung von Materialien mit geringer Wärmeleitung.

BEISPIELE

1. Eine Thermosflasche (Abb. 12.6a) besteht aus einem doppelwandigen Glaskolben. Der Raum zwischen den beiden Wänden ist evakuiert, und die zum Vakuum zeigenden Wandflächen sind verspiegelt. Durch das Vakuum werden Wärmeleitung und Konvektion unterbunden, durch die Verspiegelung wird die Wärmestrahlung minimiert. Deshalb sind die Wärmeverluste des Innenkörpers sehr klein, und der Kaffee im Inneren bleibt lange heiß.
2. Zum Aufbewahren von flüssiger Luft wird ein ***Dewar*** benutzt (Abb. 12.6b), dessen Prinzip das gleiche wie bei der Thermosflasche ist. Hier wird die Wärmezufuhr von außen ins Innere minimiert, so daß die Flüssigkeit ($\approx 77\,\text{K}$) nicht so schnell verdampft.

a)

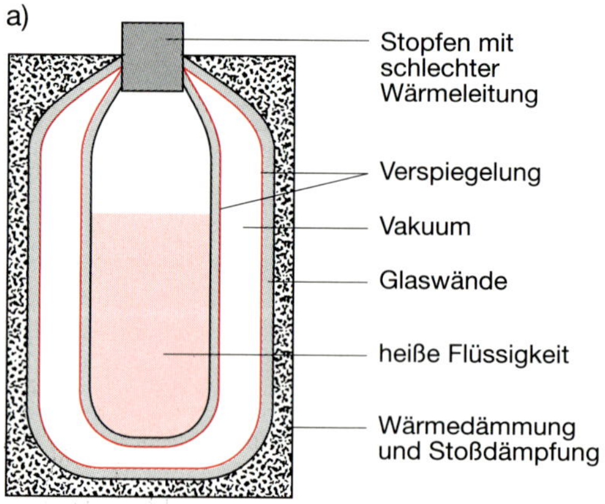

b)

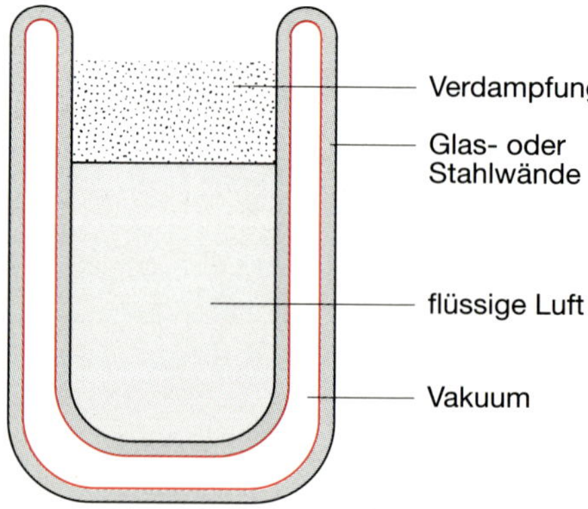

Abb. 12.6. (**a**) Thermosflasche. (**b**) Dewar zur Aufbewahrung von flüssigem Stickstoff bei $T \approx 77\,\text{K}$

Der geringe pro Zeiteinheit verdampfende Anteil sorgt durch Entzug der Verdampfungswärme (siehe Bd. 1, Abschn. 11.4.2) dafür, daß die Temperatur der Flüssigkeit trotz Wärmelecks konstant tief bleibt.
Man sollte flüssige Luft jedoch nicht zu lange im Dewar aufbewahren, weil der Stickstoff auf Grund seines etwas höheren Dampfdrucks schneller entweicht und den reaktionsfreudigen Sauerstoff zurückläßt.

12.2 Charakteristische Größen thermischer Strahlung

Die Energie, die von dem Flächenelement ΔF der Strahlungsquelle pro Zeiteinheit in den Raumwinkel $\Delta\Omega$ um die Richtung θ gegen die Flächennormale abgestrahlt wird, kann mit einem Strahlungsdetektor gemessen werden (Abb. 12.7). Hat der Detektor im Abstand r vom Strahler die Fläche ΔF_2, so erfaßt er den Raumwinkel

$$\Delta\Omega = \Delta F_2 / r^2 \ .$$

Das Experiment zeigt, daß für viele Strahler gilt:

$$\frac{\Delta W(\vartheta)}{\Delta t} = S^* \cos\theta \, \Delta F \, \Delta\Omega \ . \qquad (12.4)$$

Die Größe S^* heißt die ***Strahlungsdichte*** der Lichtquelle (oft auch Leuchtdichte genannt). Sie gibt die Strahlungsleistung pro Flächeneinheit der Quelle

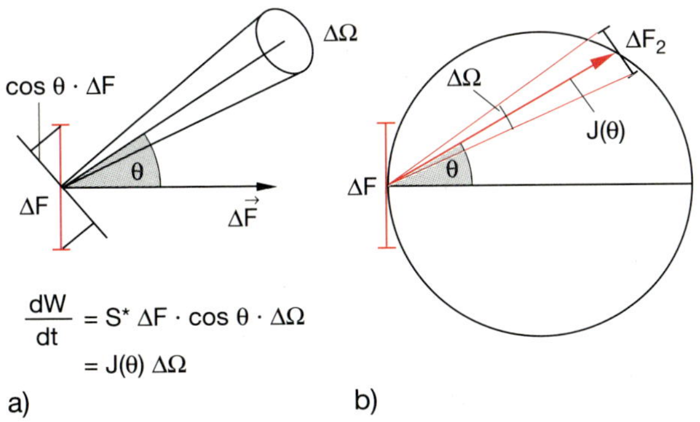

Abb. 12.7a,b. Zur Definition von Strahlungsstärke $J(\theta)$ und Strahlungsdichte S^* einer Lichtquelle. Die Länge des Pfeils in (**b**) ist proportional zur Strahlungsstärke $J(\theta) \propto \cos\theta$

an, die in Richtung der Flächennormale ($\theta = 0$) in die Raumwinkeleinheit $\Omega = 1$ Sterad abgestrahlt wird (Abb. 12.7a).

Als ***Strahlungsstärke***

$$J(\theta) = \int_F S^* \cos\theta \, \mathrm{d}F, \quad [J] = 1 \frac{\mathrm{W}}{\mathrm{Sterad}} \qquad (12.5)$$

der Lichtquelle wird die unter dem Winkel θ in die Raumwinkeleinheit abgestrahlte Leistung der gesamten Strahlungsquelle bezeichnet.

Anmerkung

Der Zusammenhang zwischen der Strahlungsdichte S^* und dem Emissionsvermögen E^* eines Strahlers wird in Abschn. 12.3 hergeleitet.

Die abgestrahlte Leistung hängt im allgemeinen noch von der Wellenlänge λ bzw. der Frequenz ν der Strahlung ab. Wir definieren die spektrale Strahlungsdichte $S^*_\nu \, \mathrm{d}\nu$ als den im Frequenzintervall von ν bis $\nu + \mathrm{d}\nu$ enthaltenen Anteil der gesamten Strahlungsdichte S^*, d.h.

$$S^* = \int_{\nu=0}^{\infty} S^*_\nu \, \mathrm{d}\nu \ . \qquad (12.6)$$

Die Abstrahlung der Quelle führt zu einem elektromagnetischen Strahlungsfeld im Raum mit der ***Energiedichte*** w ($[w] = 1\,\mathrm{Joule/m^3}$) und der Intensität $I = |\boldsymbol{S}|$ ($[I] = 1\,\mathrm{W/m^2}$), die gleich dem Betrag des Poynting-Vektors $\boldsymbol{S}$ ist (siehe Abschn. 7.6).

Bezeichnen wir die Energie des Strahlungsfeldes pro $\mathrm{m^3}$ und pro Frequenzintervall $\Delta\nu = 1\,\mathrm{s^{-1}}$ als ***spektrale Energiedichte*** w_ν, so erhalten wir analog die spektral integrierte Energiedichte

$$w = \int_{\nu=0}^{\infty} w_\nu \, \mathrm{d}\nu \ , \qquad (12.7)$$

für die bereits im Kap. 7 der Zusammenhang

$$w = \frac{1}{2} \varepsilon_0 \left(E^2 + c^2 B^2\right) = \varepsilon_0 E^2 \qquad (12.8)$$

mit der elektrischen Feldstärke E und der Magnetfeldstärke B des Strahlungsfeldes hergeleitet wurde.

Für eine isotrop abstrahlende Quelle (z.B. die Sonne) gilt für den Zusammenhang zwischen der Intensität $I = |\boldsymbol{S}|$ und der Energiedichte w der Strahlung

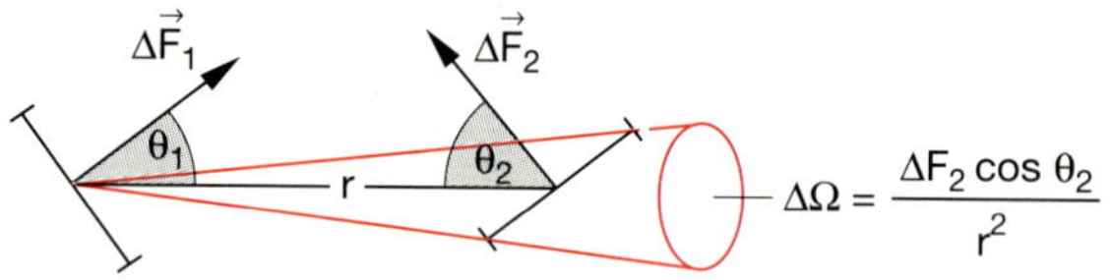

Abb. 12.8. Das Flächenelement ΔF_2 des Detektors empfängt vom Senderelement ΔF_1 die Strahlungsleistung $\mathrm{d}W/\mathrm{d}t = S^* \Delta F_1 \cdot \Delta F_2 \cos\theta_1 \cdot \cos\theta_2/r^2$

$$I = \frac{c}{4\pi} w \tag{12.9a}$$

bzw. für die spektralen Größen

$$I_\nu = \frac{c}{4\pi} w_\nu \ . \tag{12.9b}$$

Die von einem Senderelement ΔF_1 auf ein Empfängerelement ΔF_2 im Abstand r ($r^2 \gg \Delta F_1, \Delta F_2$) abgestrahlte Leistung ist

$$\begin{aligned}\frac{\mathrm{d}W_1}{\mathrm{d}t} &= S_1^* \cos\theta_1 \, \Delta F_1 \, \Delta\Omega \qquad (12.10)\\ &= S_1^* \cos\theta_1 \, \Delta F_1 \, \Delta F_2 \cdot \cos\theta_2/r^2 ,\end{aligned}$$

weil $\Delta\Omega = \Delta F_2 \cos\theta_2/r^2$ der Raumwinkel ist, unter dem ΔF_2 von ΔF_1 aus erscheint (Abb. 12.8).

Ersetzt man in der symmetrischen Gleichung (12.10) S_1^* durch die Strahlungsdichte S_2^* der Fläche ΔF_2, so hat man die von ΔF_2 auf ΔF_1 abgestrahlte Leistung $\mathrm{d}W_2/\mathrm{d}t$.

Das Verhältnis

$$\frac{1}{\Delta F_2} \cdot \frac{\mathrm{d}W_1}{\mathrm{d}t} = \int\limits_{F_1} \mathrm{d}F_1 S_1^* \cos\theta_1 \cos\frac{\theta_2}{r^2} \tag{12.11}$$

von der auf das Empfängerelement einfallenden Strahlungsleistung zur Empfängerfläche ΔF_2 heißt ***Bestrahlungsstärke*** oder ***Intensität*** am Ort des Empfängers ($[I] = 1\,\mathrm{W/m^2}$).

Man beachte:

Die vom Empfänger absorbierte Leistung ist bei einem Absorptionsvermögen A und einem Transmissionsvermögen $T = 0$:

$$\frac{\mathrm{d}W_{\text{abs}}}{\mathrm{d}t} = A \cdot \frac{\mathrm{d}W_1}{\mathrm{d}t} = (1 - R) \cdot \frac{\mathrm{d}W_1}{\mathrm{d}t} ,$$

weil bei einem Reflexionsvermögen R der Bruchteil $R \cdot \mathrm{d}W_1/\mathrm{d}t$ reflektiert wird.

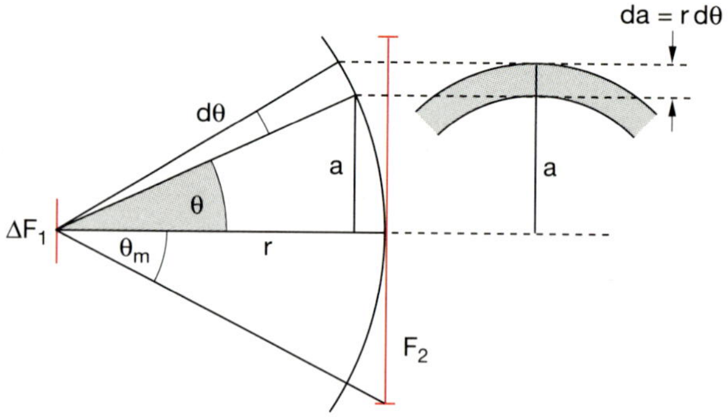

Abb. 12.9. Zur Herleitung von (12.13)

Bei ausgedehnter Empfängerfläche F_2 erhält man die gesamte dem Empfänger zugestrahlte Leistung durch Integration über alle Empfänger-Flächenelemente $\mathrm{d}F_2$. Wir wollen uns dies am Beispiel der Abb. 12.9 klarmachen, in dem $\Delta F_1 \ll r^2$ gelten soll.

Alle Strahlung, die auf F_2 auftrifft, geht im Winkelbereich $-\theta_\mathrm{m} \le \theta_1 \le +\theta_\mathrm{m}$ durch eine vor F_2 gedachte Kugelfläche, die wir in Flächenelemente $\mathrm{d}F_2 = 2\pi a\,\mathrm{d}a = 2\pi r \sin\theta\, r\,\mathrm{d}\theta$ in Form von Kreisringen zerlegen. Die gesamte auf F_2 auftreffende Strahlungsleistung ist dann:

$$\frac{\mathrm{d}W_2}{\mathrm{d}t} = \Delta F_1 \int\limits_0^{\theta_\mathrm{m}} S^* \cos\theta \cdot 2\pi \sin\theta \, \mathrm{d}\theta \ . \tag{12.12}$$

Bei isotroper Strahlungsquelle hängt die Leuchtdichte S^* nicht von θ ab, und man erhält:

$$\frac{\mathrm{d}W_2}{\mathrm{d}t} = \pi \cdot S^* \sin^2\theta_\mathrm{m} \cdot \Delta F_1 \ . \tag{12.13}$$

Anmerkungen

- Man beachte, daß man durch keine noch so raffinierte Abbildung die Strahlungsdichte S^* einer Strahlungsquelle erhöhen kann, d.h. das Bild ΔF_2 der Strahlungsquelle ΔF_1 kann keine größere Strahlungsdichte als die Quelle selbst haben. Man kann zwar wie in Abb. 12.10 durch eine verkleinernde Abbildung die Bestrahlungsstärke I erhöhen, aber man vergrößert dadurch im gleichen Verhältnis den Raumwinkel $\Delta\Omega$, in den die Strahlung abgebildet wird, so daß die Strahlungsdichte S_2^* des Bildes ΔF_2 von ΔF_1 nicht größer als S_1^* werden kann. Wegen der

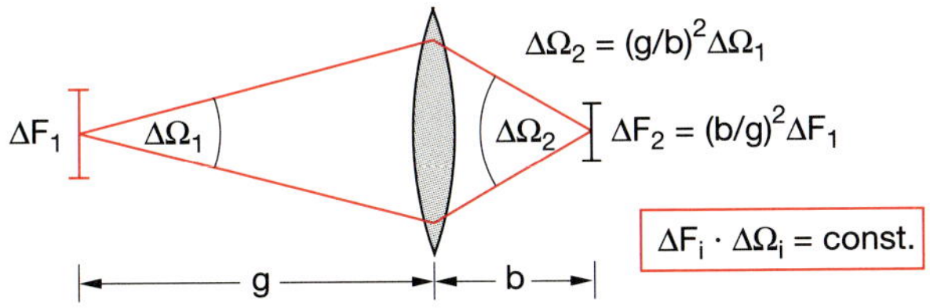

Abb. 12.10. Durch eine Abbildung kann die Strahlungsdichte nicht erhöht werden

unvermeidlichen Verluste durch Reflexion, Absorption und Streuung bei der Abbildung ist S_2^* in Wirklichkeit sogar immer kleiner als S_1^*.

- Ein streng paralleles Lichtbündel würde in den Raumwinkel $\Delta\Omega = 0$ ausgestrahlt und hätte daher bei endlicher Strahlungsstärke J eine unendlich hohe Strahlungsdichte S^*. Man sieht daher, daß es streng paralleles Licht nicht geben kann. Es müßte von einer punktförmigen Strahlungsquelle mit unendlich hoher Strahlungsdichte emittiert werden.

12.3 Hohlraumstrahlung

Man kann einen schwarzen Körper (dessen Absorptionsvermögen $A \equiv 1$ ist) experimentell in guter Näherung realisieren durch einen Hohlraum mit absorbierenden Wänden (Abb. 12.11), der eine Öffnung mit der Fläche ΔF hat, die sehr klein gegen die gesamte Innenfläche des Hohlraums ist. Strahlung, die durch die Öffnung eintritt, erleidet viele Reflexionen an den absorbierenden Innenwänden, bevor sie die Öffnung wieder erreichen kann, so daß sie praktisch aus dem Hohlraum nicht mehr herauskommt. Das Absorptionsvermögen der Fläche ΔF der Öffnung ist daher $A \approx 1$.

Wenn man die Wände des Hohlraums auf eine Temperatur T aufheizt, so wirkt die Öffnung als eine Strahlungsquelle, deren Emissionsvermögen E^* nach (12.3) den maximalen Wert aller Körper mit gleicher Temperatur T hat.

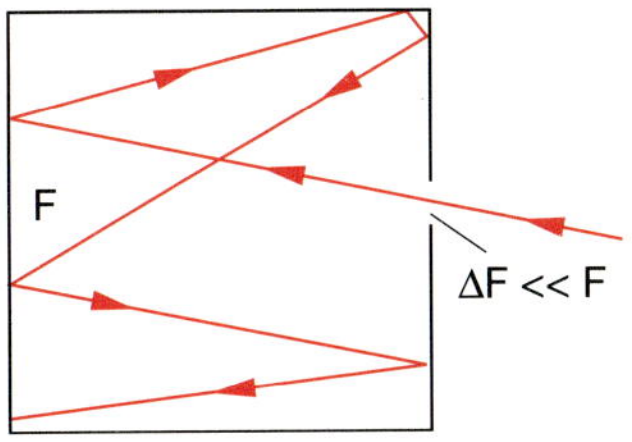

Abb. 12.11. Ein Hohlraum mit einer kleinen Öffnung ΔF verschluckt praktisch die gesamte durch ΔF eintretende Strahlung

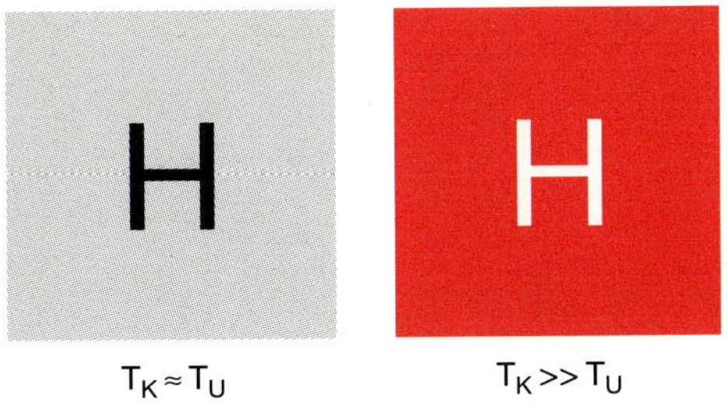

Abb. 12.12. Der in einen Graphitblock tief eingefräste Buchstabe H erscheint dunkler als seine Umgebung bei tiefen, aber heller bei hohen Temperaturen

Dies läßt sich durch folgenden Versuch demonstrieren (Abb. 12.12): In einem Graphitwürfel ist der Buchstabe H tief eingefräst. Bei Zimmertemperatur wirkt das H wesentlich schwärzer als die übrige Oberfläche. Heizt man den Würfel auf etwa 1000 K, so strahlt das H wesentlich heller als seine Umgebung.

Für die Hohlraumstrahlung lassen sich durch einfache Überlegungen die folgenden Gesetze aufstellen:

- Im stationären Zustand müssen Emission und Absorption der Hohlraumwände im Gleichgewicht sein, d.h. es gilt für alle Frequenzen ν der Hohlraumstrahlung für die von einem beliebigen Flächenelement absorbierte bzw. emittierte Leistung:

  $$\frac{dW_A(\nu)}{dt} = \frac{dW_E(\nu)}{dt} .$$

  In diesem Gleichgewichtszustand definieren wir als Temperatur T der Hohlraumstrahlung die Temperatur der Wände.
- Die Hohlraumstrahlung ist isotrop, die spektrale Strahlungsdichte ($[S_\nu^*] = 1\,\text{W} \cdot \text{m}^{-2}\,\text{Hz}^{-1}$ Sterad^{-1}) ist also in jedem Punkt des Hohlraums unabhängig von der Richtung und auch von der Art oder Form der Wände. Wäre dies nicht so, dann könnte man eine schwarze Scheibe in den Hohlraum bringen und sie so orientieren, daß ihre Flächennormale in die Richtung der größten Strahlungsdichte S^* zeigt. Die Scheibe würde in dieser Richtung mehr Strahlung absorbieren und sich dadurch stärker aufheizen. Dies wäre ein Widerspruch zum zweiten Hauptsatz der Thermodynamik.

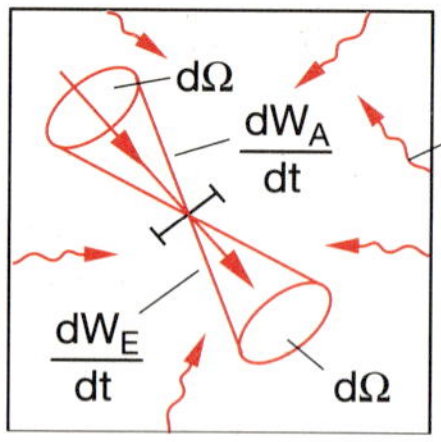

Abb. 12.13. Körper im thermischen Gleichgewicht mit dem thermischen Strahlungsfeld im Hohlraum

- Die Hohlraumstrahlung ist homogen, d.h. die Energiedichte w_ν ist unabhängig vom speziellen Ort innerhalb des Hohlraums. Auch hier würde sonst ein Perpetuum mobile zweiter Art möglich sein.

Bringen wir in den Hohlraum einen Körper, so fällt auf das Flächenelement $\mathrm{d}F$ seiner Oberfläche aus dem Raumwinkel $\mathrm{d}\Omega$ die spektrale Strahlungsleistung $S_\nu^* \,\mathrm{d}\nu\, \mathrm{d}F\, \mathrm{d}\Omega$ im Intervall von $\nu + \mathrm{d}\nu$, so daß die von $\mathrm{d}F$ absorbierte Strahlungsleistung

$$\frac{\mathrm{d}W_\mathrm{A}}{\mathrm{d}t} = A_\nu S_\nu^* \,\mathrm{d}F \cdot \mathrm{d}\Omega \cdot \mathrm{d}\nu \tag{12.14a}$$

wird, während die Leistung

$$\frac{\mathrm{d}W_\mathrm{E}}{\mathrm{d}t} = E_\nu^* \,\mathrm{d}F \cdot \mathrm{d}\Omega \cdot \mathrm{d}\nu \tag{12.14b}$$

emittiert wird (Abb. 12.13).

Im thermischen Gleichgewicht muß ebensoviel Leistung absorbiert wie emittiert werden. Da die Hohlraumstrahlung isotrop ist, muß dies für jede Richtung θ, φ gelten. Deshalb folgt aus (12.14a,b) das ***Kirchhoffsche Gesetz***:

$$\frac{E_\nu^*}{A_\nu} = S_\nu^*(T)\ . \tag{12.15}$$

Für alle Körper im thermischen Gleichgewicht mit der Hohlraumstrahlung ist das Verhältnis von spektralem Emissions- zu Absorptionsvermögen bei der Frequenz ν gleich der spektralen Strahlungsdichte S_ν^* der Hohlraumstrahlung.

Für einen schwarzen Körper ist $A \equiv 1$, so daß aus (12.15) folgt:

> Das spektrale Emissionsvermögen E_ν^* eines schwarzen Körpers ist identisch mit der spektralen Strahlungsdichte S_ν^* der Hohlraumstrahlung.

Wir wollen nun die spektrale Verteilung $S_\nu^*(\nu)$ der Hohlraumstrahlung und damit auch der Strahlung eines schwarzen Körpers bestimmen.

12.4 Das Plancksche Strahlungsgesetz

In Abschn. 7.8 wurde gezeigt, daß aus der Wellengleichung (7.3) mit den Randbedingungen (7.29) für stehende Wellen in einem kubischen Hohlraum nur bestimmte stationäre Eigenschwingungen des elektromagnetischen Feldes im Hohlraum möglich sind, die wir *Moden* des Hohlraums genannt hatten. Es zeigte sich (siehe (7.39)), daß für Spektralbereiche, in denen die Wellenlänge λ der Strahlung klein gegen die Hohlraumdimensionen ist, die Zahl $n(\nu)\,\mathrm{d}\nu$ dieser Moden pro m^3 im Frequenzintervall zwischen ν und $\nu + \mathrm{d}\nu$ durch

$$n(\nu)\,\mathrm{d}\nu = \frac{8\pi\nu^2}{c^3}\,\mathrm{d}\nu \tag{12.16}$$

gegeben ist. Wie man sich überlegen kann (siehe Abb. 7.21), wird die Modendichte $n(\nu)$ unabhängig von der Form des Hohlraums, wenn die Hohlraumdimension L sehr groß gegen die Wellenlänge $\lambda = c/\nu$ ist. In Abb. 12.14 ist die Modendichte als Funktion der Frequenz angegeben.

BEISPIEL

Man sieht aus (12.16), daß im sichtbaren Bereich ($\nu = 6 \cdot 10^{14}\,\mathrm{s}^{-1} \mathrel{\hat{=}} \lambda = 500\,\mathrm{nm}$) die spektrale Modendichte $n(\nu) = 3 \cdot 10^5\,\mathrm{m}^{-3}\,\mathrm{Hz}^{-1}$ ist. Dies heißt, daß innerhalb eines Frequenzintervalls $\Delta\nu = 10^9\,\mathrm{s}^{-1}$ (dies entspricht der Frequenzbreite einer dopplerverbreiterten Spektrallinie) $n(\nu) \cdot \Delta\nu = 3 \cdot 10^{14}\,\mathrm{Moden/m}^3$ liegen.

Die spektrale Energiedichte $w_\nu(\nu)$ der Hohlraumstrahlung ist dann

$$w_\nu(\nu)\,\mathrm{d}\nu = n(\nu) \cdot \overline{W}_\nu(T)\,\mathrm{d}\nu\ , \tag{12.17}$$

wenn $\overline{W}_\nu(T)$ die von der Temperatur abhängige mittlere Energie pro Eigenschwingung in dem Frequenzintervall $\mathrm{d}\nu$ ist.

Um $\overline{W}_\nu(T)$ zu bestimmen, verwendeten *Rayleigh* und *Jeans* ein klassisches Modell für die Eigenschwingungen des elektromagnetischen Feldes im

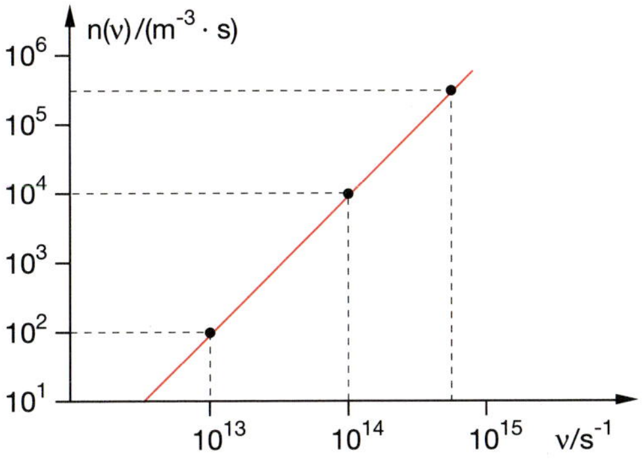

Abb. 12.14. Spektrale Modendichte $n(\nu)$ als Funktion der Frequenz, dargestellt im doppelt-logarithmischen Maßstab

Hohlraum, in dem jeder Eigenschwingung, genau wie beim klassischen harmonischen Oszillator, die mittlere Energie $k \cdot T$ zugeordnet wurde (siehe Bd. 1, Abschn. 11.1.8).

Damit wird die Energiedichte (12.17) mit (12.16)

$$w_\nu(\nu) = \frac{8\pi\nu^2}{c^3}\,kT \tag{12.18}$$

(***Rayleigh-Jeanssches Strahlungsgesetz***).

Aus einem kleinen Loch des Hohlraums würde dann die spektrale Strahlungsdichte $S^*(\nu)\,\mathrm{d}\nu = (c/4\pi)\,w_\nu(\nu)\,\mathrm{d}\nu$ in den Raumwinkel $\Delta\Omega = 1$ Sterad emittiert. Dies ergäbe mit (12.18)

$$S^*_\nu(\nu) = \frac{2\nu^2}{c^2}\,kT. \tag{12.19}$$

Während die experimentelle Nachprüfung für genügend kleine Werte von ν (bei $T = 5000\,\mathrm{K}$ muß $\lambda = c/\nu > 2\,\mu\mathrm{m}$ sein, also im Infrarot-Bereich) gute Übereinstimmung mit (12.19) ergibt, treten für den sichtbaren und erst recht für den Ultraviolett-Bereich drastische Diskrepanzen auf. Bei Gültigkeit der Rayleigh-Jeans-Formel käme es zur ***Ultraviolett-Katastrophe***, d.h. die spektrale Energiedichte und die integrierte Strahlungsdichte S^* würden für $\nu \to \infty$ unendlich.

Was ist am Rayleigh-Jeans-Modell falsch?

Max Planck hat sich 1904 mit dieser Frage auseinandergesetzt und dabei zur Vermeidung der Ultraviolett-Katastrophe eine bis dahin völlig ungewohnte Hypothese aufgestellt, die er Quantenhypothese nannte [12.1].

Auch er betrachtete die Eigenmoden des Hohlraums als Oszillatoren. Aber *Planck* nahm an, daß jeder Oszillator Energie nicht in beliebig kleinen Beträgen aufnehmen kann (wie dies für $W_\nu = kT$ bei kontinuierlich ansteigender Temperatur der Fall wäre), sondern nur in bestimmten ***Energiequanten***. Diese Energiequanten hängen von der Frequenz ν der Eigenschwingung ab und sind immer ganzzahlige Vielfache eines Mindestquants $h \cdot \nu$, wobei die Konstante

$$h = 6{,}626 \cdot 10^{-34}\,\mathrm{Js}$$

das ***Plancksche Wirkungsquantum*** heißt. Die Mindestenergiequanten $h \cdot \nu$ der Eigenschwingungen des elektromagnetischen Feldes heißen ***Photonen***.

Die Energie einer Eigenschwingung mit n Photonen der Frequenz ν ist dann

$$W_\nu = n \cdot h \cdot \nu\,. \tag{12.20}$$

Im thermischen Gleichgewicht ist die Wahrscheinlichkeit $p(W)$, daß eine Eigenschwingung die Energie $W = n \cdot h \cdot \nu$ hat, also mit n Photonen besetzt ist, proportional zum Boltzmann-Faktor $\exp[-W/kT]$ (siehe Bd. 1, Abschn. 7). Die Wahrscheinlichkeit

$$p(W) = \frac{\mathrm{e}^{-n \cdot h \cdot \nu/(kT)}}{\sum\limits_{n=0}^{\infty} \mathrm{e}^{-n \cdot h \cdot \nu/(kT)}} \tag{12.21}$$

ist so normiert, das $\sum_{n=0}^{\infty} p(nh\nu) = 1$ wird, wie man sofort aus (12.21) sieht. Dies muß natürlich so sein, weil jede Schwingung ja irgendeine Energie $nh\nu$ haben muß, d.h. die Wahrscheinlichkeit $\sum p(W)$, über alle erlaubten Energien summiert, muß 1 sein.

Die *mittlere* Energie pro Eigenschwingung wird dann

$$\overline{W} = \sum_{n=0}^{\infty} nh\nu \cdot p(nh\nu) \tag{12.22}$$

$$= \frac{\sum nh\nu \cdot \mathrm{e}^{-nh\nu/(kT)}}{\sum \mathrm{e}^{-nh\nu/(kT)}} = \frac{h \cdot \nu}{\mathrm{e}^{h\nu/(kT)} - 1}\,.$$

BEWEIS

$$1.\quad \sum_{n=0}^{\infty} nh\nu \cdot e^{-nh\nu \cdot \beta} = -\frac{\partial}{\partial \beta}\left(\sum_{n=0}^{\infty} e^{-nh\nu\beta}\right) = -\frac{\partial}{\partial \beta}\left(\frac{1}{1-e^{-h\nu\beta}}\right) = \frac{h\nu \cdot e^{-h\nu\beta}}{(1-e^{-h\nu\beta})^2}$$

$$2.\quad \sum_{n=0}^{\infty} e^{-nh\nu \cdot \beta} = \frac{1}{1-e^{-h\nu \cdot \beta}} \quad \text{mit} \quad \beta = \frac{1}{kT}$$

$$\frac{1.}{2.} = \frac{h\nu}{e^{h\nu/(kT)}-1} .$$

Die spektrale Energiedichte $w_\nu(\nu)$ der Hohlraumstrahlung ist dann

$$w_\nu(\nu, T) = n(\nu) \cdot \overline{W}(\nu, T) .$$

Einsetzen von (12.16) und (12.22) ergibt die berühmte ***Plancksche Strahlungsformel***

$$\boxed{w_\nu(\nu) = \frac{8\pi h\nu^3}{c^3}\frac{1}{e^{h\nu/(kT)}-1}} \tag{12.23}$$

der spektralen Energiedichteverteilung $w_\nu(\nu)$ der Hohlraumstrahlung.

Die Strahlungsdichte der vom Flächenelement dF eines schwarzen Körpers in den Raumwinkel dΩ emittierten Strahlung (Abb. 12.15) ist dann:

$$S_\nu^* \,\mathrm{d}\Omega = \frac{c}{4\pi} w_\nu \,\mathrm{d}\Omega = \frac{2h\nu^3}{c^2}\frac{\mathrm{d}\Omega}{e^{h\nu/(kT)}-1} , \tag{12.24}$$

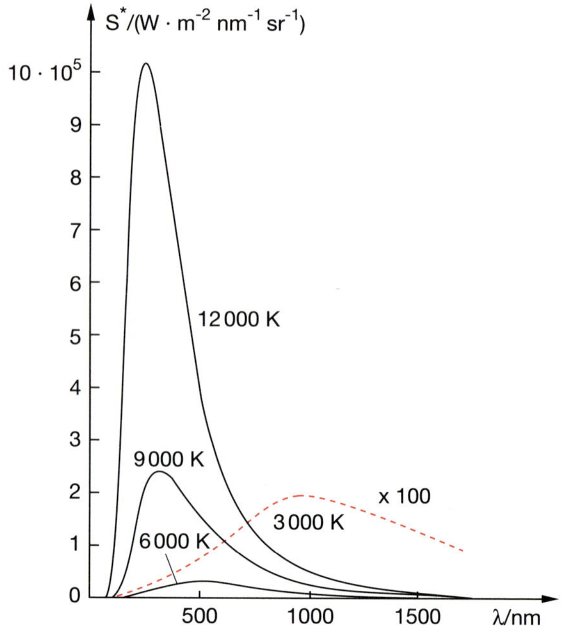

Abb. 12.15. Spektrale Verteilung $S^{*(\lambda)}$ der Strahlungsdichte eines schwarzen Körpers im Wellenlängenintervall $\Delta\lambda = 1$ nm. Die Kurve für 3000 K ist 100-fach überhöht

in vollkommener Übereinstimmung mit experimentellen Ergebnissen.

Für $h \cdot \nu \ll kT$ kann man den Nenner in (12.24) wegen $e^{+x} \approx 1 + x$ durch $h\nu/(kT)$ annähern und erhält dann:

$$S_\nu^*(\nu) \approx \frac{2\nu^2}{c^2} kT \;\Rightarrow\; w_\nu(\nu) = \frac{8\pi\nu^2}{c^3} kT ,$$

also das Rayleigh-Jeans-Gesetz, das sich damit als Grenzfall der allgemeinen Planckschen Strahlungsformel für $h\nu \ll kT$ erweist.

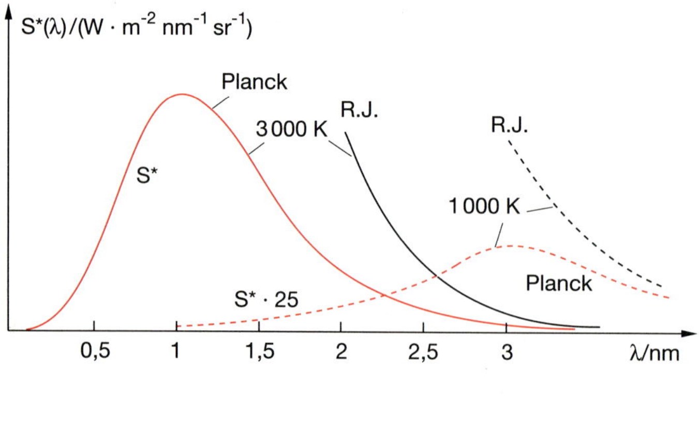

Abb. 12.16. Vergleich von Planckschem und Rayleigh-Jeansschem Gesetz für die Strahlung eines schwarzen Körpers bei zwei unterschiedlichen Temperaturen

In Abb. 12.16 sind für zwei unterschiedliche Temperaturen die spektralen Intensitätsverteilungen nach *Planck* und nach *Rayleigh-Jeans* dargestellt.

BEISPIEL

Die Sonne kann in guter Näherung als schwarzer Strahler angesehen werden. Nach (12.24) ist die Strahlungsdichte S^*, die bei $\lambda = 500\,\text{nm}$ ($\nu = 6 \cdot 10^{14}\,\text{s}^{-1}$) von $1\,\text{m}^2$ der Sonnenoberfläche in den Raumwinkel $\Delta\Omega = 1$ Sterad im Wellenlängenintervall $\Delta\lambda = 1\,\text{nm}$ ($\hat{=}\ \Delta\nu = 1{,}2 \cdot 10^{12}\,\text{s}^{-1}$) abgestrahlt wird, bei einer Oberflächentemperatur der Sonne von 5800 K

$$S^*_\nu\,\Delta\nu \approx 4{,}5 \cdot 10^4\,\frac{\text{W}}{\text{m}^2 \cdot \text{Sterad}}\,.$$

Integriert über alle Wellenlängen ergibt das eine Strahlungsdichte $S^* = 1 \cdot 10^7\,\text{W/m}^2$.

Die Erde erscheint vom Mittelpunkt der Sonne aus unter dem Raumwinkel

$$\Delta\Omega = \frac{R_\text{E}^2/4}{(1{,}5 \cdot 10^{11})^2} = 2{,}5 \cdot 10^{-7}\,\text{Rad}\,.$$

Integriert man die Strahlungsdichte nach (12.11) über die Sonnenoberfläche, so läßt sich die Intensität der auf die Erde auffallenden Strahlungsleistung berechnen. Die Erde bekommt im sichtbaren Spektralbereich zwischen $\nu_1 = 4 \cdot 10^{14}\,\text{Hz}$ und $\nu_2 = 7 \cdot 10^{14}\,\text{Hz}$ ($\Delta\nu \approx 3 \cdot 10^{14}\,\text{Hz}$) dann etwa $500\,\text{W/m}^2$ zugestrahlt. Dies sind etwa 36% der gesamten auf die Erde auftreffenden Intensität der Sonnenstrahlung (siehe Abschn. 12.6 und [12.2]).

12.5 Wiensches Verschiebungsgesetz

Um die Lage des Intensitätsmaximums der Planckschen Strahlung (d.h. der Strahlung des schwarzen Körpers) zu finden, müssen wir die Ableitung $\text{d}S^*(\nu)/\text{d}\nu$ bilden und gleich Null setzen. Einfacher ist es, den Logarithmus zu bilden und

$$\frac{\text{d}}{\text{d}\nu}\big(\ln S^*(\nu)\big) = 0$$

zu setzen, was uns natürlich die gleiche Frequenz ν_m liefert. Das Ergebnis ist:

$$\nu_\text{m} = \frac{4{,}965}{h} \cdot kT = 1{,}03 \cdot 10^{11} \cdot T\text{s}^{-1}\text{K}^{-1}\,. \quad (12.25)$$

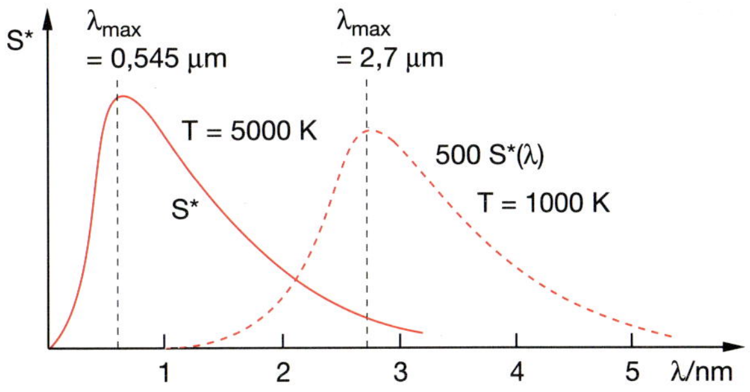

Abb. 12.17. Wiensches Verschiebungsgesetz, illustriert an zwei Planckverteilungen für $T = 5000\,\text{K}$ und $T = 1000\,\text{K}$

Die Frequenz des Strahlungsmaximums steigt also linear mit der Temperatur T an.

Wegen $\lambda = c/\nu$ kann man (12.25a) auch schreiben als

$$\lambda_\text{m} = \frac{h \cdot c}{4{,}965\,kT} = \frac{2{,}9 \cdot 10^{-3}}{/\text{K}} \cdot \text{K}$$

$$\Rightarrow \boxed{\lambda_\text{m} \cdot T = \text{const}}\,. \quad (12.26)$$

Dies nennt man das ***Wiensche Verschiebungsgesetz*** (Abb. 12.17), welches das Maximum der Intensitätsverteilung der thermischen Strahlung mit der Temperatur T der Strahlungsquelle verknüpft. Es folgt unmittelbar aus der Planckschen Strahlungsformel.

BEISPIELE

1. Für $T = 6000\,\text{K}$ (Temperatur der Mitte der Sonnenoberfläche) ist $\nu_\text{max} = 6{,}0 \cdot 10^{14}\,\text{s}^{-1} \Rightarrow \lambda_\text{max} = 480\,\text{nm}$.
2. Für den Glühfaden einer Glühbirne ist $T \approx 2800\,\text{K} \Rightarrow \lambda_\text{max} = 970\,\mu\text{m}$.
   Das Maximum der Lichtemission liegt also im Infraroten. Für die Beleuchtung kann nur ein kleiner Teil der emittierten Strahlung genutzt werden, d.h. die Lichtausbeute
   $$\eta = \frac{\text{emittierte sichtbare Lichtleistung}}{\text{aufgewandte elektrische Leistung}}$$
   einer Glühbirne ist klein gegen 1.
3. Auch bei Zimmertemperatur $T = 300\,\text{K}$ strahlen alle Körper Energie als Wärmeenergie mit dem Maximum bei etwa $\lambda_\text{max} \approx 9{,}7\,\mu\text{m}$ ab.

12.6 Das Stefan-Boltzmannsche Strahlungsgesetz

Die gesamte Energiedichte der Hohlraumstrahlung, integriert über alle Frequenzen, ist

$$w(T) = \int_{\nu=0}^{\infty} w_\nu(\nu, T)\,\mathrm{d}\nu = \frac{8\pi h}{c^3} \int_{\nu=0}^{\infty} \frac{\nu^3\,\mathrm{d}\nu}{\mathrm{e}^{h\nu/(kT)} - 1}\,. \tag{12.27}$$

Das Integral kann mit $x = h\nu/(kT)$ und der Reihenentwicklung:

$$\frac{1}{\mathrm{e}^x - 1} = \frac{\mathrm{e}^{-x}}{1 - \mathrm{e}^{-x}} = \sum_{n=1}^{\infty} \mathrm{e}^{-nx}$$

durch gliedweise Integration gelöst werden. Mit

$$\nu = \frac{kT}{h} x \quad \Rightarrow \quad \mathrm{d}\nu = \frac{kT}{h}\,\mathrm{d}x$$

folgt:

$$w(T) = \frac{8\pi h}{c^3} \left(\frac{kT}{h}\right)^4 \sum_{n=1}^{\infty} \int x^3 \mathrm{e}^{-nx}\,\mathrm{d}x\,.$$

Man erhält:

$$w(T) = a \cdot T^4 \quad \text{mit} \quad a = \frac{4\pi^5 k^4}{15 h^3 c^3}\,. \tag{12.28}$$

Die Strahlungsdichte S^* der von dem Oberflächenelement $\mathrm{d}F = 1\,\mathrm{m}^2$ eines schwarzen Körpers in den Raumwinkel $\mathrm{d}\Omega = 1$ Sterad emittierten Strahlung ist wegen $S^* = c/(4\pi)w$

$$\boxed{S^*(T) = \frac{\pi^4 k^4}{15 b^3 c^2}\, T^4}\,. \tag{12.29}$$

In den gesamten Halbraum ($\mathrm{d}\Omega = 2\pi$) wird dann pro Flächeneinheit der Strahlungsquelle die Strahlungsleistung

$$\boxed{\frac{\mathrm{d}W}{\mathrm{d}t} = \sigma \cdot T^4} \tag{12.30a}$$

abgestrahlt (Stefan-Boltzmannsche Strahlungsformel). Die Konstante

$$\sigma = \frac{c}{2} a = \frac{2\pi^5 k^4}{15 h^3 c^2}, \quad = 5{,}67 \cdot 10^{-8}\,\mathrm{W\,m^{-2}\,K^{-4}} \tag{12.30b}$$

heißt ***Stefan-Boltzmann-Konstante***.

BEISPIEL

Die von der Sonne insgesamt abgestrahlte Leistung ist bei einem Sonnenradius $R_\odot = 6{,}96 \cdot 10^8\,\mathrm{m}$ und einer mittleren Oberflächentemperatur $T_\odot = 5800\,\mathrm{K}$

$$\left(\frac{\mathrm{d}W}{\mathrm{d}t}\right)_\odot = \sigma \cdot T^4 \cdot 4\pi R_\odot^2 = 3{,}90 \cdot 10^{26}\,\mathrm{W}\,.$$

Die Energie stammt aus der Fusion von Wasserstoff zu Helium im Inneren der Sonne (siehe Bd. 4). Die Energieabstrahlung führt gemäß $\Delta W = \Delta m \cdot c^2$ (siehe Bd. 1, Abschn. 4.4.3) zu einem Masseverlust der Sonne von

$$\frac{\Delta m}{\Delta t} = 4{,}3 \cdot 10^9\,\mathrm{kg/s}\,.$$

In der Entfernung Erde – Sonne ($r = 1{,}5 \cdot 10^{11}\,\mathrm{m}$) fällt auf eine Fläche von $1\,\mathrm{m}^2$ senkrecht zur Verbindungslinie Erde – Sonne oberhalb der Erdatmosphäre der Bruchteil

$$\left(\frac{\mathrm{d}W}{\mathrm{d}t}\right)_\odot \Big/ (4\pi r^2)$$

der gesamten Sonnenstrahlung. Dies ergibt eine Bestrahlungsintensität

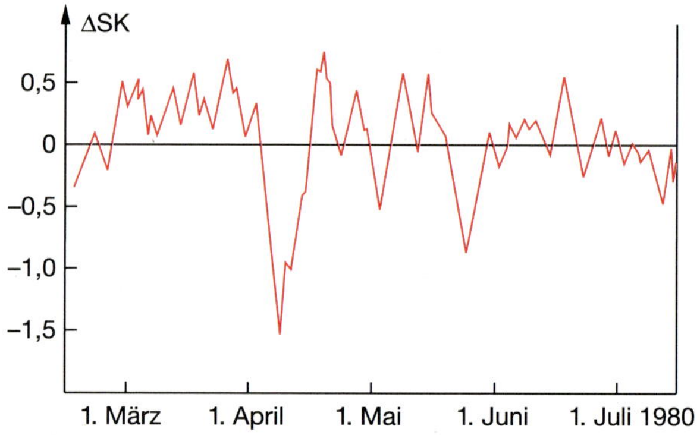

Abb. 12.18. Zeitliche Schwankungen der Solarkonstante. Gezeigt sind die relativen Abweichungen vom fünfmonatigen Mittelwert $\overline{\mathrm{SK}}$ in Promille [12.6]

$$I = \text{SK} = \frac{3{,}90 \cdot 10^{26}}{4\pi \cdot 1{,}496^2 \cdot 10^{22}} = 1{,}39 \cdot 10^3\,\text{W/m}^2\,,$$

welche ***Solarkonstante*** heißt.

Ein Teil dieser Strahlung (etwa 30%) wird von der Erdatmosphäre wieder reflektiert, ein weiterer Teil wird in der Atmosphäre absorbiert, so daß bei senkrechter Sonneneinstrahlung noch etwa $800\,\text{W/m}^2$ auf dem Erdboden ankommen.

Genauere Messungen haben gezeigt, daß die Solarkonstante außer halbjährlichen kleinen Schwankungen auf Grund der periodischen Variation des Abstandes Sonne – Erde beim Durchlaufen der elliptischen Erdumlaufbahn auch geringfügige zeitlich statistische Schwankungen hat, die durch dynamische Prozesse an der Sonnenoberfläche (Sonnenflecken, Sonneneruptionen, Pulsation des Sonnenradius) verursacht werden (Abb. 12.18).

12.7 Photonen

Im 18. Jahrhundert gab es einen langandauernden Streit über die Natur des Lichtes. *Newton* und seine Anhänger postulierten, daß Licht aus Partikeln bestehen müßte [12.3]. Sie konnten die geradlinige Ausbreitung von Licht und auch das Brechungsgesetz durch die Teilchenhypothese erklären. *Huygens* und andere vertraten die Auffassung, daß Licht eine Welle sei, und die Beobachtungen über Interferenz und Beugung ließen sich zwanglos mit Hilfe der Wellentheorie verstehen [12.4].

Das Wellenmodell des Lichtes schien endgültig den Sieg zu erringen, als *Heinrich Hertz* die elektromagnetischen Wellen entdeckte und als klar wurde, daß Licht ein auf den Wellenlängenbereich $\lambda = 0{,}4$–$0{,}7\,\mu\text{m}$ begrenzter Spezialfall elektromagnetischer Wellen ist, der wie die Wellen in anderen Bereichen des elektromagnetischen Spektrums durch die Maxwell-Gleichungen fast völlig beschrieben werden kann.

Wir wollen nun zeigen, daß im Sinne der Planckschen Quantenhypothese beide Richtungen teilweise recht hatten, daß aber zur vollständigen Beschreibung aller Eigenschaften von Licht sowohl das Wellenmodell als auch der Teilchenaspekt berücksichtigt werden müssen. Der wichtige Punkt ist dabei, daß sich die beiden Modelle nicht widersprechen, sondern sich ergänzen. Je nachdem, welche Eigenschaft von Licht beschrieben werden soll, eignet sich das Wellenmodell (Interferenz und Beugung) oder das Teilchenmodell (Absorption und Emission) besser.

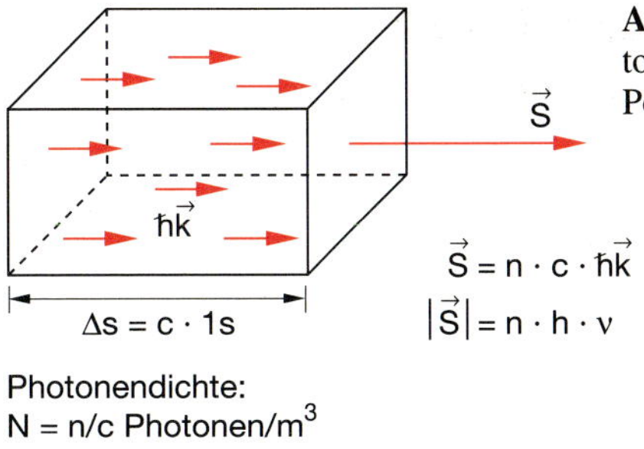

Abb. 12.19. Photonenimpuls und Poyntingvektor

Wir wollen hier die wichtigsten Größen zur Charakterisierung von Photonen (Teilchenbild) besprechen und ihren Zusammenhang mit den Welleneigenschaften darlegen.

Im Abschnitt 12.4 wurden Photonen als Energiequanten $h \cdot \nu$ des Strahlungsfeldes eingeführt. Die Energie eines Photons ist also

$$W = h \cdot \nu. \tag{12.31}$$

Die Ausbreitungsrichtung eines Photons wird durch den Wellenvektor $\boldsymbol{k}$ beschrieben. Da die Ausbreitungsgeschwindigkeit des Photons der Lichtgeschwindigkeit c entspricht, muß seine Ruhemasse m_0 Null sein (siehe Bd. 1, Abschn. 4.4.3). Es gibt allerdings keine ruhenden Photonen. Man kann der Energie $W = h \cdot \nu$ formal nach $W = mc^2$ eine Masse $m = h \cdot \nu / c^2$ zuordnen und damit als Impulsbetrag eines Photons

$$|\boldsymbol{p}| = m \cdot c = \frac{h \cdot \nu}{c} \tag{12.32}$$

definieren. Die Richtung des Impulses muß die des Wellenvektors $\boldsymbol{k}$ der Photonenwelle sein. Mit $\nu/c = 1/\lambda$, $k = 2\pi/\lambda$ und $\hbar = h/(2\pi)$ ergibt sich für den Impulsvektor dann (Abb. 12.19):

$$\boldsymbol{p} = \frac{h}{2\pi} \cdot \boldsymbol{k} = \hbar\boldsymbol{k}\,. \tag{12.33}$$

Anmerkung

Die strenge Herleitung basiert auf der relativistischen Energie-Impuls-Relation (Bd. 1, (4.50)), aus der für $m_0 = 0$ sofort $p = W/c = h\nu/c$ folgt.

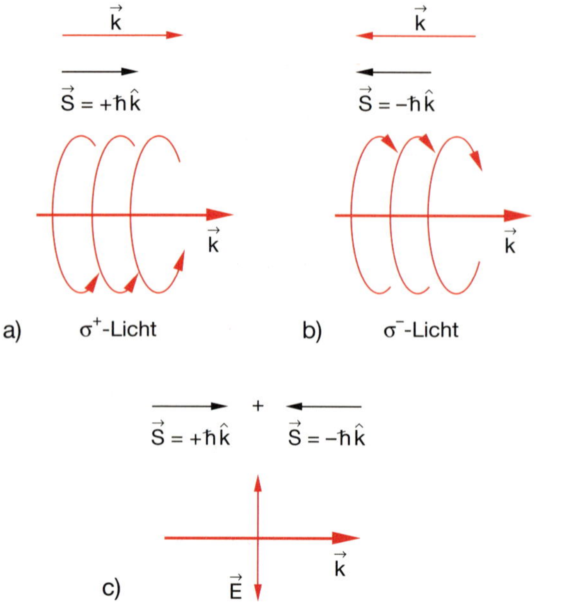

Abb. 12.20a–c. Zusammenhang zwischen Photonenspin und Polarisation einer ebenen elektromagnetischen Welle; (**a**) linkszirkular (**b**) rechtszirkular (**c**) linear polarisierte Welle

Man sieht aus (12.31) und (12.33), daß die Definition der Teilcheneigenschaften eines Photons (Energie und Impuls) auf den Wellengrößen Frequenz ν bzw. Wellenlänge λ basieren.

Wir wollen jetzt den Zusammenhang zwischen Intensität einer Welle und der Photonendichte diskutieren.

Wenn N Photonen $h \cdot \nu$ pro Volumeneinheit mit der Geschwindigkeit c senkrecht durch die Flächeneinheit fliegen, dann ist im Teilchenbild die Intensität der Lichtwelle (Energie pro m^2 und s)

$$I = N \cdot c \cdot h \cdot \nu \,. \tag{12.34a}$$

Im Wellenbild ist sie

$$I = \varepsilon_0 c E^2 \,. \tag{12.34b}$$

Sollen beide Ausdrücke identisch sein, so muß der Betrag der elektrischen Feldstärke der Lichtwelle

$$E = \sqrt{\frac{h \cdot \nu}{\varepsilon_0} \cdot N} \tag{12.35}$$

proportional zur Wurzel aus der Photonenzahl N sein.

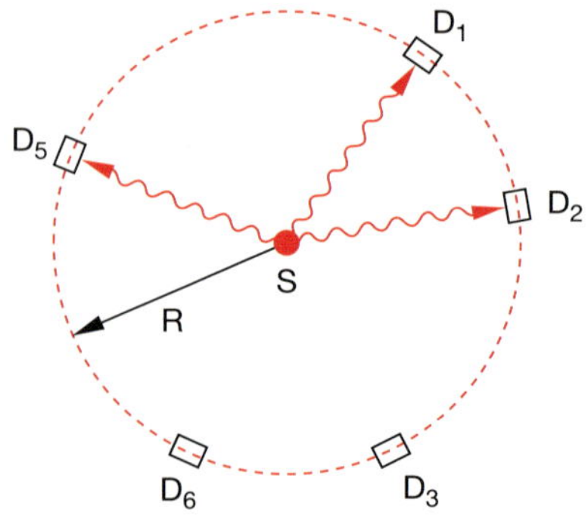

Abb. 12.21. Experiment von *Taylor* zur Photonenstruktur einer Lichtwelle

Ordnet man den Photonen einen Eigendrehimpuls (***Spin***)

$$\boldsymbol{s} = \pm\hbar \frac{\boldsymbol{k}}{|\boldsymbol{k}|} = \pm\hbar\hat{\boldsymbol{k}} \tag{12.36}$$

zu, dessen Betrag $|\boldsymbol{s}| = \hbar$ ist und dessen Richtung entweder in Ausbreitungsrichtung der Photonen ($\boldsymbol{s} = +\hbar\hat{\boldsymbol{k}}$) oder entgegengesetzt zur Ausbreitungsrichtung ($\boldsymbol{s} = -\hbar\boldsymbol{k}$) zeigt, so lassen sich auch die Polarisationseigenschaften einer elektromagnetischen Welle im Photonenbild beschreiben (Abb. 12.20).

Im klassischen Wellenmodell entspricht Photonen mit $\boldsymbol{s} = +\hbar\hat{\boldsymbol{k}}$ zirkular polarisiertes Licht, dessen $\boldsymbol{E}$-Vektor um die Ausbreitungsrichtung eine Rechtsschraube durchläuft (σ^+-Polarisation, auch linkszirkular polarisiert genannt, weil der $\boldsymbol{E}$-Vektor eine Linksdrehung (gegen den Uhrzeigersinn) vollführt, wenn man gegen die Lichtrichtung blickt).

Photonen mit $\boldsymbol{s} = -\hbar\hat{\boldsymbol{k}}$ bilden σ^--Licht (rechtszirkular polarisiert).

Enthält die Lichtwelle genauso viele Photonen mit $\boldsymbol{s} = +\hbar\hat{\boldsymbol{k}}$ wie mit $\boldsymbol{s} = -\hbar\hat{\boldsymbol{k}}$, so ist die Welle linear polarisiert, da man linear polarisiertes Licht immer darstellen kann als eine Überlagerung von σ^+- und σ^--Licht.

Man kann die Photonenstruktur des Lichtes in vielen verschiedenen Experimenten demonstrieren. Ein Beispiel ist das Experiment von *Taylor* (Abb. 12.21), bei dem auf einem Kreis im Abstand R um eine Lichtquelle mehrere gleiche Detektoren D_i angeordnet sind [12.5]. Im klassischen Wellenmodell sendet die Lichtquelle eine Kugelwelle

$$\boldsymbol{E} = (\boldsymbol{A}/r)\, e^{i(\omega t - kr)}$$

aus, so daß alle Detektoren D_i mit der Empfängerfläche F pro Zeiteinheit die gleiche Strahlungsleistung

$$\frac{dW}{dt} = c\varepsilon_0 \frac{A^2}{R^2} \cdot F \qquad (12.37)$$

empfangen. Dies wird bei genügend großen Intensitäten in der Tat beobachtet.

Wenn jedoch die Lichtintensität der Lichtquelle soweit vermindert wird, daß $dW/dt \ll h \cdot \nu/\tau$ wird, wobei τ das zeitliche Auflösungsvermögen der Detektoren ist, so mißt man Empfangssignale der Detektoren, die zeitlich statistisch über die einzelnen Detektoren verteilt sind. Es erreicht nämlich dann im Zeitintervall $\Delta t = \tau$ höchstens ein Photon einen der Detektoren, während im gleichen Intervall die anderen Detektoren kein Signal erhalten.

Das bedeutet, daß bei diesen kleinen Intensitäten die Quantennatur des Lichtes augenfällig wird. Die Energie wird *nicht* gleichzeitig in alle Richtungen emittiert, sondern in ganz bestimmte Richtungen, die jedoch statistisch verteilt sind. Mittelt man über längere Zeiten, in denen jeder Detektor viele Photonen erhalten hat, zeigt sich, daß im Mittel jeder Detektor fast gleich viele Photonen zählt. Die Anzahl der Photonen, die auf die einzelnen Detektoren treffen, zeigt eine Poisson-Verteilung (siehe Bd. 1, Abschn. 1.8.4). Die Standardabweichung beträgt $\sigma = \sqrt{N}$. Die Wahrscheinlichkeit, daß ein beliebiger Detektor $N = \overline{N} \pm 3 \cdot \sqrt{N}$ Photonen gezählt hat, ist $p = 0{,}997$.

Dies illustriert, daß die klassische Beschreibung von Licht als elektromagnetische Welle den Grenzfall großer Photonenzahlen darstellt. Die relative Schwankung der räumlichen Photonendichte

$$\frac{\Delta N}{N} \propto \frac{1}{\sqrt{N}}$$

nimmt mit wachsender Photonenzahl ab.

Es ist sehr instruktiv, die Interferenz von Licht an einem Doppelspalt (Youngscher Interferenzversuch, siehe Abschn. 10.2) bei sehr kleinen Lichtintensitäten zu untersuchen (Abb. 12.22). Man beobachtet, daß die einzelnen Photonen fast statistisch verteilt an den Orten x in der Beobachtungsebene ankommen und dort z.B. auf einer Photoplatte eine körnige Struktur schwarzer Punkte erzeugen, aus denen man anfangs noch keine Interferenzstruktur erkennen kann, solange $\sqrt{N}$ noch nicht wesentlich größer als der Unterschied $N_{max} - N_{min}$ in der fast statistischen Verteilung $N(x)$ der auf der Photoplatte ankommenden Photonen ist (Abb. 10.22a). Belichtet man jedoch die Photoplatte genügend lange, so sieht man immer deutlicher die Interferenzstruktur (Abb. 10.22b, c), obwohl die Lichtintensität so klein ist, daß im gleichen Zeitintervall ΔT (Flugzeit der Photonen von der Quelle zum Detektor) immer höchstens nur ein Photon „unterwegs“ ist, so daß es nicht ohne weiteres verständlich ist, wie es zur Interferenz der Photonen kommen kann. Dieses Paradoxon wurde dann durch die Quantentheorie, die wir im Bd. 3 behandeln wollen, gelöst.

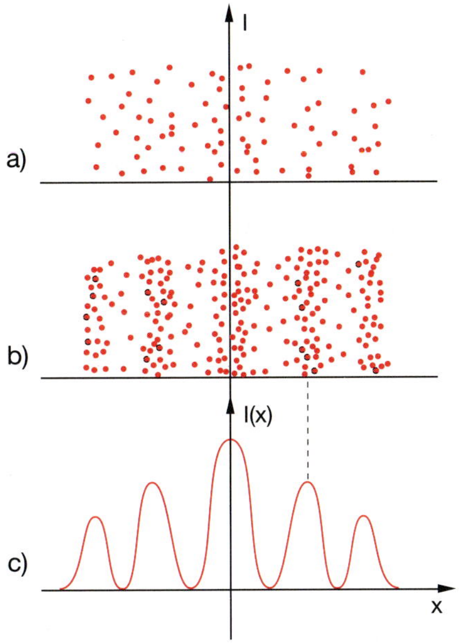

Abb. 12.22a–c. Erzeugung einer Interferenzstruktur mittels Interferenz am Doppelspalt (**a**) für sehr kleine Lichtintensitäten, bei denen $\Delta N > N_{max} - N_{min}$ ist; (**b**) für $\Delta N \approx N_{max} - N_{min}$; (**c**) für große Intensitäten

ZUSAMMENFASSUNG

- Das integrale Emissionsvermögen E^* eines Körpers gibt die über alle Wellenlängen integrierte Strahlungsleistung an, die pro m^2 Oberfläche in einen Kegel mit dem Raumwinkel $\Omega = 1$ Sterad um die Flächennormale abgestrahlt wird.
- Als Absorptionsvermögen A eines Körpers wird das Verhältnis von absorbierter zu einfallender Strahlungsleistung definiert. Ein Körper wird als schwarz bezeichnet, wenn $A \equiv 1$ für alle Wellenlängen gilt.
- Die Strahlungsleistung $\mathrm{d}W/\mathrm{d}t$, die von einem Flächenelement ΔF unter dem Winkel θ gegen die Flächennormale in den Raumwinkel $\Delta\Omega$ abgestrahlt wird, ist
$$\frac{\mathrm{d}W}{\mathrm{d}t} = S^* \cdot \Delta F \cos\theta \cdot \Delta\Omega .$$
Die Größe S^* heißt *Strahlungsdichte*.
- Die spektrale Energiedichte $w_\nu(\nu)$ ist die Energie des Strahlungsfeldes pro Volumeneinheit im Frequenzintervall $\Delta\nu$ um die Frequenz ν. Die integrale Energiedichte ist
$$w = \int_{\nu=0}^{\infty} w_\nu(\nu)\mathrm{d}\nu .$$
- Im Inneren eines schwarzen Hohlraums gilt für die spektrale Energiedichte $w_\nu(\nu)$ die Plancksche Formel
$$w_\nu = \frac{8\pi h\nu^3}{c^3} \frac{1}{\mathrm{e}^{h\nu/(kT)} - 1} .$$
- Die aus einem kleinen Loch des Hohlraums austretende Strahlung hat die Strahlungsdichte
$$S_\nu^* = \frac{c}{4\pi} w_\nu .$$
- Zwischen Emissions- und Absorptionsvermögen eines Körpers besteht die Relation
$$\frac{E_\nu^*}{A_\nu} = S_\nu^* .$$
- Für einen schwarzen Körper gilt daher: $E_\nu^* = S_\nu^*$.
- Die gesamte Strahlungsleistung eines schwarzen Körpers der Temperatur T mit der Oberfläche F ist
$$\frac{\mathrm{d}W}{\mathrm{d}t} = \sigma \cdot F \cdot T^4$$
(Stefan-Boltzmannsches Strahlungsgesetz). Die Konstante σ heißt *Stefan-Boltzmannsche Strahlungskonstante*.
- Photonen sind die Energiequanten des elektromagnetischen Strahlungsfeldes. Ihre Energie ist
$$W_{\mathrm{Ph}} = h \cdot \nu ,$$
ihr Impuls
$$\boldsymbol{p}_{\mathrm{Ph}} = \hbar \boldsymbol{k} \quad \text{mit} \quad \hbar = h/2\pi ,$$
und ihr Eigendrehimpuls ist
$$\boldsymbol{s}_{\mathrm{Ph}} = \pm\hbar \frac{\boldsymbol{k}}{|\boldsymbol{k}|} .$$
Die fundamentale Konstante $h = 6{,}626 \cdot 10^{-34}$ Js heißt *Plancksches Wirkungsquantum*.

ÜBUNGSAUFGABEN

1. Die auf der Erdoberfläche auf eine vertikal orientierte Fläche auftreffende Intensität der Sonnenstrahlung hängt vom Sonnenstand h gegen die Horizontale ab. Es gilt: $S \approx S_0 \cdot T^m$ mit $m = \frac{1}{\sin h}$ und $T \approx 0{,}6$. Berechnen Sie die von einem Kollektor mit $A = 0{,}8$ aufgenommene Sonnenenergie für einen wolkenlosen Tag am 21. März in Kaiserslautern.
2. Schreiben Sie die Plancksche Formel (12.23) als Funktion $w(\lambda)$ statt $w(\nu)$.
a) Zeigen Sie, daß aus $\mathrm{d}w/\mathrm{d}\lambda = 0$ dieselbe Wellenlänge $\lambda_{\max}$ für das Intensitätsmaximum herauskommt wie aus $\mathrm{d}w/\mathrm{d}\nu = 0$ und $\lambda = c/\nu$.
b) Wie groß ist die Strahlungsleistung, die ein heißes Wolframband mit $\Delta F = 0{,}5 \times 1\,\mathrm{cm}^2$ und $T = 2800\,\mathrm{K}$ in den Raumwinkel $\Delta\Omega = 0{,}1$ Sterad um die Flächennormale und in den gesamten Raum im Wellenlängenintervall von 400–700 nm (sichtbarer Bereich) abstrahlt. Welcher Prozentsatz der gesamten Strahlungs- ▶

leistung ist dies? (Das Wolframband kann als schwarzer Körper angenähert werden.)

3. Von einem Stern mit der Strahlungsleistung der Sonne wird mit einem Teleskop (1 m ⌀) die integrale Strahlungsleistung $\mathrm{d}W/\mathrm{d}t = 10^{-9}$ W im Spektralbereich von 300 nm–1 µm (in den 70% der Gesamtstrahlung emittiert werden) empfangen. Das Maximum der Strahlung liegt bei $\lambda = 400$ nm.
   a) Wie hoch ist seine Oberflächentemperatur?
   b) Wie groß ist der Sternradius in Einheiten des Sonnenradius? ($R_\odot = 6{,}96 \cdot 10^8$ m.)
   c) Wie weit ist der Stern von der Erde entfernt?
4. Ein Federpendel hat eine Masse $m = 0{,}1$ kg und eine Federkonstante $D = 2$ N/m. Die Schwingungsamplitude sei 1 cm. Wieviele Energiequanten $h \cdot \nu$ hat die Schwingung? Welche Energie hat ein Energiequant?
5. Ein schwarzer Körper in Kugelform möge den Radius $R = 1$ m und die hypothetische Temperatur $T = 10^6$ K haben. Wie weit muß er entfernt sein, um auf einen Detektor genauso viel Strahlungsenergie zu senden wie die Sonne?
6. Ein gekühltes Bolometer (siehe Bd. 1, Abschn. 7.4.1) mit einer empfindlichen Fläche $F = 1\,\mathrm{mm}^2$ steht im Mittelpunkt einer Stahlkugel, deren Wände auf Zimmertemperatur sind. Welche Strahlungsleistung empfängt das Bolometer? Ist diese abhängig vom Radius der Hohlkugel?
   Wie tief muß die Temperatur der Wand abgesenkt werden, bis die Strahlungsleistung unter die Empfindlichkeitsgrenze von 10^{-10} W sinkt?

Lösungen der Übungsaufgaben

Kapitel 1

1. Zahl der Na-Atome pro Kugel:

$$N = \frac{M}{m} = \frac{10^{-3}}{23 \cdot 1{,}67 \cdot 10^{-27}} = 2{,}6 \cdot 10^{22}$$

$\Rightarrow$ Ladung:

$$Q = +e \cdot 0{,}1 \cdot 2{,}6 \cdot 10^{22}$$
$$= 2{,}6 \cdot 10^{21} \cdot 1{,}6 \cdot 10^{-19}\,\text{C}$$
$$= 4{,}16 \cdot 10^{2}\,\text{C}.$$

Volumen einer Kugel:

$$V = \frac{m}{\varrho} = 1{,}03\,\text{cm}^3 = \frac{4}{3}\pi r^3$$

$$\Rightarrow r = \left(\frac{3 \cdot 1{,}03}{4\pi}\right)^{1/3}\text{cm} = 0{,}63\,\text{cm},$$

Oberfläche:

$$S = 4\pi r^2 = 4{,}93\,\text{cm}^3,$$

Flächenladungsdichte:

$$\sigma = \frac{Q}{4\pi r^2} = 8{,}4 \cdot 10^5\,\text{C/m}^2,$$

Abstoßungskraft bei 1 m Abstand:

$$F_C = \frac{1}{4\pi\varepsilon_0}\frac{Q^2}{r^2} = 1{,}56 \cdot 10^{15}\,\text{N}.$$

Feldstärke an der Kugeloberfläche:

$$E = \frac{Q}{4\pi\varepsilon_0 r^2} = 9{,}6 \cdot 10^{16}\,\text{V/m}.$$

2. a) Gesamtkraft muß in Fadenrichtung zeigen:

$$\Rightarrow \operatorname{tg}(\varphi/2) = \frac{F_{\text{el}}}{m \cdot g}.$$

$$F_{\text{el}} = \frac{Q^2}{4\pi\varepsilon_0(2L \cdot \sin\varphi/2)^2}$$

$$\Rightarrow \frac{\sin^3(\varphi/2)}{\cos(\varphi/2)} = \frac{Q^2}{16\pi\varepsilon_0 L^2 \cdot mg}.$$

Zahlenwerte: $Q = 10^{-8}\,\text{C}$, $m = 50\,\text{g}$, $L = 1\,\text{m}$

$$\Rightarrow \frac{\sin^3(\varphi/2)}{\cos(\varphi/2)} = \frac{10^{-16}}{8L^2 \cdot \pi \cdot \varepsilon_0} = 4{,}6 \cdot 10^{-7}$$

$$\Rightarrow \sin\varphi \approx \varphi, \quad \cos\varphi \approx 1$$

$$\Rightarrow \varphi \approx 2 \cdot \sqrt[3]{0{,}46 \cdot 10^{-6}} = 1{,}55 \cdot 10^{-2}\,\text{rad}$$

$\Rightarrow$ Abstand $r = 1{,}55 \cdot 10^{-2}\,\text{m} = 1{,}55\,\text{cm}$, $\varphi = 0{,}9°$.

b) Die leitende Platte in der Mittelebene erzeugt ein Feld:

$$\boldsymbol{E} = \frac{\sigma}{2\varepsilon_0}\hat{\boldsymbol{x}} \Rightarrow \boldsymbol{F}_{\text{el}} = \frac{Q \cdot \sigma}{2\varepsilon_0}\hat{\boldsymbol{x}}$$

$$\Rightarrow \operatorname{tg}\varphi = \frac{F_{\text{el}}}{m \cdot g} = \frac{Q \cdot \sigma}{2\varepsilon_0 m \cdot g}.$$

Zahlenwerte: $Q = 10^{-8}\,\text{C}$, $\sigma = 1{,}5 \cdot 10^{-5}\,\text{C/m}^2$, $m = 0{,}05\,\text{kg}$

$$\Rightarrow \operatorname{tg}\varphi = \frac{10^{-8} \cdot 1{,}5 \cdot 10^{-5}}{2 \cdot 8{,}85 \cdot 10^{-12} \cdot 0{,}05 \cdot 9{,}81}$$
$$= 1{,}7 \cdot 10^{-2}$$
$$\Rightarrow \varphi = 1°.$$

Abstand von der Platte: $x = l \cdot \varphi = 17\,\text{mm}$.

3. a) Die Kraft ist nach Abb. 1.11:

$$F = \int\limits_{\alpha=\alpha_i}^{\alpha_a} \frac{q \cdot \sigma}{2\varepsilon_0}\sin\alpha \cdot \mathrm{d}\alpha$$
$$= \frac{q \cdot \sigma}{2\varepsilon_0}(\cos\alpha_i - \cos\alpha_a),$$

$$\cos\alpha = \frac{x}{\sqrt{r^2+x^2}}$$

$$\Rightarrow F = \frac{q\sigma x}{2\varepsilon_0}\left[\frac{1}{\sqrt{R_i^2+x^2}} - \frac{1}{\sqrt{R_a^2+x^2}}\right].$$

b. α) $R_i \to 0$:

$$F = \frac{q\cdot\sigma}{2\varepsilon_0}\left[1 - \frac{x}{\sqrt{R_a^2+x^2}}\right],$$

β) $R_a \to \infty$:

$$F = \frac{q\cdot\sigma}{2\varepsilon_0}\frac{1}{\sqrt{1+R_i^2/x^2}},$$

γ) $R_i \to 0$, $R_a \to \infty$:

$$F = \frac{q\cdot\sigma}{2\varepsilon_0}.$$

4. Laut Abb. L.1:
   a) $Q_1 = Q_2 = Q$:

$$\phi(R) = \frac{Q}{4\pi\varepsilon_0}\left(\frac{1}{r_1}+\frac{1}{r_2}\right).$$

Für $R \gg a$ gilt:

$$\phi(R) \approx \frac{Q}{4\pi\varepsilon_0}\left(\frac{1}{R-a\cos\vartheta} + \frac{1}{R+a\cos\vartheta}\right) \quad \text{für} \quad R \gg a$$
$$= \frac{2Q}{4\pi\varepsilon_0 R}\cdot\frac{1}{1-\frac{a^2}{R^2}\cos^2\vartheta}.$$

Taylorentwicklung des Bruchs gibt mit

$$\frac{1}{1-x} \approx 1 + x + x^2 + \cdots + x^n$$

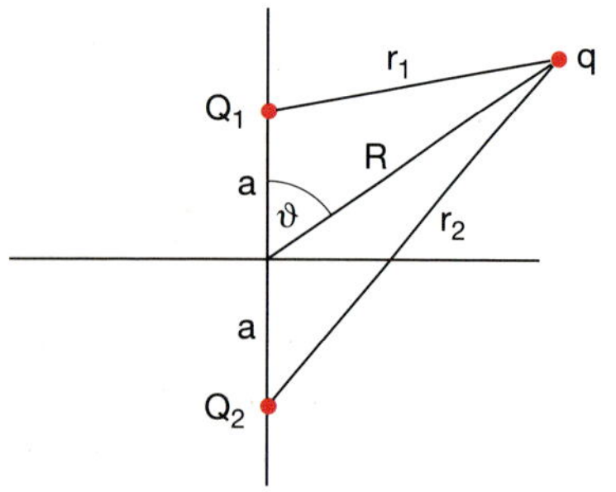

Abb. L.1. Zu Lösung 1.4

$$\Rightarrow \phi(R) = \frac{2Q}{4\pi\varepsilon_0 R}\left(1 + \frac{a^2}{R^2}\cos^2\vartheta + \frac{a^4}{R^4}\cos^4\vartheta + \cdots\right).$$

Die Kraft auf die Ladung q erhält man aus

$\boldsymbol{F} = -q\cdot\mathbf{grad}\,\phi(R)$.

b) $Q_1 = -Q_2 = Q$:

$$\phi = \frac{Q}{4\pi\varepsilon_0}\left(\frac{1}{r_1}-\frac{1}{r_2}\right)$$
$$= \frac{2aQ}{4\pi\varepsilon_0}\frac{\cos\vartheta}{R^2-a^2\cos^2\vartheta}$$
$$= \frac{2|\boldsymbol{p}|\cdot\cos\vartheta}{4\pi\varepsilon_0 R^2}\frac{1}{1-\frac{a^2}{R^2}\cos^2\vartheta}$$
$$= \frac{2p\cdot\cos\vartheta}{4\pi\varepsilon_0 R^2}\left[1 + \frac{a^2}{R^2}\cos^2\vartheta + \frac{a^4}{R^4}\cos^4\vartheta + \cdots\right].$$

Ein Vergleich von a) und b) zeigt, daß bei gleichen Ladungen der erste Term das Coulombpotential der Gesamtladung gibt. Dieser Term fehlt in b) wegen $Q_1 + Q_2 = 0$. In b) beginnt die Reihe mit dem Dipolterm. Für $R \gg a$ ist der Hauptanteil zur Kraft $\boldsymbol{F}$ auf q
a) für $Q_1 = Q_2$:

$$\boldsymbol{F} = \frac{2Qq}{4\pi\varepsilon_0 R^2}\hat{\boldsymbol{R}},$$

b) für $Q_1 = -Q_2$: siehe (1.25b).

5. Wir legen die vier Ladungen in die x-y-Ebene. Dann haben sie für den Fall a) die Koordinaten:

$$Q_1 = +Q: \left(\frac{-a}{2}, 0\right);$$

$$Q_2 = +Q: \left(\frac{+a}{2}, 0\right);$$

$$r_1^2 = r_2^2 = \frac{a^2}{4};$$

$$Q_3 = -Q: \left(0, \frac{a}{2}\sqrt{3}\right);$$

$$Q_4 = -Q: \left(0, \frac{-a}{2}\sqrt{3}\right);$$

$$r_3^2 = r_4^2 = \frac{3a^2}{4}.$$

Aus der Definition (1.36) folgt dann:

$$QM_{xx} = Q_1\left(\frac{3}{4}a^2 - \frac{1}{4}a^2\right) + Q_2\left(\frac{3}{4}a^2 - \frac{1}{4}a^2\right) + Q_3\left(-\frac{3}{4}a^2\right) + Q_4\left(-\frac{3}{4}a^2\right) = \frac{5}{2}Qa^2,$$

$$QM_{yy} = -\frac{7}{2}Qa^2; \quad QM_{zz} = +a^2Q;$$

$$QM_{xy} = QM_{xz} = QM_{yz} = 0.$$

Für den Fall b) erhalten wir:

$$Q_1 = -Q: \ (-a,0); \quad Q_2 = 2Q: \ (0,0);$$
$$Q_3 = -Q: \ (+a,0).$$

Damit ergibt sich aus (1.36):

$$QM_{xx} = -4Qa^2; \quad QM_{yy} = 2Qa^2;$$
$$QM_{zz} = 2Qa^2$$
$$QM_{xy} = QM_{xz} = QM_{yz} = 0.$$

6. Völlig analog zur Berechnung des Gravitationspotentials einer homogenen Massenkugel in Bd. 1, Abschn. 2.9.5, folgt für das elektrische Potential $\phi(r)$ einer homogenen geladenen Kugel mit Radius R im Punkte $P(r)$:
a) Für $r \le R$:

$$\phi(r) = \frac{Q}{8\pi\varepsilon_0 R^3}(3R^2 - r^2) \quad \text{mit } Q = \frac{4}{3}\pi\varrho_{\text{el}}R^3$$
$$= \frac{1}{6}\frac{\varrho_{\text{el}}}{\varepsilon_0}(3R^2 - r^2).$$

b) Für $r \ge R$:

$$\phi(r) = \frac{Q}{4\pi\varepsilon_0 r}.$$

Die Arbeit, eine Ladung q von $r = 0$ bis $r = R$ zu bringen, ist dann

$$W_1 = q \cdot [\phi(R) - \phi(0)] = \frac{q \cdot Q}{4\pi\varepsilon_0 R} \cdot \left(1 - \frac{3}{2}\right) = -\frac{q \cdot Q}{8\pi\varepsilon_0 R}.$$

Auf dem Wege von $r = R$ bis $r = \infty$ wird die Arbeit

$$W_2 = -\frac{q \cdot Q}{4\pi\varepsilon_0 R},$$

also doppelt so groß. Der Feldstärkeverlauf ergibt sich aus

$$E(r) = -\frac{d\phi(r)}{dr}:$$

a) $\boldsymbol{E}(r) = \dfrac{Q \cdot r}{4\pi\varepsilon_0 R^3}\hat{\boldsymbol{r}}$ für $r \le R$,

b) $\boldsymbol{E}(r) = \dfrac{Q}{4\pi\varepsilon_0 r^2}\hat{\boldsymbol{r}}$ für $r \ge R$.

7. Den Term entwickelt man folgendermaßen:

$$\frac{1}{|\boldsymbol{R} - \boldsymbol{r}|} = \frac{1}{R} - \left(x\frac{\partial}{\partial X}\frac{1}{R} + y\frac{\partial}{\partial Y}\frac{1}{R} + z\frac{\partial}{\partial Z}\frac{1}{R}\right) + \frac{1}{2}\left[xx\frac{\partial^2}{\partial X^2}1 + xy\frac{\partial^2}{\partial X \partial Y}\frac{1}{R} + \cdots + zz\frac{\partial^2}{\partial Z^2}\frac{1}{R}\right] + \cdots .$$

$$R = \sqrt{X^2 + Y^2 + Z^2} \Rightarrow \frac{\partial}{\partial X}\frac{1}{R} = \frac{-X}{R^3}$$

$$\frac{\partial^2}{\partial X \partial Y}\frac{1}{R} = \frac{3}{2}\frac{X \cdot Y}{R^5} \quad \text{etc.}$$

Entsprechende Ausdrücke ergeben sich für die anderen Ableitungen. Setzt man dies ein, so ergibt sich für das Potential:

$$\phi(R) = \frac{1}{4\pi\varepsilon_0}\sum \frac{Q_i}{|\boldsymbol{R} - \boldsymbol{r}_i|}$$
$$= \frac{1}{4\pi\varepsilon_0}\left[\frac{\sum Q_i}{R} + \frac{1}{R^3}\sum(Q_i\boldsymbol{r}_i) \cdot \boldsymbol{R} + \frac{1}{R^5}\frac{1}{2}\sum Q_i\{(3x_i^2 - r_i^2)X^2 + (3y_i^2 - r_i^2)Y^2 + (3z_i^2 - r_i^2)Z^2 + 2 \cdot 3x_iy_iXY + 2 \cdot 3y_iz_iYZ + 2 \cdot 3x_iz_iXZ\}.\right.$$

8. Um zu beweisen, daß nur der Monopolterm ungleich Null ist, muß man zeigen, daß gilt:

$$\phi(R) = \frac{1}{4\pi\varepsilon_0}\int_V \frac{\varrho_{\text{el}}}{|\boldsymbol{R} - \boldsymbol{r}|}\,dV = \frac{Q}{4\pi\varepsilon_0 R}.$$

Alle Ladungen im Kreisring mit Radius y, dessen Ebene den Abstand x vom Mittelpunkt $x = y = 0$ hat (siehe Abb. L.2), $dQ = \varrho_{\text{el}} \cdot 2\pi y\,dy\,dx$, haben den gleichen Abstand

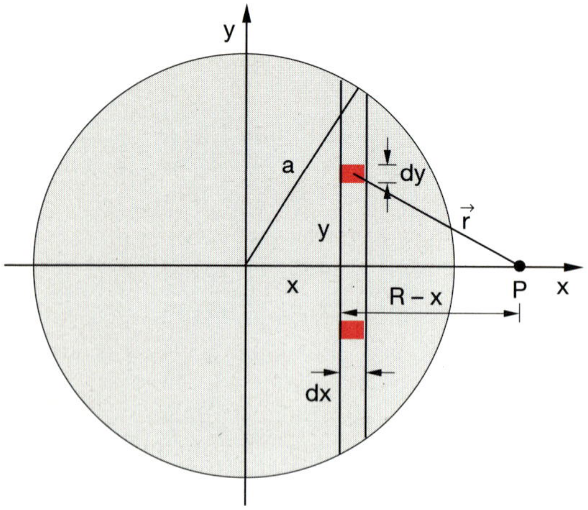

Abb. L.2. Zu Lösung 1.8

$$r = \sqrt{y^2 + (R-x)^2}$$

von $P(R)$ und liefern zum Potential den Beitrag

$$\mathrm{d}\phi = \frac{\mathrm{d}Q}{4\pi\varepsilon_0 r} = \frac{\varrho_{\text{el}}}{2\varepsilon_0} \frac{y\,\mathrm{d}y}{\sqrt{y^2 + (R-x)^2}}\,\mathrm{d}x.$$

Der Beitrag der gesamten Kreisscheibe ist dann:

$$\phi_{\text{Scheibe}} = \frac{\varrho_{\text{el}}}{2\varepsilon_0} \left[\int\limits_{y=0}^{\sqrt{a^2-x^2}} \frac{y\,\mathrm{d}y}{\sqrt{y^2 - (R-x)^2}} \right] \mathrm{d}x.$$

Integriert man von $x = -a$ bis $x = +a$, so ergibt sich:

$$\phi_{\text{Kugel}} = \frac{\varrho_{\text{el}}}{\varepsilon_0} \frac{a^3}{3R} = \frac{Q}{4\pi\varepsilon_0 R}.$$

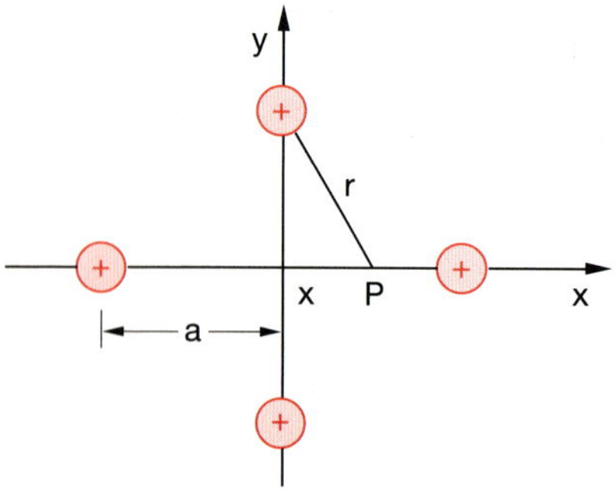

Abb. L.3. Zu Lösung 1.9

9. Die Feldstärke $\boldsymbol{E}$ eines einzelnen Drahtes ist nach (1.18a) für $r \geq R$:

$$\boldsymbol{E} = \frac{\lambda}{2\pi\varepsilon_0 r}\hat{\boldsymbol{r}}$$

mit $\lambda = Q/L =$ Ladung pro Längeneinheit. Die Gesamtfeldstärke der abgebildeten Anordnung ist auf der x-Achse:

$$\boldsymbol{E} = \{E_x, 0, 0\}$$

$$E_x = \frac{\lambda}{2\pi\varepsilon_0}\left[\frac{1}{a+x} - \frac{1}{a-x} + \frac{2x}{a^2+x^2}\right]$$

$$= \frac{\lambda}{2\pi\varepsilon_0}\left[\frac{-2x}{a^2-x^2} + \frac{2x}{a^2+x^2}\right]$$

$$= -\frac{\lambda}{\pi\varepsilon_0}\frac{2x^3}{a^4-x^4}.$$

Für $x = 0$ wird $E = 0$. Für $x = a - R$, d.h. auf der inneren Oberfläche eines Drahtes, wird

$$E_x = -\frac{\lambda}{\pi\varepsilon_0}\frac{2(a-R)^3}{a^4-(a-R)^4}$$

$$= -\frac{\lambda}{2\pi\varepsilon_0 R}\cdot\frac{4\cdot R(a-R)^3}{a^4-(a-R)^4}.$$

Mit $a = 4\,\text{cm}$ und $R = 0{,}5\,\text{cm}$ ergibt dies

$$E_x = -\frac{\lambda}{2\pi\varepsilon_0 R}\cdot 0{,}8\,\text{V/m}.$$

Die Feldstärke auf der dem Nullpunkt zugewandten Oberfläche ist also nur noch 80% der Feldstärke eines einzelnen Drahtes gleicher Ladungsdichte.
Für die äußere Oberfläche ($x = a + R$) wird

$$E = \frac{\lambda}{2\pi\varepsilon_0 R}\cdot\frac{4R(a+R)^3}{(a+R)^4 - a^4} = \frac{\lambda}{2\pi\varepsilon_0 R}\cdot 1{,}18\,\text{V/m}$$

etwas größer als beim Einzeldraht.

10. a) Es ergibt sich:

$$C = \varepsilon_0\cdot\frac{A}{d} = \frac{8{,}85\cdot 10^{-12}\cdot 0{,}1}{0{,}01}\,\text{F}$$

$$= 8{,}85\cdot 10^{-11}\,\text{F} = 88{,}5\,\text{pF};$$

$$Q = C\cdot U = 8{,}85\cdot 10^{-11}\cdot 5\cdot 10^3\,\text{C}$$

$$= 4{,}4\cdot 10^{-7}\,\text{C};$$

$$E = \frac{U}{d} = 5 \cdot 10^5 \, \text{V/m}.$$

b) Entlädt man den Kondensator, der auf die Spannung U_0 aufgeladen war, über einen Widerstand R, so muß die gesamte im Kondensator gespeicherte Energie W in Joulesche Wärme im Widerstand R übergehen. Man erhält daher:

$$W = \int_0^\infty I^2 \cdot R \cdot \mathrm{d}t.$$

Mit $I = U_0/R \, \mathrm{e}^{-t/(RC)}$ (siehe (2.10)) folgt:

$$W = \frac{U_0^2}{R} \cdot \left(-\frac{R \cdot C}{2}\right) \cdot \mathrm{e}^{-2t/(RC)}\Big|_0^\infty = \frac{U_0^2 C}{2}.$$

c) $\boldsymbol{D} = \boldsymbol{p} \times \boldsymbol{E}$

$$\Rightarrow \quad |\boldsymbol{D}| = 1{,}6 \cdot 10^{-19} \cdot 5 \cdot 10^{-11} \cdot 5 \cdot 10^5 \, \text{N} \cdot \text{m} = 4 \cdot 10^{-24} \, \text{N} \cdot \text{m},$$

$$W_{\text{pot}} = \boldsymbol{p} \cdot \boldsymbol{E} = 4 \cdot 10^{-24} \, \text{N} \cdot \text{m}.$$

11. Wie man aus folgender Umzeichnung von Abb. 1.63 sieht, gilt:

$$\frac{1}{C_g} = \frac{1}{C} + \frac{1}{3C} \quad \Rightarrow \quad C_g = \frac{3}{4} C.$$

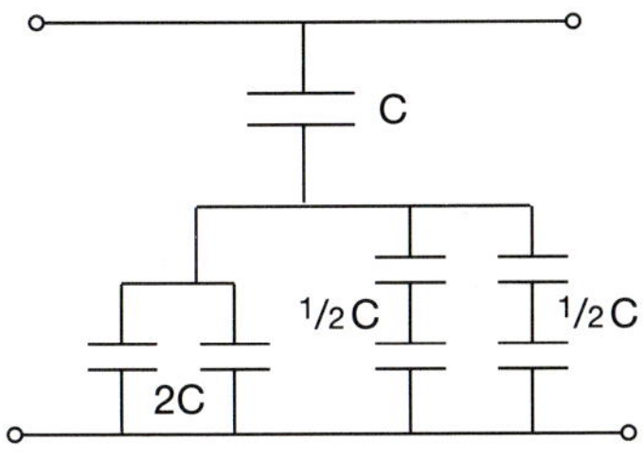

Abb. L.4. Zu Lösung 1.11

12. Auf der rechten Platte des linken Kondensators in Abb. 1.64 wird die Ladung $-Q/2$ durch Influenz erzeugt. Diese muß von der linken Platte des rechten Kondensators abfließen, so daß dort die Restladung $+Q/2$ auftritt. Es gilt dann:

$$E = \frac{U}{d} = \frac{3}{4} \frac{Q}{C \cdot d}.$$

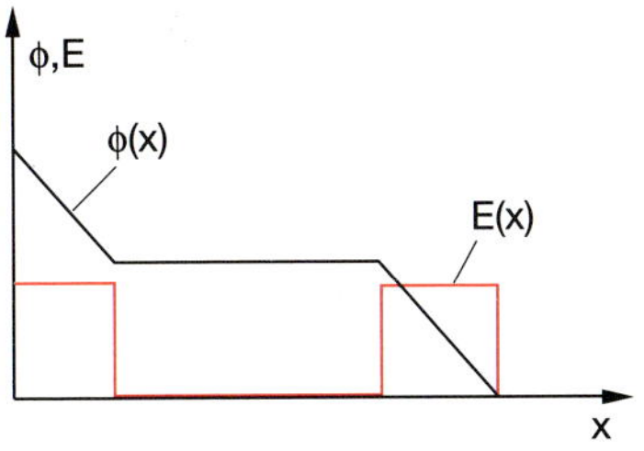

Abb. L.5. Zu Lösung 1.12

13. a) Zur Berechnung des Potentials schreiben wir die Laplace-Gleichung (1.16b) in Zylinderkoordinaten (man beachte, daß ϕ nicht von z und φ abhängt!):

$$\Delta\phi = \frac{1}{R} \frac{\partial}{\partial R} \left(R \cdot \frac{\partial \phi}{\partial R} \right) = 0 \tag{1}$$

$$\Rightarrow \quad \phi = c_1 \ln R + c_2$$

mit $\phi(R_1) = \phi_1$, $\phi(R_2) = \phi_2$ folgt

$$c_2 = \phi_1 - c_1 \ln R_1,$$

$$c_1 = \frac{\phi_2 - \phi_1}{\ln(R_2/R_1)}$$

$$\Rightarrow \quad \phi(R) = \phi_1 + \frac{\phi_2 - \phi_1}{\ln(R_2/R_2)} \ln(R/R_1), \tag{2}$$

$$E(R) = -\frac{\partial \phi}{\partial R} = \frac{\phi_2 - \phi_1}{\ln(R_2/R_1)} \frac{1}{R}. \tag{3}$$

Für die Sollkreisbahn mit Radius $R = (R_1 + R_2)/2$ muß gelten:

$$\frac{m v_0^2}{R} = e \cdot E(R) = \frac{2e}{R_1 + R_2} \frac{\phi_2 - \phi_1}{\ln(R_2/R_1)}$$

$$\Rightarrow \quad U = \frac{R_1 + R_2}{2e} \ln(R_2/R_1) \cdot \frac{m}{R} v_0^2 = \frac{R_1 + R_2}{2R} \frac{m}{e} v_0^2 \ln \frac{R_2}{R_1}.$$

Für $R = 1/2 \, (R_1 + R_2)$ folgt

$$U = \frac{m}{e} v_0^2 \ln \frac{R_2}{R_1}. \tag{4}$$

b) Angenommen, ein Elektron tritt bei $r = R_0$, $\varphi = 0$ und $|v| = |v_0|$, aber mit einem kleinen Winkel α in den Zylinderkondensator ein. Gibt es einen Winkel φ, nach dem das Elektron die Sollbahn $R = R_0$ wieder schneidet?

Da $\boldsymbol{E}$ ein Zentralfeld bildet, bleibt der Drehimpuls der Teilchen konstant

$$v \cdot R = v_0 \cdot R_0 = \text{const.} \tag{5}$$

Die Abweichung von der Sollbahn zu einem Zeitpunkt t sei δR.
Aus der Bewegungsgleichung erhält man:

$$m \cdot \delta \ddot{R} - m \cdot \frac{v^2}{R^2} - e \cdot E(R_0+) = 0. \tag{6}$$

Entwicklung in eine Taylorreihe liefert:

$$E(R_0 + \delta R) = E(R_0) + \left(\frac{\mathrm{d}E}{\mathrm{d}R}\right)_{R_0} \delta R + \cdots . \tag{7}$$

Aus (3) folgt:

$$\frac{\mathrm{d}E}{\mathrm{d}R} = \frac{U}{\ln(R_2/R_1)} \frac{1}{R^2}.$$

Einsetzen in (6) ergibt mit (5)

$$\delta \ddot{R} - \frac{v_0^2}{R^3} R_0^2 + \frac{v_0^2}{R_0}\left(1 - \frac{\delta R}{R_0}\right) = 0.$$

Mit $R^3 = (R_0 + \delta R)^3 \approx R_0^3 + 3R_0^2 \delta R + \cdots$

$$\Rightarrow \delta \ddot{R} - \frac{v_0^2}{R_0^2}\left(1 - 3\frac{\delta R}{R_0} - 1 + \frac{\delta R}{R_0}\right) = 0$$

$$\Rightarrow \delta \ddot{R} + 2\omega_0^2 \delta R = 0 \quad \text{mit} \quad \omega_0 = \frac{v_0}{R_0}.$$

Die Bewegung entspricht einer Kreisbahn mit überlagerter radialer Schwingung

$$\delta R = R_0 \cdot \sin\left[\sqrt{2}\omega_0 \cdot t\right],$$

die nach $t = \pi/(\sqrt{2}\omega_0) \Rightarrow \varphi = \pi/\sqrt{2} = 127°$ durch Null geht. Ein Zylinderkondensator mit $\varphi = 127°$ wirkt also fokussierend.

14. Die Ladungsdichte des Drahtes ist $\lambda = Q/L$. Vom Längenelement $\mathrm{d}L$ wird im Punkte 0 das Feld

$$\mathrm{d}\boldsymbol{E} = \frac{1}{4\pi\varepsilon_0} \frac{\lambda \cdot \mathrm{d}L}{R^2} \{\cos\varphi, \sin\varphi, 0\}$$

erzeugt. Daraus ergibt sich für den gesamten Draht:

$$E_x = \frac{1}{4\pi\varepsilon_0} \frac{\lambda}{R^2} \int_{\varphi_1}^{\varphi_2} R \cdot \cos\varphi \, \mathrm{d}\varphi,$$

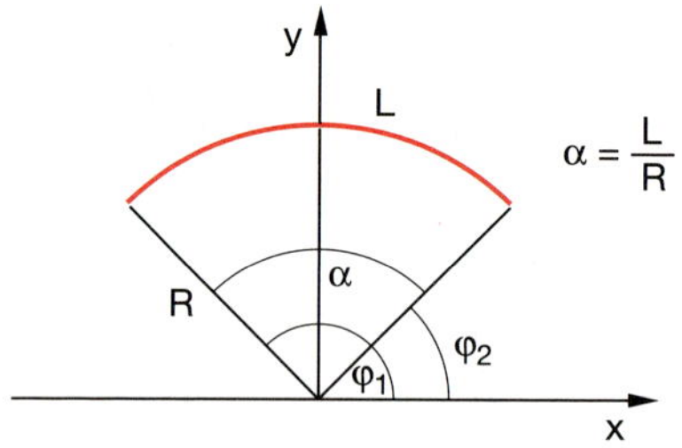

Abb. L.6. Zu Lösung 1.14

$$E_y = \frac{1}{4\pi\varepsilon_0} \frac{\lambda}{R^2} \int_{\varphi_1}^{\varphi_2} \sin\varphi \, \mathrm{d}\varphi,$$

$$\varphi_1 = \frac{\pi}{2} - \frac{\alpha}{2} = \frac{\pi}{2} - \frac{L}{2R},$$

$$\varphi_2 = \frac{\pi}{2} + \frac{L}{2R}$$

$$\Rightarrow E_x = \frac{1}{4\pi\varepsilon_0} \frac{\lambda}{R^2} (\sin\varphi_2 - \sin\varphi_1)$$

$$= \frac{1}{4\pi\varepsilon_0} \frac{\lambda}{R^2} \left(\cos\frac{L}{2R} - \cos\frac{L}{2R}\right) = 0,$$

$$E_y = \frac{1}{4\pi\varepsilon_0} \frac{\lambda}{R^2} (\cos\varphi_1 - \cos\varphi_2)$$

$$= \frac{1}{4\pi\varepsilon_0} \frac{2\lambda}{R^2} \sin\frac{L}{2R}.$$

$\boldsymbol{E}$ hat also nur eine y-Komponente

$$|\boldsymbol{E}| = \frac{1}{2\pi\varepsilon_0} \frac{\lambda}{R^2} \sin\frac{L}{2R}.$$

Kapitel 2

1. a) Masse eines Cu-Atoms: $63{,}5 \cdot 1{,}66 \cdot 10^{-27}$ kg, Zahl der Cu-Atome pro m^3:

$$n = \frac{8{,}92 \cdot 10^3}{63{,}5 \cdot 1{,}66 \cdot 10^{-27}} \, \mathrm{m}^{-3} = 8{,}5 \cdot 10^{28}/\mathrm{m}^3$$

$\Rightarrow$ im Mittel kommt auf $8{,}5/5 \approx 1{,}7$ Atome ein freies Elektron.
b) Der Strom fließt bereits nach einer Zeit

$$t_1 = \frac{L}{c} = \frac{10\,\mathrm{m}}{3 \cdot 10^8\,\mathrm{m/s}} \approx 3 \cdot 10^{-8}\,\mathrm{s},$$

d.h. praktisch instantan, durch die Lampe. Weil der Glühfaden der Lampe sich erwärmt, steigt

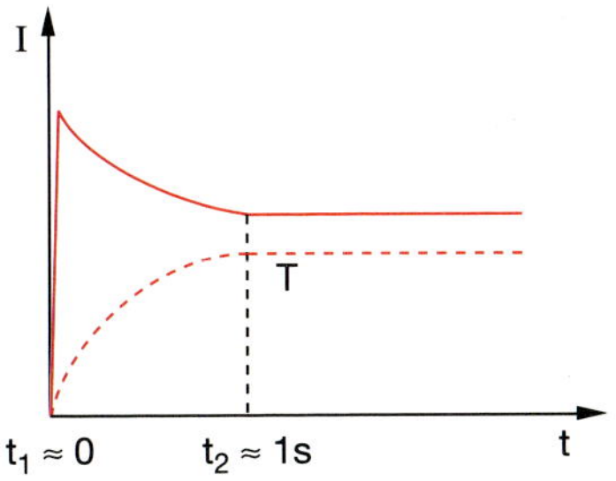

Abb. L.7. Zu Lösung 2.1b

sein Widerstand von R_0 auf R an. Der Strom sinkt daher von einem höheren Anfangswert $I_0 = U/R_0$ auf den Wert $I = U/R = P_{el}/U$ ab, wenn P_{el} die auf der Lampe angegebene elektrische Leistung ist. Die Temperatur des Glühfadens steigt auf einen Wert T_m, bei dem die Energiezufuhr $I^2 \cdot R$ gleich der abgestrahlten Energie ist.

c) Die Stromdichte ist

$$j = \frac{I}{\pi r^2} = 2{,}6 \cdot 10^6\,\mathrm{A/m^2}.$$

Aus $\boldsymbol{j} = e \cdot n \cdot \boldsymbol{v}_D$ folgt mit $n = 5 \cdot 10^{28}/\mathrm{m}^3$ die Driftgeschwindigkeit $v_D = 0{,}33 \cdot 10^{-3}\,\mathrm{m/s} = 0{,}33\,\mathrm{mm/s} \Rightarrow t_2 = 3 \cdot 10^4\,\mathrm{s}$.

Es dauert also etwa acht Stunden (!), bis das erste Elektron aus der Spannungsquelle den Glühfaden erreicht.

d) Bei einem Strom von 1 A fließen $N = 6{,}25 \cdot 10^{18}$ Elektronen pro Sekunde durch den Drahtdurchschnitt. Ihre Masse ist:

$$M = 6{,}25 \cdot 10^{18} \cdot 9{,}1 \cdot 10^{-31}\,\mathrm{kg} = 5{,}6 \cdot 10^{-12}\,\mathrm{kg}.$$

Es dauert also $1{,}7 \cdot 10^{11}$ s (!), bis 1 kg Elektronen durch den Glühfaden gewandert sind.

2. Der Widerstand dR des Längenelementes dx ist

$$dR = \varrho_{el} \cdot \frac{dx}{A(x)}.$$

Der Querschnitt ist

$$A(x) = \frac{\pi}{4}\left(d(x)\right)^2 = \frac{\pi}{4}\left(d_1 + \frac{d_2 - d_1}{L}\,x\right)^2.$$

Der Gesamtwiderstand ist dann:

$$R = \frac{4\varrho_{el}}{\pi}\int_0^L \left(d_1 + \frac{d_2 - d_1}{L}\,x\right)^{-2} \mathrm{d}x$$

$$= \frac{4\varrho_{el}}{\pi}\int_0^L \frac{\mathrm{d}x}{(a + bx)^2}$$

mit $a = d_1,\ b = (d_2 - d_1)/L$

$$= -\frac{4\varrho_{el}}{\pi \cdot b}\,\frac{1}{(a + bx)}\bigg|_0^L = \frac{4\varrho_{el}}{\pi} \cdot \frac{L}{d_1 \cdot d_2}.$$

Zahlenwerte:

$$R = \frac{4 \cdot 8{,}71 \cdot 10^{-8}}{\pi} \cdot \frac{1}{0{,}25 \cdot 10^{-6}}\,\Omega = 0{,}44\,\Omega.$$

b) Bei einer Spannung $U = 1$ V fließt ein Strom:

$$I = \frac{1}{0{,}44}\,\mathrm{A} \approx 2{,}25\,\mathrm{A}.$$

Am gesamten Draht fällt die Leistung $P_{el} = U \cdot I = 2{,}25$ W an, die sich aber nicht gleichmäßig über den Draht verteilt. Aus $\mathrm{d}P_{el} = I^2 \cdot \mathrm{d}R$ folgt

$$P_{el}(x) = I^2 \cdot \varrho_{el} \cdot \frac{\mathrm{d}x}{A(x)}.$$

Die im Draht verheizte Leistung an der Stelle x ist umgekehrt proportional zum Querschnitt.

3. Die beiden mittleren Widerstände $2R$ in Abb. 2.60 sind kurzgeschlossen, und daher brauchen sie nicht berücksichtigt zu werden. Zwischen B und dem Mittelpunkt ist der Gesamtwiderstand $R/2$. Dasselbe gilt zwischen A und dem Mittelpunkt. Der Widerstand zwischen A und B ist deshalb $R_g = R$.

4. Man kann die Schaltung in Abb. 2.61 vereinfacht darstellen (siehe Abb. L.8).

$$R_3' = R_3 + R_i(U_2) = (4 + 1)\,\Omega = 5\,\Omega$$

$$R_7 = R_1 + R_i(U_1) + R_4 + \frac{R_5 \cdot R_6}{R_5 + R_6}$$

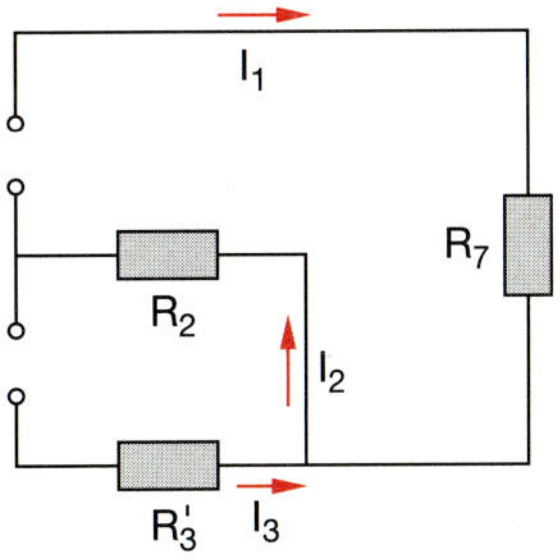

Abb. L.8. Zu Lösung 2.4

$$= \left(3 + 1 + 8 + \frac{12 \cdot 24}{36}\right) \Omega = 20\,\Omega.$$

a) $I_1 + I_3 = I_2$ (Knotenregel)

b) $I_1 \cdot R_7 + I_2 \cdot R_2 = U_1$ (obere Masche)

c) $I_3 \cdot R_3' + I_2 \cdot R_2 = U_2$ (untere Masche)

Aus b) folgt $I_1 = \dfrac{U_1 - I_2 R_2}{R_7}$.

Aus c) folgt $I_3 = \dfrac{U_2 - I_2 R_2}{R_3'}$.

Einsetzen in a) liefert für I_2:

$$I_2 = \frac{U_1 R_3' + U_2 R_7}{R_2(R_3' + R_7) + R_3' R_7} = 0{,}65\,\text{A}.$$

$$I_1 = \frac{U_1}{R_7} - \frac{R_2}{R_7} I_2 = 0{,}37\,\text{A};$$

$$I_3 = I_2 - I_1 = 0{,}28\,\text{A}.$$

Die Potentialdifferenz ist:

$$U(A) = \frac{R_5 \cdot R_6}{R_5 + R_6} \cdot I_1 = 2{,}96\,\text{V}.$$

5. a) $U_1 = U_0 - IR_\text{i}$

$$\Rightarrow\ R_\text{i} = \frac{U_0 - U}{I} = \frac{2}{150}\,\Omega = 13{,}3\,\text{m}\Omega$$

$$R_\text{a} = \frac{U_1}{I} = \frac{10}{150}\,\Omega = 66{,}7\,\text{m}\Omega.$$

b) Für $R_\text{i} = R_\text{a}$ gilt:

$$I = \frac{U_1}{R_\text{a}} = \frac{U_0 - IR_\text{a}}{R_\text{a}}$$

$$\Rightarrow\ I = \frac{U_0}{2R_\text{a}} = \frac{12}{0{,}133}\,\text{A} = 90\,\text{A}$$

$$U_1 = U_0 - IR_\text{a} = (12 - 90 \cdot 0{,}0667)\,\text{V} = 6\,\text{V}.$$

c) Im Falle a) ist die im Anlasser verbrauchte Leistung:

$$P_\text{el}^{(\text{A})} = I^2 \cdot R_\text{a} = 150^2 \cdot 0{,}0667\,\text{W} = 1500\,\text{W},$$

in der Batterie wird während des Anlassens die Leistung

$$P_\text{el}^{(\text{B})} = I^2 \cdot R_\text{i} = 150^2 \cdot 0{,}0133\,\text{W} \approx 300\,\text{W}$$

verbraucht. Im Fall b) gilt:

$$P_\text{el}^{(\text{A})} = 90^2 \cdot 0{,}0667\,\text{W} = 540\,\text{W},$$

$$P_\text{el}^{(\text{B})} = 540\,\text{W}.$$

6. Wir fassen die Elemente 1–8 wie folgt zusammen:

Zusammenfassung	Art	C_g	R_g
$7 + 8 = \text{a}$	Serie	$\frac{1}{2}C$	$2R$
$6 + \text{a} = \text{b}$	parallel	$\frac{3}{2}C$	$\frac{2}{3}R$
$5 + \text{b} = \text{c}$	Serie	$\frac{3}{5}C$	$\frac{5}{3}R$
$4 + \text{c} = \text{d}$	parallel	$\frac{8}{5}C$	$\frac{5}{8}R$
$3 + \text{d} = \text{e}$	Serie	$\frac{8}{13}C$	$\frac{13}{8}R$
$2 + \text{e} = \text{f}$	parallel	$\frac{21}{13}C$	$\frac{13}{21}R$
$1 + \text{f}$	Serie	$\frac{21}{34}C$	$\frac{34}{21}R$

$$\Rightarrow C_\text{g} = \tfrac{21}{34}\,C,\ R_\text{g} = \tfrac{34}{21}\,R.$$

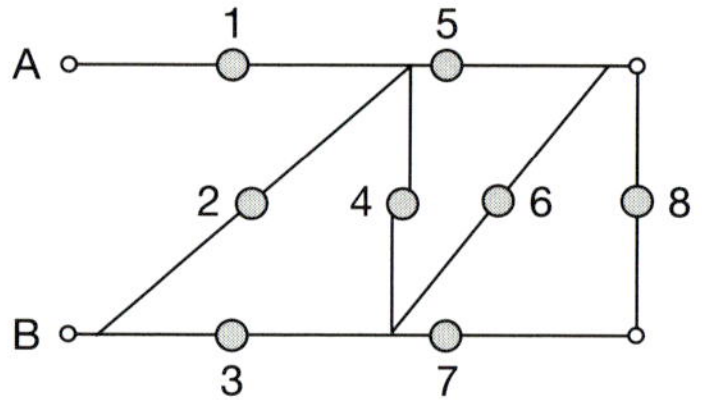

Abb. L.9. Zu Lösung 2.6

7. Die gewünschte Nickelschicht der Dicke d hat das Volumen:

$$V = d \cdot A = d\,(2\pi r \cdot L + 2\pi r^2) = 24{,}9\,\text{cm}^3.$$

Ihre Masse ist:

$$m = \varrho \cdot V = 8{,}7 \cdot 24{,}9\,\text{g} = 216{,}5\,\text{g}.$$

a) Der Gesamtstrom I ist gleich der zulässigen Stromdichte $\boldsymbol{j}$ mal der Oberfäche A des Zylinders:

$$I = 2{,}5 \cdot 10^{-1}\,\text{A/cm}^2 \cdot 2{,}49 \cdot 10^3\,\text{cm}^2 = 623\,\text{A}.$$

b) Das elektrochemische Äquivalent ist:

$$E_\text{C} = \frac{1}{2} \cdot \frac{N_\text{A} \cdot m_\text{Ni}}{96\,485{,}3}\frac{\text{kg}}{\text{C}} = 1{,}825 \cdot 10^{-7}\,\text{kg/C} = 1{,}825 \cdot 10^{-4}\,\text{g/C}.$$

Die Galvanisierungszeit ist somit:

$$t = \frac{216{,}5}{1{,}825 \cdot 10^{-4} \cdot 623}\,\text{s} = 1{,}9 \cdot 10^3\,\text{s} = 31{,}7\,\text{min}.$$

8. Die Klemmenspannung U ist: $U = U_0 - I \cdot R_\text{i}$ mit $U_0 = EMK$.

$$I = \frac{U}{R_a} \Rightarrow U = \frac{U_0}{1 + R_i/R_a}$$

$$P_{el} = \frac{dW_{el}}{dt} = \frac{U^2}{R_a} = \frac{U_0^2 R_a}{(R_i + R_a)^2}$$

$$\frac{dP_{el}}{dR_i} = 0 \Rightarrow R_i = R_a$$

$$\Rightarrow P_{el}^{max} = \frac{U_0^2}{4R_i} = \frac{4{,}5}{4 \cdot 1{,}2}\,\text{W} = 4{,}22\,\text{W}.$$

9. a) $Q = C_1 U_1 = 2 \cdot 10^{-5}\,\text{F} \cdot 10^3\,\text{V} = 2 \cdot 10^{-2}\,\text{C}$. Nach der Verbindung der beiden Kondensatoren verteilt sich die Ladung Q so auf C_1 und C_2, daß an beiden Kondensatoren die gleiche Spannung U_2 anliegt.

$$Q = (C_1 + C_2)\, U_2$$

$$\Rightarrow U_2 = \frac{Q}{C_1 + C_2} = \frac{2 \cdot 10^{-2}\,\text{C}}{3 \cdot 10^{-5}\,\text{F}} = \frac{2}{3} \cdot 10^3\,\text{V}.$$

Vor der Verbindung war die Energie:

$$W_{el} = \frac{1}{2} C_1 U_1^2 = 10\,\text{Ws}.$$

Nach der Verbindung gilt:

$$W_1 = \frac{1}{2}\, C_1 U_2^2 = \frac{40}{9}\,\text{Ws}$$

$$W_2 = \frac{1}{2}\, C_2 U_2^2 = \frac{20}{9}\,\text{Ws}$$

$$\Rightarrow W = W_1 + W_2 = \frac{20}{3}\,\text{Ws}.$$

Der Rest $\Delta W = 10/3\,\text{Ws}$ ist beim Stromfluß von C_1 nach C_2 als Joulesche Wärme verloren gegangen. Man kann dies auch so ausdrücken:

$$W_{el} = \frac{1}{2}\frac{Q^2}{C_1}, \quad W_1 + W_2 = \frac{1}{2}\frac{Q^2}{C_1 + C_2} < W_{el}$$

$\Rightarrow$ der Bruchteil $C_2/(C_1 + C_2)$ der ursprünglichen Energie geht in Wärme über.

10. Aus Abb. L.10 entnimmt man

$$U = U_0 - R \cdot I.$$

Für R_{min} ist die Widerstandsgerade $U = U_0 - R \cdot I$ Tangente an die Kurve $I(U)$ der Gasentladung. Für $U = 630\,\text{V}$ wird somit $I = 0{,}33\,\text{A}$.

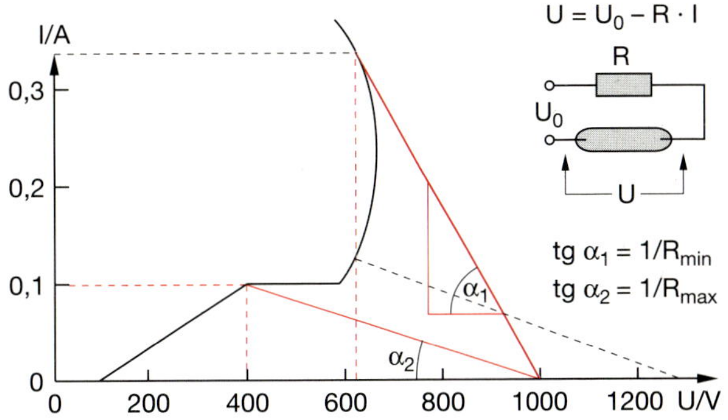

Abb. L.10. Zu Lösung 2.10

$$\Rightarrow R_{min} = \frac{U_0 - U}{I} = \frac{1000 - 630}{0{,}33}\,\Omega \approx 1121\,\Omega$$

$$R_{max} = \frac{1000 - 400}{0{,}1}\,\Omega = 6000\,\Omega.$$

b) Bei $R = 5\,\text{k}\Omega$ und $U_0 = 500\,\text{V}$ wird

$$I = \frac{U_0 - U}{R} = 0{,}1\,\text{A} - \frac{U}{R}.$$

Der Schnittpunkt der Widerstandsgeraden mit der Kennlinie der Gasentladung liegt also im unselbständigen Bereich; die Entladung geht aus. Bei $U_0 = 1250\,\text{V}$ folgt

$$I = \frac{1240\,\text{V}}{5000\,\Omega} - \frac{U}{5000\,\Omega} = 0{,}25\,\text{A} - \frac{U}{5000\,\Omega}.$$

Da $U < 700\,\text{V}$ ist, ist $0{,}25\,\text{A} > I > 0{,}11\,\text{A}$. Die Widerstandsgerade schneidet die Kennlinie im stabilen Bereich. Aus der graphischen Darstellung findet man: $U = 620\,\text{V}$, $I = 0{,}12\,\text{A}$.

11. $\boldsymbol{j} = (n^+ + n^-)\, e \cdot v = \sigma \cdot E$

$$E = E_0 \cdot \cos \omega t$$

$$v = \frac{\sigma}{(n^+ + n^-)\, e} E_0 \cos \omega t = v_0 \cdot \cos \omega t$$

$$v_0 = \frac{1{,}1 \cdot 3000}{2 \cdot 10^{28} \cdot 1{,}6 \cdot 10^{-18}} \frac{\text{m}}{\text{s}} = 1 \cdot 10^{-6}\,\text{m/s}$$

$$s_0 = \frac{v_0}{\omega}, \quad \text{weil} \quad s = \int v\, dt = \frac{1}{\omega}\, v_0 \sin \omega t$$

$$s_0 = 3{,}2 \cdot 10^{-9}\,\text{m} = 3{,}2\,\text{nm}.$$

12. Nach (2.15) gilt mit $h = L$:

$$R = \frac{\varrho_s \cdot \ln(r_2/r_1)}{2\pi \cdot L} = \frac{10^{12} \ln 8}{200\pi} = 3{,}3 \cdot 10^9\,\Omega,$$

$$I = \frac{U}{R} = \frac{3 \cdot 10^3}{3{,}3 \cdot 10^9}\,\text{A} = 0{,}9 \cdot 10^{-6}\,\text{A} = 0{,}9\,\mu\text{A}.$$

13. a) Der Widerstand für n Meter Kabellänge kann durch

$$R_n = 2R_1 + R_{n-1}$$

beschrieben werden, wobei

$$\frac{1}{R_{n-1}} = \frac{1}{R_2} + \frac{n-1}{2R_1 + R_2}$$

$$\Rightarrow R_{n-1} = \frac{R_2(2R_1 + R_2)}{2R_1 + n \cdot R_2}.$$

b) Für $R_1 = R_2$:

$$\Rightarrow R_{n-1} = \frac{3R_1}{2+n} \quad \Rightarrow R_n = 2R_1 + \frac{3R_1}{2+n},$$

$$\lim_{n\to\infty} R_n = 2R_1.$$

Kapitel 3

1. a) $B(0) = 0$: Außen addieren sich die Felder, zwischen den Drähten subtrahieren sie sich.

$$F_1 = \{+F_x, 0, 0\}, \quad F_2 = \{-F_x, 0, 0\}$$

$\Rightarrow$ Anziehung (Abb. L.11a).
$I_1 = -I_2 = I$: Außen subtrahieren, innen addieren sich die Felder.

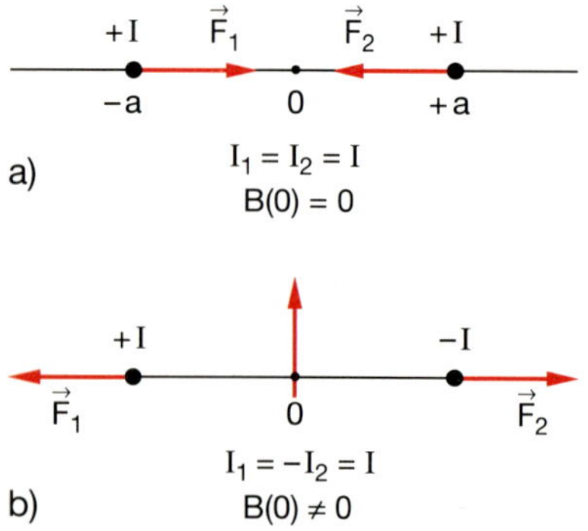

Abb. L.11a,b. Zu Lösung 3.1a

$$F_1 = \{-F_x, 0, 0\}, \quad F_2 = \{+F_x, 0, 0\}$$

$\Rightarrow$ Abstoßung (Abb. L.11b).
b) Für das Magnetfeld gilt:

$$|\boldsymbol{B}_1| = B_1 = \frac{\mu_0 I_1}{2\pi r_1},$$

$$B_{1x} = B_1 \cdot \sin\alpha_1 = B_1 \frac{a-y}{r_1},$$

$$B_{1y} = B_1 \cdot \cos\alpha_1 = B_1 \frac{x}{r_1},$$

$$|\boldsymbol{B}_2| = B_2 = \frac{\mu_0 I_2}{2\pi r_2},$$

$$B_{2x} = -B_2 \sin\alpha_2 = -B_2 \frac{a+y}{r_2},$$

$$B_{2y} = B_2 \cos\alpha_2 = B_2 \frac{x}{r_2}.$$

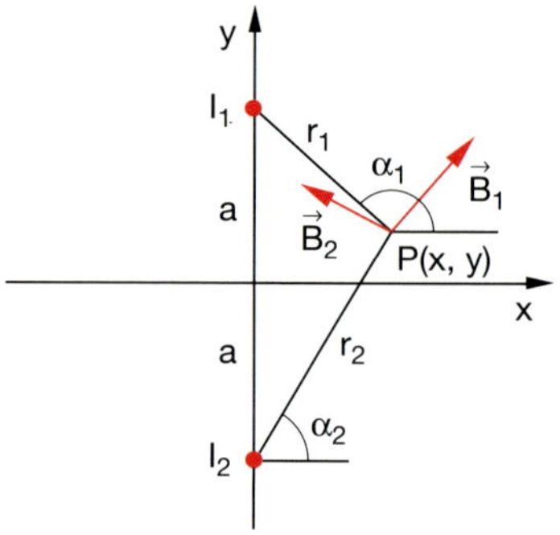

Abb. L.12. Zu Lösung 3.1b

Das Gesamtfeld im Punkte $P(x, y)$ ist dann:

$$B_x = \frac{a-y}{r_1} B_1 - \frac{a+y}{r_2} B_2 = \frac{\mu_0}{2\pi}\left(\frac{I_1(a-y)}{r_1^2} - \frac{I_2(a+y)}{r_2^2}\right),$$

$$B_y = \frac{\mu_0 x}{2\pi}\left(\frac{I_1}{r_1^2} + \frac{I_2}{r_2^2}\right)$$

mit $r_1^2 = x^2 + (y-a)^2$, $r_2^2 = x^2 + (y+a)^2$.

Spezialfälle:
α) $I_1 = I_2 = I$; $y = 0$ (Feld auf der x-Achse):

$$B_x = 0; \quad B_y = \frac{\mu_0 I}{\pi}\frac{x}{a^2 + x^2} = |\boldsymbol{B}|.$$

Auf der y-Achse ($x = 0$) gilt außerhalb der Drähte ($y \neq \pm a$)

$$B_x = \frac{\mu_0 I}{\pi} \frac{y}{a^2 - y^2}; \quad B_y = 0$$

$$\Rightarrow |B| = B_x.$$

β) $I_1 = -I_2 = I$: Jetzt erhalten wir für $y = 0$:

$$B_x = \frac{\mu_0 I}{\pi} \frac{a}{a^2 + x^2}; \quad B_y = 0$$

und auf der y-Achse für $y \neq \pm a$

$$B_x = \frac{\mu_0 I}{\pi} \frac{a}{a^2 - y^2}; \quad B_y = 0.$$

c) Bei parallelen Leitern ist nach (3.42) die Kraft zwischen den Leitern pro Meter Leiterlänge:

$$\frac{\boldsymbol{F}}{L} = \frac{\mu_0}{4\pi a} I_1 \cdot I_2 \, (\hat{\boldsymbol{e}}_\varphi \times \hat{\boldsymbol{e}}_z),$$

wobei $\hat{\boldsymbol{e}}_z$ in die $+z$-Richtung zeigt und $\hat{\boldsymbol{e}}_\varphi$ die Richtung des Magnetfeldes eines Drahtes am Ort des anderen Drahtes angibt.
Für $I_1 = I_2 = I$ sind $\boldsymbol{F}_1$ und $\boldsymbol{F}_2$ aufeinander zu gerichtet (Anziehung), für $I_1 = -I_2 = I$ voneinander weg gerichtet (Abstoßung). Der Betrag der Kraft ist in beiden Fällen

$$\frac{|\boldsymbol{F}|}{L} = \frac{\mu_0 I^2}{4\pi a}.$$

d) Die Kraft auf ein Längenelement dL des Drahtes in z-Richtung im Magnetfeld des Drahtes in x-Richtung ist:

$$\mathrm{d}\boldsymbol{F} = I_2 \, (\mathrm{d}\boldsymbol{L} \times \boldsymbol{B}_1)$$
$$\mathrm{d}\boldsymbol{L} = \{0, 0, \mathrm{d}z\}; \quad \boldsymbol{B}_1 = \{0, B_y, B_z\}$$
$$\Rightarrow \mathrm{d}F_x = -I_2 B_y \, \mathrm{d}z; \quad \mathrm{d}F_y = \mathrm{d}F_z = 0.$$

Die y-Komponente des Magnetfeldes des stromdurchflossenen Drahtes in x-Richtung ist im Punkte $P(0, -a, z)$ auf dem anderen Draht:

$$B_y = \frac{\mu_0 I_1}{2\pi} \frac{z}{a^2 + z^2};$$
$$\Rightarrow \mathrm{d}F_x = \frac{\mu_0}{2\pi} I_1 I_2 \frac{z \, \mathrm{d}z}{a^2 + z^2}.$$

Auf ein Stück des Drahtes von $z_1 = -b$ bis $z_2 = +b$ wirkt die Kraft:

$$F_x = \int_{z_1}^{z_2} \mathrm{d}F_x = \frac{\mu_0 I_1 I_2}{4\pi} \ln(a^2 + z^2) \Big|_{z=-b}^{z=+b} = 0.$$

Die Kraft zwischen den Drähten ist also Null. *Frage*: Hätte man dies auch direkt aus Symmetrieüberlegungen schließen können? Antwort: ja.

2. Wegen der Zylindersymmetrie gibt es nur eine tangentiale Komponente $B_\varphi(r)$, die wir berechnen können aus:

$$\int \boldsymbol{B} \cdot \mathrm{d}\boldsymbol{s} = 2\pi r \cdot B_\varphi = \mu_0 \cdot I(r),$$

wobei $I(r)$ der Strom durch die Fläche innerhalb des Integrationsweges ist. Wir erhalten dann:
1) $r \leq r_1 \;\Rightarrow\; B = 0$;
2) $r \geq r_4 \;\Rightarrow\; B = 0$, weil der Gesamtstrom $I = I_1 + I_2$ mit $I_2 = -I_1$ Null ist;
3) $r_1 \leq r \leq r_2$:

$$B = \frac{\mu_0 I}{2\pi r} \left(\frac{r^2 - r_1^2}{r_2^2 - r_1^2} \right);$$

4) $r_2 \leq r \leq r_3$:

$$B = \frac{\mu_0 I}{2\pi r};$$

5) $r_3 \leq r \leq r_4$:

$$B = \frac{\mu_0 I}{2\pi r} \left(1 - \frac{r^2 - r_3^2}{r_4^2 - r_3^2} \right).$$

3. Die Bewegung des Elektrons entspricht einem Strom

$$I = -e \cdot \nu = -e \cdot \omega / 2\pi.$$

Die Umlaufkreisfrequenz ω ergibt sich aus:

$$m\omega^2 \cdot r = \frac{1}{4\pi\varepsilon_0} \frac{e^2}{r^2},$$

weil die Zentripetalkraft gleich der Coulombkraft ist:

$$\omega = \left(\frac{e^2}{4\pi\varepsilon_0 m r^3} \right)^{1/2}$$
$$\Rightarrow I = -\frac{e^2}{2\pi} \sqrt{\frac{1}{4\pi\varepsilon_0 m r^3}} \approx 1\,\mathrm{mA}.$$

Das Magnetfeld im Mittelpunkt der Kreisbahn ist nach (3.19a):

$$B_z = \frac{\mu_0}{2r} = -\frac{\mu_0 e^2}{4\pi r^2} \sqrt{\frac{1}{4\pi\varepsilon_0 m r^3}} \approx 12{,}5\,\mathrm{T}.$$

4. Nach (3.40) gilt für die Kraft auf den stromdurchflossenen Leiter:

$$\mathrm{d}\boldsymbol{F} = I \cdot (\mathrm{d}\boldsymbol{L} \times \boldsymbol{B})$$

$$\mathrm{d}\boldsymbol{L} = \begin{Bmatrix} \mathrm{d}x \\ \mathrm{d}y \\ 0 \end{Bmatrix} = \begin{Bmatrix} r \cdot \sin\varphi\,\mathrm{d}\varphi \\ r \cdot \cos\varphi\,\mathrm{d}\varphi \\ 0 \end{Bmatrix}.$$

Weil $\boldsymbol{B} = \{0, 0, B\}$ nur eine z-Komponente hat, gilt:

$$\mathrm{d}F_x = I \cdot \mathrm{d}y \cdot B$$
$$\mathrm{d}F_y = -I \cdot \mathrm{d}x \cdot B$$

$$\Rightarrow F_x = I \cdot B \cdot r \cdot \int_0^\pi \cos\varphi\,\mathrm{d}\varphi = 0$$

$$F_y = -I \cdot B \cdot r \cdot \int_0^\pi \sin\varphi\,\mathrm{d}\varphi = -2r \cdot I \cdot B.$$

Dieselbe Kraft würde ein gerader Draht der Länge $L = 2r$ erfahren.

5. a) Nach (3.22b) ist das Magnetfeld für $z = 0$:

$$B(z=0) = \frac{\mu_0 NIR^2}{\left[(d/2)^2 + R^2\right]^{3/2}}.$$

Mit $N = 100$, $R = 0{,}4\,\mathrm{m}$ erhalten wir

$$B(z=0) = \mu_0 I \frac{16\,\mathrm{m}^2}{\left[0{,}16\,\mathrm{m}^2 + (d/2)^2\right]^{3/2}}.$$

Für $d = R$ und $I = 1\,\mathrm{A}$ folgt

$$B(z=0) = 2{,}25 \cdot 10^{-4}\,\mathrm{T} = 2{,}25\ \text{Gauß}.$$

b) Für $B(0) = 5 \cdot 10^{-5}\,\mathrm{T}$ folgt $I = 0{,}22\,\mathrm{A}$. Die Spulenachse muß antiparallel zur Richtung des Erdmagnetfeldes stehen.

c) Um das Feld außerhalb der Spulen zu berechnen, setzen wir $z = \pm(d/2 + \Delta z)$, wobei Δz den Abstand von der Spulenebene nach außen angibt. Entwickeln wir (3.22a) in eine Taylorreihe um $\Delta z = 0$, so ergibt sich:

$$B(z) = \frac{\mu_0 IR^2}{2}\left[\frac{1}{\left[(d+\Delta z)^2\right]^{3/2}} + \frac{1}{(\Delta z^2 + R^2)^{3/2}}\right].$$

Für $d = R$ ergibt dies:

$$B(z) = \frac{\mu_0 I}{2R}\left[\frac{1}{\left[1 + \left(1 + \frac{\Delta z}{R}\right)^2\right]^{3/2}} + \frac{1}{\left[1 + \left(\frac{\Delta z}{R}\right)^2\right]^{3/2}}\right]$$

$$\approx \frac{\mu_0 I}{2R}\left[\frac{1}{\sqrt{8}}\left(1 - \frac{3}{2}\frac{\Delta z}{R} - \frac{3}{4}\left(\frac{\Delta z}{R}\right)^2 - \frac{15}{8}\left(\frac{\Delta z}{R}\right)^2 + \dots + 1 - \frac{3}{2}\frac{\Delta z}{R} - \frac{15}{8}\left(\frac{\Delta z}{R}\right)^2 + \dots\right)\right.$$

$$\approx \frac{\mu_0 I}{2R}\left[1{,}35 - 2\frac{\Delta z}{R} - 2{,}8\left(\frac{\Delta z}{R}\right)^2 - \dots\right].$$

6. a) Bahn des Elektrons im Magnetfeld $\boldsymbol{B} = \{0, 0, B_0\}$. Die Geschwindigkeitskomponente $v_z = v_0/\sqrt{3}$ bleibt konstant. Für die Komponenten v_x, v_y gilt: Lorentzkraft = Zentripetalkraft.

$$e \cdot (\boldsymbol{v} \times \boldsymbol{B}) = m \cdot \omega^2 \cdot \begin{Bmatrix} x \\ y \\ 0 \end{Bmatrix}$$

$$\Rightarrow\ e v_y B_0 = m\omega^2 x,$$
$$-e v_x B_0 = m\omega^2 y.$$

Mit $r^2 = x^2 + y^2$ und $v_\perp^2 = v_x^2 + v_y^2$ folgt

$$e^2 v_\perp^2 B_0^2 = m^2 \omega^4 r^2.$$

Wäre $v_z = 0$, so würde das Elektron einen Kreis in der x-y-Ebene beschreiben mit dem Radius

$$r = \frac{m \cdot v_\perp}{eB_0} = \frac{m \cdot v_0 \cdot \sqrt{2}}{e \cdot B_0 \cdot \sqrt{3}}.$$

Die Umlaufzeit ist:

$$T = \frac{2\pi r}{v_\perp} = \frac{2\pi m}{eB_0}.$$

Mit $v_z = v_0/\sqrt{3}$ ist die Elektronenbahn eine Kreisspirale um die z-Achse mit einer Ganghöhe

$$\Delta z = v_z \cdot T = \frac{2\pi \cdot v_0 \cdot m}{\sqrt{3}e \cdot B_0}.$$

In diesem Beispiel bleiben die Größen v_z, $v_r = \dot{r} = 0$, $|\boldsymbol{v}|$, $|\boldsymbol{p}|$ und $E_{\text{kin}} = m/2\, v^2$ zeitlich konstant.

b) Ein zusätzliches elektrisches Feld $\boldsymbol{E}_1 = E_0\,\{0,0,1\}$ beeinflußt nur v_z, nicht v_x, v_y. Es gilt:

$$v_z = v_z(0) + a \cdot t = v_0/\sqrt{3} + \frac{eE_0}{m}\, t.$$

Die Elektronenbahn bleibt eine Spirale, deren Ganghöhe jedoch zunimmt. Sie wird:

$$\begin{aligned}\Delta z(t) &= v_z \cdot T = \left(v_0/\sqrt{3} + \frac{eE}{m}\, t\right)\frac{2\pi m}{eB_0} \\ &= \Delta z_0 + \frac{2\pi E_0}{B_0}\, t.\end{aligned}$$

Nur $v_r = 0$ bleibt konstant.

Ein zusätzliches Feld $\boldsymbol{E}_2 = E_0 \cdot \{1,0,0\}$ führt auf die beiden gekoppelten Differentialgleichungen

$$\begin{aligned}\ddot{x} &= \frac{e}{m}\, E_0 + \frac{e}{m}\, B_0 \dot{y}, \\ \ddot{y} &= -\frac{e}{m}\, B_0 \dot{x},\end{aligned}$$

welche unter der Anfangsbedingung $\dot{x}(0) = \dot{y}(0) = v_0/\sqrt{3}$ folgende Lösungen besitzen:

$$\begin{aligned}\dot{x}(t) &= \frac{v_0}{\sqrt{3}} \cos\omega t + \left(\frac{E_0}{B_0} + \frac{v_0}{\sqrt{3}}\right) \sin\omega t, \\ \dot{y}(t) &= -\frac{E_0}{B_0} + \left(\frac{E_0}{B_0} + \frac{v_0}{\sqrt{3}}\right) \cos\omega t - \frac{v_0}{\sqrt{3}} \sin\omega t.\end{aligned}$$

Durch Integration erhält man dann die Bahnkurve. Keine der in c) angegebenen Größen bleibt erhalten.

7. a) Die Driftgeschwindigkeit der Elektronen ergibt sich aus

$$\begin{aligned}\boldsymbol{j} &= n \cdot e \cdot \boldsymbol{v}_{\text{D}} = I/A \\ \Rightarrow\ |\boldsymbol{v}_{\text{D}}| &= \frac{I}{n \cdot e \cdot A} \\ &= \frac{10}{8 \cdot 10^{28} \cdot 1{,}6 \cdot 10^{-19} \cdot 10^{-4} \cdot 10^{-2}}\, \frac{\text{m}}{\text{s}} \\ &= 0{,}78 \cdot 10^{-3}\,\text{m/s} = 0{,}78\,\text{mm/s}.\end{aligned}$$

b) Die Hallspannung ist nach (3.41c)

$$U_{\text{H}} = \frac{I \cdot B}{n \cdot e \cdot d}$$

mit $d = \Delta y = 1\,\text{cm}$, $B = 2\,\text{T}$, $I = 10\,\text{A}$, $n_e = 8 \cdot 10^{28}\,\text{m}^{-3} \Rightarrow U_{\text{H}} = 1{,}56 \cdot 10^{-7}\,\text{V} = 0{,}156\,\mu\text{V}$.

c) Die Kraft pro m des Kupferstabes ist

$$\frac{F}{l} = I \cdot B = 10 \cdot 2\,\text{N/m} = 20\,\text{N/m}.$$

8. Der elektrische Widerstand des Eisenbügels ist:

$$\begin{aligned}R_{\text{Fe}} &= \varrho \cdot \frac{L}{A} = 8{,}71 \cdot 10^{-8} \cdot \frac{0{,}6}{5 \cdot 10^{-6}}\,\Omega \\ &= 1{,}05 \cdot 10^{-2}\,\Omega. \\ R_{\text{Konst}} &= \frac{0{,}5 \cdot 10^{-6} \cdot 0{,}2}{5 \cdot 10^{-6}}\,\Omega \\ &= 2 \cdot 10^{-2}\,\Omega \\ U_{\text{th}} &= a \cdot \Delta T = 53 \cdot 10^{-6} \cdot (750 - 15)\,\text{V} \\ &= 39\,\text{mV}.\end{aligned}$$

Der Strom durch den Stromkreis ist dann:

$$\begin{aligned}I_{\text{th}} &= \frac{U_{\text{th}}}{R_{\text{Fe}} + R_{\text{Konst}}} = \frac{3{,}9 \cdot 10^{-2}}{3{,}05 \cdot 10^{-2}}\,\text{A} \\ &= 1{,}28\,\text{A}.\end{aligned}$$

b) Das Magnetfeld im Mittelpunkt der quadratischen Schleife mit Kantenlänge $a = 20\,\text{cm}$ in der x-y-Ebene hat nur eine z-Komponente. Indem man in (3.17) nur von $-\pi/4$ bis $\pi/4$ integriert, erhält man für das Magnetfeld einer einzelnen Seite der Leiterschleife

$$B_1 = \frac{\mu_0 I}{4\pi a/2} \int\limits_{-\pi/4}^{\pi/4} \cos\alpha\, \mathrm{d}\alpha = \frac{\mu_0 I}{\sqrt{2}\pi a},$$

so daß sich insgesamt ergibt:

$$B = 4B_1 = \frac{2\sqrt{2}\mu_0 I}{\pi a} = 7{,}2 \cdot 10^{-6}\,\text{T}.$$

Wird die Stromschleife durch ein ferromagnetisches Material (z.B. Permalloy mit $\mu = 10^4$ geführt, so kann $B = 0{,}07\,\text{T}$ erreicht werden.

9. Für das Wienfilter gilt für Teilchen mit der Sollgeschwindigkeit v_0:

$$v_0 \cdot q \cdot B = q \cdot E \ \Rightarrow\ v_0 = \frac{E}{B}.$$

Teilchen mit der Geschwindigkeit $v = v_0 + \Delta v$ erfahren eine Zusatzkraft

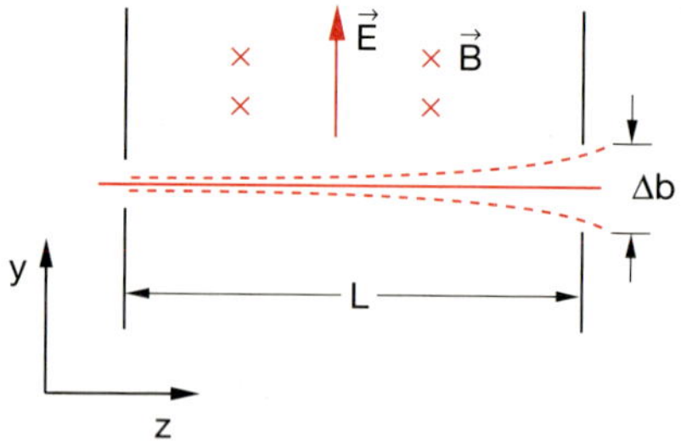

Abb. L.13. Zu Lösung 3.9

$$\Delta F = \Delta v \cdot q \cdot B = m \cdot \ddot{x}$$

$$\Rightarrow \frac{dx}{dt} = \frac{q}{m} \Delta v \cdot B \cdot t + C_1.$$

Wenn diese Teilchen beim Eintritt in das Feld ($t = 0$) in z-Richtung fliegen, ist $(dx/dt)_{t=0} = 0$ $\Rightarrow C_1 = 0$. Integration liefert:

$$x = \frac{1}{2} \frac{a}{m} \Delta v \cdot B \cdot t^2 + C_2.$$

Wenn $x(t = 0) \Rightarrow C_2 = 0$. Die Durchflugzeit ist

$$t = \frac{L}{v} \approx \frac{L}{v_0} \quad \Rightarrow \quad \Delta v = \frac{2m \cdot x \cdot v_0^2}{q \cdot B \cdot L^2}.$$

Für $x \leq \Delta b/2$ folgt

$$|\Delta v| \leq \frac{m \cdot \Delta b \cdot v_0^2}{q \cdot B \cdot L^2}.$$

Kapitel 4

1. Die induzierte Spannung beträgt

$$U_{\text{ind}} = -\frac{d\phi}{dt} = -B \cdot \frac{dF}{dt} = -B \cdot b \cdot v$$

a) Der bewegte leitende Stab stellt einen Strom

$$I = \varrho_{\text{el}} \cdot b \cdot d \cdot v$$

(d = Bügeldicke) dar, dessen Stromdichte

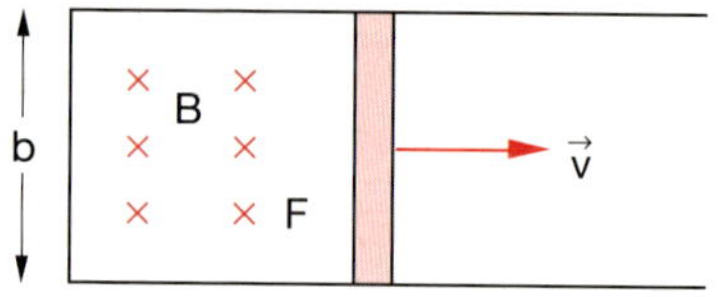

Abb. L.14. Zu Lösung 4.1

$$j = \varrho_{\text{el}} \cdot v = -n \cdot e \cdot v$$

ist. Die induzierte Spannung ist dann mit $b \cdot v = -I/(n \cdot e \cdot d)$

$$U_{\text{ind}} = \frac{I \cdot B}{n \cdot e \cdot d},$$

was identisch ist mit der Hallspannung (3.41c).

b) Die mechanische Leistung ist

$$\frac{dW_{\text{mech}}}{dt} = \text{Lorentzkraft mal Geschwindigkeit.}$$

Die Lorentzkraft ist nach (3.40) $I \cdot b \cdot B$, so daß

$$\frac{dW_{\text{mech}}}{dt} = I \cdot b \cdot B \cdot v = -I \cdot U_{\text{ind}}$$

wird.

c) Zunächst:

$$U_{\text{ind}} = -\frac{d}{dt} \int \boldsymbol{B} \cdot d\boldsymbol{F} = -\frac{d}{dt} \int a \cdot x \cdot b \cdot dx = -a \cdot b \cdot \frac{d}{dt}\left(\frac{x^2}{2}\right) = -a \cdot b \cdot x \cdot v$$

$$x = v \cdot t \;\Rightarrow\; U_{\text{ind}} = ab \cdot v^2 \cdot t.$$

Der Widerstand des gesamten Bügels ist

$$R(t) = (2b + 2x)\, g = 2g\,(b + v \cdot t).$$

Der Stromverlauf ist dann:

$$I(t) = \frac{U(t)}{R(t)} = \frac{a \cdot b \cdot v^2 \cdot t}{2g\,(b + v \cdot t)}.$$

2. Wir nehmen zuerst an, daß der Abstand $R_2 - R_1$ zwischen den konzentrischen Rohren groß ist gegen die Wanddicke der Rohre. Dann gilt für das Magnetfeld

$$B = \frac{\mu_0 I}{2\pi r} \quad \text{für} \quad R_1 \leq r \leq R_2.$$

Durch eine Rechteckfläche $F = a \cdot b$ mit $a = R_2 - R_1$ und $b = l$ parallel zur Rohrachse geht der Fluß

$$\phi = \frac{\mu_0 I \cdot l}{2\pi} \int_{R_1}^{R_2} B \cdot dr = \frac{\mu_0 I \cdot l}{2\pi} \ln \frac{R_2}{R_1}.$$

a) Die Induktivität pro m Kabellänge ist daher

$$\hat{L} = \frac{\mu_0}{2\pi} \ln \frac{R_2}{R_1}.$$

Zahlenbeispiel: $R_1 = 1\,\text{mm}$, $R_2 = 5\,\text{mm}$

$$\Rightarrow \quad \hat{L} = \frac{1{,}26 \cdot 10^{-6}}{2\pi} \ln 5\,\text{H/m} = 0{,}32 \cdot 10^{-6}\,\text{H/m}.$$

b) Die Energiedichte beträgt

$$w(r) = \frac{1}{2}\frac{B^2}{\mu_0} = \frac{1}{2\mu_0}\frac{\mu_0^2 I^2}{4\pi^2 r^2} = \frac{\mu_0 I^2}{8\pi^2 r^2}.$$

Die Energie beträgt dann:

$$W = \int w\,\mathrm{d}v = 2\pi l \int\limits_{R_1}^{R_2} w(r) r\,\mathrm{d}r$$

$$= \frac{\mu_0 I^2 l}{4\pi} \ln \frac{R_2}{R_1} = \frac{1}{2} L I^2.$$

Die Energie pro Längeneinheit beträgt

$$\hat{W} = \frac{1}{2}\hat{L} I^2 = \frac{\mu_0 I^2}{4\pi} \ln \frac{R_2}{R_1}.$$

Bei einem Strom von 10 A sind das für $R_1 = 1\,\text{mm}$, $R_2 = 5\,\text{mm}$:

$$\hat{W} = 1{,}6 \cdot 10^{-5}\,\text{J/m}.$$

c) Wenn die Dicke der Wände nicht vernachlässigbar ist, muß man für das Magnetfeld im Innenleiter (3.9) verwenden. Man erhält dann als zusätzlichen Beitrag zur Induktivität pro m Kabellänge:

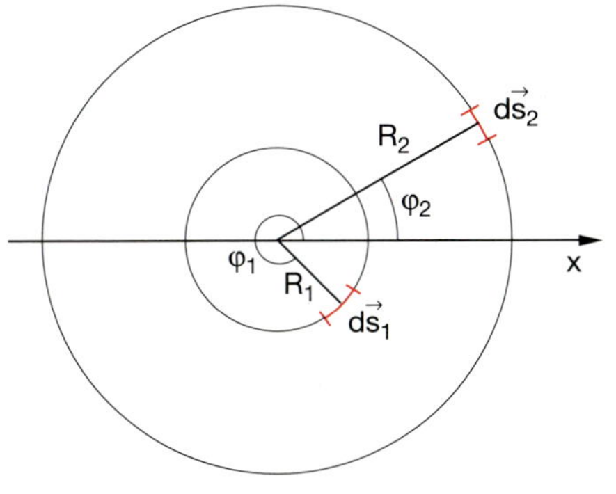

Abb. L.15. Zu Lösung 4.3

$$L_2 = \frac{\mu\mu_0}{8\pi}$$

und für die Energie pro m Länge:

$$\hat{W} = \frac{\mu\mu_0 I^2}{16\pi}.$$

Der Beitrag des Außenleiters führt auf ein Integral, das durch Reihenentwicklung lösbar ist.

3. Nach (4.17) ist die gegenseitige Induktivität

$$L_{12} = \frac{\mu_0}{4\pi} \int\limits_{s_1} \int\limits_{s_2} \frac{\mathrm{d}\boldsymbol{s}_1 \cdot \mathrm{d}\boldsymbol{s}_2}{r_{12}},$$

$$\mathrm{d}\boldsymbol{s}_1 \cdot \mathrm{d}\boldsymbol{s}_2 = R_1 R_2\,\mathrm{d}\varphi_1\,\mathrm{d}\varphi_2 \cos(\varphi_1 - \varphi_2),$$

$$r_{12} = \sqrt{R_1^2 + R_2^2 - 2R_1 R_2 \cos(\varphi_1 - \varphi_2)}$$

$$\Rightarrow \quad L_{12} = \frac{\mu_0 \cdot R_1 R_2}{4\pi} \cdot \int\limits_{\varphi_1=0}^{2\pi} \int\limits_{\varphi_2=0}^{2\pi} \frac{\cos(\varphi_1 - \varphi_2)\,\mathrm{d}\varphi_1\,\mathrm{d}\varphi_2}{\sqrt{R_1^2 + R_2^2 - 2R_1 R_2 \cos(\varphi_1 - \varphi_2)}}$$

$$= \frac{\mu_0}{4\pi} \frac{R_1 R_2}{\sqrt{R_1^2 + R_2^2}} \cdot \int\limits_{\varphi_1=0}^{2\pi} \int\limits_{\varphi_2=0}^{2\pi} \frac{\cos(\varphi_1 - \varphi_2)\,\mathrm{d}\varphi_1\,\mathrm{d}\varphi_2}{\sqrt{1 - k \cdot \cos(\varphi_1 - \varphi_2)}}$$

mit $k = 2R_1 R_2/(R_1^2 + R_2^2)$.
Dies führt durch die Substitution $\cos(1/2(\varphi_1 - \varphi_2)) = \sin\psi$ auf die Summe von zwei elliptischen Integralen, die z.B. im Bronstein tabelliert sind. Für $R_1 \ll R_2$ folgt $k \ll 1$ kann man die Wurzel im Nenner entwickeln und erhält für das Integral:

$$\int\limits_{\varphi_1=0}^{2\pi} \int\limits_{\varphi_2}^{2\pi} \cos(\varphi_1 - \varphi_2) \cdot \left[1 + \frac{1}{2} k \cos(\varphi_1 - \varphi_2)\right] \mathrm{d}\varphi_1\,\mathrm{d}\varphi_2,$$

welches den Wert $k\pi^2$ ergibt, so daß wir für die Induktivität erhalten:

$$L_{12} = \frac{\mu_0 \pi}{2} \frac{R_1^2 R_2^2}{[R_1^2 + R_2^2]^{3/2}}.$$

b) Die gesamte Herleitung im Abschn. 4.3.2 (dort floß ein Strom in der Leiterschleife 1) und insbesondere (4.16)

$$\phi_{\mathrm{m}} = \frac{\mu_0 I_1}{4\pi} \int\limits_{s_1} \int\limits_{s_2} \frac{\mathrm{d}\boldsymbol{s}_1 \cdot \mathrm{d}\boldsymbol{s}_2}{r_{12}}$$

ist für $I_2 = I_1$ invariant gegen eine Vertauschung der Indizes. Eine Vertauschung der Indizes ist aber nichts anderes als die Beschreibung der Situation, daß in der Leiterschleife 2 ein Strom fließt, welcher ein Magnetfeld bei der Schleife 1 hervorruft. Man könnte auch kurz sagen: $L_{12} = L_{21}$.

4. Die Kapazität der Metallstreifen-Doppelleitung mit Abstand d und Breite $2b$ ist pro m Länge

$$\hat{C} = \varepsilon_0 \cdot \frac{2b}{d},$$

wenn Vakuum zwischen den Leitern ist. Sonst kommt noch der Faktor ε hinzu. Die Induktivität ist mühsamer zu berechnen. Dazu betrachten wir das Magnetfeld $\mathrm{d}\boldsymbol{B}$ im Punkte x, y, das von dem Strom $\mathrm{d}I$ durch einen infinitesimal schmalen Streifen $\mathrm{d}x'$ eines Metallstreifens erzeugt wird. Mit $\mathrm{d}I = I \cdot \mathrm{d}x'/(2b)$ erhält man:

$$\mathrm{d}B = \frac{\mu_0\,\mathrm{d}I}{2\pi r} = \frac{\mu_0 I}{4\pi \cdot b \cdot r}\,\mathrm{d}x'$$

mit den Komponenten

$$\mathrm{d}B_x = -\frac{y}{r}\,\mathrm{d}B = -\frac{\mu_0 I}{4b\pi}\,\frac{y \cdot \mathrm{d}x'}{(x-x')^2 + y^2},$$

$$\mathrm{d}B_y = \frac{x-x'}{r}\,\mathrm{d}B = \frac{\mu_0 I}{4\pi b}\,\frac{(x-x')\,\mathrm{d}x'}{(x-x')^2 + y^2}.$$

Das Feld vom Strom I durch den gesamten Streifen ist

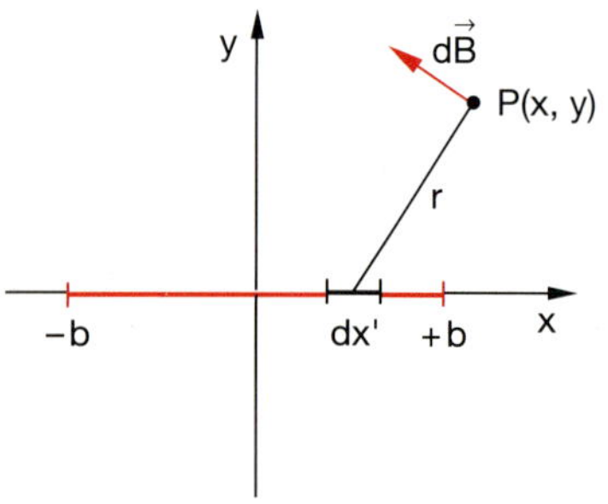

Abb. L.16. Zu Lösung 4.4

$$B = \int\limits_{x'=-b}^{x'=+b} \mathrm{d}B.$$

Wir führen die Substitution $u = (x' - x)/y$ durch:

$$B_x = -\frac{\mu_0 I}{4\pi b} \int\limits_{u_1}^{u_2} \frac{\mathrm{d}u}{1+u^2}$$

$$= -\frac{\mu_0 I}{4\pi b} \left[\operatorname{arctg}\frac{b-x}{y} + \operatorname{arctg}\frac{b+x}{y}\right],$$

$$B_y = -\frac{\mu_0 I}{4\pi b} \int\limits_{u_1}^{u_2} \frac{u\,\mathrm{d}u}{1+u^2}$$

$$= \frac{\mu_0 I}{8\pi b} \ln \frac{y^2 + (b+x)^2}{y^2 + (b-x)^2}.$$

Für $b \gg y$ wird

$$\operatorname{arctg}\frac{b-x}{y} \;\rightarrow\; \frac{\pi}{2} \cdot \operatorname{sig} y$$

und

$$\ln \frac{y^2 + (b+x)^2}{y^2 + (b-x)^2} \;\rightarrow\; 4x/b.$$

Dann wird

$$B_x = -\frac{\mu_0 I}{4b} \cdot \operatorname{sig} y; \quad B_y = \frac{\mu_0 I \cdot x}{2\pi \cdot b^2}.$$

Für unsere Doppelleitung wird $y = \pm d/2$, so daß

$$B_x = -\frac{\mu_0 I}{4b} \cdot \operatorname{sig}(y \pm d/2).$$

Fließt in der oberen Streifenleitung der Strom $+I$, in der unteren $-I$, so zeigen die Magnetfelder der beiden Streifen zwischen den Streifen in dieselbe Richtung, nämlich die $+x$-Richtung. Außerhalb der Streifen heben sich die Felder auf. Die magnetische Feldenergie pro Längeneinheit ist:

$$\hat{W}_{\mathrm{mag}} = \frac{1}{2\mu_0}\,B^2 \cdot 2b \cdot d = \frac{B^2 \cdot b \cdot d}{\mu_0} = \frac{\mu_0 I^2}{4b} \cdot d$$

mit $B^2 = B_x^2 + B_y^2$. Da andererseits $W_{\mathrm{mag}} = 1/2\,LI^2$ ist, folgt für die Selbstinduktion

$$\hat{L} = \frac{\mu_0 \cdot d}{2b}.$$

Das Produkt aus Kapazität C und Induktivität L ist

$$\hat{C} \cdot \hat{L} = \varepsilon_0 \mu_0$$

also *unabhängig* von den geometrischen Dimensionen der Doppelleitung, solange nur $d \ll b$ gilt.

5. Die im Pendel induzierte Spannung ist:

$$U_{\text{ind}} = -\dot{\Phi} = -B \cdot \mathrm{d}F^*/\mathrm{d}t,$$

wobei $\mathrm{d}F^*/\mathrm{d}t$ die pro Zeiteinheit bei der Pendelschwingung in das Magnetfeld eintauchende Fläche ist.

$$\mathrm{d}F^*/\mathrm{d}t \propto v = L \cdot \dot{\varphi},$$

wenn L die Länge des Pendels vom Drehpunkt bis zur Magnetfeldmitte ist.

$$\Rightarrow \quad U_{\text{ind}} \propto \dot{\varphi}.$$

a) Die induzierte Spannung erzeugt Wirbelströme

$$I_{\mathrm{W}} = U_{\text{ind}}/R,$$

wenn R der elektrische Widerstand für die Wirbelströme ist. $\Rightarrow$ $I_{\mathrm{W}} \propto \dot{\varphi}$. Das dämpfende Drehmoment $D_{\mathrm{D}} = L \cdot F_{\mathrm{L}}$ ist durch die Lorentzkraft (3.40)

$$|F_{\mathrm{L}}| \propto I_{\mathrm{W}} \cdot B$$

bedingt. Die Richtung der Kraft ist nach der Lenzschen Regel so, daß sie die Bewegung, durch die sie entsteht, hemmt, so daß $D_{\mathrm{D}} \propto -\dot{\varphi}$ gilt.
b) Da $I_{\mathrm{W}} \propto U_{\text{ind}} \propto B$ ist, folgt

$$D_{\mathrm{D}} \propto B^2 \propto I_{\mathrm{F}}^2,$$

wenn I_{F} der felderzeugende Strom ist.

6. Der Strom beträgt

$$\begin{aligned} I(t) &= \frac{U_0}{R}\left(1 - \mathrm{e}^{-(R/L)\,t}\right) \\ &= \frac{20}{100}\left(1 - \mathrm{e}^{-500t/\mathrm{s}}\right)\mathrm{A} \\ &= 0{,}2\left(1 - \mathrm{e}^{-500t/\mathrm{s}}\right)\mathrm{A}. \end{aligned}$$

Zur Zeit $t_0 = 0$ ist $I(0) = 0$, zur Zeit $t_1 = 2\,\mathrm{ms}$ ist

$$I(t_1) = 0{,}2 \cdot \left(1 - \frac{1}{e}\right)\mathrm{A} = 0{,}126\,\mathrm{A},$$

$$I(\infty) = 0{,}2\,\mathrm{A}.$$

7. Der Gaußsche Satz heißt für eine Vektorfunktion $\boldsymbol{u}(x, y, z)$:

$$\oint \boldsymbol{u}\,\mathrm{d}\boldsymbol{S} = \int \operatorname{div} \boldsymbol{u}\,\mathrm{d}V,$$

wenn S die Oberfläche des Volumens V ist. Aus der Erhaltung der elektrischen Ladung $Q = \int \varrho_{\text{el}}\,\mathrm{d}V$ im Volumen V folgt:

$$\begin{aligned} -\frac{\mathrm{d}Q}{\mathrm{d}t} &= -\frac{\mathrm{d}}{\mathrm{d}t}\int \varrho_{\text{el}}\,\mathrm{d}V = -\frac{\partial}{\partial t}\int \varrho_{\text{el}}\,\mathrm{d}V \\ &= -\int \frac{\partial \varrho_{\text{el}}}{\partial t}\,\mathrm{d}V = \oint_S \varrho_{\text{el}}\,\boldsymbol{v} \cdot \mathrm{d}\boldsymbol{S}, \end{aligned}$$

wobei räumliche Integration und zeitliche Differentiation vertauscht werden können und die partielle Differentiation $\partial\varrho/\partial t$ berücksichtigt, daß $\varrho(x, y, z)$ auch von den Raumkoordinaten abhängen kann. Die Ladung Q hängt innerhalb des Volumens V nicht von den Ortskoordinaten ab, selbst wenn $\varrho(x, y, z)$ davon abhängt. Deshalb ist die totale Ableitung $\mathrm{d}Q/\mathrm{d}t$ gleich der partiellen Ableitung $\partial Q/\partial t$. Aus

$$\int_S \varrho_{\text{el}}\,\boldsymbol{v} \cdot \mathrm{d}\boldsymbol{S} = \int \operatorname{div}(\varrho_{\text{el}}\boldsymbol{v})\,\mathrm{d}V$$

(Gaußscher Satz) folgt die Kontinuitätsgleichung:

$$\operatorname{div}\boldsymbol{j} + \frac{\partial \varrho}{\partial t} = 0$$

mit $\boldsymbol{j} = \varrho_{\text{el}} \cdot \boldsymbol{v}$.

8. Der Zug wirkt als Kurzschluß. Wir haben deshalb hier das zu Aufgabe 1 analoge Problem:

$$U_{\text{ind}} = -B_\perp \cdot b \cdot v = -|B| \cdot \cos 65^\circ \cdot b \cdot v.$$

Mit $b = 1{,}5\,\mathrm{m}$, $v = 200/3{,}6\,\mathrm{m/s}$ folgt

$$\begin{aligned} U_{\text{ind}} &= 4 \cdot 10^{-5} \cdot \cos 65^\circ \cdot 1{,}5 \cdot \frac{200}{3{,}6} \\ &= 1{,}41 \cdot 10^{-3}\,\mathrm{V} = 1{,}41\,\mathrm{mV}. \end{aligned}$$

9. a) Wenn der Draht konzentrisch zur Spule verläuft (Abb. L.17a), ist das Magnetfeld immer entlang des Spulendrahtes gerichtet. Der magnetische Fluß $\mathrm{d}\Phi = \boldsymbol{B} \cdot \mathrm{d}\boldsymbol{F}$ durch die Spule ist dann Null, und damit wird keine Spannung induziert.
b) Anders sieht es aus für die die Anordnung in Abb. L.17b.

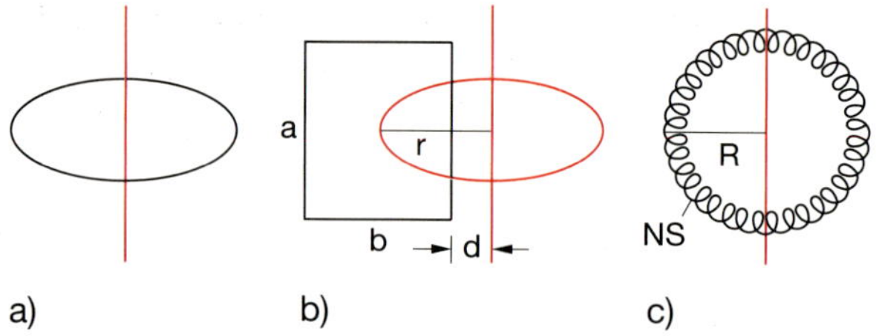

Abb. L.17a–c. Zu Lösung 4.9

Hier ist das Magnetfeld des gesamten Drahtes

$$B = \frac{\mu_0 I}{2\pi r}$$

und der Fluß Φ durch die Spulenfläche F:

$$\Phi = \int_F B\,\mathrm{d}F = \frac{b \cdot \mu_0 I}{2\pi} \int_{r=d}^{d+a} \frac{\mathrm{d}r}{r}$$

$$= \frac{\mu_0 \cdot b \cdot I}{2\pi} \ln \frac{d+a}{d} = \frac{\mu_0 \cdot b \cdot I}{2\pi} \ln\left(1 + \frac{a}{d}\right).$$

Für $I = I_0 \cdot \sin \omega t$ ist

$$U_{\text{ind}} = N \cdot \dot{\Phi} = U_0 \cdot \cos \omega t$$

mit

$$U_0 = \frac{N \cdot \omega \cdot I_0 \cdot \mu_0 \cdot b}{2\pi} \ln\left(1 + \frac{a}{d}\right).$$

c) Bei der Toroidspule in Abb. L.17c umschließen die Spulenwindungen die Magnetfeldlinien. Bei einem Radius r_S der Spulenwindungen ist die Spulenfläche $N \cdot \pi r_S^2$. Der Fluß ist (mit $\xi = \sqrt{r_S^2 - z^2}$):

$$\Phi = \int B\,\mathrm{d}F$$

$$= \frac{N \cdot \mu_0 I}{2\pi} \int_{z=-r_S}^{+r_S} \left(\int_{r=R-\xi}^{R+\xi} \frac{\mathrm{d}r}{r} \right) \mathrm{d}z$$

$$= \frac{N \cdot \mu_0 I}{2\pi} \int_{z=-r_S}^{+r_S} \ln \frac{R+\xi}{R-\xi}\,\mathrm{d}z$$

$$= \frac{N \cdot \mu_0 I}{2\pi} \int_{z=-r_S}^{+r_S} \left[\ln\left(R + \sqrt{r_S^2 - z^2}\right) - \ln\left(R - \sqrt{r_S^2 - z^2}\right) \right] \mathrm{d}z.$$

10. Das Magnetfeld im Eisenkern ist:

$$B = \mu \cdot \mu_0 \cdot n \cdot I = 1\,\mathrm{T}$$

mit $n = N/l$

$$\Rightarrow \mu = \frac{B}{\mu_0 \cdot \mu \cdot I} = \frac{0{,}4}{4\pi \cdot 10^{-7} \cdot 10^3} = 320.$$

Die Induktivität ist:

$$L = \mu \cdot \mu_0 \cdot n^2 F \cdot l = 10\,\mathrm{H}.$$

Die induzierte Spannung ist

$$U_{\text{ind}} = -L \cdot \frac{\mathrm{d}I}{\mathrm{d}t} = -10 \cdot 10^3\,\mathrm{V} = -10\,\mathrm{kV}.$$

Der Ausgangsstrom springt vom Wert $I(t<0) = U_0/R$ auf den Wert

$$I(t>0) = I_0 = \frac{U_{\text{ind}}}{R_2} = \frac{10 \cdot 10^3}{5}\,\mathrm{A} = 2000\,\mathrm{A}.$$

Er fällt dann gemäß

$$I = I_0 \cdot \mathrm{e}^{-(R/2)\,t}$$

ab. Der äußere Stromkreis wird innerhalb von 1 ms abgeschaltet. Die Situation ist wie in Abb. 4.12b.

Kapitel 5

1. a) R und C müssen parallel geschaltet sein.

$$Z_1 = R, \quad Z_2 = \frac{1}{\mathrm{i}\,\omega C}$$

$$\Rightarrow Z = \frac{Z_1 \cdot Z_2}{Z_1 + Z_2} = \frac{R}{\mathrm{i}\,\omega C\left(R + \frac{1}{\mathrm{i}\,\omega C}\right)}$$

$$= \frac{R}{1 + \mathrm{i}\,\omega RC}.$$

$$|Z| = \frac{R}{\sqrt{1 + (\omega RC)^2}}$$

$$|Z(\omega = 0)| = R = 100\,\Omega$$

$$|Z(\omega = 2\pi \cdot 50/\mathrm{s})| = 20\,\Omega$$

$$= \frac{100}{\sqrt{1 + 4\pi^2 \cdot 2500 \cdot 100^2 \cdot C^2}}$$

$$\Rightarrow C = 156\,\mu\mathrm{F}.$$

b) Da für $\omega = 0$ die Ausgangsspannung $U_2 \neq 0$ ist, muß ein Parallelkreis vorliegen. Für $\omega = 0$ gilt:

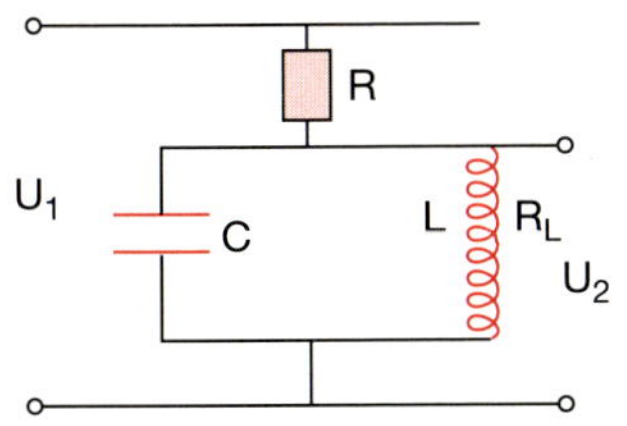

Abb. L.18. Zu Lösung 5.1

$$\frac{U_2}{U_1} = \frac{R_L}{R + R_L} = 0{,}01$$
$$\Rightarrow R = \frac{0{,}99\,R_L}{0{,}01} = 99\,R_L = 99\,\Omega.$$

Maximale Ausgangsspannung erscheint für $\omega L - 1/(\omega C) = 0$, d.h. bei der Resonanzfrequenz:

$$\omega_R = \frac{1}{\sqrt{LC}} \Rightarrow C = \frac{1}{(L\omega_R^2)} = 1{,}78\,\text{mF}.$$

Die Näherung $\omega_R = 1/\sqrt{LC}$ gilt aber nur für kleine Widerstände R_L. Wächst R_L, so muß man von

$$\frac{|U_2|}{|U_1|} = \left| 1 - \frac{R}{R + \frac{1}{\mathrm{i}\,\omega C + \frac{1}{\mathrm{i}\,\omega L + R_L}}} \right|$$

die erste Ableitung nach ω bilden und gleich Null setzen (Extremum). Diese Gleichung löst man dann nach C auf. Für $R_L = 1\,\Omega$ ergibt sich dann $C = 1{,}80\,\text{mF}$, und für $R_L = 20\,\Omega$ erhält man beispielsweise $C = 5{,}15\,\text{mF}$.

Anmerkung: Die Durchführung derartiger Rechnungen trainiert zwar, ist aber eigentlich mehr etwas für Computeralgebraprogramme als für Physiker.

2. Der Widerstand der gesamten Schaltung in Abb. 5.30a ist die Summe

$$Z_{tot} = Z_K + R,$$

wobei

$$Z_K = \frac{Z_1 \cdot Z_2}{Z_1 + Z_2}$$

mit

$$Z_1 = \frac{1}{\mathrm{i}\,\omega C}; \quad Z_2 = \mathrm{i}\,\omega L + R_L$$

der Widerstand des Parallelkreises ist und R der (hier als Ohmscher Widerstand angesehene) Verbraucherwiderstand. Die Ausgangsspannung ist dann:

$$U_a = \frac{R}{Z_K + R}\,U_e = \frac{R}{Z_{tot}} \cdot U_e.$$

Für Z_K erhalten wir:

$$Z_K = \frac{R_L + \mathrm{i}\,\omega L}{(1 - \omega^2 LC) + \mathrm{i}\,\omega R_L C},$$

so daß sich für den Gesamtwiderstand

$$Z_{tot} = \frac{R_L + R - \omega^2 RLC + \mathrm{i}\,\omega\,(L + R_L RC)}{(1 - \omega^2 LC) + \mathrm{i}\,\omega R_L C}$$

ergibt. Die Resonanzfrequenz des ungedämpften Parallelkreises ist mit $L = 10^{-4}\,\text{H}$, $C = 10^{-6}\,\text{F}$

$$\omega_R = \frac{1}{\sqrt{L \cdot C}} = 10^5\,\text{s}^{-1}.$$

Da der induktive Widerstand bei der Resonanzfrequenz $|\omega_R \cdot L| = 10\,\Omega$ groß ist gegen den Ohmschen Widerstand $R_L = 1\,\Omega$ der Spule, ist die Resonanzfrequenz des gedämpften Kreises nur um etwa 1% kleiner. Der Gesamtwiderstand $Z_{tot}(\omega_R)$ für den Resonanzfall ist

$$Z_{tot}(\omega_R) = R + \frac{L}{C \cdot R_L} - \mathrm{i}\,\sqrt{L/C}.$$

Zahlenwerte: $R_L = 1\,\Omega$, $R = 50\,\Omega$, $C = 1\,\mu\text{F}$, $L = 10^{-4}\,\text{H}$

$$\Rightarrow Z_{tot} = (150 - 10\mathrm{i})\,\Omega$$

mit dem Betrag

$$Z_{tot} = 150{,}3\,\Omega.$$

Man beachte, daß der Gesamtwiderstand Z_{tot} bei der Resonanzfrequenz des Parallelkreises $\omega_R = 1/\sqrt{LC}$ nicht reell wird.

$$\frac{U_A}{U_e} = \frac{R}{Z_{tot}} = \frac{50 \cdot (150 + 10\mathrm{i})}{150^2 + 10^2}$$
$$= 0{,}332 + 0{,}022\,\mathrm{i},$$
$$U_a = U_e \cdot \cos(\omega t + \varphi).$$

Mit $\operatorname{tg}\varphi = 10/150 = 0{,}067$ folgt $\varphi = 38{,}1°$. Um die Frequenzabhängigkeit des Widerstandes Z_K des Parallelkreises allein zu bestimmen, setzen wir den Widerstand $R = 0$.

Die Halbwertsbreite $\Delta\omega$ der Resonanz ist ungefähr:

$$\Delta\omega = \frac{R}{L} = 10^4\,\mathrm{s}^{-1}.$$

Man kann dies auch mit Hilfe der *Kreisgüte*

$$Q = \frac{\omega L}{R} = 10$$

bestimmen, da gilt:

$$\frac{\Delta\omega}{\omega_0} = \frac{1}{Q} = \frac{1}{10} \Rightarrow \Delta\omega = \frac{\omega_0}{10} = 10^4\,\mathrm{s}^{-1}.$$

Die Frequenzen, bei denen der Widerstand Z auf $\frac{1}{2}Z_0$ abgefallen ist, liegen dann bei

$$\omega_{1,2} = (10^5 \pm 10^4)\,\mathrm{s}^{-1}.$$

3. Da der gesamte Fluß Φ_1 auch durch die Sekundärspule geht, ist der Kopplungsfaktor $k = 1$. Somit ist die Phasenverschiebung zwischen U_2 und U_1 bei gleichem Windungssinn beider Spulen $\varphi = 180°$,

$$\Rightarrow \frac{U_2}{U_1} = -\frac{N_2}{N_1}.$$

a) Bei Ohmscher Belastung ist U_2/U_1 unabhängig von R. Die Eingangswirkleistung ist

$$\overline{P}_\mathrm{e} = \frac{U_2^2}{R} = \left(\frac{N_2}{N_1}\right)^2 \frac{U_1^2}{R}.$$

Der Sekundärstrom ist nach (5.50b) mit $L_{12} = \sqrt{L_1 \cdot L_2}$

$$I_2 = \frac{U_1}{R}\sqrt{\frac{L_2}{L_1}} = \frac{U_1}{R}\cdot\frac{N_2}{N_1} \Rightarrow \overline{P}_\mathrm{e} = U_2 \cdot I_2.$$

b) Bei kapazitiver Belastung ist:

$$\frac{U_2}{U_1} = \frac{L_{12}}{L_1 - \omega^2 C L_1 L_2 (1-k^2)} = \frac{\sqrt{L_1 \cdot L_2}}{L_1} = \sqrt{\frac{L_2}{L_1}} = N_2/N_1$$

für ideale Kopplung $k = 1$. Für $k = 1$ erhält man also dasselbe Ergebnis wie bei Ohmscher Belastung.

4. Man beachte Abb. L.19, eine Umzeichnung von Abb. 5.48.
Dieser Abbildung entnimmt man folgende Größen:

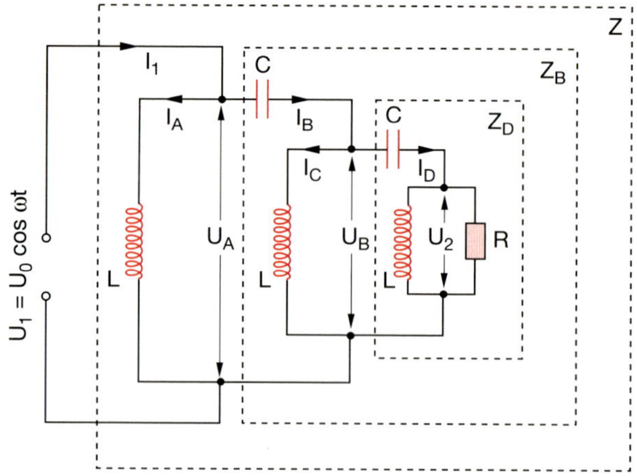

Abb. L.19. Zu Lösung 5.4

$$Z_\mathrm{D} = \frac{1}{\mathrm{i}\,\omega C} + \frac{1}{\frac{1}{\mathrm{i}\,\omega L} + \frac{1}{R}}$$

$$Z_\mathrm{B} = \frac{1}{\mathrm{i}\,\omega C} + \frac{1}{\frac{1}{\mathrm{i}\,\omega L} + \frac{1}{Z_\mathrm{D}}} = \frac{1}{\mathrm{i}\,\omega C} + \frac{1}{\dfrac{1}{\mathrm{i}\,\omega C} + \dfrac{1}{\frac{1}{\mathrm{i}\,\omega C} + \frac{1}{1/(\mathrm{i}\,\omega L)+1/R}}}$$

$$Z = \frac{1}{\frac{1}{\mathrm{i}\,\omega L} + \frac{1}{Z_\mathrm{B}}} = \frac{1}{\dfrac{1}{\mathrm{i}\,\omega L} + \dfrac{1}{\dfrac{1}{\mathrm{i}\,\omega C} + \dfrac{1}{\dfrac{1}{\mathrm{i}\,\omega L} + \dfrac{1}{\frac{1}{\mathrm{i}\,\omega C} + \frac{1}{1/(\mathrm{i}\,\omega L)+1/R}}}}}$$

$U_\mathrm{A} = U_1$, $I_\mathrm{A} = U_1/(\mathrm{i}\,\omega L)$, $I_\mathrm{B} = I_1 - I_\mathrm{A}$, $U_\mathrm{B} = I_\mathrm{B} \cdot Z_\mathrm{B}$, $I_\mathrm{C} = U_\mathrm{B}/(\mathrm{i}\,\omega L)$, $I_\mathrm{D} = I_\mathrm{B} - I_\mathrm{C}$, $U_\mathrm{D} = I_\mathrm{D} \cdot Z_\mathrm{D} = U_2$, $I_2 = U_\mathrm{D}/R$, $I_1 = U_1/Z$. Einsetzen ergibt:

$$Z = (37{,}6 + 38{,}9\,\mathrm{i})\,\Omega, \quad |Z| = 54,1\,\Omega,$$
$$Z_\mathrm{B} = (22{,}7 - 35{,}4\,\mathrm{i})\,\Omega, \quad |Z_\mathrm{B}| = 42{,}0\,\Omega,$$
$$Z_\mathrm{D} = (13{,}2 - 11{,}3\,\mathrm{i})\,\Omega, \quad |Z_\mathrm{D}| = 17{,}4\,\Omega,$$
$$\frac{|U_2|}{|U_1|} = 0{,}414, \quad \frac{|I_2|}{|I_1|} = 0{,}448.$$

5. $\overline{P}_\mathrm{el} = \overline{I \cdot U} = \overline{U_\mathrm{ind}^2}/(R_\mathrm{i} + R_\mathrm{a})$, weil $I = U_\mathrm{ind}/(R_\mathrm{i} + R_\mathrm{a})$.

$$U_{\text{ind}} = -\frac{\mathrm{d}\Phi}{\mathrm{d}t} \cdot N = -B \cdot N \cdot F \cdot \omega \cdot \cos \omega t$$

$$\Rightarrow \overline{P}_{\text{el}} = \frac{1}{2} \frac{B^2 N^2 F^2 \omega^2}{R_{\text{i}} + R_{\text{a}}}$$

$$= \frac{1}{2} \frac{0{,}2^2 \cdot 25 \cdot 10^4 \cdot 10^{-4} \cdot 4\pi^2 \cdot 50^2}{10 + 5} \,\text{kW}$$

$$= 3{,}29\,\text{kW}.$$

6. Die Zeitkonstante der Kondensatorentladung ist

$$\tau = R \cdot C = 50 \cdot 10^{-3}\,\text{s} = 50\,\text{ms}.$$

Die Entladung beginnt bei $t = 0$, wo die Spitzenspannung U_0 erreicht wird.

a) Einweggleichrichtung: Die Entladung dauert bis zum Schnittpunkt von $U_1(t) = U_0 \cdot \mathrm{e}^{-t/(RC)}$ mit $U_2 = U_0 \cos(\omega t - 2\pi)$. Aus $\mathrm{e}^{-t/(RC)} = \cos(\omega t - 2\pi)$ folgt

$$t = -RC \cdot \ln(\cos \omega t - 2\pi)$$

$$\Rightarrow t_1 = 17{,}5\,\text{ms},$$

$$U(t_1 = 17{,}5\,\text{ms}) = U_0 \cdot \mathrm{e}^{-17{,}5/50} \approx 0{,}7\, U_0.$$

Die Welligkeit ist dann:

$$w = \frac{U_{\max} - U_{\min}}{U_{\max}} = 0{,}3.$$

b) Bei der Graetzgleichrichtung erhält man:

$$\mathrm{e}^{-t_2/(RC)} = \left|\cos(\omega t - \pi)\right|$$

$$\Rightarrow t_2 = 8{,}3\,\text{ms},$$

$$U = U_0 \mathrm{e}^{-8{,}3/50} \Rightarrow \frac{U}{U_0} = 0{,}83$$

$$\Rightarrow w = 0{,}17.$$

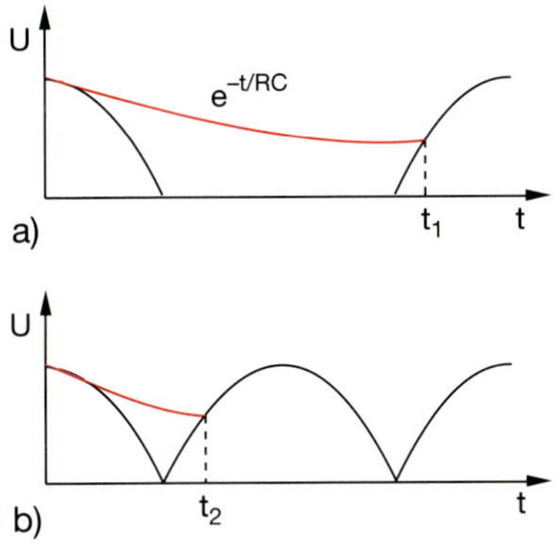

Abb. L.20. Zu Lösung 5.6

Die Welligkeit ist bei der Graetzgleichrichtung um den Faktor $0{,}17/0{,}3 \approx 0{,}57$ kleiner. Ihre Frequenz ist aber doppelt so hoch, so daß sie sich durch ein *LC*-Glied leichter wegfiltern läßt.

7. $$Z = \frac{Z_1 \cdot Z_2}{Z_1 + Z_2} = \frac{R}{1 + \mathrm{i}\,\omega RC}.$$

$$I = \frac{U}{Z} = \frac{U_0 \cos \omega t}{R} (1 + \mathrm{i}\,\omega RC)$$

$$= \frac{U_0}{R} \sqrt{1 + \omega^2 R^2 C^2} \cos(\omega t + \varphi)$$

$$= I_0 \cos(\omega t + \varphi)$$

mit

$$I_0 = \frac{U_0}{R} \sqrt{1 + \omega^2 R^2 C^2}$$

und

$$\operatorname{tg} \varphi = \frac{\omega RC}{1} = 2\pi \cdot 50 \cdot 10^7 \cdot 10^{-5}$$

$$= 3140 \Rightarrow \varphi \lesssim 90^\circ.$$

Damit erhalten wir:

$$\overline{P}_{\text{Wirk}} = \overline{I \cdot U} = \frac{1}{2} I_0 U_0 \cos \varphi;$$

$$\cos \varphi = \frac{1}{\sqrt{1 + \operatorname{tg}^2 \varphi}} = \frac{1}{\sqrt{1 + (\omega CR)^2}}$$

$$\Rightarrow \overline{P}_{\text{Wirk}} = \frac{1}{2} \frac{U_0^2}{R}.$$

Nur diese Leistung wird verbraucht!

$$\overline{P}_{\text{Blind}} = \frac{1}{2} I_0 U_0 \sin \varphi = \frac{1}{2} U_0^2 \omega C.$$

Zahlenwerte:

$$I_0 = 0{,}94\,\text{A},$$

$$I_{\text{Wirk}_0} = 3 \cdot 10^{-5}\,\text{A}$$

$$I_{\text{Blind}_0} = 0{,}94\,\text{A}$$

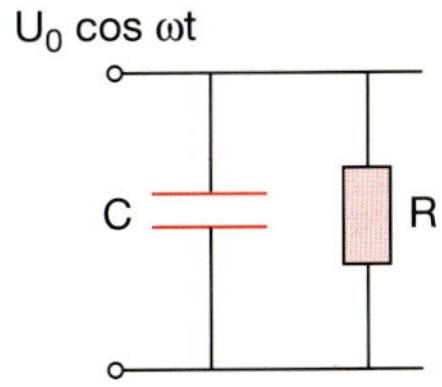

Abb. L.21. Zu Lösung 5.7

$$\overline{P}_{\text{Wirk}} = 4{,}5\,\text{mW}$$
$$\overline{P}_{\text{Blind}} = 141\,\text{W}.$$

Obwohl der Blindstrom keine Joulesche Wärme erzeugt, muß er dennoch bei der Dimensionierung der Kabel berücksichtigt werden.

8. Durch den Serienkreis fließt der Strom

$$I = \frac{U_0 \sin \omega t}{Z} \quad \text{mit} \quad Z = R + \mathrm{i}\left(\omega L - \frac{1}{\omega C}\right).$$

An der Spule liegt dann die Spannung

$$\begin{aligned} U_{\text{L}} &= \frac{\mathrm{i}\,\omega L}{Z}\, U_0 \sin \omega t \\ &= \frac{-\omega^2 LC}{1 - \omega^2 LC + \mathrm{i}\,\omega RC}\, U_0 \cdot \sin \omega t \\ &= -\frac{\omega^2 LC\,(1 - \omega^2 LC\,\mathrm{i}\,\omega RC)}{(1-\omega^2 LC)^2 + \omega^2 R^2 C^2}\, U_0 \sin \omega t \\ &= U \cdot \sin(\omega t - \varphi) \end{aligned}$$

mit

$$U = \frac{\omega^2 LC}{\sqrt{(1-\omega^2 LC)^2 + \omega^2 R^2 C^2}}$$

und

$$\operatorname{tg} \varphi = \frac{\omega RC}{1 - \omega^2 LC} = 0{,}417 \quad \Rightarrow \quad \varphi = 22{,}6°.$$

Für die Spannung ergibt sich mit den Werten aus der Aufgabenstellung:

$$U = 0{,}302\,\text{V}.$$

9. Das Verhältnis von Ausgangs- zu Eingangsspannung beträgt:

$$\frac{U_{\text{a}}}{U_{\text{e}}} = \frac{Z}{R+Z}.$$

$$Z = \frac{R_{\text{a}} \cdot \frac{1}{\mathrm{i}\omega C}}{R_{\text{a}} + \frac{1}{\mathrm{i}\omega C}} = \frac{R_{\text{a}}}{1 + \mathrm{i}\,\omega R_{\text{a}} C}$$

$$\begin{aligned} \frac{U_{\text{a}}}{U_{\text{e}}} &= \frac{R_{\text{a}}}{R_{\text{a}} + R + \mathrm{i}\,RR_{\text{a}}\omega C} \\ &= \frac{R_{\text{a}} \cdot (R_{\text{a}} + R - \mathrm{i}RR_{\text{a}}\omega C)}{(R_{\text{a}}+R)^2 + (RR_{\text{a}}\omega C)^2} \end{aligned}$$

$$\frac{|U_{\text{a}}|}{|U_{\text{e}}|} = \frac{R_{\text{a}}}{\sqrt{(R_{\text{a}}+R)^2 + (RR_{\text{a}}\omega C)^2}}$$

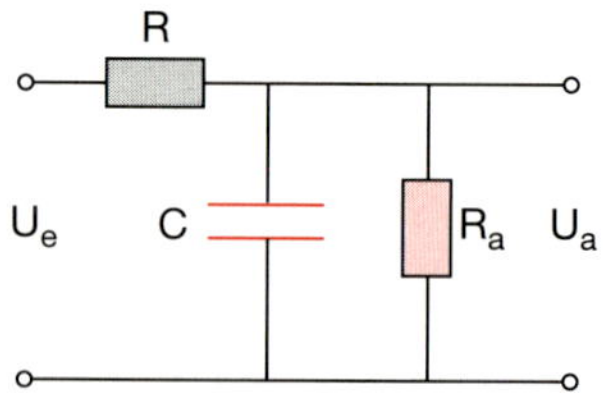

Abb. L.22. Zu Lösung 5.9

$$U_{\text{a}} = K \cdot U_{\text{e}} \cdot \mathrm{e}^{\mathrm{i}\,\varphi}; \quad \operatorname{tg} \varphi = -\frac{RR_{\text{a}}\omega C}{R + R_{\text{a}}}$$

mit K als reeller Konstante.

Zahlenbeispiel: $R_{\text{a}} = R = 1\,\text{k}\Omega$, $C = 100\,\mu\text{F}$.

a) Für $\omega = 0$:

$$\frac{|U_{\text{a}}|}{|U_{\text{e}}|} = \frac{R_{\text{a}}}{R_{\text{a}} + R} = \frac{1}{2};$$

b) für $\omega = 2\pi \cdot 50\,\text{s}^{-1}$:

$$\frac{|U_{\text{a}}|}{|U_{\text{e}}|} = 0{,}032.$$

10. Die Klemmenspannung U_{K} ist

$$U_{\text{K}} = U_{\text{ind}} - R_{\text{R}}\,(I_{\text{F}} + I_{\text{a}}).$$

Andererseits gilt:

$$U_{\text{K}} = R_{\text{F}} \cdot I_{\text{F}}.$$

Gleichsetzen liefert für $U_{\text{ind}} = U'_{\text{ind}}$ bei $I_{\text{F}} = I_{\text{F}_2}$:

$$U'_{\text{ind}} = R_{\text{R}} I_{\text{a}} + (R_{\text{R}} + R_{\text{F}})\, I_{\text{F}_2}.$$

Nach (5.6) gilt:

$$U_{\text{K}} = U'_{\text{ind}} - R_{\text{R}}\,(I_{\text{F}} + I_{\text{a}}).$$

Da U'_{ind} mit wachsendem Verbraucherstrom sinkt (I_{F_2} wird kleiner), sinkt auch $U_{\text{K}}(I_{\text{a}})$ mit wachsendem I_{a}. Damit hat U_{K} den maximalen Wert für $I_{\text{a}} = 0$.

Kapitel 6

1. Für ω gilt:

$$\omega = \sqrt{\frac{1}{LC} - \alpha^2} \quad \text{mit} \quad \alpha = \frac{R}{2L},$$

$$\omega = 2\pi \cdot 8 \cdot 10^5\,\text{s}^{-1} = 5 \cdot 10^6\,\text{s}^{-1},$$

$$U = U_0 \cdot \mathrm{e}^{-\alpha t} \Rightarrow \alpha = \frac{1}{t} \ln \frac{U_0}{U}.$$

Schwingungsdauer:

$$T = \frac{2\pi}{\omega} = 1{,}25 \cdot 10^{-6}\,\mathrm{s}^{-1}.$$

Nach $t = 30\,T$ ist $U/U_0 = 1/2$

$$\Rightarrow \alpha = \frac{10^6}{30 \cdot 1{,}25} \ln 2 = 1{,}8 \cdot 10^4\,\mathrm{s}^{-1},$$

$$L = \frac{1}{C \cdot (\omega^2 + \alpha^2)} = \frac{10^9}{25 \cdot 10^{12} + 3{,}4 \cdot 10^8}\,\mathrm{H} \approx 4 \cdot 10^{-5}\,\mathrm{H},$$

$$\Rightarrow R = 2\alpha \cdot L = 2 \cdot 1{,}8 \cdot 10^4 \cdot 4 \cdot 10^{-5} = 1{,}44\,\Omega.$$

2. Der Betrag des komplexen Widerstandes eines Serienschwingkreises ist nach (5.25)

$$|Z| = \sqrt{R^2 + \left(\omega L - \frac{1}{\omega C}\right)^2} = \sqrt{R^2 + X^2}.$$

Für das Verhältnis ergibt sich:

$$\left|\frac{Z(\omega_0 + R/L)}{Z(\omega_0)}\right| = \frac{\sqrt{R^2 + X^2}}{\sqrt{R^2}} = \sqrt{1 + \frac{X^2}{R^2}},$$

$$X = \left(\omega_0 + \frac{R}{L}\right) L - \frac{1}{(\omega_0 + R/L)\,C}$$

mit $\omega_0 = 1/\sqrt{LC} \Rightarrow$

$$X = \sqrt{L/C} + R - \frac{1}{\sqrt{C/L} + RC/L} = R \cdot \left(1 + \frac{1}{1 + R \cdot \sqrt{C/L}}\right) = R \cdot \left(1 + \frac{1}{1 + RC\omega_0}\right)$$

$$\Rightarrow \frac{|Z(\omega_0 + R/L)|}{|Z(\omega_0)|} = \sqrt{1 + \left(1 + \frac{1}{1 + RC\omega_0}\right)^2}.$$

Für $\omega = \omega_0 - R/L$ erhält man:

$$\frac{|Z(\omega_0 - R/L)|}{|Z(\omega_0)|} = \sqrt{1 + \left(1 + \frac{1}{1 - RC\omega_0}\right)^2}.$$

Man beachte die Asymmetrie, da die Kurve $Z(\omega)$ nicht symmetrisch um $\omega = \omega_0$ ist.
Die Wirkleistung ist nach (6.10)

$$\langle P_{\mathrm{el}}^{\mathrm{Wirk}} \rangle = \frac{1}{2} \frac{U_0^2 \cdot R}{|Z|^2}.$$

Die Leistung ist für $\omega = \omega_0 + R/L$ also auf den Bruchteil

$$\frac{P(\omega_0 + R/L)}{P(\omega_0)} = \frac{1}{1 + \left(1 + \frac{1}{1+RC\omega_0}\right)^2}$$

abgesunken.

3. Nach (6.15a,b) gilt:

$$\omega_1 = \frac{\omega_0}{\sqrt{1-k}} = \frac{10^6}{\sqrt{1 - 0{,}05}} = 1{,}0260 \cdot 10^6\,\mathrm{s}^{-1},$$

$$\omega_2 = \frac{\omega_0}{\sqrt{1+k}} = \frac{10^6}{\sqrt{1 + 0{,}05}} = 0{,}9759 \cdot 10^6\,\mathrm{s}^{-1}.$$

ω_1 liegt um 26 kHz oberhalb, ω_2 um 24,1 kHz unterhalb der Resonanzfrequenz.

4. Die Geschwindigkeit des Elektrons ist

$$v = \sqrt{2E_{\mathrm{kin}}/m} = \sqrt{27{,}2 \cdot 1{,}6 \cdot 10^{-19}/9{,}1 \cdot 10^{-31}}\,\mathrm{m/s} = 2{,}186 \cdot 10^6\,\mathrm{m/s}.$$

Seine Zentrifugalbeschleunigung auf einer Kreisbahn ist

$$a = \frac{v^2}{r} = \frac{2{,}186^2 \cdot 10^{12}}{5{,}3 \cdot 10^{-11}} \frac{\mathrm{m}}{\mathrm{s}^2} = 9 \cdot 19^{22}\,\mathrm{m/s}^2.$$

Die abgestrahlte Leistung ist, klassisch, nichtrelativistisch gerechnet:

$$\overline{P} = \frac{e^2 a^2}{6\pi\varepsilon_0 c^3}.$$

Dies ist identisch mit (6.38), wenn

$$a_x = d_0 \omega^2 \cos \omega t$$

und

$$a_y = d_0 \omega^2 \sin \omega t$$

gesetzt wird. Das Vorliegen von zwei Polarisationsrichtungen erklärt den Unterschied (Faktor 2) zu (6.38).
Einsetzen der Zahlenwerte ergibt:

$\overline{P} = 4{,}6 \cdot 10^{-8}\,\mathrm{W}$.

a) Die Umlaufperiode des Elektrons ist

$$T = \frac{2\pi r}{v} = 1{,}5 \cdot 10^{-16}\,\mathrm{s}.$$

Die pro Umlauf abgestrahlte Energie ist

$$T \cdot \overline{\frac{\mathrm{d}W}{\mathrm{d}t}} = 1{,}5 \cdot 10^{-16} \cdot 4{,}6 \cdot 10^{-8}\,\mathrm{Ws}$$
$$= 7 \cdot 10^{-24}\,\mathrm{Ws} = 44\,\mu\mathrm{eV}.$$

b) Pro Sekunde würden $4{,}6 \cdot 10^{-8}\,\mathrm{Ws} = 290\,\mathrm{GeV}$ abgestrahlt.
c) Wenn das Elektron durch Abstrahlung Energie verliert, wird es sich auf einer Spirale dem Kern nähern. Um dies quantitativ zu sehen, bestimmen wir die Energie $W = E_{\mathrm{kin}} + W_{\mathrm{pot}}$ als Funktion von r. Aus

$$\frac{mr^2}{v} = \frac{e^2}{4\pi\varepsilon_0 r^2}$$
$$\Rightarrow\ E_{\mathrm{kin}} = \frac{m}{2}\,v^2 = \frac{1}{2}\frac{e^2}{4\pi\varepsilon_0 r} = -\frac{1}{2}\,E_{\mathrm{pot}}$$
$$\Rightarrow\ W = +\frac{1}{2}\,E_{\mathrm{pot}} = -\frac{e^2}{8\pi\varepsilon_0 r},$$
$$\frac{\mathrm{d}W}{\mathrm{d}r} = +\frac{e^2}{8\pi\varepsilon_0 r^2}\ \Rightarrow\ \frac{\mathrm{d}W}{\mathrm{d}t} = \frac{e^2}{8\pi\varepsilon_0 r^2}\frac{\mathrm{d}r}{\mathrm{d}t}.$$

Dies ist die mechanische Leistung, die man gewinnt, wenn das Teilchen sich auf den Kern zubewegt. Diese muß gleich der Leistung sein, die in der vom Teilchen ausgesandten elektromagnetischen Strahlung steckt:

$$\frac{\mathrm{d}W}{\mathrm{d}t} = -\frac{e^2a^2}{6\pi\varepsilon_0 c^3}$$

(negatives Vorzeichen, weil die Energie des Elektrons abnimmt). Die Beschleunigung a beträgt:

$$a = \frac{v^2}{r} = \frac{e^2}{4\pi\varepsilon_0 r^2 m}.$$

Die elektromagnetische Leistung hängt also vom Radius ab. Wir erhalten:

$$-\frac{e^2}{6\pi\varepsilon_0 c^3} \cdot \left(\frac{e^2}{4\pi\varepsilon_0 r^2 m}\right) \cdot \frac{1}{r^4}$$
$$= \left(\frac{\mathrm{d}W}{\mathrm{d}t}\right)_{\mathrm{em}}(r) \stackrel{!}{=} \frac{\mathrm{d}W}{\mathrm{d}r}\frac{\mathrm{d}r}{\mathrm{d}t} = \frac{e^2}{4\pi\varepsilon_0 r^2}\frac{\mathrm{d}r}{\mathrm{d}t}$$

$$\Rightarrow\ -r^2\mathrm{d}r = \frac{4}{3c^3}\left(\frac{e^2}{4\pi\varepsilon_0 r^2 m}\right)^2 \mathrm{d}t$$
$$\Rightarrow\ a^3 = \frac{4}{3c^3}\left(\frac{e^2}{4\pi\varepsilon_0 r^2 m}\right)^2 \Delta t,$$

wobei $a = 5{,}3 \cdot 10^{-11}\,\mathrm{m}$ auch *Bohrscher Radius* genannt wird. Es folgt für die Zeit, die vergeht, bis das Elektron am Kern angekommen ist:

$$\Delta t \approx 6 \cdot 10^{-11}\,\mathrm{s}.$$

Anmerkung: Das Experiment zeigt, daß das Wasserstoffatom im tiefsten Energiezustand stabil ist, also *keine* Energie abstrahlt. Diese Beobachtung kann nur im Rahmen der Quantentheorie erklärt werden (siehe Bd. 3).
Im nächsthöheren Energiezustand wird allerdings wirklich Energie abgestrahlt. Hier geben klassische Rechnung und Beobachtung gute Übereinstimmung.

5. Aus

$$\frac{m \cdot v^2}{R} = q \cdot v \cdot B\ \Rightarrow\ a = \frac{v^2}{R} = \frac{q}{m}\,v \cdot B.$$

Die abgestrahlte Energie pro Sekunde ist:

$$\frac{\mathrm{d}W}{\mathrm{d}t} = \frac{q^2a^2}{6\pi\varepsilon_0 c^3} = \frac{q^4v^2B^2}{6\pi\varepsilon_0 m^2c^3}$$
$$= \frac{\mathrm{d}}{\mathrm{d}t}\,E_{\mathrm{kin}} = m \cdot v \cdot \frac{\mathrm{d}v}{\mathrm{d}t}$$
$$\Rightarrow\ \frac{\mathrm{d}v}{\mathrm{d}t} = \frac{q^4v \cdot B^2}{6\pi\varepsilon_0 m^3c^3},$$

wobei die Änderung $\mathrm{d}v/\mathrm{d}t$ des Betrages der Geschwindigkeit als klein angenommen wurde gegen die Änderung a der Richtung der Geschwindigkeit. Aus

$$R = \frac{m \cdot v}{q \cdot B}$$
$$\Rightarrow\ \frac{\mathrm{d}R}{\mathrm{d}t} = \frac{m}{q \cdot B}\frac{\mathrm{d}v}{\mathrm{d}t} = \frac{q^3 \cdot vB}{6\pi\varepsilon_0 m^2c^3}$$
$$= \frac{\mathrm{d}W}{\mathrm{d}t} \cdot \frac{1}{q \cdot v \cdot B}.$$

6. a,b) Die beschleunigende Kraft ist

$$\boldsymbol{F} = q \cdot \boldsymbol{E}$$
$$\Rightarrow\ \boldsymbol{a} = \frac{q}{m}\,\boldsymbol{E}\ \Rightarrow\ |\boldsymbol{a}| = a = \frac{q}{m} \cdot \frac{U}{d}.$$

Zahlenwerte: $q = +1{,}6 \cdot 10^{-19}$ As, $m = 1{,}67 \cdot 10^{-27}$ kg, $U = 10^6$ V, $d = 3$ m, $\Rightarrow$ $a = 3{,}2 \cdot 10^{13}$ m/s^2.

Die abgestrahlte Leistung ist dann:

$$\frac{dW}{dt} = \frac{q^2a^2}{6\pi\varepsilon_0 c^3} = 5{,}8 \cdot 10^{-27}\,\text{W},$$

also vernachlässigbar wenig im Vergleich zur vorigen Aufgabe. Die Zeit für das Durchfliegen der Beschleunigungsstrecke ist wegen

$$d = \frac{1}{2}\,at^2$$

$$t = \sqrt{\frac{2d}{a}} = \sqrt{\frac{6}{3{,}2 \cdot 10^{13}}}\,\text{s} = 4{,}3 \cdot 10^{-7}\,\text{s}.$$

Während des Durchfliegens verliert ein Proton also

$$dW = 5{,}8 \cdot 10^{-27} \cdot 4{,}3 \cdot 10^{-7}\,\text{Ws} = 2{,}5 \cdot 10^{-33}\,\text{Ws}.$$

Dies entspricht dem Bruchteil

$$\eta = \frac{2{,}5 \cdot 10^{-33}}{1{,}6 \cdot 10^{-19} \cdot 10^6} = 1{,}5 \cdot 10^{-20}$$

seiner Beschleunigungsenergie!

c) Bei der Kreisbewegung ist die Beschleunigung

$$a = \frac{v^2}{R} = \frac{2\,E_{\text{kin}}}{m \cdot R} = \frac{2 \cdot 10^6 \cdot 1{,}6 \cdot 10^{-19}}{1{,}67 \cdot 10^{-27} \cdot 3/2\pi}\,\frac{\text{m}}{\text{s}^2} = 4 \cdot 10^{14}\,\text{m/s}^2.$$

Die Beschleunigung ist daher 12,5 mal größer, und damit ist die abgestrahlte Leistung 156 mal größer.

7. Die Intensität der Welle ist gleich der Energieflußdichte im Abstand $r = 1$ m:

$$I = |\boldsymbol{S}| = \frac{P_{\text{em}}}{4\pi r^2} = \frac{10^4\,\text{W}}{4\,\pi \cdot 1\,\text{m}^2} = 8 \cdot 10^2\,\text{W/m}^2.$$

Die elektrische Feldstärke ist nach (6.36a)

$$E = \sqrt{S/(\varepsilon_0 \cdot c)} = 5{,}5 \cdot 10^2\,\text{V/m}.$$

Die magnetische Feldstärke ist:

$$B = \frac{1}{c}\,E = 1{,}83 \cdot 10^{-6}\,\frac{\text{Vs}}{\text{m}^2} = 1{,}83\,\mu\text{T}.$$

8. Die Energieflußdichte ist:

$$S = \frac{\overline{P}_{\text{em}}}{4\pi r^2 \cdot \Delta\Omega} \quad \Rightarrow \quad \overline{P}_{\text{em}} = 4\pi r^2 \cdot 10^{-2} \cdot S.$$

Aus

$$S = \varepsilon_0 c E^2 = 8{,}85 \cdot 10^{-12} \cdot 3 \cdot 10^8 \cdot 10^2\,\text{W/m}^2 = 0{,}26\,\text{W/m}^2$$

folgt:

$$\overline{P}_{\text{em}} = 3{,}27 \cdot 10^4\,\text{W}.$$

Aus (6.38) folgt mit $q = N \cdot e$:

$$\overline{P}_{\text{em}} = \frac{N^2e^2 \cdot 16\pi^4 v^4 d_0^2}{12\pi\varepsilon_0 c^3}$$

$$\Rightarrow \; d_0 = \sqrt{\frac{3\,\varepsilon_0 \cdot c^3 \cdot \overline{P}_{\text{em}}}{N^2e^2 \cdot 4\pi^3 v^4}}.$$

Einsetzen von $N = 10^{28} \cdot 10^{-4} \cdot 10 = 10^{25}$, $v = 10^7\,\text{s}^{-1}$, $e = 1{,}6 \cdot 10^{-19}$ C ergibt:

$$d_0 = 2{,}7 \cdot 10^{-12}\,\text{m}.$$

Man sieht also, daß die Schwingungsamplituden der schwingenden Elektronen sehr klein sind.

9. a) Die Solarkonstante gibt die Energiestromdichte am oberen Rande der Erdatmosphäre

$$S = \varepsilon_0 \cdot c \cdot E^2$$

an. Damit erhalten wir

$$E = \sqrt{\frac{S}{\varepsilon_0 \cdot c}} = \sqrt{\frac{1{,}4 \cdot 10^3}{8{,}85 \cdot 10^{-12} \cdot 3 \cdot 10^8}\,\frac{\text{V}}{\text{m}}} = 7{,}26 \cdot 10^2\,\text{V/m}$$

$$\Rightarrow \; B = \frac{1}{c} \cdot E = \frac{7{,}26 \cdot 10^2}{3 \cdot 10^8}\,\frac{\text{V} \cdot \text{s}}{\text{m}^2} = 2{,}4 \cdot 10^{-6}\,\text{T}.$$

b) Entfernung Erde – Sonne: $r = 1{,}5 \cdot 10^{11}$ m. Die gesamte von der Sonne abgestrahlte Leistung ist dann

$$\overline{P}_{\text{em}} = 4\pi r^2 \cdot S = 1{,}4 \cdot 10^3 \cdot 4\pi \cdot 1{,}5^2 \cdot 10^{22}\,\text{W} = 4 \cdot 10^{26}\,\text{W}.$$

Die Energiestromdichte an der Sonnenoberfläche ist:

$$S_\odot = \frac{\overline{P}_{\text{em}}}{4\pi R_\odot^2} = \frac{4 \cdot 10^{26}}{4\pi \cdot 6{,}96^2 \cdot 10^{16}} = 6{,}57 \cdot 10^7\,\text{W/m}^2$$

$$\Rightarrow \quad E = \sqrt{\frac{S}{\varepsilon_0 c}} = 1{,}57 \cdot 10^5 \text{ V/m}.$$

10. Wie in 9. gilt:

$$S = \frac{\overline{P}_{\text{em}}}{4\pi r^2}, \quad E = \sqrt{\frac{S}{\varepsilon_0 c}}.$$

Mit $r = 1$ m, $\overline{P}_{\text{em}} = 70$ W folgt $E = 45$ V/m. Um die gleiche Feldstärke E wie die Sonnenstrahlung auf der Erde zu erreichen, müßte die Energiestromdichte um den Faktor $a = (726/45)^2 = 260$ mal größer sein, d.h. auch die Leistung $\overline{P}_{\text{em}}$ müßte 260 mal größer sein, also 26 kW betragen. Man beachte jedoch: a) Die Erdatmosphäre verringert die Sonnenstrahlung auf 50–60% der Solarkonstante. b) Nur ein Bruchteil der Strahlung liegt im sichtbaren Gebiet (siehe Kap. 12).

Kapitel 7

1. Aus **rot** $\boldsymbol{B} = \varepsilon_0 \mu_0 \, \partial \boldsymbol{E}/\partial t$ folgt

$$\textbf{rot rot } \boldsymbol{B} = \varepsilon_0 \mu_0 \, \frac{\partial}{\partial t} (\textbf{rot } \boldsymbol{E}) = -\varepsilon_0 \mu_0 \, \frac{\partial^2 \boldsymbol{B}}{\partial t^2},$$

$$\textbf{rot rot } B = \textbf{grad } (\text{div} \boldsymbol{B}) - \textbf{div grad } \boldsymbol{B} = -\Delta \boldsymbol{B},$$

weil div $\boldsymbol{B} = 0$ ist. Es folgt

$$\Delta \boldsymbol{B} = \varepsilon_0 \mu_0 \, \frac{\partial^2 \boldsymbol{B}}{\partial t^2} = \frac{1}{c^2} \, \frac{\partial^2 \boldsymbol{B}}{\partial t^2}.$$

2. Eine ebene Welle in $\boldsymbol{k}$-Richtung ist:

$$E = E_0 \cdot \mathrm{e}^{\mathrm{i}\,(\omega t - \boldsymbol{k} \cdot \boldsymbol{r})}.$$

Für $\boldsymbol{k} \cdot \boldsymbol{r} = \text{const}$ hat die Phase $\varphi = \omega t_0 - \boldsymbol{k} \cdot \boldsymbol{r}$ zu einem festen Zeitpunkt t_0 für alle $\boldsymbol{r}$ denselben

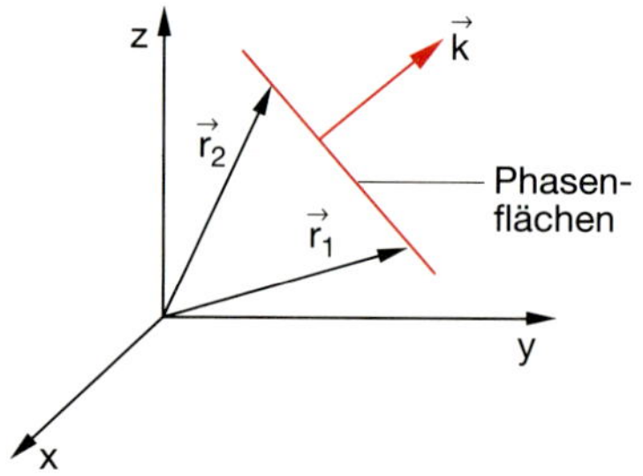

Abb. L.23. Zu Lösung 7.2

Wert, d.h. der geometrische Ort aller Ortsvektoren $\boldsymbol{r}$ mit $\boldsymbol{k} \cdot \boldsymbol{r} = \text{const}$ ist Phasenfläche.
Aus $\boldsymbol{k} \cdot \boldsymbol{r}_1 = \boldsymbol{k} \cdot \boldsymbol{r}_2 = \text{const}$ folgt $\boldsymbol{k}(\boldsymbol{r}_1 - \boldsymbol{r}_2) = 0$, d.h. $\boldsymbol{k} \perp (\boldsymbol{r}_1 - \boldsymbol{r}_2)$. $\boldsymbol{r}_1 - \boldsymbol{r}_2$ ist ein Vektor in der Ebene $\perp \boldsymbol{k}$. Also ist die Ebene $\perp \boldsymbol{k}$ Phasenfläche.

3. Aus $\boldsymbol{E} = a_1 \boldsymbol{E}_1 + a_2 \boldsymbol{E}_2$ folgt

$$I = \varepsilon_0 c E^2 = \varepsilon_0 c \left[a_1^2 E_1^2 + a_2^2 E_2^2 + 2 a_1 a_2 \boldsymbol{E}_1 \cdot \boldsymbol{E}_2\right].$$

Mit $E_i = E_{0i} \cos(\omega t + \varphi_i)$ erhalten wir

$$\bar{I} = \varepsilon_0 c \overline{E^2} = \frac{1}{2} \varepsilon_0 c \left[a_1^2 E_{01}^2 + a_2^2 E_2^2 + 2 a_1 a_2 E_{10} E_{20} \cos(\varphi_1 - \varphi_2)\right] = \bar{I}_1 + \bar{I}_2 + 2 \cdot \sqrt{\bar{I}_1 \bar{I}_2} \cdot \overline{\cos(\varphi_1 - \varphi_2)}.$$

Für inkohärentes Licht schwanken die Phasendifferenzen $\Delta\varphi = \varphi_1(t) - \varphi_2(t)$ statistisch, so daß $\overline{\cos \varphi_1 - \varphi_2} = 0$ gilt. In diesem Fall ist die Gesamtintensität gleich der Summe der Einzelintensitäten. Für kohärente Strahlung gilt dies nicht!

4. Die Darstellung einer zirkular-polarisierten Welle ist:

$$\boldsymbol{E} = \boldsymbol{A} \cdot \mathrm{e}^{\mathrm{i}\,(\omega t - kz)} \quad \text{mit} \quad \boldsymbol{A} = A_0 \, (\hat{\boldsymbol{x}} \pm \mathrm{i}\, \hat{\boldsymbol{y}}).$$

$$\sigma^+\text{–Licht}: \boldsymbol{A} = A_0 \, (\hat{\boldsymbol{x}} + \mathrm{i}\, \hat{\boldsymbol{y}})$$

$$\sigma^-\text{–Licht}: \boldsymbol{A} = A_0 \, (\hat{\boldsymbol{x}} - \mathrm{i}\, \hat{\boldsymbol{y}})$$

$$E^+ + E^- = 2 A_0 \hat{\boldsymbol{x}} \, \mathrm{e}^{\mathrm{i}\,(\omega t - kz)}$$

Dies ist eine in x-Richtung linear polarisierte Welle.

5. Im stationären Gleichgewicht gilt, daß die Summe aus zugeführter und abgegebener Leistung Null sein muß:

$$\frac{\mathrm{d}W}{\mathrm{d}t} = \alpha \cdot I \cdot F \cdot \cos\gamma - c_W \cdot \frac{\mathrm{d}M}{\mathrm{d}t} \, (T - T_U) - \kappa (T - T_U) = 0.$$

Für die Menge des durchströmenden Wassers folgt damit:

$$\frac{\mathrm{d}M}{\mathrm{d}t} = \frac{\alpha \cdot I \cdot F \cdot \cos\gamma}{c_W \, (T - T_U)} - \frac{\kappa}{c_W}.$$

Mit den Zahlenwerten $\alpha = 0{,}8$, $I = 500\,\text{W/m}^2$, $\cos\gamma = 0{,}94$, $c_W = 4{,}18\,\text{kJ/kg}$, $T - T_U = 60\,\text{K}$, $\kappa = 2\,\text{W/K}$ erhalten wir

$$\frac{\mathrm{d}M}{\mathrm{d}t} = \frac{0{,}8 \cdot 500 \cdot 4 \cdot 0{,}94}{4{,}18 \cdot 10^3 \cdot 60} - 0{,}48 \cdot 10^{-3}\,\mathrm{kg/s}$$
$$= (6 \cdot 10^{-3} - 0{,}48 \cdot 10^{-3})\,\mathrm{kg/s}$$
$$\approx 5{,}5 \cdot 10^{-3}\,\mathrm{l/s} = 20\,\mathrm{l/h}.$$

Die über einen Tag im Juni einfallende gemittelte Sonnenenergie ist etwa 6 kWh. Man kann damit mit $\alpha = 0{,}8$, $\cos\gamma = 0{,}94$ etwa 60 l Wasser pro m^2 Kollektorfläche pro Tag um 60 K erwärmen, wenn die Wärmeverluste vernachlässigt werden ($\kappa = 0$).

(Siehe: Programmstudie: *Energiequellen für morgen*, Bd. II: *Nutzung der solaren Strahlungsenergie*, Umschau-Verlag, Frankfurt 1976.)

6. a) Wir betrachten einen Kondensator mit kreisförmigen Platten der Fläche $A = \pi R^2$ und dem Abstand d. Wir haben dann

$$Q = C \cdot U = \varepsilon_0 \frac{A}{d} U = \varepsilon_0 \cdot A \cdot E$$

mit $\boldsymbol{E} = \{0, 0, E\}$,

$$I = \frac{\mathrm{d}Q}{\mathrm{d}t} = \varepsilon_0 A \cdot \frac{\partial E}{\partial t}.$$

Das Magnetfeld $\boldsymbol{B} = \{B_x, B_y, 0\}$ bildet kreisförmige Feldlinien um die z-Achse.

$$\oint \boldsymbol{B}\,\mathrm{d}\boldsymbol{s} = B(r) \cdot 2\pi r = \mu_0 \cdot \frac{r^2}{R^2} I$$

$$\Rightarrow \; B(r) = \frac{\mu_0 I}{2\pi R^2} r.$$

b) Der Poynting-Vektor ist:

$$\boldsymbol{S} = \varepsilon_0 c^2 (\boldsymbol{E} \times \boldsymbol{B}).$$

Er hat nur eine radiale Komponente in Ebenen senkrecht zur z-Achse. Sein Betrag ist:

$$|\boldsymbol{S}| = \varepsilon_0 c^2 \cdot \frac{Q}{\varepsilon_0 A} \cdot \frac{\mu_0 I}{2\pi R^2} r$$
$$= \frac{Q \cdot I \cdot r}{2\varepsilon_0 A^2} = \frac{r}{2\varepsilon_0 A^2} \frac{\mathrm{d}}{\mathrm{d}t} \left(\frac{1}{2} Q^2\right).$$

c) Der durch die Zylinderfläche $2\pi r \cdot d$ strömende Energiefluß ist pro Sekunde:

$$\frac{\mathrm{d}W}{\mathrm{d}t} = |\boldsymbol{S}| \cdot 2\pi r \cdot d$$
$$= \frac{\pi r^2 \cdot d}{\varepsilon_0 A^2} \frac{\mathrm{d}}{\mathrm{d}t} \left(\frac{1}{2} Q^2\right)$$
$$= \frac{\pi r^2}{A} \frac{\mathrm{d}}{\mathrm{d}t} \left(\frac{1}{2} C \cdot U^2\right).$$

Dies ist der im Zylindervolumen $\pi r^2 \cdot d$ gespeicherte Bruchteil der Kondensatorenergie $1/2\, CU^2$.

7. Die Erde erscheint von der Sonne aus unter dem Raumwinkel

$$\Omega_{\mathrm{E}} = \frac{\pi R_{\mathrm{E}}^2}{(1\,\mathrm{AE})^2}.$$

Der Mars erscheint unter dem Raumwinkel

$$\Omega_{\mathrm{M}} = \frac{\pi R_{\mathrm{M}}^2}{(1{,}52\,\mathrm{AE})^2}.$$

Es folgt

$$\frac{S_{\mathrm{M}}}{S_{\mathrm{E}}} = \frac{R_{\mathrm{M}}^2}{R_{\mathrm{E}}^2 \cdot 1{,}52^2} = \frac{0{,}532^2}{1 \cdot 1{,}52^2} = 0{,}123,$$

weil der Marsradius $R_{\mathrm{M}} = 0{,}532\, R_{\mathrm{E}}$ ist und die Entfernung Sonne – Mars 1,52 AE beträgt. Die vom Mars in den Raumwinkel 2π reflektierte Leistung ist

$$S_{\mathrm{MR}} = 0{,}5 \cdot 0{,}123\, S_{\mathrm{E}}.$$

Der Raumwinkel, unter dem die Erde vom Mars aus bei seiner kleinsten Entfernung von der Erde erscheint, ist

$$\Omega_{\mathrm{ME}} = \frac{\pi R_{\mathrm{E}}^2}{(0{,}52\,\mathrm{AE})^2}.$$

Die auf der Erde ankommende vom Mars diffus reflektierte Sonnenstrahlung ist daher:

$$\frac{\mathrm{d}W_{\mathrm{ME}}}{\mathrm{d}t} = \frac{0{,}5 \cdot 0{,}123\, S_{\mathrm{E}} \cdot \pi R_{\mathrm{E}}^2}{(0{,}52\,\mathrm{AE})^2} = 1{,}3 \cdot 10^{-9}\, S_{\mathrm{E}}.$$

Der Mars strahlt uns bei kleinster Entfernung also nur das $1{,}3 \cdot 10^{-9}$-fache der direkten Sonnenstrahlung zu.

8. Durch die Augenpupille fällt die maximale Strahlungsleistung:

$$\frac{\mathrm{d}W}{\mathrm{d}t} = 800\,\mathrm{W/m^2} \cdot \pi r^2 = 800\pi \cdot 10^{-6}\,\mathrm{W} = 2{,}5\,\mathrm{mW}.$$

Die Intensität auf der Netzhaut ist dann allerdings bereits:

$$I = \frac{A_{\mathrm{Pupille}}}{A_{\mathrm{Netzhaut}}} I_0 = 4\, I_0 = 3{,}2\,\frac{\mathrm{kW}}{\mathrm{m}^2}.$$

Dies genügt, um die Sehzellen zu zerstören.

9. Die Gewichtskraft $m \cdot g$ muß durch den Lichtdruck kompensiert werden. Die Intensität der in z-Richtung einfallenden Strahlung sei I. Ein Kreisstreifen mit dem Radius $a = R \cdot \sin\vartheta$ hat die Fläche $dA = 2\pi a \cdot R \cdot d\vartheta$.
Die zur Lichtrichtung senkrechte Projektion ist:

$$dA_z = dA \cdot \cos\vartheta = 2\pi R^2 \cdot \sin\vartheta \cos\vartheta \, d\vartheta.$$

Der durch das Licht übertragene Impuls pro Zeiteinheit ist

$$\frac{dp}{dt} = \frac{1}{c}\frac{dW}{dt} = \frac{I}{c} \cdot dA_z(1 + \cos 2\vartheta),$$

wobei der zweite Term $S \cdot dA_z \cdot \cos 2\vartheta$ die vom reflektierten Licht in z-Richtung übertragene Impulskomponente ist. Die anderen Komponenten heben sich bei der Integration über den gesamten Streifen auf.
Integriert man über die untere Halbkugel, so ergibt sich:

$$\frac{dp}{dt} = \frac{I}{c}\int_0^{\pi/2} (1 + \cos 2\vartheta)\, dA_z$$

$$= 2\pi R^2 \frac{I}{c}\int_0^{\pi/2} (1 + \cos 2\vartheta) \sin\vartheta \cos\vartheta \, d\vartheta$$

$$= 2\pi R^2 \cdot I/c.$$

Der übertragene Impuls ist also genauso groß, als ob die Strahlung senkrecht auf eine ebene Fläche πR^2 treffen würde.

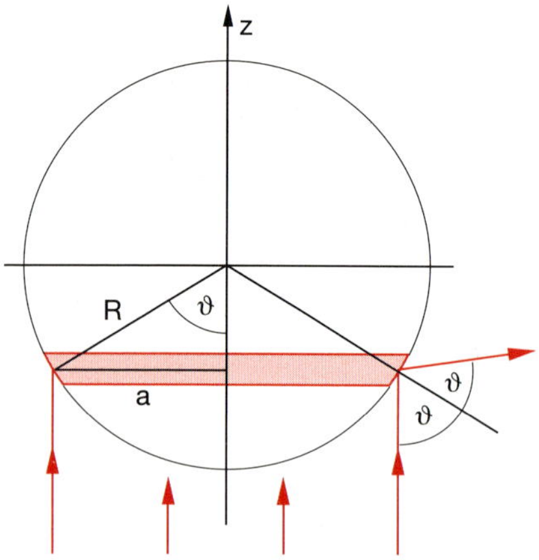

Abb. L.24. Zu Lösung 7.9

(*Frage*: Kann man dies auch unmittelbar einsehen?)
Die notwendige Intensität des Lichtes ist daher mit der Massendichte $\varrho = m/V$

$$I = \frac{m \cdot g \cdot c}{2\pi R^2} = \frac{2}{3} R \cdot \varrho \cdot g \cdot c.$$

10. a) Bei der in Abb. L.25 gezeigten willkürlich gewählten Stellung der Lichtmühle bildet das einfallende parallele Licht den Winkel α gegen die Flächen 1 und 3 und den Winkel $\beta = 90° - \alpha$ gegen die Flächen 2 und 4. Der Strahlungsdruck auf die reflektierenden Flächen 1 und 2 bewirkt ein Drehmoment im Uhrzeigersinn, der Druck auf die absorbierenden Flächen 3 und 4 ein rücktreibendes Drehmoment. Die Flächen sind $A_i = a^2$. Hat das Licht die Intensität I, so wird auf das Flächenelement $dA_1 = a \cdot ds$ nach (7.27) die Kraft

$$d\boldsymbol{F} = \frac{2I}{c} a \cdot ds \cdot \sin\alpha \cdot \hat{\boldsymbol{e}}_x$$

ausgeübt, welche das Drehmoment $d\boldsymbol{D}_1 = d\boldsymbol{F}_1 \times \boldsymbol{s}$ um die Achse (z-Achse) bewirkt. Mit $y = s \cdot \sin\alpha$ folgt für den Betrag:

$$dD_1 = dF_1 \cdot s \cdot \sin\alpha = \frac{2I}{c} a \sin^2\alpha \cdot s\, ds$$

$$= \frac{2I}{c} a\, y \cdot dy$$

$$\Rightarrow \; D_1 = \frac{2I}{c} \cdot a \cdot \int_{b \cdot \sin\alpha}^{(b+a)\sin\alpha} y\, dy$$

$$= \frac{I}{c} a \sin^2\alpha (a^2 + 2ba).$$

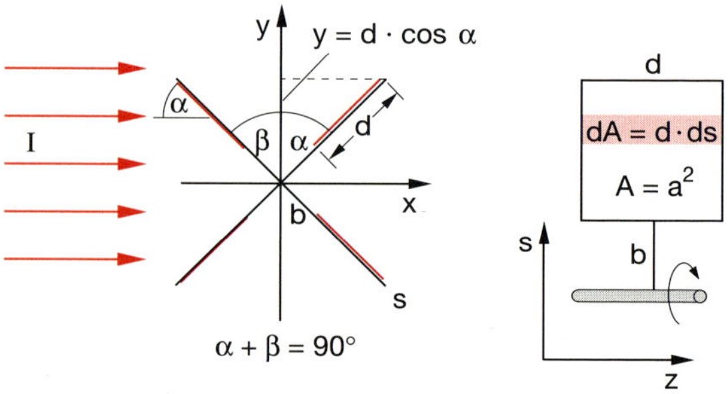

Abb. L.25. Zu Lösung 7.10a

Das Drehmoment auf die Fläche 2 ist entsprechend

$$D_2 = \frac{2I}{c}\, a \int\limits_{y_1}^{y_2} y\,\mathrm{d}y = \frac{I}{c}\, a\,[y_2^2 - y_1^2]$$

mit $y = s \cdot \cos\alpha$. Die Fläche 2 wird teilweise von der Fläche 1 abgeschattet, so daß nur ein Teil beleuchtet wird. Für $\alpha \leq 45°$ ist dies der Teil von $y_1 = (a+b)\cdot\cos\beta$ bis $y_2 = (a+b)\cdot\sin\beta$, d.h. $y_1 = (a+b)\cdot\sin\alpha$, $y_2 = (a+b)\cdot\cos\alpha$. Es folgt

$$\begin{aligned} D_2 &= \frac{I}{c}\, a\,(a+b)^2[\sin^2\alpha - \cos^2\alpha] \\ &= \frac{I}{c}\, a\,(a+b)^2[1 - 2\cos^2\alpha]. \end{aligned}$$

Für $\alpha \geq 45°$ ist dies der Teil von $y_1 = b\cdot\cos\alpha$ bis $y_2 = b\cdot\sin\alpha$

$$\Rightarrow\quad D_2(\alpha \geq 45°) = \frac{I}{c}\, ab^2[1 - 2\cos^2\alpha].$$

Das Drehmoment D_3 erhält man analog zu D_1, wenn man α durch $\beta = 90° - \alpha$ ersetzt und berücksichtigt, daß bei der Absorption der Impulsübertrag nur $1/2$ mal so groß ist.

$$\begin{aligned} \Rightarrow\quad D_3 &= -\frac{I}{2c}\, a\cdot\cos^2\alpha\,[a^2 + 2ba], \\ D_4 &= -\frac{I}{2c}\, a\,(a+b)^2(1 - 2\sin^2\alpha) \\ &\qquad \text{für} \quad \alpha \leq 45°, \\ D_4 &= \frac{I}{2c}\, ab^2(1 - 2\sin^2\alpha) \quad \text{für} \quad \alpha \geq 45°. \end{aligned}$$

Das gesamte Drehmoment ist $D = D_1 + D_2 + D_3 + D_4$. Mit $b = 1\,\mathrm{cm}$ und $a = 2\,\mathrm{cm}$, $I = 10^4\,\mathrm{W/m^2}$ erhält man:

$$\begin{aligned} D_1 &= \frac{I}{c}\cdot\sin^2\alpha\cdot 16\cdot 10^{-6}\,\mathrm{Nm} \\ &= 5{,}3\cdot 10^{-10}\cdot\sin^2\alpha\,\mathrm{Nm}, \\ D_2 &= 6\cdot 10^{-10}[\sin^2\alpha - \cos^2\alpha], \\ D_3 &= -2{,}67\cdot 10^{-10}\cos^2\alpha, \\ D_4 &= -3\cdot 10^{-10}[\cos^2\alpha - \sin^2\alpha], \\ \Rightarrow\quad D &= 14{,}3\cdot 10^{-10}\sin^2\alpha \\ &\quad - 11{,}67\cdot 10^{-10}\cos^2\alpha \quad \text{für} \quad \alpha \leq 45°. \end{aligned}$$

b) Die Temperaturerhöhung $\varDelta T$ der schwarzen Flächen ergibt sich aus:

$$\varDelta T = \frac{1}{C_\mathrm{W}}\left(I\cdot\varDelta A - \frac{\mathrm{d}W}{\mathrm{d}t}\cdot\varDelta T\right),$$

wobei C_W die Wärmekapazität einer Platte, $\varDelta A$ die bestrahlte Fläche und $\mathrm{d}W/\mathrm{d}t\,\varDelta T$ die durch Stöße mit den Argonatomen abgeführte Leistung ist.

$$\Rightarrow\quad \varDelta T = \frac{I\cdot\varDelta A}{C_\mathrm{W} + \mathrm{d}W/\mathrm{d}t}$$

Ein Atom hat vor dem Stoß die mittlere kinetische Energie $(m/2)\,\overline{v^2} = 3/2\,kT$, es verläßt die Fläche mit $3/2\,k\,(T + \varDelta T)$, so daß die von der Wand abgeführte Leistung beträgt (siehe Bd. 1, Abschn. 7.5.3):

$$\frac{\mathrm{d}W}{\mathrm{d}t}\cdot\varDelta T = \frac{n}{4}\cdot\frac{3}{2}\,k\varDelta T\cdot\overline{v}\cdot A$$

(n = Atomzahldichte). Mit $n = 3\cdot 10^{16}/\mathrm{cm}^3$, $A = 4\,\mathrm{cm}^2$, $\overline{v} = 5\cdot 10^4\,\mathrm{cm/s}$, $k = 1{,}38\cdot 10^{-23}\,\mathrm{J/K} \Rightarrow$

$$\frac{\mathrm{d}W}{\mathrm{d}t} = 0{,}031\,\mathrm{W}.$$

Jede Fläche wird im zeitlichen Mittel während $1/4$ der Umlaufzeit bestrahlt. Wegen $\sin^2\alpha = 1/2$ ist die mittlere Bestrahlungsleistung:

$$\begin{aligned} \overline{I\cdot\varDelta A} &= \frac{1}{2}\cdot\frac{1}{4}\, I\cdot A \\ &= \frac{1}{8}\cdot 10^4\,\mathrm{W/m^2}\cdot 4\cdot 10^{-4}\,\mathrm{m^2} = 0{,}5\,\mathrm{W} \\ \Rightarrow\quad \varDelta T &= \frac{0{,}5}{0{,}13} \approx 4\,\mathrm{K}. \end{aligned}$$

Die schwarze Fläche erwärmt sich also um 4 K. Um den von den anderen Atomen übertragenen Impuls pro Sekunde zu berechnen, setzen wir an:

$$\frac{\mathrm{d}p}{\mathrm{d}t} = \frac{n\cdot m}{4}\cdot\left[\overline{v}(T + \varDelta T) - \overline{v}(T)\right]\cdot A\overline{v}$$

(siehe Bd. 1, (7.47)), wobei $m = 40\cdot 1{,}67\cdot 10^{-27}\,\mathrm{kg}$ die Masse eines Argonatoms ist, $\overline{v}$ seine mittlere Geschwindigkeit

$$\overline{v} = \sqrt{\frac{8kT}{\pi\cdot m}}$$

$$\Rightarrow\quad \frac{\mathrm{d}p}{\mathrm{d}t} = \frac{n\cdot m}{4}\, A\,\frac{8k}{\pi\cdot m}\left(\sqrt{T\,(T + \varDelta T)} - T\right)$$

$$= \frac{3}{4} \cdot 10^{22} \cdot 4 \cdot 10^{-4} \cdot \frac{8}{\pi}$$
$$\cdot 1{,}38 \cdot 10^{-23} \cdot \left[\sqrt{300 \cdot 304} - 300\right),$$
$$F = 5{,}3 \cdot 10^{-5}\,\text{N}.$$

Das mittlere Drehmoment ist dann ähnlich wie in 10 a)

$$D = F \cdot (b + a/2) \approx 10^{-6}\,\text{N} \cdot \text{m},$$

also um mehr als drei Größenordnungen größer als das durch Photonenrückstoß bewirkte Drehmoment.

11. Die von der Antenne abgestrahlte Leistung ist rotationssymmetrisch um die Antennenachse und proportional zu $\sin^2 \vartheta$. In den Raumwinkel $\mathrm{d}\Omega$ wird die Leistung

$$\mathrm{d}P = P_0 \cdot \sin^2 \vartheta \, \mathrm{d}\vartheta$$

abgestrahlt.

$$\mathrm{d}\Omega = \frac{1}{r^2} \cdot r\,\mathrm{d}\alpha \cdot r \cdot \sin\alpha\,\mathrm{d}\varphi$$
$$= \sin\alpha\,\mathrm{d}\alpha\,\mathrm{d}\varphi.$$

Integriert über alle φ (Rotationssymmetrie des Parabolspiegels um die x-Achse) gibt die Leistung in den Kegelmantel ϑ:

$$\mathrm{d}P = P_0 \cdot \sin^2 \vartheta \sin\alpha \cdot 2\pi \cdot \mathrm{d}\alpha \quad (\alpha = 90^\circ - \vartheta)$$
$$= -P_0 \sin^2 \vartheta \cos\vartheta \cdot 2\pi \cdot \mathrm{d}\vartheta,$$

$$P = -2\pi P_0 \int\limits_{\vartheta=90^\circ}^{\vartheta_{\max}} \sin^2 \vartheta \cos\vartheta \,\mathrm{d}\vartheta$$
$$= \frac{2\pi}{3} P_0 \sin^3 \vartheta \Big|_{\vartheta_{\min}}^{\pi/2}$$
$$= \frac{2\pi}{3} P_0 \left(1 - \sin^3 \vartheta_{\min}\right).$$

Den Winkel $\vartheta_{\min}$ erhält man aus $\cos\vartheta = y/r$

$$\cos\vartheta_{\min} = \frac{D/2}{\sqrt{y^2 + (f - x)^2}}.$$

Mit $y^2 = 4fx$ folgt

$$\cos\vartheta_{\min} = \frac{D/2}{f + x},$$
$$x = \frac{D^2}{16f}$$

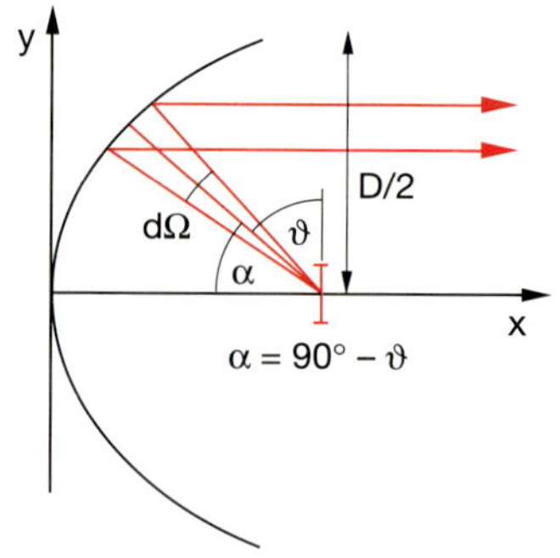

Abb. L.26. Zu Lösung 7.11

$$\Rightarrow \cos\vartheta_{\min} = \frac{D/2}{f + D^2/16f} = \frac{8Df}{D^2 + 16f^2},$$

$$P = \frac{2\pi}{3} P_0 \left(1 - \sin^3 \left[\arccos \frac{8Df}{D^2 + 16f^2}\right]\right).$$

12. $v_G = 1/3\,c = c^2/v_{Ph}$

$$\Rightarrow v_{Ph} = 3c = \frac{c}{\sqrt{1 - \frac{n^2\pi^2c^2}{a^2\omega^2}}}$$

$$\Rightarrow \frac{n^2\pi^2c^2}{a^2\omega^2} = \frac{8}{9} \Rightarrow \lambda^2 = \frac{4a^2}{n^2} \cdot \frac{8}{9}.$$

Die größte Wellenlänge ergibt sich für $n = 1$

$$\Rightarrow \lambda_{\max} = \frac{2a}{3} \cdot \sqrt{8}\,\text{cm} = 5{,}66\,\text{cm}.$$

13. $U = I \cdot R = 3 \cdot 10\,\text{V} = 30\,\text{V}$. Der Strom möge in z-Richtung fließen. Dann hat die Feldstärke nur eine z-Komponente. Deren Betrag ist:

$$E = \frac{U}{L} = \frac{30}{100} \frac{\text{V}}{\text{m}} = 0{,}3\,\text{V/m}$$

Das Magnetfeld auf der Drahtoberfläche ist:

$$B = \frac{\mu_0 I}{2\pi r_0} = \frac{4\pi \cdot 10^{-7} \cdot 10}{2\pi \cdot 3 \cdot 10^{-3}}\,T = 0{,}67\,\text{mT}.$$

Der Poynting-Vektor $\boldsymbol{S}$ zeigt radial nach innen auf die Drahtachse zu. Sein Betrag ist

$$S = \frac{1}{\mu_0} E \cdot B = \frac{I \cdot U}{2\pi r_0 \cdot L}.$$

Er gibt den Energiefluß pro Sekunde und Flächeneinheit an. Die gesamte in den Draht fließende Leistung ist dann bei einer Drahtoberfläche $F = 2\pi r_0 \cdot L$

$$\frac{dW}{dt} = U \cdot I = I^2 \cdot R,$$

also gleich der Ohmschen Verlustleistung im Draht.

14. Der Photonenrückstoß pro Sekunde ist nach (7.26)

$$\frac{dp}{dt} = F_R = \varepsilon_0 E^2 \cdot A = m \cdot a.$$

Wegen $I = \varepsilon_0 c E^2$ folgt

$$I = \frac{c \cdot m \cdot a}{A}.$$

Soll eine Beschleunigung von $a = 10^{-5}\,\mathrm{m/s^2}$ für eine Masse von $m = 10^3\,\mathrm{kg}$ bei einer Fläche $A = 10^{-2}\,\mathrm{m^2}$ erreicht werden, so muß

$$I = 3 \cdot 10^8\,\mathrm{W/m^2}$$

sein. Die Lichtleistung der Lampe müßte dann

$$P_{\text{Licht}} = I \cdot A = 3 \cdot 10^6\,\mathrm{W}$$

sein.

Anmerkung: Realistischer sind Raumschiffe mit großen reflektierenden Sonnensegeln, die den Lichtdruck der Sonnenstrahlung ausnutzen können, z.B. für eine Reise zum Mars. Bei einer Fläche von $A = 10^4\,\mathrm{m^2}$ und einer Sonnenintensität von $I = 10^3\,\mathrm{W/m^2}$ erhält man

$$a = \frac{2I \cdot A}{m \cdot c} = 6{,}6 \cdot 10^{-5}\,\mathrm{m/s^2}$$

ohne jeden Leistungsaufwand aus Bordmitteln.

15. Nach Abschn. 1.3.4 ist das elektrische Feld zwischen Innen- und Außenleiter des koaxialen Wellenleiters:

$$\boldsymbol{E} = \frac{\lambda}{2\pi\varepsilon_0 r}\hat{\boldsymbol{r}} \quad \text{für} \quad a \le r \le b.$$

Die Spannung zwischen Innen- und Außenleiter ist dann:

$$U = \int_a^b E\,dr = \frac{\lambda}{2\pi\varepsilon_0}\ln(b/a),$$

wobei $\lambda = Q/l$ die Ladung pro Längeneinheit ist. Die Kapazität pro Längeneinheit ist dann

$$\hat{C} = \frac{\lambda}{U} = \frac{2\pi\varepsilon_0}{\ln(b/a)}.$$

Die Induktivität pro Längeneinheit $\hat{L}$ ist nach Aufgabe 4.2

$$\hat{L} = \frac{\mu_0}{2\pi}\ln\frac{b}{a} \quad \Rightarrow \quad \hat{C} \cdot \hat{L} = \varepsilon_0 \cdot \mu_0 = \frac{1}{c^2},$$

also unabhängig von der Geometrie des koaxialen Leiters. Der Wellenwiderstand des koaxialen Wellenleiters ist:

$$Z_0 = \sqrt{\hat{L}/\hat{C}} = \frac{1}{2\pi}\sqrt{\frac{\mu_0}{\varepsilon_0}}\ln\frac{b}{a} = \frac{\mu_0 \cdot c}{2\pi}\ln\frac{b}{a}$$

$$\Rightarrow \; b = a \cdot \exp\left[\frac{2\pi Z_0}{\mu_0 \cdot c}\right].$$

Für $Z_0 = 100\,\Omega$, $a = 10^{-3}\,\mathrm{m}$ folgt $b = 10^{-3} \cdot \mathrm{e}^{10/6}\,\mathrm{m} = 5{,}3\,\mathrm{mm}$.

Kapitel 8

1. Bei Atmosphärendruck ist die Molekülzahldichte $N \approx 2{,}5 \cdot 10^{25}\,\mathrm{m^{-3}}$, $\lambda = 500\,\mathrm{nm} \mathrel{\hat{=}} \omega = 3{,}77 \cdot 10^{15}$. Die Elektronenmasse ist $m = 9{,}1 \cdot 10^{-31}\,\mathrm{kg}$.

$$\omega_0^2 - \omega^2 = (1 - 0{,}377^2) \cdot 10^{32} = 0{,}86 \cdot 10^{32} \gg \gamma \cdot \omega$$

$$n = 1 + \frac{2{,}5 \cdot 10^{25} \cdot 1{,}6^2 \cdot 10^{-38}}{2 \cdot 8{,}8 \cdot 10^{-12} \cdot 9{,}1 \cdot 10^{-31} \cdot 0{,}86 \cdot 10^{32}} = 1 + 4{,}6 \cdot 10^{-4}.$$

Vergleich mit Tabelle 8.1 zeigt, daß $(n-1)_{\text{ex}} = 2{,}79 \cdot 10^{-4}$ ist. Der Vergleich mit (8.21) zeigt, daß die Oszillatorenstärke für den tiefsten (E_K minimal) und stärksten Übergang $f_1 \approx 2{,}79/4{,}6 = 0{,}6$ ist, d.h. die Moleküle haben auf ihrem langwelligen Absorptionsübergang (bei etwa $\lambda = 190\,\mathrm{nm}$) eine Absorption, die etwa 60% der Absorption eines klassischen Oszillators entspricht.

2. $$\sigma_s = a\,\frac{\omega^4}{(\omega_0^2 - \omega^2)^2 + \omega^2\gamma^2}$$

$$\frac{d\sigma}{d\omega} = 0 = a \cdot \frac{4\omega^3\left[(\omega_0^2 - \omega^2)^2 + \omega^2\gamma^2\right]}{N^2} - \frac{\omega^4\left[-4\omega\,(\omega_0^2 - \omega^2) + 2\gamma^2\omega\right]}{N^2}$$

$$\Rightarrow \ (\omega_0^2-\omega^2)^2+\omega^2\gamma^2+\omega^2(\omega_0^2-\omega^2) - \frac{1}{2}\gamma^2\omega^2 = 0$$

$$\Rightarrow \ \omega_m = \frac{\omega_0^2}{\sqrt{\omega_0^2-\gamma^2/2}} = \frac{\omega_0}{\sqrt{1-\gamma^2/2\omega_0^2}}.$$

3. Für die Winkel gilt: $\sphericalangle er = 2\alpha$, $\sphericalangle eg = 180°+\beta-\alpha$

$$\Rightarrow \ 2\alpha = 180° - \alpha + \beta,$$
$$\Rightarrow \ 3\alpha = 180° + \beta,$$
$$\Rightarrow \ \sin 3\alpha = \sin(180°+\beta) = -\sin\beta = -\frac{1}{n}\sin\alpha$$
$$\Rightarrow \ \frac{1}{n} = -\frac{\sin 3\alpha}{\sin\alpha} = \frac{4\sin^3\alpha - 3\sin\alpha}{\sin\alpha} = 4\sin^2\alpha - 3$$
$$\Rightarrow \ \sin\alpha = \sqrt{\left(3+\frac{1}{n}\right)\Big/4}.$$

Für $n = 1{,}5$ folgt

$$\sin\alpha = \sqrt{0{,}91666} \approx 0{,}957$$
$$\Rightarrow \ \alpha = 73{,}3°.$$

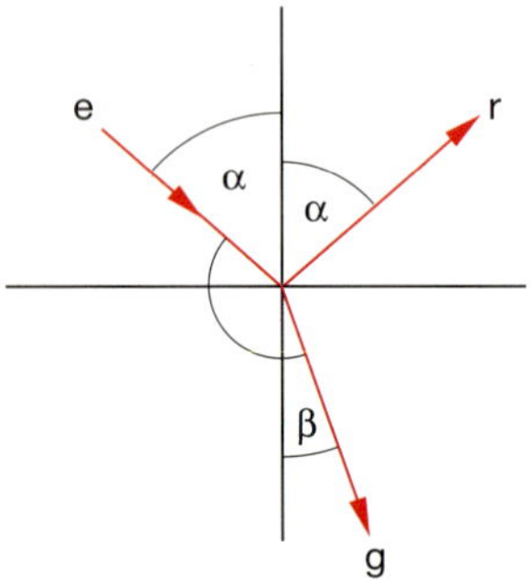

Abb. L.27. Zu Lösung 8.3

4. Die einfallende ebene Welle sei parallel zur z-Richtung, ihr $\boldsymbol{E}$-Vektor parallel zur x-Richtung. Beobachtet wird die Streustrahlung in y-Richtung. Die Atome 5–8 werden später angeregt mit der Phasenverschiebung

$$\Delta\varphi = \frac{d}{\lambda}\cdot 2\pi = \frac{1}{3}\cdot 2\pi = \frac{2}{5}\pi.$$

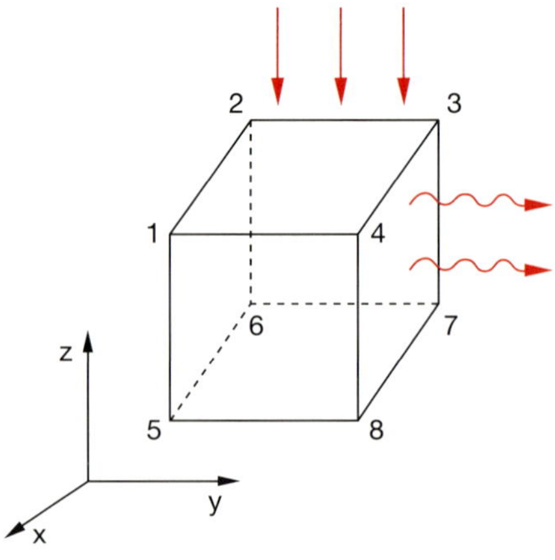

Abb. L.28. Zu Lösung 8.4

Der Beitrag der Atome 1, 2, 5, 6 erscheint dem Detektor um $\Delta\varphi$ später als der der Atome 4, 3, 7, 8. Wenn wir für die Streuwelle der Atome 3 und 4 die Phase $\varphi = 0$ ansetzen, hat die Streuwelle der Atome 1, 2, 7, 8 am Detektor die Phasenverzögerung $\Delta\varphi$, die der Atome 5 und 6 die Verzögerung $2\Delta\varphi$. Die gesamte Streuamplitude ist daher

$$A = A_0\cdot e^{i\omega t}\left(2+4\cdot e^{i\Delta\varphi}+2\cdot e^{2i\Delta\varphi}\right)$$
$$= A_0\cdot e^{i(\omega t+\Delta\varphi)} \cdot \left(4+4\cdot\frac{e^{i\Delta\varphi}+e^{-i\Delta\varphi}}{2}\right)$$
$$= A_0\cdot e^{i(\omega t+\Delta\varphi)}(4+4\cos\Delta\varphi)$$
$$\Rightarrow \ P = P_0\cdot 16\,(1+\cos\Delta\varphi)^2 = 16\,P_0\cdot 4\cos^4(\Delta\varphi/2),$$

wobei P_0 die Streustrahlungsleistung ist, die ein Atom in den Raumwinkel $d\Omega$ um die y-Richtung ($\vartheta = 90°$) ausstrahlt. Mit $\Delta\varphi = 2/5\,\pi \Rightarrow \cos^4(\Delta\varphi/2) = 0{,}428$ folgt $P = 27{,}4\,P_0$.
Die acht Atome strahlen in y-Richtung also 27,6 mal soviel Leistung aus wie ein einzelnes Atom! (*Frage:* Warum verletzt dies nicht den Energiesatz?)
Mit einem totalen Schwingungsquerschnitt

$$\sigma_{tot} = 10^{-30}\,m^2 = \sigma_0\cdot\int_\Omega \sin^2\vartheta\, d\Omega$$

$$= \sigma_0 \int\limits_{\vartheta=0}^{\pi} \int\limits_{\varphi=0}^{2\pi} \sin^2\vartheta \, d\vartheta \, d\varphi = \pi^2$$

folgt für $\sigma_0 = \sigma_{tot}/\pi^2 \approx 10^{-31}\,cm^2$ (σ_0 gibt den Querschnitt für die Streuung in den Raumwinkel $d\Omega = 1$ Sterad um $\vartheta = 90°$ an).

$$\Rightarrow \; P_0(\vartheta = 90°)\, d\Omega = I_E \cdot \sigma_0 \, d\Omega$$
$$= 10^{-35}\,m^2 \cdot I_e \, d\Omega.$$

5. Liegt der $\boldsymbol{E}$-Vektor in der Einfallsebene, so gilt für die Komponenten $E_{\|x}$ wegen der Stetigkeit von $E_{\|}$:

$$A_{e\|} \cos\alpha - A_{r\|} \cos\alpha = A_{g\|} \cos\beta.$$

Aus der Stetigkeit der Komponenten $B_{\|}$ des magnetischen Feldes folgt analog zu (8.66b) die Bedingung für nicht ferromagnetische Medien mit $\mu_1 \approx \mu_2 \approx 1$:

$$\frac{1}{c_1'} A_{e\|} + \frac{1}{c_1'} A_{r\|} = \frac{1}{c_2'} A_{g\|}$$

$$\Rightarrow A_{e\|} \cos\alpha - A_{r\|} \cos\alpha = \frac{c_2'}{c_1'} \cos\beta A_{e\|} + \frac{c_2'}{c_1'} \cos\beta A_{r\|}$$

$$\Rightarrow \frac{A_{r\|}}{A_{e\|}} = \frac{\cos\alpha - c_2'/c_1' \cos\beta}{\cos\alpha + c_2'/c_1' \cos\beta}.$$

Mit $c_2'/c_1' = n_1/n_2$ folgt

$$\frac{A_{r\|}}{A_{e\|}} = \frac{n_2\cos\alpha - n_1\cos\beta}{n_2\cos\alpha + n_1\cos\beta}.$$

6. Die Fresnelformeln für die Amplitudenreflexionskoeffizienten lauten bei komplexem Brechungsindex:

$$\varrho_\perp = \frac{\cos\alpha - (n_2' - i\kappa)\cos\beta}{\cos\alpha + (n_2' - i\kappa)\cos\beta},$$

$$\varrho_\| = \frac{(n_2' - i\kappa)\cos\alpha - \cos\beta}{(n_2' - i\kappa)\cos\alpha + \cos\beta}.$$

$$\alpha = 0° \Rightarrow \varrho_\perp = \varrho_\| = \varrho;\; \beta = 0°$$

$$\varrho = \frac{1 - (n_2' - i\kappa)}{1 + (n_2' - i\kappa)}$$

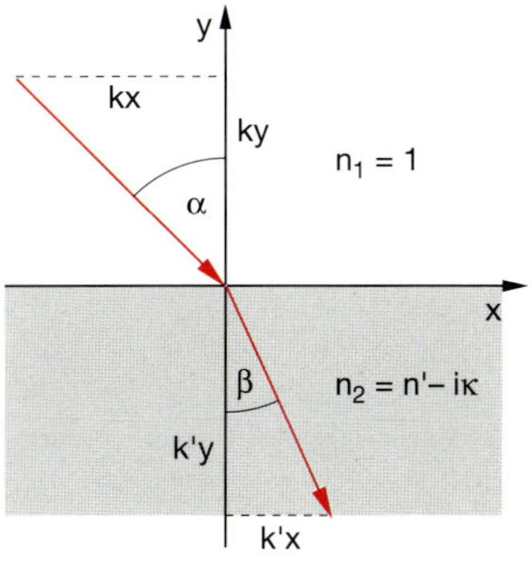

Abb. L.29. Zu Lösung 8.6

$$= \frac{1 - \kappa^2 + i \cdot 2\kappa}{(1 + n_2')^2 + \kappa^2}.$$

Zahlenbeispiel: $\kappa = 2{,}94$, $n_2' = 0{,}17$

$$\Rightarrow \; \varrho = \frac{1 - 8{,}64 + 5{,}88 \cdot i}{10}$$
$$= -0{,}76 + 0{,}59\,i,$$

$$R = \varrho \cdot \varrho^* = 0{,}76^2 + 0{,}59^2 = 0{,}926.$$

Bei schrägem Einfall ($\alpha \neq 0$, siehe Abb. L.29) müssen wir den Winkel β bestimmen, um den Amplitudenreflexionskoeffizienten berechnen zu können. Dazu müssen wir das Snelliussche Brechungsgesetz (8.65) auf die Grenzfläche Luft – absorbierendes Medium erweitern.

Die Tangentialkomponente k_x des $\boldsymbol{k}$-Vektors bleibt beim Übergang vom Medium 1 ($n = 1$) nach 2 ($n_2 = n' - i\kappa$) erhalten, während die Vertikalkomponente komplex wird.

Wir erhalten:

$$\boldsymbol{k}_g = \{k_{gx}, k_{gy}, 0\},$$

$$\boldsymbol{k}_g = \frac{\omega}{c} \{n_1 \sin\alpha, n_2 \cos\beta, 0\}$$

mit $n_1 = 1$ und $n_2 = n' - i\kappa$. Mit

$$\cos\beta = \sqrt{1 - \sin^2\beta}$$

und

$$\sin\beta = \frac{n_1}{n_2} \sin\alpha$$

folgt

$$n_2 \cos\beta = \sqrt{n_2^2 - \sin^2\alpha} = \eta \cdot e^{-i\gamma},$$

wobei wir die komplexe Größe $n_2 \cos\beta$ als $\eta \cdot e^{-i\gamma} = \eta\,(\cos\gamma - i\,\sin\gamma)$ geschrieben haben. Vergleich von Realteil und Imaginärteil liefert nach Quadrieren:

$$n'^2 - \kappa - \sin^2\alpha = \eta^2 \cos 2\gamma, \qquad (1)$$
$$2n'\kappa = \eta^2 \sin^2\gamma$$

$$\Rightarrow k_g = \frac{\omega}{c}\,\{\sin\alpha, (\eta\cos\gamma - i\,\eta\sin\gamma)\}.$$

Für die eindringende Welle erhalten wir:

$$e^{-i\boldsymbol{k}_g\cdot\boldsymbol{r}} = e^{\left[-i\,(\omega/c)(\sin\alpha\cdot x + \eta\cos\gamma\cdot y)\right]} \cdot \underbrace{e^{\left[-(\omega/c)\,\eta\sin\gamma\cdot y\right]}}_{\text{Absorption}}$$
$$= e^{-(\alpha/2)\,y} \cdot e^{i\,(ax+by)}.$$

Die Flächen konstanter Amplitude sind die Flächen $y = \text{const}$, parallel zur Oberfläche, die Flächen konstanter Phase sind die Flächen $\sin\alpha\cdot x + \eta\cos\gamma\cdot y = \text{const}$, die vom Einfallswinkel α abhängen und für $\alpha \neq 0$ *nicht* mit den Flächen gleicher Amplitude zusammenfallen. Die Normalen der Phasenflächen haben die Richtung des Vektors

$$\boldsymbol{n}_T = \sin\alpha\cdot\hat{\boldsymbol{x}} + \eta\cos\gamma\cdot\hat{\boldsymbol{y}}$$

mit dem Betrag

$$\sqrt{\sin^2\alpha + \eta^2\cos^2\gamma} = n_T.$$

Wir definieren einen Brechwinkel β_T durch

$$\sin\beta_T = \frac{\sin\alpha}{\sqrt{\sin^2\alpha + \eta^2\cos^2\gamma}}$$

und können dadurch das Snelliussche Brechungsgesetz schreiben als:

$$\frac{\sin\alpha}{\sin\beta_T} = \frac{n_T}{n_1} = n_T$$

wegen $n_1 = 1$. Der reelle Winkel β_T ersetzt also beim Eintritt in absorbierende Medien den Winkel β bei durchsichtigen Medien.
Für unser Zahlenbeispiel: $n_2' = 0{,}17$, $\kappa_2 = 2{,}94$ erhält man aus (1):

$$\eta^2 = \sqrt{(n_2'^2 - \kappa_2 - \sin^2\alpha)^2 + 4n'^2\kappa^2}$$
$$\Rightarrow \eta^2 = 2{,}42$$
$$\Rightarrow \eta = 1{,}556,$$
$$\sin 2\gamma = \frac{2n'\kappa}{\eta^2} = 0{,}413$$
$$\Rightarrow \gamma = 12{,}2^\circ \Rightarrow \cos^2\gamma = 0{,}955.$$

Für $\alpha = 45^\circ$ folgt

$$\sin\beta_T = \frac{0{,}71}{\sqrt{0{,}71^2 + 2{,}42\cdot 0{,}955}} = 0{,}46$$
$$\Rightarrow \beta_T = 27{,}7^\circ.$$

Man erhält dann mit $\cos\beta \to \cos\beta_T = 0{,}885$ aus den Fresnelformeln

$$\varrho_\perp = \frac{\cos 45^\circ - (n_2' - i\,\kappa)\cos\beta_T}{\cos 45^\circ + (n_2' - i\,\kappa)\cos\beta_T}$$
$$= \frac{0{,}71 - 0{,}17\cdot 0{,}885 + i\cdot 2{,}94\cdot 0{,}885}{0{,}71 + 0{,}17\cdot 0{,}885 - i\cdot 2{,}94\cdot 0{,}885}$$
$$= \frac{0{,}56 + i\cdot 2{,}6}{0{,}86 - i\cdot 2{,}6}$$
$$\Rightarrow R_\perp = \frac{0{,}56^2 + 2{,}6^2}{0{,}86^2 + 2{,}6^2} = \frac{7{,}07}{7{,}5}$$
$$\Rightarrow R_\perp = 0{,}943.$$

Entsprechend für $\varrho_\parallel$ und $R_\parallel$ sowie für $\alpha = 85^\circ$.

7. $P(x) = P_0 \cdot e^{-\alpha x}$
Die absorbierte Leistung ist

$$\Delta P = P_0 - P(x) = P_0(1 - e^{-\alpha x}).$$

Für $\alpha = 10^{-3}$ cm, $d = x = 3$ cm folgt

$$\Delta P \approx P_0 \cdot \alpha d = 3\cdot 10^{-3}\,P_0.$$

Für $\alpha = 1\,\text{cm}^{-1}$, $d = 3$ cm folgt

$$\Delta P = P_0(1 - e^3) = 0{,}95\,P_0.$$

8. $$\sin\alpha = \frac{R - d/2}{R + d/2} \geq \sin\alpha_g = \frac{n_2}{n_1}$$
$$\Rightarrow R - \frac{d}{2} \geq \frac{n_2}{n_1}\left(r + \frac{d}{2}\right)$$
$$\Rightarrow R \geq \frac{d}{2}\,\frac{1 + n_2/n_1}{1 - n_2/n_1} = \frac{d}{2}\,\frac{n_1 + n_2}{n_1 - n_2}.$$

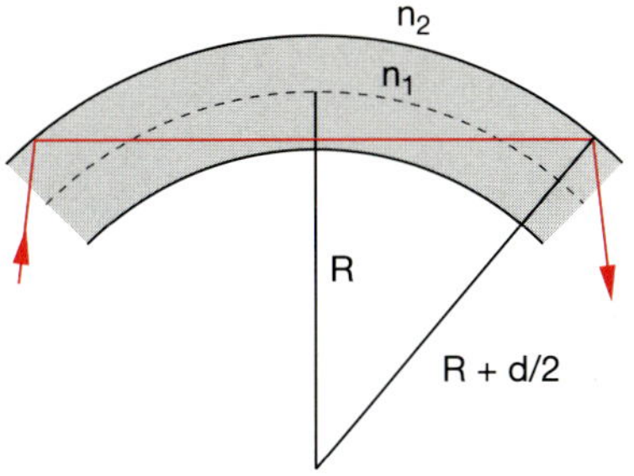

Abb. L.30. Zu Lösung 8.8

Für $d = 10\,\mu\text{m}$, $n_1 = 1{,}6$, $n_2 = 1{,}59$ folgt

$$R \geq 5 \cdot 10^{-6} \cdot \frac{3{,}1}{0{,}01}\ \text{m} = 1550\,\mu\text{m} = 1{,}5\ \text{mm}.$$

9. Für $\omega_0 - \omega \gg \gamma$ folgt aus (8.12b) mit

$$a_1 = \frac{Ne^2}{2\varepsilon_0 m}, \quad a_2 = \frac{a_1}{4\pi^2 c^2}$$

$$n - 1 \approx \frac{a_1}{\omega_0^2 - \omega^2} = \frac{a_2}{1/\lambda_0^2 - 1/\lambda^2}$$
$$= \frac{a_2\lambda_0^2\lambda^2}{\lambda^2 - \lambda_0^2} = a_2\lambda_0^2 + \frac{a_2\lambda_0^4}{\lambda^2 - \lambda_0^2}$$
$$= a + \frac{b}{\lambda^2 - \lambda_0^2}$$

mit $a = a_2\lambda_0^2$, $b = a_2\lambda_0^4$.

Kapitel 9

1. Wir wollen zeigen, daß eine in x-Richtung einfallende ebene Welle im Punkte F fokussiert wird, wenn die reflektierende Fläche ein Paraboloid ist. Dazu zeigen wir, daß, unabhängig von y, alle optischen Weglängen von einer Ebene $x = f$ bis zum Punkt $F = \{f, 0\}$ minimal sind.

$$s = s_1 + s_2$$
$$= (f - x) + \sqrt{y^2 + (f - x)^2} = \min$$
$$\Rightarrow \frac{\mathrm{d}s}{\mathrm{d}x} = -1 + \frac{2yy' - 2(f - x)}{2 \cdot \sqrt{y^2 + (f - x)^2}} = 0$$

$$\Rightarrow yy' - (f - x) = \sqrt{y^2 + (f - x)^2}$$
$$y' - \frac{f - x}{y} = \sqrt{1 + \left(\frac{f - x}{y}\right)^2}$$

Quadrieren ergibt:

$$y'^2 - \frac{2(f - x)}{y}\,y' = 1.$$

Die Lösung dieser Gleichung ist $y' = 2 \cdot \sqrt{f/x}$

$$\Rightarrow y = \sqrt{4fx} \Rightarrow y^2 = 4fx \Rightarrow 2yy' = 4f.$$

2. a) Wird ein ebener Spiegel um den Winkel δ gedreht, so ändert sich der Einfallswinkel von α nach $(\alpha + \delta)$, der Reflexionswinkel ist dann ebenfalls $(\alpha + \delta)$, so daß der Ablenkwinkel des reflektierten Strahls $2\alpha + 2\delta$ ist, also um 2δ gegenüber der Reflexion am unverkippten Spiegel vergrößert (Abb. L.31a).
b) Am sphärischen Spiegel tritt keine Änderung der Richtung des reflektierten Strahls auf, wenn

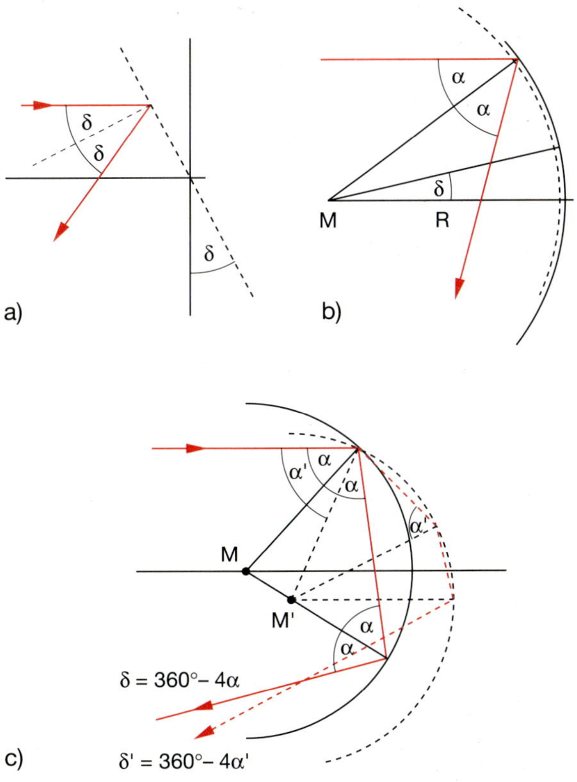

Abb. L.31a–c. Zu Lösung 9.2

der Spiegel um den Krümmungsmittelpunkt verkippt wird (Abb. L.31b). Wird er jedoch um den Auftreffpunkt des Strahls verkippt, so tritt, genau wie beim ebenen Spiegel, eine Drehung des reflektierten Strahls um 2δ auf, bei zweimaliger Reflexion eine Ablenkung um $360° - 4\alpha$ bzw. $360° - 4\alpha'$ beim verkippten Spiegel, wobei $\alpha' = \alpha + \delta$ ist. Außerdem tritt ein Strahlversatz auf (Abb. L.31c).

3. Aus der Abbildung sieht man, daß gilt:

$$\operatorname{tg}\alpha = \frac{G}{a} = \frac{B}{b} \;\Rightarrow\; G = \frac{a}{b}\cdot B,$$

$$\operatorname{tg}\beta = \frac{G}{f} = \frac{B}{b-f} \;\Rightarrow\; \frac{a\cdot B}{b\cdot f} = \frac{B}{b-f}$$

$$\Rightarrow\; ab - af = bf,$$

$$f = \frac{ab}{a+b} \;\Rightarrow\; \frac{1}{f} = \frac{1}{a} + \frac{1}{b}.$$

4. Wie man aus der Abbildung sieht, liegen die virtuellen Bilder, die durch Reflexion an M_1 und M_2 der von A ausgehenden Strahlen erzeugt werden, bei

$$B_1:\; x_1 = -\frac{d}{2} - \frac{d}{3} = -\frac{5}{6}d$$

$$B_2:\; x_2 = \frac{d}{2} + \frac{2}{3}d = \frac{7}{6}d$$

$$B_3:\; x_3 = \frac{d}{2} + \frac{d}{2} + \frac{5}{6}d = \frac{11}{6}d$$

$$B_4:\; x_4 = -\frac{13}{6}d.$$

5. Es gilt:

$$\frac{\sin\alpha}{\sin\beta} = n_2; \qquad \frac{\sin\gamma}{\sin\beta} = \frac{n_2}{n_1}$$

$$\Rightarrow\; \sin\gamma = \frac{n_2}{n_1}\sin\beta = \frac{1}{n_1}\sin\alpha,$$

$$n_1 = 1{,}46, \quad n_2 = 1{,}33,$$

$$h_1 = 4\,\text{cm}, \quad h_2 = 2\,\text{cm}.$$

b) $\alpha_m = 90°$, d.h. an der oberen Grenzschicht tritt Totalreflexion auf.

$$\Rightarrow\; \sin\beta_m = \frac{1}{n_2} = 0{,}752 \;\Rightarrow\; \beta_m = 48{,}76°$$

$$\Rightarrow\; \sin\gamma_m = \frac{1}{n_1} = 0{,}685 \;\Rightarrow\; \gamma_m = 43{,}235°.$$

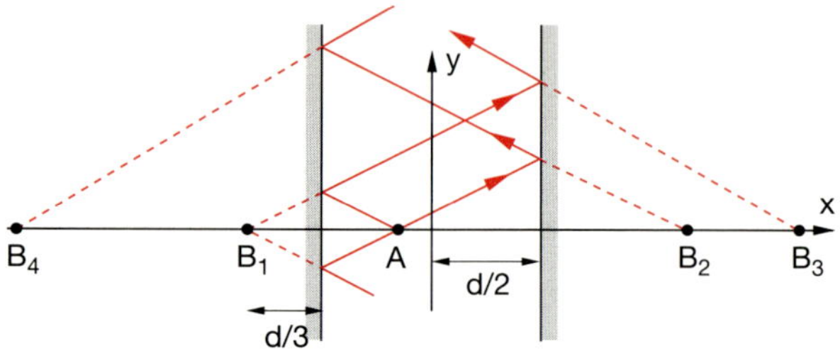

Abb. L.32. Zu Lösung 9.4

Der Radius R des Gefäßes muß dann sein:

$$R \ge x_1 + x_2 = h_1\cdot\operatorname{tg}\gamma_m + h_2\cdot\operatorname{tg}\beta_m$$
$$= 4\,\text{cm}\cdot\operatorname{tg}43{,}23° + 2\,\text{cm}\cdot\operatorname{tg}48{,}76°$$
$$= 6{,}04\,\text{cm}.$$

a) Ist $r < 6{,}04\,\text{cm}$, so kann man den maximal beobachtbaren Winkel ausrechnen aus:

$$R = x_1 + x_2 = h_1\operatorname{tg}\gamma + h_2\operatorname{tg}\beta$$
$$= h_1\frac{\sin\gamma}{\cos\beta} + h_2\frac{\sin\beta}{\cos\beta}$$
$$= \frac{h_1}{n_1}\frac{\sin\alpha}{\sqrt{1 - 1/n_1^2\cdot\sin\alpha}}$$
$$+ \frac{h_2}{n_1}\frac{\sin\alpha}{\sqrt{1 - 1/n_1^2\cdot\sin^2\alpha}}$$
$$= \frac{h_1\cdot\sin\alpha}{\sqrt{1 - n_2^2/n_1^2\cdot\sin^2\alpha}} + \frac{h_2\cdot\sin\alpha}{\sqrt{1-\sin^2\alpha}}.$$

Einfacher ist der Lösungsweg über das Fermatsche Prinzip. Für die Lichtlaufzeit gilt:

$$T^2 = \frac{x_1^2 + h_1^2}{n_1^2\cdot c^2} + \frac{x_2^2 + h_2^2}{n_2^2\cdot c^2} = \min.$$

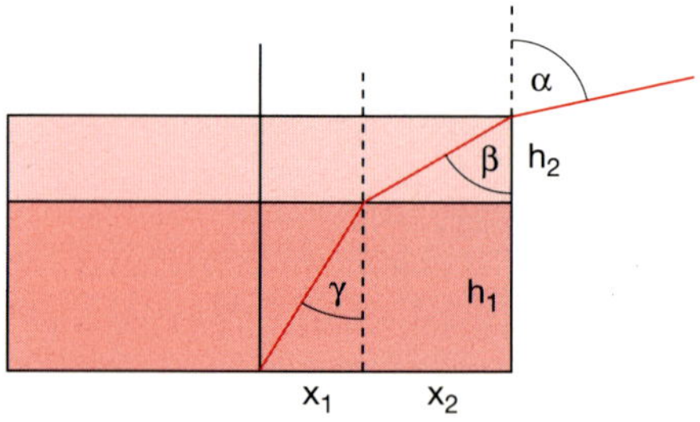

Abb. L.33. Zu Lösung 9.5

Mit $x_2 = R - x_1$ folgt

$$\frac{d(T^2)}{dx_1} = \frac{2x_1}{c \cdot n_1^2} - \frac{2(R - x_1)}{c \cdot n_2^2} = 0$$

$$\Rightarrow \ x_1 = \frac{n_1^2}{n_2^2} \cdot (R - x_1)$$

$$\Rightarrow \ x_1 = R \cdot \frac{1}{1 + n_2^2/n_1^2} = \frac{R}{1{,}83}$$

$$\Rightarrow \ \operatorname{tg} \gamma = \frac{x_1}{h_1} = \frac{R}{1{,}83\, h_1} = 0{,}41$$

$$\Rightarrow \ \gamma = 22{,}3^\circ \ \Rightarrow \ \sin \gamma = 0{,}38$$

$$\Rightarrow \ \sin \beta = \frac{n_1}{n_2} \sin \gamma = 0{,}417$$

$$\Rightarrow \ \beta = 24{,}6^\circ$$

$$\Rightarrow \ \alpha = 33{,}6^\circ .$$

6. Aus der Linsengleichung

$$\frac{1}{a} + \frac{1}{b} = \frac{1}{f}$$

und dem Abbildungsmaßstab $B/A = b/a = 10$ und $a + b = 3\,\mathrm{m}$ folgt

$$11a = 3\,\mathrm{m} \ \Rightarrow \ a = \frac{3}{11}\,\mathrm{m},$$

$$b = \left(3 - \frac{3}{11}\right)\mathrm{m} = \frac{30}{11}\,\mathrm{m}$$

$$\Rightarrow \ f = \frac{a \cdot b}{a + b} = \frac{90}{11 \cdot 11 \cdot 3}\,\mathrm{m} = 0{,}25\,\mathrm{m}.$$

7. Der eintretende Strahl wird zuerst um den Winkel $(\alpha - \beta)$ nach unten abgelenkt, an der zweiten Fläche um den Winkel $-(\alpha - \beta)$ nach oben. Insgesamt also um den Winkel $\varphi = (\alpha - \beta) - (\alpha - \beta) = 0$. Der Strahlversatz ist:

$$\Delta = \frac{d}{\cos \beta} \cdot \sin(\alpha - \beta)$$

$$= \frac{d}{\sqrt{1 - \sin^2 \beta}} (\sin \alpha \cos \beta - \cos \alpha \sin \beta)$$

$$= \frac{d \cdot n}{\sqrt{n^2 - \sin^2 \alpha}}$$

$$\cdot \sin \alpha \left(\sqrt{1 - \frac{\sin^2 \alpha}{n^2}} - \frac{1}{n} \cos \alpha \sin \alpha \right)$$

$$= \frac{d \cdot \sin \alpha}{\sqrt{n^2 - \sin^2 \alpha}} \left(\sqrt{n^2 - \sin^2 \alpha} - \cos \alpha \right)$$

$$= d \cdot \sin \alpha \left(1 - \frac{\cos \alpha}{\sqrt{n^2 - \sin^2 \alpha}} \right).$$

8. Wir betrachten zuerst einen Strahl in der x-y-Ebene, der unter dem beliebigen Winkel α auf einen Spiegel trifft. Seine gesamte Umlenkung $\Delta\varphi$ ist dann mit $\beta = 90^\circ - \alpha$

$$\Delta\varphi = 2\beta + 2\alpha = 2\,(90^\circ - \alpha) + 2\alpha = 180^\circ .$$

Läuft der Strahl schräg zur x-y-Ebene, so können wir den Wellenvektor in eine Komponente $k_\parallel = \{k_x, k_y\}$ und $k_\perp = k_z$ zerlegen. Für $k_\parallel$ gilt die obige Überlegung. Für $k_\perp$ haben wir einen analogen Fall, da die Spiegel in der y-z-Ebene senkrecht aufeinander stehen, so daß auch k_z nach zweimaliger Reflexion in $-k_z$ übergeht.

9. Beim Linsenfernrohr ist üblicherweise der Abstand d der beiden Linsen $d = f_1 + f_2$, damit paralleles Licht ins Auge gelangt.

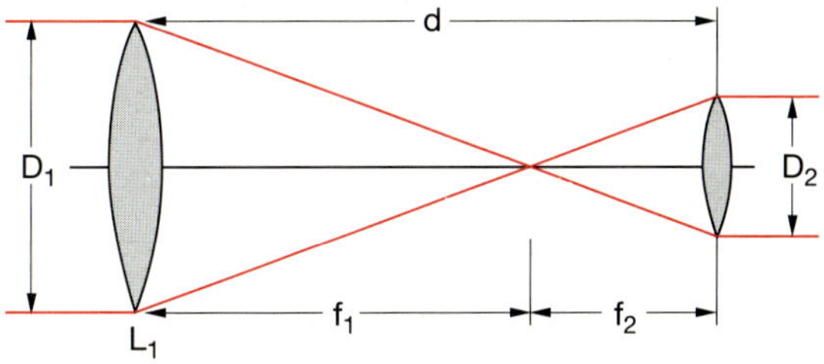

Abb. L.34. Zu Lösung 9.9

Nach dem Strahlensatz gilt:

$$D_1/D_2 = f_1/f_2 .$$

Der Durchmesser muß daher

$$D_2 = D_1 \cdot \frac{f_2}{f_1} = 5 \cdot \frac{2}{20}\,\mathrm{cm} = 0{,}5\,\mathrm{cm}$$

sein. Die Winkelvergrößerung des Fernrohrs ist:

$$V = \frac{f_1}{f_2} = 10$$

(siehe Abschn. 11.2.3.).

10. a) Für das Dreieck MAP gilt der Sinussatz:

$$\frac{x_2}{R} = \frac{\sin \beta}{\sin(90^\circ + \beta + \gamma)} = \frac{\sin \beta}{\sin(\alpha - \beta)} .$$

Damit ein Schnittpunkt existiert, muß $x_2 < R$ sein.

$$\Rightarrow \sin\beta < \sin(\alpha-\beta)$$

$$\Rightarrow \frac{\sin\alpha}{n} < \sin(\alpha-\beta)$$

$$\Rightarrow \frac{h}{R} < n\cdot\sin(\alpha-\beta)$$

$$\Rightarrow h < R\cdot n\cdot\sin(\alpha-\beta)$$

Mit Hilfe von

$$\sin(\alpha-\beta) = \sin\alpha\cos\beta - \cos\alpha\sin\beta = \frac{h}{R}\sqrt{1-\frac{\sin^2\alpha}{n^2}} - \frac{\cos\alpha\sin\alpha}{n}$$

läßt sich dies umformen in:

$$h < R\cdot\sqrt{n^2-(1+\cos\alpha)^2}.$$

b) Wie man Abb. L.35a entnimmt, ist der totale Ablenkwinkel

$$\delta = \alpha-\beta+(360^\circ-2\beta)+\alpha-\beta = 360^\circ+2\alpha-4\beta.$$

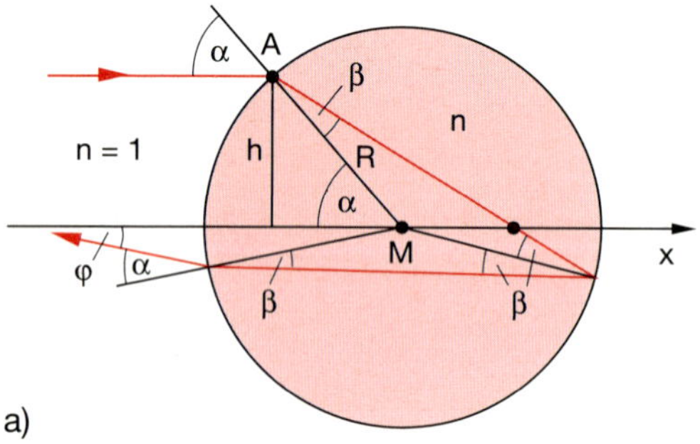

a)

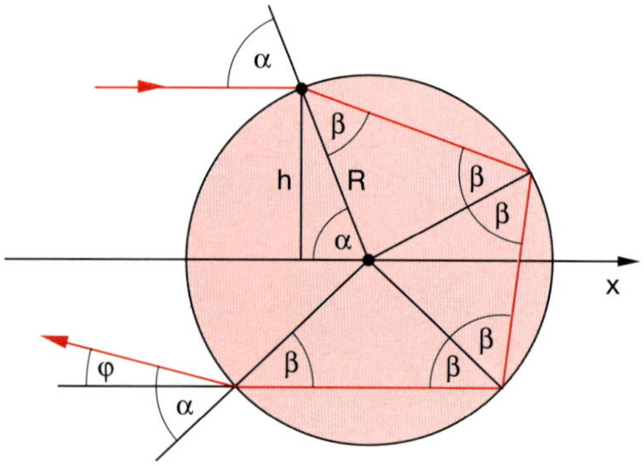

b)

Abb. L.35a,b. Zu Lösung 9.10

Gegen die Rückwärtsrichtung ist die Ablenkung

$$\varphi = \delta - 180^\circ = 180^\circ + 2\alpha - 4\beta.$$

Da $\sin\alpha = h/R$ und $\sin\beta = 1/n\cdot h/r$, folgt:

$$\varphi = 180^\circ + 2\arcsin\frac{h}{R} - 4\arcsin\left(\frac{1}{n}\cdot\frac{h}{R}\right).$$

c) Der Ablenkwinkel hat ein Minimum für $\mathrm{d}\varphi/\mathrm{d}h = 0$.

$$\frac{\mathrm{d}\varphi}{\mathrm{d}h} = \frac{2/r}{\sqrt{1-h^2/R^2}} - \frac{4/(n\cdot R)}{\sqrt{1-h^2/(n^2R^2)}} = 0$$

$$\Rightarrow h_m = R\cdot\sqrt{\frac{1}{3}(4-n^2)}$$

$$\Rightarrow \sin\alpha_m = \frac{h}{R} = \sqrt{\frac{1}{3}(4-n^2)}$$

d) Mit $n = 1{,}33$ ergibt sich:

$$\sin\alpha_m = 0{,}86238 \Rightarrow \alpha_m = 59{,}6^\circ$$

$$\sin\beta_m = \frac{\sin\alpha_m}{n} = 0{,}6484 \Rightarrow \beta_m = 40{,}4^\circ$$

$$\Rightarrow \varphi = 180^\circ + 2\alpha - 4\beta = 137{,}6^\circ.$$

Bei zweimaliger Reflexion ist die Gesamtablenkung nach Abb. L.35b

$$\delta = 360^\circ + 2\alpha - 6\beta,$$

d.h. die Ablenkung φ gegen die Rückwärtsrichtung ist

$$\varphi = 180^\circ + 2\alpha - 6\beta = 180^\circ + 2\arcsin(h/R) - 6\arcsin\left(\frac{1}{n}\cdot\frac{h}{R}\right).$$

Differenzieren und Nullsetzen der Ableitung liefert, analog zum Fall a), die Relation:

$$h_m = R\cdot\sqrt{\frac{1}{8}(9-n^2)}$$

$$\Rightarrow \frac{h_m}{R} = 0{,}951 \Rightarrow \varphi_m = 128^\circ.$$

11. a) Nach (9.25a) gilt

$$f = \frac{1}{n-1}\frac{R_1R_2}{R_2-R_1},$$

$$n(600\,\mathrm{nm}) = 1{,}485$$

$$= f_{\mathrm{rot}} = \frac{1}{0{,}485}\cdot\frac{200}{10}\,\mathrm{cm} = 41{,}24\,\mathrm{cm},$$

$$f_{\text{blau}} = \frac{1}{0{,}50} \cdot 20\,\text{cm} = 40\,\text{cm}.$$

Man muß eine Zerstreuungslinse mit Brennweite f_2 wählen.

b) Für die Korrektur muß nach (9.35d) das Verhältnis der Brennweiten $f_2(n_g)/f_1(n_g)$ mit

$$n_g = \frac{1}{2}(n_r + n_b) = 1{,}492$$

gleich sein dem Wert:

$$\begin{aligned}\frac{f_2}{f_1} &= -\frac{(n_{1g}-1)(n_{2b}-n_{2r})}{(n_{2g}-1)(n_{1b}-n_{1r})}\\ &= -\frac{0{,}492 \cdot (n_{2b}-n_{2r})}{(n_{2g}-1)\cdot(1{,}5-1{,}485)}\\ &= -\frac{32{,}8 \cdot (n_{2b}-n_{2r})}{1/2\,(n_{2b}+n_{2r})-1}.\end{aligned}$$

Wählt man $n_{2b} = 1{,}6$, $n_{2r} = 1{,}55$, folgt

$$\frac{f_2}{f_1} = -2{,}85.$$

Die Brennweite der Zerstreuungslinse im Achromaten muß dann sein:

$$\begin{aligned}f_2 &= -2{,}85 f_1 = -2{,}85 \cdot 40{,}62\,\text{cm}\\ &= -115{,}85\,\text{cm}.\end{aligned}$$

12. Da der Abstand D der Linsen kleiner als f_1, f_2 ist, gilt für die Brennweite des Gesamtsystems nach (9.32):

$$\begin{aligned}\frac{1}{f} &= \frac{1}{f_1} + \frac{1}{f_2} - \frac{D}{f_1 f_2}\\ &= \left(\frac{1}{10} + \frac{1}{50} - \frac{5}{500}\right)\frac{1}{\text{cm}} = \frac{55}{500}\frac{1}{\text{cm}}\end{aligned}$$

$$\Rightarrow f = 9{,}1\,\text{cm}.$$

13. Wir benutzen die Abbildungsgleichung (9.9)

$$\frac{1}{g} + \frac{1}{b} \approx \frac{2}{R}.$$

Für die Abbildung durch M_1 ist

$$g_1 = x = 6\,\text{cm}, \quad R_1 = 24\,\text{cm}$$

$$\Rightarrow b_1 = \frac{g_1 R_1}{2g_1 - R_1} = \frac{2 \cdot 6 \cdot 24}{12 - 24}\,\text{cm} = -24\,\text{cm}.$$

Die Abbildung ist divergent, weil A zwischen Spiegel und Brennpunkt F_1 liegt. Es entsteht

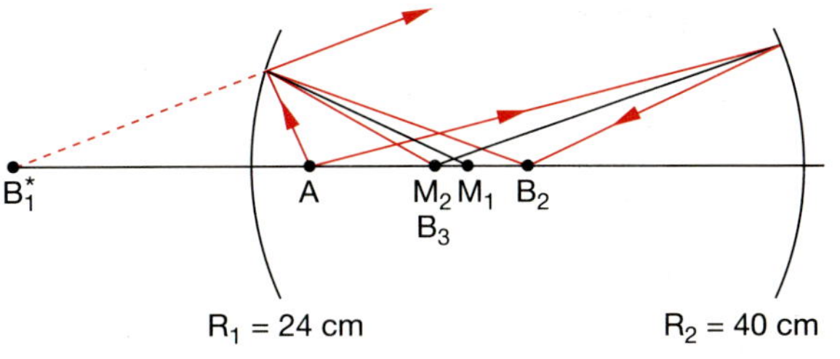

Abb. L.36. Zu Lösung 9.13

ein virtuelles Bild B^* links von M_1 im Abstand $x = -24\,\text{cm}$ von M_1.

Für die Abbildung durch M_2 gilt:

$$\begin{aligned}g_2 &= -(d-x) = -54\,\text{cm},\\ R_2 &= -40\,\text{cm}\end{aligned}$$

$$\Rightarrow b_2 = \frac{54 \cdot 40\,\text{cm}}{-2 \cdot 54 + 40} = -31\,\text{cm}$$

$$\Rightarrow x(b_2) = (60 - 31)\,\text{cm} = 29\,\text{cm}.$$

B_2 kann wieder von M_1 abgebildet werden in B_3. Es gilt:

$$b_3 = \frac{g_3 R_1}{2g_3 - R_1} \quad \text{mit} \quad g_3 = 29\,\text{cm}$$

$$\Rightarrow b_3 = 20\,\text{cm}.$$

Dies ist identisch mit dem Mittelpunkt M_2 des rechten Spiegels M_2, so daß B_3 wieder durch M_2 in sich abgebildet wird, durch M_1 dann wieder in B_2 usw., so daß es insgesamt zwei reelle und ein virtuelles Bild gibt.

14. Die Matrix des Systems hat die Form

$$\begin{aligned}A_{71} = {} & R_7 \cdot T_{76} \cdot R_6 \cdot T_{65} \cdot R_5 \cdot T_{54} \cdot R_4 \cdot T_{43}\\ & \cdot R_3 \cdot T_{32} \cdot R_2 21 \cdot R_1.\end{aligned}$$

$$R_1 = \begin{pmatrix} 1 & -\frac{1{,}6116-1}{1{,}628} \\ 0 & 1 \end{pmatrix}, \quad R_2 = \begin{pmatrix} 1 & -\frac{1-1{,}6116}{-27{,}57} \\ 0 & 1 \end{pmatrix}$$

usw.

Die Translationsmatrizen sind:

$$T_{21} = \begin{pmatrix} 1 & 0 \\ \frac{0{,}357}{1{,}6116} & 1 \end{pmatrix}, \quad T_{32} = \begin{pmatrix} 1 & 0 \\ \frac{0{,}189}{1} & 1 \end{pmatrix}$$

usw. Bildet man das Produkt A_{71}, was man zweckmäßigerweise mit einem Rechnerprogramm durchführt, so ergibt sich:

$$A_{71} = \begin{pmatrix} 0{,}848 & -0{,}198 \\ 1{,}338 & 0{,}867 \end{pmatrix}.$$

Wegen $f = -1/a_{12}$ folgt $f = 5{,}06\,\mathrm{m}$.

Kapitel 10

1. Wir gehen aus von (10.5)

$$\Delta s + \sqrt{(x-d)^2 + y^2 + z_0^2} = \sqrt{(x+d)^2 + y^2 + z_0^2}.$$

Quadrieren und Kürzen liefert:

$$4xd - \Delta s^2 = 2\Delta s\sqrt{(x-d)^2 + y^2 + z_0^2}.$$

Erneutes Quadrieren und Umordnen ergibt:

$$x^2\,(16d^2 - 4\Delta s^2) = 4\Delta s^2\,(d^2 + y^2 + z_0^2 - \Delta s^2)$$

$$\Rightarrow \frac{x^2}{a^2} - \frac{y^2}{b^2} = 1$$

mit

$$a^2 = \frac{d^2 + z_0^2 - \Delta s^2}{(2d/\Delta s)^2 - 1},$$
$$b^2 = d^2 + z_0^2 - \Delta s^2.$$

Der Scheitelabstand der Hyperbeln ist

$$\Delta x_s = 2a.$$

Für $z_0 \gg d$ ergibt sich:

$$\Delta s = z_0\left[\sqrt{1 + \frac{(x+d)^2}{z_0^2} + \frac{y^2}{z_0^2}} - \sqrt{1 + \frac{(x-d)^2}{z_0^2} + \frac{y^2}{z_0^2}}\right]$$

$$\Rightarrow \Delta s \approx z_0\left(\frac{2xd}{z_0^2}\right) = \frac{2xd}{z_0} = m \cdot \lambda.$$

Für $x = a$ ist

$$a = \frac{m \cdot \lambda \cdot z_0}{2d},$$

und wir erhalten für den Scheitelabstand:

$$\Delta x_S = 2a = \frac{z_0}{d} \cdot m \cdot \lambda.$$

2. Der optische Wegunterschied zwischen den Teilstrecken in den beiden Armen des Michelson-Interferometers ist:

$$\Delta s = \Delta s_1 - \Delta s_2$$

mit

$$\Delta s_1 = \frac{d_1}{\cos\alpha} + \frac{\Delta x}{\cos\alpha},$$

wobei

$$\Delta x = d_1 - (y_1 + y_2),$$
$$y_1 = d_1 \operatorname{tg}\alpha, \quad y_2 = d_1 - (y_1 + y_2)\operatorname{tg}\alpha$$

$$\Rightarrow y_2 = d_1 \cdot \frac{\operatorname{tg}\alpha\,(1 - \operatorname{tg}\alpha)}{1 + \operatorname{tg}\alpha}$$

$$\Rightarrow \Delta x = d_1 \cdot \frac{1 - \operatorname{tg}\alpha}{1 + \operatorname{tg}\alpha}$$

$$\Rightarrow \Delta s_1 = \frac{2d_1}{\cos\alpha}\,\frac{1}{1 + \operatorname{tg}\alpha} = \frac{2d_1}{\cos\alpha + \sin\alpha}.$$

Entsprechend gilt:

$$\Delta s_2 = \frac{2d_2}{\cos\alpha}\,\frac{1}{1 + \operatorname{tg}\alpha} = \frac{2d_2}{\cos\alpha + \sin\alpha}.$$

Man beachte, daß der Strahlteiler um 45° geneigt ist, so daß $\Delta x = \Delta y$ ist für $d_1 = d_2$. Der Wegunterschied zwischen den beiden Teilstrecken, die unter dem Winkel α gegen die Symmetrieachse geneigt sind, ist dann

$$\Delta s = 2\,\frac{d_1 - d_2}{\cos\alpha + \sin\alpha}.$$

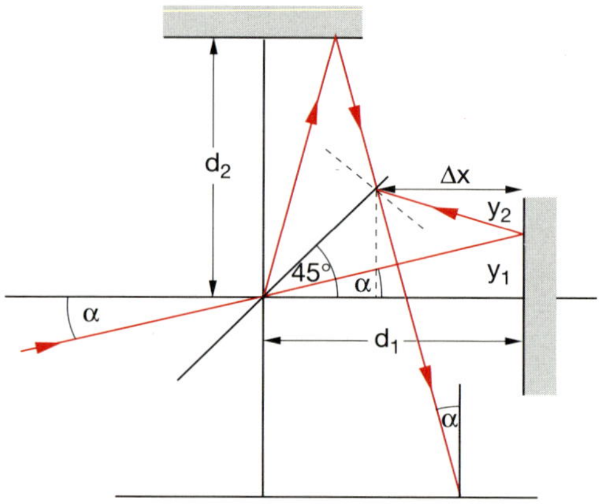

Abb. L.37. Zu Lösung 10.2

Für $\Delta s = m \cdot \lambda$ erhält man also in der Beobachtungsebene helle Ringe, die bei Änderung von $d_1 - d_2$ ihren Radius R ändern, weil für einen festen Wert der ganzen Zahl m

$$\cos\alpha + \sin\alpha = \frac{d_1 - d_2}{m \cdot \lambda/2}$$

gilt.

3. Das am verkippten Spiegel M_1 reflektierte Strahlbündel ist um den Winkel 2δ gegen die Symmetrieachse geneigt und trifft auch unter dem Neigungswinkel 2δ gegen die Normale auf die Beobachtungsebene B, ist aber nach wie vor eine ebene Welle.
Die Phasendifferenz zwischen der senkrecht auftreffenden Welle und der schräg auftreffenden Welle ist

$$\phi(x) = 2\pi \cdot \frac{x}{\lambda} \cdot \sin 2\delta .$$

Der Streifenabstand Δx tritt für $\Delta\phi = 2\pi$ auf, also ist

$$\Delta x = \frac{\lambda}{\sin 2\delta} .$$

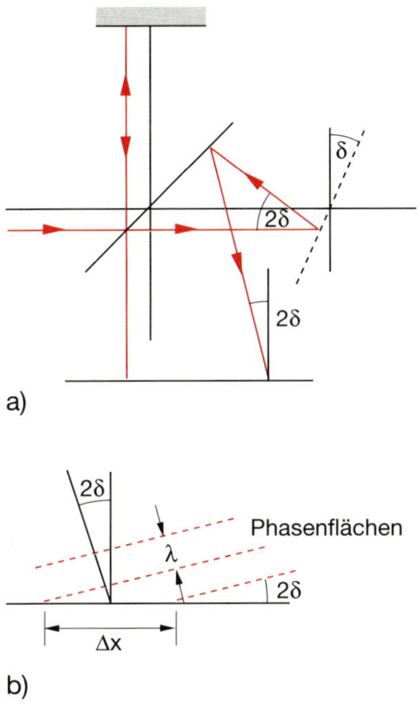

Abb. L.38a,b. Zu Lösung 10.3

4. Diese Aufgabe erfordert zu einer allgemeinen Lösung etwas ausführlichere Überlegungen:
Wir legen die Grenzflächen in die Ebenen $z = z_1$ und $z = z_2$. Die Dicke d der Grenzschicht ist also $d = z_1 - z_2$.
Fällt eine ebene Welle unter dem Winkel α auf die Grenzfläche $z = z_1$, so spaltet sie auf in die reflektierte Welle E_2 und die transmittierte Welle E_3, die bei $z = z_2$ wieder aufspaltet in $E_4 + E_5$.
Wir nehmen zuerst an, daß $\boldsymbol{E}_1$ senkrecht zur Einfallsebene liegt. Die Stetigkeitsbedingung (8.55a) für die Tangentialkomponenten (tangential zur Grenzfläche) verlangt für das Gesamtfeld:

$$\begin{aligned} E(z_1) &= E_1(z_1) + E_2(z_2) \\ &= E_3(z_1) + E_4(z_1) \end{aligned} \tag{1}$$

$$\begin{aligned} \sqrt{\frac{\mu_0}{\varepsilon_0}} H(z_1) &= \left[E_1(z_1) - E_2(z_2)\right] \cdot n_1 \cos\alpha \\ &= \left[E_3(z_1) - E_4(z_1)\right] \cdot n_2 \cos\beta . \end{aligned} \tag{2}$$

An der unteren Grenzfläche gilt entsprechend:

$$E(z_2) = E_3(z_2) + E_4(z_2) = E_5(z_2), \tag{3}$$

weil es im Medium 3 (Substrat) keine reflektierte Welle gibt. Entsprechend gilt:

$$\begin{aligned} \sqrt{\frac{\mu_0}{\varepsilon_0}} H(z_2) &= \left[E_3(z_2) - E_4(z_2)\right] \cdot n_2 \cos\beta \\ &= E_5(z_2) \cdot n_3 \cos\gamma . \end{aligned} \tag{4}$$

Die planparallele Schicht der Dicke d bewirkt eine Phasenverschiebung, die nach (10.9)

$$\Delta\varphi = \frac{2\pi}{\lambda} n_2 \cdot d \cdot \cos\beta \tag{5}$$

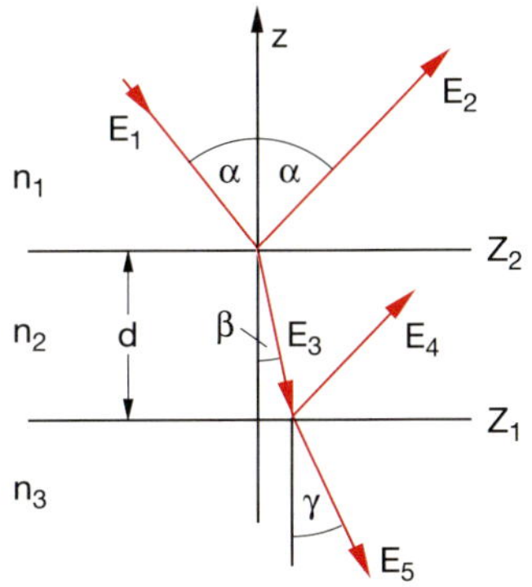

Abb. L.39. Zu Lösung 10.4

ist. Wir erhalten daher:

$$E_3(z_2) = E_3(z_1) \cdot e^{-i\Delta\varphi}, \qquad (6)$$

$$E_4(z_2) = E_4(z_1) \cdot e^{+i\Delta\varphi}.$$

Damit wird (3)

$$E(z_2) = E_3(z_1) \cdot e^{-i\Delta\varphi} + E_4(z_1) \cdot e^{+i\Delta\varphi}, \qquad (7)$$

und entsprechend erhält man:

$$\sqrt{\frac{\mu_0}{\varepsilon_0}} H(z_2) = \left[E_3(z_1) \cdot e^{-i\Delta\varphi} - E_4(z_1) \cdot e^{+i\Delta\varphi}\right] \cdot n_2 \cos\beta. \qquad (8)$$

Addieren von (8) und (9) ergibt:

$$E(z_2) + \frac{\sqrt{\mu_0/\varepsilon_0}\, H(z_2)}{n_2 \cos\beta} = 2E_3(z_1) \cdot e^{-i\Delta\varphi} \quad \text{(9a)},$$

$$E(z_2) - \frac{\sqrt{\mu_0/\varepsilon_0}\, H(z_2)}{n_2 \cos\beta} = 2E_4(z_1) \cdot e^{+i\Delta\varphi} \quad \text{(9b)}.$$

Einsetzen in (1) und (2) liefert:

$$E(z_1) = E(z_2) \cos\Delta\varphi + \frac{\sqrt{\mu_0/\varepsilon_0}}{n_2 \cos\beta}\, i \cdot \sin\Delta\varphi, \quad \text{(10a)}$$

$$\sqrt{\frac{\mu_0}{\varepsilon_0}} H(z_1) = E(z_2)\, i \cdot n \cdot \cos\beta \sin\Delta\varphi + \sqrt{\frac{\mu_0}{\varepsilon_0}} H(z_2) \cos\Delta\varphi. \qquad \text{(10b)}$$

Ist $\boldsymbol{E}_1$ parallel zur Einfallsebene polarisiert, so erhält man in analoger Weise:

$$E(z_1) = E(z_2) \cos\Delta\varphi + \frac{\sqrt{\mu_0/\varepsilon_0}}{n_2/\cos\beta} H(z_2)\, i \cdot \sin\Delta\varphi, \qquad \text{(11a)}$$

$$\sqrt{\frac{\mu_0}{\varepsilon_0}} H(z_1) = E(z_2)\, i \cdot \left(\frac{n_2}{\cos\beta}\right) \sin\Delta\varphi + \sqrt{\frac{\mu_0}{\varepsilon_0}} H(z_2) \cos\Delta\varphi. \qquad \text{(11b)}$$

Man kann die beiden Ausdrücke (10) und (11) zusammenfassen, wenn man Brechzahlen

$n = n_s = n_2 \cdot \cos\beta$ für senkrechte Polarisation,

$n = n_p = n_2/\cos\beta$ für parallele Polarisation

einführt. Dadurch reduzieren sich die vier Gleichungen (10) und (11) auf zwei, die man in Matrixform schreiben kann als:

$$\begin{pmatrix} E(z_1) \\ \sqrt{\frac{\mu_0}{\varepsilon_0}} H(z_1) \end{pmatrix} = \begin{pmatrix} \cos\Delta\varphi & \frac{i}{n}\sin\Delta\varphi \\ i \cdot n \cdot \sin\Delta\varphi & \cos\Delta\varphi \end{pmatrix} \cdot \begin{pmatrix} E(z_2) \\ \sqrt{\frac{\mu_0}{\varepsilon_0}} H(z_2) \end{pmatrix}. \qquad (12)$$

Die Matrix

$$M = \begin{pmatrix} \cos\Delta\varphi & \frac{i}{n}\sin\Delta\varphi \\ i \cdot n \cdot \sin\Delta\varphi & \cos\Delta\varphi \end{pmatrix} \qquad (13)$$

ist die Matrix der Schicht, welche elektrisches und magnetisches Feld an einer Grenzfläche mit den Größen an der zweiten Grenzfläche verknüpft.
Beispiele: $\lambda/4$-Schicht $\Rightarrow n \cdot d \cdot \cos\beta = \lambda_0/4 \Rightarrow \Delta\varphi = \pi/2$

$$M_{\lambda/4} = \begin{pmatrix} 0 & i/n \\ i \cdot n & 0 \end{pmatrix}.$$

Der Vorteil der Matrixmethode ist, daß bei einer Folge von aufeinanderliegenden Schichten die Matrix der Gesamtschicht gleich dem Produkt der Matrizen der Einzelschichten ist. Im Falle unserer zwei Schichten gilt also:

$$\begin{pmatrix} E(z_1) \\ \sqrt{\frac{\mu_0}{\varepsilon_0}} H(z_1) \end{pmatrix} = M_1 M_2 \cdot \begin{pmatrix} E(z_3) \\ \sqrt{\frac{\mu_0}{\varepsilon_0}} H(z_3) \end{pmatrix} \qquad (14)$$

(siehe auch die Diskussion im Abschn. 9.6). Bei senkrechtem Einfall ($\alpha = \beta = 0$) entfällt der Unterschied zwischen senkrechter und paralleler Polarisation, und wir können die Matrix (13) mit $n = n_2$ allgemein für die Schicht verwenden. Der Amplitudenreflexionkoeffizient

$$\varrho = \frac{A_r}{A_e} = \frac{(E_2 + E_4)(z_1)}{E_1(z_1)} \qquad (15)$$

kann dann für die Einfachschicht mit Hilfe der Matrixelemente M_{ik} geschrieben werden als

$$\varrho = \frac{n_1 M_{11} + i n_1 n_3 M_{12} - i M_{21} - n_3 M_{22}}{n_1 M_{11} + i n_1 n_3 M_{12} + i M_{21} + n_3 M_{22}}, \qquad (16)$$

wobei die M_{ik} nach (13) die Eigenschaften der Schicht mit $n = n_2$ beschreiben. Setzt man die

Matrixelemente ein, so ergibt sich für das Reflexionsvermögen $R = \varrho \cdot \varrho^*$ nach einiger Rechnung die einfache Formel

$$R = \frac{(n_1 n_3 - n_2^2)^2}{(n_1 n_3 + n_2^2)^2}, \qquad (17)$$

woraus man für eine Antireflexschicht sofort erhält:

$$R = 0 \quad \text{für} \quad n_1 n_3 = n_2^2 \;\Rightarrow\; n_2 = \sqrt{n_1 \cdot n_3}$$

(siehe auch Aufgabe 10.12). Für die Doppelschicht müssen die Matrixelemente der Produktmatrix eingesetzt werden. Man erhält für den Amplitudenreflexionskoeffizienten ϱ mit

$$\varrho_1 = \frac{n_1 - n_2}{n_1 + n_2}, \quad \varrho_2 = \frac{n_2 - n_3}{n_2 + n_3}, \quad \varrho_2 = \frac{n_2 - n_4}{n_3 + n_4},$$

$$\psi_1 = \mathrm{e}^{-\mathrm{i}\,\Delta\varphi_1}, \quad \psi_{12} = \mathrm{e}^{-\mathrm{i}\,(\Delta\varphi_1 + \Delta\varphi_2)},$$

$$\psi_2 = \mathrm{e}^{-\mathrm{i}\,\Delta\varphi_2} :$$

$$\varrho = \frac{\varrho_1 + \varrho_2\psi_1 + \varrho_3\psi_{12} + \varrho_1\varrho_2\varrho_3\psi_2}{1 + \varrho_1\varrho_2\psi_1 + \varrho_1\varrho_3\psi_{12} + \varrho_2\varrho_3\psi_2},$$

aus dem das Reflexionsvermögen $R = \varrho\varrho^*$ berechnet werden kann. Nach etwas mühsamer Rechnung erhält man z.B. die Bedingung für eine Nullstelle der Reflexion (Antireflexschicht)

$$n_3 = \frac{n_1}{n_2}\sqrt{n_4}.$$

Für maximale Reflexion müssen alle reflektierten Anteile in Phase sein. Dies wird durch geeignete Wahl der optischen Schichtdicken erreicht, d.h. der Phasen $\Delta\varphi$.
Für unser Beispiel $n_1 = 1$, $n_2 = 1{,}8$, $n_3 = 1{,}3$, $n_4 = 1{,}5$ folgt

$$\varrho_1 = -0{,}286, \quad \varrho_2 = +0{,}161, \quad \varrho_3 = -0{,}07.$$

Wählt man z.B. $\Delta\varphi_1 = \Delta\varphi_2 = \pi$, so sind alle Anteile in Phase, und man erhält:

$$\varrho = \frac{-0{,}286 - 0{,}161 - 0{,}003}{1 + 0{,}04 + 0{,}02 + 0{,}013} = -0{,}42$$

$$\Rightarrow\; R = 0{,}177.$$

Die Wahl der Materialien ist also nicht besonders gut.

5. Bei senkrechtem Einfall ist der Wegunterschied zwischen zwei Randstrahlen bei einem Beugungswinkel θ

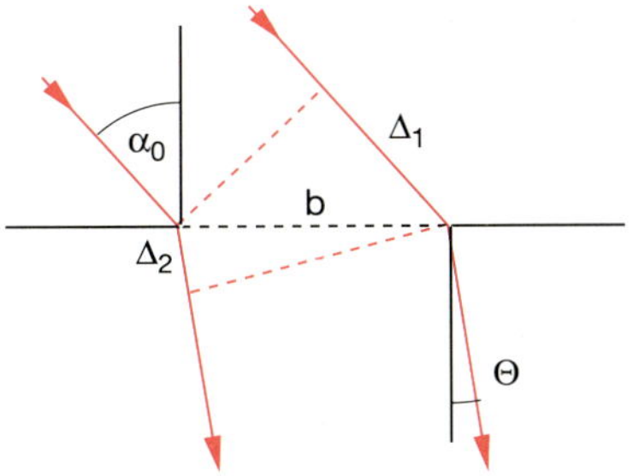

Abb. L.40. Zu Lösung 10.5

$$\Delta s = b \cdot \sin\theta.$$

Bei schrägem Einfall (α_0) ist er

$$\Delta s = b \cdot (\sin\theta - \sin\alpha_0) = \Delta_2 - \Delta_1.$$

Man muß dafür in (10.40) statt $\sin\theta$ den Ausdruck $(\sin\theta - \sin\alpha_0)$ einsetzen. Das zentrale Beugungsmaximum erscheint bei $\theta_0 = \alpha_0$, das ± 1. Beugungsmaximum bei

$$\frac{b}{\lambda}(\sin\theta - \sin\alpha_0) = \pm 1$$

$$\Rightarrow\; \sin\theta_{1,2} = \pm\frac{\lambda}{b} + \sin\alpha_0.$$

Die Winkelbreite der zentralen Beugungsanordnung ist jetzt:

$$\begin{aligned}\Delta\theta &= \theta_1 - \theta_2 \\ &= \arcsin\left(\sin\alpha_0 + \frac{\lambda}{b}\right) \\ &\quad - \arcsin\left(\sin\alpha_0 - \frac{\lambda}{b}\right).\end{aligned}$$

Beispiel: $\alpha = 30°$, $\lambda/b = 0{,}2$

$$\Rightarrow\; \Delta\theta = 44{,}4° - 17{,}6° \approx 26{,}8°,$$

während für $\alpha_0 = 0°$ gilt:

$$\Delta\theta_0 = 25{,}6°.$$

6. a) Aus der Gittergleichung (10.45)

$$d \cdot (\sin\alpha + \sin\beta) = m \cdot \lambda$$

folgt für $m = 1$ und $\alpha = 30°$

$$\sin\beta = \frac{\lambda}{d} - \sin\alpha = 0{,}48 - 0{,}5 = -0{,}02$$

$$\Rightarrow\; \beta = -1{,}3°.$$

Bezogen auf den Einfallswinkel, liegt der Beugungswinkel auf der anderen Seite der Gitternormalen. Der Winkel des geneigten Strahls gegen den einfallenden Strahl ist

$$\Delta\varphi = \alpha - \beta = 31{,}3°.$$

Wegen

$$\sin\beta^{(2)} = 2\,\frac{\lambda}{d} - \sin\alpha = 0{,}96 - 0{,}5 = 0{,}46$$

gibt es auch eine zweite Ordnung.
b) Der Blazewinkel ist

$$\theta = \frac{\alpha+\beta}{2} = \frac{30-1{,}3}{2} = 14{,}35°.$$

c) Der Winkelunterschied $\Delta\beta$ berechnet sich aus

$$\sin\beta_1 - \sin\beta_2 = \frac{\lambda_1-\lambda_2}{d} = \frac{-10^{-9}\,\mathrm{m}}{10^{-6}\,\mathrm{m}}$$

zu $\Delta\beta = 10^{-3}$ rad. Für $\beta_1 = -1{,}3°$ folgt $\beta_2 = -1{,}241°$.
d) Der laterale Abstand der beiden Spaltbildmitten $b(\lambda_1)$ und $b(\lambda_2)$ ist

$$\Delta b = f \cdot \Delta\beta = 1\,\mathrm{mm}.$$

Bei einem 10×10 mm Gitter ist die beugungsbedingte Fußpunktsbreite des Spaltbildes:

$$\begin{aligned}\Delta b &= 2 \cdot \frac{\lambda}{d} \cdot f\\ &= 2 \cdot \frac{4{,}8 \cdot 10^{-7}\,\mathrm{m}}{10^{-2}\,\mathrm{m}} \cdot 1\,\mathrm{m} = 9{,}6 \cdot 10^{-5}\,\mathrm{m}\\ &\approx 0{,}1\,\mathrm{mm}.\end{aligned}$$

Die Spaltbreite des Eintrittsspaltes darf daher höchstens 0,9 mm sein.

7. Nach (10.9) ist die Phasendifferenz zwischen an den beiden Grenzschichten Luft-Öl und Öl-Wasser reflektierten Teilwellen wegen des Phasensprunges

$$\Delta\varphi = \frac{2\pi}{\lambda_0}\,\Delta s - \pi.$$

Für konstruktive Interferenz muß $\Delta\varphi = 2m \cdot \pi$ sein

$$\Rightarrow \quad \Delta s = \frac{2m+1}{2}\,\lambda_0.$$

Da $\Delta s = 2d \cdot \sqrt{n^2 - \sin^2\alpha}$ (10.8) beträgt, folgt mit $\lambda_0 = 500$ nm (grün)

$$d = \frac{\Delta s}{\sqrt{n^2-\sin^2\alpha}} = \frac{(m+1/2)\,\lambda_0}{\sqrt{n^2-\sin^2\alpha}}.$$

Für $m = 0$, d.h. für $\alpha = 45°$, ist

$$\begin{aligned}d &= \frac{2{,}5 \cdot 10^{-7}\,\mathrm{m}}{\sqrt{1{,}6^2 - 0{,}5}} = 1{,}74 \cdot 10^{-7}\,\mathrm{m}\\ &= 0{,}174\,\mu\mathrm{m}.\end{aligned}$$

8. Der Abstand zwischen den Platten ist bei einem Keilwinkel ε

$$d(x) = x \cdot \operatorname{tg}\varepsilon.$$

Bei genügend kleinem ε kann man den Neigungswinkel 2ε der an der unteren Fläche reflektierten Strahlen vernachlässigen. Die Dicke der Glasplatten soll groß sein gegen die Dicke des Luftkeils und vor allem gegen die Kohärenzlänge des Lichts, so daß man Interferenzen, die durch die planparallelen Oberflächen entstehen, vernachlässigen kann. Man erhält konstruktive Interferenz, wenn

$$\Delta\varphi = \frac{2\pi}{\lambda_0}\,\Delta s - \pi = 2m \cdot \pi$$

ist (Phasensprung!). Mit $\Delta s = 2d(x) = 2x \cdot \operatorname{tg}\varepsilon$ folgt

$$2x \cdot \operatorname{tg}\varepsilon = \left(m + \frac{1}{2}\right)\lambda.$$

Der Abstand der Streifen sei Δx. Für $\Delta m = 1$ ist $2\Delta x \operatorname{tg}\varepsilon = \lambda$

$$\begin{aligned}&\Rightarrow \operatorname{tg}\varepsilon = \frac{\lambda}{2\Delta x} = \frac{5{,}89 \cdot 10^{-7}}{2 \cdot \frac{1}{12} \cdot 10^{-2}} = 3{,}5 \cdot 10^{-4}\\ &\Rightarrow \quad \varepsilon = 0{,}02°.\end{aligned}$$

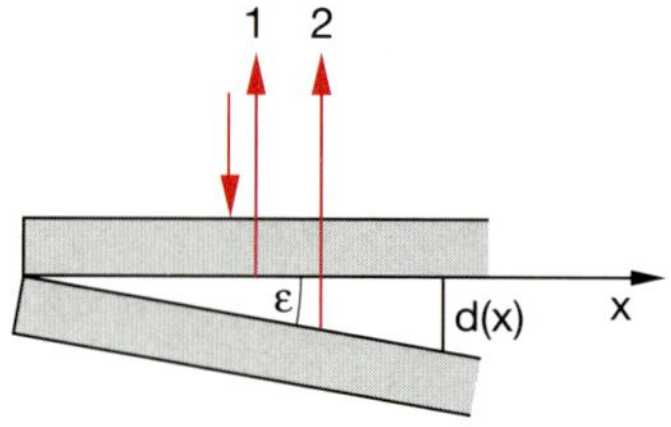

Abb. L.41. Zu Lösung 10.8

9. Sei A_0 die Amplitude des aus dem engeren Spalt kommenden Lichtes, seine Intensität $I_0 = c \cdot \varepsilon_0 A_0^2$, dann ist die Intensität aus dem doppelt

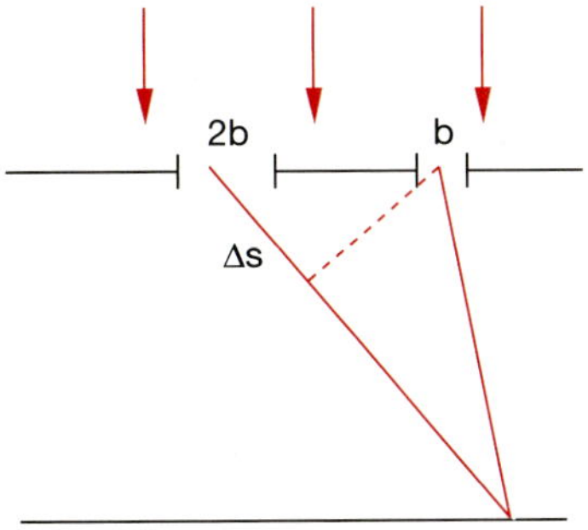

Abb. L.42. Zu Lösung 10.9

so großen Spalt $2I_0$, die Amplitude also $\sqrt{2}A_0$. Die Gesamtintensität in einem Punkt P ist dann:

$$I = c \cdot \varepsilon_0 \cdot \left| A_0 + \sqrt{2} A_0 \cdot e^{i\,\Delta\varphi} \right|^2 ,$$

wobei

$$\Delta\varphi = \frac{2\pi}{\lambda} \cdot \Delta s = \frac{2\pi}{\lambda} d \cdot \sin\theta$$

die Phasendifferenz der beiden Teilwellen in P und d der Abstand der beiden Spalte ist. Es ergibt sich:

$$\begin{aligned} I &= I_0 \cdot \left[\left(1 + \sqrt{2} e^{i\,\Delta\varphi}\right)\left(1 + \sqrt{2} e^{-i\,\Delta\varphi}\right) \right] \\ &= I_0 \cdot \left(3 + 2 \cdot \sqrt{2} \cos \Delta\varphi\right) \end{aligned}$$

$$\Rightarrow \; I_{max} = 5{,}83\, I_0$$
$$I_{min} = 0{,}172\, I_0 .$$

10. Die erste Nullstelle der Funktion $\sin^2 x / x^2$ liegt bei $x = \pi$, die zweite Nullstelle bei $x = 2\pi$. Das erste Maximum finden wir durch Nullsetzen der ersten Ableitung

$$0 = \frac{d}{dx}\left(\frac{\sin^2 x}{x^2}\right) = 2\left(\frac{x \cos x}{x^2} - \frac{\sin x}{x^2}\right)$$

$$\Rightarrow \; x \cdot \cos x = \sin x \;\Rightarrow\; x = \operatorname{tg} x$$

$$\Rightarrow \; x = 4{,}4934 = 1{,}43\pi .$$

Die relative Abweichung von der Mitte $1{,}5\pi$ ist daher

$$\Delta = \frac{1{,}5 - 1{,}43}{1{,}5} = 4{,}67\% .$$

11. Die Winkelbreite zwischen den beiden Fußpunkten $\pm\theta_1$ des zentralen Beugungsmaximums ist nach (10.41) und $\sin\theta_1 = \pm 1{,}2 \cdot \lambda / D$ wegen $\theta_1 \ll 1$:

$$\Delta\theta = 2{,}4 \cdot \lambda / D .$$

a) Die mittlere Entfernung zum Mond ist $r = 3{,}8 \cdot 10^8$ m. Somit ist der Durchmesser des zentralen Beugungsmaximums auf dem Mond

$$\begin{aligned} d &= r \cdot \Delta\theta = 3{,}8 \cdot 10^8 \cdot 2{,}4 \cdot \frac{6 \cdot 10^{-7}}{1}\ \mathrm{m} \\ &= 5{,}47 \cdot 10^2\ \mathrm{m}. \end{aligned}$$

b) Auf den Retroreflektor der Fläche A fällt der Bruchteil

$$\varepsilon_1 = \frac{A}{\pi (d/2)^2} = \frac{0{,}25}{\pi \cdot 2{,}7^2} \cdot 10^{-4} \approx 10^{-6}$$

der ausgesandten Strahlung. Die vom Reflektor reflektierte Strahlung hat den Beugungswinkel

$$\Delta\theta_2 = \frac{\lambda}{0{,}5\ \mathrm{m}} = 1{,}2 \cdot 10^{-6} .$$

Das reflektierte Licht bedeckt auf der Erdoberfläche etwa ein Quadrat der Fläche

$$A_2 = (r \cdot 1{,}2 \cdot 10^{-6})^2 = (3{,}8 \cdot 1{,}2 \cdot 10^2)^2\ \mathrm{m}^2 .$$

Das Teleskop empfängt davon den Bruchteil

$$\varepsilon_2 = \frac{\pi (D/2)^2}{A_2} = 3{,}8 \cdot 10^{-6} .$$

Insgesamt erhält daher das Teleskop die reflektierte Leistung

$$\begin{aligned} P_r &= \varepsilon_1 \cdot \varepsilon_2 \cdot P_0 = 3{,}8 \cdot 10^{-12} \cdot P_0 \\ &= 3{,}8 \cdot 10^{-4}\ \mathrm{W}. \end{aligned}$$

c) Ohne Retroreflektor würden 30% der gesamten auf dem Mond auftreffenden Leistung in den Raumwinkel $\Omega = 2\pi$ zurückgestreut. Davon würde das Teleskop den Bruchteil

$$\begin{aligned} \varepsilon_3 &= \frac{\pi (D/2)^2}{2\pi \cdot r} = \frac{D^2}{8 r^2} = \frac{1}{8 \cdot 3{,}8^2 \cdot 10^{16}} \\ &= 8{,}6 \cdot 10^{-19} \end{aligned}$$

empfangen können. Der Retroreflektor bringt also eine Steigerung der empfangenen Leistung um den Faktor

$$\frac{\varepsilon_1 \cdot \varepsilon_2}{0{,}3 \cdot \varepsilon_3} = \frac{3{,}8 \cdot 10^{-12}}{0{,}3 \cdot 8{,}6 \cdot 10^{-19}} = 1{,}5 \cdot 10^7!$$

12. a) Der Brechungsindex n_1 der Antireflexschicht kann entweder größer oder kleiner als der Brechungsindex n_2 des Substrats sein. Ist er größer, so erfährt die Welle an der ersten Grenzfläche einen Phasensprung, an der zweiten jedoch nicht. Damit die Strahlen, die von der zweiten Grenzfläche zurückkommen, mit der oben reflektierten Welle destruktiv interferieren, muß die Schichtdicke $d = \lambda_0/(2n_1)$ (oder ein Vielfaches) betragen. (Man mache sich klar, daß für diese Wellen kein Phasensprung auftritt.)
Ist n_1 (Antireflexschicht) kleiner als n_2 (Substrat), so erfahren die am Substrat reflektierten Wellen einen Phasensprung von π. Die Schichtdicke muß für destruktive Interferenz

$$d = \frac{2m+1}{4}\frac{\lambda_0}{n_1}$$

betragen. Die Summation der Amplituden ergibt:

$$\begin{aligned} A &= \sqrt{R_1}A_0 - (1-R_1)\sqrt{R_2}A_0 + (1-R_1) \\ &\quad \cdot R_2\sqrt{R_1}A_0 - (1-R_1)R_2^{3/2}R_1A_0 - \cdots \\ &= A_0\sqrt{R_1} - (1-R_1)\sqrt{R_2}\big(1+\sqrt{R_1R_2} \\ &\quad +R_1R_2 + (R_1R_2)^{3/2} + \cdots\big) \\ &= A_0\left[\sqrt{R_1} - (1-R_1)\sqrt{R_2}\cdot\frac{1}{1-\sqrt{R_1R_2}}\right] \\ &= A_0\left(\frac{\sqrt{R_1}-\sqrt{R_2}}{1-\sqrt{R_1R_2}}\right). \end{aligned}$$

Dies wird minimal für $\sqrt{R_1} = \sqrt{R_2}$ oder

$$\frac{n_1 - n_{\text{Luft}}}{n_1 + n_{\text{Luft}}} = \frac{n_2 - n_1}{n_2 + n_1}$$

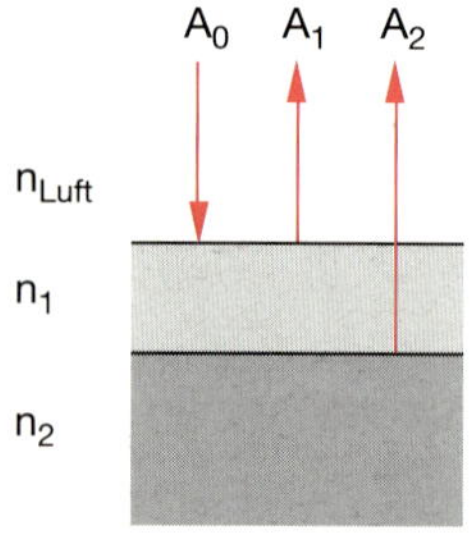

Abb. L.43. Zu Lösung 10.12b

$$\Rightarrow \; n_1^2 = n_{\text{Luft}} n_2 .$$

Nach unseren oben angestellten Überlegungen muß also $d = \lambda'/4$ sein (zzgl. Vielfache von $\lambda'/2$).
b) Man muß die Gleichung

$$\sqrt{R_1}A_0 - (1-R_1)\sqrt{R_2}A_0 - (1-R_1)\sqrt{R_1}A_0 = 0$$

($\sqrt{R_1}$, $\sqrt{R_2}$ siehe oben) nach n_1 auflösen. Diese Gleichung dritten Grades läßt man am bequemsten vom Computer lösen. Man erhält für $n_{\text{Luft}} = 1$, $n_2 = 1{,}5$:

$$n_1 = 1{,}22473198\ldots,$$

ein Wert, der vom tatsächlichen nur um 0,001% abweicht.

Kapitel 11

1. Die Abbildungsgleichung lautet

$$\frac{1}{a} + \frac{1}{b} = \frac{1}{f}.$$

Da hier $a \gg b$ ist, folgt $f \approx b = 2\,\text{m}$. Der Durchmesser des Sonnenbildes ist:

$$\begin{aligned} d &= \frac{b}{a}\cdot D = \frac{2}{1{,}5\cdot 10^{11}}\cdot 1{,}5\cdot 10^9\,\text{m} \\ &= 2\cdot 10^{-2}\,\text{m} = 2\,\text{cm}. \end{aligned}$$

Mit bloßem Auge erscheint die Sonne unter dem Winkel

$$\varepsilon_0 = \frac{D}{r} = \frac{1{,}5\cdot 10^9}{1{,}5\cdot 10^{11}} = 10^{-2}\,\text{rad} \approx 0{,}5^\circ.$$

Wird das von der Linse entworfene Sonnenbild in der deutlichen Sehweite $s_0 = 25\,\text{cm}$ betrachtet, so ist der Sehwinkel:

$$\varepsilon = \frac{2}{25} = 8\cdot 10^{-2}\,\text{rad}.$$

Die Winkelvergrößerung ist also 8-fach. Die Lateralvergrößerung der Linse (besser sollte man „Verkleinerung" sagen) ist:

$$V = \frac{b}{a} = \frac{2}{1{,}5\cdot 10^{11}} = 1{,}3\cdot 10^{-11}.$$

2. Nach (11.4) gilt für die Sehwinkelvergrößerung:

$$V_L = \frac{s_0}{f}\left(1 + \frac{f-g}{g}\right) = \frac{25}{2}\left(1 + \frac{0{,}5}{1{,}5}\right)$$
$$= 16{,}7.$$

Aus

$$\frac{1}{f} = \frac{1}{g} + \frac{1}{b}$$

folgt

$$b = \frac{g \cdot f}{g - f} = -\frac{3}{0{,}5}\,\text{cm} = -6\,\text{cm}.$$

Aus Abb. 11.8 entnimmt man, daß das virtuelle Bild eines Buchstaben G wegen $B/G = -b/g$

$$B = -G \cdot \frac{b}{g} = 0{,}5\,\frac{6}{1{,}5}\,\text{mm} = 2\,\text{mm}$$

groß ist. Die Lateralvergrößerung ist daher 4-fach.

3. Im Unterschied zur Herleitung von (9.26) muß man bei der Herleitung von (11.2) die verschiedenen Brechungsindizes n_1, n_L und n_2 berücksichtigen. Die Gleichung (9.23a) wird dann zu

$$\frac{n_1}{g_1} + \frac{n_L}{b_1} = \frac{n_L - n_1}{R_1},$$

und (9.23b) wird zu

$$-\frac{n_L}{b_1 - d} + \frac{n_2}{b_2} = \frac{n_2 - n_L}{R_2}.$$

Nach einer zu (9.24a) analogen Addition und der Näherung (9.24b) für dünne Linsen erhält man:

$$\frac{n_1}{g} + \frac{n_2}{b} = \frac{n_L - n_1}{R_1} - \frac{n_L - n_2}{R_2} \stackrel{\text{def}}{=} X. \qquad (*)$$

Für $g = \infty$ wird $b = f_2$, und es gilt:

$$\frac{n_2}{f_2} = \frac{n_L - n_1}{R_1} - \frac{n_L - n_2}{R_2} = X.$$

Ebenso gilt:

$$\frac{n_1}{f_1} = X.$$

Diese beiden Gleichungen formt man um zu

$$n_1 = f_1 \cdot X \quad \text{bzw.} \quad n_2 = f_2 \cdot X.$$

Setzt man dies in $(*)$ ein und kürzt mit X, so erhält man (11.2):

$$\frac{f_1}{g} + \frac{f_2}{b} = 1.$$

4. Nach (11.8b) gilt:

$$\delta_{\min} = 1{,}22\,\frac{\lambda}{D} < \varepsilon = 1{,}5'' = 7{,}2 \cdot 10^{-6}\,\text{rad}$$
$$\Rightarrow\ D > \frac{1{,}22\,\lambda}{\varepsilon} = 0{,}084\,\text{m} = 8{,}4\,\text{cm}.$$

Der Durchmesser der Augenpupille ist nachts etwa 5 mm. Das Auge hat seine größte Empfindlichkeit bei $\lambda = 500$ nm.

$$\Rightarrow\ \varepsilon_{\min} = \frac{1{,}22 \cdot \lambda}{D} = 1{,}22 \cdot 10^{-4}\,\text{rad} = 25''.$$

5. Der Durchmesser des Jupiter ist 71 398 km. Der Radius seiner Umlaufbahn ist $r = 5{,}2$ AE. Bei der größten Annäherung an die Erde hat er dann den Abstand

$$\Delta r = (5{,}2 - 1)\,\text{AE} = 4{,}2\,\text{AE} = 6{,}3 \cdot 10^{11}\,\text{m}.$$

Dem bloßen Auge erscheint er dann unter dem Winkel (zwischen seinen Rändern)

$$\varepsilon_0 = \frac{7{,}14 \cdot 10^7}{6{,}3 \cdot 10^{11}} = 1{,}13 \cdot 10^{-4}\,\text{rad} = 23''.$$

Dieser Sehwinkel ist groß gegen die durch die Luftunruhe bewirkte Schwankung $\Delta\varepsilon \approx 1''$, so daß das Bild des Jupiters durch die Luftunruhe nicht wesentlich „wackelt", d.h. es „funkelt" nicht. Gleiches gilt für Mars und Venus.

6. Der Winkel, unter dem der Durchmesser des Tennisballs vom Satelliten aus erscheint, ist

$$\varepsilon = \frac{d}{r} \approx \frac{10^{-1}}{4 \cdot 10^5}\,\text{rad} = 2{,}5 \cdot 10^{-7}\,\text{rad} = 0{,}05''.$$

Das Teleskop müßte einen Linsen- bzw. Spiegeldurchmesser von

$$D = \frac{1{,}22 \cdot \lambda}{\varepsilon} = \frac{1{,}22 \cdot 4 \cdot 10^{-7}}{2{,}5 \cdot 10^{-7}} \approx 2\,\text{m}$$

haben. Wegen der Luftunruhe ist (ohne besondere Maßnahmen) der Sehwinkel auf etwa $1''$ begrenzt. Dies würde die kleinste auflösbare Dimension auf der Erde auf 2 m begrenzen. Mit speziellen Techniken der Bildverarbeitung kann man diese Grenze noch etwa um einen Faktor 4 verbessern, so daß man bis auf 50 cm Auflösung bei einem Teleskopdurchmesser von etwa 1 m kommt.

7. $$\delta_{\min} = \frac{\Delta x}{r} = \frac{1}{10^4} = 10^{-4}\,\text{rad}$$
$$\Rightarrow D = \frac{1{,}22\,\lambda}{\delta_{\min}} = \frac{1{,}22 \cdot 0{,}01}{10^{-4}}\,\text{m}$$
$$= 1{,}22 \cdot 10^2\,\text{m} = 122\,\text{m!}$$

Dies wird nicht mit einer einzelnen Antenne realisiert, sondern mit einem System von synchronisierten Antennen im Abstand von einigen 100 m.

8. Die Vergrößerung des Mikroskops muß 50-fach sein.
$$\varepsilon_0 = \frac{D_0}{s_0} = \frac{2 \cdot 10^{-5}}{0{,}25} = 8 \cdot 10^{-5}.$$
Das Objektiv bringt die Winkelvergrößerung
$$\frac{\varepsilon_1}{\varepsilon_0} = V_1 = 10 \Rightarrow \varepsilon_1 = 8 \cdot 10^{-4}.$$
Aus $\varepsilon_1 = D_0/g$ folgt
$$g = \frac{D_0}{\varepsilon_0} = \frac{2 \cdot 10^{-5}}{8 \cdot 10^{-4}}\,\text{m} = 2{,}5 \cdot 10^{-2}\,\text{m} = 2{,}5\,\text{cm}.$$
Wir wählen als Brennweite $f_1 = 2\,\text{cm}$
$$\Rightarrow b = \frac{gf_1}{g - f_1} = \frac{2{,}5 \cdot 2}{0{,}5}\,\text{cm} = 10\,\text{cm}.$$
Die Gesamtvergrößerung des Mikroskops ist:
$$V_M = \frac{b \cdot s_0}{gf_2}$$
$$\Rightarrow f_2 = \frac{b \cdot s_0}{g \cdot V_M} = \frac{10 \cdot 25}{2{,}5 \cdot 50}\,\text{cm} = 2\,\text{cm}.$$

9. Wir gehen aus von der Gittergleichung
$$d \cdot (\sin\alpha + \sin\beta) = m \cdot \lambda.$$
Für $m = 1$ hat man
$$\sin\beta_1 - \sin\beta_2 = \frac{\lambda_1}{d} - \frac{\lambda_2}{d}.$$
Der Abstand der beiden Spaltbilder ist
$$\Delta x_B = f_2 \cdot \left(\frac{\lambda_1}{d} - \frac{\lambda}{d}\right)$$
$$= \frac{3}{10^{-6}}\,(501 - 500) \cdot 10^{-9}\,\text{m}$$
$$= 3 \cdot 10^{-3}\,\text{m} = 1\,\text{mm}.$$
Die Fußpunktbreite des nullten Beugungsmaximums ist
$$\Delta\alpha = \frac{2\lambda}{D} \Rightarrow \Delta x = f_2 \cdot \frac{2\lambda}{D}.$$
Mit $D = 10\,\text{cm}$ folgt
$$\Delta x = \frac{2 \cdot 5 \cdot 10^{-7} \cdot 3}{0{,}1} = 3 \cdot 10^{-5}\,\text{m} = 30\,\mu\text{m}.$$
Bei einer Breite b des Eintrittsspalts wird die gesamte Breite des Spaltbildes
$$\Delta x_{\text{tot}} = b + 30\,\mu\text{m} \le 1\,\text{mm}.$$
Somit darf b bis zu 0,97 mm breit sein, damit die beiden Linien noch vollständig getrennt werden.

10. Der freie Spektralbereich des FPI ist nach (10.28)
$$\delta\nu = \frac{c}{2nd}.$$
Mit $n = 1$ (Luftspalt-FPI) und $d = 1\,\text{cm}$ erhält man
$$\delta\nu = 1{,}5 \cdot 10^{10}\,\text{s}^{-1} = 15\,\text{GHz}.$$
Im Wellenlängenmaß gilt wegen $\lambda = c/\nu \Rightarrow \text{d}\lambda = -c/\nu^2\,\text{d}\nu$
$$\delta\lambda = -\frac{\lambda^2}{c}\,\delta\nu = -\frac{\lambda^2}{2nd}.$$
Für $\lambda = 500\,\text{nm}$ ist
$$\delta\lambda = -\frac{25 \cdot 10^{-14}}{2 \cdot 10^{-2}} = 12{,}5 \cdot 10^{-12}\,\text{m} = 12{,}5\,\text{pm}.$$
Die Finesse ist
$$F^* = \frac{\pi \cdot \sqrt{R}}{1 - R} = \frac{\pi \cdot \sqrt{0{,}98}}{0{,}02} = 155.$$
Wenn die FPI-Platten ideal eben und justiert sind, ist das spektrale Auflösungsvermögen
$$\left|\frac{\lambda}{\Delta\lambda}\right| = \left|\frac{\nu}{\Delta\nu}\right| = \frac{\Delta s_m}{\lambda} = F^* \cdot \frac{2d}{\lambda}$$
$$= 155 \cdot \frac{2 \cdot 10^{-2}}{5 \cdot 10^{-7}} = 6{,}2 \cdot 10^6,$$
d.h. zwei Wellenlängen mit einem Abstand
$$\Delta\lambda = \frac{\lambda}{6{,}2 \cdot 10^6} = \frac{5 \cdot 10^{-7}}{6{,}2 \cdot 10^6}\,\text{m}$$
$$= 8 \cdot 10^{-14}\,\text{m} = 0{,}08\,\text{pm}$$

können noch getrennt werden! Im Frequenzmaß ist

$$\Delta\nu = \frac{\nu}{6{,}2\cdot 10^6} = \frac{6\cdot 10^{14}}{6{,}2\cdot 10^6}\,\mathrm{s}^{-1} \approx 10^8\,\mathrm{s}^{-1} = 100\,\mathrm{MHz}.$$

Anmerkung: Dies ist

$$\Delta\nu = \delta\nu/F^* = \frac{15\,\mathrm{GHz}}{155}.$$

b) Der freie Spektralbereich des FPI war

$$\delta\lambda = 12{,}5\,\mathrm{pm}.$$

Der Abstand zweier Linien mit dieser Wellenlängendifferenz ist im Spektrographen:

$$\Delta x = f_2 \cdot \frac{\mathrm{d}n}{\mathrm{d}\lambda}\,\delta\lambda > b$$

$$\Rightarrow f > \frac{b}{\mathrm{d}n/\mathrm{d}\lambda\cdot\delta\lambda} = \frac{10^{-5}}{5\cdot 10^5\cdot 12{,}5\cdot 10^{-12}}\,\mathrm{m} = 1{,}6\,\mathrm{m}.$$

Kapitel 12

1. Am 21.3. ist mittags der Winkel ϑ, den die Sonnenstrahlung mit der Vertikalen bildet, gleich der geographischen Breite ϑ des Kollektor-Ortes (also in Kaiserslautern $\vartheta \approx 49°$). Die vom Kollektor absorbierte Leistung ist dann

$$\frac{\mathrm{d}W}{\mathrm{d}t} = T\cdot S_0\cdot\eta\cdot A\cdot\cos\vartheta,$$

wobei $S_0 = 1{,}35\,\mathrm{kW/m^2}$ die außerhalb der Atmosphäre gemessene Solarkonstante, T der Transmissionsfaktor der Atmosphäre ist. Für $\vartheta = 49°$ wird $T \approx 0{,}6$, so daß

$$T\cdot S_0 \approx 800\,\mathrm{W/m^2}$$

wird. Es ist η das Absorptionsvermögen des Kollektors und A seine Fläche. Mit $A = 8\,\mathrm{m^2}$, $\eta = 0{,}8$ ergibt sich:

$$\left(\frac{\mathrm{d}W}{\mathrm{d}t}\right)_{\max} = 800\,\mathrm{W/m^2}\cdot 0{,}8\cdot 8\,\mathrm{m^2}\cdot\cos 49° = 3{,}7\,\mathrm{kW}.$$

Wird der Kollektor nicht nachgeführt, so ändert sich der Auftreffwinkel während des Tages mit der Erddrehung. Außerdem ändert sich die Länge des Weges der Sonnenstrahlung durch die Atmosphäre und damit ihre Absorption. Nennen wir den zeitabhängigen Winkel $\psi(t)$, so ist die während eines wolkenlosen Tages aufsummierte Energie:

$$W = \eta\cdot A\cdot\int_{t_\mathrm{A}}^{t_\mathrm{U}} S_0(t)\cdot\cos\psi(t)\,\mathrm{d}t,$$

wobei t_A, t_U die Zeiten von Sonnenaufgang und Sonnenuntergang sind, $S(t) = T(t)\,S_0$ die wegen der zeitabhängigen Weglänge durch die Atmosphäre zeitabhängige Strahlungsleistung am Kollektor und $\psi(t)$ der zeitabhängige Winkel der Sonnenstrahlung gegen die Kollektornormale. Wir nehmen hier an, daß der Kollektor nicht nachgeführt wird.
Aus der sphärischen Trigonometrie kann man entnehmen, daß

$$\cos\psi = (\cos\alpha\sin\vartheta - \sin\alpha\cos\vartheta)\sin\delta + (\sin\vartheta\sin\alpha + \cos\vartheta\cos\alpha)\cos\delta\cos t$$

gilt. Dabei bedeuten:

ϑ = geographische Breite,

δ = Deklination der Sonne,

$$\delta = -23{,}5°\cdot\cos\frac{2\pi}{365}(n+10),$$

wobei n der vom 1. Januar an gezählte Jahrestag ist. Am 21. Dezember ($n = -10$ bzw. $n = 355$) wird $\delta = -23{,}5°$. α ist der Neigungswinkel der Kollektornormale gegen die Vertikale. Im Fall einer horizontalen Kollektorfläche wäre $\alpha = 0$. t ist der Stundenwinkel, gerechnet gegen Süden mit $t = 0$. Die Weglänge der Sonnenstrahlung durch die Atmosphäre ist angenähert:

$$\Delta s = \frac{\Delta s_0}{\sin h},$$

wobei h die Sonnenhöhe (Winkel gegen die Horizontalebene) ist. Für $t = t_\mathrm{A}$ ist $h = 0$, mittags ist am 21. März $h = 90° - \vartheta$. Δs_0 ist die Weglänge bei senkrechtem Sonnenstand. Ist T_0 die Transmission für $h = 90°$, so wird wegen $S = S_0\mathrm{e}^{-\alpha\Delta s}$

$$T(h) = T_0^m \quad\text{mit}\quad m = \frac{1}{\sin h}.$$

Um die Tagesvariation von $T(h)$ zu bestimmen, muß man $h(t)$ berechnen. Es gilt:

$$\sin h = \sin \vartheta \sin \delta + \cos \vartheta \cos \delta \cos t,$$

wobei mittags $t = 0$ ist. Führt man die Rechnung durch, so ergibt sich für unser obiges Zahlenbeispiel eine Tagesenergie von etwa 20 kWh.

2. Es muß gelten:

$$w(\lambda)\,\mathrm{d}\lambda = w(\nu)\,\mathrm{d}\nu,$$

weil

$$w = \int_{\lambda=0}^{\infty} w(\lambda)\,\mathrm{d}\lambda = \int_{\nu=0}^{\infty} w(\nu)\,\mathrm{d}\nu.$$

Aus $\nu = c/\lambda$ folgt $\mathrm{d}\nu = -c/\lambda^2\,\mathrm{d}\lambda$

$$\Rightarrow\ w(\lambda) = \frac{8\pi hc^2}{\lambda^5} = \frac{1}{\mathrm{e}^{hc/(\lambda kT)} - 1}.$$

a) Um das Maximum von $w(\lambda)$ zu finden, bilden wir

$$\ln w(\lambda) = -5\ln(\lambda/\mathrm{const}) - \ln\left[\mathrm{e}^{hc/(\lambda kT)} - 1\right],$$

$$0 = \frac{\mathrm{d}(\ln w(\lambda))}{\mathrm{d}\lambda} = -\frac{5}{\lambda} + \frac{\frac{hc}{kT}\frac{1}{\lambda^2}\mathrm{e}^{hc/(\lambda kT)}}{\mathrm{e}^{hc/(\lambda kT)} - 1}$$

$$\Rightarrow\ 5\left(\mathrm{e}^{hc/\lambda kT} - 1\right) = \frac{hc}{kT\lambda}\,\mathrm{e}^{hc/(kT\lambda)}.$$

Mit $x = hc/(kT\lambda)$ erhält man

$$5\,(\mathrm{e}^x - 1) = x \cdot \mathrm{e}^x$$

$$\Rightarrow\ \frac{x}{5} = 1 - \mathrm{e}^{-x}\ \Rightarrow\ x = 4{,}965$$

$$\Rightarrow\ \lambda_\mathrm{m} = \frac{hc}{x \cdot k} \cdot \frac{1}{T}$$

$$\Rightarrow\ \lambda_\mathrm{m} \cdot T = \frac{h \cdot c}{4{,}965 \cdot k} = 2{,}9 \cdot 10^{-3}\,\mathrm{m \cdot K}.$$

Für $T = 6000\,\mathrm{K}$ folgt

$$\lambda_\mathrm{m} = 4{,}8 \cdot 10^{-7}\,\mathrm{m} = 480\,\mathrm{nm}.$$

Mit $\nu = c/\lambda$ erhalten wir

$$\nu_\mathrm{m} = \frac{c}{\lambda_\mathrm{m}} = \frac{4{,}965}{h} \cdot kT = 1{,}03 \cdot 10^{11}\,\mathrm{Hz/K} \cdot T.$$

3. a) Aus $\lambda_\mathrm{m} = 400\,\mathrm{nm}$ folgt $T \approx 6800\,\mathrm{K}$.
b) Der Stern soll die gleiche Strahlungsleistung wie die Sonne haben. Dann folgt aus dem Stefan-Boltzmann-Gesetz für die Oberflächen A_St und $A_\odot$:

$$\sigma T_\mathrm{St}^4 \cdot A_\mathrm{St} = \sigma \cdot T_\odot^4 \cdot A_\odot$$

$$\Rightarrow\ R_\mathrm{St}^2 = R_\odot^2 \cdot \frac{T_\odot^4}{T_\mathrm{St}^4}$$

$$\Rightarrow\ R_\mathrm{St} = R_\odot \left(\frac{T_\odot}{T_\mathrm{St}}\right)^2 = \left(\frac{5800\,\mathrm{K}}{6800\,\mathrm{K}}\right)^2 \cdot R_\odot$$
$$= 0{,}73\,R_\odot.$$

c) Die vom Teleskop empfangene Strahlungsleistung $(\mathrm{d}W/\mathrm{d}t)_\mathrm{T}$ ist bei einer Strahlungsleistung $(\mathrm{d}W/\mathrm{d}T)_\mathrm{St} = (\mathrm{d}W/\mathrm{d}t)_\odot = 3{,}9 \cdot 10^{29}\,\mathrm{W}$

$$\left(\frac{\mathrm{d}W}{\mathrm{d}t}\right)_\mathrm{T} = \eta \cdot \frac{(D/2)^2}{4r^2} \cdot 3{,}9 \cdot 10^{26}\,\mathrm{W}$$

mit $\eta = 0{,}7 =$ spektraler Bruchteil der detektierten Strahlung

$$\Rightarrow\ r^2 = \frac{3{,}9 \cdot 10^{26}\,\mathrm{W}}{10^{-9}\,\mathrm{W}} \cdot \frac{1\,\mathrm{m}^2}{16} \cdot 0{,}7$$
$$= 1{,}7 \cdot 10^{34}\,\mathrm{m}^2$$

$$\Rightarrow\ r = 1{,}3 \cdot 10^{17}\,\mathrm{m} = 13{,}7\,\mathrm{LJ} = 4{,}2\,\mathrm{pc}.$$

4. Die Schwingungsfrequenz ist:

$$\omega = \sqrt{D/m} = \sqrt{\frac{2\,\mathrm{N/m}}{0{,}1\,\mathrm{kg}}} = 4{,}47\,\mathrm{s}^{-1}.$$

Die Schwingungsenergie ist bei einer Schwingungsamplitude $A = 0{,}01\,\mathrm{m}$:

$$W = \frac{1}{2}m\omega^2 A^2 = \frac{1}{2} \cdot 0{,}1 \cdot 4{,}47^2 \cdot 10^{-4}\,\mathrm{Ws}$$
$$= 10^{-4}\,\mathrm{Ws}.$$

Das Schwingungsquant $h \cdot \nu$ hat die Energie

$$h \cdot \nu = 6{,}625 \cdot 10^{-34} \cdot 4{,}47/2\pi\,\mathrm{Ws}$$
$$= 4{,}7 \cdot 10^{-34}\,\mathrm{Ws}.$$

Die Schwingung ist also mit

$$n = \frac{10^{-4}}{4{,}7 \cdot 10^{-34}} = 2 \cdot 10^{29}$$

„Energiequanten“ besetzt.

5. Die vom Körper abgestrahlte Leistung sei

$$\frac{\mathrm{d}W_\mathrm{K}}{\mathrm{d}t} = \sigma \cdot T_\mathrm{K}^4 \cdot 4\pi R_\mathrm{K}^2.$$

In einer Entfernung r_K erhält die Erde die zugestrahlte Intensität

$$I = \frac{\sigma \cdot T_\mathrm{K}^4 \cdot 4\pi R_\mathrm{K}^2}{4\pi r_\mathrm{K}^2} = \sigma \cdot T_\mathrm{K}^4 \cdot \frac{R_\mathrm{K}^2}{r_\mathrm{K}^2}.$$

Die Sonne strahlt die Intensität

$$I_\odot = \sigma \cdot T_\odot^4 \cdot \frac{R_\odot^2}{r_\odot^2}$$

auf die Erde. Sollen beide gleich sein, so folgt:

$$\frac{r_\mathrm{K}^2}{r_\odot^2} = \frac{T_\mathrm{K}^4 \cdot R_\mathrm{K}^2}{T_\odot^4 \cdot R_\odot^2}.$$

Mit $R_\mathrm{K} = 1\,\mathrm{m}$ und $T_\odot = 6000\,\mathrm{K}$, $R_\odot = 7 \cdot 10^8\,\mathrm{m}$ erhalten wir

$$\frac{r_\mathrm{K}^2}{r_\odot^2} = \frac{10^{24}}{6^4 \cdot 10^{12}} \cdot \frac{1}{49 \cdot 10^{16}} = 15{,}7 \cdot 10^{-10}.$$

Mit $r_\odot = 1{,}5 \cdot 10^{11}\,\mathrm{m}$ folgt $r_\mathrm{K} \approx 6 \cdot 10^6\,\mathrm{m} = 6000\,\mathrm{km}$.

6. In der geschlossenen Hohlkugel herrscht ein thermisches Strahlungsfeld (schwarze Hohlraumstrahlung). Ihre Energiedichte ist isotrop und hängt nur von der Temperatur, aber nicht von der Größe der Kugel ab. Die Strahlungsdichte ist nach (12.28)

$$w(T) = a \cdot T^4 \quad \text{mit} \quad a = \frac{4\pi k^4}{15 h^3 c^3}$$
$$= 3{,}77 \cdot 10^{-16} \frac{\mathrm{Ws}}{m^3 \cdot K^4}.$$

Die auf eine Fläche F auftreffende Strahlungsleistung ist:

$$S^* = \frac{c}{4\pi} w(T) \cdot \Omega \cdot F \quad \text{mit} \quad \Omega = 4\pi$$
$$= c \cdot w(t) \cdot F$$
$$= 3 \cdot 10^8 \cdot 3{,}77 \cdot 10^{-16} \cdot T^4 \cdot 10^{-6}\,\mathrm{W/K^4}$$
$$= 1{,}33 \cdot 10^{-13} \cdot T^4\,\mathrm{W/K^4}.$$

Für $T = 300\,\mathrm{K}$ ergibt sich

$$S^* = 9{,}16 \cdot 10^{-4}\,\mathrm{W}.$$

Um unter die Empfindlichkeitsgrenze des Bolometers zu gelangen, muß

$$T^4 < \frac{10^{-10}}{1{,}13 \cdot 10^{-13}}\,\mathrm{K}^4 = 8{,}8 \cdot 10^2\,\mathrm{K}^4$$
$$\Rightarrow \; T < 5{,}4\,\mathrm{K}$$

sein.

Farbtafeln

Tafel 1. Umspannwerk zur Transformation der Hochspannung auf das Mittelspannungsnetz (siehe Abschn. 5.6). Mit freundlicher Genehmigung der Informationszentrale der Elektrizitätswirtschaft e.V., Frankfurt am Main

Tafel 2. Installation einer Hochspannungsleitung. In diesem Beispiel sind für jede Phase der Dreiphasenspannung 4 Leitungen in Quadratform parallel geschaltet (verbunden durch die oben im Bild sichtbaren Querbügel), wobei jede Leitung aus zwei Kabeln besteht (siehe Aufgabe 1.9). Mit freundlicher Genehmigung der Informationszentrale der Elektrizitätswirtschaft e.V., Frankfurt am Main

Tafel 3. Läufer einer Gleichstrommaschine mit Kommutator, Ankerwicklung und Lüfterrad. Mit freundlicher Genehmigung der Siemens AG

Tafel 4. Neue Hochtemperatur-Gasturbine von Siemens zum Antrieb von elektrischen Hochleistungsgeneratoren. Mit freundlicher Genehmigung der Informationszentrale der Elektrizitätswirtschaft e.V., Frankfurt am Main

Tafel 5. Einbau des Läufers in einen Drehstrom-Synchron-Generator mit 3000 U/min zur Erzeugung von 50 Hz Drehstrom. Mit freundlicher Genehmigung der Siemens AG

Tafel 6. Photovoltaik-Anlage des RWE am Neurather See bei Köln. Mit freundlicher Genehmigung der Informationszentrale der Elektrizitätswirtschaft e.V., Frankfurt am Main

Tafel 7. Radioteleskop Effelsberg in der Eifel. Der Durchmesser der Paraboloid-Antenne beträgt 100 m. Das ganze System kann um eine vertikale Achse rotieren. Das Paraboloid kann um eine horizontale Achse geneigt werden

Tafel 8. Konvektionsströme in der Umgebung einer Kerzenflamme, beobachtet mit einem Differentialinterferometer (Interferometer mit Polarisation). Aus M. Cagnet, M. Françon, S. Mallick: *Atlas optischer Erscheinungen,* Ergänzungsband (Springer, Berlin, Heidelberg 1971)

Tafel 9. Wasserläufer auf einer Wasseroberfläche, beobachtet mit einem Polarisationsinterferometer. Die Färbungen sind charakteristisch für die Neigung der Wasseroberfläche im betrachteten Punkt. Aus M. Cagnet, M. Françon, S. Mallick: *Atlas optischer Erscheinungen,* Ergänzungsband (Springer, Berlin, Heidelberg 1971)

Tafel 10. Lichtstreuung von Laserstrahlen in der Atmosphäre: Ein roter Strahl eines Kryptonlasers und ein (über einen in diskreten Schritten drehbaren Spiegel) aufgefächerter grüner Strahl eines Argonlasers werden durch das Laborfenster (Reflexe) in den Nachthimmel gestrahlt. Der gelbe Strahl ist eine auf dem Film entstehende Farbmischung aus rot und grün-blau

Tafel 11. Polarisation im konvergenten Licht: Zwei gleiche Quarzplatten, parallel zur optischen Achse geschnitten, werden gekreuzt zwischen zwei gekreuzte Polarisatoren gestellt und von konvergentem weißem Licht durchstrahlt. Aus M. Cagnet, M. Françon, S. Mallick: *Atlas optischer Erscheinungen,* Ergänzungsband (Springer, Berlin, Heidelberg 1971)

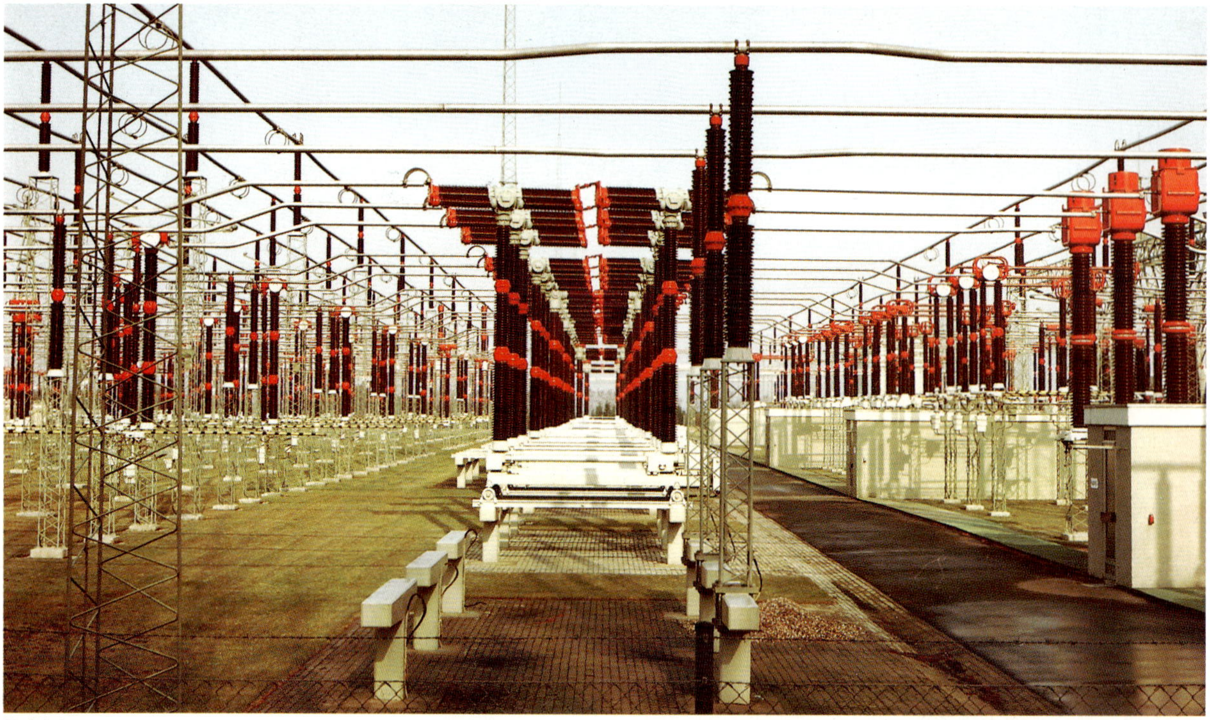

Tafel 1

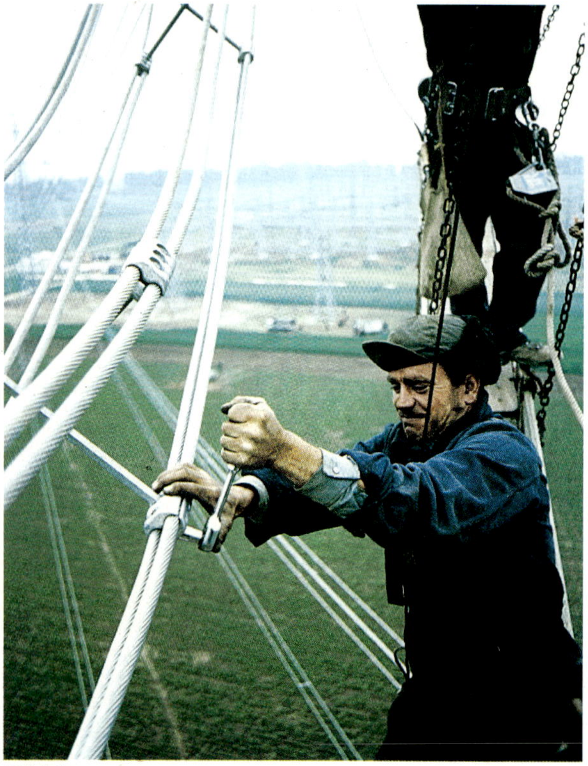

Tafel 2

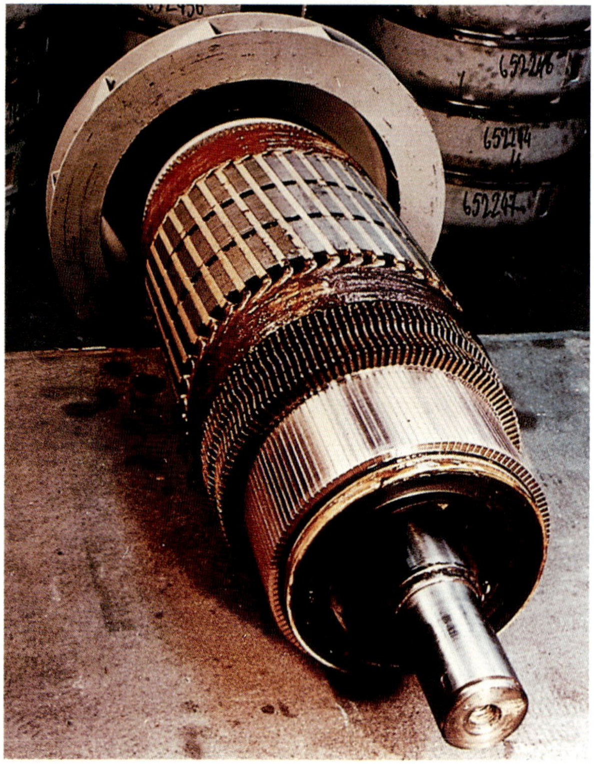

Tafel 3

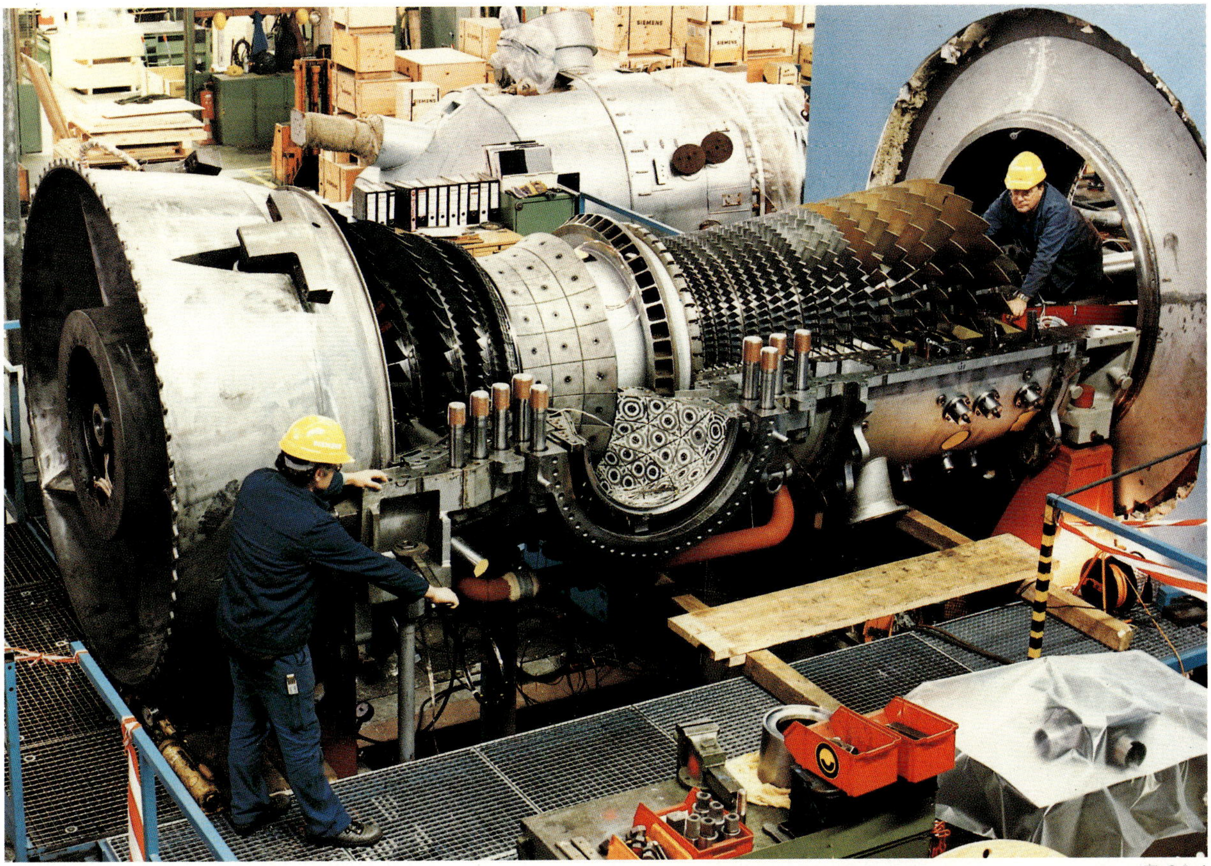

Tafel 4

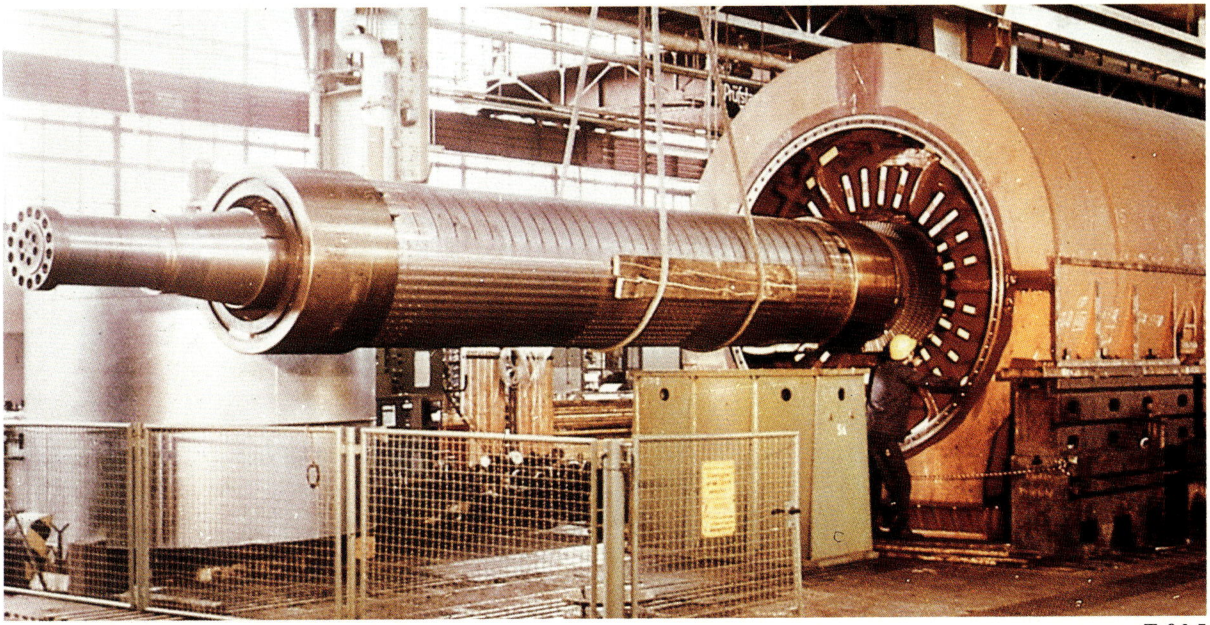

Tafel 5

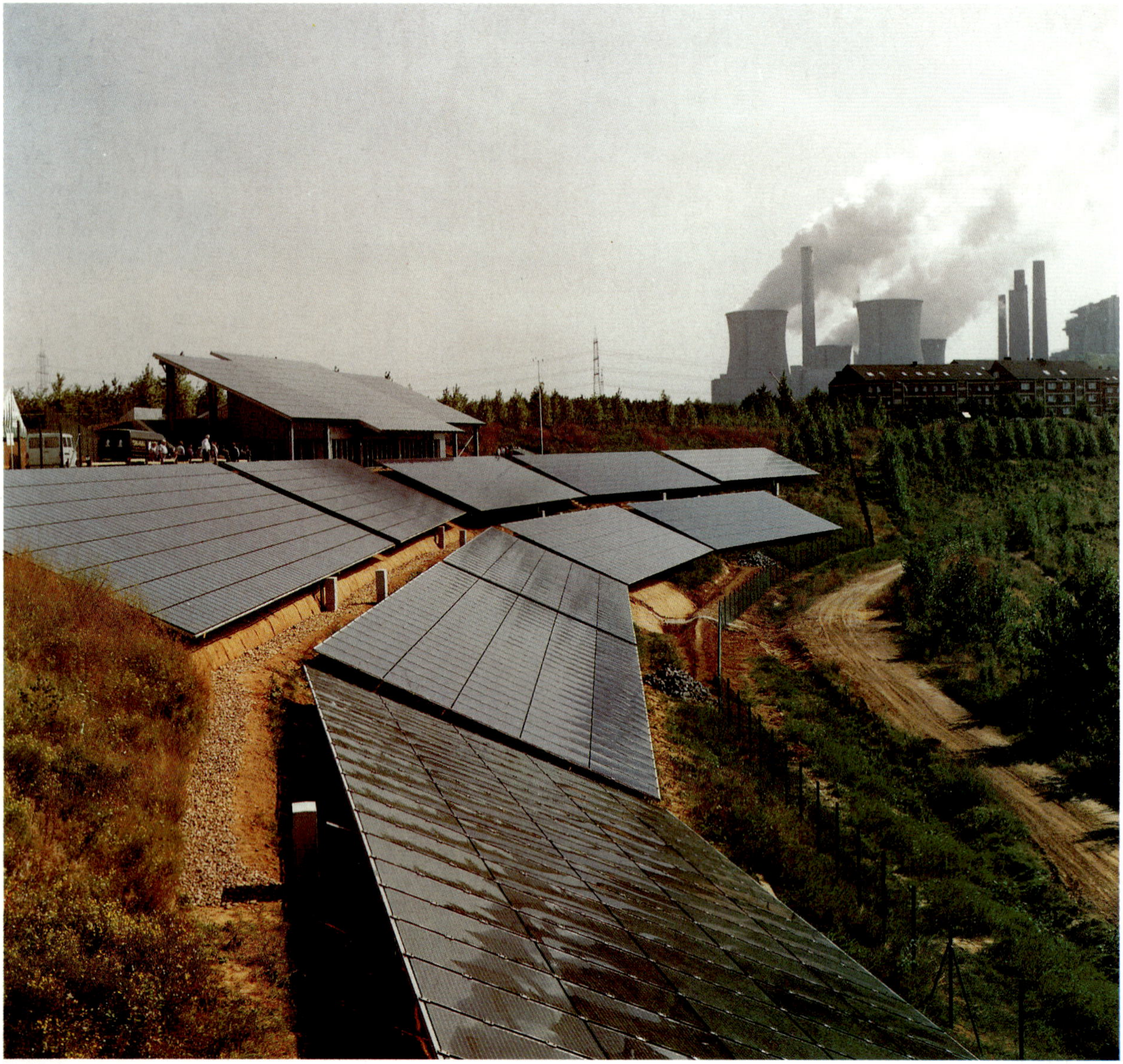

Tafel 6

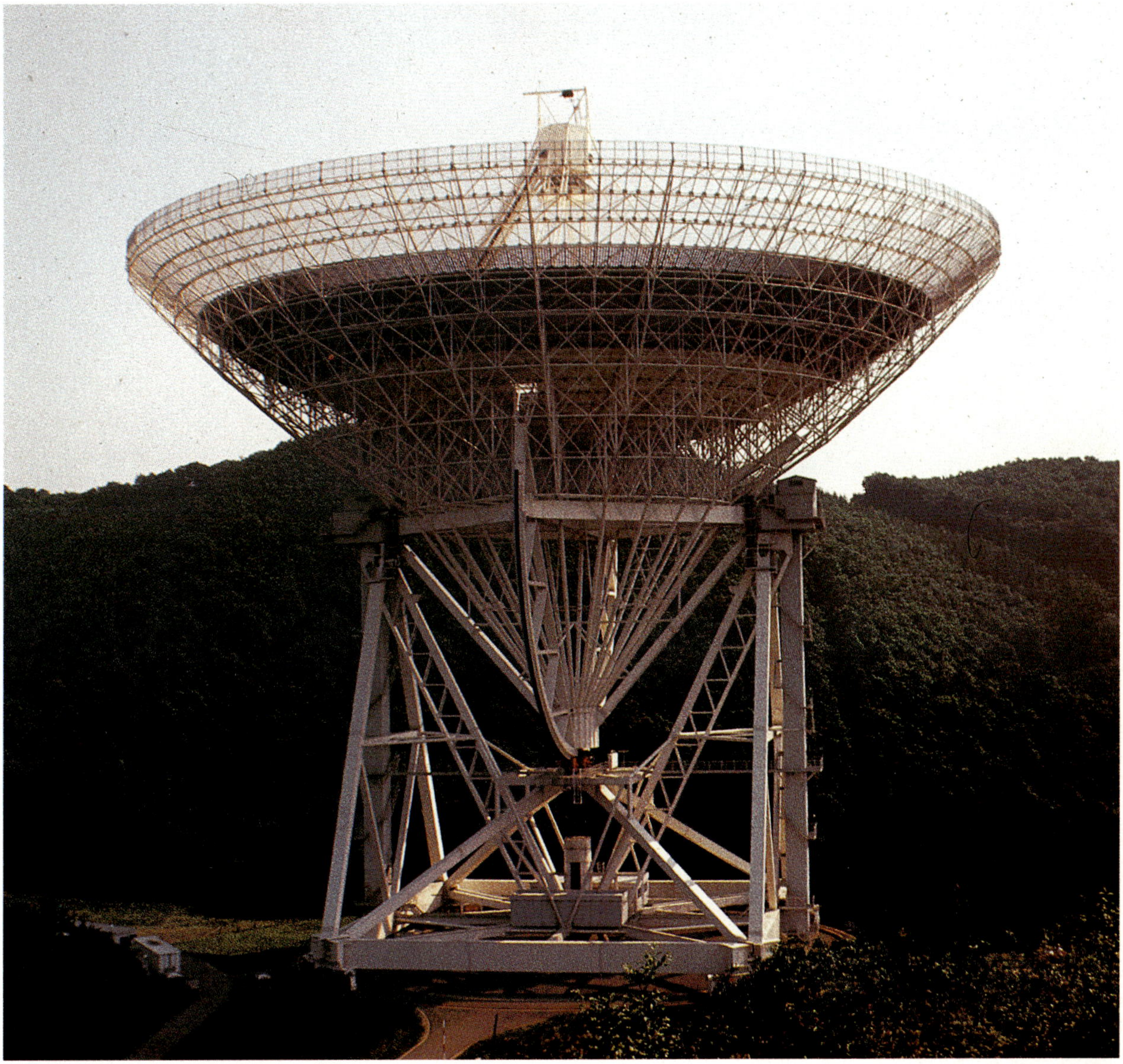

Tafel 7

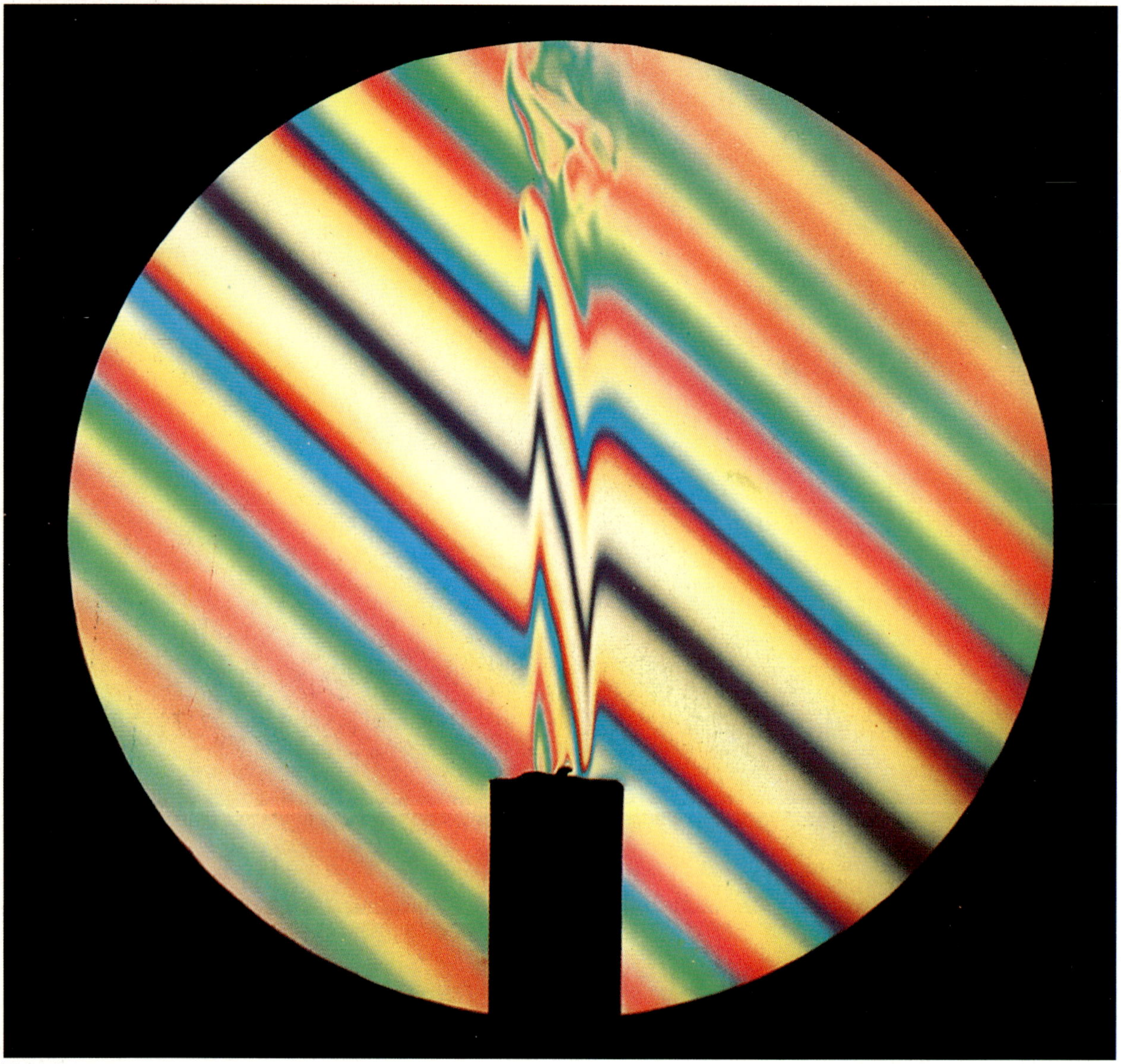

Tafel 8

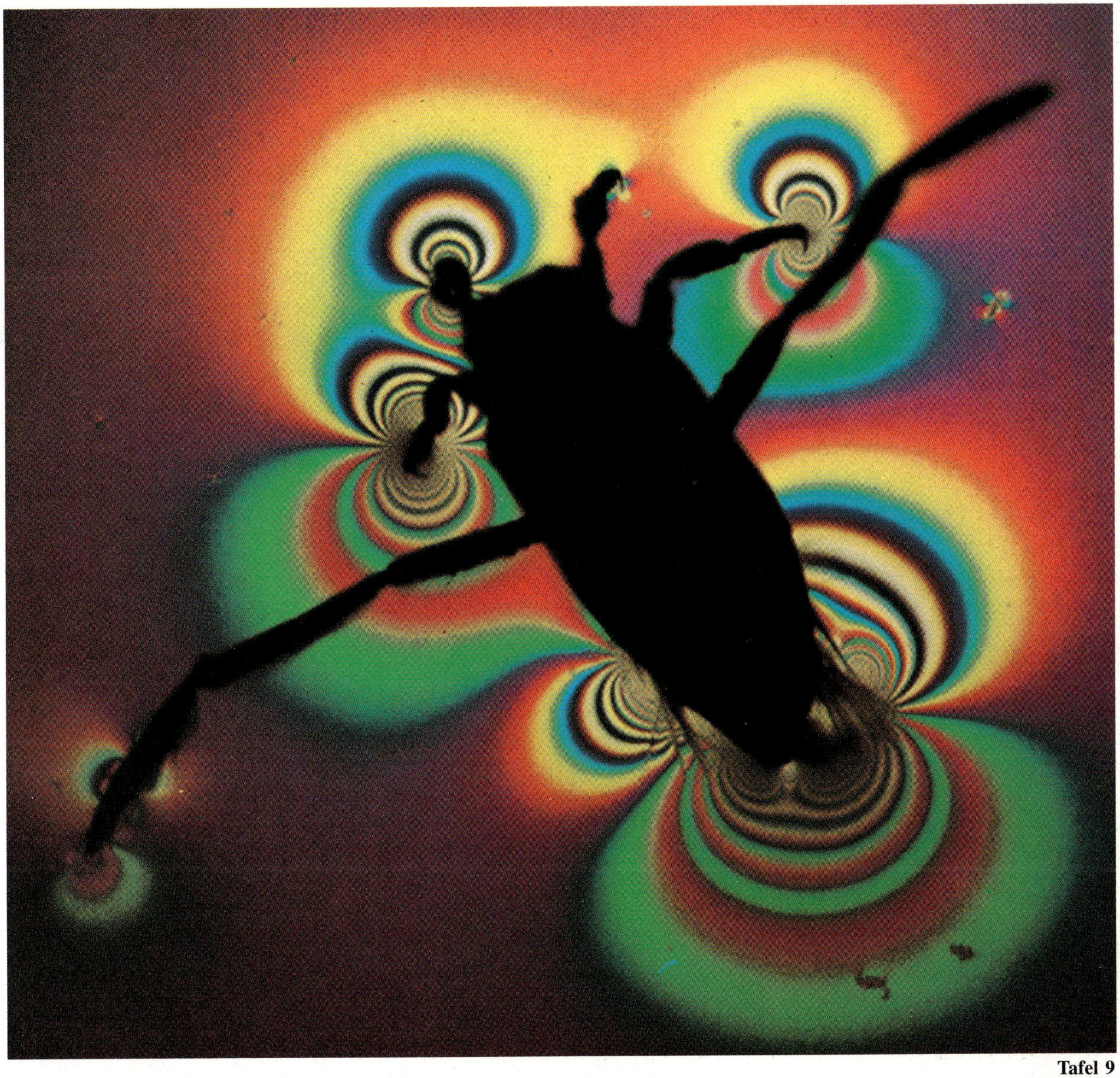

Tafel 9

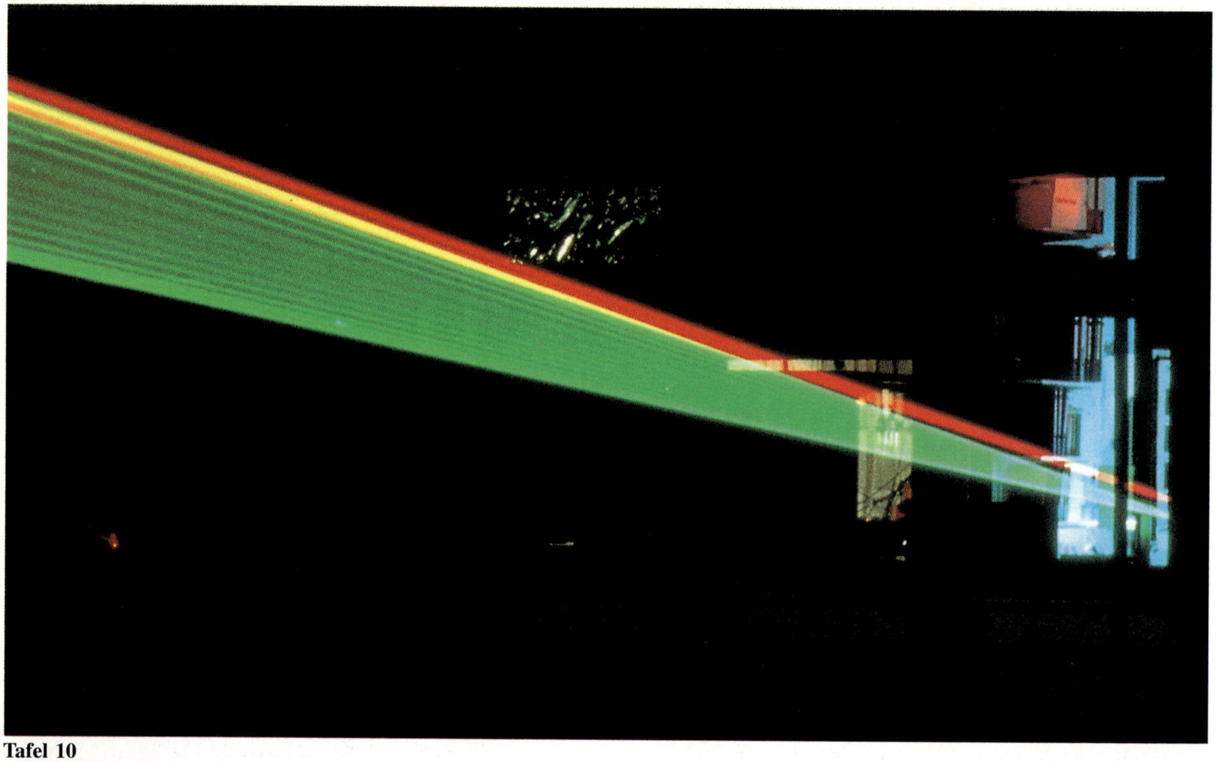

Tafel 10

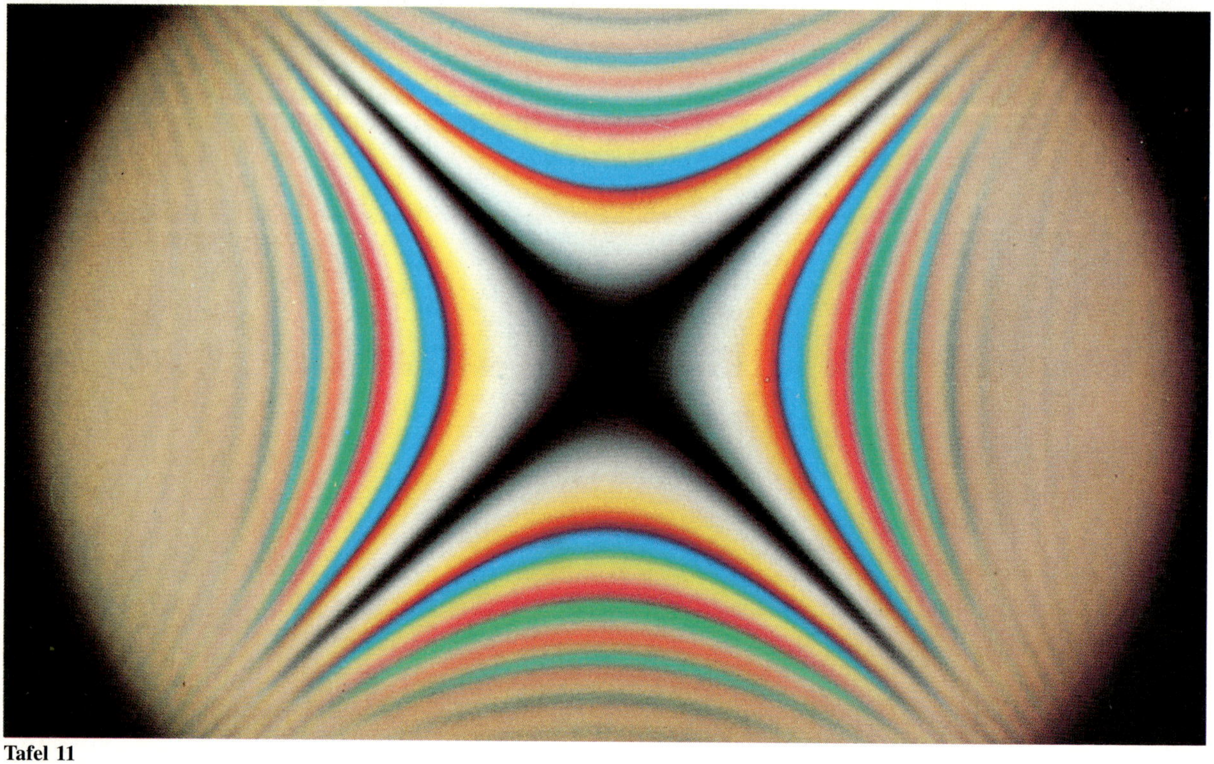

Tafel 11

Literaturverzeichnis

Kapitel 1

1.1 A. B. Arons: *Development of Concepts of Physics* (Addison-Wesley, Reading 1965)

1.2 H. Fischer, H. Kaul: *Mathematik für Physiker* (Teubner, Stuttgart 1990)

1.3 G. Berendt, E. Weimar: *Mathematik für Physiker*, Bd. I u. II (Verlag Chemie, Weinheim 1990)

1.4 R. G. Herb in: *Handbuch der Physik*, Bd. XLIV, (Springer, Berlin, Heidelberg 1959) S. 64–104

1.5 E. Bodenstedt: *Experimente der Kernphysik und ihre Deutung*, Teil 1 (BI Wissenschaftsverlag, Mannheim 1972) S. 21
R. A. Millikan: On the Elementary Electrical Charge and the Avogadro Constant. Phys. Rev. **2**, 109 (1913)

1.6 J. V. Iribarne, H. R. Cho: *Atmospheric Physics* (D. Reidt Publ. Comp., Dordrecht 1980)
R. Wayne: *Chemistry of Atmospheres*, 2nd edn. (Oxford Science Publ. Clarendon Press, Oxford 1991)

1.7 H. Volland: *Atmospheric Electrodynamics* (Springer, Berlin, Heidelberg 1984)
R. H. Golde: *Lightning* (Academic Press, New York 1977)
H. Baatz: *Mechanismus der Gewitter*, 2. Aufl. (VDE-Verlag, Berlin 1985)

1.8 J. A. Cross: *Electrostatics: Principles, Problems, and Applications* (Adam Hilger, Bristol 1987)
A. D. Moore: *Electrostatics and its Applications* (John Wiley & Sons, New York 1973)
J. F. Hughes: *Electrostatic Powder Coating*, in: Encyclopedia of Physical Sciences and Technology, 2nd edn., Vol. 5 (Academic Press, New York 1992) p. 839 ff

1.9 Vincett: *Photographic Processes and Materials*, in: Encyclopedia of Physical Sciences and Technology, Vol. 10, (Academic Press, New York 1987) p. 485 ff
Williams: *The Physics and Technology of Xerographic Processes* (John Wiley & Sons, New York 1984)

Kapitel 2

2.1 L. Pearce Williams: André Marie Ampère als Physiker und Philosoph. Spektrum der Wissenschaft, März 1989, S. 114

2.2 W. Buckel: *Supraleitung: Grundlagen und Anwendungen*, 5. Aufl. (Verlag Chemie, Weinheim 1993)

2.3 J. G. Bednorz, K. A. Müller: Possible High T_c Superconductivity in the Ba-La-Cu-O System. Z. Phys. B **64**, 189 (1986)
Nobelvortrag: Oxide mit Perowskitstruktur: Der neue Weg zur Hochtemperatur-Supraleitung. Phys. Blätter **44**, 347 (1988)

2.4 H. E. Hoenig: Sind Hochtemperatur-Supraleiter nützlich? Phys. in uns. Zeit **22**, 20 (1991)

2.5 H. Ibach, H. Lüth: *Festkörperphysik*, 3. Aufl. (Springer, Berlin, Heidelberg 1990)

2.6 N. Klein: Brauchen wir einen neuen Mechanismus zur Erklärung der Hoch-T_c-Supraleitung? Phys. Blätter **50**, 551 (1994)

2.7 E. Schrüfer: *Elektrische Meßtechnik*, 3. Aufl. (Carl Hanser Verlag, München 1988)

2.8 Kohlrausch: *Praktische Physik*, Bd. 2, 23. Aufl. (Teubner, Stuttgart 1985)

2.9 K. Wiesemann: *Einführung in die Gaselektronik* (Teubner, Stuttgart 1968)

2.10 F. M. Penning: *Elektrische Gasentladungen* (Philips Technische Bibliothek, Eindhoven 1957)

2.11 H. A. Kienle: *Batterien, Grundlagen und Theorie, aktueller technischer Stand*, 3. Aufl. (Expert Verlag, Ehningen 1988)
H. Kahlen: *Batterien* (Vulkan-Verlag, Essen 1992)

2.12 W. Fischer, W. Haar: Die Natrium-Schwefel-Batterie. Phys. in uns. Zeit **9**, 194 (Nov. 1978)

2.13 R. Zeyher: Physik der Superionenleiter. Phys. in uns. Zeit **13**, 183 (Nov. 1982)

2.14 F. Beck, K. J. Euler: *Elektrochemische Energiespeicher* (VDE-Verlag, Berlin 1984)

2.15 K. Kordesch: *Brennstoffbatterien* (Springer, Berlin, Heidelberg 1984)

Kapitel 3

3.1 H. J. Schneider: Grünes Licht für den Ausbau des Hochfeld-Magnetlabors in Grenoble. Phys. Blätter **44**, 176 (Juni 1988)

3.2 Siehe z.B. R. W. Pohl: *Einführung in die Physik*, Bd. 2: *Elektrizitätslehre* (Springer, Berlin, Heidelberg, 1983)

3.3 Siehe z.B. W. Weizel: *Lehrbuch der theoretischen Physik*, Bd. 1 (Springer, Berlin, Heidelberg 1949)
J. D. Jackson: *Klassische Elektrodynamik* (de Gruyter, Berlin 1981)
R. Kröger, R. Unbehauen: *Elektrodynamik* (B. G. Teubner, Stuttgart 1993)

3.4 Für weitere Beispiele siehe: J. Grosser: *Einführung in die Teilchenoptik* (Teubner, Stuttgart 1983)

3.5 H. Ewald, H. Hintenberger: *Methoden und Anwendungen der Massenspektroskopie* (Verlag Chemie, Weinheim 1953)

3.6 F. Kohlrausch: *Praktische Physik*, Bd. 2, 23. Auflage, S. 886 (Teubner, Stuttgart 1985)
Chien, Westgate: *The Hall Effect and its Applications*, (Plenum, New York 1980)

3.7 Siehe z.B. A. P. French: *Die spezielle Relativitätstheorie* (Vieweg, Braunschweig 1971)
J. D. Jackson, unter [3.3]

3.8 H. Stöcker: *Taschenbuch der Physik* (Harri Deutsch, Frankfurt 1994)

3.9 Ealing Lehrfilme (Ealing Corporation, South Natik, Mass., U.S.A. In Deutschland: 65929 Frankfurt-Höchst)

3.10 K. Kopitzki: *Einführung in die Festkörperphysik* (Teubner Studienbücher, Stuttgart 1989)

3.11 J. Untiedt: Das Magnetfeld der Erde. Phys. in uns. Zeit **4**, 145 (1973)

3.12 J. A. Ratcliffe: *An Introduction to the Ionosphere and Magnetosphere* (Cambridge University Press, Cambridge 1972)
J. A. van Allen: *Magnetosphären und das interplanetare Medium*, in: J. K. Beatty, B. O' Leary, A. Chaikin (Hrsg.): *Die Sonne und ihre Planeten.* (Physik Verlag, Weinheim 1985)

3.13 H. Berckhemer: *Grundlagen der Geophysik* (Wissensch. Buchgesellschaft, Darmstadt 1990)
H. Murawski (Hrsg.): *Vom Erdkern bis zur Magnetosphäre* (Umschau Verlag, Frankfurt 1968)

3.14 Ch. R. Carrigan, D. Gubbins: Wie entsteht das Magnetfeld der Erde?, in: *Ozeane und Kontinente*, 2. Aufl., S. 230–237 (Spektrum der Wissenschaft, Heidelberg 1984)

3.15 K. A. Hoffman: Umkehr des Erdmagnetfeldes, in: *Aufschluß über den Geodynamo*, S. 84–91 (Spektrum der Wissenschaft, Heidelberg 1988)

Kapitel 4

4.1 W. F. Weldon: Pulsed power packs a punch. IEEE Spectrum, März 1985
J.V. Parker: Electromagnetic Projectile Acceleration. J. Appl. Phys. **53**, 6711 (1982)

4.2 R. Rüdenberg: *Energie der Wirbelströme in elektrischen Bremsen* (Enke, Stuttgart 1906)
R. Rüdenberg: *Elektrische Schaltvorgänge* (Springer, Berlin, Heidelberg 1974)
H. G. Boy, H. Flachmann, O. Mai: *Elektrische Maschinen und Steuerungstechnik* (Vogel, Würzburg 1990)

4.3 C. H. Sturm: *Vorschaltgeräte und Schaltungen für Niederspannungs-Entladungslampen* (Giradet, Essen 1974)

4.4 W. Weizel: *Lehrbuch der theoretischen Physik*, Bd. 1, S. 382ff. (Springer, Berlin, Heidelberg 1949)
K. Küpfmüller, G. Kohn: *Theoretische Elektrotechnik und Elektronik*, 14. Aufl. (Springer, Berlin, Heidelberg 1993)

Kapitel 5

5.1 E. H. Lämmerhirdt: *Elektrische Maschinen und Antriebe* (Hanser, München 1989)

5.2 R. Busch: *Elektrotechnik und Elektronik* (Teubner, Stuttgart 1994)

5.3 G. Bosse: *Grundlagen der Elektrotechnik*, Bd. IV (Bibliographisches Institut, Mannheim 1973)

5.4 A. Ebinger, V. Adam: *Komplexe Rechnung in der Wechselstromtechnik* (Hüthig, Heidelberg 1986)

5.5 R. Janus: *Transformatoren* (VDE-Verlag, Berlin 1993)
R. Kuechler: *Die Transformatoren*, 2. Aufl. (Springer, Berlin, Heidelberg, 1966)

5.6 E. Baldinger: Kaskadengeneratoren, in: S. Flügge (Hrsg.): *Handbuch der Physik*, Bd. 44, S. 1 (Springer, Berlin, Heidelberg 1959)

5.7 M. Kulp: *Elektronenröhren und ihre Schaltungen*, 4. Aufl. (Vandenhoeck & Ruprecht, Göttingen 1963)

Kapitel 6

6.1 K. Küpfmüller, G. Kohn: *Theoretische Elektrotechnik und Elektronik*, 14. Aufl. (Springer, Berlin, Heidelberg 1993)

6.2 R. Köstner, A. Möschwitzer: *Elektronische Schaltungen* (Hanser, München 1993)
K. Lunze: *Theorie der Wechselstromschaltungen* (Verlag Technik, Berlin 1991)

6.3 R. P. Feynman, R. B. Leighton, M. Sands: *Lectures in Physics*, Vol. 2 (Addison Wesley, Reading 1965)

6.4 J.D. Jackson: *Klassische Elektrodynamik*, 2. Aufl. (de Gruyter, Berlin 1988)
Heilmann: *Antennen* (Bibliographisches Institut, Mannheim 1970)

6.5 K. Wille: *Physik der Teilchenbeschleuniger und Synchrotronstrahlungsquellen* (Teubner, Stuttgart 1992)
E. E. Koch, C. Kunz: *Synchrotronstrahlung bei DESY. Ein Handbuch für Benutzer* (Hamburg, DESY 1974)

Kapitel 7

7.1 P.V. Nickles, Th. Schlegel, W. Sandner: Gigabar-Lichtdruck. Phys. Bätter **50**, 849 (Sept. 1994)

7.2 E. Wischnewski: *Astronomie für die Praxis*, Bd. 2, S. 82ff. (Bibliographisches Institut, Mannheim 1993)
A. Unsöld, B. Baschek: *Der neue Kosmos* (Springer, Berlin, Heidelberg 1991)

7.3 A. DeMarchi (ed.): *Frequency Standards and Metrology* (Springer, Berlin, Heidelberg 1989)

7.4 F. Bayer-Helms: Neudefinition der Basiseinheit Meter im Jahre 1983. Phys. Blätter **39**, 307 (1983)

7.5 E. Bergstrand: Determination of the Velocity of Light, in: S. Flügge (Hrsg.): *Handbuch der Physik*, Bd. 24 (Springer, Berlin, Heidelberg 1956)

7.6 S. Flügge: *Rechenmethoden der Elektrodynamik* (Springer, Berlin, Heidelberg 1986)

7.7 G. Nimtz: *Einführung in die Theorie und Anwendung von Mikrowellen*, 2. Aufl. (Bibliographisches Institut, Mannheim 1990)

7.8 D.J.E. Ingram: *Hochfrequenz in der Mikrowellenspektroskopie* (Franzis, München 1977)

7.9 W. Heinlein: *Grundlagen der faseroptischen Übertragungstechnik* (Teubner, Stuttgart 1985)

7.10 A.J. Baden Fuller: *Mikrowellen* (Vieweg, Braunschweig 1974)

Kapitel 8

8.1 H. Friedrich: *Theoretische Atomphysik* (Springer, Berlin, Heidelberg 1994)

8.2 M. Kerker: *The scattering of light* (Academic Press, New York 1969)

8.3 I. L. Fabelinskii: *Molecular Scattering of Light* (Plenum Press, New York 1968)

8.4 V. V. Sobolev, W. Irvine: *Light Scattering in Planetary Atmospheres* (Pergamon Press, Oxford 1975)

8.5 C. F. Bohren, D. R. Huffmann: *Absorption and Scattering of Light by Small Particles* (Wiley, New York 1983)

8.6 M.V. Klein, Th. E. Furtak: *Optik* (Springer, Berlin, Heidelberg 1988)

8.7 E. Hecht: *Optik* (McGraw Hill, Hamburg 1987)

8.8 L. Bergmann, C. S. Schaefer: *Lehrbuch der Experimentalphysik*, Bd. III: *Optik*, 9. Aufl. (de Gruyter, Berlin 1993)

8.9 St. F. Mason: *Molecular Optical Activity and the Chiral Discrimination* (Cambridge University Press, Cambridge 1982)

8.10 G. Snatzke: Chiroptische Methoden in der Stereochemie. Chemie in unserer Zeit **15**, 78 (1981)

8.11 M. Françon, S. Mallik: *Polarization Interferometers* (Wiley, London 1971)

8.12 G. C. Baldwin: *An Introduction to Nonlinear Optics* (Plenum Press, New York 1969)

8.13 M. Schubert, B. Wilhelmi: *Einführung in die Nichtlineare Optik* (Teubner, Stuttgart 1978)

8.14 O. Svelto: *Principles of Lasers*, 3rd edn. (Plenum Press, New York 1989)

8.15 D. C. Hanna, M. A. Yuratich, D. Cotter: *Nonlinear Optics of Free Atoms and Molecules* (Springer, Berlin, Heidelberg 1979)

Kapitel 9

9.1 F. A. Jenkins: *Fundamentals of Optics*, 4th edn. (McGraw-Hill, New York 1976)

9.2 M. Berek: *Grundlagen der praktischen Optik* (de Gruyter, Berlin 1970)

9.3 H. Slevogt: *Technische Optik* (de Gruyter, Berlin 1974)
R.S. Longhurst: *Geometrical and Physical Optics*, 3rd edn. (Longman, London 1973)

9.4 M. Born, E. Wolf: *Principles of Optics*, 6th edn. (Pergamon Press, Oxford 1980)

9.5 G. Schulz in: *Progress in Optics*, Vol. 25, ed. by E. Wolf (North Holland, Amsterdam 1988) p. 351–416

9.6 E. Hecht, A. Zajac: *Optics*, 2nd edn. (Addison Wesley, Reading 1987)

9.7 J. Flügge: *Studienbuch zur technischen Optik* (Vandenhoeck & Ruprecht, Göttingen 1976)

9.8 H. Stewart, R. Hopfield: *Atmospheric Effects*, in: *Applied Optics and Optical Engineering*, ed. by R. Kingslake, Vol. 1 (Academic Press, New York 1965) p. 127–152

Kapitel 10

10.1 W. Lauterborn, T. Kurz, M. Wiesenfeldt: *Kohärente Optik* (Springer, Berlin, Heidelberg 1993)
E. Hecht: *Optik* (McGraw Hill, Hamburg 1987)

Siehe auch: L. Mandel, E. Wolf: Coherence Properties of Optical Fields. Rev. Modern Physics **37**, 231 (1965)

10.2 R. Castell, W. Demtröder, A. Fischer, R. Kullmer, H. Weickenmeier, K. Wickert: The Accuracy of Laser Wavelength Meters. Appl. Physics B **38**, 1–10 (1985)

10.3 W. Demtröder: *Laserspektroskopie*, 3. Aufl. (Springer, Berlin, Heidelberg 1993)

10.4 A. Michelson: Experimental Determination of the Velocity of Light. Am. J. Science, Series 3, Vol. **18**, 310 (1979)

10.5 B. Jaffe: *Michelson and the Speed of Light* (Greenwood Press, Westport 1979)

10.6 J. M. Vaughan: *The Fabry-Perot Interferometer* (Hilger, Bristol 1989)

10.7 A. Thelen: *Design of Optical Interference Coatings* (McGraw Hill, New York 1988)

10.8 A. Musset, A. Thelen: *Multilayer Antireflection Coatings*, in: Progress in Optics, Vol. 3 (North Holland, Amsterdam 1970)

10.9 M. V. Klein, Th. E. Furtak: *Optik* (Springer, Berlin, Heidelberg 1988)

10.10 M. C. Hutley: *Diffraction gratings* (Academic Press, New York 1982)

10.11 N. Nishihara, T. Suhara: *Micro Fresnel Lenses*. Progr. Opt., Vol. XXIV, p. 1–37 (North Holland, Amsterdam 1987)
G. Schmahl, D. Rudolph (Eds.): *X-Ray Microscopy*. Springer Ser. in Optical Sciences, Vol. 43 (Springer, Berlin, Heidelberg, 1984)

10.12 H. Römer: *Theoretische Optik* (Verlag Chemie, Weinheim 1994)

Kapitel 11

11.1 W. Hughes: *Aspects of Biophysics* (John Wiley & Sons, New York 1979)

11.2 H. Wolter: *Angewandte Physik und Biophysik in Medizin und Biologie* (Akademische Verlagsgesellschaft, Wiesbaden 1976)

11.3 L. Bergmann, C. S. Schaefer: *Lehrbuch der Experimentalphysik*, Bd. III: *Optik*, 9. Aufl. (de Gruyter, Berlin 1993)

11.4 H.E. Le Grand: *Physiological Optics*, Springer Series in Optical Sciences, Vol. 13 (Springer, Berlin, Heidelberg 1980)

11.5 S. Marx, W. Pfau: *Sternwarten der Welt* (Herder, Freiburg 1979)
H. Karttunen, P. Kröger, H. Oja, M. Poutanen: *Astronomie* (Springer, Berlin, Heidelberg 1990)

11.6 M. Haas: Speckle-Interferometrie I und II. Sterne und Weltraum **30** (1990), S. 12 und S. 89
Y. I. Ostrovsky, V. P. Shchepinov: *Correlation Holographic and Speckle Interferometry*, Progr. Opt., Vol. XXX, p. 87 (North Holland, Amsterdam 1992)

11.7 T. Hellmuth: Neuere Methoden der konfokalen Mikroskopie. Phys. Blätter **49**, S. 489 (1993)

11.8 J.W. Lichtmann: Konfokale Mikroskopie. Spektrum der Wissenschaft, Oktober 1994
J. Engelhardt, W. Knebel: Konfokale Laser-Scanning-Mikroskopie. Phys. in uns. Zeit **24**, 70 (1993) März

11.9 J.W. Hardy: Adaptive Optik. Spektrum der Wissenschaft, August 1994, S. 48

11.10 F. Merkle: Aktive und adaptive Optik in der Astronomie. Phys. Blätter **44**, 439 (1988)
Phys. in uns. Zeit **22**, 260 (1991)

11.11 W.W. Schkunov, B.Y. Zeldovich: Optische Phasenkonjugation. Spektrum der Wissenschaft, Februar 1986, S. 88

11.12 M. Miller: *Optische Holographie — Theoretische und experimentelle Grundlagen und Anwendungen* (Thiemig, München 1978)

11.13 G. Wernicke, W. Osten: *Holografische Interferometrie* (Physik-Verlag, Weinheim 1982)

11.14 Y.I. Ostrovsky, V.P. Shchepinov, V.V. Yakolev: *Holographic Interferometry in Experimental Mechanics* (Springer, Berlin, Heidelberg 1991)

11.15 R. Lessing: *Holographische Interferometrie* (Spindler & Hoyer KG, Göttingen 1973)
Weißlichtholografie, GIT — Fachzeitschrift für das Laboratorium, S. 194, März 1974 (GIT-Verlag, Darmstadt)
H. Nassenstein: Abbildungsverfahren mit Rekonstruktion des Wellenfeldes (Holographie). Z. Angew. Physik **22**, S. 37 (1966)

Kapitel 12

12.1 J. L. Heilbron: *Max Planck: Ein Leben für die Wissenschaft* (Hirzel, Stuttgart 1988)
H. Hartmann: *Max Planck* (Hirzel, Leipzig 1948)

12.2 J. Fricke, W. L. Borst: *Energie: Ein Lehrbuch der physikalischen Grundlagen* (Oldenbourg, München 1984)
H. K. Köthe: *Stromversorgung mit Solarzellen* (Franzis, München 1994)
H.-J. Lewerenz, H. Jungblut: *Photovoltaik. Grundlagen und Anwendungen* (Springer, Berlin, Heidelberg 1995)

12.3 F. Rosenberger: *Isaac Newton und seine physikalischen Prinzipien* (Nachdruck, Wissenschaftliche Buchgesellschaft, Leipzig 1987)

12.4 E. Wilde: *Geschichte der Optik*, Bd. 1 & 2 (Neudruck, Vieweg, Wiesbaden 1968)

12.5 H. Paul: *Photonen* (Akademie-Verlag, Berlin 1985)

Sachwortverzeichnis

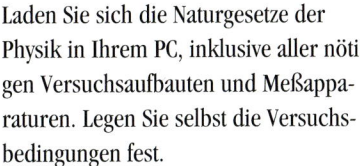

Springer-Verlag und Umwelt

Als internationaler wissenschaftlicher Verlag sind wir uns unserer besonderen Verpflichtung der Umwelt gegenüber bewußt und beziehen umweltorientierte Grundsätze in Unternehmensentscheidungen mit ein.

Von unseren Geschäftspartnern (Druckereien, Papierfabriken, Verpackungsherstellern usw.) verlangen wir, daß sie sowohl beim Herstellungsprozeß selbst als auch beim Einsatz der zur Verwendung kommenden Materialien ökologische Gesichtspunkte berücksichtigen.

Das für dieses Buch verwendete Papier ist aus chlorfrei bzw. chlorarm hergestelltem Zellstoff gefertigt und im pH-Wert neutral.

Wie können wir unsere Lehrbücher noch besser machen?

Diese Frage können wir nur mit Ihrer Hilfe beantworten. Zu den unten angesprochenen Themen interessiert uns Ihre Meinung ganz besonders. Natürlich sind wir auch für weitergehende Kommentare und Anregungen dankbar.

Unter allen Einsendern der ausgefüllten Karten aus **Springer-Lehrbüchern** verlosen wir pro Semester **Überraschungspreise** im Wert von insgesamt **DM 5000.- !**

(Der Rechtsweg ist ausgeschlossen)

Springer-Verlag

Damit wir noch besser auf Ihre Wünsche eingehen können, bitten wir Sie, uns Ihre persönliche Meinung zu diesem Springer-Lehrbuch mitzuteilen.

Bitte kreuzen Sie an:	sgt.		bfr.		mgh.
Didaktisches Konzept	❑	❑	❑	❑	❑
Verständlichkeit der					
– Abbildungen	❑	❑	❑	❑	❑
– Herleitungen	❑	❑	❑	❑	❑
– Aufgaben	❑	❑	❑	❑	❑
– Lösungen	❑	❑	❑	❑	❑
Kapitelzusammenfassungen	❑	❑	❑	❑	❑
Farbtafeln	❑	❑	❑	❑	❑
Sachverzeichnis	❑	❑	❑	❑	❑

	mehr		gerade richtig		weniger
Abbildungen	❑	❑	❑	❑	❑
Tabellen	❑	❑	❑	❑	❑
Merksätze	❑	❑	❑	❑	❑
Beispiele	❑	❑	❑	❑	❑
Aufgaben	❑	❑	❑	❑	❑

Zu welchem Zweck haben Sie dieses Buch gekauft?

❑ zur Prüfungsvorbereitung im Prüfungsfach ________________

❑ Verwendung neben einer Vorlesung

❑ zur Nachbereitung einer Vorlesung

❑ zum Selbststudium

❑ ________________

Was würden Sie anders machen?

____

____

____

____

____

Demtröder:
Experimentalphysik 2

Absender: ______________________________

____

____

Ich bin:

- ❏ Student im ________ -ten Fachsemester
- ❏ Grund-
- ❏ Hauptstudium
- ❏ Diplomand
- ❏ Doktorand
- ❏ ______________________________

Fachrichtung

- ❏ Physik
- ❏ Chemie
- ❏ ________________

Hochschule/Universität:

____

❏ FH ❏ TH ❏ TU ❏ U

Bitte freimachen

Antwort

An den
Springer-Verlag
Planung Physik III

D-69112 Heidelberg